HIT

国外优秀数学著作
原 版 系 列

数论教程

(第2版)
(俄 文)

[俄罗斯]谢尔盖·维克多洛维奇·西泽 著

HITP
哈爾濱工業大學出版社
HARBIN INSTITUTE OF TECHNOLOGY PRESS

黑版贸审字 08－2020－098 号

Автор С. В. Сизый Название Лекции по теории чисел：Учеб. пособие для студентов вузов. —2-е изд.，испр. ISBN 978－5－9221－0741－9

图书在版编目(CIP)数据

数论教程:第 2 版:俄文/(俄罗斯)谢尔盖・维克多洛维奇・西泽著.—哈尔滨:哈尔滨工业大学出版社,2021.1

ISBN 978－7－5603－9360－5

Ⅰ.①数…　Ⅱ.①谢…　Ⅲ.①数论-高等学校-教材-俄文　Ⅳ.①O156

中国版本图书馆 CIP 数据核字(2021)第 010792 号

策划编辑　刘培杰
责任编辑　刘家琳　钱辰琛
封面设计　孙茵艾
出版发行　哈尔滨工业大学出版社
社　　址　哈尔滨市南岗区复华四道街 10 号　邮编 150006
传　　真　0451－86414749
网　　址　http://hitpress.hit.edu.cn
印　　刷　哈尔滨圣铂印刷有限公司
开　　本　880 mm×1 230 mm　1/32　印张 23.125　字数 650 千字
版　　次　2021 年 1 月第 1 版　2021 年 1 月第 1 次印刷
书　　号　ISBN 978－7－5603－9360－5
定　　价　98.00 元

ОГЛАВЛЕНИЕ

Предисловие

Так уж было угодно судьбе, что эта книжка создавалась автором в довольно сложный период жизни России — борьба за демократию, международный терроризм, становление новой экономики, глубокие личные переживания. Автор искренне благодарит своих старших учителей и товарищей — профессора Л. Н. Шеврина и профессора В. А. Баранского за всестороннюю моральную поддержку и вдохновляющие беседы.

Автор искренне признателен Л. Н. Шеврину за эстетический, стилистический и композиционный анализ книжки. Последующие творческие обсуждения значительно улучшили ее текст.

Огромное спасибо Н. Ф. Сесекину, взявшему на себя труд первого прочтения и рецензирования рукописи.

Отдельное спасибо С. И. Тарлинскому, любезно прочитавшему первоначальный вариант издания и первому отважившемуся применить его в школьном преподавании (для учеников физико-математического класса специализированного лицея при Уральском госуниверситете).

Автор благодарит своих друзей Д. Н. Бушкова, В. Б. Савинова и Л. Ф. Спевака за обсуждение стиля и моральную поддержку.

Кроме того, все вышесказанное не означает, что автор хочет разделить с кем-то ответственность за ошибки, недочеты и довольно фривольный стиль этой книжки. Просто, автор желает выразить благодарность многим и многим людям, которые так или иначе приняли участие в ее создании. Спасибо всем!

Введение

Всякое искусство совершенно бесполезно.

О. Уайльд

Теория чисел — раздел математики, занимающийся изучением чисел непосредственно как таковых, их свойств и поведения в различных ситуациях. Упаси, Боже, меня давать здесь точное определение понятия «Теория чисел», так как, во-первых, я его не знаю, а во-вторых, даже если вы поместите в одну ε-окрестность двух ученых-профессионалов, работающих по их мнению в теории чисел, то они могут подраться между собой, так и не придя к единому мнению, из чего же состоит «Теория чисел». Я надеюсь, что читатели тоже будут иметь свое мнение по этому вопросу после окончания процесса понимания хотя бы одного учебника или (скромно так) этой книжки по теории чисел.

В головах многих математиков, как профессионалов, так и любителей, паразитирует мнение, что теория чисел — это наиболее абстрактная и отдаленная от практических применений математическая теория, пусть красивая и стройная сама по себе (эдакая «вещь в себе», по Канту), но совершенно бесполезная с точки зрения народного хозяйства.

Более того, некоторые теоретики-числовики даже гордятся такой точкой зрения, считая себя богемными представителями «чистого искусства», которое неприменимо, например, для создания атомной бомбы или чего-нибудь еще в этом роде. Они задирают нос, освобождают себя от моральных страданий Оппенгеймера и Эйнштейна, они творят красоту и только красоту, выше которой идет мудрость уже божественная, океан слепящего, непостижимого света.

Бедолаги! Их богемность разбивается уже фразой Пифагора: «Все есть число!», — и изучая числа, они неизбежно изучают окружающий нас мир и себя в том числе (каламбур). Но кроме этого философского замечания о практической применимости «чистой» теории чисел, я расскажу вам одну правдивую историю. Эта история убедит любого эстета от математики в том, что теория чисел — не просто красивейшая и стройнейшая область чистой науки, но и серьезная народохозяйственная структура.

В начале семидесятых годов XX в. американское космическое агентство NASA, получив от Конгресса США несколько миллиардов долларов, решило осуществить запуск исследовательского спутника на Юпитер. Спутник склепали, напичкали дорогостоящей аппаратурой, назвали «Пионер» (лектору в этом месте рекомендуется характерный жест правой рукой наискосок об лоб), и запустили вверх. Для успешного управления дальнейшим полетом увороченного агрегата, ежику понятно, необходимо было постоянно перерасчитывать его траекторию, корректируя ее от случайных возмущений и целя в Юпитер, который, между прочим, хоть и большой, но летает от нас на расстоянии более 100 миллионов километров, поэтому попасть в него ужасно трудно.

Знатоки знают, что для расчета подобных траекторий нужно решать систему дифференциальных уравнений, которую не то что решать, а даже и писать-то не хочется, настолько она сложна и огромна. Но Пионер-то уже летит, а Конгресс внимательно следит за расходом средств налогоплательщиков, поэтому специалисты NASA вынуждены считать эти многомерные интегралы, причем в режиме реального времени. «В режиме реального времени» — это означает, что интеграл надо успеть посчитать до того, как спутник улетит вместо Юпитера в деревню Пропадайлово.

Знатоки опять знают, что единственный известный сегодня быстрый способ вычисления таких интегралов с использованием компьютера — это метод Монте-Карло (это такой город, а не фамилии авторов метода). Далее буду краток. Монте-Карлу нужно многократное случайное бросание точки в многомерную область. Электронная машина не умеет генерировать случайные числа, так как она работает по программе, написанной заранее на языке FORTRAN (в середине XX в. был такой). FORTRAN разработали специально для запуска пионеров и вставили в него датчик («датчик» — от слова «выдавать») случайных чисел RND(n), который, работая по некоторой наспех созданной схеме, выдавал последовательность «квазислучайных» чисел из отрезка $[0;1]$, равномерно на нем распределенную. Все было здорово.

Беда началась тогда, когда эти «квазислучайные» числа начали объединять в пары, тройки и т. д., чтобы получить координаты «случайной» точки многомерной области. RND(n) оказался составленным настолько неудачно, что 60 % «случайных» точек из единичного квадрата на плоскости (всего-то двумерная область!) попадали в его нижнюю половину, а это даже в боксе не одобряют! Монте-Карло не сработал, спутник промазал мимо Юпитера всего на каких-то 20 миллионов километров, и несколько миллиардов долларов вылетели в трубу.

Мораль: если теоретик-числовик на несколько минут спускается со своих заоблачных высот на бренную землю, чтобы сообщить процедуру получения случайных чисел с помощью эффектной цепочки делений и взятия остатков, выгоните его сразу — дешевле будет. Народохозяйственное применение теории чисел здесь очевидно: она должна дать такой способ получения случайных чисел, чтобы мы могли спокойно и спутники запускать, и землю пахать, и напильники коллекционировать. Вывод: изучайте теорию чисел, восторгайтесь ее красотами, любуйтесь ею, как произведением искусства, но помните, что вопреки эпиграфу к этому введению из «Портрета Дориана Грея», всякое искусство где-нибудь и когда-нибудь приносит пользу. Читателей же, заинтересовавшихся машинным получением случайных чисел, отсылаю к великолепной книжке Д. Кнута «Искусство программирования для ЭВМ», т. 2 «Получисленные алгоритмы», гл. 3 «Случайные числа». Увлекательное чтиво!

Ну как, дорогие читатели, убедил ли я вас в практической значимости теории чисел? Только не говорите, что нет, иначе мне придется рассказать еще сотню подобных историй, а это не входит ни в мои планы, ни в планы традиционных университетских курсов по теории чисел. Я хочу закончить на этом многословную общую болтовню о предмете, которому с любовью посвящаю эту скромную книжку, однако, по традиции, во введениях всего мира делают несколько предварительных замечаний и информируют читателя об устройстве дальнейшего текста, а, стало быть, и курса теории чисел. Сим и займемся.

Текст настоящей книжки незатейливо разбивается на параграфы, каждый из которых освещает некоторую тему достаточно полно с точки зрения автора (и, возможно, только автора). Каждый параграф, в свою очередь, разбивается на небольшие пункты. Студенты! Ожидаемый мною устный ответ на экзаменационный вопрос — это либо отдельный пункт (если он не очень большой), либо теорема с доказательством (любому студенту это должно быть понятно). Упорядоченность материала внутри каждого параграфа линейная, поэтому книжку рекомендуется читать подряд, а не так, как делал один мой однокурсник, читая сначала четные пункты, потом — нечетные. Однако, если у вас механически-идеальная память, вы можете изучать теорию чисел и этим способом.

В конце большинства пунктов приведено несколько задач для самостоятельного решения и каждый раз ваше внимание к их местонахождению привлекается картинкой, наподобие .

Не гнушайтесь прорешать предлагаемые задачи, ибо человек начинает уютно себя чувствовать в изучаемом теоретическом материале только после решения нескольких задач.

Обозначения в книжке везде абсолютно стандартны и приводить их полный список нет надобности. Автодорожный знак  отмечает те места в тексте, на которых автору хочется заострить внимание читателя. Каждое специфическое обозначение всюду разъясняется в момент его появления, символ ⇕ нигде далее не встречается, а значок ♦ в тексте обычно обозначает конец доказательства и ассоциируется у автора с эффектным финальным шлепком бубнового туза по столу.

От всего сердца желаю вам крепкого здоровья, хорошего настроения и успехов в изучении прекрасного раздела математики — теории чисел. Удачи!

§ 1. ОСНОВНЫЕ ПОНЯТИЯ И ТЕОРЕМЫ

1. Деление с остатком

Целые числа — суть $\{\dots, -3, -2, -1, 0, 1, 2, 3, \dots\}$. В этой книжке будет употребляться довольно стандартное обозначение этого множества — жирная буква $\mathbf{Z}$. Известно, что относительно обычных операций сложения и умножения множество целых чисел является кольцом, а для более страстных почитателей алгебры можно сказать и точнее: $\mathbf{Z}$ является моногенным ассоциативно-коммутативным кольцом с единицей. [1)]

«Прекрасная половина» $\{1, 2, 3, 4, \dots\}$ множества целых чисел зовется множеством натуральных чисел и стандартно обозначается жирной буквой $\mathbf{N}$.

Определение. Пусть $a, b \in \mathbf{Z}$. Число *a делится на число b*, если найдется такое число $q \in \mathbf{Z}$, что $a = qb$. Синонимы: a кратно b; b — делитель a. Запись: $a \,\vdots\, b$ или $b \mid a$.

Легко заметить, что отношение делимости $b \mid a$ есть бинарное отношение на множестве $\mathbf{Z}$, а если ограничиться рассмотрением только натуральных чисел, то несложно установить, что на множестве $\mathbf{N}$ это бинарное отношение является рефлексивным, антисимметричным и транзитивным, т. е. отношением частичного

[1)] Этот привычный со школьной скамьи объект на самом деле является очень сложным, но я не буду сейчас объяснять, в чем состоит сложность арифметики целых чисел, ибо такое объяснение может увести нас слишком далеко от названия этого пункта. Математику-профессионалу в этом месте могут прийти в голову и знаменитая теорема Гёделя о неполноте формальной арифметики, и выдающийся результат Матиясевича об алгоритмической неразрешимости систем диофантовых уравнений, и великое множество элементарно формулируемых, но до сих пор нерешенных теоретико-числовых проблем, и т. д., и т. п. Однако давайте пока воспримем $\mathbf{Z}$ просто как объект, преподнесенный нам в подарок природой-матушкой и займемся его изучением.

порядка. Легко проверяется также следующее свойство:

пусть $a_1 + a_2 + \ldots + a_n = c_1 + c_2 + \ldots + c_k$ — равенство сумм целых чисел. Если все слагаемые в этом равенстве, кроме одного, кратны b, то и оставшееся слагаемое обязано быть кратным b.

Перечисленные свойства отношения делимости позволят нам доказать основную теорему первого пункта.

Теорема. *Для данного целого отличного от нуля числа b всякое целое число a единственным образом представимо в виде $a = bq + r$, где $0 \leqslant r < |b|$.*

Доказательство. Ясно, что одно представление числа a равенством $a = bq + r$ мы получим, если возьмем bq равным наибольшему кратному числа b, не превосходящему a (см. рис. 1).

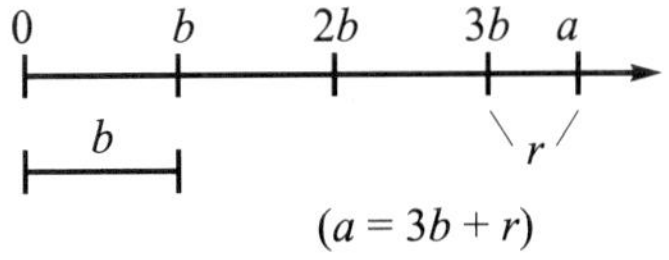

Рис. 1

Тогда, очевидно, $0 \leqslant r < |b|$. Докажем единственность такого представления. Пусть $a = bq + r$ и $a = bq_1 + r_1$ — два таких представления. Значит, $0 = a - a = b(q - q_1) + (r - r_1)$. Здесь 0 делится на b; $b(q - q_1)$ делится на b, следовательно, $(r - r_1)$ обязано делиться на b. Так как $0 \leqslant r < b$ и $0 \leqslant r_1 < b$, то $r - r_1 < b$ и $r - r_1$ делится на b, значит, $r - r_1$ равно нулю, а, значит, и $q - q_1$ равно нулю, т. е. два таких представления совпадают. ♦

Сразу после доказательства теоремы, пока не забылись использовавшиеся в нем обозначения, дадим

Определение. Число q называется *неполным частным*, а число r — *остатком* от деления a на b.

Признаюсь, что идея рис. 1, поясняющего доказательство теоремы, принадлежит не мне, а древним грекам. Именно древние греки, почему-то очень любили многократно укладывать один отрезок в другой, а оставшуюся часть большего отрезка, естественно, называли «остатком».

Заметим, дорогие читатели, что остаток — всегда есть число неотрицательное, а вот неполное частное может быть каким угодно целым числом. Поэтому на вопрос: «Сколько будет минус пять поделить на три с остатком?», каждый должен бойко отвечать: «Минус два, в остатке — один!». Но за добрый десяток лет опыта приема устных вступительных экзаменов в университет, судьба еще не послала мне абитуриента, правильно ответившего на этот вопрос. А ведь это дети, специально готовившие себя поступать именно на математико-механический факультет. «Печально я гляжу на наше поколение...»

Задачки

1. Разделите с остатком: а) 161 на 17; б) −161 на 17; в) 161 на −17; г) −161 на −17.

2. Разделите с остатком: а) 17 на 161; б) −17 на 161; в) 17 на −161; г) −17 на −161.

3. Проверьте, что множество $\mathbf{N}\backslash\{1\} = \{2, 3, 4, \dots\}$ с отношением делимости есть частично упорядоченное множество. Найдите его минимальные элементы.

4. Справедливый ковбой зашел в бар и попросил у бармена стакан виски за 3 доллара, пачку Marlboro за доллар и 11 центов, шесть пачек патронов для своего кольта и дюжину коробков спичек. Услышав итоговую сумму — 28 долларов и 25 центов, ковбой пристрелил бармена. За что?

2. Наибольший общий делитель

Не затягивая развития событий, начнем сразу с определения.

Определение. Число $d \in \mathbf{Z}$, делящее одновременно числа $a, b, c, \dots, k \in \mathbf{Z}$, называется *общим делителем* этих чисел. Наибольшее d с таким свойством называется *наибольшим общим делителем*. Обозначение: $d = (a, b, c, \dots, k)$.

Перечислим, кое-где доказывая, основные свойства наибольшего общего делителя. Первое свойство покажет нам, как устроен наибольший общий делитель двух целых чисел.

***Свойство* 1**. *Если $(a, b) = d$, то найдутся такие целые числа u и v, что $d = au + bv$.*

Доказательство. Рассмотрим множество $\mathbf{P} = \{au + bv \mid u, v \in \mathbf{Z}\}$. Очевидно, что $\mathbf{P} \subseteq \mathbf{Z}$, а знатоки алгебры могут проверить, что $\mathbf{P}$ — идеал в $\mathbf{Z}$. Очевидно, что $a, b, 0 \in \mathbf{P}$. Пусть $x, y \in \mathbf{P}$ и $y \neq 0$. Тогда остаток от деления x на y принадлежит $\mathbf{P}$.

Действительно:

$$x = yq + r, \quad 0 \leqslant r < y,$$

$$r = x - yq = au_1 + bv_1 - au_2 + bv_2)q =$$

$$= a(u_1 - u_2q) + b(v_1 - v_2q) \in \mathbf{P}.$$

Пусть $d \in \mathbf{P}$ — наименьшее положительное число из $\mathbf{P}$ (призадумайтесь, почему такое имеется!). Тогда a делится на d. В самом деле, $a = dq + r_1$, $0 \leqslant r_1 < d$, $a \in \mathbf{P}$, $d \in \mathbf{P}$, значит $r_1 \in \mathbf{P}$, следовательно, $r_1 = 0$. Аналогичными рассуждениями получается, что b делится на d, значит d — общий делитель a и b.

Далее, раз $d \in P$, то $d = au_0 + bv_0$. Если теперь d_1 — общий делитель a и b, то $d_1 \,|\, (au_0 + bv_0)$, т. е. $d_1 \,|\, d$. Значит, $d \geqslant d_1$ и d — наибольший общий делитель. ♦

***Свойство* 2.** *Для любых целых чисел a и k, очевидно, справедливо*: $(a, ka) = a$; $(1, a) = 1$.

***Свойство* 3.** *Если $a = bq + c$, то совокупность общих делителей a и b совпадает с совокупностью общих делителей b и c, в частности*, $(a, b) = (b, c)$.

Доказательство. Пусть $d \,|\, a$, $d \,|\, b$, тогда $d \,|\, c$. Пусть $d \,|\, c$, $d \,|\, b$, тогда $d \,|\, a$. ♦

Конечно, я привел здесь это «крутое» доказательство не потому, что читатели не смогли бы его придумать самостоятельно, а потому, что мне хочется, опять-таки, проиллюстрировать это доказательство на древнегреческий лад. Посмотрите на рис. 2:

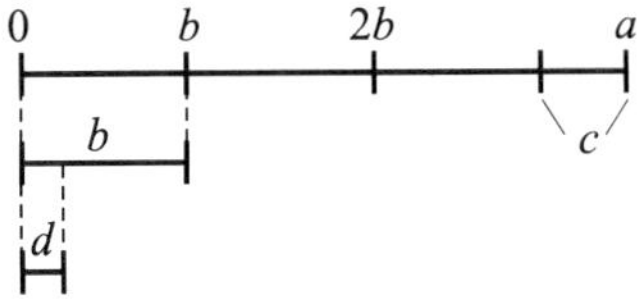

Рис. 2

Если d целое число раз укладывается в a и в b, то, очевидно, что d обязано целое число раз уложиться и в c. Наглядная иллюстрация! Спасибо грекам.

***Свойство* 4.** *Пусть a, b и m — произвольные целые числа. Тогда* $(am, bm) = m(a, b)$.

Доказательство. Если d — наибольший общий делитель чисел a и b, то $dm \,|\, am$ и $dm \,|\, bm$, т. е. dm — делитель am и bm. Покажем, что dm — наибольший общий делитель этих чисел. Поскольку d — наибольший общий делитель чисел a и b, то, согласно свойству 1, для некоторых целых чисел u и v выполнено равенство $d = au + bv$. Умножив это равенство на m, получим равенство

$$dm = amu + bmv.$$

Видно, что если некоторое число s делит одновременно am и bm, то s обязано делить и dm, т. е. $s \leqslant dm$, следовательно, dm — наибольший общий делитель. ♦

***Свойство* 5.** *Пусть s — делитель a и b. Тогда*

$$\left(\frac{a}{s}, \frac{b}{s}\right) = \frac{(a,b)}{s}.$$

Доказательство. $(a,b) = \left(\frac{a}{s}s, \frac{b}{s}s\right) = s\left(\frac{a}{s}, \frac{b}{s}\right).$ ♦

***Свойство* 6.** *Очевидно теперь, что* $\left(\frac{a}{(a,b)}, \frac{b}{(a,b)}\right) = 1.$

***Свойство* 7.** *Если* $(a,b) = 1$, *то* $(ac,b) = (c,b)$.

Доказательство. Пусть $(c,b) = d$. Имеем $d\,|\,b$, $d\,|\,c$, следовательно, $d\,|\,ac$, т. е. d — делитель ac и b. Пусть теперь $(ac,b) = s$. Имеем $s\,|\,b$, $s\,|\,ac$, s — делитель b, т. е. либо $s = 1$, либо s не делит a. Это означает, что $s\,|\,c$, значит, $s\,|\,d$. Итак, d и s делятся друг на друга, т. е. $d = s$. ♦

Что еще сказать в этом пункте? Да, пожалуй, больше и нечего.

Задачки

1. Докажите, что если $d = (a_1, a_2, \ldots, a_n)$ — наибольший общий делитель чисел $a_1, a_2, \ldots, a_n$, то найдутся такие целые числа $v_1, v_2, \ldots, v_n$, что

$$d = v_1a_1 + v_2a_2 + \ldots + v_na_n.$$

2. Вася любит Машу. Маша тоже любит Васю, но согласна выйти за него замуж только если наибольшие общие делители у пар чисел $(2^3 \cdot 5 \cdot 13 \cdot 45,\ 5^2 \cdot 11^6 \cdot 21)$ и $(6 \cdot 35 \cdot 10,\ 17^4 \cdot 15 \cdot 55)$ совпадают. Есть ли у Васи шанс?

3. Взаимно простые числа

Определение. Целые числа a и b *называются взаимно простыми*, если $(a,b) = 1$.

Вспоминая свойство 1 из предыдущего пункта, легко заметить, что два числа a и b являются взаимно простыми тогда и только тогда, когда найдутся целые числа u и v такие, что $au + bv = 1$.

Казалось бы, что особенного можно сказать о взаимно простых числах? Ну, нет у них общих делителей, отличных от 1 и −1, и все тут. Однако, зададимся вопросом: «Как часто встречаются пары взаимно простых чисел?», и постараемся ответить на него с довольно неожиданной точки зрения — в терминах теории вероятностей.

Пусть $X = \{x_n \mid n = 1, 2, \ldots\}$ — произвольная строго возрастающая последовательность натуральных чисел (или, если угодно, X — произвольное подмножество натуральных чисел, упорядоченное естественным образом). Обозначим через $\xi(N; X)$ число членов последовательности X, не превосходящих N.

Определение. Число

$$\rho = \overline{\lim_{N\to\infty}} \frac{\xi(N; X)}{N}$$

называется (верхней асимптотической) *плотностью последовательности* $X = \{x_n \mid n = 1, 2, \ldots\}$ в множестве $\mathbf{N}$.

Пример 1. Пусть $x_n = 2n$, где n пробегает $\mathbf{N}$, — последовательность всех четных чисел. Очевидно, что

$$\overline{\lim_{N\to\infty}} \frac{\xi(N; \{x_n\})}{N} = \frac{1}{2}.$$

Между прочим, это хорошо согласуется с нашими интуитивными представлениями о том, что четных чисел — половина.

Пример 2. Пусть $x_n = 2^n$, где n пробегает $\mathbf{N}$, — геометрическая прогрессия. Интуитивно ясно, что таких чисел в натуральном ряду мало, ибо чем «дальше в лес» по натуральному ряду, тем реже встречается степень двойки. Понятие плотности подтверждает это ощущение: $\xi(2^k; \{x_n\}) = k$, и, легко проверить, что

$$\overline{\lim_{N\to\infty}} \frac{\xi\left(N; \{x_n\}\right)}{N} = \lim_{k\to\infty} \frac{k}{2^k} = 0.$$

Резонно считать, что плотность — это вероятность наугад вытащить из натурального ряда число, принадлежащее заданной последовательности. (Согласитесь, что вы всегда так и думали. Вероятность достать четное число есть $1/2$, а вероятность напороться на степень двойки, особенно среди больших чисел, вообще говоря, ничтожно мала).

Аналогично определению плотности последовательности можно дать определение плотности множества пар натуральных чисел. Пусть имеется произвольное множество X упорядоченных пар натуральных чисел. Обозначим через $\xi(N;X)$ число пар из множества X, каждая компонента которых не превосходит N. Полезно представить себе пары чисел из множества X как координаты точек на координатной плоскости, тогда $\xi(N;X)$ есть просто число точек множества X, попавших в квадрат $\{(x,y)\,|\,0<x\leqslant N; 0<y\leqslant N\}$.

Определение. Число

$$\rho=\varlimsup_{N\to\infty}\frac{\xi(N;X)}{N^2}$$

называется (верхней асимптотической) *плотностью множества пар* X в множестве $\mathbf{N}^2$.

Пример 3. Пусть X — множество всех пар натуральных чисел, у которых первая компонента строго больше второй. Множеству X соответствуют точки первой четверти координатной плоскости, лежащие под биссектрисой $y=x$. Плотность такого множества легко подсчитать:

$$\rho=\varlimsup_{N\to\infty}\frac{\xi(N;X)}{N^2}=\lim_{N\to\infty}\frac{N(N-1)/2}{N^2}=\frac{1}{2},$$

что, опять-таки, согласуется с нашим интуитивным представлением о том, что упорядоченных пар, у которых первая компонента превосходит вторую, примерно половина от общего количества всех пар натуральных чисел.

Пусть X — множество всех упорядоченных пар (u,v) натуральных чисел таких, что $(u,v)=1$, т. е. множество всех пар взаимно простых чисел. (В этом месте я подумал о неудачности стандартного обозначения (u,v) для наибольшего общего делителя, но, раз уж я влип в эту коллизию, то всякий раз в дальнейшем придется уповать на контекст, призванный вносить ясность в смысл обозначения.) Ответ на вопрос о частоте появления пары взаимно простых чисел дает удивительная теорема, открытая в 1881 г. итальянцем Э. Чезаро.

Теорема (Чезаро). *Вероятность выбрать из* $\mathbf{N}$ *пару взаимно простых чисел равна* $\frac{6}{\pi^2}$*, точнее,* $\varlimsup\limits_{N\to\infty}\frac{\xi(N;X)}{N^2}=\frac{6}{\pi^2}$.

Таким образом, плотность взаимно простых чисел в множестве $\mathbf{N}^2$, оказывается, существует и равна $\frac{6}{\pi^2}\approx 0{,}607\ldots$. Примерно в 60% случаев вы вытащите из натурального ряда пару взаимно простых. И еще удивительно — в теореме Чезаро возникло число π, загадочное и вездесущее! Вот уж никак не ожидали мы встретить его посередь царства целых чисел!

Доказательство. Строгое доказательство теоремы Чезаро довольно сложно и громоздко. Но, как говорится, человека (а, в особенности, женщину) убеждает не строгая логика, а эмоция и правильно подобранные наводящие соображения. Вот и сейчас я схитрю и вместо строгого доказательства приведу некоторые эвристические рассуждения, призванные убедить читателя, почему эта теорема вообще должна быть правдоподобна.

Забудем, что существование вероятности (верхнего предела), строго говоря, нужно кропотливо доказывать. Предположим сразу, что существует вероятность p того, что случайно выбранные натуральные числа a и b взаимно просты.

Пусть $d \in \mathbf{N}$. Через $\mathsf{P}\{\mathbf{S}\}$ обозначим, как обычно, вероятность события $\mathbf{S}$. Рассуждаем:

$$\mathsf{P}\{(a,b)=d\} = \mathsf{P}\{d\,|\,a\}\cdot\mathsf{P}\{d\,|\,b\}\cdot\mathsf{P}\left\{\left(\frac{a}{d},\frac{b}{d}\right)=1\right\} = \frac{1}{d}\cdot\frac{1}{d}\cdot p = \frac{p}{d^2}.$$

Просуммировав теперь эти вероятности по всем возможным значениям d, мы должны получить единицу:

$$1 = \sum_{d\in\mathrm{N}} P\{(a,b)=d\} = \sum_{d=1}^{\infty}\frac{p}{d^2},$$

а сумма ряда $\sum\limits_{d=1}^{\infty}\frac{1}{d^2}$ известна и равна $\frac{\pi^2}{6}$ (см., напр., задачник Б. П. Демидовича по математическому анализу, раздел «Ряды Фурье»). Итак, $1=\frac{\pi^2}{6}\cdot p$, следовательно, $p=\frac{6}{\pi^2}$. ♦

Лихо, правда?!

Задачки

1. Докажите, что из пяти последовательных целых чисел всегда можно выбрать одно, взаимно простое со всеми остальными.

2. Докажите, что из 16 последовательных целых чисел всегда можно выбрать одно, взаимно простое со всеми остальными.

3. Докажите, что каждые два числа последовательности $2+1, 2^2+1, 2^4+1, 2^8+1, \ldots, 2^{2^n}+1, \ldots$ являются взаимно простыми. [1])

4. (№ 2961 из задачника Демидовича). Разложить функцию $f(x)=x^2$ в ряд Фурье:

[1]) Между прочим, из утверждения этой задачи сразу следует бесконечность множества простых чисел. Действительно, если бы простых чисел было бы лишь конечное число, то не могло бы существовать бесконечно много чисел, попарно взаимно простых.

а) по косинусам кратных дуг в интервале $(-\pi, \pi)$;
б) по синусам кратных дуг в интервале $(0, \pi)$;
в) в интервале $(0, 2\pi)$.
Пользуясь этими разложениями, найти суммы рядов:

$$\sum_{n=1}^{\infty} \frac{1}{n^2}; \quad \sum_{n=1}^{\infty} \frac{(-1)^{n+1}}{n^2}; \quad \sum_{n=1}^{\infty} \frac{1}{(2n-1)^2}.$$

5. Найдите плотность последовательностей:
а) $x_n = 5n + 2$;
б) $x_n = n^2$;
в) $x_n = n + 1000$.

6. Найдите плотность множества всех простых чисел. [1]

7. Проверьте, что функция $\rho(X)$, ставящая в соответствие каждому множеству X натуральных чисел его плотность, удовлетворяет стандартным аксиомам вероятности:
1). $\rho(X) \geqslant 0$ для всех X (неотрицательность);
2). $\rho(\mathbf{N}) = 1$ (нормированность);
3). $\rho(\bigcup\limits_{n=1}^{\infty} X_n) = \sum\limits_{n=1}^{\infty} \rho(X_n)$ для попарно непересекающихся множеств X_n (счетная аддитивность).

8. Найдите плотность множества пар вида:
а) $(3n + 1, 4k + 3)$,
б) $(2^n, 4k + 3)$,
в) $(2^n, 3^k)$;
где n и k независимо пробегают $\mathbf{N}$.

9. Проверьте, что функция $\rho(X)$, ставящая в соответствие каждому множеству X упорядоченных пар натуральных чисел его плотность, удовлетворяет стандартным аксиомам вероятности.

10. Докажите, что если плотность последовательности строго больше нуля, то для любого натурального k в этой последовательности найдутся k членов, образующих k-членную арифметическую прогрессию. [2]

---

[1] Если эта задача вызывает затруднения, отложите ее в сторону, а после прочтения п. 15 вернитесь к ее решению. Правильный ответ — ноль.

[2] Эта задачка — чистое издевательство, однако размышления над ней принесут вам немало пользы. Утверждение этой задачи в математическом мире известно как теорема Семириди, а наиболее короткое ее доказательство, использующее эргодическую теорию, содержит около 60 с. Теорема Семериди устанавливает, в некотором смысле, характеристическое свойство арифметических прогрессий: всякая бесконечная арифметическая прогрессия имеет ненулевую плотность и всякая последовательность ненулевой плотности содержит сколь угодно длинную арифметическую прогрессию. Прекрасный рассказ об этой теореме и ее элементарное доказательство для $k = 3$ можно найти в книжке *Р. Грэхема* «Начала теории Рамсея». — М.: Мир, 1984.

4. Алгоритм Евклида

Слово «алгоритм» является русской транскрипцией латинизированного имени выдающегося арабского математика ал-Хорезми Абу Абдуллы Мухаммеда ибн ал-Маджуси (787–ок. 850) и означает в современном смысле некоторые правила, список инструкций или команд, выполняя которые, некто достигнет требуемого результата. В этом пункте я расскажу алгоритм, позволяющий по заданным натуральным числам a и b находить их наибольший общий делитель. Считается, что этот алгоритм придумал самый влиятельный математик всех времен и народов — Евклид, он изложил его в IX книге своих знаменитых «Начал».

Отступление «Панегирик Евклиду»

Не могу удержаться от небольшого исторического отступления про Евклида. О его жизни мы не имеем никаких достоверных сведений, может быть, даже, он не был реальной исторической личностью, а являлся коллективным псевдонимом некоей группы Александрийских математиков, типа Николя Бурбаки. Если он жил, то он жил во времена Птолемея Первого (306–283 до н. э.), которому, согласно преданию, он надерзил словами «К геометрии нет царской дороги». Но Птолемеи сознательно культивировали науку и культуру в Александрии, поэтому все эти закидоны своих ученых пропускали мимо ушей.

Наиболее знаменитое и выдающееся произведение Евклида — тринадцать книг его «Начал», но есть еще и другие мелкие опусы. Мы не знаем, какая часть этих трудов принадлежит самому Евклиду и какую часть составляют компиляции, но в этих трудах проявляется поразительная проницательность и дальновидность. Это — первые математические труды, которые дошли до нас от древних греков полностью. В истории Западного мира «Начала», после Библии, — наибольшее число раз изданная и более всего изучавшаяся книга. Большая часть нашей школьной геометрии заимствована буквально из первых шести книг «Начал», традиция Евклида до сих пор тяготеет над нашим элементарным обучением. Для профессионального математика эти книги все еще обладают неотразимым очарованием, а их логическое дедуктивное построение повлияло на сам способ научного мышления больше, чем какое бы то ни было другое произведение. Слава Птолемеям! Честь и хвала Евклиду! Идут пионеры — Салют «Началам»!

Панегирик окончен.

Пусть даны два числа a и b; $a \geqslant 0$, $b \geqslant 0$, считаем, что $a > b$. Символом $:=$ в записи алгоритма обозначаем присваивание. Алгоритм:

1. **Ввести** a и b.
2. **Если** $b = 0$, то **Ответ:** a. **Конец.**

3. **Заменить** $r :=$ «остаток от деления a на b», $a := b$, $b := r$.
4. **Идти** на 2.

Как и почему исполнение этого коротенького набора инструкций приводит к нахождению наибольшего общего делителя мы выясним чуть позже, сейчас же хочется сказать несколько слов про сам алгоритм. Внимательное разглядывание и пошаговое выполнение алгоритма Евклида убеждают в его, выражаясь словами иконописца Феофана Грека, «простоте без пестроты». Я очень сожалею, что в тексте невозможно проиллюстрировать работу алгоритма на греческий лад — греки стирали отрезки, нарисованные на песке. У лектора в аудитории в руках мел и тряпка, он может показать этот живой процесс на доске, а вам, дорогие читатели, придется довольствоваться застывшим рис. 3.

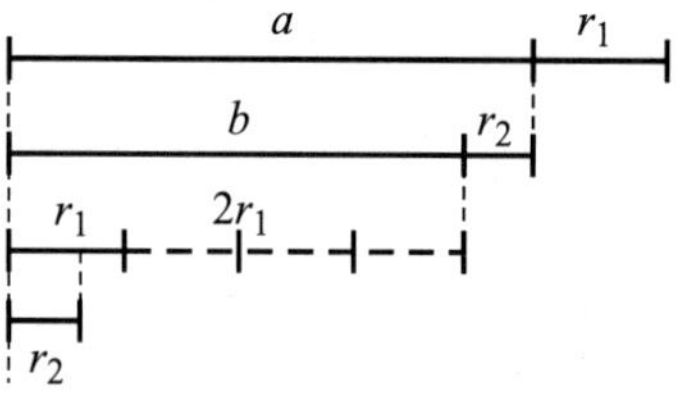

Рис. 3

В современной буквенной записи, кочующей из одного учебника в другой, алгоритм Евклида выглядит так: $a > b$; $a, b \in \mathbf{Z}$.

$$
\begin{array}{ll}
a = bq_1 + r_1 & 0 \leqslant r_1 < b \\
b = r_1q_2 + r_2 & 0 \leqslant r_2 < r_1 \\
r_1 = r_2q_3 + r_3 & 0 \leqslant r_3 < r_2 \\
r_2 = r_3q_4 + r_4 & 0 \leqslant r_4 < r_3 \\
\vdots & \\
r_{n-3} = r_{n-2}q_{n-1} + r_{n-1} & 0 \leqslant r_{n-1} < r_{n-2} \\
r_{n-2} = r_{n-1}q_n + r_n & 0 \leqslant r_n < r_{n-1} \\
r_{n-1} = r_nq_{n+1} & r_{n+1} = 0
\end{array}
$$

Экзаменатор, настойчиво внушающий студенту мысль об ошибочности решения студента явиться на экзамен с невыученным алгоритмом Евклида.

Имеем $b > r_1 > r_2 > \ldots > r_n > 0$, следовательно, процесс оборвется **максимум через** b **шагов**. Очень интересный и практически важный народохозяйственный вопрос о том, когда алгоритм Евклида работает особенно долго, а когда справляется с работой молниеносно, мы рассмотрим в этой книжке чуть позже. Давайте сейчас покажем, что $r_n = (a, b)$. Просмотрим последовательно равенства сверху вниз: всякий делитель a и b делит $r_1, r_2, \ldots, r_n$. Если же просматривать эту цепочку равенств от последнего к первому, то видно, что $r_n \mid r_{n-1}$, $r_n \mid r_{n-2}$, и т. д., т. е. r_n делит a и b. Поэтому r_n — наибольший общий делитель чисел a и b.

Как и всякая добротно выполненная работа, алгоритм Евклида дает гораздо больше, чем от него первоначально ожидалось получить. Из его разглядывания ясно, например, что совокупность делителей a и b совпадает с совокупностью делителей (a, b). Еще он дает практический способ нахождения чисел u и v из $\mathbf{Z}$ (или, если угодно, из теоремы п. 2) таких, что $r_n = au + bv = (a, b)$.

Действительно, из цепочки равенств имеем:

$$r_n = r_{n-2} - r_{n-1}q_n = r_{n-2} - (r_{n-3} - r_{n-2}q_{n-1})q_n = \ldots$$

(идем по цепочке равенств снизу вверх, выражая из каждого следующего равенства остаток и подставляя его в получившееся уже к этому моменту выражение)

$$\ldots = au + bv = (a, b).$$

Пример. Пусть $a = 525$, $b = 231$. Отдадим эти числа на растерзание алгоритму Евклида: (ниже приводится запись деления уголком, и каждый раз то, что было в уголке, т. е. делитель, приписывается к остатку от деления с левой стороны, а остаток, как новый делитель, берется в уголок)

$$\begin{array}{rrrrl}
 & & & -525 & |\,\underline{231} \\
 & & & \underline{462} & |\,2 \\
 & & -231 & |\,\underline{63} & \\
 & & \underline{189} & |\,3 & \\
 & -63 & |\,\underline{42} & & \\
 & \underline{42} & |\,1 & & \\
-42 & |\,\underline{21} & & & \\
\underline{42} & |\,2 & & & \\
0 & & & &
\end{array}$$

Запись того же самого в виде цепочки равенств:

$$525 = 231 \cdot 2 + 63$$

$$231 = 63 \cdot 3 + 42$$

$$63 = 42 \cdot 1 + 21$$

$$42 = 21 \cdot 2$$

Таким образом, $(525, 231) = 21$. Линейное представление наибольшего общего делителя:

$$21 = 63 - 42 \cdot 1 = 63 - (231 - 63 \cdot 3) \cdot 1 =$$
$$= 525 - 231 \cdot 2 - (231 - (525 - 231 \cdot 2) \cdot 3) = 525 \cdot 4 - 231 \cdot 9,$$

и наши пресловутые u и v из $\mathbf{Z}$ равны, соответственно, 4 и –9.

Пункт 4 закончен.

Задачки

1. Предлагаю читателям самим придумать два разных трехзначных числа a и b и найти их наибольший общий делитель d и его представление в виде

$$d = au + bv, \quad u, v \in \mathbf{Z}.$$

Усложните задачу, заменив трехзначные числа четырехзначными, или даже пятизначными.

2. Найдите $d = (317811, 196418)$ и его представление в виде

$$d = 317811u + 196418v.$$ [1]

3. Найдите $d =$ (81719, 52003, 33649, 30107).

5. Линейные диофантовы уравнения с двумя неизвестными

Обычно произвольное уравнение (но, как правило, все-таки с целыми коэффициентами) получает титул «диофантово», если хотят подчеркнуть, что его требуется решить в целых числах, т. е. найти все его решения, являющиеся целыми. Имя Диофанта — выдающегося александрийского математика — появляется здесь не случайно. Диофант интересовался решением уравнений в целых числах еще в третьем веке нашей эры и, надо сказать, делал это весьма успешно.

Отступление про Диофанта и его исторический след

Третий и последний период античного общества — период господства Рима. Рим завоевал Сиракузы в 212 г., Карфаген — в 146 г.,

[1] Числа 196418 и 3167811 являются, соответственно, 27-м и 28-м членами последовательности Фибоначчи, с которой мы еще встретимся в этой книжке при анализе алгоритма Евклида. Для обработки алгоритмом Евклида этих двух чисел придется выполнить 26 делений с остатком, что, конечно, многовато для ручной работы, но я все-таки рекомендую вам ее проделать, дабы посмотреть, какие получаются остатки и почему они получаются именно такими.

Грецию — в 146 г., Месопотамию — в 46 г., Египет — в 30 г. до нашей эры. Огромные территории оказались на положении колоний, но римляне не трогали их культуры и экономического устройства, пока те исправно платили налоги и поборы. Установленный римлянами на столетия мир, в отличие от всех последующих великих миров и рейхов, принес всей завоеванной территории самый длинный период безвоенного существования, торговли и культурного обмена.

Александрия оказалась центром античной математики. Велись оригинальные исследования, хотя компилирование, пересказ и комментирование становились и стали основным видом научной деятельности. Александрийские ученые, если угодно, приводили науку в порядок, собирая разрозненные результаты в единое целое, и многие труды античных математиков и астрономов дошли до нас только благодаря их деятельности. Греческая наука с ее неуклюжим геометрическим способом выражения при систематическом отказе от алгебраических обозначений угасала, алгебру и вычисления (прикладную математику) александрийцы почерпнули с востока, из Вавилона, из Египта.

Основной труд Диофанта (ок. 250 г.) — «Арифметика». Уцелели только шесть книг оригинала, общее их число — предмет догадок. Мы не знаем, кем был Диофант, — возможно, что он был эллинизированный вавилонянин. Его книга — один из наиболее увлекательных трактатов, сохранившихся от греко-римской древности. В ней впервые встречается систематическое использование алгебраических символов, есть особые знаки для обозначения неизвестного, минуса, обратной величины, возведения в степень. Папирус №620 Мичиганского университета, купленный в 1921 г., принадлежит эпохе Диофанта и наглядно это подтверждает. Среди уравнений, решаемых Диофантом, мы обнаруживаем такие, как $x^2 - 26y^2 = 1$ и $x^2 - 30y^2 = 1$, теперь известные нам как частные случаи «уравнения Пелля», причем Диофант интересуется их решениями именно в целых числах.

Книга Диофанта неожиданно оказала еще и огромное косвенное влияние на развитие математической науки последних трех столетий. Дело в том, что юрист из Тулузы Пьер Ферма (1601–1665), изучая «Арифметику» Диофанта, сделал на полях этой книги знаменитую пометку: «Я нашел воистину удивительное доказательство того, что уравнение $x^n + y^n = z^n$ при $n > 2$, не имеет решений в целых числах, однако поля этой книги слишком малы, чтобы здесь его уместить». Это одно из самых бесполезных математических утверждений получило название «Великой теоремы Ферма» и, почему-то, вызвало настоящий ажиотаж среди математиков и любителей (особенно после назначения в 1908 г. за его доказательство премии в 100 000 немецких марок). Попытки добить эту бесполезную теорему породили целые разделы современной алгебры, алгебраической теории чисел, теории функций комплексного переменного и алгебраической геометрии, практическая польза от которых уже не подлежит никакому сомнению. Сама теорема, кажется, благополучно доказана в 1995 г.; Пьер Ферма, конечно, погорячился на полях «Арифметики», ибо он физически не мог придумать подобного доказательства, требующего колоссальной совокупности математических знаний. Элементарного доказательства великой теоремы Ферма пока никто из жителей нашей планеты найти не смог, хотя над его поиском бились лучшие умы последних трех столетий.

Пусть требуется решить линейное диофантово уравнение:

$$ax + by = c, \quad \text{где } a, b, c \in \mathbf{Z}; \ a \text{ и } b \text{ — не нули.}$$

Попробуем порассуждать, глядя на это уравнение.

Пусть $(a, b) = d$. Тогда $a = a_1 d$; $b = b_1 d$ и уравнение выглядит так:

$$a_1 d \cdot x + b_1 d \cdot y = c, \quad \text{т. е. } d \cdot (a_1 x + b_1 y) = c.$$

Теперь ясно, что у такого уравнения имеется решение (пара целых чисел x и y) только тогда, когда $d \mid c$. Поскольку очень хочется решать это уравнение дальше, то пусть $d \mid c$. Поделим обе части уравнения на d, успокоимся, и всюду далее будем считать, что $(a, b) = 1$. Так можно.

Рассмотрим несколько случаев.

Случай 1. Пусть $c = 0$, уравнение имеет вид $ax + by = 0$ — «однородное линейное диофантово уравнение». Немножко потрудившись, находим, что $x = -\frac{b}{a} y$. Так как x должен быть целым числом, то $y = at$, где t — произвольное целое число (параметр). Значит $x = -bt$ и решениями однородного диофантова уравнения $ax + by = 0$ являются все пары вида $\{-bt, at\}$, где $t = 0; \pm 1; \pm 2; \ldots$. Множество всех таких пар называется общим решением линейного однородного диофантова уравнения, любая же конкретная пара из этого множества называется частным решением.

Дорогие читатели, не правда ли, что все названия уже до боли знакомы? «Однородное уравнение», «общее решение» — все это мы уже слышали и в курсе линейной алгебры и в лекциях по дифференциальным уравнениям. При разборе следующего случая эта аналогия буквально выпирает на первый план, что, конечно, не случайно, но исследование единства великого государства линейности на материке математики выходит за рамки этой скромной книжки.

Случай 2. Пусть теперь $c \neq 0$. Этот случай закрывается следующей теоремой.

Теорема. *Пусть* $(a, b) = 1$, $\{x_0, y_0\}$ — *частное решение диофантова уравнения* $ax + by = c$. *Тогда его общее решение задается формулами*

$$\begin{cases} x = x_0 - bt, \\ y = y_0 + at. \end{cases}$$

Таким образом, и в теории линейных диофантовых уравнений общее решение неоднородного уравнения есть сумма общего решения соответствующего однородного уравнения и некоторого (любого) частного решения неоднородного уравнения. Вот оно — проявление единства линейного мира!

Доказательство. То, что правые части указанных в формулировке теоремы равенств действительно являются решениями, проверяется их непосредственной подстановкой в исходное уравнение. Покажем, что любое решение уравнения $ax + by = c$ имеет именно такой вид, какой указан в формулировке теоремы. Пусть $\{x^*, y^*\}$ — какое-нибудь решение уравнения $ax + by = c$. Тогда $ax^* + by^* = c$, но ведь и $ax_0 + by_0 = c$. Следуя многолетней традиции доказательства подобных теорем, вычтем из первого равенства второе и получим

$$a(x^* - x_0) + b(y^* - y_0) = 0$$

— однородное уравнение. Далее, глядя на случай 1, рассмотрение которого завершилось несколькими строками выше, пишем сразу общее решение: $x^* - x_0 = -bt$, $y^* - y_0 = at$, откуда моментально, используя навыки средней школы, получаем

$$x^* = x_0 - bt, \quad y^* = y_0 + at. \qquad \blacklozenge$$

«Все это, конечно, интересно», — скажет читатель, — «Но как же искать то самое частное решение $\{x_0, y_0\}$, ради которого и затеяна вся возня этого пункта и которое, как теперь выясняется, нам так нужно?». Ответ прост. Мы договорились, что $(a, b) = 1$. Это означает, что найдутся такие u и v из $\mathbf{Z}$, что $au + bv = 1$ (если вы это забыли, вернитесь в п. 4), причем эти u и v мы легко умеем находить с помощью алгоритма Евклида. Умножим теперь равенство $au + bv = 1$ на c и получим $a(uc) + b(vc) = c$, т. е. $x_0 = uc$, $y_0 = vc$. Вот и все!

Пример. Вы — хроноп, придуманный Хулио Кортасаром в книжке «Из жизни хронопов и фамов». Вам нужно расплатиться в магазине за синюю пожарную кишку, ибо красная в хозяйстве уже давно есть. У вас в кармане монеты достоинством только в 7 и 12 копеек, а вам надо уплатить 43 копейки. Как это сделать? Решаем уравнение

$$7x + 12y = 43.$$

Включаем алгоритм Евклида:

$$\begin{aligned} 12 &= 7 \cdot 1 + 5, \\ 7 &= 5 \cdot 1 + 2, \\ 5 &= 2 \cdot 2 + 1, \\ 2 &= 1 \cdot 2. \end{aligned}$$

Значит, наибольший общий делитель чисел 7 и 12 равен 1, а его линейное выражение таково:

$$1 = 5 - 2 \cdot 2 = 5 - (7 - 5) \cdot 2 = (12 - 7) - (7 - (12 - 7) \cdot 2) = \\ = 12 \cdot 3 + 7 \cdot (-5),$$

т. е. $u = -5$, $v = 3$. Частное решение:

$$x_0 = uc = (-5) \cdot 43 = -215,$$
$$y_0 = vc = 3 \cdot 43 = 129.$$

Итак, вы должны отобрать у кассира 215 семикопеечных монет и дать ему 129 двенадцатикопеечных. Однако процедуру можно упростить, если записать общее решение неоднородного диофантова уравнения:

$$\begin{cases} x = -215 - 12t, \\ y = 129 + 7t, \end{cases}$$

и, легко видеть, что при $t = -18$, получаются вполне разумные $x = 1$, $y = 3$, поэтому дубасить кассира необязательно.

Задачки

1. Решите диофантовы уравнения:
а) $2x + 7y = 20$; б) $6x - 27y = 21$; в) $11x + 99y = 41$.

2. Для каждого целого z решите в целых числах уравнение

$$2x + 3y = 5z.$$

3. Решите уравнение $3 \sin 7x + \cos 20x = 4$, а потом предложите решить его знакомому школьнику. Кто быстрее?

4. Сколькими различными способами можно расплатиться за вкуснейшую девяностосемикопеечную жевательную резинку лишь пятаками да копейками?

6. Простые числа и «основная» теорема арифметики

Определение. Число $p \in \mathbf{N}$, $p \neq 1$, называется *простым*, если p имеет в точности два положительных делителя: 1 и p. Остальные натуральные числа (кроме 1) принято называть составными. Число 1 — на особом положении, по договору, оно ни простое, ни составное.

Как это часто бывает в математике, да и в других науках, прилагательным «простой» называется объект только первоначально казавшийся простым. Простые числа, как выяснилось в процессе накопления научных знаний, появляются в различных областях математики и являются одним из самых загадочных и тяжелых для изучения монстров. Любопытного читателя, любителя ужастиков и лихо закрученных сюжетов, я отсылаю здесь к изумительному рассказу математика из Боннского университета Дон Цагира «Первые пятьдесят миллионов простых чисел», опубликованному в книжке «Живые числа», — М.: Мир, 1985 г.

Отметим некоторые несложные наблюдения, связанные с простыми числами.

Наблюдение 1. Наименьший делитель любого числа $a \in \mathbf{N}$, отличный от 1, есть число простое.

Доказательство. Пусть $c\,|\,a$, $c \neq 1$ и c — наименьшее с этим свойством. Если существует c_1 такое, что $c_1\,|\,c$, то $c_1 \leqslant c$ и $c_1\,|\,a$, следовательно, $c_1 = c$ или $c_1 = 1$. ♦

Наблюдение 2. Наименьший отличный от 1 делитель составного числа $a \in \mathbf{N}$ не превосходит $\sqrt{a}$.

Доказательство. $c\,|\,a$, $c \neq 1$, c — наименьший, следовательно $a = ca_1$, $a_1\,|\,a$, $a_1 \geqslant c$, значит, $aa_1 \geqslant c^2 a_1$, $a \geqslant c^2$ и $c \leqslant \sqrt{a}$. ♦

Следующее наблюдение, отдавая дань уважения его автору — Евклиду, назовем теоремой.

Теорема (Евклид). *Простых чисел бесконечно много.*

Доказательство. От противного. Пусть $p_1, p_2, \ldots, p_n$ — все простые, какие только есть. Рассмотрим число $a = p_1 p_2 \cdot \ldots \cdot p_n + 1$. Его наименьший отличный от 1 делитель c, будучи простым, не может совпадать ни с одним из $p_1, p_2, \ldots, p_n$, так как иначе $c\,|\,1$. Не перестаю удивляться изобретательности ума людей тысячелетней древности! ♦

Для составления таблицы простых чисел древний грек Эратосфен придумал процедуру, которая получила название «решето

Эратосфена»:

$$\underline{2}, \underline{3}, \cancel{4}, \underline{5}, \cancel{6}, \underline{7}, \cancel{8}, \cancel{9}, \cancel{10}, \underline{11}, \cancel{12}, \underline{13}, \cancel{14}, \cancel{15}, \cancel{16}, \underline{17}, \ldots$$

Идем по натуральному ряду слева направо. Подчеркиваем первое неподчеркнутое и невычеркнутое число, а из дальнейшего ряда вычеркиваем кратные только что подчеркнутому. И так много раз. Легко понять, что подчеркнутые числа — простые. Если вспомнить наблюдение 2, то становится понятно, что когда вычеркнуты все кратные простым, меньшим p, то оставшиеся невычеркнутые, меньшие p^2, — простые. Это значит, что составление таблицы всех простых чисел, меньших N, закончено сразу, как только вычеркнуты все кратные простым, меньшим $\sqrt{N}$.

Для чисел, растущих закономерно, например для квадратов или степеней двойки, было бы, конечно, нелепо разыскивать экземпляр, превосходящий все известные. Для простых же чисел, напротив, прилагаются громадные усилия, чтобы именно это и сделать. Чудаки люди! Например, в 1876 г. француз Люка доказал, что число $(2^{127} - 1)$ — простое, и 75 лет оно оставалось наибольшим из известных простых чисел, что не покажется удивительным, если на него взглянуть:

$$2^{127} - 1 = 170141183460469231731687303715884105727.$$

В настоящее время составлены таблицы всех простых чисел, не превосходящих 50 миллионов, далее известны только отдельные их представители. Читателей всегда привлекает гигантизм, поэтому укажу здесь два самых больших известных на сегодняшний момент простых числа: $2^{44497} - 1$ и $2^{86243} - 1$. Последнее число записано пока в книгу рекордов Гиннеса, в нем 25962 десятичных знака. Найдено оно было, конечно, в рекламных целях — демонстрация фирмой IBM возможностей очередного суперкомпьютера, которому для проверки этого числа на простоту с помощью специальных изощренных тестов (пригодных только для чисел вида $2^n - 1$) потребовалась неделя работы и куча денег.

Самой важной и общеизвестной в этом пункте является следующая теорема (искушенные алгебраисты скажут, что она утверждает факториальность кольца $\mathbf{Z}$, а я воздержусь от каких-либо комментариев в адрес этой теоремы, ибо про столь важную персону математического мира надо либо долго говорить, либо почтенно молчать). Эта теорема носит название «Основной теоремы арифметики».

Теорема. *Всякое целое число, отличное от* -1, 0 *и* 1, *единственным образом (с точностью до порядка сомножителей) разложимо в произведение простых чисел.*

Доказательство. Будем доказывать утверждение теоремы только для натуральных чисел, ибо знак минус перед числом умеют ставить все умеющие ставить знак минус.

Пусть $a > 1$, p_1 — его наименьший простой делитель. Значит, $a = p_1 a_1$. Если, далее, $a_1 > 1$, то пусть p_2 — его наименьший простой делитель и $a_1 = p_2 a_2$, т. е. $a = p_1 p_2 a_2$, и так далее, пока a_n не станет равным единице. Это обязательно произойдет, так как $a > a_1 > a_2 \ldots$, а натуральные числа с естественным порядком удовлетворяют условию обрыва убывающих цепей. Имеем, таким образом, $a = p_1 p_2 \ldots p_n$, и возможность разложения доказана.

Покажем единственность. Пусть $a = q_1 q_2 \cdot \ldots \cdot q_n$ — другое разложение, т. е. $p_1 p_2 \cdot \ldots \cdot p_n = q_1 q_2 \cdot \ldots \cdot q_s$. В последнем равенстве правая часть делится на q_1, следовательно, левая часть делится на q_1. Покажем, что если произведение $p_1 p_2 \cdot \ldots \cdot p_n$ делится на q_1, то один из сомножителей p_k обязан делиться на q_1.

Действительно, если $q_1 \mid p_1$, то все доказано. Пусть q_1 не делит p_1. Так как q_1 — простое число, то $(q_1, p_1) = 1$. Значит, найдутся такие $u, v \in \mathbf{Z}$, что $up_1 + vq_1 = 1$. Умножим последнее равенство на $p_2 \cdot \ldots \cdot p_n$, получим

$$p_2 \cdot \ldots \cdot p_n = p_1(p_2 \cdot \ldots \cdot p_n)u + q_1(p_2 \cdot \ldots \cdot p_n)v.$$

Оба слагаемых справа делятся на q_1, следовательно, $p_2 \cdot \ldots \cdot p_n$ делится на q_1. Далее рассуждайте по индукции сами.

Теперь пусть, например, $q_1 \mid p_1$. Значит, $q_1 = p_1$, так как p_1 — простое. Из равенства $p_1 p_2 \cdot \ldots \cdot p_n = q_1 q_2 \cdot \ldots \cdot q_s$ банальным сокращением моментально получим равенство $p_2 \cdot \ldots \cdot p_n = q_2 \cdot \ldots \cdot q_s$. Снова рассуждая по индукции, видим, что $n = s$, и каждый сомножитель левой части равенства $p_1 p_2 \cdot \ldots \cdot p_n = q_1 q_2 \cdot \ldots \cdot q_n$ обязательно присутствует в правой, и наоборот. ♦

Сразу отмечу без доказательства два достаточно очевидных следствия из этой теоремы.

Следствие 1. *Всякое рациональное число однозначно представимо в виде* $p_1^{\alpha_1} p_2^{\alpha_2} \cdot \ldots \cdot p_k^{\alpha_k}$, *где* $\alpha_1, \alpha_2, \ldots, \alpha_k \in \mathbf{Z}$. ♦

Следствие 2. *Если* $a = p_1^{\alpha_1} p_2^{\alpha_2} \cdot \ldots \cdot p_n^{\alpha_n}$, $b = p_1^{\beta_1} p_2^{\beta_2} \cdot \ldots \cdot p_n^{\beta_n}$ — *целые числа, то наибольший общий делитель* a *и* b *равен* $p_1^{\gamma_1} p_2^{\gamma_2} \cdot \ldots \cdot p_n^{\gamma_n}$, *а наименьшее общее кратное* a *и* b *равно* $p_1^{\delta_1} p_2^{\delta_2} \cdot \ldots \cdot p_n^{\delta_n}$, *где* $\gamma_i = \min\{\alpha_i, \beta_i\}$, а $\delta_i = \max\{\alpha_i, \beta_i\}$. ♦

Можно очень долго анализировать, какие такие глубинные причины вызывают к жизни «основную теорему» арифметики, однако такой анализ, боюсь, уведет нас слишком далеко за пределы основных понятий арифметики. Отмечу только, что для справедливости обсуждаемой теоремы просто необходима аддитивная структура кольца целых чисел. Поясню необходимость наличия сложения плохим примером.

Плохой пример. Пусть $\mathbf{S} = \{4k+1 \mid k \in \mathbf{Z}\}$ — множество вот таких целых чисел. Легко проверить, что $\mathbf{S}$ замкнуто относительно умножения:

$$(4k_1+1)\cdot(4k_2+1) = 16k_1k_2 + 4k_2 + 4k_1 + 1 = \\ = 4\cdot(4k_1k_2 + k_1 + k_2) + 1 \in \mathbf{S},$$

однако это множество не замкнуто относительно сложения. «Квазипростые» числа из $\mathbf{S}$ — суть далее неразложимые в произведение чисел из $\mathbf{S}: 5, 9, 13, 17, 21, 49, \ldots$. Индуктивным рассуждением, подобным рассуждению в первой части доказательства основной теоремы арифметики, легко убедиться, что всякое число из $\mathbf{S}$ разложимо в произведение «квазипростых». Однако единственность такого разложения отсутствует: $441 = 21\cdot 21 = 9\cdot 49$, при этом 9 не делит 21, и 49 не делит 21. Вот какой плохой пример.

Задачки

1. Докажите, что среди членов каждой из арифметических прогрессий:
а) 3, 7, 11, 15, 19,…; б) 5, 11, 17, 23, 29,…
в) 11, 21, 31, 41, 51,…имеется бесконечно много простых чисел. [1])

2. Опоссум Порфирий в зоопарке раскладывает на простые множители число 81 057 226 635 000. Помогите ему, не то он обидится.

---

[1]) Оказывается, справедлив такой общий факт: Если первый член и разность арифметической прогрессии взаимно просты, то среди ее членов содержится бесконечно много простых чисел. Более того, ряд, составленный из обратных величин к этим простым числам, расходится. Это классическое утверждение называется теоремой Дирихле и доказывается весьма сложно. В 1950 г. датский математик А. Сельберг придумал чрезвычайно сложное и хитроумное элементарное (не использующее аппарат высшей математики) доказательство теоремы Дирихле, однако жить лучше от этого не стало и даже сильно одаренному школьнику доказательство теоремы Дирихле вряд ли объяснишь.

3. Методом Эратосфена составьте таблицу простых чисел, меньших 100.

4. Простое число — это число, имеющее в точности два различных положительных делителя (единицу и себя). Найдите все натуральные числа, имеющие в точности
а) три различных положительных делителя;
б) четыре различных положительных делителя;
в) k штук различных положительных делителей ($k > 4$).

5. Докажите, что в натуральном ряде имеются сколь угодно длинные промежутки вида $\{n, n+1, n+2, \ldots, n+k\}$, не содержащие простых чисел.

6. Докажите, что не существует такого многочлена

$$f(x) = a_0x^n + a_1x^{n-1} + \ldots + a_{n-1}x + a_n$$

с целыми коэффициентами, что все числа

$$f(0), f(1), f(2), f(3), \ldots$$

являются простыми. [1]

---

[1] Абсолютно несложное доказательство этого факта впервые придумал Л. Эйлер. Он же напридумывал массу многочленов $f(x)$, значения которых при многих последовательных натуральных x являются простыми числами. Два примера:

а) $f(x) = x^2 + x + 41$, при $x = 0, 1, 2, \ldots, 39$.

б) $f(x) = x^2 - 79x + 1601$, при $x = 0, 1, 2, \ldots, 79$.

Если же рассматривать многочлены от нескольких переменных, то, как следует из результатов Ю. В. Матиясевича о диофантовости рекурсивных множеств (опубликовано в 1970 г.), существуют многочлены, множество положительных значений которых в точности является множеством всех простых чисел. Преследуя чисто спортивный интерес, укажу здесь один такой многочлен от 26 переменных:

$$\begin{aligned}
&F(a,b,c,d,e,f,g,h,i,j,k,l,m,n,o,p,q,r,s,t,u,v,w,x,y,z) = \\
&= \{k+2\}\Big\{1 - (wz+h+j-q)^2 - (2n+p+q+z-e)^2 - \\
&- (a^2y^2 - y^2 + 1 - x^2)^2 - \big(\{e^4+2e^3\}\{a+1\}^2 - o^2\big)^2 - \\
&- \big(16\{k+1\}^3\{k+2\}\{n+1\}^2 + 1 - f^2\big)^2 - \\
&- \big(\{(a+u^4-u^2a)^2-1\}\{n+4dy\}^2+1-\{x+cu\}^2\big)^2 - (ai+k+1-l-i)^2 - \\
&- \big(\{gk+2g+k+1\}\{h+j\}+h-z\big)^2 - \big(16r^2y^4\{a^2-1\}+1-u^2\big)^2 - \\
&- \big(p-m+l\{a-n-1\}+b\{2an+2a-n^2-2n-2\}\big)^2 - \\
&- \big(z-pm+pla-p^2l+t\{2ap-p^2-1\}\big)^2 - \\
&- \big(q-x+y\{a-p-1\}+s\{2ap+2a-p^2-2p-2\}\big)^2 - \\
&- (a^2l^2-l^2+1-m^2)^2 - (n+l+v-y)^2\Big\}.
\end{aligned}$$

§ 2. ЦЕПНЫЕ ДРОБИ

В этом параграфе мы отходим от изучения только целых чисел и действующими лицами станут произвольные действительные (как рациональные, так и иррациональные) числа. Сей параграф посвящен очень остроумному математическому аппарату — цепным (или непрерывным) дробям. Почему-то о них не рассказывают в школах, техникумах и университетах в обязательном порядке, а зря. Кроме того, что изучение цепных дробей занимательно само по себе, их применения выходят далеко за рамки теории чисел: они помогают исследовать числовые последовательности, анализировать алгоритмы, решать дифференциальные уравнения и т. д. Не претендуя на полноту изложения теории цепных дробей в этом параграфе и отдавая дань уважения славному ученому — математику А. Я. Хинчину, я сразу упомяну здесь его классическую книжку «Цепные дроби», в которой любопытный читатель найдет еще много интересных фактов, кроме тех, которые будут изложены ниже.

7. Разложение чисел в цепные дроби

Определение. *Цепной* (или, *непрерывной*) дробью называется выражение вида:

$$\alpha = q_1 + \cfrac{1}{q_2 + \cfrac{1}{q_3 + \cfrac{1}{q_4 + \cfrac{1}{\ddots \, \cfrac{\ddots}{q_n + \cfrac{1}{\ddots}}}}}}$$

Договоримся называть числа $q_1, q_2, \ldots, q_n, \ldots$ — неполными частными и считаем, что $q_1 \in \mathbf{Z}$, а $q_2, \ldots, q_n, \ldots \in \mathbf{N}$. Числа

$$\delta_1 = q_1, \quad \delta_2 = q_1 + \frac{1}{q_2}, \quad \delta_3 = q_1 + \cfrac{1}{q_2 + \cfrac{1}{q_3}} \quad \text{и т. д.}$$

называются *подходящими дробями* цепной дроби α.

Цепная дробь может быть как конечной (содержащей конечное число дробных линий и неполных частных), так и бесконечной вниз и вправо (на юго-восток). В первом случае она, очевидно, представляет некоторое рациональное число, во втором случае — пока непонятно, что она вообще из себя представляет, но ясно, что все ее подходящие дроби — рациональные числа.

Договоримся называть *значением* (или *величиной*) бесконечной цепной дроби предел бесконечной последовательности ее подходящих дробей: $\alpha = \lim\limits_{n\to\infty} \delta_n$ (пока без всякого доказательства существования этого предела).

Наша глобальная цель на следующую тройку пунктов — доказательство основной теоремы о цепных дробях.

Теорема. *Всякое действительное число может быть разложено в цепную дробь единственным образом, и всякая конечная или бесконечная цепная дробь имеет своим значением некоторое действительное число.*

После доказательства этой теоремы можно будет смело сказать, что цепные дроби — это еще одна форма записи действительных чисел. Однако доказательство этой теоремы растянется у нас надолго. В процессе доказательства удобно будет вводить и исследовать новые понятия, складывать их в вашу копилку знаний, изучать их свойства. Именно поэтому я не буду сейчас писать с новой строки сакраментальное слово «**доказательство**» и собирать под его шапкой все дальнейшее. Обойдемся без этого слова, помня, что пока весь последующий рассказ как раз и нацелен на доказательство основной теоремы о цепных дробях.

Пусть $\alpha \in \mathbf{R}$ — действительное число, заключенное между двумя последовательными целыми числами: $a \leqslant \alpha < a + 1$. Число a будем называть *нижним целым* числа α (это просто целая часть α), а число $a + 1$ — *верхним целым*. Обозначениями для нижнего и верхнего целого числа α пусть будут, соответственно, $\lfloor \alpha \rfloor$ и $\lceil \alpha \rceil$.

Возьмем произвольное не целое действительное число $\alpha \in \mathbf{R}$, $\alpha \notin \mathbf{Z}$, $q_1 = \lfloor \alpha \rfloor$. Тогда $\alpha = q_1 + \beta_1$, $0 < \beta_1 < 1$, следовательно,

$$\alpha_2 = \frac{1}{\beta_1} > 1, \quad \text{и} \quad \alpha = q_1 + \frac{1}{\alpha_2}.$$

Если, далее, α_2 — не целое, то снова:

$$q_2 = \lfloor \alpha \rfloor, \ \ \alpha_2 = q_2 + \beta_2 = q_2 + \frac{1}{\alpha_3}, \ \ \alpha_3 > 1, \ \text{ и } \ \alpha = q_1 + \cfrac{1}{q_2 + \cfrac{1}{\alpha_3}}.$$

Продолжая этот процесс взятия нижних целых и переворачивания дробных частей, получим запись произвольного числа $\alpha \in \mathbf{R}$ в виде цепной дроби. Изложенный процесс есть просто «лобовой» способ разложения произвольного числа в цепную дробь или, если угодно, наводящие соображения к доказательству основной теоремы.

Пример 1. Разложим в цепную дробь число $\alpha = \sqrt{2}$.

Имеем $q_1 = \lfloor\sqrt{2}\rfloor = 1$, $\beta_1 = \sqrt{2} - 1$, т. е. $\alpha = 1 + (\sqrt{2} - 1)$. Далее,

$$\alpha_2 = \frac{1}{\beta_1} = \frac{1}{\sqrt{2}-1} = \frac{\sqrt{2}+1}{1} = \sqrt{2}+1,$$
$$q_2 = \lfloor\sqrt{2}+1\rfloor = 2, \quad \beta_2 = \sqrt{2} - 1,$$

$\alpha = 1 + \dfrac{1}{2 + (\sqrt{2} - 1)}$. Так как $\beta_1 = \beta_2$, то нетрудно понять, что этот процесс зациклится и, если его не останавливать, то получится бесконечная цепная дробь:

$$\sqrt{2} = 1 + \cfrac{1}{2 + \cfrac{1}{2 + \cfrac{1}{2 + \cfrac{1}{2 + \cfrac{1}{\ddots}}}}}.$$

Все неполные частные в ней, начиная со второго, равны двойке.

Очевидно, что если $\alpha \in \mathbf{R}$ — иррационально, то описанный выше процесс бесконечен, так как иначе, в случае остановки этого процесса, α оказалось бы равным конечной цепной дроби, т. е. рациональному числу. Значит, всякое иррациональное число если и можно представить, то только бесконечной цепной дробью. Забудем пока про иррациональные числа и окунемся в приятный мир рациональных.

Пусть $\alpha \in \mathbf{Q}$, $\alpha = \dfrac{a}{b}$; $a, b \in \mathbf{Z}$, $b > 0$. Оказывается, что при этих условиях указанный выше процесс разложения числа в цепную дробь всегда конечен и выполним с помощью достопочтенного и любимого нами алгоритма Евклида. Действительно, отдадим алгоритму числа a и b и внимательно посмотрим, что получится:

$$\begin{aligned}
a &= bq_1 + r_1, && \text{т. е. } \frac{a}{b} = q_1 + 1\Big/\frac{b}{r_1},\\
b &= r_1q_2 + r_2, && \text{т. е. } \frac{b}{r_1} = q_2 + 1\Big/\frac{r_1}{r_2},\\
r_1 &= r_2q_3 + r_3, && \text{т. е. } \frac{r_1}{r_2} = q_3 + 1\Big/\frac{r_2}{r_3},\\
&\vdots\\
r_{n-2} &= r_{n-1}q_n + r_n, && \text{т. е. } \frac{r_{n-2}}{r_{n-1}} = q_n + 1\Big/\frac{r_{n-1}}{r_n},\\
r_{n-1} &= r_nq_{n+1}, && \text{т. е. } \frac{r_{n-1}}{r_n} = q_{n+1}.
\end{aligned}$$

Значит,

$$\frac{a}{b} = q_1 + \cfrac{1}{q_2 + \cfrac{1}{q_3 + \cfrac{1}{q_4 + \cfrac{1}{\ddots \, \cfrac{\ddots}{q_n + \cfrac{1}{q_{n+1}}}}}}},$$

где $q_1, q_2, \ldots, q_{n+1}$ — как раз те самые неполные частные из алгоритма Евклида (вот откуда название этих чисел в цепных дробях). Таким образом, в случае рационального числа $\frac{a}{b}$, процесс разложения в цепную дробь конечен и дробь содержит не более b этажей. Наиболее одаренные читатели в этом месте уже поняли, что основная теорема о цепных дробях для рациональных чисел оказалась почти доказана (не доказали только единственность разложения, но она в случае конечных цепных дробей почти очевидна — приравняйте две цепных дроби и, рассуждая по индукции, получите, что у равных дробей совпадают все неполные частные).

Согласитесь, что горизонтальные дробные линии в начертании цепной дроби сильно напоминают рис. 3 из п. 4 — отрезки, которые рисовали древние греки на песке, да и связь алгоритма

Евклида с цепными дробями — непосредственная и, можно сказать, даже трогательно-интимная.

Пример 2. Этот пример заимствован мною из книги И. М. Виноградова «Основы теории чисел», ведь придумать самому такое рациональное число практически невозможно. Итак: разложить $\frac{105}{38}$ в цепную дробь.

Включаем алгоритм Евклида:

$$\begin{aligned} 105 &= 38 \cdot \underline{2} + 29, \\ 38 &= 29 \cdot \underline{1} + 9, \\ 29 &= 9 \cdot \underline{3} + 2, \\ 9 &= 2 \cdot \underline{4} + 1, \\ 2 &= 1 \cdot \underline{2}. \end{aligned}$$

Неполные частные я специально подчеркнул потому, что теперь для написания ответа нужно аккуратно расположить их подряд на этажах цепной дроби перед знаками плюс:

$$\frac{105}{38} = 2 + \cfrac{1}{1 + \cfrac{1}{3 + \cfrac{1}{4 + \cfrac{1}{2}}}}.$$

Вот и все. Потренируйтесь еще, пожалуйста, самостоятельно раскладывать числа в цепную дробь, решая задачки к этому пункту, а я на этом п. 7 заканчиваю.

Задачки

1. Разложите в цепную дробь число α, если:
а) $\alpha = \frac{5391}{3976}$; б) $\alpha = \frac{10946}{6765}$; [1]) в) $\alpha = \sqrt{3}$; г) $\alpha = \frac{1+\sqrt{3}}{2}$; д) $\alpha = \log_2 3$ (ограничьтесь нахождением пяти первых неполных частных).

2. Вычислите для каждой цепной дроби из предыдущей задачи первые пять штук подходящих дробей $\delta_1, \delta_2, \delta_3, \delta_4, \delta_5$. Нарисуйте каждый раз на числовой оси число α и его подходящие дроби.

---

[1]) Это отношение двадцать первого числа Фибоначчи к двадцатому.

8. Вычисление подходящих дробей

В этом пункте мы будем внимательно наблюдать за поведением подходящих дробей $\delta_1 = q_1$, $\delta_2 = q_1 + \dfrac{1}{q_2}$, $\delta_3 = q_1 + \dfrac{1}{q_2 + \dfrac{1}{q_3}}, \ldots$ цепной дроби

$$\alpha = q_1 + \cfrac{1}{q_2 + \cfrac{1}{q_3 + \cfrac{1}{q_4 + \cfrac{1}{\ddots_{\ \ddots\ } \cfrac{}{q_n + \cfrac{1}{\ddots}}}}}}$$

с целью научиться быстро их вычислять, не связываясь с преобразованием многоэтажных выражений.

Понятно, что подходящая дробь δ_s, $s > 1$, получается из дроби δ_{s-1} заменой в записи выражения δ_{s-1} буквы q_{s-1} выражением $q_{s-1} + \dfrac{1}{q_s}$. Мы уже знаем из п. 7, что если «многоэтажную» подходящую дробь упростить (посчитать), то получится некоторое рациональное число $\dfrac{P}{Q}$ — «одноэтажная» дробь. Договоримся всегда буквой P_s обозначать числитель подходящей дроби δ_s (числитель именно ее рационального значения, т. е. «одноэтажной» дроби), а буквой Q_s — знаменатель. Давайте научимся быстро считать эти числители и знаменатели.

Положим для удобства $P_0 = 1$, $Q_0 = 0$. (Это просто соглашение, не пугайтесь, на ноль делить никто не заставляет.) Имеем

$$\delta_0 = \frac{P_0}{Q_0} = \infty,$$

$$\delta_1 = \frac{q_1}{1} = \frac{P_1}{Q_1}, \quad \text{т. е.} \;\; P_1 = q_1, \;\; Q_1 = 1,$$

$$\delta_2 = \frac{q_1 + \frac{1}{q_2}}{1} = \frac{q_1 q_2 + 1}{1 \cdot q_2 + 0} = \frac{q_2 P_1 + P_0}{q_2 Q_1 + Q_0} = \frac{P_2}{Q_2},$$

$$\delta_3 = \frac{\left(q_2 + \dfrac{1}{q_3}\right) P_1 + P_0}{\left(q_2 + \dfrac{1}{q_3}\right) Q_1 + Q_0} = \frac{q_3 P_2 + P_1}{q_3 Q_2 + Q_1} = \frac{P_3}{Q_3} \quad \text{и т. д.}$$

Видно, что получаются рекуррентные соотношения:

$$P_s = q_s P_{s-1} + P_{s-2} \text{ — числители,}$$

$$Q_s = q_s Q_{s-1} + Q_{s-2} \text{ — знаменатели.}$$

Просьба хорошенько запомнить эти соотношения вместе с начальными условиями $P_0 = 1$, $Q_0 = 0$, $P_1 = q_1$, $Q_1 = 1$, ибо их использование значительно ускоряет процесс вычисления подходящих дробей и доставляет много других радостей. Сами соотношения очень легко доказать, если воспользоваться принципом математической индукции и головным мозгом. Проделайте это, пожалуйста, самостоятельно.

Пример. Вспомним разложение в цепную дробь числа $\frac{105}{38}$ из предыдущего пункта и вычислим подходящие дроби. Имеем

$$\frac{105}{38} = 2 + \cfrac{1}{1 + \cfrac{1}{3 + \cfrac{1}{4 + \cfrac{1}{2}}}}.$$

Вычисления числителей и знаменателей подходящих дробей организуем в таблицу.

s	0	1	2	3	4	5
q_s	Пустая клетка	2	1	3	4	2
P_s	1	2	3	11	47	105
Q_s	0	1	1	4	17	38

Посмотрите внимательно. Вторая строчка этой таблицы — неполные частные — заполняется сразу после работы алгоритма Евклида, числа $P_0 = 1$, $Q_0 = 0$, $P_1 = q_1$, $Q_1 = 1$ проставляются в таблицу автоматически. Две последние строки заполняются слева направо с использованием рекуррентных соотношений. Например, число $11 = P_3$ в третьей строке возникло так: тройка, стоящая над ним, умножилась на тройку, стоящую перед ним, и к результату прибавилась стоящая впереди двойка, ибо $P_3 = q_3 P_2 + P_1 = 3 \cdot 3 + 2$. После того, как в таблице уже стоит число 11, следующая клетка в этой строке заполняется числом

$4 \cdot 11 + 3 = 47$, и т. д. Согласитесь, этот процесс гораздо быстрее и приятнее раскручивания многоэтажных дробей. Ответ:

$$\delta_0 = \infty; \quad \delta_1 = 2; \quad \delta_2 = 3; \quad \delta_3 = \frac{11}{4} = 2,75;$$
$$\delta_4 = \frac{47}{17} \approx 2,764\ldots; \quad \delta_5 = \frac{105}{38} \approx 2,76315\ldots$$

— на пятом шаге (считая с нуля) подходящие дроби подошли к самому числу, прыгая вокруг него. Я имею ввиду то, что дроби с четными номерами больше исходного числа, а дроби с нечетными номерами — меньше, и последовательность подходящих дробей очень быстро сходится к самому числу. Это, конечно, не случайно, но об этих свойствах как раз чуть ниже и в следующем пункте.

Я хотел было закончить здесь п. 8, но человек — существо ужасно любопытное. Если он идет мимо забора за которым что-то попискивает, то он обязательно заглянет в щелочку, чтобы узнать, что это там пищит. Вот и сейчас любопытство взяло верх, и мне страшно хочется посчитать подходящие дроби разложения $\sqrt{2}$ в цепную дробь из примера 1 предыдущего пункта. Не буду себя сдерживать и составлю таблицу:

s	0	1	2	3	4	5	6	7
q_s		2	1	2	2	2	2	2
P_s	1	1	3	7	17	41	99	239
Q_s	0	1	2	5	12	29	70	169

Уже на шестом шаге я получил дробь $\frac{99}{70} = 1{,}41428\ldots$, т. е. достиг точности, которую помнят только влюбленные в математику человеки — $\sqrt{2} \approx 1{,}4142$; понадобилось же мне для этого две минуты и шесть секунд устных вычислений. Вот какой мощный аппарат — цепные дроби!

Задачки

1. Составляя таблицу, вычислите десяток подходящих дробей следующих цепных дробей и запишите их значения в виде десятичной дроби:

а) $$\Phi = 1 + \cfrac{1}{1 + \cfrac{1}{1 + \cfrac{1}{1 + \cfrac{1}{1 + \cfrac{1}{1 + \cfrac{1}{\ddots}}}}}}$$

(все неполные частные равны единице);

б) $$e = 2 + \cfrac{1}{1 + \cfrac{1}{2 + \cfrac{1}{1 + \cfrac{1}{1 + \cfrac{1}{4 + \cfrac{1}{\ddots}}}}}}$$

(последовательность неполных частных такова:
2, 1, 2, 1, 1, 4, 1, 1, 6, 1, 1, 8, 1, 1, 10, 1, 1, 12, 1, 1, 14, 1, 1, 16, 1,...); [1]

в) $$\pi = 3 + \cfrac{1}{7 + \cfrac{1}{15 + \cfrac{1}{1 + \cfrac{1}{292 + \cfrac{1}{1 + \cfrac{1}{\ddots}}}}}}$$

(последовательность неполных частных такова: 3, 7, 15, 1, 292, 1, 1, 1, 2, 1, 3, 1, 14, 2, 1, 1, 2, 2, 2, 2, 1, 84, 2, 1, 1, 15, 3, 13,...); [2]

2. Решите уравнение: $$x = 1 + \cfrac{1}{1 + \cfrac{1}{1 + \cfrac{1}{\ddots \, \cfrac{\ddots}{1 + \cfrac{1}{x}}}}},$$

где справа в цепной дроби стоит n дробных черточек.

[1] Разложение в цепную дробь основания натуральных логарифмов впервые получил Эйлер, подметивший и доказавший закономерность в последовательности неполных частных.

[2] Для последовательности неполных частных разложения в цепную дробь числа π в настоящее время неизвестно никакой закономерности и никаких ее свойств, кроме того, что эта последовательность заведомо не периодическая (см. п. 11).

9. Свойства подходящих дробей

Это сложный пункт, в нем будет мало слов крупным шрифтом. Взгляните еще раз на название пункта, и «поехали» (цитата из литературного наследия Ю. Гагарина, точнее, это литературное наследие здесь процитировано полностью).

Свойство 1. $P_sQ_{s-1} - Q_sP_{s-1} = (-1)^s$, $s > 0$.

Доказательство. Обозначим $h_s = P_sQ_{s-1} - Q_sP_{s-1}$, тогда

$$\begin{aligned} h_1 &= P_1Q_0 - Q_1P_0 = q_1 \cdot 0 - 1 \cdot 1 = -1, \\ h_s &= P_sQ_{s-1} - Q_sP_{s-1} = (q_sP_{s-1} + P_{s-2})Q_{s-1} - \\ &\quad - (q_sQ_{s-1} + Q_{s-2})P_{s-1} = P_{s-2}Q_{s-1} - Q_{s-2}P_{s-1} = -h_{s-1}. \end{aligned}$$

Значит, $h_s = (-1)^s$. ♦

Свойство 2. $\delta_s - \delta_{s-1} = \dfrac{(-1)^s}{Q_sQ_{s-1}}$, $s > 1$.

Доказательство.

$$\delta_s - \delta_{s-1} = \frac{P_s}{Q_s} - \frac{P_{s-1}}{Q_{s-1}} = \frac{h_s}{Q_sQ_{s-1}} = \frac{(-1)^s}{Q_sQ_{s-1}}.$$

♦

Свойство 3. *Для любого* $s > 0$, *дробь* $\dfrac{P_s}{Q_s}$ *— несократима.*

Доказательство. Пусть наибольший общий делитель (P_s, Q_s) равен d и $d > 1$. Тогда d делит разность $P_sQ_{s-1} - Q_sP_{s-1}$, равную $(-1)^s$, что невозможно. ♦

Свойство 4. $Q_s \geqslant \dfrac{1}{\sqrt{5}}\left[\left(\dfrac{1+\sqrt{5}}{2}\right)^s - \left(\dfrac{1-\sqrt{5}}{2}\right)^s\right]$, $s \geqslant 0$, *и равенство достигается только при* $q_1 = q_2 = \ldots = q_s = 1$.

Доказательство. Нам уже известно, что $Q_0 = 0$, $Q_1 = 1$, $q_i \in \mathbf{N}$, $Q_s = q_sQ_{s-1} + Q_{s-2} \geqslant Q_{s-1} + Q_{s-2}$. Наиболее медленный рост знаменателей будет наблюдаться при $Q_s = Q_{s-1} + Q_{s-2}$, т. е. при $q_1 = q_2 = \ldots = q_s = 1$. Это рекуррентное соотношение вместе с начальными условиями $Q_0 = 0$, $Q_1 = 1$ задает последовательность Фибоначчи. Характеристическое уравнение для рекуррентного соотношения Фибоначчи:

$$x^2 = x + 1;$$

его корни: $x_{1,2} = \dfrac{1 \pm \sqrt{5}}{2}$; общее решение:

$$Q_s = C_1 \left(\frac{1+\sqrt{5}}{2}\right)^s + C_2 \left(\frac{1-\sqrt{5}}{2}\right)^s.$$

Подстановка начальных условий в общее решение дает

$$\begin{cases} 0 = C_1 + C_2 \\ 1 = C_1 \left(\dfrac{1+\sqrt{5}}{2}\right) + C_2 \left(\dfrac{1-\sqrt{5}}{2}\right) \end{cases}, \text{ откуда } C_1 = -C_2 = \frac{1}{\sqrt{5}}.$$

Впрочем, формула s-го члена последовательности Фибоначчи достаточно общеизвестна, ее вывод можно посмотреть, например, в брошюрах А. И. Маркушевича «Возвратные последовательности» или Н. Н. Воробьева «Числа Фибоначчи» из серии «Популярные лекции по математике», регулярно выходившей для школьников в издательстве «Наука».

Итак, знаменатели подходящих дробей растут не медленнее последовательности Фибоначчи: 0, 1, 1, 2, 3, 5, 8, 13, 21, 34, 55,... ♦

Отступление про Фибоначчи

Фибоначчи — «Сын Боначчо» или Леонардо Пизанский (1180–1240), — известный средневековый математик, философ, купец и т. д. Путешествовал и торговал в странах востока, изучал науку востока. По возвращению в Европу он записал собранные сведения, добавил много собственных исследований и издал книги «Практика геометрии» и «Книга абака». Последовательность Фибоначчи возникает у самого Леонардо при решении следующей задачи: сколько пар кроликов может произойти от одной пары в течении года, если а) каждая пара каждый месяц порождает новую пару, которая со второго месяца становится производителем, и б) кролики не дохнут. Поразительным образом, демонстрируя единство мироздания, последовательность Фибоначчи появляется не только при изучении цепных дробей, но и во многих других разделах математики, физики, биологии, искусствоведения. Кроме порождения на свет этой замечательной последовательности и другого прочего, «Книга абака» была одним из решающих источников проникновения в Западную Европу десятичной системы счисления и арабской записи цифр. Честь и хвала безумцам, которые, порой в ущерб своему благосостоянию, сохраняют и развивают культуру целых поколений, безумцам, чья система ценностей не замкнута на шмотках, деньгах и развлечениях!

Свойство 5. *Для любой бесконечной цепной дроби последовательность $\delta_1, \delta_2, \delta_3, \ldots$ сходится.*

Доказательство. Рассмотрим подпоследовательности

$$\frac{P_0}{Q_0}, \frac{P_2}{Q_2}, \ldots, \frac{P_{2n}}{Q_{2n}}, \ldots \quad \text{— дроби с четными номерами}$$

и

$$\frac{P_1}{Q_1}, \frac{P_3}{Q_3}, \ldots, \frac{P_{2n+1}}{Q_{2n+1}}, \ldots \quad \text{— дроби с нечетными номерами.}$$

Имеем

$$\frac{P_{2n+2}}{Q_{2n+2}} - \frac{P_{2n}}{Q_{2n}} = \delta_{2n+2} - \delta_{2n+1} + \delta_{2n+1} - \delta_{2n} =$$
$$= \frac{1}{Q_{2n+2}Q_{2n+1}} + \frac{-1}{Q_{2n+1}Q_{2n}} < 0,$$

так как $Q_{2n+2}Q_{2n+1} > Q_{2n+1}Q_{2n}$. Значит, подпоследовательность дробей с четными номерами монотонно убывает. Аналогично, вторая подпоследовательность монотонно возрастает. Всякий член «четной» последовательности больше всякого члена «нечетной». Действительно, рассмотрим δ_{2n} и δ_{2m+1}. Возьмем четное k такое, что $k+1 > 2n$ и $k+1 > 2m+1$. Тогда

$$\delta_k - \delta_{k-1} = +\frac{1}{Q_kQ_{k-1}} > 0, \quad \text{т. е.} \ \delta_k > \delta_{k-1}.$$

Но ведь $\delta_k < \delta_{2n}$ в силу убывания последовательности «четных», а $\delta_{k-1} > \delta_{2m+1}$ в силу возрастания последовательности «нечетных». Значит, $\delta_{2n} > \delta_k > \delta_{k-1} > \delta_{2m+1}$, что и нужно. Получается, что обе последовательности монотонны и ограничены, следовательно, имеют пределы. Кроме того,

$$|\delta_s - \delta_{s-1}| = \frac{1}{Q_sQ_{s-1}} < \frac{1}{\Phi_s\Phi_{s-1}} \underset{s\to\infty}{\longrightarrow} 0,$$

где Φ_s — s-й член последовательности Фибоначчи, следовательно, пределы обеих подпоследовательностей совпадают.

Итак, всякая бесконечная цепная дробь имеет некоторое значение. ♦

Свойство 6. *Пусть $\alpha \in \mathbf{R}$ раскладывается в цепную дробь, например, с помощью процесса взятия целых частей и «пе-*

реворачивания» дробных (этот процесс предложен в п. 7 после формулировки основной теоремы о цепных дробях), *т. е.*

$$\alpha = q_1 + \cfrac{1}{q_2 + \cfrac{1}{q_3 + \cfrac{1}{\ddots \, \cfrac{}{q_s + \cfrac{1}{\alpha_{s+1}}}}}}$$

— результат очередного этапа процесса разложения. Тогда α *лежит между* δ_{s-1} *и* δ_s, *причем ближе к* δ_s, *чем к* δ_{s-1}.

Доказательство. На $(s+1)$-м шаге разложения мы заменяем q_s на $q_s + \dfrac{1}{\alpha_{s+1}}$, поэтому имеем точное равенство:

$$\alpha = \frac{\alpha_{s+1} P_s + P_{s-1}}{\alpha_{s+1} Q_s + Q_{s-1}},$$

значит,

$$\alpha\alpha_{s+1} Q_s + \alpha Q_{s-1} - \alpha_{s+1} P_s - P_{s-1} = 0.$$

Преобразуем его:

$$\alpha_{s+1} Q_s \left(\alpha - \frac{P_s}{Q_s}\right) + Q_{s-1}\left(\alpha - \frac{P_{s-1}}{Q_{s-1}}\right) = 0.$$

Это равенство означает, что разности в скобках имеют разные знаки. Кроме того, $Q_s > Q_{s-1}$, $\alpha_{s+1} > 1$, значит,

$$\left|\alpha - \frac{P_s}{Q_s}\right| < \left|\alpha - \frac{P_{s-1}}{Q_{s-1}}\right|. \qquad \blacklozenge$$

Свойство 7. *Для любого* $\alpha \in \mathbf{R}$, *разложение в цепную дробь единственно.*

Доказательство. Пусть имеются два разложения одного и того же числа:

$$p_1 + \cfrac{1}{p_2 + \cfrac{1}{p_3 + \cfrac{1}{\ddots}}} = q_1 + \cfrac{1}{q_2 + \cfrac{1}{q_3 + \cfrac{1}{\ddots}}}.$$

Если два числа совпадают, то у них совпадают целые части, т. е. $p_1 = q_1$, и совпадают обратные величины к дробным частям:

$$p_2 + \cfrac{1}{p_3 + \cfrac{1}{\ddots}} = q_2 + \cfrac{1}{q_3 + \cfrac{1}{\ddots}}.$$

Далее точно так же, по индукции. ♦

Наблюдательный читатель уже наверняка заметил, что основная теорема о цепных дробях (сформулированная в п. 7), о необходимости доказательства которой так долго говорили, к этому моменту оказалась доказанной. Более того, из вышеизложенного следует, что всякая цепная дробь (конечная или бесконечная) сходится именно к тому числу, которое было в нее разложено.

Задачки

1. Найдите формулу n-го члена последовательности, задаваемой рекуррентно: $a_n = a_{n-1} + 2a_{n-2}$; $a_1 = 0$, $a_2 = 6$.

2. Продвинутый десятиклассник Петя решает на школьной олимпиаде такую задачу:

Доказать, что при любом $n = 0, 1, 2, \ldots$, число

$$a_n = \frac{11 + \sqrt{10}}{10 + \sqrt{10}} \left(\frac{1 + \sqrt{10}}{2} \right)^n + \frac{-1}{10 + \sqrt{10}} \left(\frac{1 - \sqrt{10}}{2} \right)^n$$

является целым. Поскольку Петя знает только бином Ньютона, у него получаются очень громоздкие вычисления, в которых он тонет. Помогите Пете, не используя бином Ньютона.

3. Вычислите α с точностью до десятого знака после запятой, если:
а) $\alpha = \sqrt{2}$;
б) $\alpha = \sqrt{5}$.
Разрешается использовать только ваше умение оценивать разность между соседними подходящими дробями и калькулятор, умеющий выполнять сложение, умножение, вычитание и деление.

4. Вычислив последнюю и предпоследнюю подходящие дроби числа $\frac{215}{157}$, решите диофантовы уравнения:
а) $215x - 157y = 1$;
б) $215x - 157y = 4$.

10. Континуанты. Анализ алгоритма Евклида

В этом пункте я расскажу о вещах совсем малоизвестных, хотя абсолютно доступных для понимания. Сначала напомню забывчивым читателям рекуррентные соотношения для числителей и знаменателей подходящих дробей:

$$P_s = q_s P_{s-1} + P_{s-2} \quad \text{— числители,}$$
$$Q_s = q_s Q_{s-1} + Q_{s-2} \quad \text{— знаменатели.}$$

Начальные условия: $P_1 = q_1$, $P_0 = 1$, $Q_1 = 1$, $Q_0 = 0$.

Теперь, когда эти соотношения стоят как живые у нас перед глазами в удобном месте, давайте рассмотрим не их, а трехдиагональный определитель:

$$\begin{vmatrix} q_1 & 1 & 0 & 0 & \ldots & 0 & 0 \\ -1 & q_2 & 1 & 0 & \ldots & 0 & 0 \\ 0 & -1 & q_3 & 1 & \ldots & 0 & 0 \\ . & \vdots & . & . & . & \vdots & . \\ 0 & 0 & 0 & 0 & \ldots & q_{n-1} & 1 \\ 0 & 0 & 0 & 0 & \ldots & -1 & q_n \end{vmatrix} = (q_1 q_2 \cdot \ldots \cdot q_n).$$

Определение. Определитель [1]), обозначенный несколькими строками выше через $(q_1 q_2 \cdot \ldots \cdot q_n)$, называется *континуантой n-го порядка*. Числа $q_1, q_2, \ldots, q_n$ в дальнейшем будут у нас неполными частными из алгоритма Евклида, поэтому подразумеваются целыми.

Разложим континуанту n-го порядка по последнему столбцу (читатели наверняка натренировались делать это еще на первом курсе, когда вычисляли подобные определители из задачника Проскурякова по алгебре). Получим

$$(q_1 q_2 \cdot \ldots \cdot q_n) = q_n (q_1 q_2 \cdot \ldots \cdot q_{n-1}) + (q_1 q_2 \cdot \ldots \cdot q_{n-2}).$$

Получившееся соотношение очень напоминает рекуррентные соотношения для числителей и знаменателей подходящих дробей. Это не случайно и две следующие леммы только подтверждают нашу зародившуюся догадку о явной связи континуант и цепных дробей.

---

[1]) При устном рассказе, во избежание ненужной аллитерации «определение определителя», — детерминант.

Лемма 1. *Континуанта* $(q_1 q_2 \cdot \ldots \cdot q_n)$ *равна сумме всевозможных произведений элементов* $q_1, q_2, \ldots, q_n$, *одно из которых содержит все эти элементы, а другие получаются из него выбрасыванием одной или нескольких пар сомножителей с соседними номерами (если выбросили все сомножители, то считаем, что осталась* 1).

Поясняющий пример:

$$(q_1q_2q_3q_4q_5q_6) = q_1q_2q_3q_4q_5q_6 + q_3q_4q_5q_6 + q_1q_4q_5q_6 + q_1q_2q_5q_6 +$$
$$+ q_1q_2q_3q_6 + q_1q_2q_3q_4 + q_5q_6 + q_3q_6 + q_1q_6 + q_3q_4 + q_1q_4 + q_1q_2 + 1.$$

Доказательство леммы. База индукции

$$(q_1) = q_1,$$
$$(q_1q_2) = \begin{vmatrix} q_1 & 1 \\ -1 & q_2 \end{vmatrix} = q_1q_2 + 1,$$

и утверждение леммы справедливо для континуант первого и второго порядков.

Шаг индукции. Пусть утверждение леммы верно для континуант $(n-2)$-го и $(n-1)$-го порядков. Тогда имеем

$$(q_1q_2 \cdot \ldots \cdot q_n) = q_n(q_1q_2 \cdot \ldots \cdot q_{n-1}) + (q_1q_2 \cdot \ldots \cdot q_{n-2})$$

и просто внимательное разглядывание этого равенства в сочетании с мысленным прикидыванием, какие произведения получатся от умножения континуанты $(q_1q_2 \cdot \ldots \cdot q_{n-1})$ на q_n, доказывает требуемое. ♦

Наблюдение. Количество слагаемых в континуанте n-го порядка есть сумма числа слагаемых в континуантах $(n-1)$-го и $(n-2)$-го порядков, т. е. континуанта $(q_1q_2 \cdot \ldots \cdot q_n)$ содержит Φ_{n+1} слагаемых, где Φ_{n+1} — $(n+1)$-е число Фибоначчи.

Лемма 2.

$$q_1 + \cfrac{1}{q_2 + \cfrac{1}{q_3 + \cfrac{1}{\ddots \, \cfrac{\ddots}{+\cfrac{1}{q_n}}}}} = \frac{(q_1q_2 \cdot \ldots \cdot q_n)}{(q_2q_3 \cdot \ldots \cdot q_n)}.$$

Доказательство. База индукции:

$$q_1 + \frac{1}{q_2} = \frac{q_1 q_2 + 1}{q_2} = \frac{(q_1 q_2)}{(q_2)} \quad \text{— верно.}$$

Шаг индукции. Пусть верно, что

$$q_1 + \cfrac{1}{q_2 + \cfrac{1}{q_3 + \cfrac{1}{\ddots \, \cfrac{\ddots}{+\cfrac{1}{q_{n-1}}}}}} = \frac{(q_1 q_2 \cdot \ldots \cdot q_{n-1})}{(q_2 q_3 \cdot \ldots \cdot q_{n-1})}.$$

Тогда следующая дробь получается из предыдущей подстановкой вместо q_{n-1} выражения $q_{n-1} + \dfrac{1}{q_n}$:

$$q_1 + \cfrac{1}{q_2 + \cfrac{1}{q_3 + \cfrac{1}{\ddots \, \cfrac{\ddots}{+\cfrac{1}{q_{n-1} + \cfrac{1}{q_n}}}}}} = \frac{\left(q_1 q_2 \cdot \ldots \cdot \left(q_{n-1} + \frac{1}{q_n}\right)\right)}{\left(q_2 q_3 \cdot \ldots \cdot \left(q_{n-1} + \frac{1}{q_n}\right)\right)} =$$

$$= \frac{\left(q_{n-1} + \frac{1}{q_n}\right)(q_1 q_2 \cdot \ldots \cdot q_{n-2}) + (q_1 q_2 \cdot \ldots \cdot q_{n-3})}{\left(q_{n-1} + \frac{1}{q_n}\right)(q_2 q_3 \cdot \ldots \cdot q_{n-2}) + (q_2 q_3 \cdot \ldots \cdot q_{n-3})} =$$

$$= \frac{(q_1 q_2 \cdot \ldots \cdot q_{n-1}) + \frac{1}{q_n}(q_1 q_2 \cdot \ldots \cdot q_{n-2})}{(q_2 q_3 \cdot \ldots \cdot q_{n-1}) + \frac{1}{q_n}(q_2 q_3 \cdot \ldots \cdot q_{n-2})} = \frac{(q_1 q_2 \cdot \ldots \cdot q_n)}{(q_2 q_3 \cdot \ldots \cdot q_n)}. \qquad \blacklozenge$$

Утверждение леммы 2, устанавливающее прямую связь континуант с цепными дробями, впервые заметил Леонард Эйлер. Этот гениальный математик еще много что заметил, но, боюсь, полный рассказ о его математических достижениях не уместится в эту книжку даже самым мелким шрифтом. Мы отложим должное небольшое историческое отступление про Эйлера до п. 18, где будет рассказана теорема, носящая его имя.

Приступим теперь к исполнению второй части названия этого пункта — анализу алгоритма Евклида. Нас будет интересовать наихудший случай — когда алгоритм работает особенно долго? Спросим точнее: какие два наименьших числа надо засунуть в алгоритм Евклида, чтобы он работал в точности заданное число шагов? Ответ на этот вопрос дает

Теорема (Ламэ, 1845 г.). *Пусть $n \in \mathbf{N}$ и пусть $a > b > 0$ такие, что алгоритму Евклида для обработки a и b необходимо выполнить точно n шагов* (*делений с остатком*), *причем a — наименьшее с таким свойством. Тогда $a = \Phi_{n+2}$, $b = \Phi_{n+1}$, где Φ_k — k-е число Фибоначчи.*

Доказательство. Разложим $\frac{a}{b}$ в цепную дробь:

$$\frac{a}{b} = \frac{(q_1 q_2 \cdot \ldots \cdot q_n)}{(q_2 q_3 \cdot \ldots \cdot q_n)},$$

где $q_1, q_2, \ldots, q_n$ — неполные частные из алгоритма Евклида; по условию теоремы, их точно n штук. Согласно свойству 3 п. 9, континуанты $(q_1 q_2 \cdot \ldots \cdot q_n)$ и $(q_2 q_3 \cdot \ldots \cdot q_n)$ взаимно просты, значит, если $(a, b) = d$ — наибольший общий делитель, то

$$\begin{cases} a = (q_1 q_2 \cdot \ldots \cdot q_n) d \\ b = (q_2 q_3 \cdot \ldots \cdot q_n) d \end{cases} \qquad (\spadesuit)$$

Заметим, что по смыслу конечной цепной дроби, $q_n \geqslant 2$, а $q_1, q_2, \ldots, q_{n-1}$, $d \geqslant 1$.

Поскольку континуанта суть многочлен с неотрицательными коэффициентами от всех этих переменных, минимальное значение достигается при $q_1 = q_2 = \ldots = q_{n-1} = d = 1$, $q_n = 2$. Подставляя эти значения в ($\spadesuit$), получим $a = \Phi_{n+2}$, $b = \Phi_{n+1}$. $\blacklozenge$

Следствие. *Если натуральные числа a и b не превосходят $N \in \mathbf{N}$, то число шагов* (*операций деления с остатком*), *необходимых алгоритму Евклида для обработки a и b, не превышает*

$$\lceil \log_\Phi(\sqrt{5}\, N) \rceil - 2,$$

где $\lceil \alpha \rceil$ — верхнее целое α, $\Phi = \frac{1+\sqrt{5}}{2}$ — больший корень характеристического уравнения последовательности Фибоначчи (искусствоведы сказали бы: «золотое сечение»).

Доказательство. Максимальное число шагов n достигается при $a = \Phi_{n+2}$, $b = \Phi_{n+1}$, где n — наибольший номер такой, что

$\Phi_{n+2} < N$. Рассматривая формулу для n-го члена последовательности Фибоначчи (смотри, например, доказательство свойства 4 в п. 9), легко понять, что Φ_{n+2} — ближайшее целое к $\frac{1}{\sqrt{5}}\Phi^{n+2}$. Значит, $\frac{1}{\sqrt{5}}\Phi^{n+2} < N$, следовательно, $n+2 < \log_\Phi(\sqrt{5}\,N)$, откуда моментально

$$n < \lceil \log_\Phi(\sqrt{5}\,N) \rceil - 3$$

(именно «минус три», ведь рассматривается верхнее целое, т. е. кажется, утверждение следствия можно усилить). ♦

Для еще не купивших калькулятор сообщу, что $\log_\Phi(\sqrt{5}\,N) \approx \approx 4{,}785 \cdot \lg N + 1{,}672$, поэтому, например, с любой парой чисел, меньших миллиона, алгоритм Евклида разбирается не более, чем за $\lceil 4{,}785 \cdot 6 + 1{,}672 \rceil - 3 = 31 - 3 = 28$ шагов.

Ну вот, используя теорему Ламэ, мы провели некоторый анализ быстродействия алгоритма Евклида и узнали наихудший случай для него — два последовательных числа Фибоначчи. Таким образом, давно висевшая перед нами проблема об эффективности древнегреческого наследия решена полностью. На этом пункт и закончим.

Задачки

1. Вычислите континуанты:
а) (1, 2, 3, 4, 5);
б) (1, 1, 1, 1, 1, 1);
в) (1, –1, 1, –1, 1).

2. (№ 301 из задачника Проскурякова). Методом рекуррентных соотношений вычислить определитель

$$\begin{vmatrix} 7 & 5 & 0 & 0 & \cdots & 0 & 0 \\ 2 & 7 & 5 & 0 & \cdots & 0 & 0 \\ 0 & 2 & 7 & 5 & \cdots & 0 & 0 \\ 0 & 0 & 2 & 7 & \cdots & 0 & 0 \\ \vdots & \vdots & \vdots & \vdots & & \vdots & \vdots \\ 0 & 0 & 0 & 0 & \cdots & 7 & 5 \\ 0 & 0 & 0 & 0 & \cdots & 2 & 7 \end{vmatrix}.$$

3. Потрудитесь и разложите на сумму произведений континуанту $(q_1q_2q_3q_4q_5q_6q_7)$. Сколько получилось слагаемых?

4. Найдите все перестановки σ множества $\{1, 2, \ldots, n\}$ такие, что $(q_1q_2 \cdot \ldots \cdot q_n) = (q_{\sigma(1)}q_{\sigma(2)} \cdot \ldots \cdot q_{\sigma(n)})$ для любых чисел $q_1, q_2, \ldots, q_n$.

5. Найдите произведение матриц

$$\begin{pmatrix} x_1 & 1 \\ 1 & 0 \end{pmatrix} \begin{pmatrix} x_2 & 1 \\ 1 & 0 \end{pmatrix} \cdots \begin{pmatrix} x_n & 1 \\ 1 & 0 \end{pmatrix}.$$

6. Пусть α — иррациональное число и его разложение в цепную дробь суть:

$$\alpha = a_0 + \cfrac{1}{a_1 + \cfrac{1}{a_2 + \cfrac{1}{a_3 + \cfrac{1}{\ddots \, \cfrac{}{a_n + \cfrac{1}{\ddots}}}}}}.$$

Докажите, что тогда

$$\frac{1}{\alpha} = b_0 + \cfrac{1}{b_1 + \cfrac{1}{\ddots \, \cfrac{}{b_m + \cfrac{1}{a_5 + \cfrac{1}{a_6 + \cfrac{1}{a_7 + \cfrac{1}{\ddots}}}}}}}$$

для соответствующих целых $b_0, b_1, \ldots, b_m$. (Рассмотрите отдельно случаи $\alpha > 0$ и $\alpha < 0$.) Объясните, как выражаются все $b_0, b_1, \ldots, b_m$ через a_0, a_1, a_2, a_3, a_4.

7. Каково наибольшее число шагов, необходимых алгоритму Евклида для обработки двух чисел, меньших миллиарда?

11. Еще кое-что о цепных дробях (приближение чисел, периодичность, теорема Эрмита)

В этом пункте я хочу рассказать кое-что еще о свойствах цепных дробей, что не уложилось в схему рассказа предыдущих четырех пунктов. Прежде всего, это следующая замечательная теорема, показывающая, что среди всех рациональных дробей с ограниченным по величине знаменателем, наилучшим образом приближает произвольное число именно его подходящая дробь.

Теорема. *Пусть* α *— произвольное число,* $s > 1$*, а если при этом* $\alpha = \dfrac{a}{b}$ *— несократима, то* $s < n$*, где* n *таково, что* $Q_n = b$*. Тогда неравенство* $\left|\alpha - \dfrac{c}{d}\right| < |\alpha - \delta_s|$ *возможно только если у несократимой дроби* $\dfrac{c}{d}$ *знаменатель больше* Q_s*.*

Доказательство. Мы знаем, что α всегда лежит между соседними подходящими дробями, поэтому всегда $\left|\dfrac{c}{d} - \delta_{s+1}\right| < |\delta_s - \delta_{s+1}|$. Это неравенство проиллюстрировано рис. 4, разглядывая который, нужно помнить, что $\left|\alpha - \dfrac{c}{d}\right| < |\alpha - \delta_s|$ (тогда иллюстрируемое неравенство становится очевидным, даже если $\dfrac{c}{d} < \delta_{s+1}$).

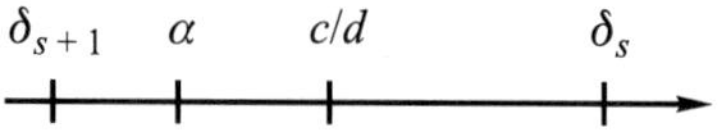

Рис. 1

Из проиллюстрированного неравенства следует, что

$$\left|\frac{c}{d} - \frac{P_{s+1}}{Q_{s+1}}\right| < \frac{1}{Q_s Q_{s+1}}$$

и, если $\dfrac{c}{d} \neq \delta_{s+1}$, то

$$\left|\frac{c}{d} - \frac{P_{s+1}}{Q_{s+1}}\right| = \left|\frac{cQ_{s+1} - P_{s+1}d}{dQ_{s+1}}\right| \geqslant \frac{1}{dQ_{s+1}}.$$

Следовательно, $\dfrac{1}{dQ_{s+1}} < \dfrac{1}{Q_sQ_{s+1}}$ и, значит, $d > Q_s$, что и требовалось. Если же $\dfrac{c}{d} = \delta_{s+1}$, то $d = Q_{s+1} > Q_s$. ♦

Итак, подходящая дробь — наилучшее приближение данного числа среди всех дробей, знаменатели которых не превосходят знаменатель подходящей дроби. Здесь мы вплотную подошли к вопросу о приближении произвольных чисел рациональными дробями. Оказывается, что это очень интересная теория, имеющая далеко идущие следствия. Остановимся, однако, здесь до лучших времен наступления § 5 «Трансцендентные числа», где мы снова столкнемся с приближением действительных чисел при изучении их алгебраических свойств. Есть время разбрасывать камни, есть время их собирать.

Обратим теперь наше внимание на внешний вид цепных дробей. Внешний вид математического объекта может многое поведать о внутренних свойствах. Мы знаем, например, что любая периодическая десятичная дробь (периодичность — это «внешний вид») обязательно представляет собой некоторое рациональное число (рациональность — это «внутреннее свойство») и наоборот. Попытаемся взглянуть с подобной точки зрения на цепные дроби и зададимся вопросом — какие числа представимы в виде периодической цепной дроби?

Определение. Бесконечная цепная дробь

$$\alpha = q_1 + \cfrac{1}{q_2 + \cfrac{1}{q_3 + \cfrac{1}{q_4 + \cfrac{1}{\ddots \cfrac{}{q_n + \cfrac{1}{\ddots}}}}}}$$

называется *периодической*, если для последовательности $q_1, q_2, \ldots, q_n, \ldots$ ее неполных частных найдутся такие натуральные k_0 и h, что для любого $k \geqslant k_0$ выполнено $q_{k+h} = q_k$, т. е. последовательность неполных частных, начиная с некоторого места k_0 периодическая.

Определение. Иррациональное число, являющееся корнем некоторого квадратного уравнения с целыми коэффициентами, называется *квадратичной иррациональностью*.

Примеры квадратичных иррациональностей: $\sqrt{2}$, $9\sqrt{7} - 4$, $\frac{5+\sqrt{21}}{8}$, $\frac{1+\sqrt{15}}{6-2\sqrt{7}}$. Примеры не квадратичных иррациональностей: $\sqrt[5]{2}$, $\sqrt[3]{5} + 17$, числа π, e и многие другие (пояснения к подобным примерам не квадратичных иррациональностей будут даны в § 5 «Трансцендентные числа»).

Теорема (Лагранж). *Квадратичные иррациональности и только они представимы в виде бесконечной периодической цепной дроби.*

Доказательство. Пусть

$$\alpha = q_1 + \cfrac{1}{q_2 + \cfrac{1}{q_3 + \cfrac{1}{q_4 + \cfrac{1}{\ddots\, \cfrac{\ddots}{q_n + \cfrac{1}{\ddots}}}}}}$$

— периодическая цепная дробь. Назовем число

$$r_n = q_n + \cfrac{1}{q_{n+1} + \cfrac{1}{q_{n+2} + \cfrac{1}{\ddots}}}$$

остатком цепной дроби α. Таким образом, остаток r_n цепной дроби α — это весь ее «хвост» вниз и вправо, начиная с n-го этажа. Ясно, что

$$\alpha = q_1 + \cfrac{1}{q_2 + \cfrac{1}{\ddots\, \cfrac{\ddots}{q_{n-1} + \cfrac{1}{r_n}}}}.$$

Остатки периодической цепной дроби, очевидно, удовлетворяют соотношению: $r_{k+h} = r_k$, где $k \geqslant k_0$, h — период последовательности неполных частных. Это означает (вспоминаем свойства подходящих дробей), что

$$\alpha = \frac{P_{k-1}r_k + P_{k-2}}{Q_{k-1}r_k + Q_{k-2}} = \frac{P_{k+h-1}r_{k+h} + P_{k+h-2}}{Q_{k+h-1}r_{k+h} + Q_{k+h-2}} = \\ = \frac{P_{k+h-1}r_k + P_{k+h-2}}{Q_{k+h-1}r_k + Q_{k+h-2}},$$

откуда

$$\frac{P_{k-1}r_k + P_{k-2}}{Q_{k-1}r_k + Q_{k-2}} = \frac{P_{k+h-1}r_k + P_{k+h-2}}{Q_{k+h-1}r_k + Q_{k+h-2}}$$

— квадратное уравнение с целыми коэффициентами для нахождения r_k. Значит, r_k — квадратичная иррациональность, следовательно, $\alpha = \dfrac{P_{k-1}r_k + P_{k-2}}{Q_{k-1}r_k + Q_{k-2}}$ — тоже квадратичная иррациональность.

Обратное утверждение теоремы доказывается чуть-чуть сложнее. Пусть α удовлетворяет квадратному уравнению с целыми коэффициентами:

$$a\alpha^2 + b\alpha + c = 0. \tag{1}$$

Разложим α в цепную дробь и подставим в уравнение (1) вместо α его выражение $\alpha = \dfrac{P_{n-1}r_n + P_{n-2}}{Q_{n-1}r_n + Q_{n-2}}$ через некоторый остаток r_n цепной дроби. После преобразований снова получается квадратное уравнение

$$A_n r_n^2 + B_n r_n + C_n = 0, \tag{2}$$

где

$$\begin{cases} A_n = aP_{n-1}^2 + bP_{n-1}Q_{n-1} + cQ_{n-1}^2, \\ B_n = 2aP_{n-1}P_{n-2} + b(P_{n-1}Q_{n-2} + P_{n-2}Q_{n-1}) + 2cQ_{n-1}Q_{n-2}, \\ C_n = aP_{n-2}^2 + bP_{n-2}Q_{n-2} + cQ_{n-2}^2 \end{cases}$$

— суть целые числа. Видно, что $C_n = A_{n-1}$. Кроме того, дискриминанты квадратных уравнений (1) и (2) совпадают при всех n:

$$B_n^2 - 4A_nC_n = (b^2 - 4ac)\underbrace{(P_{n-1}Q_{n-2} + P_{n-2}Q_{n-1})^2}_{(-1)^{2n}} = b^2 - 4ac.$$

Так как (по свойствам подходящих дробей)

$$\left|\alpha - \frac{P_{n-1}}{Q_{n-1}}\right| < \frac{1}{Q_{n-1}^2},$$

то $P_{n-1} = \alpha Q_{n-1} + \dfrac{\varepsilon_{n-1}}{Q_{n-1}}$, где ε_{n-1} — некоторое подходящее число такое, что $|\varepsilon_{n-1}| < 1$. Теперь, набравшись терпения, посчитаем коэффициент A_n в квадратном уравнении (2):

$$\begin{aligned} A_n &= aP_{n-1}^2 + bP_{n-1}Q_{n-1} + c\,Q_{n-1}^2 = \\ &= a\left(\alpha Q_{n-1} + \frac{\varepsilon_{n-1}}{Q_{n-1}}\right)^2 + b\left(\alpha Q_{n-1} + \frac{\varepsilon_{n-1}}{Q_{n-1}}\right)Q_{n-1} + cQ_{n-1}^2 = \end{aligned}$$

$$= \underbrace{(a\alpha^2 + b\alpha + c)}_{0} Q_{n-1}^2 + 2a\alpha\varepsilon_{n-1} + a\frac{\varepsilon_{n-1}^2}{Q_{n-1}^2} + b\varepsilon_{n-1} =$$

$$= 2a\alpha\varepsilon_{n-1} + a\frac{\varepsilon_{n-1}^2}{Q_{n-1}^2} + b\varepsilon_{n-1}.$$

Значит, для любого натурального n

$$|A_n| = \left|2a\alpha\varepsilon_{n-1} + a\frac{\varepsilon_{n-1}^2}{Q_{n-1}^2} + b\varepsilon_{n-1}\right| < 2\,|a\alpha| + |a| + |b|,$$

$$|C_n| = |A_{n-1}| < 2\,|a\alpha| + |a| + |b|.$$

Таким образом, целые коэффициенты A_n и C_n уравнения (2) ограничены по абсолютной величине и, следовательно, при изменении n могут принимать лишь конечное число различных значений. Так как дискриминанты уравнений (1) и (2) совпадают, то и коэффициент B_n может принимать лишь конечное число различных значений. Значит, при изменении n от 1 до ∞, мы повстречаем лишь конечное число различных уравнений вида (2), т. е. лишь конечное число различных остатков r_n. Это значит, что некоторые два остатка r_n и r_{n+h} с разными номерами обязательно совпадают, что и означает периодичность цепной дроби. ♦

Итак, квадратичные иррациональности и только они представляются периодическими цепными дробями. «Внешний вид» цепных дробей, представляющих иррациональности других типов, в настоящее время науке неизвестен (за очень редкими исключениями), и, по видимому, описание этого внешнего вида является очень сложным вопросом. Некоторые дополнительные замечания о внешнем виде цепных дробей содержатся в п. 25.

Я хочу закончить весь этот параграф о цепных дробях демонстрацией их применения в изящном и элегантном теоретико-числовом рассуждении, принадлежащем Ш. Эрмиту (1822–1901). Этот эффектный результат представляет собой типичный пример в достаточной степени бесполезного, с точки зрения народного хозяйства, математического утверждения.

Теорема. *Всякий делитель числа* $a^2 + 1$, *где* $a \in \mathbf{Z}$, *представим в виде суммы двух квадратов.*

Доказательство. Пусть $d \mid (a^2 + 1)$. Значит, d не делит a. Разложим a/d в цепную дробь. Знаменатели ее подходящих дробей образуют возрастающую цепочку: $1 = Q_1 < Q_2 < \ldots < Q_n = d$. Значит, найдется такой номер $k \in \mathbf{N}$, что

$$Q_k \leqslant \sqrt{d} \leqslant Q_{k+1} \qquad (\spadesuit)$$

и хоть одно из этих неравенств — строгое. Далее, a/d лежит между соседними подходящими дробями, значит,

$$\left|\frac{a}{d} - \frac{P_k}{Q_k}\right| \leqslant \left|\frac{P_{k+1}}{Q_{k+1}} - \frac{P_k}{Q_k}\right| = \frac{1}{Q_k Q_{k+1}},$$

т. е. $\left|\frac{a}{d} - \frac{P_k}{Q_k}\right| = \frac{\varepsilon}{Q_k Q_{k+1}}$, где $\varepsilon \leqslant 1$. Приведем разность внутри модуля к общему знаменателю: $\left|\frac{aQ_k - dP_k}{dQ_k}\right| = \frac{\varepsilon}{Q_k Q_{k+1}}$. Имеем

$$|aQ_k - dP_k| = \frac{d}{Q_{k+1}}\varepsilon \leqslant \frac{d}{\sqrt{d}}\varepsilon = \sqrt{d}\,\varepsilon \leqslant \sqrt{d}$$

(здесь первое неравенство следует из ($\spadesuit$)), значит, $(aQ_k - - dP_k)^2 \leqslant d$. Кроме того, из другого неравенства в ($\spadesuit$) следует $Q_k^2 \leqslant d$ и хоть одно из двух последних написанных неравенств строгое. Сложив их, получим строгое неравенство:

$$(aQ_k - dP_k)^2 + Q_k^2 < 2d,$$

т. е.

$$\left(a^2 + 1\right)Q_k^2 - 2adQ_kP_k + d^2P_k^2 < 2d.$$

Слева стоит сумма двух квадратов — целое положительное число (строго больше нуля) и каждое из трех слагаемых слева делится на d. Получается, что левая часть делится на d и строго меньше $2d$, т. е. левая часть есть само число d, и

$$(aQ_k - dP_k)^2 + Q_k^2 = d$$

— сумма двух квадратов. ♦

Финиш одиннадцатого пункта и всего второго параграфа.

Задачки

1. Найдите наилучшее рациональное приближение к числу $\frac{971}{773}$ со знаменателем, не превышающим 82, и оцените погрешность приближения.

2. Среди всех рациональных дробей со знаменателем, не превосходящим 72, найдите ближайшую к числу $2 + \sqrt{5}$. Оцените погрешность.

3. Вычислите значение периодической цепной дроби α и напишите квадратное уравнение с целыми коэффициентами, корнем которого она является, если

а)

$$\alpha = 1 + \cfrac{1}{2 + \cfrac{1}{1 + \cfrac{1}{2 + \cfrac{1}{1 + \cfrac{1}{2 + \cfrac{1}{\ddots}}}}}};$$

б)

$$\alpha = 7 + \cfrac{1}{3 + \cfrac{1}{1 + \cfrac{1}{2 + \cfrac{1}{1 + \cfrac{1}{2 + \cfrac{1}{1 + \cfrac{1}{2 + \cfrac{1}{\ddots}}}}}}}}.$$

4. Представить число 761 в виде суммы двух квадратов. (Подсказка: $761 \cdot 2 = 39^2 + 1$.)

§ 3. ВАЖНЕЙШИЕ ФУНКЦИИ В ТЕОРИИ ЧИСЕЛ

Введение в математику переменных величин и функционального мышления во времена Ньютона коренным образом преобразило все естественные науки и расширило область их применения, изменив сам стиль исследовательской деятельности. Не избежала этой участи и теория чисел, в которой функциональный взгляд на многие числовые явления позволяет легко и быстро получать красивые и полезные утверждения. Знакомством с важнейшими функциями, занятыми в спектакле «Теория чисел» на главных ролях, с их работой, чаяниями и нуждами, мы займемся в этом параграфе.

Название этого параграфа и названия первых трех его пунктов взяты мной из классической книжки И. М. Виноградова «Основы теории чисел», ибо зачем придумывать самому уже давно и хорошо придуманное? Содержание же этих пунктов получилось гораздо обширнее, чем в вышеупомянутой книжке, поэтому работа предстоит тяжелая. Приступим.

12. Целая и дробная часть

Определение. Пусть $x \in \mathbf{R}$ — действительное число. *Целой частью* $[x]$ числа x называется его нижнее целое, т. е. наибольшее целое, не превосходящее x; *дробной частью* $\{x\}$ числа x называется число $\{x\} = x - [x]$.

Примеры. $[2,81] = 2$; $\{2,81\} = 0{,}81$; $[-0,2] = -1$; $\{-0,2\} = 0,8$.

Отметим, что эти две функции известны каждому со школьной скамьи; что целая часть — неубывающая функция; что дробная часть — периодическая с периодом 1 функция; что дробная часть всегда неотрицательна, но меньше единицы; что обе эти функции разрывны при целых значениях x, но непрерывны при этих x справа. Посмотрим на их дальнейшие применения, порой изящные и неочевидные.

Лемма 1. *Показатель, с которым простое число p входит в разложение $n!$, равен* $\alpha = \left[\frac{n}{p}\right] + \left[\frac{n}{p^2}\right] + \left[\frac{n}{p^3}\right] + \ldots$.

Доказательство. Очевидно, ряд $\left[\frac{n}{p}\right] + \left[\frac{n}{p^2}\right] + \left[\frac{n}{p^3}\right] + \ldots$ обрывается на том месте k, на котором p^k превзойдет n. Имеем

$$n! = 1 \cdot 2 \cdot 3 \cdot \ldots \cdot p \cdot \ldots \cdot p^2 \ldots \cdot p^3 \ldots \cdot (n-1) \cdot n.$$

Число сомножителей, кратных p, равно $\left[\frac{n}{p}\right]$. Среди них, кратных p^2 содержится $\left[\frac{n}{p^2}\right]$; кратных p^3 имеется $\left[\frac{n}{p^3}\right]$ и т. д. Сумма α и дает искомый результат, так как всякий сомножитель, кратный p^m, но не кратный p^{m+1}, сосчитан в ней точно m раз: как кратный p, как кратный p^2, как кратный $p^3, \ldots$, как кратный p^m. ♦

Пример. Показатель, с которым 5 входит в 643! равен

$$\left[\frac{643}{5}\right] + \left[\frac{643}{25}\right] + \left[\frac{643}{125}\right] + \left[\frac{643}{625}\right] = 128 + 25 + 5 + 1 = 159.$$

Определение. Точка координатной плоскости называется *целой*, если обе ее координаты — целые числа.

Лемма 2. *Пусть функция $f(x)$ непрерывна и неотрицательна на отрезке $[a, b]$. Тогда число целых точек в области* $\mathbf{D} = \{a < x \leqslant b, 0 < y \leqslant f(x)\}$ *равно* $\sum\limits_{\substack{a<x\leqslant b \\ x\in \mathrm{Z}}} [f(x)]$.

Доказательство. На вертикальной прямой с целой абсциссой x в области $\mathbf{D}$ лежит $[f(x)]$ целых точек. ♦

Еще одно забавное утверждение про целые точки относится к области комбинаторной геометрии.

Лемма 3. *Пусть M — многоугольник на координатной плоскости с вершинами в целых точках, контур M сам себя не пересекает и не касается, S — площадь этого многоугольника, $T = \left(\sum\limits_{A} \delta_A\right) - 1$, где суммирование ведется по всем целым точкам A, лежащим внутри и на границе этого многоугольника, причем $\delta_A = 1$, если точка A лежит внутри M, и $\delta_A = \frac{1}{2}$, если точка A лежит на границе M. Тогда $T = S$.*

Доказательство этой леммы я здесь приводить не буду, так как эта лемма, вообще говоря, не относится к теории чисел. Намечу только схему этого доказательства.

1) Для треугольника с вершинами в целых точках и без целых точек внутри утверждение очевидно.

2) Для выпуклого многоугольника: фиксируем одну из его вершин и соединяем ее прямыми с остальными вершинами — попадаем в случай треугольников.

3) Случай невыпуклого многоугольника рассматриваем как разность выпуклых многоугольников. ♦

Что это я все время о целых частях, да о целых частях? Приведу замечательное утверждение о дробных частях, принадлежащее Лежену Дирихле (1805–1859).

Теорема. *Для любого* $\alpha \in \mathbf{R}$ *число* 0 *является предельной точкой последовательности* $x_n = \{\alpha \cdot n\}$.

Доказательство. Возьмем любое натуральное t и покажем, что неравенство $\left|\alpha - \frac{p}{q}\right| < \frac{1}{qt}$ обязательно имеет решение в целых числах p и q, где $q \geqslant 1$. Пусть $0 = \{\alpha \cdot 0\}\,\{\alpha \cdot 1\}, \{\alpha \cdot 2\}, \ldots, \{\alpha \times \times (t-1)\}, \{\alpha \cdot t\}$ — $(t+1)$ штук чисел. Все они из отрезка $[0, 1]$. Разделим этот отрезок на t равных частей шагом $\frac{1}{t}$. По принципу Дирихле (именно для доказательства этой теоремы Дирихле и придумал свой знаменитый «принцип Дирихле» про t клеток и $(t+1)$ кролика, которым негде сидеть) в одной из частей отрезка лежат два числа: $\{\alpha \cdot k_1\}$ и $\{\alpha \cdot k_2\}$, где $k_2 > k_1$. Имеем

$$|\{\alpha k_1\} - \{\alpha k_2\}| = |\alpha(k_2 - k_1) - ([\alpha k_2] - [\alpha k_1])| < \frac{1}{t}.$$

Положим $k_2 - k_1 = q$, $[\alpha \cdot k_2] - [\alpha \cdot k_1] = p$, ясно, что $q \leqslant t$. Тогда будем иметь

$$|\alpha q - p| < \frac{1}{t}, \quad 0 < q \leqslant t$$

Это означает, что $\frac{p}{q}$ — решение неравенства $\left|\alpha - \frac{p}{q}\right| < \frac{1}{qt}$.

Устремим t к бесконечности. Получим, что αq отлично от целого числа p менее, чем на $\frac{1}{t}$, а $\frac{1}{t} \underset{t \to \infty}{\longrightarrow} 0$. Следовательно, либо 0, либо число 1 — предельная точка последовательности $x_n = \{\alpha \cdot n\}$. Если число 0 — предельная точка, то все доказано. Если же предельная точка — число 1, то тогда для любого $\varepsilon > 0$

найдется член x последовательности x_n такой, что $x > 1 - \varepsilon$. Пусть $x = 1 - \delta$. Тогда $2x = 2 - 2\delta$, а $\{2x\}$ (очевидно, что $\{2x\}$ — тоже член последовательности x_n) не дотягивает до 1 уже на 2δ; число $\{3x\}$ меньше 1 уже на 3δ, и т. д. Следовательно, можно подобрать такое натуральное k, что член $\{kx\}$ будет меньше единицы на $k\delta$ и попадет в ε-окрестность нуля. Это означает, что число 0 также является предельной точкой последовательности x_n, а именно это и требовалось. ♦

Очевидно, что если $\alpha = \dfrac{p}{q}$ — рациональное число, где $(p, q) = 1$, то последовательность $x_n = \{\alpha \cdot n\}$ является периодической с периодом q и ее членами являются только числа $0, \dfrac{1}{q}, \dfrac{2}{q}, \ldots, \dfrac{q-1}{q}$. Несколько модернизировав рассуждения из доказательства предыдущей теоремы, можно обосновать любопытное следствие, так же принадлежащее перу Дирихле.

Следствие. *Если число $\alpha \in \mathbf{R}$ иррационально, то члены последовательности $x_n = \{\alpha \cdot n\}$ всюду плотно заполняют отрезок $[0, 1]$.*

Попытайтесь доказать это следствие самостоятельно, а я на этом пункт 12 заканчиваю.

Задачки

1. Постройте графики функций:
а) $y = [x]$; б) $y = \{x\}$; в) $y = [x^2]$; г) $y = \{x^2\}$.
Особое внимание уделите плавности линий, проработке отдельных элементов композиции, грамотной прорисовке точек разрыва.

2. Аккуратно докажите следующие свойства целой части:
а) $[x + y] \geqslant [x] + [y]$; б) $\left[\dfrac{[x]}{n}\right] = \left[\dfrac{x}{n}\right]$, где $n \in \mathbf{N}$;
в) $\left[x + \dfrac{1}{2}\right] = [2x] - [x]$;
г) $[x] + \left[x + \dfrac{1}{n}\right] + \left[x + \dfrac{2}{n}\right] + \ldots + \left[x + \dfrac{n-1}{n}\right] = [nx]$, где $n \in \mathbf{N}$.

3. Разложите на простые множители число 100!

4. Решите уравнение: $x^3 - [x] = 3$.

5. Докажите, что при любых $a \neq 0$ и b уравнение
$$[x] + a\{x\} = b$$
имеет $[|a|]$ или $[|a|] + 1$ решений.

6. Для каждого натурального n определите, сколько решений имеет уравнение $x^2 - [x^2] = \{x\}^2$ на отрезке $[1; n]$.

7. Найдите предел: $\lim\limits_{n\to\infty} \{(2+\sqrt{3})^n\}$.

8. Докажите, что для любого натурального n имеет место оценка: $\{n\sqrt{2}\} > \dfrac{1}{2n\sqrt{2}}$, однако для любого $\varepsilon > 0$ найдется натуральное n, удовлетворяющее неравенству

$$\{n\sqrt{2}\} < \frac{1+\varepsilon}{2n\sqrt{2}}.$$

9. Сколько целых точек лежит в области между осью абсцисс и параболой $y = -x^2 + 30$?

10. Найдите площадь многоугольника, который получится, если последовательно соединить отрезками точки $A(0,0)$, $B(2,7)$, $C(4,2)$, $D(8,8)$, $E(10,0)$, $F(5,-5)$, $A(0,0)$.

11. Докажите, что для любого иррационального числа $\alpha \in \mathbf{R}$ неравенство

$$0 < \left|\alpha - \frac{p}{q}\right| < \frac{1}{q^2}$$

имеет бесконечное множество решений $(p,q) \in \mathbf{Z} \times \mathbf{N}$ и, следовательно, знаменатели q всех решений неограничены. [1)]

13. Мультипликативные функции

В этом пункте речь пойдет об одном важном классе функций, которому в теории чисел посвящены целые монографии (см., напр., книжку *Г. Дэвенпорта* «Мультипликативная теория чисел»).

Определение. Функция $\theta : \mathbf{R} \to \mathbf{R}$ (или, более общо, $\theta : \mathbf{C} \to \mathbf{C}$) называется *мультипликативной*, если:

1) функция θ определена всюду на $\mathbf{N}$ и существует $a \in \mathbf{N}$ такой, что $\theta(a) \neq 0$;

2) для любых взаимно простых натуральных чисел a_1 и a_2 выполняется $\theta(a_1 \cdot a_2) = \theta(a_1) \cdot \theta(a_2)$.

[1)] В теории приближения действительных чисел рациональными числами утверждение этой задачи звучит так: всякое иррациональное число допускает степенной порядок приближения $1/q^2$. Это — один из основополагающих фактов упомянутой теории.

Пример 1. $\theta(a) = a^s$, где s — любое (хоть действительное, хоть комплексное) число. Проверка аксиом 1) и 2) из определения мультипликативной функции не составляет труда, а сам пример показывает, что мультипликативных функций по меньшей мере континуум, т. е. много.

Перечислим, кое-где доказывая, некоторые свойства мультипликативных функций. Пусть всюду ниже $\theta(a)$ — произвольная мультипликативная функция.

Свойство 1. $\theta(1) = 1$.

Доказательство. Пусть a — то самое натуральное число, для которого $\theta(a) \neq 0$. Тогда $\theta(a \cdot 1) = \theta(a) \cdot \theta(1) = \theta(a)$. ♦

Свойство 2. $\theta(p_1^{\alpha_1} p_2^{\alpha_2} \cdot \ldots \cdot p_n^{\alpha_n}) = \theta(p_1^{\alpha_1})\theta(p_2^{\alpha_2}) \cdot \ldots \cdot \theta(p_n^{\alpha_n})$, *где* $p_1, p_2, \ldots, p_n$ — *различные простые числа.*

Доказательство очевидно. ♦

Свойство 3. *Обратно, мы всегда построим некоторую мультипликативную функцию* $\theta(a)$, *если зададим* $\theta(1) = 1$ *и произвольно определим* $\theta(p^\alpha)$ *для всех простых* p *и всех натуральных* α, *а для остальных натуральных чисел доопределим функцию* $\theta(a)$, *используя равенство*

$$\theta(p_1^{\alpha_1} p_2^{\alpha_2} \cdot \ldots \cdot p_n^{\alpha_n}) = \theta(p_1^{\alpha_1})\theta(p_2^{\alpha_2}) \cdot \ldots \cdot \theta(p_n^{\alpha_n}).$$

Доказательство сразу следует из основной теоремы арифметики. ♦

Пример 2. Пусть $\theta(1) = 1$ и $\theta(p^\alpha) = 2$ для всех p и α. Тогда, для произвольного числа, $\theta(p_1^{\alpha_1} p_2^{\alpha_2} \cdot \ldots \cdot p_n^{\alpha_n}) = 2^n$.

Свойство 4. *Произведение нескольких мультипликативных функций является мультипликативной функцией.*

Доказательство. Сначала докажем для двух сомножителей. Пусть θ_1 и θ_2 — мультипликативные функции $\theta = \theta_1 \cdot \theta_2$, тогда (проверяем аксиомы определения)

1) $\theta(1) = \theta_1(1) \cdot \theta_2(1) = 1$ и, кроме того, существует такое a (это $a = 1$), что $\theta(a) \neq 0$;

2) пусть $(a, b) = 1$ — взаимно просты. Тогда

$$\theta(a \cdot b) = \theta_1(a \cdot b) \cdot \theta_2(a \cdot b) =$$
$$= \theta_1(a)\theta_1(b)\theta_2(a)\theta_2(b) = \theta_1(a)\theta_2(a) \cdot \theta_1(b)\theta_2(b) = \theta(a)\theta(b).$$

Доказательство для большего числа сомножителей проводится стандартным индуктивным рассуждением. ♦

Введем удобное обозначение. Всюду далее символом $\sum_{d|n}$ будем обозначать сумму чего-либо, в которой суммирование проведено по всем делителям d числа n. Следующие менее очевидные, чем предыдущие, свойства мультипликативных функций я сформулирую в виде лемм, ввиду их важности и удобства дальнейших ссылок.

Лемма 1. *Пусть* $a = p_1^{\alpha_1} p_2^{\alpha_2} \cdot \ldots \cdot p_n^{\alpha_n}$ *— каноническое разложение числа* $a \in \mathbf{N}$, θ *— любая мультипликативная функция. Тогда*

$$\sum_{d\,|\,a} \theta(d) = (1 + \theta(p_1) + \theta(p_1^2) + \ldots + \theta(p_1^{\alpha_1}))\times$$
$$\times (1 + \theta(p_2) + \theta(p_2^2) + \ldots + \theta(p_2^{\alpha_2})) \times \ldots$$
$$\ldots \times (1 + \theta(p_n) + \theta(p_n^2) + \ldots + \theta(p_n^{\alpha_n})).$$

Если $a = 1$, *то считаем правую часть равной* 1.

Доказательство. Раскроем скобки в правой части. Получим сумму всех (без пропусков и повторений) слагаемых вида

$$\theta(p_1^{\beta_1}) \cdot \theta(p_2^{\beta_2}) \cdot \ldots \cdot \theta(p_n^{\beta_n}),$$

где $0 \leqslant \beta_k \leqslant \alpha_k$, для всех $k \leqslant n$. Так как различные простые числа заведомо взаимно просты, то

$$\theta(p_1^{\beta_1}) \cdot \theta(p_2^{\beta_2}) \cdot \ldots \cdot \theta(p_n^{\beta_n}) = \theta(p_1^{\beta_1} p_2^{\beta_2} \cdot \ldots \cdot p_n^{\beta_n}),$$

а это как раз то, что стоит в доказываемом равенстве слева. ♦

Лемма 2. *Пусть* $\theta(a)$ *— любая мультипликативная функция. Тогда* $\chi(a) = \sum\limits_{d\,|\,a} \theta(d)$ *— также мультипликативная функция.*

Доказательство. Проверим для $\chi(a)$ аксиомы определения мультипликативной функции.

1). $\chi(1) = \sum\limits_{d|1} \theta(d) = \theta(1) = 1.$

2). Пусть $(a, b) = 1$; $a = p_1^{\alpha_1} p_2^{\alpha_2} \cdot \ldots \cdot p_n^{\alpha_n}$, $b = q_1^{\beta_1} q_2^{\beta_2} \cdot \ldots \cdot q_k^{\beta_k}$, и все p и q различны. Тогда, по предыдущей лемме, имеем (благо, делители у чисел a и b различны):

$$\chi(ab) = \sum_{d\,|\,ab} \theta(d) = \prod_i (1 + \theta(p_i) + \theta(p_i^2) + \ldots + \theta(p_i^{\alpha_i}))\times$$
$$\times \prod_j (1 + \theta(q_j) + \theta(q_j^2) + \ldots + \theta(q_j^{\beta_j})) = \chi(a)\chi(b). \qquad \blacklozenge$$

Итак, я перечислил шесть свойств мультипликативных функций, которые пригодятся нам в дальнейшем. Просьба хорошенько их запомнить и не унывать даже в самой тяжелой жизненной ситуации.

Задачки

1. Предлагаю читателю самостоятельно доказать обратное утверждение к лемме 2 настоящего пункта, а именно, если $f(a) = \sum_{d\,|\,a} \theta(d)$ — мультипликативная функция и функция $\theta(n)$ всюду определена хотя бы на $\mathbf{N}$, то $\theta(n)$ также обязана быть мультипликативной функцией.

2. Пусть $\theta(p^\alpha) = \alpha$ для всех простых p. Вычислите а) $\theta(864)$; б) $\theta(49500)$.

3. Пусть $\theta(p^\alpha) = \alpha$ для всех простых p. Вычислите а) $\sum_{d\,|\,864} \theta(d)$; б) $\sum_{d\,|\,49500} \theta(d)$.

4. Пусть вещественная мультипликативная функция $f(x)$ определена и непрерывна для всех $x > 0$. Докажите, что $f(x) = x^s$ для некоторого $s \in \mathbf{R}$, т. е. примером 1 настоящего пункта исчерпываются все непрерывные мультипликативные функции. [1]

14. Примеры мультипликативных функций

Предыдущий пункт дал нам общие абстрактные знания о мультипликативных функциях вообще. Благодаря этому, в этом пункте мы сможем во всеоружии встретить целую серию примеров полезных мультипликативных функций. Большинство этих примеров строятся с использованием лемм предыдущего пункта, а в качестве исходного строительного материала берется

[1] Самым первым на планете Земля этот факт установил О. Коши, интересовавшийся решениями функциональных уравнений следующих четырех видов:

$$f(x+y) = f(x) + f(y); \quad f(x+y) = f(x)f(y);$$
$$f(xy) = f(x) + f(y); \quad f(xy) = f(x)f(y).$$

Он установил, что непрерывные решения этих уравнений имеют, соответственно, вид

$$Cx; \quad e^{Cx}; \quad C\ln x; \quad x^C \quad (x > 0)$$

(в классе разрывных функций могут быть и другие решения).

какая-нибудь конкретная степенная функция $\theta(a) = a^s$, которая, конечно, мультипликативна. Вы готовы? Начинаем.

Пример 1. Число делителей данного числа.

Пусть $\theta(a) = a^0 \equiv 1$ — тождественная единица (заведомо мультипликативная функция). Тогда, если $a = p_1^{\alpha_1} p_2^{\alpha_2} \cdot \ldots \cdot p_n^{\alpha_n}$, то тождество леммы 1 п. 13 принимает вид:

$$\tau(a) = \sum_{d|a} \theta(d) = (1+\alpha_1)(1+\alpha_2) \cdot \ldots \cdot (1+\alpha_n) = \sum_{d|a} 1$$

— это не что иное, как количество делителей числа a. По лемме 2 п. 13, количество делителей $\tau(a)$ числа a есть мультипликативная функция.

Численный примерчик.

$$\tau(720) = \tau(2^4 \cdot 3^2 \cdot 5) = (4+1)(2+1) \cdot (1+1) = 30.$$

Пример 2. Сумма делителей данного числа.

Пусть $\theta(a) = a^1 \equiv a$ — тождественная мультипликативная функция. Тогда, если $a = p_1^{\alpha_1} p_2^{\alpha_2} \cdot \ldots \cdot p_n^{\alpha_n}$, то тождество леммы 1 п. 13 принимает вид:

$$S(a) = \sum_{d|a} d = \sum_{d|a} \theta(d) = (\underbrace{1 + p_1 + p_1^2 + \ldots + p_1^{\alpha_1}}_{\substack{\text{сумма первых } (\alpha_1+1) \text{ членов} \\ \text{геометрической прогрессии}}}) \times$$

$$\times\ (1 + p_2 + p_2^2 + \ldots + p_2^{\alpha_2}) \cdot \ldots \cdot (1 + p_n + p_n^2 + \ldots + p_n^{\alpha_n}) =$$

$$= \frac{p_1^{\alpha_1+1} - 1}{p_1 - 1} \cdot \frac{p_2^{\alpha_2+1} - 1}{p_2 - 1} \cdot \ldots \cdot \frac{p_n^{\alpha_n+1} - 1}{p_n - 1}$$

— сумма всех делителей числа a. По лемме 2 п. 13, сумма всех делителей есть мультипликативная функция.

Численный примерчик.

$$S(720) = S(2^4 \cdot 3^2 \cdot 5) = \frac{2^5 - 1}{2 - 1} \cdot \frac{3^3 - 1}{3 - 1} \cdot \frac{5^2 - 1}{5 - 1} = 2418.$$

Пример 3. Функция Мёбиуса.

Функция Мёбиуса $\mu(a)$ — это мультипликативная функция, определяемая следующим образом: если p — простое число, то $\mu(p) = -1$; $\mu(p^\alpha) = 0$, при $\alpha > 1$; на остальных натуральных числах функция доопределяется по мультипликативности.

Таким образом, если число a делится на квадрат натурального числа, отличный от единицы, то $\mu(a) = 0$; если же $a = p_1 p_2 \cdot \ldots \cdot p_k$ (теоретик-числовик сказал бы на своем жаргоне: «если a свободно от квадратов»), то $\mu(a) = (-1)^k$, где k — число различных простых делителей a. Понятно, что $\mu(1) = (-1)^0 = 1$, как и должно быть.

Лемма 1. *Пусть* $\theta(a)$ — *произвольная мультипликативная функция,* $a = p_1^{\alpha_1} p_2^{\alpha_2} \cdot \ldots \cdot p_n^{\alpha_n}$. *Тогда*

$$\sum_{d|a} \mu(d)\theta(d) = (1 - \theta(p_1))(1 - \theta(p_2)) \cdot \ldots \cdot (1 - \theta(p_n)),$$

(*при* $a = 1$ *считаем правую часть равной* 1).

Доказательство. Рассмотрим функцию $\theta_1(x) = \mu(x) \cdot \theta(x)$. Эта функция мультипликативна как произведение мультипликативных функций. Для $\theta_1(x)$ имеем (p — простое): $\theta_1(p) = -\theta(x)$; $\theta_1(p^\alpha) = 0$, при $\alpha > 1$. Следовательно, для $\theta_1(x)$ тождество леммы 1 п. 13 выглядит так:

$$\sum_{d|a} \theta_1(d) = \prod_{k=1}^{n} (1 - \theta(p_k)). \qquad \blacklozenge$$

Следствие. *Пусть* $\theta(d) = d^{-1} = \dfrac{1}{d}$ (это, конечно, мультипликативная функция), $a = p_1^{\alpha_1} p_2^{\alpha_2} \cdot \ldots \cdot p_n^{\alpha_n}$, $a > 1$. *Тогда*

$$\sum_{d|a} \frac{\mu(d)}{d} = \left(1 - \frac{1}{p_1}\right)\left(1 - \frac{1}{p_2}\right) \cdot \ldots \cdot \left(1 - \frac{1}{p_n}\right).$$

Воздержусь от доказательства этого следствия в силу банальности сего доказательства, но вот на правую часть этого тождества попрошу обратить внимание, так как она еще неоднократно у нас встретится. Физический смысл этой правой части раскрывает пример следующей функции.

Пример 4. Функция Эйлера.

Функция Эйлера, пожалуй, самая знаменитая и «дары приносящая» функция из всех функций, рассматриваемых в этом пункте. Функция Эйлера $\varphi(a)$ есть количество чисел из ряда $0, 1, 2, \ldots, a - 1$, взаимно простых с a. Полезность и практическое применение этой функции я продемонстрирую в следующих пунктах, а сейчас давайте поймем, как ее вычислять.

Лемма 2. *Пусть* $a = p_1^{\alpha_1} p_2^{\alpha_2} \cdot \ldots \cdot p_n^{\alpha_n}$. *Тогда*

1) $\varphi(a) = a\Bigl(1 - \dfrac{1}{p_1}\Bigr)\Bigl(1 - \dfrac{1}{p_2}\Bigr) \cdot \ldots \cdot \Bigl(1 - \dfrac{1}{p_n}\Bigr)$ (формула Эйлера);

2) $\varphi(a) = (p_1^{\alpha_1} - p_1^{\alpha_1 - 1})(p_2^{\alpha_2} - p_2^{\alpha_2 - 1}) \cdot \ldots \cdot (p_n^{\alpha_n} - p_n^{\alpha_n - 1})$, *в частности*, $\varphi(p^\alpha) = p^\alpha - p^{\alpha - 1}$, $\varphi(p) = p - 1$.

Доказательство. Пусть x пробегает числа $0, 1, 2, \ldots, a - 1$. Положим $\delta_x = (x, a)$ — наибольший общий делитель. Тогда $\varphi(a)$ есть число значений δ_x, равных 1. Придумаем такую функцию $\chi(\delta_x)$, чтобы она была единицей, когда δ_x единица, и была нулем в остальных случаях. Вот подходящая кандидатура:

$$\chi(\delta_x) = \sum_{d \mid \delta_x} \mu(d) = \begin{cases} 0, & \text{если } \delta_x > 1, \\ 1, & \text{если } \delta_x = 1. \end{cases}$$

Последнее легко понять, если вспомнить лемму 1 из этого пункта и в ее формулировке взять $\theta(d) \equiv 1$. Далее, сделав над собой некоторое усилие, можно заметить, что

$$\varphi(a) = \sum_{0 \leqslant x < a} \chi(\delta_x) = \sum_{0 \leqslant x < a} \Bigl(\sum_{d \mid \delta_x} \mu(d)\Bigr).$$

Поскольку справа сумма в скобках берется по всем делителям d числа $\delta_x = (x, a)$, то d делит x и d делит a. Значит, в первой сумме справа в суммировании участвуют только те x, которые кратны d. Таких x среди чисел $0, 1, 2, \ldots, a - 1$ ровно $\dfrac{a}{d}$ штук. Получается, что

$$\varphi(a) = \sum_{d \mid a} \frac{a}{d} \mu(d) = a \sum_{d \mid a} \frac{\mu(d)}{d} = a\Bigl(1 - \frac{1}{p_1}\Bigr)\Bigl(1 - \frac{1}{p_2}\Bigr) \cdot \ldots \cdot \Bigl(1 - \frac{1}{p_n}\Bigr),$$

что и требовалось.

Пояснение для читателей. Имеем

$$\varphi(a) = \sum_{0 \leqslant x < a} \Bigl(\sum_{d \mid (x, a)} \mu(d)\Bigr).$$

Зафиксируем некоторое d_0 такое, что d_0 делит a, d_0 делит x, $x < a$. Значит, в сумме справа в скобках слагаемых $\mu(d_0)$ ровно $\dfrac{a}{d_0}$ штук и $\varphi(a)$ есть просто сумма $\sum\limits_{d_0 \mid a} \dfrac{a}{d_0}$. После этого равенство

$$a \sum_{d \mid a} \frac{\mu(d)}{d} = a\Bigl(1 - \frac{1}{p_1}\Bigr)\Bigl(1 - \frac{1}{p_2}\Bigr) \cdot \ldots \cdot \Bigl(1 - \frac{1}{p_n}\Bigr)$$

получается применением следствия из леммы 1 этого пункта.

Второе утверждение леммы следует из первого внесением впереди стоящего множителя a внутрь скобок. ♦

Оказывается, только что доказанная формула

$$\varphi(a) = a\Big(1 - \frac{1}{p_1}\Big)\Big(1 - \frac{1}{p_2}\Big) \cdot \ldots \cdot \Big(1 - \frac{1}{p_n}\Big)$$

для вычисления функции Эйлера имеет ясный «физический смысл». Дело в том, что в ней отражено так называемое правило включений и исключений.

Правило включений и исключений. *Пусть задано множество* **A** *и выделено* **k** *его подмножеств. Количество элементов множества* **A**, *которые не входят ни в одно из выделенных подмножеств, подсчитывается так: надо из общего числа элементов* **A** *вычесть количества элементов всех* **k** *подмножеств, прибавить количества элементов всех их попарных пересечений, вычесть количества элементов всех тройных пересечений, прибавить количества элементов всех пересечений по четыре и т. д. вплоть до пересечения всех* **k** *подмножеств.*

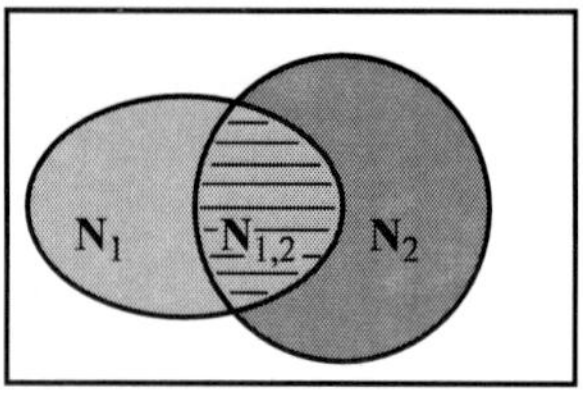

Рис. 4

Проиллюстрирую это правило на примере подсчета функции Эйлера для чисел вида $a = p_1^{\alpha_1} p_2^{\alpha_2}$. Посмотрите на рис. 4.

Прямоугольник изображает множество всех целых чисел от 0 до a; овал $\mathbf{N}_1$ — множество чисел, кратных p_1; кружок $\mathbf{N}_2$ — числа, кратные p_2; пересечение $\mathbf{N}_{1,2}$ — множество чисел, делящихся одновременно на p_1 и p_2, т. е. на p_1p_2; числа вне овала и кружочка взаимно просты с a. Для подсчета числа чисел, взаимно простых с a, нужно из a вычесть количество чисел в $\mathbf{N}_1$ и количество чисел в $\mathbf{N}_2$ (их, соответственно, $\frac{a}{p_1}$ и $\frac{a}{p_2}$ штук), при этом общая часть $\mathbf{N}_{1,2}$ (там $\frac{a}{p_1p_2}$ штук чисел) вычтется дважды, значит ее надо один раз прибавить (вот оно, «включение–исключение»!). В результате получим

$$\varphi(a) = a - \frac{a}{p_1} - \frac{a}{p_2} + \frac{a}{p_1p_2} = a\Big(1 - \frac{1}{p_1}\Big)\Big(1 - \frac{1}{p_2}\Big),$$

что я вам и утверждал. Мне кажется, что таким способом можно объяснить формулу Эйлера любому смышленому школьнику.

Кстати, любому смышленому школьнику вполне возможно объяснить и то, что при $a > 2$ число $\varphi(a)$ всегда четное. Действительно, если k взаимно просто с a и $k < a$, то число $a - k$ тоже меньше a, взаимно просто с a и не равно k. (Если бы a и $a - k$ имели общий делитель, то их разность $a - (a - k) = k$ тоже делилась бы на этот делитель, что противоречит взаимной простоте a и k.) Значит, числа, взаимно простые с a, разбиваются на пары k и $a - k$, следовательно, их четное число.

Из леммы 2 вытекают приятные следствия.

Следствие 2. *Функция Эйлера мультипликативна.*

Доказательство. Имеем

$$\varphi(a) = \left(\sum_{d|a} \frac{\mu(d)}{d}\right) \cdot a$$

— произведение двух мультипликативных функций, первая из которых мультипликативна по лемме 2 п. 13. Значит, $\varphi(a)$ — мультипликативна. ♦

Следствие 3. $\sum\limits_{d|a} \varphi(d) = a.$

Доказательство. Пусть $a = p_1^{\alpha_1} p_2^{\alpha_2} \cdot \ldots \cdot p_n^{\alpha_n}$. Тогда, по лемме 1 п. 13 имеем

$$\sum_{d|a} \varphi(d) = \prod_{k=1}^{n} (1 + \varphi(p_k) + \varphi(p_k^2) + \ldots + \varphi(p_k^{\alpha_k})) =$$

$$= \prod_{k=1}^{n} (1 + (p_k - 1) + (p_k^2 - p_k) + \ldots + (p_k^{\alpha_k} - p_k^{\alpha_k - 1})) =$$

$$= p_1^{\alpha_1} p_2^{\alpha_2} \cdot \ldots \cdot p_n^{\alpha_n} = a. \quad ♦$$

Численные примерчики.

$$\varphi(5) = 5 - 1 = 4,$$

$$\varphi(30) = \varphi(2 \cdot 3 \cdot 5) = (2 - 1)(3 - 1)(5 - 1) = 8,$$

$$\varphi(60) = 60 \cdot \left(1 - \frac{1}{2}\right)\left(1 - \frac{1}{3}\right)\left(1 - \frac{1}{5}\right) = 16,$$

$$\sum_{d|30}\varphi(d)=\varphi(1)+\varphi(2)+\varphi(3)+\varphi(5)+\varphi(6)+\varphi(10)+$$
$$+\varphi(15)+\varphi(30)=1+1+2+4+2+4+8+8=30.$$

На этом, пожалуй, п. 14 закончим.

Задачки

1. Потренируйтесь и найдите число делителей и сумму делителей чисел: а) 5600; б) 116424.

2. Найдите сумму собственных делителей (т. е. делителей, отличных от самого числа) чисел: а) 6; б) 28; в) 496; г) 8128. Подивитесь полученному результату. [1]

3. Составьте таблицу значений функции Мёбиуса $\mu(n)$ для всех значений n от 1 до 100. Бережно сохраните результат.

4. Составьте таблицу значений функции Эйлера $\varphi(n)$ для всех значений n от 1 до 100. Бережно сохраните результат.

5. Используя формулу Эйлера для $\varphi(n)$, еще раз докажите бесконечность множества простых чисел.

6. Докажите, что существует бесконечно много чисел $n \in \mathbf{N}$, удовлетворяющих для всех $k = 1, 2, ..., n-1$ неравенствам
$$\frac{S(n)}{n} > \frac{S(k)}{k},$$
где $S(n)$ — сумма всех делителей числа n.

[1] Числа, равные сумме собственных делителей, древние греки назвали совершенными. В формулировке задачи указаны первые четыре (известных еще Пифагору) совершенных числа. Евклид обнаружил, что если число $2^k - 1$ — простое, то число $(2^k - 1)\cdot 2^{k-1}$ обязано быть совершенным. Эйлер доказал, что все четные совершенные числа имеют такой вид. Неизвестно, существуют ли вообще нечетные совершенные числа; во всяком случае, такие числа должны быть больше 10^{100} — результат хорошо организованной машинной проверки. Имеется ровно 24 значения $k < 20000$, для которых число $2^k - 1$ — простое (в этом случае k само обязано быть простым). Простые числа вида $2^k - 1$ называются числами Мерсенна, по имени французского математика, который в 1644 г. указал в большей части верный список всех таких простых, меньших 10^{79}. Изрядно потрудившись, читатель сам может выписать наибольшее известное на сегодняшний день совершенное число, отталкиваясь от наибольшего известного на сегодня простого числа Мерсенна, указанного в п. 6 этой книжки. Предполагается, что совершенные числа были известны уже в древнем Вавилоне и Египте, где рука с загнутым безымянным пальцем обозначала число шесть — первое совершенное число. Тем самым этот палец сам стал причастен к совершенству и за ним закрепилась привилегия носить обручальное кольцо.

7. Докажите, что для любого натурального n выполняются неравенства

$$\frac{n^2}{2} < \varphi(n) \cdot S(n) < n^2.$$

8. На кафтане площадью 1 нашито 5 заплат, площадь каждой из которых не меньше 1/2. Докажите, что найдутся две заплаты, площадь общей части которых не меньше 1/5.

9. Клуб регулярно посещают 220 человек. При клубе имеется шесть спортивных секций. В эти секции записались, соответственно, 30, 26, 32, 31, 28 и 36 человек. В несколько секций записались 53 члена клуба, из них 24 посещают три или больше секций, 9 — не меньше четырех секций и 3 — даже пять секций. В последнюю тройку входит один чудак, который записался во все шесть секций. Директор клуба хочет знать, сколько членов клуба не записались ни в одну сскцию?

10. Пусть k — натуральное число, d пробегает все делители числа a с условием $\varphi(d) = k$. Докажите, что

$$\sum_d \mu(d) = 0.$$

11. Пусть k — четное натуральное число, d пробегает все делители свободного от квадратов числа $a = p_1 p_2 \cdot \ldots \cdot p_k$ с условием $0 < d < \sqrt{a}$. Докажите, что

$$\sum_d \mu(d) = 0.$$

15. ζ-функция Римана

Этот пункт несколько сложнее предыдущих, так как для его понимания потребуются определенные знания из области математического анализа и теории функций комплексного переменного. Но было бы просто неправильно в параграфе под названием «Важнейшие функции в теории чисел» умолчать об одной из самых загадочных и влиятельных в математике функций — ζ-функции Римана, поэтому сделаем над собой некоторое усилие, отбросим внутреннюю скованность и попытаемся подойти к ζ-функции, чтобы познакомиться. Всюду ниже буквой $\mathbf{C}$ обозначается поле комплексных чисел.

Определение. Пусть $s \in \mathbf{C}$, действительная часть $\mathrm{Re}\,(s) > 1$. *ζ-функцией Римана* называется функция комплексного переменного, задаваемая рядом

$$\zeta(s)=\sum_{n=1}^{\infty}\frac{1}{n^s}.$$

Правомерность такого определения подтверждает следующее наблюдение.

Наблюдение. *В полуплоскости* $\mathrm{Re}\,(s)>1$ *ряд* $\sum\limits_{n=1}^{\infty}\frac{1}{n^s}$ *сходится абсолютно.*

Доказательство. Пусть $s\in\mathbf{C}$, $\mathrm{Re}\,(s)>1$, $s=\sigma+i\varphi$ (см. рис. 5).

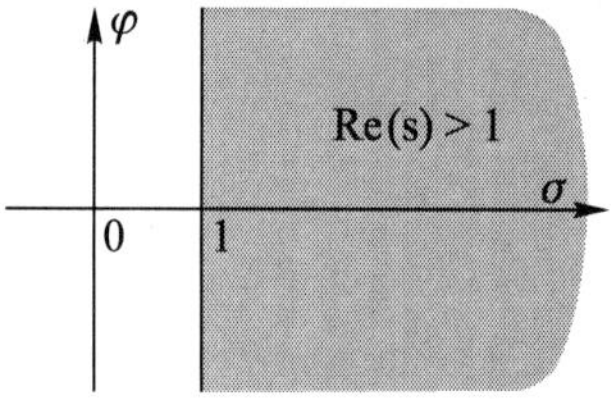

Рис. 6

Вычислим абсолютные величины членов ряда:

$$\left|n^{-s}\right|=\left|e^{-s\ln n}\right|=\left|e^{-\sigma\ln n-i\varphi\ln n}\right|=$$

$$=\left|e^{-\sigma\ln n}(\cos(\varphi\ln n)-i\sin(\varphi\ln n))\right|=\left|e^{-\sigma\ln n}\right|=\left|\frac{1}{n^\sigma}\right|=\frac{1}{n^\sigma}.$$

Теперь воспользуемся интегральным признаком сходимости (мы помним, что $\sigma>1$):

$$\sum_{n=1}^{\infty}\left|\frac{1}{n^s}\right|=\sum_{n=1}^{\infty}\frac{1}{n^\sigma}\leqslant\int\limits_{1}^{\infty}\frac{1}{x^\sigma}dx=\lim_{N\to\infty}\left.\frac{x^{-\sigma+1}}{-\sigma+1}\right|_1^N=$$

$$=\lim_{N\to\infty}\left(\frac{N^{-\sigma+1}}{-\sigma+1}-\frac{1}{-\sigma+1}\right)=\frac{1}{\sigma-1}.$$

Значит, при $\sigma>1$ ряд $\sum\limits_{n=1}^{\infty}\frac{1}{n^s}$ сходится абсолютно. ♦

Из этого наблюдения вытекает

Следствие. *Функция* $\zeta(s)$ *аналитична в полуплоскости* $\mathrm{Re}\,(s)>1$.

Доказательство. Действительно, при всяком $\varepsilon > 0$ и фиксированном $\rho > 1 + \varepsilon$ числовой ряд $\sum\limits_{n=1}^{\infty} \frac{1}{n^{\rho}}$ мажорирует ряд из абсолютных величин $\sum\limits_{n=1}^{\infty} \left|\frac{1}{n^s}\right| = \sum\limits_{n=1}^{\infty} \frac{1}{n^{\sigma}}$, где $\sigma \geqslant \rho$, откуда, по теореме Вейерштрасса, следует равномерная сходимость ряда $\sum\limits_{n=1}^{\infty} \frac{1}{n^s}$ в полуплоскости $\mathrm{Re}\,(s) \geqslant \rho$. Сумма же равномерно сходящегося ряда из аналитических функций сама является аналитической функцией.

Теперь осталось только неограниченно приблизиться к вертикальной пунктирной прямой $\mathrm{Re}\,(s) = 1$ на рис. 5, устремляя ε к нулю. Получается, что во всех полуплоскостях, граница которых сколь угодно близко подходит к прямой $\mathrm{Re}\,(s) = 1$, ряд $\sum\limits_{n=1}^{\infty} \frac{1}{n^s}$ сходится абсолютно и равномерно, а его сумма — аналитическая функция. ♦

Нематематическое (значит, лирическое) отступление

Справедливости ради следует сказать, что функцию $\zeta(s) = \sum\limits_{n=1}^{\infty} \frac{1}{n^s}$ впервые рассматривал Эйлер, который узнал много ее свойств и открыл свою знаменитую формулу: $\zeta(s) = \sum\limits_{n=1}^{\infty} \frac{1}{n^s} = \prod\limits_{j=1}^{\infty} \left(1 - \frac{1}{p_j^s}\right)^{-1}$, связывающую $\zeta(s)$ с простыми числами. Поэтому правильнее было бы называть главную героиню этого пункта дзета-функцией Эйлера. Однако, уж так повелось, что ее называют «дзета-функция Римана». (Ортодоксальные математики до сих пор, например, условия аналитичности Даламбера–Эйлера функции комплексного переменного называют условиями Коши–Римана.) Разумеется, Риман тоже изучал функцию $\zeta(s)$ и высказал про нее много интересного, но мы не будем осуждать здесь ортодоксальных математиков за неправильное именование функции $\zeta(s)$, ибо само по себе имя ярчайшей звезды математического небосклона Георга Фридриха Бернгарда Римана есть вечная награда для любой функции, а $\zeta(s)$ такой орден, несомненно, заслужила.

Несколько слов о Бернгарде Римане (1826–1866), человеке, который в очень большой степени определил лицо современной математики. Риман был сыном деревенского священника, учился в Гёттингенском университете, где в 1851 г. получил степень доктора, в 1854 г. стал приват-доцентом, в 1859 г. — профессором, переемником Дирихле на кафедре математики. Болезненный, он провел последние несколько месяцев жизни в Италии, где и умер в сорокалетнем возрасте. За свою короткую жизнь Риман опубликовал небольшое число работ, но каждая из них — настоящая жемчужина, открывающая новые и плодотворные области. Именно Риману мы обязаны введением в анализ топологических представлений, понятию римановой поверхности, определению интеграла Римана, исследованию гипергеометрических рядов и абелевых функций, и т. д., и т. д. Именно ему мы обязаны новому взгляду на геометрию, при котором пространство вводится как топологическое многообразие с метрикой, задаваемой произвольной квадратичной дифференциальной формой (теперь мы говорим — римановы пространства). В работе 1859 г. он исследовал количество простых чисел, меньших заданного числа, и дал точную формулу для нахождения этого числа с участием функции $\zeta(s)$. В этой знаменитой работе сформулирована не менее знаменитая «Гипотеза Римана» о нулях аналитического продолжения $\zeta(s)$ на всю комплексную плоскость. (Верно ли, что все недействительные нули дзета-функции лежат на прямой $\mathrm{Re}\,(s) = \frac{1}{2}$?) Эта гипотеза, пожалуй, является одной из самых старых, трудных и насущных математических проблем. Она до сих пор не доказана и не опровергнута.

Далее нам потребуются некоторые сведения из математического анализа и теории функций комплексного переменного о бесконечных произведениях. Бесконечные произведения — забавная и полезная потеха, которой почему-то, в отличие от бесконечных сумм, на лекциях в университете уделяют мало внимания. Исправим, отчасти, сие недоразумение.

Определение. Пусть $u_1, u_2, \ldots, u_n, \ldots$ — бесконечная последовательность комплексных чисел и все $u_j \neq -1$. Выражение вида

$$\prod_{n=1}^{\infty} (1 + u_n) = (1 + u_1)(1 + u_2) \cdot \ldots \cdot (1 + u_n) \cdot \ldots \qquad (\spadesuit)$$

называется *бесконечным произведением*, а выражения

$$\prod_{n=1}^{k} (1 + u_n) = (1 + u_1)(1 + u_2) \cdot \ldots \cdot (1 + u_k) = v_k$$

— *частичными произведениями* бесконечного произведения ($\spadesuit$).

Если последовательность частичных произведений v_k при $k \to \infty$ сходится к числу $v \neq 0$, то говорят, что бесконечное произведение (♠) сходится и равно v. В противном случае, если v_k не сходится (или $v_k \to 0$), то говорят, что бесконечное произведение (♠) расходится (соответственно, расходится к нулю).

Честно говоря, при первом знакомстве, словосочетание «расходится к нулю» вызвало у меня недоумение. Однако при дальнейшем изучении конструкции бесконечного произведения, это недоумение рассеялось, так как выделение особого случая $v_k \to 0$ связано с традицией логарифмировать бесконечные произведения, чтобы перейти к рядам — более знакомым объектам, а логарифм нуля не имеет смысла и, видимо, находится далеко за пределами нашего разумения.

Теорема 1 (признак сходимости (♠)). *Если ряд*

$$u_1 + u_2 + \ldots + u_n + \ldots$$

сходится абсолютно, то бесконечное произведение (♠) сходится.

Доказательство. Пусть $\sum\limits_{n=1}^{\infty} |u_n|$ — сходится, значит, общий член этого ряда стремится к нулю и можно считать, что, например, $|u_n| \leqslant \frac{1}{2}$ для всех $n > n_0 \in \mathbf{N}$. Пусть сначала $u_n \in \mathbf{R}$. Тогда, в силу замечательного предела $\lim\limits_{u_n \to 0} \frac{|\ln(1+u_n)|}{|u_n|} = 1$, начиная с некоторого номера $n > n_0$, имеем $|\ln(1+u_n)| \leqslant 2\,|u_n|$. Значит, последовательность логарифмов частичных произведений

$$S_n = \ln(1+u_1) + \ln(1+u_2) + \ldots + \ln(1+u_n) = \ln v_n$$

сходится, так как $|S_n| \leqslant 2\sum\limits_{k=1}^{n} |u_k|$, а справа в последнем неравенстве стоят частичные суммы сходящегося ряда. Следовательно, сходится и бесконечное произведение (♠).

Пусть теперь u_n — произвольные комплексные числа. Надо доказать, что при $n \to \infty$ сходятся две последовательности действительных чисел:

$$|v_n| = |(1+u_1) \cdot \ldots \cdot (1+u_n)| = |1+u_1| \cdot \ldots \cdot |1+u_n| \qquad (1)$$

и

$$\arg v_n = \arg\left((1+u_1)\cdot\ldots\cdot(1+u_n)\right) = \\ = \arg(1+u_1)+\ldots+\arg(1+u_n). \quad (2)$$

Пусть $u_n = \alpha_n + i\beta_n$. Ясно, что для сходимости последовательности $|v_n|$ необходимо и достаточно сходимости последовательности $|v_n|^2$. Но $|1+u_n|^2 = |1+\alpha_n+i\beta_n|^2 = 1+\alpha_n^2+\beta_n^2+2\alpha_n$ и, так как $|\alpha_n^2+\beta_n^2+2\alpha_n| \leqslant |u_n|^2+2|u_n|$, то сходимость (1) следует из уже доказанного. Сходимость (2) следует из того, что при всех n, больших некоторого n_0, $|\arg(1+u_n)| = \left|\arcsin\dfrac{\beta_n}{\sqrt{(1+\alpha_n)^2+\beta_n^2}}\right| < \pi|\beta_n|$ (здесь опять использован замечательный предел $\lim\limits_{x\to 0}\dfrac{\arcsin x}{x} = 1$), а $|\beta_n| \to 0$ так как $u_n \to 0$.

♦

Ключ к пониманию огромной роли функции $\zeta(s)$ в теории чисел кроется в уже упоминавшейся выше замечательной формуле Эйлера.

Теорема 2 (формула Эйлера). Функция

$$\zeta(s) = \sum_{n=1}^{\infty}\frac{1}{n^s} = \prod_{j=1}^{\infty}\left(1-\frac{1}{p_j^s}\right)^{-1},$$

где p_j — j-е простое число и, таким образом, бесконечное произведение справа берется по всем простым числам.

Доказательство. Пусть $\mathbf{X} \geqslant 1$, $\operatorname{Re}(s) > 1$. Ряды

$$1+\frac{1}{p^s}+\frac{1}{p^{2s}}+\frac{1}{p^{3s}}+\ldots$$

абсолютно сходятся (ибо мажорируются геометрическими прогрессиями). По теореме 1 это значит, что бесконечное произведение в формуле Эйлера сходится. Имеем (значок $\prod\limits_{p\leqslant X}$ означает произведение по всем простым числам, не превосходящим $\mathbf{X}$):

$$\prod_{p\leqslant X}\left(1-\frac{1}{p^s}\right)^{-1} = \prod_{p\leqslant X}\left(1+\frac{1}{p^s}+\frac{1}{p^{2s}}+\ldots\right) = \sum_{n\leqslant X}\frac{1}{n^s}+R(s,X).$$

Здесь при получении первого равенства использовалась формула суммы геометрической прогрессии, при получении последнего равенства существенную роль сыграла основная теорема арифметики. Через $R(s,X)$ обозначен остаточный член, приписывание которого в нужном месте, вообще-то, позволяет поставить знак равенства между любыми величинами. На самом же деле, $R(s,X)$ содержит бесконечное число слагаемых вида $\frac{1}{n^s}$, не вошедших в стоящую перед ним сумму. Оценим остаточный член:

$$|R(s,X)| \leqslant \sum_{n>X} \left|\frac{1}{n^s}\right| = \sum_{n>X} \frac{1}{n^\sigma} \leqslant \frac{1}{\sigma-1} X^{1-\sigma},$$

т. е. $R(s,X) \to 0$, при $X \to \infty$. Это и означает справедливость формулы Эйлера. ♦

Следствие 2. *При* $\mathrm{Re}\,(s) > 1$ *функция* $\zeta(s)$ *не имеет нулей.*

Доказательство. Имеем

$$\frac{1}{|\zeta(s)|} = \left|\prod_p \left(1 - \frac{1}{p^s}\right)\right| \leqslant \prod_p \left(1 + \frac{1}{p^\sigma}\right) <$$

$$< \sum_{n=1}^{\infty} \frac{1}{n^\sigma} \leqslant 1 + \int_1^\infty \frac{dx}{x^\sigma} = 1 + \frac{1}{\sigma-1},$$

значит, $|\zeta(s)| > \frac{\sigma-1}{\sigma} > 0$. ♦

Продолжим $\zeta(s)$ в полуплоскость $\mathrm{Re}\,(s) > 0$. Следующие лемма и следствие из нее призваны лишь показать один из возможных способов реализации такого продолжения, поэтому их доказательство можно пропустить без всякого ущерба для дальнейшего понимания.

Лемма 1. *При* $\mathrm{Re}\,(s) > 0$ и $N \geqslant 1$ *выполнено*

$$\zeta(s) = \sum_{n=1}^{N} \frac{1}{n^s} + \frac{N^{1-s}}{s-1} - \frac{1}{2} N^{-s} + s \int_N^\infty \frac{1/2 - \{u\}}{u^{s+1}} du.$$

Доказательство. Имеем при $\mathrm{Re}\,(s) > 1$:

$$\sum_{n=N+1}^{\infty} \frac{1}{n^s} = \sum_{n=N}^{\infty} n \left(\frac{1}{n^s} - \frac{1}{(n+1)^s} \right) - \frac{1}{N^{s-1}} =$$

$$= -\frac{1}{N^{s-1}} + s \sum_{n=N}^{\infty} n \int\limits_{n}^{n+1} x^{-s-1} dx =$$

$$= -\frac{1}{N^{s-1}} + s \sum_{n=N}^{\infty} \int\limits_{n}^{n+1} [x] \cdot x^{-s-1} dx = -\frac{1}{N^{s-1}} + s \int\limits_{N}^{\infty} [x] \cdot x^{-s-1} dx =$$

$$= -\frac{1}{N^{s-1}} + \frac{sN^{1-s}}{s-1} - s \int\limits_{N}^{\infty} \{x\} x^{-s-1} dx =$$

$$= \frac{N^{1-s}}{s-1} - \frac{1}{2} N^{-s} + s \int\limits_{N}^{\infty} \left(\frac{1}{2} - \{x\} \right) x^{-s-1} dx.$$

Но последний интеграл справа определяет аналитическую функцию даже при $\mathrm{Re}\,(s) > 0$. Поэтому, в силу принципа аналитического продолжения, утверждение леммы 1 справедливо. ♦

Следствие. *Функция $\zeta(s)$ является аналитической в полуплоскости $\mathrm{Re}\,(s) > 0$ за исключением точки $s = 1$; в точке $s = 1$ дзета-функция имеет простой полюс с вычетом, равным 1.* ♦

Оказывается, что дзета-функция имеет бесконечно много нулей в «критической полосе» $1 > \mathrm{Re}\,(s) > 0$. Известно, что эти нули лежат симметрично относительно прямых $\mathrm{Re}\,(s) = \frac{1}{2}$ и $\mathrm{Im}\,(s) = 0$; известно, что в области $\mathrm{Re}\,(s) \geqslant 1 - \frac{c}{\ln(|b|+2)}$, где $b = \mathrm{Im}\,(s)$, а c — абсолютная постоянная, нулей у $\zeta(s)$ нет (теорема Ш. Валле-Пуссена). Однако знаменитая гипотеза Римана о том, что все нули $\zeta(s)$ лежат на прямой $\mathrm{Re}\,(s) = \frac{1}{2}$, до сих пор не доказана, хотя проверена для более 7 миллионов корней. Хотите посмотреть на первые десять корней $\zeta(s) = 0$? Вот они:

$$\rho_{1,2} = \frac{1}{2} \pm 14,134725\, i,$$

$$\rho_{3,4} = \frac{1}{2} \pm 21,022040\, i,$$

$$\rho_{5,6} = \frac{1}{2} \pm 25,010856\, i,$$

$$\rho_{7,8} = \frac{1}{2} \pm 30,424878\, i,$$

$$\rho_{9,10} = \frac{1}{2} \pm 32,935057\, i.$$

(Шутка: предлагаю непосредственной подстановкой убедиться, что это — корни $\zeta(s) = 0$.)

Приведу еще, в качестве красивой картинки, без комментариев, ту самую удивительную формулу Римана, о которой уже упоминалось в этом пункте мелким шрифтом, для числа $\pi(x)$ простых чисел, не превосходящих x:

$$\pi(x) = R(x) - \sum_{\rho} R(x^{\rho}),$$

где суммирование справа ведется по всем нулям $\zeta(s)$, а

$$R(x) = 1 + \sum_{n=1}^{\infty} \frac{1}{n\zeta(n+1)} \cdot \frac{(\ln x)^n}{n!}.$$

К сожалению, рассказ о серьезных и нетривиальных применениях дзета-функции Римана выходит за рамки этой скромной книжки, поэтому, чтобы хоть как-то представить всю мощь этой функции, немного постреляем из пушки по воробьям — докажем с ее помощью пару известных утверждений.

Утверждение 1. *Простых чисел бесконечно много.*

Доказательство первое. Пусть $p_1, p_2, \ldots, p_k$ — все простые. Тогда, так как

$$\prod_{p \leqslant N} \left(1 - \frac{1}{p^s}\right)^{-1} = \sum_{n \leqslant N} \frac{1}{n^s} + R(s; N),$$

получаем (при $s = 1$ и достаточно больших N):

$$\prod_{j=1}^{k} \left(1 - \frac{1}{p_j}\right)^{-1} \geqslant \sum_{n \leqslant N} \frac{1}{n},$$

ибо $R(s; N) \underset{N\to\infty}{\longrightarrow} 0$. Но это невозможно, ибо гармонический ряд $\sum\limits_{n=1}^{\infty} \frac{1}{n}$ расходится. ♦

Доказательство второе. Пусть $p_1, p_2, \ldots, p_k$ — все простые. Тогда

$$\zeta(2) = \sum_{n=1}^{\infty} \frac{1}{n^2} = \prod_{j=1}^{k} \left(1 - \frac{1}{p_j^2}\right)^{-1} = \frac{\pi^2}{6},$$

что невозможно, ибо конечное произведение суть рациональное число, чего никак не скажешь о числе $\frac{\pi^2}{6}$. ♦

Следующее утверждение гораздо менее известно, чем бесконечность множества простых.

Возмем гармонический ряд $\sum\limits_{n=1}^{\infty} \frac{1}{n}$ и сильно проредим его, оставив в нем только слагаемые, обратные к простым числам, и выкинув все слагаемые, являющиеся обратными к составным. Это действительно сильное прорежение, так как в натуральном ряде имеются сколь угодно длинные промежутки без простых чисел, например:

$$n! + 2,\ n! + 3,\ n! + 4,\ \ldots,\ n! + n.$$

Гармонический ряд, как известно, расходится. Удивительно, что

Утверждение 2. *Ряд* $\sum\limits_{j=1}^{\infty} \frac{1}{p_j}$ *из обратных величин ко всем простым числам расходится.*

Доказательство. Пусть $\mathbf{X} \in \mathbf{N}$. Имеем

$$\prod_{p_k \leqslant X} \left(1 - \frac{1}{p_k}\right)^{-1} = \prod_{p_k \leqslant X} \left(1 + \frac{1}{p_k} + \frac{1}{p_k^2} + \ldots\right) =$$

$$= \sum_{p_k \leqslant X} \frac{1}{p_1^{\alpha_1} p_2^{\alpha_2} \cdot \ldots \cdot p_k^{\alpha_k}} = \sum_{n \leqslant X} \frac{1}{n} + \sum_{n > X}^{\nabla} \frac{1}{n},$$

где значок ∇ означает, что суммирование ведется по всем $n > X$, в разложении которых нет простых сомножителей, больших $\mathbf{X}$. Значит,

$$\prod_{p_k \leqslant X} \left(1 - \frac{1}{p_k}\right)^{-1} > \sum_{n \leqslant X} \frac{1}{n}$$

и

$$\prod_{p_k \leqslant X} \left(1 - \frac{1}{p_k}\right)^{-1} \xrightarrow[X\to\infty]{} \infty,$$

так как гармонический ряд расходится. Из последнего вытекает, что бесконечное произведение

$$\prod_{p_k} \left(1 - \frac{1}{p_k}\right) = 0$$

расходится к нулю, т. е.

$$P_n = \prod_{k=1}^{n} \left(1 - \frac{1}{p_k}\right) \xrightarrow[n\to\infty]{} 0.$$

Значит, [1])

$$\ln P_n = \sum_{k=1}^{n} \ln \left(1 - \frac{1}{p_k}\right) \xrightarrow[n\to\infty]{} -\infty.$$

Мы помним замечательный предел:

$$\lim_{k\to\infty} \frac{\ln\left(1 - \frac{1}{p_k}\right)}{-\frac{1}{p_k}} = 1,$$

из которого следует, что, начиная с некоторого k,

$$\frac{\ln\left(1 - \frac{1}{p_k}\right)}{-\frac{1}{p_k}} < 2,$$

откуда моментально

$$\ln\left(1 - \frac{1}{p_k}\right) > 2\left(-\frac{1}{p_k}\right).$$

Таким образом, в ряде

$$2\sum_{k=1}^{\infty} \left(-\frac{1}{p_k}\right)$$

[1]) $1 - \frac{1}{p_k} > 0$, так как все $p_k > 1$; $p = 1$ — особое число.

каждый член меньше соответствующего члена расходящегося к $-\infty$ ряда

$$\sum_{k=1}^{\infty} \ln\left(1 - \frac{1}{p_k}\right),$$

следовательно, ряд $\sum\limits_{k=1}^{\infty} \left(\frac{1}{p_k}\right)$ расходится к $+\infty$. ♦

Справедливости ради отмечу: несмотря на то, что ряд $\sum\limits_{k=1}^{\infty} \left(\frac{1}{p_k}\right)$ самым невероятным образом расходится, он расходится все-таки медленнее гармонического. Про частичные суммы этих рядов известно, что $\sum\limits_{k=1}^{n} \frac{1}{k}$ растет как $\ln n$ [1]), в то время, как $\sum\limits_{k=1}^{p_n} \left(\frac{1}{p_k}\right)$ растет только как $\ln(\ln p_n)$.

Позвольте мне быстренько закончить этот уже порядком поднадоевший пункт, а вместе с ним и весь третий параграф, установлением связи между дзета-функцией (которая не мультипликативна) и функцией Мёбиуса $\mu(n)$ (которая мультипликативна). Из этой связи понятно, что $\zeta(s)$ очень близка к мультипликативным функциям — просто единица, деленная на дзета-функцию, есть сумма (правда, бесконечная) мультипликативных функций.

Лемма 2. *Пусть* $\mathrm{Re}\,(s) > 1$. *Тогда*

$$\frac{1}{\zeta(s)} = \sum_{n=1}^{\infty} \frac{\mu(n)}{n^s}.$$

Доказательство. Пусть $n = p_1^{\alpha_1} p_2^{\alpha_2} \cdot \ldots \cdot p_k^{\alpha_k}$. В лемме 1 из п. 14 положим $\theta(x) = \dfrac{1}{x^s}$ — мультипликативная функция. Тогда

$$\sum_{d|n} \frac{\mu(d)}{d^s} = \prod_{j=1}^{k} \left(1 - \frac{1}{p_j^s}\right),$$

[1]) Более того, известен поразительный результат Л. Эйлера о том, что предел

$$\gamma = \lim_{n\to\infty} \left(\sum_{k=1}^{n} \frac{1}{k} - \ln n\right)$$

существует и $\gamma \approx 0{,}5772\ldots$. Число γ называется теперь постоянной Эйлера.

$$\prod_{p_k \leqslant X}\left(1-\frac{1}{p_k^s}\right)=\prod_{p_k \leqslant X}\left(1+\frac{1}{p_k^s}+\frac{1}{p_k^{2s}}+\ldots\right)=$$

$$=\sum_{n \leqslant X}\frac{\mu(n)}{n^s}+\sum_{n>X}{}^{\nabla}\frac{\mu(n)}{n^s},$$

где значок ∇, как и ранее, означает, что суммирование ведется по всем $n > X$, в разложении которых нет простых сомножителей, больших **X**. Далее, устремляя **X** к бесконечности и вспоминая определение функции Мёбиуса, получаем

$$\left|\sum_{n>X}{}^{\nabla}\frac{\mu(n)}{n^s}\right|<\sum_{n>X}{}^{\nabla}\frac{1}{n^s}\underset{X\to\infty}{\longrightarrow}0,$$

следовательно,

$$\prod_{p}\left(1-\frac{1}{p^s}\right)=\frac{1}{\zeta(s)}=\sum_{n=1}^{\infty}\frac{\mu(n)}{n^s}. \qquad \blacklozenge$$

Завершим наше знакомство с дзета-функцией, а вместе с этим знакомством завершается и весь третий параграф. Ура!

Задачки

1. Вычислите $\zeta(3)$.

2. Докажите, что ряд, составленный из обратных величин к простым числам, встречающимся в арифметической прогрессии $3, 7, 11, 15, 19, 23, \ldots$, расходится.

3. Пусть $\Lambda(a) = \ln p$ для $a = p^l$, где p — простое, l — натуральное; $\Lambda(a) = 0$ для остальных натуральных a. [1])Докажите, что при $\mathrm{Re}\,(s) > 1$ выполнено:

$$\frac{\zeta'(s)}{\zeta(s)}=-\sum_{n=1}^{\infty}\frac{\Lambda(n)}{n^s}.$$

4. Пусть $\mathrm{Re}\,(s) > 2$. Докажите, что

$$\sum_{n=1}^{\infty}\frac{\varphi(n)}{n^s}=\frac{\zeta(s-1)}{\zeta(s)},$$

где $\varphi(n)$ — функция Эйлера.

[1]) Функция $\Lambda(a)$ называется функцией Мангольдта — весьма примечательный персонаж в теории чисел, знакомство с которым осталось, к сожалению, за рамками этой книжки.

5. Определим вероятность P того, что k натуральных чисел $x_1, x_2, \ldots, x_k$ будут взаимно простыми, как предел при $N \to \infty$ вероятности P_N того, что будут взаимно простыми k чисел $x_1, x_2, \ldots, x_k$, каждому из которых независимо от остальных присвоено одно из значений $1, 2, \ldots, N$, принимаемых за равновозможные. [1] Докажите, что

$$\mathsf{P} = \frac{1}{\zeta(k)}.$$

[1] Сравните с определением, данным в п. 3 этой книжки. Обратите внимание, что результат п. 3 — теорема Чезаро — находится в прекрасном соответствии с утверждением этой задачи:

$$\mathsf{P} = \frac{6}{\pi^2} = \frac{1}{\zeta(2)}.$$

Путь к решению этой весьма сложной задачи станет полегче, если вы докажете предварительно следующий факт.

Пусть $k > 1$ и заданы системы $x_1^{(1)}, x_2^{(1)}, \ldots, x_k^{(1)}$; $x_1^{(2)}, x_2^{(2)}, \ldots, x_k^{(2)}$; ...; $x_1^{(n)}, x_2^{(n)}, \ldots, x_k^{(n)}$ целых чисел, не равных одновременно нулю. Пусть, далее, для этих систем однозначно определена некоторая (произвольная) функция $f(x_1, x_2, \ldots, x_k)$. Тогда

$$S^{\nabla} = \sum \mu(d) S_d,$$

где μ — функция Мёбиуса, S^{∇} обозначает сумму значений $f(x_1, x_2, \ldots, x_k)$, распространенную на системы взаимно простых чисел, S_d обозначает сумму значений $f(x_1, x_2, \ldots, x_k)$, распространенную на системы чисел, одновременно кратных d, а d пробегает натуральные числа.

§4. ТЕОРИЯ СРАВНЕНИЙ

Эпиграфом к этому параграфу может послужить крылатая фраза «Все познается в сравнении!». В этом параграфе мы займемся изучением арифметики в кольцах вычетов — в объектах, хорошо знакомых еще из начального университетского курса алгебры. При этом мы будем пользоваться преимущественно терминологией и традиционными теоретико-числовыми обозначениями, нежели обозначениями и терминологией теории колец — такова традиция элементарного изложения этой теории для школьников десятого класса и студентов математико-механического факультета третьего и четвертого курсов. Эта традиция имеет железное обоснование: школьники понятия кольца еще не знают, студенты понятие кольца уже забыли. Но и те, и другие счастливы.

16. Определения и простейшие свойства

Определение. Пусть $a, b \in \mathbf{Z}$, $m \in \mathbf{N}$. Говорят, что число a *сравнимо* с b *по модулю* m, если a и b при делении на m дают одинаковые остатки. Запись этого факта выглядит так:

$$a \equiv b(\operatorname{mod} m).$$

Согласитесь, что вместо $a \equiv b(\operatorname{mod} m)$ гораздо удобнее было бы писать что-нибудь вроде $a \equiv_m b$, но «привычка свыше нам дана, замена счастию она».

Очевидно, что бинарное отношение сравнимости $\equiv_m$ (неважно, по какому модулю) есть отношение эквивалентности на множестве целых чисел, а любители алгебры скажут, что это отношение является даже конгруэнцией кольца $\mathbf{Z}$, фактор-кольцо по которой $\mathbf{Z} \equiv_m$ называется *кольцом вычетов* и обозначается $\mathbf{Z}_m$.

Ясно, что число a сравнимо с b по модулю m тогда и только тогда, когда $a - b$ делится на m нацело. Очевидно, это, в свою очередь, бывает тогда и только тогда, когда найдется такое целое число t, что $a = b + mt$. Знатоки алгебры добавят к этим эквивалентным утверждениям, что сравнимость a с b по модулю m означает, что a и b представляют один и тот же элемент в кольце $\mathbf{Z}_m$.

Понять процесс собирания целых чисел в классы сравнимых между собой по модулю m (классы эквивалентности $\equiv_m$) мне помогла следующая картинка. На рис. 7 изображен процесс наматывания цепочки целых чисел на колечко с m делениями, при этом на одно деление автоматически попадают сравнимые между собой числа. Кстати, эта картинка неплохо объясняет и термин «кольцо».

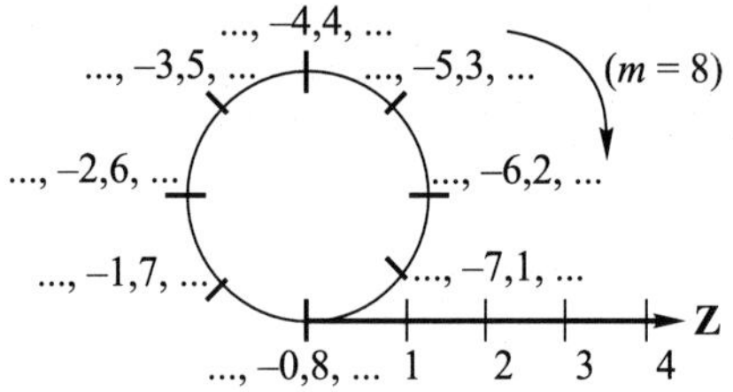

Рис. 7

Перечислим, далее, свойства сравнений, похожие на свойства отношения равенства.

Свойство 1. *Сравнения по одинаковому модулю можно почленно складывать.*

Доказательство. Пусть $a_1 \equiv b_1 (\operatorname{mod} m), a_2 \equiv b_2 (\operatorname{mod} m)$. Это означает, что $a_1 = b_1 + mt_1, a_2 = b_2 + mt_2$. После сложения последних двух равенств получим $a_1 + a_2 = b_1 + b_2 + m(t_1 + t_2)$, что означает $a_1 + a_2 \equiv b_1 + b_2 (\operatorname{mod}\ m)$. ♦

Свойство 2. *Слагаемое, стоящее в какой-либо части сравнения, можно переносить в другую часть, изменив его знак на обратный.*

Доказательство.

$$\frac{\begin{cases} a + b \equiv c(\operatorname{mod}\ m) \\ \quad -b \equiv -b(\operatorname{mod}\ m) \end{cases} +}{a \quad \equiv c - b(\operatorname{mod}\ m)} \qquad ♦$$

Свойство 3. *К любой части сравнения можно прибавить любое число, кратное модулю.*

Доказательство.

$$\frac{\begin{cases} a \equiv b \pmod{m} \\ mk \equiv 0 \pmod{m} \end{cases} +}{a + mk \equiv b \pmod{m}} \quad \blacklozenge$$

Свойство 4. *Сравнения по одинаковому модулю можно почленно перемножать.*

Свойство 5. *Обе части сравнения можно возвести в одну и ту же степень.*

Доказательство.

$$\frac{\begin{cases} a_1 \equiv b_1 \pmod{m} \Leftrightarrow a_1 = b_1 + mt_1 \\ a_2 \equiv b_2 \pmod{m} \Leftrightarrow a_2 = b_2 + mt_2 \end{cases} \times}{a_1a_2 = b_1b_2 + m(b_1t_2 + b_2t_1 + mt_1t_2) \Rightarrow a_1a_2 \equiv b_1b_2 \pmod{m}.}$$

♦

Как следствие из вышеперечисленных свойств, получаем

Свойство 6. *Если*

$$a_0 \equiv b_0 \pmod{m}, \quad a_1 \equiv b_1 \pmod{m}, \ldots, a_n \equiv b_n \pmod{m},$$
$$x \equiv y \pmod{m},$$

то

$$a_0x^n + a_1x^{n-1} + \ldots + a_n \equiv b_0y^n + b_1y^{n-1} + \ldots + b_n \pmod{m}.$$

Свойство 7. *Обе части сравнения можно разделить на их общий делитель, взаимно простой с модулем.*

Доказательство. Пусть $a \equiv b \pmod{m}, a = a_1d, b = b_1d$. Тогда $(a_1 - b_1) \cdot d$ делится на m. Поскольку d и m взаимно просты, то на m делится именно $(a_1 - b_1)$, что означает $a_1 \equiv b_1 \pmod{m}$. ♦

Свойство 8. *Обе части сравнения и его модуль можно умножить на одно и то же целое число или разделить на их общий делитель.*

Доказательство.

$$a \equiv b \pmod{m} \Leftrightarrow a = b + mt \Leftrightarrow ak = bk + mkt \Leftrightarrow$$
$$\Leftrightarrow ak \equiv bk \pmod{mk}. \quad \blacklozenge$$

Свойство 9. *Если сравнение $a \equiv b$ имеет место по нескольким разным модулям, то оно имеет место и по модулю, равному наименьшему общему кратному этих модулей.*

Доказательство. Если $a \equiv b (\mathrm{mod}\ m_1)$ и $a \equiv b (\mathrm{mod}\ m_2)$, то $a - b$ делится на m_1 и на m_2, значит, $a - b$ делится на наименьшее общее кратное m_1 и m_2. ♦

Свойство 10. *Если сравнение имеет место по модулю m, то оно имеет место и по модулю d, равному любому делителю числа m.*

Доказательство очевидно следует из транзитивности отношения делимости: если $a \equiv b (\mathrm{mod}\ m)$, то $a - b$ делится на m, значит, $a - b$ делится на d, где $d \mid m$. ♦

Свойство 11. *Если одна часть сравнения и модуль делятся на некоторое число, то и другая часть сравнения должна делиться на то же число.*

Доказательство. $a \equiv b (\mathrm{mod}\ m) \Leftrightarrow a = b + mt \ldots$ ♦

Теперь, чтобы с легким сердцем закончить этот пункт, осталось привести пример использования сформулированных выше свойств сравнений для решения стандратных задач.

Пример. Доказать, что при любом натуральном n число

$$37^{n+2} + 16^{n+1} + 23^n$$

делится на 7.

Решение. Очевидно, что

$$37 \equiv 2 (\mathrm{mod}\ 7), \quad 16 \equiv 2 (\mathrm{mod}\ 7), \quad 23 \equiv 2 (\mathrm{mod}\ 7).$$

Возведем первое сравнение в степень $n + 2$, второе — в степень $n + 1$, третье — в степень n и сложим:

$$\begin{array}{r} 37^{n+2} \equiv 2^{n+2} (\mathrm{mod}\ 7) \\ +\ 16^{n+1} \equiv 2^{n+1} (\mathrm{mod}\ 7) \\ 23^n \equiv 2^n (\mathrm{mod}\ 7) \\ \hline 37^{n+2} + 16^{n+1} + 23^n \equiv 2^n \cdot 7 (\mathrm{mod}\ 7), \end{array}$$

т. е. $37^{n+2} + 16^{n+1} + 23^n$ делится на 7. Как видите, ровным счетом ничего сложного в решении подобных школьных задач «повышенной трудности» нет.

С удовольствием заканчиваю настоящий пункт, чтобы устремиться к следующему, т. е. устремиться из прошлого в будущее.

Задачки

1. Докажите, что $3^{105} + 4^{105}$ делится на 181.

2. Докажите, что число $5^{2n-1} \cdot 2^{n+1} + 3^{n+1} \cdot 2^{2n-1}$ при любом натуральном n делится на 19.

3. Найдите остаток от деления числа $(9674^6 + 28)^{15}$ на 39.

4. При делении натурального числа N на 3 и на 37 получаются, соответственно, остатки 1 и 33. Найдите остаток от деления N на 111.

5. Докажите, что при любых нечетных положительных значениях n число $S_m = 1^n + 2^n + 3^n + \ldots + m^n$ делится нацело на число $1 + 2 + 3 + \ldots + m$.

6. Докажите, что число $20^{15} - 1$ делится на $11 \cdot 31 \cdot 61$.

7. Докажите, что число $p^2 - q^2$, где p и q — простые числа, большие 3, делится на 24.

8. Докажите, что если натуральное число делится на 99, то сумма его цифр в десятичной записи не менее 18.

9. Докажите, что если при делении многочлена $M(x)$ с целыми коэффициентами на $x - a$ в частном получится $Q(x)$, а в остатке R, то $(1 - a)S(Q) = S(M) - R$, где через $S(A)$ обозначена сумма коэффициентов многочлена A.

10. Докажите, что ни при каких натуральных n и k, $k > 1$, число $3^{n^k} + 1$ не делится на 5.

17. Полная и приведенная системы вычетов

В предыдущем пункте было отмечено, что отношение $\equiv_m$ сравнимости по произвольному модулю m есть отношение эквивалентности на множестве целых чисел. Это отношение эквивалентности индуцирует разбиение множества целых чисел на классы эквивалентных между собой элементов, т. е. в один класс объединяются числа, дающие при делении на m одинаковые остатки. Число классов эквивалентности $\equiv_m$ (знатоки скажут — «индекс эквивалентности $\equiv_m$») в точности равно m.

Определение. Любое число из класса эквивалентности $\equiv_m$ будем называть *вычетом по модулю m*. Совокупность вычетов, взятых по одному из каждого класса эквивалентности $\equiv_m$, называется *полной системой вычетов по модулю m* (в полной системе вычетов, таким образом, всего m штук чисел). Непосредственно сами остатки при делении на m называются *наименьшими неотрицательными вычетами* и, конечно, образуют полную систему вычетов по модулю m. Вычет ρ называется *абсолютно наименьшим*, если $|\rho|$ наименьший среди модулей вычетов данного класса.

Пример. Пусть $m = 5$. Тогда

$$0, 1, 2, 3, 4 \text{ — наименьшие неотрицательные вычеты;}$$
$$-2, -1, 0, 1, 2 \text{ — абсолютно наименьшие вычеты.}$$

Обе приведенные совокупности чисел образуют полные системы вычетов по модулю **5**.

Лемма 1. 1). *Любые m штук попарно несравнимых по модулю m чисел образуют полную систему вычетов по модулю m.*

2). *Если a и m взаимно просты, а x пробегает полную систему вычетов по модулю m, то значения линейной формы $ax + b$, где b — любое целое число, тоже пробегают полную систему вычетов по модулю m.*

Доказательство. Утверждение 1) очевидно. Докажем утверждение 2). Чисел $ax + b$ ровно m штук. Покажем, что они между собой не сравнимы по модулю m. Пусть для некоторых различных x_1 и x_2 из полной системы вычетов оказалось, что $ax_1 + b \equiv ax_2 + b(\mathrm{mod}\ m)$. Тогда, по свойствам сравнений из предыдущего пункта, получаем

$$ax_1 \equiv ax_2(\mathrm{mod}\ m),$$
$$x_1 \equiv x_2(\mathrm{mod}\ m)$$

— противоречие с тем, что x_1 и x_2 различны и взяты из полной системы вычетов. ♦

Поскольку все числа из данного класса эквивалентности $\equiv_m$ получаются из одного числа данного класса прибавлением числа, кратного m, то все числа из данного класса имеют с модулем m один и тот же наибольший общий делитель. По некоторым соображениям, повышенный интерес представляют те вычеты, которые имеют с модулем m наибольший общий делитель, равный единице, т. е. вычеты, которые взаимно просты с модулем.

Определение. *Приведенной системой вычетов по модулю* m называется совокупность всех вычетов из полной системы, взаимно простых с модулем m.

Приведенную систему обычно выбирают из наименьших неотрицательных вычетов. Ясно, что приведенная система вычетов по модулю m содержит $\varphi(m)$ штук вычетов, где $\varphi(m)$ — функция Эйлера — число чисел, меньших m и взаимно простых с m. Если к этому моменту вы уже забыли функцию Эйлера, загляните в п. 14 и убедитесь, что про нее там кое-что говорилось.

Пример. Пусть $m = 42$. Тогда приведенная система вычетов суть:

$$1, 5, 11, 13, 17, 19, 23, 25, 29, 31, 37, 41.$$

Лемма 2. 1). *Любые $\varphi(m)$ чисел, попарно не сравнимые по модулю m и взаимно простые с модулем, образуют приведенную систему вычетов по модулю m.*

2). *Если $(a, m) = 1$ и x пробегает приведенную систему вычетов по модулю m, то $a \cdot x$ так же пробегает приведенную систему вычетов по модулю m.*

Доказательство. Утверждение 1) — очевидно. Докажем утверждение 2). Числа ax попарно несравнимы (это доказывается так же, как в лемме 1 этого пункта), их ровно $\varphi(m)$ штук. Ясно также, что все они взаимно просты с модулем, ибо $(a, m) = 1, (x, m) = 1 \Rightarrow (ax, m) = 1$. Значит, числа ax образуют приведенную систему вычетов. ♦

Таковы определения и основные свойства полной и приведенной систем вычетов, однако в багаже математических знаний существует еще целый ряд очень интересных и полезных фактов, касающихся систем вычетов. Кроме того, без знакомства с дальнейшими важными свойствами систем вычетов п. 17 получится весьма куцым. Продолжим.

Лемма 3. *Пусть $m_1, m_2, \ldots, m_k$ — попарно взаимно просты и*

$$m_1 m_2 \cdot \ldots \cdot m_k = M_1 m_1 = M_2 m_2 = \ldots = M_k m_k,$$

где $M_j = m_1 \cdot \ldots \cdot m_{j-1} m_{j+1} \cdot \ldots \cdot m_k$.

1). *Если $x_1, x_2, \ldots, x_k$ пробегают полные системы вычетов по модулям $m_1, m_2, \ldots, m_k$ соответственно, то значения линейной формы $M_1 x_1 + M_2 x_2 + \ldots + M_k x_k$ пробегают полную систему вычетов по модулю $m = m_1 m_2 \cdot \ldots \cdot m_k$.*

2). *Если $\xi_1, \xi_2, \ldots, \xi_k$ пробегают приведенные системы вычетов по модулям $m_1, m_2, \ldots, m_k$ соответственно, то значения линейной формы $M_1 \xi_1 + M_2 \xi_2 + \ldots + M_k \xi_k$ пробегают приведенную систему вычетов по модулю $m = m_1 m_2 \cdot \ldots \cdot m_k$.*

Доказательство. 1). Форма $M_1x_1 + M_2x_2 + \ldots + M_kx_k$ принимает, очевидно, $m_1m_2 \cdot \ldots \cdot m_k = m$ значений. Покажем, что эти значения попарно несравнимы. Пусть

$$M_1x_1 + M_2x_2 + \ldots + M_kx_k \equiv M_1x_1^\nabla + M_2x_2^\nabla + \ldots + M_kx_k^\nabla \pmod{m}.$$

Всякое M_j, отличное от M_s, кратно m_s. Убирая слева и справа в последнем сравнении слагаемые, кратные m_s, получим

$$M_sx_s \equiv M_sx_s^\nabla \pmod{m_s} \Rightarrow x_s \equiv x_s^\nabla \pmod{m_s}$$

— противоречие с тем, что x_s пробегает полную систему вычетов по модулю m_s.

2). Форма $M_1\xi_1 + M_2\xi_2 + \ldots + M_k\xi_k$ принимает, очевидно, $\varphi(m_1)\varphi(m_2) \cdot \ldots \cdot \varphi(m_k) = \varphi(m_1m_2 \cdot \ldots \cdot m_k) = \varphi(m)$ (функция Эйлера мультипликативна!) различных значений, которые между собой по модулю $m = m_1m_2 \cdot \ldots \cdot m_k$ попарно несравнимы. Последнее легко доказывается рассуждениями, аналогичными рассуждениям, проведенным при доказательстве утверждения 1) этой леммы. Так как

$$(M_1\xi_1 + M_2\xi_2 + \ldots + M_k\xi_k, m_s) = (M_s\xi_s, m_s) = 1$$

для каждого $1 \leqslant s \leqslant k$, то $(M_1\xi_1 + M_2\xi_2 + \ldots + M_k\xi_k, m) = 1$, следовательно множество значений формы $M_1\xi_1 + M_2\xi_2 + \ldots + M_k\xi_k$ образует приведенную систему вычетов по модулю m. ♦

Лемма 4. *Пусть $x_1, x_2, \ldots, x_k, x$ пробегают полные, а $\xi_1, \xi_2, \ldots, \xi_k, \xi$ пробегают приведенные системы вычетов по модулям $m_1, m_2, \ldots, m_k$ и $m = m_1m_2 \cdot \ldots \cdot m_k$ соответственно, где $(m_i, m_j) = 1$ при $i \neq j$. Тогда дроби*

$$\left\{\frac{x_1}{m_1} + \frac{x_2}{m_2} + \ldots + \frac{x_k}{m_k}\right\} \quad \textit{совпадают с дробями} \quad \left\{\frac{x}{m}\right\},$$

а дроби

$$\left\{\frac{\xi_1}{m_1} + \frac{\xi_2}{m_2} + \ldots + \frac{\xi_k}{m_k}\right\} \quad \textit{совпадают с дробями} \quad \left\{\frac{\xi}{m}\right\}.$$

Доказательство обоих утверждений леммы 4 легко получается применением предыдущей леммы 3 после того, как вы приведете каждую сумму

$$\left\{\frac{x_1}{m_1} + \frac{x_2}{m_2} + \ldots + \frac{x_k}{m_k}\right\} \text{ и } \left\{\frac{\xi_1}{m_1} + \frac{\xi_2}{m_2} + \ldots + \frac{\xi_k}{m_k}\right\}$$

к общему знаменателю:

$$\left\{\frac{x_1}{m_1} + \frac{x_2}{m_2} + \ldots + \frac{x_k}{m_k}\right\} = \left\{\frac{M_1x_1 + M_2x_2 + \ldots + M_kx_k}{m}\right\},$$

$$\left\{\frac{\xi_1}{m_1} + \frac{\xi_2}{m_2} + \ldots + \frac{\xi_k}{m_k}\right\} = \left\{\frac{M_1\xi_1 + M_2\xi_2 + \ldots + M_k\xi_k}{m}\right\},$$

где $M_j = m_1 \ldots m_{j-1}m_{j+1} \ldots m_k$. Если теперь принять во внимание, что дробные части чисел, получающихся при делении на модуль m любых двух чисел, сравнимых по модулю m, одинаковы (они равны $\frac{r}{m}$, где r — наименьший неотрицательный вычет из данного класса), то утверждения настоящей леммы становятся очевидными. ♦

В оставшейся части этого пункта произойдет самое интересное — мы будем суммировать комплексные корни m-й степени из единицы, при этом нам откроются поразительные связи между суммами корней, системами вычетов и уже знакомой мультипликативной функцией Мёбиуса $\mu(m)$.

Обозначим через ε_k k-й корень m-й степени из единицы:

$$\varepsilon_k = \cos\frac{2\pi k}{m} + i\sin\frac{2\pi k}{m} = e^{i\frac{2\pi k}{m}}$$

— эти формы записи комплексных чисел мы хорошо помним с первого курса. Здесь $k = 0, 1, \ldots, m-1$ — пробегает полную систему вычетов по модулю m.

Напомню, что сумма $\varepsilon_0 + \varepsilon_1 + \ldots + \varepsilon_{m-1}$ всех корней m-й степени из единицы равна нулю для любого m. Действительно, пусть $\varepsilon_0 + \varepsilon_1 + \ldots + \varepsilon_{m-1} = a$. Умножим эту сумму на ненулевое число ε_1. Такое умножение геометрически в комплексной плоскости означает поворот правильного m-угольника, в вершинах которого расположены корни $\varepsilon_0, \varepsilon_1, \ldots, \varepsilon_{m-1}$, на ненулевой угол $\frac{2\pi}{m}$. Ясно, что при этом корень ε_0 перейдет в корень ε_1, корень ε_1 перейдет в корень ε_2, и т. д., а корень ε_{m-1} перейдет в корень ε_0, т. е. сумма $\varepsilon_0 + \varepsilon_1 + \ldots + \varepsilon_{m-1}$ не изменится. Имеем $\varepsilon_1 a = a$, откуда $a = 0$.

Теорема 1. *Пусть $m > 0$ — целое число, $a \in \mathbf{Z}$, x пробегает полную систему вычетов по модулю m. Тогда, если a кратно m, то*

$$\sum_x e^{2\pi i\frac{ax}{m}} = m;$$

в противном случае, при a, не кратном m,

$$\sum_x e^{2\pi i \frac{ax}{m}} = 0.$$

Доказательство. При a, кратном m, имеем $a = md$ и

$$\sum_x e^{2\pi i \frac{ax}{m}} = \sum_x (\cos(2\pi dx) + i\sin(2\pi dx)) = \sum_x 1 = m.$$

При a, не делящемся на m, разделим числитель и знаменатель дроби $\frac{a}{m}$ на d — наибольший общий делитель a и m, получим несократимую дробь $\frac{a_1}{m_1}$. Тогда, по лемме 1, $a_1 x$ будет пробегать полную систему вычетов по модулю m. Имеем

$$\sum_x e^{2\pi i \frac{ax}{m}} = \sum_x e^{2\pi i \frac{a_1 x}{m_1}} = d\sum_{k=0}^{m_1-1}\left(\cos\left(\frac{2\pi k}{m_1}\right) + i\sin\left(\frac{2\pi k}{m_1}\right)\right) = 0,$$

ибо сумма всех корней степени m_1 из единицы равна нулю. ♦

Напомню, что корень ε_k m-й степени из единицы называется первообразным, если его индекс k взаимно прост с m. В этом случае, как доказывалось на первом курсе, последовательные степени $\varepsilon_k^1, \varepsilon_k^2, \ldots, \varepsilon_k^{m-1}$ корня ε_k образуют всю совокупность корней m-й степени из единицы или, другими словами, ε_k является порождающим элементом циклической группы всех корней m-й степени из единицы.

Очевидно, что число различных первообразных корней m-й степени из единицы равно $\varphi(m)$, где φ — функция Эйлера, так как индексы у первообразных корней образуют приведенную систему вычетов по модулю m.

Теорема 2. *Пусть $m > 0$ — целое число, ξ пробегает приведенную систему вычетов по модулю m. Тогда (сумма первообразных корней степени m):*

$$\sum_\xi e^{2\pi i \frac{\xi}{m}} = \mu(m),$$

где $\mu(m)$ — функция Мёбиуса.

Доказательство. Пусть $m = p_1^{\alpha_1} p_2^{\alpha_2} \cdot \ldots \cdot p_k^{\alpha_k}$ — каноническое разложение числа m; $m_1 = p_1^{\alpha_1}, m_2 = p_2^{\alpha_2}, \ldots, m_k = p_k^{\alpha_k}$; ξ_i пробегает приведенную систему вычетов по модулю m_i. Имеем

$$\sum_{\xi_1} e^{2\pi i \frac{\xi_1}{m_1}} \cdot \sum_{\xi_2} e^{2\pi i \frac{\xi_2}{m_2}} \cdot \ldots \cdot \sum_{\xi_k} e^{2\pi i \frac{\xi_k}{m_k}} =$$

$$= \sum_{\xi_1, \xi_2, \ldots, \xi_k} e^{2\pi i \left(\frac{\xi_1}{m_1} + \frac{\xi_2}{m_2} + \ldots + \frac{\xi_k}{m_k} \right)} =$$

$$= \sum_{\xi_1, \xi_2, \ldots, \xi_k} e^{2\pi i \frac{\xi_1 M_1 + \xi_2 M_2 + \ldots + \xi_k M_k}{m}} = \sum_{\xi} e^{2\pi i \frac{\xi}{m}}.$$

При $\alpha_s = 1$ получается, что только корень $\varepsilon_0 = 1$ не является первообразным, поэтому сумма всех первообразных корней есть сумма всех корней минус единица:

$$\sum_{\xi_s} e^{2\pi i \frac{\xi_s}{m_s}} = \sum_{x_s} e^{2\pi i \frac{x_s}{m_s}} - 1 = -1,$$

стало быть, если m свободно от квадратов (т. е. не делится на r^2, при $r > 1$), то

$$\sum_{\xi} e^{2\pi i \frac{\xi}{m}} = (-1)^k = \mu(m).$$

Если же какой-нибудь показатель α_s больше единицы (т. е. m делится на r^2, при $r > 1$), то сумма всех первообразных корней степени m_s есть сумма всех корней степени m_s минус сумма всех не первообразных корней, т. е. всех корней некоторой степени, меньшей m_s. Именно, если $m_s = p_s m_s^*$, то

$$\sum_{\xi_s} e^{2\pi i \frac{\xi_s}{m_s}} = \sum_{x_s} e^{2\pi i \frac{x_s}{m_s}} - \sum_{u=0}^{m_s^*-1} e^{2\pi i \frac{u}{m_s^*}} = 0 - 0 = 0. \qquad \blacklozenge$$

Задачки

1. Выпишите на листочке все наименьшие неотрицательные вычеты и все абсолютно наименьшие вычеты:
а) по модулю 6, б) по модулю 8.
Чуть ниже выпишите приведенные системы вычетов по этим модулям. Нарисуйте отдельно на комплексной плоскости корни шестой и корни восьмой степеней из единицы, на обоих рисунках обведите кружочком первообразные корни и найдите в каждом случае их сумму.

2. Пусть ε — первообразный корень степени $2n$ из единицы. Найдите сумму $1+\varepsilon+\varepsilon^2+\ldots+\varepsilon^{n-1}$.

3. Найдите сумму всех первообразных корней: а) 15-й; б) 24-й; в) 30-й степени из единицы.

4. Найдите сумму всевозможных произведений первообразных корней n-й степени из единицы, взятых по два.

5. Найдите сумму k-х степеней всех корней n-й степени из единицы.

6. Пусть $m>1$, $(a,m)=1$, b — целое число, x пробегает полную, а ξ — приведенную систему вычетов по модулю m. Докажите, что:

$$\text{а)}\ \sum_x \left\{\frac{ax+b}{m}\right\} = \frac{1}{2}(m-1);\quad \text{б)}\ \sum_\xi \left\{\frac{a\xi}{m}\right\} = \frac{1}{2}\varphi(m).$$

7. Докажите, что:

$$\varphi(a) = \sum_{n=0}^{a-1}\prod_p \left(1-\frac{1}{p}\sum_{l=0}^{p-1} e^{2\pi i\frac{nl}{p}}\right),$$

где p пробегает все простые делители числа a.

18. Теорема Эйлера и теорема Ферма

В этом пункте я расскажу две знаменитые теоремы теории чисел и приведу несколько показательных примеров их удивительной работоспособности, проявляющейся при решении специфических школьных «олимпиадных» задач. Первая теорема этого пункта носит имя Леонарда Эйлера и, как мне кажется, настал черед небольшого исторического отступления об этом великом математике.

Небольшое эссе про Эйлера

Леонард Эйлер (1707–1783) — самомый плодовитый математик восемнадцатого столетия, если только не всех времен. Опубликовано более двухсот томов его научных трудов, но это еще далеко не полное собрание сочинений. От такой напряженной работы Эйлер ослеп в 1735 г. на один глаз, а в 1766 г. — на второй, но слепота не смогла ослабить его огромную продуктивность.

Как ученый, Эйлер сформировался в швейцарском городе Базеле, университет которого долгое время был средоточием европейской науки того времени. Леонард изучал математику под руководством Иоганна Бернулли, а когда в 1725 г. сын Иоганна Николай уехал в

Петербург, молодой Эйлер последовал за ним в недавно учрежденную Российскую (Петербургскую) Академию наук. Эйлер жил в России до 1741 г., потом переехал в Берлинскую академию под особое покровительство Фридриха Второго, а с 1766 г. до самой своей физической смерти он — снова в России. Мне кажется, что Эйлера с полным правом можно считать российским ученым, ибо основные годы его творчества прошли в Петербурге и он являлся академиком именно Петербургской Академии наук под особым покровительством Екатерины Великой.

Слепой Эйлер, пользуясь своей феноменальной памятью, диктовал свои работы, общее число которых достигло 886. Его работы посвящены анализу, алгебре, дискретной математике (теории графов), вариационному исчислению, функциям комплексного переменного, астрономии, гидравлике, теоретической механике, кораблестроению, артиллерии, теории музыки и т. д., и т. п. Колоссальная продуктивность и «пробивная сила» Эйлера в разных областях математики и нематематики была и остается поводом для изумления. А какое изящество! Возьмите известную книжку Д. Пойа «Математика и правдоподобные рассуждения» и прочитайте там, как Эйлер находил сумму ряда

$$\sum_{n=1}^{\infty} \frac{1}{n^2} = \frac{1}{1^2} + \frac{1}{2^2} + \frac{1}{3^2} + \frac{1}{4^2} + \ldots,$$

и вы испытаете чисто эстетическое наслаждение. Обозначения Эйлера почти современны, точнее сказать, что наша математическая символика почти эйлерова. Можно составить длиннющий список известных и важных математических открытий, приоритет в которых принадлежит Эйлеру. Можно составить огромный перечень его идей, которые еще ждут своей разработки. «Читайте Эйлера, — обычно говорил молодым математикам Лаплас, — читайте Эйлера, это наш общий учитель». Гаусс выразился еще более определенно: «Изучение работ Эйлера остается наилучшей школой в различных областях математики, и ничто другое не может это заменить».

Но давайте вернемся к математике.

Теорема (Эйлер). *Пусть* $m > 1$, $(a, m) = 1$, $\varphi(m)$ — *функция Эйлера. Тогда*

$$a^{\varphi(m)} \equiv 1 (\text{mod } m).$$

Доказательство. Пусть x пробегает приведенную систему вычетов по $\text{mod } m$:

$$x = r_1, r_2, \ldots, r_c,$$

где $c = \varphi(m)$ — их число, $r_1, r_2, \ldots, r_c$ — наименьшие неотрицательные вычеты по $\text{mod } m$. Следовательно, наименьшие неотрицательные вычеты, соответствующие числам ax, суть соответственно

$$\rho_1, \rho_2, \ldots, \rho_c$$

— тоже пробегают приведенную систему вычетов, но в другом порядке (см. лемму 2 из п. 17). Значит,

$$a \cdot r_1 \equiv \rho_{j_1} (\operatorname{mod} m),$$
$$a \cdot r_2 \equiv \rho_{j_2} (\operatorname{mod} m),$$
$$\vdots$$
$$a \cdot r_c \equiv \rho_{j_c} (\operatorname{mod} m).$$

Перемножим эти c штук сравнений. Получится

$$a^c r_1 r_2 \cdot \ldots \cdot r_c \equiv \rho_1 \rho_2 \cdot \ldots \cdot \rho_c (\operatorname{mod} m).$$

Так как $r_1 r_2 \cdot \ldots \cdot r_c = \rho_1 \rho_2 \cdot \ldots \cdot \rho_c \neq 0$ и **взаимно просто с модулем** m, то, поделив последнее сравнение на $r_1 r_2 \ldots r_c$, получим $a^{\varphi(m)} \equiv 1 (\operatorname{mod} m)$. ♦

Вторая теорема этого пункта — теорема Ферма — является непосредственным следствием теоремы Эйлера (конечно, при схеме изложения материала, принятой в этой книжке).

Теорема (Ферма). *Пусть p — простое число, p не делит a. Тогда*

$$a^{p-1} \equiv 1 (\operatorname{mod} p).$$

Доказательство 1 теоремы Ферма. Положим в условии теоремы Эйлера $m = p$, тогда $\varphi(m) = p - 1$ (см. п. 14). Получаем $a^{p-1} \equiv 1 (\operatorname{mod} p)$. ♦

Необходимо отметить важность условия взаимной простоты модуля и числа a в формулировках теорем Эйлера и Ферма. Простой пример: сравнение $6^2 \equiv 1 (\operatorname{mod} 3)$ очевидно не выполняется. Однако можно легко подправить формулировку теоремы Ферма, чтобы снять ограничение взаимной простоты.

Следствие 1. *Без всяких ограничений на $a \in \mathbf{Z}$ верно*

$$a^p \equiv a (\operatorname{mod} p).$$

Доказательство. Умножим обе части сравнения $a^{p-1} \equiv \equiv 1 (\operatorname{mod} p)$ на a. Ясно, что получится сравнение, справедливое и при a, кратном p. ♦

Конечно, доказательство 1 теоремы Ферма получилось столь коротким благодаря проведенной мощной предварительной подготовке (доказана теорема Эйлера и изучены свойства функции $\varphi(m)$). Но многие читатели этой книжки очень скоро будут преподавать математику в средней школе, а некоторые, может быть, уже сейчас занимаются этой благородной деятельностью. Поэтому я не могу удержаться и приведу здесь еще один изящный вариант доказательства теоремы Ферма, доступный среднему школьнику или, по крайней мере, школьнику из школы с углубленным изучением математики.

Доказательство 2 теоремы Ферма. Так как p — простое число, то все биномиальные коэффициенты

$$C_p^k = \frac{p(p-1)(p-2)\cdot\ldots\cdot(p-k+1)}{1\cdot 2\cdot 3\cdot\ldots\cdot k}$$

(кроме C_p^0 и C_p^p) делятся на p, ибо числитель выписанного выражения содержит p, а знаменатель не содержит этого множителя. Если вспомнить бином Ньютона, то становится понятно, что разность $(A+B)^p - A^p - B^p = C_p^1A^{p-1}B^1 + C_p^2A^{p-2}B^2 + \ldots + C_p^{p-2}A^2B^{p-2} + C_p^{p-1}A^1B^{p-1}$, где A и B — какие угодно целые числа, всегда делится на p. Последовательным применением этого незатейливого наблюдения получаем, что $(A+B+C)^p - A^p - B^p - C^p = \{[(A+B)+C]^p - (A+B)^p - C^p\} + (A+B)^p - A^p - B^p$ всегда делится на p; $(A+B+C+D)^p - A^p - B^p - C^p - D^p$ всегда делится на p; и вообще, $(A+B+C+\ldots+K)^p - A^p - B^p - C^p - \ldots - K^p$ всегда делится на p. Положим теперь в последнем выражении $A = B = C = \ldots = K = 1$ и возьмем количество этих чисел равным a. Получится, что $a^p - a$ делится на p, а это и есть теорема Ферма в более общей формулировке. ♦

Следствие 2. $(a+b)^p \equiv a^p + b^p \pmod p$. ♦

Приведу теперь почти без комментариев несколько обещанных примеров применения теорем Ферма и Эйлера. Отмечу сразу, что эффективность применения теорем Ферма и Эйлера отчасти основывается на том, что сравнения, даваемые этими теоремами, удобно возводить в степень, так как справа в них стоит единица, которая на возведение в степень не реагирует.

Пример 1. Девятая степень однозначного числа оканчивается на 7. Найти это число.

Решение. $a^9 \equiv 7 (\mathrm{mod}\, 10)$ — это дано. Кроме того, очевидно, что $(7, 10) = 1$ и $(a, 10) = 1$. По теореме Эйлера, $a^{\varphi(10)} \equiv$ $\equiv 1 (\mathrm{mod}\, 10)$. Следовательно, $a^4 \equiv 1 (\mathrm{mod}\, 10)$ и, после возведения в квадрат, $a^8 \equiv 1 (\mathrm{mod}\, 10)$. Поделим почленно $a^9 \equiv 7 (\mathrm{mod}\, 10)$ на $a^8 \equiv 1 (\mathrm{mod}\, 10)$ и получим $a \equiv 7 (\mathrm{mod}\, 10)$. Это означает, что $a = 7$.

Пример 2. Доказать, что $1^{18} + 2^{18} + 3^{18} + 4^{18} + 5^{18} + 6^{18} \equiv$ $\equiv -1 (\mathrm{mod}\, 7)$.

Доказательство. Числа 1, 2, 3, 4, 5, 6 взаимно просты с 7. По теореме Ферма имеем

$$\begin{cases} 1^6 \equiv 1 (\mathrm{mod}\, 7), \\ 2^6 \equiv 1 (\mathrm{mod}\, 7), \\ \quad\vdots \\ 6^6 \equiv 1 (\mathrm{mod}\, 7). \end{cases}$$

Возведем эти сравнения в куб и сложим:

$$1^{18} + 2^{18} + 3^{18} + 4^{18} + 5^{18} + 6^{18} \equiv 6 (\mathrm{mod}\, 7) \equiv -1 (\mathrm{mod}\, 7).$$

Пример 3. Найти остаток от деления 7^{402} на 101.

Решение. Число 101 — простое, $(7, 101) = 1$, следовательно, по теореме Ферма: $7^{100} \equiv 1 (\mathrm{mod}\, 101)$. Возведем это сравнение в четвертую степень: $7^{400} \equiv 1 (\mathrm{mod}\, 101)$, домножим его на очевидное сравнение $7^2 \equiv 49 (\mathrm{mod}\, 101)$, получим $7^{402} \equiv 49 (\mathrm{mod}\, 101)$. Значит, остаток от деления 7^{402} на 101 равен 49.

Пример 4. Найти две последние цифры числа 243^{402}.

Решение. Две последние цифры этого числа суть остаток от деления его на 100. Имеем: $243 = 200 + 43$; $200 +$ $+ 43 \equiv 43 (\mathrm{mod}\, 100)$ и, возведя последнее очевидное сравнение в 402-ю степень, раскроем его левую часть по биному Ньютона (мысленно, конечно). В этом гигантском выражении все слагаемые, кроме последнего, содержат степень числа 200, т. е. делятся на 100, поэтому их можно выкинуть из сравнения, после чего понятно, почему $243^{402} \equiv 43^{402} (\mathrm{mod}\, 100)$. Далее, 43 и 100 взаимно просты, значит, по теореме Эйлера, $43^{\varphi(100)} \equiv 1 (\mathrm{mod}\, 100)$. Считаем:

$$\varphi(100) = \varphi(2^2 \cdot 5^2) = (10 - 5)(10 - 2) = 40.$$

Имеем сравнение: $43^{40} \equiv 1 \pmod{100}$, которое немедленно возведем в десятую степень и умножим почленно на очевидное сравнение, проверенное на калькуляторе: $43^2 \equiv 49 \pmod{100}$. Получим

$$\times\ \begin{array}{l} 43^{400} \equiv \ 1 \pmod{100} \\ 43^{2} \quad \equiv 49 \pmod{100} \\ \hline 43^{402} \equiv 49 \pmod{100}, \end{array}$$

следовательно, две последние цифры числа 243^{402} суть 4 и 9 .

Пример 5. Доказать, что $(73^{12} - 1)$ делится на 105.

Решение. Имеем: $105 = 3 \cdot 5 \cdot 7, (73,3) = (73,5) = (73,7) = 1$. По теореме Ферма:

$$73^2 \equiv 1 \pmod 3,$$
$$73^4 \equiv 1 \pmod 5,$$
$$73^6 \equiv 1 \pmod 7.$$

Перемножая, получаем $73^{12} \equiv 1 \pmod 3, \pmod 5, \pmod 7$, откуда, по свойствам сравнений, изложенным в пункте 16, немедленно следует

$$73^{12} - 1 \equiv 0 \pmod{105},$$

ибо 105 — наименьшее общее кратное чисел 3, 5 и 7. Именно это и требовалось.

Читатель, безусловно, понимает, что подобных примеров использования теорем Эйлера и Ферма можно придумать великое множество, да их и придумано великое множество для разнообразных школьных и студенческих математических олимпиад. Мы, естественно, не будем далее продолжать усердствовать, ибо, как сказал Козьма Прутков: «Усердствуя в малом, можешь оказаться неспособным к великому». Впереди нас ждут великие дела, поэтому на этом п. 18 закончим.

Задачки

1. Докажите, что мультипликативная группа кольца вычетов $\mathbf{Z}_n$, где $n = p_1^{m_1} p_2^{m_2} \cdot \ldots \cdot p_r^{m_r}$, является прямым произведением мультипликативных групп колец вычетов по модулям $p_1^{m_1}, p_2^{m_2}, \ldots, p_r^{m_r}$.

Чтобы окончательно понять строение мультипликативной группы кольца $\mathbf{Z}_n$, докажите, что:
а) если p — нечетное простое число, то мультипликативная группа кольца $\mathbf{Z}_{p^m}$ циклическая;

б) мультипликативные группы колец $\mathbf{Z}_2$ и $\mathbf{Z}_4$ есть циклические порядков 1 и 2 соответственно, в то время как мультипликативная группа кольца $Z_{2^m}, m \geqslant 3,$ — прямое произведение циклической группы порядка 2^{m-2} и циклической группы порядка 2.

2. Докажите, что:
а) $13^{176} - 1$ делится на 89; б) $52^{60} - 1$ делится на 385.

3. Докажите, что $3^{100} - 3^{60} - 3^{40} + 1$ делится на 77.

4. Докажите, что:
а) $1^{19} + 2^{19} + 4^{19} + 5^{19} + 7^{19} + 8^{19} \equiv 0(\mathrm{mod}\ 9)$;
б) $1^{14} + 3^{14} + 7^{14} + 9^{14} \equiv 0(\mathrm{mod}\ 10)$.

5. Найдите две последние цифры десятичной записи числа:
а) 19^{321}; б) 131^{161}.

6. Найдите остаток от деления:
а) числа $3^{200} + 7^{200}$ на 101; б) числа $7^{65} + 11^{65}$ на 80.

7. Докажите, что существует такая степень числа 2, все последние 1000 цифр которой в десятичной записи будут единицами и двойками.

8. Пусть $a, a + d, a + 2d, \ldots$ — произвольная бесконечная арифметическая прогрессия, первый член и разность которой являются натуральными числами. Докажите, что эта прогрессия содержит бесконечно много членов, каноническое разложение которых состоит из одних и тех же простых чисел (взятых, разумеется, в разных степенях).

9. Выведите теорему Эйлера из теоремы Ферма.

Вступление к следующим трем пунктам

В следующих трех довольно скучноватых пунктах мы с вами будем рассматривать и учиться решать сравнения с одним неизвестным вида

$$f(x) \equiv 0(\mathrm{mod}\ m),$$

где $f(x) = a_0x^n + a_1x^{n-1} + \ldots + a_{n-1}x + a_n$ — многочлен с целыми коэффициентами. Если m не делит a_0, то говорят, что n — *степень сравнения*. Ясно, что если какое-нибудь число x подходит в сравнение, то в это же сравнение подойдет и любое другое число, сравнимое с x по mod m. Запомните хорошенько (спрошу на экзамене!):

Решить сравнение — значит, найти все те x, которые удовлетворяют данному сравнению, при этом весь класс чисел по mod m *считается за одно решение.*

Таким образом, число решений сравнения есть число вычетов из полной системы, которые этому сравнению удовлетворяют.

Пример. Дано сравнение: $x^5 + x + 1 \equiv 0 (\mathrm{mod}\, 7)$.

Из чисел: 0, 1, 2, 3, 4, 5, 6, этому сравнению удовлетворяют два: $x_1 = 2; x_2 = 4$. Это означает, что у данного сравнения **два решения**:

$$x \equiv 2 (\mathrm{mod}\, 7) \text{ и } x \equiv 4 (\mathrm{mod}\, 7).$$

Сравнения называются равносильными, если они имеют одинаковые решения — полная аналогия с понятием равносильности уравнений. Однако (забегая вперед, открою приятный секрет), в отличие от алгебраических уравнений, которые частенько неразрешимы в радикалах, сравнение любой степени всегда решается, хотя бы, например, перебором всех вычетов по $\mathrm{mod}\, m$. Правда, перебор и подстановка всех вычетов — зачастую весьма долгий процесс (особенно, при больших m и n), но и здесь математики придумали хитроумные наборы инструкций, исполняя которые можно всегда найти все решения данного сравнения любой степени, минуя нудный процесс перебора.

19. Сравнения первой степени

В этом пункте детально рассмотрим только сравнения первой степени вида

$$ax \equiv b (\mathrm{mod}\ m),$$

оставив более высокие степени на съедение следующим пунктам. Как решать такое сравнение? Рассмотрим два случая.

Случай 1. Пусть a и m взаимно просты. Тогда несократимая дробь $\frac{m}{a}$ сама просится разложиться в цепную дробь:

$$\frac{m}{a} = q_1 + \cfrac{1}{q_2 + \cfrac{1}{q_3 + \cfrac{1}{\ddots \, \cfrac{\ddots}{q_{n-1} + \cfrac{1}{q_n}}}}}.$$

Эта цепная дробь, разумеется, конечна, так как $\frac{m}{a}$ — рациональное число. Рассмотрим две ее последние подходящие дроби:

$$\delta_{n-1} = \frac{P_{n-1}}{Q_{n-1}}; \quad \delta_n = \frac{P_n}{Q_n} = \frac{m}{a}.$$

Вспоминаем (п. 9) важное свойство числителей и знаменателей подходящих дробей: $mQ_{n-1} - aP_{n-1} = (-1)^n$. Далее (слагаемое mO_{n-1}, кратное m, можно выкинуть из левой части сравнения):

$$-aP_{n-1} \equiv (-1)^n (\text{mod } m),$$

т. е.

$$aP_{n-1} \equiv (-1)^{n-1} (\text{mod } m),$$

т. е.

$$a\left[(-1)^{n-1} P_{n-1} b\right] \equiv b (\text{mod } m),$$

и единственное решение исходного сравнения есть

$$x \equiv (-1)^{n-1} P_{n-1} b (\text{mod } m).$$ ♦

Пример. Решить сравнение $111x \equiv 75(\text{mod } 322)$.

Решение. $(111, 322) = 1$. Включаем алгоритм Евклида:

$$\begin{aligned} 32 &= 11 \cdot \underline{2} + 100, \\ 111 &= 100 \cdot \underline{1} + 11, \\ 100 &= 11 \cdot \underline{9} + 1, \\ 11 &= 1 \cdot \underline{11}. \end{aligned}$$

(В равенствах подчеркнуты неполные частные.) Значит, $n = 4$, а соответствующая цепная дробь такова:

$$\frac{m}{a} = \frac{322}{111} = 2 + \cfrac{1}{1 + \cfrac{1}{9 + \cfrac{1}{11}}}.$$

Посчитаем числители подходящих дробей, составив для этого стандартную таблицу:

q_n	0	2	1	9	11
P_n	1	2	3	29	322

Числитель предпоследней подходящей дроби равен 29, следовательно, готовая формула дает ответ: $x \equiv (-1)^3 \cdot 29 \cdot 75 \equiv -2175 \equiv 79(\text{mod } 322)$. ♦

Ох, уж эти мне теоретико-числовые рассуждения из разных учебников, продиктованные традицией изложения и необходимостью обязательно использовать ранее изложенную теорию! О чем идет речь в нескольких строках выше? Дано сравнение $ax \equiv b(\bmod m)$, где a и m взаимно просты. Ну, возьмите вы алгоритм Евклида, найдите те самые пресловутые $u, v \in \mathbf{Z}$ такие, что $au + vm = 1$, умножьте это равенство на b: $aub + vmb = b$, откуда немедленно следует: $aub \equiv b(\bmod m)$. Значит, решением исходного сравнения является $x \equiv ub(\bmod m)$. Собственно, и все. Поворчал.

Случай 2. Пусть $(a, m) = d$. В этом случае для разрешимости сравнения $ax \equiv b(\bmod m)$ необходимо, чтобы d делило b, иначе сравнение вообще выполняться не может. Действительно, $ax \equiv b(\bmod m)$ бывает тогда, и только тогда, когда $ax - b$ делится на m нацело, т. е. $ax - b = t \cdot m$, $t \in \mathbf{Z}$, откуда $b = ax - t \cdot m$, а правая часть последнего равенства кратна d.

Пусть $b = db_1$, $a = da_1$, $m = dm_1$. Тогда обе части сравнения $xa_1d \equiv b_1d(\bmod m_1d)$ и его модуль поделим на d:

$$xa_1 \equiv b_1(\bmod m_1),$$

где уже a_1 и m_1 взаимно просты. Согласно случаю 1 этого пункта такое сравнение имеет единственное решение x_0:

$$x \equiv x_0(\bmod m_1) \qquad (*)$$

По исходному модулю m, числа $(*)$ образуют столько решений исходного сравнения, сколько чисел вида $(*)$ содержится в полной системе вычетов: $0, 1, 2, \ldots, m-2, m-1$. Очевидно, что из чисел $x = x_0 + t \cdot m$ в полную систему наименьших неотрицательных вычетов попадают только $x_0, x_0 + m_1, x_0 + 2m_1, \ldots, x_0 + (d-1)m_1$, т. е. всего d чисел. Значит, у исходного сравнения имеется d решений.

Подведем итог рассмотренных случаев в виде следующей теоремы.

Теорема 1. *Пусть $(a, m) = d$. Если b не делится на d, сравнение $ax \equiv b(\bmod m)$ не имеет решений. Если b кратно d, сравнение $ax \equiv b(\bmod m)$ имеет d штук решений.*

Пример. Решить сравнение $111x \equiv 75(\bmod 321)$.

Решение. $(111, 321) = 3$, поэтому поделим сравнение и его модуль на 3:

$$37x \equiv 25(\bmod 107), \quad \text{и уже } (37, 107) = 1.$$

Включаем алгоритм Евклида (как обычно, подчеркнуты неполные частные):

$$\begin{aligned}107 &= 37 \cdot \underline{2} + 33,\\ 37 &= 33 \cdot \underline{1} + 4,\\ 33 &= 4 \cdot \underline{8} + 1,\\ 4 &= 1 \cdot \underline{4}.\end{aligned}$$

Имеем $n = 4$ и цепная дробь такова:

$$\frac{m}{a} = \frac{107}{37} = 2 + \cfrac{1}{1 + \cfrac{1}{8 + \cfrac{1}{4}}}.$$

Таблица для нахождения числителей подходящих дробей:

q_n	0	2	1	8	4
P_n	1	2	3	26	107

Значит,

$$x \equiv (-1)^3 \cdot 26 \cdot 25 \equiv -650 (\text{mod } 107) \equiv$$
$$\equiv -8 (\text{mod } 107) \equiv 99 (\text{mod } 107).$$

Три решения исходного сравнения:

$$x \equiv 99 (\text{mod } 321), \quad x \equiv 206 (\text{mod } 321), \quad x \equiv 313 (\text{mod } 321),$$

и других решений нет. ♦

Рассмотрим пару других способов решения сравнений первой степени. Эти способы излагаются дальше в виде теорем.

Теорема 2. *Пусть* $m > 1$, $(a, m) = 1$. *Тогда сравнение* $ax \equiv b (\text{mod } m)$ *имеет решение* $x \equiv ba^{\varphi(m)-1} (\text{mod } m)$.

Доказательство. По теореме Эйлера, имеем $a^{\varphi(m)} \equiv 1 (\text{mod } m)$, следовательно, $a \cdot ba^{\varphi(m)-1} \equiv b (\text{mod } m)$. ♦

Пример. Решить сравнение $7x \equiv 3 (\text{mod } 10)$. Вычисляем

$$\varphi(10) = 4; x \equiv 3 \cdot 7^{4-1} (\text{mod } 10) \equiv 1029 (\text{mod } 10) \equiv 9 (\text{mod } 10).$$

Видно, что этот способ решения сравнений хорош (в смысле минимума интеллектуальных затрат на его осуществление), но может потребовать возведения числа a в довольно большую степень, что довольно трудоемко. Для того чтобы как следует это прочувствовать, возведите самостоятельно число 24789 в степень 46728.

Теорема 3. *Пусть p — простое число, $0 < a < p$. Тогда сравнение $ax \equiv b (\operatorname{mod} p)$ имеет решение*

$$x \equiv b \cdot (-1)^{a-1} \cdot \frac{(p-1)(p-2)\cdot \ldots \cdot (p-a+1)}{1 \cdot 2 \cdot 3 \cdot \ldots \cdot (a-1) \cdot a} (\operatorname{mod} p) \equiv$$
$$\equiv b \cdot (-1)^{a-1} \cdot \frac{(p-1)!}{(a!) \cdot (p-a)!} (\operatorname{mod} p) \equiv$$
$$\equiv b \cdot (-1)^{a-1} \cdot \frac{p!}{p \cdot (a!) \cdot (p-a)!} (\operatorname{mod} p) \equiv$$
$$\equiv b \cdot (-1)^{a-1} \cdot \frac{1}{p} \cdot C_p^a (\operatorname{mod} p),$$

где C_p^a — биномиальный коэффициент.

Доказательство непосредственно следует из очевидного сравнения:

$$1 \cdot 2 \cdot 3 \cdot \ldots \cdot (a-1) \cdot a \cdot b \cdot (-1)^{a-1} \cdot \frac{(p-1)(p-2)\cdot \ldots \cdot (p-a+1)}{1 \cdot 2 \cdot 3 \cdot \ldots \cdot a} \equiv$$
$$\equiv b \cdot 1 \cdot 2 \cdot 3 \cdot \ldots \cdot (a-1) \quad (\operatorname{mod} p),$$

которое нужно почленно поделить на взаимно простое с модулем число $1 \cdot 2 \cdot 3 \cdot \ldots \cdot (a-1)$. ♦

Пример. Решить сравнение $7x \equiv 2 (\operatorname{mod} 11)$. Вычисляем

$$C_{11}^7 = \frac{11!}{(7!) \cdot (11-7)!} = \frac{8 \cdot 9 \cdot 10 \cdot 11}{2 \cdot 3 \cdot 4} = 2 \cdot 3 \cdot 5 \cdot 11 = 330;$$

$$x \equiv 2 \cdot (-1)^6 \cdot \frac{1}{11} \cdot 330 \equiv 60 \equiv 5 (\operatorname{mod} 11).$$

На этом п. 19 можно было бы и закончить, но невозможно, говоря о решении сравнений первой степени, обойти стороной вопрос о решении систем сравнений первой степени. Дело в том, что умение решать простейшие системы сравнений не только является неотъемлемой частью общечеловеческой культуры. Такое умение, кроме всего прочего, пригодится нам при изучении сравнений произвольной степени, о которых пойдет речь в следующих пунктах.

Лемма 1 (китайская теорема об остатках). *Пусть дана простейшая система сравнений первой степени:*

$$\begin{cases} x \equiv b_1 (\mathrm{mod}\ m_1), \\ x \equiv b_2 (\mathrm{mod}\ m_2), \\ \vdots \\ x \equiv b_k (\mathrm{mod}\ m_k), \end{cases} \qquad (*)$$

где $m_1, m_2, \ldots, m_k$ попарно взаимно просты. Пусть, далее, $m_1 m_2 \cdot \ldots \cdot m_k = M_s m_s$; $M_s M_s^{\nabla} \equiv 1 (\mathrm{mod}\ m_s)$. [1] *Тогда система $(*)$ равносильна одному сравнению*

$$x \equiv x_0 (\mathrm{mod}\ m_1 m_2 \cdot \ldots \cdot m_k),$$

т. е. набор решений $(*)$ совпадает с набором решений сравнения $x \equiv x_0 (\mathrm{mod}\ m_1 m_2 \cdot \ldots \cdot m_k)$.

Доказательство. Имеем: m_s делит M_j при $s \neq j$. Следовательно, $x_0 \equiv M_s M_s^{\nabla} b_s (\mathrm{mod}\ m_s)$, откуда $x_0 \equiv b_s (\mathrm{mod}\ m_s)$. Это означает, что система $(*)$ равносильна системе

$$\begin{cases} x \equiv x_0 (\mathrm{mod}\ m_1), \\ x \equiv x_0 (\mathrm{mod}\ m_2), \\ \vdots \\ x \equiv x_0 (\mathrm{mod}\ m_k), \end{cases}$$

которая, очевидно, в свою очередь, равносильна одному сравнению $x \equiv x_0 (\mathrm{mod}\ m_1 m_2 \ldots m_k)$. ♦

Пример. Найти число, которое при делении на 4 дает в остатке 1, при делении на 5 дает в остатке 3, а при делении на 7 дает в остатке 2. Составим систему

$$\begin{cases} x \equiv 1 (\mathrm{mod}\ 4), \\ x \equiv 3 (\mathrm{mod}\ 5), \\ x \equiv 2 (\mathrm{mod}\ 7), \end{cases}$$

---

[1] Очевидно, что такое число M_s^{∇} всегда можно подобрать хотя бы с помощью алгоритма Евклида, так как $(m_s, M_s) = 1$; $x_0 = M_1 M_1^{\nabla} b_1 + M_2 M_2^{\nabla} b_2 + \ldots + M_k M_k^{\nabla} b_k$.

которую начнем решать, пользуясь леммой 1. Вот ее решение: $b_1 = 1$, $b_2 = 3$, $b_3 = 2$; $m_1 m_2 m_3 = 4 \cdot 5 \cdot 7 = 4 \cdot 35 = 5 \cdot 28 = 7 \times 20 = 140$, т. е. $M_1 = 35$, $M_2 = 28$, $M_3 = 20$. Далее находим:

$$35 \cdot 3 \equiv 1 (\mathrm{mod}\, 4),$$
$$28 \cdot 2 \equiv 1 (\mathrm{mod}\, 5),$$
$$20 \cdot 6 \equiv 1 (\mathrm{mod}\, 7),$$

т. е. $M_1^{\nabla} = 3, M_2^{\nabla} = 2, M_3^{\nabla} = 6$. Значит, $x_0 = 35 \cdot 3 \cdot 1 + 28 \cdot 2 \times 3 + 20 \cdot 6 \cdot 2 = 513$. После этого, по лемме 1, сразу получим ответ:

$$x \equiv 513 (\mathrm{mod}\, 140) \equiv 93 (\mathrm{mod}\, 140),$$

т. е. наименьшее положительное число равно 93.

В следующей лемме, для краткости формулировки, сохранены обозначения леммы 1.

Лемма 2. *Если $b_1, b_2, \ldots, b_k$ пробегают полные системы вычетов по модулям $m_1, m_2, \ldots, m_k$ соответственно, то x_0 пробегает полную систему вычетов по модулю $m_1 m_2 \cdot \ldots \cdot m_k$.*

Доказательство. Действительно, $x_0 = A_1 b_1 + A_2 b_2 + \ldots + A_k b_k$ пробегает $m_1 m_2 \cdot \ldots \cdot m_k$ различных значений. Покажем, что все они попарно не сравнимы по модулю $m_1 m_2 \cdot \ldots \cdot m_k$.

Пусть оказалось, что

$$A_1 b_1 + A_2 b_2 + \ldots + A_k b_k \equiv \equiv A_1 b_1' + A_2 b_2' + \ldots + A_k b_k' (\mathrm{mod}\, m_1 m_2 \cdot \ldots \cdot m_k).$$

Значит,

$$A_1 b_1 + A_2 b_2 + \ldots + A_k b_k \equiv A_1 b_1' + A_2 b_2' + \ldots + A_k b_k' (\mathrm{mod}\, m_s)$$

для каждого s, откуда

$$M_s M_s^{\nabla} b_s \equiv M_s M_s^{\nabla} b_s' (\mathrm{mod}\, m_s).$$

Вспомним теперь, что $M_s M_s^{\nabla} \equiv 1 (\mathrm{mod}\, m_s)$, значит $M_s M_s^{\nabla} = 1 + m_s \cdot t$, откуда $(M_s M_s^{\nabla}, m_s) = 1$. Разделив теперь обе части сравнения

$$M_s M_s^{\nabla} b_s \equiv M_s M_s^{\nabla} b_s' (\mathrm{mod}\, m_s)$$

на число $M_s M_s^{\nabla}$, взаимно простое с модулем, получим, что $b_s \equiv b_s' (\mathrm{mod}\, m_s)$, т. е. $b_s = b_s'$ для каждого s.

Итак, x_0 пробегает $m_1 m_2 \cdot \ldots \cdot m_k$ различных значений, попарно не сравнимых по модулю $m_1 m_2 \cdot \ldots \cdot m_k$, т. е. полную систему вычетов. ♦

Вот теперь п. 19 с чистой совестью закончим.

Задачки

1. Решите уравнения:
а) $5x \equiv 3(\bmod 12)$; б) $256x \equiv 179(\bmod 337)$;
в) $1215x \equiv 560(\bmod 2755)$; г) $1296x \equiv 1105(\bmod 2413)$;
д) $115x \equiv 85(\bmod 355)$.

2. Решите систему сравнений

$$\begin{cases} 3x + 4y - 29 \equiv 0(\bmod 143), \\ 2x - 9y + 84 \equiv 0(\bmod 143). \end{cases}$$

3. Найдите все целые числа, которые при делении на 7 дают в остатке 3, при делении на 11 дают в остатке 5, а при делении на 13 дают в остатке 4.

4. Решите систему сравнений

$$\begin{cases} 3x \equiv 5(\bmod 7), \\ 2x \equiv 3(\bmod 5), \\ 3x \equiv 3(\bmod 9). \end{cases}$$

5. Пусть $(m_1,\ m_2) = d$. Докажите, что система сравнений

$$\begin{cases} x \equiv b_1(\bmod m_1), \\ x \equiv b_2(\bmod m_2) \end{cases}$$

имеет решения тогда и только тогда, когда $b_1 \equiv b_2(\bmod d)$. В случае, когда система разрешима, найдите ее решения.

6. Решите систему сравнений

$$\begin{cases} x \equiv 3(\bmod 8), \\ x \equiv 11(\bmod 20), \\ x \equiv 1(\bmod 15). \end{cases}$$

7. Пусть $(a, m) = 1, 1 < a < m$. Докажите, что разыскание решения сравнения $ax \equiv b(\bmod m)$ может быть сведено к разысканию решений сравнений вида $b + mt \equiv 0(\bmod p)$, где p — простой делитель числа a.

20. Сравнения любой степени по простому модулю

В этом пункте мы рассмотрим сравнения вида $f(x) \equiv 0(\bmod p)$, где p — простое число, $f(x) = ax^n + a_1 x^{n-1} + \ldots + a_n$ — многочлен с целыми коэффициентами, и попытаемся научиться решать такие сравнения. Не отвлекаясь на посторонние природные явления, сразу приступим к работе.

Лемма 1. *Произвольное сравнение $f(x) \equiv 0 (\mathrm{mod}\, p)$, где p — простое число, равносильно некоторому сравнению степени не выше $p-1$.*

Доказательство. Разделим $f(x)$ на многочлен $x^p - x$ (такой многочлен алгебраисты иногда называют «многочлен деления круга») с остатком:

$$f(x) = (x^p - x) \cdot Q(x) + R(x),$$

где, как известно, степень остатка $R(x)$ не превосходит $p-1$. Но ведь, по теореме Ферма, $x^p - x \equiv 0 (\mathrm{mod}\, p)$. Это означает, что $f(x) \equiv R(x) (\mathrm{mod}\, p)$, а исходное сравнение равносильно сравнению

$$R(x) \equiv 0 (\mathrm{mod}\, p). \qquad \blacklozenge$$

Доказанная лемма приятна тем, что с ее помощью можно свести решение сравнения высокой степени к решению сравнения меньшей степени. Идем далее.

Лемма 2. *Если сравнение*

$$ax^n + a_1 x^{n-1} + \ldots + a_n \equiv 0 (\mathrm{mod}\, p)$$

степени n по простому модулю p имеет более n различных решений, то все коэффициенты $a, a_1, \ldots, a_n$ кратны p.

Доказательство. Пусть сравнение $ax^n + a_1 x^{n-1} + \ldots + a_n \equiv \equiv 0 (\mathrm{mod}\, p)$ имеет $n+1$ решение и $x_1, x_2, \ldots, x_n, x_{n+1}$ — наименьшие неотрицательные вычеты этих решений. Тогда, очевидно, многочлен $f(x)$ представим в виде:

$$\begin{aligned} f(x) = a(x - x_1)(x - x_2) \cdot \ldots \cdot (x - x_{n-2})(x - x_{n-1})(x - x_n) + \\ + b(x - x_1)(x - x_2) \cdot \ldots \cdot (x - x_{n-2})(x - x_{n-1}) + \\ + c(x - x_1)(x - x_2) \cdot \ldots \cdot (x - x_{n-2}) + \ldots \\ \vdots \\ + k(x - x_1)(x - x_2) + \\ + l(x - x_1) + \\ + m. \end{aligned}$$

Действительно, коэффициент b нужно взять равным коэффициенту при x^{n-1} в разности $f(x) - a(x - x_1)(x - x_2) \cdot \ldots \cdot (x - x_n)$; коэффициент c — это коэффициент перед x^{n-2} в разности

$$f(x) - a(x - x_1)(x - x_2) \cdot \ldots \cdot (x - x_n) - b(x - x_1)(x - x_2) \cdot \ldots \cdot (x - x_{n-1}),$$

и т. д. Теперь положим последовательно $x = x_1, x_2, \ldots, x_n, x_{n+1}$. Имеем:

1) $f(x_1) = m \equiv 0 (\operatorname{mod} p)$, следовательно, p делит m;

2) $f(x_2) = m + l(x_2 - x_1) \equiv l(x_2 - x_1) \equiv 0 (\operatorname{mod} p)$, следовательно, p делит l, ибо p не может делить $x_2 - x_1$, так как $x_2 < p, x_1 < p$;

3) $f(x_3) \equiv k(x_3 - x_1)(x_3 - x_2) \equiv 0 (\operatorname{mod} p)$, следовательно, p делит k.

И т. д.

Получается, что все коэффициенты $a, b, c, \ldots, k, l$ кратны p. Это означает, что все коэффициенты $a, a_1, \ldots, a_n$ тоже кратны p, ведь они являются суммами чисел, кратных p. (Убедитесь в этом самостоятельно, раскрыв скобки в написанном выше разложении многочлена $f(x)$ на суммы произведений линейных множителей.) ♦

Прошу обратить внимание на важность условия простоты модуля сравнения в формулировке леммы 2. Если модуль — число составное, то сравнение n-й степени может иметь и более n решений, при этом коэффициенты многочлена не обязаны быть кратными p. Пример: сравнение второй степени $x^2 \equiv 1 (\operatorname{mod} 16)$ имеет аж целых четыре различных решения (проверьте!):

$$x \equiv 1 (\operatorname{mod} 16), \qquad x \equiv 7 (\operatorname{mod} 16),$$
$$x \equiv 9 (\operatorname{mod} 16), \qquad x \equiv 15 (\operatorname{mod} 16).$$

Подведем итог.

Всякое нетривиальное сравнение по $\operatorname{mod} p$ *равносильно сравнению степени не выше* $p - 1$ *и имеет не более* $p - 1$ *решений.*

Наступил момент, когда наших знаний стало достаточно, чтобы легко понять доказательство еще одной замечательной теоремы теории чисел — теоремы Вильсона. Александр Вильсон (1714–1786) — шотландский астроном и математик-любитель, трудился профессором астрономии в Глазго. Теоремы Ферма, Эйлера и Вильсона всегда идут дружной тройкой во всех учебниках и теоретико-числовых курсах.

Теорема (Вильсон). *Сравнение* $(p-1)!+1 \equiv 0 (\bmod p)$ *выполняется тогда и только тогда, когда* p *— простое число.*

Доказательство. Пусть p — простое число. Если $p = 2$, то, очевидно, $1!+1 \equiv 0 (\bmod 2)$. Если $p > 2$, то рассмотрим сравнение

$$[(x-1)(x-2)\cdot\ldots\cdot(x-(p-1))] - (x^{p-1}-1) \equiv 0 (\bmod p).$$

Ясно, что это сравнение степени не выше $p-2$, но оно имеет $p-1$ решение: $1, 2, 3, \ldots, p-1$, так как при подстановке любого из этих чисел, слагаемое в квадратных скобках обращается в ноль, а $(x^{p-1}-1)$ сравнимо с нулем по теореме Ферма (x и p взаимно просты, так как. $x < p$). Это означает, по лемме 2, что все коэффициенты выписанного сравнения кратны p, в частности, на p делится его свободный член, равный $1 \cdot 2 \cdot 3 \cdot \ldots \times \times (p-1) + 1$. [1)]

Обратно. Если p — не простое, то найдется делитель d числа p, $1 < d < p$. Тогда $(p-1)!$ делиться на d, поэтому $(p-1)!+1$ не может делится на d и, значит, не может делиться также и на p. Следовательно, сравнение $(p-1)!+1 \equiv 0 (\bmod p)$ не выполняется. ♦

Пример. $1 \cdot 2 \cdot 3 \cdot \ldots \cdot 10 + 1 = 3628800 + 1 = 3628801$ — делится на 11 (вспомните признак делимости на 11 — если сумма цифр в десятичной записи числа на четных позициях совпадает с суммой цифр на нечетных позициях, то число кратно 11).

Пример-задача. Доказать, что если простое число p представимо в виде $4n+1$, то существует такое число x, что x^2+1 делится на p.

Решение. Пусть $p = 4n+1$ — простое число. По теореме Вильсона, $(4n)!+1$ делится на p. Заменим в выражении $1 \cdot 2 \cdot 3 \cdot \ldots \cdot (4n) + 1$ все множители большие $\frac{p-1}{2} = 2n$ через разности числа p и чисел меньших $\frac{p-1}{2} = 2n$. Получим

[1)] Так как коэффициенты многочлена являются значениями симметрических многочленов от его корней, то здесь наметился путь для доказательства огромного числа сравнений для симметрических многочленов. Однако я по этому пути дальше не пойду, оставляя это прекрасное развлечение читателю, которому нечем коротать долгие зимние вечера.

$$(p-1)!+1 = 1\cdot 2\cdot 3\cdot\ldots\cdot 2n\cdot(p-2n)(p-2n+1)\cdot\ldots\cdot(p-1) =$$
$$= (1\cdot 2\cdot 3\cdot\ldots\cdot 2n)\left[A\cdot p + (-1)^{2n}\cdot 2n\cdot(2n-1)\cdot\ldots\cdot 2\cdot 1\right] + 1 =$$
$$= A_1 p + (1\cdot 2\cdot 3\cdot\ldots\cdot 2n)^2 + 1.$$

Так как это число делится на p, то и сумма $(1\cdot 2\cdot 3\cdot\ldots\cdot 2n)^2+1$ делится на p, т. е. $x = (2n)! = \left(\frac{p-1}{2}\right)!$. ♦

Мелким шрифтом добавлю, что только что рассмотренный пример-задача тесно связан с проблематикой, касающейся представления натуральных чисел в виде сумм степеней (с показателями степени $n > 1$) других натуральных чисел. Из нашего примера-задачи можно вывести, что натуральное число N в том и только в том случае представимо в виде суммы двух квадратов, когда в разложении N на простые множители все простые множители вида $4n+3$ входят в четных степенях. Попробуйте самостоятельно доказать это утверждение. Что касается представления чисел в виде сумм степеней, то здесь известна общая замечательная теорема:

для любого натурального k существует такое натуральное N (разумеется, зависящее от k), что каждое натуральное число представимо в виде суммы не более чем N слагаемых, являющихся k-ми степенями целых чисел.

У этой теоремы было известно несколько различных неэлементарных доказательств, но в 1942 г. ленинградский математик Ю. В. Линник придумал чисто арифметическое элементарное доказательство, которое, однако, является исключительно сложным (см., например, книжку А. Я. Хинчина «Три жемчужины теории чисел»). Что касается функции $N(k)$, то здесь в настоящее время почти ничего не ясно. Всякое натуральное число представимо в виде суммы четырех квадратов, девяти кубов (число 9 не может быть уменьшено), 21 штуки четвертых степеней (вот тут, кажется, что 21 может быть уменьшено до 19). Далее — полный туман. Всякое рациональное число представимо в виде суммы трех кубов рациональных чисел. [1]) В качестве неплохого развлечения, предлагаю читателю следующую задачу: доказать, что число 1 не может быть представлено в виде суммы двух кубов отличных от нуля рациональных чисел.

---

[1]) Доказательство этого утверждения впервые получено в 1825 г. Выглядит оно потрясающе: для рационального числа a непосредственно пишется его представление в виде суммы трех кубов рациональных чисел:

$$a = \left(\frac{a^3-3^6}{3^2a^2+3^4a+3^6}\right)^3 + \left(\frac{-a^3+3^5a+3^6}{3^2a^2+3^4a+3^6}\right)^3 + \left(\frac{a^2+3^4a}{3^2a^2+3^4a+3^6}\right)^3.$$

Совершенно неясно, как додуматься до такого доказательства.

Задачки

1. Какому сравнению степени ниже 7 равносильно сравнение:

$$2x^{17}+6x^{16}+x^{14}+5x^{12}+3x^{11}+2x^{10}+x^9+5x^8+2x^7+ \\ +3x^5+4x^4+6x^3+4x^2+x+4\equiv 0 (\mathrm{mod}\ 7)?$$

2. Используя процесс перебора всех вычетов из полной системы, решите сравнение

$$3x^{14}+4x^{13}+3x^{12}+2x^{11}+x^9+2x^8+4x^7+x^6+3x^4+ \\ +x^3+4x^2+2x\equiv 0 (\mathrm{mod}\ 5),$$

предварительно понизив его степень.

3. Пусть $(a_0, m)=1$. Укажите сравнение n-й степени со старшим коэффициентом 1, равносильное сравнению

$$a_0x^n+a_1x^{n-1}+\ldots+a_n\equiv 0 (\mathrm{mod}\ m).$$

4. Докажите, что сравнение $f(x)\equiv 0(\mathrm{mod} p)$, где p — простое, $f(x)=x^n+a_1x^{n-1}+\ldots+a_{n-1}x+a_n$, $n\leqslant p$, имеет n решений тогда и только тогда, когда все коэффициенты остатка от деления x^p-x на $f(x)$ кратны p.

5. Перед вами крупная задачка, разделенная на несколько мелких частей. Решите их по порядку.

а) Пусть

$$\chi(k)=\begin{cases} 1, & \text{если } k \text{ — простое,} \\ 0, & \text{если } k \text{ — составное,}\end{cases}$$

— характеристическая функция множества простых чисел. Докажите, что

$$\chi(k)=((k-1)!)^2-k\cdot\left[\frac{((k-1)!)^2}{k}\right],$$

где, как обычно, $[x]$ — целая часть числа x.

б) Сообразите, что $\pi(m)=\sum\limits_{k=2}^{m}\chi(k)$, где $\pi(m)$ — число простых чисел, не превосходящих m («функция распределения» простых чисел).

в) Убедитесь, что

$$\mathrm{sgn}\,(n-\pi(m))=\begin{cases} 1, & \text{если } m<p_n, \\ 0, & \text{если } m\geqslant p_n,\end{cases}$$

где $\mathrm{sgn}\,(x)=\begin{cases} 1, & \text{если } x>0, \\ 0, & \text{если } x\leqslant 0,\end{cases}$ («сигнум», т. е. знак x).

г) Пусть p_n — n-е в порядке возрастания простое число, т. е. $p_1 = 2, p_2 = 3, p_3 = 5, \ldots$. Докажите, что $p_n \leqslant n^2 + 1$ для всех n.

д) Докажите, что (Внимание! Перед вами формула, выражающая простое число p_n через его номер!) [1]

$$p_n = \sum_{m=0}^{n^2+1} \operatorname{sgn}\left(n - \sum_{k=2}^{m}\left(((k-1)!)^2 - k \cdot \left[\frac{((k-1)!)^2}{k}\right]\right)\right).$$

21. Сравнения любой степени по составному модулю

Переход от решения сравнений по простому модулю к *a priori* более сложной задаче — решению сравнений по составному модулю (переход от п. 20 к п. 21) — осуществляется быстро и без лишних затей с помощью следующей теоремы.

Теорема 1. *Если числа $m_1, m_2, \ldots, m_k$ попарно взаимно просты, то сравнение $f(x) \equiv 0 (\mathrm{mod}\ m_1 m_2 \cdot \ldots \cdot m_k)$ равносильно системе сравнений*

$$\begin{cases} f(x) \equiv 0 (\mathrm{mod}\ m_1), \\ f(x) \equiv 0 (\mathrm{mod}\ m_2), \\ \vdots \\ f(x) \equiv 0 (\mathrm{mod}\ m_k). \end{cases}$$

При этом если $T_1, T_2, \ldots, T_к$ — числа решений отдельных сравнений этой системы по соответствующим модулям, то число решений T исходного сравнения равно $T_1 T_2 \cdot \ldots \cdot T_к$.

Доказательство. Первое утверждение теоремы (о равносильности системы и сравнения) очевидно, так как если $a \equiv b (\mathrm{mod}\, m)$, то $a \equiv b (\mathrm{mod}\, d)$, где d делит m. Если же $a \equiv b (\mathrm{mod}\ m_1)$ и $a \equiv b (\mathrm{mod}\ m_2)$, то получаем $a \equiv b (\mathrm{mod}\, HOK(m_1, m_2))$, где НОК($m_1$, m_2) — наименьшее общее кратное m_1 и m_2. (Вспомните простейшие свойства сравнений из п. 16.)

[1] Вопреки распространенному мнению о «невозможности задать простые числа формулой», довольно легко сконструировать выражение n-го простого числа через его номер. Беда в том, что от подобных формул мало толку. Во-первых, вычисление по ним не короче вычисления при помощи решета Эратосфена, во-вторых, эти формулы отнюдь не облегчают исследование различных закономерностей, связанных с простыми числами (распределение простых чисел, наличие в множестве простых чисел арифметических прогрессий заданной длины и т. п.).

Обратимся ко второму утверждению теоремы (о числе решений сравнения). Каждое сравнение $f(x) \equiv 0(\text{mod } m_s)$ выполняется тогда и только тогда, когда выполняется одно из T_s штук сравнений вида $x \equiv b_s(\text{mod } m_s)$, где b_s пробегает вычеты решений сравнения $f(x) \equiv 0(\text{mod } m_s)$. Всего различных комбинаций таких простейших сравнений

$$\begin{cases} x \equiv b_1(\text{mod } m_1), \\ x \equiv b_2(\text{mod } m_2), \\ \vdots \\ x \equiv b_k(\text{mod } m_k), \end{cases}$$

$T_1 T_2 \cdot \ldots \cdot T_\text{к}$ штук. Все эти комбинации, по лемме 2 из п. 19, приводят к различным классам вычетов по $\text{mod } (m_1 m_2 \cdot \ldots \cdot m_k)$. ♦

Итак, решение сравнения $f(x) \equiv 0(\text{mod } p_1^{\alpha_1} p_2^{\alpha_2} \cdot \ldots \cdot p_k^{\alpha_k})$ сводится к решению сравнений вида $f(x) \equiv 0(\text{mod } p^{\alpha})$. Оказывается, что решение этого последнего сравнения, в свою очередь, сводится к решению некоторого сравнения $g(x) \equiv 0(\text{mod } p)$ с другим многочленом в левой части, но уже с простым модулем, а это, просто напросто, приводит нас в рамки предыдущего пункта. Сейчас я расскажу процесс сведения решения сравнения $f(x) \equiv 0(\text{mod } p^{\alpha})$ к решению сравнения $g(x) \equiv 0(\text{mod } p)$.

Процесс сведения. Очевидно, выполнение сравнения $f(x) \equiv 0(\text{mod } p^{\alpha})$ влечет, что x подходит в сравнение $f(x) \equiv \equiv 0(\text{mod} p)$. Пусть $x \equiv x_1(\text{mod} p)$ — какое-нибудь решение сравнения $f(x) \equiv 0(\text{mod } p)$. Это означает, что

$$x = x_1 + p \cdot t_1,$$

где $t_1 \in \mathbf{Z}$.

Вставим это x в сравнение $f(x) \equiv 0(\text{mod } p^2)$. Получим сравнение

$$f(x_1 + p \cdot t_1) \equiv 0(\text{mod } p^2),$$

которое тоже, очевидно, выполняется.

Разложим далее (не пугайтесь!) левую часть полученного сравнения по формуле Тейлора по степеням $(x - x_1)$:

$$f(x) = f(x_1) + \frac{f'(x_1)}{1!}(x - x_1) + \frac{f''(x_1)}{2!}(x - x_1)^2 + \ldots .$$

Но, ведь, $x = x_1 + p \cdot t_1$, следовательно,

$$f(x_1 + p \cdot t_1) = f(x_1) + \frac{f'(x_1)}{1!} p \cdot t_1 + \frac{f''(x_1)}{2!} p^2 \cdot t_1^2 + \ldots .$$

Заметим, что число $\frac{f^{(k)}(x_1)}{k!}$ всегда целое, так как $f(x_1 + p \cdot t_1)$ — многочлен с целыми коэффициентами. Теперь в сравнении

$$f(x_1 + p \cdot t_1) \equiv 0 (\operatorname{mod} p^2)$$

можно слева отбросить члены, кратные p^2:

$$f(x_1) + \frac{f'(x_1)}{1!} p \cdot t_1 \equiv 0 (\operatorname{mod} p^2).$$

Разделим последнее сравнение и его модуль на p:

$$\frac{f(x_1)}{p} + \frac{f'(x_1)}{1!} \cdot t_1 \equiv 0 (\operatorname{mod} p).$$

Заметим опять, что $\frac{f(x_1)}{p}$ — целое число, так как $f(x_1) \equiv$ $\equiv 0 (\operatorname{mod} p)$.

Далее ограничимся случаем, когда значение производной $f'(x_1)$ не делится на p. В этом случае имеется всего одно решение сравнения первой степени $\frac{f(x_1)}{p} + \frac{f'(x_1)}{1!} \cdot t_1 \equiv 0 (\operatorname{mod} p)$ относительно t_1:

$$t_1 \equiv t_1^{\nabla} (\operatorname{mod} p).$$ [1]

Это, опять-таки, означает, что $t_1 = t_1^{\nabla} + p \cdot t_2$, где $t_2 \in \mathbf{Z}$, и

$$x = x_1 + p \cdot t_1 = \underbrace{x_1 + p \cdot t_1^{\nabla}}_{x_2} + p^2 t_2 = x_2 + p^2 t_2.$$

Снова вставим это $x = x_2 + p^2 t_2$ в сравнение $f(x) \equiv 0 (\operatorname{mod} p^3)$ (но теперь это сравнение уже по $\operatorname{mod} p^3$), разложим его левую часть

[1] В случае, когда значение производной $f'(x_1)$ кратно p, сравнение

$$\frac{f(x_1)}{p} + \frac{f'(x_1)}{1!} \cdot t_1 \equiv 0 (\operatorname{mod} p)$$

может иметь несколько решений, тогда рассматриваемый процесс нужно продолжать для каждого решения в отдельности.

по формуле Тейлора по степеням $(x - x_2)$ и отбросим члены, кратные p^3:

$$f(x_2) + \frac{f'(x_2)}{1!}p^2 t_2 \equiv 0(\operatorname{mod} p^3).$$

Делим это сравнение и его модуль на p^2:

$$\frac{f(x_2)}{p^2} + f'(x_2) \cdot t_2 \equiv 0(\operatorname{mod} p).$$

Опять-таки $\frac{f(x_2)}{p^2}$ — целое число, ведь число t_1^{∇} такое, что $f(x_1 + p \cdot t_1^{\nabla}) \equiv 0(\operatorname{mod} p^2)$. Кроме того, $x_2 \equiv x_1(\operatorname{mod} p)$, значит, $f'(x_2) \equiv f'(x_1)(\operatorname{mod} p)$, т.е. $f'(x_2)$, как и $f'(x_1)$, не делится на p. Имеем единственное решение сравнения первой степени $\frac{f(x_2)}{p^2} + f'(x_2) \cdot t_2 \equiv 0(\operatorname{mod} p)$ относительно t_2:

$$t_2 \equiv t_2^{\nabla}(\operatorname{mod} p).$$

Это, опять-таки, означает, что $t_2 = t_2^{\nabla} + p \cdot t_3$, где $t_3 \in \mathbf{Z}$, и

$$x = \underbrace{x_2 + p^2 \cdot t_2^{\nabla}}_{x_3} + p^3 t_3 = x_3 + p^3 t_3$$

и процесс продолжается дальше и дальше, аналогично предыдущим шагам, до достижения степени α, в которой стоит простое число p в модуле исходного сравнения $f(x) \equiv 0(\operatorname{mod} p^{\alpha})$.

Итак:

STOP *всякое решение* $x \equiv x_1(\operatorname{mod} p)$ *сравнения* $f(x) \equiv 0(\operatorname{mod} p)$ *при условии* p не делит $f'(x_1)$, *дает одно решение сравнения* $f(x) \equiv 0(\operatorname{mod} p^{\alpha})$ *вида* $x \equiv x_{\alpha} + p^{\alpha} t_{\alpha}$, *т. е.* $x \equiv x_{\alpha}(\operatorname{mod} p^{\alpha})$. ♦

Пример. Решить сравнение $x^4 + 7x + 4 \equiv 0(\operatorname{mod} 27)$.

Решение. $27 = 3^3$. Далее, можно проверить перебором полной системы вычетов по $\operatorname{mod} 3$, что сравнение $x^4 + 7x + 4 \equiv \equiv 0(\operatorname{mod} 3)$ имеет всего одно решение $x \equiv 1(\operatorname{mod} 3)$. Последующий процесс решения, в идеале, должен быть таким:

$$f'(x) = (4x^3 + 7)\,|_{x \equiv 1} \equiv 2(\operatorname{mod} 3),$$

т. е. не делится на $p = 3$. Далее,

$$x_1 = 1 + 3 \cdot t_1,$$
$$f(1) + f'(1) \cdot 3t_1 \equiv 0(\operatorname{mod} 3^2).$$

Ищем t_1:

$$3 + 3t_1 \cdot 2 \equiv 0 (\mathrm{mod}\, 9),$$

после деления на $p = 3$:

$$1 + 2t_1 \equiv 0 (\mathrm{mod}\, 3),$$
$$t_1 \equiv 1 (\mathrm{mod}\, 3)$$

— единственное решение. Далее:

$$t_1 = 1 + 3t_2,$$
$$x = 1 + 3t_1 = 4 + 9t_2,$$
$$f(4) + 9 \cdot t_2 \cdot f'(4) \equiv 0 (\mathrm{mod}\, p^3 = 27),$$
$$18 + 9 \cdot 20 \cdot t_2 \equiv 0 (\mathrm{mod}\, 27),$$

и, после деления на $p^2 = 9$, ищем t_2:

$$2 + 20t_2 \equiv 0 (\mathrm{mod}\, 3),$$
$$t_2 \equiv 2 (\mathrm{mod}\, 3),$$
$$t_2 = 2 + 3 \cdot t_3,$$

откуда

$$x = 4 + 9 \cdot (2 + 3t_3) = 22 + 27t_3.$$

Значит, единственным решением исходного сравнения является $x \equiv 22 (\mathrm{mod}\, 27)$. ♦

Следующая теорема относится к специфическому, но весьма приятному виду сравнений.

Теорема 2. *Пусть* A, m, n — *натуральные числа*; $(A, m) = 1$, $x \equiv x_0 (\mathrm{mod}\ m)$ — *одно из решений сравнения*

$$x^n \equiv A (\mathrm{mod}\ m).$$

Тогда все решения этого сравнения получаются умножением x_0 *на вычеты решений сравнения* $y^n \equiv 1 (\mathrm{mod}\ m)$.

Доказательство. Перемножим сравнения:

$$\times\begin{array}{r} x_0^n \equiv A (\mathrm{mod}\ m) \\ y^n \equiv 1 (\mathrm{mod}\ m) \\ \hline (x_0 y)^n \equiv A (\mathrm{mod}\ m), \end{array}$$

откуда видно, что $x_0 y$ — решения сравнения $x^n \equiv A (\mathrm{mod}\ m)$.

Если теперь $y_1 \not\equiv y_2 (\mathrm{mod}\ m)$, то $x_0 y_1 \not\equiv x_0 y_2 (\mathrm{mod}\ m)$. Действительно, предположим, что $x_0 y_1 \equiv x_0 y_2 (\mathrm{mod}\ m)$. Очевидно, что $(x_0, m) = 1$, так как иначе было бы:

$$x_0 = d \cdot x_0^{\nabla}, m = d \cdot m^{\nabla},$$
$$x_0 = d^n (x_0^{\nabla})^n \equiv A (\mathrm{mod}\, dm^{\nabla}),$$

следовательно, d делит A и делит m, что противоречит взаимной простоте A и m. Значит, $(x_0, m) = 1$ и сравнение $x_0 y_1 \equiv x_0 y_2 (\mathrm{mod}\ m)$ можно поделить на x_0: $y_1 \equiv y_2 (\mathrm{mod}\ m)$ — а это противоречит исходному предположению. Таким образом, для разных y_1 и y_2, получаются разные решения.

Осталось убедиться, что каждое решение сравнения $x^n \equiv \equiv A (\mathrm{mod}\ m)$ получается именно таким способом. Имеем

$$x^n \equiv A (\mathrm{mod}\ m),$$
$$x_0^n \equiv A (\mathrm{mod}\ m),$$

следовательно, $x^n \equiv x_0^n (\mathrm{mod}\, m)$. Возьмем число y такое, что $x \equiv \equiv y \cdot x_0 (\mathrm{mod}\, m)$. Тогда $y^n x_0^n \equiv x_0^n (\mathrm{mod}\, m)$, т. е. $y^n \equiv 1 (\mathrm{mod}\, m)$. ♦

Пункт с номером 21 (очко!) закончен.

Задачки

1. Сколько решений имеет сравнение

$$x^5 + x + 1 \equiv 0 (\mathrm{mod}\ 105)?$$

2. Решите сравнения:

а) $7x^4 + 19x + 25 \equiv 0 (\mathrm{mod}\, 27)$;

б) $9x^2 + 29x + 62 \equiv 0 (\mathrm{mod}\, 64)$;

в) $6x^3 + 27x^2 + 17x + 20 \equiv 0 (\mathrm{mod}\, 30)$;

г) $31x^4 + 57x^3 + 96x + 191 \equiv 0 (\mathrm{mod}\, 225)$;

д) $x^3 + 2x + 2 \equiv 0 (\mathrm{mod}\, 125)$;

е) $x^4 + 4x^3 + 2x^2 + 2x + 12 \equiv 0 (\mathrm{mod}\, 625)$.

22. Сравнения второй степени. Символ Лежандра

В этом пункте мы будем подробно рассматривать простейшие двучленные сравнения второй степени вида

$$x^2 \equiv a (\mathrm{mod}\, p),$$

где a и p взаимно просты, а p — нечетное простое число. (Традиционная фраза «нечетное простое число», на мой взгляд, несколько странновата. Глядя на нее, можно подумать, что четных простых чисел — пруд пруди, а она, всего-навсего, убирает из рассмотрения только число $p = 2$.) Обратите внимание, что условие взаимной простоты $(a, p) = 1$ исключает из нашего рассмотрения случай $a = 0$.

Почему мы хотим исключить из дальнейших рассмотрений эти случаи? Нас будет интересовать вопрос, при каких a простейшее двучленное сравнение второй степени имеет решение, а при каких — не имеет. Ясно, что сравнение $x^2 \equiv a \pmod 2$ имеет решение при любых a, так как вместо a достаточно подставлять только 0 или 1, а числа 0 и 1 являются квадратами. Именно поэтому случай $p = 2$ не представляет особого интереса и выводится из дальнейшего рассмотрения вышенаписанной странноватой фразой. [1])

Что касается сравнения $x^2 \equiv 0 \pmod p$, то оно, очевидно, всегда имеет решение $x = 0$. Итак, интерес представляет только ситуация с нечетным простым модулем и $a \neq 0$, поэтому далее мы будем трудиться только в рамках оговоренных ограничений.

Определение. Если сравнение $x^2 \equiv a \pmod p$ имеет решения, то число aназывается *квадратичным вычетом* по модулю p. В противном случае число a называется *квадратичным невычетом* по модулю p. [2])

Итак, если a — квадрат некоторого числа по модулю p, то a — «квадратичный вычет», если же никакое число в квадрате не сравнимо с a по модулю p, то a — «квадратичный невычет». Смиримся с этим.

Пример. Число 2 является квадратом по модулю 7, так как $4^2 \equiv 16 \equiv 2 \pmod 7$. Значит, 2 — квадратичный вычет. (Сравнение $x^2 \equiv 2 \pmod 7$ имеет еще и другое решение: $3^2 \equiv 9 \equiv$

---

[1]) Искушенный алгебраист объяснил бы эту ситуацию так: «Всякий элемент любого поля характеристики 2 является квадратом, так как отображение $x \mapsto x^2$есть автоморфизм такого поля».

[2]) Чтобы понять явление, надо сделать на него пародию. Всю стилистическую прелесть подобного определения (между прочим, общепринятого) и, в особенности, очарование содержащегося в нем термина «невычет» (в слитном написании), поможет прочувствовать аналогичная дефиниция: маленькое и жесткое хлебобулочное изделие тороидальной формы называется сушкой. В противном случае, оно называется несушкой. Впрочем, стилистических казусов в традиционной математической терминологии довольно много, например: нормальная подгруппа — ненормальная подгруппа, невязка — вязка и т. п.

$\equiv 2 (\bmod 7)$.) Напротив, число 3 является квадратичным невычетом по модулю 7, так как сравнение $x^2 \equiv 3 (\bmod 7)$ решений не имеет, в чем нетрудно убедиться последовательным перебором полной системы вычетов: $x = 0, 1, 2, 3, 4, 5, 6$.

Простое наблюдение: если a — квадратичный вычет по модулю p, то сравнение $x^2 \equiv a (\bmod p)$ имеет в точности два решения. Действительно, если a — квадратичный вычет по модулю p, то у сравнения $x^2 \equiv a (\bmod p)$ есть хотя бы одно решение $x \equiv x_1 (\bmod p)$. Тогда $x_2 = -x_1$ — тоже решение, ведь $(-x_1)^2 = x_1^2$. Эти два решения не сравнимы по модулю $p > 2$, так как из $x_1 \equiv -x_1 (\bmod p)$ следует $2x_1 \equiv 0 (\bmod p)$, т. е. (поскольку $p \neq 2$) $x_1 \equiv 0 (\bmod p)$, что невозможно, ибо $a \neq 0$. Поскольку сравнение $x^2 \equiv a (\bmod p)$ есть сравнение второй степени по простому модулю, то больше двух решений оно иметь не может (см. п. 20, лемма 2).

Еще одно простое наблюдение: приведенная (т. е. без нуля) система вычетов

$$-\frac{p-1}{2}, \ldots, -2, -1, 1, 2, \ldots, \frac{p-1}{2}$$

по модулю p состоит из $\frac{p-1}{2}$ квадратичных вычетов, сравнимых с числами $1^2, 2^2, \ldots, \left(\frac{p-1}{2}\right)^2$, и $\frac{p-1}{2}$ квадратичных невычетов, т. е. вычетов и невычетов поровну.

Действительно, квадратичные вычеты сравнимы с квадратами чисел

$$-\frac{p-1}{2}, \ldots, -2, -1, 1, 2, \ldots, \frac{p-1}{2},$$

т. е. с числами $1^2, 2^2, \ldots, \left(\frac{p-1}{2}\right)^2$, при этом все эти квадраты различны по модулю p, ибо из $k^2 \equiv l^2 (\bmod p)$, где $0 < k < l \leqslant \leqslant \frac{p-1}{2}$, следует, что нетривиальное сравнение $x^2 \equiv k^2 (\bmod p)$ имеет аж четыре решения: $l, -l, k, -k$, что невозможно (см. п. 20, лемма 2). [1]

---

[1] Искушенный алгебраист опять-таки сказал бы больше: «Квадраты (исключая 0) любого поля конечной характеристики, большей двух, образуют подгруппу индекса 2 мультипликативной группы этого поля. Эта подгруппа есть ядро эндоморфизма $x \mapsto x^{\frac{p-1}{2}}$». Если есть желание, проверьте это утверждение самостоятельно.

Согласитесь, что фраза «Число a является квадратичным вычетом (или невычетом) по модулю p» несколько длинновата, особенно если ее приходится часто употреблять при доказательстве какого-либо утверждения. В свое время божественная длиннота этой фразы тревожила и знаменитого французского математика Адриена-Мари Лежандра (того самого, который имеет прямое отношение к ортогональным полиномам и многим другим математическим открытиям). Он предложил изящный выход, введя в рассмотрение удобный символ $\left(\frac{a}{p}\right)$, заменяющий длинную фразу. Этот символ носит теперь фамилию Лежандра и читается: «символ Лежандра а по пэ».

Определение. Пусть a не кратно p. Тогда символ Лежандра определяется так:

$$\left(\frac{a}{p}\right) = \begin{cases} +1, & \text{если } a \text{ — квадратичный вычет по модулю } p, \\ -1, & \text{если } a \text{ — квадратичный невычет по модулю } p. \end{cases}$$

Оказывается, что символ Лежандра есть не просто удобное обозначение. Он имеет много полезных свойств и глубокий смысл, уходящий корнями в теорию конечных полей. Далее в этом пункте мы рассмотрим некоторые простейшие свойства символа Лежандра и, прежде всего, научимся его вычислять (т. е. тем самым, научимся отвечать на вопрос, проставленный в начале пункта: при каких a простейшее двучленное сравнение второй степени имеет решение, а при каких — не имеет?).

Теорема (критерий Эйлера). *Пусть a не кратно p. Тогда*

$$a^{\frac{p-1}{2}} \equiv \left(\frac{a}{p}\right) (\operatorname{mod} p).$$

Доказательство. По теореме Ферма, $a^{p-1} \equiv 1 (\operatorname{mod} p)$, т. е.

$$\left(a^{\frac{p-1}{2}} - 1\right)\left(a^{\frac{p-1}{2}} + 1\right) \equiv 0 (\operatorname{mod} p).$$

В левой части последнего сравнения в точности один сомножитель делится на p, ведь оба сомножителя на p делиться не могут, иначе их разность, равная двум, делилась бы на $p > 2$. Следовательно, имеет место одно и только одно из сравнений:

$$a^{\frac{p-1}{2}} \equiv 1 (\operatorname{mod} p),$$
$$a^{\frac{p-1}{2}} \equiv -1 (\operatorname{mod} p).$$

Но всякий квадратичный вычет a удовлетворяет при некотором x сравнению $a \equiv x^2 (\bmod p)$ и, следовательно, удовлетворяет также получаемому из него почленным возведением в степень $\frac{p-1}{2}$ сравнению $a^{\frac{p-1}{2}} \equiv x^{p-1} \equiv 1 (\bmod p)$ (опять теорема Ферма). При этом квадратичными вычетами и исчерпываются все решения сравнения $a^{\frac{p-1}{2}} \equiv 1 (\bmod p)$, так как, будучи сравнением степени $\frac{p-1}{2}$, оно не может иметь более $\frac{p-1}{2}$ решений. Это означает, что квадратичные невычеты удовлетворяют сравнению $a^{\frac{p-1}{2}} \equiv -1 (\bmod p)$. [1] ♦

Пример. Крошка-сын к отцу пришел, и спросила кроха: «Будет ли число 5 квадратом по модулю 7?». Гигант-отец тут же сообразил:

$$5^{\frac{7-1}{2}} = 5^3 = 125 = 18 \cdot 7 - 1 \equiv -1 (\bmod 7),$$

т. е. сравнение $x^2 \equiv 5 (\bmod 7)$ решений не имеет и 5 — квадратичный невычет по модулю 7. Кроха-сын, расстроенный, пошел на улицу делиться с друзьями полученной информацией.

Перечислим далее, кое-где доказывая или комментируя, простейшие свойства символа Лежандра.

Свойство 1. *Если* $a \equiv b (\bmod p)$, *то* $\left(\frac{a}{p}\right) = \left(\frac{b}{p}\right)$.

Это свойство следует из того, что числа одного и того же класса по модулю p будут все одновременно квадратичными вычетами либо квадратичными невычетами. ♦

Свойство 2. $\left(\frac{1}{p}\right) = 1$.

Доказательство очевидно, ведь единица является квадратом. ♦

Свойство 3. $\left(\frac{-1}{p}\right) = (-1)^{\frac{p-1}{2}}$.

---

[1] Свойство $a^{\frac{p-1}{2}} \equiv \left(\frac{a}{p}\right) (\bmod p)$, даваемое критерием Эйлера, можно было бы сразу принять за определение символа Лежандра, показав, конечно, предварительно, с помощью теоремы Ферма, что $a^{\frac{p-1}{2}} \equiv \pm 1 (\bmod p)$. Именно так частенько и поступают в книжках по теории конечных полей.

Доказательство этого свойства следует из критерия Эйлера при $a = -1$. Так как $\frac{p-1}{2}$ — четное, если p имеет вид $4n+1$, и нечетное, если p имеет вид $4n+3$, то число -1 является квадратичным вычетом по модулю p тогда и только тогда, когда p имеет вид $4n+1$. ♦

Свойство 4. $\left(\frac{ab}{p}\right) = \left(\frac{a}{p}\right)\left(\frac{b}{p}\right)$.

Действительно,

$$\left(\frac{ab}{p}\right) \equiv (ab)^{\frac{p-1}{2}} \equiv a^{\frac{p-1}{2}} b^{\frac{p-1}{2}} \equiv \left(\frac{a}{p}\right)\left(\frac{b}{p}\right) \pmod{p}. \qquad \blacklozenge$$

Свойство 4, очевидно, распространяется на любое конечное число сомножителей в числителе символа Лежандра, взаимно простых с p. Кроме того, из него следует

Свойство 5. $\left(\frac{ab^2}{p}\right) = \left(\frac{a}{p}\right)$, *т. е. в числителе символа Лежандра можно отбросить любой квадратный множитель.*

Действительно:

$$\left(\frac{ab^2}{p}\right) \equiv \left(\frac{a}{p}\right)\left(\frac{b^2}{p}\right) \equiv \left(\frac{a}{p}\right) \cdot 1 \equiv \left(\frac{a}{p}\right) \pmod{p}. \qquad \blacklozenge$$

Запомним хорошенько эти пять перечисленных простейших свойств символа Лежандра и устремимся дальше, в п. 23, где нам раскроются свойства более сложные и глубокие, поразительные и загадочные. Вперед!

Задачки

1. Среди вычетов приведенной системы по модулю 37 укажите квадратичные вычеты и квадратичные невычеты.

2. Посчитайте символ Лежандра, умело пользуясь его свойствами:
а) $\left(\frac{20}{7}\right)$; б) $\left(\frac{200}{43}\right)$; в) $\left(\frac{1601600}{839}\right)$.

3. С помощью критерия Эйлера установите, имеет ли решение сравнение $x^2 \equiv 5 \pmod{13}$?

4. С помощью символа Лежандра установите, имеют ли решения сравнения:
а) $x^2 \equiv 22 \pmod{13}$;
б) $x^2 \equiv 239 \pmod{661}$;
в) $x^2 \equiv 412 \pmod{421}$?

5. Решите сравнения:
а) $x^2 \equiv 7(\mathrm{mod}\ 137)$; б) $x^2 \equiv 23(\mathrm{mod}\ 101)$.

6. Докажите, что:
а) сравнение $x^2+1 \equiv 0(\mathrm{mod}\, p)$ разрешимо тогда и только тогда, когда p — простое число вида $4m+1$;
б) сравнение $x^2+2 \equiv 0(\mathrm{mod}\, p)$ разрешимо тогда и только тогда, когда p — простое число вида $8m+1$ или вида $8m+3$;
в) сравнение $x^2+3 \equiv 0(\mathrm{mod}\, p)$ разрешимо тогда и только тогда, когда p — простое число вида $6m+1$.

7. Используя теорему Вильсона, докажите, что решениями сравнения $x^2+1 \equiv 0(\mathrm{mod}\, p)$, где p — простое число вида $4m+1$, являются числа $x_{1,2} \equiv \pm(2m)!(\mathrm{mod}\, p)$ и только они.

8. Докажите, что сравнение $x^2 \equiv a(\mathrm{mod}\, p^\alpha)$, где $\alpha > 1$, $p > 2$, имеет два решения или же ни одного, в зависимости от того, будет ли число a квадратичным вычетом или же невычетом по модулю p.

9. Исследуйте самостоятельно сравнение вида

$$x^2 \equiv a(\mathrm{mod}\, 2^\alpha), \quad \alpha > 1.$$

При каких условиях на числа a и α это сравнение имеет решения и сколько оно их имеет? Найдите эти решения.

10. Докажите, что решениями сравнения $x^2 \equiv \equiv a(\mathrm{mod} p^\alpha)$, где $(a,p)=1$, $p>2$, будут числа $x \equiv \pm PQ^\nabla(\mathrm{mod}\, p^\alpha)$, где

$$P = \frac{(z+\sqrt{a}\,)^\alpha + (z-\sqrt{a}\,)^\alpha}{2},$$
$$Q = \frac{(z+\sqrt{a}\,)^\alpha + (z-\sqrt{a}\,)^\alpha}{2\sqrt{a}},$$
$$z^2 \equiv a(\mathrm{mod}\, p), \quad Q \cdot Q^\nabla \equiv 1(\mathrm{mod}\, p^\alpha).$$

11. Докажите, что число различных разложений натурального числа n на сумму квадратов двух целых чисел равно учетверенному избытку числа делителей n вида $4k+1$ над числом делителей вида $4k+3$. [1])

[1]) Порядок слагаемых в разложении учитывается, например, $25 = 3^2 + 4^2$ и $25 = 4^2 + 3^2$ — разные разложения. Иначе эту задачу можно сформулировать так: сколько целых точек лежит на окружности

$$x^2 + y^2 = n?$$

23. Дальнейшие свойства символа Лежандра. Закон взаимности Гаусса

Какая песня без баяна, какой курс теории чисел без удивительного закона взаимности Гаусса! В этом пункте я расскажу об этом законе, ибо без него традиционный курс теории чисел как дом без дверей, как машина без руля.

Историческое отступление про Гаусса

Карл Фридрих Гаусс (1777–1855) — величественная фигура математики рубежа восемнадцатого — девятнадцатого столетий. Он родился в немецком городке Брауншвейге, был сыном поденщика. Математические способности Гаусса проявились очень рано, а, согласно его дневникам, в 17 лет Карл Фридрих уже начал делать выдающиеся математические открытия. Дебютом Гаусса явилось доказательство возможности построения правильного семнадцатиугольника циркулем и линейкой (записью об этом открывается дневник Гаусса — удивительная летопись гениальных открытий. Запись датирована 30 марта 1796 г.). Отдадим должное герцогу Брауншвейгскому, который обратил внимание на вундеркинда Гаусса и позаботился о его обучении. В 1795–1798 годах юный гений учился в Геттингенском университете, в 1799 г. он получил степень доктора, а с 1807 г. до самой смерти он спокойно работал в качестве директора астрономической обсерватории и профессора математики Гёттингенского университета. Как и его великие современники Кант, Гёте, Бетховен и Гегель, Гаусс не вмешивался в яростные политические события той эпохи («Буря и натиск», наполеоновские войны, Великая Французская революция и т. п.), но в области математики он очень ярко выразил новые идеи своего века.

Обладая феноменальными вычислительными способностями, Гаусс составил огромные таблицы простых чисел (ему были известны все простые числа, меньшие пяти миллионов) и самостоятельно, путем внимательного их разглядывания, открыл квадратичный закон взаимности (до Гаусса этот закон впервые подметил Эйлер, но не смог его доказать): если p и q — два нечетных простых числа, то

$$\left(\frac{p}{q}\right)\left(\frac{q}{p}\right) = (-1)^{\frac{p-1}{2}\cdot\frac{q-1}{2}}.$$

Сам Гаусс не пользовался для записи этого закона символом Лежандра, хотя знал этот формализм (Лежандр был на 20 лет старше Гаусса), да и выражения «квадратичная взаимность» у Гаусса нет (его потом придумал Дирихле). В знаменитой книге Гаусса «Арифметические исследования», которая считается родоначальницей современной теории чисел (издана в Лейпциге, в 1801 г.), отмечается, что сам закон квадратичной взаимности впервые сформулировал Эйлер, подробно обсуждал

Лежандр, но до 1801 г. не было опубликовано ни одного строгого доказательства этого закона. Свое первое доказательство закона взаимности Гаусс (а он, впоследствии, придумал их аж шесть штук!) получил в 1796 г. [1]), в девятнадцатилетнем возрасте, ценой невероятного напряжения. На отыскание первого доказательства у Гаусса ушло более года работы, которая, по меткому выражению Кроннекера, явилась серьезной «пробой гауссовского гения». Столь выдающийся результат Гаусса был назван современниками (конечно, не всеми, а только смыслящими в математике) «золотая теорема» («theorema aurum»). Давайте и мы познакомимся с этой золотой теоремой.

Нам понадобится несколько дополнительных свойств символа Лежандра $\left(\frac{a}{p}\right)$, которые я сформулирую в виде лемм.

Пусть p — нечетное простое число, $S = \left\{1, 2, \ldots, \frac{p-1}{2}\right\}$ — множество всех положительных чисел из приведенной системы вычетов по модулю p. Рассмотрим сравнение $a \cdot s \equiv \varepsilon_s r_s (\bmod p)$, где a — числитель исследуемого символа Лежандра, $s \in S$, $\varepsilon_s r_s$ — абсолютно наименьший вычет числа as по модулю p (т. е. вычет, абсолютная величина которого наименьшая), r_s — абсолютная величина этого вычета, а ε_s, стало быть, его знак. Таким образом, $r_s \in S$, а $\varepsilon_s = \pm 1$.

Лемма 1 (Гаусс). $\left(\frac{a}{p}\right) = \prod\limits_{s \in S} \varepsilon_s$.

Доказательство. Рассмотрим сравнения

$$\left\{\begin{array}{c} a \cdot 1 \equiv \varepsilon_1 r_1 (\bmod p) \\ a \cdot 2 \equiv \varepsilon_2 r_2 (\bmod p) \\ \vdots \\ a \cdot \frac{p-1}{2} \equiv \varepsilon_{\frac{p-1}{2}} p_{\frac{p-1}{2}} (\bmod p). \end{array}\right. \qquad (*)$$

Множество чисел

$$\{\pm as | s \in S\} = \left\{a \cdot 1, -a \cdot 1, a \cdot 2, -a \cdot 2, \ldots, a \cdot \frac{p-1}{2}, -a \cdot \frac{p-1}{2}\right\}$$

[1]) Вторая запись в дневнике Гаусса имеет дату 8 апреля 1796 г. В этой записи Гаусс отмечает, что им наконец-то найдено строгое доказательство «золотой» гипотезы Эйлера.

является приведенной системой вычетов по модулю p (см. п. 17, лемма 2). Их абсолютно наименьшие вычеты соответственно суть

$$\{\pm\varepsilon_s r_s | s \in S\} = \left\{\varepsilon_1 r_1, -\varepsilon_1 r, \varepsilon_2 r_2, -\varepsilon_2 r_2, \ldots, \varepsilon_{\frac{p-1}{2}} r_{\frac{p-1}{2}}, -\varepsilon_{\frac{p-1}{2}} r_{\frac{p-1}{2}}\right\},$$

положительные же из них, т. е. $r_1, r_2, \ldots, r_{\frac{p-1}{2}}$, совпадают с числами $1, 2, \ldots, \dfrac{p-1}{2}$, т. е. образуют множество S. Перемножим теперь почленно сравнения (*) и сократим произведение на

$$1 \cdot 2 \cdot \ldots \cdot \frac{p-1}{2} = r_1 \cdot r_2 \cdot \ldots \cdot r_{\frac{p-1}{2}} = \prod_{s \in S} s.$$

Получим

$$a^{\frac{p-1}{2}} \equiv \varepsilon_1 \varepsilon_2 \ldots \varepsilon_{\frac{p-1}{2}} (\operatorname{mod} p).$$

Согласно критерию Эйлера из предыдущего пункта, $a^{\frac{p-1}{2}} \equiv$ $\equiv \left(\dfrac{a}{p}\right) (\operatorname{mod} p)$, т. е. $\left(\dfrac{a}{p}\right) = \prod\limits_{s \in S} \varepsilon_s$, что и требовалось. ♦

Лемма 2. *При нечетном a верно*

$$\left(\frac{2}{p}\right)\left(\frac{a}{p}\right) = (-1)^{\frac{p^2-1}{8} + \sum\limits_{s \in S} \left[\frac{as}{p}\right]},$$

где $\left[\dfrac{as}{p}\right]$ — целая часть числа $\dfrac{as}{p}$.

Доказательство. Имеем

$$\left[\frac{2as}{p}\right] = \left[2 \cdot \left[\frac{as}{p}\right] + 2\left\{\frac{as}{p}\right\}\right] = 2 \cdot \left[\frac{as}{p}\right] + \left[2\left\{\frac{as}{p}\right\}\right],$$

что будет четным или нечетным, в зависимости от того, будет ли наименьший неотрицательный вычет числа as меньше или больше числа $\dfrac{p}{2}$, т. е. будет ли $\varepsilon_s = 1$ или $\varepsilon_s = -1$. Отсюда, очевидно,

$$\varepsilon_s = (-1)^{\left[\frac{2as}{p}\right]},$$

поэтому, в силу леммы Гаусса,

$$\left(\frac{a}{p}\right) = (-1)^{\sum\limits_{s \in S} \left[\frac{2as}{p}\right]}.$$

Преобразуем это равенство (помним, что $a+p$ — четное, а квадратичный множитель из числителя символа Лежандра можно отбрасывать):

$$\left(\frac{2a}{p}\right) = \left(\frac{2a+2p}{p}\right) = \left(\frac{4\frac{a+p}{2}}{p}\right) = \left(\frac{\frac{a+p}{2}}{p}\right) =$$

$$= (-1)^{\sum\limits_{s\in S}\left[\frac{(a+p)s}{p}\right]} = (-1)^{\sum\limits_{s\in S}\left[\frac{as}{p}\right]+\sum\limits_{s\in S} s}.$$

Поскольку $\left(\frac{2a}{p}\right) = \left(\frac{2}{p}\right)\left(\frac{a}{p}\right)$, а

$$\sum_{s\in S} s = 1 + 2 + \ldots + \frac{p-1}{2} = \frac{p^2-1}{8},$$

то лемма 2 доказана. ♦

Лемма 3. $\left(\frac{2}{p}\right) = (-1)^{\frac{p^2-1}{8}}$.

Доказательство непосредственно следует из леммы 2 при $a=1$. ♦

Ни у кого не должно возникать недоумения по поводу возможности деления числа $p^2-1=(p-1)(p+1)$ на 8 нацело, так как из двух последовательных четных чисел одно обязательно делится на 4. Кроме того, простое число p можно представить в виде $p=8n+k$, где k — одно из чисел 1, 3, 5, 7. Так как число

$$\frac{(8n+k)^2-1}{8} = 8n^2 + 2nk + \frac{k^2-1}{8}$$

будет четным при $k=1$ и $k=7$, то 2 будет квадратичным вычетом по модулю p, если p имеет вид $8n+1$ или $8n+7$. Если же p имеет вид $8n+3$ или $8n+5$, то 2 будет квадратичным невычетом.

Теорема (закон взаимности квадратичных вычетов). *Если p и q — нечетные простые числа, то*

$$\left(\frac{p}{q}\right) = (-1)^{\frac{p-1}{2}\cdot\frac{q-1}{2}}\left(\frac{q}{p}\right).$$

Другими словами, *если хоть одно из чисел p или q имеет вид $4n+1$, то p — квадрат по модулю q тогда и только тогда,* *когда q — квадрат по модулю p. Если же оба числа p и q имеют вид $4n+3$, то p — квадрат по модулю q тогда и только тогда, когда q не является квадратом по модулю p.*

Доказательство. Поскольку $\left(\frac{2}{p}\right) = (-1)^{\frac{p^2-1}{8}}$, то формула из леммы 2 принимает вид

$$\left(\frac{a}{p}\right) = (-1)^{\sum\limits_{s=1}^{\frac{p-1}{2}} \left[\frac{as}{p}\right]}.$$

Рассмотрим два множества:

$$S = \left\{1, 2, \ldots, \frac{p-1}{2}\right\} \text{ и } K = \left\{1, 2, \ldots, \frac{q-1}{2}\right\}.$$

Образуем $\frac{p-1}{2} \cdot \frac{q-1}{2}$ пар чисел (qx, py), где x пробегает множество S, а y пробегает множество K. Первая и вторая компонента одной пары никогда не совпадают, ибо из $py = qx$ следует, что py кратно q. Но ведь это невозможно, так как $(p,q)=1$ и, поскольку $0 < y < q$, то $(y,q)=1$. Положим, поэтому, $\frac{p-1}{2} \cdot \frac{q-1}{2} = V_1 + V_2$, где V_1 — число пар, в которых первая компонента меньше второй $(qx < py)$, V_2 — число пар, в которых вторая компонента меньше первой $(qx > py)$.

Очевидно, что V_1 есть число пар, в которых $x < \frac{p}{q}y$. (Вообще-то, $x \leqslant \frac{p-1}{2}$, но $\frac{p}{q}y < \frac{p}{2}$ так как $\frac{y}{q} < \frac{1}{2}$, следовательно, $\left[\frac{p}{q}y\right] \leqslant \left[\frac{p}{2}\right] = \frac{p-1}{2}$ и неравенство $x < \frac{p}{q}y$ не противоречит неравенству $x \leqslant \frac{p-1}{2}$.) Поэтому

$$V_1 = \sum_{y \in K} \left[\frac{p}{q}y\right].$$

Аналогично,

$$V_2 = \sum_{x \in S} \left[\frac{q}{p}x\right].$$

Тогда равенство из леммы 2, отмеченное в начале этого доказательства, дает

$$\left(\frac{p}{q}\right) = (-1)^{V_1}, \left(\frac{q}{p}\right) = (-1)^{V_2}.$$

Это означает, что

$$\left(\frac{p}{q}\right)\left(\frac{q}{p}\right) = (-1)^{V_1+V_2} = (-1)^{\frac{p-1}{2}\cdot\frac{q-1}{2}},$$

а это, собственно, и требовалось. ♦

Справедливости ради следует отметить мелким шрифтом, что мы могли бы доказать закон взаимности в этом пункте сразу после леммы 1, но при этом упустили бы из виду важные свойства символа Лежандра, которые спрашивают на кандидатском экзамене по специальности «Алгебра, математическая логика и теория чисел». Кроме того, «быстрое» доказательство закона взаимности страдает существенным недостатком — совершенно непонятно, как до него додуматься. А додумался до него немецкий математик Фердинанд Готхольд Эйзенштейн (1823–1852). Это доказательство, дословно почерпнутое из замечательной книжки Ж. П. Серра «Курс арифметики», — перед вами.

Тригонометрическая лемма. Пусть m — нечетное натуральное число. Тогда

$$\frac{\sin mx}{\sin x} = (-4)^{\frac{m-1}{2}} \prod_{1\leqslant j\leqslant \frac{m-1}{2}} \left(\sin^2 x - \sin^2 \frac{2\pi j}{m}\right).$$

Доказательство получается непосредственной проверкой. Например, с помощью формулы Муавра убеждаемся, что левая часть есть полином степени $\dfrac{m-1}{2}$ от $\sin^2 x$, корни которого есть $\sin^2(2\pi j/m)$, где $1 \leqslant j \leqslant \dfrac{m-1}{2}$. Множитель $(-4)^{\frac{m-1}{2}}$ получается сравнением коэффициентов в левой и правой частях.

Доказательство закона взаимности. Пусть p и q — два различных нечетных простых числа. По лемме Гаусса, $\left(\dfrac{q}{p}\right) = \prod\limits_{s\in S} \varepsilon_s$. В силу равенства $qs = \varepsilon_s r_s$ (обозначения леммы 1 сохранены), имеем

$$\sin\frac{2\pi}{p}qs = \varepsilon_s \sin\frac{2\pi}{p}r_s.$$

(Синус-то — функция нечетная, и знак можно вынести вперед.)

Перемножая эти равенства и учитывая, что отображение $s \mapsto r_s$ биективно, получаем

$$\left(\frac{q}{p}\right) = \prod_{s\in S}\varepsilon_s = \prod_{s\in S}\left(\sin\frac{2\pi qs}{p}\Big/\sin\frac{2\pi s}{p}\right).$$

Применим теперь тригонометрическую лемму при $m = q$:

$$\left(\frac{q}{p}\right) = \prod_{s\in S} (-4)^{\frac{q-1}{2}} \prod_{t\in K} \left(\sin^2\frac{2\pi s}{p} - \sin^2\frac{2\pi t}{q}\right) = \\ = (-4)^{\frac{(q-1)(p-1)}{4}} \prod_{s\in S, t\in K} \left(\sin^2\frac{2\pi s}{p} - \sin^2\frac{2\pi t}{q}\right),$$

где $K = \left\{1, 2, \ldots, \frac{q-1}{2}\right\}$. Меняя роли q и p, точно так же получим

$$\left(\frac{p}{q}\right) = (-4)^{\frac{(q-1)(p-1)}{4}} \prod_{s\in S, t\in K} \left(\sin^2\frac{2\pi t}{q} - \sin^2\frac{2\pi s}{p}\right).$$

Множители в формулах для $\left(\frac{q}{p}\right)$ и $\left(\frac{p}{q}\right)$ одинаковы с точностью до знака. Число же противоположных знаков равно $\frac{(p-1)(q-1)}{4}$, поэтому $\left(\frac{q}{p}\right) = \left(\frac{p}{q}\right)(-1)^{\frac{(p-1)(q-1)}{4}}$. ♦

На этом п. 23 и с ним весь параграф, посвященный теории сравнений закончим. С удовлетворением отмечу, что если мы и не все познали в сравнении, то весьма немало. Примите мои сердечные поздравления.

Задачки

1. Используя закон взаимности для «переворачивания» символа Лежандра, посчитайте:
а) $\left(\frac{59}{269}\right)$; б) $\left(\frac{37}{557}\right)$; в) $\left(\frac{43}{991}\right)$.

2. Докажите, что число a одновременно является или квадратичным вычетом или квадратичным невычетом для всех простых чисел, входящих в арифметическую прогрессию $4at + r, t = 0, 1, 2, \ldots$, где r — произвольное натуральное число, меньшее $4a$. [1])

3. Пусть p и q — простые числа и $p + q = 4a$. Докажите, что тогда число a является одновременно или квадратичным вычетом по модулям p и q или кадратичным невычетом.

[1]) В 1847 г. Л. Эйлер подметил закон взаимности именно в такой формулировке.

§ 5. ТРАНСЦЕНДЕНТНЫЕ ЧИСЛА

В этом параграфе мы снова покинем прекрасное и уютное царство целых чисел, по которому разгуливали, изучая теорию сравнений. Если проследить историю возникновения и развития знаний человечества о числах, то выявится довольно парадоксальный факт — на протяжении почти всей своей многовековой истории человечество использовало на практике и пристально изучало исключительно малую долю всего множества живущих в природе чисел. Люди долгое время совершенно не подозревали о существовании, как выяснилось впоследствии, подавляющего большинства действительных чисел, наделенных удивительными и загадочными свойствами и называемых теперь трансцендентными. Судите сами (перечисляю ориентировочные этапы развития понятия действительного числа):

1. Идущая из глубины тысячелетий гениальная математическая абстракция натурального числа.

Гениальность этой абстракции поражает, а ее значение для развития человечества превосходит, наверное, даже изобретение колеса. Мы привыкли к ней настолько, что перестали восхищаться этим самым выдающимся достижением человеческого разума. Однако попробуйте, для пущей достоверности представив себя не студентом-математиком, а первобытным человеком, или, скажем, студентом-филологом, сформулировать точно, что общего имеется между тремя хижинами, тремя быками, тремя бананами и тремя ультразвуковыми томографами. Объяснять нематематику, что такое натуральное число «три» — почти безнадежная затея, однако уже пятилетний человеческий детеныш внутренне ощущает эту абстракцию и в состоянии разумно оперировать с ней, выпрашивая у мамы три конфеты вместо двух.

2. Дроби, т. е. положительные рациональные числа.

Дроби естественно возникли при решении задач о разделе имущества, измерении земельных участков, исчислении времени и т. п. В древней Греции рациональные числа вообще являлись символом гармонии окружающего мира и проявлением божественного начала, а все отрезки, до некоторого времени, считались соизмеримыми, т. е. отношение их длин обязано было выражаться рациональным числом, иначе — труба (а боги этого допустить не могут).

3. Отрицательные числа и ноль.

Отрицательные числа первоначально трактовались как долг при финансовых и бартерных расчетах, однако потом выяснилось, что без отрицательных чисел и в других областях человеческой деятельности никуда не денешься (кто не верит, пусть посмотрит зимой на градусник за окном). Число ноль, на мой взгляд, первоначально служило скорее не символом пустого места и отсутствием всякого количества, а символом равенства и завершенности процесса расчетов (сколько был должен соседу, столько ему и отдал, и вот теперь — ноль).

4. Иррациональные алгебраические числа.

Иррациональные числа открыли в пифагорейской школе при попытке соизмерить диагональ квадрата с его стороной, но хранили это открытие в страшной тайне — как бы смуты не вышло! В это открытие посвящались только наиболее психически устойчивые и проверенные ученики, а истолковывалось оно как отвратительное явление, нарушающее гармонию мира. Но нужда и война заставили человечество учиться решать алгебраические уравнения не только первой степени с целыми коэффициентами. После Галилея снаряды стали летать по параболам, после Кеплера планеты полетели по эллипсам, механика и баллистика стали точными науками и везде нужно было решать и решать уравнения, корнями которых являлись иррациональные числа. Поэтому с существованием иррациональных корней алгебраических уравнений пришлось смириться, какими бы отвратительными они не казались. Более того, методы решения кубических уравнений и уравнений четвертой степени, открытые в XVI в. итальянскими математиками Сципионом дель Ферро, Никколо Тартальей (Тарталья — это прозвище, означающее в переводе — заика, настоящей его фамилии я не знаю), Людовиком Феррари и Рафаэлем Бомбелли привели к изобретению совсем уж «сверхъестественных» комплексных чисел, которым суждено было получить полное признание только в XIX в. Алгебраические иррациональности прочно вошли в человеческую практику уже с XVI в.

В этой истории развития понятия числа не нашлось места для трансцендентных чисел, т. е. чисел не являющихся корнями никакого алгебраического уравнения с рациональными или, что равносильно (после приведения к общему знаменателю), целыми коэффициентами. Правда, еще древние греки знали замечательное число π, которое, как выяснилось впоследствии, трансцендентно, но они знали его только как отношение длины окружности к ее диаметру. Вопрос об истинной природе этого числа вообще мало кого интересовал до тех пор, пока люди вдоволь и безуспешно не нарешались древнегреческой задачей о квадратуре круга, а само число π каким-то загадочным образом повылезало в разных разделах математики и естествознания.

Лишь только в 1844 г. Лиувилль построил исторически первый пример трансцендентного числа, а математический мир удивился самому факту существования таких чисел. Лишь только в XIX в. гениальный Георг Кантор понял, используя понятие мощности множества, что на числовой прямой трансцендентных чисел подавляющее большинство. Лишь только в пятом параграфе этой небольшой книжки мы, наконец-то, обратим на трансцендентные числа свое внимание.

24. Мера и категория на прямой

В этом пункте я приведу некоторые предварительные сведения из математического анализа, необходимые для понимания дальнейшего изложения. В математике придумано довольно много различных формализаций понятия «малости» множества. Нам понадобятся два из них — множества меры нуль и множества первой категории по Бэру. Оба эти понятия опираются на понятие счетности множества. Известно, что множество рациональных чисел счетно ($|\mathbf{Q}| = \aleph_0$), и что любое бесконечное множество содержит счетное подмножество, т. е. счетные множества самые «маленькие» из бесконечных. Между любым счетным множеством и множеством натуральных чисел $\mathbf{N}$ существует биективное отображение, т. е. элементы любого счетного множества можно перенумеровать, или, другими словами, любое счетное множество можно выстроить в последовательность. Ни один интервал на прямой не является счетным множеством. Это, очевидно, вытекает из следующей теоремы.

Теорема 1 (Кантор). *Для любой последовательности $\{a_n\}$ действительных чисел и для любого интервала I существует точка $p \in I$ такая, что $p \neq a_n$ для любого $n \in \mathbf{N}$.*

Доказательство. Процесс. Берем отрезок (именно отрезок, вместе с концами) $I_1 \subset I$ такой, что $a_1 \notin I_1$. Из отрезка I_1 берем отрезок $I_2 \subset I_1$ такой, что $a_2 \notin I_2$ и т. д. Продолжая процесс, из отрезка I_{n-1} берем отрезок $I_n \subset I_{n-1}$ такой, что $a_n \notin I_n$. В результате этого процесса получаем последовательность вложенных отрезков $I_1 \supset I_2 \supset \ldots \supset I_n \supset \ldots$, пересечение $\bigcap\limits_{n=1}^{\infty} I_n$ которых, как известно с первого курса, непусто, т. е. содержит некоторую точку $p \in \bigcap\limits_n I_n$. Очевидно, что $p \neq a_n$ при всех $n \in \mathbf{N}$. ♦

Я не думаю, что читатели ранее не встречались с этим изящным доказательством, просто идея этого доказательства далее будет использована при доказательстве теоремы Бэра и поэтому ее полезно напомнить заранее.

Определение. Множество A *плотно в интервале* I, если оно имеет непустое пересечение с каждым подынтервалом из I. Множество A плотно, если оно плотно в $\mathbf{R}$. Множество A *нигде не плотно*, если оно не плотно ни в каком интервале на действительной прямой, т. е. каждый интервал на прямой содержит подынтервал, целиком лежащий в дополнении к A.

Легко понять, что множество A нигде не плотно тогда и только тогда, когда его дополнение A' содержит плотное открытое множество. Легко понять, что множество A нигде не плотно тогда и только тогда, когда его замыкание $\overline{A}$ не имеет ни одной внутренней точки.

Нигде не плотные множества на прямой интуитивно ощущаются маленькими в том смысле, что в них полным полно дыр и точки такого множества расположены на прямой довольно редко. Некоторые свойства нигде не плотных множеств сформулируем скопом в виде теоремы.

Теорема 2. 1) *Любое подмножество нигде не плотного множества нигде не плотно.*

2) *Объединение двух (или любого конечного числа) нигде не плотных множеств нигде не плотно.*

3) *Замыкание нигде не плотного множества нигде не плотно.*

Доказательство. 1) Очевидно.

2) Если A_1 и A_2 нигде не плотны, то для каждого интервала I найдутся интервалы $I_1 \subset (I \backslash A_1)$ и $I_2 \subset (I_1 \backslash A_2)$. Значит, $I_2 \subset$ $\subset I \backslash (A_1 \cup A_2)$, а это означает, что $A_1 \cup A_2$ нигде не плотно.

3) Очевидно, что любой открытый интервал, содержащийся в A', содержится также и в $\left(\overline{A}\right)'$. ♦

Таким образом, класс нигде не плотных множеств замкнут относительно операции взятия подмножеств, операции замыкания и конечных объединений. Счетное объединение нигде не плотных множеств, вообще говоря, не обязано быть нигде не плотным множеством. Пример тому — множество рациональных чисел, которое всюду плотно, но является счетным объединением отдельных точек, каждая из которых образует одноэлементное нигде не плотное множество в $\mathbf{R}$.

Определение. Множество, которое можно представить в виде конечного или счетного объединения нигде не плотных множеств, называется *множеством первой категории* (по Бэру). Множество, которое нельзя представить в таком виде, называется *множеством второй категории.*

Теорема 3. 1) *Дополнение любого множества первой категории на прямой является плотным.*

2) *Никакой интервал в* $\mathbf{R}$ *не является множеством первой категории.*

3) *Пересечение любой последовательности плотных открытых множеств является плотным множеством.*

Доказательство. Три сформулированных в теореме свойства являются по существу эквивалентными. Докажем первое.

Пусть $A = \bigcup\limits_n A_n$ — представление множества A первой категории в виде счетного объединения нигде не плотных множеств, I — произвольный интервал. Далее — такой же процесс, как в доказательстве теоремы Кантора. Выберем отрезок (именно отрезок, вместе с концами) $I_1 \subset (I \setminus A_1)$. Это возможно сделать, так как в дополнении к нигде не плотному множеству A_1 внутри интервала I всегда найдется целый подынтервал, а он, в свою очередь, содержит внутри себя целый отрезок. Выберем отрезок $I_2 \subset (I_1 \setminus A_2)$. Выберем отрезок $I_3 \subset (I_2 \setminus A_3)$ и т. д. Пересечение вложенных отрезков $\bigcap\limits_n I_n$ не пусто, следовательно, дополнение $I \setminus A$ не пусто, а это означает, что дополнение A' плотно.

Второе утверждение теоремы непосредственно следует из первого, третье утверждение также следует из первого, если только сделать над собой усилие и перейти к дополнениям последовательности плотных открытых множеств. ♦

Определение. Класс множеств, содержащий всевозможные конечные или счетные объединения своих членов и любые подмножества своих членов, называется *σ-идеалом.*

Очевидно, что класс всех не более чем счетных множеств является σ-идеалом. После небольших размышлений легко понять, что класс всех множеств первой категории на прямой также является σ-идеалом. Еще один интересный пример σ-идеала дает класс так называемых нуль-множеств (или множеств меры нуль).

Определение. Множество $A \subset \mathbf{R}$ называется *множеством меры нуль* (*нуль-множеством*), если A можно покрыть не более чем счетной совокупностью интервалов, суммарная длина которых меньше любого наперед заданного числа $\varepsilon > 0$, т. е. для любого $\varepsilon > 0$ существует такая последовательность интервалов I_n, что $A \subset \bigcup\limits_n I_n$ и $\sum |I_n| < \varepsilon$.

Понятие нуль-множества является другой формализацией интуитивного понятия «малости» множества: нуль-множества — это множества маленькие по длине. Очевидно, что отдельная точка является нуль-множеством и что любое подмножество нуль-множества само является нуль-множеством. Поэтому тот факт, что нуль-множества образуют σ-идеал вытекает из следующей теоремы.

Теорема 4 (Лебег). *Пусть $A = \cup A_i$ и A_i — нуль-множество, $i = 1, 2, \ldots$. Любое счетное объединение нуль-множеств является нуль-множеством.*

Доказательство. Пусть A_i — нуль-множества, $i = 1,\ 2,\ \ldots$. Тогда для каждого i существует последовательность интервалов I_{ij} $(j = 1, 2, \ldots)$ такая, что $A_i \subset \bigcup\limits_j I_{ij}$ и $\sum\limits_j |I_{ij}| < \dfrac{\varepsilon}{2^i}$. Множество всех интервалов I_{ij} покрывает A и сумма их длин меньше ε, так как $\sum\limits_{i,j} |I_{ij}| < \sum\limits_i \dfrac{\varepsilon}{2^i} = \varepsilon$. Значит, A — нуль-множество. ♦

Никакой интервал или отрезок не является нуль-множеством, так как справедлива

Теорема 5 (Гейне–Борель). *Если конечная или бесконечная последовательность интервалов I_n покрывает интервал I, то*

$$\sum |I_n| \geqslant |I| .$$ ♦

Я не буду приводить здесь доказательство этой интуитивно очевидной теоремы, ибо его можно найти в любом мало-мальски серьезном курсе математического анализа.

Из теоремы Гейне-Бореля следует, что σ-идеал нуль-множеств, подобно σ-идеалам не более чем счетных множеств и множеств первой категории, не содержит интервалов и отрезков. Общим между этими тремя σ-идеалами является также то, что они включают в себя все конечные и счетные множества. Кроме того, существуют несчетные множества первой категории меры нуль. Наиболее знакомый пример такого множества — канторово совершенное [1] множество $\mathbf{c} \subset [0;1]$, состоящее из чисел, в троичной записи которых нет единицы. Вспомните процесс построения канторова совершенного множества: отрезок $[0;1]$ делится на три равные части и средний открытый интервал выкидывается. Каждая из двух оставшихся третей отрезка снова делится на три равные части и средние открытые интервалы из них выкидываются и т. д. Очевидно, что оставшееся после этого процесса множество нигде не плотно, т. е. первой категории. Легко подсчитать, что суммарная длина выкинутых средних частей равна единице, т. е. $\mathbf{c}$ имеет меру нуль. Известно, что $\mathbf{c}$ несчетно, так как несчетно множество бесконечных последовательностей, состоящих из нулей и двоек (каждый элемент $\mathbf{c}$ представляется троичной дробью, в которой после запятой идет именно последовательность из нулей и двоек).

Предлагаю читателям самостоятельно проверить, что существуют множества первой категории, не являющиеся нуль-множествами, и существуют нуль-множества, не являющиеся множествами первой категории (впрочем, если вас затруднит придумывание соответствующих примеров, не отчаивайтесь, а просто дочитайте этот пункт до теоремы 6).

Таким образом, картинка соотношений между рассматриваемыми тремя σ-идеалами такова:

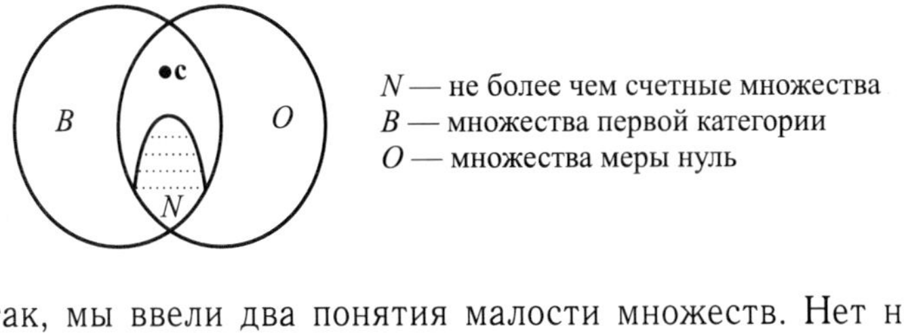

Итак, мы ввели два понятия малости множеств. Нет ничего парадоксального, что множество, малое в одном смысле, может в другом смысле оказаться большим. Следующая теорема

---

[1] Множество называется совершенным, если оно замкнуто и не содержит изолированных точек.

неплохо иллюстрирует эту мысль и показывает, что в некоторых случаях введенные нами понятия малости могут оказаться диаметрально противоположными.

Теорема 6. *Числовую прямую можно разбить на два дополняющих друг друга множества A и B так, что A есть множество первой категории, а B имеет меру нуль.*

Доказательство. Пусть $a_1, a_{2,}, \ldots, a_n, \ldots$ — занумерованное множество рациональных чисел (или любое другое счетное всюду плотное подмножество $\mathbf{R}$). Пусть I_{ij} — открытый интервал длины $1/2^{i+j}$ с центром в точке a_i. Рассмотрим множества

$$G_j = \bigcup_{i=1}^{\infty} I_{ij}, \quad j = 1, 2, \ldots; \quad B = \bigcap_{j=1}^{\infty} G_j; \quad A = R \backslash B = B'.$$

Очевидно, что для любого $\varepsilon > 0$ можно выбрать j так, что $1/2^j < \varepsilon$. Тогда

$$B \subset \bigcup_i I_{ij},$$

$$\sum_i |I_{ij}| = \sum_i \frac{1}{2^{i+j}} = \frac{1}{2^j} < \varepsilon,$$

следовательно, B — нуль-множество.

Далее, $G_j = \bigcup\limits_{i=1}^{\infty} I_{ij}$ — плотное открытое подмножество $\mathbf{R}$, так как оно есть объединение последовательности открытых интервалов и содержит все рациональные точки. Это означает, что его дополнение G'_j нигде не плотно, следовательно $A = B' = \bigcup\limits_j G'_j$ — множество первой категории. ♦

Не правда ли, удивительный результат! Из доказанной теоремы следует, что каждое подмножество прямой, оказывается, можно представить в виде объединения нуль-множества и множества первой категории. В следующем пункте мы рассмотрим конкретное разбиение $\mathbf{R}$ на два подмножества, одно из которых — трансцендентные числа Лиувилля — меры нуль, но второй категории по Бэру. Скорей в следующий пункт!

Задачки

1. Приведите пример двух всюду плотных множеств, пересечение которых не является всюду плотным. Приведите пример всюду плотного множества, дополнение до которого также всюду плотно.

2. Существует ли несчетное множество меры нуль, плотное на отрезке $[0;1]$?

3. Какова мера и категория множества тех точек отрезка $[0;1]$, которые допускают разложение в десятичную дробь без использования цифры 7?

4. Какова мера и категория множества тех точек отрезка $[0;1]$, в записи которых в виде бесконечной двоичной дроби на всех четных местах стоят нули? Является ли это множество совершенным?

5. Пусть множество E на отрезке $[0;1]$ имеет меру нуль. Является ли его замыкание множеством меры нуль?

6. Пусть множество E нигде не плотно на отрезке $[0;1]$ и имеет меру нуль. Является ли его замыкание множеством меры нуль?

7. Существуют ли такие два всюду плотные несчетные множества на прямой, пересечение которых пусто?

8. Постройте на отрезке $[0;1]$ совершенное нигде не плотное множество ненулевой меры.

9. Пусть $s > 0$, $A \subseteq \mathbf{R}$. Говорят, что множество A имеет нулевую s-мерную меру Хаусдорфа, если для любого $\varepsilon > 0$ существует последовательность интервалов I_n такая, что $A \subseteq \bigcup\limits_{n=1}^{\infty} I_n$, $\sum\limits_{n=1}^{\infty} |I_n|^s < \varepsilon$ и $|I_n| < \varepsilon$ при всех n. Докажите, что семейство всех множеств нулевой s-мерной меры Хаусдорфа образует σ-идеал; при $s = 1$ он совпадает с классом нуль-множеств, а при $0 < s < 1$ является его собственным подклассом.

10. Пусть последовательность $f_n(x)$ непрерывных функций поточечно сходится к функции $f(x)$ на отрезке $[0;1]$. Докажите, что множество точек разрыва функции $f(x)$ на этом отрезке является множеством первой категории. [1]

25. Числа Лиувилля

Определение 1. Число $z \in \mathbf{C}$ называется *алгебраическим*, если оно является корнем некоторого алгебраического уравнения

$$a_n z^n + \ldots + a_2 z^2 + a_1 z^1 + a_0 = 0,$$

все коэффициенты $a_0, a_1, \ldots, a_n$ которого суть целые числа, не равные одновременно нулю.

---

[1] Именно для выяснения, сколь большим может быть множество точек разрыва поточечного предела последовательности непрерывных функций, Бэр и придумал понятие категории.

Безусловно, множество алгебраических чисел не изменится, если в определении 1 коэффициентам алгебраического уравнения позволить быть произвольными рациональными числами, но нам удобнее пока считать эти коэффициенты целыми.

Определение 2. *Степенью алгебраического числа* называется наименьшая степень уравнения с целыми коэффициентами, которому это число удовлетворяет.

Пример. Число $\sqrt{2}$ — алгебраическое степени 2, так как оно есть корень уравнения $x^2 - 2 = 0$, но не является корнем никакого уравнения степени 1 с целыми коэффициентами. Действительно, если $a\sqrt{2} + b = 0$, то $\sqrt{2} = \frac{-b}{a} = \frac{m}{n}$ и пусть $\frac{m}{n}$ — несократимая дробь. Следовательно, $2n^2 = m^2$, т. е. m — четно, $m = 2k$, $2n^2 = 4k^2$, $n^2 = 2k^2$, значит, n — четно, что противоречит несократимости дроби $\frac{m}{n}$.

Теорема 1. *Множество A всех алгебраических чисел счетно.*

Доказательство. Для любого многочлена с целыми коэффициентами $a_n z^n + \ldots + a_2 z^2 + a_1 z^1 + a_0$, $a_n \neq 0$, определим натуральное число $p = n + \sum_{k=0}^{n} |a_k|$ — вес этого многочлена. Очевидно, что для любого заданного веса p существует лишь конечное число многочленов, имеющих такой вес. Следовательно, многочленов с целыми коэффициентами счетное число, и, поскольку каждый многочлен имеет лишь конечное число корней, множество A всех алгебраических чисел счетно. ♦

Из этой простенькой теоремы, открытой Георгом Кантором, вытекает

Следствие. *Существует целый континуум неалгебраических чисел*!

Определение 3. Число $\alpha \in \mathbf{R}$, не являющееся алгебраическим, называется *трансцендентным.*

Теорема 1 эффектна, изящна и проста, поэтому трудно ожидать от нее каких-то реальных конструктивных следствий. Она лишь утверждает существование трансцендентных чисел, но не дает ни одного конкретного примера. Исторически первый пример трансцендентного числа построил, как уже отмечалось, в 1844 г. некто Лиувилль, и мы сейчас приступаем к воспроизведению произведения этого выдающегося французского некто.

Лемма (Лиувилль). *Для любого действительного алгебраического числа z степени $n > 1$ (т. е. иррационального) найдется натуральное число M такое, что*

$$\left|z - \frac{p}{q}\right| > \frac{1}{Mq^n}$$

при всех целых p и q, $q > 0$.

Доказательство. Пусть $f(x)$ — тот самый многочлен степени n с целыми коэффициентами, для которого $f(z) = 0$. Поскольку производная $f'(x)$ многочлена $f(x)$ есть функция, ограниченная на отрезке $|z - x| \leqslant 1$, то найдется такое натуральное число M, что $|f'(x)| \leqslant M$ для всех x из отрезка $\|z - x| \leqslant 1$. По теореме о среднем значении:

$$|f(x)| = |f(z) - f(x)| \leqslant M \cdot |z - x|\,.$$

Возьмем теперь любые два целых числа p и q, $q > 0$, и вспомним, что нужно показать $\left|z - \frac{p}{q}\right| > \frac{1}{Mq^n}$. Очевидно, что это верно при $\left|z - \frac{p}{q}\right| > 1$, так как $M \geqslant 1$, $q \geqslant 1$. Пусть $\left|z - \frac{p}{q}\right| \leqslant 1$. Тогда

$$\left|f\left(\frac{p}{q}\right)\right| \leqslant M \cdot \left|z - \frac{p}{q}\right|.$$

Умножим полученное неравенство на q^n:

$$\left|q^n f\left(\frac{p}{q}\right)\right| \leqslant M \cdot q^n \cdot \left|z - \frac{p}{q}\right|.$$

Ясно, что уравнение $f(x) = 0$ не имеет рациональных корней, иначе число z имело бы меньшую степень (многочлен $f(x)$ разложился бы на множители, один из которых есть $\left(x - \frac{p}{q}\right)$, а иррациональное z оказалось бы корнем второго множителя меньшей степени). Таким образом, $f\left(\frac{p}{q}\right) \neq 0$, а $q^n f\left(\frac{p}{q}\right)$ — целое и не равное нулю число. Значит, $\left|q^n f\left(\frac{p}{q}\right)\right| \geqslant 1$, следовательно,

$$1 \leqslant M \cdot q^n \cdot \left|z - \frac{p}{q}\right|,$$

т. е.

$$\left|z - \frac{p}{q}\right| \geqslant \frac{1}{Mq^n}.$$

Равенство невозможно, так как z иррационально. [1]) ♦

В § 2, посвященном цепным дробям, мы немножечко поговорили о приближении действительных чисел рациональными дробями, отметив, в частности, что подходящая дробь — наилучшее приближение данного числа среди всех дробей, знаменатели которых не превосходят знаменатель подходящей дроби. Лемма Лиувилля тоже, фактически, относится к теории приближения действительных чисел рациональными, так как она говорит нам, что алгебраические числа весьма плохо приближаются рациональными дробями с заданным знаменателем. Возникает мысль, что именно этим своим свойством алгебраические числа вполне могут отличаться (и отличаться разительно) от других иррациональных чисел, если, конечно, таковые существуют. Идея, ударившая Лиувилля, как раз и заключалась в том, чтобы рассмотреть утверждение леммы как отличительное характеристическое свойство алгебраических иррациональностей. После этой простой, но сильной мысли, Лиувиллю для изобретения трансцендентных чисел оставалось совсем немного — придумать иррациональное число, которое очень хорошо приближается рациональными дробями, и проверить, что такое число обязано быть трансцендентным.

Определение 3. Действительное число z называется *числом Лиувилля*, если z иррационально и для каждого натурального n существуют целые p и q такие, что $q > 1$ и

$$\left|z - \frac{p}{q}\right| < \frac{1}{q^n}.$$

Пример 1 (с помощью ряда). Рассмотрим число

$$z = \sum_{k=1}^{\infty} \frac{1}{10^{k!}} = 0,1 + 0,01 + 0,000001 + \ldots =$$

$$= 0,110001000000000000000000100\ldots$$

[1]) Трудно объяснить, но меня почему-то приводит в восхищение последняя фраза из доказательства леммы Лиувилля: «Равенство невозможно, так как z иррационально» — кратко, просто и неоспоримо. Сказал — как отрезал. Кроме того, к моменту произнесения этой фразы читатели уже наверняка забыли (во всяком случае, студенты на лекции напрочь забывают), что нужно доказывать строгое неравенство, поэтому «нежданной шуткой огорошить» вдвойне приятно.

— в десятичной дроби единички стоят на месте с номером $k!$, остальные позиции заняты нулями. Число z иррационально, так как данная десятичная дробь не периодическая (действительно, пусть ее период имеет длину a; он должен содержать хоть одну единичку, но в записи этой дроби есть промежутки, состоящие из a нулей подряд.)

Пусть $n \in \mathbf{N}$. Возьмем $q = 10^{n!}$, $p = \sum\limits_{k=1}^{n} 10^{n!-k!}$. Тогда

$$\frac{p}{q} = 0,\underbrace{1100010\ldots01}_{n!\text{ знаков}} \text{ — рациональное число,}$$

$$\left|\sum_{k=1}^{\infty}\frac{1}{10^{k!}} - \frac{p}{10^{n!}}\right| = \left|0{,}00\ldots\ldots0\underset{\substack{\uparrow\\ \text{позиция }(n+1)!}}{1}0\ldots\ldots\right| < \frac{1}{q^n} = \frac{1}{10^{n!\cdot n}} =$$

$$= 0{,}00\ldots\ldots0\underset{\substack{\uparrow\\ \text{позиция }n\cdot n!}}{1}0\ldots\ldots,$$

так как $n \cdot n! < (n+1)! = (n+1) \cdot n!$. Итак, z — число Лиувилля.

Пример 2 (с помощью цепной дроби). Пусть

$$z = q_1 + \cfrac{1}{q_2 + \cfrac{1}{q_3 + \cfrac{1}{q_4 + \cfrac{\ddots}{\ddots \, \cfrac{}{q_s + \cfrac{1}{\ddots}}}}}},$$

где последовательность неполных частных $q_1 < q_2 < \ldots < q_s < \ldots$ возрастает так, что $q_{s+1} \geqslant Q_s^{s-2}$ (Q_s — знаменатель s-й подходящей дроби числа z). Тогда для произвольного натурального n возьмем в определении чисел Лиувилля $p = P_n$, $q = Q_n$ и вспомним свойства подходящих дробей:

$$\left|z - \frac{P_n}{Q_n}\right| < \left|\frac{P_{n+1}}{Q_{n+1}} - \frac{P_n}{Q_n}\right| = \frac{1}{Q_nQ_{n+1}} = \frac{1}{Q_n(q_{n+1}Q_n + Q_{n-1})} =$$

$$= \frac{1}{q_{n+1}Q_n^2 + Q_nQ_{n-1}} < \frac{1}{q_{n+1}Q_n^2} \leqslant \frac{1}{Q_n^n}.$$

Итак, z опять-таки окажется числом Лиувилля, как только я приведу пример достаточно быстро возрастающей последовательности $q_1 < q_2 < \ldots < q_s < \ldots$ неполных частных. Нужно, чтобы $q_{s+1} \geqslant Q_s^{s-2}$. Положим $q_1 = 0$, $q_2 = 1$ и начнем заполнять стандартную таблицу, вычисляя Q_s через уже вычисленные qs и q_{s-1}, а затем ставя на место q_{s+1} число Q_s^{s-2}:

n		1	2	3	4	5	6	7	...
q_s		0	1	1	$Q_3^1 = 2$	$Q_4^2 = 25$	$Q_5^3 = 2048388$	$Q_6^4 = \ldots$	...
Q_s	0	1	1	2	5	127	260145281	...	...

Вторая строчка получающейся таблицы как раз и содержит требуемую последовательность.

Используя известную формулу Стирлинга для факториалов больших чисел $n! \approx \left(\frac{n}{e}\right)^n \sqrt{2\pi n}$, можно доказать, что скорость роста построенной последовательности $\sim n^n$, т. е. очень большая. Обратите внимание, что в примере 1 скорость роста знаменателей была того же порядка.

Теорема 2. *Любое число Лиувилля трансцендентно.*

Доказательство. Пусть некоторое число Лиувилля z оказалось алгебраическим степени n. Тогда $n > 1$, так как z — иррационально. По лемме Лиувилля найдется такое натуральное M, что

$$\left|z - \frac{p}{q}\right| > \frac{1}{Mq^n}$$

для всех целых p, q и $q > 0$. Пусть $k \in \mathbf{N}$ таково, что $2^k > 2^n M$. Так как z — число Лиувилля, то для этого k найдутся p и q, $q \geqslant 2$,

(тонкий момент! Целое число q — не ноль! И не единица! Значит, — не меньше двух!)

такие, что

$$\left|z - \frac{p}{q}\right| < \frac{1}{q^k},$$

следовательно,

$$\frac{1}{q^k} > \frac{1}{Mq^n}, \quad Mq^n > q^k,$$

и, после деления на q^n,

$$M > q^{k-n} \geqslant 2^{k-n} > M$$

— противоречие. ♦

Вот так, дорогие товарищи, получается, что числа из примеров 1 и 2 — самые что ни на есть трансцендентные. Посмотрите на них внимательно: ни один многочлен с целыми коэффициентами не может обратить их в ноль. Из примера 2 видно, что цепная дробь представляет собой число Лиувилля, если последовательность неполных частных растет очень быстро. Однако это лишь достаточное условие трансцендентности цепной дроби, но вовсе не необходимое. Зияющая пустота наших знаний о природе-матушке в этом круге вопросов состоит в том, что до сих пор никто не может доказать необходимость быстрого возрастания неполных частных, и, напротив, не известно ни одного примера трансцендентного числа, цепная дробь которого имела бы, например, ограниченную последовательность неполных частных.

Перейдем теперь к вопросу о величии множества E всех чисел Лиувилля. Ясно, что

$$E = Q' \cap \left(\bigcap_{n=1}^{\infty} G_n \right),$$

где Q' — дополнение до множества рациональных чисел, а

$$G_n = \bigcup_{q=2}^{\infty} \bigcup_{p=-\infty}^{\infty} \left(\frac{p}{q} - \frac{1}{q^n}; \frac{p}{q} + \frac{1}{q^n} \right)$$

— объединение интервалов.

Теорема 3. *E — нуль-множество второй категории, а E' — множество первой категории.*

Доказательство. Сначала категория. G_n — объединение интервалов, все числа вида $\frac{p}{q}$, $q \geqslant 2$, входят в G_n, следовательно, $Q \subset G_n$ и G_n — плотное и открытое. Значит, дополнение G_n' нигде не плотно и

$$E' = Q \cup \left(\bigcup_{n=1}^{\infty} G_n' \right)$$

— множество первой категории. Следовательно, E — всюду плотно (как дополнение множества первой категории) и само второй категории.

Теперь мера. Для любого натурального n

$$E \subseteq G_n.$$

Рассмотрим множества

$$G_{n,q} = \bigcup_{p=-\infty}^{\infty} \left(\frac{p}{q} - \frac{1}{q^n}; \frac{p}{q} + \frac{1}{q^n}\right),$$

где $q = 2, 3, \ldots$.

Фиксируем натуральные m и n. Имеем

$$E \cap (-m; m) \subset G_n \cap (-m; m) = \bigcup_{q=2}^{\infty} [G_{n,q} \cap (-m; m)] \subset$$

$$\subset \bigcup_{q=2}^{\infty} \bigcup_{p=-mq}^{mq} \left(\frac{p}{q} - \frac{1}{q^n}; \frac{p}{q} + \frac{1}{q^n}\right).$$

Это означает, что $E \cap (-m; m)$ можно покрыть интервалами, суммарная длина которых есть

$$\sum_{q=2}^{\infty} \sum_{p=-mq}^{mq} \frac{2}{q^n} = \sum_{q=2}^{\infty} (2mq+1)\frac{2}{q^n} \leqslant \sum_{q=2}^{\infty} (4mq+q)\frac{1}{q^n} =$$

$$= (4m+1) \sum_{q=2}^{\infty} \frac{1}{q^{n-1}} \leqslant \text{ вспоминаем интегральный признак! } \leqslant$$

$$\leqslant (4m+1) \int_1^{\infty} \frac{dx}{x^{n-1}} = \text{берем интеграл самостоятельно!} =$$

$$= \frac{4m+1}{n-2} \underset{n\to\infty}{\longrightarrow} 0.$$

Таким образом, $E \cap (-m; m)$ — нуль-множество, значит, и

$$E = \bigcup_{m=1}^{\infty} [E \cap (-m; m)]$$

— нуль-множество. ♦

Теорема 3, дорогие читатели, как раз и дает обещанный в предыдущем пункте конкретный пример разбиения числовой прямой на два множества $\mathbf{R} = E \cup E'$, первое из которых — меры нуль, но второй категории, а второе — первой категории. Считаю краткую экскурсию в мир чисел Лиувилля законченой.

Задачки

1. Выпишите все многочлены с целыми коэффициентами веса 4. Сколько их?

2. Докажите иррациональность числа $\sqrt{3}$.

3. Докажите самостоятельно, что число $\sqrt{2} + \sqrt{3}$ — алгебраическое степени 4.

4. Докажите, что корни уравнения $x^3 + 2\sqrt{2}\,x^2 + 2 = 0$ являются алгебраическими числами. Найдите их степень.

5. Докажите, что все корни многочлена $f(x) = x^5 - 3x^2 + 12x - 6$ — алгебраические числа пятой степени. [1]

6. Для числа $z = \dfrac{1+\sqrt{5}}{2}$ найдите натуральное M такое, что

$$\left|z - \frac{p}{q}\right| > \frac{1}{Mq^n}$$

при всех целых p и q, $q > 0$.

7. Докажите, что число $z = \sum\limits_{k=1}^{\infty} \dfrac{1}{k \cdot 10^{(k+1)!}}$ является числом Лиувилля.

8. Докажите, что число

$$z = 1 + \cfrac{1}{(10)! + \cfrac{1}{(10^2)! + \cfrac{1}{(10^3)! + \cfrac{1}{\ddots}}}}$$

является числом Лиувилля.

9. Докажите, что множество E всех чисел Лиувилля имеет нулевую s-мерную меру Хаусдорфа при любом $s > 0$. [2]

26. Число $e \approx 2{,}718281828459045\ldots$

Матушка-природа подарила нам несколько замечательных констант, весьма неожиданно появляющихся при попытках математического выражения и записи законов разных наук. С одной

[1] Рекомендую воспользоваться критерием Эйзенштейна неприводимости многочлена над полем рациональных чисел.

[2] Определение меры Хаусдорфа смотри в задаче 9 предыдущего пункта. Очевидно, что утверждение настоящей задачи 9 является усилением утверждения теоремы 3 этого пункта о том, что E является нуль-множеством.

из таких констант — «основанием натуральных логарифмов» — мы познакомимся поближе в этом пункте.

Когда-то давно я учился в средней школе № 110 г. Свердловска. В школе нам страшно повезло — судьба послала нам великого учителя, сухощавого математика на железной ноге Николая Ивановича Слободчикова, по прозвищу «Колываныч». Самым загадочным образом хулиганы и двоечники становились у него отличниками, а математика — любимым предметом. Еще в восьмом классе Колываныч говорил нам: «Дети! Запомните, что основание натуральных логарифмов обозначается буквой e в честь Леонарда Ейлера, а запомнить его десятичные знаки очень просто. Два и семь — помнят все. Дальше — 1828 — год рождения Льва Николаевича Толстого. Дальше — снова 1828 — год рождения Жюль Верна, а если вы тупые, то — опять год рождения Толстого. Потом идут углы равнобедренного прямоугольного треугольника — 45, 90, 45. А что идет потом — я сам не знаю...». Потом Николай Иванович доказал нам, что $2 < e < 3$ и загробным голосом сказал: «Число e — трансцендентно!». Этим словом мы потом обзывались на переменках. Когда я поступил в университет, я узнал, что

$$e = \lim_{n\to\infty}\left(1+\frac{1}{n}\right)^n;$$

$$e = \sum_{n=0}^{\infty}\frac{1}{n!};$$

e — основание показательной функции, являющейся решением задачи Коши: $y' = y, y(0) = 1$;

и многое многое другое. Вразумительный ответ на вопрос, почему именно число e наиболее естественно взять за основание логарифмов, которые с таким основанием сразу становятся натуральными и пригодными к употреблению, я нашел в книжке Ф. Клейна «Элементарная математика с точки зрения высшей», том 1, «Арифметика, алгебра, анализ». Настоятельно советую ее прочитать, так как считаю, что с подобными книжками должен быть знаком каждый мало-мальски грамотный математик, ибо такие книжки составляют золотой фонд литературы о любимой нами науке.

Ряд $\sum\limits_{n=0}^{\infty}\frac{1}{n!}$ сходится быстро (чего нельзя сказать про известные ряды, например, для числа π). Это значит, что частичные суммы ряда $\sum\limits_{n=0}^{\infty} \dfrac{1}{n!}$, будучи рациональными числами, очень хорошо приближают число e, поэтому естественно ожидать, что трансцендентность e удастся доказать относительно легко (а исследование природы числа π потребует гораздо больших усилий). Эти эвристические соображения действительно находят свое подтверждение на практике, но не будем торопить события и начнем по порядку.

Теорема 1. *Число e иррационально.*

Доказательство. Рассмотрим числа

$$A_n = n! \sum_{k=0}^{n} \frac{1}{k!}$$

и

$$a_n = n! \sum_{k=n+1}^{\infty} \frac{1}{k!}.$$

Очевидно, что $A_n \in \mathbf{N}$, $a_n > 0$. Оценим a_n сверху:

$$a_n = \frac{n!}{(n+1)!} + \frac{n!}{(n+2)!} + \frac{n!}{(n+3)!} + \ldots = \frac{1}{(n+1)} \times$$

$$\times \left(1 + \frac{1}{(n+2)} + \frac{1}{(n+2)(n+3)} + \frac{1}{(n+2)(n+3)(n+4)} + \ldots\right) <$$

$$< \frac{1}{(n+1)} \left(1 + \frac{1}{2} + \frac{1}{2^2} + \frac{1}{2^3} + \ldots\right) = \frac{2}{(n+1)} \leqslant 1.$$

Итак, $0 < a_n < 1$, т. е. a_n — всегда дробное число. Это означает, что при любом натуральном n, число $n!\,e = A_n + a_n$ не является целым.

Пусть теперь $e = \dfrac{p}{q}$ — рациональное число, p, $q \in \mathbf{N}$. Тогда $q!\,e = q!\,\dfrac{p}{q} = (q-1)!\,p$ — целое число, что вопиюще противоречит факту, установленному тремя строчками выше. ♦

Для доказательства трансцендентности героя этого пункта потребуются две леммы.

Лемма 1. *Если $g(x)$ — многочлен с целыми коэффициентами, то для любого $k \in \mathbf{N}$ все коэффициенты его k-й производной $g^{(k)}(x)$ делятся на $k!$.*

Доказательство. Так как оператор $\frac{d}{dx}$ линейный, то утверждение леммы достаточно проверить только для многочленов вида $g(x) = x^s$, $s \geqslant 0$.

Если $k > s$, то $g^{(k)}(x) \equiv 0$ и $k! \,|\, 0$.

Если $k \leqslant s$, то

$$g^{(k)}(x) = s(s-1)(s-2)\cdot\ldots\cdot(s-k+1)x^{s-k} =$$
$$= \frac{s!}{(s-k)!}x^{s-k} = \frac{s!\,k!}{(s-k)!\,k!}x^{s-k} = k!\begin{pmatrix} s \\ k \end{pmatrix} x^{s-k},$$

биномиальный коэффициент $\begin{pmatrix} s \\ k \end{pmatrix}$ является целым числом и $g^{(k)}(x)$ опять-таки делится на $k!$ нацело. ♦

Ключевая идея доказательства трансцендентности числа e принадлежит Шарлю Эрмиту. Впрочем, идея Эрмита сработала и при доказательстве трансцендентности числа π, а также некоторых других чисел специального вида, но это уже заслуга других математиков. А трансцендентность непосредственно числа e доказал Эрмит в 1873 г. и это был исторически первый решительный прорыв в познание природы замечательных констант.

Лемма 2 (тождество Эрмита). *Пусть $f(x)$ — произвольный многочлен степени k с действительными коэффициентами,*

$$F(x) = f(x) + f'(x) + f''(x) + \ldots + f^{(k)}(x)$$

— сумма всех его производных. Тогда для любого действительного (и даже комплексного, но нам это пока не понадобится) x выполнено

$$e^x \int\limits_0^x f(t)e^{-t}dt = F(0)e^x - F(x). \qquad (♠)$$

Доказательство. Интегрируем по частям:

$$\int\limits_0^x f(t)e^{-t}dt = \left| \begin{array}{cc} U = f(t) & dU = f'(t)dt \\ dV = e^{-t}dt & V = -e^{-t} \end{array} \right| =$$
$$= -f(t)e^{-t}\Big|_0^x + \int\limits_0^x f'(t)e^{-t}dt = f(0) - f(x)e^{-x} + \int\limits_0^x f'(t)e^{-t}dt.$$

Интеграл $\int\limits_0^x f'(t)e^{-t}dt$ снова подвергнем процедуре интегрирования по частям, потом этой прцедуре подвергнем интеграл $\int\limits_0^x f''(t)e^{-t}dt$ и так далее. Терпеливо повторив эту процедуру всего $k+1$ раз, получим

$$\int\limits_0^x f(t)e^{-t}dt = F(0) - F(x)e^{-x}. \qquad \blacklozenge$$

Теорема 2 (Эрмит, 1873). *Число e трансцендентно.*

Доказательство. От противного. Пусть e — алгебраическое, степени m. Тогда

$$a_m e^m + \ldots + a_1 e + a_0 = 0$$

для некоторого натурального m и некоторых целых $a_m, \ldots, a_1, a_0$, причем, очевидно, $a_m \neq 0$ и $a_0 \neq 0$. Подставим в тождество Эрмита (♠) вместо x целое число k, попросим k принимать по очереди значения $0, 1, \ldots, m$; умножим каждое равенство

$$e^k \int\limits_0^k f(t)e^{-t}dt = F(0)e^k - F(k)$$

соответственно на a_k, а затем все их сложим, получим

$$F(0)\sum_{k=0}^{m} a_k e^k - \sum_{k=0}^{m} a_k F(k) = \sum_{k=0}^{m} \left(a_k e^k \int\limits_0^k f(t)e^{-t}dt \right).$$

Так как $\sum\limits_{k=0}^{m} a_k e^k = 0$ (это наше противное предположение), то выходит, что для любого многочлена $f(x)$ должно быть выполнено равенство

$$-\sum_{k=0}^{m} a_k F(k) = \sum_{k=0}^{m} \left(a_k e^k \int\limits_0^k f(t)e^{-t}dt \right). \qquad (♠♠)$$

Противоречие, которое углядел Эрмит в этом равенстве, сразу и не заметишь: за счет подходящего выбора многочлена $f(x)$

можно сделать левую часть (♠♠) ненулевым целым числом, а правая часть при этом окажется между нулем и единицей.

Возьмем многочлен $f(x) = \frac{1}{(n-1)!}x^{n-1}(x-1)^n(x-2)^n \times \times \ldots \times (x-m)^n$, где n определим позже ($n \in \mathbf{N}$, и n будет очень большое).

Число 0 — корень кратности $n-1$ многочлена $f(x)$, числа $1, 2, \ldots, m$ — корни кратности n, следовательно:

$$f^{(l)}(0) = 0, \quad l = 1, 2, \ldots, n-2,$$

$$f^{(n-1)}(0) = (-1)^{mn}(m!)^n,$$

$$f^{(l)}(k) = 0, l = 0, 1, \ldots, n-1; \quad k = 1, 2, \ldots, m.$$

Рассмотрим $\varphi(x) = x^{n-1}(x-1)^n(x-2)^n \cdot \ldots \cdot (x-m)^n$ — многочлен, ужасно похожий на $f(x)$, но с целыми коэффициентами. По лемме 1, коэффициенты $\varphi^{(l)}(x)$ — целые числа, делящиеся на $l!$, следовательно, при $l \geqslant n$ у производной $f^{(l)}(x)$ все коэффициенты — целые числа, делящиеся на n, так как $f^{(l)}(x)$ получается из $\varphi^{(l)}(x)$ делением только на $(n-1)!$. Именно поэтому

$$F(0) = \sum_{l=n-1}^{(m+1)n-1} f^{(l)}(0) = (-1)^{mn}(m!)^n + nA,$$

где A — подходящее целое число, а над знаком суммы стоит число $(m+1)n-1$ — степень многочлена $f(x)$ и, хоть суммировать можно и до бесконечности, ненулевых производных у $f(x)$ именно столько.

Аналогично,

$$F(k) = \sum_{l=n-1}^{(m+1)n-1} f^{(l)}(k) = nB_k,$$

где B_k — подходящие целые числа, $k = 1, 2, \ldots, m$.

Пусть теперь $n \in \mathbf{N}$ — любое целое число, удовлетворяющее условиям

$$\begin{cases} (n; m!) = 1, \\ |a_0| < n. \end{cases}$$

Снова рассмотрим равенство (♠♠):

$$-\sum_{k=0}^{m} a_k F(k) = \sum_{k=0}^{m} \left(a_k e^k \int\limits_0^k f(t)e^{-t}dt \right).$$

В сумме слева все слагаемые — суть целые числа, причем $a_k F(k)$ при $k = 1, 2, \ldots, m$ **делится на** n, а $a_0 F(0)$ **на** n **не делится**. Это означает, что вся сумма, будучи целым числом, **на** n **не делится**, т. е. не является нулем. Следовательно,

$$\left|\sum_{k=0}^{m} a_k F(k)\right| \geqslant 1.$$

Оценим теперь правую часть равенства (♠♠). Ясно, что $|x - k| \leqslant m$ на отрезке $[0; m]$. Поэтому на этом отрезке

$$|f(x)| \leqslant \frac{m^{(m+1)n-1}}{(n-1)!}.$$

Тогда

$$\left|\sum_{k=0}^{m} a_k e^k \int_0^k f(t) e^{-t} dt\right| = \left|\sum_{k=0}^{m} a_k \int_0^k f(t) e^{k-t} dt\right| \leqslant$$

$$\leqslant \frac{m^{(m+1)n-1}}{(n-1)!} \sum_{k=0}^{m} |a_k| \int_0^k e^{k-t} dt < \underset{\text{берем и оцениваем интеграл самостоятельно}}{}$$

$$< \frac{m^{(m+1)n-1}}{(n-1)!} e^m \sum_{k=0}^{m} |a_k| = C_0 \frac{C_1^n}{(n-1)!},$$

где константы C_0 и C_1 не зависят от n . Известно, что

$$\frac{C^n}{(n-1)!} \underset{n\to\infty}{\longrightarrow} 0,$$

поэтому при достаточно больших n правая часть (♠♠) меньше единицы и равенство (♠♠) невозможно. ♦

После прочтения такого серьезного доказательства я советую вам отдохнуть. Впереди предстоят еще более серьезные испытания.

Задачки

1. Докажите самостоятельно, что число e не является квадратичной иррациональностью (т. е не является алгебраическим числом степени 2). Подсказка: используйте тот факт, что $e^{-1} = \sum_{k=0}^{\infty} \frac{(-1)^k}{k!}$, и попытайтесь показать, что

равенство $ae^2 + be + c = 0$ (т. е. $ae + b + ce^{-1} = 0$) невозможно при любых целых a, b, c.

2. Докажите иррациональность числа $\sum_{n=1}^{\infty} \frac{1}{(n!)^2}$.

3. Выпишите тождество Эрмита для многочлена
$$f(x) = x^3 + 2x^2 - 7x + 1.$$

4. Докажите трансцендентность числа e^2.

27. Число $\pi \approx 3{,}141592653589793\ldots$

В этом пункте я расскажу вам правдивую историю про отношение длины окружности к ее диаметру, которое Эйлер обозначил греческой буквой π, а еще Архимед, почти тысячу триста лет назад, вычислил, дойдя в приближении длины окружности правильными многоугольниками аж до 96 сторон, что

$$3\frac{10}{71} < 3\frac{284\frac{1}{4}}{2018\frac{7}{40}} < 3\frac{284\frac{1}{4}}{2017\frac{1}{4}} < \pi < 3\frac{667\frac{1}{2}}{4673\frac{1}{2}} < 3\frac{667\frac{1}{2}}{4672\frac{1}{2}} = 3\frac{1}{7},$$

т. е. $3{,}1409 < \pi < 3{,}1429$. Среднее арифметическое верхней и нижней границ, найденных Архимедом, дает $\pi = 3{,}14159\ldots$ Очень неплохо для древнего грека!

Истинную природу числа π долгое время не удавалось распознать. Эйлер, занимаясь знаменитой древнегреческой задачей о квадратуре круга (или, что эквивалентно, задачей построения циркулем и линейкой отрезка длины π), впервые высказал предположение, что число π не удовлетворяет никакому алгебраическому уравнению с целыми коэффициентами, но доказать этого он не смог. Лишь в 1882 г. после работ Лиувилля и Эрмита немецкий математик Фердинанд Линдеман (1852–1939) весьма изощренными методами доказал трансцендентность π, показав, тем самым, неразрешимость задачи о квадратуре круга. Но давайте не будем забегать вперед и пойдем, как и в предыдущем пункте, по порядку.

Теорема 1. *Число π иррационально.*

Доказательство. Сначала докажем аналог тождества Эрмита из леммы 2 предыдущего пункта.

Пусть $f(x)$ — произвольный многочлен с действительными коэффициентами,

$$F(x) = f(x) - f''(x) + f^{(4)}(x) - f^{(6)}(x) + \ldots$$

— многочлен из производных $f(x)$ четного порядка (очевидно, ряд для $F(x)$ содержит лишь конечное число ненулевых членов). Очевидно:

$$\frac{d}{dx}\big(F'(x)\sin x - F(x)\cos x\big) = \big(F''(x) + F(x)\big)\sin x = f(x)\sin x.$$

Проинтегрируем последнее тождество:

$$\int\limits_0^\pi f(x)\sin x\,dx = F(0) + F(\pi). \qquad (\spadesuit)$$

Это и есть тождество Эрмита с функцией $\sin x$, справедливое для любого многочлена $f(x)$.

Предположим, что $\pi = \dfrac{a}{b}$; $a, b \in \mathbf{N}$; $(a, b) = 1$. Положим в тождестве Эрмита ($\spadesuit$)

$$f(x) = \frac{b^n}{n!}x^n(\pi - x)^n = \frac{1}{n!}x^n(a - bx)^n,$$

где $n \in \mathbf{N}$ — достаточно большое число, которое определим несколько позже. Утверждается, что при таком выборе многочлена $f(x)$ мы, как и в теореме 2 предыдущего пункта, снова придем к противоречию. Именно: покажем, что интеграл в ($\spadesuit$) будет по модулю меньше единицы, а сумма $F(0) + F(\pi)$ окажется прекрасным целым числом.

Возьмемся сначала за интеграл. Очевидно, что $f(x)\sin x > 0$ на интервале $(0,\ \pi)$, поэтому $\int\limits_0^\pi f(x)\sin x\,dx > 0$. Далее, на этом же интервале, $x^n(\pi - x)^n \leqslant \pi^{2n}$, следовательно,

$$\int\limits_0^\pi f(x)\sin x dx \leqslant \frac{b^n\pi^{2n}}{n!}\int\limits_0^\pi \sin x dx =$$

$$\left(\text{выше договаривались будто-бы } \pi = \frac{a}{b}\right)$$

$$= 2\frac{\left(a^2/b\right)^n}{n!} = 2\frac{C^n}{n!} \underset{n\to\infty}{\longrightarrow} 0.$$

Ясно, что можно взять $n \in \mathbf{N}$ настолько большим, что наш интеграл станет меньше единицы.

Обратим теперь свой взор на правую часть тождества (♠). Многочлен $f(x)$ имеет число 0 корнем кратности n, следовательно,

$$f(0) = f'(0) = f''(0) = \ldots = f^{(n-1)}(0) = 0.$$

Рассмотрим похожий на $f(x)$ многочлен $\varphi(x) = b^n x^n (\pi - x)^n$ с целыми коэффициентами. По лемме 1 из предыдущего пункта, все коэффициенты l-й производной $\varphi^{(l)}(x)$ делятся на $l!$, следовательно, все производные многочлена $f(x)$ порядка $l \geqslant n$ имеют целые коэффициенты. Это значит, что $f^{(n)}(0), f^{(n+1)}(0), \ldots, f^{(2n)}(0)$ — целые числа. Итак, $f^{(l)}(0)$ — целое число для любого $l = 0, 1, 2, \ldots$. Очевидно, что $f(x) = f(\pi - x)$. Поэтому $f^{(l)}(x) = (-1)^l f^{(l)}(\pi - x)$, т. е. $f^{(l)}(\pi) = (-1)^l f^{(l)}(0)$ — тоже целое число для любого $l = 0, 1, 2, \ldots$.

Итак, $F(0) + F(\pi)$ является целым числом, поэтому равенство

$$\int\limits_0^{\pi} f(x) \sin x \, dx = F(0) + F(\pi)$$

невозможно, что и завершает доказательство теоремы. ♦

Смотрите, мы затратили на доказательство только иррациональности числа π почти столько же усилий, сколько на доказательство трансцендентности числа e. Это обстоятельство не должно вызывать удивления, особенно если вспомнить мои досужие рассуждения из предыдущего пункта о скорости приближения чисел π и e рациональными частичными суммами.

Теорема 2 (Линдеман, 1882). *Число π трансцендентно.*

Доказательство. Приводимое здесь доказательство потребует некоторых сведений из теории функций комплексного переменного, одного дополнительного определения и весьма серьезных усилий для понимания. Но волка бояться — в лес не ходить.

Мы знаем, что $e^{\pi i} = -1$ и помним тождество Эрмита

$$e^x \int\limits_0^x f(t) e^{-t} dt = F(0) e^x - F(x),$$

выполненное для любого многочлена $f(x)$, при этом,

$$F(x) = f(x) + f'(x) + f''(x) + \ldots + f^{(k)}(x).$$

Определение. Пусть α — алгебраическое число. Тогда существует единственный неприводимый многочлен $f(x)$ с рациональными коэффициентами и старшим коэффициентом, равным единице, такой, что $f(\alpha) = 0$. Такой многочлен называется *минимальным многочленом числа* α, степень $f(x)$ называется *степенью числа* α (обозначение: $\deg \alpha$), все корни минимального многочлена числа α называются *числами, сопряженными* с α .

Пример. i — мнимое алгебраическое число, $\deg i = 2$, $f(x) = x^2 + 1$ — минимальный многочлен, $\{-i; i\}$ — числа, сопряженные с числом i.

Нетрудно доказать, что произведение двух алгебраических чисел снова будет алгебраическим числом. Действительно, пусть α_1, β_1 — алгебраические числа, $\deg \alpha_1 = n, \deg \beta_1 = m; \alpha_1, \alpha_2, \ldots, \alpha_n; \beta_1, \beta_2, \ldots, \beta_m$ — сопряженные числа к α_1 и β_1 соответственно. Рассмотрим многочлен

$$\prod_{i,j} (x - \alpha_i \beta_j).$$

Его коэффициенты суть основные симметрические многочлены от корней $\alpha_i \beta_j$ (теорема Виета). Значит, они являются симметрическими многочленами от $\alpha_1, \alpha_2, \ldots, \alpha_n, \beta_1, \beta_2, \ldots, \beta_m$ (но уже не обязательно основными). Каждый симметрический многочлен от $\alpha_1, \alpha_2, \ldots, \alpha_n, \beta_1, \beta_2, \ldots, \beta_m$ является комбинацией основных симметрических многочленов от $\alpha_1, \alpha_2, \ldots, \alpha_n, \beta_1, \beta_2, \ldots, \beta_m$ (основная теорема о симметрических многочленах). Каждый основной симметрический многочлен от $\alpha_1, \alpha_2, \ldots, \alpha_n, \beta_1, \beta_2, \ldots, \beta_m$ является комбинацией симметрических многочленов отдельно от $\alpha_1, \alpha_2, \ldots, \alpha_n$ и многочленов от $\beta_1, \beta_2, \ldots, \beta_m$. Последние, в свою очередь, построены из основных симметрических многочленов от $\alpha_1, \alpha_2, \ldots, \alpha_n$ и от $\beta_1, \beta_2, \ldots, \beta_m$, которые являются рациональными числами — коэффициентами минимальных многочленов чисел α_1 и β_1 соответственно. Это значит, что коэффициенты многочлена $\prod\limits_{i,j} (x - \alpha_i \beta_j)$, корнем которого является $\alpha_1 \beta_1$, суть рациональные числа, и $\alpha_1 \beta_1$ — алгебраическое число степени не выше mn.

Доказательство теоремы Линдемана в математическом мире принято вести от противного. Пусть π — алгебраическое число.

Тогда число $\gamma = \pi \cdot i$ — тоже алгебраическое как произведение двух алгебраических чисел. Пусть $\deg \gamma = \nu; \gamma = \gamma_1, \gamma_2, \ldots, \gamma_\nu$ — сопряженные числа. Имеем $e^\gamma + 1 = 0$, следовательно:

$$\prod_{i=1}^{\nu} (1 + e^{\gamma_i}) = 0.$$

В этом произведении раскрою скобки:

$$\prod_{i=1}^{\nu} (1 + e^{\gamma_i}) = \sum_{\varepsilon_1=0}^{1} \sum_{\varepsilon_2=0}^{1} \ldots \sum_{\varepsilon_\nu=0}^{1} e^{\varepsilon_1\gamma_1 + \varepsilon_2\gamma_2 + \ldots + \varepsilon_\nu\gamma_\nu} = 0.$$

Показатели над буквой e справа бывают отличными от нуля (например, при $\varepsilon_1 = 1, \varepsilon_2 = \varepsilon_3 = \ldots = \varepsilon_\nu = 0$) и равными нулю (например, при $\varepsilon_1 = \varepsilon_2 = \varepsilon_3 = \ldots = \varepsilon_\nu = 0$). Пусть среди этих показателей ровно m штук отлично от нуля, а остальные $a = 2^\nu - m$ равны нулю, $a \geqslant 1$. Обозначим отличные от нуля показатели через $\alpha_1, \alpha_2, \ldots, \alpha_m$ и получим равенство

$$a + e^{\alpha_1} + e^{\alpha_2} + \ldots + e^{\alpha_m} = 0.$$

Покажем, что $\alpha_1, \alpha_2, \ldots, \alpha_m$ — в точности все корни некоторого многочлена $\psi(x)$ с целыми коэффициентами (разумеется, степень $\psi(x)$ равна m). Рассмотрим вспомогательный многочлен

$$\varphi(x) = \prod_{\varepsilon_1=0}^{1} \ldots \prod_{\varepsilon_\nu=0}^{1} (x - (\varepsilon_1\gamma_1 + \ldots + \varepsilon_\nu\gamma_\nu)).$$

Посмотрим на многочлен $\varphi(x)$ как на симметрический многочлен от $\gamma_1, \gamma_2, \ldots, \gamma_\nu$. Он, конечно, представим в виде комбинации основных симметрических многочленов от $\gamma_1, \gamma_2, \ldots, \gamma_\nu$, правда, коэффициенты в таком представлении будут зависеть от x и $\varepsilon_1, \varepsilon_2, \ldots, \varepsilon_\nu$. Но основные симметрические многочлены от $\gamma_1, \gamma_2, \ldots, \gamma_\nu$ есть коэффициенты минимального многочлена числа γ, т.е. являются рациональными числами. Следовательно, $\varphi(x)$, как многочлен от x, имеет рациональные коэффициенты, а многочлен $r\varphi(x)$, где r — общий знаменатель коэффициентов $\varphi(x)$, имеет целые коэффициенты. Корни $\varphi(x)$ суть числа $\alpha_1, \alpha_2, \ldots, \alpha_m$ и число 0, которое является корнем кратности a. Поэтому многочлен $\psi(x) = \frac{r}{x^a}\varphi(x)$ имеет целые коэффициенты, а его корни есть в точности числа $\alpha_1, \alpha_2, \ldots, \alpha_m$.

Запомним этот многочлен, ибо именно его (правда чуть-чуть искалеченного) мы будем подставлять в тождество Эрмита для получения противоречия.

Положим в тождестве Эрмита

$$e^x \int_0^x f(t)e^{-t}dt = F(0)e^x - F(x)$$

последовательно $x = \alpha_1, \alpha_2, \ldots, \alpha_m$ и сложим все получившиеся равенства:

$$\sum_{k=1}^{m} F(0)e^{\alpha_k} - \sum_{k=1}^{m} F(\alpha_k) = \sum_{k=1}^{m} e^{\alpha_k} \int_0^{\alpha_k} f(t)e^{-t}dt,$$

т. е. (помним, что $a + e^{\alpha_1} + e^{\alpha_2} + \ldots + e^{\alpha_m} = 0$)

$$-aF(0) - \sum_{k=1}^{m} F(\alpha_k) = \sum_{k=1}^{m} e^{\alpha_k} \int_0^{\alpha_k} f(t)e^{-t}dt. \qquad (♠♠)$$

Далее все будет катиться как в доказательстве трансцендентности числа e. Тождество (♠♠) справедливо для любого многочлена $f(x)$. Положим

$$f(x) = \frac{1}{(n-1)!} b_m^{nm-1} x^{n-1} \psi^n(x),$$

где $\psi(x) = \frac{r}{x^a}\varphi(x) = b_m x^m + \ldots + b_1 x + b_0$, $b_m > 0$, $b_0 \neq 0$, — тот самый многочлен с целыми коэффициентами и корнями $\alpha_1, \alpha_2, \ldots, \alpha_m$, который мы построили выше, а $b_m = r$ — его старший коэффициент. Видно, что

$$f(x) = \frac{1}{(n-1)!} b_m^{(m+1)n-1} x^{n-1} (x-\alpha_1)^n (x-\alpha_2)^n \cdot \ldots \cdot (x-\alpha_m)^n,$$

а число $n \in \mathbf{N}$ мы определим позже и оно будет достаточно большим.

Сначала рассмотрим левую часть тождества (♠♠). Рассуждая как при доказательстве трансцендентности числа e, получим

$$f^{(l)}(0) = 0, \quad l = 0, 1, \ldots, n-2;$$

$$f^{(n-1)}(0) = b_m^{mn-1} b_0^m;$$

$$F(0) = \sum_{l=n-1}^{(m+1)n-1} f^{(l)}(0) = b_m^{mn-1} b_0^m + nA,$$

где A — некоторое подходящее целое число. Далее, так как α_k — корень $f(x)$ кратности n, то

$$f^{(l)}(\alpha_k) = 0, \quad l = 0, 1, \ldots, n-1, \quad k = 1, \ldots, m.$$

По лемме 1 из предыдущего пункта, все коэффициенты l-й производной многочлена $x^{n-1}\psi^n(x)$ делятся на $l!$. Поэтому при $l \geqslant n$ многочлен $f^{(l)}(x)$ имеет целые коэффициенты, делящиеся на nb_m^{mn-1}. Значит:

$$F(\alpha_k) = \sum_{l=n}^{(m+1)n-1} f^{(l)}(\alpha_k) = nb_m^{mn-1}\Phi(\alpha_k),$$

где $\Phi(z)$ — некоторый многочлен с целыми коэффициентами.

Сумма $\sum\limits_{k=1}^{m} F(\alpha_k)$ является симметрическим многочленом от $\alpha_1, \alpha_2, \ldots, \alpha_m$, следовательно, она представляется в виде комбинации основных симметрических многочленов от $\alpha_1, \alpha_2, \ldots, \alpha_m$. Поскольку основные симметрические многочлены от $\alpha_1, \alpha_2, \ldots, \alpha_m$ суть целые числа (коэффициенты $\psi(x)$), то сумма $\sum\limits_{k=1}^{m} F(\alpha_k)$ является целым числом и это число делится на n. Значит, левая часть тождества (♠♠) есть

$$aF(0) + \sum_{k=1}^{m} F(\alpha_k) = ab_0^m b_m^{mn-1} + nB,$$

где B — подходящее целое число.

Если теперь взять $n \in \mathbf{N}$ таким, что

$$\begin{cases} (n, b_m) = 1, \\ n > a\,|b_0|^m, \end{cases}$$

(или, на худой конец, просто $n > ab_0^m b_m^{mn-1}$), то левая часть (♠♠) окажется целым числом, не делящимся на n, т. е. **отличным от нуля целым числом**. Значит,

$$\left| aF(0) + \sum_{k=1}^{m} F(\alpha_k) \right| \geqslant 1.$$

Оценим теперь правую часть равенства (♠♠). Пусть все точки $\alpha_1, \alpha_2, \ldots, \alpha_m$ содержатся в круге $|x| \leqslant R$. Обозначим

$$\max_{|x| \leqslant R} |b_m^m \psi(x)| = C.$$

Ясно, что C не зависит от n. Тогда

$$\max_{|x|\leqslant R} |f(x)| \leqslant \frac{R^{n-1}C^n}{(n-1)!} \xrightarrow[n\to\infty]{} 0.$$

Значит, правая часть (♠♠)

$$\left|\sum_{k=1}^{m} e^{\alpha_k} \int_0^{\alpha_k} f(x)e^{-x}dx\right| \leqslant \sum_{k=1}^{m} \left|\int_0^{\alpha_k} |f(x)|\left|e^{(\alpha_k - x)}\right|dx\right| \leqslant$$

$$\leqslant \frac{R^{n-1}C^n}{(n-1)!}e^R \sum_{k=1}^{m}\left|\int_0^{\alpha_k} dx\right| \leqslant \left(\text{интеграл } \left|\int_0^{\alpha_k} dx\right| \leqslant R\right) \leqslant$$

$$\leqslant me^R \frac{(RC)^n}{(n-1)!} \xrightarrow[n\to\infty]{} 0.$$

Таким образом, при больших $n \in \mathbf{N}$ правая часть (♠♠) меньше 1 и равенство (♠♠) невозможно. ♦

Поздравляю Вас, дорогие товарищи, с прочтением предпоследнего пункта этой книжки.

Задачки

1. Докажите, что число π^2 иррационально.
2. Докажите, что число π^2 не является квадратичной иррациональностью.
3. Докажите, что число π^2 трансцендентно.

28. Трансцендентность значений функции e^z

Последний пункт нашей книжки имеет номер 28 — второе совершенное число — и посвящен обсуждению одного замечательного свойства показательной функции.

Теорема (Линдеман). *Если ξ — алгебраическое число и $\xi \neq 0$, то число e^ξ — трансцендентно.*

Поразительно, правда? Точки координатной плоскости с рациональными координатами всюду плотно заполняют эту плоскость, точки с обеими алгебраическими координатами (алгебраические точки) — тем более. Однако сплошная и ровная кривая — график функции $y = e^x$, не дергаясь из стороны в сторону, проходит спокойно и величаво между всеми алгебраическими точками, случайно раздавив только одну — $(0, 1)$.

Из теоремы Линдемана также вытекает, например, что число $\ln 2$ — трансцендентно, ведь $2 = e^{\ln 2}$, а число 2 — алгебраическое. Оказывается, мы еще в средней школе видели массу трансцендентных чисел — $\ln 2, \ln 3, \ln \sqrt[5]{27}$ и т. п. — и совершенно не подозревали об этом.

Доказательство теоремы Линдемана можно провести с помощью тождества Эрмита, аналогично тому, как была доказана трансцендентность π, с некоторыми усложнениями в преобразованиях. Именно так ее и доказывал сам Линдеман. Однако я пойду другим путем, ибо хочу познакомить читателей с основными идеями советского математика А. О. Гельфонда, приведшими в середине XX в. к решению Седьмой проблемы Гильберта — проблеме о природе чисел вида α^β, где α, β — алгебраические и β — иррационально. Чтобы не дразнить ваше любопытство, скажу сразу, что числа вида α^β, где α, β — алгебраические и β — иррационально (например, $2^{\sqrt{2}}$), являются трансцендентными, но мы этого доказывать не будем, так как от этого наша маленькая книжка по теории чисел может сразу превратиться в большую.

Доказательство трансцендентности значений показательной функции, предложенное Гельфондом, основывается на применении интерполяционных методов. В этом доказательстве с помощью разложения функции $e^{\xi \cdot z}$ в интерполяционный ряд Ньютона строится последовательность многочленов $P_n(x, y)$ с целыми коэффициентами такая, что $\left|P_n(\xi, e^\xi)\right|$ достаточно быстро убывает с ростом n. Однако несложно получить оценку снизу значения произвольного многочлена с целыми коэффициентами от двух произвольных алгебраических чисел, поэтому предположение об алгебраичности чисел ξ и e^ξ породит противоречие между верхней и нижней оценками. Далее будут представлены три основных этапа доказательства Гельфонда: построение ряда Ньютона функции $e^{\xi \cdot z}$, построение многочленов $P_n(x, y)$ и их оценка сверху, оценка $\left|P_n(\xi, e^\xi)\right|$ снизу и сопоставление полученных оценок. Приступим.

Этап 1. Интерполяционный ряд Ньютона функции $e^{\xi \cdot z}$.

Пусть функция $f(z)$ аналитическая в области D, точки $z_1, z_2, \ldots, z_n \in D$ — фиксированы и, быть может, среди них есть совпадающие. Положим

$$F_0(t) = 1,$$
$$F_k(t) = (t - z_1)(t - z_2) \cdot \ldots \cdot (t - z_k); \quad k = 1, 2, \ldots, n.$$

Пусть $z \in D$. При каждом $k = 1, 2, \ldots, n$ выполнено

$$\frac{1}{t-z}\left(1 - \frac{z - z_k}{t - z_k}\right) = \frac{1}{t - z_k}.$$

Умножим это тождество на $\dfrac{F_{k-1}(z)}{F_{k-1}(t)}$. Получим

$$\frac{1}{t-z}\left(\frac{F_{k-1}(z)}{F_{k-1}(t)} - \frac{F_k(z)}{F_k(t)}\right) = \frac{F_{k-1}(z)}{F_k(t)}.$$

Сложим эти тождества:

$$\frac{1}{t-z} - \frac{F_n(z)}{F_n(t)(t-z)} = \sum_{k=1}^{n} \frac{F_{k-1}(z)}{F_k(t)},$$

или

$$\frac{1}{t-z} = \frac{F_n(z)}{F_n(t)(t-z)} + \sum_{k=1}^{n} \frac{F_{k-1}(z)}{F_k(t)}. \qquad (\spadesuit)$$

Пусть C — простой замкнутый контур в D, точки $z_1, z_2, \ldots, z_n \in$ $\in D$ лежат внутри этого контура. Умножим тождество ($\spadesuit$) на $\dfrac{1}{2\pi i} f(t)$ и проинтегрируем, пользуясь формулой Коши:

$$f(z) = \frac{1}{2\pi i}\int\limits_C \frac{f(t)}{t-z}\,dt =$$

$$= \sum_{k=1}^{n} F_{k-1}(z) \cdot \frac{1}{2\pi i} \cdot \int\limits_C \frac{f(t)}{F_k(t)}\,dt + \frac{1}{2\pi i}\int\limits_C \frac{F_n(z) f(t)}{F_n(t)(t-z)}\,dt.$$

Обозначим

$$A_{k-1} = \frac{1}{2\pi i}\int\limits_C \frac{f(t)}{F_k(t)}\,dt, \quad k = 1, \ldots, n;$$

$$R_n(z) = \frac{1}{2\pi i}\int\limits_C \frac{F_n(z) f(t)}{F_n(t)(t-z)}\,dt.$$

В этих обозначениях

$$f(z) = \sum_{k=0}^{n-1} A_k F_k(z) + R_n(z), \quad z \in D,$$

— **интерполяционная формула Ньютона** для функции $f(z)$ с узлами интерполяции $z_1, z_2, \ldots, z_n$. Если же $z_1, z_2, \ldots, z_n, \ldots$ — бесконечная последовательность узлов, а $R_n(z) \underset{n\to\infty}{\longrightarrow} 0$ для всех $z \in D$, то

$$f(z) = \sum_{k=0}^{\infty} A_k F_k(z) = \sum_{n=0}^{\infty} A_n (z - z_1)(z - z_2) \cdot \ldots \cdot (z - z_n)$$

— **интерполяционный ряд Ньютона** для функции $f(z)$ с узлами интерполяции $z_1, z_2, \ldots, z_n, \ldots$. Нетрудно заметить, что при $z_1 = z_2 = \ldots = z_n = \ldots$ из ряда Ньютона получается ряд Тейлора.

Пусть $m \in \mathbf{N}$. Хитрый Гельфонд взял за узлы интерполяции бесконечную периодическую последовательность периода m:

$$1, 2, 3, \ldots, m-1, m, 1, 2, \ldots, m-1, m, 1, 2, \ldots$$

т. е.

$$z_n = n \text{ для } n = 1, 2, \ldots, m;$$

$$z_{n+lm} = z_n.$$

Разложим функцию $f(z) = e^{\xi \cdot z}$, где $\xi \in \mathbf{C}$, $\xi \neq 0$, в ряд Ньютона с такими узлами интерполяции. Запишем формулу Ньютона:

$$e^{\xi \cdot z} = \sum_{k=0}^{n-1} A_k (z-1)(z-2) \cdot \ldots \cdot (z - z_k) + R_n(z),$$

где

$$R_n(z) = \frac{1}{2\pi i} \int\limits_C \frac{(z - z_1) \cdot \ldots \cdot (z - z_n) e^{\xi \cdot z}}{(t - z_1) \cdot \ldots \cdot (t - z_n)(t - z)} \, dt$$

— остаточный член. Пусть R — любое число, такое, что $R > m$. Оценим остаточный член при $n > 2R$ в круге $|z| \leqslant R$. Пусть C — окружность $|t| = n$. Имеем

$$1 \leqslant z_k \leqslant m,$$

следовательно,

$$|z - z_k| \leqslant |z| + |z_k| \leqslant R + m,$$

$$\left| \prod_{k=1}^{n} (z - z_k) \right| \leqslant (R + m)^n \qquad (1)$$

для всех z из круга $|z| \leqslant R$. Далее, так как $n > 2R > 2m$, то на окружности $|t| = n$ имеем

$$|t - z_k| \geqslant |t| - |z_k| \geqslant n - m > \frac{n}{2},$$
$$|t - z| \geqslant |t| - |z| \geqslant n - R > \frac{n}{2},$$

значит,

$$\left|(t - z)\prod_{k=1}^{n}(t - z_k)\right| > \left(\frac{n}{2}\right)^{n+1}. \tag{2}$$

Пользуясь неравенствами (1), (2) и неравенством $\left|e^{\xi\cdot t}\right| \leqslant e^{|\xi|\cdot n}$, оценим интеграл:

$$|R_n(z)| \leqslant \frac{1}{2\pi}2\pi n\frac{e^{|\xi|n}(R+m)^n}{\left(\frac{n}{2}\right)^{n+1}} = \frac{2^{n+1}e^{|\xi|n}(R+m)^n}{n^n} \underset{n\to\infty}{\longrightarrow} 0.$$

Число R может быть выбрано сколь угодно большим, поэтому при любом комплексном z функция $f(z) = e^{\xi\cdot z}$ представляется в виде суммы ряда Ньютона с целочисленной периодической последовательностью узлов интерполяции $z_1, z_2, \ldots, z_n, \ldots$.

Итак,

$$e^{\xi\cdot z} = \sum_{n=0}^{\infty} A_n(z - z_1)(z - z_2)\cdot\ldots\cdot(z - z_n),$$

где

$$A_n = \frac{1}{2\pi i}\int\limits_C \frac{e^{\xi\cdot t}}{(t - z_1)\cdot\ldots\cdot(t - z_{n+1})}\,dt, \quad n = 0, 1, 2, \ldots.$$

Выбирая за контур C окружность $|t| = n$, где $n > 2m$, аналогично оценке остаточного члена в формуле Ньютона получаем оценку сверху для коэффициентов ряда:

$$|A_n| \leqslant \frac{1}{2\pi}2\pi n\frac{e^{|\xi|n}}{\left(\frac{n}{2}\right)^{n+1}} = \frac{e^{|\xi|n+(n+1)\ln 2}}{n^n} < \frac{e^{\gamma n}}{n^n} \underset{n\to\infty}{\longrightarrow} 0,$$

где число $\gamma > 0$ и зависит только от ξ. Этап 1 завершен.

Этап 2. Построение многочленов $P_n(x, y)$ и их оценка сверху.

Поскольку последовательность узлов интерполяции периодическая, то в произведении

$$F_{n+1}(t) = (t-1)(t-2)\cdot\ldots\cdot(t-z_{n+1})$$

есть повторяющиеся сомножители. Обозначим число сомножителей вида $(t-k)$ через n_k+1. Тогда это произведение можно переписать так (подразумевается, что $n > m$):

$$F_{n+1}(t) = (t-1)(t-2)\cdot\ldots\cdot(t-z_{n+1}) = \prod_{k=1}^{m}(t-k)^{n_k+1}.$$

Ясно, что $n_1+n_2+\ldots+n_m+m = n+1$ и n_k зависят от n. Кроме того, так уж устроена последовательность узлов интерполяции, что $n_1 - 1 \leqslant n_m \leqslant n_{m-1} \leqslant \ldots \leqslant n_1 \leqslant \dfrac{n}{m}$. Значит, коэффициенты ряда Ньютона можно записать так:

$$A_n = \frac{1}{2\pi i}\int\limits_C \frac{e^{\xi\cdot t}}{F_{n+1}(t)}\,dt =$$

$$= \frac{1}{2\pi i}\int\limits_C \frac{e^{\xi\cdot t}}{(t-1)^{n_1+1}(t-2)^{n_2+1}\cdot\ldots\cdot(t-m)^{n_m+1}}\,dt.$$

Окружим каждый узел интерполяции k $(1 \leqslant k \leqslant m)$ окружностью Γ_k с центром в точке k и радиусом, например, $\dfrac{1}{3}$. Эти окружности не пересекаются и лежат внутри контура C. Если зафиксировать на них положительное направление обхода, то, по теореме Коши,

$$A_n = \sum_{k=1}^{m}\frac{1}{2\pi i}\int\limits_{\Gamma_k} \frac{e^{\xi\cdot t}}{(t-1)^{n_1+1}(t-2)^{n_2+1}\cdot\ldots\cdot(t-m)^{n_m+1}}\,dt.$$

Обозначим $\eta = e^{\xi}$. Разложим для каждого k $(1 \leqslant k \leqslant m)$ функцию $e^{\xi\cdot t}$ в ряд Тейлора по степеням $(t-k)$:

$$e^{\xi\cdot t} = \eta^k e^{\xi(t-k)} = \eta^k \sum_{l=0}^{\infty}\frac{\xi^l}{l!}(t-k)^l.$$

Тогда
$$e^{\xi\cdot t}=\eta^k\sum_{l=0}^{n_k}\frac{\xi^l}{l!}(t-k)^l+H_k(t),$$
где $H_k(t)$ — остаточный член, являющийся целой функцией, имеющей в точке $t=k$ нуль порядка n_k+1. Это значит, что
$$\int\limits_{\Gamma_k}\frac{H_k(t)}{(t-1)^{n_1+1}(t-2)^{n_2+1}\cdot\ldots\cdot(t-m)^{n_m+1}}\,dt=0.$$
Тогда
$$\frac{1}{2\pi i}\int\limits_{\Gamma_k}\frac{e^{\xi\cdot t}}{(t-1)^{n_1+1}(t-2)^{n_2+1}\cdot\ldots\cdot(t-m)^{n_m+1}}\,dt=$$
$$=\sum_{l=0}^{n_k}\frac{\eta^k\xi^l}{l!}\frac{1}{2\pi i}\int\limits_{\Gamma_k}\frac{(t-k)^l}{(t-1)^{n_1+1}(t-2)^{n_2+1}\cdot\ldots\cdot(t-m)^{n_m+1}}\,dt,$$
т. е. суммировать можно только до n_k. Обозначим при каждом k $(1\leqslant k\leqslant m)$
$$a_{k,l}=\frac{1}{2\pi i}\int\limits_{\Gamma_k}\frac{(t-k)^l}{(t-1)^{n_1+1}(t-2)^{n_2+1}\cdot\ldots\cdot(t-m)^{n_m+1}}\,dt,\qquad (\clubsuit)$$
$$l=0,1,\ldots,n_k.$$

В этих новых обозначениях коэффициент ряда Ньютона выглядит так:
$$A_n=\sum_{k=1}^{m}\sum_{l=0}^{n_k}\frac{a_{k,l}\xi^l\eta^k}{l!}.$$
Пусть M — наименьшее общее кратное чисел $1,2,\ldots,m$. Сейчас я докажу, что все числа $a_{k,l}$ в коэффициенте A_n рациональные, а числа $M^n a_{k,l}$ будут целыми. Число $a_{k,l}$ равно вычету в точке $t=k$ подынтегральной функции из интеграла ($\clubsuit$), т. е. равно коэффициенту при $(t-k)^{-1}$ в разложении этой функции в ряд Лорана по степеням $(t-k)$. Найдем это разложение.

Пусть $s\in\mathbf{N}$, $1\leqslant s\leqslant m$, $s\neq k$. Имеем
$$\frac{1}{t-s}=\frac{1}{(t-k)-(s-k)}=-\frac{1}{s-k}\cdot\frac{1}{1-\dfrac{t-k}{s-k}}.$$

Если положить $t - k = Mu$ и разложить функцию $\dfrac{1}{t-s}$ в ряд по степеням u, то получится

$$\frac{1}{t-s} = -\frac{1}{s-k}\sum_{\nu=0}^{\infty}\left(\frac{M}{s-k}\right)^{\nu} u^{\nu} = \\ = -\frac{1}{M}\sum_{\nu=0}^{\infty}\left(\frac{M}{s-k}\right)^{\nu+1} u^{\nu} = \frac{1}{M}\sum_{\nu=0}^{\infty} b_{\nu}u^{\nu},$$

где $b_{\nu} = -\left(\dfrac{M}{s-k}\right)^{\nu+1}$. Этот ряд абсолютно сходится в круге $|u| < \dfrac{|s-k|}{M}$. Очевидно, что числа $b_{\nu} = -\left(\dfrac{M}{s-k}\right)^{\nu+1}$ целые, так как M — наименьшее общее кратное чисел $1, 2, \ldots, m$, а число $|s-k|$ — целое и $1 \leqslant |s-k| \leqslant m-1$.

Теперь, для того чтобы получилось нечто похожее на подынтегральное выражение из строчки (♣), надо перемножать ряды $\dfrac{1}{t-s} = \dfrac{1}{M}\sum\limits_{\nu=0}^{\infty} b_{\nu}u^{\nu}$ в подходящих степенях и при разных s. Произведение

$$\prod_{\substack{s\neq k\\ s=1}}^{m} \frac{1}{(t-s)^{n_s+1}}$$

есть кусок подынтегрального выражения в (♣), оно отличается от самого подынтегрального выражения отсутствием множителя $\dfrac{(t-k)^l}{(t-k)^{n_k+1}} = (t-k)^{l-n_k-1}$. Стало быть, это произведение содержит $(n_1+1) + \ldots + (n_{k-1}+1) + (n_{k+1}+1) + \ldots + (n_m+1) = n - n_k$ сомножителей вида $\dfrac{1}{t-s}$. Посчитаем, наконец, это произведение:

$$\prod_{\substack{s\neq k\\ s=1}}^{m} \frac{1}{(t-s)^{n_s+1}} = \frac{1}{M^{n-n_k}}\sum_{\nu=0}^{\infty} c_{\nu}u^{\nu} = \frac{1}{M^{n-n_k}}\sum_{\nu=0}^{\infty} \frac{c_{\nu}}{M^{\nu}}(t-k)^{\nu},$$

где все c_{ν}, очевидно, целые числа, так как они есть суммы произведений целых b_{ν} (так уж ряды перемножаются, тут ничего не попишешь). Тогда подынтегральная функция в (♣) равна

$$\frac{(t-k)^l}{(t-k)^{n_k+1}} \prod_{\substack{s \neq k \\ s=1}}^{m} \frac{1}{(t-s)^{n_s+1}} = \frac{1}{M^{n-n_k}} \sum_{\nu=0}^{\infty} \frac{c_\nu}{M^\nu} (t-k)^\nu \cdot (t-k)^{l-n_k-1} = \frac{1}{M^{n-n_k}} \sum_{\nu=0}^{\infty} \frac{c_\nu}{M^\nu} (t-k)^{\nu+l-n_k-1}.$$

Это и есть искомое разложение в ряд Лорана. Нетрудно сообразить, что показатель $\nu + l - n_k - 1$ равен -1 при $\nu = n_k - l$. Значит, искомый вычет есть

$$a_{k,l} = \frac{c_{n_k-l}}{M^{n-l}}$$

и является рациональным числом. Тогда, бесспорно, число $M^n a_{k,l}$ — целое.

Далее все просто. Обратим снова свой взор на коэффициенты ряда Ньютона:

$$A_n = \sum_{k=1}^{m} \sum_{l=0}^{n_k} \frac{a_{k,l} \xi^l \eta^k}{l!}, \quad \eta = e^\xi.$$

Если обозначить через $r = \max\limits_{1 \leqslant k \leqslant m} n_k = n_1$, то, очевидно, выражение

$$P_n(\xi, \eta) = r!\, M^n A_n = \sum_{k=1}^{m} \sum_{l=0}^{n_k} \frac{r!\, M^n a_{k,l} \xi^l \eta^k}{l!}$$

будет многочленом с целыми коэффициентами от двух переменных ξ и η, его степень по переменной ξ не превосходит r, а степень по переменной η не превосходит m. Это и есть те самые многочлены с целыми коэффициентами, которые мы запланировали построить на втором этапе нашего доказательства.

Оценим высоту H_n (максимум среди абсолютных величин коэффициентов) многочлена P_n. Помним, что

$$a_{k,l} = \frac{1}{2\pi i} \int\limits_{\Gamma_k} \frac{(t-k)^l}{(t-1)^{n_1+1}(t-2)^{n_2+1} \cdot \ldots \cdot (t-m)^{n_m+1}}\, dt,$$

$$l = 0, 1, \ldots, n_k,$$
$$k = 1, 2, \ldots, m.$$

Поскольку $t \in \Gamma_k$ и радиус Γ_k мы взяли $\frac{1}{3}$, то $|t-k| < \frac{1}{2}$, а при $s \neq k$, $|t-s| > \frac{1}{2}$. Значит,

$$|a_{k,l}| \leqslant \frac{1}{2\pi} \cdot \underset{\substack{\uparrow \\ \text{длина } \Gamma_k}}{\left(\frac{2}{3}\pi\right)} \cdot \frac{1}{\left(\frac{1}{2}\right)^{n-l+1}} < 2^n$$

и высота H_n многочлена P_n удовлетворяет неравенству

$$H_n < r!(2M)^n.$$

Оценим, наконец, $|P_n(\xi, \eta)|$ сверху. В конце первого этапа мы получили оценку

$$|A_n| < \frac{e^{\gamma n}}{n^n} = e^{\gamma n - n \ln n}.$$

Поскольку $P_n(\xi, \eta) = r! M^n A_n$, а $r \leqslant \frac{n}{m}$, то

$$|P_n(\xi, \eta)| < e^{\gamma n - n \ln n + n \ln M + r \ln r} < e^{-\frac{m-1}{m} n \ln n + Cn},$$

где C >0 — константа, не зависящая от n .

Этап 3. Оценка $|P_n(\xi, \eta)|$ снизу.

Пусть $\alpha_1, \alpha_2, \ldots, \alpha_m$ — алгебраические числа, $\mathbf{Q}$ — поле рациональных чисел, $K = \mathbf{Q}[\alpha_1, \alpha_2, \ldots, \alpha_m]$ — алгебраическое расширение поля $\mathbf{Q}$, h — степень этого алгебраического расширения.

Напомню, что степенью алгебраического расширения называется степень примитивного минимального многочлена, корнями которого это расширение порождается. Это означает, что у каждого порождающего элемента поля $K = \mathbf{Q}[\alpha_1, \alpha_2, \ldots, \alpha_m]$ (примитивного элемента из K) имеется h штук сопряженных. В алгебраическом поле $K = \mathbf{Q}[\alpha_1, \alpha_2, \ldots, \alpha_m]$ степени h максимальное число линейно независимых над $\mathbf{Q}$ элементов равно h.

Сейчас мы докажем основной факт третьего этапа: для любого многочлена с целыми коэффициентами $P(z_1, z_2, \ldots, z_m)$ степени k и высоты H существует постоянная $c = c(\alpha_1, \alpha_2, \ldots, \alpha_m) > 0$ такая, что

$$\text{либо } |P(\alpha_1, \alpha_2, \ldots, \alpha_m)| \geqslant \frac{c^k}{H^{h-1}},$$

$$\text{либо } P(\alpha_1, \alpha_2, \ldots, \alpha_m) = 0.$$

Таким образом, алгебраические числа $\alpha_1, \alpha_2, \ldots, \alpha_m$ произвольный многочлен с целыми коэффициентами либо обращают в ноль (в этом случае говорят, что числа $\alpha_1, \alpha_2, \ldots, \alpha_m$ являются алгебраически зависимыми), либо значение этого многочлена находится достаточно далеко от нуля.

Пусть $\alpha_i = \alpha_i^{(1)}, \alpha_i^{(2)}, \ldots, \alpha_i^{(h)}$ — все сопряженные с α_i в поле $K = \mathbf{Q}[\alpha_1, \alpha_2, \ldots, \alpha_m]$, $1 \leqslant i \leqslant m$. Введем два обозначения. Через $|\overline{\alpha_i}|$ обозначим размер алгебраического числа α_i, $|\overline{\alpha_i}| = \max\limits_{1 \leqslant k \leqslant h} |\alpha_i^{(k)}|$ — максимальный из модулей чисел, сопряженных с α_i. Через $\|\alpha_i\|_K$ обозначим норму алгебраического числа α_i в поле K, $\|\alpha_i\|_K = \alpha_i^{(1)} \alpha_i^{(2)} \ldots \alpha_i^{(h)}$ — произведение всех сопряженных с α_i. Проверьте сами, что $\|\alpha_i\|_K$ действительно удовлетворяет всем аксиомам нормы.

Еще одно замечание. *Целым алгебраическим числом* называется алгебраическое число, минимальный многочлен которого (у него старший коэффициент всегда единица) имеет целые коэффициенты. Так, например, $\sqrt{3}$ и $\dfrac{1+\sqrt{5}}{2}$ — целые алгебраические числа, а $\dfrac{\sqrt{3}}{2}$ — не целое, так как их минимальные многочлены суть, соответственно, $x^2 - 3, x^2 - x - 1$ и $x^2 - \dfrac{3}{4}$. Если α — не целое алгебраическое число, то всегда можно подобрать некоторое натуральное число r такое, что $r\alpha$ будет корнем многочлена с целыми коэффициентами и старшим коэффициентом 1, т. е. будет целым алгебраическим числом. Множество целых алгебраических чисел поля K обозначим через $\mathbf{Z}_K$. Несложно проверить, что $\mathbf{Z}_K$ — кольцо и всегда $\mathbf{Z} \subset \mathbf{Z}_K$.

Приступим к доказательству основного факта третьего этапа. Предположим, что $P(\alpha_1, \alpha_2, \ldots, \alpha_m) \neq 0$. Подберем натуральное число r так, что $r\alpha_i \in \mathbf{Z}_K$, $i = 1, \ldots, m$. Так как многочлен p есть многочлен степени k с целыми коэффициентами, то

$$\beta = r^k P(\alpha_1, \ldots, \alpha_m) \in \mathbf{Z}_K, \quad \beta \neq 0.$$

Возможны два случая.

Случай 1. $h = 1$ (т. е. $K = \mathbf{Q}$). Тогда

$$|\beta| = r^k |P(\alpha_1, \ldots, \alpha_m)| \geqslant 1, \quad |P(\alpha_1, \ldots, \alpha_m)| \geqslant \frac{1}{r^k}.$$

Случай 2. $h > 1$. Обозначим

$$A_j = P(\alpha_1^{(j)}, \alpha_2^{(j)}, \ldots, \alpha_m^{(j)}), \quad j = 1, \ldots, h.$$

Числа $A_1, \ldots, A_h$ будут сопряженными в поле K. По свойствам нормы

$$\left|\|\beta\|_K\right| = \left|\left\|r^k A_1\right\|_K\right| = r^{kh}\left|A_1 A_2 \cdot \ldots \cdot A_h\right| \geqslant 1.$$

Отсюда вытекает, что

$$|A_1| \geqslant \frac{1}{r^{kh}\prod\limits_{j=2}^{h}|A_j|}.$$

Если

$$P(z_1, \ldots, z_m) = \sum_{0\leqslant k_1+\ldots+k_m\leqslant k} c_{k_1,\ldots,k_m} z_1^{k_1} z_2^{k_2} \cdot \ldots \cdot z_m^{k_m}, \quad c_{k_1,\ldots,k_m} \in \mathbf{Z},$$

то

$$|A_j| \leqslant H\left(1 + \sum_{i=1}^{m}|\overline{\alpha_i}|\right)^k = c_0^k H, \quad c_0 = 1 + \sum_{i=1}^{m}|\overline{\alpha_i}|.$$

Тогда из двух последних неравенств следует

$$|P(\alpha_1, \ldots, \alpha_m)| \geqslant \frac{1}{\left(r^h c_0^{h-1}\right)^k H^{h-1}} = \frac{c^k}{H^{h-1}}, \quad c = \frac{1}{r^h c_0^{h-1}},$$

а, собственно, это и требовалось доказать.

Наступил тот славный момент, когда у нас все готово для того, чтобы достойно завершить доказательство теоремы Линдемана. Давайте проделаем это. От противного. Пусть $\xi \neq 0$ и $\eta = e^{\xi}$ — алгебраические числа, h — степень алгебраического расширения $K = \mathbf{Q}[\xi, \eta]$, $h > 1$. Разложим $e^{\xi \cdot z}$ в ряд Ньютона с периодической целочисленной последовательностью узлов интерполяции

$$1, 2, \ldots, m-1, m, 1, 2, \ldots, m-1, m, 1, 2, \ldots,$$

где $m = h + 1$. Построим многочлены $P_n(\xi, \eta)$. Мы только что доказали, что либо $P_n(\xi, \eta) = 0$, либо

$$|P_n(\xi, \eta)| \geqslant \frac{c^k}{H^{h-1}} = e^{k \ln c - (h-1)\ln H},$$

где (вспоминаем устройство многочленов $P_n(\xi, \eta) = r!\, M^n A_n$ и оценку их высоты из второго этапа):

$$k \leqslant r + m, \quad H \leqslant r \ln r + n \ln(2M), \quad r \leqslant \frac{n}{m}.$$

Отсюда моментально получается, что

$$|P_n(\xi, \eta)| > e^{-\frac{m-2}{m} n \ln n - Dn},$$

где $D > 0$ — некоторая подходящая константа. Последнее неравенство и неравенство

$$|P_n(\xi, \eta)| < e^{-\frac{m-1}{m} n \ln n + Cn},$$

полученное в конце второго этапа, при достаточно больших n противоречивы, значит, при всех достаточно больших n остается только возможность $P_n(\xi, \eta) = 0 = r!\,M^n A_n$. Это означает, что, начиная с некоторого номера, все $A_n = 0$, т.е. ряд Ньютона функции $e^{\xi \cdot z}$содержит лишь конечное число членов и функция $e^{\xi \cdot z}$ является многочленом. Но этого не может быть потому, что не может быть никогда. (Например, потому, что функция $e^{\xi \cdot z}$ периодическая, а любой нетривиальный многочлен — нет). Этим и заканчивается доказательство теоремы Линдемана. ♦

Закончился последний пункт нашей небольшой книжки по теории чисел, но я не буду говорить здесь никаких прощальных слов, ибо, как всегда во всех сказках, самое интересное только еще начинается. Идите вперед! Изучайте теорию чисел и она оправдает ваши надежды. Числа не подвержены инфляции, политическим и экономическим потрясениям, коррупции и обману. Математика не может приносить разочарований, она приносит только восхищение окружающим миром и человеческим разумом. Я желаю вам — будьте счастливы!

Пункт-дополнение ко второму изданию. [1]
Немного о распределении простых чисел.

В разные периоды человеческой истории многие выдающиеся математические умы напрягались в поиске ответа на простой вопрос: как часто встречаются простые числа в натуральном ряду? Конкретнее: сколько существует простых чисел, меньших заданного натурального числа x? Вопрос, казалось бы, простой и понятный, но точного ответа на него до сих пор не знает никто. Развитие математической мысли показало, что задача точного вычисления функции $\pi(x)$ — количества простых чисел, не превосходящих x, является чрезвычайно трудной. Но разгадка тайн природы является благородным и увлекательным занятием, поэтому изучение с разных сторон функции $\pi(x)$ (или, как говорят, «закона распределения простых чисел») продолжается во всем математическом мире. Поговорим немного и мы на эту тему.

Ясно, что $\pi(0) = 0$ и $\pi(x)$ скачком увеличивается на 1 в точках $x = 2; 3; 5; 7; \ldots$, т. е. когда x равно простому числу. Если вы немного поработаете и построите график функции $\pi(x)$ хотя бы для x меньших 100, то станет видно, что несмотря на малые колебания, функция $\pi(x)$ растет довольно регулярно. Если же нарисовать график $\pi(x)$ на промежутке, скажем, от 0 до 50000 (при таком масштабе мелкие скачки на единицу функции $\pi(x)$ просто незаметны), то от отчетливости проявившейся регулярности просто захватит дух:

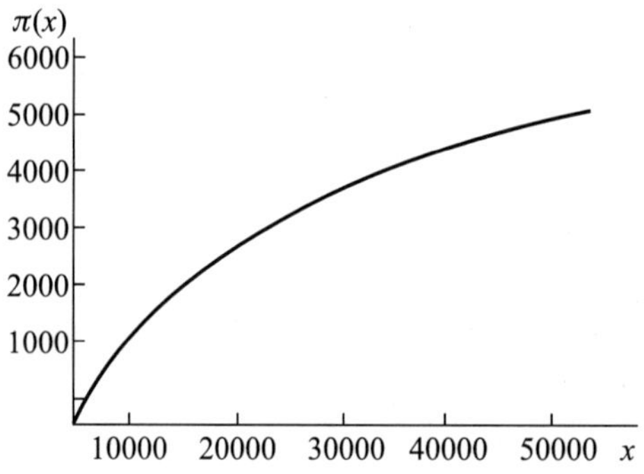

[1] Этот пункт появился в ответ на замечание сотрудника нашей кафедры Игоря Олеговича Корякова: «Что же, Вы, Сережа, не написали в своей книжке ничего о законе распределения простых чисел?»

По мнению многих математиков, плавность, с которой поднимается эта кривая, следует отнести к числу удивительнейших фактов математики. А где закономерность, там и попытки ее разгадать, предпринимавшиеся на протяжении столетий.

Поскольку точную формулу для $\pi(x)$ получить никак не удавалось, исследователи были вынуждены придумывать различные эмпирические приближения, асимптотические формулы. Смотрите:

x	$\pi(x)$	$x/\pi(x)$
10	4	2,5
100	25	4,0
1000	168	6,0
10 000	1 229	8,1
100 000	9 592	10,4
1 000 000	78 498	12,7
10 000 000	664 579	15,0
100 000 000	5 761 455	17,4
1 000 000 000	50 847 534	19,7
10 000 000 000	455 052 512	22,0

Вы не представляете себе, какое количество труда потребовалось для составления этой скромной с виду таблицы значений функции $\pi(x)$. Разглядывая таблицу, подобную этой (и составленную им самостоятельно), пятнадцатилетний Гаусс заметил, что при переходе от данной степени десятки к следующей, отношение $x/\pi(x)$ все время увеличивается примерно на 2,3. Каким-то непостижимым образом наблюдательный Гаусс узнал в константе 2,3 логарифм 10 по основанию e, после чего ему ничего не оставалось делать, как выдвинуть предположение, что

$$\pi(x) \approx \frac{x}{\ln x},$$

причем знак $\approx$ означает, что отношение соединенных им выражений стремится к 1 с ростом x. Это асимптотическое равенство впервые было доказано уже после смерти Гаусса лишь в 1896 г. Вот графики $\pi(x)$ и $\dfrac{x}{\ln x}$:

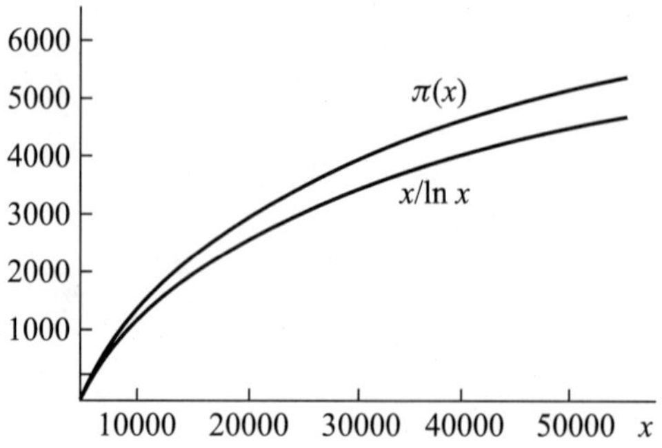

Другой великий математик, француз Лежандр, в 1808 г. также разглядывал таблицу значений отношения $x/\pi(x)$ и обнаружил, что оно почти точно равно $\ln x - 1$. Проведя много часов за нудными вычислениями, Лежандр (фантастика!) открыл, что особенно хорошее приближение получается, если из логарифма вычесть не единицу, а число 1,08366 [1]), т. е.

$$\pi(x) \approx \frac{x}{\ln x - 1{,}08366}.$$

Графики $\pi(x)$ и приближения Лежандра я рисовать не буду, так как в пределах точности рисунка они просто совпадают.

Еще одно хорошее приближение функции $\pi(x)$ на основе анализа экспериментальных фактов обнаружил все тот же Гаусс:

$$\pi(x) \approx \mathrm{Li}(x) = \int\limits_2^x \frac{dt}{\ln t}.$$

Функция $\mathrm{Li}(x) = \int\limits_2^x \frac{dt}{\ln t}$ носит название «интегральный логарифм»; известно, что сам интеграл $\int\limits_2^x \frac{dt}{\ln t}$ не выражается через элементарные функции, а представление неопределенного интеграла в виде ряда таково:

$$\int \frac{dx}{\ln x} = \ln\ln x + \ln x + \frac{\ln^2 x}{2\cdot 2!} + \frac{\ln^3 x}{3\cdot 3!} + \frac{\ln^4 x}{4\cdot 4!} + \ldots .$$

[1]) Это число, на мой взгляд, — какая-то мистика. Это же додуматься надо! Ну, не ангел же, в самом деле, спустился с небес на землю, чтобы сообщить Лежандру эту константу!

Приближение Лежандра при небольших x (примерно до 1 миллиона) значительно точнее приближения Гаусса $\mathrm{Li}(x)$, однако уже начиная с 5 миллионов точнее становится интегральный логарифм и математикам известно доказательство, что с дальнейшим ростом x это становится все вернее. Еще один интересный и поучительный факт о сложных взаимоотношениях интегрального логарифма и функции $\pi(x)$ состоит в следующем. Экспериментальной проверкой чисел до 1 миллиарда установлено, что для них $\mathrm{Li}(x)$ всегда больше $\pi(x)$. От этого у некоторых (даже весьма крупных) математиков сложилось впечатление, что интегральный логарифм принципиально переоценивает количество простых чисел, меньших x. Однако матушка-природа в лице своенравной и вздорной функции $\pi(x)$ и тут преподнесла нам очередной сюрприз. Оказывается, существуют промежутки, в которых $\pi(x)$ меняется настолько быстро, что становится больше $\mathrm{Li}(x)$. Такие значения x до сих пор не найдены, но англичанин Литтлвуд в тридцатых годах XX в. показал, что такие x существуют, а Скьюз (другой англичанин) установил даже, что одно из них не больше

$$10^{10^{10^{34}}}.$$

По поводу этого дичайшего числа, называемого теперь константой Скьюза, математик Харди (третий англичанин) заметил как-то, что это, пожалуй, самое большое число, служившее в математике какой-нибудь определенной цели. Вот, упертая троица англичан! Один доказал, другой оценил, третий заметил. Кембрижд ликует.

Я думаю, что после вышеизложенных фактов у вас уже сложилось вполне определенное мнение о непредсказуемости функции $\pi(x)$. Доказать закон распределения простых чисел долгое время не удавалось никому. Начало укрощения строптивой $\pi(x)$ положили, как и полагается, русские люди. В 1850 г. выдающийся математик Пафнутий Львович Чебышев доказал, что при достаточно больших x справедлива оценка

$$0,89\frac{x}{\ln x} < \pi(x) < 1,11\frac{x}{\ln x},$$

т. е. что закон распределения простых чисел справедлив с относительной погрешностью не более 11%. Мы с вами проделаем упрощенный вариант этого красивого доказательства, но оценки, разумеется, получатся несколько хуже.

Теорема (Чебышев). *При $n > 200$ верно*

$$\frac{2}{3}\frac{n}{\ln n} < \pi(n) < 1{,}7\frac{n}{\ln n}.$$

Доказательство. Сначала докажем оценку сверху: $\pi(n) < 1{,}7\frac{n}{\ln n}$. Это неравенство непосредственно проверяется для $x < 1200$. Далее рассуждаем по индукции.

Пусть наше неравенство доказано для всех $x \leqslant n$. Рассмотрим внимательно «центральный» биномиальный коэффициент [1] $\binom{2n}{n}$. Поскольку

$$2^{2n} = (1+1)^{2n} = \binom{2n}{0} + \binom{2n}{1} + \ldots + \binom{2n}{n} + \ldots + \binom{2n}{2n},$$

то он, безусловно, меньше 2^{2n}. С другой стороны,

$$\binom{2n}{n} = \frac{(2n)!}{(n!)^2} = \frac{1\cdot 2\cdot \ldots \cdot (2n-1)\cdot(2n)}{(1\cdot 2\cdot\ldots\cdot(n-1)\cdot n)^2}.$$

Ясно, что каждое простое число p, меньшее $2n$, но большее n, входит в числитель, но не входит в знаменатель. Это значит, что биномиальный коэффициент $\binom{2n}{n}$ делится на каждое простое число, лежащее между n и $2n$, т. е. делится на их произведение:

$$\left(\prod_{n<p\leqslant 2n} p\right) \Bigm| \binom{2n}{n}.$$

В произведении слева $\pi(2n) - \pi(n)$ сомножителей и каждый из них больше n, поэтому

$$n^{\pi(2n)-\pi(n)} < \prod_{n<p\leqslant 2n} p \leqslant \binom{2n}{n} < 2^{2n}.$$

---

[1] Напомню, что $\binom{n}{m} = \frac{n!}{m!\,(n-m)!}$. В старинных манускриптах и даже более поздних изданиях для биномиальных коэффициентов весьма употребимо также обозначение $\mathbf{C}_n^m$.

Умеющие логарифмировать сразу поймут, что отсюда следует

$$\pi(2n) - \pi(n) < \frac{2n\ln 2}{\ln n} < 1{,}39\frac{n}{\ln n}.$$

Согласно предположению индукции, неравенство выполнено для n, т. е.

$$\pi(n) < 1,7\frac{n}{\ln n}.$$

Сложим два последних неравенства. Как ни крути, получается, что

$$\pi(2n) < 3{,}09\frac{n}{\ln n} < 1{,}7\frac{2n}{\ln(2n)} \qquad (n > 1200),$$

т. е. утверждение верно и для $2n$. Так как

$$\pi(2n+1) \leqslant \pi(2n) + 1 < 3{,}09\frac{n}{\ln n} + 1 < 1{,}7\frac{2n+1}{\ln(2n+1)}$$

при $n > 1200$, то неравенство верно и для $2n+1$, чем благополучно и завершается шаг индукции.

Теперь докажем оценку снизу:

$$\pi(n) > \frac{2}{3}\frac{n}{\ln n}.$$

Пусть $\binom{n}{k} = p_1^{\alpha_1}p_2^{\alpha_2}\cdot\ldots\cdot p_r^{\alpha_r}$ — разложение биномиального коэффициента на простые множители. Так как

$$\binom{n}{k} = \frac{1\cdot 2\cdot\ldots\cdot(n-1)\cdot n}{(1\cdot 2\cdot\ldots\cdot(k-1)\cdot k)\cdot(1\cdot 2\cdot\ldots\cdot(n-k))},$$

то $p_j^{\alpha_j} \leqslant n$ для всех $j = 1, 2, \ldots, r$ [1]).

---

[1]) Если это утверждение сразу не уясняется, то наверняка поможет очень простая лемма 1 из п. 12 этой книжки, утверждающая, что показатель, с которым простое число p входит в разложение на простые множители числа $n!$ равен $\alpha = \left[\frac{n}{p}\right] + \left[\frac{n}{p^2}\right] + \left[\frac{n}{p^3}\right] + \ldots$, где квадратными скобками обозначена целая часть числа. Именно поэтому

$$\alpha_j = \sum_{s\geqslant 1}\left(\left[\frac{n}{p_j^s}\right] - \left[\frac{k}{p_j^s}\right] - \left[\frac{n-k}{p_j^s}\right]\right).$$

В этой сумме каждое слагаемое есть 0 или 1, причем заведомо 0, если $s > \ln n/\ln p_j$. Значит,

$$\alpha_j \leqslant \left[\frac{\ln n}{\ln p_j}\right] \leqslant \frac{\ln n}{\ln p_j},$$

т. е. $p_j^{\alpha_j} \leqslant n$.

Теперь легко понять, что для любого биномиального коэффициента справедлива оценка

$$\binom{n}{k} = p_1^{\alpha_1} p_2^{\alpha_2} \cdot \ldots \cdot p_r^{\alpha_r} \leqslant n^{\pi(n)}.$$

Совершенно очевидно, что

$$2^n = (1+1)^n = \sum_{k=0}^{n} \binom{n}{k} \leqslant (n+1) \cdot n^{\pi(n)}.$$

После совершения акта натурального логарифмирования, получим

$$\pi(n) \geqslant \frac{n \ln 2}{\ln n} - \frac{\ln(n+1)}{\ln n} > \frac{2}{3} \frac{n}{\ln n} \qquad (n > 200),$$

что, собственно, и требовалось. ♦

Задачки

1. Постройте график функции $y = \pi(x)$ для $0 \leqslant x \leqslant 100$.

2. Поэкспериментируйте самостоятельно. Расположите натуральные числа на плоскости каким-нибудь регулярным образом, например, по спирали:

16	15	14	13	12
17	4	3	2	11
$\downarrow$	5	0	1	10
$\downarrow$	6	7	8	9
$\rightarrow$	$\rightarrow$	$\rightarrow$	$\ldots$	

Обведите кружочком все простые. Не заметите ли вы какой-нибудь закономерности в расположении кружочков? А если заметите, то не сможете ли ее объяснить? [1]

[1] Это творческая и еще никем не решенная задача. Сложная это штука — поиск закономерностей, а тем более — их объяснение.

Значения различных констант, о которых шла речь в этой книжке, приводимые для удовлетворения чисто человеческого любопытства и проверки правильности решения некоторых встретившихся выше задач (сорок верных десятичных знаков)

$1 = 1{,}0000000000000000000000000000000000000000\ldots$

$\sqrt{2} = 1{,}41421\ 35623\ 73095\ 04880\ 16887\ 24209\ 69807\ 85697\ldots$

$\sqrt{3} = 1{,}73205\ 08075\ 68877\ 29352\ 74463\ 41505\ 87236\ 69428\ldots$

$\sqrt{5} = 2{,}23606\ 79774\ 99789\ 69640\ 91736\ 68731\ 27623\ 54406\ldots$

$\sqrt{10} = 3{,}16227\ 76601\ 68379\ 33199\ 88935\ 44432\ 71853\ 37196\ldots$

$\ln 2 = 0{,}69314\ 71805\ 59945\ 30941\ 72321\ 21458\ 17656\ 80755\ldots$

$\ln 3 = 1{,}09861\ 22886\ 68109\ 69139\ 52452\ 36922\ 52570\ 46475\ldots$

$\ln 10 = 2{,}30258\ 50929\ 94045\ 68401\ 79914\ 54684\ 36420\ 76011\ldots$

$\pi = 3{,}14159\ 26535\ 89793\ 23846\ 26433\ 83279\ 50288\ 41972\ldots$

$e = 2{,}7182818284590452353602874713526624977572\ldots$

$\frac{1}{e} = 0{,}36787\ 94411\ 71442\ 32159\ 55237\ 70161\ 46086\ 74458\ldots$

$\frac{1}{\pi} = 0{,}31830\ 98861\ 83790\ 67153\ 77675\ 26745\ 02872\ 40689\ldots$

$\pi^2 = 9{,}86960\ 44010\ 89358\ 61883\ 44909\ 99876\ 15113\ 53137\ldots$

$e^2 = 7{,}38905\ 60989\ 30650\ 22723\ 04274\ 60575\ 00781\ 31803\ldots$

$\Phi = \frac{1+\sqrt{5}}{2} = 1{,}61803\ 39887\ 49894\ 84820\ 45868\ 34365\ 63811\ 77203\ldots$

$\sqrt{\pi} = 1{,}77245\ 38509\ 05516\ 02729\ 81674\ 83341\ 14518\ 27975\ldots$

$\sqrt[3]{2} = 1{,}25992\ 10498\ 94873\ 16476\ 72106\ 07278\ 22835\ 05703\ldots$

$\zeta(3) = 1{,}20205\ 69031\ 59594\ 28539\ 97381\ 61511\ 44999\ 07650\ldots$

$\gamma = 0{,}57721\ 56649\ 01532\ 86060\ 65120\ 90082\ 40243\ 10422\ldots$

$e^{\pi/4} = 2{,}19328\ 00507\ 38015\ 45655\ 97696\ 59278\ 73822\ 34616\ldots$

$$\sin 1 = 0{,}84147\,09848\,07896\,50665\,25023\,21630\,29899\,96226\ldots$$

$$\cos 1 = 0{,}54030\,23058\,68139\,71740\,09366\,07442\,97660\,37323\ldots$$

$$\frac{1}{\ln 10} = 0{,}43429\,44819\,03251\,82765\,11289\,18916\,60508\,22944\ldots$$

$$\frac{1}{\ln 2} = 1{,}44269\,50408\,88963\,40735\,99246\,81001\,89213\,74266\ldots$$

Список литературы, в которую поглядывал автор при написании этой книжки

1. *Виноградов И. М.* Основы теории чисел. — М.: Наука, 1981.
2. *Окстоби Дж.* Мера и категория. — М.: Мир, 1974.
3. *Шидловский А. Б.* Трансцендентные числа. — М.: Наука, 1987.
4. *Хинчин А. Я.* Цепные дроби. — М.: Гос. изд-во физ.-мат. лит., 1961.
5. *Карацуба А. А.* Основы аналитической теории чисел. — М.: Наука, 1975.
6. *Боро В., Цагир Д., Рольфс Ю., Крафт Ч., Янцен Е.* Живые числа. — М.: Мир, 1985.
7. *Кнут Д.* Искусство программирования для ЭВМ». Т. 2. Получисленные алгоритмы. — М.: Мир, 1977.
8. *Стройк Д. Я.* Краткий очерк истории математики. — М.: Наука, 1990.
9. *Клейн Ф.* Элементарная математика с точки зрения высшей. — М.: Наука, 1987.
10. *Фельдман Н. И.* Седьмая проблема Гильберта. — М.: Изд-во МГУ, 1982.
11. *Фаддеев Д. К.* Лекции по алгебре. — М.: Наука, 1984.
12. *Кострикин А. И.* Введение в алгебру. — М.: Наука, 1977.
13. *Пойа Д.* Математика и правдоподобные рассуждения. — М.: Наука, 1975.
14. *Вилейтнер Г.* История математики от Декарта до середины XIX столетия. — М., Наука, 1966.
15. *Серр Ж. П.* Курс арифметики. — М.: Мир, 1982.
16. *Маркушевич А. И.* Краткий курс теории аналитических функций. — М.: Наука, 1978.
17. *Шклярский Д. О., Ченцов Н. Н., Яглом И. М.* Избранные задачи и теоремы элементарной математики. — М.: Наука, 1976.

18. *Сизый С. В., Савинов В. Б., Сафронович Е. Л., Спевак Л. Ф., Дунаев М. В.* Книжка, прочитанная вслух. — Екатеринбург: УрГУ, 1995.

19. *Грэхем Р.* Начала теории Рамсея. — М.: Мир, 1984.

20. *Демидович Б.П.* Сборник задач и упражнений по математическому анализу. — М.: Наука, 1990.

21. *Проскуряков И. В.* Сборник задач по линейной алгебре. — М.: Наука, 1974.

22. *Литлвуд Дж.* Математическая смесь. — М.: Наука, 1978.

◎编辑手记

本书是一部版权引进的俄文原版数学教程，是数论方面的，所以中文书名就译成《数论教程(第2版)》.

本书作者为：谢尔盖·维克多洛维奇·西泽，俄罗斯人，乌拉尔国立大学代数与基础信息科学教研室教授，乌拉尔地区教育与发展中心首席工程师.

本教材是乌拉尔国立大学力学与数学系三年级学生"数论课程"课程讲义的修订概要. 本书对数论的以下内容进行了介绍：整数的整除性，连分数，积性函数，同余理论和超越数. 大部分内容都提供了习题用于读者独立解答.

本书由俄罗斯大学教育方法协会数学和力学科学方法委员会推荐出版，作为数学专业和大学培训领域的教科书.

本书的版权编辑佟雨繁女士为我们翻译了全书的目录如下：

2. 最大公因数

3. 互质数

4. 欧几里得算法

5. 具有两个未知数的线性丢番图方程

6. 质数和数论“基本”定理

§2 连分数

7. 将数分解为连分数

8. 近似分数的计算

9. 近似分数的特征

10. 连续统. 欧几里得算法分析

11. 其他关于连分数(数的逼近,周期性,埃尔米特定理)

§3 数论中的重要函数

12. 整数和分数部分

13. 积性函数

14. 积性函数举例

15. 黎曼 ζ 函数

§4 剩余定理

16. 定义和简单特性

17. 剩余类和完全剩余系

18. 欧拉定理和费马定理

对以下 3 节的介绍

19. 一阶剩余

20. 对简单模的任意阶剩余

21. 对复合模的任意阶剩余

22. 二次剩余. 勒让德符号

23. 勒让德符号的其他性质. 高斯互反律

§5 超越数

24. 线性测量和分类

25. 刘维尔数

26. 数 $e \approx 2.718\ 281\ 828\ 459\ 045$

27. 数 $\pi \approx 3.141\ 592\ 653\ 589\ 793$

28. 函数 e^z 的值的超越

第 2 版补充章节. 关于素数的分布

本书中讨论的各种常数的值,旨在满足人类的好奇心并检查上述某些问题的解决方案的正确性(四十位正确的小数位)

作者在撰写本书时查看的参考文献

正如本书作者在前言中所指出:

就像命运安排的那样,这本书的作者创作于俄罗斯生活的一段艰难时期——民主斗争、国际恐怖主义、新经济的形成,以及深刻的个人经历. 作者衷心感谢自己的老师和同事 Л. Н. 舍夫林教授和 В. А. 巴兰斯基教授给予的全面精神支持和鼓舞人心的对话.

作者衷心感谢 Л. Н. 舍夫林对本书的美学、风格和结构分析. 后续的创造性讨论极大地优化了本书的内容.

非常感谢 Н. Ф. 谢谢金承担了本书的初读和审稿工作.

特别要感谢 С. И. 塔尔林斯基,他通读了本书的初始版本,并第一个敢于在中学教学中使用(针对乌拉尔国立大学专业中学的物理数学班学生).

作者感谢自己的朋友 Д. Н. 布什科夫、В. Б. 萨维诺夫和 Л. Ф. 斯另瓦克对本书写作风格的讨论和精神支持.

除此之外,以上内容并不意味着作者想要与他们分担本书中的错误、不足等责任. 简而言之,作者希望对以一种或多种方式参与其创作的许多人表示感谢,感谢大家!

本来数论在中国是显学,世界几位著名数论大师的著作都有中译本,如高斯的《算术探索》、维诺格拉多夫的《数论基础》、哈代的《数论》、塞尔的《数论教程》,华罗庚先生的《数论导引》也享有世界声誉,还有陈景润先生的三卷本《初等数论》,所以多一本不多,少一本不少,此次引进完全是一种向大师们的致敬行为.

笔者近日看到一篇由陈荫慈老师口述的文章,标题是《记忆里的陈景润——专访陈景润的中学老师陈荫慈老先生》.

陈荫慈老师回忆道：

要谈陈景润，英华中学是避不开的.从英华中学的懵懂学生，到英华中学的资深教师，我的大半辈子都与英华中学有关.陈景润和我之间的渊源，也在英华中学缔结，我与他既是“表兄弟”似的亲戚关系，也是“吾为师，彼为生”的师生关系.

陈景润出生在一个普通家庭，其父亲是邮政局职员，其母亲是家庭主妇.他父亲因常年在外奔波，所见所闻较之常人更广.在表兄口中，他在生活细节方面比较随意，吃穿住不太讲究.大抵后来陈景润这方面“不羁”是有点“继承”他父亲的吧.

当时我在高一年级讲授平面几何课程，主要根据教材进行备课和授课，重在知识点的传授.印象中，陈景润是一个平常而普通的学生，并不起眼.为了更多地了解他，我查阅了他的成绩单，他的成绩处于中上水平，学习比较好，但在班级里远不算拔尖，在数学上也并非天赋异禀.

一般而言，平日课堂上，学生中会有活跃分子，上课积极抢答，下课缠着老师咨询，而陈景润并非这类学生.他在我的课上只是认真听讲，课堂讨论环节，他也不怎么开口说话.但有时在课上与他四目相对，我又总能从他的眼神中看出他的睿智和聪慧，因为他早已计算出答案，只是不喜争抢，不善表达而已.虽然课堂上寡言少语，但他喜欢学习，平日读书相当用功，近乎痴迷状态.当时同学戏称他为“bookworm”，就是书虫、书迷、书呆的意思.英华中学的图书馆借书卡记录着陈景润借阅的图书：大学丛书《微积分学》《物理学》，哈佛大学讲义《高等代数引论》《实用力学》等.

在英华中学，除我与陈景润有一段颇深的渊源外，我的同事陈金华也曾与他有过一些交集.陈金华与我既是高中同学，亦是大学同学.陈景润高二时，成为陈金华的学生.

经过一年的积累和打磨，当时的陈景润，逐渐对数学显现出浓厚的兴趣，从他当时在图书馆借阅的书目中可见端倪——《微积分学》借过2次，可见他是下了功夫钻研的.在课后，陈景润也时常向陈金华讨教数学问题，并向他借阅书籍，较之高一更为积极、主动.我想，大概是他找到了兴趣所在吧.

应该说当时的英华中学对陈景润数学启蒙是有直接影响的，除了如前所述学校积淀的优良办学传统，有一人不可不提，他就是沈元.

沈元是福州人，我国空气动力学家和航空工程学家，中国科学院资深院士.他也是英华中学学生，先后在燕京大学、清华大学学习，后又获得伦敦大学博士学位.1948年到1949年，解放战争三大战役即将爆发，北方战乱频发，南北交通受阻，已经是清华大学航空系系主任的沈元回福州为父奔丧后，接受母校应聘从教的邀请，成为英华中学一名数学课的代课老师.

沈元思维极其活跃，想法新奇，上起课来与我们大多数任课教师不同，他教学"毫无章法"，讲授的内容也完全脱离教材，"天马行空"，生动幽默，学生非常喜欢他.

数论是沈元讲授内容的"常客"，陈景润听他的课，总是两眼放光，神采奕奕，课堂互动也增多，时不时还会应和几句，提一些问题.

在一堂课上，沈元给学生讲了关于哥德巴赫猜想的故事:"你们知道吗？数学是科学王国里最尊贵的王后.'数论'由于它的高难度和重要性，就像是王后头上戴着的王冠.而'哥德巴赫猜想'这个两百多年来还没有被人们破解的难题，就像是王冠正中央那颗明珠！同学们，大家好好努力吧，将来去证明这道世界难题……"沈元偶然的叙说，在陈景润的心中埋下了种子，他对于数学的求知欲被极大地激发，对"哥德巴赫猜想"产生了浓厚兴趣，并由此开启了奋力攀登高峰的历程.

在英华中学求学期间，沈元关于"猜想"的故事激发了他的求知兴趣，引导他未来人生成长的轨迹.当时年轻稚嫩的他，对于数论无疑是兴趣盎然的，且一头栽进去，发觉越研究越难,越难便越想研究,成为他一生事业追求的精神基石,历经种种艰难的困扰却矢志不移,最终如愿摘下了这一数学皇冠上的明珠.

本书大多是一些初等数论中的传统内容,真正有点深度的是第3章第15节黎曼ζ函数,而且看得出这也是全书的精华部分,连原版书的封面都只用了这一个公式.提到这个著名的函数,不得不提到一个人,他就是英国著名函数论大师蒂奇马什(1899—1963,Edward Charles Titchmarsh).

蒂奇马什,英国人,1899年6月1日出生.1923年开始从事学术研究,在英国许多大学里工作过.1931年起在牛津大学任教,晚年任该大学数学研究所所长达10年之久.1963年1月18日逝世.

蒂奇马什是哈代的学生,他在傅里叶级数、傅里叶积分、微分方程、整数论以及复变函数论等方面都做出了贡献.他发表了130多篇论著,主要有《整函数的零点》(1926)、《傅里叶积分理论导引》(1937)、《函数论》(1939)、《黎曼ζ函数》(1951)和《与二阶微分方程相联系的本征函数展开》(英文版,1946;中译本,上海科学技术出版社,1964).

蒂奇马什先生是哈代的传人.他在中国也有一位传人,那就是闵嗣鹤先生.

1945年,闵先生考取了公费留学,10月到英国,在牛津大学由蒂奇马什指导研究解析数论,由于在Riemann Zeta函数的阶估计等著名问题上得到了优异的结果,1947年获博士学位.随后赴美国普林斯顿高等研究院进行研究工作,并参加了数学大师H. Weyl的讨论班.他在美国仅工作了一年,尽管有Weyl的真诚挽留,导师蒂奇马什热情邀请他再赴英伦,但爱国之心、思母之情促使他急于返回祖国.1948年秋回国后,再次在清华大学数学系执教,任副教授,1950年晋升教授.1952年起任北京大学数学力学系教授.他曾任中国科学院数学研究所专门委员,北京数学会理事等职.

闵先生对数学的许多分支都有研究,他的工作涉及数论、几何、调和分析、微分方程、复变函数、多重积分的近似计算及广义解析函数等许多方面,但他最主要的贡献是在解析数论,特别是在三角和估计与Riemann Zeta函数理论.诚如陈省身先生所指出的:"嗣鹤在解析数论的工作是中国数学的光荣”.

各种形式的三角和估计是解析数论中最重要的研究课题之一.闵先生在大学毕业后,第一个重要的工作,就是得到了如下形式的完整三角和的均值估计

$$\sum_{a=1}^{p-1}\left|\sum_{x=1}^{p}e\left(\frac{af(x)}{p}\right)\right|^2 \ll p^{s-1-(s-n-1)/(n-1)} \tag{1}$$

其中 p 为素数,$e(\theta)=e^{2\pi i\theta}$,$n>2$,$2\leqslant s\leqslant 2n$,以及整系数多项式

$$f(x)=a_nx^n+\cdots+a_1x,(p,a_n,\cdots,a_1)=1$$

由此,他进而证明:对任意整数 m 及 $2<s\leqslant 2n$,同余方程

$$f(x_1)+\cdots+f(x_s)\equiv m(\bmod p)$$

的解数 $\phi(f(x),s)$ 有渐近公式

$$\phi(f(x),s)=p^{s-1}+O(p^{s-1-(s-2)/(n-1)})$$

这一结果优于由 Mordell 的著名估计

$$\sum_{x=1}^{p}e\left(\frac{f(x)}{p}\right)\ll p^{1-1/n} \tag{2}$$

所能直接推出的渐近公式.他的这一公式在多项式 Waring 问题中有重要应用.他的这篇论文获得了当时为纪念高君韦女士有奖征文第一名.

如何把 Mordell 著名估计(2) 推广到 k 个变数的情形是一个重要问题.他与华罗庚先生合作解决了 $k=2$ 的情形,然后他又独自解决了对任意的 k 的情形.

1947 年,闵先生研究 ζ 函数论中的著名问题:$\zeta(1/2+it)$ 的估计.通过改进某种形式的二维 Weyl 指数和

$$\sum_{m}\sum_{n}e(f(m,n)) \tag{3}$$

的估计,他证明了当时最好的结果:对任何 $\varepsilon>0$ 有

$$\zeta(1/2+it)\ll(1+|t|)^{15/92+\varepsilon}$$

后来,先后指导他的研究生迟宗陶、尹文霖进一步利用他估计指数和(3) 的方法,在除数问题、$\zeta(1/2+it)$ 的阶估计等著名问题中得到了当时领先的结果.

数学中最著名的猜想之一是:Riemann Zeta 函数 $\zeta(s)$ 的全部复零点均位于直线 $1/2+it(-\infty<t<\infty)$ 上,这就是所谓 Riemann 猜想,至今未获解决.

设 $s=\sigma+\mathrm{i}t$，$N(T)$ 表 $\zeta(s)$ 的区域

$$0\leqslant t\leqslant T,\quad 1/2\leqslant\sigma\leqslant 1$$

中的零点个数；$N_0(T)$ 表在直线

$$0\leqslant t\leqslant T,\quad \sigma=1/2$$

上的零点个数. Riemann 猜想就是要证明

$$N_0(T)=N(T)$$

ζ 函数论中的一个著名问题是定出尽可能好的常数 A，使得

$$N_0(T)>AN(T)$$

闵先生首先定出了 A 的值大于或等于$(60\ 000)^{-1}$. 这一结果直到 1974 年才被 N. Levinson 改进.

在 20 世纪 50 年代中、后期，闵先生系统研究了 Riemann Zeta 函数的一种重要推广

$$Z_{n,h}(s)=\sum_{\substack{x_1=-\infty\\ |x_1|+\cdots+x_k\neq 0}}^{\infty}\sum_{x_h=-\infty}^{\infty}\frac{1}{(x_1^n+\cdots+x_k^n)^s}$$

其中 n 是正偶数，他建立了这种函数的基本理论，其中一部分工作是与其学生尹文霖合作完成的.

笔者曾力主在本工作室出版了闵先生的几部著作，特别是《闵嗣鹤文集》的出版受到了一致好评. 在这过程中笔者也有幸结识了闵先生的二子闵惠泉先生. 他说闵先生一生坎坷，他的学生回忆说：

“(闵先生) 前半生里，他每有一点进展，便遭遇一次灾难. 刚入大学便死了祖母与父亲；毕业后刚能谋生又死了祖父；在昆明他学术上初露头角，次妹死于车祸. 这些坎坷都被他的坚强意志杠过去了，以后的不幸却都逼向他本身. 1946 年博士学位在望，又有人生烦恼降临，以致神志失常，不得已而接受基督教洗礼. 1954 年学术具见峥嵘，而高血压病魔缠来，时常忍着眩晕讲授繁重的基础课. 从 1966 年夏季起，又在‘旧知识分子’行列中泅渡‘文化大革命’的骇浪. 多少年往事蹉跎，使他长期苦闷 …… 两年之后发现了冠心病.”

闵先生年仅 60 岁就逝世了. 他的祖父曾在弥留之际牵着他的手说：“你的前程不能太好，也不会很坏.” 果然一语成谶.

闵先生的人生信条写在 1935 年《毕业同学录》中，他说：“能受苦方为志士，肯吃亏不是痴人”. 今天国学盛行就是社会上肯受苦、肯吃

亏的人太少了而产生的一种自我校正. 这方面其实我们多学学老一辈学者比读那些所谓国学宝典有用得多.

闵先生得蒂奇马什真传对黎曼 ζ 函数有许多研究. 这里收集到了闵先生的几篇早期论文.

ON THE ORDER OF $\zeta(1/2+it)$[①②]

Introduction. The problem of finding an upper bound for θ such that

$$\zeta(1/2+it)=O(t^{\theta})$$

has been attacked by van der Corput and Koksma[③], Walfisz[④], Titchmarsh[⑤], Phillips[⑥], and Titchmarsh[⑦]. Their results obtained are, neglecting a factor involving log t,

$$\theta \leqslant \frac{1}{6}, \frac{163}{988}, \frac{27}{164}, \frac{229}{1\,392}, \text{ and } \frac{19}{116}$$

respectively. The object of the present paper is to prove that

$$\zeta(1/2+it)=O(t^{15/92+\varepsilon}), \quad \varepsilon>0$$

In this paper there are two main difficulties. The first is the vanishing of the Hessian $H(x,y)$ (see(6.7)below) along certain lines. This is solved by a suitable division of the domain of summation and by making use of a geometrical lemma (Lemma

---

① 原载: *Trans. of Amer. Math. Soc.*, 1949, 65(3): 448-472.

② Scholar of the Sino — British Cultural and Educational Endonment Fund.

③ *Sur l'ordre de grandeur de la fonction* $\zeta(s)$ *de Riemann dans le bande critique*, Annales de Toulouse (3) vol. 1930, (22): 1-39.

④ *Zur Abschätzung von* $\zeta(1/2+it)$, Göttingen Nachrichten, 1924: 155-158.

⑤ *On van der Corput's method and the zeta-function of Riemann* (Ⅱ), Quart. J. Math. Oxford Ser. vol. 1931, 2: 313-320. This will be referred to as (Ⅱ).

⑥ *The zeta-function of Riemann; further developments of van der Corput's method*, Quart. J. Math. Oxford Ser. vol. 1933, 4: 209-225. This will be referred to as P.

⑦ *On the order of* $\zeta(1/2+it)$, Quart. J. Math. Oxford Ser. vol. 1942, 13: 11-17. This will be referred to as loc. cit.

10). The second difficulty is that if we use the straightforward way of choosing $\lambda'=\lambda''=\lambda^2$ (see §9) we shall get, instead of (9.8), a result containing a negative power of a which will spoil the main idea. The fact that (9.8) contains no a indicates clearly that our method is a limiting case and we can get no more benefits by merely using more summations.

I wish to express my sincere thanks to my supervisor Professor E. C. Titchmarsh for his kindness in suggesting this problem to me, reading the drafts and giving invaluable criticism and encouragement.

1. Lemmas quoted

Lemma 1① *Let $f(x)$ be a real function with continuous derivatives $f'(x)$, $f''(x)$ and $f'''(x)$. Let $f'(x)$ be steadily decreasing, $f'(b)=\alpha$, $f'(a)=\beta$ and*②

$$\lambda_2 \leqslant | f''(x) | < A\lambda_2,\quad | f'''(x) | < A\lambda_2$$

for $a\leqslant x<b$. Let n, be such that

$$f'(n_v)=v,\quad \alpha\leqslant v\leqslant\beta$$

Then

$$\sum_{a\leqslant n\leqslant b} e^{2\pi i f(n)} = e^{-\pi i/4}\sum_{\alpha\leqslant n\leqslant\beta}\frac{e^{2\pi i[f(n_v)-vn_v]}}{| f''(n_v) |^{1/2}} + O(\lambda_2^{-1/2}) +$$
$$O[\log\{2+(b-a)\lambda_\alpha\}] + O[(b-a)\lambda_2^{1/5}\lambda_3^{1/5}]$$

Lemma 2③ *If $F(n)$ is a real function, ρ, a and b are integers and $0<\rho<b-a$, then*

$$\left|\sum_{n=a}^{b} e^{2\pi i F(n)}\right| \leqslant \frac{1}{\rho}\left\{4(b-a)^2\rho + 4(b-a)\left|\sum_{r=1}^{\rho-1}(\rho-r)\sum_{m=a}^{b-r} e^{2\pi i\Phi(r,m)}\right|\right\}^{1/2}$$

where

---

① (Ⅱ), Theorem 4, 315.

② Throughout this paper we use A to denote a positive constant, not necessarily the same at each occurrence.

③ Titchmarsh, *On van der Corput's method and the zeta-function of Riemann*, Quart. J. Math. Oxford Ser. Vol. 1931,2: 166.

$$\Phi(r,m)=F(m+r)-F(m)=\int_0^1 \frac{\partial}{\partial t}F(m+rt)\,\mathrm{d}t$$

Lemma 3 *Let $a_{\mu v}$ be any numbers, real or complex, such that if $S_{m,n}=\sum_{\mu=1}^{m}\sum_{v=1}^{n}a_{\mu_v}$ then $|S_{m,n}|\leqslant G(1\leqslant m\leqslant M;\ 1\leqslant n\leqslant N)$. Let $b_{m,n}$ denote real numbers, $0\leqslant b_{m,n}\leqslant H$ and let each of the expressions*

$$b_{m,n}-b_{m,n+1},\ b_{m,n}-b_{m+1,n},\ b_{m,n}-b_{m+1,n}-b_{m,n+1}+b_{m+1,n+1}$$

be of constant sign for values of m and n in question. Then

$$\left|\sum_{m=1}^{M}\sum_{n=1}^{N}a_{m,n}b_{m,n}\right|\leqslant 5GH$$

Lemma 4 *Let $f(x,y)$ be a real function of x and y, and*

$$S=\sum\sum \mathrm{e}^{2\pi i f(m,n)}$$

the sum being taken over the lattice points of a region D included in the rectangle $a\leqslant x\leqslant b$, $\alpha\leqslant y\leqslant\beta$. Let

$$S'=\sum\sum \mathrm{e}^{2\pi i\phi_1(m,n)},\ S''=\sum\sum \mathrm{e}^{2\pi i\phi_2(m,n)}$$

where

$$\phi_1(m,n)=f(m+\mu,n+v)-f(m,n)=\int_0^1\frac{\partial}{\partial t}f(m+\mu t,n+vt)\,\mathrm{d}t$$

$$\phi_2(m,n)=f(m+\mu,n-v)-f(m,n)=\int_0^1\frac{\partial}{\partial t}f(m+\mu t,n-vt)\,\mathrm{d}t$$

μ and v are integers, and S' is taken over values of m and n such that both (m,n) and $(m+\mu,n+v)$ belong to D; and similarly for S''. Let ρ be a positive integer not greater than $b-a$, and let ρ' be a positive integer not greater than $\beta-\alpha$. Then

$$S=O\left\{\frac{(b-a)(\beta-\alpha)}{(\rho\rho')^{1/2}}\right\}+O\left[\left\{\frac{(b-a)(\beta-\alpha)}{\rho\rho'}\sum_{\mu=1}^{\rho-1}\sum_{v=0}^{\rho'-1}|S'|\right\}^{1/2}\right]+$$
$$O\left[\left\{\frac{(b-a)(\beta-\alpha)}{\rho\rho'}\sum_{\mu=0}^{\rho-1}\sum_{v=0}^{\rho'-1}|S''|\right\}^{1/2}\right]$$

This lemma (as well as the next lemma) evidently remains true when ρ is not an integer but greater than 1. In that case $\sum_{\mu=1}^{\rho-1}\phi(\mu)$ is to be interpreted as $\sum_{1\leqslant\mu\leqslant\rho-1}\phi(\mu)$, and so on. A similar interpretation should be made when ρ' is not an integer but greater than 1.

Lemma 5 *If* $0<\rho\leqslant b-a$, *then*

$$S=O\left\{\frac{(b-a)(\beta-\alpha)}{\rho^{1/2}}\right\}+O\left[\left\{\frac{(b-a)(\beta-\alpha)}{\rho}\sum_{\mu=1}^{\rho-1}|S'''|\right\}^{1/2}\right]$$

where

$$S'''=\sum\sum \mathrm{e}^{2\pi\mathrm{i}\phi(m,n)}$$

with

$$\phi(m,n)=f(m+\mu,n)-f(m,n)=\int_0^1\frac{\partial}{\partial t}f(m+\mu t,n)\mathrm{d}t$$

the sum being taken over values of (m,n) *such that* (m,n) *and* $(m+\mu,n)$ *belong to D.*

Lemma 6 *Let* $f(x,y)$ *be a real differentiable function of* x *and* y. *Let* $f_x(x,y)$ *be a monotone function of* x *for each value of* y *considered, and* $f_y(x,y)$ *be a monotone function of* y *for each value of* x *considered. Let* $|f_x|\leqslant 3/4$, $|f_y|\leqslant 3/4$, *for* $a\leqslant x\leqslant b$, $\alpha\leqslant y\leqslant\beta$ *where* $b-a\leqslant l$, $\beta-\alpha\leqslant l(l\geqslant 1)$. *Let D be the rectangle* $(a,b;\alpha,\beta)$ *or part of the rectangle cut off by a continuous monotone curve. Then*

$$\sum_D\sum \mathrm{e}^{2\pi\mathrm{i}f(m,n)}=\iint_D \mathrm{e}^{2\pi\mathrm{i}f(x,y)}\,\mathrm{d}x\mathrm{d}y+O(l)$$

Lemmas 3,4,5,6 are either quotations or simple modifications of Lemmas $\alpha,\beta,\gamma,\delta$ of a paper by Titchmarsh.

2. Lemmas concerning double exponential integrals

In this section we give a refinement of a theorem due to Titchmarsh①.

Lemma 7 *Let D be the rectangle* $(a,b;\alpha,\beta)$ *and U be its longer side. let* $f(x,y)$ *be a real algebraic function satisfying the following conditions in D*②.

---

① Proc. London Math. Soc. (2) vol. 1935,38: 96-115.

② The letters B,r,C and C_1 are used to denote positive constants.

(1) $B \leqslant |f_{xx}| < AB$, $r^2 B^{-1} \leqslant |f_{yy}| < AB$, $|f_{xy}| < AB$;

(2) $|f_{xx} f_{yy} - f_{xy}^2| > r^2$, $0 < r \leqslant B$;

(3) $|f_{xxx}| < AC$, $C < AB^{3/2}$, $CUr < AB^2$;

(4) $|f_{xx}^2 f_{xyy} - 2 f_{xx} f_{xy} f_{xxy} + f_{xy}^2 f_{xxx}| < C_1 B^2$, $B^{1/2} C_1 \leqslant r^2/2$;

and, for a positive integer k.

(5) $B^{k-1} C_1^{2k-1} U = O(r^{4k-3})$ *or* $B^{1/2-1/2k} C_1^{1-1/2k} U^{1/2k} = O(r^{2-3/2k})$.

Then

$$\int_a^b \mathrm{d}x \int_\alpha^\beta \mathrm{e}^{2\pi \mathrm{i} f(x,y)} \mathrm{d}y = O\left(\frac{1}{r}\right)$$

Proof We divide D into three regions, namely

D_1: $f_x \geqslant B^{1/2}$

D_2: $0 \leqslant f_x < B^{1/2}$

D_3: $f_x < 0$

ometimes we want to redivide D_1 into subregions. We denote by D_{11} the part of D_1 lying between the curves

$$f_y - f_x \frac{f_{xy}}{f_{xx}} = \pm \frac{r}{B^{1/2}}$$

and by D_{12} the remainder of D_1. Similarly we may divide D_2 into D_{21} and D_{22}.

1) Consider, first, D_1. Integration by parts gives

$$\iint_{D_1} \mathrm{e}^{2\pi \mathrm{i} f(x,y)} \mathrm{d}x \mathrm{d}y = \int \left[\frac{\mathrm{e}^{2\pi \mathrm{i} f(x,y)}}{2\pi \mathrm{i} f_x}\right]_{\chi(y)}^{\omega(y)} \mathrm{d}y + \frac{1}{2\pi \mathrm{i}} \iint_{D_1} \frac{f_{xx}}{f_x^2} \mathrm{e}^{2\pi \mathrm{i} f(x,y)} \mathrm{d}x \mathrm{d}y = I_1 + I_2 \tag{2.1}$$

say, where $x = \omega(y)$ and $x = \chi(y)$ are boundaries of D_1.

① To estimate I_1, we conider, for example,

$$\int \frac{\mathrm{e}^{2\pi \mathrm{i} f(\chi(y), y)}}{2\pi \mathrm{i} f_x(\chi(y), y)} \mathrm{d}y$$

The function $\chi(y)$ is either the solution of $f_x = B^{1/2}$ or it is a constant.

In the former case we have

$$\frac{\mathrm{d}}{\mathrm{d}y} f(\chi(y), y) = f_y - f_x \frac{f_{xy}}{f_{xx}} = v$$

say. Hence

$$\int_{|v|\geqslant r/B^{1/2}} \mathrm{e}^{2\pi i f(\chi(y),y)}\,\mathrm{d}y=\int_{|v|\geqslant r/B^{1/2}} \frac{\mathrm{e}^{2\pi i u}\,\mathrm{d}u}{v}=O\left(\frac{B^{1/2}}{r}\right)$$

and

$$\int_{|v|\geqslant r/B^{1/2}} \frac{\mathrm{e}^{2\pi i f(\chi(y),y)}\,\mathrm{d}y}{2\pi i f_x(\chi(y),y)}=O\left(\frac{1}{B^{1/2}}\,\frac{B^{1/2}}{r}\right)=O\left(\frac{1}{r}\right)$$

On the other hand,

$$\int_{|v|<r/B^{1/2}} \frac{\mathrm{e}^{2\pi i f(\chi(y),y)}}{2\pi i f_x(\chi(y),y)}\mathrm{d}y=O\left(\frac{1}{B^{1/2}}\int_{-r/B^{1/2}}^{r/B^{1/2}}\left|\frac{\mathrm{d}y}{\mathrm{d}v}\right|\mathrm{d}v\right)$$

Here $f_x=B^{1/2}$, so

$$\frac{\mathrm{d}v}{\mathrm{d}y}=\frac{1}{f_{xx}}\left[f_{xx}f_{yy}-f_{xy}^2-f_x\,\frac{f_{xx}^2f_{xyy}-2f_{xx}f_{xy}f_{xxy}+f_{xy}^2f_{xxx}}{f_{xx}^2}\right]$$

and, by (1) (2) and (4)

$$\left|\frac{\mathrm{d}v}{\mathrm{d}y}\right|>A\,\frac{r^2-B^{1/2}C_1}{B}>A\,\frac{r^2}{B} \tag{2.2}$$

Hence

$$\int_{|v|<r/B^{1/2}} \frac{\mathrm{e}^{2\pi i f(\chi(y),y)}}{2\pi i f_x(\chi(y),y)}\mathrm{d}y=O\left(\frac{1}{B^{1/2}}\,\frac{r}{B^{1/2}}\,\frac{B}{r^2}\right)=O\left(\frac{1}{r}\right)$$

Secondly, if $\chi(y)=a$, a constant,

$$\int\frac{\mathrm{e}^{2\pi i f(\chi(y),y)}}{2\pi i f_x(\chi(y),y)}\mathrm{d}y=\int\frac{\mathrm{e}^{2\pi i f(a,y)}}{2\pi i f_x(\chi(y),y)}\mathrm{d}y$$

By (1) and a well known formula concerning exponential integrals①, this is

$$O\left(\frac{1}{B^{1/2}}\cdot\frac{1}{(r^2B^{-1})^{1/2}}\right)=O\left(\frac{1}{r}\right)$$

② Now consider I_2. We have

$$(2\pi i)^2I_2=\int\left[\frac{f_{xx}}{f_x^3}\mathrm{e}^{2\pi i f(x,y)}\right]_{\chi(y)}^{\omega(y)}\mathrm{d}y-\int_{\mathrm{d}y}\int\frac{f_{xxx}}{f_x^3}\mathrm{e}^{2\pi i f(x,y)}\,\mathrm{d}x+$$

$$3\iint\frac{f_{xx}^2}{f_x^4}\mathrm{e}^{2\pi i f(x,y)}\,\mathrm{d}x\mathrm{d}y=I'_1+I'_2+I'_3$$

---

① If $f(x)$ is a real differentiable function with $|f''(x)|>\lambda$ in (c,d) then $\int_c^d \mathrm{e}^{2\pi i j(x)}\,\mathrm{d}x=O(1/\lambda^{1/2})$.

say. The first integral can be treated as I_1. So

$$I'_1 = O(1/r)$$

We have

$$I'_2 = \iint_{D_{12}} \frac{f_{xxx}}{f_x^3} e^{2\pi i f(x,y)} dx dy + \iint_{D_{11}} \frac{f_{xxx}}{f_x^3} e^{2\pi i f(x,y)} dx dy$$
$$= I'_{22} + I'_{21}$$

say. Let $x = \phi(y)\phi(y,u)$ be the solution of $f_x = u$. Then

$$\frac{\partial}{\partial y} f(\phi(y), y) = f_y - f_x \frac{f_{xy}}{f_{xx}}$$

In D_{12}, the absolute value of this expression is not less than $r/B^{1/2}$. Hence

$$I'_{22} = \int dy \int \frac{f_{xxx}}{f_x^3} e^{2\pi i f(x,y)} dx = \int dy \int \frac{f_{xxx}}{f_{xx}} e^{2\pi i f(x,y)} \frac{du}{u^3}$$
$$= \int \frac{du}{u^3} \int \frac{f_{xxx}}{f_{xx}} e^{2\pi i f(\phi(y,u),y)} dy = \int_{B^{1/2}} \frac{C}{B} O\left(\frac{B^{1/2}}{r}\right) \frac{du}{u^3}$$
$$= O\left(\frac{C}{rB^{3/2}}\right) = O\left(\frac{1}{r}\right)$$

by (3).

To estimate I'_{21}, we put $u = f_x$ and $v = f_y - f_x f_{xy}/f_{xx}$. Then

$$\frac{\partial(u,v)}{\partial(x,y)} = f_{xx} f_{yy} - f_{xy}^2 - \frac{f_x}{f_{xx}^2}(f_{xx}^2 f_{xyy} - 2 f_{xx} f_{xy} f_{xxy} + f_{xy}^2 f_{xxx}) \tag{2.3}$$

The absolute value of this expression is greater than Ar^2 if

$$|f_x| < r^2 C_1^{-1}/2$$

Denote by D'_{11} the part of D_{11} in which the inequality holds and by D''_{11} the remainder of D_{11}. Then

$$\left| \iint_{D'_{11}} \frac{f_{xxx}}{f_x^3} e^{2\pi i f(x,y)} dx dy \right|$$
$$< AC \iint \frac{dx dy}{f_x^3} = AC \int_{B^{1/2}} \frac{du}{u^3} \int^{r/B^{1/2}} \frac{dv}{|\partial(u,v)/\partial(x,y)|}$$
$$\leqslant AC \frac{1}{(B^{1/2})^2} \cdot \frac{r}{B^{1/2}} \cdot \frac{1}{r^2} = \frac{AC}{B^{3/2}} \cdot \frac{1}{r} = O\left(\frac{1}{r}\right)$$

by (3). Also

$$\left|\iint_{D''_{11}} \frac{f_{xxx}}{f_x^3} e^{2\pi i f(x,y)} dxdy\right| < AC\iint \frac{dxdy}{f_x^3} = AC\int dy\int \frac{du}{|f_{xx}| u^3}$$

$$= O\left(\frac{C}{B} \cdot \frac{U}{(r^2 C_1^{-1})^2}\right) = O\left(\frac{1}{r} \cdot \frac{CUr}{B^2} \cdot \frac{BC_1^2}{r^4}\right)$$

$$= O\left(\frac{1}{r}\right)$$

by (3) and (4). Hence I'_{21} is also $O(1/r)$. Thus $I'_2 = O(1/r)$. It follows that

$$(2\pi i)^2 I_2 = O\left(\frac{1}{r}\right) + 3\iint_{D_1} \frac{f_{xx}^2}{f_x^4} e^{2\pi i f(x,y)} dxdy$$

Repeating this argument we find

$$I_2 = O\left(\frac{1}{r}\right) + O\left(\iint_{D_1} \frac{f_{xx}^k}{f_x^{2k}} e^{2\pi i f(x,y)} dxdy\right)$$

Denote the last double integral by J, then

$$J = \iint_{D_{12}} + \iint_{D_{11}} = J_2 + J_1$$

say. We have, as before[①]

$$I_2 = \int_{B^{1/2}} \frac{du}{u^{2k}} \int f_{xx}^{k-1} e^{2\pi i f(x,y)} dy = \int_{B^{1/2}} O\left(\frac{B^{1/2}}{r}\right) \cdot B^{k-1} \frac{du}{u^{2k}}$$

$$= O\left(\frac{1}{r} \frac{B^{k-1} B^{1/2}}{B^{(2k-1)/2}}\right) = O\left(\frac{1}{r}\right)$$

To estimate J_1, we write

$$J_1 = \iint_{D'_{11}} + \iint_{D''_{11}} = J'_1 + J''_1$$

As before[②], by (1) and (2.3)

$$|J'_1| < AB^k \int_{B^{1/2}} \frac{du}{u^{2k}} \int^{r/B^{1/2}} \frac{dv}{|\partial(u,v)/\partial(x,y)|}$$

$$= O\left(B^k \frac{1}{B^{(2k-1)/2}} \cdot \frac{r}{B^{1/2}} \cdot \frac{1}{r^2}\right) = O\left(\frac{1}{r}\right)$$

$$|J''_1| < AB^{k-1} \iint_{D''_{11}} \frac{|f_{xx}| dxdy}{f_x^{2k}} < AB^{k-1} \iint \frac{dudy}{u^{2k}}$$

---

① See the estimation of I'_{22} above (2.3).

② See the estimation of I'_{21}.

$$=O\left(\frac{B^{k-1}U}{(r^2C^{-1})^{2k-1}}\right)=O\left(\frac{1}{r}\ \frac{B^{k-1}C_1^{2k-1}U}{r^{4k-3}}\right)=O\left(\frac{1}{r}\right)$$

by (5). Combining these results we find that J is $O(1/r)$. Hence I_2 is $O(1/r)$

2) Now consider the integral over D_2. Putting $f_x=u$, we have

$$\iint_{D_{22}} e^{2\pi i f(x,y)}\,dx\,dy=\int_0^{B^{1/2}} du\int \frac{e^{2\pi i f(x,y)}}{f_{xx}}dy$$

As in (1.2), we have $\partial f(\phi(y,u),y)/\partial y \geqslant r/B^{1/2}$. Hence the inner integral is $O((1/B)\cdot(B^{1/2}/r))=O(1/rB^{1/2})$. The result follows for this part.

Finally, by (2) and (4) we have, using (3) and the fact that $|f_x|<B^{1/2}$,

$$\left|\iint_{D_{21}} e^{2\pi i f(x,y)}\,dx\,dy\right|\leqslant\iint_{D_{21}} dx\,dy=\int_0^{B^{1/2}}\int_0^{r/B^{1/2}}\left|\frac{\partial(x,y)}{\partial(u,v)}\right|du\,dv$$

$$=\int_0^{B^{1/2}}\int_0^{r/B^{1/2}} O\left(\frac{1}{r^2-(B^{1/2}/B^2)\cdot C_1B^2}\right)du\,dv$$

$$=O\left(B^{1/2}\cdot\frac{r}{B^{1/2}}\cdot\frac{1}{r^2}\right)=O\left(\frac{1}{r}\right)$$

3) We have established the stated for D_1+D_2, that is, the region $f_x\geqslant 0$. A similar proof can be applied to D_3.

Lemma 8 *Let D' be the part of D cut off by a curve (or several curves) whose equation is of the form $x=g(y)$ where $g(y)$ is an algebraic function satisfying*

(6) $\quad |Uf_{xx}g''(y)|<K_r,$

where K is a sufficiently small constant. Then if we replace the condition (1) in Lemma 7 by

(1′) $B\leqslant|f_{xx}|<AB,\ |f_{xy}|<AB,\ |f_{yy}|<AB,\ f_{xx}f_{xy}>0$

we have

$$\iint_{D'} e^{2\pi i f(x,y)}\,dx\,dy=O\left(\frac{1+|\log B|+|\log U|}{r}\right)$$

In particular, the curve may be a straight line $x=py+q$.

Proof If $|f_{yy}|\geqslant B/2$, the condition (1) holds if we replace B by $B/2$.

Now suppose that $|f_{yy}|<B/2$. We put $x=\xi+\eta$, $y=\eta$. Then

$$\left|\frac{\partial^2}{\partial\xi^2}f(x,y)\right|=|f_{xx}|\geqslant B$$

$$\left|\frac{\partial^2}{\partial\eta^2}f(x,y)\right|=|f_{xx}+2f_{xy}+f_{yy}|>\frac{B}{2}$$

Thus the condition (1) is restored. Conditions (2) and (3) remain true. So do (4) and (5) since the expression on the left-hand side of (4) is an invariant under our transformation. We may therefore assume that all these conditions are satisfied. We need only to consider integrals of the form

$$\int\frac{e^{2\pi i f(g(y),y)}}{f_x(g(y),y)}dy \quad (|f_x|>B^{1/2})$$

We divide the interval of integration into three parts:

(1) $|f_x g'(y)+f_y|\geqslant r/B^{1/2}$.

(2) $|f_x g'(y)+f_y|<r/B^{1/2}$, $\quad |f_{xx}g'(y)+f_{xy}|\geqslant r/2$.

(3) $|f_x g'(y)+f_y|<r/B^{1/2}$, $\quad |f_{xx}g'(y)+f_{xy}|<r/2$.

In the first part,

$$\int\frac{e^{2\pi i f(g(y),y)}}{f_x(g(y),y)}dy=\int\frac{e^{2\pi i\xi}d\xi}{f_x(f_x g'+f_y)}=O\left(\frac{1}{r}\right)$$

In the second part,

$$\left|\int\frac{e^{2\pi i f(g(y),y)}}{f_x(g(y),y)}dy\right|\leqslant\left|\int\frac{dy}{f_x}\right|\leqslant\frac{2}{r}\left|\int\frac{f_{xx}g'(y)+f_{xy}}{f_x(g(y),y)}dy\right|$$

$$=\frac{2}{r}|[\log f_x(g(y),y)]|$$

$$=O\left(\frac{1+|\log B|+|\log U|}{r}\right)$$

In the third part, we put $u=f_x g'+f_y$, then

$$\frac{du}{dy}=f_{xx}g'^2+2f_{xy}g'+f_{yy}+f_x g''$$

$$=f_{xx}^{-1}[(g'f_{xx}+f_{xy})^2+f_{xx}f_{yy}-f_{xy}^2+f_{xx}f_x g'']$$

If $|f_x|<Ur$, the theorem is true. If otherwise,

$$\left|\frac{du}{dy}\right|>A\frac{r^2}{B}$$

Hence

$$\int \frac{f^{2\pi i f(g(y),y)}}{f_x(g(y),y)}\mathrm{d}y=O\left(\frac{1}{B^{1/2}}\int^{r/B^{1/2}}\left|\frac{\mathrm{d}y}{\mathrm{d}u}\right|\mathrm{d}u\right)=O\left(\frac{r}{(B^{1/2})^2}\cdot\frac{B}{r^2}\right)=O\left(\frac{1}{r}\right)$$

The lemma follows.

3. Lemmas concerning network

Suppose there is a network of which each cell is a rectangle S_0 of area U and with sides of lengths l and m. Suppose S is a rectangle with sides parallel to lines in the network and of lengths a and b respectively. Suppose L_1 and L_2 are parallel lines which bound with side of S a strip of area A. Let L be either of them and let the area of S under L be A_L.

Lemma 9 *The number of rectangles S_0 lying partially or entirely within S and entirely under L is*

$$N_L=\frac{A_L}{U}+O\left(\frac{a}{l}+\frac{b}{m}+1\right)$$

The number of rectangles S_0 lying partially or entirely within S and partially or entirely under L is

$$N'_L=\frac{A_L}{U}+O\left(\frac{a}{l}+\frac{b}{m}+1\right)$$

Proof (1) Without loss of generality, we may assume that the sides of S coincide with lines belonging to the network. For otherwise we may replace S by one with this kind of sides so that the variations of A_L and N_L are respectively

$$O\left[\left(\frac{a}{l}+\frac{b}{m}+1\right)U\right] \text{ and } O\left[\frac{a}{l}+\frac{b}{m}+1\right]$$

Without loss of generality we may assume that S_0 is a unit square so that $U=l=m=1$. For, only the ratios of areas and lengths really matter. Without loss of generality we may also assume that L is of positive slope.

Now consider all the vertical lines of the network which are not entirely outside S. Let the line nearest the left-hand side of S be l_1 and the next l_2, and so on. Let the first of them which meets L inside S be l_k. Let the points of intersection of L with l_k, $l_{k+1}\cdots$ be

P_k, P_{k+1}, ….

We draw from $P_i (i=k,\ k+1, \cdots)$ a horizontal line toward the right until it reaches l_{i+1}. We denote the part of A_L which is below these horizontal linesegments by A_L^B and the remaining part by A_L^A. Then the first part of the lemma follows from the fact that $A_L^A = O(b)$, $0 \leqslant A_L^B - N_L = O(a)$.

(2) The second part of the lemma can be proved by drawing horizontal lines toward the left instead of the right.

Lemma 10 *The number of rectangles S_0 lying partially or entirely between L_1 and L_2 and partially or entirely within S is*

$$N = \frac{A}{U} + O\left(\frac{a}{l} + \frac{b}{m} + 1\right)$$

Proof We have $N = N_{L_1} - N'_{L_2}$ and the lemma follows from Lemma 9.

4. We have to consider sums of the form

$$S_1 = \sum_{n=a}^{d} n^{-it} = \sum_{n=a}^{b} e^{-it\log n},\ a < b \leqslant 2a \tag{4.1}$$

By Lemma 2,

$$|S_1| \leqslant \frac{1}{\rho}\left\{4(b-a)^2\rho + 2(b-a)\left|\sum_{r=1}^{\rho-1}(\rho - r)\sum_{m=a}^{b-r} e^{-it\log(m+r)/m}\right|\right\}^{1/2} \tag{4.2}$$

provided that

$$(C_1) \qquad 0 < \rho < b - a$$

Let

$$S_2 = \sum_{r=1}^{\rho-1}(\rho - 1)\sum_{m=a}^{b-r} e^{-it\log(m+r)/m} \tag{4.3}$$

then, by Lemma 1,

$$S_2 = e^{-\pi i/4}\sum_{r=1}^{\rho-r}(\rho - r)\sum_{\alpha\leqslant v\leqslant\beta}\frac{e^{2\pi i\phi(r,v)}}{|f''(m_v)|^{1/2}} + O(\alpha^{3/2}t^{-1/2}\rho^{3/2}) + O(\rho^2\log t) + O(\alpha^{-2/5}t^{2/5}\rho^{12/5}) \tag{4.4}$$

where

$$f(y)=f(r,y)=-\frac{t}{2\pi}\log\frac{y+r}{y}$$
$$f'(m_v)=v,\ \phi(v)=f(m_v)-vm_v \tag{4.5}$$
$$\alpha=f'(b-r),\ \beta=f'(\alpha),\ b\leqslant 2a$$

Let

(C$_2$) $$b=O(t^{1/2})$$

then

$$v=f'(m_v)=\frac{tr}{2\pi m_v(m_v+r)}>\frac{Atr}{m_v^2}>Ar$$

and

$$\rho=O(\beta) \tag{4.6}$$

Let

$$S_3=\sum_{x=R+1}^{R'}\sum_{y=N+1}^{N'}\mathrm{e}^{2\pi\mathrm{i}\phi(x,y)},\quad R<R'\leqslant 2R<\rho,\quad N<N'\leqslant 2N\leqslant\beta$$

Applying Lemma 5 twice and Lemma 4 once, we have

$$S_3=O\Big(\frac{RN}{\lambda^{1/2}}\Big)+O\Big(\frac{(RN)^{7/8}}{\lambda^{3/2}}\Big\{\sum_{y_1=1}^{\lambda-1}\Big[\sum_{y_2=1}^{\lambda^2-1}\Big(\sum_{x_3=1}^{\lambda'^2-1}\sum_{y_3=0}^{\lambda''^2-1}|S_4|\Big)^{1/2}\Big]^{1/2}\Big\}^{1/2}\Big)+$$
$$O\Big(\frac{(RN)^{7/8}}{\lambda^{3/2}}\Big\{\sum_{y_1=1}^{\lambda-1}\Big[\sum_{y_2=1}^{\lambda^2-1}\Big(\sum_{x_3=1}^{\lambda'^2-1}\sum_{y_3=1}^{\lambda''^2-1}|S'_4|\Big)^{1/2}\Big]^{1/2}\Big\}^{1/2}\Big) \tag{4.7}$$

where

$$S_4=\sum_{x=R+1}^{R''}\sum_{y=N+1}^{N''}\mathrm{e}^{2\pi\mathrm{i}\psi(x,y)},\quad R''=R'-x_3,\quad N''=N'-y_1-y_2-y_3 \tag{4.8}$$

with

$$\psi(x,y)=\iiint_0^1\frac{\partial^3}{\partial t_1\partial t_2\partial t_3}\phi(x+x_3t_3,y+y_1t_1+y_2t_2+y_3t_3)\mathrm{d}t_1\mathrm{d}t_2\mathrm{d}t_3 \tag{4.9}$$

and S'_4 is a similar sum. Here we assumed that

(C$_3$) $$1\leqslant\lambda'^2\leqslant R,\quad \lambda'^2\leqslant\lambda''^2\leqslant N,\quad \lambda'\lambda''=\lambda^2$$

Since S'_4 can be estimated as S_4, we consider the latter only.

5. In this section we shall reduce $\psi(x,y)$ to a convenient form.

We have

$$\psi(x,y)=y_1y_2\iiint_0^1(x_3\phi^*_{xy^2}+y_3\phi^*_{y^3})\mathrm{d}t_1\mathrm{d}t_2\mathrm{d}t_3 \tag{5.1}$$

where

$$\begin{gathered}\phi^*_{xy^2}=\frac{\partial^3}{\partial x^*\partial y^{*2}}\phi(x^*,y^*),\quad \phi^*_{y^3}=\frac{\partial^3}{\partial y^{*3}}\phi(x^*,y^*)\\ x^*=x+x_3t_3,\quad y^*=y+y_1t_1+y_2t_2+y_3t_3\end{gathered} \tag{5.2}$$

We have

$$f_x(x,y)=-\frac{t}{2\pi}\frac{1}{x+y},\quad f_y(x,y)=-\frac{t}{2\pi}\left(\frac{1}{x+y}-\frac{1}{y}\right)$$

From $f_y(x,m_y(x))=y$ we find, by choosing the proper sign,

$$m_y(x)=-\frac{x}{2}+\frac{x}{2}\left(1+\frac{2t}{\pi xy}\right)^{1/2} \tag{5.3}$$

Since

$$\begin{aligned}\phi_x(x,y)&=f_x(x,m_y(x))+f_y(x,m_y(x))\frac{\partial}{\partial x}m_y(x)-y\frac{\partial}{\partial x}m_y(x)\\&=f_x(x,m_y(x))\end{aligned}$$

$$\begin{aligned}\phi_y(x,y)&=f_y(x,m_y(x))\frac{\partial}{\partial y}m_y(x)-y\frac{\partial}{\partial y}m_y(x)-m_y(x)\\&=-m_y(x)\end{aligned}$$

we have, by (5.3)

$$\begin{aligned}\phi_x(x,y)&=y\left(\frac{1}{2}-\frac{1}{2}\left(1+\frac{2t}{\pi xy}\right)^{1/2}\right)\\&=\frac{y}{2}-\frac{1}{2}\left(\frac{2t}{\pi}\right)^{1/2}\frac{y^{1/2}}{x^{1/2}}\left[1+\frac{1}{2}\frac{\pi xy}{2t}-\frac{1}{8}\left(\frac{\pi xy}{2t}\right)^2+\cdots\right]\\ \phi_y(x,y)&=x\left(\frac{1}{2}-\frac{1}{2}\left(1+\frac{2t}{\pi xy}\right)^{1/2}\right)\\&=\frac{x}{2}-\frac{1}{2}\left(\frac{2t}{\pi}\right)^{1/2}\frac{x^{1/2}}{y^{1/2}}\left[1+\frac{1}{2}\frac{\pi xy}{2t}-\frac{1}{8}\left(\frac{\pi xy}{2t}\right)^2+\cdots\right]\end{aligned} \tag{5.4}$$

Differentiation gives

$$\phi_{xyy}(x,y)=\frac{1}{8}\left(\frac{2t}{\pi}\right)^{1/2}x^{-1/2}y^{-3/2}\left[1-\frac{3}{2}\frac{\pi xy}{2t}+\frac{15}{8}\left(\frac{\pi xy}{2t}\right)^{2}+\cdots\right]$$

$$\phi_{yyy}(x,y)=-\frac{3}{8}\left(\frac{2t}{\pi}\right)^{1/2}x^{1/2}y^{-5/2}\left[1-\frac{1}{6}\frac{\pi xy}{2t}-\frac{1}{8}\left(\frac{\pi xy}{2t}\right)^{2}+\cdots\right] \tag{5.5}$$

Hence

$$\varphi(x,y)=\frac{1}{8}\left(\frac{2t}{\pi}\right)^{1/2}y_1y_2\iiint_0^1 x^{*-1/2}y^{*-5/2}(x_3,y^*-3y_3x^*)\mathrm{d}t_1\mathrm{d}t_2\mathrm{d}t_3-\frac{1}{16}\left(\frac{2t}{\pi}\right)^{1/2}y_1y_2\times\iiint_0^1\frac{\pi x^*y^*}{2t}x^{*-1/2}y^{*-5/2}(3x_3y^*-y_3x^*)\mathrm{d}t_1\mathrm{d}t_2\mathrm{d}t_3+\cdots \tag{5.6}$$

6. In this section we consider the Hessian of $\psi(x,y)$, that is,

$$H(x,y)=\psi_{xx}\psi_{yy}-\psi_{xy}^2$$

We denote the first term on the right-hand side of (5.6) by $\psi^0(x,y)$ and write $\Phi(x,y)=x^{-1/2}\times y^{-5/2}(x_3y-3y_3x)$. Then

$$\Phi_{xx}(x,y)=3x^{-5/2}y^{-5/2}(x_3y+y_3x)/4$$

$$\Phi_{xy}(x,y)=3x^{-3/2}y^{-7/2}(x_3y+5y_3x)/4 \tag{6.1}$$

$$\Phi_{yy}(x,y)=3x^{-1/2}y^{-9/2}(5x_3y-35y_3x)/4$$

From this it is obvious that, for $R+1\leqslant x<2R$, $N+1\leqslant y<2N$,

$$\Phi_{xx}=O(R^{-5/2}N^{-5/2}Q),\ \Phi_{xy}=O(R^{-3/2}N^{-7/2}Q),\ \Phi_{yy}=O(R^{-1/2}N^{-9/2}Q) \tag{6.2}$$

where

$$Q=x_3N+(y_3+1)R \tag{6.3}$$

Hence

$$\Phi_{x^4}=O(R^{-9/2}N^{-5/2}Q),\ \Phi_{x^3y}=O(R^{-7/2}N^{-7/2}Q),$$

$$\Phi_{x^2y^2}=O(R^{-5/2}N^{-9/2}Q) \tag{6.4}$$

and so on.

Using the expansion

$$
\begin{aligned}
&\Phi(x^*, y^*)\\
&=\Phi(x,y)+x_3t_3\Phi_x(x,y)+\\
&\quad(y_1t_1+y_2t_2+y_3t_3)\Phi_y(x,y)+\\
&\quad 2^{-1}[x_3^2t_3^2\Phi_{xx}(x,y)+2x_3t_3(y_1t_1+y_2t_2+y_3t_3)\Phi_{xy}(x,y)+\\
&\quad(y_1t_1+y_2t_2+y_3t_3)^2\Phi_{yy}(x,y)]+\cdots
\end{aligned}
$$

we find that

$$
\begin{aligned}
&\psi^0(x,y)\\
&=\frac{1}{8}\left(\frac{2t}{\pi}\right)^{1/2}y_1y_2\left[\Phi(x,y)+\frac{x_3}{2}\Phi_x(x,y)+\right.\\
&\quad\frac{y_1+y_2+y_3}{2}\Phi_y(x,y)+\\
&\quad\frac{1}{2}\left\{\frac{x_3^2}{3}\Phi_{xx}(x,y)+2x_3\left(\frac{y_1+y_2}{4}+\frac{y_3}{3}\right)\Phi_{xy}(x,y)+\right.\\
&\quad\left.\left.\left(\frac{y_1^2+y_2^2+y_3^2}{3}+\frac{y_1y_2+y_2y_3+y_3y_1}{2}\right)\Phi_{yy}(x,y)\right\}+\cdots\right]\\
&=\frac{1}{8}\left(\frac{2t}{\pi}\right)^{1/2}y_1y_2\left[\Phi(x',y')+\frac{1}{2}\left\{\frac{x_3^2}{12}\Phi_{xx}(x,y)+\right.\right.\\
&\quad\left.\left.\frac{x_3y_3}{6}\Phi_{xy}(x,y)+\frac{y_1^2+y_2^2+y_3^2}{12}\psi_{yy}(x,y)\right\}+\cdots\right]
\end{aligned}
$$

where $x'=x+x_3/2$, $y'=y+(y_1+y_2+y_3)/2$.

Hence, by (6.4) and (C_3),

$$
\begin{aligned}
\psi_{xx}^0&=\frac{1}{8}\left(\frac{2t}{\pi}\right)^{1/2}y_1y_2\left[\Phi_{xx}(x',y')+O\left(R^{-5/2}N^{-5/2}Q\left(\frac{Q_0}{RN}\right)^2\right)\right]\\
\psi_{xy}^0&=\frac{1}{8}\left(\frac{2t}{\pi}\right)^{1/2}y_1y_2\left[\Phi_{xy}(x',y')+O\left(R^{-3/2}N^{-7/2}Q\left(\frac{Q_0}{RN}\right)^2\right)\right]\\
\psi_{yy}^0&=\frac{1}{8}\left(\frac{2t}{\pi}\right)^{1/2}y_1y_2\left[\Phi_{yy}(x',y')+O\left(R^{-1/2}N^{-9/2}Q\left(\frac{Q_0}{RN}\right)^2\right)\right]
\end{aligned}
$$

since $\lambda'^2/R+\lambda''^2/N=O(Q_0/RN)$ where $Q_0=\lambda'^2N+\lambda''^2R$.

Hence, by (5.6),

$$\psi_{xx}=\frac{1}{8}\left(\frac{2t}{\pi}\right)^{1/2}y_1y_2\Phi_{xx}(x',y')+O\left(t^{1/2}y_1y_2R^{-5/2}N^{-5/2}Q\left(\frac{Q_0}{RN}\right)^2\right)+$$
$$O(t^{-1/2}y_1y_2R^{-3/2}N^{-3/2}Q)$$
$$\psi_{xy}=\frac{1}{8}\left(\frac{2t}{\pi}\right)^{1/2}y_1y_2\Phi_{xy}(x',y')+O\left(t^{1/2}y_1y_2R^{-3/2}N^{-7/2}Q\left(\frac{Q_0}{RN}\right)^2\right)+$$
$$O(t^{-1/2}y_1y_2R^{-1/2}N^{-5/2}Q)$$
$$\psi_{yy}=\frac{1}{8}\left(\frac{2t}{\pi}\right)^{1/2}y_1y_2\Phi_{yy}(x',y')+O\left(t^{1/2}y_1y_2R^{-1/2}N^{-9/2}Q\left(\frac{Q_0}{RN}\right)^2\right)+$$
$$O(t^{-1/2}y_1y_2R^{-1/2}N^{-7/2}Q)$$
$$(6.5)$$

We may omit the second error term from each of these relations provided that

(C_4) $$R^3N=O(t)$$

Hence, by (6.2) and (C_3),

$$\psi_{xx}=O(t^{-1/2}y_1y_2R^{-5/2}N^{-5/2}Q),\quad \psi_{xy}=O(t^{1/2}y_1y_2R^{-3/2}N^{-7/2}Q)$$
$$\psi_{yy}=O(t^{1/2}y_1y_2R^{-1/2}N^{-9/2}Q) \tag{6.6}$$

Further, by (6.1),

$$\psi_{xx}\psi_{yy}-\psi_{xy}^2=\frac{9t}{128\pi}y_1^2y_2^2x'^{-3}y'^{-7}(x_3^2y'^2-10x_3y_3x'y'-15y_3^2x'^2)+$$
$$O\left(ty_1^2y_2^2R^{-3}N^{-7}Q^2\left(\frac{Q_0}{RN}\right)^2\right)$$

or

$$H(x,y)=\left(\frac{9t}{128\pi}\right)y_1^2y_2^2x'^{-3}y'^{-7}[x_3y'+(2(10)^{1/2}-5)x_3y']\times$$
$$[x_3y'-(2(10)^{1/2}+5)y_3x']+$$
$$O\left(ty_1^2y_2^2R^{-3}N^{-7}Q^2\left(\frac{Q_0}{RN}\right)^2\right) \tag{6.7}$$

Remarks The inequalities (6.5) to (6.7) obviously remain true if we replace $\psi(x,y)$ by a partial sum containing only the first $n(\geqslant 1)$ terms on the right-hand side of (5.6). Further, the general term is of the form

$$t^{1/2}y_1y_2\iiint_0^1\left(\frac{x^*y^*}{t}\right)^n x^{*-1/2}y^{*-5/2}(c_1x_3y^*+c_2y_3x^*)\mathrm{d}t_1\mathrm{d}t_2\mathrm{d}t_3$$

$$=t^{1/2}y_1y_2\iiint_0^1\left(\frac{xy}{t}\right)^n x^{-1/2}y^{-5/2}\left(1+\frac{x_3t}{x}\right)^{n-1/2}\times$$

$$\left(1+\frac{y_1t_1+y_2t_2+y_3t_3}{y}\right)^{n-5/2}\times$$

$$\left[c_1x_3y\left(1+\frac{y_1t_1+y_2t_2+y_3t_3}{y}\right)+c_2y_3x\left(1+\frac{x_3t_3}{x}\right)\right]\mathrm{d}t_1\mathrm{d}t_2\mathrm{d}t_3$$

$$=t^{1/2}y_1y_2x^{1/2}y^{3/2}\left[P(x^{-1},y^{-1})+O\left\{\left(\frac{x_3}{x}\right)^k\right\}+O\left\{\left(\frac{y_1+y_2+y_3}{y}\right)^h\right\}\right]$$

where $P(x^{-1},y^{-1})$ is a polynomial in x^{-1},y^{-1} (depending on y_1,y_3,y_3,x_3 and h). Now suppose that

$$(C_5)\qquad \lambda'^2<Rt^{-\varepsilon},\quad \lambda''^2<Nt^{-\varepsilon},\quad (\varepsilon>0)$$ ①

When h is large enough, the inequalities (6.5) to (6.7) remain true if we neglect the terms which are

$$O\left[\left(\frac{x_3}{x}\right)^h\right]+O\left[\left(\frac{y_1+y_2+y_3}{y}\right)^h\right]$$

from each term on the right-hand side of (5.6). So we can write $\psi(x,y)=\psi_1(x,y)+\psi_2(x,y)$ where $\psi_1(x,y)$ is an algebraic function satisfying (6.5) to (6.7) and

$$\psi_2(x,y)=t^{1/2}y_1y_2x^{1/2}y^{-3/2}\left[O\left\{\left(\frac{x_3}{x}\right)^h\right\}+O\left\{\left(\frac{y_1+y_2+y_3}{y}\right)^h\right\}\right]$$

which can be made as small as we please by taking h sufficiently large. In fact, we can choose h so that, for a given positive δ, $\psi_2(x,y)=O(t^{-\varepsilon})$.

7. Now return to the sum S_4. Let

$$l_1=c\frac{R^{5/2}N^{5/2}}{t^{1/2}y_1y_2Q},\quad l_2=c\frac{R^{3/2}N^{7/2}}{t^{1/2}y_1y_2Q}\qquad(7.1)$$

where c is some positive constant.

---

① We use ε to denote a small positive number, which, like the symbol A, may or may not keep the same value.

By (4.6) we have

$$R=O(N),\quad l_1=O(l_2) \tag{7.2}$$

We divide the region of summation of S_4, that is,

$$R+1\leqslant x\leqslant R'',\quad N+1\leqslant y\leqslant N''$$

into rectangles with sides parallel to the axes and of lengths l_1 and l_2 and parts of such rectangles. We may enumerate these subregions and denote them by Δ_p, $p=1,2,\cdots$. If c is small enough, the variations of ψ_x and ψ_y in each Δ_p will be less than 1/2. Hence to each Δ_p correspond integers μ and v such that if $\psi_p(x,y)=\varphi(x,y)-\mu x-vy$ the absolute value of the first derivatives of ψ_p is not greater than 3/4. So for each Δ_p we have, by Lemma 6,

$$\sum_{\Delta_p}\sum \mathrm{e}^{2\pi\mathrm{i}\psi(x,y)}=\sum_{\Delta_p}\sum \mathrm{e}^{2\pi\mathrm{i}\psi_p(x,y)}=\iint_{\Delta_p}\mathrm{e}^{2\pi\mathrm{i}\psi_p(x,y)}\mathrm{d}x\mathrm{d}y+O(l_2) \tag{7.3}$$

provided that

$$(\mathrm{C}_6)\qquad l_2\geqslant 1$$

Hence

$$S_4=\sum_p\left\{\iint_{\Delta_p}\mathrm{e}^{2\pi\mathrm{i}\psi_p(x,y)}\mathrm{d}x\mathrm{d}y+O(l_2)\right\}$$

The system of parallel lines

$$|x_3y-(2(10)^{1/2}+5)y_3x|=4^m\xi,\quad m=0,1,\cdots,$$

divides each Δ_p into strips. Hence

$$S_4=\sum_p\iint_{\Delta'_p}\mathrm{e}^{2\pi\mathrm{i}\psi_p(x,y)}\mathrm{d}x\mathrm{d}y+\sum_p\sum_{m=0}^{L-1}\iint_{\Delta_{p,m}}\mathrm{e}^{2\pi\mathrm{i}\psi_p(x,y)}\mathrm{d}x\mathrm{d}y+$$
$$\sum_p\iint_{\Delta''_p}\mathrm{e}^{2\pi\mathrm{i}\psi_p(x,y)}\mathrm{d}x\mathrm{d}y+\sum_p O(l_2)=J_0+J_1+J_2+J_3 \tag{7.4}$$

say, where

$$L=\left[\frac{\log(\xi^{-1}Q)}{\log 4}\right]$$

$\Delta_{p,m}$ denotes the part of Δ_p for which

$$4^m\xi<|x_3y-(2(10)^{1/2}+5)y_3x|<4^{m+1}\xi,\quad m=0,1,\cdots,L-1 \tag{7.5}$$

Δ'_p denotes the part for which

$$|x_3y-(2(10)^{1/2}+5)y_3x|<\xi \tag{7.6}$$

and Δ''_p denotes the part for which

$$|x_3y-(2(10)^{1/2}+5)y_3x|>4^L\xi(>AQ) \tag{7.7}$$

Evidently

$$|J_0|\leqslant\sum_p\iint_{\Delta'}\mathrm{d}x\mathrm{d}y=\underset{|x_3y-(2(10)^{1/2}-5)y_3x|<\xi}{\int_{R+1}^{R''}\int_{N+1}^{N''}}\mathrm{d}x\mathrm{d}y=O\left(\frac{R\xi}{x_3}\right) \tag{7.8}$$

In the next section we shall prove, under certain conditions, that

$$\iint_{\Delta_{p,m}}\mathrm{e}^{2\pi\mathrm{i}\psi_p(x,y)}\mathrm{d}x\mathrm{d}y=O\left(\frac{R^{3/2}N^{7/2}\log t}{t^{1/2}y_1y_2Q^{1/2}\cdot 2^m\xi^{1/2}}\right)$$

$$(C_7)\qquad \iint_{\Delta'_p}\mathrm{e}^{2\pi\mathrm{i}\psi_p(x,y)}\mathrm{d}x\mathrm{d}y=O\left(\frac{R^{3/2}N^{7/2}\log t}{t^{1/2}y_1y_2Q}\right)$$

On assuming this,

$$J_1=O\left(\sum_{m=0}^{L-1}\sum_p^{(m)}\frac{R^{3/2}N^{7/2}\log t}{t^{1/2}y_1y_2Q^{1/2}\cdot 2^m\xi^{1/2}}\right)$$

where (m) denotes that the sum runs over only those p for which Δ_p lie partially or entirely in the strip (7.5). By Lemma 10, the number of such Δ_p is

$$O\left(\frac{4^m\xi R}{x_3l_1l_2}\right)+O\left(\frac{R}{l_1}+\frac{N}{l_2}+1\right)=O\left(\frac{4^m\xi ty_1^2y_2^2Q^2}{x_3R^3N^6}\right)+O\left(\frac{t^{1/2}y_1y_2Q}{R^{3/2}N^{5/2}}+1\right)$$

Therefore

$$J_1=O\left[\log t\sum_{m=0}^{L-1}\left\{\frac{2^m\xi^{1/2}t^{1/2}y_1y_2Q^{3/2}}{x_3R^{3/2}N^{5/2}}+\frac{Q^{1/2}N}{2^m\xi^{1/2}}+\frac{R^{3/2}N^{7/2}}{t^{1/2}y_1y_2Q^{1/2}\cdot 2^m\xi^{1/2}}\right\}\right]$$

$$=O\left[\log t\left\{\frac{t^{1/2}y_1y_2Q^2}{x_3R^{3/2}N^{5/2}}+\frac{Q^{1/2}N}{\xi^{1/2}}+\frac{R^{3/2}N^{7/2}}{t^{1/2}y_1y_2Q^{1/2}\xi^{1/2}}\right\}\right] \tag{7.9}$$

Similarly

$$J_2=O\left[\left(\frac{R}{l_1}+1\right)\left(\frac{N}{l_2}+1\right)\frac{R^{3/2}N^{7/2}\log t}{t^{1/2}y_1y_2Q}\right]$$

$$=O\left[\log t\left\{\frac{t^{1/2}y_1y_2Q}{R^{3/2}N^{3/2}}+\frac{R^{3/2}N^{7/2}}{t^{1/2}y_1y_2Q}\right\}\right] \tag{7.10}$$

since $R/l_1=N/l_2$ and $(x+1)^2=O(x^2+1)$. Finally,

$$J_3=O\left[\left(\frac{R}{l_1}+1\right)\left(\frac{N}{l_2}+1\right)l_2\right]=O\left(\frac{RN}{l_1}+l_2\right)$$

$$=O\left(\frac{t^{1/2}y_1y_2Q}{R^{3/2}N^{3/2}}\right)+O\left(\frac{R^{3/2}N^{7/2}}{t^{1/2}y_1y_2Q}\right) \tag{7.11}$$

From (7.8) to (7.11)

$$S_4=O\left(\frac{R\xi}{x_3}\right)+O\left[\log t\left\{\frac{t^{1/2}y_1y_2Q^2}{x_3R^{3/2}N^{5/2}}+\frac{Q^{1/2}N}{\xi^{1/2}}+\frac{R^{3/2}N^{7/2}}{t^{1/2}y_1y_2Q^{1/2}\xi^{1/2}}\right\}\right]$$

since $\xi<Q$ and $Q\geqslant x_3N$, by (6.3).

If we put $R\xi/x_3=(Q^{1/2}N/\xi^{1/2})\log t$, we shall get $\xi=((x_3NQ^{1/2}/R)\log t)^{2/3}$. But we take the bigger value

$$\xi=A\frac{Q}{R^{2/3}}\left(\frac{\lambda^2\lambda''^2}{y_1y_2(y_3+1)}\right)^{1/2}\log^{2/3}t,\quad A>1 \tag{7.12}$$

The value is certainly bigger by (6.3). The reason for doing so will be seen in the following sections. We have

$$S_4=O\left[\frac{R^{1/3}Q}{x_3}\left(\frac{\lambda^3\lambda''^2}{y_1y_2(y_3+1)}\right)^{1/2}\log^{2/3}t\right]+O\left[\frac{t^{1/2}y_1y_2Q^2}{x_3R^{3/2}N^{5/2}}\log t\right]+$$
$$O\left[\frac{R^{11/6}N^{7/2}}{t^{1/2}y_1y_2Q\log^{1/3}t}\right] \tag{7.13}$$

Remarks If (C_6) is not true, the second term is not less than $O(RN)$. Hence (7.13) remains true.

8. Proof of (C_7) under certain conditions

We consider, for example, the first relation in (C_7) only. By the remarks at the end of § 6, we can write $\psi_p=\psi_{p,1}+\psi_{p,2}$ where $\psi_{p,1}$ satisfies (6.5) to (6.7) and $\psi_{p,2}=O(t^{-\delta})$ where δ can be made as large as we please. Hence

$$\iint_{\Delta_{p,m}}e^{2\pi i\psi_p(x,y)}\,dx\,dy$$
$$=\iint_{\Delta_{p,m}}e^{2\pi i\psi_{p,1}(x,y)}\,dx\,dy+$$
$$\sum_{j=1}^{\infty}O\left[\iint_{\Delta_{p,m}}\frac{|\psi_{p,2}(x,y)|^j}{j!}dx\,dy\right]$$
$$=\iint_{\Delta_{p,m}}e^{2\pi i\psi_{p,1}(x,y)}\,dx\,dy+O\left(\frac{R^{3/2}N^{7/2}}{t^{1/2}y_1y_2Q^{1/2}\cdot 2^m\xi^{1/2}}\right)$$

Write $\psi_{p,1}=\psi^*$. We need only to examine the conditions of Lemma

8. Let

$$B = At^{1/2} y_1 y_2 R^{-5/2} N^{-5/2} Q$$

then

$$t^{1/2} y_1 y_2 R^{-5/2} N^{-5/2} Q\left(\frac{Q_0}{RN}\right)^2 = O(Bt^{-2\varepsilon})$$

by (C_5). By the remarks at the end of §6, ψ^* satisfies (6.5) to (6.7). Hence, by (6.1),

$$B < \psi^*_{xx} < AB, \quad A < \psi^*_{xy} < A\frac{BR}{N}, \quad |\psi^*_{yy}| < A\frac{BR^2}{N^2} \tag{8.1}$$

Thus condition (1′) of Lemma 8 is satisfied. In condition (2), we may take, by (6.7), $r_0^2 = Aty_1^2 y_2^2 R^{-3} N^{-7} Q \cdot 4^m \xi$①, provided that $ty_1^2 y_2^2 R^{-3} N^{-7} Q^2 (Q_0/RN)^2 < Kr_0^2$ for a sufficiently small K. By choosing the constant A in (7.12) sufficiently large, this can be achieved, provided that

(C_8) $$Q_0 = O(R^{2/3} N)$$

In condition (3), we take $C = ABR^{-1}$, $U = \min(N, l_2)$. Then we want $BR^{-1} < AB^{3/2}$ and $BR^{-1} Nr < AB^2$, that is, $R^{-2} < AB$ and $r_0 N < ABR$. Since $2^m \xi^{1/2} < Q^{1/2}$, we have $r_0 N < t^{1/2} y_1 y_2 R^{-3/2} N^{-5/2} \cdot Q < ABR$. The second condition is satisfied. Since $Q > x_3 N$, we have $B > At^{1/2} R^{-5/2} N^{-3/2}$, and the first condition reduces to

(C_9) $$RN^3 = O(t)$$

By taking k sufficiently large, we can replace the conditions (4) and (5) by a stronger condition

$$B^{1/2} C_1 = O(r_0^2 t^{-\varepsilon}) \tag{8.2}$$

By differentiating ψ^*_{xy} with respect to y we get an extra factor N^{-1}. Hence $\psi^*_{xyy} = O(BRN^{-1})$. Similarly $\psi^*_{xxy} = O(BN^{-1})$, $\psi^*_{xxx} = O(BR^{-1})$. Therefore

$$|\psi^{*2}_{xx}\psi^*_{xyy} - 2\psi^*_{xx}\psi^*_{xy}\psi^*_{xxy} + \psi^{*2}_{xy}\psi^*_{xxx}| < B^3 RN^{-2}$$

We now take $C_1 = BRN^{-2}$. Using (7.12) we find

---

① Here we write r_0 for the r in Lemma 8 to avoid confusion.

$$r_0^2 > AB^2R^2N^{-2}Q^{-1}\xi > AB^2R^2N^{-2}R^{-2/3}\left(\frac{\lambda^3\lambda''^2}{y_1y_2(y_3+1)}\right)^{1/2} \tag{8.3}$$

The relation (8.2) becomes

$$R^{-1/3}=O\left[\left(B\frac{\lambda^3\lambda''^2}{y_1y_2(y_3+1)}\right)^{1/2}t^{-\varepsilon}\right]$$

Since $Q>(y_3+1)R$, we have $B>At^{1/2}y_1y_2(y_3+1)R^{-3/2}N^{-5/2}$. So the last condition reduces to

$$(C_{10})\qquad R^{-1/3}=O[(t^{1/2}\lambda^3\lambda''^2R^{-3/2}N^{-5/2})^{1/2}t^{-\varepsilon}]$$

9. Now consider S_3. Since S'_4 can be estimated as S_4 we have, by (7.13) and (4.7),

$$S_3=O\left(\frac{RN}{\lambda^{1/2}}\right)+$$
$$O\left(\frac{(RN)^{7/8}}{\lambda^{3/2}}\left\{\sum_{y_1=1}^{\lambda-1}\left[\sum_{y_2=1}^{\lambda^2-1}\left(\sum_{x_3=1}^{\lambda'^2-1}\sum_{y_3=1}^{\lambda''^2-1}\left\{\frac{R^{1/3}Q}{x_3}\frac{\lambda^{3/2}\lambda''}{y_1^{1/2}y_2^{1/2}(y_3+1)^{1/2}}\log^{2/3}t+\right.\right.\right.\right.\right.$$
$$\left.\left.\left.\left.\left.\frac{t^{1/2}y_1y_2Q^2}{x_3R^{3/2}N^{5/2}}\log t+\frac{R^{11/6}N^{7/2}}{t^{1/2}y_1y_2Q\log^{1/3}t}\right\}\right)^{1/2}\right]^{1/2}\right\}^{1/2} \tag{9.1}$$

We choose λ' and λ'' such that $\lambda'^2N=\lambda''^2R$, then, since $\lambda'\lambda''=\lambda^2$

$$\lambda''=\left(\frac{N}{R}\right)^{1/4}\lambda,\quad \lambda'=\left(\frac{N}{R}\right)^{-1/4}\lambda \tag{9.2}$$

This is possible provided that

$$(C_{11})\qquad NR^{-1}\leqslant\lambda^4$$

Thus $Q=O(\lambda'^2N)=O(\lambda''^2R)=O(\lambda^2N^{1/2}R^{1/2})$. Hence

$$S_3=O\left(\frac{RN}{\lambda^{1/2}}\right)+O\left((RN)^{7/8}\left\{R^{1/3}N\log^{5/3}t+\frac{t^{1/2}\lambda^5}{RN}\log^2t+\frac{R^{4/3}N^3}{t^{1/2}\lambda^5}\log t\right\}^{1/8}\right)$$
$$=O\left(\frac{RN}{\lambda^{1/2}}\right)+O(t^{1/16}R^{3/4}N^{3/4}\lambda^{5/8}\log^{1/4}t) \tag{9.3}$$

provided that

$$R^{1/3}N=O(t^{1/2}R^{-1}N^{-1}\lambda^5),\ t^{-1/2}\lambda^{-5}R^{4/3}N^3\log t=O(t^{1/2}R^{-1}N^{-1}\lambda^5) \tag{9.4}$$

Choose λ so that $RN\lambda^{-1/2}=t^{1/16}R^{3/4}N^{3/4}\lambda^{5/8}\log^{1/4}t$, then

$$\lambda=\left(\frac{R^{1/4}N^{1/4}}{t^{1/16}}\right)^{8/9}\log^{-2/9}t=\frac{R^{2/9}N^{2/9}}{t^{1/18}}\log^{-2/9}t \tag{9.5}$$

Inserting this value in (9.4), we find that the first relation is more stringent, It can be replaced by

(C_{12}) $$RN^4 = O(t^{-\varepsilon})$$

Inserting (9.5) into (9.3)

$$S_3 = O(t^{1/36} R^{8/9} N^{8/9} \log^{1/36} t) = O(t^{1/36+\varepsilon} R^{8/9} N^{8/9}) \qquad (9.6)$$

We now return to (4.4). We observe that the above argument applies equally well if S_3 is over part of a rectangle cut off by either or both of the curves $v=\alpha$ and $v=\beta$. In fact, the equations of the two curves are, by (4.5)

$$v = -\frac{t}{2\pi}\left(\frac{1}{b} - \frac{1}{b-r}\right), \quad v = -\frac{t}{2\pi}\left(\frac{1}{a+r} - \frac{1}{a}\right)$$

Hence along these curves $\mathrm{d}^2 r/\mathrm{d}v^2 = O(a^3/t^2)$. In Lemma 8 the condition (6) is satisfied if (see(C_7)) $|\psi_{pxx} l_2 a^3 t^{-2}| < K r_0$ where ψ_p, l_2 and r_0 are given in §7 and §8 and K is sufficiently small. By cur choice of l_2, $|\psi_{pxx} l_2| < NR^{-1}$. By (6.3) and (7.12), $r_0 > At^{1/2} y_1 y_2 R^{-3/2} N^{-7/2}$. $Q^{1/2}\xi^{1/2} > At^{1/2} R^{-3/2} N^{-7/2} NR^{-1/3}$. Thus the condition reduces to $Kt^{1/2} R^{-11/6} N^{-9/2} > NR^{-1} a^3 t^{-2}$ for a sufficiently small K. That is, $a^3 R^{5/6} N^{7/2} < Kt^{5/2}$. Using the fact $N = O(Rt/a^2)$ or $N^{3/2} = O(R^{3/2} t^{3/2}/a^3)$, we reduced it to $R^{7/3} N^2 < Kt$. This is included in (C_{12}). Hence it is legitimate to use Lemma 8 in estimating S_4. We may also use Lemma 10 to get an upper bound for the number of rectangles (or parts of rectangles) $\Delta_{p,m}$ in a strip (7.5), since the domain of summation lies entirely within a rectangle of side-lengths R and N.

We observe that $|f_{yy}(r,y)| > Atra^{-3}$. Hence, by partial summations

$$\begin{aligned} S_2 &= O(\rho(t\rho a^{-3})^{-1/2} t^{1/36+\varepsilon} \rho^{8/9} \beta^{8/9}) + O(a^{3/2} t^{-1/2} \rho^{3/2}) + \\ &\quad O(\rho^2 \log t) + O(a^{-2/5} t^{2/5} \rho^{12/5}) \\ &= O(t^{15/36+\varepsilon} a^{-5/18} \rho^{41/18}) + O(a^{3/2} t^{-1/2} \rho^{3/2}) + \\ &\quad O(\rho^2 \log t) + O(a^{-2/5} t^{2/5} \rho^{12/5}) \end{aligned}$$

since $\beta = O(t\rho a^{-2})$. Therefore, by (4.2)

$$S_1 = O(a\rho^{-1/2}) + O(t^{15/72+\varepsilon} a^{13/36} \rho^{5/36}) + O(a^{5/4} t^{-1/4} \rho^{-1/4}) +$$

$$O(a^{1/2}\log^{1/2}t)+O(a^{3/10}t^{1/5}\rho^{1/5})$$

The first two terms are of the same order if

$$\rho=(t^{-15/72-\varepsilon}a^{23/36})^{36/23}=t^{-15/46-\varepsilon}a \tag{9.7}$$

This gives, for $a=O(t^{1/2})$,

$$S_1=O(t^{15/92+\varepsilon}a^{1/2})+O(t^{-31/184+\varepsilon}a)+O(a^{1/2}\log^{1/2}t)+O(t^{31/200}a^{1/2})$$
$$=O(t^{15/92+\varepsilon}a^{1/2})$$

Hence, by partial summation

$$\sum_{n=a}^{b}\frac{1}{n^{1/2+it}}=O(t^{15/92+\varepsilon}) \tag{9.8}$$

10. **Let us examine the conditions we assumed**

The conditions (C_1), (C_4) and (C_9) are included in (C_{12}). By (9.2), (C_3) is not stronger than (C_5). By the remarks at the end of §7 and by §8, the conditions (C_6) and (C_7) can be deleted. The conditions (C_2) is satisfied so far as we do not consider the case $a>At^{1/2}$. It remains, therefore, to consider (C_5), (C_8), (C_{10}), (C_{11}) and (C_{12}).

Since $Q_0=O(\lambda'^2N)$ and $\lambda'^2N=\lambda''^2R$, (C_5) and (C_8) can be replaced by $\lambda'^2=O(R^{2/3}t^{-\varepsilon})$. By (9.2) and (9.5), this can be reduced to the trivial condition $R^5N^{-1}=O(t^{2-\varepsilon})$.

Using (9.2) and (9.5), (C_{10}) can be written as

$$R^{-1/3}=O\left[\left(t^{1/2}\frac{R^{10/9}N^{10/9}}{t^{5/18}}\left(\frac{N}{R}\right)^{1/2}R^{-3/2}N^{-5/2}\right)^{1/2}t^{-\varepsilon}\right]$$

which is actually equivalent to (C_{12}). Since $N=O(Rt/a^2)$ (use the relation above (4.6)), (C_{12}) is equivalent to $R^5t^{3+\varepsilon}=O(a^8)$. By (9.7), this reduces to $t^{-75/46}t^{3+\varepsilon}=O(a^3)$. That is

(C) $$a>At^{21/46+\varepsilon}$$

Now consider (C_{11}). By (9.5), the condition is

$$NR^{-1}<t^{-2/9}R^{8/9}N^{8/9}\log^{2/9}t$$

or

(C′) $$t^2\log^2 t\leqslant AR^{17}N^{-1}$$

Using $N>ARta^{-2}$, this can be reduced to

(C'_1) $\qquad t^3\log^2 t = O(R^{16}a^2)$ or $R > A\left(\frac{t^3\log^2 t}{a^2}\right)^{1/16}$

11. If both (C) and (C′) are satisfied we have nothing to justify. Now suppose that one of them is not true.

We shall not take the values for λ' and λ'' given in (9.2). We can, as did Professor Titchmarsh① in his paper, take $\lambda'' = \lambda^2$ and omit the x_3-summation. This amounts to using Lemma 5 three times.

We are compelled to examine the whole proof afresh, keeping to its original form as closely as possible § 3 is now useless. In § 4, we omit all the x_3-summations and put $x_3 = 0$, $\lambda' = 1$ whenever they occur elsewhere. In § 5, we put $x_3 = 0$. In § 6, we put $x_3 = \lambda' = 0$. Then, in (6.7), the first term on the right-hand side is now "positive definite".

Now § 7 can be greatly simplified, for we have no need of redividing Δ_p. We may take Δ_p as Δ''_p there and put $J_0 = J = 0$. By arguing as before, we find

$$S_4 = J_2 + J_3 = O\left(\frac{RN}{l_1} + l_2\right)\log t = O\left[\frac{t^{1/2}y_1y_2y_3}{R^{1/2}N^{3/2}} + \frac{R^{1/2}N^{7/2}}{t^{1/2}y_1y_2y_3}\right]\log t$$

Inserting this result into (4.7) we obtain

$$S_3 = O(RN/\lambda^{1/2}) + O(R^{13/16}N^{11/16}t^{1/16}\lambda^{7/8}\log^{1/8}t) + O(R^{15/16}N^{21/16}t^{-1/16}\lambda^{-7/8}\log^{1/4}t) \tag{11.1}$$

The first two terms are of the same order if

$$\lambda = \left[\left(\frac{R^3N^5}{t\log^2 t}\right)^{1/22}\right] \tag{11.2}$$

This gives

$$S_3 = O(R^{41/44}N^{39/44}t^{1/44}\log^{1/22}t) \tag{11.3}$$

provided that the last term in (11.1) is negligible. This is true if $RN^5\log t = O(t\lambda^{14})$. Using (11.2) and the fact that $N < AtRa^{-2}$, we reduce this to

$$t^{16}R^{10}\log^{25}t = O(a^{40}) \tag{11.4}$$

① Loc. cit. p. 13.

First, suppose that (C) is true and (C′) is false. Then (11.4) becomes $t^{16}(a^{-2}t^3\log^2 t)^{5/8}\cdot\log^{25}t = O(a^{40})$. This can be reduced to $a > t^{143/330}\log^{7/11}t$, a consequence of (C).

We expect that (11.3) implies (9.6). This is true of $R^{17}N^{-1} < t^{2+\varepsilon}$ which is weaker than the negation of (C′). Thus (9.6) is proved for this case.

Next, suppose that (C) is untrue. Then we have, as before,

$$S_2 = O(\rho^{51/22}t^{9/22}a^{-3/11}\log^{1/22}t) + O(a^{3/2}t^{-1/2}\rho^{3/2}) + O(\rho^2\log t) + O(a^{-2/5}t^{2/5}\rho^{12/5})$$

Hence

$$S_1 = O(a\rho^{-1/2}) + O(a^{4/11}\rho^{7/44}t^{9/44}\log^{1/44}t) + O(a^{5/4}\rho^{-1/4}t^{1/4}) + O(a^{1/2}\log^{1/2}t) + O(a^{3/10}\rho^{1/5}t^{1/5})$$

The first two terms are of the same order if

$$\rho = [(a^{28}t^{-9}\log^{-1}t)^{1/29}] \tag{11.5}$$

This gives

$$\sum_{n=a}^{b} n^{-it} = O(a^{15/29}t^{9/58}\log^{1/58}t) + O(a^{117/116}t^{-5/29}\log^{1/116}t) + O(a^{1/2}\log^{1/2}t) + O(a^{143/290}t^{4/29})$$

It can be verified that the last three terms are negligible and all conditions except (11.4) can be removed. By partial summation,

$$\sum_{n=a}\frac{1}{n^{1/2+it}} = O(a^{1/58}t^{9/58}\log^{1/58}t) = O(t^{15/92}\log^{1/58}t)$$

since (C) is untrue and $(21/46)\times 1/58 + 9/58 = 15/92$. By (11.5) we may reduce (11.4) to

$$a > t^{17/40}\log^{143/176}t \tag{C*}$$

Thus we have proved (9.8) completely under the sole condition (C*).

12. **Completing the proof**

We use, first, the inequality

$$\sum_{n=N}^{N'}\frac{1}{n^{1/2+it}} = O(N'^{5/82}t^{11/82}) + O(N^{-17/328}t^{61/328}),\quad N > t^{11/36}$$

For $N' < t^{17/40+\varepsilon}$, the first term is $O(t^{15/92+\varepsilon})$, for

$$\frac{17}{40}\cdot\frac{5}{82}+\frac{11}{82}=\frac{105}{656}<\frac{15}{92}$$

The second term is $O(t^{15/91})$ if $N \geqslant t^{173/391}$.

For $N < t^{173/391}$, we use the result[①]

$$\sum_{a\leqslant n\leqslant b} n^{-1/2+\mathrm{i}t}=O(t^k a^{l-k-1/2})$$

where $a<b<2a<t/\pi$, and $k=97/696$, $l=480/696$. The sum is $O(t^{15/92})$ since

$$\frac{97}{696}+\left(\frac{480}{696}-\frac{97}{696}-\frac{1}{2}\right)\cdot\frac{173}{391}=\frac{97}{696}+\frac{35\times 173}{696\times 391}<\frac{15}{92}$$

By the approximate functional equation, we have

$$\xi(1/2+\mathrm{i}t)=O(t^{15/92+\varepsilon}),\quad \varepsilon>0$$

where the constant implied by O depends only on ε.

黎曼 ζ 函数的一种推广
——Ⅰ. $Z_{n,k}(s)$ 的全面解析开拓[②]

§1 引 论

黎曼 ζ 函数有种种有趣的推广，本文将提出一个新的推广. 在全文中，永远假定 n 是偶数. 命

$$Z_{n,k}(s)=\sum_{x_1=-\infty}^{\infty}\cdots\sum_{x_k=-\infty}^{\infty}{}'\frac{1}{(x_1^n+\cdots+x_k^n)^s}\tag{1.1}$$

式中“$'$”表 $x_1,\cdots,x_k$ 不同时为零，而依黎曼 ζ 函数论中的惯例，常设 $s=\sigma+\mathrm{i}t$. 当(1.1) 的右端绝对收敛时，显然

$$Z_{n,k}(s)=\sum_{m=1}^{\infty}\frac{B(m)}{m^s}\tag{1.2}$$

① 222-223.

② 原载：数学学报，1955，5(3)：285-294.

式中

$$B(m)=\sum_{\substack{x_1=-\infty \\ x_1^n+\cdots+x_k^n=m}}^{\infty}\cdots\sum_{x_k=-\infty}^{\infty}1 \tag{1.3}$$

表 $x_1^n+\cdots+x_k^n=m$ 的整数解的个数.

如果把(1.1) 再推广一些,不难使它包括 Epstein Z 函数,例如把(1.1) 右边的 $x_1^n+\cdots+x_k^n$ 换成 k 个线性函数的 n 次方幂的和就是一个顶简单的推广方法.但为明确计,我们宁愿就上面这个形式上较特殊而实际上最重要的情形来讨论.

本文将分作若干篇发表,本篇 Ⅰ 将建立函数 $Z_{n,k}(s)$ 的一些基本性质,最主要的是它可以像 $\zeta(s)$ 一样开拓到全平面,其唯一的奇点是一个简单极点.

§2 $Z_{n,k}(s)$ 的几个简单性质

为简便计,今后用 v 表 $\frac{1}{n}$

$$v=\frac{1}{n}. \tag{2.1}$$

定理 2.1 级数(1.1) 当 $\sigma>kv$ 时绝对收敛,当 $\sigma\leqslant kv$ 时发散.又当 $\sigma>kv$ 时

$$Z_{n,k}(s)\leqslant A\left(1+\frac{1}{\sigma-kv}\right) \tag{2.2}$$

式中 A 代表一个正的绝对常数.

证 (1) 因多重级数的收敛就是绝对收敛,所以只须考虑 $s=\sigma$ 的情形:

$$\sum_{x_1=-\infty}^{\infty}\cdots\sum_{x_k=-\infty}^{\infty}{}'\frac{1}{(x_1^n+\cdots+x_k^n)^{\sigma}} \tag{2.3}$$

显然

$$\begin{aligned}\sum_{\substack{x_1=-N \\ |x_i|\leqslant|x_1|,i=2,\cdots,k}}^{N}{}'\frac{1}{(x_1^n+\cdots+x_k^n)^{\sigma}}&\leqslant 2\sum_{x_1=1}^{N}\frac{(2x_1+1)^{k-1}}{x_1^{n\sigma}}\\&\leqslant 2\cdot 3^{k-1}\sum_{x_1=1}^{N}\frac{1}{x_1^{n\sigma-k+1}}\end{aligned} \tag{2.4}$$

式中“′”表 $x_1 \neq 0$. 若 $\sigma > kv$,则当 $N \to +\infty$ 时上式右端有界. 显然若用 $x_j(j=2,\cdots,k)$ 代替上式之 x_1 亦得同样结论. 由此可见(2.3) 绝对收敛.

(2) 另一方面

$$\sum_{\substack{x_1=-N \\ |x_i|\leqslant|x_1|,i=2,\cdots,k}}^{N}{}' \frac{1}{(x_1^n+\cdots+x_k^n)^\sigma} \geqslant 2\sum_{x_1=1}^{N} \frac{(2x_1+1)^{k-1}}{(kx_1^n)^\sigma}$$

$$\geqslant 2^k \sum_{x_1=1}^{N} k^\sigma \frac{1}{x_1^{n\sigma-k+1}}$$

若 $\sigma \leqslant kv$,上式右端显然随 N 趋向 $+\infty$;故当 $\sigma \leqslant kv$ 时,级数(2.3) 发散.

(3) 由(2.4)

$$\sum_{i=1}^{k} \sum_{\substack{x_i=-N \\ |x_j|\leqslant|x_i|,j\neq i}}^{N}{}' \frac{1}{(x_1^n+\cdots+x_k^n)^\sigma} \leqslant 2\cdot 3^{k-1}k\sum_{x=1}^{N}\frac{1}{x^{n\sigma-k+1}}$$

$$\leqslant 2\cdot 3^{k-1}k\left\{1+\int_1^N \frac{\mathrm{d}x}{x^{n\sigma-k+1}}\right\} \leqslant A\left(1+\frac{1}{n\sigma-k}\right)$$

于是定理随之成立.

定理 2.2 除以 $s=kv$ 为简单极点外,$Z_{n,k}(s)$ 可以解析地开拓到 $\sigma=kv-v$ 之右. 在极点 $s=kv$, $Z_{n,k}(s)$ 的残数是

$$P=2^k kvT_k \text{ 而 } T_k=\frac{\Gamma^k(1+v)}{\Gamma(1+kv)} \tag{2.5}$$

证 (1) 当 $0 \leqslant x < 1$ 时,命 $S(x)=0$,而于 $x \geqslant 1$ 时

$$S(x)=\sum_{0\leqslant m\leqslant x} B(m)$$

则对于正整数 m 即有

$$B(m)=S(m)-S(m-1)$$

故当 $\sigma > kv$ 时,由(2.5) 得

$$Z_{n,k}(s)=\sum_{m=1}^{\infty}\frac{S(m)-S(m-1)}{m^s}=\sum_{m=1}^{\infty}S(m)\left(\frac{1}{m^s}-\frac{1}{(m+1)^s}\right)$$

$$=\sum_{m=1}^{\infty}S(m)s\int_m^{m+1}\frac{\mathrm{d}x}{x^{s+1}}=s\int_1^\infty \frac{S(x)\mathrm{d}x}{x^{s+1}} \tag{2.6}$$

(2) 现在要证明当 $x \to +\infty$ 时,

$$S(x)=S_k(x)=2^k T_k x^{kv}+\omega_k(x)x^{kv-v} \tag{2.7}$$

式中 $|\omega_k(x)|$ 是一个有界函数，其上界只与 n 及 k 有关. 我们只要证明(2.7) 对于正整数 $x=N$ 成立即可. 这因为知道(2.7) 对正整数成立之后，不难看出(2.7) 对所有正数 x 都成立.

显然

$$S_1(N)=2N^v+1-2\theta,\quad 0<\theta<1$$

故(2.7) 对于 $S_1(N)$ 成立. 今设(2.7) 对于 $S_k(N)$ 成立，则

$$\begin{aligned}S_{k+1}(N)&=\sum_{-N^v\leqslant t\leqslant N^v}S_k(N-t^n)\\&=2^kT_k\sum_{-N^v\leqslant t\leqslant N^v}(N-t^n)^{kv}+\sum_{-N^v\leqslant t\leqslant N^v}\omega_k(N-t^n)(N-t^n)^{kv-v}\\&=2^kT_k\int_{-N^v}^{N^v}(N-t^n)^{kv}\mathrm{d}t+2^{k+1}\theta'T_kN^{kv}+N^{kv}A_k(N)\end{aligned}$$

式中 $-1\leqslant\theta'\leqslant 1$，$|A_k(N)|<2\sup|\omega_k(N)|$. 但

$$\begin{aligned}\int_{-N^v}^{N^v}(N-t^n)^{kv}\mathrm{d}t&=2\int_0^{N^v}(N-t^n)^{kv}\mathrm{d}t=2vN^{(k+1)v}\int_0^1(1-x)^{kv}x^{v-1}\mathrm{d}x\\&=2vN^{(k+1)v}\frac{\Gamma(kv+1)\Gamma(v)}{\Gamma(kv+v+1)}\end{aligned}$$

故

$$S_{k+1}(N)=2^{k+1}T_{k+1}N^{(k+1)v}+\omega_{k+1}(N)N^{kv}$$

其中 $|\omega_{k+1}(N)|$ 的上界只与 n 及 k 有关. 这证明(2.7) 常成立①.

(3) 把(2.7) 代入(2.6)，即得：当 $\sigma>kv$ 时

$$Z_{n,k}(s)=\frac{2^kT_ks}{s-kv}+s\int_1^{\infty}\frac{\omega_k(x)\mathrm{d}x}{x^{s-kv+1+v}}\tag{2.8}$$

利用把 $\frac{\omega_k(x)}{x^{s-kv+1+v}}$ 展成 s 的幂级数(显然当 $1\leqslant x\leqslant X$ 时一致收敛)然后分项积分的方法，可以证明当 X 一定时

$$f_X(s)=s\int_1^X\frac{\omega_k(x)\mathrm{d}x}{x^{s-kv+1+v}}=s\sum_{m=0}^{\infty}\frac{s^m}{m!}\int_1^X\frac{\omega_k(x)\log^m x}{x^{-kv+1+v}}\mathrm{d}x$$

是 s 的整函数$\left(\text{这因为}\left|\int_1^X\frac{\omega_k(x)\log^m x}{x^{-kv+1+v}}\mathrm{d}x\right|\leqslant\log^m X\int_1^X\frac{\omega_k(x)\mathrm{d}x}{x^{-kv+1+v}}\right)$. 又当 $X\to+\infty$ 时，在 $\sigma\geqslant kv-v+\varepsilon(\varepsilon>0)$ 半面内，$f_x(s)$ 一致地趋于极

① 参看 Виноградов, Метод тригонометрических сумм в теории чисел, 第一章，引理 3.

限函数

$$s\int_1^{\infty}\frac{\omega_k(x)\mathrm{d}x}{x^{s-kv+1+v}}=f(s)$$

故 $f(s)$ 在 $\sigma>kv-v$ 时是解析的，因此 $Z_{n,k}(s)$ 除以 $s=kv$ 为简单极点(其相当的残数显然是 $P=2^k kvT_k$) 外，在半面 $\sigma>kv-v$ 上是解析的①.

定理 2.3　当 $\sigma>kv-v$ 而 $|t|\to\infty$ 时

$$Z_{n,k}(s)=O(|s|)$$

证　由(2.8)及下式即得本定理

$$\int_1^{\infty}\frac{\omega_k(x)\mathrm{d}x}{x^{\sigma-kv+1+v}}=O\left(\int_1^{\infty}\frac{\mathrm{d}x}{x^{1+v}}\right)=O(1)$$

§3　$Z_{n,k}(s)$ 的全面开拓

在上节已经证明 $Z_{n,k}(s)$ 并非以 $\sigma=kv$ 为自然边界而可以解析地开拓到 $\sigma=kv-v$ 之右(但以 $s=kv$ 为奇点). 下面证明 $Z_{n,k}(s)$ 可以解析地开拓到全平面，但以 $s=kv$ 为唯一奇点. 我们要用几个引理：

引理 3.1(Poisson 公式)　设 $f(x)$ 是确定在 $0\leqslant x<+\infty$ 的连续函数，且当 $x\to+\infty$ 时下降至 0. 又设 $f(x)\in L(0,\infty)$，$\alpha>0$，$\alpha\beta=2\pi$，而

$$g(y)=\sqrt{\frac{2}{\pi}}\int_0^{\infty}f(t)\cos yt\,\mathrm{d}t$$

则

$$\sqrt{\alpha}\left\{\frac{1}{2}f(0)+\sum_{n=1}^{\infty}f(n\alpha)\right\}=\sqrt{\beta}\left\{\frac{1}{2}g(0)+\sum_{n=1}^{\infty}g(n\beta)\right\}\quad(3.1)$$

引理 3.2　当 $\omega>0$(及 n 是正的偶数)时

$$\frac{1}{2}+\sum_{x=1}^{\infty}\mathrm{e}^{-x^n\omega}$$

$$=\frac{1}{\omega^v}\left\{\Gamma(1+v)+2\omega^{2hv}\sum_{y=1}^{\infty}\frac{(-1)^h}{(2\pi y)^{2h}}\int_0^{\infty}\left(\frac{\mathrm{d}^{2h}}{\mathrm{d}x^{2h}}\mathrm{e}^{-x^n}\right)\cos\frac{2\pi yx}{\omega^v}\mathrm{d}x\right\}\quad(3.2)$$

① 参看 Ingham, The Distribution of Prime Numbers，第二章，第 1,2 两节.

式中 h 可以是任何正整数. 又如把一函数看成是自己的 0 次导数,则上式当 $h=0$ 时仍然成立.

证 (1) 在引理 3.1 中可令

$$f(x)=\mathrm{e}^{-x^n},\quad \alpha=\omega^v,\quad \beta=\frac{2\pi}{\alpha}=\frac{2\pi}{\omega^v}$$

则
$$g(y)=\sqrt{\frac{2}{\pi}}\int_0^{\infty}\mathrm{e}^{-t^n}\cos yt\,\mathrm{d}t$$

而
$$\omega^{v/2}\left\{\frac{1}{2}+\sum_{x=1}^{\infty}\mathrm{e}^{-x^n\omega}\right\}=\frac{\sqrt{2\pi}}{\omega^{v/2}}\left\{\frac{1}{2}\sqrt{\frac{2}{\pi}}\int_0^{\infty}\mathrm{e}^{-x^n}\mathrm{d}x+\sum_{y=1}^{\infty}\sqrt{\frac{2}{\pi}}\int_0^{\infty}\mathrm{e}^{-x^n}\cos\frac{2\pi yx}{\omega^v}\mathrm{d}x\right\}$$

因 $\int_0^{\infty}\mathrm{e}^{-x^n}\mathrm{d}x=v\int_0^{\infty}u^{v-1}\mathrm{e}^{-u}\mathrm{d}u=v\Gamma(v)=\Gamma(1+v)$,故

$$\frac{1}{2}+\sum_{x=1}^{\infty}\mathrm{e}^{-x^n\omega}=\frac{1}{\omega^v}\left\{\Gamma(1+v)+2\sum_{y=1}^{\infty}\int_0^{\infty}\mathrm{e}^{-x^n}\cos\frac{2\pi yx}{\omega^v}\mathrm{d}x\right\}\tag{3.3}$$

(2) 今将证当 h 是正整数时

$$\int_0^{\infty}\mathrm{e}^{-x^n}\cos\frac{2\pi xy}{\omega^v}\mathrm{d}x=(-1)^h\left(\frac{\omega^v}{2\pi y}\right)^{2h}\int_0^{\infty}\left(\frac{\mathrm{d}^{2h}}{\mathrm{d}x^{2h}}\mathrm{e}^{-x^n}\right)\cos\frac{2\pi xy}{\omega^v}\mathrm{d}x\tag{3.4}$$

如果把 e^{-x^n} 看作自己的 0 次导数,显然上式对于 $h=0$ 成立. 今假定上式成立而证用 $h+1$ 换 h 后仍成立.

用分部积分法两次,由(3.4)得

$$\int_0^{\infty}\mathrm{e}^{-x^n}\cos\frac{2\pi xy}{\omega^v}\mathrm{d}x=(-1)^h\left(\frac{\omega^v}{2\pi y}\right)^{2h+2}\left[\left(\frac{\mathrm{d}^{2h+1}}{\mathrm{d}x^{2h+1}}\mathrm{e}^{-x^n}\right)\cos\frac{2\pi xy}{\omega^v}\right]_0^{\infty}+(-1)^{h+1}\left(\frac{\omega^v}{2\pi y}\right)^{2h+2}\int_0^{\infty}\left(\frac{\mathrm{d}^{2h+2}}{\mathrm{d}x^{2h+2}}\mathrm{e}^{-x^n}\right)\cos\frac{2\pi xy}{\omega^v}\mathrm{d}x$$

上面第一项事实上等于 0. 这因为一方面

$$\frac{\mathrm{d}^{2h+1}}{\mathrm{d}x^{2h+1}}\mathrm{e}^{-x^n}=P(x)\mathrm{e}^{-x^n}$$

其中 $P(x)$ 是一个多项式,故当 $x\to\infty$ 时,上式 $\to 0$;另一方面

$$\frac{\mathrm{d}^{2h+1}}{\mathrm{d}x^{2h+1}}\mathrm{e}^{-x^n}=\frac{\mathrm{d}^{2h+1}}{\mathrm{d}x^{2h+1}}\left(1-x^n+\frac{x^{2n}}{2!}-\frac{x^{3n}}{3!}+\cdots\right)$$

上式右端在分项微分之后,不含常数项(因 n 是偶数),故当 $x=0$ 时,上式为 0. 因此(3.4)常成立.

(3) 把(3.4) 代入(3.3) 即得(3.2).

定理3.1 $Z_{n,k}(s)$ 除在 $s=kv$ 有一简单极点(其相应的残数为 $P=2^k kvT_k$) 外,可以解析地开拓到全平面.

证 (1) 利用当 $\sigma>0$ 时 $\Gamma(s)$ 的公式

$$\Gamma(s)=\int_0^{\infty}x^{s-1}\mathrm{e}^{-x}\mathrm{d}x$$

可以证明,当 $\sigma>kv$ 时

$$Z_{n,k}(s)=\frac{1}{\Gamma(s)}\int_0^{\infty}\omega^{s-1}\left[\left(\sum_{x=-\infty}^{\infty}\mathrm{e}^{-x^n\omega}\right)^k-1\right]\mathrm{d}\omega \tag{3.5}$$

现在把证明的详细步骤叙述如下:当 $\omega>0$ 时

$$\left(\sum_{x=-\infty}^{\infty}\mathrm{e}^{-x^n\omega}\right)^k-1=\sum_{m=1}^{\infty}B(m)\mathrm{e}^{-m\omega} \tag{3.6}$$

式中 $B(m)$ 的定义见(1.3). 由(2.7),$S(x)=O(x^{kv})$. 由 $B(m)$ 与 $S(m)$ 的定义知 $B(m)=O(m^{kv})$. 故(3.6) 右边的级数当 $\omega\geqslant\varepsilon>0$ 时是一致收敛的. 前已假定 $\sigma>kv$,于是当 $0<\varepsilon<N$ 时

$$\frac{1}{\Gamma(s)}\int_{\varepsilon}^{N}\omega^{s-1}\left[\left(\sum_{x=-\infty}^{\infty}\mathrm{e}^{-x^n\omega}\right)^k-1\right]\mathrm{d}\omega=\frac{1}{\Gamma(s)}\int_{\varepsilon}^{N}\omega^{s-1}\sum_{m=1}^{\infty}B(m)\mathrm{e}^{-\omega m}\mathrm{d}\omega$$

$$=\sum_{m=1}^{\infty}\frac{1}{\Gamma(s)}\frac{B(m)}{m^s}\int_{m\varepsilon}^{mN}\omega^{s-1}\mathrm{e}^{-\omega}\mathrm{d}\omega$$

$$=\sum_{m=1}^{\infty}\frac{1}{\Gamma(s)}\frac{B(m)}{m^s}\left\{\int_0^{\infty}-\int_{mN}^{\infty}-\int_{\infty}^{m\varepsilon}\right\}\omega^{s-1}\mathrm{e}^{-\omega}\mathrm{d}\omega$$

$$=Z_{n,k}(s)-\frac{1}{\Gamma(s)}\sum_{m=1}^{\infty}\frac{B(m)}{m^s}\int_{mN}^{\infty}\omega^{s-1}\mathrm{e}^{-\omega}\mathrm{d}\omega-$$

$$\frac{1}{\Gamma(s)}\sum_{m=1}^{\infty}\frac{B(m)}{m^s}\int_0^{m\varepsilon}\omega^{s-1}\mathrm{e}^{-\omega}\mathrm{d}\omega$$

$$=Z_{n,k}(s)-\frac{1}{\Gamma(s)}\sum\nolimits_1-\frac{1}{\Gamma(s)}\sum\nolimits_2$$

式中

$$\left|\sum\nolimits_1\right|\leqslant\sum_{m=1}^{\infty}\frac{B(m)}{m^{\sigma}}\int_N^{\infty}\omega^{\sigma-1}\mathrm{e}^{-\omega}\mathrm{d}\omega\to 0,\text{当 } N\to\infty$$

而

$$\left|\sum\nolimits_2\right|\leqslant\sum_{m=1}^{M}\frac{B(m)}{m^{\sigma}}\int_0^{\varepsilon M}\omega^{\sigma-1}\mathrm{e}^{-\omega}\mathrm{d}\omega+\sum_{m=M+1}^{\infty}\frac{B(m)}{m^{\sigma}}\int_0^{\infty}\omega^{\sigma-1}\mathrm{e}^{-\omega}\mathrm{d}\omega$$

可先选 M 使上式右边第二项小于任意指定正数之半. M 选定后，当 ε 充分小时，第一项也就小于该指定正数之半. 故当 $\varepsilon\to 0$ 时，$\sum_2\to 0$. 因此当 $\sigma>kv$ 时，(3.5) 成立.

(2) 由(3.5) 知

$$Z_{n,k}(s)=\frac{1}{\Gamma(s)}\left\{\int_0^1\omega^{s-1}\left[\left(\sum_{x=-\infty}^{\infty}\mathrm{e}^{-x^n\omega}\right)^k-1\right]\mathrm{d}\omega+\right.$$
$$\left.\int_1^{\infty}\omega^{s-1}\left[\left(\sum_{x=-\infty}^{\infty}\mathrm{e}^{-x^n\omega}\right)^k-1\right]\mathrm{d}\omega\right\}\tag{3.7}$$

我们知道$\frac{1}{\Gamma(s)}$是整函数①，所以只须讨论花括弧内两个积分. 今顺次用 I_1,I_2 代表它们.

先考虑 I_2. 当 $\omega(0<\omega<+\infty)$ 一定时，$\omega^s\left[\left(\sum_{x=-\infty}^{\infty}\mathrm{e}^{-x^n\omega}\right)^k-1\right]$是 s 的解析函数，而当 $1\leqslant\omega<\infty$ 时，它又是 ω 与 s 的连续函数. 今将证 I_2 在半面 $\sigma\leqslant a$(a 表任意实数) 上一致收敛.

由(3.6)，

$$\left|\omega^{s-1}\left[\left(\sum_{x=-\infty}^{\infty}\mathrm{e}^{-x^n\omega}\right)^k-1\right]\right|<\omega^{a-1}\sum_{m=1}^{\infty}B(m)\mathrm{e}^{-m\omega}$$
$$<\omega^{a-1}\mathrm{e}^{-\omega}\sum_{m=1}^{\infty}B(m)\mathrm{e}^{-(m-1)\omega}$$

故 I_2 在 $\sigma\leqslant a$ 时一致收敛. 因此 I_2 代表 s 的一个整函数②.

其次考虑 I_1. 由引理 3.2，当 $\sigma>kv$ 时

$$I_1=\int_0^1 2^k\omega^{s-kv-1}\left\{\Gamma(1+v)+2\omega^{2hv}\sum_{y=1}^{\infty}\frac{(-1)^h}{(2\pi y)^{2h}}\int_0^{\infty}\right.$$
$$\left.\left(\frac{\mathrm{d}^{2h}}{\mathrm{d}x^{2h}}\mathrm{e}^{-x^n}\right)\cos\frac{2\pi yx}{\omega^v}\mathrm{d}x\right\}^k\mathrm{d}\omega-\frac{1}{s}$$
$$=\frac{2^k\Gamma^k(1+v)}{s-kv}-\frac{1}{s}+\int_0^1 2^k\omega^{s-kv-1}\left[\left\{\Gamma(1+v)+\right.\right.$$
$$\left.\left.2\omega^{2hv}\sum_{y=1}^{\infty}\frac{(-1)^h}{(2\pi y)^{2h}}\int_0^{\infty}\left(\frac{\mathrm{d}^{2h}}{\mathrm{d}x^{2h}}\mathrm{e}^{-x^n}\right)\cos\frac{2\pi yx}{\omega^v}\mathrm{d}x\right\}^k-\Gamma^k(1+v)\right]\mathrm{d}\omega$$

---

① 参看 Titchmarsh, Theory of functions，第二版，第 149 页.

② 参看 Titchmarsh, Theory of functions，第二版，第 94-100 页.

$$=\frac{2^k\Gamma^k(1+v)}{s-kv}-\frac{1}{s}+I_3$$

式中 I_3 可以写成下面的形式

$$I_3=\int_0^1 2^k\omega^{s-1-kv+2hv}\Phi_{2h}(\omega)\mathrm{d}\omega$$

式中 $\Phi_{2h}(\omega)$ 当 $0<\omega\leqslant 1$ 时是连续的有界的函数，其有界性可以证明如下：显然

$$\left|\sum_{y=1}^{\infty}\frac{(-1)^h}{(2\pi y)^{2h}}\int_0^{\infty}\left(\frac{\mathrm{d}^{2h}}{\mathrm{d}x^{2h}}\mathrm{e}^{-x^n}\right)\cos\frac{2\pi yx}{\omega^v}\mathrm{d}x\right|$$

$$\leqslant\sum_{y=1}^{\infty}\frac{1}{(2\pi y)^{2h}}\int_0^{\infty}\left|\frac{\mathrm{d}^{2h}}{\mathrm{d}x^{2h}}\mathrm{e}^{-x^n}\right|\mathrm{d}x$$

$$=\sum_{y=1}^{\infty}\frac{1}{(2\pi y)^{2h}}\int_0^{\infty}|\phi_{2h}(x)|\mathrm{e}^{-x^n}\mathrm{d}x<\infty$$

其中 $\phi_{2h}(x)$ 是 x 的一个多项式. 由此不难看出 $|\Phi_{2h}(\omega)|$ 有界.

因此，当 h 充分大时即当 $\sigma>kv-2hv=-(2h-k)v$ 时，$\omega^{s-1-kv+2hv}\Phi_{2h}(\omega)$ 是 s 与 $\omega(0\leqslant\omega\leqslant 1)$ 的连续函数. 因 h 可取任意大的值，故 I_3 代表 s 的一个整函数.

根据以上对于 I_1 及 I_2 的讨论，由(3.7)即得

$$Z_{n,k}^n(s)=\frac{1}{\Gamma(s)}\left\{\frac{2^k\Gamma^k(1+v)}{s-kv}-\frac{1}{s}\right\}+\Phi(s)$$

$$=\frac{2^k\Gamma^k(1+v)}{\Gamma(s)}\cdot\frac{1}{s-kv}-\frac{1}{\Gamma(s+1)}+\Phi(s)$$

式中 $\Phi(s)$ 代表 s 的一个整函数. 由此，显见 $Z_{n,k}(s)$ 只有一个奇点 $s=kv$. 这是一个简单极点，其相当残数是

$$\frac{2^k\Gamma^k(1+v)}{\Gamma(kv)}=\frac{2^kkv\Gamma^k(1+v)}{\Gamma(1+kv)}=P$$

这结果与定理 2.2 相合. 定理至此证毕.

总结以上的讨论，我们可以为 $Z_{n,k}(s)$ 得到下面的表示式：

定理 3.2

$$Z_{n,k}(s)=\frac{2^k\Gamma^k(1+v)}{\Gamma(s)}\frac{1}{s-kv}-\frac{1}{\Gamma(s+1)}+$$

$$\frac{1}{\Gamma(s)}\left\{\int_1^{\infty}\omega^{s-1}\left[\left(\sum_{x=-\infty}^{\infty}\mathrm{e}^{-x^n\omega}\right)^k-1\right]\mathrm{d}\omega+\int_0^1 2^k\omega^{s-kv-1}\left[\left(\Gamma(1+v)+\right.\right.\right.$$

$$2\omega^{2hv}\sum_{y=1}^{\infty}\frac{(-1)^h}{(2\pi y)^{2h}}\int_0^{\infty}\left(\frac{\mathrm{d}^{2h}}{\mathrm{d}x^{2h}}\mathrm{e}^{-x^n}\right)\cos\frac{2\pi yx}{\omega^v}\mathrm{d}x\Big)^k-\Gamma^k(1+v)\Big]\mathrm{d}\omega\Big\}$$

(3.8)

这个表示式可以适用于全平面,式中 h 可取任意正整数值,且若把一函数看作是自己的 0 次导数,则上式中 h 可以是 0. 又在 $h=0$ 时,(3.8)还可以写成下列较好看的形式($*$ 号表示和数系取柯西主值):

$$Z_{n,k}(s)=\frac{1}{\Gamma(s)}\left\{\frac{2^k\Gamma^k(1+v)}{s-kv}-\frac{1}{s}+\int_1^{\infty}\omega^{s-1}\left[\left(\sum_{x=-\infty}^{\infty}\mathrm{e}^{-x^n\omega}\right)^k-1\right]\mathrm{d}\omega+\right.$$

$$\left.\int_0^1 2^k\omega^{s-kv-1}\left[\left(\sum_{y=-\infty}^{\infty}{}^*\int_0^{\infty}\mathrm{e}^{-x^n}\exp\frac{2\pi\mathrm{i}yx}{\omega^v}\mathrm{d}x\right)^k-\Gamma^k(1+v)\right]\mathrm{d}\omega\right\}$$

(3.9)

黎曼 ζ 函数的一种推广——Ⅱ. $Z_{n,k}(s)$ 的阶[①]

§1 引 论

在 $\sigma\leqslant kv-v$ 的情形下,要想估计当 $t\to\infty$ 时 $Z_{n,k}(s)$ 的阶是比较困难的. 本篇的目的就是要证明:当 $A_1<\sigma<A_2$ 而 $t\to\infty$ 时,可以找到一个正数 A(与 A_1,A_2 有关)使

$$Z_{n,k}(s)=O(t^A) \tag{1.1}$$

在本文以后各篇中,就会显出这个结果的用处. 像在第 Ⅰ 篇一样,我们永远假定 n 是正的偶数而 $v=\dfrac{1}{n}$.

§2 两个简单的引理

引理 2.1 设 $\varphi(z)$ 是多项式而 α 与 λ 是满足

① 原载:数学学报,1956,6(1):1-11.

$$\alpha\lambda > 0,\ |\alpha| < \frac{\pi}{2n} \tag{2.1}$$

的两个实数,则

$$\int_0^{\infty} \varphi(x) \mathrm{e}^{-x^n+\lambda^{ix}} \mathrm{d}x = \mathrm{e}^{\mathrm{i}\alpha} \int_0^{\infty} \varphi(\mathrm{e}^{\mathrm{i}\alpha} x) \exp\{-\mathrm{e}^{\mathrm{i}n\alpha} x^n + \lambda \mathrm{i} \mathrm{e}^{\mathrm{i}\alpha} x\} \mathrm{d}x \tag{2.2}$$

式中积分路线都是沿着实数轴而取的.

证 设 $z = r\mathrm{e}^{\mathrm{i}\theta}$ 则当 $\lambda\theta > 0$ 且 $|\theta| < \frac{\pi}{2n}$ 时

$$\mathrm{Re}\{z^n - \mathrm{i}\lambda z\} = r^n \cos n\theta + \lambda r \sin\theta > 0$$

设用 A 表点 $z = R(R > 0)$,B 表 $z = R\mathrm{e}^{\mathrm{i}\alpha}$,$\widehat{AB}$ 表圆 $|z| = R$ 上面的一段劣弧,则

$$\left\{\int_{OA} + \int_{\widehat{AB}} + \int_{BO}\right\} \varphi(z) \mathrm{e}^{-z^n+\lambda \mathrm{i}z} \mathrm{d}z = 0$$

在 $\widehat{AB}$ 上,

$$|\varphi(z)\mathrm{e}^{-z^n+\lambda \mathrm{i}z}| = |\varphi(R\mathrm{e}^{\mathrm{i}\theta})| \mathrm{e}^{-(R^n\cos n\theta+\lambda R\sin\theta)} = O(R^{-1}),\ \text{当}\ R \to +\infty$$

故若用 L 表示延长 OB 所得的半线,则

$$\int_0^{\infty} \varphi(x) \mathrm{e}^{-x^n+\lambda \mathrm{i}x} \mathrm{d}x = \int_L \varphi(z) \mathrm{e}^{-x^n+\lambda \mathrm{i}z} \mathrm{d}z$$

$$= \mathrm{e}^{\mathrm{i}\alpha} \int_0^{\infty} \varphi(\mathrm{e}^{\mathrm{i}\alpha} x) \exp\{-\mathrm{e}^{\mathrm{i}n\alpha} x^n + \lambda \mathrm{i} \mathrm{e}^{\mathrm{i}\alpha} x\} \mathrm{d}x$$

引理 2.2 当 $\sigma < 0$ 时

$$Z_{n,k}(s) = \frac{2^k}{\Gamma(s)} \int_0^{\infty} \omega^{s-1-kv} \left[\left\{\Gamma(1+v) + 2\sum_{y=1}^{\infty} \int_0^{\infty} \mathrm{e}^{-x^n} \cos \frac{2\pi yx}{\omega^v} \mathrm{d}x\right\}^k - \Gamma^k(1+v)\right] \mathrm{d}\omega \tag{2.3}$$

即

$$Z_{n,k}(s) = \frac{2^k}{\Gamma(s)} \sum_{k'=1}^{\infty} \binom{k}{k'} \Gamma^{k-k'}(1+v) \int_0^{\infty} \omega^{s-1-kv} \times \left\{2\sum_{y=1}^{\infty} \int_0^{\infty} \mathrm{e}^{-x^n} \cos \frac{2\pi yx}{\omega^v} \mathrm{d}x\right\}^{k'} \mathrm{d}\omega \tag{2.4}$$

证 当 $\sigma < 0$ 时

$$\int_1^{\infty} \omega^{s-1} \mathrm{d}\omega = -\frac{1}{s},\quad \int_1^{\infty} \omega^{s-1-kv} \mathrm{d}\omega = -\frac{1}{s-kv}$$

故在(Ⅰ.3.8)[1] 内取 $h=0$,即得

$$
\begin{aligned}
&Z_{n,k}(s)\\
&=\frac{1}{\Gamma(s)}\left\{\int_1^{\infty}\omega^{s-1}\left[\left(\sum_{x=-\infty}^{\infty}\mathrm{e}^{-x^n\omega}\right)^k-2^k\Gamma^k(1+v)\omega^{-kv}\right]\mathrm{d}\omega+\right.\\
&\int_0^1 2^k\omega^{s-kv-1}\left[\left(\Gamma(1+v)+2\sum_{y=1}^{\infty}\int_0^1\mathrm{e}^{-x^n}\cos\frac{2\pi yx}{\omega^v}\mathrm{d}x\right)^k-\right.\\
&\left.\left.\Gamma^k(1+v)\right]\mathrm{d}\omega\right\}
\end{aligned}
$$

用引理 Ⅰ.3.2(取 $h=0$) 变化上面花括弧内第一个积号下的函数,再合并两个积分,即得(2.3).从此易得(2.4).

§3 主要引理

引理 3.1 当 $\sigma=-(2M+1)\frac{v}{2}$ 而 M 是充分大的正整数时可以找到一个正数 A,使当 $t\to\infty$ 时

$$Z_{n,k}(s)=O(t^A) \tag{3.1}$$

证 (1) 由(2.4)可知只要考虑

$$
\begin{aligned}
I&=\int_0^{\infty}\omega^{s-1-kv}\left\{2\sum_{y=1}^{\infty}\int_0^{\infty}\mathrm{e}^{-x^n}\cos\frac{2\pi yx}{\omega^v}\mathrm{d}x\right\}^{k'}\mathrm{d}\omega\\
&=\int_0^{\infty}\omega^{s-1-kv}\left\{\lim_{N\to\infty}\sum_{y=-N}^{N}{}'\int_0^{\infty}\mathrm{e}^{-x^n}\mathrm{e}^{\frac{2\pi\mathrm{i}yx}{\omega^v}}\mathrm{d}x\right\}^{k'}\mathrm{d}\omega,\quad 1\leqslant k'\leqslant k
\end{aligned}
\tag{3.2}
$$

式中“$'$”表 $y\neq 0$.

今将用归纳法证明:当 $h\geqslant 1$ 且为整数时

$$\sum_{y=-N}^{N}{}'\int_0^{\infty}\mathrm{e}^{-x^n}\mathrm{e}^{\frac{2\pi\mathrm{i}yx}{\omega^v}}\mathrm{d}x\ \sum_{y=-N}^{N}{}'\frac{(-1)^h}{\left(\frac{2\pi\mathrm{i}y}{\omega^v}\right)^h}\int_0^{\infty}\left(\frac{\mathrm{d}^h}{\mathrm{d}x^h}\mathrm{e}^{-x^n}\right)\mathrm{e}^{\frac{2\pi\mathrm{i}yx}{\omega^v}}\mathrm{d}x \tag{3.3}$$

若将一函数看成是自己的 0 次导数,则上式当 $h=0$ 时显然成立.又上式右端可以写成

---

[1] 我们用(Ⅰ.3.8)表第 Ⅰ 篇的(3.8).我们又用引理 Ⅰ.3.2 表第 Ⅰ 篇的引理3.2.其他类推.

$$\sum_{y=-N}^{N}{}' \frac{(-1)^h}{\left(\frac{2\pi \mathrm{i} y}{\omega^v}\right)^h}\int_0^{\infty}\left(\frac{\mathrm{d}^h}{\mathrm{d}x^h}\mathrm{e}^{-x^n}\right)\mathrm{d}\,\frac{\mathrm{e}^{\frac{2\pi \mathrm{i} yx}{\omega^v}}}{\frac{2\pi \mathrm{i} y}{\omega^v}}$$

$$=\sum_{y=-N}^{N}{}' \frac{(-1)^h}{\left(\frac{2\pi \mathrm{i} y}{\omega^v}\right)^{h+1}}\left\{\left[\left(\frac{\mathrm{d}^h}{\mathrm{d}x^h}\mathrm{e}^{-x^n}\right)\mathrm{e}^{\frac{2\pi \mathrm{i} yx}{\omega^v}}\right]_0^{\infty}-\int_0^{\infty}\left(\frac{\mathrm{d}^{h+1}}{\mathrm{d}x^{h+1}}\mathrm{e}^{-x^n}\right)\mathrm{e}^{\frac{2\pi \mathrm{i} yx}{\omega^v}}\mathrm{d}x\right\} \tag{3.4}$$

上面右端方括弧内的$\frac{\mathrm{d}^h}{\mathrm{d}x^h}\mathrm{e}^{-x^n}$是$x$的多项式与$\mathrm{e}^{-x^n}$之积，故当$x\to+\infty$时$\frac{\mathrm{d}^h}{\mathrm{d}x^h}\mathrm{e}^{-x^n}\to 0$. 又当$h$是奇数时，因

$$\frac{\mathrm{d}^h}{\mathrm{d}x^h}\mathrm{e}^{-x^n}=\frac{\mathrm{d}^h}{\mathrm{d}x^h}\sum_{\mu=0}^{\infty}\frac{(-x^n)^{\mu}}{\mu!}=\sum_{\mu=0}^{\infty}\frac{\mathrm{d}^h}{\mathrm{d}x^h}\frac{(-x^n)^{\mu}}{\mu!}$$

不含常数项，故当$x=0$时其值为0. 若h是偶数则因当$x=0$时，$\left(\frac{\mathrm{d}^h}{\mathrm{d}x^h}\mathrm{e}^{-x^n}\right)\mathrm{e}^{\frac{2\pi \mathrm{i} yx}{\omega^v}}$的值与$y$无关，设为$c$，则因

$$\sum_{y=-N}^{N}{}' \frac{(-1)^h}{\left(\frac{2\pi \mathrm{i} y}{\omega^v}\right)^{h+1}}\cdot c=0$$

故由(3.4)得

$$\sum_{y=-N}^{N}{}' \frac{(-1)^h}{\left(\frac{2\pi \mathrm{i} y}{\omega^v}\right)^h}\int_0^{\infty}\left(\frac{\mathrm{d}^h}{\mathrm{d}x^h}\mathrm{e}^{-x^n}\right)\mathrm{e}^{\frac{2\pi \mathrm{i} yx}{\omega^v}}\mathrm{d}x$$

$$=\sum_{y=-N}^{N}{}' \frac{(-1)^{h+1}}{\left(\frac{2\pi \mathrm{i} y}{\omega^v}\right)^{h+1}}\int_0^{\infty}\left(\frac{\mathrm{d}^{h+1}}{\mathrm{d}x^{h+1}}\mathrm{e}^{-x^n}\right)\mathrm{e}^{\frac{2\pi \mathrm{i} yx}{\omega^v}}\mathrm{d}x$$

故(3.3)当h换成$h+1$后仍成立. 故(3.3)恒成立.

(2) 由(3.3)，可将(3.2)写成

$$I=\int_0^{\infty}\omega^{s-1-kv}\prod_{j=1}^{k'}\left\{\sum_{y_j=-\infty}^{\infty}{}' \frac{(-1)^{h_j}}{\left(\frac{2\pi \mathrm{i} y_j}{\omega^v}\right)^{h_j}}\int_0^{\infty}\left(\frac{\mathrm{d}^{h_j}}{\mathrm{d}x^{h_j}}\mathrm{e}^{-x^n}\right)\mathrm{e}^{\frac{2\pi \mathrm{i} yx}{\omega^v}}\mathrm{d}x\right\}\mathrm{d}\omega$$

式中$h_1,h_2,\cdots,h_{k'}$可以是任意选定的大于1的一串整数(注意花括号内每一积分的绝对值小于与y无关的一个常数). 上式也可以写成

$$I=(-1)^R\int_0^{\infty}\omega^{s-1-kv+Rv}\times$$

$$\prod_{j=1}^{k'}\left\{\sum_{y_j=-\infty}^{\infty}{}' \frac{1}{(2\pi i y_j)^{h_j}}\int_0^{\infty}\left(\frac{d^{h_j}}{dx^{h_j}}e^{-x_j^n}\right)e^{\frac{2\pi i y_j x_j}{\omega^v}}dx_j\right\}d\omega \quad (3.5)$$

式中 $R=\sum_{j=1}^{k'}h_j$.

(3) 令 $\frac{d^h}{dx^h}e^{-x^n}=\varphi_k(x)e^{-x^n}$, $\lambda=\frac{2\pi y}{\omega^v}$, $\alpha\lambda>0$ 且 $|\alpha|<\frac{\pi}{2n}$,则由引理 2.1 得

$$\int_0^{\infty}\left(\frac{d^h}{dx^h}e^{-x^n}\right)e^{\frac{2\pi i y x}{\omega^v}}dx=\int_0^{\infty}\varphi_h(x)e^{-x^n+i\lambda x}dx$$

$$=e^{i\alpha}\int_0^{\infty}\varphi_h(e^{\alpha i}x)\exp\left\{-e^{n\alpha i}x^n+\frac{2\pi i y}{\omega^v}e^{\alpha i}x\right\}dx$$

用 $\omega^v x$ 代最后一积分中的 x 即得

$$\int_0^{\infty}\left(\frac{d^h}{dx^h}e^{-x^n}\right)e^{\frac{2\pi i y x}{\omega^v}}dx$$

$$=e^{\alpha i}\omega^v\int_0^{\infty}\varphi_h(e^{\alpha i}\omega^v x)\exp\{-e^{n\alpha i}\omega x^n+2\pi i y e^{\alpha i}x\}dx$$

因此由(3.5)得$\left(假定\ \alpha_j y_j>0,\ |\alpha_j|<\frac{\pi}{2n}\right)$

$$I=(-1)^R\int_0^{\infty}\omega^{s-1-kv+Rv+k'v}\times$$

$$\prod_{j=1}^{k'}\left\{\sum_{y_j=-\infty}^{\infty}{}' \frac{e^{\alpha}j^{i}}{(2\pi i y_j)^{h_j}}\int_0^{\infty}\varphi_{hj}(e^{\alpha}j^{i}\omega^v x_j)\exp[-e^{n\alpha}j^{i}\omega x_j^n+\right.$$

$$\left.2\pi i e^{\alpha}j^{i}y_j x_j]dx_j\right\}d\omega \quad (3.6)$$

(4) 当 $x_j>0$ 时

$$\mathrm{Re}\ e^{n\alpha_j i}\omega x_j^n=\omega x_j^n\cos n\alpha_j>0$$

$$\mathrm{Re}\ 2\pi i\ e^{\alpha_j i}x_j y_j=-2\pi x_j y_j\sin\alpha_j<0$$

故

$$\int_0^{\infty}|\varphi_{hj}(e^{\alpha}j^{i}\omega^v x_j)\exp[-e^{n\alpha}j^{i}\omega x_j^n+2\pi i e^{\alpha}j^{i}y_j x_j]|dx_j$$

$$\leqslant\int_0^{\infty}|\varphi_{hj}(e^{\alpha}j^{i}\omega^v x_j)|\exp[-\omega x_j^n\cos n\alpha_j-2\pi x_j y_j\sin\alpha_j]dx_j$$

$$\leqslant\int_0^{\infty}|\varphi_{hj}(e^{\alpha}j^{i}\omega^v x_j)|\exp[-\omega x_j^n\cos n\alpha_j]dx_j<+\infty \quad (3.7)$$

又因 $h_j \geqslant 2$，故(3.6)右边花括弧内各级数都是绝对收敛级数. 因此(3.6)可写成

$$I=(-1)^R\int_0^{\infty}\mathrm{d}\omega\sum_{y_1=-\infty}^{\infty}{}'\cdots\sum_{y_{k'}=-\infty}^{\infty}{}'\frac{\mathrm{e}^{\mathrm{i}T}\omega^{S-1}}{(2\pi\mathrm{i}y_1)^{h_1}\cdots(2\pi\mathrm{i}y_{k'})^{h_{k'}}}\times$$

$$\int_0^{\infty}\cdots\int_0^{\infty}\varphi h_1(\mathrm{e}^{\alpha_1\mathrm{i}}\omega^v x_1)\cdots\varphi h_{k'}(\mathrm{e}^{\alpha_{k'}\mathrm{i}}\omega^v x_{k'})\times$$

$$\exp\left\{-\omega\sum_{j=1}^{k'}\mathrm{e}^{n\alpha_j\mathrm{i}}x_j^n+2\pi\mathrm{i}\sum_{j=1}^{k'}\mathrm{e}^{\alpha_j\mathrm{i}}y_jx_j\right\}\mathrm{d}x_1\cdots\mathrm{d}x_{k'} \qquad (3.8)$$

式中(S,T 是新记号,R 是旧记号)

$$S=s-kv+Rv+k'v,\ T=\sum_{j=1}^{k'}\alpha_j,\ R=\sum_{j=1}^{k'}h_j \qquad (3.9)$$

(5) 由本引理的假设,我们可选定 $h_j \geqslant 2$ 使

$$\mathrm{Re}\ S=\frac{v}{2} \qquad (3.10)$$

考虑多重级数

$$\sum_{y_1=-\infty}^{\infty}{}'\cdots\sum_{y_{k'}=-\infty}^{\infty}{}'\frac{|\omega^{S-1}|}{(2\pi\mathrm{i}y_1)^{h_1}\cdots(2\pi y_{k'})^{h_{k'}}}\times$$

$$\left|\int_0^{\infty}\cdots\int_0^{\infty}\varphi h_1(\mathrm{e}^{\alpha_1\mathrm{i}}\omega^v x_1)\cdots\varphi h_{k'}(\mathrm{e}^{\alpha_{k'}\mathrm{i}}\omega^v x_{k'})\times\right.$$

$$\left.\exp\left\{-\omega\sum_{j=1}^{k'}\mathrm{e}^{n\alpha_j\mathrm{i}}x_j^u+2\pi\mathrm{i}\sum_{j=1}^{k'}\mathrm{e}^{\alpha_j\mathrm{i}}y_jx_j\right\}\mathrm{d}x_1\cdots\mathrm{d}x_{k'}\right| \qquad (3.11)$$

由(3.7)可知上面的 k' 重积分的绝对值不超过

$$\int_0^{\infty}\cdots\int_0^{\infty}|\varphi h_1(\mathrm{e}^{\alpha_1\mathrm{i}}\omega^v x_1)\cdots\varphi h_{k'}(\mathrm{e}^{\alpha_{k'}\mathrm{i}}\omega^v x_{k'})|\times$$

$$\exp\left\{-\omega\sum_{j=1}^{k'}x_j^n\cos n\alpha_j-2\pi\sum_{j=1}^{k'}x_jy_j\sin\alpha_j\right\}\mathrm{d}x_1\cdots\mathrm{d}x_{k'} \qquad (3.12)$$

设多项式 $\varphi_{hj}(x_j)=\sum_{\mu=0}^{m_j}c_{j,\mu}x_j^{\mu}$，则当 $\omega\leqslant 1,\ x_j\geqslant 0$ 时

$$|\varphi_{hj}(\mathrm{e}^{\alpha}j^{\mathrm{i}}\omega^v x_j)|\leqslant\sum_{\mu=0}^{m_j}|c_{j,\mu}|x_j^{\mu}=\Phi_j(x_j)(\text{新记号})$$

而(3.12)不超过(因 $|y_i|\geqslant 1$)

$$\int_0^\infty \cdots \int_0^\infty \Phi_1(x_1)\cdots\Phi_{k'}(x_{k'})\exp\left\{-2\pi\sum_{j=1}^{k'} x_j \mid \sin\alpha_j \mid\right\} dx_1\cdots dx_{k'}$$

$$= \prod_{j=1}^{k'} \int_0^\infty \Phi_j(x_j)\exp\left\{-2\pi x_j \mid \sin\alpha_j \mid\right\} dx_j < \infty \tag{3.13}$$

故如将(3.11) 自 0 积分至 1(对于 ω) 所得为一收敛的积分.

另一方面当 $\omega \geqslant 1$ 时,(3.12) 不超过

$$\omega^{-k'v}\int_0^\infty \cdots \int_0^\infty \mid \varphi_{h_1}(e^{\alpha_1 i}x)\cdots\varphi h_{k'}(e^{\alpha_{k'} i}x) \mid \exp\left\{-\sum_{j=1}^{k'} xn_j \cos n\alpha_j\right\} dx_1\cdots dx_{k'}$$

$$\leqslant \omega^{-k'v}\int_0^\infty \cdots \int_0^\infty \Phi_{h_1}(x_1)\cdots\Phi_{h_{k'}}(x_{k'})\exp\left\{-\sum_{j=1}^{k'} x_j^n \cos n\alpha_j\right\} dx_1\cdots dx_{k'}$$

$$= \omega^{-k'v}\prod_{j=1}^{k'} \int_0^\infty \Phi_{h_j}(x_j)\exp\left\{-x_j^n \cos n\alpha_j\right\} dx_j \tag{3.14}$$

故由(3.10),若把(3.11) 自 1 积分至 $+\infty$ 亦得收敛的积分.

因此若把(3.11) 自 0 积分至 $+\infty$,所得为收敛的积分.

(6) 由(3.13) 及(3.14) 可以看出:k' 重级数(3.11) 在 $0 < \omega_0 \leqslant \omega \leqslant \omega_1 < +\infty$ 时是一致收敛的. 因此,(3.8) 由第一个积分号下的 k' 重级数在 $0 < \omega_0 < \omega < \omega_1 < +\infty$ 时也是一致收敛的. 故可用逐项积分法自 ω_0 积至 ω_1. 由一著名的定理[1],根据(5) 的结果,我们可以把那个 k' 重级数由 0 积至 $+\infty$. 这样,我们就可以把(3.8) 内第一个积分号移到所有 $\sum$ 号之后,得到

$$I = (-1)^R \sum_{y_1=-\infty}^{\infty}{}' \cdots \sum_{y_{k'}=-\infty}^{\infty}{}' \frac{e^{iT}}{(2\pi i y_1)^{h_1}\cdots(2\pi i y_{k'})^{h_{k'}}} \int_0^\infty \omega^{s-1} d\omega \times$$

$$\int_0^\infty \cdots \int_0^\infty \varphi h_1(e^{\alpha_1 i}\omega^v x_1)\cdots\varphi h_{k'}(e^{\alpha_{k'} i}\omega^v x_{k'}) \times$$

$$\exp\left\{-\omega\sum_{j=1}^{k'} e^{n\alpha_j i}x_j^n + 2\pi i\sum_{j=1}^{k'} e^{\alpha_j i} y_i x_j\right\} dx_1\cdots dx_{k'} \tag{3.15}$$

不仅如此,由(5) 内对于(3.12) 这个 k' 重积分的讨论,我们知道上式右边的 $k'+1$ 累次积分是绝对收敛的,同时不难看出下列积分(看成对于 x_μ 的积分,$\mu = 1,2,\cdots,k'$)

$$\int_0^{\infty} \mathrm{d}x_{\mu} \int_0^{\infty} \cdots \int_0^{\infty} \varphi_{h_{\mu}}(\mathrm{e}^{\alpha_{\mu}\mathrm{i}}\omega^{v}x_{\mu})\varphi_{h_{\mu+1}}(\mathrm{e}^{\alpha_{\mu+1}\mathrm{i}}\omega^{v}x_{\mu+1})\cdots\varphi_{h_{k'}}(\mathrm{e}^{\alpha_{k'}\mathrm{i}}\omega^{v}x_{k'}) \times$$

$$\exp\left\{-\omega\sum_{j=\mu}^{k'}\mathrm{e}^{n\alpha_j\mathrm{i}}x_j^n + 2\pi\mathrm{i}\sum_{j=\mu}^{k'}\mathrm{e}^{\alpha_j\mathrm{i}}y_jx_j\right\}\mathrm{d}x_{\mu}\cdots\mathrm{d}x_{k'}$$

在 $0<\omega_0\leqslant\omega\leqslant\omega_1<+\infty$ 时是一致收敛的. 因此由一个著名的定理①我们可以把(3.15)内的第一个积分号移到所有积分号之后. 于是得到

$$I=(-1)^R\sum_{y_1=-\infty}^{\infty}{}'\cdots\sum_{y_{k'}=-\infty}^{\infty}{}'\frac{\mathrm{e}^{\mathrm{i}T}}{(2\pi\mathrm{i}y_1)^{h_1}\cdots(2\pi\mathrm{i}y_{k'})^{h_{k'}}}\times$$

$$\int_0^{\infty}\cdots\int_0^{\infty}\exp\left\{2\pi\mathrm{i}\sum_{j=1}^{k'}\mathrm{e}^{\alpha_j\mathrm{i}}y_jx_j\right\}\mathrm{d}x_1\cdots\mathrm{d}x_{k'}\times$$

$$\int_0^{\infty}\omega^{S-1}\left\{\prod_{j=1}^{k'}\varphi_{h_j}(\mathrm{e}^{\alpha_j\mathrm{i}}\omega^{v}x_j)\right\}\exp\left\{-\omega\sum_{j=1}^{k'}\mathrm{e}^{n\alpha_j\mathrm{i}}j^{\mathrm{i}}x_j^n\right\}\mathrm{d}\omega \quad (3.16)$$

(7) 上式右边最内一积分为

$$J=\int_0^{\infty}\omega^{S-1}\left\{\prod_{j=1}^{k'}\varphi_{h_j}(\mathrm{e}^{\alpha_j\mathrm{i}}\omega^{v}x_j)\right\}\mathrm{e}^{-\omega\Lambda}\mathrm{d}\omega \quad (3.17)$$

式中 $\Lambda=\sum_{j=1}^{k'}\mathrm{e}^{n\alpha_j\mathrm{i}}x_j^n$. 因当 $x_j\geqslant0$ 时,由 3) 内对于 α_j 的假定,有

$$\mathrm{Re}\,\Lambda=\sum_{j=1}^{k'}x_j^n\cos n\alpha_j\geqslant0 \quad (3.18)$$

且上式中的"="号只在 $x_1=x_2=\cdots=x_{k'}=0$ 时才成立,故除在 $x_1=x_2=\cdots=x_{k'}=0$ 时以外,都可设

$$-\frac{\pi}{2}<\arg\Lambda=\Omega<\frac{\pi}{2}$$

于是(3.17)内积分号下的函数的圆弧

$$|\omega|=\rho,\quad |\arg\omega|\leqslant|\Omega|,\quad \Omega\arg\omega\leqslant0$$

上的绝对值的上界当 $\rho\to+\infty$ 时为 $O(\rho^{-1})$. 因此像在引理 2.1 那样,我们可以用 $\frac{\omega}{\Lambda}$ 代(3.17)中的 ω 而得

$$J=\frac{1}{\Lambda^S}\int_0^{\infty}\omega^{s-1}\left\{\prod_{j=1}^{k'}\varphi_{hj}\left(\mathrm{e}^{\alpha_j\mathrm{i}}\omega^{v}\frac{x_j}{\Lambda^{v}}\right)\right\}\mathrm{e}^{-\omega}\mathrm{d}\omega$$

---

① 参看[1],54－55 页. 我们把所讨论的积分看成 $k'+1$ 重的累次积分,然后逐步移动(3.15)内第一个积分号,以至最后. 如用 Fubini 定理可以更简单些.

前已设 $\varphi_{hj}(x)=\sum_{\mu=0}^{m_j}c_{j,\mu}x_j^{\mu}$，故上式可以写成

$$J=\sum\frac{C_{\lambda_1,\lambda_2,\cdots\lambda_{k'}}x_1^{\lambda_1}\cdots x_k^{\lambda_{k'}}}{\Lambda^{s+v(\lambda_1+\cdots+\lambda_{k'})}}\int_0^{\infty}\omega^{s+v(\lambda_1+\cdots+\lambda_{k'})-1}\mathrm{e}^{-\omega}\mathrm{d}\omega$$

其中 $C_{\lambda_1,\lambda_2,\cdots\lambda_{k'}}=C_{1,\lambda_1}C_{2,\lambda_2}\cdots C_{k',\lambda_{k'}}\mathrm{e}^{(\alpha_1\lambda_1+\cdots+\alpha_k\lambda_k)\mathrm{i}}$，而 λ_j 分别自 0 变到 m_j.

上式即$\left(\text{注意已选好 Re } S=\frac{v}{2}\right)$

$$J=\sum\Gamma(S+v(\lambda_1+\cdots+\lambda_{k'}))\frac{C_{\lambda_1,\cdots,\lambda_{k'}}x_1^{\lambda_1}\cdots x^{\lambda'_{k'}}}{\Lambda^{S+v(\lambda_1+\cdots+\lambda_{k'})}}$$

故由(3.16)得

$$I=(-1)^R\sum_{y_1=-\infty}^{\infty}{}'\cdots\sum_{y_{k'}=-\infty}^{\infty}{}'\frac{\mathrm{e}^{\mathrm{i}T}}{(2\pi\mathrm{i}y_1)^{h_1}\cdots(2\pi\mathrm{i}y_{k'})^{h_{k'}}}\sum\Gamma(S+v(\lambda_1+\cdots+\lambda_{k'}))\times C_{\lambda_1,\cdots,\lambda_{k'}}\int_0^{\infty}\cdots\int_0^{\infty}\exp\left\{2\pi\mathrm{i}\sum_{j=1}^{k'}\mathrm{e}^{\alpha_j\mathrm{i}}y_jx_j\right\}\frac{x_1^{\lambda_1}\cdots x_k^{\lambda_{k'}}}{\Lambda^{S+v(\lambda_1+\cdots+\lambda_{k'})}}\mathrm{d}x_1\cdots\mathrm{d}x_{k'}\tag{3.19}$$

(8) 今取

$$|\alpha_1|=|\alpha_2|=\cdots=|\alpha_{k'}|=\frac{1}{|t|}$$

则当 $|t|$ 充分大时，即满足 $|\alpha_j|<\frac{\pi}{2n}$ 的条件. 由

$$\Lambda=\sum_{j=1}^{k'}x_j^n\cos n\alpha_j+\mathrm{i}\sum_{j=1}^{k'}x_j^n\sin n\alpha_j$$

得

$$|\Lambda|\geqslant\cos\frac{n}{|t|}\sum_{j=1}^{k'}x_j^n\left(\geqslant x_j^n\cos\frac{n}{|t|}\right)$$

$$|\arg\Lambda|=\left|\arctan\frac{\sum_{j=1}^{k'}x_j^n\sin n\alpha_j}{\sum_{j=1}^{k'}x_j^n\cos n\alpha_j}\right|\leqslant\arctan\left(\tan\frac{n}{|t|}\right)=\frac{n}{|t|}$$

因 $\mathrm{Re}\,S=\frac{v}{2}$，$\mathrm{Im}\,S=t$，故

$$|\Lambda^S|=|\Lambda|^{\frac{v}{2}}\left|\mathrm{e}^{(\mathrm{i}\arg\Lambda)(\frac{v}{2}+\mathrm{i}t)}\right|$$

$$=|\Lambda|^{\frac{v}{2}}|\mathrm{e}^{-\mathrm{itarg}\,\Lambda}>C(\sum_{j=1}^{k'}x_j^n)^{\frac{v}{2}}$$

式中C是一个适当的正的常数.又因$|y_j|\geqslant 1$, $y_j\alpha_j>0$,及当$|\alpha|\leqslant\frac{\pi}{2}$时$|\sin\alpha|>\frac{2}{\pi}|\alpha|$,故(3.19)右边的$k'$重积分的绝对值不超过

$$O\left[\int_0^\infty\cdots\int_0^\infty\exp\left\{-2\pi\sum_{j=1}^{k'}(y_j\sin\alpha_j)x_j\right\}\frac{\mathrm{d}x_1\cdots\mathrm{d}x_{k'}}{(x_1^n+\cdots+x_{k'}^n)^{v/2}}\right]$$

$$=O\left[\int_0^\infty\cdots\int_0^\infty\exp\left\{-4\sum_{j=1}^{k'}\frac{x_j}{|t|}\right\}\frac{\mathrm{d}x_1\cdots\mathrm{d}x_{k'}}{(x_1^n+\cdots+x_{k'}^n)^{v/2}}\right]$$

$$=O\left[|t|^{k'-\frac{1}{2}}\int_0^\infty\cdots\int_0^\infty\exp\left\{-4\sum_{j=1}^{k'}x_j\right\}\frac{\mathrm{d}x_1\cdots\mathrm{d}x_{k'}}{(x_1^n+\cdots+x_{k'}^n)^{v/2}}\right]$$

$$=O(t^{k'-\frac{1}{2}})$$

(利用$\frac{x_1^n+\cdots+x_{k'}^n}{k'}\geqslant(x_1^n\cdots x_{k'}^n)^{\frac{1}{k'}}$,可证明上面最后的$k'$重积分收敛,且不超过$k'^{-\frac{v}{2}}(\int_0^\infty\mathrm{e}^{-4x}x^{-\frac{1}{2k'}}\mathrm{d}x)^{k'}$).因$h_j\geqslant 2$,故由(3.19)得

$$I\ll|t|^{k'-\frac{1}{2}}\sum\Gamma(S+v(\lambda_1+\cdots+\lambda_{k'}))\tag{3.20}$$

我们知道当x一定而$y\to\pm\infty$时

$$|\Gamma(x+\mathrm{i}y)|\sim\mathrm{e}^{-\frac{1}{2}\pi|y|}|y|^{x-\frac{1}{2}}\sqrt{2\pi}\text{①}\tag{3.21}$$

故由(2.4)及(3.20)得

$$Z_{n,k}(S)=O(t^{\Lambda})$$

§4 结　　论

我们现在可以证明下面的定理,在证明中要屡次用到(Ⅰ.3.8)那个公式,因此把它写在下面

$$Z_{n,k}(S)=\frac{2^k\Gamma^k(1+v)}{\Gamma(s)}\frac{1}{s-kv}-\frac{1}{\Gamma(s+1)}+$$

$$\frac{1}{\Gamma(s)}\left\{\int_1^\infty\omega^{s-1}\left[\left(\sum_{x=-\infty}^{\infty}\mathrm{e}^{-x^n\omega}\right)^k-1\right]\mathrm{d}\omega+\int_0^1 2^k\omega^{s-kv-1}\left[\left(\Gamma(1+v)+\right.\right.\right.$$

① 参看[1]第151页(4.42节).

$$2\omega^{2hv}\sum_{y=1}^{\infty}\frac{(-1)^h}{(2\pi y)^{2h}}\int_0^{\infty}\left(\frac{\mathrm{d}^{2h}}{\mathrm{d}x^{2h}}\mathrm{e}^{-x^n}\right)\cos\frac{2\pi yx}{\omega^v}\mathrm{d}x\Big)^k-\Gamma(1+v)\Big]\mathrm{d}\omega\Big\} \tag{Ⅰ.3.8}$$

这个表示式除去奇点 $S=kv$ 外可以适用于全平面，式中 h 可取任意正整数值，且若把一函数看成是自己的 0 次导数，则 h 也可以是 0.

定理 4.1 设 A_1, A_2 是任意二常数，满足 $A_1<A_2$，则当 $A_1\leqslant\sigma\leqslant A_2$ 而 $t\to\infty$ 时，可以找到一个常数 A（与 A_1, A_2 有关）使

$$Z_{n,k}(s)=O(t^A) \tag{4.1}$$

一致的成立（即 O 中所隐含的常数只与 A_1, A_2 有关）.

证 当 $\sigma\geqslant\sigma_0>kv$ 时，$|Z_{n,k}(s)|\leqslant Z_{n,k}(\sigma_0)$. 今考虑 $\sigma\leqslant\sigma_0$ 的情形. 由（Ⅰ.3.8）易知 $Z_{n,k}(\bar{s})=\overline{Z_{n,k}(s)}$.（式中 $\bar{z}$ 表 z 的共轭复数），故只须讨论 $t\to+\infty$ 的情形. 由引理 3.1 知道当 M 是充分大的整数时，在半线

$$\sigma=-(2M+1)\frac{v}{2},\ t\geqslant 1\quad 及\quad \sigma=\sigma_0,\ t\geqslant 1$$

上(4.1)成立（对于适当的 A 而言）. 我们要证明在 $A_1\leqslant\sigma\leqslant A_2$，$t\geqslant 1$ 时

$$Z_{n,k}(s)=O(\mathrm{e}^t)=O(\mathrm{e}^{\varepsilon t}) \tag{4.2}$$

式中 ε 表任意正数. 这可以根据（Ⅰ.3.8）来证明. 因当 $|z|\to\infty$ 时

$$\log\Gamma(z)=\left(z-\frac{1}{2}\right)\log z-z+\frac{1}{2}\log 2\pi+O(1/|z|)$$

对于 $-\pi+\delta\leqslant\arg z\leqslant\pi-\delta$ 一致的成立①，故当 $A_1\leqslant\sigma\leqslant A_2$ 而 $t\to+\infty$ 时(Ⅰ.3.8)右边前两项 $=O(\mathrm{e}^t)$. 又(Ⅰ.3.8)右边花括号外的因子也是 $O(\mathrm{e}^t)$，而花括号内部的两个积分的绝对值分别小于下面两个积分

$$\int_1^{\infty}\omega^{\sigma-1}\left[\Big(\sum_{x=-\infty}^{\infty}\mathrm{e}^{-x^n\omega}\Big)^k-1\right]\mathrm{d}\omega$$

及

$$\int_0^1 2^k\omega^{\sigma-kv-1}\left[\left\{\Gamma(1+v)+2\omega^{2hv}\sum_{y=1}^{\infty}\frac{1}{(2\pi y)^{2h}}\int_0^{\infty}\left|\frac{\mathrm{d}^{2h}}{\mathrm{d}x^{2h}}\mathrm{e}^{-x^n}\right|\mathrm{d}x\right\}^k-\Gamma^k(1+v)\right]\mathrm{d}\omega$$

① 参看[1]，151 页(4.42)节.

其中 h 可取充分大的值. 上面两积分都是收敛的，且与 t 无关，故等于 $O(1)$. 因此(4.2) 成立. 根据以上的讨论，可知可以应用一个已知的定理6) 得到：当 $-(2M+1)\frac{v}{2}\leqslant\sigma\leqslant\sigma_0$ 时(4.1) 成立. 又因 M 可以任意大，所以定理成立.

参考书目

[1] Titchmarsh, Theory of functions, 第二版，44-45 页(1.77 节).
[2] Littlewood, Lectures on the theory of functions, 108(定理 108 的推论).

黎曼 ζ 函数的一种推广 ——Ⅲ. $Z_{n,k}(s)$ 的均值公式[①]

§1 引 论

关于 $\zeta(s)$，我们有所谓均值公式(或均值定理)，如：

$$\lim_{T\to\infty}\frac{1}{T}\int_1^T|\zeta(\sigma+\mathrm{i}t)|^2\mathrm{d}t=\zeta(2\sigma),\quad \sigma>\frac{1}{2}\tag{1.1}$$

$$\int_0^T\left|\zeta\left(\frac{1}{2}+\mathrm{i}t\right)\right|^2\mathrm{d}t\sim T\log T\tag{1.2}$$

本篇的目的就是要为 $Z_{n,k}(s)$ 建立类似的公式.

当 $\sigma>kv$ 时我们很容易为 $Z_{n,k}(s)$ 建立类似(1.1) 的公式[②]，在这种情形下，我们可以把 $Z_{n,k}(s)$ 表成绝对收敛级数的和：

---

① 原载：数学学报，1956，6(3)：347-361.

② 像在第 Ⅰ，Ⅱ 两篇一样，我们永远假定 n 是正偶数而 $v=\frac{1}{n}$.

$$Z_{n,k}(s)=\sum_{x_1=-\infty}^{\infty}\cdots\sum_{x_k=-\infty}^{\infty}{}'\frac{1}{(x_1^n+\cdots+x_k^n)^s}=\sum_{m=1}^{\infty}\frac{B(m)}{m^s} \tag{1.3}$$

其中“$'$”表 $x_1,\cdots,x_k$ 不同时为零,而 $B(m)$ 表

$$x_1^n+\cdots+x_k^n=m$$

的整数解的组数.因此,当 $T\geqslant 1$ 时

$$\begin{aligned}&\frac{1}{T}\int_1^T|Z_{n,k}(\sigma+\mathrm{i}t)|^2\mathrm{d}t\\&=\frac{1}{T}\int_1^T\sum_{m_1=1}^{\infty}\sum_{m_2=1}^{\infty}\frac{B(m_1)}{m_1^{\sigma+\mathrm{i}t}}\frac{B(m_2)}{m_2^{\sigma-\mathrm{i}t}}\mathrm{d}t\\&=\sum_{m=1}^{\infty}\frac{B^2(m)}{m^{2\sigma}}+\frac{1}{T}\sum_{\substack{m_1=1\\m_1\neq m_2}}^{\infty}\sum_{m_2=1}^{\infty}\frac{B(m_1)B(m_2)}{(m_1m_2)^{\sigma}}\frac{\left(\frac{m_1}{m_2}\right)^{iT}-\left(\frac{m_1}{m_2}\right)^{i}}{\mathrm{i}\log\frac{m_1}{m_2}}\end{aligned}$$

故

$$\lim_{T\to\infty}\frac{1}{T}\int_1^T|Z_{n,k}(\sigma+\mathrm{i}t)|^2\mathrm{d}t=\sum_{m=1}^{\infty}\frac{B^2(m)}{m^{2\sigma}},\quad \sigma>kv \tag{1.4}$$

当 $\sigma\leqslant kv$ 时,均值公式的建立就困难得多.在为 $\zeta(s)$ 建立均值公式时有许多方法,其中方法之一是先证明形如

$$\int_0^{\infty}\left|\zeta\left(\frac{1}{2}+\mathrm{i}t\right)\right|^2\mathrm{e}^{-\delta t}\mathrm{d}t\sim\frac{1}{\delta}\log\frac{1}{\delta},\quad \delta\to 0 \tag{1.5}$$

的公式.我们不妨称(1.5)为蒂奇马什(Titchmarsh)型均值公式.本篇也要先为 $Z_{n,k}(s)$ 建立蒂奇马什型均值公式.为简洁计,我们只讨论 $0<\sigma<kv-v$ 的情形.

§2 几个引理,一对傅里叶变形

引理 2.1 (梅林(Mellin)反转公式[①])设 κ 是实数而

(1) $y^{\kappa-1}f(y)\in L(0,\infty)$;

(2) $f(y)$ 在 $y=x(0<x<\infty)$ 的一个邻域内囿变;

(3) $F(s)=\int_0^{\infty}f(y)y^{s-1}\mathrm{d}y$, $s=\kappa+\mathrm{i}t$;

---

① Titchmarsh, Introduction to the theory of Fourier integrals(Oxford,1937),第1.29节.以后把这一本书记作 TF1.

则

$$\frac{1}{2}\{f(x+0)+f(x-0)\}=\frac{1}{2\pi i}\lim_{T\to\infty}\int_{\kappa-iT}^{\kappa+iT}F(s)x^{-s}\mathrm{d}s$$

引理 2.2 下列二函数是一对傅里叶变形

$$f(t)=\frac{1}{\sqrt{2\pi}}\Gamma(a+it)Z_{n,k}(a+it)e^{-i(c+it)(\pi/2-\delta)}$$

$$F(\xi)=e^{a\xi}\left\{\left(\sum_{x=-\infty}^{\infty}e^{-x^{n}ie\xi^{-i\delta}}\right)^{k}-j-j'R(\omega)\right\} \tag{2.1}$$

式中 $0<\delta<\pi$，a 不等于 0 及 kv，$\omega=ie^{\xi-i\delta}$，

$$R(\omega)=2^{k}\Gamma^{k}(1+v)\omega^{-kv} \tag{2.2}$$

而

$$j=\begin{cases}1, & 当\ a>0,\\ 0, & 当\ a<0,\end{cases}\quad j'=\begin{cases}1, & 当\ a<kv\\ 0, & 当\ a>kv\end{cases}$$

证 (1) 当 $\sigma>kv$ 时，由（Ⅰ.3.5）① 知道

$$Z_{n,k}(s)=\frac{1}{\Gamma(s)}\int_{0}^{\infty}\omega^{s-1}\left[\left(\sum_{x=-\infty}^{\infty}e^{-x^{n}\omega}\right)^{k}-1\right]\mathrm{d}\omega \tag{2.3}$$

在 $(0,\infty)$ 内函数 $\left(\sum_{x=-\infty}^{\infty}e^{-x^{n}\omega}\right)^{k}-1$ 是单调下降的，故在每一点 ω，$\omega>0$ 的附近，这函数是囿变的. 又当 $\omega\to+\infty$ 时

$$\left(\sum_{x=-\infty}^{\infty}e^{-x^{n}\omega}\right)^{k}-1<\left(\sum_{x=-\infty}^{\infty}e^{-|x|\omega}\right)^{k}-1=\left(\frac{1+e^{-\omega}}{1-e^{-\omega}}\right)^{k}-1=O(e^{-\omega})$$

故对于任何实数 κ 都有

$$\omega^{\kappa-1}\left\{\left(\sum_{x=-\infty}^{\infty}e^{-x^{n}\omega}\right)^{k}-1\right\}\in L(0,\infty)$$

又从定理 Ⅱ.4.1 及（Ⅱ.3.21）得 $\Gamma(a+it)Z_{n,k}(a+it)=o(e^{(-\pi/2+\varepsilon)|t|})$ $(\varepsilon>0)$. 因此，可以引用引理 2.1 得到

$$\left(\sum_{x=-\infty}^{\infty}e^{-x^{n}\omega}\right)^{k}-1=\frac{1}{2\pi i}\int_{c-i\infty}^{c+i\infty}\Gamma(s)Z_{n,k}(s)\omega^{-s}\mathrm{d}s \tag{2.4}$$

在上式中假定了 $c>kv$，$\omega>0$. 设 $s=c+it$，则

$$\omega^{-s}=e^{-(c+it)(\log\omega+i\arg\omega)}=e^{-(c\log\omega-t\arg\omega)+i(t\log\omega+c\arg\omega)}$$

---

① 我们用（Ⅰ.3.5）表示 Ⅰ 内公式(3.5)，用定理 Ⅱ.4.1.表示 Ⅱ 内定理 4.1 等. 又 Ⅰ 登在数学学报第 5 卷第 3 期(1955) 第 244-285 页；Ⅱ 登在第 6 卷第 1 期(1956) 第 1-11 页.

我们容易看出上式两边当 $\mathrm{Re}\,\omega > 0$ 时都是 ω 的解析函数 $\left(\omega\text{ 的辐角应取在 } -\frac{\pi}{2} \text{ 与 } \frac{\pi}{2} \text{ 之间}\right)$. 因此上式当 $\mathrm{Re}\,\omega > 0$ 时恒成立. 命

$$\omega = \mathrm{i}\mathrm{e}^{\xi - \mathrm{i}\delta} = \mathrm{e}^{\xi + \mathrm{i}(\frac{\pi}{2} - \delta)} = \mathrm{e}^{\xi}(\sin\delta + \mathrm{i}\cos\delta), \quad 0 < \delta < \pi$$

则得

$$\left(\sum_{x=-\infty}^{\infty} \mathrm{e}^{-x^n\omega}\right)^k - 1 = \frac{1}{2\pi}\int_{-\infty}^{\infty} \Gamma(c+\mathrm{i}t) Z_{n,k}(c+\mathrm{i}t) \mathrm{e}^{-(c+\mathrm{i}t)\xi - \mathrm{i}(c+\mathrm{i}t)(\pi/2-\delta)}\,\mathrm{d}t$$

这证明当 $c > kv$ 时

$$\mathrm{e}^{c\xi}\left\{\left(\sum_{x=-\infty}^{\infty} \mathrm{e}^{-x^n\omega}\right)^k - 1\right\} = \frac{1}{2\pi}\int_{-\infty}^{\infty} \Gamma(c+\mathrm{i}t) Z_{n,k}(c+\mathrm{i}t) \mathrm{e}^{-\mathrm{i}(c+\mathrm{i}t)(\pi/2-\delta)}\,\mathrm{e}^{-\mathrm{i}t\xi}\,\mathrm{d}t$$

因而得到一对傅里叶变形

$$f(t) = \frac{1}{\sqrt{2\pi}}\Gamma(c+\mathrm{i}t) Z_{n,k}(c+\mathrm{i}t) \mathrm{e}^{-\mathrm{i}(c+\mathrm{i}t)(\pi/2-\delta)}$$

$$F(\xi) = \mathrm{e}^{c\xi}\left\{\left(\sum_{x=-\infty}^{\infty} \mathrm{e}^{-x^n\omega}\right)^k - 1\right\}, \quad \omega = \mathrm{i}e^{\xi - \mathrm{i}\delta}$$

这证明了引理中当 $a = c > kv$ 的情形.

(2) 当 $|s| \to \infty$ 时

$$\log\Gamma(s) = \left(s - \frac{1}{2}\right)\log s - s + \frac{1}{2}\log 2\pi + O\left(\frac{1}{|s|}\right)$$

对于 $-\pi + \delta \leqslant \arg s \leqslant \pi + \delta (0 < \delta < \pi)$ 一致成立①,由此可以推出当 $a \leqslant \sigma \leqslant c$ 而 $|t| \to \infty$ 时

$$|\Gamma(\sigma + \mathrm{i}t)| = (1 + o(1))\mathrm{e}^{-\pi/2|t|}\,|t|^{\sigma - \frac{1}{2}}\sqrt{2\pi} \tag{2.5}$$

其中 o 所隐含的常数只与 a 及 c 有关. 因此,由定理 Ⅱ.4.1 知(2.4)右边积分号下的函数当 $a \leqslant \sigma \leqslant c$, $|t| \to \infty$ 时,一致趋于 0. 又当 $0 < a < kv$ 时,该函数在带形域 $a \leqslant \sigma \leqslant c$ 内只有一奇点,即简单极点 $s = kv$. 由定理 Ⅰ.2.2,相当的残数是

$$\Gamma(kv)\frac{2^k\Gamma^k(1+v)}{\Gamma(kv)}\omega^{-kv} = R(\omega)$$

因而可将(2.4)右边积分路线移到 $\sigma = a$ 而得到

① Titchmarsh, Theory of functions(第二版)4.42, Example(i).

$$\begin{aligned}&\left(\sum_{x=-\infty}^{\infty}\mathrm{e}^{-x^n\omega}\right)^k-j-R(\omega)\\&=\frac{1}{2\pi\mathrm{i}}\int_{a-\mathrm{i}\infty}^{a+\mathrm{i}\infty}\Gamma(s)Z_{n,k}(s)\omega^{-s}\mathrm{d}s\qquad(2.6)\\&=\frac{1}{2\pi}\int_{-\infty}^{\infty}\Gamma(a+\mathrm{i}t)Z_{n,k}(a+\mathrm{i}t)\omega^{-a-\mathrm{i}t}\mathrm{d}t\end{aligned}$$

式中 $j=1$ 而 $0<a<kv$. 当 $a<0$ 时，由(Ⅰ.3.8)知道在带形域 $a\leqslant\sigma\leqslant c$ 内，(2.4)右边的被积函数除以 $s=kv$ 为奇点外，还有一奇点 $s=0$，其相当的残数为 -1. 这证明当 $a<0$ 时，(2.6)中的 j 应为 0.

(3) 由定理 Ⅱ.4.1 及(2.5)，$\Gamma(a+\mathrm{i}t)Z_{n,k}(a+\mathrm{i}t)=o(\mathrm{e}^{-|t|})$. 故(2.6)最左及最右两端，当 $\mathrm{Re}\,\omega>0$ 时都是 ω 的解析函数. 因此上式当 $\mathrm{Re}\,\omega>0\left(\text{可取}-\frac{\pi}{2}<\arg\omega<\frac{\pi}{2}\right)$ 时恒成立. 命

$$\omega=\mathrm{i}\mathrm{e}^{\xi-\mathrm{i}\delta}=\mathrm{e}^{\xi+\mathrm{i}(\pi/2-\delta)}=\mathrm{e}^{\xi}(\sin\delta+\mathrm{i}\cos\delta),\ 0<\delta<\pi$$

即得

$$\begin{aligned}&\left(\sum_{x=-\infty}^{\infty}\mathrm{e}^{-x^n\omega}\right)^k-j-R(\omega)\\&=\frac{1}{2\pi}\int_{-\infty}^{\infty}\Gamma(a+\mathrm{i}t)Z_{n,k}(a+\mathrm{i}t)\mathrm{e}^{-a\xi-\mathrm{i}\xi t-\mathrm{i}(a+\mathrm{i}t)(\pi/2-\delta)}\mathrm{d}t\end{aligned}$$

故

$$\begin{aligned}&\mathrm{e}^{a\xi}\left\{\left(\sum_{x=-\infty}^{\infty}\mathrm{e}^{-x^n\omega}\right)^k-j-R(\omega)\right\}\\&=\frac{1}{2\pi}\int_{-\infty}^{\infty}\Gamma(a+\mathrm{i}t)Z_{n,k}(a+\mathrm{i}t)\mathrm{e}^{-\mathrm{i}(a+\mathrm{i}t)(\pi/2-\delta)}\mathrm{e}^{-\mathrm{i}\xi t}\mathrm{d}t\end{aligned}$$

由此得到一对傅里叶变形：

$$f(t)=\frac{1}{\sqrt{2\pi}}\Gamma(a+\mathrm{i}t)Z_{n,k}(a+\mathrm{i}t)\mathrm{e}^{-\mathrm{i}(a+\mathrm{i}t)(\pi/2-\delta)}$$

$$F(\xi)=\mathrm{e}^{a\xi}\left\{\left(\sum_{x=-\infty}^{\infty}\mathrm{e}^{-x^n\omega}\right)^k-j-R(\omega)\right\},\quad\omega=\mathrm{i}\mathrm{e}^{\xi-j\delta}$$

式中 $0\neq a<kv$ 而

$$j=\begin{cases}1, & \text{当 } a>0\\0, & \text{当 } a<0\end{cases}$$

引理 2.3(帕塞瓦(Parseval) 等式[①]) 设 $f(x) \in L(-\infty,\infty)$ 并且它的傅里叶变形是 $F(x) \in L(-\infty,\infty)$,则

$$\int_{-\infty}^{\infty} |f(x)|^2 \mathrm{d}x = \int_{-\infty}^{\infty} |F(x)|^2 \mathrm{d}x$$

引理 2.4[②] 设 $f(x) \in L^p(-\infty,\infty)$ $(1 < p \leqslant 2)$,则

$$F_b(x) = \frac{1}{\sqrt{2\pi}}\int_{-b}^{b} f(t)\mathrm{e}^{\mathrm{i}xt}\mathrm{d}t$$

以指数 $p' = \dfrac{p}{p-1}$ 平均收敛到极限函数 $F(x)$,并满足

$$\int_{-\infty}^{\infty} |F(x)|^{p'} \mathrm{d}x \leqslant \frac{1}{(2\pi)^{\frac{1}{2}p'-1}}\int_{-\infty}^{\infty} |f(x)|^{p} \mathrm{d}x$$

又几乎到处有

$$F(x) = \frac{1}{\sqrt{2\pi}} \frac{\mathrm{d}}{\mathrm{d}x}\int_{-\infty}^{\infty} f(t) \frac{\mathrm{e}^{\mathrm{i}xt}-1}{\mathrm{i}t}\mathrm{d}t$$

§3 蒂奇马什型均值公式

本节的目的是要为 $Z_{n,k}(s)$ 建立类似于(1.5)的均值公式,即蒂奇马什型均值公式.为清楚起见,我们把证明的若干部分写成一串的引理:

引理 3.1 设 $0 < a < kv$,则当 $\delta \to +0$ 时

$$\begin{aligned}&\frac{1}{\sqrt{2\pi}}\int_{0}^{\infty} t^{2a-1}(1+o(1)) |Z_{n,k}(a+\mathrm{i}t)|^2 \mathrm{e}^{-2\delta t}\mathrm{d}t \\ &= \int_{0}^{\infty} u^{2a-1}\left|\left(\sum_{x=-\infty}^{\infty}\mathrm{e}^{-x^n\omega}\right)^k - 1 - \frac{2^k\Gamma^k(1+v)}{\omega^{kv}}\right|^2\mathrm{d}u\end{aligned} \tag{3.1}$$

式中 $\omega = \mathrm{i}n\mathrm{e}^{-\mathrm{i}\delta}$.

证 我们知道当 $t \to \infty$ 时

$$\Gamma(a+\mathrm{i}t) = \exp\left\{-\frac{\pi}{2}|t|\right\}|t|^{a-\frac{1}{2}}\sqrt{2\pi}(1+o(1)) \tag{3.2}$$

(见(2.5)),故由定理 Ⅱ.4.1 知道当 δ 充分小而 $t \to \infty$ 时

① TFI,2.2 节定理 35 及 2.1 节公式(2.1.3).

② TFI,4.1 节定理 74.

$$\Gamma(a+\mathrm{i}t)Z_{n,k}(a+\mathrm{i}t)\exp\left\{t\left(\frac{\pi}{2}-\delta\right)\right\}=O(t^{A_1}\mathrm{e}^{-\delta|t|}) \qquad (3.3)$$

式中 A_1 只与 a 有关,又 O 中所隐含的常数也只与 a 有关.这表明引理 2.2 中的 $f(t)$ 是属于 $L(-\infty,\infty)$ 的.又当 $0<a<kv$ 时引理 2.2 中的 $F(\xi)$ 是

$$F(\xi)=\mathrm{e}^{a\xi}\left\{\left(\sum_{x=-\infty}^{\infty}\mathrm{e}^{-x^n\mathrm{e}^{\xi}(\sin\delta+\mathrm{i}\cos\delta)}\right)^k-1-\frac{2^k\Gamma^k(1+v)}{(\mathrm{i}\mathrm{e}^{\xi-\mathrm{i}\delta})^{kv}}\right\}$$

像在引理 2.2 的证明中一样,当 $\xi\to+\infty$ 时,我们有

$$\begin{aligned}|F(\xi)|&\leqslant\mathrm{e}^{a\xi}\left\{\left(\sum_{x=-\infty}^{\infty}\mathrm{e}^{-x^n\mathrm{e}^{\xi}\sin\delta}\right)^k-1+\frac{2^k\Gamma^k(1+v)}{\mathrm{e}^{kv\xi}}\right\}\\&=O(\mathrm{e}^{a\xi-\mathrm{e}^{\xi}\sin\delta})+O(\mathrm{e}^{(a-kv)\xi})\end{aligned}$$

设用 $f_a(t)$ 及 $F_a(\xi)$ 记引理 2.2 中的 $f(t)$ 及 $F(\xi)$ 则 $f_{a/2}(t)\in L(-\infty,\infty)$ 而

$$F_a(\xi)=\mathrm{e}^{a\xi/2}F_{a/2}(\xi)=\frac{\mathrm{e}^{a\xi/2}}{\sqrt{2\pi}}\int_{-\infty}^{\infty}f_{a/2}(t)\mathrm{e}^{-\mathrm{i}\xi t}\mathrm{d}t=O(\mathrm{e}^{a\xi/2})$$

由以上的讨论知道 $F(\xi)\in L(-\infty,\infty)$.因此,当 $0<a<kv$ 时,可以把引理 2.3 应用到引理 2.2 中的 $f(t)$ 及 $F(\xi)$ 得到

$$\begin{aligned}&\frac{1}{2\pi}\int_{-\infty}^{\infty}\left|\Gamma(a+\mathrm{i}t)Z_{n,k}(a+\mathrm{i}t)\mathrm{e}^{t(\frac{\pi}{2}-\delta)}\right|^2\mathrm{d}t\\&=\int_{-\infty}^{\infty}\mathrm{e}^{2a\xi}\left|\left(\sum_{x=-\infty}^{\infty}\mathrm{e}^{-x^n\omega}\right)^k-1-\frac{2^k\Gamma^k(1+v)}{\omega^{kv}}\right|^2\mathrm{d}\xi \qquad (3.4)\\&=\int_0^{\infty}u^{2a-1}\left|\left(\sum_{x=-\infty}^{\infty}\mathrm{e}^{-x^n\omega}\right)^k-1-\frac{2^k\Gamma^k(1+v)}{\omega^{kv}}\right|^2\mathrm{d}u\end{aligned}$$

由(3.2),当 $\delta\to+0$ 时,(3.4) 的最左端可以写成

$$\frac{1}{\sqrt{2\pi}}\int_{-\infty}^{\infty}(1+o(1))\,|t|^{2a-1}\,|Z_{n,k}(a+\mathrm{i}t)|^2\mathrm{e}^{-\pi(|t|-t)-2\delta t}\mathrm{d}t$$

因此,根据定理 Ⅱ.4.1 立得(3.1).

引理 3.2　设 $m\geqslant c$,则任何一个包含 x 与 y 的 m 次多项式一定可以写成下列三个类型的项之和:

A.	$A(x-y)^{\lambda}y^{\mu}$	$\mu\geqslant c$,	$\lambda+\mu\leqslant m$
B.	$A(x-y-1)^{\lambda}y^{\mu}$	$\mu<c$,	$c\leqslant\lambda+\mu\leqslant m$
C.	$A(x-1)^{\lambda}y^{\mu}$	$\mu<c$,	$\lambda+\mu<c$

当 $m<c$ 时，只有 C 类型的项，引理显然仍成立.

证 设用 P 表已知多项式. 若 P 不含 x，显然可以写成 A,C 两类型的项之和(此时 $\lambda=0$). 念设引理对 x 的 m 次多项式成立，要证对 x 的 $m+1$ 次多项式 P 也成立. 任取 P 内含 x^{m+1} 的一项，设为 $Q=Ax^{\lambda}y^{\mu}(\lambda=m+1)$. 若 $\mu\geqslant c$，则 Q 与 A 类型的项 $A(x-y)^{\lambda}y^{\mu}$ 的差对 x 为 m 次；若 $\mu<c$，则应考虑 Q 与 B 或 C 类型的项之差(要分 $\lambda+\mu\geqslant c$ 及 $\lambda+\mu<c$ 两种情形)，结果也得到 x 的 m 次多项式. 对于 P 内每一含 x^{m+1} 的项都可以如此作. 这就是说，总可以从 P 减去 A,B,C 三类型的项，使所余为 x 的 m 次多项式. 用归纳法即得本引理.

引理 3.3 我们可以把 $x^k-y^k-1(k>c)$ 表成下列形式：

$$x^k-y^k-1=\sum_{\substack{\lambda>0,\mu\geqslant c\\ \lambda+\mu\leqslant k}}c_{\lambda,\mu}(x-y)^{\lambda}y^{\mu}+\sum_{\substack{0\leqslant\mu<c\\ c\leqslant\lambda+\mu\leqslant k}}c_{\lambda,\mu}(x-y-1)^{\lambda}y^{\mu}+\sum_{\substack{\lambda+\mu<c\\ \lambda>0}}c_{\lambda,\mu}(x-1)^{\lambda}y^{\mu}\tag{3.5}$$

式中 $c_{\lambda,\mu}$ 都是常数且 $c_{1,k-1}=k$.

证 由引理 3.2，可以把 x^k-y^k-1 表成

$$x^k-y^k-1=\sum_{\substack{\lambda>0,\mu\geqslant c\\ \lambda+\mu\leqslant k}}c_{\lambda,\mu}(x-y)^{\lambda}y^{\mu}+\sum_{\substack{0\leqslant\mu<c\\ c\leqslant\lambda+\mu\leqslant k}}c_{\lambda,\mu}(x-y-1)^{\lambda}y^{\mu}+\sum_{\substack{\lambda+\mu<c\\ \lambda>0}}c_{\lambda,\mu}(x-1)^{\lambda}y^{\mu}+\sum_{0\leqslant\mu\leqslant k}c_{\mu}y^{\mu}$$

其中 c_{μ} 是常数. 命 $x=1$ 即得

$$-y^k=\sum_{\substack{\lambda>0,\mu\geqslant c\\ \lambda+\mu\leqslant k}}c_{\lambda,\mu}(1-y)^{\lambda}y^{\mu}+\sum_{\substack{0\leqslant\mu<c\\ c\leqslant\lambda+\mu\leqslant k}}(-1)^{\lambda}c_{\lambda,\mu}y^{\lambda+\mu}+\sum_{0\leqslant\mu\leqslant k}c_{\mu}y^{\mu}$$

由此显见 $c_{\mu}=0,0\leqslant\mu<c$. 又命 $x=y$ 即得

$$-1=\sum_{\substack{0\leqslant\mu<c\\ c\leqslant\lambda+\mu\leqslant k}}(-1)^{\lambda}c_{\lambda,\mu}y^{\mu}+\sum_{\substack{\lambda+\mu<c\\ \lambda>0}}c_{\lambda,\mu}(y-1)^{\lambda}y^{\mu}+\sum_{c\leqslant\mu\leqslant k}c_{\mu}y^{\mu}$$

因此又得 $c_{\mu}=0,c\leqslant\mu\leqslant k$. 故(3.5)成立. 但还要证 $c_{1,k-1}=k$. 比较(3.5)两边的最高次项得

$$x^k-y^k=\sum_{\substack{\lambda>0,\mu\geqslant c\\ \lambda+\mu=k}}c_{\lambda,\mu}(x-y)^{\lambda}y^{\mu}+\sum_{\substack{0\leqslant\mu<c\\ c\leqslant\lambda+\mu=k}}c_{\lambda,\mu}(x-y)^{\lambda}y^{\mu}$$

因 $\mu<c<k,\lambda+\mu=k$ 隐含 $\lambda\geqslant1$. 故上式第二项中 $\lambda\geqslant1$. 用 $x-y$ 除两边，得

$$x^{k-1}+\cdots+y^{k-1}=\sum_{\substack{\lambda>0,\mu\geqslant c\\ \lambda+\mu=k}}c_{\lambda,\mu}(x-y)^{\lambda-1}y^{\mu}+\sum_{\substack{0\leqslant\mu<c\\ \lambda+\mu=k}}c_{\lambda,\mu}(x-y)^{\lambda-1}y^{\mu}$$

令 $x=y=1$,即得 $k=c_{1,k-1}$.

定理 3.1 设 an 不是整数而 $0<a<kv-v$,则当 $\delta\to 0$ 时

$$\int_0^{\infty}t^{2a-1}\mid Z_{n,k}(a+\mathrm{i}t)\mid^2\mathrm{e}^{-2\delta t}\mathrm{d}t$$
$$=c_1\delta^{-2(n-1)(kv-v-a)-1}(1+o(1))+O(\delta^{-2a})+O(\delta^{-4-\varepsilon})$$

式中

$$c_1=k^2(2\pi)^{1/2}(2\pi v)^{-2(k-na-1)-1}(2\Gamma(1+v))^{2k-2}\times$$
$$\Gamma(2(1-v)(k-na-1)+1)\xi(2(k-na))$$

而 $\varepsilon>0$.

证 (1) 设 $c=an>[an]$($[x]$ 表 x 的整数部分),则由引理 3.3

$$\int_0^{\infty}u^{2a-1}\left|\left(\sum_{x=-\infty}^{\infty}\mathrm{e}^{-x^n\omega}\right)^k-1-\left(\frac{2\Gamma(1+v)}{\omega^v}\right)^k\right|^2\mathrm{d}u$$
$$=\int_0^{\infty}u^{2a-1}\left|\sum_{\substack{\lambda>0,\mu\geqslant c\\ \lambda+\mu\leqslant k}}c_{\lambda,\mu}(\Phi-\Psi)^{\lambda}\Psi^{\mu}+\sum_{\substack{0\leqslant\mu<c\\ c\leqslant\lambda+\mu\leqslant k}}c_{\lambda,\mu}(\Phi-\Psi-1)^{\lambda}\Psi^{\mu}+\right.$$
$$\left.\sum_{\substack{\lambda+\mu<c\\ \lambda>0}}c_{\lambda,\mu}(\Phi-1)^{\lambda}\Psi^{\mu}\right|^2\mathrm{d}u \tag{3.6}$$

式中 $\omega=\mathrm{i}u\mathrm{e}^{-\mathrm{i}\delta}$ 而

$$\Phi=\Phi(u)=\sum_{x=-\infty}^{\infty}\mathrm{e}^{-x^n\omega},\quad \Psi=\Psi(u)=\frac{2\Gamma(1+v)}{\omega^v}$$

把(3.6)右边积分号下形如 $|W|^2$ 的式子换作 $W\overline{W}$($\overline{W}$ 表 W 的共轭复数),则乘开以后分别积分就得到九个类型的项.其中三个类型的项,除去一常数因子不算,就可以写成:

$$\mathrm{A}=I_{\lambda,\mu}=\int_0^{\infty}u^{2a-1}\mid\Phi-\Psi\mid^{2\lambda}\mid\Psi\mid^{2\mu}\mathrm{d}u,$$
$$\lambda>0,\mu\geqslant c,\lambda+\mu\leqslant k$$

$$\mathrm{B}=I_{\lambda,\mu}=\int_0^{\infty}u^{2a-1}\mid\Phi-\Psi-1\mid^{2\lambda}\mid\Psi\mid^{2\mu}\mathrm{d}u,$$
$$0\leqslant\mu<c,c\leqslant\lambda+\mu\leqslant k$$

$$\mathrm{C}=I_{\lambda,\mu}=\int_0^{\infty}u^{2a-1}\mid\Phi-1\mid^{2\lambda}\mid\Psi\mid^{2\mu}\mathrm{d}u,$$
$$\lambda>0,\lambda+\mu<c$$

另外 9 个类型的项的绝对值，则不超过(对于适当的 $\lambda,\mu,\lambda',\mu'$)

$$O(\sqrt{I_{\lambda,\mu}I_{\lambda',\mu'}}),\quad |\lambda-\lambda'|+|\mu-\mu'|\neq 0$$

为说明最后一句话，我们利用斯瓦尔兹(Schwarz)不等式就得到

$$\left|\int_0^{\infty}u^{2a-1}\ |\Phi-\Psi|^{\lambda}\Psi^{\mu}\cdot\overline{(\Phi-\Psi-1)^{\lambda}}\ \overline{\Psi}^{\mu}\mathrm{d}u\right|\leqslant\sqrt{AB}$$

以后要证明在 A,B,C 三种项中，在适当的条件下，只有 $I_{1,k-1}$ 的阶最大，其余的阶都较低，因此，(3.6) 的主要部分是

$$\int_0^{\infty}u^{2a-1}\ |c_{1,k-1}(\Phi-\Psi)|^2\ |\Psi|^{2k-2}\mathrm{d}u=k^2I_{1,k-1}\tag{3.7}$$

(2) A,B,C 三类型的项都可以写作

$$I_{\lambda,\mu}=(2\Gamma(1+v))^{2\mu}\int_0^{\infty}u^{2(a-\mu v)}\left|\sum_{x=-\infty}^{\infty}\mathrm{e}^{-x^n\omega}-j-j'\frac{2\Gamma(1+v)}{\omega^v}\right|^{2\lambda}\frac{\mathrm{d}u}{u}$$

其中

$$j=\begin{cases}1, & \text{当 } \mu<an, \quad \text{即}\dfrac{a-\mu v}{\lambda}>0\\ 0, & \text{当 } \mu>an, \quad \text{即}\dfrac{a-\mu v}{\lambda}<0\end{cases}$$

而

$$j'=\begin{cases}1, & \text{当 } \lambda+\mu>an, \quad \text{即}\dfrac{a-\mu v}{\lambda}<v\\ 0, & \text{当 } \lambda+\mu<an, \quad \text{即}\dfrac{a-\mu v}{\lambda}>v\end{cases}$$

故由引理 2.2

$$f(t)=\frac{1}{\sqrt{2\pi}}\Gamma\left(\frac{a-\mu v}{\lambda}+\mathrm{i}t\right)Z_{n,1}\left(\frac{a-\mu v}{\lambda}+\mathrm{i}t\right)\mathrm{e}^{-\mathrm{i}\left(\frac{a-\mu v}{\lambda}+\mathrm{i}t\right)\left(\frac{\pi}{2}-\delta\right)}$$

与

$$F(\xi)=\mathrm{e}^{\frac{a-\mu v}{\lambda}\xi}\left\{\sum_{x=-\infty}^{\infty}\mathrm{e}^{-x^n\omega}-j-j'\frac{2\Gamma(1+v)}{\omega^v}\right\}$$

是一对傅里叶变形. 由(3.3) 知道，当 $|t|\to\infty$ 时

$$f(t)=O(|t|^{A_1}\mathrm{e}^{-\delta|t|})\tag{3.8}$$

因此对于任何的 $p(1\leqslant p\leqslant 2)$，均得 $\overline{f(t)}\in L^p(-\infty,\infty)$，故引理2.4 可用，于是得

$$\int_{-\infty}^{\infty}|F_1(x)^{p'}\mathrm{d}x\leqslant\frac{1}{(2\pi)^{p'/2-1}}\int_{-\infty}^{\infty}|f(x)|^p\mathrm{d}x\tag{3.9}$$

其中 $p'=\dfrac{p}{p-1}$ 而

$$F_1(x) \doteq \frac{\mathrm{d}}{\mathrm{d}x}\frac{1}{\sqrt{2\pi}}\int_{-\infty}^{\infty}\overline{f(t)}\,\frac{\mathrm{e}^{\mathrm{i}xt}-1}{\mathrm{i}t}\mathrm{d}t$$

式中 $\doteq$ 表两边除在一测度是零的集合上以外,恒相等.又由(3.8),上式右边可以在积分号下取微分.故 $F_1(x)\doteq\overline{F(x)}$.因此,(3.9) 变成

$$\int_{-\infty}^{\infty}\mid F_1(x)^{p'}\mathrm{d}x\leqslant\frac{1}{(2\pi)^{p'/2-1}}\int_{-\infty}^{\infty}\mid f(x)\mid^{p}\mathrm{d}x$$

由此可见,对于 A,B,C 三类型的项,都有

$$\begin{aligned}I_{\lambda,\mu}&=(2\Gamma(1+v))^{2\mu}\int_0^{\infty}u^{2(a-\mu v)}\left|\sum_{x=-\infty}^{\infty}\mathrm{e}^{-x^n\omega}-j-j'\,\frac{2\Gamma(1+v)}{\omega^v}\right|^{2\lambda}\frac{\mathrm{d}u}{u}\\&\ll\int_{-\infty}^{\infty}\left|\frac{1}{\sqrt{2\pi}}\Gamma\left(\frac{a-\mu v}{\lambda}+\mathrm{i}t\right)Z_{n,1}\left(\frac{a-\mu v}{\lambda}+\mathrm{i}t\right)\exp\left\{-\mathrm{i}\left(\frac{a-\mu v}{\lambda}+\mathrm{i}t\right)\cdot\right.\right.\\&\left.\left.\left(\frac{\pi}{2}-\delta\right)\right\}\right|^{h}\mathrm{d}t\end{aligned}\qquad(3.10)$$

式中 $h=\dfrac{2\lambda}{2\lambda-1}$.

(3) 今将估计(3.10) 的右边.由(3.2),当 $t\to\infty$ 时

$$\left|\frac{1}{\sqrt{2\pi}}\Gamma\left(\frac{a-\mu v}{\lambda}+\mathrm{i}t\right)\exp\left\{-\mathrm{i}\left(\frac{a-\mu v}{\lambda}+\mathrm{i}t\right)\left(\frac{\pi}{2}-\delta\right)\right\}\right|$$

$$\ll\mid t\mid^{\frac{a-\mu v}{\lambda}-\frac{1}{2}}\mathrm{e}^{-\frac{\pi}{2}(|t|-t)-\delta t}$$

式中所隐含的常数与 δ 及 t 都无关.因此,由(3.10) 及定理 Ⅱ.4.1 当 $\delta\to+0$ 时

$$\begin{aligned}I_{\lambda,\mu}&\ll\int_1^{\infty}t^{\left(\frac{a-\mu v}{\lambda}-\frac{1}{2}\right)h}\mathrm{e}^{-\delta ht}\left|Z_{n,1}\left(\frac{a-\mu v}{\lambda}+\mathrm{i}t\right)\right|^{h}\mathrm{d}t+1\\&\ll\int_1^{\infty}t^{\left(\frac{a-\mu v}{\lambda}-\frac{1}{2}\right)h}\mathrm{e}^{-\delta ht}\left|\xi\left(\frac{an-\mu}{\lambda}+n\mathrm{i}t\right)\right|^{h}\mathrm{d}t+1\end{aligned}$$

1) 现在考虑 $\dfrac{an-\mu}{\lambda}>1$ 也就是 $\lambda+\mu<an$ 的情形.在这情形下,因 $\zeta\left(\dfrac{an-\mu}{\lambda}+n\mathrm{i}t\right)=O(1)$ (当 $t\to\infty$),故

$$\begin{aligned}I_{\lambda,\mu}&\ll\int_1^{\infty}t^{\left(\frac{a-\mu v}{\lambda}-\frac{1}{2}\right)h}\mathrm{e}^{-\delta ht}\mathrm{d}t+1\\&=\delta^{-\left(\frac{a-\mu v}{\lambda}-\frac{1}{2}\right)h-1}\int_{\delta}^{\infty}\mid t\mid^{\left(\frac{a-\mu v}{\lambda}-\frac{1}{2}\right)h}\mathrm{e}^{-ht}\mathrm{d}t+1\end{aligned}$$

$$=O(\delta^{-(\frac{a-\mu v}{\lambda}-\frac{1}{2})h-1})+O(\delta^{-1})$$

因 $\lambda\geqslant 1$ 故 $\frac{a-\mu v}{\lambda}\leqslant a$，$1\leqslant h=\frac{2\lambda}{2\lambda-1}\leqslant 2$，而

$$I_{\lambda,\mu}=O(\delta^{-2a})+O(\delta^{-1})$$

2）其次考虑 $0<\frac{an-\mu}{\lambda}<1$ 也就是 $an-\mu>0$ 且 $\lambda+\mu>an$ 的情形．在这情形下，我们利用 $\zeta(s)=O(t^{3/2+\varepsilon})$（当 $\sigma\geqslant-\varepsilon,\varepsilon\geqslant 0$）[①] 可得

$$I_{\lambda,\mu}\ll\int_1^\infty t^{(\frac{a-\mu v}{\lambda}-\frac{1}{2})h}\mathrm{e}^{-\delta ht}t^{(3/2+\varepsilon)h}\mathrm{d}t+1$$

$$=\int_1^\infty t^{(\frac{a-\mu v}{\lambda}+1+\varepsilon)h}\mathrm{e}^{-\delta ht}\mathrm{d}t+1=O(\delta^{-(\frac{a-\mu v}{\lambda}+1+\varepsilon)h-1})$$

$$=O(\delta^{-2(v+1+\varepsilon)-1})=O(\delta^{-4-\varepsilon})$$

（因 $h\leqslant 2$，$n\geqslant 2$）．

3）最后考虑 $\frac{an-\mu}{\lambda}<0$ 也就是 $\mu>an$ 的情形．在这种情形下，我们利用 $\xi(s)=O(t^{1/2}-\sigma)$[②]（$\sigma\leqslant-\varepsilon<0$）可得

$$I_{\lambda,\mu}\ll\int_1^\infty t^{(\frac{a-\mu v}{\lambda}-\frac{1}{2})h}\mathrm{e}^{-\delta ht}t^{(\frac{1}{2}-\frac{an-\mu}{\lambda})h}\mathrm{d}t+1$$

$$=\int_1^\infty t^{-(n-1)h\frac{a-\mu v}{\lambda}}\mathrm{e}^{-\delta ht}\mathrm{d}t+1$$

$$=O(\delta^{-(n-1)h\frac{\mu v-a}{\lambda}-1})$$

当 a 一定时，如果 λ 越小，μ 越大，上式右边的指数就越大．因为 $\lambda\geqslant 1$，$\mu\leqslant k-1$ 故

$$I_{\lambda,\mu}=\begin{cases}O(\delta^{-(kv-v-a)(n-1)h^{-1}}), & \text{当 }\lambda=1,\mu=k-1\\ o(\delta^{-(kv-v-a)(n-1)h^{-1}}), & \text{其他情形}\end{cases}$$

（4）对于 $I_{1,k-1}$，我们还要求出它的主要部分．因为 $a<kv-v$，所以

$$I_{1,k-1}=(2\Gamma(1+v))^{2k-2}\int_0^\infty u^{2(a-kv+v)}\left|\sum_{x=-\infty}^{\infty}\mathrm{e}^{-x^n\omega}-\frac{2\Gamma(1+v)}{\omega^v}\right|^2\frac{\mathrm{d}u}{u}$$

---

① Titchmarsh，The theory of the Riemann zeta－function（Oxford，1951)5.1节(有俄文译本)．以后简记作 TRZ.

② 同上.

这时，我们可以不用不等式(3.9)而用 Parseval 等式(引理 2.3). 现在先验证一对傅里叶变形(参看引理 2.2)

$$f(t)=\frac{1}{\sqrt{2\pi}}\Gamma(a-kv+v+\mathrm{i}t)\cdot$$
$$Z_{n,1}(a-kv+v+\mathrm{i}t)\mathrm{e}^{-\mathrm{i}(a-kv+v+\mathrm{i}t)(n/2-\delta)}$$

$$F(\xi)=\mathrm{e}^{(a-kv+v)\xi}\left\{\sum_{x=-\infty}^{\infty}\mathrm{e}^{-x^{n}\omega}-\frac{2\Gamma(1+v)}{\omega^{v}}\right\},\quad \omega=\mathrm{e}^{\xi+\mathrm{i}(\pi/2-\delta)}$$

是否都 $\in L(-\infty,\infty)$. 由(3.3)，$f(x)\in L(-\infty,\infty)$. 显然当 $\xi\to+\infty$ 时 $F(\xi)=O(\mathrm{e}^{(a-kv+v)\xi})$. 用 $f_{a-kv+v}(t)$ 及 $F_{a-kv+v}(\xi)$ 表以上一对傅里叶变形，则 $f_{-kv+v}(t)$ 及 $F_{-kv+v}(\xi)$ 也是一对傅里叶变形而 $f_{-kv+v}(t)\in L(-\infty,\infty)$. 因此

$$F(\xi)=F_{a-kv+v}(\xi)=\mathrm{e}^{a\xi}F_{-kv+v}(\xi)$$
$$=\mathrm{e}^{a\xi}\ \frac{1}{\sqrt{2\pi}}\int_{-\infty}^{\infty}f_{-kv+v}(t)\mathrm{e}^{-\xi t\mathrm{i}}\mathrm{d}t=O(\mathrm{e}^{a\xi}),\text{当 } \xi\to-\infty$$

故 $F(\xi)\in L(-\infty,\infty)$. 由引理 2.2

$$I_{1,k-1}=(2\Gamma(1+v))^{2k-2}\int_{-\infty}^{\infty}\left|\frac{1}{\sqrt{2\pi}}\Gamma(a-kv+v+\mathrm{i}t)\times\right.$$
$$\left.Z_{n,1}(a-kv+v+\mathrm{i}t)\mathrm{e}^{-\mathrm{i}(a-kv+v+\mathrm{i}t)(\pi/2-\delta)}\ \right|^{2}\mathrm{d}t$$

由(3.2)，当 $t\to\infty$ 时

$$\left|\frac{1}{\sqrt{2\pi}}\Gamma(a-kv+v)\mathrm{e}^{-\mathrm{i}(a-kv+v+\mathrm{i}t)(\pi/2-\delta)}\right|$$
$$=|\ t\ |^{a-kv+v-1/2}\mathrm{e}^{-\pi(|t|-t)/2-\delta t}(1+o(1))$$

故当 $\delta\to+0$ 时

$$I_{1,k-1}=(1+o(1))(2\Gamma(1+v))^{2k-2}\int_{v}^{\infty}t^{2(a-kv+v-1/2)}\mathrm{e}^{-2\delta t}\cdot$$
$$|\ \zeta(na-k+1+nit)\ |^{2}\mathrm{d}t+O(1)$$

式中积分的下限 v 是为方便而取的. 由此得

$$I_{1,k-1}=(1+o(1))v^{2(a-kv+v)}(2\Gamma(1+v))^{2k-2}\int_{1}^{\infty}t^{2(a-kv+v)-1}\mathrm{e}^{-2\delta vt}\times$$
$$|\ \zeta(na-k+1+\mathrm{i}t)\ |^{2}\mathrm{d}t+O(1)$$

的 $\zeta(s)$ 的函数方程[①]，当 $t\to+\infty$ 时

$$|\xi(s)|=|\chi(s)\xi(1-s)|\sim\left(\frac{t}{2\pi}\right)^{1/2-\sigma}|\xi(1-s)|$$

故又得

$$I_{1,k-1}=(1+o(1))(2\pi)^{-1}(2\pi v^{v})^{-2(k-na-1)}(2\Gamma(1+v))^{2k-2}\times$$
$$\int_{1}^{\infty}t^{2(n-1)(kv-v-a)}\mathrm{e}^{-2\delta vt}|\zeta(k-na-\mathrm{i}t)|^{2}\mathrm{d}t+O(1) \tag{3.11}$$

今用 I_0 表上式右边的积分，则因 $k-na>1$

$$\begin{aligned}I_0&=\int_{1}^{\infty}t^{2(n-1)(kv-v-a)}\mathrm{e}^{-2\delta vt}\sum_{m_1=1}^{\infty}\frac{1}{m_1^{k-na-\mathrm{i}t}}\sum_{m_2=1}^{\infty}\frac{1}{m_2^{k-na-\mathrm{i}t}}\mathrm{d}t\\&=\zeta(2(k-na))\int_{1}^{\infty}t^{2(n-1)(kv-v-a)}\mathrm{e}^{-2\delta vt}\mathrm{d}t+\\&\quad 2\sum_{m_1=1}^{\infty}\sum_{m_2=1}^{m_1-1}\frac{1}{(m_1m_2)^{k-na}}\int_{1}^{\infty}t^{2(n-1)(kv-v-a)}\mathrm{e}^{-2\delta vt}\left(\frac{m_1}{m_2}\right)^{\mathrm{i}t}\mathrm{d}t\\&=I_{01}+I_{02}\end{aligned}$$

显然

$$\begin{aligned}&\int_{1}^{\infty}t^{2(n-1)(kv-v-a)}\mathrm{e}^{-2\delta vt}\mathrm{d}t\\&=(2\delta v)^{-2(n-1)(kv-v-a)-1}\int_{0}^{\infty}t^{2(n-1)(kv-v-a)}\mathrm{e}^{-t}\mathrm{d}t+O(1)\\&=(2\delta v)^{-2(n-1)(kv-v-a)-1}\Gamma(2(n-1)(kv-v-a)+1)+O(1)\end{aligned}$$

而

$$\begin{aligned}&\int_{1}^{\infty}t^{2(n-1)(kv-v-a)}\mathrm{e}^{-2\delta vt}\left(\frac{m_1}{m_2}\right)^{\mathrm{i}t}\mathrm{d}t\\&=\left(\log\frac{m_1}{m_2}\right)^{-2(n-1)(kv-v-a)-1}\int_{\log\frac{m_1}{m_2}}^{\infty}t^{2(n-1)(kv-v-a)}\mathrm{e}^{-2\delta vt(\log(m_1/m_2))^{-1}}\mathrm{e}^{\mathrm{i}t}\mathrm{d}t\\&\ll\left(\log\frac{m_1}{m_2}\right)^{-2(n-1)(kv-v-a)-1}\max_{\log(m_1/m_2)\leqslant t<\infty}t^{2(n-1)(kv-v-a)}\mathrm{e}^{-2\delta vt(\log(m_1/m_2))^{-1}}\\&\ll\left(\log\frac{m_1}{m_2}\right)^{-1}\delta^{-2(n-1)(kv-v-a)}+O(1)\end{aligned}$$

---

① TRZ，136，(7.12.6)－(7.12.7).

故

$$I_{01}=(2\delta v)^{-2(n-1)(kv-v-a)-1}\Gamma(2(n-1)(kv-v-a)+1)\cdot$$
$$\zeta(2(k-na))+O(1)$$

而

$$I_{02}\ll\sum_{m_1=1}^{\infty}\sum_{m_2=1}^{m_1-1}\frac{\delta^{-2(n-1)(kv-v-a)}}{(m_1m_2)^{k-na}\log\left(\frac{m_1}{m_2}\right)}=O(\delta^{-2(n-1)(kv-v-a)})$$

合并 I_{01} 及 I_{02} 得

$$I_0=(2\delta v)^{-2(n-1)(kv-v-a)-1}\Gamma(2(n-1)(kv-v-a)+1)\zeta(2(k-na))+$$
$$O(\delta^{-2(n-1)(kv-v-a)})+O(1)$$

代入(3.11) 即得

$$I_{1,k-1}=(1+o(1))c_0\delta^{-2(n-1)(kv-v-a)-1}\tag{3.12}$$

其中

$$c_0=(2\pi)^{-1}(2\pi v^v)^{-2(k-na-1)}(2v)^{-2(n-1)(kv-v-a)-1}\times$$
$$(2\Gamma(1+v))^{2k-2}\Gamma(2(n-1)(kv-v-a)+1)\zeta(2(k-na))$$
$$=(2\pi v)^{-2(k-na-1)-1}(2\Gamma(1+v))^{2k-2}\times$$
$$\Gamma(2(1-v)(k-na-1)+1)\zeta(2(k-na))\tag{3.13}$$

(5) 根据以上各段的讨论,我们得以

$$\int_0^{\infty}u^{2a-1}\left|\left(\sum_{x=-\infty}^{\infty}\mathrm{e}^{-x^n\omega}\right)^k-1-\left(\frac{2\Gamma(1+v)}{\omega^v}\right)^k\right|^2\mathrm{d}u$$
$$=(1+o(1))k^2c_0\delta^{-2(n-1)(kv-v-a)-1}+O(\delta^{-2a})+O(\delta^{-4-\varepsilon})$$

由引理 3.1 得

$$\frac{1}{\sqrt{2\pi}}\int_0^{\infty}t^{2a-1}\mid Z_{n,k}(a+\mathrm{i}t)\mid^2\mathrm{e}^{-2\delta t}\mathrm{d}t$$
$$=(1+o(1))k^2c_0\delta^{-2(n-1)(kv-v-a)-1}+O(\delta^{-2a})+O(\delta^{-4-\varepsilon})$$

定理随之成立.

以上为方便起见假定了 an 不是整数时. 当 an 是整数时,定理应该修改. 这一点,本篇不拟加以讨论.

§4 典型的均值公式

在本节里面,我们要为 $Z_{n,k}(s)$ 建立像(1.1) 及(1.2) 那样的均值公式,我们不妨称之为典型的均值公式. 为简单计,我们没有除去所有

能除去的条件.现在先提出几个引理:

引理 4.1[①] 若

$$\int_1^{\infty} f(t)\mathrm{e}^{-\delta t}\mathrm{d}t \sim C\delta^{-\alpha},\quad \alpha>0$$

则

$$\int_1^{\infty} t^{-\beta} f(t)\mathrm{e}^{-\delta t}\mathrm{d}t \sim C\frac{\Gamma(\alpha-\beta)}{\Gamma(\alpha)}\delta^{\beta-\alpha},\quad 0<\beta<\alpha$$

引理 4.2 设 an 不是整数而 $2(n-1)(kv-v-a)+1>\max(2a,4)$,则

$$\int_0^{\infty} \mid Z_{n,k}(a+\mathrm{i}t)\mid^2 \mathrm{e}^{-2\delta t}\mathrm{d}t \sim c_2\delta^{-2(n-1)(kv-v-a)+2a-2}$$

其中

$$c_2=\frac{\Gamma(2(n-1)(kv-v-a)-2a+2)}{\Gamma(2(n-1)(kv-v-a)+1)}c_1$$

而 c_1 的意义见定理 3.1.

证 这个引理可以从定理 3.1 及引理 4.1 推出.

引理 4.3[②] 设 $\alpha(t)$ 是单调增加函数而积分 $f(x)=\int_0^{\infty}\mathrm{e}^{-st}\mathrm{d}\alpha(t)$ 在 $s>0$ 时收敛.又设对于正数 γ 及常数 A,有

$$f(s)\sim\frac{A}{s^r}\quad (s\rightarrow 0+)$$

则

$$\alpha(t)\sim\frac{At^r}{\Gamma(\gamma+1)}\quad (t\rightarrow\infty)$$

定理 4.1 设 $an>0$ 且不是整数而 $2(n-1)(kv-v-a)+1>\max(2a,4)$ 则

$$\int_0^{T} \mid Z_{n,k}(a+\mathrm{i}t)\mid^2 \mathrm{d}t \sim c_3 T^{2(n-1)(kv-v-a)-2a+2}\quad (T\rightarrow+\infty)$$

其中

$$c_3=2^{-2(kv-v)+1/2}[2(n-1)(kv-v-a)-2a+2]^{-1}\pi^{-2(k-na)+3/2}\times k^2v^{2na}\Gamma^2(v)\zeta(2(k-na))$$

---

① TRZ,136,(7.12.6－7.12.7).

② Widder, The Laplace transform, Chapter, V. Theorem 4－3.

证 在引理4.3中，令 $\alpha(T)=\int_0^T |Z_{n,k}(a+\mathrm{i}t)|^2\mathrm{d}t$，则由引理4.2可以得到本定理.

这里十分感谢越民义先生耐心审查这篇论文并改正其中演算的错误.

论黎曼ζ函数的非明显零点①

§1 引 论

1. 引论

黎曼ζ函数 $\zeta(s)(s=\sigma+\mathrm{i}t)$ 以 $s=-2,-4,\cdots$ 为零点.这些零点就是所谓明显零点(trivial zeros)，其他的零点就是所谓非明显零点(non-trivial zeros)都含于带形区域 $0<\sigma<1$. 内设用 $N(T)$ 表示满足 $0\leqslant\beta\leqslant1, 0\leqslant\gamma\leqslant T$ 的 $\zeta(s)$ 的零点 $\beta+\mathrm{i}\gamma$ 的个数，并用 $N_0(T)$ 表示满足 $\beta=1/2, 0\leqslant\gamma\leqslant T$ 的 $\zeta(s)$ 的零点个数.则因 $\zeta(s)$ 在共轭复数上取共轭值，所谓黎曼假说就和下式等价：

$$N_0(T)=N(T),\quad T\geqslant 0$$

我们知道当 $T\to\infty$ 时，$N(T)\sim(2\pi)^{-1}T\log T$，所以根据黎曼假设知道 $N_0(T)\sim(2\pi)^{-1}T\times\log T$. A. Selberg[1] 曾证明有一个常数 A 存在使得

$$N_0(T)>AT\log T \tag{1.1}$$

本文将证明

定理1 当 T 充分大时，$N_0(T)>\frac{1}{60\ 000}N(T)$.

2. 我们要以下面的引理为依据：

引理2.1 设 $F(t)$ 是一个定义在 (T_1,T_2) 的实连续函数而 $0<H<T_2-T_1$，又设 n 是 $F(t)$ 在 (T_1,T_2) 内变更符号的次数，则

① 原载：北京大学学报，1956，2(2)：2：165-189.

$$\left\{\int_{T_1}^{T_2-H}\left(\int_t^{t+H}|F(v)|\mathrm{d}v-\left|\int_t^{t+H}F(v)\mathrm{d}v\right|\right)\mathrm{d}t\right\}^2$$
$$\leqslant nH\int_{T_1}^{T_2-H}\left\{\int_t^{t+H}|F(v)|\mathrm{d}v-\left|\int_t^{t+H}F(v)\mathrm{d}v\right|\right\}^2\mathrm{d}t \tag{2.1}$$

引理 2.2 设 $F(t)$ 对于所有 t 的值是连续的，并且下面出现的积分都存在. 设 $0<2H<T_2-T_1$ 而 $u=T_2-T_1-2H$. 最后设

$$\int_{-\infty}^{\infty}|F(v)|^2\mathrm{d}v\leqslant\delta_1H^{-2},\int_{-\infty}^{\infty}\left|\int_t^{t+H}F(v)\mathrm{d}v\right|^2\mathrm{d}t=\delta'_2\leqslant\delta_2 \tag{2.2}$$

与

$$\int_{T_1+H}^{T_2-H}|F(v)|\mathrm{d}v\geqslant\delta_3H^{-1}u^{\frac{1}{2}},\ \delta_3>\delta_2^{\frac{1}{2}}$$

则 $F(t)$ 在 (T_1,T_2) 内变号的次数是

$$n\geqslant\frac{(\delta_3-\delta_2'^{\frac{1}{2}})^2}{\delta_1-\delta'_2}\frac{u}{H}\geqslant\frac{(\delta_3-\delta_2^{\frac{1}{2}})^2}{\delta_1}\frac{u}{H} \tag{2.3}$$

引理 2.3 若在引理 2.2 里面再假定 $F(t)$ 以 $f(y)$ 为傅氏变换，则条件(2.2) 可以用下列条件代替

$$2\int_0^{\infty}|f(y)|^2\mathrm{d}y\leqslant\delta_1H^{-2},\ 8\int_0^{\infty}|f(y)|^2\frac{\sin^2\frac{1}{2}Hy}{y^2}\mathrm{d}y=\delta'_2\leqslant\delta_2 \tag{2.2$'$}$$

这些引理已在[2] 内证明. 由于[2] 内对于引理 2 及引理 3 的叙述有些缺点. 因而需要改成现在的形式，至于[2] 内的证明只要把 δ_2 改成 δ'_2 就可以了. 这些改动并不影响[2] 的其他部分，因为在[2] 内只用到 $n\geqslant\frac{(\delta_3-\delta_2^{\frac{1}{2}})^2}{\delta_1}\frac{u}{H}$.

上面最后一个引理就是我们估计 $N_0(T)$ 的主要工具，事实上，我们以后取

$$F(t)=-\frac{1}{\sqrt{8\pi}}\pi^{-\frac{1}{4}-\frac{\mathrm{i}}{2}t}\Gamma\left(\frac{1}{4}+\frac{\mathrm{i}}{2}t\right)\zeta\left(\frac{1}{2}+\mathrm{i}t\right)\left|\phi\left(\frac{1}{2}+\mathrm{i}t\right)\right|^2\mathrm{e}^{(\frac{\pi}{4}-\frac{d}{2})t}$$

其中

$$\phi(s)=\sum_{v<\xi}\beta_v v^{-s},\quad |\beta_v|\leqslant 1$$

常数 $\xi=\xi(T)=o(T^{\frac{1}{4}})$ 与 $d=d(T)=O\left(\frac{1}{T}\right)$ 要在以后决定，而常数

$\beta_v=\beta_v(T)$ 则规定如下(参考[1]):

我们用下式定义 α_v 与 α'_v.

$$\{\zeta(s)\}^{-\frac{1}{2}}=\sum_{v=1}^{\infty}\frac{\alpha_v}{v^s},\ \{\zeta(s)\}^{\frac{1}{2}}=\sum_{v=1}^{\infty}\frac{\alpha'_v}{v^s},\ (\sigma>1),\alpha_1=\alpha'_1=1$$

并令

$$\beta_v=\alpha_v\left(1-\frac{\log v}{\log \xi}\right)^{\alpha},\quad 1\leqslant v\leqslant \xi,\quad \alpha>\frac{1}{2}$$

由 $\zeta(s)$ 的欧拉乘积可以看出当 $(\mu,v)=1$ 时, $\alpha_\mu\alpha_v=\alpha_{\mu v}$, 而 $|\alpha_v|\leqslant\alpha'_v<1$. 由此, $|\beta_v|\leqslant 1$ 而

$$|\phi(s)|=O(\xi^{1-\sigma})$$

我们知道[3] $F(t)$ 的傅氏变换是

$$f(y)=\frac{1}{2}z^{\frac{1}{2}}\phi(0)\phi(1)-z^{-\frac{1}{2}}\sum_{n=1}^{\infty}\sum_{\mu=1}^{\xi}\sum_{v=1}^{\xi}\frac{\beta_\mu\beta_v}{v}\exp\left(-\frac{\pi n^2\mu^2}{z^2v^2}\right)\quad (y\geqslant 0)$$

其中 $z=\mathrm{e}^{-\mathrm{i}(\frac{\pi}{4}-\frac{d}{2})-y}$. 为简便设计

$$I=\int_H^{T-H}|F(v)|\,\mathrm{d}v,\ I_1=\int_0^{\infty}|f(x)|^2\mathrm{d}x$$

$$I_2=\int_0^{\infty}|f(x)|^2\frac{\sin^2\frac{1}{2}Hx}{x^2}\mathrm{d}x$$

其中 $H=H(T)=o(T)$. 由(2.3)可知,我们把估计 $N_0(T)$ 的问题化为求 I 的一个适当的下界与 I_1 及 I_2 的适当上界的问题.

3. 积分 I 的一个下界.

引理 3.1

$$I>(1-o(1))\frac{1}{2}\left(\frac{2}{\pi}\right)^{\frac{1}{4}}d^{-\frac{3}{4}}\int_{\mathrm{d}H}^{\mathrm{d}(T-H)}t^{-\frac{1}{4}}\mathrm{e}^{-\frac{1}{2}t}\mathrm{d}t$$

$$>(1-o(1))\frac{2}{3}\left(\frac{2}{\pi}\right)^{\frac{1}{4}}T^{\frac{3}{4}}\mathrm{e}^{-\frac{dT}{2}}$$

证 当 x 是常数,而 $y\to\pm\infty$ 时,我们有 $\Gamma(x+\mathrm{i}y)\sim\mathrm{e}^{-\frac{1}{2}\pi|y|}|y|^{x-\frac{1}{2}}\cdot\sqrt{2\pi}$. 因此,当 $t\to\infty$ 时

$$|F(t)|\sim\frac{1}{2}\left(\frac{2}{\pi}\right)^{\frac{1}{4}}t^{-\frac{1}{4}}\mathrm{e}^{-\frac{d}{2}t}\left|\zeta\left(\frac{1}{2}+\mathrm{i}t\right)\right|\cdot\left|\phi\left(\frac{1}{2}+\mathrm{i}t\right)\right|^2$$

由此可知当 $n>T^{\frac{1}{2}}$ 时,

$$I=\sum_{m=0}^{n}\int_{H+\frac{m}{n}(T-2H)}^{H+\frac{m+1}{n}(T-2H)}|F(v)|\,\mathrm{d}v$$

$$>(1-o(1))\frac{1}{2}\left(\frac{2}{\pi}\right)^{\frac{1}{4}}d^{\frac{1}{4}}\sum_{m=0}^{n}\left\{dH+\frac{m}{n}d(T-2H)\right\}^{-\frac{1}{4}}\mathrm{e}^{-\frac{1}{2}d\{H+\frac{m}{n}(T-2H)\}}\times$$

$$\int_{H+\frac{m}{n}(T-2H)}^{H+\frac{m+1}{n}(T-2H)}\left|\zeta\left(\frac{1}{2}+\mathrm{i}t\right)\right|\cdot\left|\phi\left(\frac{1}{2}+\mathrm{i}t\right)\right|^{2}\mathrm{d}t$$

$$>(1-o(1))\frac{1}{2}\left(\frac{2}{\pi}\right)^{\frac{1}{4}}d^{-\frac{3}{4}}\int_{\mathrm{d}H}^{\mathrm{d}(T-H)}\mathrm{e}^{-\frac{t}{2}}t^{-\frac{1}{4}}\mathrm{d}t$$

$$>(1-o(1))\frac{2}{3}\left(\frac{2}{\pi}\right)^{\frac{1}{4}}T^{\frac{3}{4}}\mathrm{e}^{-\frac{dT}{2}}$$

因为当 $u>T^{\frac{1}{2}}$ 时([2] 引理 4),

$$\int_{T}^{T+u}\zeta\left(\frac{1}{2}+\mathrm{i}t\right)\varphi^{2}\left(\frac{1}{2}+\mathrm{i}t\right)\mathrm{d}t=u+o(u)$$

4. 让我们来考虑

$$I_{2}=\int_{0}^{\infty}|f(y)|^{2}\frac{\sin^{2}\frac{1}{2}Hy}{y^{2}}\mathrm{d}y$$

其中

$$f(y)=\frac{1}{2}z^{\frac{1}{2}}\varphi(0)\varphi(1)-z^{-\frac{1}{2}}\sum_{n=1}^{\infty}\sum_{\mu=1}^{\zeta}\sum_{v=1}^{\xi}\frac{\beta_{\mu}\beta_{v}}{v}\exp\left(-\frac{\pi n^{2}\mu^{2}}{z^{2}v^{2}}\right)$$

而 $z=\exp\left\{-\mathrm{i}\left(\frac{1}{4}\pi-\frac{1}{2}d\right)-y\right\}$. 我们有

$$\begin{aligned}I_{2}&\leqslant\frac{H^{2}}{4}\int_{0}^{\frac{2}{H}}|f(y)|^{2}\mathrm{d}y+\int_{\frac{2}{H}}^{\infty}|f(y)|^{2}\frac{\mathrm{d}y}{y^{2}}\\&=\frac{H^{2}}{4}I_{21}+I_{22}\text{(新引进的符号)}\end{aligned}\tag{4.1}$$

令 $y=\log x$ 与 $G=\mathrm{e}^{\frac{2}{H}}$,则

$$I_{21}=\int_{1}^{G}\left|\frac{1}{2}x^{-1}\varphi(0)\varphi(1)\exp\left\{-\mathrm{i}\left(\frac{\pi}{4}-\frac{d}{2}\right)\right\}-g(x)\right|^{2}\mathrm{d}x$$

其中

$$g(x)=\sum_{n=1}^{\infty}\sum_{\mu=1}^{\xi}\sum_{v=1}^{\xi}\frac{\beta_{\mu}\beta_{v}}{v}\exp\left(-\frac{\pi\mu^{2}n^{2}}{v^{2}}\mathrm{e}^{\mathrm{i}(\pi/2-d)}x^{2}\right)$$

由于 $\varphi(0)\varphi(1)=O(\xi\log\xi)$ 和 $\alpha_{v}=o(1)$,我们有

$$I_{21} \leqslant \int_1^G |g(x)|^2 \mathrm{d}x + 2\int_1^G \frac{\xi \log \xi |g(x)|}{2x} \mathrm{d}x + \int_1^G \frac{\xi^2 \log^2 \xi}{4x^2} \mathrm{d}x$$

$$\leqslant \int_1^G |g(x)|^2 \mathrm{d}x + O\left\{\xi \log \xi \left(\int_1^G |g(x)|^2 \mathrm{d}x\right)^{1/2}\right\} + O(\xi^2 \log^2 \xi) \tag{4.2}$$

仿此,因$\int_G^\infty \frac{|\varphi(0)\varphi(1)|^2}{4x^2\log^2 x}\mathrm{d}x = O\left(\frac{\xi^2\log^2\xi}{G\log^2 G}\right)$,我们得到

$$I_{22} \leqslant \int_G^\infty \frac{|g(x)|^2}{\log^2 x}\mathrm{d}x + O\left\{\left(\frac{\xi^2\log^2\xi}{G\log^2 G}\int_G^\infty \frac{|g(x)|^2}{\log^2 x}\mathrm{d}x\right)^{1/2}\right\} + O\left(\frac{\xi^2\log^2\xi}{G\log^2 G}\right) \tag{4.3}$$

今转而讨论 I_1,我们容易得到

$$I_1 \leqslant \int_1^\infty |g(x)|^2 \mathrm{d}x + O\left\{\xi \log \xi \left(\int_1^\infty |g(x)|^2 \mathrm{d}x\right)^{1/2}\right\} + O(\varepsilon^2 \log^2 \xi) \tag{4.4}$$

因此,剩下的问题只有去估计

$$I_1^* = \int_1^G |g(x)|^2 \mathrm{d}x,\ I_2^* = \int_G^\infty \frac{|g(x)|^2}{\log^2 x}\mathrm{d}x,\ I_3^* = \int_1^\infty |g(x)|^2 \mathrm{d}x$$

设

$$J(x,\theta) = \int_x^\infty |g(x)|^2 \frac{\mathrm{d}x}{x^\theta},\quad 0<\theta<1$$

不难看出

$$I_1^* = -\int_1^G x^\theta \frac{\partial J}{\partial x}\mathrm{d}x = -[x^\theta J]_1^G + \theta\int_1^G x^{\theta-1} J\,\mathrm{d}x \tag{4.5}$$

而对于充分大的 G 则有

$$\int_0^{1/2} \theta J(G,\theta)\mathrm{d}\theta = \int_G^\theta |g(x)|^2 \mathrm{d}x \int_0^{1/2} \theta x^{-\theta}\mathrm{d}\theta$$

$$= \int_G^\infty |g(x)|^2 \left(\frac{1}{\log^2 x} - \frac{1}{2x^{1/2}\log x} - \frac{1}{x^{1/2}\log^2 x}\right)\mathrm{d}x$$

$$\geqslant \int_G^\infty \frac{|g(x)|^2}{\log^2 x}\mathrm{d}x - \int_G^\infty \frac{|g(x)|^2}{x^{1/2}}\mathrm{d}x$$

即

$$I_2^* \leqslant \int_0^{1/2} \theta J(G,\theta)\mathrm{d}\theta + J\left(G\ \frac{1}{2}\right) \tag{4.6}$$

5. 显然，我们有

$$J(X,\theta)$$

$$=\sum_{m=1}^{\infty}\sum_{n=1}^{\infty}\sum_{\kappa}\sum_{\lambda}\sum_{\mu}\sum_{v}\frac{\beta_\kappa\beta_\lambda\beta_\mu\beta_v}{\lambda v}\int_X^\infty \exp\left\{-\pi\left(\frac{m^2\kappa^2}{\lambda^2}+\frac{n^2\mu^2}{v^2}\right)x^2\sin d+\right.$$

$$\left.\mathrm{i}\pi\left(\frac{m^2\kappa^2}{\lambda^2}-\frac{n^2\mu^2}{v^2}\right)x^2\cos d\right\}\frac{\mathrm{d}x}{x^\theta}$$

用 $\sum_1$ 表示各项满足 $\frac{m\kappa}{\lambda}=\frac{n\mu}{v}$ 的和而 $\sum_2$ 则表示其余各项之和. 令 $(\kappa v,\lambda\mu)=q$ 则 $\kappa v=aq$，$\lambda\mu=bq$ 而 $(a,b)=1$，故在 $\sum_1$ 中 $ma=nb$ 因而 $n=ra$，$m=rb(r=1,2,\cdots)$，故

$$\sum\nolimits_1=\sum_{\kappa}\sum_{\lambda}\sum_{\mu}\sum_{v}\frac{\beta_\kappa\beta_\lambda\beta_\mu\beta_v}{\lambda v}\sum_{r=1}^{\infty}\int_X^\infty \exp\left(-2\pi\frac{r^2\kappa^2\mu^2}{q^2}x^2\sin d\right)\frac{\mathrm{d}x}{x^\theta}$$

我们先考虑

$$\sum_{r=1}^{\infty}\int_X^\infty \mathrm{e}^{-r^2x^2\eta}\frac{\mathrm{d}x}{x^\theta}=\eta^{(1/2)\theta-(1/2)}\sum_{r=1}^{\infty}\frac{1}{r^{1-\theta}}\int_{X r\sqrt{\eta}}^\infty \mathrm{e}^{-y^2}\frac{\mathrm{d}y}{y^\theta}$$

$$=\eta^{(1/2)\theta-(1/2)}\int_{X\sqrt{\eta}}^\infty \frac{\mathrm{e}^{-y^2}}{y^\theta}\left(\sum_{r\leqslant y(X\sqrt{\eta})}\frac{1}{r^{1-\theta}}\right)\mathrm{d}y$$

因 $\xi(s)=\sum_{n=1}^{N}\frac{1}{n^s}-\frac{1}{(1-s)N^{s-1}}+O\left(\frac{1}{N^\sigma}\right)$，故关于 r 的和可写成

$$\frac{1}{\theta}\left(\frac{y}{X\sqrt{\eta}}\right)^\theta+\xi(1-\theta)+O\left\{\left(\frac{y}{X\sqrt{\eta}}\right)^{\theta-1}\right\}$$

由此可得

$$\sum_{r=1}^{\infty}\int_X^\infty \mathrm{e}^{-r^2x^2\eta}\frac{\mathrm{d}x}{x^\theta}$$

$$=\frac{1}{\theta X^\theta\sqrt{\eta}}\left\{\int_0^\infty \mathrm{e}^{-y^2}\mathrm{d}y+O(X\sqrt{\eta})\right\}+$$

$$\zeta(1-\theta)\eta^{(1/2)\theta-(1/2)}\left[\int_0^\infty y^{-\theta}\mathrm{e}^{-y^2}\mathrm{d}y+O\left\{\left(\frac{X\sqrt{\eta})^{1-\theta}}{1-\theta}\right\}\right]+O\{X^{1-\theta}\log(X\sqrt{\eta})\}$$

$$=\frac{\sqrt{\pi}}{2\theta X^\theta\eta^{1/2}}+\frac{1}{2}\xi(1-\theta)\Gamma\left(\frac{1-\theta}{2}\right)\eta^{(1/2)\theta-(1/2)}+O\left\{\frac{X^{1-\theta}}{\theta(1-\theta)}\log(X\sqrt{\eta})\right\}$$

令 $\eta=2\pi\kappa^2\mu^2q^{-2}\sin d$，我们有

$$\sum\nolimits_1=\frac{S(0)}{2(2\sin d)^{1/2}\theta X^\theta}+\frac{1}{2}\zeta(1-\theta)\Gamma\left(\frac{1-\theta}{2}\right)(2\pi\sin d)^{(\theta-1)/2}S(\theta)+$$

$$O\Big(\frac{X^{1-\theta}\log(X\xi/d)}{\theta(1-\theta)}\xi^2\log^2\xi\Big) \tag{5.1}$$

其中

$$S(\theta)=\sum_{\kappa}\sum_{\lambda}\sum_{\mu}\sum_{v}\Big(\frac{q}{\kappa\mu}\Big)^{1-\theta}\frac{\beta_\kappa\beta_\lambda\beta_\mu\beta_v}{\lambda v}$$

我们已知(见[3] 内(7.1))

$$\sum\nolimits_2=O\Big(X^{-\theta}\xi^4\log^2\frac{1}{d}\Big) \tag{5.2}$$

故由(5.1) 与(5.2) 得出

$$\begin{aligned}J(X,\theta)=&\frac{S(0)}{2(2\sin d)^{1/2}\theta X^\theta}+\\&\frac{1}{2}\xi(1-\theta)\Gamma\Big(\frac{1-\theta}{2}\Big)(2\pi\sin d)^{(\theta-1)/2}S(\theta)+\\&O\Big(\frac{X^{1-\theta}\xi^2}{\theta(1-\theta)}\log(X\xi/d)\log^2\xi\Big)+O\Big(X^{-\theta}\xi^4\log^2\frac{1}{d}\Big)\end{aligned} \tag{5.3}$$

我们取 $G=\mathrm{e}^{2/H}$ 并选择 d,ξ 与 H 使得

$$d=\frac{A_1}{T},\quad \xi=A_2T^{(1/8)-\varepsilon_1},\ H=\frac{A_3}{\log\xi}>\frac{2}{\log\xi} \tag{5.4}$$

其中 A_1,A_2 和以后的 $A_3,\cdots$ 都是正的常数又 ε_1 和以后的 $\varepsilon_2,\varepsilon_3,\cdots$ 都表任意小的正数. 于是从(5.3) 得出

$$\begin{aligned}J(X,\theta)=&\frac{S(0)}{2(2\sin d)^{1/2}\theta X^\theta}+\\&\frac{1}{2}\zeta(1-\theta)\Gamma\Big(\frac{1-\theta}{2}\Big)(2\pi\sin d)^{(\theta-1)/2}S(\theta)+\\&O\Big\{\Big(\frac{X^{1-\theta}}{\theta(1-\theta)}+T^{1/4}X^{-\theta}\Big)T^{(1/4)-\varepsilon_2}\Big\}\end{aligned} \tag{5.5}$$

取 $\theta=\frac{1}{2}$ 并代入(4.5) 我们得到

$$I_1^*=\frac{S(0)}{(2\sin d)^{1/2}H}+O(T^{(1/2)-\varepsilon_3}) \tag{5.6}$$

将来要证明 $S(\theta)\geqslant 0$(见(9.2)). 因而上面第二项与 $\zeta(1-\theta)$ 是同号的. 但 $\zeta(1-\theta)$ 当 $0\leqslant\theta\leqslant 1$ 时是负的,故由(5.5) 得

$$J(X,\theta)\leqslant\frac{S(0)}{2(2\sin d)^{1/2}\theta X^\theta}+O\Big\{\Big(\frac{X^{1-\theta}}{\theta(1-\theta)}+T^{1/4}X^{-\theta}\Big)T^{(1/4)-\varepsilon_2}\Big\} \tag{5.7}$$

代入(4.6)我们得出

$$I_2^* \leqslant \frac{HS(0)}{4(2\sin d)^{1/2}} + O(T^{(1/2)-\varepsilon_4}) \tag{5.8}$$

将来要证明 $S(\theta)=O(1/\log \xi)$(见(9.14)).把(5.6)及(5.8)代入(4.2)和(4.3)即得

$$I_{21} \leqslant \frac{S(0)}{(2\sin d)^{1/2} H} + O(T^{(1/2)-\varepsilon_5})$$

$$I_{22} \leqslant \frac{HS(0)}{4(2\sin d)^{1/2}} + O(T^{(1/2)-\varepsilon_6})$$

故由(4.1)

$$I_2 \leqslant \frac{HS(0)}{2(2\sin d)^{1/2}} + O(T^{(1/2)-\varepsilon_7}) \tag{5.9}$$

6.现在考虑 $I_3^* = J(1,0)$.如 §5,我们可以写成

$$I_3^* = \sum_{m=1}^{\infty}\sum_{n=1}^{\infty}\sum_{\kappa}\sum_{\lambda}\sum_{\mu}\sum_{v}\frac{\beta_\kappa\beta_\lambda\beta_\mu\beta_v}{\lambda v}\int_1^{\infty}\exp\left\{-\pi\left(\frac{m^2\kappa^2}{\lambda^2}+\frac{n^2\mu^2}{v^2}\right)x^2\sin d + \mathrm{i}\pi\left(\frac{m^2\kappa^2}{\lambda^2}-\frac{n^2\mu^2}{v^2}\right)x^2\cos d\right\}\mathrm{d}x = \sum\nolimits_1^* + \sum\nolimits_2^*$$

其中 $\sum_1^* + \sum_2^*$ 是对应于 $\sum_1$ 及 $\sum_2$ 的项.因为 $\theta=0$ 时 $\sum_2$ 变成 $\sum_2^*$.故由(5.2)我们得到

$$\sum\nolimits_2^* = O\left(\xi^4 \log^2 \frac{1}{\alpha}\right) = O(T^{(1/2)-\varepsilon_8}) \tag{6.1}$$

另一方面,

$$\sum\nolimits_1^* = \sum_{\kappa}\sum_{\lambda}\sum_{\mu}\sum_{v}\frac{\beta_\kappa\beta_\lambda\beta_\mu\beta_v}{\lambda v}\sum_{r=1}^{\infty}\int_1^{\infty}\exp\left(-2\pi\frac{r^2\kappa^2\mu^2}{q}x^2\sin d\right)\mathrm{d}x$$

现在,

$$\sum_{r=1}^{\infty}\int_1^{\infty}\mathrm{e}^{-r^2x^2\eta}\mathrm{d}x = \eta^{-1/2}\int_{\sqrt{\eta}}^{\infty}\mathrm{e}^{-y^2}\sum_{r\leqslant y/\sqrt{\eta}} + \frac{1}{r}\mathrm{d}y$$

$$= \eta^{-1/2}\int_{\sqrt{\eta}}^{\infty}\mathrm{e}^{-y^2}\left[\log\frac{y}{\sqrt{\eta}} + C + O\left(\frac{\sqrt{\eta}}{y}\right)\right]\mathrm{d}y$$

其中 C 是一常数.最后的式子等于

$$\eta^{-1/2}\left\{\int_0^{\infty}\mathrm{e}^{-y^2}\log\frac{y}{\sqrt{\eta}}\mathrm{d}y + O(\eta^{1/2}\log\eta) + A_4\right\}$$

$$=-\frac{\sqrt{\pi}}{4}\eta^{-1/2}\log\eta+A_5\eta^{-1/2}+O(\log\eta)$$

令 $\eta=2\pi\kappa^2\mu^2q^{-2}\sin d$，我们由(5.4)得到

$$\sum_1^*=-\frac{S^*}{4(2\sin d)^{1/2}}+\frac{A_6S(0)}{(2\sin d)^{1/2}}+O\left(\log d^{-1}\sum_\kappa\sum_\lambda\sum_\mu\sum_v\frac{1}{\lambda v}\right)$$

其中

$$S^*=\sum_\kappa\sum_\lambda\sum_\mu\sum_v\frac{\beta_\kappa\beta_\lambda\beta_\mu\beta_v}{\lambda v}\frac{q}{\kappa\mu}\log\left(2\pi\frac{\kappa^2\mu^2}{q^2}\sin d\right)$$

因 $S(0)=O\left(\frac{1}{\log\xi}\right)$［证明见 §9，参看(9.14)］及

$$\log d^{-1}\sum\sum\sum\sum\frac{1}{\lambda v}=O(\xi^2\log^2\xi\log d^{-1})=O(T^{1/4}\log^3T)$$

我们有

$$\sum_1^*=-\frac{S^*}{4(2\sin d)^{1/2}}+O\left(\frac{T^{1/2}}{\log T}\right)\tag{6.2}$$

把(6.1)及(6.2)加起来，我们得到

$$I_3^*=-\frac{S^*}{4(2\sin d)^{1/2}}+O\left(\frac{T^{1/2}}{\log T}\right)\tag{6.3}$$

这就给出(4.4)的第一项的一个估计. 将来要证明 $S^*=O(1)$［看(9.17)］，故由(4.4)

$$I_1\leqslant-\frac{S^*}{4(2\sin d)^{1/2}}+O\left(\frac{T^{1/2}}{\log T}\right)\tag{6.4}$$

7. 假定我们能证明(见(9.14))

$$S(0)\leqslant\frac{A_0}{\log\xi},-S^*\leqslant A^*\tag{7.1}$$

则由(6.4)(5.9)及引理 3.1，

$$I_1\leqslant(1+o(1))\frac{A^*}{4(2\sin d)^{1/2}},\quad I_2\leqslant(1+o(1))\frac{HA_0\log^{-1}\xi}{2(2\sin d)^{1/2}}$$

$$I\geqslant\widetilde{A}T^{3/4}$$

其中$\left(\text{取 } d=\frac{1}{2T}\right)$

$$\widetilde{A}=\frac{2}{3}\left(\frac{2}{\pi}\right)^{1/4}e^{-dT/2}=\frac{2}{3}\left(\frac{2}{\pi}\right)^{1/4}e^{-1/4}\tag{7.2}$$

由引理 2.3($T_1=0$，$T_2=T$)

$$N_0(T)$$

$$\geqslant (1-o(1))\frac{2(2\sin d)^{1/2}}{A^* H^2}\left\{\widetilde{A}HT^{1/4}-\frac{2A_0^{1/2}H^{1/2}}{(2\sin d)^{1/4}}\log^{-1/4}\xi\right\}^2\frac{T}{H}$$

$$=8(1-o(1))\left\{\frac{1}{2}\widetilde{A}H^{1/2}T^{1/4}(2\sin d)^{1/4}-A_0^{1/2}\log^{-1/2}\xi\right\}^2\frac{T}{A^* H^2}$$

取 H 使得

$$\frac{1}{2}\widetilde{A}H^{1/2}T^{1/4}(2\sin d)^{1/4}=2A_0^{1/2}\log^{-1/2}\xi$$

即使得

$$H^2=\frac{128A_0^2}{\widetilde{A}^4 T\sin d}\frac{1}{\log^2\xi}$$

我们有

$$N_0(T)\geqslant 8(1-o(1))\frac{A_0 T\log^{-1}\xi}{A^* H^2}$$

$$=(1-o(1))\frac{\widetilde{A}^4 T\sin d}{16A_0 A^*}T\log\xi$$

$$=(1-o(1))\frac{T\log T}{648\pi \mathrm{e}A_0 A^*} \tag{7.3}$$

8. 在估计 $S(0)$ 及 S^* 之前我们要先证明几个引理.

引理 8.1 当 $\operatorname{Re} a=a_1>1/2$ 及 k 充分大时

$$\frac{1}{\Gamma(a+1)}\sum_{\substack{\kappa\leqslant k\\(\kappa,\rho)=1}}\frac{\alpha_\kappa}{\kappa}\log^a\frac{k}{\kappa}=\frac{1}{\Gamma\left(a+\frac{1}{2}\right)}\sum_{\kappa\leqslant k}{}^*\frac{\alpha'_\kappa}{\kappa}\log^{a-(1/2)}\frac{k}{\kappa}+$$

$$O\left[(\log^{a_1-(3/2)}k+\log^{(a_1/2)-(1/4)}k)\prod_{p\mid\rho}\left(1-\frac{1}{p}\right)^{-1/2}\right] \tag{8.1}$$

其中 * 号表示 κ 的一切素因数都除尽 ρ 并且 $\alpha_\kappa,\alpha'_\kappa$ 分别是 $\{\zeta(s)\}^{-1/2}$ 及 $\{\zeta(s)\}^{1/2}$ 的狄氏级数的系数(参看 §3). 我们取平方根的符号使得 $\alpha_1=\alpha'_1=1$.

证 当 $c>0$ 及 $\operatorname{Re} z>0$ 时,我们有

$$\frac{1}{\Gamma(z)}=\frac{1}{2\pi}\int_{-\infty}^{\infty}\mathrm{e}^{\alpha+\mathrm{i}u}(c+\mathrm{i}u)^{-z}\mathrm{d}u=\frac{1}{2\pi\mathrm{i}}\int_{c-\mathrm{i}\infty}^{c+\mathrm{i}\infty}\frac{\mathrm{e}^s}{s^2}\mathrm{d}s$$

这公式是 Laplace 证明的(参看 Whittaker-Watson, Modern analysis 第 4 版,245-246 页例 1),故当 $\operatorname{Re} b>0$ 时

$$\frac{1}{2\pi i}\int_{1-i\infty}^{1+i\infty}\frac{x^s}{s^{b+1}}ds=\begin{cases}0, & 0\leqslant x\leqslant 1\\ \frac{1}{\Gamma(b+1)}\log^b x, & 1<x\end{cases} \tag{8.2}$$

当 $\sigma>0$ 时,我们有

$$\sum_{\substack{\kappa=1\\(\kappa,\rho)=1}}^{\infty}\frac{\alpha_\kappa}{\kappa^{1+s}}=\prod_{p\mid\rho}\left(1-\frac{1}{p^{1+s}}\right)^{-1/2}\frac{1}{\sqrt{\zeta(1+s)}}$$

因此,由(8.2)得

$$\frac{1}{\Gamma(a+1)}\sum_{\substack{\kappa\leqslant k\\(\kappa,\rho)=1}}\frac{\alpha_\kappa}{\kappa}\log^a\frac{k}{\kappa}=\frac{1}{2\pi i}\int_{1-i\infty}^{1+i\infty}\frac{k^s}{s^{a+1}}\prod_{p\mid\rho}\left(1-\frac{1}{p^{1+s}}\right)^{-1/2}\frac{ds}{\sqrt{\zeta(1+s)}}$$

我们把积分路线推到 $\sigma=0$ 去,为了避免通过原点,可以绕着一个以原点为中心,以 r 为半径并且整个在虚轴右边的半圆,这样我们就得到

$$\begin{aligned}&\frac{1}{\Gamma(a+1)}\sum_{\substack{\kappa\leqslant k\\(\kappa,\rho)=1}}\frac{\alpha_\kappa}{\kappa}\log^a\frac{k}{\kappa}\\&=\frac{1}{2\pi i}\left\{\int_C+\int_{-i\infty}^{-ir_1}+\int_{ir_1}^{i\infty}\right\}\frac{k^s}{s^{a+1}}\prod_{p\mid\rho}\left(1-\frac{1}{p^{1+s}}\right)^{-1/2}\frac{ds}{\sqrt{\zeta(1+s)}}\end{aligned} \tag{8.3}$$

其中 $r_1>r$ 并且 C 包含一个半圆和两个线段.上述步骤是合理的,这因为当 $\sigma\geqslant 1$ 时我们有:当 $t\to\infty$ 时 $1/\xi(s)=O\{\log t^{A_7}\}$(参看 Ingham, The Distribution of prime numbers, Theorem 10).

我们知道 $|\zeta(1+it)|^{-1}<A_8|t|$ 是对于一切的 t 值(不论大或小)一致成立的,故(8.3)右边最后两个积分的绝对值小于(取 $r_1=\log^{-1/2}k$)

$$\begin{aligned}&A_9\int_{r_1}^{\infty}\frac{dt}{t^{a_1+(1/2)}}\prod_{p\mid\rho}\left(1-\frac{1}{p}\right)^{-1/2}\leqslant A_{10}r_1^{(1/2)-a_1}\prod_{p\mid\rho}\left(1-\frac{1}{p}\right)^{-1/2}\\&\leqslant A_{10}\log^{(1/2)a_1-(1/4)}k\prod_{p\mid\rho}\left(1-\frac{1}{p}\right)^{-1/2}\end{aligned} \tag{8.4}$$

当 $|s|\leqslant r_1$ 时,我们有 $\zeta^{-1/2}(1+s)=s^{1/2}+A_1s^{3/2}+\cdots$,取 $r_1=\frac{1}{\log k}$,我们得到:沿 C 的积分是

$$\begin{aligned}&\int_C\frac{k^s}{s^{a+1}}\prod_{p\mid\rho}\left(1-\frac{1}{p^{1+s}}\right)^{-1/2}s^{1/2}ds+O\left[\log^{a_1-3/2}k\prod_{p\mid\rho}\left(1-\frac{1}{p}\right)^{-1/2}\right]\\&=\left\{\int_C+\int_{-i\infty}^{-ir_1}+\int_{ir_1}^{i\infty}\right\}\frac{k^s}{s^{a+(1/2)}}\prod_{p\mid\rho}\left(1-\frac{1}{p^{1+s}}\right)^{-1/2}ds+\end{aligned}$$

$$O\left[\log^{a_1-(3/2)}k\prod_{p\mid\rho}\left(1-\frac{1}{p}\right)^{-1/2}\right]+O\left[\log^{(a_1/2)-(1/4)}k\prod_{p\mid\rho}\left(1-\frac{1}{p}\right)^{-1/2}\right] \tag{8.5}$$

在(8.5)右边的积分等于(根据(8.2))

$$\frac{1}{2\pi\mathrm{i}}\int_{1-\mathrm{i}\infty}^{1+\mathrm{i}\infty}\frac{k^s}{s^{a+(1/2)}}\prod_{p\mid\rho}\left(1-\frac{1}{p^{1+s}}\right)^{-1/2}\mathrm{d}s=\frac{1}{\Gamma\left(a+\frac{1}{2}\right)}\sum_{\kappa\leqslant k}{}^{*}\ \frac{\alpha'_{\kappa}}{\kappa}\log^{a-(1/2)}\frac{k}{\kappa} \tag{8.6}$$

由(8.4)(8.5)及(8.6)我们看到(8.3)的右边等于

$$\frac{1}{\Gamma\left(a+\frac{1}{2}\right)}\sum_{\kappa\leqslant k}{}^{*}\ \frac{\alpha'_{\kappa}}{\kappa}\log^{a-(1/2)}\frac{k}{\kappa}+$$

$$O\left\{(\log^{(a_1/2)-(1/4)}k+\log^{a_1-(3/2)}k)\prod_{p\mid\rho}\left(1-\frac{1}{p}\right)^{-1/2}\right\}$$

这正是我们所要证明的.

引理 8.2 设 λ_1 与 λ_2 是正的,ξ_1 与 ξ_2 是大于 1 的,n 是一个正的整数而 p 是一个素数,则

$$\left|\sum_{l+m=n}{}'\alpha_{p}^{\,l}\alpha_{p}^{\,m}\log^{\lambda_1}\frac{\xi_1}{p^l}\log^{\lambda_2}\frac{\xi_2}{p^m}\right|<Cn^{-3/2}\log^{\lambda_1+\lambda_2}\xi \tag{8.7}$$

其中 $\xi=\max(\xi_1,\xi_2)$,$C=4\mathrm{e}^{5/3}\pi^{-1/2}$ 而"$'$"表示 m 与 n 通过满足 $p^l\leqslant\xi_1$ 与 $p^m\leqslant\xi_2$ 的非负整数.

证 (8.7)的左边不超过

$$\log^{\lambda_1+\lambda_2}\xi\sum_{l+m=n}|\alpha_{p^l}\alpha_{p^m}| \tag{8.8}$$

因为 $\alpha_{p^l}=(-)^l\dfrac{\frac{1}{2}\left(\frac{1}{2}-1\right)\cdots\left(\frac{1}{2}-l+1\right)}{l!}$ 是负的或等于 1,要看 $l>0$ 或 $l=0$ 而定.所以我们知道当 $n>1$ 时,(8.8)等于

$$\log^{\lambda_1+\lambda_2}\xi\left(\sum_{l+m=n}\alpha_{p^l}\alpha_{p^m}-4\alpha_{p^n}\right)=-4\log^{\lambda_1+\lambda_2}\xi\cdot\alpha_{p^n}$$

(这因为 $\sum\limits_{l+m=n}\alpha_{p^l}\alpha_{p^m}$ 是在

$$[\{\zeta(s)\}^{-1/2}]^2=\zeta^{-1}(s)=\prod_{p}\left(1-\frac{1}{p^s}\right)=\sum_{n=1}^{\infty}\frac{\mu(n)}{n^s}$$

中 $\dfrac{1}{p^{ns}}$ 的系数,因而当 $n>1$ 时它等于 0).由 Stirling 公式

$$|\alpha_p{}^n| = \frac{\frac{1}{2}\cdot\frac{1}{2}\cdot\frac{3}{2}\cdot\cdots\cdot\frac{2n-3}{2}}{1\cdot 2\cdot 3\cdot\cdots\cdot n} = \frac{1}{\sqrt{\pi}}\frac{\Gamma\left(\frac{2n-1}{2}\right)}{\Gamma(n+1)}$$

$$= \frac{1}{\sqrt{\pi}}\frac{\left(n-\frac{1}{2}\right)^{n-1}\mathrm{e}^{-n+(1/2)}\mathrm{e}^{\theta_1/(6(2n-1))}}{(n+1)^{n+(1/2)}\mathrm{e}^{-n-1}\mathrm{e}^{\theta_2/(12(n+1))}}\quad(0<\theta_1<1,\ 0<\theta_2<1)$$

$$<\frac{1}{\sqrt{\pi}}\cdot\frac{1}{n^{3/2}}\cdot\mathrm{e}^{3/2}\cdot\mathrm{e}^{1/6} = \frac{\mathrm{e}^{5/3}}{\sqrt{\pi}}n^{-3/2}$$

从此立刻得到引理.

引理 8.3 设 ρ 是不超过 ξ^2 的一个整数而 λ_1 与 λ_2 都是正数，则当 ε 是任意正数而 ξ 充分大时，我们有

$$\sum_{\rho|D}{}^{*}\frac{1}{D}\sum_{\substack{d_1d_2=D\\ d_1\leqslant\xi/\kappa,d_2\leqslant\xi/v}}\alpha_{d_1}\alpha_{d_2}\log^{\lambda_1}\frac{\xi}{d_1\kappa}\log^{\lambda_2}\frac{\xi}{d_2v}$$
$$=\frac{1}{\rho}\sum_{\substack{d_1d_2=\rho\\ d_1\leqslant\xi/\kappa,d_2\leqslant\xi/v}}\alpha_{d_1}\alpha_{d_2}\log^{\lambda_1}\frac{\xi}{d_1\kappa}\log^{\lambda_2}\frac{\xi}{d_2v}+R \tag{8.9}$$

其中 $|R|<\varepsilon\log^{\lambda_1+\lambda_2}\xi\frac{1}{\rho}\prod_{p|\rho}\left(1-\frac{1}{p}\right)^{-1}$. 而星号表示 D 通过一切那种类型的正整数，就是它只以 ρ 的素因数为素因数，又除去当 ρ 不是下列形式的数时，(8.9) 右边第一项应该删去：

$$\rho^{*}=p_1\cdots p_jp_{j+1}^{l_1}\cdots p_{j+g}^{l_g} \tag{8.10}$$

其中 $g<C_\varepsilon$ 而 $p_{j+i}>C_{\xi,\varepsilon}$，又 $p_1,\cdots p_{j+h}$ 是不同的素数，C_ε 是一个常数（与 λ_1,λ_2 及 ε 有关），而 $C_{\xi,\varepsilon}$ 是另一个常数（与 $\lambda_1,\lambda_2,\varepsilon$ 及 § 有关）并且 $C_{\xi,\varepsilon}$ 随 $\xi\to\infty$ 而趋于无穷.

证 为便利计我们用 $p^j /\!/ N$ 来表示 p^j 除尽 N 但 p^{j+1} 则否. 设

$$n\geqslant 2,\ p^n /\!/ D,\ p^l /\!/ d_1 与 p^m /\!/ d_2$$

设 $d_1=ap^l$ 而 $d_2=bp^m$. 则因当 $(\mu,v)=1$ 时 $\alpha_\mu\alpha_v=\alpha_{\mu v}$，(8.9) 左边的内部和等于

$$\sum_{a}\sum_{b\ p^n=D}\alpha_a\alpha_b\sum\sum{}'\alpha_{p^l}\alpha_{p^m}\log^{\lambda_1}\frac{\xi}{a\kappa p^l}\log^{\lambda_2}\frac{\xi}{bvp^m} \tag{8.11}$$

其中"$'$"表示 l 与 m 满足条件：$p'\leqslant\xi/a\kappa$，$p^m\leqslant\xi/bv$ 与 $l+m=n$.

令

$$\sum_p=\sum\sum{}'\alpha_{p^l}\alpha_{p^m}\log^{\lambda_1}\frac{\xi}{a\kappa p^l}\log^{\lambda_2}\frac{\xi}{bvp^m} \tag{8.12}$$

若 $\xi/a\kappa$ 与 ξ/bv 之中有一个小于 $\xi^{\varepsilon'}(0<\varepsilon'<1)$ 而 $\lambda=\min(\lambda_1,\lambda_2)$，则

$$\left|\sum\nolimits_p\right| \leqslant \varepsilon'^{\lambda}\log^{\lambda_1,\lambda_2}\xi\sum\sum{}^{*}\left|\alpha_{p^l}\alpha_{p^m}\right|$$

$$\leqslant \varepsilon'^{\lambda}\log^{\lambda_1+\lambda_2}\xi\sum_{l+m=n}\sum\alpha'_{p^l}\alpha'_{p^m}=\varepsilon'^{\lambda}\log^{\lambda_1+\lambda_2}\xi \quad (8.13)$$

现在假定 $\xi/a\kappa$ 与 ξ/bv 都大于 $\xi^{\varepsilon'}$，那么我们或者得到 $p^n\leqslant\xi^{\varepsilon'^2}$ 或是得到 $p^n>\xi^{\varepsilon'^2}$.

在第一种情形下

$$\log^{\lambda_1}\frac{\xi}{a\kappa p^l}\log^{\lambda_2}\frac{\xi}{bvp^m}$$

$$=\log^{\lambda_1}\frac{\xi}{a\kappa}\log^{\lambda_2}\frac{\xi}{bv}\left(1-\frac{\log p^l}{\log\frac{\xi}{\alpha\kappa}}\right)^{\lambda_1}\left(1-\frac{\log p^m}{\log\frac{\xi}{bv}}\right)^{\lambda_2}$$

$$=\log^{\lambda_1}\frac{\xi}{a\kappa}\log^{\lambda_2}\frac{\xi}{bv}(1+\theta(l))$$

其中 $|\theta(l)|<A'\varepsilon'$ 且 A' 是一常数（只与 λ_1 及 λ_2 有关）. 故（因 $|a_v|<\alpha'_v$）

$$\sum\nolimits_p=\log^{\lambda_1}\frac{\xi}{a\kappa}\log^{\lambda_2}\frac{\xi}{bv}\sum_{l+m=n}\sum\alpha_{p^l}\alpha_{p^m}-$$

$$-\varepsilon''\log^{\lambda_1}\frac{\xi}{a\kappa}\log^{\lambda_2}\frac{\xi}{bv}\sum_{l+m=n}\sum\alpha'_{p^l}\alpha'_{d^m}$$

其中 $|\varepsilon''|<A'\varepsilon'$. 我们曾证明当 $n>1$ 时，$\sum\limits_{l+m=n}\alpha_{p^l}\alpha_{p^m}=0$，我们同样可以证明 $\sum\limits_{l+m=n}\alpha'_{p^l}\alpha'_{p^m}=1$，故

$$\left|\sum\nolimits_p\right|\leqslant A'\varepsilon'\log^{\lambda_1+\lambda_2}\xi \quad (8.14)$$

在第二种情形中，我们从引理 8.2 可以推出

$$\left|\sum\nolimits_p\right|<\frac{C}{n^{3/2}}\log\xi=\varepsilon'''\log^{\lambda_1+\lambda_2}\xi,\text{ 当 } n>\left(\frac{C}{\varepsilon'''}\right)^{2/3} \quad (8.15)$$

由(8.13)(8.14)与(8.15)，我们可以下结论说

$$\left|\sum\nolimits_p\right|\leqslant\varepsilon^{(4)}\log^{\lambda_1+\lambda_2}\xi,\ \varepsilon^{(4)}=\max(\varepsilon'^{\lambda},A'\varepsilon',\varepsilon''')$$

除了当 $n=1$ 或

$$p^n>\xi^{\varepsilon'^2}\text{ 与 }1<n<\left(\frac{C}{\varepsilon'''}\right)^{2/3}$$

即

$$p > \xi^{\varepsilon'^2/n} > \xi^{\varepsilon'^2(\varepsilon'''/C)^{2/3}}$$

以外都是成立的. 因此利用 $\sum_{a}\sum_{b\,p^n=D}\alpha'_a\alpha'_b = 1$ 这个等式一般可以得到

$$\left|\sum_{\substack{d_1 d_2 = D \\ d_1 \leqslant \xi/\kappa, d_2 \leqslant \xi/v}}\sum \alpha_{d_1}\alpha_{d_2}\log^{\lambda_1}\frac{\xi}{d_1\kappa}\log^{\lambda_2}\frac{\xi}{d_2 v}\right| \leqslant \varepsilon^{(4)}\log^{\lambda_1+\lambda_2}\xi\sum_{a}\sum_{b\,p^n=D}\alpha'_a\alpha'_b$$

$$= \varepsilon^{(4)}\log^{\lambda_1+\lambda_2}\xi \tag{8.16}$$

上式不成立的情形只有:D 或者无平方因数(也就是说等于 ρ) 或者可以写成

$$D^* = p_1\cdots p_r p_{r+1}^{n_1}\cdots p_{r+h}^{n_h} \tag{8.17}$$

其中 $p_1,\cdots,p_{r+h}$ 是不同的素数,而

$$p_{r+i}^{n_i} > \xi^{\varepsilon'^2},\quad 1 < n_i < \left(\frac{C}{\varepsilon'''}\right)^{2/3}$$

即

$$p_{r+i} > \xi^{\varepsilon'^2/n_i} > \xi^{\varepsilon^2(\varepsilon'''/C)^{2/3}} = \xi^{\kappa},\quad \kappa\text{ 是新记号} \tag{8.18}$$

因为 $\rho \leqslant \xi^2$,所以大于 $\xi^{\varepsilon'^2\left(\frac{\varepsilon'''}{C}\right)^{2/3}}$ 的素因数个数一定小于或等于

$$\frac{\log \xi^2}{\log[\xi^{\varepsilon'^2(\varepsilon'''/C)^{2/3}}]} = \frac{2}{\varepsilon'^2\left(\frac{\varepsilon'''}{C}\right)^{2/3}} = C\varepsilon'\text{(新符号)} \tag{8.19}$$

现在

$$\sum_{\rho|D}{}^{*}\frac{1}{D}\sum_{\substack{d_1 d_2 = D \\ d_1 \leqslant \xi/\kappa, d_2 \leqslant \xi/v}}\alpha_{d_1}\alpha_{d_2}\log^{\lambda_1}\frac{\xi}{d_1\kappa}\log^{\lambda_2}\frac{\xi}{d_2 v} = \sum{}' + \sum{}'' \tag{8.20}$$

其中 $\sum''$ 表示其中 D 或者无平方因数,或者可以写成(8.17) 的各项之和,而 $\sum'$ 表示其他各项之和. 于是由(8.16)

$$\left|\sum{}'\right| \leqslant \sum_{\rho|D}{}'\frac{1}{D}\cdot\varepsilon^{(4)}\log^{\lambda_1+\lambda_2}\xi \leqslant \varepsilon^{(4)}\log^{\lambda_1+\lambda_2}\xi\cdot\frac{1}{\rho}\prod_{p|\rho}\left(1-\frac{1}{p}\right)^{-1} \tag{8.21}$$

另一方面

$$\sum{}'' = \frac{1}{\rho}\sum_{\substack{d_1 d_2 = \rho \\ d_1 \leqslant \xi/\kappa, d_2 \leqslant \xi/v}}\alpha_{d_1}\alpha_{d_2}\log^{\lambda_1}\frac{\xi}{d_1\kappa}\log^{\lambda_2}\frac{\xi}{d_2 v} +$$

$$\sum_{\substack{\rho \mid D^* \\ \rho \neq D^*}} \frac{1}{D^*} \sum_{\substack{d_1 d_2 = D^* \\ d_1 \leqslant \xi/\kappa, d_2 \leqslant \xi/v}} \alpha_{d_1} \alpha_{d_2} \log^{\lambda_1} \frac{\xi}{d_1 \kappa} \log^{\lambda_2} \frac{\xi}{d_2 v}$$

其中右边第一项除了当 ρ 可以表成(8.17)的形式 D^* 时以外,都应该删去.至于上式右边第二项的绝对值则不超过

$$\log^{\lambda_1+\lambda_1} \xi \sum_{\substack{\rho \mid D^* \\ \rho \neq D^*}} \frac{1}{D^*} \sum_{d_1 d_2 = D^*} \alpha'_{d_1} \alpha'_{d_2} \leqslant \log^{\lambda_1+\lambda_1} \xi \sum_{\substack{\rho \mid D^* \\ D^* \neq \rho}} \frac{1}{D^*}$$

由(8.18)及(8.19),知道上式不超过

$$\log^{\lambda_1+\lambda_1} \xi \cdot \frac{1}{\rho} \prod_{p \mid \rho, p > \xi^k} \left(1 - \frac{1}{p}\right)^{-1}$$

$$< \log^{\lambda_1+\lambda_1} \xi \cdot \frac{1}{\rho} \left\{ \left(1 - \frac{1}{\xi^\kappa}\right)^{-C'_\xi} - 1 \right\} < \varepsilon^{(5)} \frac{\log^{\lambda_1+\lambda_1} \xi}{\rho}$$

其中 $\varepsilon^{(5)} \to 0$ 当 $\xi \to \infty$.故结合(8.21)我们看出(8.20)右边的式子等于

$$\frac{1}{\rho} \sum_{\substack{d_1 d_2 = \rho \\ d_1 \leqslant \xi/\kappa, d_2 \leqslant \xi/v}} \alpha_{d_1} \alpha_{d_2} \log^{\lambda_1} \frac{\xi}{d_1 \kappa} \log^{\lambda_2} \frac{\xi}{d_2 v} + R$$

其中 $|R| < \varepsilon \log^{\lambda_1+\lambda_2 \xi} \cdot \frac{1}{\rho}\left(1 - \frac{1}{\rho}\right)^{-1}$ 而 ε 可以选得任意小(我们可以先选得 ε 充分小再取 ξ 充分大).这就完成了引理的证明.

引理 8.4 设 ρ 是不超过 ξ^2 的一个整数而 $\lambda_1 > 1/2, \lambda_2 > 1/2$ 及 $|\lambda_1 - \lambda_2| \leqslant 1$,则任给 $\varepsilon_0 > 0$ 当 ξ 充分大时我们就有

$$\left| \sum_{\substack{\kappa \leqslant \xi \\ \rho \mid \kappa v}} \sum_{v \leqslant \xi} \frac{\alpha_\kappa \alpha_v}{\kappa v} \left(1 - \frac{\log \kappa}{\log \xi}\right)^{\lambda_1} \left(1 - \frac{\log v}{\log \xi}\right)^{\lambda_2} \right|$$

$$\leqslant \frac{\Gamma(\lambda_1 + 1)\Gamma(\lambda_2 + 1)}{\Gamma\left(\lambda_1 + \frac{1}{2}\right)\Gamma\left(\lambda_2 + \frac{1}{2}\right)} \frac{1}{\log^{\lambda_1+\lambda_2} \xi} \frac{1}{\rho} \log^{\lambda_1+\lambda_2-1} \frac{\xi}{\sqrt{\rho}} \prod_{p \mid \rho} \left(1 - \frac{1}{p}\right)^{-1} +$$

$$\frac{\varepsilon_0}{\log \xi} \frac{1}{\rho} \prod_{p \mid \rho} \left(1 - \frac{1}{p}\right)^{-2} \tag{8.22}$$

证 由于当 $(v_1, v_2) = 1$ 时 $\alpha_{v_1} \alpha_{v_2} = \alpha_{v_1 v_2}$,不难推出

$$\sum_{\substack{\kappa \leqslant \xi \\ \rho \mid \kappa v}} \sum_{v \leqslant \xi} \frac{\alpha_\kappa \alpha_v}{\kappa v} \left(1 - \frac{\log \kappa}{\log \xi}\right)^{\lambda_1} \left(1 - \frac{\log v}{\log \xi}\right)^{\lambda_2}$$

$$=\frac{1}{\log^{\lambda_1+\lambda_2}\xi}\sum_{\rho\mid d_1d_2}{}^{*}\sum{}^{*}\frac{\alpha_{d_1}\alpha_{d_2}}{d_1d_2}\sum_{\substack{\kappa'\leqslant\xi/d_1\\(\kappa',\rho)=1}}\frac{\alpha_{\kappa'}}{\kappa'}\log^{\lambda_1}\frac{\xi}{\kappa' d_1}\times\sum_{\substack{v'\leqslant\xi/d_2\\(v',\rho)=1}}\frac{\alpha'_{v}}{v'}\log^{\lambda_2}\frac{\xi}{v' d_2}\tag{8.23}$$

其中星号用来表示 d_1 与 d_2 只通过以 ρ 的素因数为素因数的那些数，由引理 8.1 知道(8.23) 的绝对值不超过下式的绝对值

$$\begin{aligned}&\frac{\Gamma(\lambda_1+1)\Gamma(\lambda_2+1)}{\Gamma\left(\lambda_1+\frac{1}{2}\right)\Gamma\left(\lambda_2+\frac{1}{2}\right)}\frac{1}{\log^{\lambda_1+\lambda_2}\xi}\sum_{\rho\mid d_1d_2}{}^{*}\sum{}^{*}\frac{\alpha_{d_1}\alpha_{d_2}}{d_1d_2}\times\\&\left[\sum_{\kappa'\leqslant\xi/d_1}{}^{*}\frac{\alpha'_{\kappa'}}{\kappa'}\log^{\lambda_1-1/2}\frac{\xi}{\kappa' d_1}+\right.\\&\left.O\left\{\left(\log^{\lambda_1-3/2}\frac{\xi}{d_1}+\log^{(\lambda_1/2)-(1/4)}k\right)\prod_{p\mid\rho}\left(1-\frac{1}{p}\right)^{-1/2}\right\}\right]\times\\&\left[\sum_{v'\leqslant\xi/d_2}{}^{*}\frac{\alpha'_{v'}}{v'}\log^{\lambda_2-1/2}\frac{\xi}{v' d_2}+\right.\\&\left.O\left\{\left(\log^{\lambda_2-3/2}\frac{\xi}{d_1}+\log^{(\lambda_2/2)-(1/4)}k\right)\prod_{p\mid\rho}\left(1-\frac{1}{p}\right)^{-1/2}\right\}\right]\end{aligned}\tag{8.24}$$

容易看出

$$\begin{aligned}\sum_{\rho\mid d_1d_2}{}^{*}\sum{}^{*}\frac{|\alpha_{d_1}\alpha_{d_2}|}{d_1d_2}&\leqslant\sum_{\rho\mid d_1d_2}{}^{*}\frac{\alpha'_{d_1}\alpha'_{d_2}}{d_1d_2}\\&=\sum_{\rho\mid D}{}^{*}\frac{1}{D}\sum_{d_1d_2=D}\alpha'_{d_1}\alpha'_{d_2}=\frac{1}{\rho}\prod_{p\mid\rho}\left(1-\frac{1}{p}\right)^{-1}\end{aligned}$$

其中星号表示所有 D 的素因数都是 ρ 的素因数. 又

$$\sum_{\kappa'\leqslant\xi/d}{}^{*}\frac{\alpha'_{\kappa}}{\kappa'}\leqslant\prod_{p\mid\rho}\left(1-\frac{1}{p}\right)^{-1/2}$$

故(8.24) 等于

$$\begin{aligned}&\frac{\Gamma(\lambda_1+1)\Gamma(\lambda_2+1)}{\Gamma\left(\lambda_1+\frac{1}{2}\right)\Gamma\left(\lambda_2+\frac{1}{2}\right)}\frac{1}{\log^{\lambda_1+\lambda_2}\xi}\sum_{\rho\mid d_1d_2}{}^{*}\sum{}^{*}\frac{\alpha_{d_1}\alpha_{d_2}}{d_1d_2}\times\\&\sum_{\substack{\kappa'\leqslant\xi/d_1\\v'\leqslant\xi/d_2}}{}^{*}\sum{}^{*}\frac{\alpha_{\kappa'}\alpha_{v'}}{\kappa' v'}\log^{\lambda_1-1/2}\frac{\xi}{\kappa' d_1}\log^{\lambda_2-1/2}\frac{\xi}{v' d_2}+\\&O\left[\frac{1}{\log^{1+\delta}\xi}\frac{1}{\rho}\prod_{p\mid\rho}\left(1-\frac{1}{p}\right)^{-2}\right]\end{aligned}\tag{8.25}$$

其中

$$2\delta=\min\left(\lambda_1-\frac{1}{2},\ \lambda_2-\frac{1}{2}\right)$$

让我们用$\sum'$表示上面的四重和，则由引理 8.3 及 $|\alpha_v|\leqslant\alpha'$，这个不等式，我们便有

$$\begin{aligned}\sum{}'=&\sum_{\substack{\kappa'<\xi\\ \kappa'v'\leqslant\xi^2/\rho}}{}^{*}\sum_{v'<\xi}{}^{*}\frac{\alpha'_{\kappa'}\alpha'_{v'}}{\kappa'v'}\times\\&\sum_{\substack{\rho\mid d_1d_2\\ d_1\leqslant\xi/\kappa'\\ d_2\leqslant\xi/v'}}{}^{*}\sum{}^{*}\frac{\alpha_{d_1}\alpha_{d_2}}{d_1d_2}\log^{\lambda_1-1/2}\frac{\xi}{\kappa'd_1}\log^{\lambda_2-1/2}\frac{\xi}{v'd_2}\\ \leqslant&\sum_{\substack{\kappa'\leqslant\xi\\ \kappa'v'\leqslant\xi^2/\rho}}{}^{*}\sum_{v'\leqslant\xi}{}^{*}\frac{\alpha'_{\kappa'}\alpha'_{v'}}{\kappa'v'}\times\\&\left\{\frac{1}{\rho}\sum_{d_1d_2=\rho}\alpha'_{d_1}\alpha'_{d_2}\log^{\lambda_1-1/2}\frac{\xi}{d_1\kappa'}\log^{\lambda_2-1/2}\frac{\xi}{d_2v'}+\right.\\&\left.\frac{\varepsilon}{\rho}\log^{\lambda_1+\lambda_2-1}\xi\times\prod_{p\mid\rho}\left(1-\frac{1}{p}\right)^{-1}\right\}\end{aligned}$$

其中除了当ρ具有引理 8.3 中所述的形式外，都可以省去花括弧中的第一项. 因为

$$\sum_{\kappa'=1}^{\infty}{}^{*}\sum_{v'=1}^{\infty}{}^{*}\frac{\alpha'_{\kappa'}\alpha'_{v'}}{\kappa'v'}=\left[\prod_{p\mid\rho}\left(1-\frac{1}{p}\right)^{-1/2}\right]^2=\prod^{p\mid\rho}\left(1-\frac{1}{p}\right)^{-1}$$

所以

$$\begin{aligned}\sum{}'\leqslant&\sum_{\substack{\kappa'\leqslant\xi\\ \kappa'v'\leqslant\xi^2/\rho}}{}^{*}\sum_{v'\leqslant\xi}{}^{*}\frac{\alpha'_{\kappa'}\alpha'_{v'}}{\kappa'v'}\frac{1}{\rho}\sum_{d_1d_2=\rho}\sum\frac{\alpha'_{d_1}\alpha'_{d_2}}{2}\cdot\\&\left(\log^{\lambda_1-1/2}\frac{\xi}{d_1\kappa'}\log^{\lambda_2-1/2}\frac{\xi}{d_2v'}+\right.\\&\left.\log^{\lambda_1-1/2}\frac{\xi}{d_2v'}\log^{\lambda_2-1/2}\frac{\xi}{d_1\kappa'}\right)+\\&\frac{\varepsilon}{\rho}\prod_{p\mid\rho}\left(1-\frac{1}{p}\right)^{-2}\log^{\lambda_1+\lambda_2-1}\xi\end{aligned}\tag{8.26}$$

容易验证当$0\leqslant X\leqslant 1$时$X^a(1-X)^b+X^b(1-X)^a$的最大值是$1/2^{a+b-1}$式中a与b是正数其差不超过 1. 取$X=x/(x+y)$可以推出当x,y与a,b是正数而$|a-b|\leqslant 1$时我们有

$$\frac{x^a y^b + x^b y^a}{2} \leqslant \left(\frac{x+y}{2}\right)^{a+b}$$

因此,(8.26) 右边第一项不超过

$$\sum_{\substack{\kappa'\leqslant\xi \\ \kappa'v'\leqslant\xi^2/\rho}}{}^{*} \sum_{v'\leqslant\xi}{}^{*} \frac{\alpha'_{\kappa'}\alpha'_{v'}}{\kappa' v'} \frac{1}{\rho} \sum\sum_{d_1 d_2=\rho} \alpha'_{d_1}\alpha'_{d_2} \log^{\lambda_1+\lambda_2-1} \frac{\xi}{\sqrt{\rho\kappa' v'}}$$

$$= \sum_{\substack{\kappa'\leqslant\xi \\ \kappa'v'\leqslant\xi^2/\rho}}{}^{*} \sum_{v'\leqslant\xi}{}^{*} \frac{\alpha'_{\kappa'}\alpha'_{v'}}{\kappa' v'} \frac{1}{\rho}\log^{\lambda_1+\lambda_2-1} \frac{\xi}{\sqrt{\rho\kappa' v'}}$$

$$\leqslant \frac{1}{\rho}\log^{\lambda_1+\lambda_2-1} \frac{\xi}{\sqrt{\rho}} \prod_{p|\rho}\left(1-\frac{1}{p}\right)^{-1}$$

引理随之成立.

9.现在我们可以估计 $S(0)$ 及 S^*.

设

$$\phi_{-\theta}(\rho) = \rho^{1-\theta}\sum_{m|\rho}\frac{\mu(m)}{m^{1-\theta}} = \rho^{1-\theta}\prod_{p|\rho}\left(1-\frac{1}{\rho^{1-\theta}}\right)$$

$$\phi_0(\rho) = \phi_0(\rho)$$

其中 $\mu(m)$ 是 Möbius 函数,则

$$q^{1-\theta} = \sum_{\rho|q}\phi_{-\theta}(\rho) = \sum_{\rho|(\kappa v,\lambda\mu)}\phi_{-\theta}(\rho) = \sum_{\rho|\kappa v,\rho|\lambda\mu}\phi_{-\theta}(\rho) \tag{9.1}$$

故当 $0\leqslant\theta\leqslant 1$ 时

$$S(\theta) = \sum_{\rho\leqslant\xi^2}\phi_{-\theta}(\rho)\sum\sum_{\rho|\kappa v}\sum\sum_{\rho|\lambda\mu}\frac{\beta_\kappa\beta_\lambda\beta_\mu\beta_v}{\kappa^{1-\theta}\lambda\mu^{1-\theta}v}$$

$$= \sum_{\rho\leqslant\xi^2}\phi_{-\theta}(\rho)\left(\sum_{\rho|\kappa v}\frac{\beta_\kappa\beta_v}{\kappa^{1-\theta}v}\right)^2 \geqslant 0 \tag{9.2}$$

特别有

$$S(0) = \sum_{\rho\leqslant\xi^2}\phi(\rho)\left(\sum_{\rho|\kappa v}\frac{\beta_\kappa\beta_v}{\kappa v}\right)^2 \tag{9.3}$$

另一方面

$$S^* = \sum_\kappa\sum_\lambda\sum_\mu\sum_v \frac{\beta_\kappa\beta_\lambda\beta_\mu\beta_v}{\lambda v}\frac{q}{\kappa\mu}\log\left(2\pi\frac{\kappa^2\mu^2}{q^2}\sin d\right)$$

$$= 2\sum_\kappa\sum_\lambda\sum_\mu\sum_v \frac{\beta_\kappa\beta_\lambda\beta_\mu\beta_v}{\lambda v}\frac{q}{\kappa\mu}(\log\kappa\mu - \log q) +$$

$$\sum_\kappa\sum_\lambda\sum_\mu\sum_v \frac{\beta_\kappa\beta_\lambda\beta_\mu\beta_v}{\lambda v}\frac{q}{\kappa\mu}\log(2\pi\sin d)$$

$$=-2\sum_{\kappa}\sum_{\lambda}\sum_{\mu}\sum_{v}\frac{\beta_\kappa\beta_\lambda\beta_\mu\beta_v}{\lambda v}\frac{q\log q}{\kappa\mu}+$$

$$4\sum_{\kappa}\sum_{\lambda}\sum_{\mu}\sum_{v}\frac{\beta_\kappa\beta_\lambda\beta_\mu\beta_v}{\lambda v}\frac{q}{\kappa\mu}\log\mu-$$

$$\log(2\pi\sin d)^{-1}\sum_{\kappa}\sum_{\lambda}\sum_{\mu}\sum_{v}\frac{\beta_\kappa\beta_\lambda\beta_\mu\beta_v}{\lambda v}\frac{q}{\kappa\mu}$$

$$=-2S_1+4S_2-S_3(\text{新引用符号})\qquad(9.4)$$

对于 θ 微分(9.1) 即得

$$-q^{1-\theta}\log q=\sum_{\rho|\kappa v,\rho|\lambda\mu}\frac{\partial}{\partial\theta}\phi_{-\theta}(\rho)=-\sum_{\rho|\kappa v,\rho|\lambda\mu}\phi^*_{-\theta}(\rho)$$

其中

$$\phi^*_{-\theta}(\rho)=\rho^{1-\theta}\log\rho\prod_{p|\rho}\left(1-\frac{1}{\rho^{1-\theta}}\right)+\rho^{1-\theta}\prod_{p|\rho}\left(1-\frac{1}{\rho^{1-\theta}}\right)\sum_{p|\rho}\frac{\log\rho}{\rho^{1-\theta}-1}$$

特别是

$$\phi^*(\rho)=\phi^*_0(\rho)=\phi(\rho)\left(\log\rho+\sum_{p|\rho}\frac{\log p}{p-1}\right)\qquad(9.5)$$

由此可知

$$S_1=\sum_{p\leqslant\xi^2}\phi(\rho)\left(\log\rho+\sum_{p|\rho}\frac{\log\rho}{p-1}\right)\sum_{\rho|\kappa v}\sum\sum_{\rho|\lambda\mu}\sum\frac{\beta_\kappa\beta_\lambda\beta_\mu\beta_v}{\kappa\lambda\mu v}$$

$$=\sum_{p\leqslant\xi^2}\phi(\rho)\left(\log\rho+\sum_{p|\rho}\frac{\log\rho}{p-1}\right)\left(\sum_{\rho|\kappa v}\frac{\beta_\kappa\beta_v}{\kappa v}\right)^2\qquad(9.6)$$

对于是 S_1 相当的表示式是

$$S_2=\sum_{\rho\leqslant\xi^2}\phi(\rho)\left(\sum_{\rho|\kappa v}\frac{\beta_\kappa\beta_v}{\kappa v}\right)\left(\sum_{\rho|\lambda\mu}\frac{\beta_\lambda\beta_\mu}{\lambda\mu}\log\mu\right)$$

$$=\sum_{\rho\leqslant\xi^2}\phi(\rho)\log\xi\left(\sum_{\rho|\kappa v}\frac{\beta_\kappa\beta_v}{\kappa v}\right)^2-$$

$$\sum_{\rho\leqslant\xi^2}\phi(\rho)\left(\sum_{\rho|\kappa v}\frac{\beta_\kappa\beta_v}{\kappa v}\right)\left(\sum_{\rho|\lambda\mu}\frac{\beta_\lambda\beta_\mu}{\lambda\mu}\log\frac{\xi}{\mu}\right)\qquad(9.7)$$

最后我们有

$$S_3=\log(2\pi\sin d)^{-1}S(0)\qquad(9.8)$$

把(9.6)(9.7) 与(9.8) 代入(9.4) 便有

$$S^*=-2\sum_{\rho\leqslant\xi^2}\phi(\rho)\left(\log\rho+\sum_{p|\rho}\frac{\log\rho}{p-1}\right)\left(\sum_{\rho|\kappa v}\frac{\beta_\kappa\beta_v}{\kappa v}\right)^2+$$

$$4\sum_{\rho\leqslant\xi^2}\phi(\rho)\log\xi\Big(\sum_{p\mid\kappa v}\frac{\beta_\kappa\beta_v}{\kappa v}\Big)^2-$$
$$4\sum_{\rho\leqslant\xi^2}\phi(\rho)\Big(\sum_{\rho\mid\kappa v}\frac{\beta_\kappa\beta_v}{\kappa v}\Big)\Big(\sum_{\rho\mid\lambda\mu}\frac{\beta_\lambda\beta_\mu}{\lambda\mu}\log\frac{\xi}{\mu}\Big)-$$
$$\log(2\pi\sin d)^{-1}S(0)$$

故

$$-S^*\leqslant 4\sum_{\rho\leqslant\xi^2}\phi(\rho)\Big(\sum_{\rho\mid\kappa v}\frac{\beta_\kappa\beta_v}{\kappa v}\Big)\Big(\sum_{\rho\mid\lambda\mu}\frac{\beta_\lambda\beta_\mu}{\lambda\mu}\log\frac{\xi}{\mu}\Big)+$$
$$2\sum_{\rho\leqslant\xi^2}\phi(\rho)\sum_{p\mid\rho}\frac{\log\rho}{p-1}\Big(\sum_{\rho\mid\kappa v}\sum\frac{\beta_\kappa\beta_v}{\kappa v}\Big)^2+\log(2\pi\sin d)^{-1}S(0)$$
$$=4S_1^*+2S_2^*+\log(2\pi\sin d)^{-1}S(0) \tag{9.9}$$

因 $\beta_v=\alpha_v\Big(1-\dfrac{\log v}{\log\xi}\Big)^\alpha$，$\alpha>\dfrac{1}{2}$，由引理 8.4 我们得到

$$S(0)\leqslant\sum_{\rho\leqslant\xi^2}\phi(\rho)\left\{\frac{\Gamma^2(\alpha+1)}{\Gamma^2\left(\alpha+\frac{1}{2}\right)}\frac{1}{\log^{2\alpha}\xi}\frac{1}{\rho}\log^{2\alpha-1}\frac{\xi}{\sqrt{\rho}}\prod_{p\mid\rho}\Big(1-\frac{1}{\rho}\Big)^{-1}+\right.$$
$$\left.\frac{\varepsilon_0}{\log\xi}\frac{1}{\rho}\prod_{p\mid\rho}\Big(1-\frac{1}{p}\Big)^{-2}\right\}^2$$
$$\leqslant\frac{\Gamma^4(\alpha+1)}{\Gamma^4\left(\alpha+\frac{1}{2}\right)}\frac{1}{\log^{4\alpha}\xi}\sum_{\rho\leqslant\xi^2}\frac{\log^{4\alpha-2}\frac{\xi}{\sqrt{\rho}}}{\rho}\prod_{p\mid\rho}\Big(1-\frac{1}{p}\Big)^{-1}+$$
$$\frac{\varepsilon_0^2}{\log^2\xi}\sum_{\rho\leqslant\xi^2}\frac{1}{\rho}\prod_{p\mid\rho}\Big(1-\frac{1}{p}\Big)^{-3}+$$
$$\frac{\Gamma^2(\alpha+1)}{\Gamma^2\left(\alpha+\frac{1}{2}\right)}\frac{2\varepsilon_0}{\log^{2\alpha+1}\xi}\sum_{\rho\leqslant\xi^2}\frac{\log^{2\alpha-1}\frac{\xi}{\sqrt{\rho}}}{\rho}\prod_{p\mid\rho}\Big(1-\frac{1}{p}\Big)^{-2}$$
$$=\frac{\Gamma^4(\alpha+1)}{\Gamma^4\left(\alpha+\frac{1}{2}\right)}\frac{1}{\log^{4\alpha}\xi}S'+\frac{\varepsilon_0^2}{\log^2\xi}S''+\frac{\Gamma^2(\alpha+1)}{\Gamma^4\left(\alpha+\frac{1}{2}\right)}\frac{2\varepsilon_0}{\log^{2\alpha+1}\xi}S'''\text{(新符号)} \tag{9.10}$$

我们有

$$S'=\sum_{\rho\leqslant\xi^2}\frac{\log^{4\alpha-2}\frac{\xi}{\sqrt{\rho}}}{\rho}\sum{}^*\frac{1}{n}$$

其中 * 号表示所有 n 的素因数都除尽 ρ. 故

$$S' = \sum{}' \frac{1}{n} \sum_{\rho \leqslant \xi^2} \frac{\log^{4\alpha-2} \frac{\xi}{\sqrt{\rho}}}{\rho}$$

其中 $'$ 表示 ρ 可以被 n 的一切素因数除尽.

设 $P = P(n)$ 为 n 的一切素因数的乘积,则关于 ρ 的和不超过

$$\sum_{\rho_1 \leqslant \xi^2/P} \frac{\log^{4\alpha-2} \frac{\xi}{\sqrt{\rho_1 P}}}{P\rho_1} \leqslant \frac{1}{P}\left[\log^{4\alpha-2} \frac{\xi}{\sqrt{P}} + \int_1^{\xi^2/P} \frac{\log^{4\alpha-2} \frac{\xi}{\sqrt{\rho_1 P}}}{\rho_1} \mathrm{d}\rho_1\right]$$

$$= \frac{1}{P}\left(\frac{2}{4\alpha-1}\log^{4\alpha-1} \frac{\xi}{\sqrt{P}} + \log^{4\alpha-2} \frac{\xi}{\sqrt{P}}\right)$$

故

$$S' \leqslant \left(\frac{2}{4\alpha-1}\log^{4\alpha-1}\xi + \log^{4\alpha-2}\xi\right) \sum_{n=1}^{\infty} \frac{1}{nP}$$

上面关于 n 的和小于或等于

$$\prod_p \left(1 + \frac{1}{p^2} + \frac{1}{p^2} + \cdots\right) = \prod_p \left(1 + \frac{1}{p(p-1)}\right)$$

$$= \prod_p \frac{1-p^{-6}}{(1-p^{-3})(1-p^{-2})} = \frac{\zeta(2)\zeta(3)}{\zeta(6)} = \frac{\pi^2}{6} \frac{\zeta(3)}{\zeta(6)}$$

故

$$S' \leqslant \frac{\pi^2}{6} \frac{\zeta(3)}{\zeta(6)}\left(\frac{2}{4\alpha-1}\log^{4\alpha-1}\xi + \log^{4\alpha-2}\xi\right) \tag{9.11}$$

另一方面,因为 $(1-x)^{-4} < 1 + 2^4 x$(当 $0 < x \leqslant 1/2$),所以

$$S''' \leqslant \log^{2\alpha-1}\xi \sum_{\rho \leqslant \xi^2} \frac{1}{\rho} \prod_{p \mid \rho} \left(1 - \frac{1}{p}\right)^{-2} \leqslant \log^{2\alpha-1}\xi \sum_{\rho \leqslant \xi^2} \frac{1}{\rho} \prod_{p \mid \rho} \left(1 + \frac{2^4}{p}\right)$$

故

$$S''' \leqslant A\log^{2\alpha-1}\xi \sum_{\rho \leqslant \xi^2} \frac{1}{\rho} \prod_{p \mid \rho} \left(1 + \frac{1}{p^{1/2}}\right)$$

其中 $A = \prod_{p \leqslant 2^8} \left(1 + \frac{1}{p}\right)$. 上面关于 ρ 的和不超过

$$\sum_{\rho \leqslant \xi^2} \frac{1}{\rho} \sum_{n \mid \rho} = \sum_{n \leqslant \xi^2} \sum_{\rho_1 \leqslant \xi^2/n} \frac{1}{(n\rho_1)n^{1/2}} = \sum_{n=1}^{\infty} \frac{1}{n^{3/2}} \sum_{\rho_1 \leqslant \xi^2/n} \frac{1}{\rho} = O(\log \xi)$$

故

$$S'''=O(\log^{2\alpha}\xi) \tag{9.12}$$

仿此

$$S''=O(\log \xi) \tag{9.13}$$

由(9.10)～(9.13),我们可以得到

$$S(0)\leqslant(1+\varepsilon^*)\frac{\pi^2}{3(4\alpha-1)}\frac{\Gamma^4(\alpha+1)}{\Gamma^4\left(\alpha+\frac{1}{2}\right)}\frac{\zeta(3)}{\zeta(6)}\frac{1}{\log\xi}$$

$$=(1+\varepsilon^*)\frac{A_0}{\log\xi}(\text{新符号}) \tag{9.14}$$

其中当ξ充分大时ε可以任意小.

其次,我们考虑

$$S_1^*=\sum_{\rho\leqslant\xi^2}\phi(\rho)\left(\sum_{\rho|\kappa v}\frac{\beta_\kappa\beta_v}{\kappa v}\right)\left(\sum_{\rho|\lambda\mu}\frac{\beta_\lambda\beta_\mu}{\lambda\mu}\log\frac{\xi}{\mu}\right)$$

由引理8.4,知道上式不超过

$$\sum_{\rho\leqslant\xi^2}\phi(\rho)\left\{\frac{\Gamma^2(\alpha+1)}{\Gamma^2\left(\alpha+\frac{1}{2}\right)}\frac{1}{\log^{2\alpha}\xi}\frac{1}{\rho}\log^{2\alpha-1}\frac{\xi}{\sqrt{\rho}}\prod_{p|\rho}\left(1-\frac{1}{p}\right)^{-1}+\right.$$

$$\left.\frac{\varepsilon_0}{\log\xi}\frac{1}{\rho}\prod_{p|\rho}\left(1-\frac{1}{p}\right)^{-2}\right\}\times$$

$$\left\{\frac{\Gamma(\alpha+1)\Gamma(\alpha+2)}{\Gamma^2\left(\alpha+\frac{1}{2}\right)\left(\alpha+\frac{3}{2}\right)}\frac{1}{\log^{2\alpha}\xi}\frac{1}{\rho}\log^{2\alpha}\frac{\xi}{\sqrt{\rho}}\prod_{p|\rho}\left(1-\frac{1}{p}\right)^{-1}+\right.$$

$$\left.\varepsilon_0\frac{1}{\rho}\prod_{p|\rho}\left(1-\frac{1}{p}\right)^{-2}\right\}$$

$$\leqslant\frac{\Gamma^3(\alpha+1)}{\Gamma^3\left(\alpha+\frac{1}{2}\right)}\frac{\Gamma(\alpha+2)}{\Gamma\left(\alpha+\frac{3}{2}\right)}\frac{1}{\log^{4\alpha}\xi}\sum_{\rho\leqslant\xi^2}\frac{\log^{4\alpha-1}\left(\frac{\xi}{\sqrt{\rho}}\right)}{\rho}\prod_{p|\rho}\left(1-\frac{1}{p}\right)^{-1}+$$

$$\frac{\varepsilon_0^2}{\log\xi}\sum_{\rho\leqslant\xi^2}\frac{1}{\rho}\prod_{p|\rho}\left(1-\frac{1}{p}\right)^{-3}+$$

$$\frac{\Gamma(\alpha+1)}{\Gamma\left(\alpha+\frac{1}{2}\right)}\frac{\Gamma(\alpha+2)}{\Gamma\left(\alpha+\frac{1}{2}\right)}\frac{\varepsilon_0}{\log^{2\alpha+1}\xi}\sum_{\rho\leqslant\xi^2}\frac{\log^{2\alpha}\left(\frac{\xi}{\sqrt{\rho}}\right)}{\rho}\prod_{p|\rho}\left(1-\frac{1}{p}\right)^{-2}+$$

$$\frac{\Gamma^2(\alpha+1)}{\Gamma^2\left(\alpha+\frac{1}{2}\right)}\frac{\varepsilon_0}{\log^{2\alpha}\xi}\sum_{\rho\leqslant\xi^2}\frac{\log^{2\alpha-1}\left(\frac{\xi}{\sqrt{\rho}}\right)}{\rho}\prod_{p\mid\rho}\left(1-\frac{1}{p}\right)^{-2}$$

我们把上式和 $S(0)$ 的相当的表达式比较一下就可以看出

$$S_1^*\leqslant(1+\varepsilon_1^*)\frac{\pi^2}{3\left[4\left(\alpha+\frac{1}{4}\right)-1\right]}\frac{\Gamma^3(\alpha+1)}{\Gamma^3\left(\alpha+\frac{1}{2}\right)}\frac{\Gamma(\alpha+2)}{\Gamma\left(\alpha+\frac{3}{2}\right)}$$

$$=(1+\varepsilon_1^*)\frac{\pi^2}{12\alpha}\frac{\Gamma^3(\alpha+1)}{\Gamma^3\left(\alpha+\frac{1}{2}\right)}\frac{\Gamma(\alpha+2)}{\Gamma\left(\alpha+\frac{3}{2}\right)}\frac{\zeta(3)}{\zeta(6)}\tag{9.15}$$

其中把 ξ 取得充分大时 ε^* 就可以任意小.

在这儿很容易看出 S_2^* 是可以忽略的. 事实上,

$$\sum_{p\mid\rho}\frac{\log p}{p-1}\leqslant\log(\log\rho+1)\sum_{p\leqslant\log\rho+1}\frac{1}{p-1}+\frac{1}{\log\rho}\sum_{\substack{p\mid\rho\\ p\geqslant\log\rho+1}}\log p$$

$$=O\{\log\log\rho)^2\}$$

故

$$S_2^*=O\{\log\log\xi\}^2S(0)\}=O\left[\frac{(\log\log\xi)^2}{\log\xi}\right]=o(1)\tag{9.16}$$

结合(9.15)(9.16)与(9.14)的结果,我们由(9.9)与 $d=A_1/T$, $\xi=A_2T^{(1/8)-\varepsilon_1}$ 这些式子可以得到

$$-S^*\leqslant(1+\varepsilon_1^*)\frac{\pi^2}{3\alpha}\frac{\Gamma^3(\alpha+1)}{\Gamma^3\left(\alpha+\frac{1}{2}\right)}\frac{\Gamma(\alpha+2)}{\Gamma\left(\alpha+\frac{3}{2}\right)}\frac{\zeta(3)}{\zeta(6)}+$$

$$(1+\varepsilon_2^*)\frac{8\pi^2}{3(4\alpha-1)}\frac{\Gamma^4(\alpha+1)}{\Gamma^4\left(\alpha+\frac{1}{2}\right)}\frac{\zeta(3)}{\zeta(6)}+o(1)$$

$$=(1+\varepsilon_3^*)A^*\text{(新符号)}\tag{9.17}$$

其中(今后要沿用)我们用 ε_i^* 表示一个当 ξ 充分大时即任意小的数.

我们可以选 α 使得

$$A_0A^*=\frac{\pi^2}{3(4\alpha-1)}\frac{\Gamma^4(\alpha+1)}{\Gamma^4\left(\alpha+\frac{1}{2}\right)}\frac{\zeta^2(3)}{\zeta^2(6)}\left\{\frac{\pi^2}{3\alpha}\frac{\Gamma^3(\alpha+1)}{\Gamma^3\left(\alpha+\frac{1}{2}\right)}\frac{\Gamma(\alpha+2)}{\Gamma\left(\alpha+\frac{3}{2}\right)}+\right.$$

$$\left.\frac{8\pi^2}{3(4\alpha-1)}\frac{\Gamma^4(\alpha+1)}{\Gamma^4\left(\alpha+\frac{1}{2}\right)}\right\}$$

$$=\frac{\pi^4}{9(4\alpha-1)}\frac{\Gamma^8(\alpha+1)}{\Gamma^8\left(\alpha+\frac{1}{2}\right)}\frac{\zeta^2(3)}{\zeta^2(6)}\left\{\frac{1}{\alpha}\frac{\alpha+1}{\alpha+\frac{1}{2}}+\frac{8}{4\alpha-1}\right\}$$

尽可能的小,但为简单计我们取 $\alpha=(1/2)+\varepsilon_4$,其中 ε_4 是一个很小的正数. 这种取法比 A. Selberg 在他文中[1] 的选法(取 $\alpha=1$) 为佳.

在(9.14) 与(9.15) 中取 $\alpha=\frac{1}{2}+\varepsilon_4$ 即得

$$S(0)\leqslant(1+\varepsilon_5^*)\frac{\pi^2}{3}\frac{\Gamma^4\left(\frac{3}{2}\right)}{\Gamma^4(1)}\frac{\zeta(3)}{\zeta(6)}\frac{1}{\log\xi}=(1+\varepsilon_5^*)\frac{\pi^4}{48}\frac{\zeta(3)}{\zeta(6)}\frac{1}{\log\xi}$$

与

$$-S^*\leqslant(1+\varepsilon_1^*)\frac{2\pi^2}{3}\frac{\Gamma^3\left(\frac{3}{2}\right)}{\Gamma^3(1)}\frac{\Gamma\left(\frac{5}{2}\right)}{\Gamma(2)}\frac{\zeta(3)}{\zeta(6)}+(1+\varepsilon_6^*)\frac{\pi^4}{6}\frac{\zeta(3)}{\zeta(6)}$$

$$\leqslant(1+\varepsilon_7^*)\left(\frac{\pi^4}{16}\frac{\zeta(3)}{\zeta(6)}+\frac{\pi^4}{6}\frac{\zeta(3)}{\zeta(6)}\right)=(1+\varepsilon_7^*)\frac{11\pi^4}{48}\frac{\zeta(3)}{\zeta(6)}$$

因此我们可以取

$$A_0=\frac{\pi^4}{48}\frac{\zeta(3)}{\zeta(6)},\quad A^*=\frac{11\pi^4}{48}\frac{\zeta(3)}{\zeta(6)}$$

代入(7.3) 当 T 充分大时我们就有

$$N_0(T)\geqslant(1-o(1))\frac{T\log T}{9\pi\mathrm{e}}\cdot\frac{32}{11\pi^8}\frac{\zeta(6)}{\zeta(3)}$$

$$=(1-o(1))\frac{32T\log T}{99\pi^9\mathrm{e}}\frac{\zeta(6)}{\zeta(3)}$$

$$=\frac{(1-o(1))}{2\pi}T\log T\frac{64}{99\pi^8\mathrm{e}}\frac{\zeta^2(6)}{\zeta^2(3)}>\frac{N(T)}{60\ 000}$$

我因为 $\zeta(3)=1.202$ 与 $\zeta(6)=1.017$. 这样我们就证明了引论中所提出的定理.

这个定理的结论是可以略微改进的. 但像比较大的改进,例如接近最后的结果,则比较困难. 还需要进一步的研究,探索才行.

参考书目

[1] Selberg, A., Nerke. Videnskaps. Akad. Oslo, Mat. —

Naturv. Klaese, (1942), No. 10,1-59.
[2] 闵嗣鹤,清华大学科学报告,第五卷第四期,1950 年 12 月.
[3] Titchmarsh, E. C., Q. J. O. 18(1947).

从数学史的角度看研究黎曼 ζ 函数的集之大成者当属 E. C. 蒂奇马什,这从他早期出版于剑桥的小册子 *The Zeta-function of Riemann* 可见,那本书内容主要包括:$\zeta(s)$ 函数,狄利克雷级数与 $\zeta(s)$ 函数的关系,$\zeta(s)$ 函数的分析特点,函数方程,近似公式,$\zeta(s)$ 函数在临界带的次序.

考虑到这是一份珍贵且难得的历史文献,作为本书读者一定会是一名数论爱好者,所以估计会对此感兴趣的,我们这里转引其一部分.

Chapter Ⅰ THE FUNCTION $\zeta(s)$ AND THE DIRICHLET SERIES RELATED TO IT

1.1. Definition of $\zeta(s)$. The Riemann zeta-function $\zeta(s)$ has its origin in the identity expressed by the two formulae

$$\zeta(s)=\sum_{n=1}^{\infty}\frac{1}{n^s} \tag{1.1.1}$$

where n runs through all integers, and

$$\zeta(s)=\prod_p\left(1-\frac{1}{p^s}\right)^{-1} \tag{1.1.2}$$

where p runs through all primes. Either of these may be taken as the definition of $\zeta(s)$; s is a complex variable, $s=\sigma+it$. The Dirichlet series (1.1.1) is convergent for $\sigma>1$, and uniformly convergent in any finite region in which $\sigma\geqslant 1+\delta$, $\delta>0$. It therefore defines an analytic function $\zeta(s)$, regular for $\sigma>1$.

The infinite product is also absolutely convergent for $\sigma>1$; for so is

$$\sum_p\left|\frac{1}{p^s}\right|=\sum_p\frac{1}{p^\sigma}$$

this being merely a selection of terms from the series $\sum n^{-\sigma}$. If we expand the factor involving p in powers of p^{-s}, we obtain

$$\prod_p \left(1+\frac{1}{p^s}+\frac{1}{p^{2s}}+\cdots\right)$$

On multiplying formally, we obtain the series (1.1.1), since each integer n can be expressed as a product of prime-powers p^m in just one way. The identity of (1.1.1) and (1.1.2) is thus an analytic equivalent of the theorem that the expression of an integer in prime factors is unique. A rigorous proof is easily constructed by taking first a finite number of factors. Since we can multiply a finite number of absolutely convergent series, we have

$$\prod_{p\leqslant P} \left(1+\frac{1}{p^s}+\frac{1}{p^{2s}}+\cdots\right)=1+\frac{1}{n_1^s}+\frac{1}{n_2^s}+\cdots$$

where n_1, n_2, $\cdots$, are those integers none of whose prime factors exceed P. Since all integers up to P are of this form, it follows that, if $\zeta(s)$ is defined by (1.1.1)

$$\left|\zeta(s)-\prod_{p\leqslant P}\left(1-\frac{1}{p^s}\right)^{-1}\right|=\left|\zeta(s)-1-\frac{1}{n_1^s}-\frac{1}{n_2^s}-\cdots\right|$$

$$\leqslant\frac{1}{(P+1)^\sigma}+\frac{1}{(P+2)^\sigma}+\cdots$$

This tends to 0 as $P\to\infty$, if $\sigma>1$; and (1.1.2) follows.

This fundamental identity is due to Euler, and (1.1.2) is known as Euler's product. But Euler considered it for particular values of s only, and it was Riemann who first considered $\zeta(s)$ as an analytic function of a complex variable.

Since a convergent infinite product of non-zero factors is not zero, we deduce that $\zeta(s)$ has no zeros for $\sigma>1$. This may be proved directly as follows. We have for $\sigma>1$

$$\left(1-\frac{1}{2^s}\right)\left(1-\frac{1}{3^s}\right)\cdots\left(1-\frac{1}{P^s}\right)\zeta(s)=1+\frac{1}{m_1^s}+\frac{1}{m_2^s}+\cdots$$

where m_1, m_2, $\cdots$, are the integers all of whose prime factors exceed P. Hence

$$\left|\left(1-\frac{1}{2^s}\right)\cdots\left(1-\frac{1}{P^s}\right)\zeta(s)\right|\geqslant 1-\frac{1}{(P+1)^\sigma}-\frac{1}{(P+2)^\sigma}-\cdots>0$$

if P is large enough. Hence $|\zeta(s)|>0$.

The importance of $\zeta(s)$ in the theory of prime numbers lies in the fact that it combines two expressions, one of which contains the primes explicitly, while the other does not. The theory of primes is largely concerned with the function $\pi(x)$, the number of primes not exceeding x. We can transform (1.1.2) into a relation between $\zeta(s)$ and $\pi(x)$; for if $\sigma>1$

$$\log\zeta(s)=-\sum_{p}\log\left(1-\frac{1}{p^{s}}\right)=-\sum_{n=2}^{\infty}\{\pi(n)-\pi(n-1)\}\log\left(1-\frac{1}{n^{s}}\right)$$

$$=-\sum_{n=2}^{\infty}\pi(n)\left\{\log\left(1-\frac{1}{n^{s}}\right)-\log\left(1-\frac{1}{(n+1)^{s}}\right)\right\}$$

$$=\sum_{n=2}^{\infty}\pi(n)\int_{n}^{n+1}\frac{s}{x(x^{s}-1)}\mathrm{d}x=s\int_{2}^{\infty}\frac{\pi(x)}{x(x^{s}-1)}\mathrm{d}x \qquad (1.1.3)$$

The rearrangement of the series is justified since $\pi(n)\leqslant n$ and

$$\log(1-n^{-s})=O(n^{-\sigma})$$

Again

$$\frac{1}{\zeta(s)}=\prod_{p}\left(1-\frac{1}{p^{s}}\right)$$

and on carrying out the multiplication we obtain

$$\frac{1}{\zeta(s)}=\sum_{n=1}^{\infty}\frac{\mu(n)}{n^{s}}\quad(\sigma>1) \qquad (1.1.4)$$

where $\mu(1)=1$, $\mu(n)=(-1)^{k}$ if n is the product of k different primes, and $\mu(n)=0$ if n contains any factor to a power higher than the first. The process is easily justified as in the case of $\zeta(s)$.

The function $\mu(n)$ is known as the Möbius function. It has the property

$$\sum_{d\mid q}\mu(d)=1(q=1)\quad 0(q>1) \qquad (1.1.5)$$

where $d\mid q$ means that d is a divisor of q. This follows from the identity

$$1=\sum_{m=1}^{\infty}\frac{1}{m^{s}}\sum_{n=1}^{\infty}\frac{\mu(n)}{n^{s}}=\sum_{q=1}^{\infty}\frac{1}{q^{s}}\sum_{d\mid q}\mu(d)$$

It also gives the Möbius inversion formula

$$g(q)=\sum_{d|q}f(d) \tag{1.1.6}$$

$$f(q)=\sum_{d|q}\mu\left(\frac{q}{d}\right)g(d) \tag{1.1.7}$$

connecting two functions $f(n)$, $g(n)$ defined for integral n. If f is given and g defined by (1.1.6), the right-hand side of (1.1.7) is

$$\sum_{d|q}\mu\left(\frac{q}{d}\right)\sum_{r|d}f(r)$$

The coefficient of $f(q)$ is $\mu(1)=1$. If $r<q$, then $d=kr$, where $k\mid q/r$. Hence the coefficient of $f(r)$ is

$$\sum_{k|q/r}\mu\left(\frac{q}{kr}\right)=\sum_{k'q/r}\mu(k')=0$$

by (1.1.5). This proves (1.1.7). Conversely, if g is given, and f is defined by (1.1.7), then the right-hand side of (1.1.6) is

$$\sum_{d|q}\sum_{r|d}\mu\left(\frac{d}{r}\right)g(r)$$

and this is $g(q)$, by a similar argument. The formula may also be derived formally from the obviously equivalent relations

$$F(s)\zeta(s)=\sum_{n=1}^{\infty}\frac{g(n)}{n^s},\quad F(s)=\frac{1}{\zeta(s)}\sum_{n=1}^{\infty}\frac{g(n)}{n^s}$$

where

$$F(s)=\sum_{n=1}^{\infty}\frac{f(n)}{n^s}$$

Again, on taking logarithms and differentiating (1.1.2), we obtain, for $\sigma>1$

$$\begin{aligned}\frac{\zeta'(s)}{\zeta(s)}&=-\sum_{p}\frac{\log p}{p^s}\left(1-\frac{1}{p^s}\right)^{-2}\\&=-\sum_{p}\log p\sum_{m=1}^{\infty}\frac{1}{p^{ms}}\\&=-\sum_{n=2}^{\infty}\frac{\Lambda(n)}{n^s}\end{aligned} \tag{1.1.8}$$

where $\Lambda(n)=\log p$ if n is p or a power of p, and otherwise $\Lambda(n)=0$. On integrating we obtain

$$\log \zeta(s)=\sum_{n=2}^{\infty}\frac{\Lambda_1(n)}{n^s}\quad(\sigma>1)\tag{1.1.9}$$

where $\Lambda_1(n)=\Lambda(n)/\log n$, and the value of $\log \zeta(s)$ is that which tends to 0 as $\sigma\to\infty$, for any fixed t.

1.2. Various Dirichlet series connected with $\zeta(s)$. In the first place

$$\zeta^2(s)=\sum_{n=1}^{\infty}\frac{d(n)}{n^s}\quad(\sigma>1)\tag{1.2.1}$$

where $d(n)$ denotes the number of divisors of n (including 1 and n itself). For

$$\zeta^2(s)=\sum_{\mu=1}^{\infty}\frac{1}{\mu^s}\sum_{\nu=1}^{\infty}\frac{1}{\nu^s}=\sum_{n=1}^{\infty}\frac{1}{n^s}\sum_{\mu\nu=n}1$$

and the number of terms in the last sum is $d(n)$. And generally

$$\zeta^k(s)=\sum_{n=1}^{\infty}\frac{d_k(n)}{n^s}\quad(\sigma>1)\tag{1.2.2}$$

where $k=2,3,4,\cdots$, and $d_k(n)$ denotes the number of ways of expressing n as a product of k factors, expressions with the same factors in a different order being counted as different. For

$$\zeta^k(s)=\sum_{\nu_1=1}^{\infty}\frac{1}{\nu_1^s}\cdots\sum_{\nu_k=1}^{\infty}\frac{1}{\nu_k^s}=\sum_{n=1}^{\infty}\frac{1}{n^s}\sum_{\nu_1\cdots\nu_k=n}1$$

and the last sum is $d_k(n)$.

Since we have also

$$\zeta^2(s)=\prod_p\left(1-\frac{1}{p^s}\right)^{-2}=\prod_p\left(1+\frac{2}{p^s}+\frac{3}{p^{2s}}+\cdots\right)\tag{1.2.3}$$

on comparing the coefficients in (1.2.1) and (1.2.3) we verify the elementary formula

$$d(n)=(m_1+1)\cdots(m_r+1)\tag{1.2.4}$$

for the number of divisors of

$$n=p_1^{m_1}p_2^{m_2}\cdots p_r^{m_r}\tag{1.2.5}$$

Similarly from (1.2.2)

$$d_k(n)=\frac{(k+m_1-1)!}{m_1!\ (k-1)!}\cdots\frac{(k+m_r-1)!}{m_r!\ (k-1)!}\tag{1.2.6}$$

We next note the expansions

$$\frac{\zeta(s)}{\zeta(2s)}=\sum_{n=1}^{\infty}\frac{|\mu(n)|}{n^s}\quad(\sigma>1)\tag{1.2.7}$$

where $\mu(n)$ is the coefficient in (1.1.4)

$$\frac{\zeta^2(s)}{\zeta(2s)}=\sum_{n=1}^{\infty}\frac{2^{\nu(n)}}{n^s}\quad(\sigma>1)\tag{1.2.8}$$

where $\nu(n)$ is the number of different prime factors of n

$$\frac{\zeta^3(s)}{\zeta(2s)}=\sum_{n=1}^{\infty}\frac{d(n^2)}{n^s}\quad(\sigma>1)\tag{1.2.9}$$

and

$$\frac{\zeta^4(s)}{\zeta(2s)}=\sum_{n=1}^{\infty}\frac{\{d(n)\}^2}{n^s}\quad(\sigma>1)\tag{1.2.10}$$

To prove (1.2.7), we have

$$\frac{\zeta(s)}{\zeta(2s)}=\prod_p\frac{1-p^{-2s}}{1-p^{-s}}=\prod_p\left(1+\frac{1}{p^s}\right)$$

and this differs from the formula for $1/\zeta(s)$ only in the fact that the signs are all positive. The result is therefore clear. To prove (1.2.8), we have

$$\frac{\zeta^2(s)}{\zeta(2s)}=\prod_p\frac{1-p^{-2s}}{(1-p^{-s})^2}=\prod_p\frac{1+p^{-s}}{1-p^{-s}}$$
$$=\prod_p(1+2p^{-s}+2p^{-2s}+\cdots)$$

and the result follows. To prove (1.2.9)

$$\frac{\zeta^3(s)}{\zeta(2s)}=\prod_p\frac{1-p^{-2s}}{(1-p^{-s})^3}=\prod_p\frac{1+p^{-s}}{(1-p^{-s})^2}$$
$$=\prod_p\{(1+p^{-s})(1+2p^{-s}+3p^{-2s}+\cdots)\}$$
$$=\prod_p\{1+3p^{-s}+\cdots+(2m+1)p^{-ms}+\cdots\}$$

and the result follows, since, if n is (1.2.5)

$$d(n^2)=(2m_1+1)\cdots(2m_r+1)$$

Similarly

$$\frac{\zeta^4(s)}{\zeta(2s)}=\prod_p\frac{1-p^{-2s}}{(1-p^{-s})^4}=\prod_p\frac{1+p^{-s}}{(1-p^{-s})^3}$$
$$=\prod_p\{(1+p^{-s})\{1+3p^{-s}+\cdots+\frac{1}{2}(m+1)(m+2)p^{-ms}+\cdots\}$$

$$= \prod_p \{1 + 4p^{-s} + \cdots + (m+1)^2 p^{-ms} + \cdots\}$$

and (1.2.10) follows.

Other formulae are

$$\frac{\zeta(2s)}{\zeta(s)} = \sum_{n=1}^{\infty} \frac{\lambda(n)}{n^s} \quad (\sigma > 1) \qquad (1.2.11)$$

where $\lambda(n) = (-1)^r$ if n has r prime factors, a factor of degree k being counted k times

$$\frac{\zeta(s-1)}{\zeta(s)} = \sum_{n=1}^{\infty} \frac{\phi(n)}{n^s} \quad (\sigma > 2) \qquad (1.2.12)$$

where $\phi(n)$ is the number of numbers less than n and prime to n; and

$$\frac{1-2^{1-s}}{1-2^{-s}}\zeta(s-1) = \sum_{n=1}^{\infty} \frac{a(n)}{n^s} \quad (\sigma > 2) \qquad (1.2.13)$$

where $a(n)$ is the greatest odd divisor of n. Of these, (1.2.11) follows at once from

$$\frac{\zeta(2s)}{\zeta(s)} = \prod_p \left(\frac{1-p^{-s}}{1-p^{-2s}}\right) = \prod_p \left(\frac{1}{1+p^{-s}}\right) = \prod_p (1 - p^{-s} + p^{-2s} - \cdots)$$

Also

$$\frac{\zeta(s-1)}{\zeta(s)} = \prod_p \left(\frac{1-p^{-s}}{1-p^{1-s}}\right) = \prod_p \left\{\left(1-\frac{1}{p^s}\right)\left(1+\frac{p}{p^s}+\frac{p^2}{p^{2s}}+\cdots\right)\right\}$$

$$= \prod_p \left\{1 + \left(1-\frac{1}{p}\right)\left(\frac{p}{p^s}+\frac{p^2}{p^{2s}}+\cdots\right)\right\}$$

and (1.2.12) follows, since, if $n = p_1^{m_1} \cdots p_r^{m_r}$

$$\phi(n) = n\left(1-\frac{1}{p_1}\right)\cdots\left(1-\frac{1}{p_r}\right)$$

Finally

$$\frac{1-2^{1-s}}{1-2^{-s}}\zeta(s-1) = \frac{1-2^{1-s}}{1-2^{-s}} \prod_p \frac{1}{1-p^{1-s}}$$

$$= \frac{1}{1-2^{-s}} \times \frac{1}{1-3^{1-s}} \times \frac{1}{1-5^{1-s}} \times \cdots$$

$$= \left(1+\frac{1}{2^s}+\frac{1}{2^{2s}}+\cdots\right)\left(1+\frac{3}{3^s}+\frac{3^2}{3^{2s}}+\cdots\right)\cdots$$

and (1.2.13) follows.

Many of these formulae are, of course, simply particular cases of the general formula

$$\sum_{n=1}^{\infty}\frac{f(n)}{n^s}=\prod_p\left\{1+\frac{f(p)}{p^s}+\frac{f(p^2)}{p^{2s}}+\cdots\right\}$$

where $f(n)$ is a multiplicative function, i. e. is such that, if $n=p_1^{m_1}p_2^{m_2}\cdots$, then

$$f(n)=f(p_1^{m_1})f(p_2^{m_2})\cdots$$

Again, let $f_k(n)$ denote the number of representations of n as a product of k factors, each greater than unity when $n>1$, the order of the factors being essential. Then clearly

$$\sum_{n=2}^{\infty}\frac{f_k(n)}{n^2}=\{\zeta(s)-1\}^k \quad (\sigma>1) \tag{1.2.14}$$

Let $f(n)$ be the number of representations of n as a product of factors greater than unity, representations with factors in a different order being considered as distinct; and let $f(1)=1$. Then

$$f(n)=\sum_{k=1}^{\infty}f_k(n)$$

Hence

$$\begin{aligned}\sum_{n=1}^{\infty}\frac{f(n)}{n^s}&=1+\sum_{k=1}^{\infty}\{\zeta(s)-1\}^k\\&=1+\frac{\zeta(s)-1}{1-\{\zeta(s)-1\}}\\&=\frac{1}{2-\zeta(s)}\end{aligned} \tag{1.2.15}$$

It is easily seen that $\zeta(s)=2$ for $s=\alpha$, where α is a real number greater than 1; and $|\zeta(s)|<2$ for $\sigma>\alpha$, so that (1.2.15) holds for $\sigma>\alpha$.

1.3. Sums involving $\sigma_a(n)$. Let $\sigma_a(n)$ denote the sum of the ath powers of the divisors of n. Then

$$\zeta(s)\zeta(s-a)=\sum_{n=1}^{\infty}\frac{1}{\mu^s}\sum_{\nu=1}^{\infty}\frac{\nu^a}{\nu^s}=\sum_{n=1}^{\infty}\frac{1}{n^s}\sum_{\mu\nu=n}\nu^a$$

i. e.

$$\zeta(s)\zeta(s-a)=\sum_{n=1}^{\infty}\frac{\sigma_a(n)}{n^s}\quad(\sigma>1,\ \sigma>\mathbf{R}(a)+1) \tag{1.3.1}$$

Since the left-hand side is, if $a\neq 0$

$$\prod_p \left(1+\frac{1}{p^s}+\frac{1}{p^{2s}}+\cdots\right)\left(1+\frac{p^a}{p^s}+\frac{p^{2a}}{p^{2s}}+\cdots\right)$$
$$=\prod_p \left(1+\frac{1+p^a}{p^s}+\frac{1+p^a+p^{2a}}{p^s}+\cdots\right)$$
$$=\prod_p \left(1+\frac{1-p^{2a}}{1-p^a}\frac{1}{p^s}+\cdots\right)$$

we have

$$\sigma_a(n)=\frac{1-p_1^{(m_1+1)a}}{1-p_1^a}\cdot\cdots\cdot\frac{1-p_r^{(m_r+1)a}}{1-p_r^a} \qquad (1.3.2)$$

if n is (1.2.5), as is also obvious from elementary considerations.

The formula[1]

$$\frac{\zeta(s)\zeta(s-a)\zeta(s-b)\zeta(s-a-b)}{\zeta(2s-a-b)}=\sum_{n=1}^{\infty}\frac{\sigma_a(n)\sigma_b(n)}{n^s} \qquad (1.3.3)$$

is valid for $\sigma>\max\{1, \mathbf{R}(a)+1, \mathbf{R}(b)+1, \mathbf{R}(a+b)+1\}$. The left-hand side is equal to

$$\prod_p \frac{1-p^{-2s+a+b}}{(1-p^{-s})(1-p^{-s+a})(1-p^{-s+b})(1-p^{-s+a+b})}$$

Putting $p^{-s}=z$, the partial-fraction formula gives

$$\frac{1-p^{a+b}z^2}{(1-z)(1-p^az)(1-p^bz)(1-p^{a+b}z)}$$
$$=\frac{1}{(1-p^a)(1-p^b)}\left\{\frac{1}{1-z}-\frac{p^a}{1-p^az}-\frac{p^b}{1-p^bz}+\frac{p^{a+b}}{1-p^{a+b}z}\right\}$$
$$=\frac{1}{(1-p^a)(1-p^b)}\sum_{m=0}^{\infty}(1-p^{(m+1)a}-p^{(m+1)b}+p^{(m+1)(a+b)})z^m$$
$$=\frac{1}{(1-p^a)(1-p^b)}\sum_{m=0}^{\infty}(1-p^{(m+1)a})(1-p^{(m+1)b})z^m$$

Hence

$$\frac{\zeta(s)\zeta(s-a)\zeta(s-b)\zeta(s-a-b)}{\zeta(2s-a-b)}$$
$$=\prod_p\sum_{m=0}^{\infty}\frac{1-p^{(m+1)a}}{1-p^a}\times\frac{1-p^{(m+1)b}}{1-p^b}\times\frac{1}{p^{ms}}$$

---

[1] Ramanujan (2), B. M. Wilson (1).

and the result follows from (1.3.2). If $a=b=0$, (1.3.3) reduces to (1.2.10).

Similar formulae involving $\sigma_a^{(q)}(n)$, the sum of the ath powers of those divisors of n which are qth powers of integers, have been given by Crum (1).

1.4. It is also easily seen that, if $f(n)$ is multiplicative, and

$$\sum_{n=1}^{\infty}\frac{f(n)}{n^s}$$

is a product of zeta-functions such as occurs in the above formulae, and k is a given positive integer, then

$$\sum_{n=1}^{\infty}\frac{f(kn)}{n^s}$$

can also be summed. An example will illustrate this point. The function $\sigma_a(n)$ is 'multiplicative', i. e. if m is prime to n

$$\sigma_a(mn)=\sigma_a(m)\sigma_a(n)$$

Hence

$$\sum_{n=1}^{\infty}\frac{\sigma_a(n)}{n^s}=\prod_p\sum_{m=0}^{\infty}\frac{\sigma_a(p^m)}{p^{ms}}$$

and, if $k=\prod p^l$

$$\sum_{n=1}^{\infty}\frac{\sigma_a(kn)}{n^s}=\prod_p\sum_{m=0}^{\infty}\frac{\sigma_a(p^{l+m})}{p^{ms}}$$

Hence

$$\sum_{n=1}^{\infty}\frac{\sigma_a(kn)}{n^s}=\zeta(s)\zeta(s-a)\prod_{p\mid k}\left\{\sum_{m=0}^{\infty}\frac{\sigma_a(p^{l+m})}{p^{ms}}\Big/\sum_{m=0}^{\infty}\frac{\sigma_a(p^m)}{p^{ms}}\right\}$$

Now if $a\neq 0$

$$\sum_{m=0}^{\infty}\frac{\sigma_a(p^{l+m})}{p^{ms}}=\sum_{m=0}^{\infty}\frac{1-p^{(l+m+1)a}}{(1-p^a)p^{ms}}=\frac{1-p^{a-s}-p^{(l+1)a}+p^{(l+1)a-s}}{(1-p^a)(1-p^{-s})(1-p^{a-s})}$$

Hence

$$\sum_{n=0}^{\infty}\frac{\sigma_a(kn)}{n^s}=\zeta(s)\zeta(s-a)\prod_{p\mid k}\frac{1-p^{a-s}-p^{(l+1)a}+p^{(l+1)a-s}}{1-p^a}\qquad(1.4.1)$$

Making $a\neq 0$

$$\sum_{n=0}^{\infty}\frac{d(kn)}{n^s}=\zeta^2(s)\prod_{p\mid k}(l+1-lp^{-s})\qquad(1.4.2)$$

1.5. Ramanujan's sums[1]. Let

$$c_k(n)=\sum_h \mathrm{e}^{-2nh\pi i/k}=\sum_h \cos\frac{2nh\pi}{k} \tag{1.5.1}$$

where h runs through all positive integers less than and prime to k. Many formulae involving these sums were proved by Ramanujan.

We shall first prove that

$$c_k(n)=\sum_{d\mid k,d\mid n}\mu\left(\frac{k}{d}\right)d \tag{1.5.2}$$

The sum

$$\eta_k(n)=\sum_{m=0}^{k-1}\mathrm{e}^{-2nm\pi i/k}$$

is equal to k if $k\mid n$ and 0 otherwise. Denoting by (r, d) the highest common factor of r and d, so that $(r, d)=1$ means that r is prime to d

$$\sum_{d\mid k}c_d(n)=\sum_{d\mid k}\sum_{(r,d)=1,r<d}\mathrm{e}^{-2nr\pi i/d}=\eta_k(n)$$

Hence by the inversion formula of Möbius (1.1.7)

$$c_k(n)=\sum_{d\mid k}\mu\left(\frac{k}{d}\right)\eta_d(n)$$

and (1.5.2) follows. In particular

$$c_k(1)=\mu(k) \tag{1.5.3}$$

The result can also be written

$$c_k(n)=\sum_{dr=k,d\mid n}\mu(r)d$$

Hence

$$\frac{c_k(n)}{k^s}=\sum_{dr=k,d\mid n}\frac{\mu(r)}{r^s}d^{1-s}$$

Summing with respect to k, we remove the restriction on r, which now assumes all positive integral values. Hence[2]

$$\sum_{k=1}^{\infty}\frac{c_k(n)}{k^s}=\sum_{r,d\mid n}\frac{\mu(r)}{r^s}d^{1-s}=\frac{\sigma_{1-s}(n)}{\zeta(s)} \tag{1.5.4}$$

the series being absolutely convergent for $\sigma>1$ since $|c_k(n)|\leqslant\sigma_1(n)$, by

---

① Ramanujan (3), Hardy (5).

② Two more proofs are given by Hardy, Ramanujan, 137-141.

(1.5.2).

We have also

$$\sum_{n=1}^{\infty}\frac{c_k(n)}{n^s}=\sum_{n=1}^{\infty}\frac{1}{n^s}\sum_{d|k,d|n}\mu\left(\frac{k}{d}\right)d$$
$$=\sum_{d|k}\mu\left(\frac{k}{d}\right)d\sum_{m=1}^{\infty}\frac{1}{(md)^s}$$
$$=\zeta(s)\sum_{d|k}\mu\left(\frac{k}{d}\right)d^{1-s} \qquad (1.5.5)$$

We can also sum series of the form[①]

$$\sum_{n=1}^{\infty}\frac{c_k(n)f(n)}{n^s}$$

where $f(n)$ is a multiplicative function. For example

$$\sum_{n=1}^{\infty}\frac{c_k(n)d(n)}{n^s}=\sum_{n=1}^{\infty}\frac{d(n)}{n^s}\sum_{\delta|k,\delta|n}\delta\mu\left(\frac{k}{\delta}\right)$$
$$=\sum_{\delta|k}\delta\mu\left(\frac{k}{\delta}\right)\sum_{m=1}^{\infty}\frac{d(m\delta)}{(m\delta)^s}$$
$$=\zeta^2(s)\sum_{\delta|k}\delta^{1-s}\mu\left(\frac{k}{\delta}\right)\prod_{p|\delta}(l+1-lp^{-s})$$

if $\delta=\prod p^l$. If $k=\prod p^\lambda$ the sum is

$$k^{1-s}\prod_{p|k}(\lambda+1-\lambda p^{-s})-\sum_{p|k}\left(\frac{k}{p}\right)^{1-s}\{\lambda-(\lambda-1)p^{-s}\}\cdot$$
$$\prod_{\substack{p'|k\\p'\neq p}}(\lambda+1-\lambda p'^{-s})+\sum_{pp'|k}\left(\frac{k}{pp'}\right)^{1-s}\{\lambda-(\lambda-1)p^{-s}\}\cdot$$
$$\{\lambda-(\lambda-1)p'^{-s}\}\prod_{\substack{p''|k\\p''\neq p,p'}}(\lambda+1-\lambda p''^{-s})-\cdots$$
$$=k^{1-s}\prod_{p|k}\left\{(\lambda+1-\lambda p^{-s})-\frac{1}{p^{1-s}}\{\lambda-(\lambda-1)p^{-s}\}\right\}$$
$$=k^{1-s}\prod_{p|k}\left\{1-\frac{1}{p}+\lambda\left(1-\frac{1}{p^s}\right)\left(1-\frac{1}{p^{1-s}}\right)\right\}$$

Hence

① Crum (1).

$$\sum_{n=1}^{\infty}\frac{c_k(n)d(n)}{n^s}=\zeta^2(s)k^{1-s}\prod_{p\mid k}\left\{1-\frac{1}{p}+\lambda\left(1-\frac{1}{p^s}\right)\left(1-\frac{1}{p^{1-s}}\right)\right\}\tag{1.5.6}$$

We can also sum

$$\sum_{n=1}^{\infty}\frac{c_k(qn)f(n)}{n^s}$$

For example, in the simplest case $f(n)=1$, the series is

$$\sum_{n=1}^{\infty}\frac{1}{n^s}\sum_{\delta\mid k,\delta\mid qn}\delta\mu\left(\frac{k}{\delta}\right)$$

For given δ, n runs through those multiples of δ/q which are integers. If δ/q in its lowest terms is δ_1/q_1, these are the numbers δ_1, $2\delta_2$,… Hence the sum is

$$\sum_{\delta\mid k}\delta\mu\left(\frac{k}{\delta}\right)\sum_{r=1}^{\infty}\frac{1}{(r\delta_1)^s}=\zeta(s)\sum_{\delta\mid k}\delta\mu\left(\frac{k}{\delta}\right)\delta_1^{-s}$$

Since $\delta_1=\delta/(q,\delta)$, the result is

$$\sum_{n=1}^{\infty}\frac{c_k(qn)}{n^s}=\zeta(s)\sum_{\delta\mid k}\delta^{1-s}\mu\left(\frac{k}{\delta}\right)(q,\delta)^s\tag{1.5.7}$$

1.6. There is another class of identities involving infinite series of zeta-functions. The simplest of these is[①]

$$\sum_p\frac{1}{p^s}=\sum_{n=1}^{\infty}\frac{\mu(n)}{n}\log\zeta(ns)\tag{1.6.1}$$

We have

$$\log\zeta(s)=\sum_m\sum_p\frac{1}{mp^{ms}}=\sum_{m=1}^{\infty}\frac{P(ms)}{m}$$

where $P(s)=\sum p^{-s}$. Hence

$$\sum_{n=1}^{\infty}\frac{\mu(n)}{n}\log\zeta(ns)=\sum_{n=1}^{\infty}\frac{\mu(n)}{n}\sum_{m=1}^{\infty}\frac{P(mns)}{m}=\sum_{r=1}^{\infty}\frac{P(rs)}{r}\sum_{n\mid r}\mu(n)$$

and the result follows from (1.1.5).

A closely related formula is

① See Landau and Walfisz (1), Estermann (1)(2).

$$\sum_{n=1}^{\infty} \frac{\nu(n)}{n^s} = \zeta(s) \sum_{n=1}^{\infty} \frac{\mu(n)}{n} \log \zeta(ns) \tag{1.6.2}$$

where $\nu(n)$ is defined under (1.2.8). This follows at once from (1.6.1) and the identity

$$\sum_{n=1}^{\infty} \frac{\nu(n)}{n^s} = \sum_{m=1}^{\infty} \frac{1}{m^s} \sum_{p} \frac{1}{p^s}$$

Denoting by $b(n)$ the number of divisors of n which are primes or powers of primes, another identity of the same class is

$$\sum_{n=1}^{\infty} \frac{b(n)}{n^s} = \zeta(s) \sum_{n=1}^{\infty} \frac{\phi(n)}{n} \log \zeta(ns) \tag{1.6.3}$$

where $\phi(n)$ is defined under (1.2.12). For the left-hand side is equal to

$$\sum_{m=1}^{\infty} \frac{1}{m^s} \sum_{p} \left(\frac{1}{p^s} + \frac{1}{p^{2s}} + \frac{1}{p^{3s}} + \cdots \right)$$

and the series on the right is

$$\sum_{n=1}^{\infty} \frac{\phi(n)}{n} \sum_{m=1}^{\infty} \sum_{p} \frac{1}{mp^{mns}} = \sum_{p} \sum_{\nu} \frac{1}{\nu p^{\nu s}} \sum_{n|\nu} \phi(n)$$

Since

$$\sum_{n|\nu} \phi(n) = \nu$$

the result follows.

Chapter Ⅱ THE ANALYTIC CHARACTER OF $\zeta(s)$ AND THE FUNCTIONAL EQUATION

2.1. Analytic continuation and the functional equation, first method. Each of the formulae of Chapter I is proved on the supposition that the series or product concerned is absolutely convergent. In each case this restricts the region where the formula is proved to be valid to a half-plane. For $\zeta(s)$ itself, and in all the fundamental formulae of 1.1, this is the half-plane $\sigma > 1$.

We have next to inquire whether the analytic function $\zeta(s)$ can be continued beyond this region. The result is

Theorem 2.1. *The function $\zeta(s)$ is regular for all values of s except $s=1$, where there is a simple pole with residue 1. It satisfies the functional equation*

$$\zeta(s)=2^s\pi^{s-1}\sin\frac{1}{2}s\pi\Gamma(1-s)\zeta(1-s) \tag{2.1.1}$$

This can be proved in a considerable variety of different ways, some of which will be given in later sections. We shall first give a proof depending on the following summation formula.

Let $\phi(x)$ be any function with a continuous derivative in the interval $[a, b]$. Then, if $[x]$ denotes the greatest integer not exceeding x

$$\sum_{a<n\leqslant b}\phi(n)=\int_a^b\phi(x)\mathrm{d}x+\int_a^b(x-[x]-\frac{1}{2})\phi'(x)\mathrm{d}x+$$
$$(a-[a]-\frac{1}{2})\phi(a)-(b-[b]-\frac{1}{2})\phi(b) \tag{2.1.2}$$

Since the formula is plainly additive with respect to the interval $(a, b]$ it suffices to suppose that $n\leqslant a<b\leqslant n+1$. One then has

$$\int_a^b(x-n-\frac{1}{2})\phi'(x)\mathrm{d}x=(b-n-\frac{1}{2})\phi(b)-$$
$$(a-n-\frac{1}{2})\phi(a)-\int_a^b\phi(x)\mathrm{d}x$$

on integrating by parts. Thus the right hand side of (2.1.2) reduces to $([b]-n)\phi(b)$. This vanishes unless $b=n+1$, in which case it is $\phi(n+1)$, as required.

In particular, let $\phi(n)=n^{-s}$, where $s\neq 1$, and let a and b be positive integers. Then

$$\sum_{n=a+1}^{b}\frac{1}{n^s}=\frac{b^{1-s}-a^{1-s}}{1-s}-s\int_a^b\frac{x-[x]-\frac{1}{2}}{x^{s+1}}\mathrm{d}x+\frac{1}{2}(b^{-s}-a^{-s}) \tag{2.1.3}$$

First take $\sigma>1$, $a=1$, and make $b\to\infty$. Adding 1 to each side, we obtain

$$\zeta(s)=s\int_1^{\infty}\frac{[x]-x+\frac{1}{2}}{x^{s+1}}\mathrm{d}x+\frac{1}{s-1}+\frac{1}{2} \qquad (2.1.4)$$

Since $[x]-x+\frac{1}{2}$ is bounded, this integral is convergent for $\sigma>0$, and uniformly convergent in any finite region to the right of $\sigma=0$. It therefore defines an analytic function of s, regular for $\sigma>0$. The right-hand side therefore provides the analytic continuation of $\zeta(s)$ up to $\sigma=0$, and there is clearly a simple pole at $s=1$ with residue 1.

For $0<\sigma<1$ we have

$$\int_0^1\frac{[x]-x}{x^{s+1}}\mathrm{d}x=-\int_0^1 x^{-s}\mathrm{d}x=\frac{1}{s-1}, \quad \frac{s}{2}\int_1^{\infty}\frac{\mathrm{d}x}{x^{s+1}}=\frac{1}{2}$$

and (2.1.4) may be written

$$\zeta(s)=s\int_0^{\infty}\frac{[x]-x}{x^{s+1}}\mathrm{d}x \quad (0<\sigma<1) \qquad (2.1.5)$$

Actually (2.1.4) gives the analytic continuation of $\zeta(s)$ for $\sigma>-1$; for if

$$f(x)=[x]-x+\frac{1}{2}, \quad f_1(x)=\int_1^x f(y)\mathrm{d}y$$

then $f_1(x)$ is also bounded, since, as is easily seen

$$\int_k^{k+1} f(y)\mathrm{d}y=0$$

for any integer k. Hence

$$\int_{x_1}^{x_2}\frac{f(x)}{x^{s+1}}\mathrm{d}x=\left[\frac{f_1(x)}{x^{s+1}}\right]_{x_1}^{x_2}+(s+1)\int_{x_1}^{x_2}\frac{f_1(x)}{x^{s+2}}\mathrm{d}x$$

which tends to 0 as $x_1\to\infty$, $x_2\to\infty$, if $\sigma>-1$. Hence the integral in (2.1.4) is convergent for $\sigma>-1$. Also it is easily verified that

$$s\int_0^1\frac{[x]-x+\frac{1}{2}}{x^{s+1}}\mathrm{d}x=\frac{1}{s-1}+\frac{1}{2} \quad (\sigma<0)$$

Hence

$$\zeta(s)=s\int_0^{\infty}\frac{[x]-x+\frac{1}{2}}{x^{s+1}}\mathrm{d}x \quad (-1<\sigma<0) \tag{2.1.6}$$

Now we have the Fourier series

$$[x]-x+\frac{1}{2}=\sum_{n=1}^{\infty}\frac{\sin 2n\pi x}{n\pi} \tag{2.1.7}$$

where x is not an integer. Substituting in (2.1.6), and integrating term by term, we obtain

$$\begin{aligned}\zeta(s)&=\frac{s}{\pi}\sum_{n=1}^{\infty}\frac{1}{n}\int_0^{\infty}\frac{\sin 2n\pi x}{x^{s+1}}\mathrm{d}x\\&=\frac{s}{\pi}\sum_{n=1}^{\infty}\frac{(2n\pi)^s}{n}\int_0^{\infty}\frac{\sin y}{y^{s+1}}\mathrm{d}y\\&=\frac{s}{\pi}(2\pi)^s\{-\Gamma(-s)\}\sin\frac{1}{2}s\pi\zeta(1-s)\end{aligned}$$

i. e. (2.1.1). This is valid primarily for $-1<\sigma<0$. Here, however, the right-hand side is analytic for all values of s such that $\sigma<0$. It therefore provides the analytic continuation of $\zeta(s)$ over the remainder of the plane, and there are no singularities other than the pole already encountered at $s=1$.

We have still to justify the term-by-term integration. Since the series (2.1.7) is boundedly convergent, term-by-term integration over any finite range is permissible. It is therefore sufficient to prove that

$$\lim_{\lambda\to\infty}\sum_{n=1}^{\infty}\frac{1}{n}\int_{\lambda}^{\infty}\frac{\sin 2n\pi x}{x^{s+1}}\mathrm{d}x=0 \quad (-1<\sigma<0)$$

Now

$$\begin{aligned}\int_{\lambda}^{\infty}\frac{\sin 2n\pi x}{x^{s+1}}\mathrm{d}x&=\left[-\frac{\cos 2n\pi x}{2n\pi x^{s+1}}\right]_{\lambda}^{\infty}-\frac{s+1}{2n\pi}\int_{\lambda}^{\infty}\frac{\cos 2n\pi x}{x^{s+2}}\mathrm{d}x\\&=O\left(\frac{1}{n\lambda^{\sigma+1}}\right)+O\left(\frac{1}{n}\int_{\lambda}^{\infty}\frac{\mathrm{d}x}{x^{\sigma+2}}\right)=O\left(\frac{1}{n\lambda^{\sigma+1}}\right)\end{aligned}$$

and the desired result clearly follows.

The functional equation (2.1.1) may be written in a number

of different ways. Changing s into $1-s$, it is

$$\zeta(1-s)=2^{1-s}\pi^{-s}\cos\frac{1}{2}s\pi\Gamma(s)\zeta(s) \tag{2.1.8}$$

It may also be written

$$\zeta(s)=\chi(s)\zeta(1-s) \tag{2.1.9}$$

where

$$\chi(s)=2^{s}\pi^{s-1}\sin\frac{1}{2}s\pi\Gamma(1-s)=\pi^{s-\frac{1}{2}}\frac{\Gamma(\frac{1}{2}-\frac{1}{2}s)}{\Gamma(\frac{1}{2}s)} \tag{2.1.10}$$

and

$$\chi(s)\chi(1-s)=1 \tag{2.1.11}$$

Writing

$$\xi(s)=\frac{1}{2}s(s-1)\pi^{-\frac{1}{2}s}\Gamma(\frac{1}{2}s)\zeta(s) \tag{2.1.12}$$

it is at once verified from (2.1.8) and (2.1.9) that

$$\xi(s)=\xi(1-s) \tag{2.1.13}$$

Writing

$$\Xi(z)=\xi(\frac{1}{2}+\mathrm{i}z) \tag{2.1.14}$$

we obtain

$$\Xi(z)=\Xi(-z) \tag{2.1.15}$$

The functional equation is therefore equivalent to the statement that $\Xi(z)$ is an even function of z.

The approximation near $s=1$ can be carried a stage farther; we have

$$\zeta(s)=\frac{1}{s-1}+\gamma+O(|s-1|) \tag{2.1.16}$$

where γ is Euler's constant. For by (2.1.4)

$$\lim_{s\to 1}\left\{\zeta(s)-\frac{1}{s-1}\right\}=\int_1^\infty\frac{[x]-x+\frac{1}{2}}{x^2}\mathrm{d}x+\frac{1}{2}$$

$$=\lim_{n\to\infty}\int_1^n\frac{[x]-x}{x^2}\mathrm{d}x+1$$

$$= \lim_{n \to \infty} \left\{ \sum_{m=1}^{n-1} m \int_{m}^{m+1} \frac{dx}{x^2} - \log n + 1 \right\}$$

$$= \lim_{n \to \infty} \left\{ \sum_{m=1}^{n-1} \frac{1}{m+1} + 1 - \log n \right\} = \gamma$$

2.2. A considerable number of variants of the above proof of the functional equation have been given. A similar argument was applied by Hardy,[①] not to $\zeta(s)$ itself, but to the function

$$\sum_{n=1}^{\infty} \frac{(-1)^{n-1}}{n^s} = (1 - 2^{1-s})\zeta(s) \tag{2.2.1}$$

This Dirichlet series is convergent for all real positive values of s, and so, by a general theorem on the convergence of Dirichlet series, for all values of s such that $\sigma > 0$. Here, of course, the pole of $\zeta(s)$ at $s = 1$ is cancelled by the zero of the other factor. These facts enable us to simplify the discussion in some respects.

Hardy's proof runs as follows. Let

$$f(x) = \sum_{n=0}^{\infty} \frac{\sin(2n+1)x}{2n+1}$$

This series is boundedly convergent and

$$f(x) = (-1)^m \frac{1}{4}\pi \quad \text{for} \quad m\pi < x < (m+1)\pi \quad (m = 0, 1, \cdots)$$

Multiplying by x^{s-1} $(0 < s < 1)$, and integrating over $(0, \infty)$, we obtain

$$\frac{1}{4}\pi \sum_{m=0}^{\infty} (-1)^m \int_{m\pi}^{(m+1)\pi} x^{s-1} dx = \Gamma(s) \sin \frac{1}{2} s\pi \sum_{n=0}^{\infty} \frac{1}{(2n+1)^{s+1}}$$

$$= \Gamma(s) \sin \frac{1}{2} s\pi (1 - 2^{2s-1}) \zeta(s+1)$$

The term-by-term integration may be justified as in the previous proof. The series on the left is

$$\frac{\pi^s}{s} \left[1 + \sum_{m=1}^{\infty} (-1)^m \{ (m+1)^s - m^s \} \right]$$

---

① Hardy (6).

This series is convergent for $s<1$, and, as a little consideration of the above argument shows, uniformly convergent for $\mathbf{R}(s)\leqslant 1-\delta<1$. Its sum is therefore an analytic function of s, regular for $\mathbf{R}(s)<1$. But for $s<0$ it is

$$2(1^{s}-2^{s}+3^{s}-\cdots)=2(1-2^{s+1})\zeta(-s)$$

Its sum is therefore the same analytic function of s for $\mathbf{R}(s)<1$. Hence, for $0<s<1$

$$\frac{\pi^{s+1}}{2s}(1-2^{s+1})\zeta(-s)=\Gamma(s)\sin\frac{1}{2}s\pi(1-2^{-s-1})\zeta(s+1)$$

and the functional equation again follows.

2.3. Still another proof is based on Poisson's summation formula

$$\sum_{n=-\infty}^{\infty}f(n)=\sum_{n=-\infty}^{\infty}\int_{-\infty}^{\infty}f(u)\cos 2\pi nu\,du \tag{2.3.1}$$

If we put $f(x)=|x|^{-s}$ and ignore all questions of convergence, we obtain the result formally at once. The proof may be established in various ways. If we integrate by parts to obtain integrals involving $\sin 2\pi nu$, we obtain a proof not fundamentally distinct from the first proof given here. ① The formula can also be used to give a proof depending② on $(1-2^{1-s})\zeta(s)$.

Actually cases of Poisson's formula enter into several of the following proofs; (2.6.3) and (2.8.2) are both cases of Poisson's formula.

2.4. Second method. The whole theory can be developed in another way, which is one of Riemann's methods. Here the fundamental formula is

$$\zeta(s)=\frac{1}{\Gamma(s)}\int_{0}^{\infty}\frac{x^{s-1}}{e^{x}-1}dx \quad (\sigma>1) \tag{2.4.1}$$

① Mordell (2).

② Ingham, Prime Numbers, 46.

To prove this, we have for $\sigma > 1$

$$\int_0^\infty x^{s-1}\mathrm{e}^{-nx}\,\mathrm{d}x = \frac{1}{n^s}\int_0^\infty y^{s-1}\mathrm{e}^{-y}\,\mathrm{d}y = \frac{\Gamma(s)}{n^s}$$

Hence

$$\Gamma(s)\zeta(s) = \sum_{n=1}^{\infty}\int_0^\infty x^{s-1}\mathrm{e}^{-nx}\,\mathrm{d}x = \int_0^\infty x^{s-1}\sum_{n=1}^{\infty}\mathrm{e}^{-nx}\,\mathrm{d}x = \int_0^\infty \frac{x^{s-1}}{\mathrm{e}^x - 1}\mathrm{d}x$$

if the inversion of the order of summation and integration can be justified; and this is so by absolute convergence if $\sigma > 1$, since

$$\sum_{n=1}^{\infty}\int_0^\infty x^{\sigma-1}\mathrm{e}^{-nx}\,\mathrm{d}x = \Gamma(\sigma)\zeta(\sigma)$$

is convergent for $\sigma > 1$.

Now consider the integral

$$I(s) = \int_C \frac{z^{s-1}}{\mathrm{e}^z - 1}\mathrm{d}z$$

where the contour C starts at infinity on the positive real axis, encircles the origin once in the positive direction, excluding the points $\pm 2\mathrm{i}\pi$, $\pm 4\mathrm{i}\pi$, $\cdots$, and returns to positive infinity. Hence z^{s-1} is defined as

$$\mathrm{e}^{(s-1)\log z}$$

when the logarithm is real at the beginning of the contour; thus $\mathbf{I}(\log z)$ varies from 0 to 2π round the contour.

We can take C to consist of the real axis from ∞ to $\rho(0 < \rho < 2\pi)$, the circle $|z| = \rho$, and the real axis from ρ to ∞. On the circle

$$|z^{s-1}1| = \mathrm{e}^{(\sigma-1)\log|z| - t\arg z} \leqslant |z|^{\sigma-1}\mathrm{e}^{2\pi|t|}$$

$$|\mathrm{e}^z - 1| > A|z|$$

Hence the integral round this circle tends to zero with ρ if $\sigma > 1$. On making $\rho \to 0$ we therefore obtain

$$\begin{aligned} I(s) &= -\int_0^\infty \frac{x^{s-1}}{\mathrm{e}^x - 1}\mathrm{d}x + \int_0^\infty \frac{(x\mathrm{e}^{2\pi\mathrm{i}})^{s-1}}{\mathrm{e}^x - 1}\mathrm{d}x \\ &= (\mathrm{e}^{2\pi\mathrm{i}s} - 1)\Gamma(s)\zeta(s) \\ &= \frac{2\mathrm{i}\pi\mathrm{e}^{\mathrm{i}\pi s}}{\Gamma(1-s)}\zeta(s) \end{aligned}$$

Hence

$$\zeta(s)=\frac{e^{-i\pi s}\Gamma(1-s)}{2\pi i}\int_{C}\frac{z^{s-1}}{e^{z}-1}dz \qquad (2.4.2)$$

This formula has been proved for $\sigma>1$. The integral $I(s)$, however, is uniformly convergent in any finite region of the s-plane, and so defines an integral function of s. Hence the formula provides the analytic continuation of $\zeta(s)$ over the whose s-plane. The only possible singularities are the poles of $\Gamma(1-s)$, viz. $s=1$, 2, 3, $\cdots$. We know already that $\zeta(s)$ is regular at $s=2, 3, \cdots$, and in fact it follows at once from Cauchy's theorem that $I(s)$ vanishes at these points. Hence the only possible singularity is a simple pole at $s=1$. Here

$$I(1)=\int_{C}\frac{dz}{e^{x}-1}=2\pi i$$

and

$$\Gamma(1-s)=-\frac{1}{s-1}+\cdots$$

Hence the residue at the pole is 1.

If s is any integer, the integrand in $I(s)$ is one-valued, and $I(s)$ can be evaluated by the theorem of residues. Since

$$\frac{z}{e^{z}-1}=1-\frac{1}{2}z+B_1\frac{z^2}{2!}-B_2\frac{z^4}{4!}+\cdots$$

where B_1, B_2, $\cdots$ are Bernoulli's numbers, we find the following values of $\zeta(s)$

$$\begin{aligned}&\zeta(0)=-\frac{1}{2},\quad \zeta(-2m)=0,\\&\zeta(1-2m)=\frac{(-1)^m B_m}{2m}\quad (m=1,2,\cdots)\end{aligned} \qquad (2.4.3)$$

To deduce the functional equation from (2.4.2), take the integral along the contour C_n consisting of the positive real axis from infinity to $(2n+1)\pi$, then round the square with corners $(2n+1)\pi(\pm 1\pm i)$, and then back to infinity along the positive real axis. Between the contours C and C_n the integrand has poles at the points

$\pm 2\mathrm{i}\pi, \cdots, \pm 2\mathrm{i}n\pi$. The residues at $2m\mathrm{i}\pi$ and $-2m\mathrm{i}\pi$ are together

$$(2m\pi \mathrm{e}^{\frac{1}{2}\mathrm{i}\pi})^{s-1} + (2m\pi \mathrm{e}^{\frac{3}{2}\mathrm{i}\pi})^{s-1} = (2m\pi)^{s-1}\mathrm{e}^{\mathrm{i}\pi(s-1)} 2\cos\frac{1}{2}\pi(s-1)$$

$$= -2(2m\pi)^{s-1}\mathrm{e}^{\mathrm{i}\pi s}\sin\frac{1}{2}\pi s$$

Hence by the theorem of residues

$$I(s) = \int_{C_n} \frac{z^{s-1}}{\mathrm{e}^z - 1}\mathrm{d}z + 4\pi\mathrm{i}\mathrm{e}^{\mathrm{i}\pi s}\sin\frac{1}{2}\pi s\sum_{m=1}^{n}(2m\pi)^{s-1}$$

Now let $\sigma < 0$ and make $n \to \infty$. The function $1/(\mathrm{e}^z - 1)$ is bounded on the contours C_n, and $z^{s-1} = O(|z|^{\sigma-1})$. Hence the integral round C_n tends to zero, and we obtain

$$I(s) = 4\pi\mathrm{i}\mathrm{e}^{\mathrm{i}\pi s}\sin\frac{1}{2}\pi s\sum_{m=1}^{\infty}(2m\pi)^{s-1}$$

$$= 4\pi\mathrm{i}\mathrm{e}^{\mathrm{i}\pi s}\sin\frac{1}{2}\pi s(2\pi)^{s-1}\zeta(1-s)$$

The functional equation now follows again.

Two minor consequences of the functional equation may be noted here. The formula

$$\zeta(2m) = 2^{2m-1}\pi^{2m}\frac{B_m}{(2m)!} \quad (m = 1, 2, \cdots) \tag{2.4.4}$$

follows from the functional equation (2.1.1), with $s = 1-2m$, and the value obtained above for $\zeta(1-2m)$. Also

$$\zeta'(0) = -\frac{1}{2}\log 2\pi \tag{2.4.5}$$

For the functional equation gives

$$-\frac{\zeta'(1-s)}{\zeta(1-s)} = -\log 2\pi - \frac{1}{2}\pi\tan\frac{1}{2}s\pi + \frac{\Gamma'(s)}{\Gamma(s)} + \frac{\zeta'(s)}{\zeta(s)}$$

In the neighbourhood of $s = 1$

$$\frac{1}{2}\pi\tan\frac{1}{2}s\pi = -\frac{1}{s-1} + O(|s-1|),$$

$$\frac{\Gamma'(s)}{\Gamma(s)} = \frac{\Gamma'(1)}{\Gamma(1)} + \cdots = -\gamma + \cdots$$

and

$$\frac{\zeta'(s)}{\zeta(s)}=\frac{-\{1/(s-1)^2\}+k+\cdots}{\{1/(s-1)\}+\gamma+k(s-1)+\cdots}=-\frac{1}{s-1}+\gamma+\cdots$$

where k is a constant. Hence, making $s\to 1$, we obtain

$$-\frac{\zeta'(0)}{\zeta(0)}=-\log 2\pi$$

and (2.4.5) follows.

2.5. Validity of (2.2.1) for all s. The original series (1.1.1) is naturally valid for $\sigma>1$ only, on account of the pole at $s=1$. The series (2.2.1) is convergent, and represents $(1-2^{1-s})\zeta(s)$, for $\sigma>0$. This series ceases to converge on $\sigma=0$, but there is nothing in the nature of the function represented to account for this. In fact if we use summability instead of ordinary convergence the equation still holds to the left of $\sigma=0$.

Theorem 2.5. *The series* $\sum\limits_{n=1}^{\infty}(-1)^{n-1}n^{-s}$ *is summable* (A) *to the sum* $(1-2^{1-s})\zeta(s)$ *for all values of* s.

Let $0<x<1$. Then

$$\sum_{n=1}^{\infty}\frac{(-1)^{n-1}}{n^s}x^n=\sum_{n=1}^{\infty}\frac{(-1)^{n-1}x^n}{\Gamma(s)}\int_0^{\infty}e^{-nu}u^{s-1}\,du$$

$$=\frac{1}{\Gamma(s)}\int_0^{\infty}u^{s-1}\sum_{n=1}^{\infty}(-1)^{n-1}x^n e^{-nu}\,du$$

$$=\frac{1}{\Gamma(s)}\int_0^{\infty}u^{s-1}\frac{xe^{-u}}{1+xe^{-u}}\,du$$

This is justified by absolute convergence for $\sigma>1$, and the result by analytic continuation for $\sigma>0$.

We can now replace this by a loop-integral in the same way as (2.4.2) was obtained from (2.4.1). We obtain

$$\sum_{n=1}^{\infty}\frac{(-1)^{n-1}}{n^s}x^n=\frac{e^{-i\pi s}\Gamma(1-s)}{2\pi i}\int_C w^{s-1}\frac{xe^{-w}}{1+xe^{-w}}\,dw$$

when C encircles the origin as before, but excludes all zeros of $1+xe^{-w}$, i.e. the points $w=\log x+(2m+1)i\pi$.

It is clear that, as $x\to 1$, the right-hand side tends to a limit, uniformly in any finite region of the s-plane excluding positive integers; and, by the theory of analytic continuation, the limit must be $(1-2^{1-s})\zeta(s)$. This proves the theorem except if s is a positive integer, when the proof is elementary.

Similar results hold for other methods of summation.

2.6. Third method. This is also one of Riemann's original proofs. We observe that if $\sigma>0$

$$\int_0^\infty x^{\frac{1}{2}s-1}\mathrm{e}^{-n^2\pi x}\mathrm{d}x=\frac{\Gamma(\frac{1}{2}s)}{n^s\pi^{\frac{1}{2}s}}$$

Hence if $\sigma>1$

$$\frac{\Gamma(\frac{1}{2}s)\zeta(s)}{\pi^{\frac{1}{2}s}}=\sum_{n=1}^\infty\int_0^\infty x^{\frac{1}{2}s-1}\mathrm{e}^{-n^2\pi x}\mathrm{d}x=\int_0^\infty x^{\frac{1}{2}s-1}\sum_{n=1}^\infty\mathrm{e}^{-n^2\pi x}\mathrm{d}x$$

the inversion being justified by absolute convergence, as in § 2.4.

Writing

$$\psi(x)=\sum_{n=1}^\infty\mathrm{e}^{-n^2\pi x}\tag{2.6.1}$$

we therefore have

$$\zeta(s)=\frac{\pi^{\frac{1}{2}s}}{\Gamma(\frac{1}{2}s)}\int_0^\infty x^{\frac{1}{2}s-1}\psi(x)\mathrm{d}x\quad(\sigma>1)\tag{2.6.2}$$

Now it is known that, for $x>0$

$$\sum_{n=-\infty}^\infty\mathrm{e}^{-n^2\pi x}=\frac{1}{\sqrt{x}}\sum_{n=-\infty}^\infty\mathrm{e}^{-n^2\pi/x}$$

$$2\psi(x)+1=\frac{1}{\sqrt{x}}\left\{2\psi\left(\frac{1}{x}\right)+1\right\}\tag{2.6.3}$$

Hence (2.6.2) gives

$$\pi^{-\frac{1}{2}s}\Gamma(\frac{1}{2}s)\zeta(s)=\int_0^1 x^{\frac{1}{2}s-1}\psi(x)\mathrm{d}x+\int_1^\infty x^{\frac{1}{2}s-1}\psi(x)\mathrm{d}x$$

$$=\int_0^1 x^{\frac{1}{2}s-1}\left\{\frac{1}{\sqrt{x}}\psi\left(\frac{1}{x}\right)+\frac{1}{2\sqrt{x}}-\frac{1}{2}\right\}\mathrm{d}x+\int_1^\infty x^{\frac{1}{2}s-1}\psi(x)\mathrm{d}x$$

$$=\frac{1}{s-1}-\frac{1}{s}+\int_0^1 x^{\frac{1}{2}s-\frac{3}{2}}\psi\left(\frac{1}{x}\right)\mathrm{d}x+\int_1^\infty x^{\frac{1}{2}s-1}\psi(x)\mathrm{d}x$$

$$=\frac{1}{s-1}+\int_1^\infty (x^{-\frac{1}{2}s-\frac{1}{2}}+x^{\frac{1}{2}s-1})\psi(x)\mathrm{d}x$$

The last integral is convergent for all values of s, and so the formula holds, by analytic continuation, for all values of s. Now the right-hand side is unchanged if s is replaced by $1-s$. Hence

$$\pi^{-\frac{1}{2}s}\Gamma(\frac{1}{2}s)\zeta(s)=\pi^{-\frac{1}{2}+\frac{1}{2}s}\Gamma(\frac{1}{2}-\frac{1}{2}s)\zeta(1-s) \qquad (2.6.4)$$

which is a form of the functional equation.

2.7. Fourth method; proof by self-reciprocal functions. Still another proof of the functional equation is as follows. For $\sigma>1$, (2.4.1) may be written

$$\zeta(s)\Gamma(s)=\int_0^1\left(\frac{1}{\mathrm{e}^x-1}-\frac{1}{x}\right)x^{s-1}\mathrm{d}x+\frac{1}{s-1}+\int_1^\infty\frac{x^{s-1}\mathrm{d}x}{\mathrm{e}^x-1}$$

and this holds by analytic continuation for $\sigma>0$. Also for $0<\sigma<1$

$$\frac{1}{s-1}=-\int_1^\infty\frac{x^{s-1}}{x}\mathrm{d}x$$

Hence

$$\zeta(s)\Gamma(s)=\int_0^\infty\left(\frac{1}{\mathrm{e}^x-1}-\frac{1}{x}\right)x^{s-1}\mathrm{d}x \quad (0<\sigma<1) \quad (2.7.1)$$

Now it is known that the function

$$f(x)=\frac{1}{\mathrm{e}^{x\sqrt{(2\pi)}}-1}-\frac{1}{x\sqrt{(2\pi)}} \qquad (2.7.2)$$

is self-reciprocal for sine transforms, i. e. that

$$f(x)=\sqrt{\left(\frac{2}{\pi}\right)}\int_0^\infty f(y)\sin xy\ \mathrm{d}y \qquad (2.7.3)$$

Hence, putting $x=\xi\sqrt{(2\pi)}$ in (2.7.1)

$$\zeta(s)\Gamma(s)=(2\pi)^{\frac{1}{2}s}\int_0^\infty f(\xi)\xi^{s-1}\mathrm{d}\xi$$

$$=(2\pi)^{\frac{1}{2}s}\sqrt{\left(\frac{2}{\pi}\right)}\int_0^\infty \xi^{s-1}\,\mathrm{d}\xi\int_0^\infty f(y)\sin \xi y\ \mathrm{d}y$$

If we can invert the order of integration, this is

$$2^{\frac{1}{2}s+\frac{1}{2}}\pi^{\frac{1}{2}s-\frac{1}{2}}\int_0^\infty f(y)\,\mathrm{d}y\int_0^\infty \xi^{s-1}\sin \xi y\ \mathrm{d}\xi$$

$$=2^{\frac{1}{2}s+\frac{1}{2}}\pi^{\frac{1}{2}s-\frac{1}{2}}\int_0^\infty f(y)y^{-s}\,\mathrm{d}y\int_0^\infty u^{s-1}\sin u\ \mathrm{d}u$$

$$=2^{\frac{1}{2}s+\frac{1}{2}}\pi^{\frac{1}{2}s-\frac{1}{2}}(2\pi)^{\frac{1}{2}s-\frac{1}{2}}\Gamma(1-s)\zeta(1-s)\ \frac{\pi}{2\cos\frac{1}{2}\pi s\Gamma(1-s)}$$

and the functional equation again follows.

To justify the inversion, we observe that the integral

$$\int_0^\infty f(y)\sin \xi y\ \mathrm{d}y$$

converges uniformly over $0<\delta\leqslant\xi\leqslant\Delta$. Hence the inversion of this part is valid, and it is sufficient to prove that

$$\lim_{\substack{\delta\to 0\\ \Delta\to\infty}}\int_0^\infty f(y)\ \mathrm{d}y\left(\int_0^\delta+\int_\Delta^\infty\right)\xi^{s-1}\sin \xi y\ \mathrm{d}\xi=0$$

Now

$$\int_0^\delta \xi^{s-1}\sin \xi y\ \mathrm{d}\xi=\int_0^\delta O(\xi^{\sigma-1}\xi y)\,\mathrm{d}\xi=O(\delta^{\sigma+1}y)$$

and also

$$=y^{-s}\int_0^{\delta y}u^{s-1}\sin u\ \mathrm{d}u=O(y^{-\sigma})$$

Since $f(y)=O(1)$ as $y\to 0$, and $f(y)=O(y^{-1})$ as $y\to\infty$, we obtain

$$\int_0^\infty f(y)\,\mathrm{d}y\int_0^\delta \xi^{s-1}\sin \xi y\ \mathrm{d}\xi$$

$$=\int_0^1 O(\delta^{\sigma+1}y)\,\mathrm{d}y+\int_1^{1/\delta}O(\delta^{\sigma+1})\,\mathrm{d}y+\int_{1/\delta}^\infty O(y^{-\sigma-1})\,\mathrm{d}y$$

$$=O(\delta^{\sigma}) \to 0$$

A similar method shows that the integral involving Δ also tends to 0.

2.8. Fifth method. The process by which (2.7.1) was obtained from (2.4.1) can be extended indefinitely. For the next stage, (2.7.1) gives

$$\Gamma(s)\zeta(s)=\int_0^1\left(\frac{1}{e^x-1}-\frac{1}{x}+\frac{1}{2}\right)x^{s-1}\mathrm{d}x-\frac{1}{2s}+\int_1^\infty\left(\frac{1}{e^x-1}-\frac{1}{x}\right)x^{s-1}\mathrm{d}x$$

and this holds by analytic continuation for $\sigma>-1$. But

$$\int_1^\infty \frac{1}{2}x^{s-1}\mathrm{d}x=-\frac{1}{2s}\quad(-1<\sigma<0)$$

Hence

$$\Gamma(s)\zeta(s)=\int_0^1\left(\frac{1}{e^x-1}-\frac{1}{x}+\frac{1}{2}\right)x^{s-1}\mathrm{d}x\quad(-1<\sigma<0) \tag{2.8.1}$$

Now

$$\frac{1}{e^x-1}=\frac{1}{x}-\frac{1}{2}+2x\sum_{n=1}^\infty\frac{1}{4n^2\pi^2+x^2} \tag{2.8.2}$$

Hence

$$\Gamma(s)\zeta(s)=\int_0^\infty 2x\sum_{n=1}^\infty\frac{1}{4n^2\pi^2+x^2}x^{s-1}\mathrm{d}x=2\sum_{n=1}^\infty\int_0^\infty\frac{x^s}{4n^2\pi^2+x^2}\mathrm{d}x$$

$$=2\sum_{n=1}^\infty(2n\pi)^{s-1}\frac{\pi}{2\cos\frac{1}{2}s\pi}=\frac{2^{s-1}\pi^s}{\cos\frac{1}{2}s\pi}\zeta(1-s)$$

the functional equation. The inversion is justified by absolute convergence if $-1<\sigma<0$.

2.9. Sixth method. The formula[①]

① Kloosterman (1).

$$\zeta(s)=\frac{e^{i\pi s}}{2\pi i}\int_{c-i\infty}^{c+i\infty}\left\{\frac{\Gamma'(1+z)}{\Gamma(1+z)}-\log z\right\}z^{-s}dz \quad (-1<c<0) \tag{2.9.1}$$

is easily proved by the calculus of residues if $\sigma>1$; and the integrand is $O(|z|^{-\sigma-1})$, so that the integral is convergent, and the formula holds by analytic continuation, if $\sigma>0$.

We may next transform this into an integral along the positive real axis after the manner of § 2.4. We obtain

$$\zeta(s)=-\frac{\sin\pi s}{\pi}\int_0^{\infty}\left\{\frac{\Gamma'(1+x)}{\Gamma(1+x)}-\log x\right\}x^{-s}dx \quad (0<\sigma<1) \tag{2.9.2}$$

To deduce the functional equation, we observe that[①]

$$\frac{\Gamma'(x)}{\Gamma(x)}=\log x-\frac{1}{2x}-2\int_0^{\infty}\frac{t\,dt}{(t^2+x^2)(e^{2\pi t}-1)}$$

Hence

$$\begin{aligned}\frac{\Gamma'(1+x)}{\Gamma(1+x)}-\log x&=\frac{\Gamma'(x)}{\Gamma(x)}+\frac{1}{x}-\log x\\&=\frac{1}{2x}-2\int_0^{\infty}\frac{t\,dt}{(t^2+x^2)(e^{2\pi t}-1)}\\&=-2\int_0^{\infty}\frac{t}{t^2+x^2}\left(\frac{1}{e^{2\pi t}-1}-\frac{1}{2\pi t}\right)dt\end{aligned}$$

Hence (2.9.2) gives

$$\begin{aligned}\zeta(s)&=\frac{2\sin\pi s}{\pi}\int_0^{\infty}x^{-s}\,dx\int_0^{\infty}\frac{t}{t^2+x^2}\left(\frac{1}{e^{2\pi t}-1}-\frac{1}{2\pi t}\right)dt\\&=\frac{2\sin\pi s}{\pi}\int_0^{\infty}\left(\frac{1}{e^{2\pi t}-1}-\frac{1}{2\pi t}\right)t\,dt\int_0^{\infty}\frac{x^{-s}}{t^2+x^2}dx\end{aligned}$$

① Whittaker and Watson, § 12.32, example.

$$=\frac{\sin \pi s}{\cos \frac{1}{2}\pi s}\int_0^\infty\left(\frac{1}{e^{2\pi t}-1}-\frac{1}{2\pi t}\right)t^{-s}\,dt$$

$$=2\sin \frac{1}{2}\pi s(2\pi)^{s-1}\int_0^\infty\left(\frac{1}{e^{u}-1}-\frac{1}{u}\right)u^{-s}\,du$$

$$=2\sin \frac{1}{2}\pi s(2\pi)^{s-1}\Gamma(1-s)\zeta(1-s)$$

by (2.7.1). The inversion is justified by absolute convergence.

2.10. Seventh method. Still another method of dealing with $\zeta(s)$, due to Riemann, has been carried out in detail by Siegel.[①] It depends on the evaluation of the following infinite integral.

Let

$$\Phi(a)=\int_L \frac{e^{iw^2/(4\pi)+aw}}{e^w-1}dw \qquad (2.10.1)$$

where L is a straight line inclined at an angle $\frac{1}{4}\pi$ to the real axis, and intersecting the imaginary axis between O and $2\pi i$. The integral is plainly convergent for all values of a.

We have

$$\Phi(a+1)-\Phi(a)=\int_L \frac{e^{\frac{1}{4}iw^2/\pi}}{e^w-1}(e^{(a+1)w}-e^{aw})dw$$

$$=\int_L e^{\frac{1}{4}iw^2/\pi+aw}\,dw$$

$$=\int_L e^{\frac{1}{4}i(w-2i\pi a)^2/\pi+i\pi a^2}\,dw$$

$$=e^{i\pi a^2}\int e^{\frac{1}{4}iW^2/\pi}\,dW$$

where $W=w-2i\pi a$. Here we may move the contour to the parallel line through the origin, so that the last integral is

$$e^{\frac{1}{4}i\pi}\int_{-\infty}^{\infty} e^{-\frac{1}{4}\rho^2/\pi}\,d\rho=2\pi e^{\frac{1}{4}i\pi}$$

① Siegel (2).

Hence

$$\Phi(a+1)-\Phi(a)=2\pi \mathrm{e}^{\mathrm{i}\pi(a^2+\frac{1}{4})} \tag{2.10.2}$$

Next let L' be the line parallel to L and intersecting the imaginary axis at a distance 2π below its intersection with L. Then by the theorem of residues

$$\int_{L'} \frac{\mathrm{e}^{\frac{1}{4}\mathrm{i}w^2/\pi+aw}}{\mathrm{e}^w-1}\mathrm{d}w-\int_{L} \frac{\mathrm{e}^{\frac{1}{4}\mathrm{i}w^2/\pi+aw}}{\mathrm{e}^w-1}\mathrm{d}w=2\pi\mathrm{i}$$

But

$$\begin{aligned}\int_{L'} \frac{\mathrm{e}^{\frac{1}{4}\mathrm{i}w^2/\pi+aw}}{\mathrm{e}^w-1}\mathrm{d}w&=\int_{L} \frac{\mathrm{e}^{\frac{1}{4}\mathrm{i}(w-2\pi\mathrm{i})^2/\pi+a(w-2\pi\mathrm{i})}}{\mathrm{e}^w-1}\mathrm{d}w\\&=\int_{L} \frac{\mathrm{e}^{\frac{1}{4}\mathrm{i}w^2/\pi+w-\mathrm{i}\pi+a(w-2\pi\mathrm{i})}}{\mathrm{e}^w-1}\mathrm{d}w\\&=-\mathrm{e}^{-2\pi\mathrm{i}a}\Phi(a+1)\end{aligned}$$

Hence

$$-\mathrm{e}^{-2\pi\mathrm{i}a}\Phi(a+1)-\Phi(a)=2\pi\mathrm{i} \tag{2.10.3}$$

Eliminating $\Phi(a+1)$, we have

$$\Phi(a)=-\frac{2\pi\mathrm{i}+2\pi\mathrm{e}^{\mathrm{i}\pi(a^2-2a+\frac{1}{4})}}{1+\mathrm{e}^{-2\pi\mathrm{i}a}} \tag{2.10.4}$$

or

$$\Phi(a)=2\pi\frac{\cos\pi(\frac{1}{2}a^2-a-\frac{1}{8})}{\cos\pi a}\mathrm{e}^{\mathrm{i}\pi(\frac{1}{2}a^2-\frac{5}{8})} \tag{2.10.5}$$

If $a=\frac{1}{2}\mathrm{i}z/\pi+\frac{1}{2}$, the result (2.10.4) takes the form

$$\int_{L} \frac{\mathrm{e}^{\frac{1}{4}\mathrm{i}w^2/\pi+\frac{1}{2}\mathrm{i}zw/\pi+\frac{1}{2}w}}{\mathrm{e}^w-1}\mathrm{d}w=\frac{2\pi\mathrm{i}}{\mathrm{e}^z-1}-2\pi\mathrm{i}\,\frac{\mathrm{e}^{-\frac{1}{4}\mathrm{i}z^2/\pi+\frac{1}{2}z}}{\mathrm{e}^z-1}$$

Multiplying by $z^{s-1}(\sigma>1)$, and integrating from 0 to $\infty\mathrm{e}^{-\frac{1}{4}\mathrm{i}\pi}$, we obtain

$$\begin{aligned}&\int_{L} \frac{\mathrm{e}^{\frac{1}{4}\mathrm{i}w^2/\pi+\frac{1}{2}w}}{\mathrm{e}^w-1}\mathrm{d}w\int_0^{\infty\mathrm{e}^{-\frac{1}{4}\mathrm{i}\pi}}\mathrm{e}^{\frac{1}{2}\mathrm{i}zw/\pi}z^{s-1}\mathrm{d}z\\&=2\pi\mathrm{i}\Gamma(s)\zeta(s)-2\pi\mathrm{i}\int_0^{\infty\mathrm{e}^{-\frac{1}{4}\mathrm{i}\pi}}\frac{\mathrm{e}^{-\frac{1}{4}\mathrm{i}z^2/\pi+\frac{1}{2}z}}{\mathrm{e}^z-1}z^{s-1}\mathrm{d}z\end{aligned}$$

The inversion on the left-hand side is justified by absolute convergence; in fact

$$w=-c+\rho e^{\frac{1}{4}i\pi}, \quad z=re^{-\frac{1}{4}i\pi}$$

where $c>0$, so that

$$\mathbf{R}(izw)=-cr/\sqrt{2}$$

Now

$$\int_0^{\infty e^{-\frac{1}{4}i\pi}} e^{\frac{1}{2}izw/\pi} z^{s-1}\,dz = e^{\frac{1}{2}i\pi s}\int_0^{\infty} e^{-\frac{1}{2}yw/\pi} y^{s-1}\,dy = e^{\frac{1}{2}i\pi s}\left(\frac{w}{2\pi}\right)^{-s}\Gamma(s)$$

and

$$\int_0^{\infty e^{-\frac{1}{4}i\pi}} \frac{e^{-\frac{1}{4}iz^2/\pi+\frac{1}{2}z}}{e^z-1} z^{s-1}\,dz = \frac{1}{1+e^{-is\pi}}\int_{\overline{L}} \frac{e^{-\frac{1}{4}iz^2/\pi+\frac{1}{2}z}}{e^z-1} z^{s-1}\,dz$$

where $\overline{L}$ is the reflection of L in the real axis. Hence

$$\zeta(s)=\frac{e^{\frac{1}{2}is\pi}(2\pi)^s}{2\pi i}\int_L \frac{e^{\frac{1}{4}iw^2/\pi+\frac{1}{2}w}}{e^w-1} w^{-s}\,dw + \frac{1}{\Gamma(s)(1+e^{-is\pi})}\int_{\overline{L}} \frac{e^{-\frac{1}{4}iz^2/\pi+\frac{1}{2}z}}{e^z-1} z^{s-1}\,dz$$

or

$$\pi^{-\frac{1}{2}s}\Gamma\left(\frac{1}{2}s\right)\zeta(s)=e^{\frac{1}{2}i\pi(s-1)}2^{s-1}\pi^{\frac{1}{2}s-1}\Gamma\left(\frac{1}{2}s\right)\int_L \frac{e^{\frac{1}{4}iw^2/\pi+\frac{1}{2}w}}{e^w-1} w^{-s}\,dw +$$
$$e^{\frac{1}{2}i\pi s}2^{-s}\pi^{-\frac{1}{2}s-\frac{1}{2}}\Gamma\left(\frac{1}{2}-\frac{1}{2}s\right)\int_{\overline{L}} \frac{e^{-\frac{1}{4}iz^2/\pi+\frac{1}{2}z}}{e^z-1} z^{s-1}\,dz \tag{2.10.6}$$

This formula holds by the theory of analytic continuation for all values of s.

If $s=\frac{1}{2}+it$, the two terms on the right are conjugates. Hence

$$f(s)=\pi^{-\frac{1}{2}s}\Gamma\left(\frac{1}{2}s\right)\zeta(s)$$

is real on $\sigma=\frac{1}{2}$. Hence

$$f(s)=f(\sigma+it)=\overline{f(1-\sigma+it)}=f(1-\sigma-it)=f(1-s)$$

the functional equation.

2.11. A general formula involving $\zeta(s)$. It was observed by Müntz[①] that several of the formulae for $\zeta(s)$ which we have obtained are particular cases of a formula containing an arbitrary function.

We have formally

$$\int_0^\infty x^{s-1}\sum_{n=1}^\infty F(nx)\mathrm{d}x=\sum_{n=1}^\infty\int_0^\infty x^{s-1}F(nx)\mathrm{d}x$$
$$=\sum_{n=1}^\infty\frac{1}{n^s}\int_0^\infty y^{s-1}F(y)\mathrm{d}y$$
$$=\zeta(s)\int_0^\infty y^{s-1}F(y)\mathrm{d}y$$

where $F(x)$ is arbitrary, and the process is justifiable if $F(x)$ is bounded in any finite interval, and $O(x^{-\alpha})$, where $\alpha>1$, as $x\to\infty$. For then

$$\sum_{n=1}^\infty\left|\frac{1}{n^s}\right|\int_0^\infty|y^{s-1}F(y)|\mathrm{d}y$$

exists if $1<\sigma<\alpha$, and the inversion is justified.

Suppose next that $F'(x)$ is continuous, bounded in any finite interval, and $O(x^{-\beta})$, where $\beta>1$, as $x\to\infty$. Then as $x\to 0$

$$\sum_{n=1}^\infty F(nx)-\int_0^\infty F(ux)\mathrm{d}u=x\int_0^\infty F'(ux)(u-[u])\mathrm{d}u$$
$$=x\int_0^{1/x}O(1)\mathrm{d}u+x\int_{1/x}^\infty O\{(ux)^{-\beta}\}\mathrm{d}u=O(1)$$

i. e.

$$\sum_{n=1}^\infty F(nx)=\frac{1}{x}\int_0^\infty F(v)\mathrm{d}v+O(1)=\frac{c}{x}+O(1)$$

say. Hence

① Müntz (1).

$$\int_0^\infty x^{s-1}\sum_{n=1}^\infty F(nx)\,\mathrm{d}x$$

$$=\int_0^1 x^{s-1}\left\{\sum_{n=1}^\infty F(nx)-\frac{c}{x}\right\}\mathrm{d}x+\frac{c}{s-1}+\int_1^\infty x^{s-1}\sum_{n=1}^\infty F(nx)\,\mathrm{d}x$$

and the right-hand side is regular for $\sigma>0$ (except at $s=1$). Also for $\sigma<1$

$$\frac{c}{s-1}=-c\int_1^\infty x^{s-2}\,\mathrm{d}x$$

Hence we have Müntz's formula

$$\zeta(s)\int_0^\infty y^{s-1}F(y)\,\mathrm{d}y=\int_0^\infty x^{s-1}\left\{\sum_{n=1}^\infty F(nx)-\frac{1}{x}\int_0^\infty F(v)\,\mathrm{d}v\right\}\mathrm{d}x \tag{2.11.1}$$

valid for $0<\sigma<1$ if $F(x)$ satisfies the above conditions.

If $F(x)=\mathrm{e}^{-x}$ we obtain (2.7.1); if $F(x)=\mathrm{e}^{-\pi x^2}$ we obtain a formula equivalent to those of § 2.6; if $F(x)=1/(1+x^2)$ we obtain a formula which is also obtained by combining (2.4.1) with the functional equation. If $F(x)=x^{-1}\sin\pi x$ we obtain a formula equivalent to (2.1.6), though this $F(x)$ does not satisfy our general conditions.

If $F(x)=1/(1+x)^2$, we have

$$\sum_{n=1}^\infty F(nx)-\frac{1}{x}\int_0^\infty F(v)\,\mathrm{d}v=\sum_{n=1}^\infty\frac{1}{(1+nx)^2}-\frac{1}{x}$$

$$=\frac{1}{x^2}\left[\frac{\mathrm{d}^2}{\mathrm{d}\xi^2}\log\Gamma(\xi+1)\right]_{\xi=1/x}-\frac{1}{x}$$

Hence

$$\frac{(1-s)\pi}{\sin\pi s}\zeta(s)=\int_0^\infty \xi^{1-s}\left\{\frac{\mathrm{d}^2}{\mathrm{d}\xi^2}\log\Gamma(\xi+1)-\frac{1}{\xi}\right\}\mathrm{d}\xi$$

and on integrating by parts we obtain (2.9.2).

2.12. Zeros; factorization formulae.

Theorem 2.1.2. *$\xi(s)$ and $\Xi(z)$ are integral functions of order*

1.

It follows from (2.1.12) and what we have proved about $\zeta(s)$ that $\xi(s)$ is regular for $\sigma>0$, $(s-1)\zeta(s)$ being regular at $s=1$. Since $\xi(s)=\xi(1-s)$, $\xi(s)$ is also regular for $\sigma<1$. Hence $\xi(s)$ is an integral function.

Also

$$\left|\Gamma\left(\frac{1}{2}s\right)\right|=\left|\int_0^\infty \mathrm{e}^{-u}u^{\frac{1}{2}s-1}\mathrm{d}u\right|\leqslant\int_0^\infty \mathrm{e}^{-u}u^{\frac{1}{2}\sigma-1}\mathrm{d}u$$

$$=\Gamma\left(\frac{1}{2}\sigma\right)=O(\mathrm{e}^{A\sigma\log\sigma})\quad(\sigma>0)\qquad(2.12.1)$$

and (2.1.4) gives for $\sigma\geqslant\frac{1}{2}$, $|s-1|>A$

$$\zeta(\mathrm{s})=O\left(|s|\int_1^\infty\frac{\mathrm{d}u}{u^{\frac{3}{2}}}\right)+O(1)=O(|s|)\qquad(2.12.2)$$

Hence (2.1.12) gives

$$\xi(s)=O(\mathrm{e}^{A|s|\log|s|})\qquad(2.12.3)$$

for $\sigma\geqslant\frac{1}{2}$, $|s|>A$. By (2.1.13) this holds for $\sigma\leqslant\frac{1}{2}$ also. Hence $\xi(s)$ is of order 1 at most. The order is exactly 1 since as $s\to\infty$ by real values $\log\zeta(s)\sim 2^{-s}$, $\log\xi(s)\sim\frac{1}{2}s\log s$.

Hence also

$$\Xi(z)=O(\mathrm{e}^{A|z|\log|z|})\quad(|z|>A)$$

and $\Xi(z)$ is of order 1. But $\Xi(z)$ is an even function. Hence $\Xi(\sqrt{z})$ is also an integral function, and is of order $\frac{1}{2}$. It therefore has an infinity of zeros, whose exponent of convergence is $\frac{1}{2}$. Hence $\Xi(z)$ has an infinity of zeros, whose exponent of convergence is 1. The same is therefore true of $\xi(s)$. Let ρ_1, ρ_2, $\cdots$ be the zeros of $\xi(s)$.

We have already seen that $\zeta(s)$ has no zeros for $\sigma>1$. It then follows from the functional equation (2.1.1) that $\zeta(s)$ has no zeros for $\sigma<0$ except for simple zeros at $s=-2,-4,-6,\cdots$; for, in

(2.1.1), $\zeta(1-s)$ has no zeros for $\sigma<0$, $\sin\frac{1}{2}s\pi$ has simple zeros at $s=-2,-4,\cdots$ only, and $\Gamma(1-s)$ has no zeros.

The zeros $\zeta(s)$ at $-2,-4,\cdots$, are known as the 'trivial zeros'. They do not correspond to zeros of $\xi(s)$, since in (2.1.12) they are cancelled by poles of $\Gamma(\frac{1}{2}s)$. It therefore follows from (2.1.12) that $\xi(s)$ has no zero for $\sigma>1$ or for $\sigma<0$. Its zeros ρ_1, ρ_2, $\cdots$ therefore all lie in the strip $0\leqslant\sigma\leqslant 1$; and they are also zeros of $\zeta(s)$, since $s(s-1)\Gamma(\frac{1}{2}s)$ has no zeros in the strip except that at $s=1$, which is cancelled by the pole of $\zeta(s)$.

We have thus proved that $\zeta(s)$ has an infinity of zeros ρ_1, ρ_2, $\cdots$ in the strip $0\leqslant\sigma\leqslant 1$. Since

$$(1-2^{1-s})\zeta(s)=1-\frac{1}{2^s}+\frac{1}{3^s}-\cdots>0\quad(0<s<1)\tag{2.12.4}$$

and $\zeta(0)\neq 0$, $\zeta(s)$ has no zeros on the real axis between 0 and 1. The zeros ρ_1, ρ_2, $\cdots$ are therefore all complex.

The remainder of the theory is largely concerned with questions about the position of these zeros. At this point we shall merely observe that they are in conjugate pairs, since $\zeta(s)$ is real on the real axis; and that, if ρ is a zero, so is $1-\rho$, by the functional equation, and hence so is $1-\bar{\rho}$. If $\rho=\beta+i\gamma$, then $1-\bar{\rho}=1-\beta+i\gamma$. Hence the zeros either lie on $\sigma=\frac{1}{2}$, or occur in pairs symmetrical about this line.

Since $\xi(s)$ is an integral function of order 1, and $\xi(0)=-\zeta(0)=\frac{1}{2}$, Hadamard's factorization theorem gives, for all values of s

$$\xi(s)=\frac{1}{2}e^{b_0 s}\prod_{\rho}\left(1-\frac{s}{\rho}\right)e^{s/\rho}\tag{2.12.5}$$

where b_0 is a constant. Hence

$$\zeta(s)=\frac{e^{bs}}{2(s-1)\Gamma(\frac{1}{2}s+1)}\prod\left(1-\frac{s}{\rho}\right)e^{s/\rho} \qquad (2.12.6)$$

where $b=b_0+\frac{1}{2}\log\pi$. Hence also

$$\frac{\zeta'(s)}{\zeta(s)}=b-\frac{1}{s-1}-\frac{1}{2}\times\frac{\Gamma'(\frac{1}{2}s+1)}{\Gamma(\frac{1}{2}s+1)}+\sum_{\rho}\left(\frac{1}{s-\rho}+\frac{1}{\rho}\right) \qquad (2.12.7)$$

Making $s\to 0$, this gives

$$\frac{\zeta'(0)}{\zeta(0)}=b+1+\frac{1}{2}\times\frac{\Gamma'(1)}{\Gamma(1)}$$

Since $\zeta'(0)/\zeta(0)=\log 2\pi$ and $\Gamma'(1)=-\gamma$, it follows that

$$b=\log 2\pi-1-\frac{1}{2}\gamma \qquad (2.12.8)$$

2.13. In this section[①] we shall show that the only function which satisfies the functional equation (2.1.1), and has the same general characteristics as $\zeta(s)$, is $\zeta(s)$ itself.

Let $G(s)$ be an integral function of finite order, $P(s)$ a polynomial, and $f(s)=G(s)/P(s)$, and let

$$f(s)=\sum_{n=1}^{\infty}\frac{a_n}{n^s} \qquad (2.13.1)$$

be absolutely convergent for $\sigma>1$. Let

$$f(s)\Gamma(\frac{1}{2}s)\pi^{-\frac{1}{2}s}=g(1-s)\Gamma(\frac{1}{2}-\frac{1}{2}s)\pi^{-\frac{1}{2}(1-s)} \qquad (2.13.2)$$

where

$$g(1-s)=\sum_{n=1}^{\infty}\frac{b_n}{n^{1-s}}$$

the series being absolutely convergent for $\sigma<-\alpha<0$. Then $f(s)=C\zeta(s)$, where C is a constant.

We have, for $x>0$

① Hamburger (1) ~ (4), Siegel (1).

$$\phi(x)=\frac{1}{2\pi i}\int_{2-i\infty}^{2+i\infty} f(s)\Gamma(\frac{1}{2}s)\pi^{-\frac{1}{2}s}x^{-\frac{1}{2}s}ds$$

$$=\sum_{n=1}^{\infty}\frac{a_n}{2\pi i}\int_{2-i\infty}^{2+i\infty}\Gamma(\frac{1}{2}s)(\pi n^2 x)^{-\frac{1}{2}s}ds$$

$$=2\sum_{n=1}^{\infty}a_n e^{-\pi n^2 x}$$

Also, by (2.13.2)

$$\phi(x)=\frac{1}{2\pi i}\int_{2-i\infty}^{2+i\infty} g(1-s)\Gamma(\frac{1}{2}-\frac{1}{2}s)\pi^{-\frac{1}{2}(1-s)}x^{-\frac{1}{2}s}ds$$

We move the line of integration from $\sigma=2$ to $\sigma=-1-\alpha$. We observe that $f(s)$ is bounded on $\sigma=2$, and $g(1-s)$ is bounded on $\sigma=-1-\alpha$; since

$$\frac{\Gamma(\frac{1}{2}s)}{\Gamma(\frac{1}{2}-\frac{1}{2}s)}=O(|t|^{\sigma-\frac{1}{2}})$$

it follows that $g(1-s)=O(|t|^{\frac{3}{2}})$ on $\sigma=2$. We can therefore, by the Phragmén-Lindelöf principle, apply Cauchy's theorem, and obtain

$$\phi(x)=\frac{1}{2\pi i}\int_{-\alpha-1-i\infty}^{-\alpha-1+i\infty} g(1-s)\Gamma(\frac{1}{2}-\frac{1}{2}s)\pi^{-\frac{1}{2}(1-s)}x^{-\frac{1}{2}s}ds+\sum_{\nu=1}^{m}R_\nu$$

where R_1, R_2, …, are the residues at the poles, say s_1, …, s_m. Thus

$$\sum_{\nu=1}^{m}R_\nu=\sum_{\nu=1}^{m}x^{-\frac{1}{2}s_\nu}Q_\nu(\log x)=Q(x)$$

where the $Q_\nu(\log x)$ are polynomials in $\log x$. Hence

$$\phi(x)=\frac{1}{\sqrt{x}}\sum_{n=1}^{\infty}\frac{b_n}{2\pi i}\int_{-\alpha-1-i\infty}^{-\alpha-1+i\infty}\Gamma(\frac{1}{2}-\frac{1}{2}s)(\pi n^2/x)^{-\frac{1}{2}+\frac{1}{2}s}ds+Q(x)$$

$$=\frac{2}{\sqrt{x}}\sum_{n=1}^{\infty}b_n e^{-\pi n^2/x}+Q(x)$$

Hence

$$\sum_{n=1}^{\infty}a_n e^{-\pi n^2 x}=\frac{1}{\sqrt{x}}\sum_{n=1}^{\infty}b_n e^{-\pi n^2/x}+\frac{1}{2}Q(x)$$

Multiply by $e^{-\pi t^2 x}(t>0)$, and integrate over $(0,\infty)$. We obtain

$$\sum_{n=1}^{\infty}\frac{a_n}{\pi(t^2+n^2)}=\sum_{n=1}^{\infty}\frac{b_n}{t}e^{-2\pi nt}+\frac{1}{2}\int_0^{\infty}Q(x)e^{-\pi t^2 x}dx$$

and the last term is a sum of terms of the form

$$\int_0^{\infty}x^a\log^b x\, e^{-\pi t^2 x}dx$$

where the b's are integers and $\mathbf{R}(a)>-1$; i. e. it is a sum of terms of the form $t^{\alpha}\log^{\beta}t$.

Hence

$$\sum_{n=1}^{\infty}a_n\left(\frac{1}{t+in}+\frac{1}{t-in}\right)-\pi tH(t)=2\pi\sum_{n=1}^{\infty}b_n e^{-2\pi nt}$$

where $H(t)$ is a sum of terms of the form $t^{\alpha}\log^{\beta}t$.

Now the series on the left is a meromorphic function, with poles at $\pm in$. But the function on the right is periodic, with period i. Hence (by analytic continuation) so is the function on the left. Hence the residues at ki and $(k+1)$i are equal, i. e. $a_k=a_{k+1}(k=1,2,\cdots)$. Hence $a_k=a_1$ for all k, and the result follows.

2.14. Some series involving $\zeta(s)$. We have[①]

$$\zeta(s)-\frac{1}{s-1}=1-\frac{1}{2}s\{\zeta(s+1)-1\}-\frac{s(s+1)}{2\times 3}\{\zeta(s+2)-1\}-\cdots \tag{2.14.1}$$

for all values of s. For the right-hand side is

$$1-\frac{1}{s-1}\sum_{n=2}^{\infty}\frac{1}{n^{s-1}}\left\{\frac{(s-1)s}{1\times 2}\times\frac{1}{n^2}+\frac{(s-1)s(s+1)}{1\times 2\times 3}\times\frac{1}{n^3}+\cdots\right\}$$

$$=1-\frac{1}{s-1}\sum_{n=2}^{\infty}\frac{1}{n^{s-1}}\left\{\left(1-\frac{1}{n}\right)^{1-s}-1-\frac{s-1}{n}\right\}$$

$$=1-\frac{1}{s-1}\sum_{n=2}^{\infty}\left\{\frac{1}{(n-1)^{s-1}}-\frac{1}{n^{s-1}}-\frac{s-1}{n^s}\right\}$$

$$=\zeta(s)-\frac{1}{s-1}$$

① Landau, *Handuch*, 272.

The inversion of the order of summation is justified for $\sigma>0$ by the convergence of

$$\sum_{n=2}^{\infty}\frac{1}{n^{\sigma-1}}\sum_{k=0}^{\infty}\frac{|s|\cdots(|s|+k)}{(k+1)!}\times\frac{1}{n^{k+2}}=\sum_{n=2}^{\infty}\frac{1}{n^{\sigma}}\left\{\left(1-\frac{1}{n}\right)^{-|s|}-1\right\}$$

The series obtained is, however, convergent for all values of s.

Another formula[①] which can be proved in a similar way is

$$(1-2^{1-s})\zeta(s)=s\frac{\zeta(s+1)}{2^{s+1}}+\frac{s(s+1)}{1\times 2}\times\frac{\zeta(s+2)}{2^{s+2}}+\cdots \tag{2.14.2}$$

also valid for all values of s.

Either of these formulae may be used to obtain the analytic continuation of $\zeta(s)$ over the whole plane.

2.15. Some applications of Mellin's inversion formulae. Mellin's inversion formulae connecting the two functions $f(x)$ and $\mathfrak{F}(s)$ are

$$\mathfrak{F}(s)=\int_0^{\infty}f(x)x^{s-1}\mathrm{d}x,\quad f(x)=\frac{1}{2\pi\mathrm{i}}\int_{\sigma-\mathrm{i}\infty}^{\sigma+\mathrm{i}\infty}\mathfrak{F}(s)x^{-s}\mathrm{d}s \tag{2.15.1}$$

The simplest example is

$$f(x)=\mathrm{e}^{-x},\quad \mathfrak{F}(s)=\Gamma(s)\quad(\sigma>0) \tag{2.15.2}$$

From (2.4.1) we derive the pair

$$f(x)=\frac{1}{\mathrm{e}^{x}-1},\quad \mathfrak{F}(s)=\Gamma(s)\zeta(s)\quad(\sigma>1) \tag{2.15.3}$$

and from (2.6.2) the pair

$$f(x)=\psi(x),\quad \mathfrak{F}(s)=\pi^{-s}\Gamma(s)\zeta(2s)\quad\left(\sigma>\frac{1}{2}\right) \tag{2.15.4}$$

The inverse formulae are thus

$$\frac{1}{2\pi\mathrm{i}}\int_{\sigma-\mathrm{i}\infty}^{\sigma+\mathrm{i}\infty}\Gamma(s)\zeta(s)x^{-s}\mathrm{d}s=\frac{1}{\mathrm{e}^{x}-1}\quad(\sigma>1) \tag{2.15.5}$$

and

① Ramaswami (1). § See E. C. Titchmarsh, *Introduction to the Theory of Fourier Integrals*, §§ 1.5, 1.29, 2.1, 2.7, 3.17.

$$\frac{1}{2\pi i}\int_{\sigma-i\infty}^{\sigma+i\infty}\pi^{-s}\Gamma(s)\zeta(2s)x^{-s}ds=\psi(x)\quad\left(\sigma>\frac{1}{2}\right)\tag{2.15.6}$$

Each of these can easily be proved directly by inserting the series for $\zeta(s)$ and integrating term-by-term, using (2.15.2).

As another example, (2.9.2), with s replaced by $1-s$, gives the Mellin pair

$$f(x)=\frac{\Gamma'(1+s)}{\Gamma(1+x)}-\log x,\quad \mathfrak{F}(s)=-\frac{\pi\zeta(1-s)}{\sin\pi s}\quad(0<\sigma<1)\tag{2.15.7}$$

The inverse formula is thus

$$\frac{\Gamma'(1+s)}{\Gamma(1+x)}-\log x=-\frac{1}{2i}\int_{\sigma-i\infty}^{\sigma+i\infty}\frac{\zeta(1-s)}{\sin\pi s}x^{-s}ds\tag{2.15.8}$$

Integrating with respect to x, and replacing s by $1-s$, we obtain

$$\log\Gamma(1+x)-x\log x+x=-\frac{1}{2i}\int_{\sigma-i\infty}^{\sigma+i\infty}\frac{\zeta(s)x^{s}}{s\sin\pi s}ds\quad(0<\sigma<1)\tag{2.15.9}$$

This formula is used by Whittaker and Watson to obtain the asymptotic expansion of $\log\Gamma(1+x)$.

Next, let $f(x)$ and $\mathfrak{F}(s)$ be related by (2.15.1), and let $g(x)$ and $\mathfrak{G}(s)$ be similarly related. Then we have, subject to appropriate conditions

$$\frac{1}{2\pi i}\int_{c-i\infty}^{c+i\infty}\mathfrak{F}(s)\mathfrak{G}(w-s)ds=\int_0^\infty f(x)g(x)x^{w-1}dx\tag{2.15.10}$$

Take for example $\mathfrak{F}(s)=\mathfrak{G}(s)=\Gamma(s)\zeta(s)$, so that

$$f(x)=g(x)=1/(e^x-1)$$

Then, if $\mathbf{R}(w)>2$, the right-hand side is

$$\begin{aligned}\int_0^\infty\frac{x^{w-1}}{(e^x-1)^2}dx&=\int_0^\infty(e^{-2x}+2e^{-3x}+3e^{-4x}+\cdots)x^{w-1}dx\\&=\left(\frac{1}{2^w}+\frac{2}{3^w}+\frac{3}{4^w}+\cdots\right)\Gamma(w)\\&=\Gamma(w)\{\zeta(w-1)-\zeta(w)\}\end{aligned}$$

Thus if $1 < c < \mathbf{R}(w) - 1$

$$\frac{1}{2\pi i}\int_{c-i\infty}^{c+i\infty} \Gamma(s)\Gamma(w-s)\zeta(s)\zeta(w-s)\mathrm{d}s = \Gamma(w)\{\zeta(w-1)-\zeta(w)\} \tag{2.15.11}$$

Similarly, taking $\mathfrak{F}(s) = \mathfrak{G}(s) = \Gamma(s)\zeta(2s)$, so that

$$f(x) = g(x) = \psi(x/\pi) = \sum_{n=1}^{\infty} e^{-n^2 x}$$

the right-hand side of (2.15.10) is, if $\mathbf{R}(w) > 1$

$$\int_0^{\infty} \sum_{m=1}^{\infty}\sum_{n=1}^{\infty} e^{-(m^2+n^2)x} x^{w-1}\mathrm{d}x = \Gamma(w)\sum_{m=1}^{\infty}\sum_{n=1}^{\infty}\frac{1}{(m^2+n^2)^w}$$

This may also be written

$$\Gamma(w)\left\{\frac{1}{4}\sum_{n=1}^{\infty}\frac{r(n)}{n^w} - \zeta(2w)\right\}$$

where $r(n)$ is the number of ways of expressing n as the sum of two squares; or as

$$\Gamma(w)\{\zeta(w)\eta(w) - \zeta(2w)\}$$

where

$$\eta(w) = 1^{-w} - 3^{-w} + 5^{-w} - \cdots$$

Hence① if $\frac{1}{2} < c < \mathbf{R}(w) - \frac{1}{2}$

$$\frac{1}{2\pi i}\int_{c-i\infty}^{c+i\infty} \Gamma(s)\Gamma(w-s)\zeta(2s)\zeta(2w-2s)\mathrm{d}s = \Gamma(w)\{\zeta(w)\eta(w)-\zeta(2w)\} \tag{2.15.12}$$

2.16. Some integrals involving $\Xi(t)$. There are some cases② in which integrals of the form

$$\Phi(x) = \int_0^{\infty} f(t)\Xi(t)\cos xt\ \mathrm{d}t$$

can be evaluated. Let $f(t) = |\phi(\mathrm{i}t)|^2 = \phi(\mathrm{i}t)\phi(-\mathrm{i}t)$, where ϕ is

① Hardy (4). A generalization is given by Taylor (1).

② Ramanujan (1).

analytic. Writing $y=e^{x}$

$$\Phi(x)=\frac{1}{2}\int_{-\infty}^{\infty}\phi(\mathrm{i}t)\phi(-\mathrm{i}t)\Xi(t)y^{\mathrm{i}t}\,\mathrm{d}t$$

$$=\frac{1}{2}\int_{-\infty}^{\infty}\phi(\mathrm{i}t)\phi(-\mathrm{i}t)\zeta(\frac{1}{2}+\mathrm{i}t)y^{\mathrm{i}t}\,\mathrm{d}t$$

$$=\frac{1}{2\mathrm{i}\sqrt{y}}\int_{\frac{1}{2}-\mathrm{i}\infty}^{\frac{1}{2}+\mathrm{i}\infty}\phi(s-\frac{1}{2})\phi(\frac{1}{2}-s)\xi(s)y^{s}\,\mathrm{d}s$$

$$=\frac{1}{2\mathrm{i}\sqrt{y}}\int_{\frac{1}{2}-\mathrm{i}\infty}^{\frac{1}{2}+\mathrm{i}\infty}\phi(s-\frac{1}{2})\phi(\frac{1}{2}-s)(s-1)\Gamma(1+\frac{1}{2}s)\pi^{-\frac{1}{2}s}\zeta(s)y^{s}\,\mathrm{d}s$$

Taking $\phi(s)=1$, this is equal to

$$\frac{1}{\mathrm{i}\sqrt{y}}\sum_{n=1}^{\infty}\int_{2-\mathrm{i}\infty}^{2+\mathrm{i}\infty}\{\Gamma(2+\frac{1}{2}s)-\frac{3}{2}\Gamma(1+\frac{1}{2}s)\}\left(\frac{y}{n\sqrt{\pi}}\right)^{s}\mathrm{d}s$$

$$=\frac{1}{\mathrm{i}\sqrt{y}}\sum_{n=1}^{\infty}\left\{2\int_{3-\mathrm{i}\infty}^{3+\mathrm{i}\infty}\Gamma(w)\left(\frac{y}{n\sqrt{\pi}}\right)^{2w-4}\mathrm{d}w-3\int_{2-\mathrm{i}\infty}^{2+\mathrm{i}\infty}\Gamma(w)\left(\frac{y}{n\sqrt{\pi}}\right)^{2w-2}\mathrm{d}w\right\}$$

$$=\frac{4\pi}{\sqrt{y}}\sum_{n=1}^{\infty}\left(\frac{y}{n\sqrt{\pi}}\right)^{-4}\mathrm{e}^{-n^{2}\pi/y^{2}}-\frac{6\pi}{\sqrt{y}}\sum_{n=1}^{\infty}\left(\frac{y}{n\sqrt{\pi}}\right)^{-2}\mathrm{e}^{-n^{2}\pi/y^{2}}$$

Hence

$$\int_{0}^{\infty}\Xi(t)\cos xt\,\mathrm{d}t=2\pi^{2}\sum_{n=1}^{\infty}(2\pi n^{4}\mathrm{e}^{-9x/2}-3n^{2}\mathrm{e}^{-5x/2}\exp(-n^{2}\pi\mathrm{e}^{-2x})\tag{2.16.1}$$

Again, putting $\phi(s)=1/(s+\frac{1}{2})$, we have

$$\Phi(x)=-\frac{1}{2\mathrm{i}\sqrt{y}}\int_{\frac{1}{2}-\mathrm{i}\infty}^{\frac{1}{2}+\mathrm{i}\infty}\frac{1}{s}\Gamma(1+\frac{1}{2}s)\pi^{-\frac{1}{2}s}\zeta(s)y^{s}\,\mathrm{d}s$$

$$=-\frac{1}{4\mathrm{i}\sqrt{y}}\int_{\frac{1}{2}-\mathrm{i}\infty}^{\frac{1}{2}+\mathrm{i}\infty}\Gamma(\frac{1}{2}s)\pi^{-\frac{1}{2}s}\zeta(s)y^{s}\,\mathrm{d}s$$

$$=-\frac{\pi}{\sqrt{y}\psi}\left(\frac{1}{y^2}\right)+\frac{1}{2}\pi\sqrt{y}$$

in the notation of § 2.6. Hence

$$\int_0^\infty \frac{\Xi(t)}{t^2+\frac{1}{2}}\cos xt\ \mathrm{d}t=\frac{1}{2}\pi\{\mathrm{e}^{\frac{1}{2}x}-2\mathrm{e}^{-\frac{1}{2}x}\psi(\mathrm{e}^{-2x})\} \qquad (2.16.2)$$

The case $\phi(s)=\Gamma(\frac{1}{2}s-\frac{1}{4})$ was also investigated by Ramanujan, the result being expressed in terms of another integral.

2.17. The function $\zeta(s,a)$. A function which is in a sense a generalization of $\zeta(s)$ is the Hurwitz zeta-function, defined by

$$\zeta(s,a)=\sum_{n=0}^{\infty}\frac{1}{(n+a)^s}\quad (0<a\leqslant 1,\ \sigma>1)$$

This reduces to $\zeta(s)$ when $a=1$, and to $(2^s-1)\zeta(s)$ when $a=\frac{1}{2}$. We shall obtain here its analytic continuation and functional equation, which are required later. This function, however, has no Euler product unless $a=\frac{1}{2}$ or $a=1$, and so does not share the most characteristic properties of $\zeta(s)$.

As in § 2.4

$$\zeta(s,a)=\sum_{n=0}^{\infty}\frac{1}{\Gamma(s)}\int_0^\infty x^{s-1}\mathrm{e}^{-(n+a)x}\,\mathrm{d}x=\frac{1}{\Gamma(s)}\int_0^\infty \frac{x^{s-1}\mathrm{e}^{-ax}}{1-\mathrm{e}^{-x}}\mathrm{d}x \qquad (2.17.1)$$

We can transform this into a loop integral as before. We obtain

$$\zeta(s,a)=\frac{\mathrm{e}^{-\mathrm{i}\pi s}\Gamma(1-s)}{2\pi\mathrm{i}}\int_C \frac{z^{s-1}\mathrm{e}^{-az}}{1-\mathrm{e}^{-z}}\mathrm{d}z \qquad (2.17.2)$$

This provides the analytic continuation of $\zeta(s,a)$ over the whole plane; it is regular everywhere except for a simple pole at $s=1$ with residue 1.

Expanding the loop to infinity as before, the residues at $2m\pi\mathrm{i}$ and $-2m\pi\mathrm{i}$ are together

$$(2m\pi e^{\frac{1}{2}i\pi})^{s-1}e^{-2m\pi ia}+(2m\pi e^{\frac{3}{2}i\pi})^{s-1}e^{2m\pi ia}$$

$$=(2m\pi)^{s-1}e^{i\pi(s-1)}2\cos\{\frac{1}{2}\pi(s-1)+2m\pi a\}$$

$$=-2(2m\pi)^{s-1}e^{i\pi s}\sin\{\frac{1}{2}\pi s+2m\pi a\}$$

Hence, if $\sigma<0$

$$\zeta(s,a)=\frac{2\Gamma(1-s)}{(2\pi)^{1-s}}\left\{\sin\frac{1}{2}\pi s\sum_{m=1}^{\infty}\frac{\cos 2m\pi a}{m^{1-s}}+\cos\frac{1}{2}\pi s\sum_{m=1}^{\infty}\frac{\sin 2m\pi a}{m^{1-s}}\right\} \tag{2.17.3}$$

If a=1, *this reduces to the functional equation for* ζ(s).

NOTES FOR CHAPTER 2

2.18. Selberg [**3**] has given a very general method for obtaining the analytic continuation and functional equation of certain types of zeta-function which arise as the constant terms' of Eisenstein series. We sketch a form of the argument in the classical case. Let $\mathscr{H}=\{z=x+iy;\ y>0\}$ be the upper half plane and define

$$E(z,s)=\sum_{\substack{c,d=-\infty\\(c,d)=1}}^{\infty}\frac{y^s}{|cz+d|^{2s}}\quad(z\in\mathscr{H},\ \sigma>1)$$

and

$$B(z,s)=\zeta(2s)E(z,s)=\sum_{\substack{c,d=-\infty\\(c,d)\neq(0,0)}}^{\infty}\frac{y^s}{|cz+d|^{2s}}\quad(z\in\mathscr{H},\ \sigma>1)$$

these series being absolutely and uniformly convergent in any compact subset of the region $\mathbf{R}(s)>1$. Here $E(z,s)$ is an Eisenstein series, while $B(z,s)$ is, apart from the factor y^s, the Epstein zeta-function for the lattice generated by 1 and z. We shall find it convenient to work with $B(z,s)$ in preference to $E(z,s)$.

We begin with two basic observations. Firstly one trivially has

$$B(z+1,s)=B(-\frac{1}{z},s)=B(z,s) \tag{2.18.1}$$

(Thus, in fact, $B(z,s)$ is invariant under the full modular group.) Secondly, if Δ is the Laplace-Beltrami operator

$$\Delta = -y^2\left(\frac{\partial^2}{\partial x^2}+\frac{\partial^2}{\partial y^2}\right)$$

then

$$\Delta\left(\frac{y^s}{|cz+d|^{2s}}\right)=s(1-s)\frac{y^s}{|cz+d|^{2s}} \tag{2.18.2}$$

whence

$$\Delta B(z,s)=s(1-s)B(z,s)\quad(\sigma>1) \tag{2.18.3}$$

We proceed to obtain the Fourier expansion of $B(z, s)$ with respect to x, We have

$$B(z, s)=\sum_{-\infty}^{\infty}a_n(y,s)\mathrm{e}^{2\pi inx}$$

where

$$\begin{aligned}a_n(y,s)&=y^s\sum_{c,d}\int_0^1\frac{\mathrm{e}^{-2\pi inx}\,\mathrm{d}x}{|cx+d+\mathrm{i}cy|^{2s}}\\&=2\delta_n y^s\zeta(2s)+2y^s\sum_{c=1}^{\infty}\sum_{d=-\infty}^{\infty}\int_0^1\frac{\mathrm{e}^{-2\pi inx}\,\mathrm{d}x}{|cx+d+\mathrm{i}cy|^{2s}}\end{aligned}$$

with $\delta_n=1$ or 0 according as $n=0$ or not. The d summation above is

$$\begin{aligned}\sum_{k=1}^{c}\sum_{j=-\infty}^{\infty}\int_0^1\frac{\mathrm{e}^{-2\pi inx}\,\mathrm{d}x}{|c(xj)+k+\mathrm{i}cy|^{2s}}&=\sum_{k=1}^{c}\int_{-\infty}^{\infty}\frac{\mathrm{e}^{-2\pi inx}\,\mathrm{d}x}{|cx+k+\mathrm{i}cy|^{2s}}\\&=c^{-2s}y^{1-2s}\int_{-\infty}^{\infty}\frac{\mathrm{e}^{-2\pi inyv}\,\mathrm{d}v}{(v^2+1)^s}\sum_{k=1}^{c}\mathrm{e}^{2\pi ink/c}\end{aligned}$$

and the sum over k is c or 0 according as $c\mid n$ or not. Moreover

$$\int_{-\infty}^{\infty}\frac{\mathrm{d}v}{(v^2+1)^s}=\frac{\pi^{\frac{1}{2}}\Gamma(s-\frac{1}{2})}{\Gamma(s)}$$

and

$$\int_{-\infty}^{\infty}\frac{\mathrm{e}^{-2\pi inyv}}{(v^2+1)^s}\mathrm{d}v=2\pi^s(|n|y)^{s-\frac{1}{2}}\frac{K_{s-\frac{1}{2}}(2\pi|n|y)}{\Gamma(s)}\quad(n\neq 0)$$

in the usual notation of Bessel functions[①].

We now have

$$B(z, s) = \phi(s) y^s + \psi(s) y^{1-s} + B_0(z, s) \quad (\sigma > 0) \quad (2.18.4)$$

where

$$\phi(s) = 2\zeta(2s), \quad \psi(s) = 2\pi^{\frac{1}{2}} \frac{\Gamma(s - \frac{1}{2})}{\Gamma(s)} \zeta(2s - 1)$$

and

$$B_0(z, s) = 8\pi^s y^{\frac{1}{2}} \sum_{n=1}^{\infty} n^{s-\frac{1}{2}} \sigma_{1-2s}(n) \cos(2\pi n x) \frac{K_{s-\frac{1}{2}}(2\pi n y)}{\Gamma(s)} \quad (2.18.5)$$

We observe at this point that

$$K_u(t) \ll t^{-\frac{1}{2}} e^{-t} \quad (t \to \infty)$$

for fixed u, whence the series (2.18.5) is convergent for all s, and so defines an entire function. Moreover we have

$$B_0(z, s) \ll e^{-y} \quad (y \to \infty) \quad (2.18.6)$$

for fixed s. Similarly one finds

$$\frac{\partial B_0(z, s)}{\partial y} \ll e^{-y} \quad (y \to \infty) \quad (2.18.7)$$

We proceed to derive the 'Maass-Selberg' formula. Let $D = \{z \in \mathscr{H}: |z| \geqslant 1, |\mathbf{R}|(z) \leqslant \frac{1}{2}\}$ be the standard fundamental region for the modular group, and let $D_Y = \{z \in D: \mathbf{I}(z) \leqslant Y\}$, where $Y \geqslant 1$. Let $\mathbf{R}(s)$, $\mathbf{R}(w) > 1$ and write, for convenience, $F = B(z, s)$ $G = B(z, w)$. Then, according to (2.18.3), we have

$$\{s(1-s) - w(1-w)\} \iint_{D_Y} FG \frac{dx\,dy}{y^2} = \iint_{D_Y} (G\Delta F - F\Delta G) \frac{dx\,dy}{y^2}$$

$$= \iint_{D_Y} (F\nabla^2 G - G\nabla^2 F)\,dx\,dy$$

① see Watson. *Theory of Bessel functions* § 6.16.

$$= \iint_{\partial D_Y} (F \nabla G - G \nabla F) \mathrm{d}n$$

by Green's Theorem. The integrals along $x = \pm \frac{1}{2}$ cancel, since $F(z+1) = F(z)$, $G(z+1) = G(z)$ (see (2.18.1)). Similarly the integral for $|z| = 1$ vanishes, since $F(-1/z) = F(z)$, $G(-1/z) - G(z)$. Thus

$$\{s(1-s) - w(1-w)\} \iint_{D_Y} FG \frac{\mathrm{d}x\mathrm{d}y}{y^2}$$
$$= \int_{-\frac{1}{2}}^{\frac{1}{2}} \left(F \frac{\partial G}{\partial y}(x, Y) - G \frac{\partial F}{\partial y}(x, Y)\right) \mathrm{d}x \tag{2.18.8}$$

The functions y^s and y^{1-s} also satisfy the eigenfunction equation (2.18.3) (by (2.18.2) with $c=0$, $d=1$) and thus, by (2.18.4) so too does $B_0(z,s)$. Consequently, if $Z \geqslant Y$, an argument analogous to that above yields

$$\{s(1-s) - w(1-w)\} \int_Y^Z \int_{-\frac{1}{2}}^{\frac{1}{2}} F_0 G_0 \frac{\mathrm{d}x\, \mathrm{d}y}{y^2}$$
$$= \int_{-\frac{1}{2}}^{\frac{1}{2}} \left(F_0 \frac{\partial G_0}{\partial y}(x, Z) - G_0 \frac{\partial F_0}{\partial y}(x, Z)\right) \mathrm{d}x -$$
$$\int_{-\frac{1}{2}}^{\frac{1}{2}} \left(F_0 \frac{\partial G_0}{\partial y}(x, Y) - G_0 \frac{\partial F_0}{\partial y}(x, Y)\right) \mathrm{d}x$$

where $F_0 = B_0(z,s)$, $G_0 = B_0(z,w)$. Here we have used $F_0(z+1) = F_0(z)$ and $G_0(z+1) = G_0(z)$. (Note that we no longer have the corresponding relations involving $-1/z$.) We may now take $Z \to \infty$, using (2.18.6) and (2.18.7), so that the first integral on the right above vanishes. On adding the result to (2.18.8) we obtain the Maass-Selberg formula

$$\{s(1-s)-w(1-w)\}\iint\limits_{D}\widetilde{B}(z,s)\widetilde{B}(z,w)\,\frac{\mathrm{d}x\mathrm{d}y}{y^2}$$

$$=\int_{-\frac{1}{2}}^{\frac{1}{2}}\left(F\,\frac{\partial G}{\partial y}(x,Y)-G\,\frac{\partial F}{\partial y}(x,\ Y)\right)\mathrm{d}x-$$

$$\int_{-\frac{1}{2}}^{\frac{1}{2}}\left(F_0\,\frac{\partial G_0}{\partial y}(x,Y)-G_0\,\frac{\partial F_0}{\partial y}(x,\ Y)\right)\mathrm{d}x$$

$$=(s-w)\{(\psi(s)\psi(w)Y^{1-s-w}-\phi(s)\phi(w)Y^{s+w-1}\}+$$

$$(1-s-w)\{\phi(s)\psi(w)Y^{s-w}-\psi(s)\phi(w)Y^{w-s}\}\qquad(2.18.9)$$

where

$$\widetilde{B}(z,s)=\begin{cases}B(z,s) & (y\leqslant Y)\\ B_0(z,s) & (y>Y)\end{cases}$$

2.19. In the general case there are now various ways in which one can proceed in order to get the analytic continuation of ϕ and ψ. However one point is immediate: once the analytic continuation has been established one may take $w=1-s$ in (2.18.9) to obtain the relation

$$\phi(s)\phi(1-s)=\psi(s)\psi(1-s)\qquad(2.19.1)$$

which can be thought of as a weak form of the functional equation.

The analysis we shall give takes advantage of certain special properties not available in the general case. We shall take $Y=1$ in (2.18.9) and expand the integral on the left to obtain

$$\begin{aligned}&(s-w)\alpha(s+w)\psi(s)\psi(w)+\beta(s,w)\psi(s)+\\&\gamma(s,w)\psi(w)+\delta(s,w)=0\end{aligned}\qquad(2.19.2)$$

where

$$\alpha(u)=(1-u)\iint\limits_{D_1}y^{-u}\mathrm{d}x\mathrm{d}y-1=-2\int_0^{\frac{1}{2}}(1-x^2)^{\frac{1}{2}(1-u)}\,\mathrm{d}x$$

and β, γ, δ involve the functions ϕ and B_0, but not ψ. If we know that $\zeta(s)$ has a continuation to the half plane $\mathbf{R}(s)>\sigma_0$ then $\phi(s)$ has a continuation to $\mathbf{R}(s)>\frac{1}{2}\sigma_0$, so that $\alpha,\beta,\gamma,\delta$ are meromorphic there. If

$$(s-w)\alpha(s+w)\psi(w)+\beta(s,w)=0 \qquad (2.19.3)$$

identically for $\mathbf{R}(s)$, $\mathbf{R}(w)>1$, then

$$\psi(w)=-\frac{\beta(s,w)}{(s-w)\alpha(s+w)} \qquad (2.19.4)$$

which gives the analytic continuation of $\psi(w)$ to $\mathbf{R}(w)>\frac{1}{2}\sigma_0$. Note that $(s-w)\alpha\cdot(s+w)$ does not vanish identically. If (2.19.3) does not hold for all s and w then (2.19.2) yields

$$\psi(s)=-\frac{\gamma(s,w)\psi(w)+\delta(s,w)}{(s-w)\alpha(s+w)\psi(w)+\beta(s,w)} \qquad (2.19.5)$$

which gives the analytic continuation of $\psi(s)$ to $\mathbf{R}(s)>\frac{1}{2}\sigma_0$, on choosing a suitable w in the region $K(w)>1$. In either case $\zeta(s)$ may be continued to $\mathbf{R}(s)>\frac{1}{2}\sigma_0-1$. This process shows that $\zeta(s)$ has a meromorphic continuation to the whole complex plane.

Some information on possible poles comes from taking $w=\bar{s}$ in (2.18.9), so that $\widetilde{B}(z,w)=\overline{\widetilde{B}(z,s)}$. Then

$$(2\sigma-1)\iint_D|\widetilde{B}(z,s)|^2\frac{\mathrm{d}x\mathrm{d}y}{y^2}=\{|\phi(s)|^2Y^{\sigma-1}-|\psi(s)|^2Y^{1-2\sigma}\}+$$

$$(2\sigma-1)\frac{\phi(s)\overline{\psi(s)}Y^{2it}-\psi(s)\overline{\phi(s)}Y^{-2it}}{2it}$$

If $t\neq 0$ we may choose $Y\geqslant 1$ so that the second term on the right vanishes. It follows that

$$|\psi(s)|^2Y^{1-2\sigma}\leqslant|\phi(s)|^2Y^{2\sigma-1}$$

for $\sigma\geqslant\frac{1}{2}$. Thus ψ is regular for $\sigma\geqslant\frac{1}{2}$ and $t\neq 0$, providing that ϕ is. Hence $\zeta(s)$ has no poles for $\mathbf{R}(s)>0$, except possibly on the real axis.

If we take $\frac{1}{2}<\mathbf{R}(s)$, $R(w)<1$ in (2.19.5), so that $\phi(s)$ and $\phi(w)$ are regulour, we see that $\psi(s)$ can only have a pole at a point so far which the denominator vanishes identically in w. For such an s_0, (2.19.4) must hold. However $\alpha(u)$ is clearly non-zero for real u, whence $\psi(w)$ can have at most a single, simple pole for real $w>\frac{1}{2}$, and this is at $w=s_0$. Since it is clear that $\zeta(s)$ does in fact have a singularity at $s=1$ we see that $s_0=1$.

Much of the inelegance of the above analysis arises from the fact that, in the general case where one uses the Eisenstein series rather than the Epstein zeta-function, one has a single function $\rho(s)=\psi(s)/\phi(s)$ rather than two separate ones. Here $\rho(s)$ will indeed have poles to the left of $\mathbf{R}(s)=\frac{1}{2}$. In our special case we can extract the functional equation for $\zeta(s)$ itself, rather than the weaker relation $\rho(s)\cdot\rho(1-s)=1$ (see (2.19.1)), by using (2.18.4) and (2.18.5). We observe that

$$n^{s-1/2}\sigma_{1-2s}(n)=n^{1/2-s}\sigma_{2s-1}(n)$$

and that $K_u(z)=K_{-u}(z)$, whence $\pi^{-s}\Gamma(s)B_0(z,s)$ is invariant under the transformation $s\rightarrow 1-s$. It follows that

$$\pi^{-s}\Gamma(s)B(z,s)-\pi^{s-1}\Gamma(1-s)B(z,1-s)$$

$$=\{A(s)-A(\frac{1}{2}-s)\}y^s+\{A(s-\frac{1}{2})-A(1-s)\}y^{1-s}$$

where we have written temporarily $A(s)=2\pi^{-s}\Gamma(s)\zeta(2s)$. The left-hand side is invariant under the transformation $z\rightarrow -1/z$, by (2.18.1), and so, taking $z=\mathrm{i}y$ for example, we see that $A(s)=A(\frac{1}{2})$ and $A(s-\frac{1}{2})=A(1-s)$. These produce the functional equation in the form (2.6.4) and indeed yield

$$\pi^{-s}\Gamma(s)B(z,s)=\pi^{s-1}\Gamma(1-s)B(z,1-s)$$

2.20. An insight into the nature of the zeta-function and its functional equation may be obtained from the work of Tate [1]. He considers an algebraic number field k and a general zeta-function

$$\zeta(f,c)=\int f(a)c(a)d^{*}a$$

where the integral on the right is over the idles J of k. Here f is one of a certain class of functions and c is any quasi-character of J, (that is to say, a continuous homomorphism from J to $\mathbb{C}^{\times}$) which is trivial on $k^{\times}$. We may write $c(a)$ in the form $c_0(a)\mid a\mid^{s}$, where $c_0(a)$ is a character on J (i. e. $\mid c_0(a)\mid=1$ for $a\in J$). Then $c_0(a)$ corresponds to χ, a 'Hecke character' for k, and $\zeta(f,c)$ differs from

$$\zeta(s,\chi)=\prod_{P}\{1-\chi(P)(NP)^{-s}\}^{-1}$$

(where P runs over prime ideals of k), in only a finite number of factors. In particular, if $k=\mathbb{Q}$, then $\zeta(f,c)$ is essentially a Dirichlet L-series $L(s,\chi)$. Thus these are essentially the only functions which can be associated to the rational field in this manner.

Tate goes on to prove a Poisson summation formula in this idèlic setting, and deduces the elegant functional equation

$$\zeta(f,c)=\zeta(\tilde{f},\tilde{c})$$

where $\hat{f}$ is the 'Fourier transform' of f, and $\hat{c}(a)=\overline{c_0(a)}\mid a\mid^{1-s}$. The functional equation for $\zeta(s,\chi)$ may be extracted from this. In the case $k=\mathbb{Q}$ we may take c_0 identically equal to 1, and make a particular choice $f=f_0$, such that $\tilde{f}=f_0$ and

$$\zeta(f_0,|\cdot|^{s})=\pi^{-\frac{1}{2}s}\Gamma(\frac{1}{2}s)\zeta(s)$$

The functional equation (2.6.4) is then immediate. Moreover it is now apparent that the factor $\pi^{-\frac{1}{2}s}\Gamma(\frac{1}{2}s)$ should be viewed as the natural term to be included in the Euler product, to correspond to the real valuation of $\mathbb{Q}$.

2.21. It is remarkable that the values of $\zeta(s)$ for $s=0,-1,-2,\cdots$, are all rational, and this suggests the possibility of a p-adic analogue of $\zeta(s)$, interpolating these numbers. In fact it can be shown that for any prime p and any integer n there is a unique meromorphic function $\zeta_{p,n}(s)$ defined for $s \in \mathbb{Z}_p$, (the p-adic integers) such that

$$\zeta_{p,n}(k)=(1-p^{-k})\zeta(k) \quad \text{for} \quad k \leqslant 0,\ k \equiv n \pmod{p-1}$$

Indeed if $n \not\equiv 1 \pmod{p-1}$ then $\zeta_{p,n}(s)$ will be analytic on $\mathbb{Z}_p$, and if $n \equiv 1 \pmod{p-1}$ then $\zeta_{p,n}(s)$ will be analytic apart from a simple pole at $s=1$, of residue $1-(1/p)$. These results are due to Leopoldt and Kubota [1]. While these p-adic zeta-functions seem to have little interest in the simple case above, their generalizations to Dirichlet L-functions yield important algebraic information about the corresponding cyclotomic fields.

Chapter Ⅲ THE THEOREM OF HADAMARD AND DE LA VALLÉE POUSSIN AND ITS CONSEQUENCES

3.1. As we have already observed, it follows from the formula

$$\zeta(s)=\prod_p\left(1-\frac{1}{p^s}\right)^{-1} \quad (\sigma>1) \tag{3.1.1}$$

that $\zeta(s)$ has no zeros for $\sigma>1$. For the purpose of prime-number theory, and indeed to determine the general nature of $\zeta(s)$, it is necessary to extend as far as possible this zero-free region.

It was conjectured by Riemann that all the complex zeros of $\zeta(s)$ lie on the 'critical line' $\sigma=\frac{1}{2}$. This conjecture, now known as the Riemann hypothesis, has never been either proved or disporved.

The problem of the zero-free region appears to be a question of extending the sphere of influence of the Euler product (3.1.1) beyond its actual region of convergence; for examples are known of functions which are extremely like the zeta-function in their representation by Dirichlet series, ,functional equation, and so on, but which have no Euler product, and for which the analogue of the Riemann hypothesis is false. In fact the deepest theorems on the distribution of the zeros of $\zeta(s)$ are obtained in the way suggested. But the problem of extending the sphere of influence of (3.1.1) to the left of $\sigma=1$ in any effective way appears to be of extreme difficulty.

By (1.1.4)

$$\frac{1}{\zeta(s)}=\sum_{n=1}^{\infty}\frac{\mu(n)}{n^s}\quad(\sigma>1)$$

where $|\mu(n)|\leqslant 1$. Hence for σ near to 1

$$\left|\frac{1}{\zeta(s)}\right|\leqslant\sum_{n=1}^{\infty}\frac{1}{n^{\sigma}}=\zeta(\sigma)<\frac{A}{\sigma-1}$$

i. e.

$$|\zeta(s)|>A(\sigma-1)$$

Hence if $\zeta(s)$ has a zero on $\sigma=1$ it must be a simple zero. But to prove that there cannot be even simple zeros, a much more subtle argument is required.

It was proved independently by Hadamard and de la Vallée Poussin in 1896 that $\zeta(s)$ has no zeros on the line $\sigma=1$. Their methods are similar in principle, and they form the main topic of this chapter.

The main object of both these mathematicians was to prove the prime-number theorem, that as $x\to\infty$

$$\pi(x)\sim\frac{x}{\log x}$$

This had previously been conjectured on empirical grounds. It was shown by arguments depending on the theory of functions of a complex variable that the prime-number theorem is a consequence of the Hadamard-de la Vallée Poussin theorem. The proof of the primenumber theorem so obtained was therefore not elementary.

An elementary proof of the prime-number theorem, i. e. a

proof not depending on the theory of $\zeta(s)$ and complex function theory, has recently been obtained by A. Selberg and Erdös. Since the primenumber theorem implies the Hadamard-de la Vallée Poussin theorem, this leads to a new proof of the latter. However, the Selberg-Erdös method does not lead to such good estimations as the Hadamard-de la Vallée Poussin method, so that the latter is still of great interest.

3.2. Hadamard's argument is, roughly, as follows. We have for $\sigma > 1$

$$\log \zeta(s) = \sum_p \sum_{m=1}^{\infty} \frac{1}{mp^{ms}} = \sum_p \frac{1}{p^s} + f(s) \qquad (3.2.1)$$

where $f(s)$ is regular for $\sigma > \frac{1}{2}$. Since $\zeta(s)$ has a simple pole at $s=1$, it follows in particular that, as $\sigma \to 1(\sigma > 1)$

$$\sum_p \frac{1}{p^\sigma} \sim \log \frac{1}{\sigma - 1} \qquad (3.2.2)$$

Suppose now that $s = 1 + it_0$ is a zero of $\zeta(s)$. Then if $s = \sigma + it_0$, as $\sigma \to 1(\sigma > 1)$

$$\sum_p \frac{\cos(t_0 \log p)}{p^\sigma} = \log |\zeta(s)| - \mathbf{R} f(s) \sim \log(\sigma - 1) \qquad (3.2.3)$$

Comparing (3.2.2) and (3.2.3), we see that $\cos(t_0 \log p)$ must, in some sense, be approximately -1 for most values of p. But then $\cos(2t_0 \log p)$ is approximately 1 for most values of p, and

$$\log |\zeta(\sigma + 2it_0)| \sim \sum_p \frac{\cos(2t_0 \log p)}{p^\sigma} \sim \sum_p \frac{1}{p^\sigma} \sim \log \frac{1}{\sigma - 1}$$

so that $1 + 2it_0$ is a pole of $\zeta(s)$. Since this is false, it follows that $\zeta(1 + it_0) \neq 0$.

To put the argument in a rigorous form, let

$$S = \sum_p \frac{1}{p^\sigma}, \quad P = \sum_p \frac{\cos(t_0 \log p)}{p^\sigma}, \quad Q = \sum_p \frac{\cos(2t_0 \log p)}{p^\sigma}$$

Let S', P', Q' be the parts of these sums for which

$$(2k+1)\pi - \alpha \leqslant t_0 \log p \leqslant (2k+1)\pi + \alpha$$

for any integer k, and α fixed, $0<\alpha<\frac{1}{4}\pi$. Let S'', etc., be the remainders. Let $\lambda=S'/S$.

If ϵ is any positive number, it follows from (3.2.2) and (3.2.3) that

$$P<-(1-\epsilon)S$$

if $\sigma-1$ is small enough. But

$$P'\geqslant -S'=-\lambda S$$

and

$$P''\geqslant -S''\cos\alpha=-(1-\lambda)S\cos\alpha$$

Hence

$$-\{\lambda+(1-\lambda)\cos\alpha\}S<-(1-\epsilon)S$$

i.e.

$$(1-\lambda)(1-\cos\alpha)<\epsilon$$

Hence $\lambda\to 1$ as $\sigma\to 1$

Also

$$Q'\geqslant S'\cos 2\alpha,\quad Q''\geqslant -S''$$

so that

$$Q\geqslant S(\lambda\cos 2\alpha-1+\lambda)$$

Since $\lambda\to 1$, $S\to\infty$, it follows that $Q\to\infty$ as $\sigma\to 1$. Hence $1+2it_0$ is a pole, and the result follows as before.

The following form of the argument was suggested by Dr. F. V. Atkinson. We have

$$\begin{aligned}\left\{\sum_p \frac{\cos(t_0\log p)}{p^{\sigma}}\right\}^2&=\left\{\sum_p \frac{\cos(t_0\log p)}{p^{\frac{1}{2}\sigma}}\times\frac{1}{p^{\frac{1}{2}\sigma}}\right\}^2\\&\leqslant\sum_p \frac{\cos^2(t_0\log p)}{p^{\sigma}}\sum_p\frac{1}{p^{\sigma}}\\&=\frac{1}{2}\sum_p\frac{1+\cos(2t_0\log p)}{p^{\sigma}}\sum_p\frac{1}{p^{\sigma}}\end{aligned}$$

i.e.

$$P^2\leqslant\frac{1}{2}(S+Q)S$$

Suppose now that, for some t_0, $P \sim \log(\sigma-1)$. Since $S \sim \log\{1/(\sigma-1)\}$, it follows that, for a given ϵ and $\sigma-1$ small enough

$$(1-\epsilon)^2\log^2\frac{1}{\sigma-1}\leqslant\frac{1}{2}\left\{(1+\epsilon)\log\frac{1}{\sigma-1}+Q\right\}(1+\epsilon)\log\frac{1}{\sigma-1}$$

i. e.

$$Q\geqslant\left\{\frac{2(1-\epsilon)^2}{1+\epsilon}-1-\epsilon\right\}\log\frac{1}{\sigma-1}$$

Hence $Q\to\infty$, and this involves a contradiction as before.

3. 3. In de Vallée Poussin's argument a relation between $\zeta(\sigma+it)$ and $\zeta(\sigma+2it)$ is also fundamental; but the result is now deduced from the fact that

$$3+4\cos\phi+\cos 2\phi=2(1+\cos\phi)^2\geqslant 0 \qquad (3.3.1)$$

for all values of ϕ.

We have

$$\zeta(s)=\exp\sum_p\sum_{m=1}^{\infty}\frac{1}{mp^{ms}}$$

and hence

$$|\zeta(s)|=\exp\sum_p\sum_{m=1}^{\infty}\frac{\cos(mt\log p)}{mp^{m\sigma}}$$

Hence

$$\zeta^3(\sigma)|\zeta(\sigma+it)|^4|\zeta(\sigma+2it)|$$
$$=\exp\left\{\sum_p\sum_{m=1}^{\infty}\frac{3+4\cos(mt\log p)+\cos(2mt\log p)}{mp^{m\sigma}}\right\} \qquad (3.3.2)$$

Since every term in the last sum is positive or zero, it follows that

$$\zeta^3(\sigma)|\zeta(\sigma+it)|^4|\zeta(\sigma+2it)|\geqslant 1 \quad (\sigma>1) \qquad (3.3.3)$$

Now, keeping t fixed, let $\sigma\to 1$. Then

$$\zeta^3(\sigma)=O\{(\sigma-1)^{-3}\}$$

and, if $1+it$ is zero of $\zeta(s)$, $\zeta(\sigma+it)=O(\sigma-1)$. Also $\zeta(\sigma+2it)=O(1)$, since $\zeta(s)$ is regular at $1+2it$. Hence the left-hand side of (3. 3. 3) is $O(\sigma-1)$, giving a contradiction. This proves the theorem.

There are other inequalities of the same type as (3.3.1), which can be used for the same purpose; e.g. from

$$5+8\cos\phi+4\cos 2\phi+\cos 3\phi=(1+\cos\phi)(1+2\cos\phi)^2\geqslant 0 \tag{3.3.4}$$

we deduce that

$$\zeta^5(\sigma)\mid\zeta(\sigma+it)\mid^8\mid\zeta(\sigma+2it)\mid^4\mid\zeta(\sigma+3it)\mid\geqslant 1 \tag{3.3.5}$$

This, however, has no particular advantage over (3.3.3).

3.4. Another alternative proof has been given by Ingham.[①] This depends on the identity

$$\frac{\zeta^2(s)\zeta(s+ai)\zeta(s-ai)}{\zeta(2s)}=\sum_{n=1}^{\infty}\frac{\mid\sigma_{ai}(n)\mid^2}{n^s}\quad(\sigma>1) \tag{3.4.1}$$

where a is any real number other than zero, and

$$\sigma_{ai}(n)=\sum_{d\mid n}d^{ai}$$

This is the particular case of (1.3.3) obtained by putting ai for a and $-ai$ for b.

Let σ_0 be the abscissa of convergence of the series (3.4.1). Then $\sigma_0\leqslant 1$, and (3.4.1) is valid by analytic continuation for $\sigma>\sigma_0$, the function $f(s)$ on the left-hand side being of necessity regular in this half-plane. Also, since all the coefficients in the Dirichlet series are positive, the real point of the line of convergence, viz. $s=\sigma_0$, is a singularity of the function.

Suppose now that $1+ai$ is a zero of $\zeta(s)$. Then $1-ai$ is also a zero, and these two zeros cancel the double pole of $\zeta^2(s)$ at $s=1$. Hence $f(s)$ is regular on the real axis as far as $s=-1$, where $\zeta(2s)=0$; and so $\sigma_0=-1$. This is easily seen in various ways to be impossible; for example (3.4.1) would then give $f(\frac{1}{2})\geqslant 1$, whereas in fact $f(\frac{1}{2})=0$.

① Ingham (3).

3.5. In the following sections we extend as far as we can the ideas suggested by § 3.1.

Since $\zeta(s)$ has a finite number of zeros in the rectangle $0\leqslant\sigma\leqslant 1$, $0\leqslant t\leqslant T$ and none of them lie on $\sigma=1$, it follows that there is a rectangle $1-\delta\leqslant\sigma\leqslant 1$, $0\leqslant t\leqslant T$, which is free from zeros. Here $\delta=\delta(T)$ may, for all we can prove, tend to zero as $T\to\infty$; but we can obtain a positive lower bound for $\delta(T)$ for each value of T.

Again, since $1/\zeta(s)$ is regular for $\sigma=1$, $1\leqslant t\leqslant T$, it has an upper bound in the interval, which is a function of T. We also investigate the behaviour of this upper bound as $t\to\infty$. There is, of course, a similar problem for $\zeta(s)$, in which the distribution of the zeros is not immediately involved. It is convenient to consider all these problems together, and we begin with $\zeta(s)$.

Theorem 3.5. *We have*

$$\zeta(s)=O(\log t) \tag{3.5.1}$$

uniformly in the region

$$1-\frac{A}{\log t}\leqslant\sigma\leqslant 2 \quad (t>t_0)$$

where A is any positive constant. In particular

$$\zeta(1+\mathrm{i}t)=O(\log t) \tag{3.5.2}$$

In (2.1.3), take $\sigma>1$, $a=N$, and make $b\to\infty$. We obtain

$$\zeta(s)-\sum_{n=1}^{N}\frac{1}{n^s}=s\int_N^\infty\frac{[x]-x+\frac{1}{2}}{x^{s+1}}\mathrm{d}x+\frac{N^{1-s}}{s-1}-\frac{1}{2}N^{-s} \tag{3.5.3}$$

the result holding by analytic continuation for $\sigma>0$. Hence for $\sigma>0$, $t>1$

$$\begin{aligned}\zeta(s)-\sum_{n=1}^{N}\frac{1}{n^s}&=O\left(t\int_N^\infty\frac{\mathrm{d}x}{x^{\sigma+1}}\right)+O\left(\frac{N^{1-\sigma}}{t}\right)+O(N^{-\sigma})\\&=O\left(\frac{t}{\sigma N^\sigma}\right)+O\left(\frac{N^{1-\sigma}}{t}\right)+O(N^{-\sigma})\end{aligned} \tag{3.5.4}$$

In the region considered, if $n\leqslant t$

$$|n^{-s}|=n^{-\sigma}=\mathrm{e}^{-\sigma\log n}\leqslant\exp\left\{-\left(1-\frac{A}{\log t}\right)\log n\right\}\leqslant n^{-1}\mathrm{e}^A$$

Hence, taking $N=[t]$

$$\zeta(s)=\sum_{n=1}^{N}O\left(\frac{1}{n}\right)+O\left(\frac{t}{N}\right)+O\left(\frac{1}{t}\right)+O\left(\frac{1}{N}\right)$$
$$=O(\log N)+O(1)=O(\log t)$$

This result will be improved later (Theorems 5.16, 6.11), but at the cost of far more difficult proofs.

It is also easy to see that

$$\zeta'(s)=O(\log^2 t) \tag{3.5.5}$$

in the above region. For, differentiating (3.5.3)

$$\zeta'(s)=-\sum_{n=2}^{N}\frac{\log n}{n^s}+\int_N^{\infty}\frac{[x]-x+\frac{1}{2}}{x^{s+1}}(1-s\log x)\mathrm{d}x-$$
$$\frac{N^{1-s}\log N}{s-1}-\frac{N^{1-s}}{(s-1)^2}+\frac{1}{2}N^{-s}\log N$$

and a similar argument holds, with an extra factor $\log t$ on the right-hand side. Similarly for higher derivatives of $\zeta(s)$.

We may note in passing that (3.5.3) shows the behaviour of the Dirichlet series (1.1.2) for $\sigma\leqslant 1$. If we take $\sigma=1$, $t\neq 0$, we obtain

$$\zeta(1+\mathrm{i}t)-\sum_{1}^{N}\frac{1}{n^{1+\mathrm{i}t}}=(1+\mathrm{i}t)\int_N^{\infty}\frac{[x]-x+\frac{1}{2}}{x^{2+\mathrm{i}t}}\mathrm{d}x+\frac{N^{-\mathrm{i}t}}{\mathrm{i}t}-\frac{1}{2}N^{-1-\mathrm{i}t}$$

which oscillates finitely as $N\to\infty$. For $\sigma<1$ the series, of course, diverges (oscillates infinitely).

3.6. Inequalities for $1/\zeta(s)$, $\zeta'(s)/\zeta(s)$, **and** $\log\zeta(s)$. Inequalities of this type in the neighbourhood of $\sigma=1$ can now be obtained by a slight elaboration of the argument of § 3.3. We have for $\sigma>1$

$$\left|\frac{1}{\zeta(\sigma+\mathrm{i}t)}\right|\leqslant\{\zeta(\sigma)\}^{\frac{3}{4}}\,|\,\zeta(\sigma+2\mathrm{i}t)\,|^{\frac{1}{4}}=O\left\{\frac{\log^{\frac{1}{4}}t}{(\sigma-1)^{\frac{3}{4}}}\right\} \tag{3.6.1}$$

Also

$$\zeta(1+\mathrm{i}t)-\zeta(\sigma+\mathrm{i}t)=-\int_1^{\infty}\zeta'(u+\mathrm{i}t)\,\mathrm{d}u=O\{(\sigma-1)\log^2 t\}$$

(3.6.2)

for $\sigma>1-A/\log t$. Hence

$$|\zeta(1+\mathrm{i}t)|>A_1\frac{(\sigma-1)^{\frac{3}{4}}}{\log^{\frac{1}{4}}\mathrm{t}}-A_2(\sigma-1)\log^2 t$$

The two terms on the right are of the same order if $\sigma-1=\log^{-9}t$. Hence, taking $\sigma-1=A_3\log^{-9}t$, where A_3 is sufficiently small

$$|\zeta(1+\mathrm{i}t)|>A\log^{-7}t \tag{3.6.3}$$

Next (3.6.2) and (3.6.3) together give, for $1-A\log t<\sigma<$
1

$$|\zeta(\sigma+\mathrm{i}t)|>A\log^{-7}t-A(1-\sigma)\log^2 t \tag{3.6.4}$$

and the right-hand side is positive if $1-\sigma<A\log^{-9}t$. Hence $\zeta(\mathrm{s})$ has no zeros in the region $\sigma>1-A\log^{-9}t$, and in fact, by (3.6.4)

$$\frac{1}{\zeta(s)}=O(\log^7 t) \tag{3.6.5}$$

in this region.

Hence also, by (3.5.5)

$$\frac{\zeta'(s)}{\zeta(s)}=O(\log^9 t) \tag{3.6.6}$$

and

$$\log\zeta(s)=\int_2^{\sigma}\frac{\zeta'(u+\mathrm{i}t)}{\zeta(u+\mathrm{i}t)}du+\log\zeta(2+\mathrm{i}t)=O(\log^9 t) \tag{3.6.7}$$

both for $\sigma>1-A\log^{-9}t$.

We shall see later that all these results can be improved, but they are sufficient for some purposes.

3.7. The Prime-number Theorem. Let $\pi(x)$ denote the number of primes not exceeding x. Then *as* $x\to\infty$

$$\pi(x)\sim\frac{x}{\log x} \tag{3.7.1}$$

The investigation of $\pi(x)$ was, of course, the original purpose for which $\zeta(s)$ was studied. It is not our purpose to pursue this side of the theory farther than is necessary, but it is convenient to insert here a proof of the main theorem on $\pi(x)$.

We have proved in (1.1.3) that, if $\sigma > 1$

$$\log \zeta(s) = s\int_2^\infty \frac{\pi(x)}{x(x^s - 1)}\mathrm{d}x$$

We want an explicit formula for $\pi(x)$, i. e. we want to invert the above integral formula. We can reduce this to a case of Mellin's inversion formula as follows. Let

$$\omega(s) = \int_2^\infty \frac{\pi(x)}{x^{s+1}(x^s - 1)}\mathrm{d}x$$

Then

$$\frac{\log \zeta(s)}{s} - \omega(s) = \int_2^\infty \frac{\pi(x)}{x^{s+1}}\mathrm{d}x \qquad (3.7.2)$$

This is of the Mellin form, and $\omega(s)$ is a comparatively trivial function; in fact since $\pi(x) \leqslant x$ the integral for $\omega(s)$ converges uniformly for $\sigma \geqslant \frac{1}{2} + \delta$, by comparison with

$$\int_2^\infty \frac{\mathrm{d}x}{x^{\frac{1}{2}+\delta}(x^{\frac{1}{2}+\delta} - 1)}$$

Hence $\omega(s)$ is regular and bounded for $\sigma \geqslant \frac{1}{2} + \delta$. Similarly so is $\omega'(s)$, since

$$\omega'(s) = \int_2^\infty \pi(x)\log x \frac{1 - 2x^s}{x^{s+1}(x^s - 1)^2}\mathrm{d}x$$

We could now use Mellin's inversion formula, but the resulting formula is not easily manageable. We therefore modify (3.7.2) as follows. Differentiating with respect to s

$$-\frac{\zeta'(s)}{s\zeta(s)} + \frac{\log \zeta(s)}{s^2} + \omega'(s) = \int_2^\infty \frac{\pi(x)\log x}{x^{s+1}}\mathrm{d}x$$

Denote the left-hand side by $\phi(s)$, and let

$$g(x)=\int_0^x \frac{\pi(u)\log u}{u}\mathrm{d}u,\quad h(x)=\int_0^x \frac{g(u)}{u}\mathrm{d}u$$

$\pi(x)$, $g(x)$, and $h(x)$ being zero for $x<2$. Then, integrating by parts

$$\begin{aligned}\phi(s)&=\int_0^\infty g'(x)x^{-s}\mathrm{d}x\\&=x\int_0^\infty g(x)x^{-s-1}\mathrm{d}x\\&=s\int_0^\infty h'(x)x^{-s}\mathrm{d}x\\&=s^2\int_0^\infty h(x)x^{-s-1}\mathrm{d}x\quad(\sigma>1)\end{aligned}$$

or

$$\frac{\phi(1-s)}{(1-s)^2}=\int_0^\infty \frac{h(x)}{x}x^{s-1}\mathrm{d}x$$

Now $h(x)$ is continuous and of bounded variation in any finite interval; and, since $\pi(x)\leqslant x$, it follows that, for $x>1$, $g(x)\leqslant x\log x$, and $h(x)\leqslant x\log x$. Hence $h(x)x^{k-2}$ is absolutely integrable over $(0,\infty)$ if $k<0$. Hence

$$\frac{h(x)}{x}=\frac{1}{2\pi\mathrm{i}}\int_{k-\mathrm{i}\infty}^{k+\mathrm{i}\infty}\frac{\phi(1-s)}{(1-s)^2}x^{-s}\mathrm{d}s\quad(k<0)$$

or

$$h(x)=\frac{1}{2\pi\mathrm{i}}\int_{c-\mathrm{i}\infty}^{c+\mathrm{i}\infty}\frac{\phi(s)}{s^2}x^{s}\mathrm{d}s\quad(c>1)$$

The integral on the right is absolutely convergent, since by (3.6.6) and (3.6.7) $\phi(s)$ is abounded for $\sigma\geqslant 1$, except in the neighbourhood for $s=1$.

In the neighbourhood of $s=1$

$$\phi(s)=\frac{1}{s-1}+\log\frac{1}{s-1}+\cdots$$

and we may write

$$\phi(s)=\frac{1}{s-1}+\psi(s)$$

where $\psi(s)$ is bounded for $\sigma \geqslant 1$, $|s-1| \geqslant 1$, and $\psi(s)$ has a logarithmic infinity as $s \to 1$. Now

$$h(x)=\frac{1}{2\pi \mathrm{i}}\int_{c-\mathrm{i}\infty}^{c+\mathrm{i}\infty} \frac{x^{s}}{(s-1)s^{2}}\mathrm{d}s+\frac{1}{2\pi \mathrm{i}}\int_{c-\mathrm{i}\infty}^{c+\mathrm{i}\infty} \frac{\psi(s)}{s^{2}}x^{s}\,\mathrm{d}s$$

The first term is equal to the sum of the residues on the left of the line $\mathbf{R}(s)=c$, and so is

$$x-\log x-1$$

In the other term we may put $c=1$, i. e. apply Cauchy's theorem to the rectangle $(1\pm \mathrm{i}T, c\pm \mathrm{i}T)$, with an indentation of radius ϵ round $s=1$, and make $T\to\infty$, $\epsilon\to\infty$. Hence

$$h(x)=x-\log x-1+\frac{2}{2\pi}\int_{-\infty}^{\infty} \frac{\psi(1+\mathrm{i}t)}{(1+\mathrm{i}t)^{2}}x^{\mathrm{i}t}\,\mathrm{d}t$$

The last integral tends to zero as $x\to\infty$, by the extension to Fourier integrals of the Riemann-Lebesgue theorem.① Hence

$$h(x)\sim x \tag{3.7.3}$$

To get back to $\pi(x)$ we now use the following lemma:

Let $f(x)$ be be positive non-decreasing, and as $x\to\infty$ let

$$\int_{1}^{x}\frac{f(u)}{u}\mathrm{d}u\sim x$$

Then

If δ is given positive number

$$(1-\delta)x<\int_{1}^{x}\frac{f(t)}{t}\mathrm{d}t<(1+\delta)x \quad (x>x_{0}(\delta))$$

Hence for any positive ϵ

$$\int_{x}^{x(1+\epsilon)}\frac{f(u)}{u}\mathrm{d}u=\int_{1}^{x(1+\epsilon)}\frac{f(u)}{u}\mathrm{d}u-\int_{1}^{x}\frac{f(u)}{u}\mathrm{d}u$$

① See my *Introduction to the Theory of Fourier Integrals*, Theorem 1.

$$< (1+\delta)(1+\epsilon)x-(1-\delta)x$$
$$=(2\delta+\epsilon+\delta\epsilon)x$$

But, since $f(x)$ is non-decreasing

$$\int_x^{x(1+\epsilon)}\frac{f(u)}{u}\mathrm{d}u\geqslant f(x)\int_x^{x(1+\epsilon)}\frac{\mathrm{d}u}{u}>f(x)\int_x^{x(1+\epsilon)}\frac{\mathrm{d}u}{x(1+\epsilon)}=\frac{\epsilon}{1+\epsilon}f(x)$$

Hence

$$f(x)<x(1+\epsilon)\left(1+\delta+\frac{2\delta}{\epsilon}\right)$$

Taking, for example, $\epsilon=\sqrt{\delta}$, it follows that

$$\overline{\lim}\frac{f(x)}{x}\leqslant 1$$

Similarly, by considering

$$\int_{x(1-\epsilon)}^{x}\frac{f(u)}{u}\mathrm{d}u$$

we obtain

$$\underline{\lim}\frac{f(x)}{x}\geqslant 1$$

and the lemma follows.

Applying the lemma twice, we deduce from (3.7.3) that

$$g(x)\sim x$$

and hence that

$$\pi(x)\log x\sim x$$

3.8. Theorem 3.8. *There is a constant A such that* $\zeta(s)$ *is not zero for*

$$\sigma\geqslant 1-\frac{A}{\log t}\quad (t\geqslant t_0)$$

We have for $\sigma>1$

$$-\mathbf{R}\left\{\frac{\zeta'(s)}{\zeta(s)}\right\}=\sum_{p,m}\frac{\log p}{p^{m\sigma}}\cos(mt\log p)\qquad(3.8.1)$$

Hence, for $\sigma>1$ and any real γ

$$-3\frac{\zeta'(\sigma)}{\zeta(\sigma)}-4\mathbf{R}\frac{\zeta'(\sigma+\mathrm{i}\gamma)}{\zeta(\sigma+\mathrm{i}\gamma)}-\mathbf{R}\frac{\zeta'(\sigma+2\mathrm{i}\gamma)}{\zeta(\sigma+2\mathrm{i}\gamma)}$$

$$= \sum_{p,m} \frac{\log p}{p^{m\sigma}} \{3 + 4\cos(m\gamma \log p) + \cos(2m\gamma \log p)\} \geqslant 0 \tag{3.8.2}$$

Now

$$-\frac{\zeta'(\sigma)}{\zeta(\sigma)} < \frac{1}{\sigma - 1} + O(1) \tag{3.8.3}$$

Also, by (2.12.7)

$$-\frac{\zeta'(s)}{\zeta(s)} = O(\log t) - \sum_{\rho} \left(\frac{1}{s-\rho} + \frac{1}{\rho}\right) \tag{3.8.4}$$

where $\rho = \beta + i\gamma$ runs through complex zeros of $\zeta(s)$. Hence

$$-\mathbf{R}\left\{\frac{\zeta'(s)}{\zeta(s)}\right\} = O(\log t) - \sum_{\rho} \left\{\frac{\sigma - \beta}{(\sigma-\beta)^2 + (t-\gamma)^2} + \frac{\beta}{\beta^2 + \gamma^2}\right\}$$

Since every term in the last sum is positive, it follows that

$$-\mathbf{R}\left\{\frac{\zeta'(s)}{\zeta(s)}\right\} < O(\log t) \tag{3.8.5}$$

and also, if $\beta + i\gamma$ is a particular zero of $\zeta(s)$, that

$$-\mathbf{R}\left\{\frac{\zeta'(\sigma + i\gamma)}{\zeta(\sigma + i\gamma)}\right\} < O(\log \gamma) - \frac{1}{\sigma - \beta} \tag{3.8.6}$$

From (3.8.2)(3.8.3)(3.8.5)(3.8.6) we obtain

$$\frac{3}{\sigma - 1} - \frac{4}{\sigma - \beta} + O(\log \gamma) \geqslant 0$$

or say

$$\frac{3}{\sigma - 1} - \frac{4}{\sigma - \beta} \geqslant -A_1 \log \gamma$$

Solving for β, we obtain

$$1 - \beta \geqslant \frac{1 - (\sigma - 1)A_1 \log \gamma}{3/(\sigma - 1) + A_1 \log \gamma}$$

The right-hand side is positive if $\sigma - 1 = \frac{1}{2}A_1/\log \gamma$, and then

$$1 - \beta \geqslant \frac{A_2}{\log \gamma}$$

the required result.

3.9. There is an alternative method, due to Landau,[①] of obtaining results of this kind, in which the analytic character of $\zeta(s)$ for $\sigma \leqslant 0$ need not be known. It depends on the following lemmas.

Lemma α. *If $f(s)$ is regular, and*

$$\left|\frac{f(s)}{f(s_0)}\right| < e^M \quad (M > 1)$$

in the circle $|s - s_0| \leqslant r$, then

$$\left|\frac{f'(s)}{f(s)} - \sum_{\rho} \frac{1}{s-\rho}\right| < \frac{AM}{r} \quad \left(|s - s_0| \leqslant \frac{1}{4}r\right)$$

where ρ runs through the zeros of $f(s)$ such that $|\rho - s_0| \leqslant \frac{1}{2}r$.

The function $g(s) = f(s)\prod_{\rho}(s-\rho)^{-1}$ is regular for $|s - s_0| \leqslant r$, and not zero for $|s - s_0| \leqslant \frac{1}{2}r$. On $|s - s_0| = r$, $|s - \rho| \geqslant \frac{1}{2}r \geqslant |s_0 - \rho|$, so that

$$\left|\frac{g(s)}{g(s_0)}\right| = \left|\frac{f(s)}{f(s_0)}\prod\left(\frac{s_0-\rho}{s-\rho}\right)\right| \leqslant \left|\frac{f(s)}{f(s_0)}\right| < e^M$$

This inequality therefore holds inside the circle also. Hence the function

$$h(s) = \log\left\{\frac{g(s)}{g(s_0)}\right\}$$

where the logarithm is zero at $s = s_0$, is regular for $|s - s_0| \leqslant \frac{1}{2}r$, and

$$h(s_0) = 0, \quad \mathbf{R}\{h(s)\} < M$$

Hence by the Borel-Carathéodory theorem[②]

$$|h(s)| < AM \quad \left(|s - s_0| \leqslant \frac{3}{8}r\right) \tag{3.9.1}$$

---

① Landau (14).

② Titchmarsh, *Theory of Functions*, § 5.5.

and so, for $|s-s_0|\leqslant\frac{1}{4}r$

$$|h'(s)|=\left|\frac{1}{2\pi i}\int_{|z-s|=\frac{1}{8}r}\frac{h(z)}{(z-s)^2}dz\right|<\frac{AM}{r}$$

This gives the result stated.

Lemma β. *If $f(s)$ satisfies the conditions of the previous lemma, and has no zeros in the right-hand half of the circle $|s-s_0|\leqslant r$, then*

$$-\mathbf{R}\left\{\frac{f'(s_0)}{f(s_0)}\right\}<\frac{AM}{r}$$

while if $f(s)$ has a zero ρ_0 between $s_0-\frac{1}{2}r$ and s_0, then

$$-\mathbf{R}\left\{\frac{f'(s_0)}{f(s_0)}\right\}<\frac{AM}{r}-\frac{1}{s_0-\rho_0}$$

Lemma α gives

$$-\mathbf{R}\left\{\frac{f'(s_0)}{f(s_0)}\right\}<\frac{AM}{r}-\sum\mathbf{R}\,\frac{1}{s_0-\rho}$$

and since $\mathbf{R}\{1/(s_0-\rho)\}\geqslant 0$ for every ρ, both results follow at once.

Lemma γ. *Let $f(s)$ satisfy the conditions of Lemma α, and let*

$$\left|\frac{f'(s_0)}{f(s_0)}\right|<\frac{M}{r}$$

Suppose also that $f(s)\neq 0$ in the part $\sigma\geqslant\sigma_0-2r'$ of the circle $|s-s_0|\leqslant r$, where $0<r'<\frac{1}{4}r$. Then

$$\left|\frac{f'(s)}{f(s)}\right|<A\frac{M}{r}\quad(|s-s_0|\leqslant r')$$

Lemma α now gives

$$-\mathbf{R}\left|\frac{f'(s)}{f(s)}\right|<A\frac{M}{r}-\sum\mathbf{R}\,\frac{1}{s-\rho}<A\frac{M}{r}$$

for all s in $|s-s_0|\leqslant\frac{1}{4}r$, $\sigma\geqslant\sigma_0-2r'$, each term of the sum being positive in this region. The result then follows on applying the Borel-Carathéodory theorem to the function $-f'(s)/f(s)$ and the circles $|s-s_0|=2r'$, $|s-s_0|=r'$.

3.10. We can now prove the following general theorem, which we shall apply later with special forms of the functions $\theta(t)$ and $\phi(t)$.

Theorem 3.10. *Let*

$$\zeta(s)=O(e^{\phi(t)})$$

as $t\to\infty$ *in the region*

$$1-\theta(t)\leqslant\sigma\leqslant 2\quad(t\geqslant 0)$$

where $\phi(t)$ *and* $1/\theta(t)$ *are positive non-decreasing functions of* t *for* $t\geqslant 0$, *such that* $\theta(t)\leqslant 1$, $\phi(t)\to\infty$, *and*

$$\frac{\phi(t)}{\theta(t)}=o(e^{\phi(t)})\tag{3.10.1}$$

Then there is a constant A_1 *such that* $\zeta(s)$ *has no zeros in the region*

$$\sigma\geqslant 1-A_1\frac{\theta(2t+1)}{\phi(2t+1)}\tag{3.10.2}$$

Let $\beta+i\gamma$ be a zero of $\zeta(s)$ in the upper half-plane. Let

$$1+e^{-\phi(2\gamma+1)}\leqslant\sigma_0\leqslant 2$$

$$s_0=\sigma_0+i\gamma,\quad s'_0=\sigma_0+2i\gamma,\quad r=\theta(2\gamma+1)$$

Then the circles $|s-s_0|\leqslant r$, $|s-s'_0|\leqslant r$ both lie in the region

$$\sigma\geqslant 1-\theta(t)$$

Now

$$\left|\frac{1}{\zeta(s_0)}\right|<\frac{A}{\sigma_0-1}<Ae^{\phi(2\gamma+1)}$$

and similarly for s'_0. Hence there is a constant A_2 such that

$$\left|\frac{\zeta(s)}{\zeta(s_0)}\right|<e^{A_2\phi(2\gamma+1)},\quad\left|\frac{\zeta(s)}{\zeta(s'_0)}\right|<e^{A_2\phi(2\gamma+1)}$$

in the circles $|s-s_0|\leqslant r$, $|s-s'_0|\leqslant r$ respectively. We can therefore apply Lemma β with $M=A_2\phi(2\gamma+1)$. We obtain

$$-\mathbf{R}\left\{\frac{\zeta'(\sigma_0+2i\gamma)}{\zeta(\sigma_0+2i\gamma)}\right\}<\frac{A_3\phi(2\gamma+1)}{\theta(2\gamma+1)}\tag{3.10.3}$$

and, if

$$\beta>\sigma_0-\frac{1}{2}r\tag{3.10.4}$$

$$-\mathbf{R}\left\{\frac{\zeta'(\sigma_0+i\gamma)}{\zeta(\sigma_0+i\gamma)}\right\}<\frac{A_3\phi(2\gamma+1)}{\theta(2\gamma+1)}-\frac{1}{\sigma_0-\beta}\tag{3.10.5}$$

Also as $\sigma_0 \to 1$

$$-\frac{\zeta'(\sigma_0)}{\zeta(\sigma_0)} \sim \frac{1}{\sigma_0 - 1}$$

Hence

$$-\frac{\zeta'(\sigma_0)}{\zeta(\sigma_0)} < \frac{a}{\sigma_0 - 1} \tag{3.10.6}$$

where a can be made as near 1 as we please by choice of σ_0.

Now (3.8.2)(3.10.3)(3.10.5), and (3.10.6) give

$$\frac{3a}{\sigma_0 - 1} + \frac{5A_3\phi(2\gamma+1)}{\theta(2\gamma+1)} - \frac{4}{\sigma_0 - \beta} \geqslant 0$$

$$\sigma_0 - \beta \geqslant \left\{\frac{3a}{4(\sigma_0 - 1)} + \frac{5A_3}{4} \times \frac{\phi(2\gamma+1)}{\theta(2\gamma+1)}\right\}^{-1}$$

$$1 - \beta \geqslant \left\{\frac{3a}{4(\sigma_0 - 1)} + \frac{5A_3}{4} \times \frac{\phi(2\gamma+1)}{\theta(2\gamma+1)}\right\}^{-1} - (\sigma_0 - 1)$$

$$= \frac{\left\{1 - \frac{3a}{4} - \frac{5A_3}{4} \times \frac{\phi(2\gamma+1)(\sigma_0 - 1)}{\theta(2\gamma+1)}\right\}}{\left\{\frac{3a}{4(\sigma_0 - 1)} + \frac{5A_3}{4} \times \frac{\phi(2\gamma+1)}{\theta(2\gamma+1)}\right\}}$$

To make the numerator positive, take $a = \frac{4}{5}$, and

$$\sigma_0 - 1 = \frac{1}{40A_3} \times \frac{\theta(2\gamma+1)}{\phi(2\gamma+1)}$$

this being consistent with the previous conditions, by (3.10.1) if γ is large enough. It follows that

$$1 - \beta \geqslant \frac{\theta(2\gamma+1)}{1\,240A_3\phi(2\gamma+1)}$$

as required. If (3.10.4) is not satisfied

$$\beta \leqslant \sigma_0 - \frac{1}{2}r = 1 + \frac{1}{40A_3} \times \frac{\theta(2\gamma+1)}{\phi(2\gamma+1)} - \frac{1}{2}\theta(2\gamma+1)$$

which also leads to (3.10.2). This proves the theorem.

In particular, we can take $\theta(t) = \frac{1}{2}$, $\phi(t) = \log(t+2)$. This gives a new proof of Theorem 3.8.

3.8. Theorem 3.11. *Under the hypotheses of Theorem* 3.10 *we have*

$$\frac{\zeta'(s)}{\zeta(s)}=O\left\{\frac{\phi(2t+3)}{\theta(2t+3)}\right\} \tag{3.11.1}$$

$$\frac{1}{\zeta(s)}=O\left\{\frac{\phi(2t+3)}{\theta(2t+3)}\right\} \tag{3.11.2}$$

uniformly for

$$\sigma\geqslant 1-\frac{A_1}{4}\times\frac{\theta(2t+3)}{\phi(2t+3)} \tag{3.11.3}$$

in particular

$$\frac{\zeta(1+\mathrm{i}t)}{\zeta'(1+\mathrm{i}t)}=O\left\{\frac{\phi(2t+3)}{\theta(2t+3)}\right\} \tag{3.11.4}$$

$$\frac{1}{\zeta(1+\mathrm{i}t)}=O\left\{\frac{\phi(2t+3)}{\theta(2t+3)}\right\} \tag{3.11.5}$$

We apply Lemma γ, with

$$s_0=1+\frac{A_1}{2}\times\frac{\theta(2t_0+3)}{\phi(2t_0+3)}+\mathrm{i}t_0,\quad r=\theta(2t_0+3)$$

In the circle $|s-s_0|\leqslant r$

$$\frac{\zeta(s)}{\zeta(s_0)}=O\left\{\frac{\mathrm{e}^{\phi(t)}}{\sigma_0-1}\right\}=O\left\{\frac{\phi(2t_0+3)}{\theta(2t_0+3)}\mathrm{e}^{\phi(t_0+1)}\right\}=O\{\mathrm{e}^{A\phi(2t_0+3)}\}$$

and

$$\frac{\zeta'(s_0)}{\zeta(s_0)}=O\left\{\frac{1}{\sigma_0-1}\right\}=O\left\{\frac{\phi(2t_0+3)}{\theta(2t_0+3)}\right\}=O\left\{\frac{\phi(2t_0+3)}{r}\right\}$$

We can therefore take $M=A\phi(2t_0+3)$. Also, by the previous theorem, $\zeta(s)$ has no zeros for

$$t\leqslant t_0+1,\quad \sigma\geqslant 1-A_1\frac{\theta\{2(t_0+1)+1\}}{\phi\{2(t_0+1)+1\}}=1-A_1\frac{\theta(2t_0+3)}{\phi(2t_0+3)}$$

Hence we can take

$$2r'=\frac{3A_1}{2}\times\frac{\theta(2t_0+3)}{\phi(2t_0+3)}$$

Hence

$$\frac{\zeta'(s)}{\zeta(s)}=O\left\{\frac{\phi(2t_0+3)}{\theta(2t_0+3)}\right\}$$

for

$$|s-s_0|\leqslant\frac{3A_1}{4}\times\frac{\theta(2t_0+3)}{\phi(2t_0+3)}$$

and in particular for

$$t=t_0, \quad \sigma \geqslant 1-\frac{A_1}{4}\times\frac{\theta(2t_0+3)}{\phi(2t_0+3)}$$

This is (3.11.1), with t_0 instead of t.

Also, if

$$1-\frac{A_1}{4}\times\frac{\theta(2t+3)}{\phi(2t+3)}\leqslant\sigma\leqslant 1+\frac{\theta(2t+3)}{\phi(2t+3)} \tag{3.11.6}$$

$$\log\frac{1}{|\zeta(s)|}=-\mathbf{R}\log\zeta(s)$$

$$=-\mathbf{R}\log\zeta\left\{1+\frac{\theta(2t+3)}{\phi(2t+3)}+\mathrm{i}t\right\}+\int_{\sigma}^{1+\frac{\theta(2t+3)}{\phi(2t+3)}}\mathbf{R}\frac{\zeta'(u+\mathrm{i}t)}{\zeta(u+\mathrm{i}t)}\mathrm{d}u$$

$$\leqslant\log\zeta\left\{1+\frac{\theta(2t+3)}{\phi(2t+3)}\right\}+\int_{\sigma}^{1+\frac{\theta(2t+3)}{\phi(2t+3)}}O\left\{\frac{\theta(2t+3)}{\phi(2t+3)}\right\}\mathrm{d}u$$

$$<\log\frac{A\theta(2t+3)}{\phi(2t+3)}+O(1)$$

Hence (3.11.2) follows if σ is in the range (3.11.6); and for larger σ it is trivial.

Since we may take $\theta(t)=\frac{1}{2}$, $\phi(t)=\log(t+2)$, it follows that

$$\frac{\zeta'(s)}{\zeta(s)}=O(\log t) \tag{3.11.7}$$

$$\frac{1}{\zeta(s)}=O(\log t) \tag{3.11.8}$$

in a region $\sigma\geqslant 1-A\log t$; and in particular

$$\frac{\zeta'(1+\mathrm{i}t)}{\zeta(1+\mathrm{i}t)}=O(\log t) \tag{3.11.9}$$

$$\frac{1}{\zeta(1+\mathrm{i}t)}=O(\log t) \tag{3.11.10}$$

3.12. For the next theorem we require the following lemma.

Lemma 3.12. *Let*

$$f(s)=\sum_{n=1}^{\infty}\frac{a_n}{n^s}\quad(\sigma>1)$$

where $a_n=O\{\psi(n)\}$, $\psi(n)$ *being non-decreasing and*

$$\sum_{n=1}^{\infty} \frac{|a_n|}{n^\sigma} = O\left\{\frac{1}{(\sigma-1)^\alpha}\right\}$$

as $\sigma \to 1$. Then if $c>0$, $\sigma+c>1$, x is not an integer, and N is the integer nearest to x

$$\sum_{n<x} \frac{a_n}{n^s} = \frac{1}{2\pi i}\int_{c-iT}^{c+iT} f(s+w)\frac{x^w}{w}dw + O\left\{\frac{x^c}{T(\sigma+c-1)^\alpha}\right\} + O\left\{\frac{\psi(2x)x^{1-\sigma}\log x}{T}\right\} + O\left\{\frac{\psi(N)x^{1-\sigma}}{T|x-N|}\right\} \tag{3.12.1}$$

If x is an integer, the corresponding result is

$$\sum_{n=1}^{x-1} \frac{a_n}{n^s} + \frac{a_x}{2x^s} = \frac{1}{2\pi i}\int_{c-iT}^{c+iT} f(s+w)\frac{x^w}{w}dw + O\left\{\frac{x^c}{T(\sigma+c-1)^\alpha}\right\} + O\left\{\frac{\psi(2x)x^{1-\sigma}\log x}{T}\right\} + O\left\{\frac{\psi(x)x^{-\sigma}}{T}\right\} \tag{3.12.2}$$

Suppose first that x is not an integer. If $n<x$, the calculus of residues gives

$$\frac{1}{2\pi i}\left(\int_{-\infty-iT}^{c-iT} + \int_{c-iT}^{c+iT} + \int_{c+iT}^{-\infty+iT}\right)\left(\frac{x}{n}\right)^w\frac{dw}{w} = 1$$

Now

$$\int_{-\infty+iT}^{c+iT}\left(\frac{x}{n}\right)^w\frac{dw}{w} = \left[\frac{(x/n)^w}{w\log x/n}\right]_{-\infty+iT}^{c+iT} + \frac{1}{\log x/n}\int_{-\infty+iT}^{c+iT}\left(\frac{x}{n}\right)^w\frac{dw}{w^2}$$

$$= O\left\{\frac{(x/n)^c}{T\log x/n}\right\} + O\left\{\frac{(x/n)^c}{\log x/n}\int_{-\infty}^{\infty}\frac{du}{u^2+T^2}\right\}$$

$$= O\left\{\frac{(x/n)^c}{T\log x/n}\right\}$$

and similarly for the integral over $(-\infty-iT, c-iT)$. Hence

$$\frac{1}{2\pi i}\int_{c-iT}^{c+iT}\left(\frac{x}{n}\right)^w\frac{dw}{w} = 1 + O\left\{\frac{(x/n)^c}{T\log x/n}\right\}$$

If $n>x$ we argue similarly with $-\infty$ replaced by $+\infty$, and there is no residue term. We therefore obtain a similar result without the term 1.

Multiplying by $a_n n^{-s}$ and summing

$$\frac{1}{2\pi i}\int_{c-iT}^{c+iT} f(s+w)\frac{x^w}{w}dw = \sum_{n<x}\frac{a_n}{n^s} + O\left\{\frac{x^c}{T}\sum_{n=1}^{\infty}\frac{|a_n|}{n^{\sigma+c}|\log x/n|}\right\}$$

If $n<\frac{1}{2}x$ or $n>2x$, $|\log x/n|>A$, and these parts of the sum are

$$O\left(\sum_{n=1}^{\infty}\frac{|a_n|}{n^{\sigma+c}}\right)=O\left\{\frac{1}{(\sigma+c-1)^{\alpha}}\right\}$$

if $N<n\leqslant 2x$, let $n=N+r$. Then

$$\log\frac{n}{x}\geqslant\log\frac{N+r}{N+\frac{1}{2}}>\frac{Ar}{N}>\frac{Ar}{x}$$

Hence this part of the sum is

$$O\left\{\psi(2x)x^{1-\sigma-c}\sum_{1\leqslant r\leqslant x}\frac{1}{r}\right\}=O\{\psi(2x)x^{1-\sigma-c}\log x\}$$

A similar argument applies to the terms with $\frac{1}{2}x\leqslant n<N$. Finally

$$\frac{|a_N|}{N^{\sigma+c}|\log x/N|}=O\left\{\frac{\psi(N)}{N^{\sigma+c}\log\{1+(x-N)/N\}}\right\}=O\left\{\frac{\psi(N)x^{1-\sigma-c}}{|x-N|}\right\}$$

Hence (3.12.1) follows.

If x is an integer, all goes as before except for the term

$$\frac{a_x}{2\pi i x^s}\int_{c-iT}^{c+iT}\frac{dw}{w}=\frac{a_x}{2\pi i x^s}\log\frac{c+iT}{c-iT}=\frac{a_x}{2\pi i x^s}\left\{i\pi+O\left(\frac{1}{T}\right)\right\}$$

Hence (3.12.2) follows.

3.13. Theorem 3.13. *We have*

$$\frac{1}{\zeta(s)}=\sum_{n=1}^{\infty}\frac{\mu(n)}{n^s}$$

at all points of the line $\sigma=1$.

Take $a_n=\mu(n)$, $\alpha=1$, $\sigma=1$, in the lemma, and let x be half an odd integer. We obtain

$$\sum_{n<x}\frac{\mu(n)}{n^s}=\frac{1}{2\pi i}\int_{c-iT}^{c+iT}\frac{1}{\zeta(s+w)}\frac{x^w}{w}dw+O\left(\frac{x^c}{Tc}\right)+O\left(\frac{\log x}{T}\right)$$

The theorem of residues gives

$$\frac{1}{2\pi i}\int_{c-iT}^{c+iT}\frac{1}{\zeta(s+w)}\frac{x^w}{w}dw=\frac{1}{\zeta(s)}+\frac{1}{2\pi i}\left(\int_{c-iT}^{-\delta-iT}+\int_{-\delta-iT}^{-\delta+iT}+\int_{-\delta+iT}^{c+iT}\right)$$

if δ is so small that $\zeta(s+w)$ has no zeros for

$$\mathbf{R}(w) \geqslant \delta, \quad |\mathbf{I}(s+w)| \leqslant |t| + T$$

By § 3.6 we can take $\delta = A\log^{-9} T$. Then

$$\int_{-\delta-\mathrm{i}T}^{-\delta+\mathrm{i}T} \frac{1}{\zeta(s+w)} \frac{x^w}{w} \mathrm{d}w = O\left(x^{-\delta}\log^7 T \int_{-T}^{T} \frac{\mathrm{d}v}{\sqrt{(\delta^2+v^2)}}\right)$$
$$= O\left\{x^{-\delta}\log^7 T \int_{-T/\delta}^{T/\delta} \frac{\mathrm{d}v}{\sqrt{(1+v^2)}}\right\}$$
$$= O(x^{-\delta}\log^8 T)$$

and

$$\int_{-\delta+\mathrm{i}T}^{c+\mathrm{i}T} \frac{1}{\zeta(s+w)} \frac{x^w}{w} \mathrm{d}w = O\left(\frac{\log^7 T}{T}\int_{-\delta}^{c} x^u\, \mathrm{d}u\right) = O\left(\frac{x^c \log^7 T}{T}\right)$$

and similarly for the other integral. Hence

$$\sum_{n<x} \frac{\mu(n)}{n^s} - \frac{1}{\zeta(s)} = O\left(\frac{x^c}{Tc}\right) + O\left(\frac{\log x}{T}\right) + O\left(\frac{x^c \log^7 T}{T}\right) + O\left(\frac{\log^8 T}{x^\delta}\right)$$

Take $c = 1/\log x$, so that $x^c = e$; and take $T = \exp\{(\log x)^{1/10}\}$, so that $\log T = (\log x)^{1/10}$, $\delta = A(\log x)^{-9/10}$, $x^\delta = T^A$. Then the right-hand side tends to zero, and the result follows.

In particular

$$\sum_{n=1}^{\infty} \frac{\mu(n)}{n} = 0$$

3.14. *The series for* $\zeta'(s)/\zeta(s)$ *and* $\log \zeta(s)$ *on* $\sigma = 1$.

Taking① $a_n = \Lambda(n) = O(\log n)$, $\alpha = 1$, $\sigma = 1$, in the lemma, we obtain

$$\sum_{n<x} \frac{\Lambda(n)}{n^s} = -\frac{1}{2\pi\mathrm{i}} \int_{c-\mathrm{i}T}^{c+\mathrm{i}T} \frac{\zeta'(s+w)}{\zeta(s+w)} \times \frac{x^w}{w} \mathrm{d}w + O\left(\frac{x^c}{Tc}\right) + O\left(\frac{\log^2 x}{T}\right)$$

In this case there is a pole at $w = 1 - s$, giving a residue term

$$\frac{\zeta'(s)}{\zeta(s)} - \frac{x^{1-s}}{1-s} \quad (s \neq 1), \quad a - \log x \quad (s = 1)$$

where a is a constant. Hence if $s \neq 1$ we obtain

① See (1.1.8).

$$\sum_{n<x}\frac{\Lambda(n)}{n^s}+\frac{\zeta'(s)}{\zeta(s)}-\frac{x^{1-s}}{1-s}$$
$$=O\left(\frac{x^c}{Tc}\right)+O\left(\frac{\log^2 x}{T}\right)+O\left(\frac{\log^{10} T}{x^\delta}\right)+O\left(\frac{x^c\log^9 T}{T}\right)$$

Taking $c=1/\log x$, $T=\exp\{(\log x)^{1/10}\}$, we obtain as before

$$\sum_{n<x}\frac{\Lambda(n)}{n^s}+\frac{\zeta'(s)}{\zeta(s)}-\frac{x^{1-s}}{1-s}=O(1) \tag{3.14.1}$$

The term $x^{1-s}/(1-s)$ oscillates finitely, so that if $\mathbf{R}(s)=1$, $s\neq 1$, the series $\sum\Lambda(n)n^{-s}$ is not convergent, but its partial sums are bounded.

If $s=1$, we obtain

$$\sum_{n<x}\frac{\Lambda(n)}{n}=\log x+O(1) \tag{3.14.2}$$

or, since

$$\sum_{n<x}\frac{\Lambda(n)}{n}=\sum_{p<x}\frac{\log p}{p}+\sum_{m=2}^{\infty}\sum_{p^m<x}\frac{\log p}{p^m}=\sum_{p<x}\frac{\log p}{p}+O(1)$$
$$\sum_{p<x}\frac{\log p}{p}=\log x+O(1) \tag{3.14.3}$$

Since $\Lambda_1(n)=\Lambda(n)\log n$, and $1/\log n$ tends steadily to zero, it follows that

$$\sum\frac{\Lambda_1(n)}{n^s}$$

is convergent on $\sigma=1$, except for $t=0$. Hence, by the continuity theorem for Dirichlet series, the equation

$$\log\zeta(s)=\sum_{n=2}^{\infty}\frac{\Lambda_1(n)}{n^s}$$

holds for $\sigma=1$, $t\neq 0$.

To determine the behaviour of this series for $s=1$ we have, as in the case of $1/\zeta(s)$

$$\sum_{n<x}\frac{\Lambda_1(n)}{n}=\frac{1}{2\pi\mathrm{i}}\int_{c-\mathrm{i}T}^{c+\mathrm{i}T}\log\zeta(w+1)\ \frac{x^w}{w}\mathrm{d}w+O\left(\frac{\log x}{T}\right)$$

where $c=1/\log x$, and T is chosen as before. Now

$$\frac{1}{2\pi i}\int_{c-iT}^{c+iT}\log\zeta(w+1)\frac{x^w}{w}dw=\frac{1}{2\pi i}\left(\int_{c-iT}^{-\delta-iT}+\int_{-\delta-iT}^{-\delta+iT}+\int_{-\delta+iT}^{c+iT}\right)+\frac{1}{2\pi i}\int_C$$

where C is a loop starting and finishing at $s=-\delta$, and encircling the origin in the positive direction. Defining δ as before, the integral along $\sigma=-\delta$ is $O(x^{-\delta}\log^{10}T)$ and the integrals along the horizontal sides are $O(x^C T^{-1}\log^9 T)$, by (3.6.7). Since

$$\frac{1}{w}\left\{\log\zeta(w+1)-\log\frac{1}{w}\right\}$$

is regular at the origin, the last term is equal to

$$\frac{1}{2\pi i}\int_C\log\frac{1}{w}\times\frac{x^w}{w}dw$$

Since

$$\frac{1}{2\pi i}\int_C\log\frac{1}{w}\frac{dw}{w}=-\frac{1}{4\pi i}\Delta_C\log^2 w$$

$$=-\frac{1}{4\pi i}\{\log^2(\delta e^{i\pi})-\log^2(\delta e^{-i\pi})\}=-\log\delta$$

this term is also equal to

$$\frac{1}{2\pi i}\int_C\log\frac{1}{w}\frac{x^w-1}{w}dw-\log\delta$$

Take C to be a circle with centre $w=0$ and radius $\rho(\rho<\delta)$, together with the segment $(-\delta,-\rho)$ of the real axis described twice. The integrals along the real segments together give

$$-\frac{1}{2\pi i}\int_\delta^\rho\log\left(\frac{1}{ue^{-i\pi}}\right)\frac{x^{-u}-1}{-u}du-\frac{1}{2\pi i}\int_\rho^\delta\log\left(\frac{1}{ue^{-i\pi}}\right)\frac{x^{-u}-1}{-u}du$$

$$=-\int_\rho^\delta\frac{x^{-u}-1}{u}du=-\int_{\rho\log x}^{\delta\log x}\frac{e^{-v}-1}{v}dv$$

$$=\int_{\rho\log x}^{1}\frac{1-e^{-v}}{v}dv-\int_1^{\delta\log x}\frac{e^{-v}}{v}dv+\log(\delta\log x)$$

$$=\gamma+\log(\delta\log x)+o(1)$$

if $\rho\log x\to 0$ and $\delta\log x\to\infty$. Also

$$\int_{|w|=\rho}\log\frac{1}{w}\frac{x^w-1}{w}dw=O\left(\rho\log\frac{1}{\rho}\log x\right)$$

Taking $\rho=1/\log^2 x$, say, it follows that

$$\sum_{n<x}\frac{\Lambda_1(n)}{n}=\log\log x+\gamma+o(1) \tag{3.14.4}$$

The left-hand side can also be written in the form

$$\sum_{p<x}\frac{1}{p}+\sum_{m\geqslant 2}\sum_{p^m<x}\frac{1}{mp^m}$$

As $x\to\infty$, the second term clearly tends to the limit

$$\sum_{m=2}^{\infty}\sum_{p}\frac{1}{mp^m}$$

Hence

$$\sum_{p<x}\frac{1}{p}=\log\log x+\gamma-\sum_{m=2}^{\infty}\sum_{p}\frac{1}{mp^m}+o(1) \tag{3.14.5}$$

3.15. Euler's product on $\sigma=1$. The above analysis shows that for $\sigma=1$, $t\neq 0$

$$\log\zeta(s)=\sum_{p}\frac{1}{p^s}+\sum_{q}\frac{\Lambda_1(q)}{q^s}$$

where p runs through primes and q throgh powers of primes. In fact the second series is absolutely convergent on $\sigma=1$, since it is merely a rearrangement of

$$\sum_{p}\sum_{m=2}^{\infty}\frac{1}{mp^{ms}}$$

which is absolutely convergent by comparison with

$$\sum_{p}\sum_{m=2}^{\infty}\frac{1}{p^m}=\sum_{p}\frac{1}{p(p-1)}$$

Hence also

$$\begin{aligned}\log\zeta(s)&=\sum_{p}\frac{1}{p^s}+\sum_{p}\sum_{m=2}^{\infty}\frac{1}{mp^{ms}}\\&=\sum_{p}\sum_{m=1}^{\infty}\frac{1}{mp^{ms}}\\&=\sum_{p}\log\frac{1}{1-p^{-s}}\quad(\sigma=1,t\neq 0)\end{aligned}$$

Taking exponentials

$$\zeta(s)=\prod_{p}\frac{1}{1-p^{-s}} \tag{3.15.1}$$

i. e. Euler's product holds on $\sigma = 1$, except at $t = 0$.

At $s = 1$ the product is, of course, not convergent, but we can obtain an asymptotic formula for its partial products, viz.

$$\prod_{p \leqslant x}\left(1-\frac{1}{p}\right) \sim \frac{\mathrm{e}^{-\gamma}}{\log x} \tag{3.15.2}$$

To prove this, we have to prove that

$$f(x) = -\log \prod_{p \leqslant x}\left(1-\frac{1}{p}\right) = \log\log x + \gamma + o(1)$$

Now we have proved that

$$g(x) = \sum_{n \leqslant x} \frac{\Lambda_1(n)}{n} = \log\log x + \gamma + o(1)$$

Also

$$\begin{aligned} f(x) - g(x) &= \sum_{p \leqslant x} \sum_{m=1}^{\infty} \frac{1}{mp^m} - \sum_{p^m \leqslant x} \sum \frac{1}{mp^m} \\ &= \frac{1}{2} \sum_{x^{\frac{1}{2}} \leqslant p < x} \frac{1}{p^2} + \frac{1}{3} \sum_{x^{\frac{1}{3}} < p \leqslant x} \frac{1}{p^3} + \cdots \\ &< \sum_{\substack{p \\ p^m > x}} \sum_{m=2}^{\infty} \frac{1}{mp^m} \end{aligned}$$

which tends to zero as $x \to \infty$, since the double series is absolutely convergent. This proves (3.15.2).

It will also be useful later to note that

$$\prod_{p \leqslant x}\left(1+\frac{1}{p}\right) \sim \frac{6\mathrm{e}^{\gamma}\log x}{\pi^2} \tag{3.15.3}$$

For the left-hand side is

$$\prod_{p \leqslant x} \frac{1-1/p^2}{1-1/p} \sim \mathrm{e}^{\gamma}\log x \prod_{p}\left(1-\frac{1}{p^2}\right) = \frac{\mathrm{e}^{\gamma}\log x}{\zeta(2)} = \frac{6\mathrm{e}^{\gamma}\log x}{\pi^2}$$

Note also that (3.14.3), (3.14.5) with error term $O(1)$, and (3.15.2) can be proved in an elementary way, i.e. without the theory of the Riemann zeta-function; see Hardy and Wright, *The Theory of Numbers* (5th ed.), Theorems 425 and 427 ~ 429. Indeed the proof of Theorem 427 yields (3.14.5) with the error term $O\left(\frac{1}{\log x}\right)$.

NOTES FOR CHAPTER 3

3.16. The original elementary proofs of the prime number theorem may be found in Selberg [2] and Erdös [1], and a thorough survey of the ideas involved is given by Diamond [1]. The sharpest error term obtained by elementary methods to date is

$$\pi(x) = \mathrm{Li}\,(x) + O[x\exp\{-(\log x)^{\frac{1}{6}-\varepsilon}\}] \qquad (3.16.1)$$

for any $\varepsilon > 0$, due to Lavrik and Sobirov [1]. Pintz [1] has obtained a very precise relationship between zero-free regions of $\zeta(s)$ and the error term in the prime-number theorem. Specifically, if we define

$$R(x) = \max\{|\pi(t) - \mathrm{Li}(t)| : 2 \leqslant t \leqslant x\}$$

then

$$\log \frac{x}{R(x)} \sim \min_{\rho}\{(1-\beta)\log x + \log|\gamma|\} \quad (x \to \infty)$$

the minimum being over non-trivial zeros ρ of $\zeta(s)$. Thus (3.16.1) yields

$$(1-\beta)\log x + \log|\gamma| \gg (\log x)^{\frac{1}{6}-\varepsilon}$$

for any ρ and any x. Now, on taking $\log x = (1-\beta)^{-1}\log|\gamma|$ we deduce that

$$1-\beta \gg (\log|\gamma|)^{-5-\varepsilon'}$$

for any $\varepsilon' > 0$. This should be compared with Theorem 3.8.

3.17. It may be observed in the proof of Theorem 3.10 that the bound $\zeta(s) = O(e^{\phi(t)})$ is only required in the immediate vicinity of s_0 and s'_0. It would be nice to eliminate consideration of s'_0 and so to have a result of the strength of Theorem 3.10, giving a zero-free region around $1+it$ solely in terms of an estimate for $\zeta(s)$ in a neighbourhood of $1+it$.

Ingham's method in §3.4 is of special interest because it avoids any reference to the behaviour of $\zeta(s)$ near $1+2i\gamma$. It is possible to get quantitative zero-free regions in this way, by incorporating simple sieve estimates (Balasubramanian and

Ramachandra [1]). Thus, for example, the analysis of § 3. 8 yields

$$\sum_{p,m} \frac{\log p}{p^{m\sigma}}\{1+\cos(m\gamma \log p)\} \leqslant \frac{1}{\sigma-1} - \frac{1}{\sigma-\beta} + O(\log \gamma)$$

However one can show that

$$\sum_{X<p\leqslant 2X} \{1+\cos(\gamma \log p)\} \gg \frac{X}{\log X}$$

for $X \geqslant \gamma^2$, by using a lower bound of Chebychev type for the number of primes $X < p \leqslant 2X$, coupled with an upper bound $O(h/\log h)$ for the number of primes in certain short intervals $X' < p \leqslant X' + h$. One then derives the estimate

$$\sum_{p\geqslant \gamma^2} \frac{\log p}{p^{\sigma}}\{1+\cos(\gamma \log p)\} \gg \frac{\gamma^{2(1-\sigma)}}{\sigma-1}$$

and an appropriate choice of $\sigma = 1 + (A/\log \gamma)$ leads to the lower bound $1-\beta \gg (\log \gamma)^{-1}$.

3. 18. Another approach to zero-free regions via sieve methods has been given by Motohashi [1]. This is distinctly complicated, but has the advantage of applying to the wider regions discussed in §§5. 17, 6. 15 and 6. 19.

One may also obtain zero-free regions from a result of Montgomery [1; Theorem 11. 2] on the proliferation of zeros. Let $n(t, w, h)$ denote the number of zeros $\rho = \beta + i\gamma$ of $\zeta(s)$ in the rectangle $1-w \leqslant \beta \leqslant 1$, $t-\frac{1}{2}h \leqslant \gamma \leqslant t+\frac{1}{2}h$. Suppose ρ is any zero with $\beta > \frac{1}{2}$, $\gamma > 0$, and that δ satisfies $1-\beta \leqslant \delta \leqslant (\log \gamma)^{-\frac{1}{4}}$. Then there is some r with $\delta \leqslant r \leqslant 1$ for which

$$n(\gamma, r, r) + n(2\gamma, r, r) \gg \frac{r^3}{\delta^2(1-\beta)} \qquad (3.18.1)$$

Roughly speaking, this says that if $1-\beta$ is small, there must be many other zeros near either $1+i\gamma$ or $1+2i\gamma$. Montgomery gives a more precise version of this principle, as do Ramachandra [1] and Balasubramanian and Ramachandra [3]. To obtain a zero-free region one couples hypotheses of the type used in Theorem 3. 10

with Jensen's Theorem, to obtain an upper bound for $n(t, r, r)$. For example, the bound

$$\zeta(s) \ll (1+T^{1-\sigma})\log T, \quad T=|t|+2$$

which follows from Theorem 4.11, leads to

$$n(t, r, r) \ll r \log T + \log\log T + \log \frac{1}{r} \qquad (3.18.2)$$

On choosing $\delta=(\log\log \gamma)/(\log \gamma)$, a comparison of (3.18.1) and (3.18.2) produces Theorem 3.8 again.

One can also use the Epstein zeta-function of § 2.18 and the Maass-Selberg formula (2.18.9) to prove the non-vanishing of $\zeta(s)$ for $\sigma=1$. For, if $s=\frac{1}{2}+it$ and $\phi(s)=2\zeta(2s)=0$, then

$$|\psi(\frac{1}{2}+it)|^2=\psi(s)\psi(1-s)=\phi(s)\phi(1-s)=|\phi(\frac{1}{2}+it)|^2=0$$

by the functional equation (2.19.1). Thus (2.18.9) yields

$$\iint_D \widetilde{B}(z,s)\widetilde{B}(z,w)\frac{dxdy}{y^2}=0$$

for any $w \neq s$, $1-s$. This, of course, may be extended to $w=s$ or $w=1-s$ by continuity. Taking $w=\frac{1}{2}-it=\bar{s}$ we obtain

$$\iint_D |\widetilde{B}(z,s)|^2 \frac{dxdy}{y^2}=0$$

so that $\widetilde{B}(z,s)$ must be identically zero. This however is impossible since the fourier coefficient for $n=1$ is

$$8\pi^s y^{\frac{1}{2}} K_{s-\frac{1}{2}}(2\pi y)/\Gamma(s)$$

according to (2.18.5), and this does not vanish identically. The above contradiction shows that $\zeta(2s) \neq 0$. One can get quantitative estimates by such methods, but only rather weak ones. It seems that the proof given here has its origins in unpublished work of Selberg.

3.19. Lemma 3.12 is a version of Perron's formula. It is sometimes useful to have a form of this in which the error is bounded as $x \to N$.

Lemma 3.19. *Under the hypotheses of Lemma* 3.12 *one has*

$$\sum_{n\leqslant x}\frac{a_n}{n^s}=\frac{1}{2\pi i}\int_{c-iT}^{c+iT}f(s+w)\frac{x^w}{w}dw+O\left\{\frac{x^c}{T(\sigma+c-1)^a}\right\}+$$

$$O\left\{\frac{\psi(2x)x^{1-\sigma}\log x}{T}\right\}+$$

$$O\left\{\psi(N)x^{-\sigma}\min\left(\frac{x}{T\mid x-N\mid},1\right)\right\}$$

This follows at once from Lemma 3.12 unless $x-N=O(x/T)$. In the latter case one merely estimates the contribution from the term $n=N$ as

$$\int_{c-iT}^{c+iT}\frac{a_N}{N^s}\left(\frac{x}{N}\right)^w\frac{dw}{w}=\int_{c-iT}^{c+iT}\frac{a_N}{N^s}\left\{1+O\left(\frac{w}{T}\right)\right\}\frac{dw}{w}$$

$$=\frac{a_N}{N^s}\left\{\log\frac{c+iT}{c-iT}+O(1)\right\}$$

$$=O\{\psi(N)N^{-\sigma}\}$$

and the result follows.

Chapter Ⅳ APPROXIMATE FORMULAE

4.1. In this chapter we shall prove a number of approximate formulae for $\zeta(s)$ and for various sums related to it. We shall begin by proving some general results on integrals and series of a certain type.

4.2. Lemma 4.2. *Let* $F(x)$ *be a real differentiable function such that* $F'(x)$ *is monotonic and* $F'(x)>m>0$, *or* $F'(x)\leqslant -m<0$, *throughout the interval* $[a,b]$. *Then*

$$\left|\int_a^b e^{iF(x)}dx\right|\leqslant\frac{4}{m} \tag{4.2.1}$$

Suppose, for example, that $F'(x)$ is positive increasing. Then by the second mean-value theorem

$$\int_b^a \cos\{F(x)\}\mathrm{d}x = \int_a^b \frac{F'(x)\cos\{F(x)\}}{F'(x)}\mathrm{d}x$$

$$= \frac{1}{F'(a)}\int_a^\xi F'(x)\cos\{F(x)\}\mathrm{d}x$$

$$= \frac{\sin\{F(\xi)\} - \sin\{F(a)\}}{F'(a)}$$

and the modulus of this does not exceed $2/m$. A similar argument applies to the imaginary part and the result follows.

4.3. More generally we have

Lemma 4.3. *Let* $F(x)$ *and* $G(x)$ *be real functions,* $G(x)/F'(x)$ *monotonic, and* $F'(x)/G(x) \geqslant m > 0$, *or* $\leqslant -m < 0$. *Then*

$$\left|\int_a^b G(x)\mathrm{e}^{\mathrm{i}F(x)}\mathrm{d}x\right| \leqslant \frac{4}{m}$$

The proof is similar to that of the previous lemma.

The values of the constants in these lemmas are usually not of any importance.

4.4. Lemma 4.4. *Let* $F(x)$ *be a real function, twice differentiable, and let* $F''(x) \geqslant r > 0$, *or* $F''(x) \leqslant -r < 0$, *throughout the interval* $[a, b]$. *Then*

$$\left|\int_a^b \mathrm{e}^{\mathrm{i}F(x)}\mathrm{d}x\right| \leqslant \frac{8}{\sqrt{r}} \tag{4.4.1}$$

Consider, for example, the first alternative. The $F'(x)$ is steadily increasing, and so vanishes at most once in the interval (a, b), say at c. Let

$$I = \int_b^a \mathrm{e}^{\mathrm{i}F(x)}\,\mathrm{d}x = \int_a^{c-\delta} + \int_{c-\delta}^{c+\delta} + \int_{c+\delta}^{b} = I_1 + I_2 + I_3$$

where δ is a positive number to be chosen later, and it is assumed that $a+\delta \leqslant c \leqslant b-\delta$. In I_3

$$F'(x) = \int_c^x F''(t)\mathrm{d}t \geqslant r(x-c) \geqslant r\delta$$

Hence, by Lemma 4.2

$$| I_3 | \leqslant \frac{4}{r\delta}$$

I_1 satisfies the same inequality, and $| I_2 | \leqslant 2\delta$. Hence

$$| I | \leqslant \frac{8}{r\delta} + 2\delta$$

Taking $\delta = 2r^{-\frac{1}{2}}$, we obtain the result. If $c < a+\delta$, or $c > b-\delta$, the argument is similar.

4.5. Lemma 4.5. *Let $F(x)$ satisfy the conditions of the previous lemma, and let $G(x)/F'(x)$ be monotonic, and $| G(x) | \leqslant M$. Then*

$$\left| \int_b^a G(x) e^{iF(x)} dx \right| \leqslant \frac{8M}{\sqrt{r}}$$

The proof is similar to the previous one, but uses Lemma 4.3 instead of Lemma 4.2.

4.6. Lemma 4.6. *Let $F(x)$ be real, with derivatives up to the third order. Let*

$$0 < \lambda_2 \leqslant F''(x) < A\lambda_2 \tag{4.6.1}$$

or

$$0 < \lambda_2 \leqslant -F''(x) < A\lambda_2 \tag{4.6.2}$$

and

$$| F'''(x) | \leqslant A\lambda_3 \tag{4.6.3}$$

throughout the interval (a,b). Let $F'(c)=0$, where

$$a \leqslant c \leqslant b \tag{4.6.4}$$

Then in the case (4.6.1)

$$\int_b^a e^{iF(x)} dx = (2\pi)^{\frac{1}{2}} \frac{e^{\frac{1}{4}i\pi + iF(c)}}{| F''(c) |^{\frac{1}{2}}} + O(\lambda_2^{-\frac{4}{5}} \lambda_3^{\frac{1}{5}}) + O\left\{ \min\left(\frac{1}{| F'(a) |}, \lambda_2^{-\frac{1}{2}} \right) \right\} + O\left\{ \min\left(\frac{1}{| F'(b) |}, \lambda_2^{-\frac{1}{2}} \right) \right\} \tag{4.6.5}$$

In the case (4.6.2) the factor $e^{\frac{1}{4}i\pi}$ is replaced by $e^{-\frac{1}{4}i\pi}$. If $F'(x)$

does not vanish on $[a, b]$ *then* (4.6.5) *holds without the leading term.*

If $F'(x)$ does not vanish on $[a, b]$ the result follows from Lemmas 4.2 and 4.4. Otherwise either (4.6.1) or (4.6.2) shows that $F'(x)$ is monotonic, and so vanishes at only one point c. We put

$$\int_a^b e^{iF(x)}\,dx = \int_a^{c-\delta} + \int_{c-\delta}^{c+\delta} + \int_{c+\delta}^b$$

assuming that $a+\delta \leqslant c \leqslant b-\delta$. By (4.2.1)

$$\int_{c+\delta}^b = O\left\{\frac{1}{|F'(c+\delta)|}\right\} = O\left\{1\Big/\left|\int_c^{c+\delta} F''(x)\,dx\right|\right\} = O\left(\frac{1}{\delta\lambda}\right)$$

Similarly

$$\int_a^{c-\delta} = O\left(\frac{1}{\delta\lambda_2}\right)$$

Also

$$\int_{c-\delta}^{c+\delta} = \int_{c-\delta}^{c+\delta} \exp[i\{F(c)+(x-c)F'(c)+\frac{1}{2}(x-c)^2F''(c)+$$

$$\frac{1}{6}(x-c)^3F'''\{c+\theta(x-c)\}]dx$$

$$= e^{iF(c)}\int_{c-\delta}^{c+\delta} e^{\frac{1}{2}i(x-c)^2F''(c)}[1+O\{(x-c)^3\lambda_3\}]dx$$

$$= e^{iF(c)}\int_{c-\delta}^{c+\delta} e^{\frac{1}{2}i(x-c)^2F''(c)}\,dx + O(\delta^4\lambda_3)$$

Supposing $F''(c) > 0$, and putting

$$\frac{1}{2}(x-c)^2F''(c) = u$$

the integral becomes

$$\frac{2^{\frac{1}{2}}}{\{F''(c)\}^{\frac{1}{2}}}\int_0^{\frac{1}{2}\delta^2F''(c)} \frac{e^{iu}}{\sqrt{u}}du = \frac{2^{\frac{1}{2}}}{\{F''(c)\}^{\frac{1}{2}}}\left\{\int_0^\infty \frac{e^{iu}}{\sqrt{u}}du + O\left(\frac{1}{\delta\sqrt{\lambda_2}}\right)\right\}$$

$$= \frac{(2\pi)^{\frac{1}{2}}e^{\frac{1}{4}i\pi}}{\{F''(c)\}^{\frac{1}{2}}} + O\left(\frac{1}{\delta\lambda_2}\right)$$

Taking $\delta=(\lambda_2\lambda_3)^{-\frac{1}{5}}$, the result follows.

If $b-\delta<c\leqslant b$, there is also an error

$$\mathrm{e}^{\mathrm{i}F(c)}\int_b^{c+\delta}\mathrm{e}^{\frac{1}{2}\mathrm{i}(x-c)^2F''(c)\mathrm{d}x}=O\left\{\frac{1}{(b-c)\lambda_2}\right\}=O\left\{\frac{1}{|F'(b)|}\right\}$$

and also $O(\lambda_2^{-\frac{1}{2}})$; and similarly if $a\leqslant c\leqslant a+\delta$.

4.7. We now turn to the consideration of exponential sums, i. e. sums of the form

$$\sum \mathrm{e}^{2\pi\mathrm{i}f(n)}$$

where $f(n)$ is a real function. If the numbers $f(n)$ are the values taken by a function $f(x)$ of a simple kind, we can approximate to such a sum by an integral, or by a sum of integrals.

Lemma 4.7.[①] *Let $f(x)$ be a real function with a continuous and steadily decreasing derivative $f'(x)$ in (a,b), and let $f'(b)=\alpha$, $f'(a)=\beta$. Then*

$$\sum_{a<n\leqslant b}\mathrm{e}^{2\pi\mathrm{i}f(n)}=\sum_{\alpha-\eta<\nu<\beta+\eta}\int_a^b\mathrm{e}^{2\pi\mathrm{i}\{f(x)-\nu x\}}\mathrm{d}x+O\{\log(\beta-\alpha+2)\}\tag{4.7.1}$$

where η is any positive constant less that 1.

We may suppose without loss of generality that $\eta-1<\alpha\leqslant\eta$, so that $\nu\geqslant 0$; for if k is the integer such that $\eta-1<\alpha-k\leqslant\eta$, and

$$h(x)=f(x)-kx$$

then (4.7.1) is

$$\sum_{a<n\leqslant b}\mathrm{e}^{2\pi\mathrm{i}h(n)}=\sum_{\alpha'-\eta<\nu-k<\beta'+\eta}\int_a^b\mathrm{e}^{2\pi\mathrm{i}\{h(x)-(\nu-k)x\}}\mathrm{d}x+O\{\log(\beta'-\alpha'+2)\}$$

where $\alpha'=\alpha-k$, $\beta'=\beta-k$, i. e. the same formula for $h(x)$.

In (2.1.2), let $\phi(x)=\mathrm{e}^{2\pi\mathrm{i}f(x)}$. Then

$$\sum_{a<n\leqslant b}\mathrm{e}^{2\pi\mathrm{i}f(n)}=\int_a^b\mathrm{e}^{2\pi\mathrm{i}f(x)}\mathrm{d}x+\int_a^b(x-[x]-\frac{1}{2})2\pi\mathrm{i}f'(x)\mathrm{e}^{2\pi\mathrm{i}f(x)}\mathrm{d}x+O(1)$$

---

① van der Corput (1).

Also

$$x-[x]-\frac{1}{2}=-\frac{1}{\pi}\sum_{\nu=1}^{\infty}\frac{\sin 2\nu\pi x}{\nu}$$

if x is not an integer; and the series is boundedly convergent, so that we may multiply by an integrable function and integrate term-by-term. Hence the second term on the right is equal to

$$-2\mathrm{i}\sum_{\nu=1}^{\infty}\int_a^b\frac{\sin 2\nu\pi x}{\nu}\mathrm{e}^{2\pi\mathrm{i}f(x)}f'(x)\mathrm{d}x$$

$$=\sum_{\nu=1}^{\infty}\frac{1}{\nu}\int_a^b(\mathrm{e}^{-2\pi\mathrm{i}\nu x}-\mathrm{e}^{2\pi\mathrm{i}\nu x})\mathrm{e}^{2\pi\mathrm{i}f(x)}f'(x)\mathrm{d}x$$

The integral may be written

$$\frac{1}{2\pi\mathrm{i}}\int_a^b\frac{f'(x)}{f'(x)-\nu}\mathrm{d}(\mathrm{e}^{2\pi\mathrm{i}\{f(x)-\nu x\}})-\frac{1}{2\pi\mathrm{i}}\int_a^b\frac{f'(x)}{f'(x)+\nu}\mathrm{d}(\mathrm{e}^{2\pi\mathrm{i}\{f(x)+\nu x\}})$$

Since $\frac{f'(x)}{f'(x)+\nu}$ is steadily decreasing, the second term is

$$O\left(\frac{\beta}{\beta+\nu}\right)$$

by applying the second mean-value theorem to the real and imaginary parts. Hence this term contributes

$$O\left(\sum_{\nu=1}^{\infty}\frac{\beta}{\nu(\beta+\gamma)}\right)=O\left(\sum_{\nu\leqslant\beta}\frac{1}{\nu}\right)+O\left(\sum_{\nu>\beta}\frac{\beta}{\nu^2}\right)$$

$$=O\{\log(\beta+2)\}+O(1)$$

Similarly the first term is $O\{\beta/\nu-\beta)\}$ for $\nu\geqslant\beta+\eta$, and this contributes

$$O\left(\sum_{\nu\geqslant\beta+\eta}\frac{\beta}{\nu(\nu-\beta)}\right)=O\left(\sum_{\beta+\eta\leqslant\nu<2\beta}\frac{1}{\nu-\beta}\right)+O\left(\sum_{\nu\geqslant 2\beta}\frac{\beta}{\nu^2}\right)$$

$$=O\{\log(\beta+2)\}+O(1)$$

Finally

$$\sum_{\nu=1}^{\beta+\eta}\frac{1}{\nu}\int_a^b\mathrm{e}^{2\pi\mathrm{i}\{f(x)-\nu x\}}f'(x)\mathrm{d}x=\sum_{\nu=1}^{\beta+\eta}\left[\frac{\mathrm{e}^{2\pi\mathrm{i}\{f(x)-\nu x\}}}{2\pi\mathrm{i}\nu}\right]_a^b+\sum_{\nu=1}^{\beta+\eta}\int_a^b\mathrm{e}^{2\pi\mathrm{i}\{f(x)-\nu x\}}\mathrm{d}x$$

and the integrated terms are $O\{\log(\beta+2)\}$. The result therefore follows.

4.8. As a particular case, we have

Lemma 4.8. *Let $f(x)$ be a real differentiable function in the interval $[a, b]$, let $f'(x)$ be monotonic, and let $|f'(x)| \leqslant \theta < 1$. Then*

$$\sum_{a<n\leqslant b} \mathrm{e}^{2\pi i f(n)} = \int_a^b \mathrm{e}^{2\pi i f(x)}\,\mathrm{d}x + O(1) \tag{4.8.1}$$

Taking $\eta < 1-\theta$, the sum on the right of (4.7.1) either reduces to the single term $\nu=0$, or if $f'(x) \geqslant \eta$ or $\leqslant -\eta$ throughout $[a, b]$, it is null, and

$$\int_a^b \mathrm{e}^{2\pi i f(x)}\,\mathrm{d}x = O(1)$$

by Lemma 4.2.

4.9. Theorem 4.9.[①] *Let $f(x)$ be a real function with derivatives up to the third order. Let $f'(x)$ be steadily decreasing in $a \leqslant x \leqslant b$, and $f'(b)=\alpha$, $f'(a)=\beta$. Let x_ν be defined by*

$$f'(x_\nu)=\nu \quad (\alpha < \nu \leqslant \beta)$$

Let

$$\lambda_2 \leqslant |f''(x)| < A\lambda_2, \qquad |f'''(x)| < A\lambda_3$$

Then

$$\sum_{a<n\leqslant b} \mathrm{e}^{2\pi i f(n)} = \mathrm{e}^{-\frac{1}{4}\pi i} \sum_{\alpha<\nu\leqslant\beta} \frac{\mathrm{e}^{2\pi i\{f(x_\nu)-\nu x_\nu\}}}{|f''(x_\nu)|^{\frac{1}{2}}} + O(\lambda_2^{-\frac{1}{2}}) +$$
$$O[\log\{2+(b-a)\lambda_2\}] + O\{(b-a)\lambda_2^{\frac{1}{5}}\lambda_3^{\frac{1}{5}}\}$$

We use Lemma 4.7, where now

$$\beta-\alpha = O\{(b-a)\lambda_2\}$$

Also we can replace the limits of summation on the right-hand side by $(\alpha+1, \beta-1)$, with error $O(\lambda_2^{-\frac{1}{2}})$. Lemma 4.6. then gives

$$\sum_{\alpha+1<\nu<\beta-1} \int_a^b \mathrm{e}^{2\pi i\{f(x)-\nu x\}}\,\mathrm{d}x = \mathrm{e}^{-\frac{1}{4}\pi i} \sum_{\alpha+1<\nu<\beta-1} \frac{\mathrm{e}^{2\pi i\{f(x_\nu)-\nu x_\nu\}}}{|f''(x_\nu)|^{\frac{1}{2}}} + \sum_{\alpha+1<\nu<\beta-1} O(\lambda_2^{-\frac{4}{5}}\lambda_3) +$$

① van der Corput (2).

$$\sum_{\alpha+1<\nu<\beta-1}\left\{O\left(\frac{1}{\nu-\alpha}\right)+O\left(\frac{1}{\beta-\nu}\right)\right\}$$

The second term on the right is

$$O\{(\beta-\alpha)\lambda_2^{-\frac{4}{5}}\lambda_3^{\frac{1}{5}}\}=O\{(b-a)\lambda_2^{\frac{1}{5}}\lambda_3^{\frac{1}{5}}\}$$

and the last term is

$$O\{\log(2+\beta-\alpha)\}=O[\log\{2+(b-a)\lambda_2\}]$$

Finally we can replace the limits $(\alpha+1, \beta-1)$ by $(\alpha, \beta]$ with eoor $O(\lambda_2^{-\frac{1}{2}})$.

4.10. Lemma 4.10. *Let $f(x)$ satisfy the same conditions as in Lemma 4.7, and let $g(x)$ be a real positive decreasing function, with a continuous derivative $g'(x)$, and let* $|g'(x)|$ be steadily decreasing. Then

$$\sum_{a<n\leqslant b} g(n)\mathrm{e}^{2\pi i f(n)}=\sum_{\alpha-\eta<\nu<\beta+\eta}\int_a^b g(x)\mathrm{e}^{2\pi i\{f(x)-\nu x\}}\mathrm{d}x+$$
$$O\{g(a)\log(\beta-\alpha+2)\}+O\{|g'(a)|\}$$

We proceed as in §4.7, but with

$$\phi(x)=g(x)\mathrm{e}^{2\pi i f(x)}$$

We encounter terms of the form

$$\int_a^b g(x)\frac{f'(x)}{f'(x)\pm\nu}\mathrm{d}(\mathrm{e}^{2\pi i\{f(x)\pm\nu x\}})$$

and also

$$\int_a^b\frac{g'(x)}{f'(x)\pm\nu}\mathrm{d}(\mathrm{e}^{2\pi i\{f(x)\pm\nu x\}})$$

The former lead to $O\{g(a)\log(\beta-\alpha+2)\}$ as before. The latter give, for example

$$\sum_{\nu=1}^{\infty}\frac{|g'(a)|}{\nu^2}=O(|g'(a)|)$$

and the result follows.

4.11. We now come to the simplest theorem[①] on the

① Hardy and Littlewood (3).

approximation to $\zeta(s)$ in the critical strip by a partial sum of its Dirichlet series.

Theorem 4.11. *We have*

$$\zeta(s)=\sum_{n\leqslant x}\frac{1}{n^s}-\frac{x^{1-s}}{1-s}+O(x^{-\sigma}) \tag{4.11.1}$$

uniformly for $\sigma\geqslant\sigma_0>0$, $|t|<2\pi\leqslant x/C$, *when C is a given constant greater that* 1.

We have, by (3.5.3)

$$\begin{aligned}\zeta(s)&=\sum_{n=1}^{N}\frac{1}{n^s}-\frac{N^{1-s}}{1-s}+s\int_N^{\infty}\frac{[u]-u+\frac{1}{2}}{u^{s+1}}\mathrm{d}u-\frac{1}{2}N^{-s}\\&=\sum_{n=1}^{N}\frac{1}{n^s}-\frac{N^{1-s}}{1-s}+O\left(\frac{|s|}{N^{\sigma}}\right)+O(N^{-\sigma})\end{aligned} \tag{4.11.2}$$

The sum

$$\sum_{x<n\leqslant N}\frac{1}{n^s}=\sum_{x<n\leqslant N}\frac{n^{-it}}{n^{\sigma}}$$

is of the form considered in the above lemma, with $g(u)=u^{-\sigma}$, and

$$f(u)=-\frac{t\log u}{2\pi},\quad f'(u)=-\frac{t}{2\pi u}$$

Thus

$$|f'(u)|\leqslant\frac{t}{2\pi x}<\frac{1}{C}$$

Hence

$$\begin{aligned}\sum_{x<n\leqslant N}\frac{1}{n^s}&=\int_x^N\frac{\mathrm{d}u}{u^s}+O(x^{-\sigma})\\&=\frac{N^{1-s}-x^{1-s}}{1-s}+O(x^{-\sigma})\end{aligned}$$

Hence

$$\zeta(s)=\sum_{n\leqslant x}\frac{1}{n^s}-\frac{x^{1-s}}{1-s}+O(x^{-\sigma})+O\left(\frac{|s|+1}{N^{\sigma}}\right)$$

Making $N\rightarrow\infty$, the result follows.

4.12. For many purposes the sum involved in Theorem 4.11 contains too many terms (at least $A|t|$) to be of use. We therefore consider the result of taking smaller values of x in the above formulae. The form of the result is given by Theorem 4.9, with an extra factor $g(n)$ in the sum. If we ignore error terms for the moment, this gives

$$\sum_{a<n\leqslant b} g(n)e^{2\pi i f(n)} \sim e^{-\frac{1}{4}\pi i}\sum_{\alpha<\nu\leqslant\beta}\frac{e^{2\pi i\{f(x_\nu)-\nu x_\nu\}}}{|f''(x_\nu)|^{\frac{1}{2}}}g(x_\nu)$$

Taking

$$g(u)=u^{-\sigma},\quad f(u)=\frac{t\log u}{2\pi}$$

$$f'(u)=\frac{t}{2\pi u},\quad f''(u)=-\frac{t}{2\pi u^2}$$

$$x_\nu=\frac{t}{2\pi\nu},\quad f''(x_\nu)=-\frac{2\pi\nu^2}{t}$$

and replacing a, b by x, N and i by $-$i, we obtain

$$\sum_{x<n\leqslant N}\frac{1}{n^s}\sim e^{\frac{1}{4}\pi i}\sum_{t/2\pi N<\nu\leqslant t/2\pi x}\frac{e^{-2\pi i\{(t/2\pi)\log(t/2\pi\nu)-(t/2\pi)\}}}{(t/2\pi\nu)^\sigma(2\pi\nu^2/t)^{\frac{1}{2}}}$$

$$=\left(\frac{t}{2\pi}\right)^{\frac{1}{2}-\sigma}e^{\frac{1}{4}\pi i-it\log(t/2\pi e)}\sum_{t/2\pi N<\nu\leqslant t/2\pi x}\frac{1}{\nu^{1-s}}$$

Now the functional equation is

$$\zeta(s)=\chi(s)\zeta(1-s)$$

where

$$\chi(s)=2^{s-1}\pi^s\sec\frac{1}{2}s\pi/\Gamma(s)$$

In any fixed strip $\alpha\leqslant\sigma\leqslant\beta$, as $t\to\infty$

$$\log\Gamma(\sigma+it)=(\sigma+it-\frac{1}{2})\log(it)-it+\frac{1}{2}\log 2\pi+O\left(\frac{1}{t}\right)\tag{4.12.1}$$

Hence

$$\Gamma(\sigma+it)=t^{\sigma+it-\frac{1}{2}}e^{-\frac{1}{2}\pi t-it+\frac{1}{2}i\pi(\sigma-\frac{1}{2})}(2\pi)^{\frac{1}{2}}\left\{1+O\left(\frac{1}{t}\right)\right\}\tag{4.12.2}$$

$$\chi(s)=\left(\frac{2\pi}{t}\right)^{\sigma+it-\frac{1}{2}}e^{i(t+\frac{1}{4}\pi)}\left\{1+O\left(\frac{1}{t}\right)\right\}\tag{4.12.3}$$

Hence the above relation is equivalent to

$$\sum_{x<n\leqslant N}\frac{1}{n^s}\sim\chi(s)\sum_{t/2\pi N<\nu\leqslant 2\pi x}\frac{1}{\nu^{1-s}}$$

The formulae therefore suggest that, with some suitable error terms

$$\zeta(s)\sim\sum_{n\leqslant x}\frac{1}{n^s}+\chi(s)\sum_{\nu\leqslant y}\frac{1}{\nu^{1-s}}$$

where $2\pi xy=|t|$.

Actually the result is that

$$\zeta(s)=\sum_{n\leqslant x}\frac{1}{n^s}+\chi(s)\sum_{n\leqslant y}\frac{1}{n^{1-s}}+O(x^{-\sigma})+O(|t|^{\frac{1}{2}-\sigma}y^{\sigma-1})\tag{4.12.4}$$

for $0<\sigma<1$. This is known as the *approximate functional equation*[①]

4.13. Theorem 4.13. *If h is a positive constant*

$$0<\sigma<1,\quad 2\pi xy=t,\quad x>h>0,\quad y>h>0$$

then

$$\zeta(s)=\sum_{n\leqslant x}\frac{1}{n^s}+\chi(s)\sum_{n\leqslant y}\frac{1}{n^{1-s}}O(x^{-\sigma}\log|t|)+O(|t|^{\frac{1}{2}-\sigma}y^{\sigma-1})\tag{4.13.1}$$

This is an imperfect form of the approximate functional equation in which a factor $\log|t|$ appears in one of the O-terms; but for most purposes it is quite sufficient. The proof depends on the same principle as Theorem 4.9, but Theorem 4.9 would not give a sufficiently good O-result, and we have to reconsider the integrals which occur in this problem. Let $t>0$. By Lemma 4.10

$$\sum_{x<n\leqslant N}\frac{1}{n^s}=\sum_{t/2\pi N-\eta<\nu\leqslant y+\eta}\int_x^N\frac{e^{2\pi i\nu u}}{u^s}du+O\left\{x^{-\sigma}\log\left(\frac{t}{x}-\frac{t}{N}+2\right)\right\}$$

and the last term is $O(x^{-\sigma}\log t)$. If $2\pi N\eta>t$, the first term is $\nu=0$, i. e.

① Hardy and Littlewood (3), (4), (6), Siegel (2).

$$\int_x^N \frac{\mathrm{d}u}{u^s} = \frac{N^{1-s} - x^{1-s}}{1-s}$$

Hence by (4.11.2)

$$\zeta(s) = \sum_{n \leqslant x} \frac{1}{n^s} + \sum_{1 \leqslant \nu \leqslant y+\eta} \int_x^N \frac{\mathrm{e}^{2\pi i \nu u}}{u^s} \mathrm{d}u + O(x^{-\sigma} \log t) + O(tN^{-\sigma})$$

since

$$x^{1-s}/(1-s) = O(x^{-\sigma}) = O(x^{-\sigma} \log t)$$

Now

$$\int_0^\infty \frac{\mathrm{e}^{2\pi i \nu u}}{u^s} \mathrm{d}u = \Gamma(1-s) \left(\frac{2\pi\nu}{\mathrm{i}}\right)^{s-1}$$

and by Lemma 4.3

$$\int_N^\infty u^{-\sigma} \mathrm{e}^{-2\pi i \{(t/2\pi)\log u - \nu u\}} \mathrm{d}u = O\left(\frac{N^{-\sigma}}{\nu - (t/2\pi N)}\right) = O\left(\frac{N^{-\sigma}}{\nu}\right)$$

$$\int_0^x u^{-s} \mathrm{e}^{2\pi i \nu u} \mathrm{d}u = \left[\frac{u^{1-s}}{1-s} \mathrm{e}^{2\pi i \nu u}\right]_0^x - \frac{2\pi i \nu}{1-s} \int_0^x u^{1-s} \mathrm{e}^{2\pi i \nu u} \mathrm{d}u$$

$$= O\left(\frac{x^{1-\sigma}}{t}\right) + O\left(\frac{\nu}{t} \frac{x^{1-\sigma}}{\nu - (t/2\pi x)}\right)$$

Hence

$$\sum_{1 \leqslant \nu \leqslant y-\eta} \int_x^N \frac{\mathrm{e}^{2\pi i \nu u}}{u^s} \mathrm{d}u = \left(\frac{2\pi}{\mathrm{i}}\right)^{s-1} \Gamma(1-s) \sum_{1 \leqslant \nu \leqslant y-\eta} \frac{1}{\nu^{1-s}} + O(N^{-\sigma} \log y) + O\left(\frac{x^{1-\sigma} y}{t}\right) + O\left(\frac{x^{1-\sigma}}{t} \sum_{1 \leqslant \nu \leqslant y-\eta} \frac{\nu}{\nu - y}\right)$$

$$= \left(\frac{2\pi}{\mathrm{i}}\right)^{s-1} \Gamma(1-s) \sum_{1 \leqslant \nu \leqslant y-\eta} \frac{1}{\nu^{1-s}} + O(N^{-\sigma} \log t) + O\left(\frac{x^{1-\sigma} y \log t}{t}\right)$$

There is still a possible term corresponding to $y - \eta < \nu \leqslant y + \eta$; for this, by Lemma 4.5

$$\int_0^x u^{1-s} \mathrm{e}^{2\pi i \nu u} \mathrm{d}u = O\left\{x^{1-\sigma} \left(\frac{t}{x^2}\right)^{-\frac{1}{2}}\right\}$$

giving a term

$$O\left\{\frac{y}{t}x^{1-\sigma}\left(\frac{t}{x^2}\right)^{-\frac{1}{2}}\right\}=O\left\{x^{-\sigma}\left(\frac{t}{x^2}\right)^{-\frac{1}{2}}\right\}=O(x^{1-\sigma}t^{-\frac{1}{2}})=O(t^{\frac{1}{2}-\sigma}y^{\sigma-1})$$

Finally we can replace $\nu\leqslant y-\eta$ by $\nu\leqslant y$ with error

$$O\left\{\left|\left(\frac{2\pi}{\mathrm{i}}\right)^{s-1}\Gamma(1-s)\right|y^{\sigma-1}\right\}=O(t^{\frac{1}{2}-\sigma}y^{\sigma-1})$$

Also for $t>0$

$$\begin{aligned}\chi(s)&=2^s\pi^{s-1}\sin\frac{1}{2}s\pi\Gamma(1-s)\\&=2^s\pi^{s-1}\left\{-\frac{\mathrm{e}^{-\frac{1}{2}\mathrm{i}s\pi}}{2\mathrm{i}}+O(\mathrm{e}^{-\frac{1}{2}\pi t})\right\}\Gamma(1-s)\\&=\left(\frac{2\pi}{\mathrm{i}}\right)^{s-1}\Gamma(1-s)\{1+O(\mathrm{e}^{-\pi t})\}\end{aligned}$$

Hence the result follows on taking N large enough.

It is possible to prove the full result by a refinement of the above methods. We shall not give the details here, since the result will be obtained by another method, depending on contour integration.

4.14. Complex-variable methods. An extremely powerful method of obtaining approximate formulae for $\zeta(s)$ is to express $\zeta(s)$ as a contour integral, and then move the contour into a position where it can be suitably dealt with. The following is a simple example.

Alternative proof of Theorem 4.11. We may suppose without loss of generality that x is half an odd integer, since the last term in the sum, which might be affected by the restriction, is $O(x^{-\sigma})$, and so is the possible variation in $x^{1-s}/(1-s)$.

Suppose first that $\sigma>1$. Then a simple application of the theorem of residues shows that

$$\zeta(s)-\sum_{n<x}n^{-s}$$

$$=\sum_{n>x}n^{-s}=-\frac{1}{2\mathrm{i}}\int_{x-\mathrm{i}\infty}^{x+\mathrm{i}\infty}z^{-s}\cot\pi z\,\mathrm{d}z$$

$$=-\frac{1}{2\mathrm{i}}\int_{x-\mathrm{i}\infty}^{x}(\cot\pi z-\mathrm{i})z^{-s}\mathrm{d}z-\frac{1}{2\mathrm{i}}\int_{x}^{x+\mathrm{i}\infty}(\cot\pi z+\mathrm{i})z^{-s}\mathrm{d}z-\frac{x^{1-s}}{1-s}$$

The final formula holds, by the theory of analytic continuation, for all values of s, since the last two integrals are uniformly convergent in any finite region. In the second integral we put $z=x+\mathrm{i}r$, so that

$$|\cot\pi z+\mathrm{i}|=\frac{2}{1+\mathrm{e}^{2\pi r}}<2\mathrm{e}^{-2\pi r}$$

and

$$|z^{-s}|=|z|^{-\sigma}\mathrm{e}^{t\arg z}<x^{-\sigma}\mathrm{e}^{|t|\arctan(r/x)}<x^{-\sigma}\mathrm{e}^{|t|r/x}$$

Hence the modulus of this term does not exceed

$$x^{-\sigma}\int_0^{\infty}\mathrm{e}^{-2\pi r+|t|r/x}\,\mathrm{d}r=\frac{x^{-\sigma}}{2\pi-|t|/x}$$

A similar result holds for the other integral, and the theorem follows.

It is possible to prove the approximate functional equation by an extension of this argument; we may write

$$-\cot\pi z-\mathrm{i}=2\mathrm{i}\sum_{\nu=1}^{n}\mathrm{e}^{2\nu\pi\mathrm{i}z}+\frac{2\mathrm{i}\mathrm{e}^{2(n+1)\pi\mathrm{i}z}}{1-\mathrm{e}^{2\pi\mathrm{i}z}}$$

Proceeding as before, this leads to an O-term

$$O\left\{x-\sigma\int_0^{\infty}\mathrm{e}^{-2(n+1)\pi r-|t|r/x}\,\mathrm{d}r\right\}=O\left(\frac{x^{-\sigma}}{2(n+1)\pi-|t|/x}\right)$$

and this is $O(x^{-\sigma})$ if $2(n+1)\pi-|t|/x>A$, i. e. for comparatively small values of x, if n is large. However, the rest of the argument suggested is not particularly simple, and we prefer another proof, which will be more useful for further developments.

4.15. Theorem 4.15. *The approximate functional equation* (4.12.4) *holds for* $0\leqslant\sigma\leqslant1$, $x>h>0$, $y>h>0$.

It is possible to extend the result to any strip $-k<\sigma<k$ by slight changes in the argument

For $\sigma>1$

$$\zeta(s)=\sum_{n=1}^{m}\frac{1}{n^s}+\frac{1}{\Gamma(s)}\int_0^{\infty}\frac{x^{s-1}\mathrm{e}^{-mx}}{\mathrm{e}^x-1}\mathrm{d}x$$

Transforming the integral into a loop-integral as in § 2.4, we obtain

$$\zeta(s)=\sum_{n=1}^{m}\frac{1}{n^s}+\frac{\mathrm{e}^{-\mathrm{i}\pi s}\Gamma(1-s)}{2\pi\mathrm{i}}\int_C\frac{w^{s-1}\mathrm{e}^{-mw}}{\mathrm{e}^w-1}\mathrm{d}w$$

where C excludes the zeros of e^w-1 other than $w=0$. This holds for all values of s except positive integers.

Let $t>0$ and $x\leqslant y$, so that $x\leqslant\sqrt{(t/2\pi)}$. Let $\sigma\leqslant 1$

$$m=[x],\quad y=t/(2\pi x),\quad q=[y],\quad \eta=2\pi y$$

We deform the contour C into the straight lines C_1, C_2, C_3, C_4 joining ∞, $c\eta+\mathrm{i}\eta(1+c)$, $-c\eta+\mathrm{i}\eta(1-c)$, $-c\eta-(2q+1)\pi\mathrm{i}$, ∞, where c is an absolute constant, $0<c\leqslant\frac{1}{2}$. If y is an integer, a small indentation is made above the pole at $w=\mathrm{i}\eta$. We have then

$$\zeta(s)=\sum_{n=1}^{m}\frac{1}{n^s}+\chi(s)\sum_{n=1}^{q}\frac{1}{n^{1-s}}+\frac{\mathrm{e}^{-\mathrm{i}\pi s}\Gamma(1-s)}{2\pi\mathrm{i}}\left(\int_{C_1}+\int_{C_2}+\int_{C_3}+\int_{C_4}\right)$$

Let $w=u+\mathrm{i}\nu=\rho\mathrm{e}^{\mathrm{i}\phi}(0<\phi<2\pi)$. Then

$$|w^{s-1}|=\rho^{\sigma-1}\mathrm{e}^{-t\phi}$$

On C_4, $\phi\geqslant\frac{5}{4}\pi$, $\rho>A\eta$, and $|\mathrm{e}^w-1|>A$. Hence

$$\left|\int_{C_4}\right|=O\left(\eta^{\sigma-1}\mathrm{e}^{-\frac{5}{4}\pi t}\int_{-c\eta}^{\infty}\mathrm{e}^{-mu}\,\mathrm{d}u\right)=O(\mathrm{e}^{mc\eta-\frac{5}{4}\pi t})=O(\mathrm{e}^{t(c-\frac{5}{4}\pi)})$$

On C_3, $\phi\geqslant\frac{1}{2}\pi+\arctan\frac{c}{1-c}>\frac{1}{2}\pi+c+A$ where $A>0$,

since

$$\arctan\theta=\int_0^{\theta}\frac{\mathrm{d}u}{1+\mu^2}>\int_0^{\theta}\frac{\mathrm{d}u}{(1+\mu)^2}=\frac{\theta}{1+\theta}$$

Hence

$$w^{s-1}\mathrm{e}^{-mw}=O(\eta^{\sigma-1}\mathrm{e}^{-t(\frac{1}{2}\pi+c+A)+mc\eta})=O(\eta^{\sigma-1}\mathrm{e}^{-t(\frac{1}{2}\pi+A)})$$

and $|\mathrm{e}^{w}-1|>A$. Hence

$$\int_{C_3}=O(\eta^{\sigma}\mathrm{e}^{-t(\frac{1}{2}\pi+A)})$$

On C_1, $|\mathrm{e}^{w}-1|>A\mathrm{e}^{u}$. Hence

$$\frac{u^{s-1}\mathrm{e}^{-mw}}{\mathrm{e}^{w}-1}=O\left[\eta^{\sigma-1}\exp\left\{-t\arctan\frac{(1+c)\eta}{u}-(m+1)u\right\}\right]$$

Since $m+1\geqslant x=t/\eta$, and

$$\frac{\mathrm{d}}{\mathrm{d}u}\left\{\arctan\frac{(1+c)\eta}{u}+\frac{u}{\eta}\right\}=-\frac{(1+c)\eta}{u^{2}+(1+c)^{2}\eta^{2}}+\frac{1}{\eta}>0$$

We have

$$\begin{aligned}\arctan\frac{(1+c)\eta}{u}+\frac{u}{\eta}&\geqslant\arctan\frac{1+c}{c}+c\\&=\frac{1}{2}\pi+c-\arctan\frac{c}{1+c}\\&=\frac{1}{2}\pi+A\end{aligned}$$

since for $0<\theta<1$

$$\arctan\theta<\int_{0}^{\theta}\frac{\mathrm{d}u}{(1-\mu)^{2}}=\frac{\theta}{1-\theta}$$

Hence

$$\begin{aligned}\int_{C_1}&=O\left(\eta^{\sigma-1}\int_{0}^{\pi\eta}\mathrm{e}^{-(\frac{1}{2}\pi+A)t}\,\mathrm{d}u\right)+O\left(\eta^{\sigma-1}\int_{\pi\eta}^{\infty}\mathrm{e}^{-xu}\,\mathrm{d}u\right)\\&=O(\eta^{\sigma}\mathrm{e}^{-(\frac{1}{2}\pi+A)t})+O(\eta^{\sigma-1}\mathrm{e}^{-\pi\eta x})\\&=O(\eta^{\sigma}\mathrm{e}^{-\frac{1}{2}\pi+A)t})\end{aligned}$$

Finally consider C_2. Here $w=\mathrm{i}\eta+\lambda\mathrm{e}^{\frac{1}{r}\mathrm{i}\pi}$, where λ is real, $|\lambda|\leqslant\sqrt{2}c\eta$. Hence

$$\begin{aligned}w^{s-1}&=\exp[(s-1)\{\frac{1}{2}\mathrm{i}\pi+\log(\eta+\lambda\mathrm{e}^{-\frac{1}{4}\mathrm{i}\pi})\}]\\&=\exp\left[(s-1)\left\{\frac{1}{2}\mathrm{i}\pi+\log\eta+\frac{\lambda}{\eta}\mathrm{e}^{-\frac{1}{4}\mathrm{i}\pi}-\frac{1}{2}\frac{\lambda^{2}}{\eta^{2}}\mathrm{e}^{-\frac{1}{2}\mathrm{i}\pi}+O\left(\frac{\lambda^{3}}{\eta^{3}}\right)\right\}\right]\end{aligned}$$

$$=O\left[\eta^{\sigma-1}\exp\left[\left\{-\frac{1}{2}\pi+\frac{\lambda}{\eta\sqrt{2}}-\frac{1}{2}\frac{\lambda^2}{\eta^2}+O\left(\frac{\lambda^3}{\eta^3}\right)\right\}t\right]\right]$$

Also

$$\frac{\mathrm{e}^{-mw+xw}}{\mathrm{e}^w-1}=O\left(\frac{\mathrm{e}^{(x-m-1)u}}{1-\mathrm{e}^{-u}}\right)\quad (w\geqslant 0)$$

$$=O\left(\frac{\mathrm{e}^{(x-m)u}}{\mathrm{e}^u-1}\right)\quad (u<0)$$

which is bounded for $u<-\frac{1}{2}\pi$ and $u>\frac{1}{2}\pi$; and

$$|\mathrm{e}^{-xw}|=\mathrm{e}^{-\lambda t/\eta\sqrt{2}}$$

Hence the part with $|u|>\frac{1}{2}\pi$ is

$$O\left\{\eta^{\sigma-1}\mathrm{e}^{-\frac{1}{2}\pi t}\int_{-c\eta\sqrt{2}}^{c\eta\sqrt{2}}\exp\left[\left\{-\frac{1}{2}\frac{\lambda^2}{\eta^2}+O\left(\frac{\lambda^3}{\eta^3}\right)\right\}t\right]\mathrm{d}\lambda\right\}$$

$$=O\left\{\eta^{\sigma-1}\mathrm{e}^{-\frac{1}{2}\pi t}\int_{-\infty}^{\infty}\mathrm{e}^{-A\lambda^2\eta^{-2}t}\mathrm{d}\lambda\right\}$$

$$=O(\eta^{\sigma}t^{-\frac{1}{2}}\mathrm{e}^{-\frac{1}{2}\pi t})$$

The argument also applies to the part $|u|\leqslant\frac{1}{2}\pi$ if $|\mathrm{e}^w-1|>A$ on this part. If not, suppose, for example, that the contour goes too near to the pole at $w=2q\pi\mathrm{i}$. Take it round an arc of the circle $|w-2q\pi\mathrm{i}|=\frac{1}{2}\pi$. On this circle

$$w=2q\pi\mathrm{i}+\frac{1}{2}\pi\mathrm{e}^{\mathrm{i}\theta}$$

and

$$\log(w^{s-1}\mathrm{e}^{-mw})=-\frac{1}{2}m\pi\mathrm{e}^{\mathrm{i}\theta}+(s-1)\{\frac{1}{2}\mathrm{i}\pi+\log(2q\pi+\frac{1}{2}\pi\mathrm{e}^{\mathrm{i}\theta}/\mathrm{i}\}$$

$$=-\frac{1}{2}m\pi\mathrm{e}^{\mathrm{i}\theta}-\frac{1}{2}\pi t+(s-1)\log(2q\pi)+\frac{t\mathrm{e}^{\mathrm{i}\theta}}{4q}+O(1)$$

Since

$$m\pi-\frac{t}{2q}=\frac{2mq\pi-1}{2q}=O(1)$$

this is

$$-\frac{1}{2}\pi t+(s-1)\log(2q\pi)+O(1)$$

Hence

$$|w^{s-1}\mathrm{e}^{-mw}|=O(q^{\sigma-1}\mathrm{e}^{-\frac{1}{2}\pi t})$$

The contribution of this part is therefore

$$O(\eta^{\sigma-1}\mathrm{e}^{-\frac{1}{2}\pi t})$$

Since

$$\mathrm{e}^{-\mathrm{i}\pi s}\Gamma(1-s)=O(t^{\frac{1}{2}-\sigma}\mathrm{e}^{\frac{1}{2}\pi t})$$

we have now proved that

$$\zeta(s)=\sum_{n=1}^{m}\frac{1}{n^s}+\chi(s)\sum_{n=1}^{q}\frac{1}{n^{1-s}}+O\{t^{\frac{1}{2}-\sigma}(\mathrm{e}^{-At}+\eta^{\sigma}t^{-\frac{1}{2}}+\eta^{\sigma-1})\}$$

The O-terms are

$$O(\mathrm{e}^{-At}+O\left\{\left(\frac{t}{x}\right)^{\sigma}t^{-\sigma}\right\}+O\left\{t^{\frac{1}{2}-\sigma}\left(\frac{t}{x}\right)^{\sigma-1}\right\}$$

$$=O(\mathrm{e}^{-At})+O(x^{-\sigma})+O(t^{-\frac{1}{2}}x^{1-\sigma})$$

$$=O(x^{-\sigma})$$

This proves the theorem in the case considered.

To deduce the case $x\geqslant y$, change s into $1-s$ in the result already obtained. Then

$$\zeta(1-s)=\sum_{n\leqslant x}\frac{1}{n^{1-s}}+\chi(1-s)\sum_{n\leqslant y}\frac{1}{n^s}+O(x^{\sigma-1})$$

Multiplying by $\chi(s)$, and using the functional equation and

$$\chi(s)\chi(1-s)=1$$

we obtain

$$\zeta(s)=\chi(s)\sum_{n\leqslant x}\frac{1}{n^{1-s}}+\sum_{n\leqslant y}\frac{1}{n^s}+O(t^{\frac{1}{2}-\sigma}x^{\sigma-1})$$

Interchanging x and y, this gives the theorem with $x\geqslant y$.

4.16. Further approximations.[①] A closer examination of the above analysis, together with a knowledge of the formulae of

---

① Siegel (2).

§2.10, shows that the O-terms in the approximate functional equation can be replaced by an asymptotic series, each term of which contains trigonometrical functions and powers of t only.

We shall consider only the simplest case in which $x = y = \sqrt{(t/2\pi)}$, $\eta = \sqrt{(2\pi t)}$. In the neighbourhood of $w = \mathrm{i}\eta$ we have

$$(s-1)\log\frac{2}{\mathrm{i}\eta} = (s-1)\log\left(1+\frac{w-\mathrm{i}\eta}{\mathrm{i}\eta}\right)$$

$$= (\sigma+\mathrm{i}t-1)\left\{\frac{w-\mathrm{i}\eta}{\mathrm{i}\eta} - \frac{1}{2}\left(\frac{w-\mathrm{i}\eta}{\mathrm{i}\eta}\right)^2 + \cdots\right\}$$

$$= \frac{\eta}{2\pi}(w-\mathrm{i}\eta) + \frac{\mathrm{i}}{4\pi}(w-\mathrm{i}\eta)^2 + \cdots$$

Hence we write

$$\mathrm{e}^{(s-1)\log(w/\mathrm{i}\eta)} = \mathrm{e}^{(\eta/2\pi)(w-\mathrm{i}\eta)+(\mathrm{i}/4\pi)(w-\mathrm{i}\eta)^2}\phi\left(\frac{w-\mathrm{i}\eta}{\mathrm{i}\sqrt{(2\pi)}}\right)$$

where

$$\phi(z) = \exp\left\{(s-1)\log\left(1+\frac{z}{\sqrt{t}}\right) - \mathrm{i}z\sqrt{t} + \frac{1}{2}\mathrm{i}z^2\right\}$$

$$= \sum_{n=0}^{\infty} a_n z^n$$

say. Now

$$\frac{\mathrm{d}\phi}{\mathrm{d}z} = \left(\frac{s-1}{z+\sqrt{t}} - \mathrm{i}\sqrt{t} + \mathrm{i}z\right)\phi(z) = \frac{\sigma-1+\mathrm{i}z^2}{z+\sqrt{t}}\phi(z)$$

Hence

$$(z+\sqrt{t})\sum_{n=1}^{\infty} n a_n z^{n-1} = (\sigma-1+\mathrm{i}z^2)\sum_{n=0}^{\infty} a_n z^n$$

and the coefficients a_n are determined in succession by the recurrence formula

$$(n+1)\sqrt{t}\cdot a_{n+1} = (\sigma-n-1)a_n + \mathrm{i}a_{n-2} \quad (n=2, 3, \cdots)$$

this being true for $n=1$, $n=1$ also if we write $a_{-2} = a_{-1} = 0$. Thus

$$a_0 = 1, \quad a_1 = \frac{\sigma-1}{\sqrt{t}}, \quad a_2 = \frac{(\sigma-1)(\sigma-2)}{2t}, \quad \cdots$$

It follows that

$$a_n = O(t^{-\frac{1}{2}n+[\frac{1}{3}n]}) \tag{4.16.1}$$

(not uniformly in n); for if this is true up to n, then

$$a_{n+1} = O(t^{-\frac{1}{2}n+[\frac{1}{3}n]-\frac{1}{2}}) + O(t^{-\frac{1}{2}(n-2)+[\frac{1}{3}(n-2)]-\frac{1}{2}}) = O(t^{-\frac{1}{2}(n+1)+[\frac{1}{3}(n+1)]})$$

Hence (4.16.1) follows for all n by induction.

Now let

$$\phi(z) = \sum_{n=0}^{N-1} a_n z^n + r_N(z)$$

Then

$$r_N(z) = \frac{1}{2\pi i}\int_\Gamma \frac{\phi(w) z^N}{w^N(w-z)} dw$$

Where Γ is a contour including the points 0 and z. Now

$$\log \phi(w) = (s-1)\log\left(1+\frac{w}{\sqrt{t}}\right) + \frac{1}{2}iw^2 - iw\sqrt{t}$$

$$= (\sigma-1)\log\left(1+\frac{w}{\sqrt{t}}\right) + iw^2 \sum_{k=1}^{\infty} \frac{(-1)^{k-1}}{k+2}\left(\frac{w}{\sqrt{t}}\right)^k$$

Hence for $|w| \leqslant \frac{3}{5}\sqrt{t}$ we have

$$\mathbf{R}\{\log \phi(w)\} \leqslant |\sigma-1| \log\frac{8}{5} + |w|^2 \cdot \frac{5}{6}\frac{|w|}{\sqrt{t}}$$

Let $|z| < \frac{4}{7}\sqrt{t}$, and let Γ be a circle with centre $w=0$, radius ρ_N, where

$$\frac{21}{20}|z| \leqslant \rho_N \leqslant \frac{3}{5}\sqrt{t}$$

Then

$$r_N(z) = O(|z|^N \rho_N^{-N} e^{5\rho_N^3/6\sqrt{t}})$$

The function $\rho^{-N}e^{5\rho^3/6\sqrt{t}}$ has the minimum $(5e/2N\sqrt{t})^{\frac{1}{3}N}$ for $\rho = (2N\sqrt{t}/5)^{\frac{1}{3}}$; ρ_N can have this value if

$$\frac{21}{20}|z| \leqslant \left(\frac{2N\sqrt{t}}{5}\right)^{\frac{1}{3}} \leqslant \frac{3}{5}\sqrt{t}$$

Hence

$$r_N(z) = O\left\{|z|^N\left(\frac{5e}{2N\sqrt{t}}\right)^{\frac{1}{3}N}\right\} \quad \left\{N \leqslant \frac{27}{50}t, \quad |z| \leqslant \frac{20}{21}\left(\frac{2N\sqrt{t}}{5}\right)^{\frac{1}{3}}\right\}$$

For $|z| \leqslant \frac{4}{7}\sqrt{t}$ we can also take $\rho_N = \frac{21}{20}|z|$, giving

$$r_N(z) = O\left[\left(\frac{20}{21}\right)^N \left\{\exp \frac{5}{6\sqrt{t}}\left(\frac{21}{20}|z|\right)^3\right\}\right]$$
$$= O\left\{\exp\left(\frac{14}{29}|z|^2\right)\right\} \quad \left(|z| \leqslant \frac{1}{2}\sqrt{t}\right)$$

Now consider the integral along C_2, and take $c = 2^{-\frac{3}{2}}$. Then

$$\int_{C_2} \frac{w^{s-1}e^{-mw}}{e^w - 1}dw = \int_{C_2}(i\eta)^{s-1}\frac{e^{(i/4\pi)(w-i\eta)^2+(\eta/2\pi)(w-i\eta)-mw}}{e^w-1}\sum_{n=0}^{N-1}a_n\left(\frac{w-i\eta}{i\sqrt{(2\pi)}}\right)^n dw +$$
$$\int_{C_2}(i\eta)^{s-1}\frac{e^{(i/4\pi)(w-i\eta)^2+(\eta/2\pi)(w-i\eta)-mw}}{e^w-1}r_N\left(\frac{w-i\eta}{i\sqrt{(2\pi)}}\right) dw$$

If $|e^w - 1| > A$ on C_2 the last integral is, as in the previous section

$$O\left[\eta^{-1}e^{-\frac{1}{2}\pi t}\left\{\int_0^{A(N t)^{\frac{1}{3}}} e^{-\lambda^2/4\pi}\left(\frac{\lambda}{\sqrt{(2\pi)}}\right)^N\left(\frac{5e}{2N\sqrt{t}}\right)^{\frac{1}{3}N}d\lambda + \int_{A(N t)^{\frac{1}{3}}}^{\frac{1}{2}\eta} e^{-(\lambda^2/4\pi)+(7\lambda^2/29\pi)}d\lambda\right\}\right]$$

$$= O\left[\eta^{-1}e^{-\frac{1}{2}\pi t}\left\{\left(\frac{5e}{2N\sqrt{t}}\right)^{\frac{1}{3}N}2^{\frac{1}{2}N}\Gamma\left(\frac{1}{2}N+\frac{1}{2}\right)+e^{-A(N t)^{\frac{1}{2}}}\right\}\right]$$

$$= O\left\{\eta^{-1}e^{-\frac{1}{2}\pi t}\left(\frac{AN}{t}\right)^{\frac{1}{6}N}\right\}$$

for $N < At$. The case where the contour goes near a pole gives a similar result, as in the previous section.

In the first N terms we now replace C_2 by the infinite straight line of which it is a part, C'_2 say. The integral multiplying a_n changes by

$$O\left\{\eta^{\sigma-1}e^{-\frac{1}{2}\pi t}\int_{\frac{1}{2}\eta}^{\infty}e^{-(\lambda^2/4\pi)+(\eta\lambda/2\pi\sqrt{2})-(m+1)(\lambda/\sqrt{2})}\left(\frac{\lambda}{\sqrt{(2\pi)}}\right)^n d\lambda\right\}$$

Since $m+1 \geqslant t/\eta = \eta/(2\pi)$, this is

$$O\left\{\eta^{\sigma-1}e^{-\frac{1}{2}\pi t}\int_{\frac{1}{2}\eta}^{\infty}e^{-\lambda^2/4\pi}\left(\frac{\lambda}{\sqrt{(2\pi)}}\right)^n d\lambda\right\}$$

We can write the integrand as

$$e^{-\lambda^2/8\pi} \cdot e^{-\lambda^2/8\pi}\left(\frac{\lambda}{\sqrt{(2\pi)}}\right)^n$$

and the second factor is steadily decreasing for $\lambda > 2\sqrt{(n\pi)}$, and so throughout the interval of integration if $n < N < At$ with A small enough. The whole term is then

$$O\left\{\eta^{\sigma-1} e^{-\frac{1}{2}\pi t-(\eta^2/32\pi^2)}\left(\frac{\eta}{2\sqrt{(2\pi)}}\right)^n\right\} = O\left\{\eta^{\sigma-1} e^{-\frac{1}{2}\pi t-(t/16\pi)}\left(\frac{1}{2}\sqrt{t}\right)^n\right\}$$

Also

$$a_n = (r_n - r_{n+1}) z^{-n} = O\left\{\left(\frac{5e}{2n\sqrt{t}}\right)^{\frac{1}{3}n}\right\}$$

Hence the total error is

$$O\left\{\eta^{\sigma-1} e^{-\frac{1}{2}\pi t-(t/16\pi)} \sum_{n=0}^{N-1}\left(\frac{1}{2}\sqrt{t}\right)^n\left(\frac{5e}{2n\sqrt{t}}\right)^{\frac{1}{3}n}\right\}$$

$$= O\left\{\eta^{\sigma-1} e^{-\frac{1}{2}\pi t-(t/16\pi)} \sum_{n=0}^{N-1}\left(\frac{5et}{16n}\right)^{\frac{1}{3}n}\right\}$$

Now $(t/n)^{\frac{1}{3}n}$ increases steadily up to $n=t/e$, and so if $n<At$, where $A < 1/e$, it is

$$O(e^{\frac{1}{3}tA \log 1/A})$$

Hence if $N < At$, with A small enough, the whole term is

$$O(e^{-(\frac{1}{2}\pi+A)t})$$

We have finally the sum

$$(i\eta)^{s-1}\sum_{n=0}^{N-1}\frac{a_n}{i^n(2\pi)^{\frac{1}{2}n}}\int_{C_2'}\frac{e^{(i/4\pi)(w-i\eta)^2+(\eta/2\pi)(w-i\eta)-mw}}{e^w-1}(w-i\eta)^n\,dw$$

The integral may be expressed as

$$-\int_L \exp\left\{\frac{i}{4\pi}(w+2m\pi i-i\eta)^2+\frac{\eta}{2\pi}(w+2m\pi i-i\eta)-mw\right\}\times$$

$$\frac{(w+2m\pi i-i\eta)^n}{e^w-1}dw$$

where L is a line in the direction $\arg w=\frac{1}{4}\pi$, passing between 0 and $2\pi i$.

This is $n!$ times the coefficient of ζ^n in

$$-\int_L \exp\left\{\frac{\mathrm{i}}{4\pi}(w+2m\pi\mathrm{i}-\mathrm{i}\eta)^2+\frac{\eta}{2\pi}(w+2m\pi\mathrm{i}-\mathrm{i}\eta)-mw+\xi(w+2m\pi\mathrm{i}-\mathrm{i}\eta)\right\}\frac{\mathrm{d}w}{\mathrm{e}^w-1}$$

$$=-\exp\left\{\mathrm{i}(2m\pi-\eta)\left(\frac{3\eta}{4\pi}-\frac{1}{2}m+\xi\right)\right\}\cdot\int_L \exp\left\{\frac{\mathrm{i}w^2}{4\pi}+w\left(\frac{\eta}{\pi}-2m+\xi\right)\right\}\frac{\mathrm{d}w}{\mathrm{e}^w-1}$$

$$=2\pi\Psi\left(\frac{\eta}{\pi}-2m+\xi\right)\exp\left\{\frac{\mathrm{i}\pi}{2}\left(\frac{\eta}{\pi}-2m+\xi\right)^2-\frac{5\mathrm{i}\pi}{8}+\mathrm{i}(2m\pi-\eta)\cdot\left(\frac{3\eta}{4\pi}-\frac{1}{2}m+\xi\right)\right\}$$

where

$$\Psi(a)=\frac{\cos\pi(\frac{1}{2}a^2-a-\frac{1}{8})}{\cos\pi a}$$

$$=2\pi(-1)^{m-1}\mathrm{e}^{-\frac{1}{2}\mathrm{i}t-(5\mathrm{i}\pi/8)}\Psi\left(\frac{\eta}{\pi}-2m+\xi\right)\mathrm{e}^{\frac{1}{2}\mathrm{i}\pi\xi^2}$$

$$=2\pi(-1)^{m-1}\mathrm{e}^{-\frac{1}{2}\mathrm{i}t-(5\mathrm{i}\pi/8)}\sum_{\mu=0}^{\infty}\Psi(\mu)\left(\frac{\eta}{\pi}-2m\right)\frac{\xi\mu}{\mu!}\sum_{\nu=0}^{\infty}\frac{(\frac{1}{2}\mathrm{i}\pi\xi^2)^\nu}{\nu!}$$

Hence we obtain

$$\mathrm{e}^{\frac{1}{2}i\pi(s-1)}(2\pi t)^{\frac{1}{2}s-\frac{1}{2}}2\pi(-1)^{m-1}\mathrm{e}^{-\frac{1}{2}\mathrm{i}t-(5\mathrm{i}\pi/8)}\cdot\sum_{n=0}^{N-1}\sum_{\nu\leqslant\frac{1}{2}n}\frac{n!\,\mathrm{i}^{\nu-n}}{\nu!\,(n-2\nu)!\,2^n}\times\left(\frac{2}{\pi}\right)^{\frac{1}{2}n-\nu}a_n\Psi^{(n-2\nu)}\left(\frac{\eta}{\pi}-2m\right)$$

Denoting the last sum by S_N, we have the following result.

Theorem 4.16. *If* $0\leqslant\sigma\leqslant1$. $n=[\sqrt{t/2\pi}]$, *and* $N<At$, *where A is a sufficiently small constant*

$$\zeta(s)=\sum_{n=1}^{m}\frac{1}{n^s}+\chi(s)\sum_{n=1}^{m}\frac{1}{n^{1-s}}+(-1)^{m-1}\mathrm{e}^{-\frac{1}{2}\mathrm{i}\pi(s-1)}(2\pi t)^{\frac{1}{2}s-\frac{1}{2}}\mathrm{e}^{-\frac{1}{2}\mathrm{i}t-(\mathrm{i}\pi/8)}\cdot\Gamma(1-s)\left\{S_N+O\left\{\left(\frac{AN}{t}\right)^{\frac{1}{6}N}\right\}+O(\mathrm{e}^{-At})\right\}$$

4.17. Special cases

In the approximate functional equation, let $\sigma=\frac{1}{2}$ and

$$x=y=\{t/(2\pi)\}^{\frac{1}{2}}$$

Then (4.12.4) gives

$$\zeta(\frac{1}{2}+\mathrm{i}t)=\sum_{n\leqslant x}n^{-\frac{1}{2}-\mathrm{i}t}+\chi(\frac{1}{2}+\mathrm{i}t)\sum_{n\leqslant x}n^{-\frac{1}{2}+\mathrm{i}t}+O(t^{-\frac{1}{4}}) \quad (4.17.1)$$

This can also be put into another form which is sometimes useful. We have

$$\chi(\frac{1}{2}+\mathrm{i}t)\chi(\frac{1}{2}-\mathrm{i}t)=1$$

so that

$$|\chi(\frac{1}{2}+\mathrm{i}t)|=1$$

Let

$$\theta=\theta(t)=-\frac{1}{2}\arg\chi(\frac{1}{2}+\mathrm{i}t)$$

so that

$$\chi(\frac{1}{2}+\mathrm{i}t)=\mathrm{e}^{-2\mathrm{i}Q}$$

Let

$$Z(t)=\mathrm{e}^{\mathrm{i}\theta}\zeta(\frac{1}{2}+\mathrm{i}t)=\{\chi(\frac{1}{2}+\mathrm{i}t)\}^{-\frac{1}{2}}\zeta(\frac{1}{2}+\mathrm{i}t) \quad (4.17.2)$$

Since

$$\{\chi(\frac{1}{2}+\mathrm{i}t)\}^{-\frac{1}{2}}=\pi^{-\frac{1}{2}\mathrm{i}t}\left\{\frac{\Gamma(\frac{1}{4}+\frac{1}{2}\mathrm{i}t)}{\Gamma(\frac{1}{4}-\frac{1}{2}\mathrm{i}t)}\right\}^{\frac{1}{2}}=\frac{\pi^{-\frac{1}{2}\mathrm{i}t}\Gamma(\frac{1}{4}+\frac{1}{2}\mathrm{i}t)}{|\Gamma(\frac{1}{4}+\frac{1}{2}\mathrm{i}t)|}$$

we have also

$$Z(t)=-2\pi^{\frac{1}{4}}\frac{\Xi(t)}{(t^2+\frac{1}{4})|\Gamma(\frac{1}{4}+\frac{1}{2}\mathrm{i}t)|} \quad (4.17.3)$$

The function $Z(t)$ is thus real for real t, and

$$|Z(t)|=|\zeta(\frac{1}{2}+\mathrm{i}t)|$$

Multiplying (4.17.1) by $e^{i\theta}$, we obtain

$$Z(t)=e^{i\theta}\sum_{n\leqslant x}n^{-\frac{1}{2}-it}+e^{i\theta}\sum_{n\leqslant x}n^{-\frac{1}{2}+it}+O(t^{-\frac{1}{4}})$$
$$=2\sum_{n\leqslant x}n^{-\frac{1}{2}}\cos(\theta-t\log n)+O(t^{-\frac{1}{4}}) \qquad (4.17.4)$$

Again, in Theorem 4.16, Let $N=3$. Then

$$S_3=a_0\Psi\left(\frac{\eta}{\pi}-2m\right)+\frac{1}{2i}\left(\frac{2}{\pi}\right)^{\frac{1}{2}}a_1\Psi\left(\frac{\eta}{\pi}-2m\right)-$$
$$\frac{a_2}{2\pi}\Psi''\left(\frac{\eta}{\pi}-2m\right)+\frac{a_2}{2i}\Psi\left(\frac{\eta}{\pi}-2m\right)$$
$$=\Psi\left(\frac{\eta}{\pi}-2m\right)+O(t^{-\frac{1}{2}})$$
$$=\frac{\cos\{t-(2m+1)\sqrt{(2\pi t)}-\frac{1}{8}\pi\}}{\cos\sqrt{(2\pi t)}}+O(t^{-\frac{1}{2}})$$

and the O-term gives, for $\zeta(s)$, a term $O(t^{-\frac{1}{2}\sigma-\frac{1}{2}})$. In the case $\sigma=\frac{1}{2}$ we obtain, on multiplying by $e^{i\theta}$ and proceeding as before

$$Z(t)=2\sum_{n=1}^{m}\frac{\cos(\theta-t\log n)}{n^{\frac{1}{2}}}+(-1)^{m-1}\left(\frac{2\pi}{t}\right)^{\frac{1}{4}}\cdot$$
$$\frac{\cos\{t-(2m+1)\sqrt{(2\pi t)}-\frac{1}{8}\pi\}}{\cos\sqrt{(2\pi t)}}+O(t^{-\frac{3}{4}}) \qquad (4.17.5)$$

4.18. A different type of approximate formula has been obtained by Meulenbeld.[①]. Instead of using finite partial sums of the original Dirichlet series, we can approximate to $\zeta(s)$ by sums of the form

$$\sum_{n\leqslant x}\frac{\phi(n/x)}{n^s}$$

where $\phi(u)$ decreases from 1 to 0 as u increases from 0 to 1. This reduces considerably the order of the error terms. The simplest result of this type is

① Meulenbeld (1).

$$\zeta(s)=2\sum_{n\leqslant x}\frac{1-n/x}{n^{s}}+\chi(s)\sum_{n\leqslant y}\frac{1}{n^{1-s}}-\chi(s)\sum_{y<n<2y}\frac{1}{n^{1-s}}+$$
$$\frac{2\chi(s-1)}{x}\sum_{y<n<2y}\frac{1}{n^{2-s}}+O\Big(\frac{1}{t^{2\sigma}}+\frac{1}{x^{\sigma}t^{\frac{1}{2}}}+\frac{1}{x^{\sigma-1}t}\Big)$$

valid for $2\pi xy=|t|$, $|t|\geqslant(x+1)^{\frac{1}{2}}$, $-2<\sigma<2$.

There is also an approximate functional equation[①] for $\{\zeta(s)\}^{2}$. This is

$$\{\zeta(s)\}^{2}=\sum_{n\leqslant x}\frac{d(n)}{n^{s}}+\chi^{2}(s)\sum_{x\leqslant y}\frac{d(n)}{n^{1-s}}+O(x^{\frac{1}{2}-\sigma}\log t) \tag{4.18.1}$$

where $0\leqslant\sigma\leqslant 1$, $xy=(t/2\pi)^{2}$, $x\geqslant h>0$, $y\geqslant h>0$. The proofs of this are rather elaborate.

NOTES FOR CHAPTER 4

4.19. Lemmas 4.2 and 4.4 can be generalized by taking F to be k times differentiable, and satisfying $|F^{(k)}(x)|\geqslant\lambda>0$ throughout $[a, b]$. By using induction, in the same way that Lemma 4.4 was deduced from Lemma 4.2, one finds that

$$\int_a^b e^{iF(x)}\,dx\ll_k\lambda^{-1/k}$$

The error term $O(\lambda_2^{-\frac{4}{5}}\lambda_3^{-\frac{1}{5}})$ in Lemma 4.6 may be replaced by $O(\lambda_2^{-1}\lambda_3^{\frac{1}{3}})$, which is usually sharper in applications. To do this one chooses $\delta=\lambda_3^{-\frac{1}{3}}$ in the proof. It then suffices to show that

$$\int_{-\delta}^{\delta} e^{i\lambda x^2}(e^{if(x)}-1)\,dx\ll(\lambda\delta)^{-1} \tag{4.19.1}$$

if f has a continuous first derivative and satisfies $f(x)\ll x^{3}\delta^{-3}$, $f'(x)\ll x^{2}\delta^{-3}$. Here we have written $\lambda=\frac{1}{2}F''(c)$ and

① Hardy and Littlewood (6), Titchmarsh (21).

$$f(x)=F(x+c)-F(c)-\frac{1}{2}x^2F''(c)$$

If $\delta \leqslant (\lambda\delta)^{-1}$ then (4.19.1) is immediate. Otherwise we have

$$\int_{-\delta}^{\delta}=\int_{-\delta}^{-(\lambda\delta)^{-1}}+\int_{-(\lambda\delta)^{-1}}^{(\lambda\delta)^{-1}}+\int_{(\lambda\delta)^{-1}}^{\delta}$$

The second integral on the right is trivially $O\{(\lambda\delta)^{-1}\}$, while the third, for example, is, on integrating by parts

$$\int_{(\lambda\delta)^{-1}}^{\delta}(2\mathrm{i}\lambda x\,\mathrm{e}^{\mathrm{i}\lambda x^2})\frac{\mathrm{e}^{\mathrm{i}f(x)}-1}{2\mathrm{i}\lambda x}\mathrm{d}x$$

$$=\left[\mathrm{e}^{\mathrm{i}\lambda x^2}\frac{\mathrm{e}^{\mathrm{i}f(x)}-1}{2\mathrm{i}\lambda x}\right]_{(\lambda\delta)^{-1}}^{\delta}-\int_{(\lambda\delta)^{-1}}^{\delta}\mathrm{e}^{\mathrm{i}\lambda x^2}\frac{\mathrm{d}}{\mathrm{d}x}\left(\frac{\mathrm{e}^{\mathrm{i}f(x)}-1}{2\mathrm{i}\lambda x}\right)\mathrm{d}x$$

$$\ll \max_{x=(\lambda\delta)^{-1},\delta}\left|\frac{f(x)}{\lambda x}\right|+\int_{(\lambda\delta)^{-1}}^{\delta}\left|\frac{x\mathrm{i}f'(x)\mathrm{e}^{\mathrm{i}f(x)}-(\mathrm{e}^{\mathrm{i}f(x)}-1)}{2\mathrm{i}\lambda x^2}\right|\mathrm{d}x$$

$$\ll (\lambda\delta)^{-1}+\int_{(\lambda\delta)^{-1}}^{\delta}\left|\frac{x^3\delta^{-3}}{2\mathrm{i}\lambda x^2}\right|\mathrm{d}x$$

$$\ll (\lambda\delta)^{-1}$$

as required. Similarly the error term $O\{(b-a)\lambda_2^{\frac{1}{5}}\lambda_3^{\frac{1}{5}}\}$ in Theorem 4.9 may be replaced by $O\{(b-a)\lambda_3^{\frac{1}{3}}\}$.

For further estimates along these lines see Vinogradov [**2**; pp. 86 ~ 91] and Heath-Brown [**11**; Lemmas 6 and 10]. These papers show that the error term $O((b-a)\lambda_2^{\frac{1}{5}}\lambda_3^{\frac{1}{5}})$ can be dropped entirely, under suitable conditions.

Lemmas 4.2 and 4.8 have the following corollary, which is sometimes useful.

Lemma 4.19. *Lex $f(x)$ be a real differentiable function on the interval $[a, b]$, let $f'(x)$ be monotonic, and let $0<\lambda\leqslant |f'(x)|\leqslant\theta\leqslant 1$. Then*

$$\sum_{a<n\leqslant b}\mathrm{e}^{2\pi\mathrm{i}f(n)}\ll\theta\lambda^{-1}$$

4.20. Weighted approximate functional equations related to those mentioned in §4.18 have been given by Lavrik [**1**] and Heath-Brown [**3**; Lemma 1], [**4**; Lemma 1]. As a typical example one has

$$\zeta(s)^k = \sum_1^\infty d_k(n) n^{-s} w_s\left(\frac{n}{x}\right) + \chi(s)^k \sum_1^\infty d_k(n) n^{s-1} w_{1-s}\left(\frac{n}{y}\right) + O(x^{1-\sigma}\log^k(2+x)e^{-t^2/4}) \tag{4.20.1}$$

uniformly for $t \geqslant 1$, $|\sigma| \leqslant \frac{1}{2}t$, $xy = (t/2\pi)^k$, $x, y \gg 1$, for any fixed positive integer k. Here

$$w_s(u) = \frac{1}{2\pi i}\int_{c-i\infty}^{c+i\infty}\left\{(\frac{1}{2}t)^{-z/2}\frac{\Gamma\{\frac{1}{2}(s+z)\}}{\Gamma(\frac{1}{2}s)}\right\}^k u^{-z} e^{z^2}\frac{dz}{z}$$

$$(c > \max(0, -\sigma))$$

The advantage of (4.20.1) is the very small error term.

Although the weight $w_s(u)$ is a little awkward, it is easy to see, by moving the line of integration to $c = \pm 1$, for example, that

$$w_s(u) = \begin{cases} O(u^{-1}) & (u \geqslant 1) \\ 1 + O(u) + O\left\{u^\sigma\left(\log\frac{2}{u}\right)^k e^{-\frac{1}{2}t^2}\right\} & (0 < u \leqslant 1) \end{cases}$$

uniformly for $0 \leqslant \sigma \leqslant 1$, $t \geqslant 1$. More accurate estimates are however possible.

To prove (4.20.1) one writes

$$\sum_1^\infty d_k(n) n^{-s} w_s\left(\frac{n}{x}\right)$$

$$= \frac{1}{2\pi i}\int_{c-i\infty}^{c+i\infty}\left\{(\frac{1}{2}t)^{-\frac{1}{2}z}\frac{\Gamma\{\frac{1}{2}(s+z)\}}{\Gamma(\frac{1}{2}s)}\zeta(s+z)\right\}^k x^z e^{z^2}\frac{dz}{z}$$

$$(c > \max(0, 1-\sigma))$$

and moves the line of integration to $\mathbf{R}(z) = -d$, $d > \max(0, \sigma)$, giving

$$\frac{1}{2\pi i}\int_{-d-i\infty}^{-d+i\infty}\left\{\left(\frac{1}{2}t\right)^{-\frac{1}{2}z}\frac{\Gamma\{\frac{1}{2}(s+z)\}}{\Gamma(\frac{1}{2}s)}\zeta(s+z)\right\}^k x^z e^{z^2}\frac{dz}{z}+$$

$$\zeta(s)^k+\operatorname{Res}(z=1-s)$$

The residue term is easily seen to be $O\{x^{1-\sigma}\log^k(2+x)e^{-t^2/4}\}$. In the integral we substitute $z=-w$, $x=(t/2\pi)^k y^{-1}$, and we apply the functional equation (2.6.4). This yields

$$\frac{1}{2\pi i}\int_{-d-i\infty}^{-d+i\infty}\left\{\left(\frac{1}{2}t\right)^{-z/2}\frac{\Gamma\{\frac{1}{2}(s+z)\}}{\Gamma(\frac{1}{2}s)}\zeta(s+z)\right\}^k x^z e^{z^2}\frac{dz}{z}$$

$$=\frac{\chi(s)^k}{2\pi i}\int_{-d-i\infty}^{-d+i\infty}\left\{\left(\frac{1}{2}t\right)^{-w/2}\frac{\Gamma\{\frac{1}{2}(1-s+w)\}}{\Gamma\{\frac{1}{2}(1-s)\}}\zeta(1-s+w)\right\}^k y^w e^{w^2}\frac{dw}{w}$$

$$=-\chi(s)^k\sum_1^\infty d_k(n)n^{s-1}w_{1-s}\left(\frac{n}{y}\right)$$

as required.

Another result of the same general nature is

$$\left|\zeta\left(\frac{1}{2}+it\right)\right|^{2k}=\sum_{m,n=1}^\infty d_k(m)d_k(n)m^{-\frac{1}{2}-it}n^{-\frac{1}{2}+it}W_t(mn)+O(e^{-t^2/2}) \tag{4.20.2}$$

for $t\geqslant 1$, and any fixed positive integer k, where

$$W_t(u)=\frac{1}{\pi i}\int_{1-i\infty}^{1+i\infty}\left\{\pi^{-z}\frac{\Gamma\{\frac{1}{2}(\frac{1}{2}+it+z)\}\Gamma\{\frac{1}{2}(\frac{1}{2}-it+z)\}}{\Gamma\{\frac{1}{2}(\frac{1}{2}+it)\}\Gamma\{\frac{1}{2}(\frac{1}{2}-it)\}}\right\}^k u^{-z}e^{z^2}\frac{dz}{z}$$

This type of formula has the advantage that the cross terms which would arise on multipling (4.20.1) by its complex conjugate are absent. By moving the line of integration to $\mathbf{R}(z)=\pm\frac{1}{2}$ one finds that

$$W_t(u)=2+O\left\{u^{\frac{1}{2}}\log^k\left(\frac{2}{u}\right)\right\}\quad(0<u\leqslant 1)$$

and $W_t(u)=O(u^{-\frac{1}{2}})$ for $u\geqslant 1$. Again better estimates are possible. The proof of (4.20.2) is similar to that of (4.20.1). and starts from the formula

$$\frac{1}{2}\sum_{m,n=1}^{\infty} d_k(m)d_k(n)m^{-\frac{1}{2}-\mathrm{i}t}n^{-\frac{1}{2}+\mathrm{i}t}W_t(mn)^k$$

$$=\frac{1}{2\pi\mathrm{i}}\int_{1-\mathrm{i}\infty}^{1+\mathrm{i}\infty}\left(\pi^{-z}\frac{\Gamma\{\frac{1}{2}(\frac{1}{2}+\mathrm{i}t+z)\}\Gamma\{\frac{1}{2}(\frac{1}{2}-\mathrm{i}t+z)\}}{\Gamma\{\frac{1}{2}(\frac{1}{2}+\mathrm{i}t)\}\Gamma\{\frac{1}{2}(\frac{1}{2}-\mathrm{i}t)\}}\cdot\right.$$

$$\left.\zeta(\frac{1}{2}+\mathrm{i}t+z)\zeta(\frac{1}{2}-\mathrm{i}t+z)\right)^k \mathrm{e}^{z^2}\frac{\mathrm{d}z}{z}$$

4.21. We may write the approximate functional equation (4.18.1) in the form

$$\zeta(s)^2=S(s,x)+\chi(s)^2S(1-s,y)+R(s,x)$$

The estimate $R(s,x)\ll x^{\frac{1}{2}-\sigma}\log t$ has been shown by Jutila (see Ivic [**3**; § 4.2]) to the best possible for

$$t^{\frac{1}{2}}\ll\left|x-\frac{t}{2\pi}\right|\ll t^{\frac{1}{2}}$$

Outside this range however, one can do better. Thus Jutila (in work to appear) has proved that

$$R(s,x)\ll t^{\frac{1}{2}}x^{-\sigma}(\log t)\log\left(1+\frac{x}{t}\right)+t^{-1}x^{1-\sigma}(y^{\varepsilon}+\log t)$$

for $0\leqslant\sigma\leqslant 1$ and $x\gg t\gg 1$. (The corresponding result for $x\ll t$ may be deduced from this, via the functional equation.) For the special case $x=y=t/2\pi$ one may also improve on (4.18.1). Motohashi [2], [3], and in work in the course of publication, has established some very precise results in this direction. In particular he has shown that

$$\chi(1-s)R\left(s,\frac{t}{2\pi}\right)=-\left(\frac{4\pi}{t}\right)^{\frac{1}{2}}\Delta\left(\frac{t}{2\pi}\right)+O(t^{-\frac{1}{2}})$$

where $\Delta(x)$ is the remainder term in the Dirichlet divisor problem (see §12.1). Jutila, in the work to appear, cited above, gives another proof of this. In fact, for the special case $\sigma=\frac{1}{2}$, the result was obtained 40 years earlier by Taylor (**1**).

Chapter Ⅴ THE ORDER OF $\zeta(s)$ IN THE CRITICAL STRIP

5.1. The main object of this chapter is to discuss the order of $\zeta(s)$ as $t\to\infty$ in the 'critical strip' $0\leqslant\sigma\leqslant 1$. We begin with a general discussion of the order problem. It is clear from the original Dirichlet series (1.1.1) that $\zeta(s)$ is bounded in any half-plane $\sigma\geqslant 1+\delta>1$; and we have proved in (2.12.2) that

$$\zeta(s)=O(|t|)\quad(\sigma\geqslant\frac{1}{2})$$

For $\sigma<\frac{1}{2}$, corresponding results follow from the functional equation

$$\zeta(s)=\chi(s)\zeta(1-s)$$

In any fixed strip $\alpha\leqslant\sigma\leqslant\beta$, as $t\to\infty$

$$|\chi(s)|\sim\left(\frac{t}{2\pi}\right)^{\frac{1}{2}-\sigma}$$

by (4.12.3). Hence

$$\zeta(s)=O(t^{\frac{1}{2}-\sigma})\quad(\sigma\leqslant-\delta<0)\tag{5.1.1}$$

and

$$\zeta(s)=O(t^{\frac{3}{2}+\delta})\quad(\sigma\geqslant-\delta)$$

Thus in any half-plane $\sigma\geqslant\sigma_0$

$$\zeta(s)=O(|t|^k),\quad k=k(\sigma_0)$$

i.e. $\zeta(s)$ is a function of finite order in the sense of the theory of

Dirichlet series. [①]

For each σ we define a number $\mu(\sigma)$ as the lower bound of number ξ such that

$$\zeta(\sigma+\mathrm{i}t)=O(|t|^{\xi})$$

It follows from the general theory of Dirichlet series[②] that, as a function of σ, $\mu(\sigma)$ is continuous, non-increasing, and convex downwards in the sense that no arc of the curve $y=\mu(\sigma)$ has any point above its chord; also $\mu(\sigma)$ is never negative.

Since $\zeta(s)$ is bounded for $\sigma\geqslant 1+\delta(\delta>0)$, it follows that

$$\mu(\sigma)=0 \quad (\sigma>1) \tag{5.1.2}$$

and then from the functional equation that

$$\mu(\sigma)=\frac{1}{2}-\sigma \quad (\sigma<0) \tag{5.1.3}$$

These equations also hold by continuity for $\sigma=1$ and $\sigma=0$ respectively.

The chord joining the points $(0,\frac{1}{2})$ and $(1,0)$ on the curve $y=\mu(\sigma)$ is $y=\frac{1}{2}-\frac{1}{2}\sigma$. It therefore follows from the convexity property that

$$\mu(\sigma)\leqslant\frac{1}{2}-\frac{1}{2}\sigma \quad (0<\sigma<1) \tag{5.1.4}$$

In particular, $\mu(\frac{1}{2})\leqslant\frac{1}{4}$, i. e.

$$\zeta(\frac{1}{2}+\mathrm{i}t)=O(t^{\frac{1}{4}+\epsilon}) \tag{5.1.5}$$

for every positive ϵ.

The exact value of $\mu(\sigma)$ is not known for any value of σ between 0 and 1. It will be shown later that $\mu\frac{1}{2}<\frac{1}{4}$, and the simplest

---

① See Titchmarsh, *Theory of Functions*, §§9.4, 9.41.

② Ibid, §§5.65, 9.41.

possible hypothesis is that the graph of $\mu(\sigma)$ consists of two straight lines

$$\mu(\sigma)=\begin{cases}\frac{1}{2}-\sigma & (\sigma\leqslant\frac{1}{2})\\ 0 & (\sigma>\frac{1}{2})\end{cases} \tag{5.1.6}$$

This is known as Lindelöf's hypothesis. It is equivalent to the statement that

$$\zeta(\frac{1}{2}+\mathrm{i}t)=O(t^{\epsilon}) \tag{5.1.7}$$

for every positive ϵ.

The approximate functional equation gives a slight refinement on the above results. For example, taking $\sigma=\frac{1}{2}$, $x=y=\sqrt{(t/2\pi)}$ in (4.12.4), we obtain

$$\begin{aligned}\zeta(\frac{1}{2}+\mathrm{i}t)&=\sum_{n\leqslant\sqrt{(t/2\pi)}}\frac{1}{n^{\frac{1}{2}+\mathrm{i}t}}+O(1)\sum_{n\leqslant\sqrt{(t/2\pi)}}\frac{1}{n^{\frac{1}{2}-\mathrm{i}t}}+O(t^{-\frac{1}{4}})\\ &=O\Big(\sum_{n\leqslant\sqrt{(t/2\pi)}}\frac{1}{n^{\frac{1}{2}}}\Big)+O(t^{-\frac{1}{4}})\\ &=O(t^{\frac{1}{4}})\end{aligned} \tag{5.1.8}$$

5.2. To improve upon this we have to show that a certain amount of cancelling occurs between the terms of such a sum. We have

$$\sum_{n=a+1}^{b}n^{-s}=\sum_{n=a+1}^{b}n^{-\sigma}\mathrm{e}^{-\mathrm{i}t\log n}$$

and we apply the familiar lemma of 'partial summation'. Let

$$b_1\geqslant b_2\geqslant\cdots\geqslant b_n\geqslant 0$$

and

$$s_m=a_1+a_2+\cdots+a_m$$

where the a's are any real or complex numbers. Then if

$$|s_m|\leqslant M\quad(m=1,2,\cdots)$$

$$|a_1b_1+a_2b_2+\cdots+a_nb_n|\leqslant Mb_1 \tag{5.2.1}$$

For

$$a_1b_1+\cdots+a_nb_n=b_1s_1+b_2(s_2-s_1)+\cdots+b_n(s_n-s_{n-1})$$
$$=s_1(b_1-b_2)+s_2(b_2-b_3)+\cdots+$$
$$s_{n-1}(b_{n-1}-b_n)+s_nb_n$$

Hence

$$|a_1b_1+\cdots+a_nb_n|\leqslant M(b_1-b_2+\cdots+b_{n-1}-b_n+b_n)=Mb_1$$

If $0\leqslant b_1\leqslant b_2\leqslant\cdots\leqslant b_n$, we obtain similarly

$$|a_1b_1+\cdots+a_nb_n|\leqslant 2Mb_n$$

If $a_n=\mathrm{e}^{-it\log n}$, $b_n=n^{-\sigma}$, where $\sigma\geqslant 0$, it follows that

$$\sum_{n=a+1}^{b}n^{-s}=O\left(a^{-\sigma}\max_{a<c\leqslant b}\left|\sum_{n=a+1}^{c}\mathrm{e}^{-it\log n}\right|\right)\qquad(5.2.2)$$

This raises the general question of the order of sums of the form

$$\sum=\sum_{n=a+1}^{b}\mathrm{e}^{2\pi i f(n)}\qquad(5.2.3)$$

when $f(n)$ is a real function of n. In the above case

$$f(n)=\frac{-t\log n}{2\pi}$$

The earliest method of dealing with such sums is that of Weyl,[①] largely developed by Hardy and Littlewood.[②] This is roughly as follows. We can reduced the problem of $\sum$ to that of

$$S=\sum_{n=a+1}^{b}\mathrm{e}^{2\pi i g(n)}$$

where $g(n)$ is a polynomial of sufficiently high degree, say of degree k. Now

$$|S^2|=\sum_m\sum_n\mathrm{e}^{2\pi i\{g(m)-g(n)\}}=\sum_\nu\sum_n\mathrm{e}^{2\pi i\{g(n+\nu)-g(n)\}}$$
$$\leqslant\sum_\nu\left|\sum_n\mathrm{e}^{2\pi i\{g(n+\nu)-g(n)\}}\right|\qquad(5.2.4)$$

with suitable limits for the sums; and $g(n+\nu)-g(n)$ is of degree $k-1$. By repeating the process we ultimately obtain a sum of the form

① Weyl (1), (2).

② Littlewood (2), Landau (15).

$$S_k = \sum_{n=a+1}^{b} e^{2\pi i(\lambda n+\mu)}$$

We can now actually carry out the summation. We obtain

$$|S_k| = \left|\frac{1-e^{2\pi i(b-a)\lambda}}{1-e^{2\pi i\lambda}}\right| \leqslant \frac{1}{|\sin \pi\lambda|} \tag{5.2.5}$$

If $|\operatorname{cosec} \pi\lambda|$ is small compared with $b-a$, this is a favourable result, and can be used to give a non-trivial result for the original sum S.

An alternative method is due to van der Corput §[①] In this method we approximate to the sum $\sum$ by the corresponding integral

$$\int_a^b e^{2\pi i f(x)}\,dx$$

and then estimate the integral by the principle of stationary phase, or some such method. Actually the original sum is usually not suitable for this process, and intermediate steps of the form (5.2.4) have to be used.

Still another method has been introduced by Vinogradov. This is in some ways very complicated; but it avoids the k-fold repetition used in the Weyl-Hardy-Littlewood method, which for large k is very 'uneconomical'. An account of this method will be given in the next chapter.

5.3. The Weyl-Hardy-Littlewood method. The relation of the general sum to the sum involving polynomials is as follows:

Lemma 5.3. *Let k be a positive integer*

$$t \geqslant 1, \frac{b-a}{a} \leqslant \frac{1}{2} t^{-1/(k+1)}$$

and

---

① § van der Corput (1) ～ (7), van der Corput and Koksma (1), Titchmarsh (8) ～ (12).

$$\left|\sum_{m=1}^{\mu}\exp\left\{-\mathrm{i}t\left(\frac{m}{a}-\frac{1}{2}\frac{m^2}{a^2}+\cdots+\frac{(-1)^{k-1}m^k}{ka^k}\right)\right\}\right|\leqslant M \quad (\mu\leqslant b-a)$$

Then

$$\left|\sum_{n=a+1}^{b}\mathrm{e}^{-\mathrm{i}t\log n}\right|< AM$$

For

$$\left|\sum_{n=a+1}^{b}\mathrm{e}^{-\mathrm{i}t\log n}\right|$$
$$=\left|\sum_{m=1}^{b-a}\mathrm{e}^{-\mathrm{i}t\log(a+m)}\right|$$
$$=\left|\sum_{m=1}^{b-a}\exp\left\{-\mathrm{i}t\left(\frac{m}{a}-\cdots+\frac{(-1)^{k-1}m^k}{ka^k}\right)-\mathrm{i}t\left(\frac{(-1)^k m^{k+1}}{(k+1)a^{k+1}}+\cdots\right)\right\}\right|$$
$$=\left|\sum_{m=1}^{b-a}\exp\left\{-\mathrm{i}t\left(\frac{m}{a}-\cdots+\frac{(-1)^{k-1}m^k}{ka^k}\right)\right\}\sum_{\nu=0}^{\infty}\mathrm{e}_{\nu}(t)\left(\frac{m}{a}\right)^{\nu}\right|$$

say

$$=\left|\sum_{\nu=0}^{\infty}\frac{\mathrm{e}_{\nu}(t)}{a^{\nu}}\sum_{m=1}^{b-a}m^{\nu}\exp\left\{-\mathrm{i}t\left(\frac{m}{a}-\cdots+\frac{(-1)^{k-1}m^k}{ka^k}\right)\right\}\right|$$
$$\leqslant 2M\sum_{\nu=0}^{\infty}|\mathrm{e}_{\nu}(t)|\left(\frac{b-a}{a}\right)^{\nu}$$
$$\leqslant 2M\exp\left[t\left\{\frac{(b-a)^{k+1}}{(k+1)a^{k+1}}+\cdots\right\}\right]$$
$$\leqslant 2M\exp\left\{t\,\frac{(b-a)^{k+1}}{a^{k+1}}\Big/\left(1-\frac{b-a}{a}\right)\right\}\leqslant 2Me^2$$

5.4. The simplest case is that of $\zeta(\frac{1}{2}+\mathrm{i}t)$, and we begin by working this out. We require the case $k=2$ of the above lemma, and also the following

Lemma. Let

$$S=\sum_{m=1}^{\mu}\mathrm{e}^{2\pi\mathrm{i}(\alpha m^2+\beta m)}$$

Then $$|S|^2\leqslant\mu+2\sum_{r=1}^{\mu-1}\min(\mu,|\operatorname{cosec}2\pi\alpha\gamma|)$$

For

$$|S|^2=\sum_{m=1}^{\mu}\sum_{m'=1}^{\mu}e^{2\pi i(\alpha m^2+\beta m-\alpha m'^2-\beta m')}$$

Putting $m'=m-r$, this takes the form

$$\sum_{m}\sum_{r}e^{2\pi i(2\alpha mr-\alpha r^2+\beta r)}\leqslant\sum_{r=-\mu+1}^{\mu-1}\left|\sum_{m}e^{4\pi i\alpha mr}\right|$$

where, corresponding to each value of r, m runs over at most μ consecutive integers. Hence, by (5.2.5)

$$|S|^2\leqslant\sum_{r=-\mu+1}^{\mu-1}\min(\mu,|\operatorname{cosec}2\pi\alpha\gamma|)$$

$$=\mu+2\sum_{r=1}^{\mu-1}\min(\mu,|\operatorname{cosec}2\pi\alpha\gamma|)$$

5.5. Theorem 5.5. $\zeta(\frac{1}{2}+it)=O(t^{\frac{1}{6}}\log^{\frac{3}{2}}t)$.

Let $2t^{\frac{1}{3}}\leqslant a\leqslant At$, $b\leqslant 2a$, and let

$$\mu=[\frac{1}{2}at^{-\frac{1}{3}}] \tag{5.5.1}$$

Then

$$\sum=\sum_{n=a+1}^{b}e^{-it\log n}=\sum_{n=a+1}^{a+\mu}+\sum_{a+\mu+1}^{a+\mu}+\cdots+\sum_{a+N\mu+1}^{b}$$

$$=\sum\nolimits_1+\sum\nolimits_2+\cdots+\sum\nolimits_{N+1}$$

where

$$N=\left[\frac{b-a}{\mu}\right]=O\left(\frac{a}{\mu}\right)=O(t^{\frac{1}{3}})$$

By §5.3, $\sum_{\nu}=O(M)$, where M is the maximum of

$$S_\nu=\sum_{m=1}^{\mu'}\exp\left\{-it\left(\frac{m}{a+\nu\mu}-\frac{1}{2}\frac{m^2}{(a+\nu\mu)^2}\right)\right\}$$

for $\mu'\leqslant\mu$. By §5.4 this is

$$O\left[\left\{\mu+\sum_{r=1}^{\mu-1}\min\left(\mu,\left|\operatorname{cosec}\frac{tr}{2(a+\nu\mu)^2}\right|\right)\right\}\right]^{\frac{1}{2}}$$

$$\sum = O\{(N+1)\mu^{\frac{1}{2}}\} + O\left[\left\{\sum_{\nu=1}^{N+1} 1 \sum_{\nu=1}^{N+1} \sum_{r=1}^{\mu-1} \min\left(\mu, \left|\operatorname{cosec} \frac{tr}{2(a+\nu\mu)^2}\right|\right)\right\}^{\frac{1}{2}}\right]$$

$$= O\{(N+1)\mu^{\frac{1}{2}}\} + O\left[(N+1)^{\frac{1}{2}}\left\{\sum_{r=1}^{\mu-1} \sum_{\nu=1}^{N+1} \min\left(\mu, \left|\operatorname{cosec} \frac{tr}{2(a+\nu\mu)^2}\right|\right)\right\}^{\frac{1}{2}}\right]$$

Now

$$\frac{tr}{2(a+\nu\mu)^2} - \frac{tr}{2\{a+(\nu+1)\mu\}^2} = \frac{tr\mu\{2a+(2\nu+1)\mu\}}{2(a+\nu\mu)^2\{a+(\nu+1)\mu\}^2}$$

which, as ν varies, lies between constant multiples of $tr\mu/a^3$, or, by (5.5.1), of r/μ^2. Hence for the values of ν for which $\frac{1}{2}tr/(a+\nu\mu)^2$ lies in a certain interval $\{l\pi, (l\pm\frac{1}{2})\pi\}$, the least value but one of

$$\left|\sin \frac{tr}{2(a+\nu\mu)^2}\right|$$

is greater than Ar/μ^2, the least but two is greater than $2Ar/\mu^2$, the least but three is greater than $3Ar/\mu^2$, and so on to $O(N) = O(t^{\frac{1}{3}})$ terms. Hence these values of ν contribute

$$\mu + O\left(\frac{\mu^2}{r} + \frac{\mu^2}{2r} + \cdots\right) = \mu + O\left(\frac{\mu^2}{r}\log t\right) = O\left(\frac{\mu^2}{r}\log t\right)$$

The number of such intervals $\{l\pi, (1\pm\frac{1}{2})\pi\}$ is

$$O\left\{(N+1)\frac{r}{\mu^2} + 1\right\}$$

Hence the ν-sum is

$$O\{(N+1)\log t\} + O\left(\frac{\mu^2}{r}\log t\right)$$

Hence

$$\sum = O\{(N+1)\mu^{\frac{1}{2}}\} + O(N+1)^{\frac{1}{2}}\left[\sum_{r=1}^{\mu-1}\left\{(N+1)\log t + \frac{\mu^2}{r}\log t\right\}\right]^{\frac{1}{2}}$$

$$= O\{(N+1)\mu^{\frac{1}{2}}\} + O\{(N+1)\mu^{\frac{1}{2}}\log^{\frac{1}{2}} t\} + O\{(N+1)^{\frac{1}{2}}\mu\log t\}$$

$$=O(a^{\frac{1}{2}}t^{\frac{1}{6}}\log^{\frac{1}{2}}t)+O(at^{-\frac{1}{6}}\log t)$$

if $a=O(t^{\frac{1}{2}})$, the second term can be omitted. Then by partial summation

$$\sum_{n=a+1}^{b}\frac{1}{n^{\frac{1}{2}+it}}=O(t^{\frac{1}{6}}\log^{\frac{1}{2}}t)\quad(b\leqslant 2a)$$

By adding $O(\log t)$ sums of the above form, we get

$$\sum_{2t^{\frac{1}{3}}\leqslant n\leqslant(t/2\pi)^{\frac{1}{2}}}\frac{1}{n^{\frac{1}{2}+it}}=O(t^{\frac{1}{6}}\log^{\frac{3}{2}}t)$$

Also

$$\sum_{n<2t^{\frac{1}{3}}}\frac{1}{n^{\frac{1}{2}+it}}=O\Big(\sum_{n<2t^{\frac{1}{3}}}\frac{1}{n^{\frac{1}{2}}}\Big)=O(t^{\frac{1}{6}})$$

The result therefore follows from the approximate functional equation.

5.6. We now proceed to the general case. We require the following lemmas.

Lemma 5.6. *Let*

$$f(x)=\alpha x^{k}+\cdots$$

be a polynomial of degree k with real coefficients. Let

$$S=\sum e^{2\pi i f(m)}$$

where m ranges over at most μ consecutive integers. Let $K=2^{k-1}$. Then for $k\geqslant 2$

$$|S|^{K}\leqslant 2^{2K}\mu^{K-1}+2^{K}\mu^{K-k}\sum_{r_1,\cdots,r_{k-1}}\min(\mu,|\operatorname{cosec}(\pi\alpha k!\ r_1\cdots r_{k-1})|)$$

where each r varies from 1 to $\mu-1$. For $k=1$ the sum is replaced by the single term $\min(\mu,|\operatorname{cosec}\pi\alpha|)$.

We have

$$|S|^{2}=\sum_{m}\sum_{m}e^{2\pi i\{f(m)-f(m')\}}$$
$$=\sum_{m}\sum_{r}e^{2\pi i\{f(m)-f(m-r_1)\}}\quad(m'=m-r_1)$$
$$\leqslant\sum_{r_1=-\mu+1}^{\mu-1}|S_1|$$

where

$$S_1 = \sum_m e^{2\pi i\{f(m)-f(m-r_1)\}} = \sum_m e^{2\pi i(\alpha k r_1 m^{k-1}+\cdots)}$$

and, for each r_1, m ranges over at most μ consecutive integers. Hence by Hölder's inequality

$$|S|^2 \leqslant \Big(\sum_{r_1=-\mu+1}^{\mu-1} 1\Big)^{1-2/K}\Big(\sum_{r_1=-\mu+1}^{\mu-1} |S_1|^{\frac{1}{2}K}\Big)^{2/K}$$

$$\leqslant (2\mu)^{1-2/K}\Big(\mu^{\frac{1}{2}K} + \sum_{r_1=-\mu+1}^{\mu-1} |S_1|^{\frac{1}{2}K}\Big)^{2/K}$$

where the dash denotes that the term $r_1=0$ is omitted. Hence

$$|S|^K \leqslant (2\mu)^{\frac{1}{2}K-1}\Big(\mu^{\frac{1}{2}K} + \sum_{r_1=-\mu+1}^{\mu-1}{}' |S_1|^{\frac{1}{2}K}\Big)$$

If the theorem is true for $k-1$, then

$$|S_1|^{\frac{1}{2}K} \leqslant 2^K \mu^{\frac{1}{2}K-1} + 2^{\frac{1}{2}} u^{\frac{1}{2}K-k+1} \sum_{r_2,\cdots,r_{k-1}} \cdot$$

$$\min(\mu, |\operatorname{cosec}\{\pi(\alpha k r_1)(k-1)!\ (r_2\cdots r_{k-1}\}|)$$

Hence

$$|S|^K \leqslant 2^{\frac{1}{2}K-1}\mu^{K-1} + 2^{\frac{3}{2}K}\mu^{K-1} +$$

$$2^K\mu^{K-k}\sum_{r_1,\cdots,r_{k-1}} \min(\mu, |\operatorname{cosec}(\pi\alpha k!\ r_1\cdots r_{k-1})|)$$

and the result for k follows. Since by § 5.4 the result is true for $k=2$, it holds generally.

5.7. Lemma 5.7. *For $a<b\leqslant 2a$, $k\geqslant 2$, $K=2^{k-1}$, $a=O(t)$, $t>t_0$*

$$\sum = \sum_{n=a+1}^{b} n^{-it} = O(a^{1-1/K}t^{1/\{(k+1)K\}}\log^{1/K}t) + O(at^{-1/\{(k+1)K\}}\log^{k/K}t)$$

If $a\leqslant 4t^{1/(k+1)}$, then

$$\sum = O(a) = O(a^{1-1/K}t^{1/\{(k+1)K\}})$$

as required. Otherwise, let

$$\mu = \Big[\frac{1}{2}at^{-1/(k+1)}\Big]$$

and write

$$\sum = \sum_{n=a+1}^{a+\mu} + \sum_{a+\mu+1}^{a+2\mu} + \cdots + \sum_{a+N\mu+1}^{b} = \sum\nolimits_1 + \sum\nolimits_{N+1}$$

Then $\sum_\nu = O(M)$, where M is the maximum, for $\mu' \leqslant \mu$, of

$$S_\nu = \sum_{m=1}^{\mu'} \exp\left\{- it \left(\frac{m}{a+\nu\mu} - \frac{1}{2}\frac{m^2}{(a+\nu\mu)^2} + \cdots + (-1)^{k-1}\frac{m^k}{k(a+\nu\mu)^k}\right)\right\}$$

By Lemma 5.6

$$S_\nu = O(\mu^{1-1/K}) + O\left[\mu^{1-k/K}\left\{\sum_{r_1,\cdots,r_{k-1}} \min\left(\mu, \left|\operatorname{cosec} \frac{t(k-1)!\ r_1\cdots r_{k-1}}{2(a+\nu\mu)^k}\right|\right)\right\}^{1/K}\right]$$

Hence

$$\sum = O\{(N+1)\mu^{1-1/K}\} + O\left[\mu^{1-1/K}\sum_{\nu=1}^{N+1}\left\{\sum_{r_1,\cdots,r_{k-1}} \min\left(\mu, \left|\operatorname{cosec} \frac{t(k-1)!\ r_1\cdots r_{k-1}}{2(a+\nu\mu)^k}\right|\right)\right\}^{1/K}\right]$$

$$= O\{(N+1)\mu^{1-1/K}\} + O\left[\mu^{1-k/k}(N+1)^{1-1/K}\cdot \left\{\sum_{\nu=1}^{N+1}\sum_{r_1,\cdots,r_{k-1}} \min\left(\mu, \left|\operatorname{cosec} \frac{t(k-1)!\ r_1\cdots r_{k-1}}{2(a+\nu\mu)^k}\right|\right)\right\}^{1/K}\right]$$

by Hölder's inequality.

Now as ν varies

$$\frac{t(k-1)!\ r_1\cdots r_{k-1}}{2(a+\nu\mu)^k} - \frac{t(k-1)!\ r_1\cdots r_{k-1}}{2\{a+(\nu-1)\mu\}^k}$$

lies between constant multiples of $t(k-1)!\ r_1\cdots r_{k-1}\mu a^{-k-1}$, i. e. of $(k-1)!\ r_1\cdots r_{k-1}\mu^{-k}$. The number of intervals of the form $\{l\pi, (l\pm\frac{1}{2})\pi\}$ containing values of $\frac{1}{2}t(k-1)!\ r_1\cdots r_{k-1}(a+\nu\mu)^{-k}$ is therefore

$$O\{(N+1)(k-1)!\ r_1\cdots r_{k-1}\mu^{-k}+1\}$$

The part of the ν-sum corresponding to each of these intervals is, as in the previous case

$$\mu+O\Big(\frac{\mu^k}{(k-1)!\ r_1\cdots r_{k-1}}\Big)+O\Big(\frac{\mu^k}{2(k-1)!\ r_1\cdots r_{k-1}}\Big)+\cdots$$

$$=\mu+O\Big(\frac{\mu^k\log t}{(k-1)!\ r_1\cdots r_{k-1}}\Big)$$

$$=O\Big(\frac{\mu^k\log t}{r_1\cdots r_{k-1}}\Big)$$

Hence the ν-sum is

$$O\{(N+1)\log t\}+O\Big(\frac{\mu^k\log t}{r_1\cdots r_{k-1}}\Big)$$

Summing with respect to $r_1,\cdots,r_{k-1}$, we obtain

$$O\{(N+1)\mu^{k-1}\log t\}+O(\mu^k\log^k t)$$

Hence

$$\sum=O\{(N+1)\mu^{1-1/K}\}+O\{(N+1)\mu^{1-1/K}\log^{1/K}t\}+$$
$$O\{(N+1)^{1-1/K}\mu\log^{k/K}t\}$$

The first term on the right can be omitted, and since

$$N+1=O\Big(\frac{b-a}{\mu}+1\Big)=O(t^{1/(k+1)})$$

the result stated follows.

5.8. Theorem 5.8. *If l is a fixed integer greater than 2, and $L=2^{l-1}$, then*

$$\zeta(s)=O(t^{1/\{(l+1)L\}}\log^{1+1/L}t\quad(\sigma=1-1/L)\qquad(5.8.1)$$

The second term in Lemma 5.7 can be omitted if

$$a\leqslant t^{2/(k+1)}\log^{1-k}t$$

Taking $k=l$ and applying the result $O(\log t)$, times we obtain

$$\sum_{n\leqslant N}n^{-it}=O(N^{1-1/L}t^{1/\{(l+1)L\}}\log^{1/L}t)\qquad(5.8.2)$$

for $N\leqslant t^{2/(l+1)}\log^{1-l}t$. Similarly, for $k<l$, we find

$$\sum_{t^{2/(k+2)}\log^{-k}t<n\leqslant N}n^{-it}=O(N^{1-1/K}t^{1/\{(k+1)K\}}\log^{1/K}t)$$

for $t^{2/(k+2)}\log^{-k}t<N\leqslant t^{2/(k+1)}\log^{1-k}t$. The error term here is at most $O(N^{1-1/L}t^{\alpha}\log^{\beta}t)$ with

$$\alpha=\Big(\frac{1}{L}-\frac{1}{K}\Big)\frac{2}{k+2}+\frac{1}{(k+1)K},\ \beta=-\Big(\frac{1}{L}-\frac{1}{K}\Big)k+\frac{1}{K}$$

Thus $\beta\leqslant 1/L$. When $k=l-1$ we have

$$\alpha = \left(\frac{1}{L} - \frac{2}{L}\right)\frac{2}{l+1} + \frac{2}{lL} = \frac{2}{l(l+1)L} < \frac{1}{(l+1)L}$$

and for $2 \leqslant k \leqslant l-2$ we have

$$\begin{aligned}\alpha &\leqslant \left(\frac{1}{4K} - \frac{1}{K}\right)\frac{2}{k+2} + \frac{1}{(k+1)K} \\ &= \frac{k-1}{2(k+1)(k+2)K} \\ &\leqslant 0 < \frac{1}{(l+1)L}\end{aligned}$$

It therefore follows, on summing over k, that (5.8.2) holds for $N \leqslant t^{\frac{2}{3}} \log^{-1} t$. Hence, by partial summation, we have

$$\sum_{n \leqslant (t/2\pi)^{\frac{1}{2}}} n^{-s} = O(t^{1/\{(l+1)L\}} \log^{l+1/L} t)$$

$$\sum_{n \leqslant (t/2\pi)^{\frac{1}{2}}} n^{s-1} = O(t^{2\sigma - 1 + 1/\{(l+1)L\}} \log^{1/L} t)$$

and the theorem follows from the approximate functional equation.

5.9. van der Corput's method. In this method we approximate to sums by integrals as in Chapter Ⅳ.

Theorem 5.9. *If $f(x)$ is real and twice differentiable, and*

$$0 < \lambda_2 \leqslant f''(x) \leqslant h\lambda_2 \quad (or \quad \lambda_2 \leqslant -f''(x) \leqslant h\lambda_2)$$

throughout the interval $[a,b]$, and $b \geqslant a+1$, then

$$\sum_{a<n\leqslant b} e^{2\pi i f(n)} = O\{h(b-a)\lambda_2^{\frac{1}{2}}\} + O\{\lambda_2^{-\frac{1}{2}}\}$$

If $\lambda_2 \geqslant 1$ the result is trivial, since the sum is $O(b-a)$. Otherwise Lemmas 4.7 and 4.4 give

$$O\{(\beta - \alpha + 1)\lambda_2^{-\frac{1}{2}}\} + O\{\log(\beta - \alpha + 2)\}$$

where

$$\beta - \alpha = f'(a) - f'(b) = O\{(b-a)h\lambda_2\}$$

Since

$$\begin{aligned}\log(\beta - \alpha + 2) &= O(\beta - \alpha + 2) = O\{(b-a)h\lambda_2\} + O(1) \\ &= O\{(b-a)h\lambda_2^{\frac{1}{2}}\} + O(1)\end{aligned}$$

the result follows.

5.10. Lemma 5.10. *Let $f(n)$ be a real function, $a < n \leqslant b$,* *and q a positive integer not exceeding $b-a$. Then*

$$\left|\sum_{a<n\leqslant b}\mathrm{e}^{2\pi i f(n)}\right|<A\,\frac{b-a}{q^{\frac{1}{2}}}+A\left\{\frac{b-a}{q}\sum_{r=1}^{q-1}\left|\sum_{a<n\leqslant b-r}\mathrm{e}^{2\pi i\{f(n+r)-f(n)\}}\right|\right\}^{\frac{1}{2}}$$

For convenience in the proof, let $\mathrm{e}^{2\pi i f(n)}$ denote 0 if $n\leqslant a$ or $n>b$. Then

$$\sum_n \mathrm{e}^{2\pi i f(n)}=\frac{1}{q}\sum_n\sum_{m=1}^{q}\mathrm{e}^{2\pi i f(m+n)}$$

the inner sum vanishing if $n\leqslant a-q$ or $n>b-1$. Hence

$$\left|\sum_n \mathrm{e}^{2\pi i f(n)}\right|\leqslant\frac{1}{q}\sum_n\left|\sum_{m=1}^{q}\mathrm{e}^{2\pi i f(m+n)}\right|$$

$$\leqslant\frac{1}{q}\left\{\sum_n 1\sum_n\left|\sum_{m=1}^{q}\mathrm{e}^{2\pi i f(m+n)}\right|^2\right\}^{\frac{1}{2}}$$

Since there are at most $b-a+q\leqslant 2(b-a)$ values of n for which the inner sum does not vanish, this does not exceed

$$\frac{1}{q}\left\{2(b-a)\sum_n\left|\sum_{m=1}^{q}\mathrm{e}^{2\pi i f(m+n)}\right|^2\right\}^{\frac{1}{2}}$$

Now

$$\left|\sum_{m=1}^{q}\mathrm{e}^{2\pi i f(m+n)}\right|^2=\sum_{m=1}^{q}\sum_{\mu=1}^{q}\mathrm{e}^{2\pi i\{f(m+n)-f(\mu+n)\}}$$

$$=q+\sum_{\mu<m}\sum\mathrm{e}^{2\pi i\{f(m+n)-f(\mu+n)\}}+\sum_{m<\mu}\sum\mathrm{e}^{2\pi i\{f(m+n)-f(\mu+n)\}}$$

Hence

$$\sum_n\left|\sum_{m=1}^{q}\mathrm{e}^{2\pi i f(m+n)}\right|^2\leqslant 2(b-a)q+2\left|\sum_n\sum_{\mu<m}\sum\mathrm{e}^{2\pi i\{f(m+n)-f(\mu+n)\}}\right|$$

In the last sum, $f(m+n)-f(\mu+n)=f(\nu+r)-f(\nu)$, for given values of ν and r, $1\leqslant r\leqslant q-1$, just $q-r$ times, namely $\mu=1$, $m=r+1$, up to $\mu=q-r$, $m=q$, with a consequent value of n in each case. Hence the modulus of this sum is equal to

$$\left|\sum_{r=1}^{q-1}(q-r)\sum_\nu\mathrm{e}^{2\pi i\{f(\nu+r)-f(\nu)\}}\right|\leqslant q\sum_{r=1}^{q-1}\left|\sum_\nu\mathrm{e}^{2\pi i\{f(\nu+r)-f(\nu)\}}\right| \tag{5.10.1}$$

Hence

$$\left|\sum_{n} e^{2\pi i f(n)}\right| \leqslant \frac{1}{q}\left\{4(b-a)^2 q + 4(b-a)q\sum_{r=1}^{q-1}\left|\sum_{\nu} e^{2\pi i\{f(\nu+r)-f(\nu)\}}\right|\right\}^{\frac{1}{2}}$$

and the result stated follows.

5.11. Theorem 5.11. *Let $f(x)$ be real and have continuous derivatives up to the third order, and let $\lambda_3 \leqslant f'''(x) \leqslant h\lambda_3$, or $\lambda_3 \leqslant -f'''(x) \leqslant h\lambda_3$, and $b-a \geqslant 1$. Then*

$$\sum_{a<n\leqslant b} e^{2\pi i f(n)} = O\{h^{\frac{1}{2}}(b-a)\lambda_3^{\frac{1}{6}}\} + O\{(b-a)^{\frac{1}{2}}\lambda_3^{-\frac{1}{6}}\}$$

Let

$$g(x) = f(x+r) - f(x)$$

Then

$$g''(x) = f''(x+r) - f''(x) = rf'''(\xi)$$

where $x < \xi < x + r$. Hence

$$r\lambda_3 \leqslant g''(x) \leqslant hr\lambda_3$$

or the same for $-g''(x)$. Hence by Theorem 5.9

$$\sum_{a<n\leqslant b-r} e^{2\pi i g(n)} = O\{h(b-a)r^{\frac{1}{2}}\lambda_3^{\frac{1}{2}}\} + O(r^{-\frac{1}{2}}\lambda_3^{-\frac{1}{2}})$$

Hence, by Lemma 5.10

$$\begin{aligned}\sum_{a<n\leqslant b} e^{2\pi i f(n)} &= O\left(\frac{b-a}{q^{\frac{1}{2}}}\right) + O\left[\frac{b-a}{q}\sum_{r=1}^{q-1}\{h(b-a)r^{\frac{1}{2}}\lambda_3^{\frac{1}{2}} + r^{-\frac{1}{2}}\lambda_3^{-\frac{1}{2}}\}\right]^{\frac{1}{2}} \\ &= O\left(\frac{b-a}{q^{\frac{1}{2}}}\right) + O\{h(b-a)^2 q^{\frac{1}{2}}\lambda_3^{\frac{1}{2}} + (b-a)q^{-\frac{1}{2}}\lambda_3^{-\frac{1}{2}}\}^{\frac{1}{2}} \\ &= O\{(b-a)q^{-\frac{1}{2}}\} + O\{h^{\frac{1}{2}}(b-a)q^{\frac{1}{4}}\lambda_3^{\frac{1}{4}}\} + \\ &\quad O\{(b-a)^{\frac{1}{2}}q^{-\frac{1}{4}}\lambda_3^{-\frac{1}{4}}\}\end{aligned}$$

The first two terms are of the same order in λ_3 if $q = [\lambda_3^{-\frac{1}{3}}]$ provided that $\lambda_3 \leqslant 1$. This gives

$$O\{h^{\frac{1}{2}}(b-a)\lambda_3^{\frac{1}{6}}\} + O\{(b-a)^{\frac{1}{2}}\lambda_3^{-\frac{1}{6}}\}$$

as stated. The theorem is plainly trivial if $\lambda_3 > 1$. The proof also requires that $q \leqslant b-a$. If this is not satisfied, then $b-a = O(\lambda_3^{-\frac{1}{3}})$

$$b-a = O\{(b-a)^{\frac{1}{2}}\lambda_3^{-\frac{1}{6}}\}$$

and the result again follows.

5.12. Theorem 5.12. $\zeta(\frac{1}{2}+\mathrm{i}t)=O(t^{\frac{1}{6}}\log t)$.

Taking $f(x)=-(2\pi)^{-1}t\log x$, we have

$$f'''(x)=-\frac{t}{\pi x^3}$$

Hence if $b\leqslant 2a$ the above theorem gives

$$\sum_{a<n\leqslant b} n^{-\mathrm{i}t}=O\left\{a\left(\frac{t}{a^3}\right)^{\frac{1}{6}}\right\}+O\left\{a^{\frac{1}{2}}\left(\frac{t}{a^3}\right)^{-\frac{1}{6}}\right\}$$
$$=O(a^{\frac{1}{2}}t^{\frac{1}{6}})+O(at^{-\frac{1}{6}})$$

and the second term can be omitted if $a\leqslant t^{\frac{2}{3}}$. Then by partial summation

$$\sum_{a<n\leqslant b}\frac{1}{n^{\frac{1}{2}+\mathrm{i}t}}=O(t^{\frac{1}{6}}) \tag{5.12.1}$$

Also, by Theorem 5.9

$$\sum_{a<n\leqslant b} n^{-\mathrm{i}t}=O(t^{\frac{1}{2}})+O(at^{-\frac{1}{2}})$$

and hence by partial summation

$$\sum_{a<n\leqslant b}\frac{1}{n^{\frac{1}{2}+\mathrm{i}t}}=O\left\{\left(\frac{t}{a}\right)^{\frac{1}{2}}\right\}+O\left\{\left(\frac{a}{t}\right)^{\frac{1}{2}}\right\}$$

Hence (5.12.1) is also true if $t^{\frac{2}{3}}<a<t$. Hence, applying (5.12.1) $O(\log t)$ times, we obtain

$$\sum_{n<t}\frac{1}{n^{\frac{1}{2}+it}}=O(t^{\frac{1}{6}}\log t)$$

and the result follows.

5.13. Theorem 5.13. *Let $f(x)$ be real and have continuous derivatives up to the k-th order, where $k\geqslant 4$. Let $\lambda_k\leqslant f^{(k)}(x)\leqslant h\lambda_k$ (or the same for $-f^{(k)}(x)$). Let $b-a\geqslant 1$, $K=2^{k-1}$. Then*

$$\sum_{a<n\leqslant b}\mathrm{e}^{2\pi\mathrm{i}f(n)}=O\{h^{2/K}(b-a)\lambda_k^{1/(2K-2)}\}+O\{(b-a)^{1-2/K}\lambda_k^{-1/(2K-2)}\}$$

where the constants implied are independent of k.

If $\lambda_k\geqslant 1$ the theorem is trivial, as before. Otherwise, suppose the theorem true for all integers up to $k-1$. Let

$$g(x)=f(x+r)-f(x)$$

Then

$$g^{(k-1)}(x)=f^{(k-1)}(x+r)-f^{(k)}(x)=rf^{(k)}(\xi)$$

where $x<\xi<x+r$. Hence

$$r\lambda_k\leqslant g^{(k-1)}(x)\leqslant hr\lambda_k$$

Hence the theorem with $k-1$ for k gives

$$\left|\sum_{a<n\leqslant b-r}\mathrm{e}^{2\pi \mathrm{i}g(n)}\right|<A_1h^{4/K}(b-a)(r\lambda_k)^{1/(K-2)}+$$

$$A_2(b-a)^{1-4/K}(r\lambda_k)^{-1/(K-2)}$$

(writing constants A_1, A_2 instead of the O's). Hence

$$\sum_{r=1}^{q-1}\left|\sum_{a<n\leqslant b-r}\mathrm{e}^{2\pi \mathrm{i}g(n)}\right|<A_1h^{4/K}(b-a)q^{1+1/(K-2)}\lambda_k^{1/(K-2)}+$$

$$2A_2(b-a)^{1-4/K}q^{1-1/(K-2)}\lambda_k^{-1/(K-2)}$$

since

$$\sum_{r=1}^{q-1}r^{-1/(K-2)}<\int_0^q r^{-1/(K-2)}\mathrm{d}r=\frac{q^{1-1/(K-2)}}{1-1/(K-2)}\leqslant 2q^{1-1/(K-2)}$$

for $K\geqslant 4$. Hence, by Lemma 5.10

$$\sum_{a<n\leqslant b}\mathrm{e}^{2\pi \mathrm{i}f(n)}\leqslant A_3(b-a)q^{-\frac{1}{2}}+$$

$$A_4(b-a)^{\frac{1}{2}}q^{-\frac{1}{2}}\{A_1h^{4/K}(b-a)q^{1+1/(K-2)}\lambda_k^{1/(K-2)}+$$

$$2A_2(b-a)^{1-4/K}q^{1-1/(K-2)}\lambda_k^{-1/(K-2)}\}^{\frac{1}{2}}$$

$$\leqslant A_3(b-a)q^{-\frac{1}{2}}+A_4A_1^{\frac{1}{2}}h^{2/K}(b-a)q^{1/(2K-4)}\lambda_k^{1/(2K-4)}+$$

$$A_4(2A_2)^{\frac{1}{2}}(b-a)^{1-2/K}q^{-1/(2K-4)}\lambda_k^{-1/(2K-4)}$$

To make the first two terms of the same order in λ_k, let

$$q=[\lambda_k^{-1/(K-1)}]+1$$

Then

$$\lambda_k^{-1/(K-1)}\leqslant q\leqslant 2\lambda_k^{-1/(K-1)}$$

$$q^{1/(2K-4)}\lambda_k^{1/(2K-4)}\leqslant 2^{1/(2K-4)}\lambda_k^{1/(2K-4)\{1-1/(K-1)\}}\leqslant 2\lambda_k^{1/(2K-2)}$$

$$q^{-1/(2K-4)}\lambda_k^{-1/(2K-4)}\leqslant \lambda_k^{-1/(2K-2)}$$

and we obtain

$$\left|\sum_{a<n\leqslant b}\mathrm{e}^{2\pi \mathrm{i}f(n)}\right|\leqslant(A_3+2A_4A_1^{\frac{1}{2}})h^{2/K}(b-a)\lambda_k^{1/2(K-2)}+$$

$$A_4(2A_2)^{\frac{1}{2}}(b-a)^{1-2/K}\lambda_k^{-1/(2K-2)}$$

This gives the result for k; the constants are the same for k as for $k-1$ if

$$A_3+2A_4A_1^{\frac{1}{2}}\leqslant A_1,\quad A_4(2A_2)^{\frac{1}{2}}\leqslant A_2$$

which are satisfied if A_1 and A_2 are large enough.

We have assumed in the proof that $q\leqslant b-a$, which is true if $2\lambda_k^{-1/(K-1)}\leqslant b-a$. Otherwise

$$\left|\sum_{a<n\leqslant b}e^{2\pi i f(n)}\right|\leqslant b-a\leqslant(b-a)^{\frac{1}{2}}(2\lambda_k^{-1/(K-1)})^{\frac{1}{2}}$$

$$\leqslant 2^{\frac{1}{2}}(b-a)^{1-2/K}\lambda_k^{-1/(2K-2)}$$

and the result again holds.

5.14. Theorem 5.14. *If* $l\geqslant 3$, $L=2^{l-1}$, $\sigma=1-l/(2L-2)$

$$\zeta(s)=O(t^{1/(2L-2)}\log t)\tag{5.14.1}$$

We apply the above theorem with

$$f(x)=-\frac{t\log x}{2\pi},\quad f^{(k)}(x)=\frac{(-1)^k(k-1)!\ t}{2\pi x^k}$$

if $a<n\leqslant b\leqslant 2a$, then

$$\frac{(k-1)!\ t}{2\pi(2a)^k}\leqslant|f^{(k)}(x)|\leqslant\frac{(k-1)!\ t}{2\pi a^k}$$

and we may apply the theorem with

$$\lambda_k=\frac{(k-1)!\ t}{2\pi(2a)^k},\quad h=2^k$$

Hence

$$\sum_{a<n\leqslant b}n^{-it}=O\left[2^{2k/K}a\left\{\frac{(k-1)!\ t}{2\pi(2a)^k}\right\}^{1/(2K-2)}\right]+$$

$$O\left[a^{1-2/K}\left\{\frac{(k-1)!\ t}{2\pi(2a)^k}\right\}^{-1/(2K-2)}\right]\tag{5.14.2}$$

$$=O(a^{1-k/(2K-2)}t^{1/(2K-2)}+O(a^{1-2/K+k/(2K-2)}t^{-1/(2K-2)})$$

The second term can be omitted if

$$a<At^{K/(kK-2K+2)}\tag{5.14.3}$$

Hence by partial summation

$$\sum_{a<n\leqslant b}n^{-s}=O(a^{1-\sigma-k/(2K-2)}t^{1/(2K-2)})\tag{5.14.4}$$

subject to (5.14.3). Taking $\sigma=1-l/(2L-2)$

$$\sum_{a<n\leqslant b} n^{-s} = O(a^{l/(2L-2)-k(2K-2)} t^{1/(2K-2)}) \tag{5.14.5}$$

First take $k = l$. We obtain

$$\sum_{a<n\leqslant b} n^{-s} = O(t^{1/(2L-2)}) \quad (a < At^{L/(lL-2L+2)})$$

Hence

$$\begin{aligned}\sum_{n\leqslant t^{L/(lL-2L+2)}} n^{-s} &= \sum_{\frac{1}{2}t^{L/(lL-2L)+2}<n\leqslant t^{L/(lL-2L+2)}} + \cdots \\ &= O(t^{1/(2L-2)}) + O(t^{1/(2L-2)}) + \cdots \\ &= O(t^{1/(2L-2)} \log t) \end{aligned} \tag{5.14.6}$$

Next

$$\sum_{t^{L/(lL-2L+2)}<n\leqslant t} \frac{1}{n^s} = \sum_{\frac{1}{2}t<n\leqslant t} + \sum_{\frac{1}{4}t<n\leqslant \frac{1}{2}t} + \cdots$$

and to each term $\sum\limits_{2^{-mt}<n\leqslant 2^{1-m}t}$ corresponds a $k < l$ such that

$$t^{K/\{(k+1)K-2K+1\}} < 2^{-m}t \leqslant t^{K/(kK-2K+2)}$$

Then

$$\sum_{2^{-m}t<n\leqslant 2^{1-m}t} \frac{1}{n^s} = O\{t^{\{l/(2L-2)-k/(2K-2)\}K/\{(k+1)K-2K+1\}+1/(2K-2)}\}$$

The index does not exceed that in (5.14.6) if

$$\left(\frac{l}{2L-2} - \frac{k}{2K-2}\right)\frac{K}{(k+1)K-2K+1} + \frac{1}{2K-2} \leqslant \frac{1}{2L-2}$$

which reduces to

$$L - K \geqslant (l-k)K$$

i. e.

$$2^{l-k} - 1 \geqslant l - k$$

which is true. Since there are again $O(\log t)$ terms

$$\sum_{t^{L/(lL-2L+2)}<n\leqslant t} \frac{1}{n^s} = O(t^{1/(2L-2)} \log t)$$

The result therefore follows. Theorem 5.12 is the particular case $l = 3$, $L = 4$.

5.15. Comparison between the Hardy-Littlewood result and the van der Corput result. The Hardy-Littlewood method shows that the function $\mu(\sigma)$ satisfies

$$\mu\left(1-\frac{1}{2^{k-1}}\right)\leqslant\frac{1}{(k+1)2^{k-1}} \tag{5.15.1}$$

and the van der Corput method that

$$\mu\left(1-\frac{l}{2^{l}-2}\right)\leqslant\frac{1}{2^{l}-2} \tag{5.15.2}$$

For a given k, determine l so that

$$1-\frac{l-1}{2^{l-1}-2}<1-\frac{1}{2^{k-1}}\leqslant 1-\frac{l}{2^{l}-2}$$

Then (5.15.2) and the convexity of $\mu(\sigma)$ give

$$\mu\left(1-\frac{1}{2^{k-1}}\right)\leqslant\frac{\frac{1}{2^{k-1}}-\frac{l}{2^{l}-2}}{\frac{l-1}{2^{l-1}-2}-\frac{l}{2^{l}-2}}\times\frac{1}{2^{l-1}-2}+\frac{\frac{l-1}{2^{l-1}-2}-\frac{1}{2^{k}-1}}{\frac{l-1}{2^{l-1}-2}-\frac{l}{2^{l}-2}}\times\frac{1}{2^{l}-2}$$

$$=\frac{2^{l-k}-1}{l2^{l-1}-2^{l}+2}\leqslant\frac{1}{(k+1)2^{k-1}}$$

if

$$(k+1)(2^{l-1}-2^{k-1})\leqslant(l-2)2^{l-1}+2$$

Since $2^{k-1}>(2^{l-1}-2)/(l-1)$, this is true if

$$(k+1)\left(2^{l-1}-\frac{2^{l-1}-2}{l-1}\right)\leqslant(l-2)2^{l-1}+2$$

i. e. if

$$k+1\leqslant l-1$$

Now

$$2^{k-1}\leqslant\frac{2^{l}-2}{l}<\frac{2^{l}}{l}\leqslant 2^{l-3}$$

if $l\geqslant 8$. Hence the Hardy-Littlewood result follows from the van der Corput result if $l\geqslant 8$.

For $4\leqslant l\leqslant 7$ the relevant values of $1-\sigma$ are

H. − L.	$\frac{1}{4}$,	$\frac{1}{8}$,	$\frac{1}{16}$	
v. d. C	$\frac{2}{7}$,	$\frac{1}{6}$,	$\frac{3}{31}$,	$\frac{1}{18}$

The values of k and l in these cases are 3,4,5 and 5,6,7 respectively. Hence $k\leqslant l-2$ in all cases.

5.16. Theorem 5.16. $\zeta(1+\mathrm{i}t)=O\left(\frac{\log t}{\log\log t}\right)$.

We have to apply the above results with k variable; in fact it will be seen from the analysis of §5.13 and §5.14 that the constants implied in the O's are independent of k. In particular, taking $\sigma=1$ in (5.14.4), we have

$$\sum_{a<n\leqslant b}\frac{1}{n^{1+it}}=O(a^{-k/(2K-2)}t^{1/(2K-2)}\quad(a<b\leqslant 2a)$$

uniformly with respect to k, subject to (5.14.3). If

$$t^{K/\{(k+1)/K-2K+1\}}<a\leqslant t^{K/(kK-2K+2)}$$

it follows that

$$\sum_{a<n\leqslant b}\frac{1}{n^{1+it}}=O(t^{1/(2K-2)-kK/\{(2K-2)(kK-K+1)\}})=O(t^{-1/\{2(k-1)K+2\}})$$

Writing

$$\sum_{t^{R/\{(r-1)R+1\}}<n\leqslant t}\frac{1}{n^{1+it}}=\sum_{\frac{1}{2}t<n\leqslant t}+\sum_{\frac{1}{4}t<n\leqslant\frac{1}{2}t}+\cdots$$

and applying the above result with $k=2,3,\cdots$, or r, we obtain, since there are $O(\log t)$ terms

$$\sum_{t^{R/\{(r-1)R+1\}}<n\leqslant t}\frac{1}{n^{1+it}}=O(t^{-1/\{2(r-1)R+2\}}\log t)\qquad(5.16.1)$$

Let $r=[\log\log t]$. Then

$$2R\leqslant 2^{\log\log t}=(\log t)^{\log 2}$$

and

$$t^{1/\{2(r-1)R+2\}}\geqslant\exp\left(\frac{\log t}{(\log t)^{\log 2}\log\log t+2}\right)>\exp\{(\log t)^{A}\}>A\log t$$

Hence the above sum is bounded. Also

$$\sum_{n\leqslant t^{R/\{(r-1)R+1\}}}\frac{1}{n^{1+it}}=O(\log t^{R/\{(r-1)R+1\}})$$

$$=O\left\{\frac{R\log t}{(r-1)R+1}\right\}$$

$$=O\left(\frac{\log t}{r}\right)$$

$$=O\left(\frac{\log t}{\log\log t}\right)$$

This proves the theorem.

The same result can also be deduced from the Weyl-Hardy-Little-wood analysis.

5.17. Theorem 5.17. *For* $t > A$

$$\zeta(s) = O(\log^5 t), \quad \sigma \geqslant 1 - \frac{(\log\log t)^2}{\log t} \tag{5.17.1}$$

$$\zeta(s) \neq 0, \quad \sigma \geqslant 1 - A_1 \frac{\log\log t}{\log t} \tag{5.17.2}$$

(*with some* A_1), *and*

$$\frac{1}{\zeta(1+\mathrm{i}t)} = O\left(\frac{\log t}{\log\log t}\right) \tag{5.17.3}$$

$$\frac{\zeta'(1+\mathrm{i}t)}{\zeta(1+\mathrm{i}t)} = O\left(\frac{\log t}{\log\log t}\right) \tag{5.17.4}$$

We observe that (5.14.1) holds with a constant independent of l, and also, by the Phragmén-Lindelöf theorem, uniformly for

$$\sigma \geqslant 1 - l/(2L-2)$$

Let t be given (sufficiently large), and let

$$l = \left[\frac{1}{\log 2} \log\left(\frac{\log t}{\log\log t}\right)\right]$$

Then

$$L \leqslant 2^{(1/\log 2)\log(\log t/\log\log t)-1} = \frac{1}{2} \times \frac{\log t}{\log\log t}$$

and similarly

$$L \geqslant \frac{1}{4} \times \frac{\log t}{4\log\log t}$$

Hence

$$\frac{1}{2L-2} \geqslant \frac{l}{2L} \geqslant \frac{\log\log t - \log\log\log t - \log 2}{\log 2} \frac{\log\log t}{\log t} \geqslant \frac{(\log\log t)^2}{\log t}$$

for $t > A$ (large enough). Hence if

$$\sigma \geqslant 1 - \frac{(\log\log t)^2}{\log t}$$

then

$$\sigma \geqslant 1 - \frac{l}{2L-2}$$

Hence (5.14.1) is applicable, and gives

$$\zeta(s)=O(t^{1/(2L-2)}\log t)=O(t^{1/L}\log t)$$
$$=O(t^{(4\log\log t/\log t}\log t)=O(\log^5 t)$$

This proves (5.17.1). The remaining results then follow from Theorems 3.10 and 3.11, taking (for $t>A$)

$$\theta(t)=\frac{(\log\log t)^2}{\log t},\quad \phi(t)=5\log\log t$$

5.18. In this section we reconsider the problem of the order of $\zeta(\frac{1}{2}+it)$. Small improvements on Theorem 5.12 have been obtained by various different methods. Results of the form

$$\zeta(\frac{1}{2}+it)=O(t^{\alpha}\log^{\beta}t)$$

with

$$\alpha=\frac{163}{988},\frac{27}{164},\frac{229}{1\,392},\frac{19}{116},\frac{15}{92}$$

were proved by Walfisz (1), Titchmarsh (9), Phillips (1), Titchmarsh (24), and Min (1) respectively.① We shall give here the argument which leads to the index $\frac{27}{164}$. The main idea of the proof is that we combine Theorem 5.13 with Theorem 4.9, which enables us to transform a given exponential sum into another, which may be easier to deal with.

Theorem 5.18. $\zeta(\frac{1}{2}+it)=O(t^{27/164})$.

Consider the sum

$$\sum\nolimits_1=\sum_{a<n\leqslant b}n^{-it}=\sum_{a<n\leqslant b}e^{-it}\log n$$

where $a<b\leqslant 2a$, $a<A\sqrt{t}$. By § 5.10

$$\sum\nolimits_1=O\Big(\frac{a}{q^{\frac{1}{2}}}\Big)+O\Big\{\Big(\frac{a}{q}\sum_{r=1}^{q-1}\Big|\sum\nolimits_2\Big|\Big)^{\frac{1}{2}}\Big\}\qquad(5.18.1)$$

① Note that the proof of the lemma in Titchmarsh (24) is incorrect. The lemma should be replaced by the corresponding theorem in Titchmarsh (16).

where $q \leqslant b-a$, and

$$\sum\nolimits_2 = \sum_{a<n\leqslant b-r} e^{-it\{\log(n+4)-\log n\}}$$

We now apply Theorem 4.9 to $\sum_2$. We have

$$f(x) = -\frac{t}{2\pi}\{\log(x+r)-\log x\}, \quad f'(x) = \frac{tr}{2\pi x(x+r)}$$

$$f''(x) = -\frac{tr}{2\pi}\times\frac{2x+r}{x^2(x+r)^2}, \quad f'''(x) = \frac{tr}{\pi}\times\frac{3x^2+3xr+r^2}{x^3(x+r)^3}$$

We can therefore apply Theorem 4.9 with $\lambda_2 = tra^{-3}$, $\lambda_3 = tra^{-4}$. This

$$\sum\nolimits_2 = e^{-\frac{1}{4}\pi i}\sum_{\alpha<\nu\leqslant\beta}\frac{e^{2\pi i\phi(\nu)}}{|f''(x_\nu)|^{\frac{1}{2}}} + O\left(\frac{a^{\frac{3}{2}}}{t^{\frac{1}{2}}r^{\frac{1}{2}}}\right) + O\left\{\log\left(2+\frac{tr}{a^2}\right)\right\} + O\left(\frac{t^{\frac{2}{5}}r^{\frac{2}{5}}}{a^{\frac{2}{5}}}\right) \tag{5.18.2}$$

where $\phi(\nu) = f(x_\nu) - \nu x_\nu$, $\alpha = f'(b-r)$, $\beta = f'(a)$. Actually the log-term can be omitted, since it is $O(t^{\frac{3}{5}}r^{\frac{2}{5}}a^{-\frac{4}{5}})$.

Consider next the sum

$$\sum_{\alpha<\nu\leqslant\gamma} e^{2\pi i\phi(\nu)} \quad (\alpha<\gamma\leqslant\beta)$$

The numbers x_ν are given by

$$\frac{tr}{2\pi x_\nu(x_\nu+r)} = \nu, \quad \text{i. e.} \quad x_\nu = \frac{1}{2}\left(r^2+\frac{2tr}{\pi\nu}\right)^{\frac{1}{2}} - \frac{1}{2}r$$

Hence

$$\phi'(\nu) = \{f'(x_\nu)-\nu\}\frac{dx_\nu}{d\nu} - x_\nu = -x_\nu = \frac{1}{2}r - \frac{1}{2}\left(r^2+\frac{2tr}{2\pi\nu}\right)^{\frac{1}{2}}$$

$$\phi''(\nu) = \frac{tr}{2\pi\nu^2(r^2+2tr/\pi\nu)^{\frac{1}{2}}} = \frac{1}{2}\left(\frac{tr}{2\pi}\right)\left(\frac{1}{\nu^{\frac{3}{2}}} - \frac{\pi r}{4t}\times\frac{1}{\nu^{\frac{1}{2}}} + \cdots\right)$$

since

$$r\nu \leqslant rf'(a) = \frac{tr^2}{2\pi a(a+r)} \leqslant \frac{tr^2}{2\pi a^2} \leqslant \frac{t}{2\pi}$$

It follows that

$$\frac{K_1(tr)^{\frac{1}{2}}}{\nu^{k-\frac{1}{2}}} < |\phi^{(k)}(\nu)| < \frac{K_2(tr)^{\frac{1}{2}}}{\nu^{k-\frac{1}{2}}} \quad (t>t_k)$$

where K_1, K_2, $\cdots$, and t_k depend on k only. We may therefore apply Theorem 5.13, with $h = O(1)$, and

$$\lambda_k = K_3(tr)^{\frac{1}{2}}(tr/a^2)^{\frac{1}{2}-k} = K_3(tr)^{1-k}a^{2k-1}$$

Hence

$$\sum_{\alpha<\nu\leqslant\gamma} e^{2\pi i\phi(\nu)} = O\left\{\frac{tr}{a^2}\left(\frac{a^{2k-1}}{t^{k-1}r^{k-1}}\right)^{1/(2K-2)}\right\} + O\left\{\left(\frac{tr}{a^2}\right)^{1-2/K}\left(\frac{a^{2k-1}}{t^{k-1}r^{k-1}}\right)^{-1/(2K-2)}\right\}$$

Also $|f''(x_\nu)|^{-\frac{1}{2}}$ is monotonic and of the form $O(t^{-\frac{1}{2}}r^{-\frac{1}{2}}a^{\frac{3}{2}})$. Hence by partial summation

$$\sum_{\alpha<\nu\leqslant\beta} \frac{e^{2\pi i\phi(\nu)}}{|f''(x_\nu)|^{\frac{1}{2}}} = O\{(tr)^{\frac{1}{2}-(k-1)/(2K-2)}a^{(2k-1)/(2K-2)-\frac{1}{2}}\} + O\{(tr)^{\frac{1}{2}-2/K+(k-1)/(2K-2)}a^{4/K-\frac{1}{2}-(2k-1)(2K-2)}\}$$

Hence

$$\frac{1}{q}\sum_{r=1}^{q-1}\left|\sum\nolimits_2\right| = O\{(tq)^{\frac{1}{2}-(k-1)/(2K-2)}a^{(2k-1)/(2K-2)-\frac{1}{2}}\} + O\{(tq)^{\frac{1}{2}-2/K+(k-1)/(2K-2)}a^{4/K-\frac{1}{2}-(2k-1)/(2K-2)}\} + O\{(tq)^{-\frac{1}{2}}a^{\frac{3}{2}}\} + O\{(tq)^{\frac{2}{5}}a^{-\frac{2}{5}}\}$$

Inserting this in (5.18.1), and using the inequality

$$(X+Y+\cdots)^{\frac{1}{2}} \leqslant X^{\frac{1}{2}} + Y^{\frac{1}{2}} + \cdots$$

we obtain

$$\sum\nolimits_1 = O\{(aq^{-\frac{1}{2}}) + O\{(tq)^{\frac{1}{4}-(k-1)/(4K-4)}a^{(2k-1)/(4K-4)+\frac{1}{4}}\} + O\{(tq)^{\frac{1}{4}-1/K+(k-1)/(4K-4)}a^{2/K+\frac{1}{4}-(2k-1)/(4K-4)}\} + O\{(tq)^{-\frac{1}{4}}a^{\frac{5}{4}}\} + O\{(tq)^{\frac{1}{5}}a^{\frac{3}{10}}\}$$

The first two terms on the right are of the same order if

$$q = [a^{(3K-2k-2)/(3K-k-2)}t^{-(K-k)/(3K-k-2)}]$$

and they are then of the form

$$O(a^{(3K-2)/\{2(3K-k-2)\}}t^{(K-k)/\{2(3K-k-2)\}}) = O(t^{(5K-2k-2)/\{4(3K-k-2)\}}) \quad (a < A\sqrt{t})$$

For $k=2, 3, 4, 5, 6, \cdots$, the index has the values

$$\frac{1}{2}, \frac{3}{7}, \frac{5}{12}, \frac{17}{41}, \frac{73}{176}, \cdots$$

and of these $\frac{17}{41}$ is the smallest. We therefore take $k=5$

$$q = [a^{\frac{36}{41}}t^{-\frac{11}{41}}] \quad (a > t^{\frac{11}{36}})$$

and obtain

$$\sum\nolimits_1 = O(a^{\frac{23}{41}} t^{\frac{11}{82}}) + O(a^{\frac{147}{328}} t^{\frac{61}{328}}) + O(a^{\frac{160}{164}} t^{-\frac{15}{82}}) + O(a^{\frac{39}{82}} t^{\frac{6}{41}})$$

This also holds if $q \geqslant b-a$, since then

$$\sum\nolimits_1 = O(b-a) = O(q) = O(a^{\frac{36}{41}} t^{-\frac{11}{41}})$$

which is of smaller order than the third term in the above right-hand side.

It is easily seen that the last two terms are negligible compared with the first if $a = O(\sqrt{t})$. Hence by partial summation

$$\sum_{a<n\leqslant b} \frac{1}{n^{\frac{1}{2}+it}} = O(a^{\frac{5}{82}} t^{\frac{11}{82}}) + O(a^{-\frac{17}{328}} t^{\frac{61}{328}}) \quad (a > t^{\frac{11}{36}})$$

Applying this with $a = N$, $b = 2N-1$; $a = 2N$, $b = 4N-1, \cdots$ until $b = [A\sqrt{t}\,]$, we obtain

$$\sum_{N<n\leqslant A\sqrt{t}} \frac{1}{n^{\frac{1}{2}+it}} = O(t^{\frac{37}{164}}) + O(N^{-\frac{17}{328}} t^{\frac{61}{328}})$$

$$= O(t^{\frac{27}{164}}) \quad (N > t^{\frac{7}{17}})$$

We require a subsidiary argument for $n \leqslant t^{\frac{7}{17}}$, and in fact (5.14.2) with $k=4$ gives

$$\sum_{a<n\leqslant b} n^{-it} = O(a^{\frac{5}{7}} t^{\frac{1}{14}}) \quad (a < At^{\frac{4}{9}})$$

$$\sum_{a<n\leqslant b} \frac{1}{n^{\frac{1}{2}+it}} = O(a^{\frac{3}{14}} t^{\frac{1}{14}})$$

and by adding terms of this type as before

$$\sum_{u\leqslant t^{7/17}} \frac{1}{n^{\frac{1}{2}+it}} = O(t^{\frac{3}{14}\cdot\frac{7}{17}+\frac{1}{14}}) = O(t^{\frac{19}{119}}) = O(t^{\frac{27}{164}})$$

The result therefore follows from the approximate functional equation.

NOTES FOR CHAPTER 5

5.19. Two more completely different arguments have been given, leading to the estimate

$$\mu\left(\frac{1}{2}\right) \leqslant \frac{1}{6} \qquad (5.19.1)$$

Firstly Bombieri, in unpublished work, has used a method related to that of § 6.12, together with the bound

$$\int_0^1\int_0^1\left|\sum_{1\leqslant x\leqslant P}\exp\{2\pi i(\alpha x+\beta x^2)\}\right|^6 d\alpha d\beta \ll P^3\log P$$

to prove (5.19.1). Secondly, (5.19.1) follows from the mean-value bound (7.24.4) of Iwaniec [**1**]. (This deep result is described in § 7.24.)

Heath-Brown [**9**] has shown that the weaker estimate $\mu(\frac{1}{2})\leqslant\frac{3}{16}$ follows from an argument analogous to Burgess's [**1**] treatment of character sums. Moreover the bound $\mu(\frac{1}{2})\leqslant\frac{7}{32}$, which is weaker still, but none the less non-trivial, follows from Heath-Brown's [**4**] fourth. power moment (7.21.1), based on Weil's estimate for the Kloosterman sum. Thus there are some extremely diverse arguments leading to non. trivial bounds for $\mu(\frac{1}{2})$.

5.20. The argument given in § 5.18 is generalized by the 'method of exponent pairs' of van der Corput (**1**), (**2**) and Phillips (**1**), let s, c be positive constants, and let $\mathscr{F}(s, c)$ be the set of quadruples (N, I, f, y) as follows:

(i) N and y are positive and satisfy $yN^{-s}\geqslant 1$,

(ii) I is a subinterval of $(N, 2N]$,

(iii) f is a real valued function on I, with derivatives of all orders, satisfying

$$\left|f^{(n+1)}(x)-\frac{d^n}{dx^n}(yx^{-s})\right|\leqslant c\left|\frac{d^n}{dx^n}(yx^{-s})\right| \qquad (5.20.1)$$

for $n\geqslant 0$.

We then say that (p, q) is an 'exponent pair' if $0\leqslant p\leqslant\frac{1}{2}\leqslant q\leqslant 1$ and if for each $s>0$ there exists a sufficiently small $c=$

$c(p, q, s) > 0$ such that

$$\sum_{n\in I}\exp\{2\pi i f(n)\} \ll_{p,q,s} (yN^{-s})^p N^q \tag{5.20.2}$$

uniformly for $(N, I, f, y) \in \mathscr{F}(s, c)$.

We may observe that yN^{-s} is the order of magnitude of $f'(x)$. It is immediate that $(0,1)$ is an exponent pair. Moreover Theorems 5.9, 5.11 and 5.13 correspond to the exponent pairs $(\frac{1}{2},\frac{1}{2})$, $(\frac{1}{6}, \frac{2}{3})$, and

$$\left(\frac{1}{2^k-2}, \frac{2^k-k-1}{2^k-2}\right)$$

By using Lemma 5.10 one may prove that

$$A(p, q) = \left(\frac{p}{2p+2}, \frac{p+q+1}{2p+2}\right)$$

is an exponent pair whenever (p,q) is. Similarly from Theorem 4.9, as sharpened in §4.19, one may show that

$$B(p, q) = (q - \frac{1}{2}, p + \frac{1}{2})$$

is an exponent pair whenever (p, q) is, providing that $p+2q \geqslant \frac{3}{2}$. Thus one may build up a range of pairs by repeated applications of these A and B processes. In doing this one should note that $B^2(p, q) = (p, q)$. Examples of exponent pairs are:

$B(0,1) = (\frac{1}{2},\frac{1}{2})$, $AB(0,1) = (\frac{1}{6},\frac{2}{3})$, $A^2B(0,1) = (\frac{1}{14},\frac{11}{14})$

$A^3B(0,1) = (\frac{1}{30},\frac{26}{30})$, $BA^2B(0,1) = (\frac{2}{7},\frac{4}{7})$, $A^4B(0,1) = (\frac{1}{62},\frac{57}{62})$

$BA^3B(0,1) = (\frac{11}{30},\frac{16}{30})$, $ABA^2B(1,0) = (\frac{2}{18},\frac{13}{18})$

$BA^4B(0,1) = (\frac{13}{31},\frac{16}{31})$, $ABA^3B(0,1) = (\frac{11}{82},\frac{57}{82})$

$A^2BA^2B(0,1) = (\frac{2}{40},\frac{33}{40})$, $BABA^2B(0,1) = (\frac{4}{18},\frac{11}{18})$

To estimate the sum $\sum_1$ of §5.18 we may take

$$f(x)=\frac{t}{2\pi}\log x,\quad y=\frac{t}{2\pi},\quad s=1$$

so that (5.20.1) holds for any $c\geqslant 0$. The exponent pair $(\frac{11}{82},\frac{57}{82})$ then yields

$$\sum\nolimits_1 \ll t^{\frac{11}{82}}a^{\frac{46}{82}}$$

whence

$$\sum_{a<n\leqslant b} n^{-\frac{1}{2}-it}\ll t^{\frac{11}{82}}a^{\frac{5}{82}}\ll t^{\frac{27}{164}}$$

for $a\ll t^{\frac{1}{2}}$. We therefore recover Theorem 5.18.

The estimate $\mu(\frac{1}{2})\leqslant\frac{229}{1\,392}$ of Phillips (1) comes from a better choice of exponent pair. In general we will have

$$\mu(\frac{1}{2})\leqslant\frac{1}{2}(p+q-\frac{1}{2})$$

providing that $q\geqslant q+\frac{1}{2}$. Rankin [1] has shown that the infimum of $\frac{1}{2}(p+q-\frac{1}{2})$, over all pairs generated from (0,1) by the A and B processes, is 0.164 510 67… (Graham, in work in the course of publication, gives further details.) Note however that there are exponent pairs better for certain problems than any which can be got in this way, as we shall see in §§6.17 ~ 6.18. These unfortunately do not seem to help in the estimation of $\mu(\frac{1}{2})$.

5.21. The list of bounds for $\mu(\frac{1}{2})$ may be extended as follows.

$\frac{163}{988}=0.164\,979\cdots$	Walfisz (1)
$\frac{27}{164}=0.164\,634\cdots$	Titchmarsh (9)
$\frac{229}{1\,392}=0.164\,511\cdots$	Phillips (1)
$0.164\,510\cdots$	Rankin [1]

$\frac{19}{116}=0.163\ 793\cdots$ Titchmarsh (24)

$\frac{15}{92}=0.163\ 043\cdots$ Min (1)

$\frac{6}{37}=0.162\ 162\cdots$ Haneke [1]

$\frac{173}{1\ 067}=0.162\ 136\cdots$ Kolesnik [2]

$\frac{35}{216}=0.162\ 037\cdots$ Kolesnik [4]

$\frac{139}{858}=0.162\ 004\cdots$ Kolesnik [5]

The value $\frac{6}{37}$ was obtained by Chen [1], independently of Haneke, but a little later.

The estimates from Titchmarsh (24) onwards depend on bounds for multiple sums. In proving Lemma 5.10 the sum over r on the left of (5.10.1) is estimated trivially. However, there is scope for further savings by considering the sum over r and r as a two-dimensional sum, and using two dimensional analogues of the A and B processes given by Lemma 5.10 and Theorem 4.9. Indeed since further variables are introduced each time an A process is used, higher-dimensional sums will occur. Srinivasan [1] has given a treatment of double sums, but it is not clear whether it is sufficiently flexible to give, for example, new exponent pairs for one-dimensional sums.

Chapter Ⅵ VINOGRADOV'S METHOD

6.1. Still another method of dealing with exponential sums is due to Vinogradov. [①]This has passed through a number of different forms of which the one given here is the most successful. In the theory of the zeta-function, the method given new results in the neighbourhood of the line $\sigma=1$.

Let

$$f(n)=\alpha_k n^k+\cdots+\alpha_1 n+\alpha_0$$

be a polynomial of degree $k\geqslant 2$ with real coefficients, and let a and q be integers

$$S(q)=\sum_{a<n\leqslant a+q} \mathrm{e}^{2\pi \mathrm{i} f(n)}$$

$$J(q,l)-\int_0^1\cdots\int_0^1 \mid S(q)\mid^{2l}\mathrm{d}\alpha_1\cdots\mathrm{d}\alpha_k$$

The question of the order of $J(q,l)$ as a function of q is important in the method.

Since $S(q)=O(q)$ we have trivially $J(q,l)=O(q^{2l})$. Less trivially, we could argue as follows. We have

$$\{S(q)\}^k=\sum_{n_1,\cdots,n_k} \mathrm{e}^{2\pi \mathrm{i}\alpha_k(n_1^k+\cdots+n_k^k)}+\cdots$$

$$\{S(q)\}^{2k}=\sum_{m_1,\cdots,n_k} \mathrm{e}^{2\pi \mathrm{i}\alpha_k(m_1^k+\cdots+m_k^k-n_1^k-\cdots-n_k^k)}+\cdots$$

On integrating over the k-dimensional unit cube, we obtain a zero factor if any of the numbers

$$m_1^h+\cdots+m_k^h-n_1^h-\cdots-n_k^h\quad(h=1,\cdots,k)$$

is different from zero. Hence $J(q,k)$ is equal to the number of solutions of the system of equations

$$m_1^h+\cdots+m_k^h=n_1^h+\cdots+n_k^h\quad(h=1,\cdots,k)$$

where $a<m_\nu\leqslant a+q$, $a<n_\nu\leqslant a+q$.

But it follows from these equations that the numbers n_ν are equal (in some order) to the numbers m_ν. Hence only the m_ν can be

---

① Vinogradov (1) ~ (4), Tchudakoff (1) ~ (5), Titchmarsh (20), Hua (1).

chosen arbitrarily, and so the total number of solutions is $O(q^k)$. Hence

$$J(q,k)=O(q^k)$$

and

$$J(q,l)=O\{q^{2l-2k}J(q,k)\}=O(q^{2l-k})$$

This, however, is not sufficient for the application (see Lemma 6.8).

For any integer l, $J(q,t)$ is equal to the number of solutions of the equations

$$m_1^h+\cdots+m_l^h=n_1^h+\cdots+n_l^h \quad (h=1,\cdots,k)$$

where $a<m_\nu\leqslant a+q$, $a<n_\nu\leqslant a+q$. Actually $J(q,l)$ is independent of a; for putting $M_\nu=m_\nu-a$, $N_\nu=n_\nu-a$, we obtain

$$\sum_{\nu=1}^{l}(M_\nu+a)^h=\sum_{\nu=1}^{l}(N_\nu+a)^h \quad (h-1,\cdots,k)$$

which is equivalent to

$$\sum_{\nu=1}^{l}M_\nu^h=\sum_{\nu=1}^{l}N_\nu^h \quad (h=1,\cdots,k)$$

and $0<M_\nu\leqslant q$, $0<N_\nu\leqslant q$.

Clearly $J(q,l)$ is a non-decreasing function of q.

6.2. Lemma 6.2. *Let $m_1,\cdots,m_k$, $n_1,\cdots,n_k$ be two sets of integers, let*

$$s_h=\sum_{\nu=1}^{k}m_\nu^h,\quad s'_h=\sum_{\nu=1}^{k}n_\nu^h$$

and let σ_h, σ'_h be the h-th elementary symmetric functions of the m_ν and n_ν respectively. If $|m_\nu|\leqslant q$, $|n_\nu|\leqslant q$, and

$$|s_h-s'_h|\leqslant q^{h-1} \quad (h=1,\cdots,k) \tag{6.2.1}$$

then

$$|\sigma_h-\sigma'_h|\leqslant\frac{3}{4}(2kq)^{h-1} \quad (h=2,\cdots,k) \tag{6.2.2}$$

Clearly

$$|s_h|\leqslant kq^h,\quad |s'_h|\leqslant kq^h$$

and

$$|\sigma'_h| \leqslant \binom{k}{h} q^h \leqslant k^h q^h$$

Now

$$\sigma_2 = \frac{1}{2}(s_1^2 - s_2)$$

Hence

$$|\sigma_2 - \sigma'_2| = \frac{1}{2} |(s_1^2 - s_2) - (s_1'^2 - s'_2)|$$
$$\leqslant \frac{1}{2} |(s_1 - s'_1)(s_1 + s'_1)| + \frac{1}{2} |s_2 - s'_2|$$
$$\leqslant kq + \frac{1}{2}q \leqslant \frac{3}{2}kq$$

the result stated for $h = 2$.

Now suppose that (6.2.2) holds with $h=2,\cdots,j-1$, where $3 \leqslant j \leqslant k$, so that

$$|\sigma_h - \sigma'_h| \leqslant (2kq)^{h-1} \quad (h = 1, \cdots, j-1)$$

By a well-known theorem on symmetric functions

$$s_j - \sigma_1 s_{j-1} + \sigma_2 s_{j-2} - \cdots (-1)^j j\sigma_j = 0$$

Hence

$$|\sigma_j - \sigma'_j| \leqslant \frac{1}{j} |s_j - s'_j| + \frac{1}{j} \sum_{h=1}^{j-1} |\sigma_h s_{j-h} - \sigma'_h s'_{j-h}|$$
$$= \frac{|s_j - s'_j|}{j} + \frac{1}{j} \sum_{h=1}^{j-1} |(\sigma_h - \sigma'_h) s_{j-h} + \sigma'_h (s_{j-h} - s'_{j-h})|$$
$$\leqslant \frac{q^{j-1}}{j} + \frac{1}{j} \sum_{h=1}^{j-1} \{(2kq)^{h-1} kq^{j-h} + (kq)^h q^{j-h-1}\}$$
$$= \frac{q^{j-1}}{j} \left\{1 + \sum_{h=1}^{j-1} (2^{h-1} + 1) k^h\right\}$$
$$\leqslant \frac{q^{j-1}}{j} \sum_{h=0}^{j-1} 2^h k^h = \frac{q^{j-1}}{j} \times \frac{(2k)^j - 1}{2k - 1}$$
$$\leqslant (2kq)^{j-1} \frac{2k}{j(2k-1)} \leqslant \frac{2}{3}(2kq)^{j-1} \leqslant \frac{3}{4}(2kq)^{j-1}$$

since $2k/(2k-1) \leqslant 2$ and $j \geqslant 3$. This proves the lemma.

6.3. Lemma 6.3. *Let* $1 < G < q$, *and let* $g_1, \cdots, g_k$ *be integers satisfying*

$$1 < g_1 < g_2 < \cdots < g_k \leqslant G, \quad g_\nu - g_{\nu-1} > 1 \qquad (6.3.1)$$

For each value of ν $(1 \leqslant \nu \leqslant k)$ *let* m_ν *be an integer lying in the interval*

$$-a + (g_\nu - 1)q/G < m_\nu \leqslant -a + g_\nu q/G$$

where $0 \leqslant a \leqslant q$. *Then the number of sets of such integers* $m_1, \cdots, m_k$ *for which the values of* $s_h (h = 1, \cdots, k)$ *lie in given intervals of lengths not exceeding* q^{h-1}, *is* $\leqslant (4kG)^{\frac{1}{2}k(k-1)}$.

If x is any number such that $|x| \leqslant q$, the above lemma gives

$$\begin{aligned} & |(x - m_1)\cdots(x - m_k) - (x - n_1)\cdots(x - n_k)| \\ \leqslant & \sum_{h=1}^{k} |\sigma_h - \sigma'_h| \, |x|^{k-h} \\ \leqslant & q^{k-1}\left\{1 + \frac{3}{4}\sum_{h=2}^{k}(2k)^{h-1}\right\} \\ = & q^{k-1}\left\{1 + \frac{3}{4} \times \frac{(2k)^k - 2k}{2k - 1}\right\} \\ \leqslant & (2kq)^{k-1} \end{aligned}$$

since $k \geqslant 2$. If $n_1, \cdots, n_k$ satisfy the same conditions as $m_1, \cdots, m_k$, then $|m_k - n_\nu| \geqslant q/G$ for $\nu = 1, 2, \cdots, k-1$. Hence, putting $x = n_k$

$$(q/G)^{k-1} \, |m_k - n_k| \leqslant (2kq)^{k-1}$$

i. e.

$$|m_k - n_k| \leqslant (2kG)^{k-1}$$

Thus the number of numbers m_k satisfying the requirements of the theorem does not exceed

$$(2kG)^{k-1} + 1 \leqslant (4kG)^{k-1}$$

Next, for a given value of m_k, the numbers $m_1, \cdots, m_{k-1}$ satisfy similar conditions with $k-1$ instead of k, and hence the number of values of m_{k-1} is at most $\{4(k-1)G\}^{k-2} < (4kG)^{k-2}$. Proceeding in this way, we find that the total number of sets does not exceed

$$(4kG)^{(k-1)+(k-2)+\cdots} = (4kG)^{\frac{1}{2}k(k-1)}$$

6.4. Lemma 6.4. *Under the same conditions as in Lemma* 6.3, *the number of sets of integers* $m_1, \cdots, m_k$ *for which the* *numbers* $s_h(h=1,\cdots,k)$ *lie in given intervals of lengths not exceeding* $cq^{h(1-1/k)}$, *where* $c>1$, *does not exceed*

$$(2c)^k(4kG)^{\frac{1}{2}k(k-1)}q^{\frac{1}{2}(k-1)}$$

We divide the hth interval into

$$1+\left[\frac{cq^{h(1-1/k)}}{q^{h-1}}\right]\leqslant 2cq^{1-h/k}$$

parts, and apply Lemma 6.3. Since

$$\prod_{h=1}^{k}(2cq^{1-h/k})=(2c)^k q^{\frac{1}{2}(k-1)}$$

we have at most $(2c)^k q^{\frac{1}{2}(k-1)}$ sets of sub-intervals, each satisfying the conditions of Lemma 6.3. For each set there are at most $(4kG)^{\frac{1}{2}k(k-1)}$ solutions, so that the result follows.

6.5. Lemma 6.5. *Let* $k<l$, *let* $f(n)$ *be as in* § 6.1, *and let*

$$I=\int_0^1\cdots\int_0^1 |Z_{m,g_1}\cdots z_{m,g_k}|^2\,|S(q^{1-1/k})|^{2(l-k)}\mathrm{d}\alpha_1\cdots\mathrm{d}\alpha_k$$

where

$$Z_{m,g_\nu}=\sum_{(g_\nu-1)2^{-m}q<n\leqslant g_\nu 2^{-m}q}\mathrm{e}^{2\pi i f(n)}$$

and the g_ν, *satisfy* (6.3.1) *with* $1<G=2^m<q$. *Then*

$$I\leqslant 2^{3k+(m+2)\frac{1}{2}k(k-1)-mk}(l-k)^k k^{\frac{1}{2}k(k-1)}q^{\frac{3}{2}k-\frac{1}{2}}J(q^{1-1/k},l-k)$$

We have

$$I=\sum_{N_1,\cdots,N_k}\Psi(N_1,\cdots,N_k)\int_0^1\cdots\int_0^1\mathrm{e}^{2\pi i(N_k\alpha_k+\cdots+N_1\alpha_1}\,|S(q^{1-1/k})|^{2(l-k)}\mathrm{d}\alpha_1\cdots\mathrm{d}\alpha_k$$

$$\leqslant\sum_{N_1,\cdots,N_k}\Psi(N_1,\cdots,N_k)\int_0^1\cdots\int_0^1|S(q^{1-1/k})|^{2(l-k)}\mathrm{d}\alpha_1\cdots\mathrm{d}\alpha_k$$

where $\Psi(N_1,\cdots,N_k)$ is the number of solutions of the equations

$$m_1^h+\cdots+m_k^h-n_1^h-\cdots-n_k^h=N_h\quad(h=1,\cdots,k)$$

for m_ν and n_ν in the interval $(g_\nu-1)2^{-m}q<x\leqslant g_\nu 2^{-m}q$. Moreover N_h runs over those integers for which one can solve

$$N_h=n_1'^h+\cdots+n_{l-k}'^h-m_1'^h-\cdots-m_{l-k}'^h$$

where m'_ν and n'_ν lie in an interval $(q,a+q^{1-1/k}]$. As in § 6.1 we can shift each range through $-a$, i. e. replace a by 0. Then N_h ranges over at most $2(l-k)q^{h(1-1/k)}$ values. Hence by Lemma 6.4, for given values of $n_1, \cdots, n_k$ the number of sets of $(m_1, \cdots, m_k)$ does not exceed

$$\{4(l-k)\}^k (2^{m+2}k)^{\frac{1}{2}k(k-1)} q^{\frac{1}{2}(k-)}$$

Also $(n_1, \cdots, n_k)$ takes not more than $(1+2^{-m}q)^k \leqslant (2^{1-m}q)^k$ values. Hence

$$\sum_{N_1, \cdots, N_k} \Psi(N_1, \cdots, N_k) \leqslant \{4(l-k)\}^k k^{\frac{1}{2}k(k-1)} 2^{(m+2)\frac{1}{2}k(k-1)-mk+k} q^{\frac{3}{2}k-\frac{1}{2}}$$

and the result follows.

6.6. Lemma 6.6. *The result of Lmemma* 6.5 *holds whether the g's satisfy*, (6.3.1) *or not*, *if m has the value*

$$M = \left[\frac{\log q}{k \log 2}\right] \tag{6.6.1}$$

Since

$$| Z_{M, g_\nu} | \leqslant 2^{-M} q + 1 \leqslant 2^{1-M} q$$
$$| Z_{M, g_1} \cdots Z_{M, g_k} |^2 \leqslant (2^{1-M} q)^{2k}$$

it is sufficient to prove that

$$(2^{1-M}q)^{2k} \leqslant 2^{3k+(M+2)\frac{1}{2}k(k-1)-Mk} (l-k)^k k^{\frac{1}{2}k(k-1)} q^{\frac{3}{2}k-\frac{1}{2}}$$

or that

$$q^{\frac{1}{2}k+\frac{1}{2}} \leqslant 2^{(M+2)\frac{1}{2}k(k-1)+Mk} k^{\frac{1}{2}k(k-1)}$$

or that

$$\left(\frac{1}{2}k + \frac{1}{2}\right) \log q \leqslant \frac{1}{2}k(k+1) M \log 2 + \frac{1}{2}k(k-1) \log 4k$$

or that

$$\log q \leqslant kM \log 2 + \frac{k(k-1)}{k+1} \log 4k$$

Since

$$M \geqslant \frac{\log q}{k \log 2} - 1$$

this is true if

$$k \log 2 \leqslant \frac{k(k-1)}{k+1} \log 4k$$

or

$$\log 2 \leqslant \frac{k-1}{k+1}\log 4k$$

which is true for $k \geqslant 2$.

6.7. Lemma 6.7. *The set of integers* $(g_1, \cdots, g_l)$, *where* $k < l$, *and each* g_ν *ranges over* $(1, G]$, *is said to be well-spaced if there are at least* k *of them, say* $g_{j_1}, \cdots, g_{j_k}$, *satisfying*

$$g_{j_\nu} - g_{j_{\nu-1}} > 1 \quad (\nu = 2, \cdots, k)$$

The number of sets which are not well-spaced is at most $l!\ 3^l G^{k-1}$.

Let $g'_1, \cdots, g'_l$ denote $g_1, \cdots, g_l$ arranged in increasing order, and let $f_\nu = g'_\nu - g'_{\nu-1}$. If the set is not well-spaced, there are at most $k-2$ of the numbers f_ν for which $f_\nu > 1$.

Consider those sets in which exactly $h (0 \leqslant h \leqslant k-2)$ of the numbers f_v are greater than 1. The number of ways in which these h f_ν's can be chosen from the total $l-1$ is $\binom{l-1}{h}$. Also each of the h f_ν's can take at most G values, and each of the rest at most 2 values. Since g'_1 takes at most G values, the total number of sets of g'_ν arising in this way is at most

$$\binom{l-1}{h} G^{h+1} 2^{l-h-1}$$

The total number of not well-spaced sets g'_ν is therefore

$$\begin{aligned}&\leqslant \sum_{h=0}^{k-2}\binom{l-1}{h} G^{h+1} 2^{l-h-1} \leqslant G^{k-1}\sum_{h=1}^{k-2}\binom{l-1}{h} 2^{l-h-1} \\ &\leqslant G^{k-1}(1+2)^{l-1} < 3^l G^{k-1}\end{aligned}$$

Since the number of sets g_ν corresponding to each set g'_ν is at most $l!$, the result follows.

6.8. Lemma 6.8. *If* $l \geqslant \frac{1}{4}k^2 + \frac{5}{4}k$ *and* M *is defined by* (6.6.1), *then*

$$J(q,l) = \max(1, M) 48^{2l} (l!)^2 l^k k^{\frac{1}{2}k(k-1)} q^{2(l-k)/k + \frac{3}{2}k - \frac{1}{2}} J(q^{1-1/k}, l-k)$$

Suppose first that M is not less than 2, i. e. that $q \geqslant 2^{2k}$. Let μ

be a positive integer not greater than $M-1$. Then

$$\mu \leqslant \frac{\log q}{k \log 2}-1, \text{ i. e. } 2^{\mu+1} \leqslant q^{1/k}$$

Let

$$S(q)=\sum_{g=1}^{2\mu} \sum_{(g-1)2^{-\mu}q<n\leqslant g2^{-\mu}q} e^{2\pi i f(n)}=\sum_{g=1}^{2\mu} Z_{\mu,g}$$

say. Then

$$\{S(q)\}^{l}=\sum Z_{\mu,g_1} \cdots Z_{\mu,g_l}$$

where each g_ν runs from 1 to 2^μ, and the sum contains $2^{\mu l}$ terms.

We denote those products $Z_{\mu,g_1} \cdots Z_{\mu,g_l}$ with well-spaced g's by Z'_μ. The number of these, M_μ say, does not exceed $2^{\mu l}$. In the remaining terms we divide each factor into two parts, so that we obtain products of the type $Z_{\mu+1,g_1} \cdots Z_{\mu+1,g_l}$, each g lying in $(1, 2^{\mu+1})$. The number of such terms, $M_{\mu+1}$ say, does not exceed $l!\ 3^l 2^{\mu(k-1)} 2^l = l!\ 6^l 2^{\mu(k-1)}$, by Lemma 6.7. The terms of this type with well-spaced g's we denote by $Z'_{\mu+1}$, and the rest we subdivide again. We proceed in this way until finally Z'_M denotes all the products of order M, whether containing well-spaced g's or not. We then have

$$\{S(q)\}^{l}=\sum_{m=\mu}^{M} \sum Z'_m$$

$$|S(q)|^{2l} \leqslant M \sum_{m=\mu}^{M} \left|\sum Z'_m\right|^2 \leqslant M \sum_{m=\mu}^{M} M_m \sum |Z'_m|^2 \tag{6.8.1}$$

where M_m is the number of terms in the sum $\sum Z'_m$. By Lemma 6.7

$$M_m \leqslant l!\ 3^l 2^{(m-1)(k-1)} 2^l = l!\ 6^l 2^{(m-1)(k-1)} \quad (m>\mu)$$

Consider, for example, $\sum |Z'_\mu|^2$. The general Z'_μ can be written

$$Z_{\mu,g_1} \cdots Z_{\mu,g_k} Z_{\mu,g_{k+1}} \cdots Z_{\mu,g_l}$$

where $g_1, \cdots, g_k$ satisfy (6.3.1) with $G=2^\mu$. Now, since the geometric mean does not exceed the arithmetic mean

$$|Z_{\mu,g_{k+1}}\cdots Z_{\mu,g_l}|^2\leqslant\frac{1}{l-k}\sum_{\nu=k+1}^{l}|Z_{\mu,g_\nu}|^{2(l-k)}$$

We divide these Z_{μ,g_ν} into parts of length $q^{1-1/k}-1$ (or less). The number of such parts does not exceed

$$\left[\frac{2^{-\mu}q}{q^{1-1/k}-1}\right]+1\leqslant\frac{2^{-\mu}q}{q^{1-1/k}-1}+2^{-\mu-1}q^{1/k}$$

$$\leqslant\frac{2^{-\mu}q}{\frac{3}{4}q^{1-1/k}}+2^{-\mu-1}q^{1/k}\leqslant 2^{1-\mu}q^{1/k}$$

since $q^{1-1/k}\geqslant q^{1/k}\geqslant 2^M\geqslant 4$. Each part is of the form $S(q^{1-1/k})$, or with $q^{1-1/k}$ replaced by a smaller number. Hence by Hölder's inequality[①]

$$|Z_{\mu,g_\nu}|^{2(l-k)}\leqslant(2^{1-\mu}q^{1/k})^{2(l-k)-1}\sum|S(q^{1-1/k})|^{2(l-k)}$$

Hence

$$\sum|Z'_\mu|^2\leqslant\frac{(2^{1-\mu}q^{1/k})^{2(l-k)-1}}{l-k}\sum_{g_\nu}|Z_{\mu,g_1}\cdots Z_{\mu,g_k}|^2\sum_{\nu=k+1}^{l}\sum|S(q^{1-1/k})|^{2(l-k)}$$

Hence by Lemma 6.5, and the non-decreasing property of $J(q,l)$ as a function of q

$$\int_0^1\cdots\int_0^1\sum|Z'_\mu|^2\mathrm{d}\alpha_1\cdots\mathrm{d}\alpha_k$$

$$\leqslant(2^{1-\mu}q^{1/k})^{2(l-k)-1}M_\mu 2^{1-\mu}q^{1/k}\times 2^{3k+(\mu+2)\frac{1}{2}k(k-1)-\mu k}\cdot$$

$$(l-k)^k k^{\frac{1}{2}k(k-1)}q^{\frac{3}{2}k-\frac{1}{2}}J(q^{1-1/k},\ l-k)$$

$$=2^{\mu(\frac{1}{2}k^2+\frac{1}{2}k-2l)+2l+k^2+k}M_\mu(l-k)^k k^{\frac{1}{2}k(k-1)}q^{2(l-k)/k+\frac{3}{2}k-\frac{3}{2}}J(q^{1-1/k},\ l-k)$$

A similar argument applies to Z'_m, with μ replaced by m. Hence

$$J(q,l)\leqslant M\sum_{m=\mu}^{M}2^{m(\frac{1}{2}k^2+\frac{1}{2}k-2l)}M_m^2\times 2^{2l+k^2+k}(l-k)^k\cdot$$

$$k^{\frac{1}{2}k(k-1)}q^{2(l-k)/k+\frac{3}{2}k-\frac{1}{2}}J(q^{1-1/k},\ l-k)$$

Also

① Here $S(q^{1-1/k})$ denotes any sum of the for $S(p)$ with $p\leqslant q^{1-1/k}$.

$$\sum_{m=\mu}^{M} 2^{m(\frac{1}{2}k^2+\frac{1}{2}k-2l)} M_m^2$$

$$\leqslant 2^{\mu(\frac{1}{2}k^2+\frac{1}{2}k-2l)+2\mu l} + \sum_{m=\mu+1}^{M} 2^{m(\frac{1}{2}k^2+\frac{1}{2}k-2l)} (l!)^2 6^{2l} 2^{2(m-1)(k-1)}$$

$$= 2^{\frac{1}{2}\mu(k^2+k)} + (l!)^2 6^{2l} \sum_{m=\mu+1}^{M} 2^{m(\frac{1}{2}k^2+\frac{5}{2}k-2l-2)-2(k-1)}$$

$$\leqslant 2^{2\mu l} + (l!)^2 6^{2l} \leqslant 2(l!)^2 6^{2l}$$

since we can start with an integer μ such that $2^{\mu l} < l!$. (Indeed we may take $\mu=1$.) Hence

$$J(q,l) \leqslant M 2^{2l+k^2+k+1} (l!)^2 6^{2l} l^k k^{\frac{1}{2}k(k-1)} q^{2(l-k)/k+\frac{3}{2}k-\frac{1}{2}} J(q^{1-1/k}, l-k)$$

and since

$$2^{2l+k^2+k+1} 6^{2l} \leqslant 2^{6l} 6^{2l} = 48^{2l}$$

the result follows.

If $M<2$, i. e. $q<2^{2k}$, divide $s(q)$ into four parts, each of the form $S(q')$, where $q' \leqslant \frac{1}{4}q \leqslant q^{1-1/k}$. By Hölder's inequality

$$|S(q)|^{2l} \leqslant 4^{2l-1} \sum |S(q')|^{2l} \leqslant 4^{2l-1} q^{2k(1-1/k)} \sum |S(q')|^{2(l-k)}$$

Integrating over the unit hypercube

$$J(q,l) \leqslant 4^{2l-1} q^{2k(1-1/k)} \sum J(q', l-k)$$

$$\leqslant 4^{2l} q^{2k(1-1/k)} J(q^{1-1/k}, l-k)$$

and the result again follows.

6.9. Lemma 6.9. *If r is any non-negative integer, and $l \geqslant \frac{1}{4}k^2+\frac{1}{4}k+kr$, then*

$$J(q,l) \leqslant K^r \log^r q \cdot q^{2l-\frac{1}{2}k(k+1)+\delta_r}$$

where

$$\delta_r = \frac{1}{2}k(k+1)\left(1-\frac{1}{k}\right)^r, \quad K = 48^{2l}(l!)^2 l^k k^{\frac{1}{2}k(k-1)}$$

This is obvious if $r=0$, since then $\delta_0=\frac{1}{2}k(k+1)$ and $J(q,l) \leqslant q^{3l}$. Assuming then that it is true up to $r-1$, Lemma 6.8 (in which $M \leqslant \log q$) gives

$$J(q,l) \leqslant K\log q \cdot q^{2(l-k)/k+\frac{3}{2}k-\frac{1}{2}} \cdot K^{r-1}\log^{r-1} \cdot$$
$$(q^{1-1/k} \cdot q^{(1-1/k)\{2(l-k)-\frac{1}{2}k(k+1)+\delta_{r-1}\}}$$

and the index of q reduces to $2l-\frac{1}{2}k(k+1)+\delta_r$.

6.10. Lemma 6.10. *If* $l=[k^2\log(k^2+k)+\frac{1}{4}k^2+\frac{5}{4}k]+1$, $k\geqslant 7$

$$J(q,l)=\mathrm{e}^{64lk\log^2 k}\log^{2l}q \cdot q^{2l-\frac{1}{2}k(k+1)+\frac{1}{2}}$$

We have

$$\delta_r \leqslant \frac{1}{2} \text{ if } \qquad k(k+1)\left(1-\frac{1}{k}\right)^r \leqslant 1$$

i. e. if

$$\log\{k(k+1)\} \leqslant r\log\frac{k}{k-1}$$

This is true if

$$\log\{k(k+1)\} \leqslant r/k$$

or if

$$r=[k\log(k^2+k)]+1$$

Since

$$r<k\log^3 k+1<4k\log k, \quad l<k^3$$

and

$$\log K<2l\log 48+2l\log l+k\log l+\frac{1}{2}k(k-1)\log k$$
$$<5l\log l+l\log k<16l\log k$$

the result follows.

6.11.1 Lemma 6.11. *Let M and N be integers, $N>1$, and let $\phi(n)$ be a real function of n, defined for $M\leqslant n\leqslant M+N-1$, such that*

$$\delta\leqslant\phi(n+1)-\phi(n)\leqslant c\delta \quad (M\leqslant n\leqslant M+N-2)$$

where $\delta>0$, $c\geqslant 1$, $c\delta\leqslant\frac{1}{2}$. Let $W>0$. Let $\overline{x}$ denote the difference between x and the nearest integer. Then the number of values of n for which $\overline{\phi(n)}\leqslant W\delta$ is less than

$$(Nc\delta+1)(2W+1)$$

Let α be a given real number, and let G be the number of values of n of which

$$\alpha+h<\phi(n)\leqslant\alpha+h+\delta$$

for some integer h. To each h corresponds at most one n, so that $G\leqslant h^2-h_2+1$, where h_1 and h_2 are the least and greatest values of h. But clearly

$$\phi(M)\leqslant\alpha+h_1+\delta,\quad \alpha+h_2<\phi(M+N-1)$$

whence

$$h_2-h_1-\delta<\phi(M+N-1)-\phi(M)\leqslant(N-1)c\delta$$

and

$$G\leqslant(N-1)c\delta+\delta+1\leqslant Nc\delta+1$$

The result of the lemma now follows from the fact that an interval of length $2W\delta$ may be divided into $[2W+1]$ intervals of length less than $\delta(<\frac{1}{2})$.

6.12. Lemma 6.12. *Let k and Q be integers, $k\geqslant 7$, $Q\geqslant 2$, and let $f(x)$ be real and have continuous derivatives up to the $(k+1)$th order in $[P+1, P+Q]$; let $0<\lambda<1$ and*

$$\lambda\leqslant\frac{f^{(k+1)}(x)}{(k+1)!}\leqslant 2\lambda\quad(P+1\leqslant x\leqslant P+Q)\qquad(6.12.1)$$

or the same for $-f^{(k+1)}(x)$, and let

$$\lambda^{-\frac{1}{4}}\leqslant Q\leqslant\lambda^{-1}\qquad(6.12.2)$$

Then

$$\left|\sum_{n=P+1}^{P+Q}\mathrm{e}^{2\pi i f(n)}\right|<A\mathrm{e}^{33k\log^2 k}Q^{1-\rho}\log Q\qquad(6.12.3)$$

where

$$\rho=(24k^2\log k)^{-1}$$

Let

$$q=[\lambda^{-1/(k+1)}]+1$$

so that

$$2\leqslant q\leqslant[Q^{4/(k+1)}]+1\leqslant Q$$

and write

$$S=\sum_{n=P+1}^{P+Q} e^{2\pi i f(n)}$$

$$T(n)=\sum_{m=1}^{q} e^{2\pi i\{f(m+n)-f(n)\}} \quad (P+1\leqslant n\leqslant P+Q-q)$$

Then

$$\begin{aligned} q\mid S\mid &=\left|\sum_{m=1}^{q}\sum_{n=P+1}^{P+Q} e^{2\pi i f(n)}\right| \\ &\leqslant \left|\sum_{m=1}^{q}\sum_{n=P+1+m}^{P+Q-q+m} e^{2\pi i f(n)}\right| \sum_{m=1}^{q} q \\ &=\left|\sum_{m=1}^{q}\sum_{n=P+1}^{P+Q-q} e^{2\pi i f(m+n)}\right|+q^2 \\ &=\left|\sum_{n=P+1}^{P+Q-q}\sum_{m=1}^{q} e^{2\pi i f(m+n)}\right|+q^2 \\ &\leqslant \sum_{n=P+1}^{P+Q-q}\mid T(n)\mid+q^2 \\ &\leqslant Q^{1-1/(2l)}\left\{\sum_{n=P+1}^{P+Q-q}\mid T(n)\mid^{2l}\right\}^{1/(2l)}+q^2 \quad (6.12.4) \end{aligned}$$

by Hölder's inequality, where l is any positive integer.

We now write $A_r=A_r(n)=f^{(r)}(n)/r!$ for $1\leqslant r\leqslant k$, and define the k-dimensional region Ω_n by the inequalities

$$\mid \alpha_r-A_r\mid\leqslant\frac{1}{2}q^{-r} \quad (r=1,\cdots,k) \qquad (6.12.5)$$

If we set

$$\delta(m)=f(m+n)-f(n)-(\alpha_k m^k+\cdots+\alpha_1 m)$$

then, by partial summation, we will have

$$T(n)=S(q)e^{2\pi i\delta(q)}-2\pi i\int_0^q S(p)\delta'(p)e^{2\pi i\delta(p)}\,dp$$

However, by Taylor's theorem together with the bound (6.12.1) we obtain

$$\begin{aligned}\delta'(p)&=f'(p+n)-\sum_1^k r\alpha_r p^{r-1} \\ &=f'(n)+pf''(n)+\cdots+\frac{p^{k-1}}{(k-1)!}f^{(k)}(n)+\end{aligned}$$

$$\frac{p^k}{k!}f^{(k+1)}(n+\vartheta p)-\sum_1^k r\alpha_r p^{r-1}$$
$$=\sum_1^k r(A_r-\alpha_r)p^{r-1}+2(k+1)\lambda\vartheta' p^k$$

where $0<\vartheta, \vartheta'\leqslant 1$. If (6.12.5) holds it follows that

$$\delta'(p)\leqslant\sum_1^k r\frac{1}{2}q^{-r}q^{r-1}+3k\lambda q^k\leqslant\frac{1}{2}k^2q^{-1}+3k\lambda q^k\leqslant 2^{k+3}kq^{-1}$$

by our choice of q. We therefore have

$$|T(n)|\leqslant 2^{k+4}k\pi(|S(q)|+\frac{1}{q}\int_0^q|S(p)|\,\mathrm{d}p)=2^{k+4}k\pi S_0(q)$$

say. Integration over the region Ω_n, and dividing by its volume, we obtain

$$|T(n)|^{2l}\leqslant(2^{k+4}k\pi)^{2l}q^{\frac{1}{2}k(k+1)}\int\cdots\int_{\Omega_n}|S_0(q)|^{2l}\mathrm{d}\alpha_1\cdots\mathrm{d}\alpha_k \tag{6.12.6}$$

The integral of $|S_0(q)|^{2l}$ over Ω_n is equal to its integral taken over the region obtained by subtracting any integer from each coordinate. We say that such a region is congruent (mod 1) to Ω_n. Now let n, n' be two integers in the interval $[P+1, P+Q-q]$ and let Ω_n, Ω'_n be the corresponding regions defined by (6.12.5). A necessary condition that Ω_n should intersect with any region congruent (mod 1) to Ω'_n is that

$$\overline{A_k(n)-A_k(n')}\leqslant q^{-k}\leqslant\lambda q \tag{6.12.7}$$

Let $\phi(n)=A_k(n)-A_k(n')$. Then

$$\phi(n+1)-\phi(n)=\frac{1}{k!}\{f^{(k)}(n+1)-f^{(k)}(n)\}=\frac{f^{(k+1)}(\xi)}{k!}$$

where $n<\xi<n+1$. The conditions of Lemma 6.11 are therefore satisfied, with $c=2$ and $\delta=\lambda(k+1)$. Taking $W=q/(k+1)$, we see that the number of numbers n in $[P+1, P+Q-q]$ for which (6.12.7) is possible, does not exceed

$$\{2Q\lambda(k+1)+1\}\left(\frac{2q}{k+1}+1\right)\leqslant(2k+3)\left(\frac{2q}{k+1}+1\right)\leqslant 3kq$$

Since this is independent of n', it follows that

$$\sum_{n=P+1}^{P+Q-q}\int\cdots\int_{\Omega_n} |S_0(q)|^{2l}\mathrm{d}\alpha_1\cdots\mathrm{d}\alpha_k \leqslant 3kq\int_0^1\cdots\int_0^1 |S_0(q)|^{2l}\mathrm{d}\alpha_1\cdots\mathrm{d}\alpha_k$$
$$\leqslant 3kq2^{2l}J(q,l) \qquad (6.12.8)$$

since

$$S_0(q)^{2l}\leqslant 2^{2l-1}\left(|S(q)|^{2l}+\frac{1}{q}\int_0^q |S(p)|^{2l}\mathrm{d}p\right)$$

Defining l as in Lemma 6.10, we obtain from (6.12.4)(6.12.6)(6.12.8) and Lemma 10

$$|S|\leqslant 2^{k+5}k\pi Q^{1-\frac{1}{2l}}q^{-1}\{q^{\frac{1}{2}k(k+1)}3kqJ(q,l)\}^{\frac{1}{2l}}+q$$
$$\leqslant 2^{k+5}k\pi Q^{1-\frac{1}{2l}}\{3k\mathrm{e}^{64lk\log^2 k}q^{\frac{3}{2}}\}^{\frac{1}{2l}}\log q+q$$

Now $q\leqslant 2\lambda^{-1/(k+1)}\leqslant 2Q^{4/(k+1)}$. Hence

$$|S|\leqslant A\mathrm{e}^{33k\log^2 k}Q^{1-\frac{1}{2l}+3/\{(k+1)l\}}\log Q+2Q^{4/(k+1)}$$

and the result follows, since $\frac{1}{2l}-3/\{(k+1)l\}\geqslant\frac{1}{8l}$ and $l<3k^2\log k$.

6.13. Lemma 6.13. *If $f(x)$ satisfies the conditions of Lemma 6.12 in on interval $[P+1, P+N]$, where $N\leqslant Q$, and*

$$\lambda^{-\frac{1}{3}}\leqslant Q\leqslant\lambda^{-1} \qquad (6.13.1)$$

then

$$\left|\sum_{n=P+1}^{P+N}\mathrm{e}^{2\pi\mathrm{i}f(n)}\right|<A\mathrm{e}^{33k}\log^2 kQ^{1-\rho}\log Q \qquad (6.13.2)$$

If $\lambda^{-\frac{1}{4}}\leqslant N$, the conditions of the previous theorem are satisfied when Q is replaced by N, and (6.13.2) follows at once from (6.12.3). On the other hand, if $\lambda^{-\frac{1}{4}}>N$, then

$$\left|\sum_{n=P+1}^{P+N}\mathrm{e}^{2\pi\mathrm{i}f(n)}\right|\leqslant N<\lambda^{-\frac{1}{4}}\leqslant Q^{\frac{3}{4}}\leqslant Q^{1-\rho}$$

and (6.13.1) again follows.

6.14. Theorem 6.14. $\zeta(1+\mathrm{i}t)=O\{\log t\operatorname{loglog} t)^{\frac{3}{4}}\}$.

Let

$$f(x) = -\frac{t \log x}{2\pi}, \quad f^{(k+1)}(x) = \frac{(-1)^{k+1} k!\ t}{2\pi x^{k+1}}$$

Let $a < x \leqslant b \leqslant 2a$. Since $(-1)^{k+1} f^{(k+1)}(x)$ is steadily decreasing, we can divide the interval $[a, b]$ into not more than $k+1$ intervals, in each of which inequalities of the form (6.12.1) hold, where λ depends on the particular interval, and satisfies

$$\frac{t}{2\pi(k+1)(2a)^{k+1}} \leqslant \lambda \leqslant \frac{t}{4\pi(k+1)a^{k+1}} \qquad (6.14.1)$$

Let $Q = a \leqslant t$, $\log a > 2 \log^{\frac{1}{2}} t$, and

$$k = \left[\frac{\log t}{\log a}\right] + 1$$

Then

$$Q < a^{k+1} t^{-1} \leqslant Q^2$$

Clearly $\lambda \leqslant Q^{-1}$, while $\lambda \geqslant Q^{-3}$ if $Q \geqslant 2^{k+2}\pi(k+1)$, or if

$$\log a \geqslant \left(\frac{\log t}{\log a} + 3\right) \log 2 + \log\left(\frac{\log t}{\log a} + 2\right) + \log \pi$$

and this is true if t is large enough. It follows from Lemma 6.13 that

$$\sum_{a < n \leqslant b} e^{-it\log n} = O(k e^{33k\log^2 k} a^{1-\rho} \log a)$$

where ρ is defined as in §6.12. Hence

$$\sum_{a < n \leqslant b} \frac{1}{n^{1+it}} = O(k e^{33k\log^2 k} a^{-\rho} \log a)$$

$$= O\left\{\log t \exp\left(33k\log^2 k - \frac{\log a}{24k^2 \log k}\right)\right\}$$

Suppose that

$$k\log k < A \log^{\frac{1}{2}} a$$

with a sufficiently small A, or

$$\log a > A(\log t \log\log t)^{\frac{3}{4}}$$

with a sufficiently large A. Then

$$\sum_{a < n \leqslant b} \frac{1}{n^{1+it}} = O\left\{\log t \exp\left(\frac{-A\log^2 a}{\log^2 t \log\log t}\right)\right\}$$

$$= O[\log t \exp\{-A\log^{\frac{1}{4}} t (\log\log t)^{\frac{5}{4}}\}]$$

and the sum of $O(\log t)$ such terms is bounded.

Since $k \geqslant 7$, we also require that $a \leqslant t^{\frac{1}{7}}$. Using (5.16.1) with $r=8$, and writing $\beta = t^{128/(7\times 128+1)}$, we obtain

$$\zeta(1+\mathrm{i}t) = \sum_{n\leqslant\beta}\frac{1}{n^{1+\mathrm{i}t}} + O(1) = O(\log \alpha) + \sum_{\alpha<n\leqslant\beta}\frac{1}{n^{1+\mathrm{i}t}} + O(1)$$

The last sum is bounded if

$$\log \alpha = A(\log t\log\log t)^{\frac{3}{4}}$$

with a suitable A, and the theorem follows.

6.15. If $0<\sigma<1$, we obtain similarly

$$\sum_{\alpha<n\leqslant\beta}\frac{1}{n^{\sigma+\mathrm{i}t}} = O[\alpha^{1-\sigma}\exp\{-A\log^{\frac{1}{4}} t(\log\log t)^{\frac{5}{4}}\}\log t]$$

and this is bounded if

$$1-\sigma < \frac{A(\log\log t)^{\frac{1}{2}}}{\log^{\frac{1}{2}} t} = 1-\sigma_0$$

with a sufficiently small A. Hence in this region

$$\begin{aligned}\zeta(s) &= O\Big(\sum_{n\leqslant\alpha}\frac{1}{n^{\sigma_0}}\Big) + O(1)\\ &= O\Big(\frac{\alpha^{1-\sigma_0}}{1-\sigma_0}\Big) + O(1)\\ &= O\Big[\exp\{A\log^{\frac{1}{4}} t(\log\log t)^{\frac{5}{4}}\}\frac{\log^{\frac{1}{2}} t}{(\log\log t)^{\frac{1}{2}}}\Big]\end{aligned}$$

We can now apply Theorem 3.10, with

$$\theta(t) = \frac{A(\log\log t)^{\frac{1}{2}}}{\log^{\frac{1}{2}} t}, \quad \phi(t) = A\log^{\frac{1}{4}} t(\log\log t)^{\frac{5}{4}}$$

Hence there is a region

$$\sigma \geqslant 1 - \frac{A}{\log^{\frac{3}{4}}\mathrm{t}(\log\log t)^{\frac{3}{4}}} \tag{6.15.1}$$

which is free from zeros of $\zeta(s)$; and by Theorem 3.11 we have also

$$\frac{1}{\zeta(1+\mathrm{i}t)} = O\{\log^{\frac{3}{4}} t(\log\log t)^{\frac{3}{4}}\} \tag{6.15.2}$$

$$\frac{\zeta'(1+\mathrm{i}t)}{\zeta(1+\mathrm{i}t)} = O\{\log^{\frac{3}{4}} t(\log\log t)^{\frac{3}{4}}\} \tag{6.15.3}$$

NOTES FOR CHAPTER 6

6.16. Further improvements have been made in the estimation of $J(q,l)$. The most important of these is due to Karatsuba [**2**] who used a p-adic analogue of the argument given here, thereby producing a considerable simplication of the proof. Moreover, as was shown by Steckin [**1**], one is then able to sharpen Lemma 6.9 to yield the bound

$$J(q,l) \leqslant C^{k^3 \log k} q^{2l-\frac{1}{2}k(k+1)+\delta_r}$$

for $l \geqslant kr$, where $k \geqslant 2$, r is a positive integer, C is an absolute constant, and $\delta_r = \frac{1}{2}k^2(1-1/k)^r$. Here one has a smaller value for δ_r than formerly, but more significantly, the condition $l \geqslant \frac{1}{4}k^2 + \frac{1}{4}k + kr$ has been relaxed.

6.17. One can use Lemma 6.13 to obtain exponent pairs. To avoid confusion of notation, we take f to be defined on $(a, b]$, with $a < b \leqslant 2a$ and $\lambda^{-\frac{1}{3}} \leqslant a \leqslant \lambda^{-1}$. Then

$$\Big|\sum_{a<n\leqslant b} e^{2\pi i f(n)}\Big| \leqslant A e^{33k\log^2 k} a^{1-\rho} \log a$$

Now suppose that (N, I, f, y) is in the set $\mathscr{F}(s, \frac{1}{4})$ of § 5.20, whence

$$\frac{3}{4}\alpha_k x^{-s-k} \leqslant \frac{|f^{(k+1)}(x)|}{(k+1)!} \leqslant \frac{5}{4}\alpha_k x^{-s-k}$$

with

$$\alpha_k = y\frac{s(s+1)\cdots(s+k-1)}{(k+1)!}$$

We may therefore break up I into $O(s+k)$ subintervals $(a, b]$ with $b \leqslant (\frac{6}{5})^{1/(s+k)} a$, on each of which one has

$$\lambda \leqslant \frac{|f^{(k+1)}(x)|}{(k+1)!} \leqslant 2\lambda$$

with $\lambda=\frac{5}{8}\alpha_k a^{-s-k}$. We now choose k so that $\lambda^{-\frac{1}{3}}\leqslant N\leqslant 2N\leqslant\lambda^{-1}$ for all a in the range $N\leqslant a\leqslant 2N$. To do this we take $k\geqslant 7$ such that

$$\frac{N^{k-1}}{\alpha_{k-1}}<\frac{5}{4}N^{1-s}\leqslant\frac{N^k}{\alpha_k} \tag{6.17.1}$$

Note that N^k/α_k tends to infinity with k, if $N\geqslant 2$, so this is always possible, providing that

$$\frac{N^6}{\alpha_6}<\frac{5}{4}N^{1-s} \tag{6.17.2}$$

The estimate (6.17.1) ensures that $2N\leqslant\lambda^{-1}$, and hence, incidentally, that $\lambda<1$. Moreover we also have

$$N^k<\frac{5}{4}\alpha_{k-1}N^{2-s}\leqslant\frac{5}{8}\alpha_k 2^{-s-k}N^{3-s}$$

if $N\geqslant 2^{s+k+2}$, and so $\lambda^{-\frac{1}{3}}\leqslant N$. It follows that

$$\sum_{n\in I}\mathrm{e}^{2\pi\mathrm{i}f(n)}\ll_s k\,\mathrm{e}^{33k^2\log k}N^{1-\rho}\log N \tag{6.17.3}$$

for $N\geqslant 2^{s+k+2}$, subject to (6.17.2).

We shall now show that

$$(p,q)=\left(\frac{1}{25(m-2)m^2\log m},\ 1-\frac{1}{25m^2\log m}\right) \tag{6.17.4}$$

is an exponent pair whenever $m\geqslant 3$. If $yN^{2-s-m}\geqslant 1$ then $(yN^{-s})^pN^q\geqslant N$, and the required bound (5.20.2) is trivial. If (6.17.2) fails, then $yN^{-s}\ll_s N^5$ and, using the exponent pair $(\frac{1}{126},\frac{120}{126})=A^5B(0,1)$ (in the notation of § 5.20) we have

$$\sum_{n\in I}\mathrm{e}^{2\pi\mathrm{i}f(n)}\ll_s(yN^{-s})^{\frac{1}{126}}N^{\frac{120}{126}}\ll_s N^{\frac{125}{126}}\ll N^q\ll(yN^{-s})^pN^q$$

as required. We may therefore assume that $yN^{2-s-m}<1$, and that (6.17.2) holds. Let us suppose that $N\geqslant\max\left(2^{s+m+2},\ 2(\frac{1}{2}s+1)^m\right)$. Then (6.17.1) yields

$$\begin{aligned}N^{k-1}&<\frac{5}{4}\cdot\frac{s}{2}\cdot\frac{s+1}{3}\cdot\frac{s+2}{4}\cdot\cdots\cdot\frac{s+k-2}{k}yN^{1-s}\\&\leqslant\frac{5}{4}\left(\max\left(\frac{s}{2},\ 1\right)\right)^{k-1}yN^{1-s}\end{aligned}$$

$$< 2(\frac{1}{2}s+1)^{k-1}N^{m-1}$$

whence

$$\left(\frac{N}{\frac{1}{2}s+1}\right)^{k-m} < 2(\frac{1}{2}s+1)^{m-1}$$

Since $N \geqslant 2(\frac{1}{2}s+1)^m$ we deduce that $k \leqslant m$. Moreover we then have $N \geqslant 2^{s+m+2} \geqslant 2^{s+k+2}$, so that (6.17.3) applies. Since k is bounded in terms of p, q and s, it follows that

$$\sum_{n \in I} e^{2\pi i f(n)} \ll_{p,q,s} (N^{1-p}) \log N \ll_{p,q,s} N^q$$

if $N \gg_{p,q,s} 1$, and the required estimate (5.20.2) follows.

6.18. We now show that the exponent pair (6.17.4) is better than any pair (α, β) obtainable by the A and B processes from $(0,1)$, if $m \geqslant 10^6$. By this we mean that there is no pari (α,β) with both $p \geqslant \alpha$ and $q \geqslant \beta$. To do this we shall show that

$$\beta + 5\alpha^{\frac{3}{4}} \geqslant 1 \qquad (6.18.1)$$

Then, since $5^4 25 m^2 \log m < (m-2)^3$ for $m \geqslant 10^6$, we have $q + 5p^{\frac{3}{4}} < 1$, and the result will follow. Certainly (6.18.1) holds for $(0,1)$. Thus it suffices to prove (6.18.1) by induction on the number of A and B processes needed to obtain (α,β). Since $B^2(\alpha,\beta) = (\alpha,\beta)$ and $A(0,1) = (0,1)$, we may suppose that either $(\alpha,\beta) = A(\gamma,\delta)$ or $(\alpha,\beta) = BA(\gamma,\delta)$, where (γ,δ) satisfies (6.18.1). In the former case we have

$$\beta + 5\alpha^{\frac{3}{4}} = \frac{\gamma+\delta+1}{2\gamma+2} + 5\left(\frac{\gamma}{2\gamma+2}\right)^{\frac{3}{4}} \geqslant \frac{\gamma+2+5\gamma^{\frac{3}{4}}}{2\gamma+2} + 5\left(\frac{\gamma}{2\gamma+2}\right)^{\frac{3}{4}} \geqslant 1$$

for $0 \leqslant \gamma \leqslant \frac{1}{2}$, and in the latter case

$$\beta + 5\alpha^{\frac{3}{4}} = \frac{2\gamma+1}{2\gamma+2} + 5\left(\frac{\delta}{2\gamma+2}\right)^{\frac{3}{4}} \geqslant \frac{2\gamma+1}{2\gamma+2} + 5\left(\frac{\frac{1}{2}}{2\gamma+2}\right)^{\frac{3}{4}} \geqslant 1$$

for $0 \leqslant \gamma \leqslant \frac{1}{2}$. This completes the proof of our assertion.

The exponent pairs (6.17.4) are not likely to be useful in practice. The purpose of the above analysis is to show that Lemma 6.13 is sufficiently general to apply to any function for which the exponent pairs method can be used, and that there do exist exponent pairs not obtainable by the A and B processes.

6.19. Different ways of using $J(q,l)$ to estimate exponential sums have been given by Korobov [**1**] and Vinogradov [**1**](see Walfizs [**1**; Chapter 2] for an alternative exposition). These methods require more information about f than a bound (6.12.1) for a single derivative, and so we shall give the result for partial sums of the zeta-function only. The two methods give qualitatively similar estimates, but Vinogradov's is slightly simpler, and is quantitatively better. Vinogradov's result, as given by Walfisz [**1**], is

$$\sum_{a<n\leqslant b} n^{-it} \ll a^{1-\rho} \tag{6.19.1}$$

for $a<b\leqslant 2a$, $t\geqslant 1$, where

$$t^{1/k}\leqslant a\leqslant t^{1/(k-1)}$$

$k\geqslant 19$, and

$$\rho=\frac{1}{60\ 000k^2}$$

The implied constant is absolute. Richert [**3**] has used this to show that

$$\zeta(\sigma+it)\ll(1+t^{100(1-\sigma)^{\frac{3}{2}}})(\log t)^{\frac{2}{3}} \tag{6.19.2}$$

uniformly for $0\leqslant\sigma\leqslant 2$, $t\geqslant 2$. The choices

$$\theta(t)=\left(\frac{\log\log t}{100\log t}\right)^{\frac{2}{3}},\ \phi(t)=\log\log t$$

in Theorems 3.10 and 3.11 therefore give a region

$$\sigma\geqslant 1-A(\log t)^{-\frac{2}{3}}(\log\log t)^{-\frac{1}{3}}$$

free of zeros, and in which

$$\frac{\zeta'(s)}{\zeta(s)}\ll(\log t)^{\frac{2}{3}}(\log\log t)^{\frac{1}{3}}$$

$$\frac{1}{\zeta(s)} \ll (\log t)^{\frac{2}{3}} (\log\log t)^{\frac{1}{3}}$$

The superiority of (6.19.1) over Lemma 6.13 lies mainly in the elimination of the term $\exp(33k^2 \log k)$, rather than in the improvement in the exponent ρ.

Various authors have reduced the constant 100 in (6.19.2), and the best result to date appears to be one in which 100 is replaced by 18.8 (Heath-Brown, unpublished).

6.20. We shall sketch the proof of Vinogradov's bound. The starting point is an estimate of the form (6.12.4), but with

$$\sum_{u,\nu=1}^{q} \mathrm{e}^{2\pi\mathrm{i}\{f(u\nu+n)-f(n)\}} \tag{6.20.1}$$

in place of $T(n)$. One replaces $f(u\nu+n)-f(n)$ by a polynomial

$$F(u\nu) = A_1 u\nu + \cdots + A_k u^k \nu^k$$

as in § 6.12, and then uses Hölder's inequality to obtain

$$\begin{aligned}\left|\sum \mathrm{e}^{2\pi\mathrm{i}F(u\nu)}\right|^l &\leqslant q^{l-1}\sum_{\nu}\left|\sum_{u}\mathrm{e}^{2\pi\mathrm{i}F(u\nu)}\right|^l \\ &= q^{l-1}\sum_{\nu}\eta(\nu)\left|\sum_{u}\mathrm{e}^{2\pi\mathrm{i}F(u\nu)}\right|^l \\ &= q^{l-1}\sum_{\sigma_1,\cdots,\sigma_k} n(\sigma_1,\cdots,\sigma_k)\sum_{\nu}\eta(\nu)\mathrm{e}^{2\pi\mathrm{i}G(\sigma_1,\cdots,\sigma_k;\nu)}\end{aligned}$$

where $|\eta(\nu)|=1$, $n(\sigma_1,\cdots,\sigma_k)$ denotes the number of solutions of

$$u_1{}^h + \cdots + u_l{}^h = \sigma_h \quad (1 \leqslant h \leqslant k)$$

and

$$G(\sigma_1,\cdots,\sigma_k;\nu) = A_1\sigma_1\nu + \cdots + A_k\sigma_k\nu^k$$

Now, by Hölder's inequality again, one has

$$\left|\sum \mathrm{e}^{2\pi\mathrm{i}F(u\nu)}\right|^{2l^2} \leqslant q^{2l(l-1)}\left(\sum n(\sigma_1,\cdots,\sigma_k)\right)^{2l-2} \times \left(\sum n(\sigma_1,\cdots,\sigma_k)^2\right) \times \left(\sum_{\sigma_1,\cdots,\sigma_k}\left|\sum_{\nu}\eta(\nu)\mathrm{e}^{2\pi\mathrm{i}G(\sigma_1,\cdots,\sigma_k;\nu)}\right|^{2l}\right)$$

Here

$$\sum_{\sigma_1,\cdots,\sigma_k} n(\sigma_1,\cdots,\sigma_k) = q^l$$

and

$$\sum_{\sigma_1,\cdots,\sigma_k} n(\sigma_1,\cdots,\sigma_k)^2 = J(q,l)$$

Moreover

$$\sum_{\sigma_1,\cdots,\sigma_k}\left|\sum_{\nu}\eta(\nu)\mathrm{e}^{2\pi\mathrm{i}G}\right|^{2l} = \sum_{\tau_1,\cdots,\tau_k} n^*(\tau_1,\cdots,\tau_k)\sum_{\sigma_1,\cdots,\sigma_k}\mathrm{e}^{2\pi\mathrm{i}H(\sigma_1,\cdots,\sigma_k;\tau_1,\cdots,\tau_k)}$$

where

$$H(\sigma_1,\cdots,\sigma_k;\tau_1,\cdots,\tau_k) = A_1\sigma_1\tau_1,\cdots,+A_k\sigma_k\tau_k$$

and $n^*(\tau_1,\cdots,\tau_k)$ is the sum of $\eta(\nu_1)\cdots\eta(\nu_{2l})$ subject to

$$\nu_1{}^h+\cdots+\nu_l{}^h-\nu_{l+1}{}^h-\cdots-\nu_{2l}{}^h=\tau_h \quad (1\leqslant h\leqslant k)$$

Since $|n^*(\tau_1,\cdots,\tau_k)|\leqslant J(q,l)$, it follows that

$$\left|\sum \mathrm{e}^{2\pi\mathrm{i}F(\omega)}\right|^{2l^2}\leqslant q^{4l^2-4l}J(q,l)^2\prod_{h=1}^{k}\left(\sum_{\tau_h}\left|\sum_{\sigma_h}\exp(2\pi\mathrm{i}A_h\sigma_h\tau_h)\right|\right)$$

$$\leqslant q^{4l^2-4l}J(q,l)^2\prod_{h=1}^{k}\left(\sum_{\tau_h}\min(lq^h,|\csc\pi A_h\tau_n|)\right)$$

At this point one estimates the sum over τ_h, getting a non-trivial bound whenever $q^{-2h}\ll|A_h|\ll 1$. This leads to an appropriate result for the original sum (6.20.1), on taking $l=[ck^2]$ with a suitable constant c. If we use Lemma 6.9, for example, to estimate $J(q,l)$, then

$$(K^{2r})^{(2l^2)^{-1}}\ll 1$$

One therefore sees that the implied constant in (6.19.1) is indeed independent of k.

Chapter Ⅶ MEAN-VALUE THEOREMS

7.1. The problem of the order of $\zeta(s)$ in the critical strip is, as we have seen, unsolved. The problem of the average order, or mean-value, is much easier, and, in its simplest form, has been solved completely. The form which it takes is that of determining the behaviour of

$$\frac{1}{T}\int_{1}^{T} |\zeta(\sigma+\mathrm{i}t)|^2 \mathrm{d}t$$

as $T\to\infty$, for any given value of σ. We also consider mean values of other powers of $\zeta(s)$.

Results of this kind have applications in the problem of the zeros, and also in problems in the theory of numbers. They could also be used to prove O-results if we could push them far enough; and they are closely connected with the Ω-results which are the subject of the next chapter.

We begin by recalling a general mean-value theorem for Dirichlet series.

Theorem 7.1. *Let*

$$f(s)=\sum_{n=1}^{\infty}\frac{a_n}{n^s},\quad g(s)=\sum_{n=1}^{\infty}\frac{b_n}{n^s}$$

be absolutely convergent for $\sigma>\sigma_1$, $\sigma>\sigma_2$ respectively. Then for $\alpha>\sigma_1$, $\beta>\sigma_2$

$$\lim_{T\to\infty}\frac{1}{2T}\int_{-T}^{T} f(\alpha+\mathrm{i}t)g(\beta-\mathrm{i}t)\mathrm{d}t=\sum_{n=1}^{\infty}\frac{a_nb_n}{n^{\alpha+\beta}}\qquad(7.1.1)$$

For

$$f(\alpha+\mathrm{i}t)g(\beta-\mathrm{i}t)=\sum_{n=1}^{\infty}\frac{a_m}{m^{\alpha+\mathrm{i}t}}\sum_{n=1}^{\infty}\frac{b_n}{n^{\beta-\mathrm{i}t}}$$

$$=\sum_{n=1}^{\infty}\frac{a_nb_n}{n^{\alpha+\beta}}+\sum\sum_{m\neq n}\frac{a_mb_n}{m^{\alpha}n^{\beta}}\left(\frac{n}{m}\right)^{\mathrm{i}t}$$

the series being absolutely convergent, and uniformly convergent in any finite t-range. Hence we may integrate term-by-term, and obtain

$$\frac{1}{2T}\int_{-T}^{T} f(\alpha+\mathrm{i}t)g(\beta-\mathrm{i}t)\mathrm{d}t$$

$$=\sum_{n=1}^{\infty}\frac{a_nb_n}{n^{\alpha+\beta}}+\sum\sum_{m\neq n}\frac{a_mb_n}{m^{\alpha}n^{\beta}}\times\frac{2\sin(T\log n/m)}{2T\log n/m}$$

The factor involving T is bounded for all T, m, and n, so that the double series converges uniformly with respect to T; and each term tends to zero as $T\to\infty$. Hence the sum also tends to zero, and the result follows.

In particular, taking $b_n=\bar{a}_n$ *and* $\alpha=\beta=\sigma$, *we obtain*

$$\lim_{T\to\infty}\frac{1}{2T}\int_{-T}^{T}|f(\sigma+\mathrm{i}t)|^2\mathrm{d}t=\sum_{n=1}^{\infty}\frac{|a_n|^2}{n^{2\sigma}}\quad(\sigma>\sigma_1)\quad(7.1.2)$$

These theorems have immediate applications to $\zeta(s)$ in the half-plane $\sigma>1$. We deduce at once

$$\lim_{T\to\infty}\frac{1}{2T}\int_{-T}^{T}|\zeta(\sigma+\mathrm{i}t)|^2\mathrm{d}t=\zeta(2\sigma)\quad(\sigma>1)\qquad(7.1.3)$$

and generally

$$\lim_{T\to\infty}\frac{1}{2T}\int_{-T}^{T}\zeta^{(\mu)}(\alpha+\mathrm{i}t)\zeta^{(\nu)}(\beta-\mathrm{i}t)\mathrm{d}t=\zeta^{(\mu+\nu)}(\alpha+\beta)\quad(\alpha>1,\beta>1)$$
$$(7.1.4)$$

Taking $a_n=\mathrm{d}_k(n)$, we obtain

$$\lim_{T\to\infty}\frac{1}{2T}\int_{-T}^{T}|\zeta(\sigma+\mathrm{i}t)|^{2k}\mathrm{d}t=\sum_{n=1}^{\infty}\frac{d_k^2(n)}{n^{2\sigma}}\quad(\sigma>1)\quad(7.1.5)$$

By (1.2.10), the case $k=2$ is

$$\lim_{T\to\infty}\frac{1}{2T}\int_{-T}^{T}|\zeta(\sigma+\mathrm{i}t)|^4\mathrm{d}t=\frac{\zeta^4(2\sigma)}{\zeta(4\sigma)}\quad(\sigma>1)\qquad(7.1.6)$$

The following sections are mainly concerned with the attempt to extend these formulae to values of σ less than or equal to 1. The attempt is successful for $k\leqslant 2$, only partially successful for $k>2$.

7.2. We require the following lemmas.

Lemma. *We have*

$$\sum_{0<m<n<T}\sum\frac{1}{m^\sigma n^\sigma\log n/m}=O(T^{2-2\sigma}\log T)\qquad(7.2.1)$$

for $\frac{1}{2}\leqslant\sigma<1$, *and uniformly for* $\frac{1}{2}\leqslant\sigma\leqslant\sigma_0<1$.

Let $\sum_1$ denote the sum of the terms for which $m<\frac{1}{2}n$, $\sum_2$ the remainder. In $\sum_1$, $\log n/m>A$, so that

$$\sum\nolimits_1 < A \sum_{0<m<n<T}\sum m^{-\sigma}n^{-\sigma} < A\Big(\sum_{n<T} n^{-\sigma}\Big)^2 < AT^{2-2\sigma}$$

In $\sum_2$ we write $m = n - r$, where $1 \leqslant r \leqslant \frac{1}{2}n$, and then

$$\log n/m = -\log(1 - r/n) > r/n$$

Hence

$$\sum\nolimits_2 < A\sum_{n<T}\sum_{r\leqslant\frac{1}{2}n} \frac{(n-r)^{-\sigma}n^{-\sigma}}{r/n} < A\sum_{n<T} n^{1-2\sigma}\sum_{r\leqslant\frac{1}{2}n}\frac{1}{r} < AT^{2-2\sigma}\log T$$

Lemma

$$\sum_{0<m<n<\infty}\sum \frac{\mathrm{e}^{-(m+n)\delta}}{m^{\sigma}n^{\sigma}\log n/m} = O\Big(\delta^{2\sigma-2}\log\frac{1}{\delta}\Big) \tag{7.2.2}$$

Dividing up as before, we obtain

$$\sum\nolimits_1 = O\Big[\Big(\sum_1^{\infty} n^{-\sigma}\mathrm{e}^{-\delta n}\Big)^2\Big] = O(\delta^{2\sigma-2})$$

and

$$\sum\nolimits_2 = O\Big(\sum_{n=1}^{\infty} n^{1-2\sigma}\mathrm{e}^{-\delta n}\sum_{r=1}^{\frac{1}{2}n}\frac{1}{r}\Big) = O\Big(\delta^{2\sigma-2}\log\frac{1}{\delta}\Big)$$

Theorem 7.2

$$\lim_{T\to\infty}\frac{1}{T}\int_1^T |\zeta(\sigma+\mathrm{i}t)|^2\mathrm{d}t = \zeta(2\sigma) \quad \Big(\sigma > \frac{1}{2}\Big)$$

We have already accounted for the case $\sigma > 1$, so that we now suppose that $\frac{1}{2} < \sigma \leqslant 1$. Since $t \geqslant 1$, Theorem 4.11, with $x = t$, gives

$$\zeta(s) = \sum_{n<t} n^{-s} + O(t^{-\sigma}) = Z + O(t^{-\sigma})$$

say. Now

$$\begin{aligned}\int_1^T |Z|^2\mathrm{d}t &= \int_1^T \Big[\sum_{m<t} m^{-\sigma-\mathrm{i}t}\sum_{n<t} n^{-\sigma+\mathrm{i}t}\Big]\mathrm{d}t \\ &= \sum_{m<T}\sum_{n<T} m^{-\sigma}n^{-\sigma}\int_{T_1}^T \Big(\frac{n}{m}\Big)^{\mathrm{i}t}\mathrm{d}t \quad (T_1 = \max(m,n)) \\ &= \sum_{n<T} n^{-2\sigma}(T-n) + \sum_{m\neq n}\sum m^{-\sigma}n^{-\sigma}\frac{(n/m)^{\mathrm{i}T} - (n/m)^{\mathrm{i}T_1}}{\mathrm{i}\log n/m}\end{aligned}$$

$$=T\sum_{n<T}n^{-2\sigma}-\sum_{n<T}n^{1-2\sigma}+O\Big(\sum_{0<m<n<T}\sum\frac{1}{m^{\sigma}n^{\sigma}\log n/m}\Big)$$
$$=T\{\zeta(2\sigma)+O(T^{1-2\sigma})\}+O(T^{2-2\sigma})+O(T^{2-2\sigma}\log T)$$

provided that $\sigma<1$. If $\sigma=1$, we can replace the σ of the last two terms by $\frac{3}{4}$, say. In either case

$$\int_1^T|Z|^2\mathrm{d}t\sim T\zeta(2\sigma)$$

Hence

$$\int_1^T|\zeta(s)|^2\mathrm{d}t=\int_1^T|Z|^2\mathrm{d}t+O\Big(\int_1^T|Z|t^{-\sigma}\mathrm{d}t\Big)+O\Big(\int_1^T t^{-2\sigma}\mathrm{d}t\Big)$$
$$=\int_1^T|Z|^2\mathrm{d}t+O\Big(\int_1^T|Z|^2\mathrm{d}t\int_1^T t^{-2\sigma}\mathrm{d}t\Big)^{\frac{1}{2}}+O(\log T)$$
$$=\int_1^T|Z|^2\mathrm{d}t+O\{(T\log T)^{\frac{1}{2}}\}+O(\log T)$$

and the result follows.

It will be useful later to have a result of this type which holds uniformly in the strip. It is①

Theorem 7.2 (A).

$$\int_1^T|\zeta(\sigma+\mathrm{i}t)|^2\mathrm{d}t<AT\min\left(\log T,\frac{1}{\sigma-\frac{1}{2}}\right)$$

uniformly for $\frac{1}{2}\leqslant\sigma\leqslant 2$.

Suppose first that $\frac{1}{2}\leqslant\sigma\leqslant\frac{3}{4}$. Then we have, as before

$$\int_1^T|Z|^2\mathrm{d}t<T\sum_{n<T}n^{-2\sigma}+O(T^{2-2\sigma}\log T)$$

uniformly in σ. Now

① Littlewood (4).

$$\sum_{n<T} n^{-2\sigma} \leqslant \sum_{n<T} n^{-1} < A\log T$$

and also

$$\leqslant 1 + \int_1^{\infty} u^{-2\sigma} \mathrm{d}u < \frac{A}{\sigma - \frac{1}{2}}$$

Similarly

$$T^{2-2\sigma}\log T \leqslant T\log T$$

and also, putting $x = (2\sigma - 1)\log T$

$$T^{2-2\sigma}\log T = \frac{1}{2}Tx\mathrm{e}^{-x}/(\sigma - \frac{1}{2}) \leqslant \frac{1}{2}T/(\sigma - \frac{1}{2})$$

This gives the result for $\sigma \leqslant \frac{3}{4}$, the term $O(t^{-\sigma})$ being dealt with as before.

If $\frac{3}{3} \leqslant \sigma \leqslant 2$, we obtain

$$\int_1^T |Z|^2 \mathrm{d}t < T\sum_{n<T} n^{-\frac{3}{2}} + O(T^{\frac{1}{2}}\log T)$$

and the result follows at once.

7.3. The particular case $\sigma = \frac{1}{2}$ of the above theorem is

$$\int_1^T \left|\zeta(\frac{1}{2} + \mathrm{i}t)\right|^2 \mathrm{d}t = O(T\log T)$$

We can improve this O-result to an asymptotic equality.[①] But Theorem 4.11 is not sufficient for this purpose, and we have to use the approximate functional equation.

Theorem 7.3. *As* $T \to \infty$

$$\int_0^T \left|\zeta(\frac{1}{2} + \mathrm{i}t)\right|^2 \mathrm{d}t \sim T\log T$$

In the approximate functional equation (4.12.4), take $\sigma = \frac{1}{2}$,

① Hardy and Littlewood (2)(4).

$t>2$, and $x=t/(2\pi\sqrt{\log t})$, $y=\sqrt{\log t}$. Then, since $\chi^{(\frac{1}{2}+it)}=O(1)$

$$\begin{aligned}\zeta(\frac{1}{2}+\mathrm{i}t)&=\sum_{n<x}n^{-\frac{1}{2}-it}+O(\sum_{n<y}n^{-\frac{1}{2}})+O(t^{-\frac{1}{2}}\log^{\frac{1}{4}}t)+O(\log^{-\frac{1}{4}}t)\\&=\sum_{n<x}n^{-\frac{1}{2}-it}+O(\log^{\frac{1}{4}}t)\\&=Z+O(\log^{\frac{1}{4}}t)\end{aligned}$$

say. Since

$$\int_2^T(\log^{\frac{1}{4}}t)^2\mathrm{d}t=O(T\log^{\frac{1}{2}}T)=o(T\log T)$$

it is, as in the proof of Theorem 7.2, sufficient to prove that

$$\int_0^T|Z|^2\mathrm{d}t\sim T\log T$$

Now

$$\int_0^T|Z|^2\mathrm{d}t=\int_0^T\sum_{m<x}m^{-\frac{1}{2}-it}\sum_{n<x}n^{-\frac{1}{2}+it}\mathrm{d}t$$

In inverting the order of integration and summation, it must be remembered that x is a function of t. The term in (m,n) occurs if

$$x>\max(m,n)=T_1/(2\pi\sqrt{\log T_1})$$

say, where $T_1=T_1(m,n)$. Hence, writing $X=T/(2\pi\sqrt{\log T})$

$$\begin{aligned}\int_0^T|Z|^2\mathrm{d}t&=\sum_{m,n<X}\sum\int_{T_1}^T m^{-\frac{1}{2}-it}n^{-\frac{1}{2}+it}\mathrm{d}t\\&=\sum_{n<X}\frac{T-T_1(n,n)}{n}+\sum_{m\neq n}\sum\frac{1}{\sqrt{(mn)}}\int_{T_1}^T\left(\frac{n}{m}\right)^{it}\mathrm{d}t\\&=T\sum_{n<X}\frac{1}{n}+O\left(\sum_{n<X}\frac{T_1(n,n)}{n}\right)+O\left(\sum_{m<n<X}\sum\frac{1}{\sqrt{(mn)}\log n/m}\right)\end{aligned}$$

The first term is

$$T\log X+O(T)=T\log T+o(T\log T)$$

The second term is

$$O(\sum_{n<X}\sqrt{\log n})=O(X\sqrt{\log X})=O(T)$$

and, by the first lemma of §7.2, the last term is

$$O(X\log X)=O(T\sqrt{\log T})$$

This proves the theorem.

7.4. We shall next obtain a more precise form of the above meanvalue formula. [①]

Theorem 7.4.

$$\int_0^T \left|\zeta\left(\frac{1}{2}+\mathrm{i}t\right)\right|^2 \mathrm{d}t = T\log T+(2\gamma-1-\log 2\pi)T+O(T^{\frac{1}{2}+\epsilon}) \tag{7.4.1}$$

We first prove the following lemma.

Lemma. *If* $n<T/2\pi$

$$\frac{1}{2\pi\mathrm{i}}\int_{\frac{1}{2}-\mathrm{i}T}^{\frac{1}{2}+\mathrm{i}T}\chi(1-s)n^{-s}\mathrm{d}s=2+O\left(\frac{1}{n^{\frac{1}{2}}\log(T/2\pi n)}\right)+O\left(\frac{\log T}{n^{\frac{1}{2}}}\right) \tag{7.4.2}$$

If $n>T/2\pi$, $c>\frac{1}{2}$

$$\frac{1}{2\pi\mathrm{i}}\int_{c-\mathrm{i}T}^{c+\mathrm{i}T}\chi(1-s)n^{-s}\mathrm{d}s=O\left(\frac{T^{c-\frac{1}{2}}}{n^c\log(2\pi n/T)}\right)+O\left(\frac{T^{c-\frac{1}{2}}}{n^c}\right) \tag{7.4.3}$$

We have

$$\chi(1-s)=2^{1-s}\pi^{-s}\cos\frac{1}{2}s\pi\Gamma(s)=\frac{2^{1-s}\pi^{1-s}}{2\sin\frac{1}{2}s\pi\Gamma(1-s)}$$

This has poles at $s=-2\nu$ $(\nu=0,1,\cdots)$ with residues

$$\frac{(-1)^\nu 2^{1+2\nu}\pi^{2\nu}}{(2\nu)!}$$

Also, by Stirling's formula, for $-\pi+\delta<\arg(-s)<\pi-\delta$

① Ingham (1) obtained the error term $O(T^{\frac{1}{2}}\log T)$; the method given here is due to Atkinson (1).

$$\chi(1-s)=\left(\frac{2\pi}{-s}\right)^{\frac{1}{2}-s}\frac{e^{-s}}{2\sin\frac{1}{2}s\pi}\left\{1+O\left(\frac{1}{|s|}\right)\right\}$$

The calculus of residues therefore gives

$$\frac{1}{2\pi i}\left(\int_{-\infty-iT_1}^{\frac{1}{2}-iT_1}+\int_{\frac{1}{2}-iT_1}^{\frac{1}{2}+iT_1}+\int_{\frac{1}{2}+iT_1}^{-\infty+iT_1}\right)\chi(1-s)n^{-s}ds$$

$$=\sum_{\nu=0}^{\infty}\frac{(-1)^{\nu}2^{1+2\nu}\pi^{2\nu}n^{2\nu}}{(2\nu)!}$$

$$=2\cos 2\pi n=2$$

Also, since

$$e^{is\arg(-s)}=O(e^{\frac{1}{2}\pi t})$$

$$\int_{\frac{1}{2}+iT_1}^{-\infty+iT_1}\chi(1-s)n^{-s}ds=O\left\{\int_{-\infty}^{\frac{1}{2}}\left(\frac{2\pi}{|\sigma+iT_1|}\right)^{\frac{1}{2}-\sigma}e^{-\sigma}n^{-\sigma}d\sigma\right\}$$

$$=O\left\{n^{-\frac{1}{2}}\int_{-\infty}^{\frac{1}{2}}\left(\frac{T_1}{2\pi en}\right)^{\sigma-\frac{1}{2}}d\sigma\right\}$$

$$=O\left(\frac{1}{n^{\frac{1}{2}}\log(T_1/2\pi en)}\right)$$

and similarly for the integral over $(-\infty-iT_1,\ \frac{1}{2}-iT_1)$.

Again, for a fixed σ

$$\chi(1-s)=\left(\frac{2\pi}{t}\right)^{\frac{1}{2}-\sigma-it}e^{-it-\frac{1}{4}i\pi}\left\{1+O\left(\frac{1}{t}\right)\right\}\quad(t\geqslant 1)$$

Hence

$$\int_{\frac{1}{2}+iT}^{\frac{1}{2}+iT_1}\chi(1-s)n^{-s}ds=n^{-\frac{1}{2}}e^{-\frac{1}{4}i\pi}\int_{T}^{T_1}e^{iF(t)}dt+O(n^{-\frac{1}{2}}\log T_1)$$

where

$$F(t)=t\log t-t(\log 2\pi+1+\log n)$$

$$F'(t)=\log t-\log 2\pi n$$

Hence by Lemma 4.2, the last integral is of the form

$$O\left(\frac{1}{\log(T/2\pi n)}\right)$$

uniformly with respect to T_1. Taking, for example, $T_1 = 2eT > 4\pi e n$, we obtain (7.4.2). Again

$$\int_{c+i}^{c+iT} \chi(1-s) n^{-s} \mathrm{d}s = n^{-c} \mathrm{e}^{-\frac{1}{4}i\pi} \int_1^T \left(\frac{t}{2\pi}\right)^{c-\frac{1}{2}} \mathrm{e}^{iF(t)} \mathrm{d}t + O\left(n^{-c}\int_1^T t^{c-\frac{3}{2}} \mathrm{d}t\right)$$

and (7.4.3) follows from Lemma 4.3.

In proving (7.4.1) we may suppose that $T/2\pi$ is half an odd integer; for a change of $O(1)$ in T alters the left-hand side by $O(T^{\frac{1}{2}})$, since $\zeta(\frac{1}{2} + it) = O(t^{\frac{1}{4}})$, and the leading terms on the right-hand side by $O(\log T)$. Now the left-hand side is

$$\frac{1}{2}\int_{-T}^{T} \mid \zeta(\frac{1}{2} + it) \mid^2 \mathrm{d}t = \frac{1}{2}\int_{-T}^{T} \zeta(\frac{1}{2} + it)\zeta(\frac{1}{2} - it)\mathrm{d}t$$

$$= \frac{1}{2i}\int_{\frac{1}{2}-iT}^{\frac{1}{2}+iT} \zeta(s)\zeta(1-s)\mathrm{d}s$$

$$= \frac{1}{2i}\int_{\frac{1}{2}-iT}^{\frac{1}{2}+iT} \chi(1-s)\zeta^2(s)\mathrm{d}s$$

$$= \frac{1}{2i}\int_{\frac{1}{2}-iT}^{\frac{1}{2}+iT} \chi(1-s) \sum_{n\leqslant T/2\pi} \frac{d(n)}{n^s} + \mathrm{d}s$$

$$\frac{1}{2i}\int_{\frac{1}{2}-iT}^{\frac{1}{2}+iT} \chi(1-s)\left(\zeta^2(s) - \sum_{n\leqslant T/2\pi} \frac{d(n)}{n^s}\right)\mathrm{d}s$$

$$= I_1 + I_2, \text{ say}$$

By (7.4.2)

$$I_1 = 2\pi \sum_{n\leqslant T/2\pi} d(n) + O\left(\sum_{n\leqslant T/2\pi} \frac{d(n)}{n^{\frac{1}{2}}\log(T/2\pi n)}\right) + O\left(\log T \sum_{n\leqslant T/2\pi} \frac{d(n)}{n^{\frac{1}{2}}}\right)$$

The first term is[①]

$$2\pi\left\{\frac{T}{2n}\log\frac{T}{2\pi}+(2\gamma-1)\frac{T}{2\pi}+O(T^{\frac{1}{2}})\right\}$$

$$-T\log T+(2\gamma-1\quad\log 2\pi)T+O(T^{\frac{1}{2}})$$

Since $d(n)=O(n^{\varepsilon})$, the second term is

$$O\left(\sum_{n\leqslant T/4\pi}\frac{1}{n^{\frac{1}{2}-\epsilon}}\right)+O\left\{T^{\frac{1}{2}+\epsilon}\sum_{T/4\pi<n\leqslant T/2\pi}\frac{1}{(T/2\pi-n)}\right\}=O(T^{\frac{1}{2}+\epsilon})$$

The last term is also clearly of this form. Hence

$$I_1=T\log T+2\gamma-1-\log 2\pi)T+O(T^{\frac{1}{2}+\epsilon})$$

Next, if $c>1$

$$I_2=\frac{1}{2i}\left(\int_{\frac{1}{2}-iT}^{c-iT}+\int_{c+iT}^{\frac{1}{2}+iT}\right)\chi(1-s)\left(\zeta^2(s)-\sum_{n\leqslant T/2\pi}\frac{d(n)}{n^s}\right)ds+$$

$$\frac{1}{2i}\sum_{n>T/2\pi}d(n)\int_{c-iT}^{c+iT}\chi(1-s)n^{-s}ds-A$$

A being the residue of $\pi\chi(1-s)\zeta^2(s)$ at $s=1$.

Since $\chi(1-s)=O(t^{\sigma}-\frac{1}{2})$, and $\zeta^2(\sigma+iT)$ and $\sum_{n\leqslant T/2\pi}d(n)n^{-s}$ are both of the form

$$O(T^{1-\sigma+\epsilon})\quad(\sigma\leqslant 1),\qquad O(T^{\epsilon})\quad(\sigma>1)$$

The first term is

$$O(T^{\frac{1}{2}+\epsilon})+O(T^{c-\frac{1}{2}+\epsilon})$$

By (7.4.3), the second term is

$$O\left\{T^{c-\frac{1}{2}}\sum_{n>T/2\pi}\frac{d(n)}{n^c}\left(\frac{1}{\log(2\pi n/T)}+1\right)\right\}$$

$$=O\left(T^{\frac{1}{2}+\epsilon}\sum_{T/2\pi<n\leqslant T/\pi}\frac{1}{n-(T/2\pi)}\right)+O\left(T^{c-\frac{1}{2}}\sum_{n>T/\pi}\frac{1}{n^{c-\epsilon}}\right)$$

$$=O(T^{\frac{1}{2}+\epsilon})$$

Since c may be as near to 1 as we please, this proves the theorem.

---

① See §12.1, or Hardy and Wright, *An Introduction to the Theory of Numbers*, Theorem 320.

A more precise form of the above argument shows that the errorterm in (7.4.1) is $O(T^{\frac{1}{2}}\log^2 T)$. But a more complicated argument, § [①] depending on van der Corput's method, shows that it is $O(T^{\frac{5}{12}}\log^2 T)$; and presumably further slight improvements could be made by the methods of the later sections of Chapter V.

7.5. We now pass to the more difficult, but still manageable, case of $|\zeta(s)|^4$. We first prove[②]

Theorem 7.5.

$$\lim_{T\to\infty}\frac{1}{T}\int_1^T|\zeta(\sigma+it)|^4\mathrm{d}t=\frac{\zeta^4(2\sigma)}{\zeta(4\sigma)}\quad(\sigma>\frac{1}{2})$$

Take $x=y=\sqrt{(t/2\pi)}$ and $\sigma>\frac{1}{2}$ in the approximate functional equation. We obtain

$$\zeta(s)=\sum_{n<\sqrt{(t/2\pi)}}\frac{1}{n^s}+\chi(s)\sum_{n<\sqrt{(t/2\pi)}}\frac{1}{n^{1-s}}+O(t^{-\frac{1}{4}})=Z_1+Z_2+O(t^{-\frac{1}{4}})\tag{7.5.1}$$

say. Now

$$|Z_1|^4=\sum\frac{1}{m^{\sigma+it}}\sum\frac{1}{n^{\sigma+it}}\sum\frac{1}{\mu^{\sigma-it}}\sum\frac{1}{\nu^{\sigma-it}}$$
$$=\sum\frac{1}{(mn\mu\nu)^\sigma}\left(\frac{\mu\nu}{mn}\right)^{it}$$

where each variable runs over $\{1,\sqrt{(t/2\pi)}\}$. Hence

$$\int_1^T|Z_1|^4\mathrm{d}t=\int_1^T\sum\frac{1}{(mn\mu\nu)^\sigma}\left(\frac{\mu\nu}{mn}\right)^{it}\mathrm{d}t$$
$$=\sum_{m,n,\mu,\nu<\sqrt{(T/2\pi)}}\frac{1}{(mn\mu\nu)^\sigma}\int_{T_1}^T\left(\frac{\mu\nu}{mn}\right)^{it}\mathrm{d}t$$

where

① Titchmarsh (12).

② Hardy and Littlewood (4).

$$T_1 = 2\pi \max(m^2, n^2, \mu^2, \nu^2)$$

$$= \sum_{mn=\mu\nu} \frac{T - T_1}{(mn)^{2\sigma}} + \sum_{mn \neq \mu\nu} O\left(\frac{1}{(mn\mu\nu)^\sigma} \times \frac{1}{|\log(\mu\nu/mn)|}\right)$$

Thc number of solutions of the equations $mn = \mu\nu = r$ is $\{d(r)\}^2$ if $r < \sqrt{(T/2\pi)}$, and in any case does not exceed $\{d(r)\}^2$. Hence

$$T\sum_{mn=\mu\nu} \frac{1}{(mn)^{2\sigma}} = T \sum_{r<\sqrt{(T/2\pi)}} \frac{\{d(r)\}^2}{r^{2\sigma}} + O\left(T \sum_{\sqrt{(T/2\pi} \leqslant r < T/2\pi)} \frac{\{d(r)\}^2}{r^{2\sigma}}\right) \sim$$

$$T\sum_{r=1}^{\infty} \frac{\{d(r)\}^2}{r^{2\sigma}} = T\frac{\zeta^4(2\sigma)}{\zeta(4\sigma)} \tag{7.5.2}$$

Next

$$\sum_{mn=\mu\nu} \frac{T_1}{(mn)^{2\sigma}} < \sum_{mn=\mu\nu} \frac{2\pi(m^2+n^2+\mu^2+\nu^2)}{(mn\mu\nu)^\sigma}$$

and the right-hand side, by considerations of symmetry, is

$$8\pi \sum_{mn=\mu\nu} \frac{m^2}{(mn\mu\nu)^\sigma} \leqslant 8\pi \sum \frac{m^2 d(mn)}{(mn)^{2\sigma}} = O(T^\epsilon \sum m^{2-2\sigma} \sum n^{-2\sigma})$$

$$= O\{T^\epsilon(T^{\frac{1}{2}(3-2\sigma)}+1)\log T\} = O(T^{\frac{3}{2}-\sigma+\epsilon}) + O(T^\epsilon)$$

The remaining sum is

$$O\left(\sum_{0<q<r<T/2\pi} \frac{d(q)d(r)}{(qr)^\sigma \log(r/q)}\right) = O\left(T^\epsilon \sum \frac{1}{(qr)^\sigma \log(r/q)}\right) = O(T^{2-2\sigma+\epsilon})$$

by the lemma of § 7.2. Hence

$$\int_1^T |Z_1|^4 \mathrm{d}t \sim T\frac{\zeta^4(2\sigma)}{\zeta(4\sigma)}$$

Now let

$$j(T) = \int_1^T \left| \sum_{n<\sqrt{(t/2\pi)}} n^{s-1} \right|^4 \mathrm{d}t$$

The calculations go as before, but with σ replaced by $1-\sigma$. The term corresponding to (7.5.2) is

$$T\sum_{r<AT} \frac{O(r^\epsilon)}{r^{2-2\sigma}} = O(T^{2\sigma+\epsilon})$$

and the other two terms are $O(T^{\frac{1}{2}+\sigma+\epsilon})$ and $O(T^{2\sigma+\epsilon})$ respectively. Hence

$$j(T)=O(T^{2\sigma+\epsilon})$$

and, since $\chi(s)=O(t^{\frac{1}{2}-\sigma})$

$$\int_1^T |Z_2|^4 \mathrm{d}t < A\int_1^T t^{2-4\sigma} j'(t)\mathrm{d}t$$

$$=A[t^{2-4\sigma}j(t)]_1^T + A(4\sigma-2)\int_1^T t^{1-4\sigma}j(t)\mathrm{d}t$$

$$=O(T^{2-2\sigma+\epsilon})+O\left(\int_1^T t^{1-2\sigma+\epsilon}\mathrm{d}t\right)=O(T^{2-2\sigma+\epsilon})$$

The theorem now follows as in previous cases.

7.6. The problem of the mean value of $|\zeta(\frac{1}{2}+\mathrm{i}t)|^4$ is a little more difficult. If we follow out the above argument, with $\sigma=\frac{1}{2}$, as accurately as possible, we obtain

$$\int_1^T |\zeta(\frac{1}{2}+\mathrm{i}t)|^4 \mathrm{d}t = O(T\log^4 T) \tag{7.6.1}$$

but fail to obtain an asymptotic equality. It was proved by Ingham① by means of the functional equation for $\{\zeta(s)\}^2$ that

$$\int_1^T |\zeta(\frac{1}{2}+\mathrm{i}t)|^4 \mathrm{d}t = \frac{T\log^4 T}{2\pi^2}+O(T\log^3 T) \tag{7.6.2}$$

The relation

$$\int_1^T |\zeta(\frac{1}{2}+\mathrm{i}t)|^4 \mathrm{d}t \sim \frac{T\log^4 T}{2\pi^2} \tag{7.6.3}$$

is a consequence of a result obtained later in this chapter (Theorem 7.16).

7.7. We now pass to still higher powers of $\zeta(s)$. In the general case our knowledge is very incomplete, and we can state a mean-value formula in a certain restricted range of values of σ only.

① Ingham (1).

Theorem 7.7. *For every positive integer $k > 2$*

$$\lim_{T\to\infty}\frac{1}{T}\int_1^T |\zeta(\sigma+\mathrm{i}t)|^{2k}\mathrm{d}t=\sum_{n=1}^{\infty}\frac{d_k^2(n)}{n^{2\sigma}}\quad\left(\sigma>1-\frac{1}{k}\right)\tag{7.7.1}$$

This can be proved by a straightforward extension of the argument of § 7.5. Starting again from (7.5.1), we have

$$|Z_1|^{2k}=\sum\frac{1}{(m_1\cdots m_k n_1\cdots n_k)^{\sigma}}\left(\frac{n_1\cdots n_k}{m_1\cdots m_k}\right)^{\mathrm{i}t}$$

where each variable runs over $\{1/\sqrt{t/2\pi}\}$. The leading term goes in the same way as before, $d(r)$ being replaced by $d_k(r)$. The man O-term is of the form

$$O\left(T^{\epsilon}\sum_{0<q<r<AT^{\frac{1}{2}k}}\sum\frac{1}{(qr)^{\sigma}\log r/q}\right)=O(T^{k(1-\sigma)+\epsilon})$$

The corresponding term in

$$j(T)=\int_1^T\left|\sum_{n<\sqrt{(t/2\pi)}}n^{s-1}\right|^{2k}\mathrm{d}t$$

is

$$O(T^{k\sigma+\epsilon})$$

and since $|\chi|^{2k}=O(t^{k-2k\sigma})$, we obtain $O(T^{k(1-\sigma)+\epsilon})$ again. These terms are $O(T)$ if $\sigma>1-1/k$, and the theorem follows as before.

7.8. It is convenient to introduce at this point the following notation. For each positive integer k and each σ, let $\mu_k(\sigma)$ be the lower bound of positive numbers ξ such that

$$\frac{1}{T}\int_1^T|\zeta(\sigma+\mathrm{i}t)|^{2k}\mathrm{d}t=O(T^{\xi})$$

Each $\mu_k(\sigma)$ has the same general properties as the function $\mu(\sigma)$ defined in § 5.1. By (7.1.5), $\mu_k(\sigma)=0$ for $\sigma>1$. Further, as a function of σ, $\mu_k(\sigma)$ is continuous, non-increasing, and convex downwards. We shall deduce this from a general theorem on mean-values of analytic functions.①

① Hardy, Ingham, and Pólya (1), Titchmarsh (23).

Let $f(s)$ be an analytic function of s, real for real s, regular for $\sigma \geqslant \alpha$ except possibly for a pole at $s = s_0$, and $O(e^{\epsilon|t|})$ as $|t| \to \infty$ for every positive ϵ and $\sigma \geqslant \alpha$. Let $\alpha < \beta$, and suppose that for all $T > 0$

$$\int_0^T |f(\alpha + it)|^2 dt \leqslant C(T^a + 1) \qquad (7.8.1)$$

$$\int_0^T |f(\beta + it)|^2 dt \leqslant C'(T^b + 1) \qquad (7.8.2)$$

where $a \geqslant b$, $b \geqslant 0$, and C, C' depend on $f(s)$. Then for $\alpha < \sigma < \beta$, $T \geqslant 2$

$$\int_{\frac{1}{2}T}^T |f(\sigma + it)|^2 dt \leqslant K(CT^a)^{(\beta-\sigma)/(\beta-\alpha)}(C'T^b)^{(\sigma-\alpha)/(\beta-\alpha)} \qquad (7.8.3)$$

where K depends on a, b, α, β only, and is bounded if these are bounded.

We may suppose in the proof that $\alpha \geqslant \frac{1}{2}$, since otherwise we could apply the argument to $f(s + \frac{1}{2} - \alpha)$. Suppose first that $f(s)$ is regular for $\sigma \geqslant \alpha$. Let

$$\frac{1}{2\pi i}\int_{\sigma-i\infty}^{\sigma+i\infty} \Gamma(s) f(s) z^{-s} ds = \phi(z) \quad (\sigma \geqslant \alpha, \ |\arg z| < \frac{1}{2}\pi)$$

Putting $z = ixe^{-i\delta}$ $(0 < \delta < \frac{1}{2}\pi)$, we find that

$$\Gamma(\sigma + it) f(\sigma + it) e^{-i(\sigma+it)(\frac{1}{2}\pi-\delta)} \quad \phi(ixe^{-i\delta})$$

are Mellin transforms. Let

$$I(\sigma) = \int_{-\infty}^{\infty} |\Gamma|(\sigma + it) f(\sigma + it)|^2 e^{(\pi-2\delta)t} dt$$

Then, using Parseval's formula and Hölder's inequality, we obtain

$$I(\sigma)=2\pi\int_0^\infty |\phi(\mathrm{i}x\mathrm{e}^{-\mathrm{i}\delta}|^2 x^{2\sigma-1}\mathrm{d}x$$

$$\leqslant 2\pi\left(\int_0^\infty |\phi|^2 x^{2\alpha-1}\mathrm{d}x\right)^{(\beta-\sigma)/(\beta-\alpha)}\left(\int_0^\infty |\phi|^2 x^{2\beta-1}\mathrm{d}x\right)^{(\sigma-\alpha)/(\beta-\alpha)}$$

$$=\{I(\alpha)\}^{(\beta-\sigma)/(\beta-\alpha)}\{I(\beta)\}^{(\sigma-\alpha)/(\beta-\alpha)}$$

Writing

$$F(T)=\int_0^T |f(\alpha+\mathrm{i}t)|^2\mathrm{d}t\leqslant C(T^a+1)$$

we have by Stirling's theorem (with various values of K)

$$I(\alpha)<K\int_0^\infty (t^{2\alpha-1}+1)|f(\alpha+\mathrm{i}t)|^2\mathrm{e}^{-2\delta t}\mathrm{d}t$$

$$=K\int_0^\infty F(t)\{2\delta(t^{2\alpha-1}+1)-(2\alpha-1)t^{2\alpha-2}\}\mathrm{e}^{-2\delta t}\mathrm{d}t$$

$$<KC\int_0^\infty (t^a+1)2\delta(t^{2\alpha-1}+1)\mathrm{e}^{-2\delta t}\mathrm{d}t$$

$$<KC\int_0^\infty (t^{a+2\alpha-1}+1)\delta\mathrm{e}^{-2\delta t}\mathrm{d}t$$

$$=KC\int_0^\infty \left\{\left(\frac{u}{\delta}\right)^{a+2\alpha-1}+1\right\}\mathrm{e}^{-2u}\mathrm{d}u$$

$$<KC(\delta^{-a-2\alpha+1}+1)<KC\delta^{-a-2\alpha+1}$$

Similarly for $I(\beta)$. Hence

$$I(\sigma)<K(C\delta^{-a-2\alpha+1})^{(\beta-\sigma)/(\beta-\alpha)}(C'\delta^{-b-2\beta+1})^{(\sigma-\alpha)/(\beta-\alpha)}$$

$$=K\delta^{-2\sigma+1}(C\delta^{-a})^{(\beta-\sigma)/(\beta-\alpha)}(C'\delta^{-b})^{(\sigma-\alpha)/(\beta-\alpha)}$$

Also

$$I(\sigma)>K\int_{1/2\delta}^{1/\delta} |f(\sigma+\mathrm{i}t)|^2 t^{2\sigma-1}\mathrm{d}t>K\delta^{-2\sigma+1}\int_{1/2\delta}^{1/\delta} |f(\sigma+\mathrm{i}t)|^2\mathrm{d}t$$

Putting $\delta=1/T$, the result follows.

If $f(s)$ has a pole of order k at s_0, we argue similarly with $(s-s_0)^k f(s)$; this merely introduces a factor T^{2k} on each side of the result, so that (7.8.3) again follows.

Replacing T in (7.8.3) by $\frac{1}{2}T$, $\frac{1}{4}T$, $\cdots$, and adding, we obtain the result:

If

$$\int_0^T |f(\alpha+it)|^2 dt = O(T^a), \quad \int_0^T |f(\beta+it)|^2 dt = O(T^b)$$

then

$$\int_0^T |f(\sigma+it)|^2 dt = O\{T^{\{a(\beta-\sigma)+b(\sigma-\alpha)\}/(\beta-\alpha)}\}$$

Taking $f(s)=\zeta^k(s)$, the convexity of $\mu_k(\sigma)$ follows.

7.9. An alternative method of dealing with these problems is due to Carlson.① His main result is

Theorem 7.9. *Let σ_k be the lower bound of numbers σ such that*

$$\frac{1}{T}\int_1^T |\zeta(\sigma+it)|^{2k} dt = O(1) \qquad (7.9.1)$$

Then

$$\sigma_k \leqslant \max\left(1-\frac{1-\alpha}{1+\mu_k(\alpha)}, \frac{1}{2}, \alpha\right)$$

for $0<\alpha<1$.

We first prove the following lemma.

Lemma. *Let $f(s)=\sum_{n=1}^{\infty} a_n n^{-s}$ be absolutely convergent for $\sigma >$ 1. Then*

$$\sum_{n=1}^{\infty} \frac{a_n}{n^s} e^{-\delta n} = \frac{1}{2\pi i}\int_{c-i\infty}^{c+i\infty} \Gamma(w-s) f(w) \delta^{s-w} dw$$

for $\delta>0$, $c>1$, $c>\sigma$.

For the right-hand side is

① Carlson (2), (3).

$$\frac{1}{2\pi \mathrm{i}}\int_{c-\mathrm{i}\infty}^{c+\mathrm{i}\infty}\Gamma(w-s)\sum_{n=1}^{\infty}\frac{a_n}{n^w}\delta^{s-w}\mathrm{d}w$$

$$=\sum_{n=1}^{\infty}\frac{a_n}{n^s}\cdot\frac{1}{2\pi \mathrm{i}}\int_{c-\mathrm{i}\infty}^{c+\mathrm{i}\infty}\Gamma(w-s)(\delta n)^{s-w}\mathrm{d}w$$

$$=\sum_{n=1}^{\infty}\frac{a_n}{n^s}\cdot\frac{1}{2\pi \mathrm{i}}\int_{c-\sigma-\mathrm{i}\infty}^{c-\sigma+\mathrm{i}\infty}\Gamma(w'-s)(\delta n)^{-w'}\mathrm{d}w'$$

$$=\sum_{n=1}^{\infty}\frac{a_n}{n^s}\mathrm{e}^{-\delta n}$$

The inversion is justified by the convergence of

$$\int_{-\infty}^{\infty}|\Gamma\{c-\sigma+\mathrm{i}(\nu-t)\}|\sum_{n=1}^{\infty}\frac{|a_n|}{n^c}\delta^{\sigma-c}\mathrm{d}\nu$$

Taking $a_n=d_k(n)$, $f(s)=\zeta^k(s)$, $c=2$, we obtain

$$\sum_{n=1}^{\infty}\frac{d_k(n)}{n^s}\mathrm{e}^{-\delta n}=\frac{1}{2\pi \mathrm{i}}\int_{2-\mathrm{i}\infty}^{2+\mathrm{i}\infty}\Gamma(w-s)\zeta^k(w)\delta^{s-w}\mathrm{d}w\quad(\sigma<2)$$

Moving the contour to $\mathbf{R}(w)=\alpha$, where $\sigma-1<\alpha<\sigma$, we pass the pole of $\Gamma(w-s)$ at $w=s$, with residue $\zeta^k(s)$, and the pole of $\zeta^k(w)$ at $w=1$, where the residue is a finite sum of terms of the form

$$K_{m,n}\Gamma^{(m)}(1-s)\log^n\delta\cdot\delta^{s-1}$$

This residue is therefore of the form $O(\delta^{\sigma-1+\epsilon}\mathrm{e}^{-A|t|}$, and, if $\delta>|t|^{-A}$, it is of the form $O(\mathrm{e}^{-A|t|})$. Hence

$$\zeta^k(s)=\sum_{n=1}^{\infty}\frac{d_k(n)}{n^s}\mathrm{e}^{-\delta n}-\frac{1}{2\pi \mathrm{i}}\int_{\alpha-\mathrm{i}\infty}^{\alpha+\mathrm{i}\infty}\Gamma(w-s)\zeta^k(w)\delta^{s-w}\mathrm{d}w+O(\mathrm{e}^{-A|t|})$$

Let us call the first two terms on the right Z_1 and Z_2. Then, as in previous proofs, if $\sigma>\frac{1}{2}$

$$\int_{\frac{1}{2}T}^{T}|Z_1|^2\mathrm{d}t=O\Big(T\sum_{n=1}^{\infty}\frac{d_k^2(n)}{n^{2\sigma}}\mathrm{e}^{-2\delta n}\Big)+O\Big(\sum_{m\neq n}\sum\frac{d_k(m)d_k(n)\mathrm{e}^{-(m+n)\delta}}{m^\sigma n^\sigma|\log m/n|}\Big)$$

$$=O(T)+O\Big(\sum_{m\neq n}\sum\frac{\mathrm{e}^{(m+n)\delta}}{m^{\sigma-\epsilon}n^{\sigma-\epsilon}|\log m/n|}\Big)$$

$$=O(T)+O(\delta^{2\sigma-2-\epsilon})$$

by (7.2.2). Also, putting $w=\alpha+\mathrm{i}v$

$$|Z_2|\leqslant\frac{\delta^{\sigma-\alpha}}{2\pi}\int_{-\infty}^{\infty}|\Gamma(w-s)\zeta^k(w)|\,\mathrm{d}v$$

$$\leqslant\frac{\delta^{\sigma-\alpha}}{2\pi}\left\{\int_{-\infty}^{\infty}|\Gamma(w-s)|\,\mathrm{d}v\int_{-\infty}^{\infty}|\Gamma(w-s)\zeta^{2k}(w)|\,\mathrm{d}v\right\}^{\frac{1}{2}}$$

The first integral is $O(1)$, while for $|t|\leqslant T$

$$\left(\int_{-\infty}^{-2T}+\int_{2T}^{\infty}\right)|\Gamma(w-s)\zeta^{2k}(w)|\,\mathrm{d}v$$

$$=\left(\int_{-\infty}^{-2T}+\int_{2T}^{\infty}\right)\mathrm{e}^{-A|v-t|}\,|v|^{Ak}\,\mathrm{d}v=O(\mathrm{e}^{-AT})$$

Hence

$$\int_{\frac{1}{2}T}^{T}|Z_2|^2\,\mathrm{d}t=O\left\{\delta^{2\sigma-2\alpha}\int_{-2T}^{2T}|\zeta(w)|^{2k}\,\mathrm{d}v\int_{\frac{1}{2}T}^{T}|\Gamma(w-s)|\,\mathrm{d}t\right\}+O(\delta^{2\sigma-2\alpha})$$

$$=O\left\{\delta^{2\sigma-2\alpha}\int_{-2T}^{2T}|\zeta(\alpha+\mathrm{i}v)|^{2k}\,\mathrm{d}v\right\}+O(\delta^{2\sigma-2\alpha})$$

$$=O(\delta^{2\sigma-2\alpha}T^{1+\mu_k(\alpha)+\epsilon})$$

Hence

$$\int_{\mathrm{i}T}^{T}|\zeta(s)|^{2k}\,\mathrm{d}t=O(T)+O(\delta^{2\sigma-2-\epsilon})+O(\delta^{2\sigma-2\alpha}T^{1+\mu_k(\alpha)+\epsilon})$$

Let $\delta=T^{-\frac{1}{2}\{1+\mu_k(\alpha)\}/(1-\alpha)}$, so that the last two terms are of the same order, apart, form ϵ's. These terms are then $O(T)$ if

$$\sigma>1-\frac{1-\alpha}{1+\mu_k(\alpha)}$$

For such values of σ, replacing T by $\frac{1}{2}T$, $\frac{1}{4}T$, $\cdots$, and adding, it follows that (7.9.1) holds. Hence σ_k is less than any such σ, and the theorem follows.

A similar argument shows that, if we define σ'_k to be the lower bound of numbers σ such that

$$\frac{1}{T}\int_1^T |\zeta(\sigma+\mathrm{i}t)|^{2k}\mathrm{d}t = O(T^{\epsilon}) \qquad (7.9.2)$$

then actually $\sigma'_k=\sigma_k$. For clearly $\sigma'_k \leqslant \sigma_k$, and the above argument shows that, if $\alpha > \sigma'_k$, and $\sigma < \alpha$, then

$$\int_{\frac{1}{2}T}^T |\zeta(\sigma+\mathrm{i}t)|^{2k}\mathrm{d}t = O(T) + O(\delta^{2\sigma-2-\epsilon}) + O(\delta^{2\sigma-2\alpha}T^{1+\epsilon})$$

Taking $\delta=T^{-\lambda}$, where $0<\lambda<1/(2-2\sigma)$, the right-hand side is $O(T)$. Hence $\sigma_k \leqslant \alpha$, and so $\sigma_k \leqslant \sigma'_k$.

It is also easily seen that

$$\frac{1}{T}\int_1^T |\zeta(\sigma+\mathrm{i}t)|^{2k}\mathrm{d}t \sim \sum_{n=1}^{\infty}\frac{d_k^2(n)}{n^{2\sigma}} \quad (\sigma>\sigma_k)$$

For the term $O(T)$ of the above argument is actually

$$\frac{1}{2}T\sum_{n=1}^{\infty}\frac{d_k^2(n)}{n^{2\sigma}}\mathrm{e}^{-2\delta n} = \frac{1}{2}T\sum_{n=1}^{\infty}\frac{d_k^2(n)}{n^{2\sigma}} + o(T)$$

and the result follows by obvious modifications of the argument. This is a case of a general theorem on Dirichlet series.①

Theorem 7.9. (A). *If $\mu(\sigma)$ is the μ-function defined in* § 5.1

$$1-\sigma_k \geqslant \frac{1-\sigma_{k-1}}{1+2\mu(\sigma_{k-1})}$$

for $k=1,2,\cdots$

Since $\zeta(\sigma+\mathrm{i}t)=O(t^{\mu(\sigma)+\epsilon})$

$$\int_1^T |\zeta(\sigma+\mathrm{i}t)|^{2k}\mathrm{d}t = O\left\{T^{2\mu(\sigma)+\epsilon}\int_1^T |\zeta(\sigma+\mathrm{i}t)|^{2k-2}\mathrm{d}t\right\}$$

and hence

$$\mu_k(\sigma) \leqslant 2\mu(\sigma)+\mu_{k-1}(\sigma)$$

Since $\mu_{k-1}(\sigma_{k-1})=0$, this gives $\mu_k(\sigma_{k-1}) \leqslant 2\mu(\sigma_{k-1})$, and the result follows on taking $\alpha=\sigma_{k-1}$ in the previous theorem.

These formulae may be used to give alternative proofs of

---

① See E. C. Titchmarsh, *Theory of Functions*, § 9.51.

Theorems 7.2, 7.5, and 7.7. It follows from the functional equation that

$$\mu_k(1-\sigma)=\mu_k(\sigma)+2k\left(\sigma-\frac{1}{2}\right)$$

Since $\mu_k(\sigma_k)=0$, $\mu_k(1-\sigma_k)\geqslant 0$, it follows that $\sigma_k\geqslant\frac{1}{2}$. Hence, putting $\alpha=1-\sigma_k$ in Theorem 7.9, we obtain either $\sigma_k=\frac{1}{2}$ or

$$\sigma_k\leqslant 1-\frac{\sigma_k}{1+2k\left(\sigma_k-\frac{1}{2}\right)}$$

i. e.

$$2\sigma_k-1\leqslant 2k\left(\sigma_k-\frac{1}{2}\right)(1-\sigma_k)$$

Hence $\sigma_k=\frac{1}{2}$, or

$$1\leqslant k(1-\sigma_k),\quad \sigma_k\leqslant 1-\frac{1}{k} \tag{7.9.3}$$

For $k=2$ we obtain $\sigma_2=\frac{1}{2}$, but for $k>2$ we must take the weaker alternative (7.9.2).

7.10. The following refinement[①] on the above results uses the theorems of Chapter V on $\mu(\sigma)$.

Theorem 7.10. *Let k be an integer greater than 1, and let ν be determined by*

$$(\nu-1)2^{\nu-2}+1<k\leqslant \nu 2^{\nu-1}+1 \tag{7.10.1}$$

Then

$$\sigma_k\leqslant 1-\frac{\nu+1}{2k+2^{\nu}-2} \tag{7.10.2}$$

The theorem is true for $k=2$ ($\nu=1$). We then suppose it true for all l with $1<l<k$, and deduce it for k.

Take $l=(\nu-1)2^{\nu-2}+1$, where ν is determined by (7.10.1).

① Davenport (1), Haselgrove (1).

Then $\mu_1(\alpha)=0$, provided that

$$\alpha > 1-\frac{\nu}{2l+2^{\nu-1}-2}=1-\frac{1}{2^{\nu-1}}$$

Taking $\alpha - 1-2^{-\nu+1}+\epsilon$, we have, since

$$\frac{1}{T}\int_1^T |\zeta(\alpha+\mathrm{i}t)|^{2k}\mathrm{d}t \leqslant \max_{1\leqslant t\leqslant T}|\zeta(\alpha+\mathrm{i}t)|^{2k-2l}\frac{1}{T}\int_1^T |\zeta(\alpha+\mathrm{i}t)|^{2l}\mathrm{d}t$$

$$\begin{aligned}\mu_k(x) &\leqslant 2(k-l)\mu(\alpha)+\mu_i(\alpha)\\ &=2(k-l)\mu(\alpha)\\ &\leqslant \frac{2\{k-(\nu-1)2^{\nu-2}-1\}}{(\nu+1)2^{\nu-1}}\end{aligned}$$

by Theorem 5.8. Hence, by Theorem 7.9

$$\sigma_k \leqslant 1-2^{-\nu+1}\left(\frac{2k+2^{\nu}-2}{(\nu+1)2^{\nu-1}}\right)^{-1}=1-\frac{\nu+1}{2k+2^{\nu}-2}$$

The theorem therefore follows by induction.

For example, if $k=3$, then $\nu=2$, and we obtain

$$\sigma_3 \leqslant \frac{5}{8}$$

instead of the result $\sigma_3 \leqslant \frac{2}{3}$ given by Theorem 7.7.

7.11. For integral k, $d_k(n)$ denotes the number of decompositions of n into k factors. If k is not an integer, we can define $d_k(n)$ as the coefficient of n^{-s} in the Dirichlet series for $\zeta^k(s)$, which converges for $\sigma>1$.

We can now extend Theorem 7.7 to certain non-integral values of k.

Theorem[①] 7.11. *For* $0<k\leqslant 2$

$$\lim_{T\to\infty}\frac{1}{T}\int_1^T |\zeta(\sigma+\mathrm{i}t)|^{2k}\mathrm{d}t=\sum_{n=1}^{\infty}\frac{d_k^2(n)}{n^{2\sigma}}\quad\left(\sigma>\frac{1}{2}\right)\quad(7.11.1)$$

This is the formula already proved for $k=1$, $k=2$; we now take $0<k<2$. Let

① Ingham (4); proof by Davenport (1).

$$\zeta_N(s)=\prod_{p<N}\frac{1}{1-p^{-s}},\quad \eta_N(s)=\zeta(s)/\zeta_N(s)$$

The proof depends on showing (i) that the formula corresponding to (7.11.1) with ζ_N instead of ζ is true; and (ii) that $\zeta_N(s)$, thought it does not converge to $\zeta(s)$ for $\sigma\leqslant 1$, still approximates to it in a certain average sense in this strip.

We have, if $\lambda>0$

$$\{\zeta_N(s)\}^\lambda=\prod_{p<N}(1-p^{-s})^{-\lambda}=\sum_{n=1}^{\infty}\frac{d'_\lambda(n)}{n^s}$$

say, where the series on the right converges absolutely for $\sigma>0$, and $d'_\lambda(n)=d_\lambda(n)$ if $n<N$, and $0\leqslant d'_\lambda(n)\leqslant d_\lambda(n)$ for all n. Hence

$$\lim_{T\to\infty}\frac{1}{T}\int_1^T|\zeta(\sigma+it)|^{2\lambda}dt=\sum_{n=1}^{\infty}\frac{\{d'_\lambda(n)\}^2}{n^{2\sigma}}\quad(\sigma>0)\tag{7.11.2}$$

and

$$\lim_{N\to\infty}\lim_{T\to\infty}\frac{1}{T}\int_1^T|\zeta(\sigma+it)|^{2\lambda}dt=\sum_{n=1}^{\infty}\frac{\{d_\lambda(n)\}^2}{n^{2\sigma}}\quad(\sigma>\frac{1}{2})\tag{7.11.3}$$

We shall next prove that

$$\lim_{N\to\infty}\lim_{T\to\infty}\frac{1}{T}\int_1^T|\zeta(\sigma+it)-\zeta_N(\sigma+it)|^{2k}dt=0\quad(\sigma>\frac{1}{2})\tag{7.11.4}$$

By Hölder's inequality

$$\frac{1}{T}\int_1^T|\zeta-\zeta_N|^{2k}dt\leqslant\left\{\frac{1}{T}\int_1^T|\eta_N-1|^4dt\right\}^{\frac{1}{2}k}\left\{\frac{1}{T}\int_1^T|\zeta_N|^{4k/(2-k)}dt\right\}^{\frac{1}{2}(2-k)}\tag{7.11.5}$$

Now $\{\eta_N(s)-1\}^2$ is regular everywhere except for a pole at $s=1$, and is of finite order in t. Also, for $\sigma>\frac{1}{2}$

$$\int_1^T|\eta_N(\sigma+it)-1|^4dt\leqslant\int_1^T\{1+2^N|\zeta(\sigma+it)|\}^4dt=O(T)$$

Hence, by a theorem of Carlson[①]

$$\lim_{T\to\infty}\frac{1}{T}\int_1^T|\eta_N(\sigma+\mathrm{i}t)-1|^4\,\mathrm{d}t=\sum_{n=1}^{\infty}\frac{\rho_N^2(n)}{n^{2\sigma}}$$

for $\sigma>\frac{1}{2}$ where ρ_N is the coefficient of n^{-s} in the Dirichlet series of $\{\eta_N(s)-1\}^2$. Now $\rho_N(n)=0$ for $n<N$, and $0\leqslant\rho_N(n)\leqslant d(n)$ for all n. Since $\sum d^2(n)n^{-2\sigma}$ converges, it follows that

$$\lim_{N\to\infty}\lim_{T\to\infty}\frac{1}{T}\int_1^T|\eta_N(\sigma+\mathrm{i}t)-1|^4\,\mathrm{d}t=0 \qquad (7.11.6)$$

(7.11.4) now follows from (7.11.5)(7.11.6), and (7.11.3).

We can now deduce (7.11.1) from (7.11.3) and (7.11.4). We have[②]

$$\left\{\int_1^T|\zeta|^{2k}\mathrm{d}t\right\}^R=\left\{\int_1^T|\zeta_N+\zeta-\zeta_N|^{2k}\mathrm{d}t\right\}^R$$

$$\leqslant\left\{\int_1^T|\zeta_N|^{2k}\mathrm{d}t\right\}^R+\left\{\int_1^T|\zeta-\zeta_N|^{2k}\mathrm{d}t\right\}^R$$

where $R=1$ if $0<2k\leqslant1$, $R=1/2k$ if $2k>1$. Similarly

$$\left\{\int_1^T|\zeta_N|^{2k}\mathrm{d}t\right\}^R\leqslant\left\{\int_1^T|\zeta|^{2k}\mathrm{d}t\right\}^R+\left\{\int_1^T|\zeta-\zeta_N|^{2k}\mathrm{d}t\right\}^R$$

and (7.11.1) clearly follows.

7.12. An alternative set of mean-value theorems.[③] Instead of considering integrals of the form

$$I(T)=\int_0^T|\zeta(\sigma+\mathrm{i}t)|^{2k}\mathrm{d}t$$

where T is large, we shall now consider integrals of the form

---

① See Titchmarsh, *Theory of Functions*, § 9.51.

② Hardy, Littlewood, and Pólya, *Inequalities*, *Theorem* 28.

③ Titchmarsh (1)(19).

$$J(\delta)=\int_{0}^{\infty}|\zeta(\sigma+\mathrm{i}t)|^{2k}\mathrm{e}^{-\delta t}\,\mathrm{d}t$$

where δ is small.

The behaviour of these two integrals is very similar. If $J(\delta)=O(1/\delta)$, then

$$I(T)<\mathrm{e}\int_{0}^{T}|\zeta(\sigma+\mathrm{i}t)|^{2k}\mathrm{e}^{-t/T}\,\mathrm{d}t<\mathrm{e}J(1/T)=O(T)$$

Conversely, if $I(T)=O(T)$, then

$$\begin{aligned}J(\delta)&=\int_{0}^{\infty}I'(t)\mathrm{e}^{-\delta t}\,\mathrm{d}t\\&=[I(t)\mathrm{e}^{-\delta t}]_{0}^{\infty}+\delta\int_{0}^{\infty}I(t)\mathrm{e}^{-\delta t}\,\mathrm{d}t\\&=O\left(\delta\int_{0}^{\infty}t\mathrm{e}^{-\delta t}\,\mathrm{d}t\right)=O(1/\delta)\end{aligned}$$

Similar results plainly hold with other powers of T, and with other functions, such as powers of T multiplied by powers of $\log T$.

We have also more precise results; for example, *if* $I(T)\sim CT$, *then* $J(\delta)\sim C/\delta$, *and conversely*.

If $I(T)\sim CT$, let $|I(T)-CT|\leqslant\epsilon T$ for $T\geqslant T_0$. Then

$$J(\delta)=\delta\int_{0}^{T_0}I(t)\mathrm{e}^{-\delta t}\,\mathrm{d}t+\delta\int_{T_0}^{\infty}\{I(t)-Ct\}\mathrm{e}^{-\delta t}\,\mathrm{d}t+C\delta\int_{T_0}^{\infty}t\mathrm{e}^{-\delta t}\,\mathrm{d}t$$

The last term is $C\mathrm{e}^{-\delta T_0}(T_0+1/\delta)$, and the modulus of the previous term does not exceed $\epsilon(T_0+1/\delta)$. That $J(\delta)\sim C/\delta$ plainly follows on choosing first T_0 and then δ.

The converse deduction is the analogue for integrals of the well-known Tauberian theorem of Hardy and Littlewood,① viz. that *if* $a_n\geqslant 0$, *and*

① See Titchmarsh, *Theory of Functions*, §§7.51—7.53.

$$\sum_{n=0}^{\infty} a_n x^n \sim \frac{1}{1-x} \quad (x \to 1)$$

then

$$\sum_{n=0}^{\infty} a_n \sim N$$

The theorem for integrals is as follows:

If $f(t) \geqslant 0$ *for all* t, *and*

$$\int_0^{\infty} f(t) \mathrm{e}^{-\delta t} \mathrm{d}t \sim \frac{1}{\delta} \quad (7.12.1)$$

as $\delta \to 0$, *then*

$$\int_0^{T} f(t) \mathrm{d}t \sim T \quad (7.12.2)$$

as $T \to \infty$.

We first show that, if $P(x)$ is any polynomial

$$\int_0^{\infty} f(t) \mathrm{e}^{-\delta t} P(\mathrm{e}^{-\delta t}) \mathrm{d}t \sim \frac{1}{\delta} \int_0^1 P(x) \mathrm{d}x$$

It is sufficient to prove this for $P(x) = x^k$. In this case the left-hand side is

$$\int_0^{\infty} f(t) \mathrm{e}^{-(k+1)\delta t} \mathrm{d}t \sim \frac{1}{(k+1)\delta} = \frac{1}{\delta} \int_0^1 x^k \mathrm{d}x$$

Next, we deduce that

$$\int_0^{\infty} f(t) \mathrm{e}^{-\delta t} g(\mathrm{e}^{-\sigma t}) \mathrm{d}t \sim \frac{1}{\delta} \int_0^1 g(x) \mathrm{d}x \quad (7.12.3)$$

if $g(x)$ is continuous, or has a discontinuity of the first kind. For, given ϵ we can[①] construct polynomials $p(x)$, $P(x)$, such that

$$p(x) \leqslant g(x) \leqslant P(x)$$

and

① See Titchmarsh, *Theory of Functions*, §7.53.

$$\int_0^1 \{g(x) - p(x)\} \mathrm{d}x \leqslant \epsilon, \quad \int_0^1 \{P(x) - g(x)\} \mathrm{d}x \leqslant \epsilon$$

Then

$$\overline{\lim_{\delta \to 0}} \delta \int_0^\infty f(t) \mathrm{e}^{-\delta t} g(\mathrm{e}^{-\delta t}) \mathrm{d}t \leqslant \overline{\lim_{\delta \to 0}} \delta \int_0^\infty f(t) \mathrm{e}^{-\delta t} P(\mathrm{e}^{-\delta t}) \mathrm{d}t$$

$$= \int_0^1 P(x) \mathrm{d}x < \int_0^1 g(x) \mathrm{d}x + \epsilon$$

and making $\epsilon \to 0$ we obtain

$$\overline{\lim_{\delta \to 0}} \delta \int_0^\infty f(t) \mathrm{e}^{-\delta t} g(\mathrm{e}^{-\delta t}) \mathrm{d}t \leqslant \int_0^1 g(x) \mathrm{d}x$$

Similarly, arguing with $p(x)$, we obtain

$$\overline{\lim_{\delta \to 0}} \delta \int_0^\infty f(t) \mathrm{e}^{-\delta t} g(\mathrm{e}^{-\delta t}) \mathrm{d}t \leqslant \int_0^1 g(x) \mathrm{d}x$$

and (7.12.3) follows.

Now let

$$g(x) = 0 \quad (0 \leqslant x < \mathrm{e}^{-1}), \quad g(x) = 1/x \quad (\mathrm{e}^{-1} \leqslant x \leqslant 1)$$

Then

$$\int_0^\infty f(t) \mathrm{e}^{-\delta t} g(\mathrm{e}^{-\delta t}) \mathrm{d}t = \int_0^{1/\delta} f(t) \mathrm{d}t$$

and

$$\int_0^1 g(x) \mathrm{d}x = \int_{1/\mathrm{e}}^1 \frac{\mathrm{d}x}{x} = 1$$

Hence

$$\int_0^{1/\delta} f(t) \mathrm{d}t \sim \frac{1}{\delta}$$

which is equivalent to (7.12.2).

If $f(t) \geqslant 0$ for all t, and, for a given positive m

$$\int_0^\infty f(t) \mathrm{e}^{-\delta t} \mathrm{d}t \sim \frac{1}{\delta} \log^m \frac{1}{\delta} \qquad (7.12.4)$$

then

$$\int_0^{\infty} f(t)\,\mathrm{d}t \sim T\log^m T \tag{7.12.5}$$

The proof is substantially the same. We have

$$\int_0^{\infty} f(t)\mathrm{e}^{-(k+1)\delta t}\,\mathrm{d}t \sim \frac{1}{(k+1)\delta}\log^m\left\{\frac{1}{(k+1)\delta}\right\} \sim \frac{1}{(k+1)\delta}\log^m\frac{1}{\delta}$$

and the argument runs as before, with $\frac{1}{\delta}$ replaced by $\frac{1}{\delta}\log^m\frac{1}{\delta}$.

We shall also use the following theorem:

If

$$\int_1^{\infty} f(t)\mathrm{e}^{-\delta t}\,\mathrm{d}t \sim C\delta^{-\alpha} \quad (\alpha > 0) \tag{7.12.6}$$

then

$$\int_1^{\infty} t^{-\beta} f(t)\mathrm{e}^{-\delta t}\,\mathrm{d}t \sim C\frac{\Gamma(\alpha-\beta)}{\Gamma(\alpha)}\delta^{\beta-\alpha} \quad (0<\beta<\alpha) \tag{7.12.7}$$

Multiplying (7.12.6) by $(\delta-\eta)^{\beta-1}$ and integrating over (η, ∞), we obtain

$$\int_1^{\infty} f(t)\,\mathrm{d}t\int_{\eta}^{\infty}\mathrm{e}^{-\delta t}(\delta-\eta)^{\beta-1}\,\mathrm{d}\delta = C\int_{\eta}^{\infty}\{\delta^{-\alpha}+o(\delta^{-\alpha})\}(\delta-\eta)^{\beta-1}\,\mathrm{d}\delta$$

Now

$$\int_{\eta}^{\infty}\mathrm{e}^{-\delta t}(\delta-\eta)^{\beta-1}\,\mathrm{d}\delta = \mathrm{e}^{-\eta t}\int_{\eta}^{\infty}\mathrm{e}^{-xt}x^{\beta-1}\,\mathrm{d}x = \mathrm{e}^{-\eta t}t^{-\beta}\Gamma(\beta)$$

$$\int_{\eta}^{\infty}\delta^{-\alpha}(\delta-\eta)^{\beta-1}\,\mathrm{d}\delta = \int_{\eta}^{\infty}\frac{x^{\beta-1}}{(\eta+x)^{\alpha}}\,\mathrm{d}x = \eta^{\beta-\alpha}\frac{\Gamma(\beta)\Gamma(\alpha-\beta)}{\Gamma(\alpha)}$$

and the remaining term is plainly $o(\eta^{\beta-\alpha})$ as $\eta \to 0$. Hence the result.

7.13. We can approximate to integrals of the form $J(\delta)$ by means of Parseval's formula. If $\mathbf{R}(z) > 0$, we have

$$\frac{1}{2\pi\mathrm{i}}\int_{2-\mathrm{i}\infty}^{2+\mathrm{i}\infty}\Gamma(s)\zeta^k(s)z^{-s}\,\mathrm{d}x = \sum_{n=1}^{\infty}\frac{d_k(n)}{2\pi\mathrm{i}}\int_{2-\mathrm{i}\infty}^{2+\mathrm{i}\infty}\Gamma(s)(nz)^{-s}\,\mathrm{d}s$$

$$= \sum_{n=1}^{\infty} d_k(n)\mathrm{e}^{-nz}$$

the inversion being justified by absolute convergence. Now move the contour to $\sigma=\alpha(0<\alpha<1)$. Let $R_k(z)$ be the residue at $s=1$, so that $R_k(z)$ is of the form

$$\frac{1}{z}(a_0^{(k)}+a_1^{(k)}\log z+\cdots+a_{k-1}^{(k)}\log^{k-1}z)$$

Let

$$\phi_k(z)=\sum_{n=1}^{\infty}d_k(n)\mathrm{e}^{-nz}-R_k(z)$$

Then

$$\frac{1}{2\pi\mathrm{i}}\int_{\alpha-\mathrm{i}\infty}^{\alpha+\mathrm{i}\infty}\Gamma(s)\zeta^k(s)z^{-s}\mathrm{d}s=\phi_k(z) \tag{7.13.1}$$

Putting $z=\mathrm{i}x\mathrm{e}^{-\mathrm{i}\delta}$, where $0<\delta<\frac{1}{2}\pi$, we see that

$$\phi_k(\mathrm{i}x\mathrm{e}^{-\mathrm{i}\delta}),\quad \Gamma(s)\zeta^k(s)\mathrm{e}^{-\mathrm{i}(\frac{1}{2}\pi-\delta)s} \tag{7.13.2}$$

are Mellin transforms. Hence the Parseval formula gives

$$\frac{1}{2\pi}\int_{-\infty}^{\infty}|\Gamma(\sigma+\mathrm{i}t)\zeta^k(\sigma+\mathrm{i}t)|^2\mathrm{e}^{(\pi-2\delta)t}\mathrm{d}t=\int_0^{\infty}|\phi_k(\mathrm{i}x\mathrm{e}^{-\mathrm{i}\delta})|^2x^{2\sigma-1}\mathrm{d}x \tag{7.13.3}$$

Now as $|t|\to\infty$

$$|\Gamma(\sigma+\mathrm{i}t)|=\mathrm{e}^{-\frac{1}{2}\pi|t|}|t|^{\sigma-\frac{1}{2}}\sqrt{(2\pi)}\{1+O(t^{-1})\}$$

Hence the part of the t-integral over $(-\infty,0)$ is bounded as $\delta\to 0$, and we obtain, for $\frac{1}{2}<\sigma<1$

$$\begin{aligned}&\int_0^{\infty}t^{2\sigma-1}\{1+O(t^{-1})\}|\zeta(\sigma+\mathrm{i}t)|^{2k}\mathrm{e}^{-2\delta t}\mathrm{d}t\\&=\int_0^{\infty}|\phi_k(\mathrm{i}x\mathrm{e}^{-\mathrm{i}\delta})|^2x^{2\sigma-1}\mathrm{d}x+O(1)\end{aligned} \tag{7.13.4}$$

In the case $\sigma=\frac{1}{2}$, we have

$$|\Gamma(\frac{1}{2}+\mathrm{i}t)|^2=\pi\ \mathrm{sech}\ \pi t=2\pi\mathrm{e}^{-\pi|t|}+O(\mathrm{e}^{-3\pi|t|})$$

The integral over $(-\infty,0)$, and the contribution of the O-term to the whole integral, are now bounded, and in fact are analytic functions of δ, regular for sufficiently small $|\delta|$. Hence we have

$$\int_0^\infty |\zeta(\frac{1}{2}+it)|^{2k}e^{-2\delta t}dt=\int_0^\infty |\phi_k(ixe^{-i\delta})|^2dx+O(1) \tag{7.13.5}$$

7.14. We now apply the above formulae to prove

Theorem 7.14. *As* $\delta\to 0$

$$\int_0^\infty |\zeta(\frac{1}{2}+it)|^2e^{-\delta t}dt\sim\frac{1}{\delta}\log\frac{1}{\delta} \tag{7.14.1}$$

In this case $R_1(z)=1/z$, and

$$\phi_1(z)=\sum_{n=1}^\infty e^{-nz}-\frac{1}{z}=\frac{1}{e^z-1}-\frac{1}{z}$$

Hence (7.13.5) gives

$$\int_0^\infty |\zeta(\frac{1}{2}+it)|^2e^{-2\delta t}dt=\int_0^\infty\left|\frac{1}{\exp(ixe^{-i\delta})-1}-\frac{1}{ixe^{-i\delta}}\right|^2dx+O(1) \tag{7.14.2}$$

The x-integrand is bounded uniformly in δ over $(0,\pi)$, so that this part of the integral is $O(1)$. The remainder is

$$\int_\pi^\infty\left\{\frac{1}{\exp(ixe^{-i\delta})-1}-\frac{1}{ixe^{-i\delta}}\right\}\left\{\frac{1}{\exp(-ixe^{i\delta})-1}+\frac{1}{ixe^{i\delta}}\right\}dx$$

$$=\int_\pi^\infty\frac{dx}{\{\exp(ixe^{-i\delta})-1\}\{\exp(-ixe^{i\delta})-1}+ie^{i\delta}\int_\pi^\infty\frac{1}{\{\exp(-ixe^{i\delta})-1}\times$$

$$\frac{dx}{x}-ie^{-i\delta}\int_\pi^\infty\frac{1}{\{\exp(-ixe^{i\delta})-1}\times\frac{dx}{x}+\int_\pi^\infty\frac{dx}{x^2} \tag{7.14.3}$$

The last term is a constant. In the second term, turn the line of integration round to $(\pi,\pi+i\infty)$. The integrand is then regular on the contour for sufficiently small $|\delta|$, and is $O\{x^{-1}\}\exp(-x\cdot\cos\delta)\}$ as $x\to\infty$. This integral is therefore bounded; and similarly so is the third term.

The first term is

$$\int_{\pi}^{\infty}\sum_{m=1}^{\infty}\sum_{n=1}^{\infty}\exp(-\mathrm{i}mx\mathrm{e}^{-\mathrm{i}\delta}+\mathrm{i}nx\mathrm{e}^{\mathrm{i}\delta})\mathrm{d}x$$

$$=\sum_{m=1}^{\infty}\sum_{n=1}^{\infty}\frac{\exp\{-(m+n)\pi\sin\delta-\mathrm{i}(m-n)\pi\cos\delta\}}{(m+n)\sin\delta+\mathrm{i}(m-n)\cos\delta}$$

$$=\sum_{n=1}^{\infty}\frac{\mathrm{e}^{2n\pi\sin\delta}}{2n\sin\delta}+$$

$$2\sum_{m=2}^{\infty}\sum_{n=1}^{m-1}\frac{(m+n)\sin\delta\cos\{(m-n)\pi\cos\delta\}}{(m+n)^2\sin^2\delta+(m-n)^2\cos^2\delta}\mathrm{e}^{-(m+n)\pi\sin\delta}-$$

$$2\sum_{m=2}^{\infty}\sum_{n=1}^{m-1}\frac{(m-n)\cos\delta\sin\{(m-n)\pi\cos\delta\}}{(m+n)^2\sin^2\delta+(m-n)^2\cos^2\delta}\mathrm{e}^{-(m+n)\pi\sin\delta}$$

$$=\sum\nolimits_1+\sum\nolimits_2+\sum\nolimits_3$$

the series of imaginary parts vanishing identically. Now

$$\sum\nolimits_1=\frac{1}{2\sin\delta}\log\frac{1}{1-\mathrm{e}^{-2\pi\sin\delta}}\sim\frac{1}{2\delta}\log\frac{1}{\delta}$$

$$\left|\sum\nolimits_2\right|<2\sum_{m=2}^{\infty}\sum_{n=1}^{m-1}\frac{2m\sin\delta}{(m-n)^2\cos^2\delta}\mathrm{e}^{-m\pi\sin\delta}$$

$$=Q\left(\delta\sum_{n=2}^{\infty}m\mathrm{e}^{-m\pi\sin\delta}\right)=O\left(\frac{1}{\delta}\right)$$

and, since

$$\left|\sin\{(m-n)\pi\cos\delta\}\right|=\left|\sin\{2(m-n)\pi\sin^2\frac{1}{2}\delta\}\right|=O\{(m-n)\delta^2\}$$

$$\sum\nolimits_3=O\left(\delta^2\sum_{m=2}^{\infty}\sum_{n=1}^{m-1}\mathrm{e}^{-m\pi\sin\delta}\right)$$

$$=O\left(\delta^2\sum_{m=2}^{\infty}m\mathrm{e}^{-m\pi\sin\delta}\right)=O(1)$$

This proves the theorem.

The case $\frac{1}{2}<\delta<1$ can be dealt with in a similar way. The leading term is

$$\int_{\pi}^{\infty}\sum_{n=1}^{\infty}\mathrm{e}^{-2nx\sin\delta}x^{2\sigma-1}\mathrm{d}x$$

$$=\int_{\pi}^{\infty}\frac{x^{2\sigma-1}}{\mathrm{e}^{2x\sin\delta}-1}\mathrm{d}x$$

$$=\frac{1}{(2\sin\delta)^{2\sigma}}\int_{2\pi\sin\delta}^{\infty}\frac{y^{2\sigma-1}}{\mathrm{e}^{y}-1}\mathrm{d}y\sim\frac{1}{(2\delta)^{2\sigma}}\int_{0}^{\infty}\frac{y^{2\sigma-1}}{y^{y}-1}\mathrm{d}y$$

$$=\frac{1}{(2\delta)^{2\sigma}}\Gamma(2\sigma)\zeta(2\sigma)$$

Also (turning the line of integration through $-\frac{1}{2}\pi$)

$$\int_{\pi}\mathrm{e}^{-\{(m+n)\sin\delta+\mathrm{i}(m-n)\cos\delta\}x}x^{2\sigma-1}\mathrm{d}x$$

$$=O\left\{\mathrm{e}^{-(m+n)\pi\sin\delta}\int_{0}^{\infty}\mathrm{e}^{-(m-n)y}\cos\delta(\pi^{2\sigma-1}+y^{2\sigma-1})\mathrm{d}y\right\}$$

$$=O\left(\frac{\mathrm{e}^{-(m+n)\pi\sin\delta}}{m-n}\right) \tag{7.14.4}$$

and the terms with $m\neq n$ give

$$O\left(\sum_{n=2}^{\infty}\mathrm{e}^{-m\pi\sin\delta}\sum_{n=1}^{m-1}\frac{1}{m-n}\right)=O\left(\frac{1}{\delta}\log\frac{1}{\delta}\right)$$

Hence

$$\int_{0}^{\infty}t^{2\sigma-1}\,|\,\zeta(\sigma+\mathrm{i}t)\,|^{2}\mathrm{e}^{-2\delta t}\mathrm{d}t\sim\frac{\Gamma(2\sigma)\zeta(2\sigma)}{2^{2\sigma}\delta^{2\sigma}} \tag{7.14.5}$$

Hence by (7.12.6)(7.12.7)

$$\int_{0}^{\infty}|\,\zeta(\sigma+\mathrm{i}t)\,|^{2}\mathrm{e}^{-\delta t}\mathrm{d}t\sim\frac{\zeta(2\sigma)}{\delta} \tag{7.14.6}$$

7.15. We shall now show that we can approximate to the integral (7.14.1) by an asymptotic series in positive powers of δ.

We first requrie①

---

① Wigert (1).

Theorem 7.15. *As* $z \to 0$ *in any angle* $|\arg z| \leqslant \lambda$, *where* $\lambda < \frac{1}{2}\pi$

$$\sum_{n=1}^{\infty} d(n) e^{-nz} = \frac{\gamma - \log z}{z} + \frac{1}{4} + \sum_{n=0}^{N-1} b_n z^{2n+1} + O(|z|^{2N}) \tag{7.15.1}$$

where the b_n *are constants.*

Near $s=1$

$$\Gamma(s)\zeta^2(s)z^{-s}$$

$$= \{1 - \gamma(s-1) + \cdots\}\left(\frac{1}{s-1} + \gamma + \cdots\right)^2 \frac{1}{z}\{1 - (s-1)\log z + \cdots\}$$

$$= \frac{1}{z(s-1)^2} + \frac{\gamma - \log z}{2}\frac{1}{s-1} + \cdots$$

Hence by (7.13.1), with $k=2$

$$\sum_{n=1}^{\infty} d(n) e^{-nz} = \frac{\gamma - \log z}{z} + \frac{1}{2\pi i}\int_{\alpha - i\infty}^{\alpha + i\infty} \Gamma(s)\zeta^2(s) z^{-s} dx \quad (0 < \alpha < 1)$$

Here we can move the line of integration to $\sigma = -2N$, since $\Gamma(s) = O(|t|^K e^{-\frac{1}{2}\pi|t|})$, $\zeta^2(s) = O(|t|^K)$ and $z^{-s} = O(r^{-\sigma} e^{\lambda})$. The residue at $s=0$ is $\zeta^2(0) = \frac{1}{4}$. The poles of $\Gamma(s)$at $s=-2n$ are cancelled by zeros of $\zeta^2(s)$. The poles of $\Gamma(s)$ at $s=-2n-1$ give residues

$$\frac{-1}{(2n+1)!}\zeta^2(-2n-1)z^{2n+1} = \frac{B_{n+1}^2}{(2n+1)!\ (2n+2)^2} z^{2n+1}$$

The remaining integral is $O(|z|^{2N})$, and the result follows.

The constant implied in the O, of course, depends on N, and the series taken to infinity is divergent, since the function $\sum d(n) e^{-nz}$ cannot be continued analytically across the imaginary axis.

We can now prove[①]

Theorem 7.15 (A). *As* $\delta \to 0$, *for every positive* N

① Kober (4), Atkinson (1).

$$\int_0^{\infty} \mid \zeta(\frac{1}{2}+\mathrm{i}t) \mid^2 \mathrm{e}^{-2\delta t}\,\mathrm{d}t = \frac{\gamma - \log 4\pi\delta}{2\sin\delta} + \sum_{n=0}^{N} c_n\delta^n + O(\delta^{N+1})$$

the constant of the O depending on N, and be c_n being constants.

We observe that the term $O(1)$ in (7.14.2) is

$$\frac{1}{2}\int_0^{\infty} \mid \zeta(\frac{1}{2}+\mathrm{i}t) \mid^2 \mathrm{e}^{-(\pi+2\delta)t}\operatorname{sech}\pi t\,\mathrm{d}t -$$

$$\frac{1}{2}\int_{-\infty}^{0} \mid \zeta(\frac{1}{2}+\mathrm{i}t) \mid^2 \mathrm{e}^{(\pi-2\delta)t}\operatorname{sech}\pi t\,\mathrm{d}t$$

and is thus an analytic function of δ, regular for $\mid \delta \mid < \pi$. Also

$$\int_0^{\pi}\left\{\frac{1}{\exp(\mathrm{i}x\mathrm{e}^{-\mathrm{i}\delta})-1} - \frac{1}{\mathrm{i}x\mathrm{e}^{-\mathrm{i}\delta}}\right\}\left\{\frac{1}{\exp(\mathrm{i}x\mathrm{e}^{-\mathrm{i}\delta})-1} + \frac{1}{\mathrm{i}x\mathrm{e}^{\mathrm{i}\delta}}\right\}\mathrm{d}x$$

is analytic for sufficiently small $\mid \delta \mid$. We dissect the remainder of the integral on the right of (7.14.2) as in (7.14.3). As before

$$\int_{\pi}^{\infty}\frac{1}{\exp(-\mathrm{i}x\mathrm{e}^{\mathrm{i}\delta})-1}\times\frac{\mathrm{d}x}{x} = \int_{\pi}^{\pi+\mathrm{i}\infty}\frac{1}{\exp(-\mathrm{i}z\mathrm{e}^{\mathrm{i}\delta})-1}\frac{\mathrm{d}z}{z}$$

and the integrand is regular on the new line of integration for sufficiently small $\mid \delta \mid$, and, if $\delta = \xi + \mathrm{i}\eta$, $z = \pi + \mathrm{i}y$, it is $O\{y^{-1}\cdot\exp(-y\cos\xi\mathrm{e}^{-\eta})\}$ as $y \to \infty$. The integral is therefore regular for sufficiently small $\mid \delta \mid$. Similarly for the third term on the right of (7.14.3); and the fourth term is a constant.

By the calculus of residues, the first term is equal to

$$2\mathrm{i}\pi\sum_{n=1}^{\infty}\frac{1}{\mathrm{i}\mathrm{e}^{-\mathrm{i}\delta}}\frac{1}{\exp(-2\mathrm{i}n\pi\mathrm{e}^{2\mathrm{i}\delta})-1} +$$

$$\int_0^{\infty}\frac{\mathrm{d}y}{[\exp\{(\mathrm{i}\pi-y)\mathrm{e}^{-\mathrm{i}\delta}\}-1][\exp\{(-\mathrm{i}\pi+y)\mathrm{e}^{\mathrm{i}\delta}\}-1]}$$

As before, the y-integral is an analytic function of δ, regular for $\mid \delta \mid$ small enough. Expressing the series as a power series in $\exp(2\mathrm{i}\pi\mathrm{e}^{2\mathrm{i}\delta})$, we therefore obtain

$$\int_0^{\infty} \mid \zeta(\frac{1}{2}+\mathrm{i}t) \mid^2 \mathrm{e}^{-2\delta t}\,\mathrm{d}t = 2\pi\mathrm{e}^{\mathrm{i}\delta}\sum_{n=1}^{\infty} d(n)\exp(2\mathrm{i}n\pi\mathrm{e}^{2\mathrm{i}\delta}) + \sum_{n=0}^{\infty} a_n\delta^n \tag{7.15.2}$$

for $|\delta|$ small enough and $\mathbf{R}(\delta) > 0$.

Let $z = 2i\pi(1 - e^{2i\delta})$ in (7.15.1). Multiplying by $2\pi e^{i\delta}$, we obtain

$$2\pi e^{i\delta}\sum_{n=1}^{\infty} d(n)\exp(2in\pi e^{2i\delta}) = \frac{\gamma - \log(4\pi e^{i\delta}\sin\delta)}{2\sin\delta} + \frac{1}{4} + \sum_{n=0}^{N-1} b_n\{2i\pi(1 - e^{2i\delta})\}^{2n+1} + O(\delta^{2N})$$

and the result now easily follows.

7.16. The next case is that of $|\zeta(\frac{1}{2} + it)|^4$.

In (7.14.2) the contribution of the x-integral for small x was negligible. We now take (7.13.5) with $k = 2$, and

$$\phi_2(z) = \sum_{n=1}^{\infty} d(n)e^{-nz} - \frac{\gamma - \log z}{z} \tag{7.16.1}$$

In this case the contribution of small x is not negligible, but is substantially the same as that of the other part. We have

$$\begin{aligned}\phi_2\left(\frac{1}{z}\right) &= \frac{1}{2\pi i}\int_{\alpha-i\infty}^{\alpha+i\infty} \Gamma(s)\zeta^2(s)z^s\,ds \quad (0 < \alpha < 1)\\ &= \frac{1}{2\pi i}\int_{1-\alpha-i\infty}^{1-\alpha+i\infty} \Gamma(1-s)\zeta^2(1-s)z^{1-s}\,ds\\ &= \frac{z}{2\pi i}\int_{1-\alpha-i\infty}^{1-\alpha+i\infty} \frac{\Gamma(1-s)}{\chi^2(s)}\zeta^2(s)z^{-s}\,ds\end{aligned}$$

Now

$$\begin{aligned}&\Gamma(1-s)/\chi^2(s)\\ &= 2^{2-2s}\pi^{-2s}\cos^2\frac{1}{2}s\pi\Gamma^2(s)\Gamma(1-s)\\ &= 2^{1-2s}\pi^{1-2s}\cot\frac{1}{2}s\pi\Gamma^2(s)\\ &= 2^{1-2s}\pi^{1-2s}\left\{-i + O\left(\frac{e^{-\frac{1}{2}\pi t}}{\left|\sin\frac{1}{2}s\pi\right|}\right)\right\}\Gamma(s) \quad (t \to \pm\infty)\end{aligned}$$

If $z = ixe^{-i\delta}$ ($x > x_0$, $0 < \delta < \frac{1}{2}\pi$), the O term is

$$O\left\{x\int_{1-\alpha-\mathrm{i}\infty}^{1-\alpha+\mathrm{i}\infty}\frac{\mathrm{e}^{-\frac{1}{2}\pi t}}{\left|\sin\frac{1}{2}s\pi\right|}\left|\Gamma(s)\right|\mathrm{e}^{(\frac{1}{2}\pi-\delta)t}(1+|t|)x^{\alpha-1}\mathrm{d}t\right\}=O(x^{\alpha})$$

uniformly for small δ. Hence

$$\phi_2\left(\frac{1}{z}\right)=\frac{-\mathrm{i}z}{2\pi\mathrm{i}}\int_{1-\alpha-\mathrm{i}\infty}^{1-\alpha+\mathrm{i}\infty}2^{1-2s}\pi^{1-2s}\Gamma(s)\zeta^2(s)z^{-s}\mathrm{d}x+O(x^{\alpha})$$
$$=-2\pi\mathrm{i}z\phi_2(4\pi^2z)+O(x^{\alpha}) \qquad (7.16.2)$$

where α may be as near zero as we please.

We also use the results

$$\sum_{n=1}^{\infty}d^2(n)\mathrm{e}^{-n\eta}=O\left(\frac{1}{\eta}\log^3\frac{1}{\eta}\right) \qquad (7.16.3)$$

$$\sum_{n=1}^{\infty}n^2d^2(n)\mathrm{e}^{-n\eta}=O\left(\frac{1}{\eta^3}\log^3\frac{1}{\eta}\right) \qquad (7.16.4)$$

as $\eta\to 0$. By (1.2.10)

$$\frac{1}{2\pi\mathrm{i}}\int_{2-\mathrm{i}\infty}^{2+\mathrm{i}\infty}\Gamma(s)\frac{\zeta^4(s)}{\zeta(2s)}\eta^{-s}\mathrm{d}s=\frac{1}{2\pi\mathrm{i}}\sum_{n=1}^{\infty}d^2(n)\int_{2-\mathrm{i}\infty}^{2+\mathrm{i}\infty}\Gamma(s)(n\eta)^{-s}\mathrm{d}\delta$$
$$=\sum_{n=1}^{\infty}d^2(n)\mathrm{e}^{-n\eta} \qquad (7.16.5)$$

Hence

$$\sum_{n=1}^{\infty}d^2(n)\mathrm{e}^{-n\eta}=R+\frac{1}{2\pi\mathrm{i}}\int_{c-\mathrm{i}\infty}^{c+\mathrm{i}\infty}\Gamma(s)\frac{\zeta^4(s)}{\zeta(2s)}\eta^{-s}\mathrm{d}s \quad \left(\frac{1}{2}<c<1\right)$$
$$=R+O(\eta^{-c})$$

where R is the residue at $s=1$; and

$$R=\frac{1}{\eta}\left(a\log^3\frac{1}{\eta}+b\log^2\frac{1}{\eta}+c\log\frac{1}{\eta}+d\right)$$

where a, b, c, d are constants, and in fact

$$a=\frac{1}{3!\ \zeta(2)}=\frac{1}{\pi^2}$$

This proves (7.16.3); and (7.16.4) can be proved similarly by first differentiating (7.16.5) twice with respect to η.

We can now prove[①]

Theorem 7.16. *As* $\delta\to 0$, $\int_0^\infty |\zeta(\frac{1}{2}+it)|^4 e^{-\delta t}\,dt \sim \frac{1}{2\pi^2}\frac{1}{\delta}\log^4\frac{1}{\delta}$.

Using (7.13.5), we have

$$\int_0^\infty |\zeta(\frac{1}{2}+it)|^4 e^{-2\delta t}\,dt=\int_0^\infty |\phi_2(ixe^{-i\delta})|^2\,dx+O(1)$$

and it is sufficient fo prove that

$$\int_{2\pi}^\infty |\phi_2(ixe^{-i\delta})|^2\,dx\sim\frac{1}{8\pi^2}\frac{1}{\delta}\log^4\frac{1}{\delta}$$

For then, by (7.16.2)

$$\begin{aligned}
&\int_0^{2\pi} |\phi_2(ixe^{-i\delta})|^2\,dx\\
&=\int_{1/2\pi}^\infty \left|\phi_2\left(\frac{ie^{-i\delta}}{x}\right)\right|^2\frac{dx}{x^2}=\int_{1/2\pi}^\infty\left|\phi_2\left(\frac{1}{ixe^{-i\delta}}\right)\right|^2\frac{dx}{x^2}\\
&=\int_{1/2\pi}^\infty |2\pi xe^{-i\delta}\phi_2(4\pi^2 ixe^{-i\delta})+O(x^\alpha)|^2\frac{dx}{x^2}\quad(0<\alpha<\frac{1}{2})\\
&=\int_{2\pi}^\infty |\phi_2(ixe^{-i\delta})+O(x^{\alpha-1})|^2\,dx\\
&=\int_{2\pi}^\infty |\phi_2(ixe^{-i\delta})|^2\,dx+\\
&\quad O\left(\int_{2\pi}^\infty |\phi_2(ixe^{-i\delta})|^2\,dx\int_{2\pi}^\infty x^{2\alpha-2}\,dx\right)^{\frac{1}{2}}+O\left(\int_{2\pi}^\infty x^{2\alpha-2}\,dx\right)\\
&=\frac{1}{8\pi^2}\frac{1}{\delta}\log^4\frac{1}{\delta}+O\left(\frac{1}{\sqrt{\delta}}\log^2\frac{1}{\delta}\right)+O(1)
\end{aligned}$$

and the result clearly follows.

It is then sufficient to prove that

$$\int_{2\pi}^\infty\left|\sum_{n=1}^\infty d(n)\exp(-inxe^{-i\delta})\right|^2dx\sim\frac{1}{8\pi^2}\frac{1}{\delta}\log^4\frac{1}{\delta}$$

① Titchmarsh (1).

for the remainder of (7.16.1), will then contribute $O(\delta^{-\frac{1}{2}}\log^2 1/\delta)$.

As in the previous proof, the left-hand side is equal to

$$\sum_{n=1}^{\infty} d^2(n)\frac{e^{-4n\pi\sin\delta}}{2n\sin\delta}+2\sum_{m=2}^{\infty}\sum_{n=1}^{m-1} d(m)d(n)\cdot$$

$$\frac{(m+n)\sin\delta\cos\{2(m-n)\pi\cos\delta\}}{(m+n)^2\sin^2\delta+(m-n)^2\cos^2\delta}e^{-2(m+n)\pi\sin\delta}-2\sum_{m=2}^{\infty}\sum_{n=1}^{m-1}\cdot$$

$$d(m)d(n)\frac{(m-n)\cos\delta\sin\{2(m-n)\pi\cos\delta\}}{(m+n)^2\sin^2\delta+(m-n)^2\cos^2\delta}e^{-2(m+n)\pi\sin\delta}$$

$$=\sum\nolimits_1+\sum\nolimits_2+\sum\nolimits_3$$

Now

$$\sum\nolimits_1=\frac{1}{2\sin\delta}(1-e^{-4\pi\sin\delta})\sum_{n=1}^{\infty}e^{-4\pi n\sin\delta}\sum_{\nu=1}^{n}\frac{d^2(\nu)}{\nu}\sim$$

$$2\pi\sum_{n=1}^{\infty}e^{-4\pi n\sin\delta}\frac{\log^4 n}{4\pi^2}\sim\frac{1}{2\pi}\int_0^{\infty}e^{-4\pi n\sin\delta}\log^4 x\,dx$$

$$=\frac{1}{8\pi^2\sin\delta}\int_0^{\infty}e^{-y}\log^4\left(\frac{y}{4\pi\sin\delta}\right)dy\sim\frac{1}{8\pi^2\delta}\log^4\frac{1}{\delta}$$

$$\sum\nolimits_2\leqslant 2\sum_{m=2}^{\infty}\sum_{n=1}^{m-1}d(m)d(n)\frac{2m\sin\delta}{(m-n)^2\cos^2\delta}e^{-2\pi m\sin\delta}$$

$$=\frac{4\sin\delta}{\cos^2\delta}\sum_{m=2}^{\infty}m\,d(m)e^{-2\pi m\sin\delta}\sum_{r=1}^{m-1}\frac{d(m-r)}{r^2 2}$$

$$=\frac{4\sin\delta}{\cos^2\delta}\sum_{r=1}^{\infty}\frac{1}{r^2}\sum_{m=r+1}^{\infty}m\,d(m)d(m-r)e^{-2\pi m\sin\delta}$$

The square of the inner sum does not exceed

$$\sum_{m=r+1}^{\infty}m^2d^2(m)e^{-2\pi m\sin\delta}\sum_{m=r+1}^{\infty}d^2(m-r)e^{-2\pi m\sin\delta}$$

$$\leqslant\sum_{m=1}^{\infty}m^2d^2(m)e^{-2\pi m\sin\delta}\sum_{m=1}^{\infty}d^2(m)e^{-2\pi m\sin\delta}$$

$$=O\left(\frac{1}{\delta^3}\log^3\frac{1}{\delta}\right)O\left(\frac{1}{\delta}\log^3\frac{1}{\delta}\right)$$

$$=O\left(\frac{1}{\delta^4}\log^6\frac{1}{\delta}\right)$$

by (7.16.3) and (7.16.4). Hence

$$\sum\nolimits_2 = O\left(\frac{1}{\delta}\log^3 \frac{1}{\delta}\right)$$

Finally (as in the previous proof)

$$\sum\nolimits_3 = O\left(\delta^2 \sum_{m=2}^{\infty} m^{1+\epsilon} \mathrm{e}^{-2\pi m \sin \delta}\right) = O(\delta^{-\epsilon})$$

This proves the theorem.

It has been proved by Atkinson (2) that

$$\int_0^{\infty} \left| \zeta\left(\frac{1}{2} + \mathrm{i}t\right) \right|^4 \mathrm{e}^{-\delta t} \mathrm{d}t$$

$$= \frac{1}{\delta}\left(A\log^4 \frac{1}{\delta} + B\log^3 \frac{1}{\delta} + C\log^2 \frac{1}{\delta} + D\log \frac{1}{\delta} + E\right) + O\left\{\left(\frac{1}{\delta}\right)^{\frac{13}{14}+\epsilon}\right\}$$

where

$$A = \frac{1}{2\pi^2}, \qquad B = -\frac{1}{\pi^2}\left(2\log 2\pi - 6\gamma + \frac{24\zeta'(2)}{\pi^2}\right)$$

A method is also indicated by which the index $\frac{13}{14}$ could be reduced to $\frac{8}{9}$.

7.17. The method of residues used in §7.15 for $|\zeta(\frac{1}{2}+\mathrm{i}t)|^2$ suggests still another method of dealing with $|\zeta(\frac{1}{2}+\mathrm{i}t)|^4$. This is primarily a question of approximating to

$$\int_{2\pi}^{\infty} \left| \sum_{n=1}^{\infty} d(n) \exp(-\mathrm{i}nx\mathrm{e}^{-\mathrm{i}\delta}) \right|^2 \mathrm{d}x$$

$$= \int_{2\pi}^{\infty} \left| \sum_{n=1}^{\infty} \frac{1}{\exp(\mathrm{i}nx\mathrm{e}^{-\mathrm{i}\delta}) - 1} \right|^2 \mathrm{d}x$$

$$= \sum_{m=1}^{\infty} \sum_{n=1}^{\infty} \int_{2\pi}^{\infty} \frac{\mathrm{d}x}{\{\exp(\mathrm{i}mx\mathrm{e}^{-\mathrm{i}\delta}) - 1\}\{\exp(-\mathrm{i}nx\mathrm{e}^{\mathrm{i}\delta}) - 1\}}$$

In the terms with $n \geqslant m$, put $x = \xi/m$. We get

$$\sum_{m=1}^{\infty} \frac{1}{m} \sum_{n=m}^{\infty} \int_{2\pi m}^{\infty} \frac{\mathrm{d}\xi}{\{\exp(\mathrm{i}\xi\mathrm{e}^{-\mathrm{i}\delta}) - 1\}\{\exp(\mathrm{i}nm^{-1}\xi\mathrm{e}^{\mathrm{i}\delta}) - 1\}}$$

Approximating to the integral by a sum obtained from the residues of the first factor, as in §7.15, we obtain as an approximation to this

$$2\pi e^{i\delta}\sum_{m=1}^{\infty}\frac{1}{m}\sum_{n=m}^{\infty}\sum_{r=m}^{\infty}\frac{1}{\exp\{-2i(nr/m)\pi e^{2i\delta}\}-1}$$

$$=2\pi e^{i\delta}\sum_{m=1}^{\infty}\frac{1}{m}\sum_{n=m}^{\infty}\sum_{r=m}^{\infty}\sum_{q=1}^{\infty}\exp\left(2i\frac{nqr}{m}\pi e^{2i\delta}\right)$$

$$=2\pi e^{i\delta}\sum_{m=1}^{\infty}\frac{1}{m}\sum_{r=m}^{\infty}\sum_{q=1}^{\infty}\frac{\exp(2iqr\pi e^{2i\delta})}{1-\exp\{2i(qr/m)\pi e^{2i\delta}\}}$$

$$=O\left(\sum_{m=1}^{\infty}\frac{1}{m}\sum_{r=m}^{\infty}\sum_{q=1}^{\infty}\frac{e^{-2qr\pi\sin 2\delta}}{|1-\exp\{2i(qr/m)\pi e^{2i\delta}\}|}\right)$$

$$=O\left(\sum_{m=1}^{\infty}\frac{1}{m}\sum_{\nu=m}^{\infty}\frac{d(\nu)e^{-2q\nu\pi\sin 2\delta}}{|1-\exp(2i\nu m^{-1}\pi e^{2i\delta})|}\right)$$

The terms with $m\mid\nu$ are

$$O\left(\sum_{m=1}^{\infty}\frac{1}{m}\sum_{\nu=m}^{\infty}\frac{d(\nu)e^{-2\nu\pi\sin 2\delta}}{\nu m^{-1}\delta}\right)=O\left(\frac{1}{\delta}\sum\sum_{m\mid\nu}\frac{d(\nu)}{\nu}e^{-2v\pi\sin 2\delta}\right)$$

$$=O\left(\frac{1}{\delta}\sum_{\nu=1}^{\infty}\frac{d^2(\nu)}{\nu}e^{-2\nu\pi\sin 2\delta}\right)$$

$$=O\left(\frac{1}{\delta}\log^4\frac{1}{\delta}\right)$$

The remaining terms are

$$O\left(\sum_{m=1}^{\infty}\frac{1}{m}\sum_{k=1}^{\infty}\sum_{l=1}^{m-1}\frac{d(km+l)e^{-2(km+l)\pi\sin 2\delta}}{l/m}\right)$$

$$=O\left(\sum_{m=1}^{\infty}\sum_{k=1}^{\infty}e^{-2km\pi\sin 2\delta}\sum_{l=1}^{m-1}\frac{d(km+l)}{l}\right)$$

$$=O\left(\sum_{m=1}^{\infty}\sum_{k=1}^{\infty}e^{-2km\pi\sin 2\delta}\sum_{l=1}^{km}\frac{d(km+l)}{l}\right)$$

$$=O\left(\sum_{\nu=1}^{\infty}d(\nu)e^{-2\nu\pi\sin 2\delta}\sum_{l=1}^{v}\frac{d(\nu+l)}{l}\right)$$

$$=O\left(\sum_{l=1}^{\infty}\frac{1}{l}\sum_{v=l}^{\infty}d(\nu)d(\nu+l)e^{-2\nu\pi\sin 2\delta}\right)$$

$$=O\left(\sum_{l=1}^{\infty}\frac{e^{-l\pi\sin 2\delta}}{l}\sum_{\nu=l}^{\infty}d(\nu)d(\nu+l)e^{-(2\nu-l)\pi\sin 2\delta}\right)$$

Using Schwarz's inequality and (7.16.3) we obtain

$$O\Big(\sum_{l=1}^{\infty}\frac{e^{-l\pi\sin 2\delta}}{l}\frac{1}{\delta}\log^3\frac{1}{\delta}\Big)=O\Big(\frac{1}{\delta}\log^4\frac{1}{\delta}\Big)$$

Actually it follows from a theorem of Ingham (1) that this term is

$$O\Big(\frac{1}{\delta}\log^3\frac{1}{\delta}\Big)$$

7.18. There are formulae similar to those of §7.16 for larger values of k, though in the higher cases they fail to give the desired mean-value formula.[1] We have

$$\begin{aligned}\phi_k\left(\frac{1}{z}\right)&=\frac{1}{2\pi i}\int_{\alpha-i\infty}^{\alpha+i\infty}\Gamma(s)\zeta^k(s)z^s\,ds\\&=\frac{1}{2\pi i}\int_{1-\alpha-i\infty}^{1-\alpha+i\infty}\Gamma(1-s)\zeta^k(1-s)z^{1-s}\,ds\\&=\frac{z}{2\pi i}\int_{1-\alpha-i\infty}^{1-\alpha+i\infty}\frac{\Gamma(1-s)}{\chi^k(s)}\zeta^k(s)z^{-s}\,ds\end{aligned}$$

Now

$$\begin{aligned}\Gamma(1-s)\chi^{-k}(s)&=2^{k-ks}\pi^{-ks}\cos^k\frac{1}{2}s\pi\Gamma^k(s)\Gamma(1-s)\\&=2^{k-ks}\pi^{1-ks}\cos^k\frac{1}{2}s\pi\operatorname{cosec}\pi s\Gamma^{k-1}(s)\end{aligned}$$

For large s

$$\Gamma^{k-1}(s)\sim s^{(k-1)(s-\frac{1}{2})}e^{-(k-1)s}(2\pi)^{\frac{1}{2}(k-1)}$$

Now

$$\Gamma\{(k-1)s-\frac{1}{2}k+1\}\sim\{(k-1)s\}^{(k-1)s-\frac{1}{2}k+\frac{1}{2}}e^{-(k-1)s}(2\pi)^{\frac{1}{2}}$$

Hence we may expect to be able to replace $\Gamma^{k-1}(s)$ by

$$(k-1)^{-(k-1)s+\frac{1}{2}k-\frac{1}{2}}(2\pi)^{\frac{1}{2}(k-2)}\Gamma\{(k-1)s-\frac{1}{2}k+1\}$$

Also, in the upper half-plane

---

[1] See also Bellman (3).

$$\cos^k \frac{1}{2}s\pi \operatorname{cosec} s\pi \sim \left(\frac{1}{2}e^{-\frac{1}{2}is\pi}\right)^k \frac{-2i}{e^{-is\pi}} = -2^{1-k} i e^{-is\pi(\frac{1}{2}k-1)}$$

We should thus replace $\Gamma(1-s)\chi^{-k}(s)$ by

$$-i \cdot 2^{1-ks}\pi^{1-ks}e^{-is\pi(\frac{1}{2}k-1)}(k-1)^{-(k-1)s+\frac{1}{2}k-\frac{1}{2}}(2\pi)^{\frac{1}{2}(k-2)}\Gamma\{(k-1)s-\frac{1}{2}k+1\}$$

Hence an approximation to $\phi_k(1/z)$ should be

$$\psi_k\left(\frac{1}{z}\right) = -i(2\pi)^{\frac{1}{2}k}\sum_{n=1}^{\infty} d_k(n)\frac{z}{2\pi i}\times\int_{1-\alpha-i\infty}^{1-\alpha+i\infty}\Gamma\{(k-1)s-\frac{1}{2}k+1\}\cdot (k-1)^{-(k-1)s+\frac{1}{2}k-\frac{1}{2}}e^{-is\pi(\frac{1}{2}k-1)}(2^k\pi^k nz)^{-s}ds$$

Putting $s=(w+\frac{1}{2}k-1)/(k-1)$, the integral is

$$-i(2\pi)^{\frac{1}{2}k}\frac{z}{2\pi i}\int\Gamma(w)(k-1)^{-w-\frac{1}{2}}\times e^{-i\pi(\frac{1}{2}k-1)(w+\frac{1}{2}k-1)/(k-1)}(2^k\pi^k nz)^{-(w+\frac{1}{2}k-1)/(k-1)}dw$$

$$=-i(2\pi)^{\frac{1}{2}k}z(k-1)^{-\frac{1}{2}}e^{-i\pi(\frac{1}{2}k-1)^2/(k-1)}(2^k\pi^k nz)^{-\frac{1}{2}k-1)(k-1)}\times \exp\{-(k-1)e^{i\pi(\frac{1}{2}k-1)/(k-1)}2^{k/(k-1)}\pi^{k/(k-1)}(nz)^{1/(k-1)}\}$$

Putting $z=ixe^{-i\delta}$, we obtain

$$(2\pi)^{k/(2k-2)}(k-1)^{-\frac{1}{2}}x^{k/\{2(k-1)\}}n^{-(\frac{1}{2}k-1)/(k-1)}\times C_k\exp\{-(k-1)e^{\frac{1}{2}i\pi}2^{k/(k-1)}\pi^{k/(k-1)}(nx)^{1/(k-1)}e^{-i\delta/(k-1)}\}$$

where $|C_k|=1$.

We have, by (7.13.5)

$$\int_0^{\infty}|\zeta(\frac{1}{2}+it)|^{2k}e^{-2\delta t}dt$$

$$=\int_0^{\infty}|\phi_k(ixe^{-i\delta}|^2dx+O(1)$$

$$=\int_0^{\lambda}|\phi_k(ixe^{-i\delta})|^2dx+\int_{\lambda}^{\infty}|\phi_k(ixe^{-i\delta})^2dx+O(1)$$

As in the above cases, the integral ,over (λ, ∞) is

$$\sum_{n=1}^{\infty}d_k^2(n)\frac{e^{-2\lambda n\sin\delta}}{2n\sin\delta}+$$

$$2\sum_{m=2}^{\infty}\sum_{n=1}^{m-1}d_k(m)d_k(n)\cdot$$
$$\frac{(m+n)\sin\delta\cos\{\lambda(m-n)\cos\delta\}}{(m+n)^2\sin^2\delta+(m-n)^2\cos^2\delta}e^{-\lambda(m+n)\sin\delta}-$$
$$2\sum_{m=2}^{\infty}\sum_{n=1}^{m-1}d_k(m)d_k(n)\cdot$$
$$\frac{(m+n)\cos\delta\sin\{\lambda(m-n)\cos\delta\}}{(m+n)^2\sin^2\delta+(m-n)^2\cos^2\delta}e^{-\lambda(m+n)\sin\delta}$$
$$=\sum_1+\sum_2+\sum_3 \tag{7.18.1}$$

Using the relation $d_k(n)=O(n^{\epsilon})$, we obtain

$$\sum_1=O\left(\frac{1}{\delta}\times\frac{1}{(\lambda\delta)^{\epsilon}}\right)$$

and, since

$$(m+m)^2\sin^2\delta+(m-n)^2\cos^2\delta>A\delta(m+n)(m-n)$$
$$\sum_2=O\left(\sum_{m=2}^{\infty}m^{\epsilon}e^{-\lambda m\sin\delta}\sum_{n=1}^{m-1}\frac{1}{m-n}\right)=O\left(\sum_{m=2}^{\infty}m^{\epsilon}e^{-\lambda m\sin\delta}\right)=O\left(\frac{1}{(\lambda\delta)^{1+\epsilon}}\right)$$
$$\sum_3=O\left(\sum_{m=2}^{\infty}m^{\epsilon}e^{-\lambda m\sin\delta}\sum_{n=1}^{m-1}\frac{1}{m-n}\right)=O\left(\frac{1}{(\lambda\delta)^{1+\epsilon}}\right)$$

Hence, for $\lambda<A$

$$\int_{\lambda}^{\infty}|\phi_k(ixe^{-i\delta})|^2dx=O\left(\frac{1}{(\lambda\delta)^{1+\epsilon}}\right)$$

Also

$$\int_0^{\lambda}|\phi_k(ixe^{-i\delta})|^2dx=\int_{1/\lambda}^{\infty}\left|\phi_k\left(\frac{1}{ixe^{-i\delta}}\right)\right|^2\frac{dx}{x^2}$$

and by the above formula this should be approximately

$$\frac{(2\pi)^{k/(k-1)}}{k-1}\times\int_{1/\lambda}^{\infty}\left|\sum_{n=1}^{\infty}\frac{d_k(n)}{n^{(\frac{1}{2}k-1)/(k-1)}}\times\right.$$
$$\left.\exp\{-(k-1)i(2\pi)^{k/(k-1)}(nx)^{1/(k-1)}e^{-i\delta/(k-1)}\}\right|^2\frac{dx}{x^{2-k/(k-1)}}$$

Putting $x=\xi^{k-1}$, this is

$$(2\pi)^{k/(k-1)} \times \int_{\lambda-1/(k-1)}^{\infty} \left| \sum_{n=1}^{\infty} \frac{d_k(n)}{n^{(\frac{1}{2}k-1)/(k-1)}} \times \right.$$

$$\left. \exp\{-(k-1)\mathrm{i}(2\pi)^{k/(k-1)} n^{1/(k-1)} \xi \mathrm{e}^{-\mathrm{i}\delta/(k-1)}\} \right|^2 \mathrm{d}\xi$$

and we can integrate as before. We obtain

$$K\sum_{m=1}^{\infty}\sum_{n=1}^{\infty} \frac{d_k(m)d_k(n)}{(mn)^{(\frac{1}{2}k-1)/(k-1)}} \times$$

$$\frac{\exp[(k-1)(2\pi)^{k/(k-1)}\{(n^{1/(k-1)}-m^{1/(k-1)})\mathrm{i}\cos\delta/(k-1)-(m^{1/(k-1)}+n^{1/(k-1)})\sin\delta/(k-1)\}\lambda^{-1/(k-1)}]}{(n^{1/(k-1)}-m^{1/(k-1)})\mathrm{i}\cos\delta/(k-1)-(m^{1/(k-1)}+n^{1/(k-1)})\sin\delta/(k-1)}$$

where K depends on k only.

The terms with $m=n$ are

$$O\left\{\frac{1}{\delta}\sum_{n=1}^{\infty}\frac{d_k^2(n)}{n}\exp(-K\delta n^{1/(k-1)}\lambda^{-1/(k-1)})\right\} = O\left\{\frac{1}{\delta}\ \frac{1}{(\lambda\delta)^{\epsilon}}\right\}$$

The rest are

$$O\left\{\sum_{m>n}\sum \frac{1}{(mn)^{(\frac{1}{2}k-1)/(k-1)}}\ \frac{\exp(-K\delta m^{1/(k-1)}\lambda^{-1/(k-1)})}{m^{1/(k-1)}-n^{1/(k-1)}}\right\}$$

Now

$$\sum_{n=1}^{m-1}\frac{1}{n^{(\frac{1}{2}k-1)/(k-1)}(m^{1/(k-1)}-n^{1/(k-1)})}$$

$$=O\left\{\sum_{n=1}^{\frac{1}{2}m}\frac{1}{n^{(\frac{1}{2}k-1)/(k-1)}m^{1/(k-1)}}+\sum_{\frac{1}{2}m}^{m-1}\frac{1}{m^{(\frac{1}{2}k-1)/(k-1)+1/(k-1)-1}(m-n)}\right\}$$

$$=O(m^{1-(\frac{1}{2}k-1)/(k-1)-1(k-1)+\epsilon})=O(m^{(\frac{1}{2}k-1)/(k-1)+\epsilon})$$

Hence we obtain

$$O\left\{\sum_{m=2}^{\infty} m^{\epsilon}\exp(-K\delta m^{1/(k-1)}\lambda^{-1/(k-1)})\right\}$$

$$=O\left\{\int_0^{\infty} x^{\epsilon}\exp(-K\delta x^{1/(k-1)}\lambda^{-1/(k-1)})\,\mathrm{d}x\right\}$$

$$=O\left\{\left(\frac{\lambda}{\delta^{k-1}}\right)^{1+\epsilon}\right\}$$

Altogether

$$\int_0^\infty \left|\zeta\left(\frac{1}{2}+it\right)\right|^{2k} e^{-2\delta t} dt = O\left\{\frac{1}{(\lambda\delta)^{1+\epsilon}}\right\} + O\left\{\left(\frac{\lambda}{\delta^{k-1}}\right)^{1+\epsilon}\right\}$$

and taking $\lambda = \delta^{\frac{1}{2}k-1}$, we obtain

$$\int_0^\infty \left|\zeta\left(\frac{1}{2}+it\right)\right|^{2k} e^{-2\delta t} dt = O(\delta^{-\frac{1}{2}k-\epsilon}) \quad (k \geqslant 2)$$

This index is what we should obtain from the approximate functional equation.

7.19. The attempt to obtain a non-trivial upper bound for

$$\int_0^\infty \left|\zeta\left(\frac{1}{2}+it\right)\right|^{2k} e^{-2\delta t} dt$$

for $k > 2$ fails. But we can obtain a lower bound① for it which may be somewhere near the truth; for in this problem we can ignore $\phi_k(ixe^{i\delta})$ for small x, since by (7.13.5)

$$\int_0^\infty \left|\zeta\left(\frac{1}{2}+it\right)\right|^{2k} e^{-2\delta t} dt > \int_1^\infty |\phi_k(ixe^{-i\delta})|^2 dx + O(1) \tag{7.19.1}$$

and we can approximate to the right-hand side by the method already used.

If k is any positive integer, and $\sigma < 1$

$$\zeta^k(s) = \prod_p \left(1-\frac{1}{p^s}\right)^{-k} = \prod_p \sum_{m=0}^\infty \frac{(k+m-1)!}{(k-1)!\, m!} \frac{1}{p^{ms}} = \sum_{n=1}^\infty \frac{d_k(n)}{n^s}$$

If we replace the coefficient of each term p^{-ms} by its square, the coefficient of each n^{-s} is replaced by its square. Hence if

$$F_k(s) = \sum_{n=1}^\infty \frac{d_k^2(n)}{n^s}$$

then

$$F_k(s) = \prod_p \sum_{m=0}^\infty \left\{\frac{(k+m-1)!}{(k-1)!\, m!}\right\}^2 \frac{1}{p^{ms}} = \prod_p f_k(p^{=s})$$

say. Thus

① Titchmarsh (4).

$$f_k\left(\frac{1}{p^s}\right)=1+\frac{k^2}{p^s}+\cdots$$

and

$$\left(1-\frac{1}{p^s}\right)^{k^2} f_k\left(\frac{1}{p^s}\right)=\left(1-\frac{k^2}{p^s}+\cdots\right)\left(1+\frac{k^2}{p^s}+\cdots\right)=1+O\left(\frac{1}{p^{2\sigma}}\right)$$

Hence the product

$$\prod_p\left(1-\frac{1}{p^s}\right)^{k^2} f_k\left(\frac{1}{p^s}\right)$$

is absolutely convergent for $\sigma>\frac{1}{2}$, and so represents an analytic function, $g(s)$ say, regular for $\sigma>\frac{1}{2}$, and bounded in any half-plane $\sigma\geqslant\frac{1}{2}\mid\delta$; and

$$F_k(s)=\zeta^{k^2}(s)g(s)$$

Now

$$\sum_{n=1}^{\infty}d_k^2(n)\mathrm{e}^{-2n\sin\delta}=\frac{1}{2\pi\mathrm{i}}\int_{2-\mathrm{i}\infty}^{2+\mathrm{i}\infty}\Gamma(s)F_k(s)(2\sin\delta)^{-s}\mathrm{d}s$$

Moving the line of integration just to the left of $\sigma=1$, and evaluating the residue at $s=1$, we obtain in the usual way

$$\sum_{n=1}^{\infty}d_k^2(n)\mathrm{e}^{-2n\sin\delta}\sim\frac{C'_k}{\delta}\log^{k^2-1}\frac{1}{\delta}$$

Similarly

$$\sum_{n=1}^{\infty}\frac{d_k^2(n)}{n}\mathrm{e}^{-2n\sin\delta}=\frac{1}{2\pi\mathrm{i}}\int_{2-\mathrm{i}\infty}^{2+\mathrm{i}\infty}\Gamma(s)F_k(s+1)(2\sin\delta)^{-s}\mathrm{d}s\sim C_k\log^{k^2}\frac{1}{\delta}$$

since here there is a pole of order k^2+1 at $s=0$.

We can now prove

Theorem 7.19. *For any fixed integer k, and* $0<\delta\leqslant\delta_0=\delta_0(k)$

$$\int_0^{\infty}\left|\zeta\left(\frac{1}{2}+\mathrm{i}t\right)\right|^{2k}\mathrm{e}^{-\delta t}\,\mathrm{d}t\geqslant\frac{C_k}{\delta}\log k^2\frac{1}{\delta}$$

The integral on the right of (7.19.1) is equal to (7.18.1) with $\lambda=1$; and

$$\sum\nolimits_1 \sim \frac{C_k}{2\delta}\log^{k^2}\frac{1}{\delta}$$

while

$$\sum\nolimits_2 + \sum\nolimits_3 = O\left(\frac{1}{\delta}\log^{k^2-1}\frac{1}{\delta}\right)$$

The result therefore follows.

7.20. When applied (with care) to a general Dirichlet polynomial, the proof of the first lemma of §7.2 leads to

$$\int_0^T \left|\sum_1^N a_n n^{-it}\right|^2 \mathrm{d}t = \sum_1^N |a_n|^2 \{T + O(n\log 2n)\}$$

However Montgomery and Vaugham [1] have given a superior result, namely

$$\int_0^T \left|\sum_1^N a_n n^{-it}\right|^2 \mathrm{d}t = \sum_1^N |a_n|^2 \{T + O(n)\} \qquad (7.20.1)$$

Ramachandra [2] has given an alternative proof of this result. Both proofs are more complicated than the argument leading to (7.2.1). However (7.20.1) has the advantage of dealing with the mean value of $\zeta(s)$ uniformly for $\sigma \geqslant \frac{1}{2}$. Suppose for example that $\sigma = \frac{1}{2}$. One takes $x = 2T$ in Theorem 4.11, whence

$$\zeta(\frac{1}{2} + it) = \sum_{n \leqslant 2T} n^{-\frac{1}{2}-it} + O(T^{-\frac{1}{2}}) = Z + O(T^{-\frac{1}{2}})$$

say, for $T \leqslant t \leqslant 2T$. Then

$$\int_T^{2T} |Z|^2 \mathrm{d}t = \sum_{n \leqslant 2T} n^{-1}\{T + O(n)\} = T\log T + O(T)$$

Moreover $Z \ll T^{\frac{1}{2}}$, whence

$$\int_T^{2T} |Z| T^{-\frac{1}{2}} \mathrm{d}t \ll T$$

Then, since

$$\int_T^{2T} O(T^{-\frac{1}{2}})^2 \mathrm{d}t = O(1)$$

we conclude that

$$\int_{T}^{2T} \left| \zeta\left(\frac{1}{2}+\mathrm{i}t\right) \right|^2 \mathrm{d}t = T\log T + O(T)$$

and Theorem 7.3 follows (with error term $O(T)$ on summing over $\frac{1}{2}T$, $\frac{1}{4}T$, $\cdots$. In particular we see that Theorem 4.11 is sufficient for this purpose, contrary to Titchmarsh's remark at the beginning of § 7.3.

We now write

$$\int_{0}^{T} \left| \zeta\left(\frac{1}{2}+\mathrm{i}t\right) \right|^2 \mathrm{d}t = T\log\left(\frac{T}{2\pi}\right) + (2\lambda - 1)T + E(T)$$

Much further work has been done concerning the error term $E(T)$. It has been shown by Balasubramanian [1] that $E(T) \ll T^{\frac{1}{2}+\varepsilon}$. A different proof was given by Heath-Brown [4]. The estimate may be improved slightly by using exponential sums, and Ivic [3; Corollary 15.4] has sketched the argument leading to the exponent $\frac{35}{108}+\varepsilon$, using a lemma due to Kolesink [4]. It is no coincidence that this is twice the exponent occurring in Kolesnik's estimate for $\mu\left(\frac{1}{2}\right)$, since one has the following result.

Lemma 7.20. *Let k be a fixed positive integer and let $t \geqslant 2$. Then*

$$\zeta\left(\frac{1}{2}+\mathrm{i}t\right)^k \ll (\log t)\left(1 + \int_{-\log^2 t}^{\log^2 t} \left| \zeta\left(\frac{1}{2}+\mathrm{i}t+\mathrm{i}u\right) \right|^k \mathrm{e}^{-|u|} \mathrm{d}u\right) \tag{7.20.2}$$

This is a trivial generalization of Lemma 3 of Heath-Brown [2], which is the case $k=2$. It follows that

$$\zeta\left(\frac{1}{2}+\mathrm{i}t\right)^k \ll (\log t)^4 + (\log t)\max E\{t \pm (\log t)^2\} \tag{7.20.3}$$

Thus, if μ is the infimum of those α for which $E(T) \ll T^{\alpha}$, then

$\mu(\frac{1}{2}) \leqslant \frac{1}{2}\mu$. On the other hand, an examination of the initial stages of the process for estimating $\zeta(\frac{1}{2}+it)$ by van der Corput's method shows that one is, in effect, bounding the mean square of $\zeta(\frac{1}{2}+it)$ over a short range $(t-\Delta, t+\Delta)$. Thus it appears that one can hope for nothing better for $\mu(\frac{1}{2})$, by this method, than is given by (7.20.3).

The connection between estimates for $\zeta(\frac{1}{2}+it)$ and those for $E(T)$ should not be pushed too far however, for Good [1] has shown that $E(T)=\Omega(T^{\frac{1}{4}})$. Indeed Heath-Brown [1] later gave the asymptotic formula

$$\int_0^T E(t)^2 \mathrm{d}t = \frac{2}{3}(2\pi)^{-\frac{1}{2}} \frac{\zeta(\frac{3}{2})^2}{\zeta(3)} T^{\frac{3}{2}} + O(T^{\frac{5}{4}} \log T) \quad (7.20.4)$$

from which the above Ω-result is immediate. It is perhaps of interest to note that the error term of (7.20.4) must be $\Omega\{T^{\frac{3}{4}}(\log T)^{-1}\}$, since any estimate $O\{F(T)\}$ readily yields $E(T) \ll \{F(T)\log T\}^{\frac{1}{3}}$, by an argument analogous to that used in the proof of Lemma α in 14.13. It would be nice to reduce the error term in (7.20.4) to $O(T^{1+\varepsilon})$ so as to include Balasubramanian's bound $E(T) \ll T^{\frac{1}{3}+\varepsilon}$.

Higher mean-values of $E(T)$ have been investigated by Ivic [1] who showed, for example, that

$$\int_0^T E(t)^8 \mathrm{d}t \ll T^{3+\varepsilon} \quad (7.20.5)$$

This readily implies the estimate $E(T) \ll T^{\frac{1}{3}+\varepsilon}$.

The mean-value theorem of Heath-Brown and Ivic depend on a remarkable formula for $E(T)$ due to Atkinson [1]. Let $0<A<A'$

be constants and suppose $AT \leqslant N \leqslant A'T$. Put

$$N' = N'(T) = \frac{T}{2\pi} + \frac{N}{2} - \left(\frac{NT}{2\pi} + \frac{N^2}{4}\right)^{\frac{1}{2}}$$

Then $E(T) = \sum_1 + \sum_2 + O(\log^2 T)$, where

$$\sum_1 = 2^{-\frac{1}{2}} \sum_{n \leqslant N} (-1)^n d(n) \left(\frac{nT}{2\pi} + \frac{n^2}{4}\right)^{-\frac{1}{2}} \left\{\sinh^{-1}\left(\frac{\pi n}{2T}\right)^{\frac{1}{2}}\right\}^{-1} \sin f(n) \tag{7.20.6}$$

with

$$f(n) = \frac{1}{4}\pi + 2T \sinh^{-1}\left(\frac{\pi n}{2T}\right)^{\frac{1}{2}} + (\pi^2 n^2 + 2\pi n T)^{\frac{1}{2}} \tag{7.20.7}$$

and

$$\sum_2 = 2 \sum_{n \leqslant N'} d(n) n^{-\frac{1}{2}} \left(\log \frac{T}{2\pi n}\right)^{-1} \sin g(n)$$

where

$$g(n) = T \log \frac{T}{2\pi n} - T - \frac{1}{4}\pi$$

Atkinson loses a minus sign on [1; p 375]. this is corrected above. In applications of the above formula one can usually show that $\sum_2$ may be ignored. On the Lindelöf hypothesis, for example, one has

$$\sum_{n \leqslant x} d(n) n^{-\frac{1}{2} - iT} \ll T^{\varepsilon}$$

for $x \ll T$, so that $\sum_2 \ll T^{\varepsilon}$ by partial summation; and in general one finds $\sum_2 \ll T^{2\mu(\frac{1}{2})+\varepsilon}$. The sum $\sum_1$ is closely analogous to that occuring in the explicit formula (12.4.4) for $\Delta(x)$ in Dirichlet's divisor problem. Indeed, if $n = o(T^{\frac{1}{3}})$ then the summands of (7.20.6) are

$$(-1)^n \left(\frac{2T}{\pi}\right)^{\frac{1}{4}} \frac{d(n)}{n^{\frac{3}{4}}} \cos\left(2\sqrt{(2\pi n T)} - \frac{\pi}{4}\right) + O\left(T^{\frac{1}{4}} \frac{d(n)}{n^{\frac{3}{4}}}\right)$$

7.21. Ingham's result has been improved by Heath-Brown [4] to give

$$\int_0^T |\zeta(\frac{1}{2}+it)|^4 dt = \sum_{n=0}^{4} c_n T(\log T)^n + O(T^{\frac{7}{8}+\epsilon}) \quad (7.21.1)$$

where $c_4 = (2\pi^2)^{-1}$ and

$$c_3 = 2\{4\gamma - 1 - \log(2\pi) - 12\zeta'(2)\pi^{-2}\}\pi^{-2}$$

The proof requires an asymptotic formula for

$$\sum_{n\leqslant N} d(n)d(n+r)$$

with a good error term, uniform in r. Such estimates are obtained in Heath-Brown [4] by applying Weil's bound for the Kloosterman sum (see §7.24).

7.22. Better estimates for σ_k are now available. In particular we have $\sigma_3 \leqslant \frac{7}{12}$ and $\sigma_4 \leqslant \frac{5}{8}$. The result on σ_4 is due to Heath-Brown [8]. To deduce the estimate for σ_3 one merely uses Gabriel's convexity theorem (see §9.19), taking $\alpha = \frac{1}{2}$, $\beta = \frac{5}{8}$, $\lambda = \frac{1}{4}$, $\mu = \frac{1}{8}$, and $\sigma = \frac{7}{12}$.

The key ingredient required to obtain $\sigma_4 \leqslant \frac{5}{8}$ is the estimate

$$\int_0^T |\zeta(\frac{1}{2}+it)|^{12} dt \ll T^2(\log T)^{17} \quad (7.22.1)$$

of Health-Brown [2]. According to (7.20.2) this implies the bound $\mu(\frac{1}{2}) \leqslant \frac{1}{6}$. In fact, in establishing (7.22.1) it is shown that, if $|\zeta(\frac{1}{2}+it)| \geqslant V(>0)$ for $1 \leqslant rR$, where $0 < t_r \leqslant T$ and $t_{r+1} - t_r \geqslant 1$, then

$$R \ll T^2 V^{-12}(\log T)^{16}$$

and, if $V \geqslant T^{\frac{2}{13}}(\log T)^2$, then

$$R \ll TV^{-6}(\log T)^8$$

Thus one sees not only that $\zeta(\frac{1}{2}+it) \ll t^{\frac{1}{6}}(\log t)^{\frac{4}{3}}$, but also that the number of points at which this bound is close to being attained is very small. Moreover, for $V \geqslant T^{\frac{2}{13}}(\log T)^2$, the behaviour corresponds to the, as yet unproven, estimate

$$\int_0^T \left|\zeta\left(\frac{1}{2}+\mathrm{i}t\right)\right|^6 \mathrm{d}t \ll T^{1+\varepsilon}$$

To prove (7.22.1) one uses Atkinson's formula for $E(T)$ (see §7.20) to show that

$$\int_{T-G}^{T+G} \left|\zeta\left(\frac{1}{2}+\mathrm{i}t\right)\right|^2 \mathrm{d}t \ll G\log T + G\sum_K (TK)^{-\frac{1}{4}} \cdot \left(|S(K)| + K^{-1}\int_0^K |S(x)|\,\mathrm{d}x\right)\mathrm{e}^{-G^2K/T} \qquad (7.22.2)$$

where K runs over powers of 2 in the range $T^{\frac{1}{3}} \leqslant K \leqslant TG^{-2}\log^3 T$, and

$$S(x) = S(x, K, T) = \sum_{K<n\leqslant K+x} (-1)^n d(n)\mathrm{e}^{\mathrm{i}f(n)}$$

with $f(n)$ as in (7.20.7). The bound (7.22.2) holds uniformly for $\log^2 T \leqslant G \leqslant T^{\frac{5}{12}}$. In order to obtain the estimate (7.22.1) one proceeds to estimate how often the sum $S(x, K, T)$ can be large, for varying T. This is done by using a variant of Halász's method, as described in §9.28.

By following similar ideas, Graham, in work in the process of publication, has obtained

$$\int_0^T \left|\zeta\left(\frac{5}{7}+\mathrm{i}t\right)\right|^{196} \mathrm{d}t \ll T^{14}(\log T)^{425} \qquad (7.22.3)$$

Of course there is no analogue of Atkinson's formula available here, and so the proof is considerably more involved. The result (7.22.3) contains the estimate $\mu\left(\frac{5}{7}\right) \leqslant \frac{1}{14}$ (which is the case $l = 4$ of Theorem 5.14) in the same way that (7.22.1) implies $\mu\left(\frac{1}{2}\right) \leqslant$

$\frac{1}{6}$.

7.23. As in §7.9, one may define σ_k, for all positive real k, as the infimum of those σ for which (7.9.1) holds, and σ'_k similarly, for (7.9.2).

Then it is still true that $\sigma_k = \sigma'_k$, and that

$$\int_1^T |\zeta(\sigma + it)|^{2k} dt = T \sum_1^{\infty} d_k(n)^2 n^{-2\sigma} + O(T^{1-\delta})$$

for $\sigma > \sigma_k$, where $\delta = (\sigma, k) > 0$ may be explicitly determined. This may be proved by the method of Haselgrove [1]; see also Turganaliev [1]. In particular one may take $\delta(\sigma, \frac{1}{2}) = \frac{1}{2}(\sigma - \frac{1}{2})$ for $\frac{1}{2} < \sigma < 1$ (Ivic [3;(8.111)] or Turganaliev [1]). For some quite general approaches to these fractional moments the reader should consult Ingham (4) and Bohr and Jessen (4).

Mean values for $\sigma = \frac{1}{2}$ are far more difficult, and in no case other than $k=1$ or 2 is an asymptotic formula for

$$\int_0^T |\zeta(\frac{1}{2} + it)|^{2k} dt = I_k(T)$$

say, known, even assuming the Riemann hypothesis. However Health. Brown [7] has shown that

$$T(\log T)^{k^2} \ll I_k(T) \ll T(\log T)^{k^2} \quad \left(k = \frac{1}{n}\right)$$

Ramachandra [3],[4] having previously dealt with the case $k = \frac{1}{2}$. Jutila [4] observed that the implied constants may be taken to be independent of k. We also have

$$I_k(T) \gg T(\log T)^{k^2}$$

for any positive rational k. This is due to Ramachandra [4] when k is half an integer, and to Heath-Brown [7] in the remaining cases. (Titchmarsh [1; Theorem 29] states such a result for positive integral k, but the reference given there seems to yield only Theorem 7.19, which is weaker.) When k is irrational the best result known is Ramachandra's estimate [5]

$$I_k(T) \gg T(\log T)^{k^2}(\log\log T)^{-k^2}$$

If one assumes the Riemann hypothesis one can obtain the better results

$$I_k T \ll T(\log T)^{k^2} \quad (0 \leqslant k \leqslant 2)$$

and

$$I_k(T) \gg T(\log T)^{k^2} \quad (k \geqslant 0) \tag{7.23.1}$$

for which see Ramachandra [4] or Heath-Brown [7]. Conrey and Ghosh [1] have given a particularly simple proof of (7.23.1) in the form

$$I_k(T) \geqslant \{C_k + o(1)\}\ T(\log T)^{k^2}$$

with

$$C_k = \{\Gamma(k^2+1)\}^{-1} \prod_p \left\{\left(1-\frac{1}{p}\right)^{k^2} \sum_{m=0}^{\infty}\left(\frac{\Gamma(k+m)}{m!\ \Gamma(k)}\right)^2 p^{-m}\right\}$$

They suggest that this relation may even hold with equality (as it does when $k=1$ or 2).

7.24. The work of Atkinson (2) alluded to at the end of §7.16 is of special historical interest, since it contains the first occurence of Kloosterman sums in the subject. These sums are defined by

$$S(q;\ a,b) = \sum_{\substack{n=1 \\ (n,q)=1}}^{q} \exp\left(\frac{2\pi i}{q}(an + b\bar{n})\right) \tag{7.24.1}$$

where $n\bar{n} \equiv 1 \pmod q$. Such sums have been of great importance in recent work, notably that of Heath-Brown [4] mentioned in §7.21, and of Iwaniec [1] and Deshouillers and Iwaniec [2], [3] referred to later in this section. The key fact about these sums is the estimate

$$|S(q;\ a,\ b)| \leqslant d(q) q^{\frac{1}{2}} (q,a,b)^{\frac{1}{2}} \tag{7.24.2}$$

which indicates a very considerable amount of cancellation in (7.24.1). This result is due to Weil [1] when q is prime (the most important case) and to Estermann [2] in general. Weil's proof uses deep methods from algebraic geometry. It is possible to obtain further cancellations by averaging $S(q;a,b)$ over q, a and b. In order to do this one employs the theory of non-holomorphic modular forms, as in the work of Deshouillers and Iwaniec [1]. This is perhaps the most profound area of current research in the subject.

One way to see how Kloosterman sums arise is to use (7.15.2). Suppose for example one considers

$$\int_0^\infty \left|\zeta\left(\frac{1}{2}+\mathrm{i}t\right)\right|^2 \left|\sum_{u\leqslant U} u^{-\mathrm{i}t}\right|^2 \mathrm{e}^{-t/T}\,\mathrm{d}t \qquad (7.24.3)$$

Applying (7.15.2) with $2\delta=1/T+\mathrm{i}\log(v/u)$ one is led to examine

$$\sum_{n=1}^\infty d(n)\exp\left(\frac{2\pi\mathrm{i}nu}{v}\mathrm{e}^{\mathrm{i}/T}\right)$$

One may now replace $\mathrm{e}^{\mathrm{i}/T}$ by $1+(\mathrm{i}/T)$ with negligible error, producing

$$\sum_{n=1}^\infty d(n)\exp\left(\frac{2\pi\mathrm{i}nu}{v}\right)\exp\left(-\frac{2\pi nu}{vT}\right)=\frac{1}{2\pi\mathrm{i}}\int_{2-\mathrm{i}\infty}^{2+\mathrm{i}\infty}\Gamma(s)\left(\frac{Tv}{2\pi u}\right)^2 D\left(s,\frac{u}{v}\right)\mathrm{d}s$$

where

$$D\left(s,\frac{u}{v}\right)=\sum_{n=1}^\infty d(n)\exp\left(\frac{2\pi\mathrm{i}nu}{v}\right)n^{-s}$$

This Dirichlet series was investigated by Estermann [1], using the function $\zeta(s,a)$ of § 2.17. It has an analytic continuation to the whole complex plane, and satisfies the functional equation

$$D\left(s,\frac{u}{v}\right)=2v^{1-2s}\frac{\Gamma(1-s)^2}{(2\pi)^{2-2s}}\left\{D\left(1-s,\frac{\overline{u}}{v}\right)-\cos(\pi s)D\left(1-s,-\frac{\overline{u}}{v}\right)\right\}$$

providing that $(u,v)=1$. To evaluate our original integral (7.24.3) it is necessary to average over u and v, so that one is led to consider

$$\sum_{\substack{u\leqslant U\\(u,v)=1}} D\left(1-s,\frac{\overline{u}}{v}\right)=\sum_{v\leqslant U}\sum_{n=1}^\infty d(n)n^{s-1}\sum_{\substack{u\leqslant U\\(u,v)=1}}\exp\left(\frac{2\pi\mathrm{i}n\overline{u}}{v}\right)$$

for example. In order to get a sharp bound for the innermost sum on the right one introduces the Kloosterman sum

$$\sum_{\substack{u\leqslant U\\(u,v)=1}}\exp\left(\frac{2\pi i n\bar{u}}{v}\right)=\sum_{\substack{m=1\\(m,v)=1}}^{v}\exp\left(\frac{2\pi i n\bar{m}}{v}\right)\sum_{\substack{u\leqslant U\\u\equiv m(\mathrm{mod}\ v)}}1$$

$$=\sum_{\substack{m=1\\(m,v)=1}}^{v}\exp\left(\frac{2\pi i n\bar{m}}{v}\right)\sum_{u\leqslant U}\left\{\frac{1}{v}\sum_{a=1}^{v}\exp\left(\frac{2\pi i a(m-u)}{v}\right)\right\}$$

$$=\frac{1}{v}\sum_{a=1}^{v}S(v;a,n)\sum_{u\leqslant U}\exp\left(-\frac{2\pi i a u}{v}\right)$$

and one can now get a significant saving by using (7.24.2). Notice also that $S(v;a,n)$ is averaged over v, a and n, so that estimates for averages of Kloosterman sums are potentially applicable.

By pursuing such ideas and exploiting the connection with non-hölomorphic modular forms, Iwaniec [1] showed that

$$\sum_{1}^{R}\int_{t_r}^{t_r+\Delta}\left|\zeta\left(\frac{1}{2}+it\right)\right|^4 dt\ll\left(R\Delta+TR^{\frac{1}{2}}\Delta^{-\frac{1}{2}}\right)T^{\varepsilon}$$

for $0\leqslant t_r\leqslant T$, $t_{r+1}-t_r\geqslant\Delta\geqslant T^{\frac{1}{2}}$. In particular, taking $R=1$, one has

$$\int_{T}^{T+T^{\frac{2}{3}}}\left|\zeta\left(\frac{1}{2}+it\right)\right|^4 dt\ll T^{\frac{2}{3}+\varepsilon}\qquad(7.24.4)$$

which again implies $\mu\left(\frac{1}{2}\right)\leqslant\frac{1}{6}$, by (7.20.2). Moreover, by a suitable choice of the points t_r one can deduce (7.22.1), with $T^{2+\varepsilon}$ on the right.

Mean-value theorems involving general Dirichlet polynomials and partial sums of the zeta function are of interest, particularly in connection with the problems considered in Chapters 9 and 10. Such results may be proved by the methods of this chapter, but sharper estimates can be obtained by using Kloosterman sums and their connection with modular forms. Thus Deshouillers and Iwaniec [2],[3] established the bounds

$$\int_0^T \left|\zeta\left(\frac{1}{2}+\mathrm{i}t\right)\right|^4 \left|\sum_{n\leqslant N} a_n n^{\mathrm{i}t}\right|^2 \mathrm{d}t \ll T^{\varepsilon}(T+T^{\frac{1}{2}}N^2+T^{\frac{3}{4}}N^{\frac{5}{4}})\sum_{n\leqslant N}|a_n|^2 \tag{7.24.5}$$

and

$$\int_0^T \left|\zeta\left(\frac{1}{2}+\mathrm{i}t\right)\right|^2 \left|\sum_{m\leqslant M} a_m m^{\mathrm{i}t}\right|^2 \left|\sum_{n\leqslant N} b_n n^{\mathrm{i}t}\right|^2 \mathrm{d}t$$
$$\ll T^{\varepsilon}(T+T^{\frac{1}{2}}M^{\frac{3}{4}}N+T^{\frac{1}{2}}MN^{\frac{1}{2}}+M^{\frac{7}{4}}N^{\frac{3}{2}})\cdot \tag{7.24.6}$$
$$\left(\sum_{m\leqslant M}|a_m|^2\right)\left(\sum_{n\leqslant N}|b_n|^2\right)$$

for $N\leqslant M$. In a similar vein Balasubramanian, Conrey, and Heath-Brown [1] showed that

$$\int_0^T \left|\zeta\left(\frac{1}{2}+\mathrm{i}t\right)\right|^2 \left|\sum_{m\leqslant M} \mu(m)F(m)m^{-\frac{1}{2}-\mathrm{i}t}\right|^2 \mathrm{d}t = CT+O_A\{T(\log T)^{-A}\} \tag{7.24.7}$$

$$C=\sum_{m,n\leqslant M}\frac{\mu(m)\mu(n)}{mn}F(m)\overline{F(n)}(m,n)\left(\log\frac{T(mm,n)^2}{2\pi mn}+2\gamma-1\right)$$

for $M\leqslant T^{\frac{9}{17}-\varepsilon}$, where A is any positive constant, and the function F satisfies $F(x)\ll 1$, $F'(x)\ll x^{-}$. The proof requires Weil's estimate for the Kloosterman sum, if $T^{\frac{1}{2}}\leqslant M\leqslant T^{\frac{9}{17}-\varepsilon}$.

Chapter Ⅷ Ω THEOREMS

8.1. Introduction. The previous chapters have been largely concerned with what we may call O-theorems, i. e. results of the form

$$\zeta(s)=O\{f(t)\},\qquad 1/\zeta(s)=O\{g(t)\}$$

for certain values of σ.

In this chapter we prove a corresponding set of Ω-theorems, i. e. results of the form

$$\zeta(s)=\Omega\{\phi(t)\},\qquad 1/\zeta(s)=\Omega\{\psi(t)\}$$

the Ω symbol being defined as the negation of o, so that $F(t)=\Omega\{\phi(t)\}$ *means that the inequality* $|F(t)|>A\phi(t)$ is satisfied for some arbitrarily large values of t.

If, for a given function $F(t)$, we have both

$$F(t)=O\{f(t)\},\qquad F(t)=\Omega\{f(t)\}$$

we may say that the order of $F(t)$ is determined, and the only remaining question is that of the actual constants involved.

For $\sigma>1$, the problems of $\zeta(\sigma+\mathrm{i}t)$ and $1/\zeta(\sigma+\mathrm{i}t)$ are both solved. For $\frac{1}{2}\leqslant\sigma\leqslant 1$ there remains a considerable gap between the O-results of Chapters V ~ VI and the Ω-results of the present chapter. We shall see later that, on the Riemann hypothesis, it is the Ω-results which represent the real truth, and the O-results which fall short of it. We are always more successful with Ω-theorems. This is perhaps not surprising, since an O-result is a statement about all large values of t, an Ω-result about some indefinitely large values only.

8.2. The first Ω results were obtained by means of Diophantine approximation, i. e. the approximate solution in integers of given equations. The following two theorems are used.

Dirichlet's Theorem. *Given* N *real numbers* $a_1,a_2,\cdots,a_N$, *a positive integer* q, *and a positive number* t_0, *we can find a number* t *in the range*

$$t_0\leqslant t\leqslant t_0q^N \tag{8.2.1}$$

and integers $x_1,x_2,\cdots,x_N$, *such that*

$$|ta_n-x_n|\leqslant 1/q\quad(n=1,2,\cdots,N) \tag{8.2.2}$$

The proof is based on an argument which was introduced and employed extensively by Dirichlet. This argument, in its simplest form, is that, if there are $m+1$ points in m regions, there must be at least one region which contains at least two points.

Consider the N-dimensional unit cube with a vertex at the origin and edges along the coordinate axes. Divide each edge into q

equal parts, and thus the cube into q^N equal compartments. Consider the q^N+1 points, in the cube, congruent (mod 1) to the points $(ua_1, ua_2, \cdots, ua_N)$, where $u=0$, t_0, $2t_1, \cdots, q^N t_0$. At least two of these points must lie in the same compartment. If these two points correspond to $u=u_1$, $u=u_2$ $(u_1<u_2)$, then $t=u_2-u_1$ clearly satisfies the requirements of the theorem.

The theorem may be extended as follows. Suppose that we give u the values 0, t_0, $2t_0, \cdots, mq^N t_0$. We obtain mq^N+1 points, of which one compartment must contain at least $m+1$. Let these points correspond to $u=u_1, \cdots, u_{m+1}$. Then $t=u_2-u_1, \cdots, u_m-u_1$, all satisfy the requirements of the theorem.

We conclude that the interval $(t_0, mq^N t_0)$ contains at least m solutions of the inequalities (8.2.2), any two solutions differing by at least t_0.

8.3. Kronecker's Theorem. *Let $a_1, a_2, \cdots, a_N$ be linearly independent real numbers, i.e. numbers such that there is no linear relation*

$$\lambda_1 a_1 + \cdots + \lambda_N a_N = 0$$

in which the coefficients $\lambda_1, \cdots$ are integers not all zero. Let $b_1, \cdots, b_N$ be any real numbers, and q a given positive number. Then we can find a number t and integers $x_1, \cdots, x_N$, such that

$$|ta_n - b_n - x_n| \leqslant 1/q \quad (n=1,2,\cdots,N) \tag{8.3.1}$$

If all the numbers b_n are 0, the result is included in Dirichlet's theorem. In the general case, we have to suppose the a_n linearly independent; for example, if the a_n are all zero, and the b_0 are not all integers, there is in general no t satisfying (8.3.1). Also the theorem assigns no upper bound for the number t such as the q^N of Dirichlet's theorem. This makes a considerable difference to the results which can be deduced from the two theorems.

Many proofs of Kronecker's theorem are known.[①] The following is due to Bohr (15).

We require the following lemma:

Lemma. *If* $\phi(x)$ *is positive and continuous for* $a \leqslant x \leqslant b$, *then*

$$\lim_{n\to\infty}\left\{\int_a^b \{\phi(x)^n \,\mathrm{d}x\}^{1/n}\right\} = \max_{a\leqslant x\leqslant b}\phi(x)$$

A similar result holds for an integral in any number of dimensions.

Let $M = \max\phi(x)$. Then

$$\left\{\int_a^b \{\phi(x)\}^n \mathrm{d}x\right\}^{1/n} \leqslant \{(b-a)M^n\}^{1/n} = (b-a)^{1/n}M$$

Also, given ϵ, there is an interval, (α,β) say, throughout which

$$\phi(x) \geqslant M - \epsilon$$

Hence

$$\left\{\int_a^b \{\phi(x)\}^n \mathrm{d}x\right\}^{1/n} \geqslant \{(\beta-\alpha)(M-\epsilon)^n\}^{1/n} = (\beta-\alpha)^{1/n}(M-\epsilon)$$

and the result is clear. A similar proof holds in the general case.

Proof of Kronecker's theorem. It is sufficient to prove that we can find a number t such that each of the numbers

$$\mathrm{e}^{2\pi\mathrm{i}(a_n t - b_n)} \quad (n = 1, 2, \cdots, N)$$

differs from 1 by less than a given ϵ; or, if

$$F(t) = 1 + \sum_{n=1}^{N} \mathrm{e}^{2\pi\mathrm{i}(a_n t - b_n)}$$

that the upper bound of $|F(t)|$ for real values of t is $N+1$. Let us denote this upper bound by L. Clearly $L \leqslant N+1$.

Let

$$G(\phi_1, \phi_2, \cdots, \phi_N) = 1 + \sum_{n=1}^{N} \mathrm{e}^{2\pi\mathrm{i}\phi_n}$$

---

① Bohr (15)(16), Bohr and Jessen (3), Estermann (3), Lettenmeyer (1).

where the numbers $\phi_1, \phi_2, \cdots, \phi_N$ are independent real variables, each lying in the interval $(0,1)$. Then the upper bound of $|G|$ is $N+1$, this being the value of $|G|$ when $\phi_1 = \phi_2 = \cdots = \phi_N = 0$.

We consider the polynomial expansions of $\{F(t)\}^k$ and $\{G(\phi_1, \cdots, \phi_N)\}^k$, where k is an arbitrary positive integer; and we observe that each of these expansions contains the same number of terms. For, the numbers $a_1, a_2, \cdots, a_N$ being linearly independent, no two terms in the expansion of $\{F(t)\}^k$ fall together. Also the moduli of corresponding terms are equal. Thus if

$$\{G(\phi_1, \cdots, \phi_N)\}^k = 1 + \sum C_q e^{2\pi i(\lambda_{q,1}\phi_1 + \cdots + \lambda_{q,N}\phi_N)}$$

then

$$\{F(t)\}^k = 1 + \sum C_q e^{2\pi i\{\lambda_{q,1}(a_1 t - b_1) + \cdots + \lambda_{q,N}(a_N t - b_N)\}}$$
$$= 1 + \sum C_q e^{2\pi i(a_q t - \beta_q)}$$

say. Now the mean values

$$F_k = \lim_{T \to \infty} \frac{1}{2T} \int_{-T}^{T} |F(t)|^{2k} dt$$

and

$$G_k = \int_0^1 \int_0^1 \cdots \int_0^1 |G(\phi_1, \cdots, \phi_N)|^{2k} d\phi_1 \cdots d\phi_N$$

are equal, each being equal to

$$1 + \sum C_q^2$$

This is easily seen in each case on expressing the squared modulus as a product of conjugates and integrating term by term.

Since $N+1$ is the upper bound of $|G|$, the lemma gives

$$\lim_{T \to \infty} G_k^{1/2k} = N+1$$

Hence also

$$\lim_{T \to \infty} F_k^{1/2k} = N+1$$

But plainly

$$F_k^{1/2k} \leqslant L$$

for all values of k. Hence $L \geqslant N+1$, and so in fact $L = N+1$. This proves the theorem.

8.4. Theorem 8.4. *If* $\sigma > 0$, *then*

$$|\zeta(s)| \leqslant \zeta(\sigma) \tag{8.4.1}$$

for all values of t, *while*

$$|\zeta(s)| \geqslant (1-\epsilon)\zeta(\sigma) \tag{8.4.2}$$

for some indefinitely large values of t.

We have

$$|\zeta(s)| = \left|\sum_{n=1}^{\infty} n^{-s}\right| \leqslant \sum_{n=1}^{\infty} n^{-\sigma} = \zeta(\sigma)$$

so that the whole difficulty lies in the second part. To prove this we use Dirichlet's theorem. For all values of N

$$\zeta(s) = \sum_{n=1}^{N} n^{-\sigma} e^{-it\log n} + \sum_{n=N+1}^{\infty} n^{-\sigma-it}$$

and hence (the modulus of the first sum being not less than its real part)

$$|\zeta(s)| \geqslant \sum_{n=1}^{N} n^{-\sigma}\cos(t\log n) - \sum_{n=N+1}^{\infty} n^{-\sigma} \tag{8.4.3}$$

By Dirichlet's theorem there is a number $t(t_0 \leqslant t \leqslant t_0 q^N)$ and integers $x_1, \cdots, x_N$, such that, for given N and $q(q \geqslant 4)$

$$\left|\frac{t\log n}{2\pi} - x_n\right| \leqslant \frac{1}{q} \quad (n = 1, 2, \cdots, N)$$

Hence $\cos(t\log n) \geqslant \cos(2\pi/q)$ for these values of n, and so

$$\sum_{n=1}^{N} n^{-\sigma}\cos(t\log n) \geqslant \cos(2\pi/q)\sum_{n=1}^{N} n^{-\sigma} > \cos(2\pi/q)\zeta(\sigma) - \sum_{n=N+1}^{\infty} n^{-\sigma}$$

Hence by (8.4.3)

$$|\zeta(s)| \geqslant \cos(2\pi/q)\zeta(\sigma) - 2\sum_{N+1}^{\infty} n^{-\sigma}$$

Now

$$\zeta(\sigma) = \sum_{n=1}^{\infty} n^{-\sigma} > \int_1^{\infty} u^{-\sigma} du = \frac{1}{\sigma - 1}$$

and

$$\sum_{N+1}^{\infty} n^{-\sigma} < \int_N^{\infty} u^{-\sigma} du = \frac{N^{1-\sigma}}{\sigma - 1}$$

Hence

$$|\zeta(s)| \geqslant \{\cos(2\pi/q) - 2N^{1-\sigma}\}\zeta(\sigma) \qquad (8.4.4)$$

and the result follows if q and N are large enough.

Theorem (8.4) (A). *The function $\zeta(s)$ is unbounded in the open region*

$$\sigma > 1,\ t > \delta > 0$$

This follows at once from the previous theorem, since the upper bound $\zeta(\sigma)$ of $\zeta(s)$ itself tends to infinity as $\sigma \to 1$.

Theorem 8.4 (B). *The function $\zeta(1+it)$ is unbounded as $t \to \infty$.*

This follows from the previous theorem and the theorem of Phragmén and Lindelöf. Since $\zeta(2+it)$ is bounded, if $\zeta(1+it)$ were also bounded $\zeta(s)$ would be bounded throughout the half-strip $1 \leqslant \sigma \leqslant 2$, $t > \delta$; and this is false, by the previous theorem.

8.5. Dirichlet's theorem also gives the following more precise result. ①

Theorem 8.5. *However large t_1 may be, there are values of s in the region $\sigma > 1$, $t > t_1$, for which*

$$|\zeta(s)| > A \operatorname{loglog} t \qquad (8.5.1)$$

Also

$$\zeta(1+it) = \Omega(\operatorname{loglog} t) \qquad (8.5.2)$$

Take $t_0 = 1$ and $q = 6$ in the proof of Theorem 8.4. Then (8.4.4) gives

$$|\zeta(s)| \geqslant \left(\frac{1}{2} - 2N^{1-\sigma}\right)/(\sigma - 1) \qquad (8.5.3)$$

for a value of t between 1 and 6^N. We choose N to be the integer next above $8^{1/(\sigma-1)}$. Then

$$|\zeta(s)| \geqslant \frac{1}{4(\sigma-1)} \geqslant \frac{\log(N-1)}{4\log 8} > A\log N \qquad (8.5.4)$$

for a value of t such that $N > A\log t$. The required inequality

---

① Bohr and Landau (1).

(8.5.1) then follows from (8.5.4). It remains only to observe that the value of t in question must be greater than any assigned t_1, if $\sigma - 1$ is sufficiently small; otherwise it would follow from (8.5.3) that $\zeta(s)$ was unbounded in the region $\sigma > 1$, $1 < t \leqslant t_1$; and we know that $\zeta(s)$ is bounded in any such region.

The second part of the theorem now follows from the first by the Phragmén-Lindelöf method. Consider the function

$$f(s) = \frac{\zeta(s)}{\log\log s}$$

the branch of loglog s which is real for $s > 1$, and is restricted to $|s| > 1$, $\sigma > 0$, $t > 0$ being taken. Then $f(s)$ is regular for $1 \leqslant \sigma \leqslant 2$, $t > \delta$. also $|\log\log s| \sim \log\log t$ as $t \to \infty$, uniformly with respect to σ in the strip. Hence $f(2 + \mathrm{i}t) \to 0$ as $t \to \infty$, and so, if $f(1 + \mathrm{i}t) \to 0$, $f(s) \to 0$ uniformly in the strip.① This contradicts (8.5.1), and so (8.5.2) follows.

It is plain that arguments similar to the above may be applied to all Dirichlet series, with coefficients of fixed sign, which are not absolutely convergent on their line of convergence. For example, the series for log $\zeta(s)$ and its differential coefficients are of this type. The result for log $\zeta(s)$ is, however, a corollary of that for $\zeta(s)$, which gives at once

$$|\log \zeta(s)| > \log\log\log t - A$$

for some indefinitely large values of t in $\sigma > 1$. For the nth differential coefficient of log $\zeta(s)$ the result is that

$$\left|\left(\frac{\mathrm{d}}{\mathrm{d}s}\right)^n \log \zeta(s)\right| > A_n (\log\log t)^n$$

for some indefinitely large values of t in $\sigma > 1$.

8.6. We now turn to the corresponding problems② for $1/\zeta(s)$.

---

① See e.g. my *Theory of Function*, § 5.63, with the angle transformed into a strip.

② Bohr and Landau (7).

We cannot apply the argument depending on Dirichlet's theorem to this function, since the coefficients in the series

$$\frac{1}{\zeta(s)}=\sum_{n=1}^{\infty}\frac{\mu(n)}{n^s}$$

are not all of the same sign; nor can we argue similarly with Kronecker's theorem, since the numbers $(\log n)/2\pi$ are not linearly independent. Actually we consider $\log\zeta(s)$, which depends on the series $\sum p^{-s}$, to which Kronecker's theorem can be applied.

Theorem 8.6. *The function* $1/\zeta(s)$ *is unbounded in the open region* $\sigma>1$, $t>\delta>0$.

We have for $\sigma\geqslant 1$

$$\left|\log\zeta(s)-\sum_p\frac{1}{p^s}\right|=\left|\sum_p\sum_{m=2}^{\infty}\frac{1}{mp^{ms}}\right|\leqslant\sum_p\sum_{m=2}^{\infty}\frac{1}{p^m}$$
$$=\sum_p\frac{1}{p(p-1)}=A$$

Now

$$\mathbf{R}\left(\sum_p\frac{1}{p^s}\right)=\sum_{n=1}^{\infty}\frac{\cos(t\log p_n)}{p_n^\sigma}\leqslant\sum_{n=1}^{N}\frac{\cos(t\log p_n)}{p_n^\sigma}+\sum_{n=N+1}^{\infty}\frac{1}{p_n^\sigma}$$

Also *the numbers* $\log p_n$ *are linearly independent*. For it follows from the theorem that an integer can be expressed as a product of prime factors in one way only, that there can be no relation of the form

$$p_1^{\lambda_1}p_2^{\lambda_2}\cdots p_N^{\lambda_N}=1$$

where the λ's are integers, and therefore no relation of the form

$$\lambda_1\log p_1+\cdots+\lambda_N\log p_N=0$$

Hence also the numbers $(\log p_n)/2\pi$ are linearly independent. It follows therefore from Kronecker's theorem that we can find a number t and integers $x_1,\cdots,x_N$ such that

$$\left|t\frac{\log p_n}{2\pi}-\frac{1}{2}-x_n\right|\leqslant\frac{1}{6}\quad(n=1,2,\cdots,N)$$

or

$$|t\log p_n-\pi-2\pi x_n|\leqslant\frac{1}{3}\pi\quad(n=1,2,\cdots,N)$$

Hence for these values of n

$$\cos(t\log p_n) = -\cos(t\log p_n - \pi - 2\pi x_n) \leqslant -\cos\frac{1}{4}\pi = -\frac{1}{2}$$

and hence

$$\mathbf{R}\left(\sum_p \frac{1}{p^s}\right) \leqslant -\frac{1}{2}\sum_{n=1}^{N}\frac{1}{p_n^\sigma} + \sum_{n=N+1}^{\infty}\frac{1}{p_n^\sigma}$$

Since $\sum p_n^{-1}$ is divergent, we can, if H is any assigned positive number, choose σ so near to 1 that $\sum p_n^{-\sigma} > H$. Having fixed σ, we can choose N so large that

$$\sum_{n=1}^{N} p_n^{-\sigma} > \frac{3}{4}H, \qquad \sum_{n=N+1}^{\infty} p_n^{-\sigma} < \frac{1}{4}H$$

Then

$$\mathbf{R}\left(\sum_p p^{-s}\right) < -\frac{3}{8}H + \frac{1}{4}H = -\frac{1}{8}H$$

Since H may be as large as we please, it follows that $\mathbf{R}(\sum p^{-s})$, and so $\log|\zeta(s)|$, takes arbitrarily large negative values. This proves the theorem.

Theorem 8.6 (A). *The function* $1/\zeta(1+it)$ *is unbounded as* $t\to\infty$.

This follows from the previous theorem in the same way as Theorem 8.4 (B) from Theorem 8.4 (A).

We cannot, however, proceed to deduce an analogue of Theorem 8.5 for $1/\zeta(s)$. In proving Theorem 8.5, each of the numbers $\cos(t\log n)$ has to be made as near as possible to 1, and this can be done by Dirichlet's theorem. In Theorem 8.6, each of the numbers $\cos(t\log p_n)$ has to be made as near as possible to -1, and this requires Kronecker's theorem. Now Theorem 8.5 dependson the fact that we can assign an upper limit to the number t which satisfies the conditions of Dirichlet's theorem. Since there is no such upper limit in Kronecker's theorem, the corresponding argument for $1/\zeta(s)$ fails. We shall see later that the analogue of Theorem 8.5 is in fact true, but it requires a much more elaborate proof.

8.7 Before proceeding to these deeper theorems, we shall give another method of proving some of the above results.① This method deals directly with integrals of high powers of the functions in question, and so might be described as a short cut which avoids explicit use of Diophantine approximation.

We write

$$M\{|f(s)|^2\}=\lim_{T\to\infty}\frac{1}{2T}\int_{-T}^{T}|f(\sigma+it)|^2\mathrm{d}t$$

and prove the following lemma.

Lemma. *Let*

$$g(s)=\sum_{m=1}^{\infty}\frac{b_m}{m^s},\quad h(s)=\sum_{n=1}^{\infty}\frac{c_n}{n^s}$$

be absolutely convergent for a given value of σ, *and let every* m *with* $b_m\neq 0$ *be prime to every* n *with* $c_n\neq 0$. *Then for such* σ

$$M\{|g(s)h(s)|^2\}=M\{|g(s)|^2\}M\{|h(s)|^2\}$$

By Theorem 7.1

$$M\{|g(s)|^2\}=\sum_{m=1}^{\infty}\frac{|b_m|^2}{m^{2\sigma}},\quad M\{|h(s)|^2\}=\sum_{n=1}^{\infty}\frac{|c_n|^2}{n^{2\sigma}}$$

Now

$$g(s)h(s)=\sum_{r=1}^{\infty}\frac{d_r}{r^s}$$

where each term $d_r r^{-s}$ is the product of two terms $b_m m^{-s}$ and $c_n n^{-s}$. Hence

$$M\{|g(s)h(s)|^2\}=\sum_{r=1}^{\infty}\frac{|d_r|^2}{r^{2\sigma}}=\sum\sum\frac{|b_m c_n|^2}{(mn)^{2\sigma}}$$
$$=M\{|g(s)|^2\}M\{|h(s)|^2\}$$

We can now prove the analogue for $1/\zeta(s)$ of Theorem 8.4.

Theorem 8.7. *If* $\sigma>1$, *then*

① Bohr and Landau (7).

$$\left|\frac{1}{\zeta(s)}\right| \leqslant \frac{\zeta(\sigma)}{\zeta(2\sigma)} \tag{8.7.1}$$

for all values of t, while

$$\left|\frac{1}{\zeta(s)}\right| \geqslant (1-\epsilon)\frac{\zeta(\sigma)}{\zeta(2\sigma)} \tag{8.7.2}$$

for some indefinitely large values of t.

We have, for $\sigma > 1$

$$\left|\frac{1}{\zeta(s)}\right| = \left|\sum_{n=1}^{\infty}\frac{\mu(n)}{n^s}\right| \leqslant \sum_{n=1}^{\infty}\frac{|\mu(n)|}{n^\sigma}$$

Since

$$\sum_{n=1}^{\infty}\frac{\mu(n)}{n^s} = \prod_p\left(1-\frac{1}{p^s}\right)$$

we have also

$$\sum_{n=1}^{\infty}\frac{\mu(n)}{n^\sigma} = \prod_p\left(1-\frac{1}{p^\sigma}\right) = \prod_p\left(\frac{1-p^{-2\sigma}}{1-p^{-\sigma}}\right) = \frac{\zeta(\sigma)}{\zeta(2\sigma)}$$

and the first part follows.

To prove the second part, write

$$\frac{1}{\zeta(s)} = \prod_{n=1}^{N}\left(1-\frac{1}{p_n^s}\right)\eta_N(s)$$

$$\frac{1}{\{\zeta(s)\}^k} = \prod_{n=1}^{N}\left(1-\frac{1}{p_n^s}\right)^k\{\eta_N(s)\}^k$$

By repeated application of the lemma it follows that

$$M\left\{\frac{1}{|\zeta(s)|^{2k}} = \right\}\prod_{n=1}^{N}M\left\{\left|\left(1-\frac{1}{p_n^s}\right)\right|^{2k}\right\}M\{|\eta_N(s)|^{2k}\}$$

Now, for every p

$$M\left\{\left|1-\frac{1}{p^s}\right|^{2k}\right\} = \frac{\log p}{2\pi}\int_0^{2\pi/\log p}\left|1-\frac{1}{p^s}\right|^{2k}\mathrm{d}t$$

since the integrand is periodic with period $2\pi/\log p$; and

$$M\{|\eta_N(s)|^{2k}\} \geqslant 1$$

since the Dirichlet series for $\{\eta_N(s)\}^k$ begins with $1+\cdots$ Hence

$$M\left\{\frac{1}{|\zeta(s)|^{2k}}\right\} \geqslant \prod_{n=1}^{N}\frac{\log p}{2\pi}\int_0^{2\pi/\log p_n}\left|1-\frac{1}{p_n^s}\right|^{2k}\mathrm{d}t$$

Now

$$\lim_{k\to\infty}\left\{\int_0^{2\pi/\log p}\left|1-\frac{1}{p^s}\right|^{2k}\mathrm{d}t\right\}^{1/2k}=\max_{0\leqslant t\leqslant 2\pi/\log p}\left|1-\frac{1}{p^s}\right|=1+\frac{1}{p^\sigma}$$

Hence

$$\frac{\lim}{k\to\infty}\left[M\left\{\frac{1}{|\zeta(s)|^{2k}}\right\}\right]^{1/2k}\geqslant\prod_{n=1}^{N}\left(1+\frac{1}{p_n^\sigma}\right)$$

Since the left-hand side is independent of N, we can make $N\to\infty$ on the right, and obtain

$$\frac{\lim}{k\to\infty}\left[M\left\{\frac{1}{|\zeta(s)|^{2k}}\right\}\right]^{1/2k}\geqslant\frac{\zeta(\sigma)}{\zeta(2\sigma)}$$

Hence to any ϵ corresponds a k such that

$$\left[M\left\{\frac{1}{|\zeta(s)|^{2k}}\right\}\right]^{1/2k}>(1-\epsilon)\frac{\zeta(\sigma)}{\zeta(2\sigma)}$$

and (8. 7. 2) now follows.

Since $\zeta(\sigma)/\zeta(2\sigma)\to\infty$ as $\sigma\to 1$, this also gives an alternative proof of Theorem 8. 6

It is easy to see that a similar method can be used to prove Theorem 8. 4 (A). It is also possible to prove Theorems 8. 4 (B) and 8. 6 (A) directly by this method without using the Phragmén-Lindelöf theorem. This, however, requires an extension of the general mean-value theorem for Dirichlet series.

8. 8. Theorem 8. 8. [①] *However large t_0 may be, there are values of s in the region $\sigma>1$, $t>t_0$ for which*

$$\left|\frac{1}{\zeta(s)}\right|>A\log\log t$$

Also

$$\frac{1}{\zeta(1+\mathrm{i}t)}=\Omega(\log\log t)$$

As in the case of Theorem 8. 5, it is enough to prove the first part. We first prove some lemmas. The object of these lemmas is to supply, for the particular case in hand, what Kronecker's

① Bohr and Landau (7).

theorem lacks in the general case, viz. an upper bound for the number t which satisfies the conditions (8.3.1).

Lemma α. *If m and n ard different positive integers*

$$\left|\log \frac{m}{n}\right| > \frac{1}{\max(m, n)}$$

For if $m < n$

$$\log \frac{n}{m} \geqslant \log \frac{n}{n-1} = \frac{1}{n} + \frac{1}{2} \times \frac{1}{n^2} + \cdots > \frac{1}{n}$$

Lemma β. *If $p_1, \cdots, p_N$ are the first N primes, and $\mu_1, \cdots, \mu_N$ are integers, not all 0 (not necessarily positive), then*

$$\left|\log \prod_{n=1}^{N} p_n^{\mu_n}\right| > p_N^{-\mu N} \quad (\mu = \max|\mu_n|)$$

For $\prod_{n=1}^{N} p_n^{\mu_n} = u/v$, where

$$u = \prod_{\mu_n > 0} p_n^{\mu_n}, \qquad v = \prod_{\mu_n < 0} p_n^{\mu_n}$$

and u and v, being mutually prime, are different. Also

$$\max(u, v) \leqslant \prod_{n=1}^{N} p_n^{\mu} \leqslant p_{N^\mu}^{N}$$

and the result follows form Lemma α.

Lemma γ. *The number of solutions in positive or zero integers of the equation*

$$v_0 + v_1 + \cdots + v_k = k$$

does not exceed $(k+1)^N$.

For $N=1$ the number of solutions is $k+1$, so that the theorem holds. Suppose that it holds for any given N. Then for given v_{N+1} the number of solutions of

$$v_0 + v_1 + \cdots + v_N = k - v_{N+1}$$

does not exceed $(k - v_{N+1} + 1)^N \leqslant (k+1)^N$; and v_{N+1} can take $k+1$ values. Hence the total number of solutions is $\leqslant (k+1)^{N+1}$, whence the result.

Lemma δ. *For $N > A$, there exits a t satisfying $0 \leqslant t \leqslant$* $\exp(N^6)$ *for which*

$$\cos(t\log p_n) < -1+\frac{1}{N} \quad (n \leqslant N)$$

Let $N>1$, $k>1$. Then

$$\left(\sum_{n=0}^{N} x_n\right)^k = \sum c(v_0,\cdots,v_N)x_0^{v_0}\cdots x_N^{v_N}$$

where

$$c(v_0,\cdots,v_N)=\frac{k!}{v_0!\ \cdots v_N!},\qquad \sum v_n = k$$

The number of distinct terms in the expansion is at most $(k+1)^N < k^{2N}$, by Lemma γ. Hence

$$\left(\sum c\right)^2 \leqslant \sum c^2 \sum 1 < k^{2N} \sum c^2$$

so that

$$\sum c^2 > k^{-2N}\left(\sum c\right)^2 = k^{-2N}(N+1)^{2k}$$

Let

$$F(t) = 1 - \sum_{n=1}^{N} e^{it\log p_n}$$

so that

$$\{F(t)\}^k = \sum c(v_0,\cdots,v_N)(-1)^{v_1+\cdots+v_N}\exp\left(it\sum_1^N v_n \log p_n\right)$$

$$\{F(t)\}^{2k} = \sum_{v,v'}\sum cc'(-1)^{\sum v_n+\cdots+\sum v'_n}\exp\left\{it\sum_n (v_n - v'_n)\log p_n\right\}$$

$$= \sum\nolimits_1 + \sum\nolimits_2$$

where $\sum_1$ is taken over values of (v, v') for which $v_1 = v'_1$, $v_2 = v'_2, \cdots$, and $\sum_2$ over the remainder. Now

$$\frac{1}{T}\int_0^T e^{i\alpha t}\,dt = 1 \quad (\alpha = 0)$$

$$\left|\frac{1}{T}\int_0^T e^{i\alpha t}\,dt\right| = \left|\frac{e^{i\alpha T}-1}{i\alpha T}\right| \leqslant \frac{2}{|\alpha| T} \quad (\alpha \neq 0)$$

Hence

$$\frac{1}{T}\int_0^T |F(t)|^{2k}\,dt \geqslant \sum\nolimits_1 c^2 - \sum\nolimits_2 \frac{2cc'}{\left|\sum (v_n - v'_n)\log p_n\right| T}$$

By Lemma β, since the numbers $v_n - v'_n$ are not all 0

$$\left|\sum(v_n - v'_n)\log p_n\right| = \left|\log\prod_{n=1}^{N} p_n^{(v_n - v'_n)}\right| > p_N^{-N\max|v_n - v'_n|} \geqslant p_N^{-kN}$$

Hence

$$\frac{1}{T}\int_0^T |F(t)|^{2k}\mathrm{d}t \geqslant \sum c^2 - \frac{2p_N^{kN}}{T}\sum\sum cc'$$

$$\geqslant k^{-2N}\left(\sum c\right)^2 - \frac{2p_N^{kN}}{T}\left(\sum c\right)^2$$

$$= \left(k^{-2N} - \frac{2p_N^{kN}}{T}\right)(N+1)^{2k}$$

In this we take $k = N^4$, $T = \mathrm{e}^{N^6}$, and obtain, for $N > A$

$$k^{-2N} - \frac{2p_N^{kN}}{T} = N^{-8N} - 2\left(\frac{p_N}{\mathrm{e}^N}\right)^{kN} > \mathrm{e}^{-N^3/(N+1)}$$

Hence

$$\left\{\frac{1}{T}\int_0^T |F(t)|^{2k}\mathrm{d}t\right\}^{1/2k} \geqslant (N+1)\mathrm{e}^{-1/\{2N(N+1)\}} > N + 1 - \frac{1}{2N}$$

Hence there is a t in $(0, \mathrm{e}^{N^6})$ such that

$$|F(t)| > N + 1 - \frac{1}{2N}$$

Suppose, however, that $\cot(t\log p_n) \geqslant -1 + 1/N$ for some value of n. Then

$$|F(t)| \leqslant N - 1 + |1 - \mathrm{e}^{it\log p_n}|$$

$$= N - 1 + \sqrt{2}(1 - \cos t\log p_n)^{\frac{1}{2}}$$

$$\leqslant N - 1 + \sqrt{2}\left(2 - \frac{1}{N}\right)^{\frac{1}{2}}$$

$$\leqslant N + 1 - \frac{1}{2N}$$

We can now prove Theorem 8.8. As in § 8.6, for $\sigma > 1$

$$\log\frac{1}{|\zeta(s)|} = -\sum\frac{\cos(t\log p_n)}{p_n^{\sigma}} + O(1)$$

Let now N be large, $t = t(N)$ the number of Lemma δ, $\delta = 1/\log N$, and $\sigma = 1 + \delta$. Then

$$\log\frac{A}{|\zeta(s)|}=-\sum\frac{\cos(t\log p_n)}{p_n^\sigma}$$

$$\geqslant\left(1-\frac{1}{N}\right)\sum_1^N\frac{1}{p_n^\sigma}-\sum_{N+1}^\infty\frac{1}{p_n^\sigma}$$

$$>\left(1-\frac{1}{N}\right)\sum\frac{1}{p^\sigma}-2\sum_{N+1}^\infty\frac{1}{p_n^\sigma}$$

$$>\left(1-\frac{1}{N}\right)\{\log\zeta(\sigma)-A\}-2\sum_{N+1}^\infty\frac{1}{(An\log n)^\sigma}$$

$$>\left(1-\frac{1}{N}\right)\left(\log\frac{1}{\delta}-A\right)-\frac{A}{\log N}\sum_{N+1}^\infty\frac{1}{n^\sigma}$$

$$\log\frac{A\delta}{|\zeta(s)|}>-A-\frac{1}{N}\log\frac{1}{\delta}-\frac{A}{\log N}\times\frac{N^{1-\sigma}}{\sigma-1}>-A$$

$$\frac{1}{|\zeta(s)|}>\frac{A}{\delta}=A\log N>A\log\log t$$

The number $t=t(N)$ evidently tends to infinity with N, since $1/\zeta(s)$ is bounded in $|t|\leqslant A$, $\sigma\leqslant 1$, and the proof is completed.

8.9. In Theorem 8.5 and 8.8 we have proved that each of the inequalities

$$|\zeta(1+\mathrm{i}t)|>A\log\log t,\qquad 1/|\zeta(1+\mathrm{i}t)|>A\log\log t$$

is satisfied for some arbitrarily large values of t, if A is a suitable constant. We now consider the question how large the constant can be in the two cases.

Since neither $|\zeta(1+\mathrm{i}t)|/\log\log t$ nor $|\zeta(1+\mathrm{i}t)|^{-1}/\log\log t$ is known to be bounded, the question of the constants might not seem to be of much interest. But we shall see later that on the Riemann hypothesis they are both bounded; in fact if

$$\lambda=\overline{\lim_{t\to\infty}}\frac{|\zeta(1+\mathrm{i}t)|}{\log\log t},\quad \mu=\overline{\lim_{t\to\infty}}\frac{1/|\zeta(1+\mathrm{i}t)|}{\log\log t}\tag{8.9.1}$$

then, on the Riemann hypothesis

$$\lambda\leqslant 2\mathrm{e}^\gamma,\quad \mu\leqslant\frac{12}{\pi^2}\mathrm{e}^\gamma\tag{8.9.2}$$

where γ is Euler's constant.

There is therefore a certain interest in proving the following results.[①]

Theorem 8.9 (A)

$$\overline{\lim_{t\to\infty}}\frac{|\zeta(1+it)|}{\log\log t}\geqslant e^{\gamma}$$

Theorem 8.9 (B)

$$\overline{\lim_{t\to\infty}}\frac{1/|\zeta(1+it)|}{\log\log t}\geqslant \frac{6}{\pi^2}e^{\gamma}$$

Thus on the Riemann hypothesis it is only a factor 2 which remains in doubt in each case.

We first prove some identities and inequalities. As in §7.19, if

$$F_k(s)=\sum_{n=1}^{\infty}\frac{d_k^2(n)}{n^s}\quad(\sigma>1)\tag{8.9.3}$$

and

$$f_k(x)=\sum_{m=0}^{\infty}\left\{\frac{(k+m-1)!}{(k-1)!\ m!}\right\}^2x^m\tag{8.9.4}$$

then

$$F_k(s)=\prod_p f_k(p^{-s})\tag{8.9.5}$$

Now for real x

$$\begin{aligned}f_k(x)&=\frac{1}{2\pi}\int_{-\pi}^{\pi}\left|\sum_{m=0}^{\infty}\frac{(k+m-1)!}{(k-1)!\ m!}x^{\frac{1}{2}m}e^{im\phi}\right|^2d\phi\\&=\frac{1}{\pi}\int_0^{\pi}\frac{d\phi}{|1-x^{\frac{1}{2}}e^{i\phi}|^{2k}}\\&=\frac{1}{\pi}\int_0^{\pi}\frac{d\phi}{(1-2\sqrt{x}\cos\phi+x)^k}\end{aligned}\tag{8.9.6}$$

Using the familiar formula

$$P_n(z)=\frac{1}{\pi}\int_0^{\pi}\frac{d\phi}{\{z-\sqrt{(z^2-1)}\cos\phi\}^{n+1}}\tag{8.9.7}$$

for the Legendre polynomial fo degree n, we see that

---

① Littlewood (5)(6), Titchmarsh (4)(14).

$$f_k(x)=\frac{1}{(1-x)^k}P_{k-1}\left(\frac{1+x}{1-x}\right) \tag{8.9.8}$$

Naturally this identity holds also for complex x; it gives

$$F_k(s)=\prod_p \frac{1}{(1-p^{-s})^k}P_{k-1}\left(\frac{1+p^{-s}}{1-p^{-s}}\right)=\zeta^k(s)\prod_p P_{k-1}\left(\frac{1+p^{-s}}{1-p^{-s}}\right) \tag{8.9.9}$$

A similar set of formulae holds for $1/\zeta(s)$. We have

$$\frac{1}{\{\zeta(s)\}^k}=\prod_p\left(1-\frac{1}{p^s}\right)^k$$
$$=\prod_p\left(1-\frac{k}{p^s}+\frac{k(k-1)}{1\times 2}\times\frac{1}{p^{2s}}-\cdots+\frac{(-1)^k}{p^{ks}}\right)$$

Hence

$$\frac{1}{\zeta^k(s)}=\sum_{n=1}^{\infty}\frac{b_k(n)}{n^s} \tag{8.9.10}$$

where the coefficients $b_k(n)$ are determined in an obvious way from the above product. They are integers, but are not all positive.

The form of these coefficients shows that

$$\sum_{n=1}^{\infty}\frac{|b_k(n)|}{n^s}=\prod_p\left(1+\frac{k}{p^s}+\cdots+\frac{1}{p^{ks}}\right)=\prod_p\left(1+\frac{1}{p^s}\right)^k$$
$$=\prod_p\left(1-\frac{1}{p^{2s}}\right)^k\left(1-\frac{1}{p^s}\right)^{-k}=\left\{\frac{\zeta(s)}{\zeta(2s)}\right\} \tag{8.9.11}$$

Again, let

$$G_k(s)=\sum_{n=1}^{\infty}\frac{b_k^2(n)}{n^s} \tag{8.9.12}$$

As in the case of $F_k(s)$

$$G_k(s)=\prod_p\left(1+\frac{k^2}{p^s}+\frac{k^2(k-1)^2}{1^2\times 2^2}\times\frac{1}{p^{2s}}+\cdots+\frac{1}{p^{ks}}\right)=\prod_p g_k(p^{-s}) \tag{8.9.13}$$

say. Now, for real x

$$g_k(x)=\frac{1}{2\pi}\int_{-\pi}^{\pi}\left|\sum_{m=0}^{k}\frac{k!}{m!\ (k-m)!}x^{\frac{1}{2}m}\mathrm{e}^{\mathrm{i}m\phi}\right|^2\mathrm{d}\phi$$
$$=\frac{1}{\pi}\int_0^{\pi}|1+x^{\frac{1}{2}}\mathrm{e}^{\mathrm{i}\phi}|^{2k}\mathrm{d}\phi$$

$$=\frac{1}{\pi}\int_0^{\pi}(1+2x^{\frac{1}{2}}\cos\phi+x)^k\mathrm{d}\phi$$

Comparing this with the formula

$$P_n(z)=\frac{1}{\pi}\int_0^{\pi}\{z+\sqrt{(z^2-1)}\cos\phi\}^n\mathrm{d}\phi$$

we see that[1]

$$g_k(x)=(1-x)^kP_k\left(\frac{1+x}{1-x}\right)\tag{8.9.14}$$

Hence

$$G_k(s)=\prod_p(1-p^{-s})^kP_k\left(\frac{1+p^{-s}}{1-p^{-s}}\right)=\frac{1}{\zeta^k(s)}\prod_pP_k\left(\frac{1+p^{-s}}{1-p^{-s}}\right)$$

We have also the identity

$$F_{k+1}(s)=\zeta^{2k+1}(s)G_k(s)\tag{8.9.15}$$

Again for $0<x<\frac{1}{2}$

$$\begin{aligned}f_k(x)&>\frac{1}{x}\int_0^{\pi/k}\frac{\mathrm{d}\phi}{(1-2\sqrt{x}\cos\phi+x)^k}\\&=\frac{1}{\pi(1-\sqrt{x})^{2k}}\int_0^{\pi/k}\left\{1-\frac{2\sqrt{x}(1-\cos\phi)}{1-2\sqrt{x}\cos\phi+x}\right\}^k\mathrm{d}\phi\\&=\frac{1}{\pi(1-\sqrt{x})^{2k}}\int_0^{\pi/k}\left\{1+O\left(\frac{1}{k^2}\right)\right\}^k\mathrm{d}\phi\\&>\frac{1}{2k(1-\sqrt{x})^{2k}}\end{aligned}\tag{8.9.16}$$

if k is large enough. Hence also

---

[1] This formula is, essentially, Murphy's well-known formula

$$P_k(\cos\theta)=\cos^{2k}\frac{1}{2}\theta F(-k,-k;1;-\tan^2\frac{1}{2}\theta)$$

with $x=-\tan^2\frac{1}{2}\theta$, cf. Hobson, *Spherical and Ellipsoidal Harmonics*, pp. 22, 31.

$$g_k(x)=(1-x)^{2k+1}f_{k+1}(x)>\frac{(1+\sqrt{x})^{2k+1}}{2k+2}>\frac{(1+\sqrt{x})^{2k}}{3k} \tag{8.9.17}$$

for k large enough; and

$$g_k(x)\leqslant\frac{1}{\pi}\int_0^{\pi}(1+\sqrt{x})^{2k}\mathrm{d}\phi=(1+\sqrt{x})^{2k} \tag{8.9.18}$$

for all values of x and k.

8.10. Proof of Theorem 8.9 (A). Let $\sigma>1$. Then

$$\begin{aligned}
&\int_{-T}^{T}\left(1-\frac{|t|}{T}\right)|\zeta(\sigma+\mathrm{i}t)|^{2k}\mathrm{d}t\\
=&\int_{-T}^{T}\left(1-\frac{|t|}{T}\right)\sum_{m=1}^{\infty}\frac{d_k(m)}{m^{\sigma+it}}\sum_{n=1}^{\infty}\frac{d_k(n)}{n^{\sigma-it}}\mathrm{d}t\\
=&\sum_{n=1}^{\infty}\frac{d_k^2(n)}{n^{2\sigma}}\int_{-T}^{T}\left(1-\frac{|t|}{T}\right)\mathrm{d}t+\\
&\sum\sum_{m\neq n}\frac{d_k(m)d_k(n)}{(mn)^{\sigma}}\int_{-T}^{T}\left(1-\frac{|t|}{T}\right)\left(\frac{n}{m}\right)^{it}\mathrm{d}t\\
=&T\sum_{n=1}^{\infty}\frac{d_k^2(n)}{n^{2\sigma}}+\sum\sum_{m\neq n}\frac{d_k(m)d_k(n)}{(mn)^{\sigma}}\times\frac{4\sin^2\{\frac{1}{2}T\log(n/m)\}}{T\log^2(n/m)}\\
\geqslant&T\sum_{n=1}^{\infty}\frac{d_k^2(n)}{n^{2\sigma}}=TF_k(2\sigma)
\end{aligned} \tag{8.10.1}$$

Since (from its original definition) $f_k(p^{-2\sigma}\geqslant 1$ for all values of p

$$F_k(2\sigma)\geqslant\prod_{p\leqslant x}f_k(p^{-2\sigma})\geqslant\prod_{p\leqslant x}\left\{\frac{1}{2k}\left(1-\frac{1}{p^{\sigma}}\right)^{-2k}\right\} \tag{8.10.2}$$

for any positive x and k large enough. Here the number of factors is $\pi(x)<Ax/\log x$. Hence if $x>\sqrt{k}$

$$\prod_{p\leqslant x}\frac{1}{2k}\geqslant\left(\frac{1}{2k}\right)^{Ax/\log x}=\exp\left(-\frac{Ax\log 2k}{\log x}\right)>\mathrm{e}^{-Ax} \tag{8.10.3}$$

Also

$$\log\prod_{p\leqslant x}\frac{1-p^{-\sigma}}{1-p-1}=\sum_{p\leqslant x}\frac{1-p^{-\sigma}}{1-p^{-1}}=\sum_{p\leqslant x}O\left(\frac{1}{p^{\sigma}}-\frac{1}{p}\right)$$

$$= \sum_{p \leqslant x} O\left(\log p \int_1^{\sigma} \frac{\mathrm{d}u}{p^u}\right) = O\left\{(\sigma - 1) \sum_{p \leqslant x} \frac{\log p}{p}\right\}$$

$$= O\{(\sigma - 1)\log x\} \tag{8.10.4}$$

Hence

$$F_k(2\sigma) > \mathrm{e}^{-Ax - Ak(\sigma-1)\log x} \prod_{p \leqslant x} \left(1 - \frac{1}{p}\right)^{-2k}$$

and

$$\left\{\frac{1}{T}\int_{-T}^{T}\left(1 - \frac{|t|}{T}\right) |\zeta(\sigma + \mathrm{i}t)|^{2k} \mathrm{d}t\right\}^{1/2k}$$

$$> \mathrm{e}^{-Ax/k - A(\sigma-1)\log x} \prod_{p \leqslant x}\left(1 - \frac{1}{p}\right)^{-1}$$

$$> \{\mathrm{e}^{\gamma} + o(1)\}\mathrm{e}^{-Ax/k - A(\sigma-1)\log x} \log x$$

as $x \to \infty$, by (3.15.2).

Let $x = \delta k$, where $k^{-\frac{1}{2}} < \delta < 1$, and $\sigma = 1 + \eta/\log k$, where $0 < \eta < 1$. Then the right-hand side is greater than

$$\{\mathrm{e}^{\gamma} + o(1)\}\mathrm{e}^{-A\delta - A\eta}\left(\log k - \log \frac{1}{\delta}\right)$$

Also, if $m_{\sigma,T} \max\limits_{1 \leqslant |t| \leqslant T} |\zeta(\sigma + \mathrm{i}t)|$, the left-hand side does not exceed

$$\left\{\frac{2}{T}\int_0^1\left(1 - \frac{|t|}{T}\right)\left(\frac{2}{\sigma - 1}\right)^{2k}\mathrm{d}t\right\}^{1/2k} + \left\{\frac{2}{T}\int_0^1\left(1 - \frac{|t|}{T}\right)m_{\sigma,T}^{2k}\mathrm{d}t\right\}^{1/2k}$$

$$< \left(\frac{2}{T}\right)^{1/2k}\frac{2}{\sigma - 1} + 2^{1/2k} m_{\sigma,T}$$

Hence

$$m_{\sigma,T} > 2^{-1/2k}\{\mathrm{e}^{\gamma} + o(1)\}\mathrm{e}^{-A\delta - A\eta}\left(\log k - \log \frac{1}{\delta}\right) - \frac{2\log k}{T^{1/2k}\eta}$$

Let $T = \eta^{-4k}$, so that

$$\log\log T = \log k + \log\left(4\log \frac{1}{\eta}\right)$$

Then

$$m_{\sigma,T} > 2^{-1/2k}\{\mathrm{e}^{\gamma} + o(1)\}\mathrm{e}^{-A\delta - A\eta}\left\{\log\log T - \log\left(4\log\frac{1}{\eta}\right) - \log\frac{1}{\delta}\right\} -$$

$$2\eta\left\{\log\log T - \log\left(4\log\frac{1}{\eta}\right)\right\}$$

Giving δ and η arbitrarily small values, and then making $k\to\infty$, i. e. $T\to\infty$, we obtain

$$\overline{\lim}\frac{m_{\sigma,T}}{\log\log T}\geqslant e^{\gamma}$$

where, of course, σ is a function of T.

The result now follows by the Phragmén-Lindelöf method. Let

$$f(s)=\frac{\zeta(s)}{\log\log(s+hi)}$$

where $h>4$, and let

$$\lambda=\overline{\lim}\frac{|\zeta(1+it)|}{\log\log t}$$

We may suppose λ finite, or there is nothing to prove. On $\sigma=1$, $t\geqslant 0$, we have

$$|f(s)|\leqslant\frac{|\zeta(s)|}{\log\log t}<\lambda+\epsilon\quad(t>t_0)$$

Also, on $\sigma=2$

$$|f(s)|=o(1)<\lambda+\epsilon\quad(t>t_1)$$

We can choose h so that $|f(s)|<\lambda+\epsilon$ also on the remainder of the boundary of the strip bounded by $\sigma=1$, $\sigma=2$, and $t=1$. Then, by the Phragmén-Lindelöf theorem, $|f(x)|<\lambda+\epsilon$ in the interior, and so

$$\overline{\lim}\frac{|\zeta(s)|}{\log\log t}=\overline{\lim}\frac{|\zeta(s)|}{\log\log(t+h)}\leqslant\lambda$$

Hence $\lambda\geqslant e^{\gamma}$, the required result.

8.11. Proof of Theorem 8.9 (B). The above method depends on the fact that $d_k(n)$ is positive. Since $b_k(n)$ is not always positive, a different method is required in this case.

Let $\sigma>1$, and let N be any positive number. Then

$$\frac{1}{T}\int_0^T\left|\sum_{n\leqslant N}\frac{b_k(n)}{n^s}\right|^2\mathrm{d}t$$

$$=\frac{1}{T}\int_0^T\sum_{m\leqslant N}\frac{b_k(m)}{m^{\sigma+it}}\sum_{n\leqslant N}\frac{b_k(n)}{n^{\sigma-it}}\mathrm{d}t$$

$$= \sum_{n \leqslant N} \frac{b_k^2(n)}{n^{2\sigma}} + \frac{1}{T} \sum_{m \neq n} \sum \frac{b_k(m) b_k(n)}{m^\sigma n^\sigma} \int_0^T \left(\frac{n}{m}\right)^{it} \mathrm{d}t$$

$$\geqslant \sum_{n \leqslant N} \frac{b_k^2(n)}{n^{2\sigma}} - \frac{1}{T} \sum_{m \neq n} \sum \frac{| b_k(m) b_k(n) |}{m^\sigma n^\sigma} \frac{2}{| \log n/m |}$$

Now

$$\left| \log \frac{n}{m} \right| \geqslant \log \frac{n+1}{n} \geqslant \frac{1}{2n} \geqslant \frac{1}{2N}$$

so that the last sum does not exceed

$$\frac{4N}{t} \sum_{m \neq n} \sum \frac{| b_k(m) b_k(n) |}{m^\sigma n^\sigma} < \frac{4N}{T} \left(\sum_{n=1}^{\infty} \frac{| b_k(n) |}{n^\sigma} \right)^2 = \frac{4N}{T} \left\{ \frac{\zeta(\sigma)}{\zeta(2\sigma)} \right\}^{2k}$$

Since $\zeta(\sigma) \sim 1/(\sigma - 1)$ as $\sigma \to 1$, and $\zeta(2) > 1$, we have, if σ is sufficiently near to 1,

$$\frac{\zeta(\sigma)}{\zeta(2\sigma)} < \frac{1}{\sigma - 1}$$

Hence the above last sum is less than

$$\frac{4N}{T(\sigma - 1)^{2k}}$$

Also

$$\left| \frac{1}{\zeta^k(s)} - \sum_{n \leqslant N} \frac{| b_k(n) |}{n^s} \right| \leqslant \sum_{n > N} \frac{| b_k(n) |}{n^\sigma} < \frac{1}{N^{\frac{1}{2}\sigma - \frac{1}{2}}} \sum_{n > N} \frac{| b_k(n) |}{n^{\frac{1}{2}\sigma + \frac{1}{2}}}$$

$$< \frac{1}{N^{\frac{1}{2}\sigma - \frac{1}{2}}} \left\{ \frac{\zeta(\frac{1}{2}\sigma + \frac{1}{2})}{\zeta(\sigma + 1)} \right\}^k$$

$$< \frac{1}{N^{\frac{1}{2}\sigma - \frac{1}{2}}} \left(\frac{2}{\sigma - 1} \right)^k$$

for σ sufficiently near to 1. Since for $\sigma > 2$

$$G_k(\sigma) \leqslant \prod_p \left(1 + \frac{1}{p^{\frac{1}{2}\sigma}} \right)^{2k} = \prod_p \left(\frac{1 - p^{-\sigma}}{1 - p^{-\frac{1}{2}\sigma}} \right)^{2k} = \left\{ \frac{\zeta(\frac{1}{2}\sigma)}{\zeta(\sigma)} \right\}^{2k}$$

we have similarly

$$G_k(2\sigma) - \sum_{n \leqslant N} \frac{b_k^2(n)}{n^{2\sigma}} = \sum_{n > N} \frac{b_k^2(n)}{n^{2\sigma}} < \frac{1}{N^{\sigma - 1}} \sum_{n > N} \frac{b_k^2(n)}{n^{\sigma + 1}}$$

$$< \frac{G_k(\sigma + 1)}{N^{\sigma - 1}} < \frac{1}{N^{\sigma - 1}} \left\{ \frac{\zeta(\frac{1}{2}\sigma + \frac{1}{2})}{\zeta(\sigma + 1)} \right\}^{2k}$$

$$< \frac{1}{N^{\sigma-1}}\left(\frac{2}{\sigma-1}\right)^{2k}$$

These two differences are therefore both bounded if

$$N = \left(\frac{2}{\sigma-1}\right)^{2k/(\sigma-1)}$$

With this value of N we have

$$\frac{1}{T}\int_0^T \left| \frac{1}{\zeta^k(s)} + O(1) \right|^2 \mathrm{d}t$$

$$= \frac{1}{T}\int_0^T \left| \sum_{n \leqslant N} \frac{b_k(n)}{n^s} \right|^2 \mathrm{d}t$$

$$> G_k(2\sigma) - \frac{4N}{T(\sigma-1)^{2k}} + O(1)$$

$$> \prod_{p \leqslant x} \left\{ \frac{1}{3k}\left(1+\frac{1}{p^\sigma}\right)^{2k} \right\} - \frac{4N}{T(\sigma-1)^{2k}} + O(1)$$

by (8.9.17). Now

$$\log \prod_{p \leqslant x} \frac{1+p^{-1}}{1+p^{-\sigma}} = O\{(\sigma-1)\log x\}$$

as in (8.10.4). Hence, as in (8.10.3) and (3.15.3)

$$\prod_{p \leqslant x} \left\{ \frac{1}{3k}\left(1+\frac{1}{p^\sigma}\right)^{2k} \right\} > \mathrm{e}^{-Ax-Ak(\sigma-1)\log x}\{b+o(1)\}^{2k}\log^{2k} x$$

where $b = 6\mathrm{e}^\gamma/\pi^2$.

Choosing x and σ as in the last proof

$$\frac{N}{(\sigma-1)^{2k}} < \left(\frac{2\log k}{\eta}\right)^{2k\log k/\eta+2k}$$

and we obtain

$$\frac{1}{T}\int_0^T \left| \frac{1}{\zeta^k(s)} + O(1) \right|^2 \mathrm{d}t > \mathrm{e}^{-A\delta k-A\eta k}\{b+o(1)\}^{2k}\log^{2k}\delta k -$$

$$\frac{4}{T}\left(\frac{2\log T}{\eta}\right)^{2k\log k/\eta+2k} + O(1)$$

Finally, let

$$T = \left(\frac{2\log k}{\eta}\right)^{2k\log k/\eta+2k}$$

Then

$$\log\log T = \log k + \log\left(\frac{2\log k}{\eta} + 2\right) + \log\log \frac{2\log k}{\eta} < (1+\epsilon)\log k$$

for $k > k_1 = k_1(\epsilon, \eta)$. Hence

$$\frac{1}{T}\int_0^T \left|\frac{1}{\zeta^k(s)} + O(1)\right|^2 \mathrm{d}t$$

$$> \mathrm{e}^{-A\delta k - A\eta k}\{b + o(1)\}^{2k}\left(\frac{\log\log T}{1+\epsilon} - \log\frac{1}{\delta}\right)^{2k} + O(1)$$

Let

$$M_{\sigma,T} = \max_{0\leqslant t\leqslant T}\frac{1}{|\zeta(\sigma+\mathrm{i}t)|}$$

Since the first term on the right of the above inequality tends to infinity with k (for fixed δ, η, and ϵ) it is clear that $M_{\sigma,T}^k$ tends to infinity. Hence

$$\left|\frac{1}{\zeta^k(s)} + O(1)\right| < 2M_{\sigma,T}^k$$

if k is large enough, and we deduce that

$$4M_{\sigma,T}^{2k} > \frac{1}{2}\mathrm{e}^{-A\delta k - A\eta k}\{b + o(1)\}^{2k}\left(\frac{\log\log T}{1+\epsilon} - \log\frac{1}{\delta}\right)^{2k}$$

for k large enough. Hence

$$M_{\sigma,T} > \frac{1}{8^{1/2k}}\mathrm{e}^{-A\delta - A\eta}\{b + o(1)\}\left(\frac{\log\log T}{1+\epsilon} - \log\frac{1}{\delta}\right)$$

Giving δ, ϵ, and η arbitrarily small values, and then varying T, we obtain

$$\overline{\lim}\frac{M_{\sigma,T}}{\log\log T} \geqslant b$$

The theorem now follows as in the previous case.

8.12. The above theorems are mainly concerned with the neighbour-hood of the line $\sigma = 1$. We now penetrate further into the critical strip, and prove[①]

Theorem 8.12. *Let σ be a fixed number in the range* $\frac{1}{2} \leqslant \sigma <$

① Titchmarsh (4).

1. *Then the inequality*

$$|\zeta(\sigma+\mathrm{i}t)|>\exp(\log^{\alpha}t)$$

is satisfied for some indefinitely large values of t, *provided that*

$$\alpha<1-\sigma$$

Throughout the proof k is supposed large enough, and δ small enough, for any purpose that may be required. We take $\frac{1}{2}<\sigma<1$, and the constants C_1, C_2, $\cdots$, and those implied by the symbol O, are independent of k and δ, but may depend on σ, and on ϵ when it occurs. The case $\sigma=\frac{1}{2}$ is deduced finally from the case $\sigma>\frac{1}{2}$.

We first prove some lemmas.

Lemma α. *Let* $\Gamma(s)\zeta^k(s)=\sum\limits_{m=0}^{k-1}\frac{(-1)^m m!\ a_m^{(k)}}{(s-1)^{m+1}}+\cdots$ *in the neighbourhood of* $s=1$. *Then*

$$|a_m^{(k)}|<\mathrm{e}^{C_1 k}\quad(1\leqslant m\leqslant k)$$

The $a_m^{(k)}$ are the same as those of §7.13. We have

$$\Gamma(s)=\sum_{n=0}^{\infty}c_n(s-1)^n,\quad \zeta^k(s)=(s-1)^{-k}\sum_{n=0}^{\infty}\mathrm{e}_n^{(k)}(s-1)^n$$

where

$$|c_n|\leqslant C_2^m,\quad |\mathrm{e}_n^{(1)}|\leqslant C_3^n\quad(C_2>1,\ C_3>1)$$

Hence $\mathrm{e}_n^{(k)}$ is less than the coefficient of $(s-1)^n$ in

$$\left\{\sum_{n=0}^{\infty}C_3^n(s-1)^n\right\}^k=\{1-C_3(s-1)\}^{-k}\sum_{n=0}^{\infty}\frac{(k+n-1)!}{(k-1)!\ n!}C_3^n(s-1)^n$$

Hence

$$m!\ |a_m^{(k)}|=\left|\sum_{n=0}^{k-m-1}c_{k-m-n-1}\mathrm{e}_n^{(k)}\right|<\sum_{n=0}^{k-m-1}C_2^{k-m-n-1}\frac{(k+n-1)!}{(k-1)!\ n!}C_3^n$$

$$<kC_2^kC_3^k\frac{(2k-2)!}{\{(k-1)!\}^2}<\mathrm{e}^{C_1 k}$$

Lemma β.

$$\frac{1}{\pi}\int_{-\infty}^{\infty} |\Gamma(\sigma+\mathrm{i}t)\zeta^k(\sigma+\mathrm{i}t)\mathrm{e}^{(\frac{1}{2}\pi-\delta)t}|^2\mathrm{d}t$$

$$>\int_1^{\infty}\left|\sum_{n=1}^{\infty}d_k(n)\exp(-\mathrm{i}nx\mathrm{e}^{-\mathrm{i}\delta})\right|^2 x^{2\sigma-1}\mathrm{d}x-\exp(C_4k\log k)$$

By (7.13.3) the left-hand side is greater than

$$2\int_1^{\infty}|\phi_k(\mathrm{i}x\mathrm{e}^{-\mathrm{i}\delta})|^2x^{2\sigma-1}\mathrm{d}x\geqslant\int_1^{\infty}\left|\sum_{n=1}^{\infty}d_k(n)\exp(-\mathrm{i}nx\mathrm{e}^{-\mathrm{i}\delta})\right|^2x^{2\sigma-1}\mathrm{d}x-2\int_1^{\infty}|R_k(\mathrm{i}x\mathrm{e}^{-\mathrm{i}\delta})|^2x^{2\sigma-1}\mathrm{d}x$$

Since $|\log(\mathrm{i}x\mathrm{e}^{-\mathrm{i}\delta})|\leqslant\log x+\frac{1}{2}\pi$

$$|R_k(\mathrm{i}x\mathrm{e}^{-\mathrm{i}\delta})|\leqslant\frac{1}{x}\{|a_0^{(k)}|+|a_1^{(k)}|(\log x+\frac{1}{2}\pi)+\cdots+a_{k-1}^{(k)}(\log x+\frac{1}{2}\pi)^{k-1}\}$$

$$\leqslant\frac{k\mathrm{e}^{C_1k}(\log x+\frac{1}{2}\pi)^{k-1}}{x}$$

and

$$\int_1^{\infty}(\log x+\frac{1}{2}\pi)^{2k-2}x^{2\sigma-3}\mathrm{d}x<\int_1^{\infty}(2\log x)^{2k-2}x^{2\sigma-3}\mathrm{d}x+\int_1^{\infty}\pi^{2k-2}x^{2\sigma-3}\mathrm{d}x$$
$$=\frac{\Gamma(2k-1)}{2(1-\sigma)^{2k-1}}+\frac{\pi^{2k-2}}{2-2\sigma}$$

The result now clearly follows.

Lemma γ

$$\int_1^{\infty}\left|\sum_{n=1}^{\infty}d_k(n)\exp(-\mathrm{i}nx\mathrm{e}^{-\mathrm{i}\delta})\right|^2x^{2\sigma-1}\mathrm{d}x$$

$$>\frac{C_5}{\delta^{2\sigma}}\sum_{n=1}^{\infty}\frac{d_k^2(n)}{n^{2\sigma}}\mathrm{e}^{-2n\sin\delta}-C_6\log\frac{1}{\delta}\sum_{n=1}^{\infty}d_k^2(n)\mathrm{e}^{-n\sin\delta}$$

The left-hand side is equal to

$$\sum_{m=1}^{\infty}\sum_{n=1}^{\infty}d_k(m)d_k(n)\int_1^{\infty}\exp(imx\mathrm{e}^{\mathrm{i}\delta}-\mathrm{i}nx\mathrm{e}^{-\mathrm{i}\delta})x^{2\sigma-1}\mathrm{d}x$$
$$=\sum_{m=n}\sum_{m\neq n}=\sum\nolimits_1+\sum\nolimits_2$$

Now

$$\int_1^{\infty}\mathrm{e}^{-2nx\sin\delta}x^{2\sigma-1}\mathrm{d}x=(2n\sin\delta)^{-2\sigma}\int_{2n\sin\delta}^{\infty}\mathrm{e}^{-y}y^{2\sigma-1}\mathrm{d}y$$

and for $2n\sin\delta\leqslant 1$

$$\int_{2n\sin\delta}^{\infty}\mathrm{e}^{-y}y^{2\sigma-1}\mathrm{d}y\geqslant\int_1^{\infty}\mathrm{e}^{-y}y^{2\sigma-1}\mathrm{d}y=C_7>C_7\mathrm{e}^{-2n\sin\delta}$$

while for $2n\sin\delta>1$

$$\int_{2n\sin\delta}^{\infty}\mathrm{e}^{-y}y^{2\sigma-1}\mathrm{d}y>\int_{2n\sin\delta}^{\infty}\mathrm{e}^{-y}\mathrm{d}y=\mathrm{e}^{-2n\sin\delta}$$

Hence

$$\sum\nolimits_1=\sum_{n=1}^{\infty}d_k^2(n)\int_1^{\infty}\mathrm{e}^{-2nx\sin\delta}x^{2\sigma-1}\mathrm{d}x>\frac{C_5}{\delta^{2\sigma}}\sum_{n=1}^{\infty}\frac{d_k^2(n)}{n^{2\sigma}}\mathrm{e}^{-2n\sin\delta}$$

Also, using (7.14.4)

$$\left|\sum\nolimits_2\right|<C_8\sum_{m=2}^{\infty}\sum_{n=1}^{m-1}d_k(m)d_k(n)\frac{\mathrm{e}^{-m\sin\delta}}{m-n}$$
$$=C_8\sum_{r=1}^{\infty}\sum_{m=r+1}^{m=r+1}d_k(m)d_k(m-r)\frac{\mathrm{e}^{-m\sin\delta}}{r}$$
$$=C_8\sum_{r=1}^{\infty}\frac{\mathrm{e}^{-\frac{1}{2}r\sin\delta}}{r}\sum_{m=r+1}^{\infty}d_k(m)\mathrm{e}^{-\frac{1}{2}m\sin\delta}d_k(m-r)\mathrm{e}^{-\frac{1}{2}(m-r)\sin\delta}$$
$$\leqslant C_8\sum_{r=1}^{\mathrm{e}}\frac{\mathrm{e}^{-\frac{1}{2}r\sin\delta}}{r}\left\{\sum_{\mathrm{m}=\mathrm{r}+1}^{\infty}d_k^2(m)\mathrm{e}^{-m\sin\delta}\sum_{m=r+1}^{\infty}d_k^2(m-r)\mathrm{e}^{-(m-r)\sin\delta}\right\}^{\frac{1}{2}}$$
$$<C_8\sum_{r=1}^{\infty}\frac{\mathrm{e}^{-\frac{1}{2}r\,sin\,\delta}}{r}\sum_{m=1}^{\infty}d_k^2(m)\mathrm{e}^{-m\sin\delta}$$
$$<C_6\log\frac{1}{\delta}\sum_{m=1}^{\infty}d_k^2(m)\mathrm{e}^{-m\sin\delta}$$

This proves the lemma.

Lemma δ. *For* $\sigma>1$

$$\exp\left\{C_9\left(\frac{k}{\log k}\right)^{2/\sigma}\right\} < F_k(\sigma) < \exp(C_{10}k^{2/\sigma})$$

It is clear from (8.9.6) that

$$f_k(x) \leqslant (1-\sqrt{x})^{-2k} \quad (0 < x < 1)$$

Also it is easily verified that

$$\left\{\frac{(k+m-1)!}{(k-1)!\ m!}\right\}^2 \leqslant \frac{(k^2+m-1)!}{(k^2-1)!\ m!}$$

Hence, for $0 < x < 1$

$$f_k(x) \leqslant \sum_{m=0}^{\infty} \frac{(k^2+m-1)!}{(k^2-1)!\ m!} x^m = (1-x)^{-k^2}$$

Hence

$$\begin{aligned}
\log F_k(\sigma) &= \sum_{p^\sigma \leqslant k^3} \log f_k(p^{-\sigma}) + \sum_{p^\sigma > k^2} \log f_k(p^{-\sigma}) \\
&\leqslant 2k \sum_{p^\sigma \leqslant k^2} \log (1-p^{-\frac{1}{2}\sigma})^{-1} + k^2 \sum_{p^\sigma > k^2} \log (1-p^{-\sigma})^{-1} \\
&= O\Big(k \sum_{p^\sigma \leqslant k^2} p^{-\frac{1}{2}\sigma}\Big) + O\Big(k^2 \sum_{p^\sigma > k^2} p^{-\sigma}\Big) \\
&= O\{k(k^{2/\sigma})^{1-\frac{1}{2}\sigma}\} + O\{k^2(k^{2/\sigma})^{1-\sigma}\} = O(k^{2/\sigma})
\end{aligned}$$

On the other hand, (8.10.2) gives

$$\begin{aligned}
\log F_k(\sigma) &> 2k \sum_{p<x} \log (1-p^{-\frac{1}{2}\sigma})^{-1} - \sum_{p<x} \log 2k \\
&> 2k \sum_{p<x} p^{-\frac{1}{2}\sigma} - C_{11} \frac{x}{\log x} \log 2k \\
&> C_{12} k \frac{x^{1-\frac{1}{2}\sigma}}{\log x} - C_{11} \frac{x}{\log x} \log 2k
\end{aligned}$$

Taking

$$x = \left(\frac{C_{12}}{2C_{11}} \times \frac{k}{\log k}\right)^{2/\sigma}$$

the other result follows.

Proof of Theorem 8.12 *for* $\frac{1}{2} < \sigma < 1$. It follows from Lemmas β and γ and Stirling's theorem that

$$\int_0^\infty |\zeta(\sigma+\mathrm{i}t)|^{2k}\mathrm{e}^{-2\delta t}t^{2\sigma-1}\,\mathrm{d}t > \frac{C_{13}}{\delta^{2\sigma}}\sum_{n=1}^{\infty}\frac{d_k^2(n)}{n^{2\sigma}}\mathrm{e}^{-2n\sin\delta} -$$

$$C_{14}\log\frac{1}{\delta}\sum_{n=1}^{\infty}d_k^2(n)\mathrm{e}^{-n\sin\delta} - C_{15}\mathrm{e}^{C_4 k\log k}$$

Now, if $0<\epsilon<2\sigma-1$

$$\sum_{n=1}^{\infty}\frac{d_k^2(n)}{n^{2\sigma}}\mathrm{e}^{-2n\sin\delta}$$

$$=F_k(2\sigma)-\sum_{n=1}^{\infty}\frac{d2_k(n)}{n^{2\sigma}}(1-\mathrm{e}^{-2n\sin\delta})$$

$$>F_k(2\sigma)-C_{16}\sum_{n=1}^{\infty}\frac{d_k^2(n)}{n^{2\sigma}}(n\delta)^{\epsilon}$$

$$=F_k(2\sigma)-C_{16}\delta^{\epsilon}F_k(2\sigma-\epsilon)$$

$$>\exp\left\{C_9\left(\frac{k}{\log k}\right)^{1/\sigma}\right\}-C_{16}\delta^{\epsilon}\exp\{C_{10}k^{2/(2\sigma-\epsilon)}\}$$

and

$$\sum_{n=1}^{\infty}d_k^2(n)\mathrm{e}^{-n\sin\delta}<C_{17}\sum_{n=1}^{\infty}d_k^2(n)(n\delta)^{\epsilon-2\sigma}=C_{17}\delta^{\epsilon-2\sigma}F_k(2\sigma-\epsilon)$$

$$<C_{17}\delta^{\epsilon-2\sigma}\exp\{C_{10}k^{2/(2\delta-\epsilon)}\}$$

Let

$$\delta=\exp\left\{-\frac{C_{10}}{\epsilon}k^{2/(2\sigma-\epsilon)}\right\}$$

Then

$$\int_0^\infty |\zeta(\sigma+\mathrm{i}t)|^{2k}\mathrm{e}^{-2\delta t}t^{2\sigma-1}\,\mathrm{d}t>\frac{1}{\delta^{2\sigma}}\left[C_{13}\exp\left\{C_9\left(\frac{k}{\log k}\right)^{1/\sigma}\right\}-C_{13}C_{16}-\right.$$

$$\left.C_{14}C_{17}\frac{C_{10}}{\epsilon}k^{2/(2\sigma-\epsilon)}\right]-C_{15}\mathrm{e}^{C_4 k\log k}$$

$$>\frac{C_{18}}{\delta^{2\sigma}}\exp\left\{C_9\left(\frac{k}{\log k}\right)^{1/\sigma}\right\}$$

Suppose now that

$$|\zeta(\sigma+\mathrm{i}t)|\leqslant\exp(\log^{\alpha}t)\quad(t\geqslant t_0)$$

where $0<\alpha<1$. Then

$$\int_0^\infty |\zeta(\sigma+\mathrm{i}t)|^{2k}\mathrm{e}^{-2\delta t}t^{2\sigma-1}\,\mathrm{d}t \leqslant C_{19}^{2k}+\int_1^\infty \mathrm{e}^{2k\log^\alpha t-2\delta t}t^{2\sigma-1}\,\mathrm{d}t$$

If $t>k^2/\delta^2$, $k>k_0$, then

$$\frac{k}{\delta}<\sqrt{t}<\frac{1}{2}\frac{t}{\log^\alpha t}$$

Hence

$$\int_1^\infty \mathrm{e}^{2k\log^\alpha t-2\delta t}t^{2\sigma-1}\,\mathrm{d}t \leqslant \mathrm{e}^{2k\log^\alpha(k^2/\delta^2)}\int_1^{k^2/\delta^2}\mathrm{e}^{-2\delta t}t^{2\sigma-1}\,\mathrm{d}t+\int_{k^2/\delta^2}^\infty \mathrm{e}^{-\delta t}t^{2\sigma-1}\,\mathrm{d}t$$
$$<\mathrm{e}^{2k\log^\alpha(k^2/\delta^2)}\frac{C_{20}}{\delta^{2\sigma}}$$

Hence

$$\left(\frac{k}{\log k}\right)^{1/\sigma}=O\left(k\log^\alpha\frac{k}{\delta}\right)=O(k^{1+(2\alpha)/(2\sigma-\epsilon)})$$

Hence

$$\frac{1}{\sigma}\leqslant 1+\frac{2\alpha}{2\sigma-\epsilon}$$

and since ϵ may be as small as we please

$$\frac{1}{\sigma}\leqslant 1+\frac{\alpha}{\sigma},\quad \alpha\geqslant 1-\sigma$$

The case $\sigma=\frac{1}{2}$. Suppose that

$$\zeta\left(\frac{1}{2}+\mathrm{i}t\right)=O\{\exp(\log^\beta t)\}\quad \left(0<\beta<\frac{1}{2}\right)$$

Then the function

$$f(s)=\zeta(s)\exp(-\log^\beta s)$$

is bounded on the lines $\sigma=\frac{1}{2}$, $\sigma=2$, $t>t_0$, and it is $O(t)$ uniformly in this strip. Hence by the Phragmén-Lindeöf theorem $f(s)$ is bounded in the strip, i. e.

$$\zeta(\sigma+\mathrm{i}t)=O\{\exp(\log^\beta t)\}$$

for $\frac{1}{2}<\sigma<2$. Since this is not true for $\frac{1}{2}<\sigma<1-\beta$, it follows that $\beta\geqslant\frac{1}{2}$.

NOTES FOR CHAPTER 8

8.13. Levinson [1] has sharpened Theorem 8.9(A) and 8.9(B) to show that the inequalities

$$|\zeta(1+\mathrm{i}t)| \geqslant \mathrm{e}^{\gamma}\log\log t + O(1)$$

and

$$\frac{1}{|\zeta(1+\mathrm{i}t)|} \geqslant \frac{6\mathrm{e}^{\gamma}}{\pi^2}(\log\log t - \log\log\log t) + O(1)$$

each hold for arbitrarily large t. Theorem 8.12 has also been improved, by Montgomery [3]. He showed that for may σ in the range $\frac{1}{2} < \sigma < 1$, and for any real ϑ, there are arbitrarily large t such that

$$\mathbf{R}\{\mathrm{e}^{\mathrm{i}\vartheta}\log\zeta(\sigma+\mathrm{i}t)\} \geqslant \frac{1}{20}(\sigma-\frac{1}{2})^{-1}(\log t)^{1-\sigma}(\log\log t)^{-\sigma}$$

Here $\log\zeta(s)$ is, as usual, defined by continuous variation along lines parallel to the real axis, using the Dirichlet series (1.1.9) for $\sigma > 1$. It follows in particular that

$$\zeta(\sigma+\mathrm{i}t) = \Omega\left\{\exp\left(\frac{\frac{1}{20}}{\sigma-\frac{1}{2}}\frac{(\log t)^{1-\sigma}}{(\log\log t)^{\sigma}}\right)\right\} \quad (\frac{1}{2} < \sigma < 1)$$

and the same for $\zeta(\sigma+\mathrm{i}t)^{-1}$. For $\sigma = \frac{1}{2}$ the best result is due to Balasubramanian and Ramachandra [2], who showed that

$$\max_{T\leqslant t\leqslant T+H} |\zeta(\frac{1}{2}+\mathrm{i}t)| \geqslant \exp\left(\frac{3}{4}\times\frac{(\log H)^{\frac{1}{2}}}{(\log\log H)^{\frac{1}{2}}}\right)$$

if $(\log T)^{\delta} \leqslant H \leqslant T$ and $T \geqslant T(\delta)$, where δ is any positive constant. Their method is akin to that of § 8.12, in that it depends on a lower bound for a mean value of $|\zeta(\frac{1}{2}+\mathrm{i}t)|^{2k}$, uniform in k. By constrast the method of Montgomery [3] uses the formula

$$\frac{4}{\pi}\int_{-(\log t)^2}^{(\log t)^2} \mathrm{e}^{-\mathrm{i}\vartheta}\log\zeta(\sigma+\mathrm{i}t+\mathrm{i}y)\left(\frac{\sin\frac{1}{2}y}{y}\right)^2\{1+\cos(\vartheta+y\log x)\}\mathrm{d}y$$

$$= \sum_{|\log n/x| \leqslant \frac{1}{2}} \frac{\Lambda(n)}{\log n} n^{-\sigma-\mathrm{i}t}\left(\frac{1}{2}-|\log \frac{n}{x}|\right)+O\{x \log t)^{-2}\} \qquad (8.13.1)$$

This is valid for any real x and ϑ, providing that $\zeta(s) \neq 0$ for $\mathbf{R}(s) \geqslant \sigma$ and $|\mathbf{I}(s)-t| \leqslant 2(\log t)^2$. After choosing x suitably one may use the extended version of Dirichlet's theorem given in § 8.2 to show that the real part of the sum on the right of (8.13.1) is large at points $t_1 < \cdots < t_N \leqslant T$, spaced at least $4(\log T)^2$ apart. One can arrange that N exceeds $N(\sigma, T)$, whence at least one such t_n will satisfy the condition that $\zeta(s) \neq 0$ in the corresponding rectangle.

Chapter Ⅸ THE GENERAL DISTRIBUTION OF THE ZEROS

9.1. In § 2.12 we deduced from the general theory of integral functions that $\zeta(s)$ *has an infinity of complex zeros*. This may be proved directly as follows.

We have

$$\frac{1}{2^2}+\frac{1}{3^2}+\cdots < \frac{1}{2^2}+\frac{1}{2 \cdot 3}+\frac{1}{3 \cdot 4}+\cdots$$
$$=\frac{1}{4}+\left(\frac{1}{2}-\frac{1}{3}\right)+\left(\frac{1}{3}-\frac{1}{4}\right)+\cdots=\frac{3}{4}$$

Hence or $\sigma \geqslant 2$

$$|\zeta(s)| \leqslant 1+\frac{1}{2^\sigma}+\frac{1}{3^\sigma}+\cdots \leqslant 1+\frac{1}{2^2}+\cdots < \frac{7}{4} \qquad (9.1.1)$$

and

$$|\zeta(s)| \geqslant 1-\frac{1}{2^\sigma}-\cdots \geqslant 1-\frac{1}{2^2}-\cdots > \frac{1}{4} \qquad (9.1.2)$$

Also

$$\mathbf{R}\{\zeta(s)\} = 1+\frac{\cos(t \log 2)}{2^\sigma}+\cdots \geqslant 1-\frac{1}{2^2}-\cdots > \frac{1}{4} \qquad (9.1.3)$$

Hence for $\sigma \geqslant 2$ we may write

$$\log \zeta(s) = \log |\zeta(s)| + \mathrm{i} \arg \zeta(s)$$

where $\arg \zeta(s)$ is that value of $\arctan \{\mathbf{I}\zeta(s)/\mathbf{R}\zeta(s)\}$ which lies between $-\frac{1}{2}\pi$ and $\frac{1}{2}\pi$. It is clear that

$$|\log \zeta(s)| < A \quad (\sigma \geqslant 2) \tag{9.1.4}$$

For $\sigma < 2$, $t \neq 0$, we define $\log \zeta(s)$ as the analytic continuation of the above function along the straight line $(\sigma + \mathrm{i}t, 2 + \mathrm{i}t)$, provided that $\zeta(s) \neq 0$ on this segment of line.

Now consider a system of four concentric circles C_1, C_2, C_3, C_4, with centre $3 + \mathrm{i}T$ and radii 1, 4, 5, and 6 respectively. Suppose that $\zeta(s) \neq 0$ in or on C_4. Then $\log \zeta(s)$, defined as above, is regular in C_4. Let M_1, M_2, M_3 be its maximum modulus on C_1, C_2 and C_3 respectively.

Since $\zeta(s) = O(t^A)$, $\mathbf{R}\{\log \zeta(s)\} < A \log T$ in C_4, and the Borel-Carathéodory theorem gives

$$M_3 \leqslant \frac{2 \times 5}{6 - 5} A \log T + \frac{6 + 5}{6 - 5} \log |\zeta(3 + \mathrm{i}T)| < A \log T$$

Also $M_1 < A$, BY (9.1.4). Hence Hadamard's three-circles theorem, applied to the circles C_1, C_2, C_3, gives

$$M_2 \leqslant M_1^{\alpha} M_3^{\beta} < A \log^{\beta} T$$

where

$$1 - \alpha = \beta = \log 4 / \log 5 < 1$$

Hence

$$\zeta(-1 + \mathrm{i}T) = O\{\exp(\log^{\beta} T)\} = O(T^{\epsilon})$$

But by (9.1.2), and the functional equation (2.1.1) with $\sigma = 2$

$$|\zeta(-1 + \mathrm{i}T)| > A T^{\frac{3}{2}}$$

We have thus obtained a contradiction. Hence every such circle C_4 contains at least one zero of $\zeta(s)$, and so there are an infinity of zeros. The argument also shows that the gaps between the ordinates of successive zeros are bounded.

9.2. The function $N(T)$. Let $T > 0$, and let $N(T)$ denote the number of zeros of the function $\zeta(s)$ in the region $0 \leqslant \sigma \leqslant 1$, $0 < t \leqslant T$. The distribution of the ordinates of the zeros can then be studied by means of formulae involving $N(T)$.

The most easily proved result is

Theorem 9.2. *As* $T \to \infty$

$$N(T+1) - N(T) = O(\log T) \tag{9.2.1}$$

For it is easily seen that

$$N(T+1) - N(T) \leqslant n(\sqrt{5})$$

where $n(r)$ is the number of zeros of $\zeta(s)$ in the circle with centre $2+\mathrm{i}T$ and radius r. Now, by Jensen's theorem

$$\int_0^3 \frac{n(r)}{r}\mathrm{d}r = \frac{1}{2\pi}\int_0^{2\pi} \log |\zeta(2+\mathrm{i}T+3\mathrm{e}^{\mathrm{i}\theta})| \mathrm{d}\theta - \log |\zeta(2+\mathrm{i}T)|$$

Since $|\zeta(s)| < t^A$ for $-1 \leqslant \sigma \leqslant 5$, we have

$$\log |\zeta(2+\mathrm{i}T+3\mathrm{e}^{\mathrm{i}\theta})| < A\log T$$

Hence

$$\int_0^3 \frac{n(r)}{r}\mathrm{d}r < A \log T + A < A \log T$$

Since

$$\int_0^3 \frac{n(r)}{r}\mathrm{d}r \geqslant \int_{\sqrt{5}}^3 \frac{n(r)}{r}\mathrm{d}r \geqslant n(\sqrt{5})\int_{\sqrt{5}}^3 \frac{\mathrm{d}r}{r} = An(\sqrt{5})$$

the result (9.2.1) follows.

Naturally it also follows that

$$N(T+h) - N(T) = O(\log T)$$

for any fixed value of h. In particular, the multiplicity of a multiple zero of $\zeta(s)$ in the region considered is at most $O(\log T)$.

9.3. The closer study of $N(T)$ depends on the following theorem.[①] If T is not the ordinate of a zero, let $S(T)$ denote the value of

---

① Backlund (2) (3).

$$\pi^{-1}\arg\zeta(\frac{1}{2}+\mathrm{i}T)$$

obtained by continuous variation along the straight lines joining 2, $2+\mathrm{i}T$, $\frac{1}{2}+\mathrm{i}T$, starting with the value 0. If T is the ordinate of a zero, let $S(T)=S(T+0)$. Let

$$L(T)=\frac{1}{2\pi}T\log T-\frac{1+\log 2\pi}{2\pi}T+\frac{7}{8} \tag{9.3.1}$$

Theorem 9.3. *As* $T\to\infty$

$$N(T)=L(T)+S(T)+O(1/T) \tag{9.3.2}$$

The number of zeros of the function $\Xi(z)$ (see § 2.1) in the rectangle with vertices at $z=\pm T\pm\frac{3}{2}\mathrm{i}$ is $2N(T)$, so that

$$2N(T)=\frac{1}{2\pi\mathrm{i}}\int\frac{\Xi'(z)}{\Xi(z)}\mathrm{d}z$$

taken round the rectangle. Since $\Xi(z)$ is even and real for real z, this is equal to

$$\frac{2}{\pi\mathrm{i}}\Big(\int_{T}^{T+\frac{3}{2}\mathrm{i}}+\int_{T+\frac{3}{2}\mathrm{i}}^{\frac{3}{2}\mathrm{i}}\Big)\frac{\Xi'(z)}{\Xi(z)}\mathrm{d}z=\frac{2}{\pi\mathrm{i}}\Big(\int_{2}^{2+\mathrm{i}T}+\int_{2+\mathrm{i}T}^{\frac{1}{2}+\mathrm{i}T}\Big)\frac{\xi'(s)}{\xi(s)}\mathrm{d}s$$

$$=\frac{2}{\pi}\Delta\arg\xi(s)$$

where Δ denotes the variation from 2 to $2+\mathrm{i}T$, and thence to $\frac{1}{2}+\mathrm{i}T$, along straight lines. Recalling that

$$\xi(s)=\frac{1}{2}s(s-1)\pi^{-\frac{1}{2}s}\Gamma(\frac{1}{2}s)\zeta(s)$$

we obtain

$$\pi N(T)=\Delta\arg s(s-1)+\Delta\arg\pi^{-\frac{1}{2}s}+\Delta\arg\Gamma(\frac{1}{2}s)+\Delta\arg\zeta(s)$$

Now

$$\Delta\arg s(s-1)=\arg(-\frac{1}{4}-T^2)=\pi$$

$$\Delta\arg\pi^{-\frac{1}{2}s}=\Delta\arg \mathrm{e}^{-\frac{1}{2}s\log\pi}=-\frac{1}{2}T\log\pi$$

and by (4.12.1)

$$\Delta\arg\Gamma(\frac{1}{2}s)=\mathbf{I}\log\Gamma(\frac{1}{4}+\frac{1}{2}\mathrm{i}T)$$

$$=\mathbf{I}\{(-\frac{1}{4}+\frac{1}{2}\mathrm{i}T)\log(\frac{1}{2}\mathrm{i}T)-\frac{1}{2}\mathrm{i}T+O(1/T)\}$$

$$=\frac{1}{2}T\log\frac{1}{2}T-\frac{1}{8}\pi-\frac{1}{2}T+O(1/T)$$

Adding these results, we obtain the theorem, provided that T is not the ordinate of a zero. If T is the originate of a zero, the result follows from the definitions and what has already been proved, the term $O(1/T)$ being continuous.

The problem of the behaviour of $N(T)$ is thus reduced to that of $S(T)$.

9.4. We shall now prove the following lemma.

Lemma. *Let* $0\leqslant\alpha<\beta<2$. *Let* $f(s)$ *be an analytic function, real for real* s, *regular for* $\sigma\geqslant\alpha$ *except at* $s=1$; *let*

$$|\mathbf{R}f(2+\mathrm{i}t)|\geqslant m>0$$

and

$$|f(\sigma'+\mathrm{i}t')|\leqslant M_{\sigma,t}\quad(\sigma'\geqslant\sigma,\ 1\leqslant t'\leqslant T)$$

Then if T *is not the ordinate of a zero of* $f(s)$

$$|\arg f(\sigma+\mathrm{i}T|\leqslant\frac{\pi}{\log\{2-\alpha)/(2-\beta)\}}\left(\log M_{\alpha,T+2}+\log\frac{1}{m}\right)+\frac{3\pi}{2}\tag{9.4.1}$$

for $\sigma\geqslant\beta$.

Since $\arg f(2)=0$, and

$$\arg f(s)=\arctan\left\{\frac{\mathbf{I}f(s)}{\mathbf{R}f(s)}\right\}$$

where $\mathbf{R}f(s)$ does not vanish on $\sigma=2$, we have

$$|\arg f(2+\mathrm{i}T)|<\frac{1}{2}\pi$$

Now if $\mathbf{R}f(s)$ vanishes q times between $2+\mathrm{i}T$ and $\beta+\mathrm{i}T$, this interval is divided into $q+1$ parts, throughout each of which $\mathbf{R}\{f(s)\}\geqslant 0$ or $\mathbf{R}\{f(s)\}\leqslant 0$. Hence in each part the variation of

$\arg f(s)$ does not exceed π. Hence

$$|\arg f(s)| \leqslant \left(q+\frac{3}{2}\right)\pi \quad (\sigma \geqslant \beta)$$

Now q is the number of zeros of the function

$$g(z)=\frac{1}{2}\{f(z+\mathrm{i}T)+f(z-\mathrm{i}T)\}$$

for $\mathbf{I}(z)=0$, $\beta \leqslant \mathbf{R}(z) \leqslant 2$; hence $q \leqslant n(2-\beta)$, where $n(r)$ denotes the number of zeros of $g(z)$ for $|z-2| \leqslant r$. Also

$$\int_0^{2-\alpha} \frac{n(r)}{r}\mathrm{d}r \geqslant \int_{2-\beta}^{2-\alpha} \frac{n(r)}{r}\mathrm{d}r \geqslant n(2-\beta)\log\frac{2-\alpha}{2-\beta}$$

and by Jensen's theorem

$$\int_0^{2-\alpha} \frac{n(r)}{r}\mathrm{d}r = \frac{1}{2\pi}\int_0^{2\pi} \log|g\{2+(2-\alpha)\mathrm{e}^{\mathrm{i}\theta}\}|\,\mathrm{d}\theta - \log|g(2)|$$
$$\leqslant \log M_{\alpha, T+2} + \log 1/m$$

This proves the lemma.

We deduce

Theorem 9.4. *As* $T \to \infty$

$$S(T)=O(\log T) \tag{9.4.2}$$

i. e.

$$N(T)=\frac{1}{2\pi}T\log T-\frac{1+\log 2\pi}{2\pi}T+O(\log T) \tag{9.4.3}$$

We apply the lemma with $f(s)=\zeta(s)$, $\alpha=0$, $\beta=\frac{1}{2}$, and (9.4.2) follows, since $\zeta(s)=O(t^A)$. Then (9.4.3) follows from (9.3.2).

Theorem 9.4 has a number of interesting consequences. It gives another proof of Theorem 9.2, since $(0<\theta<1)$

$$L(T+1)-L(T)=L'(T+\theta)=O(\log T)$$

We can also prove the following result.

If the zeros $\beta+\mathrm{i}\gamma$ *of* $\zeta(s)$ *with* $\gamma>0$ *are arranged in a sequence* $\rho_n=\beta_n+\mathrm{i}\gamma_n$ *so that* $\gamma_{n+1}\geqslant\gamma_n$, *then as* $n\to\infty$

$$|\rho_n| \sim \gamma_n \sim \frac{2\pi n}{\log n} \tag{9.4.4}$$

We have

$$N(T) \sim \frac{1}{2\pi} T \log T$$

Hence

$$2\pi N(\gamma_n \pm 1) \sim (\gamma_n \pm 1)\log(\gamma_n \pm 1) \sim \gamma_n \log \gamma_n$$

Also

$$N(\gamma_n - 1) \leqslant n \leqslant N(\gamma_n + 1)$$

Hence

$$2\pi n \sim \gamma_n \log \gamma_n$$

Hence

$$\log n \sim \log \gamma_n$$

and so

$$\gamma_n \sim \frac{2\pi n}{\log n}$$

Also $|\rho_n| \sim \gamma_n$, since $\beta_n = O(1)$.

We can also deduce the result of § 9.1, that the gaps between the ordinates of successive zeros are bounded. For if $|S(t)| \leqslant C\log t$ $(t \geqslant 2)$

$$\begin{aligned} N(T+H) - N(T) &= \frac{1}{2\pi}\int_T^{T+H} \log \frac{t}{2\pi} \mathrm{d}t + S(T+H) - S(T) + O\left(\frac{1}{T}\right) \\ &\geqslant \frac{H}{2\pi}\log \frac{T}{2\pi} - C\{\log(T+H) + \log T\} + O\left(\frac{1}{T}\right) \end{aligned}$$

which is ultimately positive if H is a constant greater than $4\pi C$.

The behaviour of the function $S(T)$ appears to be very complicated. It must have a discontinuity k where T passes through the ordinate of a zero of $\zeta(s)$ of order k (since the term $O(1/T)$ in the above theorem is in fact continuous). Between the zeros, $N(T)$ is constant, so that the variation of $S(T)$ must just neutralize that of the other terms. In the formula (9.3.1), the term $\frac{7}{8}$ is presumably overwhelmed by the variations of $S(T)$. On the other hand, in the integrated formula

$$\int_0^T N(t)\,dt = \int_0^T L(t)\,dt + \int_0^T S(t)\,dt + O(\log T)$$

the term in $S(T)$ certainly plays a much smaller part, since, as we shall presently prove, the integral of $S(t)$ over $(0, T)$ is still only $O(\log T)$. Presumably this is due to frequent variations in the sign of $S(t)$. Actually we shall show that $S(t)$ changes sign an infinity of times.

9.5. A problem of analytic continuation. The above theorems on the zeros of $\zeta(s)$ lead to the solution of a curious subsidiary problem of analytic continuation.[①] Consider the function

$$P(s) = \sum_p \frac{1}{p^s} \tag{9.5.1}$$

This is an analytic function of s, regular for $\sigma > 1$. Now by (1.6.1)

$$P(s) = \sum_{n=1}^{\infty} \frac{\mu(n)}{n} \log \zeta(ns) \tag{9.5.2}$$

As $n \to \infty$, $\log \zeta(ns) \sim 2^{-ns}$. Hence the right-hand side represents an analytic function of s, regular for $\sigma > 0$, except at the singularities of individual terms. These are branch-points arising from the poles and zeros of the functions $\zeta(ns)$; there are an infinity of such points, but they have no limit-point in the region $\sigma > 0$. Hence $P(s)$ is regular for $\sigma > 0$, except at certain branch-points.

Similarly, the function

$$Q(s) = -P'(s) = -\sum_{n=1}^{\infty} \mu(n) \frac{\zeta'(ns)}{\zeta(ns)} \tag{9.5.3}$$

is regular for $\sigma > 0$, except at certain simple poles.

We shall now prove that *the line $\sigma = 0$ is natural boundary of the functions $P(s)$ and $Q(s)$*.

We shall in fact prove that every point of $\sigma = 0$ is a limit-point of poles of $Q(s)$. By symmetry, it is sufficient to consider the upper

① Landau and Walfisz (1).

halfline. Thus it is sufficient to prove that for every $u > 0$, $\delta > 0$, the square

$$0 < \sigma < \delta, \quad u < t \leqslant u + \delta \tag{9.5.4}$$

contains at least one pole of $Q(s)$.

As $p \to \infty$ through primes

$$N\{p(u+\delta)\} \sim \frac{1}{2\pi}(u+\delta)p \log p, \quad N(pu) \sim \frac{1}{2\pi}up \log p$$

by Theorem 9.4. Hence for all $p \geqslant p_0(\delta, u)$

$$N\{p(u+\delta)\} - N(pu) > 0 \tag{9.5.5}$$

Also, by Theorem 9.2, the multiplicity $v(\rho)$ of each zero $\rho = \beta + i\gamma$ with ordinate $\gamma \geqslant 2$ is less than $A \log \gamma$, where A is an absolute constant.

Now choose $p = p(\delta, u)$ satisfying the conditions

$$p > \frac{1}{\delta}, \quad p \geqslant \frac{2}{u}, \quad p \geqslant p_0(\delta, u), \quad p > A\log\{p(u+\delta)\}$$

There is then, by (9.5.5), a zero ρ of $\zeta(s)$ in the rectangle

$$\frac{1}{2} \leqslant \sigma < 1, \quad pu < t \leqslant p(u+\delta) \tag{9.5.6}$$

Since $\gamma > pu \geqslant 2$, its multiplicity $v(\rho)$ satisfies

$$v(\rho) > A\log \gamma \leqslant A \log\{p(u+\delta)\} < p$$

and so is not divisible by p.

The point ρ/p belongs to the square (9.5.4). We shall show that this point is pole of $Q(s)$. Let m run through the positive integers (finite in number) for which $\zeta(m\rho/p) = 0$. Then we have to prove that

$$\sum \frac{\mu(m)}{m} v\left(\frac{m\rho}{p}\right) \neq 0 \tag{9.5.7}$$

The term of this sum corresponding to $m = p$ is $-v(\rho)p$. No other m occurring in the sum is divisible by p, since for $m \geqslant 2p$

$$\mathbf{R}\left(\frac{m\rho}{p}\right) = \frac{m\beta}{p} \geqslant \frac{2p \cdot \frac{1}{2}}{p} = 1$$

Hence

$$\sum \frac{\mu(m)}{m} v\left(\frac{m\rho}{p}\right) = \frac{a}{b} - \frac{v(\rho)}{p}$$

where a and b are integers, and p is not a factor of b. Since p is also not a factor of $v(\rho)$, $ap \neq bv(\rho)$, and (9.5.7) follows.

There are various other functions with similar properties. For example,[①] let

$$f_{l,k}(s) = \sum_{n=1}^{\infty} \frac{\{d_k(n)\}^l}{n^s}$$

where k and l are positive integers, $k \geqslant 2$. By (1.2.2) and (1.2.10), $f_{l,k}(s)$ is a meromorphic function of s if $l=1$, or if $l=2$ and $k=2$. *For all other values of l and k, $f_{l,k}(s)$ has $\sigma=0$ as a natural boundary, and it has no singularities other than poles in the half-plane $\sigma>0$.*

9.6. An approximate formula for $\zeta'(s)/\zeta(s)$. The following approximate formula for $\zeta'(s)/\zeta(s)$ in term of the zeros near to s is often useful.

Theorem 9.6 (A). *If $\rho=\beta+i\gamma$ runs through zeros of $\zeta(s)$*

$$\frac{\zeta'(s)}{\zeta(s)} = \sum_{|t-\gamma|\leqslant 1} \frac{1}{s-\rho} + O(\log t) \tag{9.6.1}$$

uniformly for $-1 \leqslant \sigma \leqslant 2$.

Take $f(s)=\zeta(s)$, $s_0=2+iT$, $r=12$ in Lemma α of §3.9. Then $M=A\log T$, and we obtain

$$\frac{\zeta'(s)}{\zeta(s)} = \sum_{|\rho-s_0|\leqslant 6} \frac{1}{s-\rho} + O(\log t) \tag{9.6.2}$$

for $|s-s_0|\leqslant 3$, and so in particular for $-1\leqslant\sigma\leqslant 2$, $t=T$. Replacing T by t in the particular case, we obtain (9.6.2) with error $O(\log t)$, and $-1\leqslant\sigma\leqslant 2$. Finally any term occurring in (9.6.2) but not in (9.6.1) is bounded, and the number of such terms does not exceed

$$N(t+6)-N(t-6)=O(\log t)$$

① Estermann (1).

by Theorem 9.2. This proves (9.6.1).

Another proof depends on (2.12.7), which, by a known property of the Γ-function, gives

$$\frac{\zeta'(s)}{\zeta(s)}=\sum_{\rho}\left(\frac{1}{s-\rho}+\frac{1}{\rho}\right)+O(\log t)$$

Replacing s by $2+3t$ and subtracting

$$\frac{\zeta'(s)}{\zeta(s)}=\sum_{\rho}\left(\frac{1}{s-\rho}-\frac{1}{2+\mathrm{i}t-\rho}\right)+O(\log t)$$

since $\zeta'(2+\mathrm{i}t)/\zeta(2+\mathrm{i}t)=O(1)$.

Now

$$\sum_{|t-\gamma|\leqslant 1}\frac{1}{2+\mathrm{i}t-\rho}=\sum_{|t-\gamma|\leqslant 1}O(1)=O(\log t)$$

by Theorem 9.2. Also

$$\begin{aligned}\sum_{t+n<\gamma\leqslant t+n+1}\left(\frac{1}{s-\rho}-\frac{1}{2+it-\rho}\right)&=\sum_{t+n<\gamma\leqslant t+n+1}\frac{2-\sigma}{(s-\rho)(2+\mathrm{i}t-\rho)}\\&=\sum_{t+n<\gamma\leqslant t+n+1}O\left\{\frac{1}{(\gamma-t)^2}\right\}\\&=\sum_{t+n<\gamma\leqslant t+n+1}O\left(\frac{1}{n^2}\right)\\&=O\left\{\frac{\log(t+n)}{n^2}\right\}\end{aligned}$$

again by Theorem 9.2. Since

$$\sum_{n=1}^{\infty}\frac{\log(t+n)}{n^2}<\sum_{n\leqslant t}\frac{\log 2t}{n^2}+\sum_{n>t}\frac{\log 2n}{n^2}=O(\log t)$$

it follows that

$$\sum_{\gamma>t+1}\left(\frac{1}{s-\rho}-\frac{1}{2+\mathrm{i}t-\rho}\right)=O(\log t)$$

Similarly

$$\sum_{\gamma<t+1}\left(\frac{1}{s-\rho}-\frac{1}{2+\mathrm{i}t-\rho}\right)=O(\log t)$$

and the result follows again.

The corresponding formula for $\log\zeta(s)$ is given by

Theorem 9.6 (B). *We have*

$$\log\zeta(s)=\sum_{|t-\gamma|\leqslant 1}\log(s-\rho)+O(\log t)\qquad(9.6.3)$$

uniformly for $-1 \leqslant \sigma \leqslant 2$, *where* $\log \zeta(s)$ *has its usual meaning, and* $-\pi < \mathbf{I}\log(s-\rho) \leqslant \pi$.

Integrating (9.6.1) from s to $2+it$, and supposing that t is not equal to the ordinate of any zero, we obtain

$$\log \zeta(s) - \log \zeta(2+\mathrm{i}t)$$
$$= \sum_{|t-\gamma|\leqslant 1} \{\log(s-\rho) - \log(2+\mathrm{i}t-\rho)\} + O(\log t)$$

Now $\log \zeta(2+\mathrm{i}t)$ is bounded; also $\log(2+\mathrm{i}t-\rho)$ is bounded, and there are $O(\log t)$ such terms. Their sum is therefore $O(\log t)$. The result therefore follows for such values of t, and then by continuity for all values of s in the strip other than the zeros.

9.7. As an application of Theorem 9.6 (B) we shall prove the following theorem on the minimum value of $\zeta(s)$ in certain parts of the critical strip. We know from Theorem 8.12 that $|\zeta(s)|$ is sometimes large in the critical strip, but we can prove little about the distribution of the values of t for which it is large. The following result[①] states a much weaker inequality, but states it for many more values of t.

Theorem 9.7. *There is a constant A such that each interval* $(T, T+1)$ *contains a value of t for which*

$$|\zeta(s)| > t^{-A} \quad (-1 \leqslant \sigma \leqslant 2) \tag{9.7.1}$$

Further, if H is any number greater than unity, then

$$|\zeta(s)| > T^{-AH} \tag{9.7.2}$$

for $-1 \leqslant \sigma \leqslant 2$, $T \leqslant t \leqslant T+1$, *except possibly for a set of values of t of measure* $1/H$.

Taking real parts in (9.6.3)

$$\log|\zeta(s)| = \sum_{|t-\gamma|\leqslant 1} \log|s-\rho| + O(\log t)$$
$$\geqslant \sum_{|t-\gamma|\leqslant 1} \log|t-\gamma| + O(\log t) \tag{9.7.3}$$

Now

① Valiron (1), Landau (8)(18), Hoheisel (3).

$$\int_{T}^{T+1} \sum_{|t-\gamma| \leqslant 1} \log |t-\gamma| \, \mathrm{d}t = \sum_{T-1 \leqslant \gamma \leqslant T+2} \int_{\max(\gamma-1, T)}^{\min(\gamma+1, T+1)} \log |t-\gamma| \, \mathrm{d}t$$

$$\geqslant \sum_{T-1 \leqslant \gamma \leqslant T+2} \int_{\gamma-1}^{\gamma+1} \log |t-\gamma| \, \mathrm{d}t$$

$$= \sum_{T-1 \leqslant \gamma \leqslant T+2} (-2) > -A \log T$$

Hence

$$\sum_{|t-\gamma| \leqslant 1} \log |t-\gamma| > -A \log T$$

for some t in $(T, T+1)$.

Hence $\log |\zeta(s)| > -A\log T$ for some t in $(T, T+1)$ and all σ in $-1 \leqslant \sigma \leqslant 2$; and

$$\log |\zeta(s)| > -AH \log T$$

except in a set of measure $1/H$. This proves the theorem.

The exceptional values of t are, of course, those in the neighbourhood of ordinates of zeros of $\zeta(s)$.

9.8. Application to a formula of Ramanujan.① Let a and b be positive numbers such that $ab = \pi$, and consider the integral

$$\frac{1}{2\pi \mathrm{i}} \int a^{-2s} \frac{\Gamma(s)}{\zeta(1-2s)} \mathrm{d}s = \frac{1}{2\pi \mathrm{i}} \int \frac{b^{2s}}{\sqrt{\pi}} \frac{\Gamma(\frac{1}{2}-s)}{\zeta(2s)} \mathrm{d}s$$

taken round the rectangle $(1 \pm \mathrm{i}T, -\frac{1}{2} \pm \mathrm{i}T)$. The two forms are equivalent on account of the functional equation.

Let $T \to \infty$ through values such that $|T-\gamma| > \exp(-A_1\gamma/\log \gamma)$ for every ordinate γ of a zero of $\zeta(s)$. Then by (9.7.3)

$$\log |\zeta(\sigma + \mathrm{i}T)| \geqslant -\sum_{|T-\gamma| \leqslant 1} A_1 \gamma / \log \gamma + O(\log T) > -A_2 T$$

where $A_2 < \frac{1}{4}\pi$ if A_1 is small enough, and $T > T_0$. It now follows from the asymptotic formula for the Γ-function that the integrals

① Hardy and Littlewood (2), 156-159.

along the horizontal sides of the contour tend to zero as $T \to \infty$ through the above values. Hence by the theorem of residues[①]

$$\frac{1}{2\pi i}\int_{-\frac{1}{2}-i\infty}^{-\frac{1}{2}+i\infty} a^{-2s}\frac{\Gamma(s)}{\zeta(1-2s)}ds - \frac{1}{2\pi i}\int_{1-i\infty}^{1+i\infty}\frac{b^{2s}}{\sqrt{\pi}}\frac{\Gamma(\frac{1}{2}-s)}{\zeta(2s)}ds$$

$$= -\frac{1}{2\sqrt{\pi}}\sum_{\rho} b^{\rho}\frac{\Gamma(\frac{1}{2}-\frac{1}{2}\rho)}{\zeta'(\rho)}$$

The first term on the left is equal to

$$\sum_{n=1}^{\infty}\frac{\mu(n)}{n}\frac{1}{2\pi i}\int_{-\frac{1}{2}-i\infty}^{-\frac{1}{2}+i\infty}\left(\frac{n}{a}\right)^{2s}\Gamma(s)ds = -\sum_{n=1}^{\infty}\frac{\mu(n)}{n}\{1-e^{-(a/n)^2}\}$$

$$= \sum_{n=1}^{\infty}\frac{\mu(n)}{n}e^{-(a/n)^2}$$

Evaluating the other integral in the same way, and multiplying through by $\sqrt{a}$, we obtain Ramanujan's result

$$\sqrt{a}\sum_{n=1}^{\infty}\frac{\mu(n)}{n}e^{-(a/n)^2} - \sqrt{b}\sum_{n=1}^{\infty}\frac{\mu(n)}{n}e^{-(b/n)^2} = -\frac{1}{2\sqrt{b}}\sum b^{\rho}\frac{\Gamma(\frac{1}{2}-\frac{1}{2}\rho)}{\zeta'(\rho)} \tag{9.8.1}$$

We have, of course, not proved that the series on the right is convergent in the ordinary sense. We have merely proved that it is convergent if the terms are bracketed in such a way that two terms for which

$$|\gamma-\gamma'| < \exp(-A_1\gamma/\log\gamma) + \exp(-A_1\gamma'/\log\gamma')$$

are included in the same bracket. Of course the zeros are, on the average, much farther apart than this, and it is quite possible that the series may converge without any bracketing. But we are unable to prove this, even on the Riemann hypothesis.

---

① In forming the series of residues we have supposed for simplicity that the zeros of $\zeta(s)$ are all simple.

9.9. We next prove a general formula concerning the zeros of an analytic function in a rectangle.[①] Suppose that $\phi(s)$ is meromorphic in and upon the boundary of a rectangle bounded by the lines $t=0$, $t=T$, $\sigma=\alpha$, $\sigma=\beta(\beta>\alpha)$, and regular and not zero on $\sigma=\beta$. The function $\log\phi(s)$ is regular in the neighbourhood of $\sigma=\beta$, and here, starting with any one value of the logarithm, we define $F(s)=\log\phi(s)$. For other points s of the rectangle, we define $F(s)$ to be the value obtained from $\log\phi(\beta+\mathrm{i}t)$ by continuous variation along $t=$constant from $\beta+\mathrm{i}t$ to $\sigma+\mathrm{i}t$, provided that the path does not cross a zero or pole of $\phi(s)$; if it does, we put

$$F(s)=\lim_{\epsilon\to+0}F(\sigma+\mathrm{i}t+\mathrm{i}\epsilon)$$

Let $\nu(\sigma', T)$ denote the excess of the number of zeros over the number of poles in the part of the rectangle for which $\sigma>\sigma'$, including zeros or poles on $t=T$, but not those on $t=0$.

Then

$$\int F(s)\,\mathrm{d}s=-2\pi\mathrm{i}\int_{\alpha}^{\beta}\nu(\sigma, T)\,\mathrm{d}\sigma \tag{9.9.1}$$

the integral on the left being taken round the rectangle in the positive direction.

We may suppose $t=0$ and $t=T$ to be free from zeros and poles of $\phi(s)$; it is easily verified that our conventions then ensure the truth of the theorem in the general case.

We have

$$\int F(s)\,\mathrm{d}s=\int_{\alpha}^{\beta}F(\sigma)\,\mathrm{d}\sigma-\int_{\alpha}^{\beta}F(\sigma+\mathrm{i}T)\mathrm{d}\sigma+\int_{0}^{T}\{F(\beta+\mathrm{i}t)-F(\alpha+\mathrm{i}t)\}\mathrm{i}\,\mathrm{d}t \tag{9.9.2}$$

The last term is equal to

① Littlewood (4).

$$\int_0^T \mathrm{i}\,\mathrm{d}t\int_\alpha^\beta \frac{\phi'(\sigma+\mathrm{i}t)}{\phi(\sigma+\mathrm{i}t)}\mathrm{d}\sigma=\int_\alpha^\beta \mathrm{d}\sigma\int_\sigma^{\sigma+\mathrm{i}T}\frac{\phi'(s)}{\phi(s)}\mathrm{d}s$$

and by the theorem of residues

$$\begin{aligned}\int_\sigma^{\sigma+\mathrm{i}T}\frac{\phi'(s)}{\phi(s)}\mathrm{d}s&=\left(\int_\sigma^\beta+\int_\beta^{\beta+\mathrm{i}T}-\int_{\sigma+\mathrm{i}T}^{\beta+\mathrm{i}T}\right)\frac{\phi'(s)}{\phi(s)}\mathrm{d}s-2\pi\mathrm{i}\nu(\sigma, T)\\&=F(\sigma+\mathrm{i}T)-F(\sigma)-2\pi\mathrm{i}\nu(\sigma, T)\end{aligned}$$

Substituting this in (9.9.2), we obtain (9.9.1).

We deduce

Theorem 9.9. *If*

$$S_1(T)=\int_0^T S(t)\ \mathrm{d}t$$

then

$$S_1(T)=\frac{1}{\pi}\int_{\frac{1}{2}}^2 \log\mid\zeta(\sigma+\mathrm{i}T)\mid\mathrm{d}\sigma+O(1) \qquad (9.9.3)$$

Take $\phi(s)=\zeta(s)$, $\alpha=\frac{1}{2}$, in the above formula, and take the real part. We obtain

$$\int_{\frac{1}{2}}^2\log\mid\zeta(\sigma)\mid\mathrm{d}\sigma-\int_0^T\arg\zeta(\beta+\mathrm{i}t)\ \mathrm{d}t-\int_{\frac{1}{2}}^\beta\log\mid\zeta(\sigma+\mathrm{i}T)\mid\mathrm{d}\sigma+$$
$$\int_0^T\arg\zeta\left(\frac{1}{2}+\mathrm{i}t\right)\ \mathrm{d}t=0 \qquad (9.9.4)$$

the term in $\nu(\sigma, T)$, being purely imaginary, disappearing. Now make $\beta\to\infty$. We have

$$\log\zeta(s)=\log\left(1+\frac{1}{2^s}+\cdots\right)=O(2^{-\sigma})$$

as $\sigma\to\infty$, uniformly with respect to t. Hence $\arg\zeta(s)=O(2^{-\sigma})$, so that the second integral tends to 0 as $\beta\to\infty$. Also the first integral is a constant, and

$$\int_2^\beta\log\mid\zeta(\sigma+\mathrm{i}T)\mid\mathrm{d}\sigma=\int_2^\beta O(2^{-\sigma})\mathrm{d}\sigma=O(1)$$

Hence the result.

Theorem 9.9 (A)

$$S_1(T)=O(\log T)$$

By Theorem (9.6) (B)

$$\int_{\frac{1}{2}}^{2}\log|\zeta(s)|\mathrm{d}\sigma=\sum_{|t-\gamma|\leqslant 1}\int_{\frac{1}{2}}^{2}\log|s-\rho|\mathrm{d}\sigma+O(\log t)$$

The terms of the last sum are bounded, since

$$\frac{3}{2}\log\left(\frac{9}{4}+1\right)\geqslant\int_{\frac{1}{2}}^{2}\log\{(\sigma-\beta)^2+(\gamma-t)^2\}\mathrm{d}\sigma$$

$$\geqslant 2\int_{\frac{1}{2}}^{2}\log|\sigma-\beta|\mathrm{d}\sigma>-A$$

Hence

$$\int_{\frac{1}{2}}^{2}\log|\zeta(s)|\mathrm{d}\sigma=O(\log t) \tag{9.9.5}$$

and the result follows from the previous theorem.

It was proved by F. and R. Nevanlinna (1)(2) that

$$\int_{0}^{T}\frac{S(t)}{t}\mathrm{d}t=A+O\left(\frac{\log T}{T}\right) \tag{9.9.6}$$

This follows from the previous result by integration by parts; for

$$\int_{1}^{T}\frac{S(t)}{t}\mathrm{d}t=\left[\frac{S_1(t)}{t}\right]_1^T+\int_{1}^{T}\frac{S_1(t)}{t^2}\mathrm{d}t=A+\frac{S_1(T)}{T}-\int_{T}^{\infty}\frac{S_1(t)}{t^2}\mathrm{d}t$$

Since $S_1(T)=O(\log T)$, the middle term is $O(T^{-1}\log T)$, and the last term is

$$O\left(\int_{T}^{\infty}\frac{\log t}{t^2}\mathrm{d}t\right)=O\left(-\left[\frac{\log t}{t}\right]_T^\infty+\int_{T}^{\infty}\frac{\mathrm{d}t}{t^2}\right)=O\left(\frac{\log T}{T}\right)$$

Hence the result follows. A similar result clearly holds for

$$\int_{1}^{T}\frac{S(t)}{t^\alpha}\mathrm{d}t\quad(0<\alpha<1)$$

It has recently been proved by A. Selberg (5) that

$$S(t)=\Omega_{\pm}\{(\log t)^{\frac{1}{3}}(\log\log t)^{-\frac{7}{3}}\} \tag{9.9.7}$$

with a similar result for $S_1(t)$; and that

$$S_1(t)=\Omega_{+}\{(\log t)^{\frac{1}{2}}(\log\log t)^{-4}\} \tag{9.9.8}$$

9.10. Theorem 9.10.[①] *$S(t)$ has an infinity of changes of sign.*

Consider the interval (γ_n, γ_{n+1}) in which $N(t)=n$. Let $l(t)$ be the linear function of t such that $l(\gamma_n)=S(\gamma_n)$, $l(\gamma_{n+1})=S(\gamma_{n+1}-0)$. Then for $\gamma_n<t<\gamma_{n+1}$

$$\begin{aligned}&l(t)-S(t)\\&=\{S(\gamma_{n+1}-0)-S(\gamma_n)\}\frac{t-\gamma_n}{\gamma_{n+1}-\gamma_n}-\{S(t)-S(\gamma_n)\}\\&=-\{L(\gamma_{n+1})-L(\gamma_n)\}\frac{t-\gamma_n}{\gamma_{n+1}-\gamma_n}+\{L(t)-L(\gamma_n)\}+O\left(\frac{1}{\gamma_n}\right)\end{aligned}$$

using (9.3.2) and the fact that $N(t)$ is constant in the interval. The first two terms on the right give

$$\begin{aligned}&-L'(\xi)(t-\gamma_n)+L'(\eta)(t-\gamma_n)\quad(\gamma_n<\eta<t,\ \gamma_n<\xi<\gamma_{n+1})\\&=L''(\xi_1)(\eta-\xi)(t-\gamma_n)\quad(\xi_1\text{ between }\xi\text{ and }\eta)\\&=O(1/\gamma_n)\end{aligned}$$

since $\gamma_{n+1}-\gamma_n=O(1)$. Hence

$$\begin{aligned}\int_{\gamma_n}^{\gamma_{n+1}}S(t)\mathrm{d}t&=\int_{\gamma_n}^{\gamma_{n+1}}l(t)\mathrm{d}t+O\left(\frac{\gamma_{n+1}-\gamma_n}{\gamma_n}\right)\\&=\frac{1}{2}(\gamma_{n+1}-\gamma_n)\{S(\gamma_n)+S(\gamma_{n+1}-0)\}+O\left(\frac{\gamma_{n+1}-\gamma_n}{\gamma_n}\right)\end{aligned}$$

Suppose that $S(t)\geqslant 0$ for $t>t_0$. Then

$$N(\gamma_n)\geqslant N(\gamma_n-0)+1$$

gives

$$S(\gamma_n)\geqslant S(\gamma_n-0)+1\geqslant 1$$

Hence

① Titchmarsh (17).

$$\int_{\gamma_n}^{\gamma_{n+1}} S(t)\mathrm{d}t \geqslant (\gamma_{n+1}-\gamma_n)+O\left(\frac{\gamma_{n+1}-\gamma_n}{\gamma_n}\right)$$

$$\geqslant \frac{1}{4}(\gamma_{n+1}-\gamma_n) \quad (n \geqslant n_0)$$

Hence

$$\int_{\gamma_{n_0}}^{\gamma_N} S(t)\mathrm{d}t \geqslant \frac{1}{4}(\gamma_N-\gamma_{n_0})$$

contrary to Theorem 9.9 (A). Similarly the hypothesis $S(t) \leqslant 0$ for $t > t_0$ can be shown to lead to a contradiction.

It has been proved by A. Selberg (5) that $S(t)$ changes sign at least

$$T(\log T)^{\frac{1}{3}}\mathrm{e}^{-A_N \log\log T}$$

times in the interval $(0, T)$.

9.11. At the present time to improvement on the result

$$S(T)=O(\log T)$$

is known. But it is possible to prove directly some of the results which would follows from such an improvement. We shall first prove[①].

Theorem 9.11. *The gaps between the ordinates of successive zeros of* $\zeta(s)$ *tend to* 0.

This would follow at once from (9.3.2) if it were possible to prove that $S(t)=o(\log t)$.

The argument given in § 9.1 shows that the gaps are bounded. Here we have to apply a similar argument to the strip $T-\delta \leqslant t \leqslant T+\delta$, where δ is arbitrarily small, and it is clear that we cannot use four concentric circles. But the ideas of the theorems of Borel-Carathéodory and Hadamard are in no way essentially bound up with sets of concentric circles, and the difficulty can be

① Littlewood (3).

surmounted by using suitable elongated curves instead.

Let D_4 be the rectangle with centre $3+iT$ and a corner at $-3+i(T+\delta)$, the sides being parallel to the axes. We represent D_4 conformally on the unit circle D'_4 in the z-plane, so that its centre $3+iT$ corresponds to $z=0$. By this representation a set of concentric circles $|z|=r$ inside D'_4 will correspond to a set of convex curves inside D_4, such that as $r\to 0$ the curve shrinks upon the point $3+iT$, while as $r\to 1$ it tends to coincidence with D_4. Let D'_1, D'_2, D'_3 be circles (independent, of course, of T) for which the corresponding curves D_1, D_2, D_3 in the s-plane pass through the points $2+iT$, $-1+iT$, $-2+iT$ respectively.

The proof now proceeds as before. We consider the function

$$f(z)=\log\zeta\{s(z)\}$$

where $s=s(z)$ is the analytic function corresponding to the conformal representation; and we apply the theorems of Borel-Carathéodory and Hadamard in the same way as before.

9.12. We shall now obtain a more precise result of the same kind.[①]

Theorem 9.12. *For every large positive* T, $\zeta(s)$ *has a zero* $\beta+i\gamma$ *satisfying*

$$|\gamma-T|<\frac{A}{\log\log\log T}$$

This was first proved by Littlewood by a detailed study of the conformal representation used in the previous proof. This involves rather complicated calculations with elliptic functions. We shall give here two proofs which avoid these calculations.

In the first, we replace the rectangles by a succession of circles. Let T be a large positive number, and suppose that $\zeta(s)$ has no

---

① Littlewood (3); proofs given here by Titchmarsh (13), Kramaschke (1).

zero $\beta+i\gamma$ such that $T-\delta\leqslant\gamma\leqslant T+\delta$, where $\delta<\frac{1}{2}$. Then the function

$$f(s)=\log\zeta(s)$$

where the logarithm has its principal value for $\sigma>2$, is regular in the rectangle

$$-2\leqslant\sigma\leqslant 3,\quad T-\delta\leqslant t\leqslant T+\delta$$

Let c_ν, C_ν, $\mathbf{C}_\nu$, Γ_ν be four concentric circles, with centre $2-\frac{1}{4}\nu\delta+iT$, and radii $\frac{1}{4}\delta$, $\frac{1}{4}\delta$, $\frac{3}{4}\delta$, and δ respectively. Consider these sets of circles for $\nu=0, 1, \cdots, n$, where $n=[12/\delta+1]$, so that $2-\frac{1}{4}n\delta\leqslant-1$, i. e. the centre of the last circle les on, or to the left of, $\sigma=-1$. Let m_ν, M_ν, and $\mathbf{M}_\nu$ denote the maxima of $|f(s)|$ on c_ν, C_ν and $\mathbf{C}_\nu$ respectively.

Let A_1, A_2, $\cdots$ denote absolute constants (it is convenient to preserve their identity throughout the proof). We have $\mathbf{R}\{f(s)\}<A_1\log T$ on all the circles, and $|f(2+iT)|<A_2$. Hence the Borel-Carathéodory theorem for the circles $\mathbf{C}_0$ and Γ_0 gives

$$\mathbf{M}_0<\frac{\delta+\frac{3}{4}\delta}{\delta-\frac{3}{4}\delta}(A_1\log T+A_2)=7(A_1\log T+A_2)$$

and in particular

$$\left|f\left(2-\frac{1}{4}\delta+iT\right)\right|<7(A_1\log T+A_2)$$

Hence, applying the Borel-Carathéodory theorem to $\mathbf{C}_1$ and Γ_1

$$\mathbf{M}_1<7\left\{A_1\log T+\left|f\left(2-\frac{1}{4}\delta+iT\right)\right|\right\}<(7+7^2)A_1\log T+7^2A_2$$

So generally

$$\mathbf{M}_\nu<(7+\cdots+7^{\nu+1})A_1\log T+7^{\nu+1}A_2$$

or, say

$$\mathbf{M}_\nu<7^\nu A_3\log T \tag{9.12.1}$$

Now by Hadamard's three-circles theorem

$$M_\nu \leqslant m_\nu^a \mathbf{M}_\nu^b$$

where a and b are positive constants such that $a+b=1$; in fact $a=\log\frac{3}{2}/\log 3$, $b=\log 2/\log 3$. Also, since the circle $C_{\nu-1}$ includes the circle c_ν, $m_\nu \leqslant M_{\nu-1}$. Hence

$$M_\nu \leqslant M_{\nu-1}^a \mathbf{M}_\nu^b \quad (\nu=1, 2, \cdots, n)$$

Thus

$$M_1 \leqslant M_0^a \mathbf{M}_1^b, \quad M_2 \leqslant M_1^a \mathbf{M}_2^b \leqslant M_0^{a^2} \mathbf{M}_1^{ab} \mathbf{M}_2^b$$

and so on, giving finally

$$M_n \leqslant M_0^{a^n} \mathbf{M}_1^{a^{n-1}b} \mathbf{M}_2^{a^{n-2}b} \cdots \mathbf{M}_n^b$$

Hence, by (9.12.1)

$$M_n \leqslant M_0^{a^n} 7^{a^{n-1}b+2a^{n-2}b+\cdots+nb} (A_3 \log T)^{a^{n-1}b+a^{n-2}b+\cdots+b}$$

Now

$$a^{n-1}b+2a^{n-2}b+\cdots+nb < n^2$$

$$a^{n-1}b+a^{n-2}b+\cdots+b=b(1-a^n)/(1-a)=1-a^n$$

Hence

$$M_n \leqslant M_0^{a^n} 7^{n^2} (A_3 \log T)^{1-a^n} < A_4 7^{n^2} (\log T)^{1-a^n}$$

Since M_0 is bounded as $T \to \infty$.

But $|\zeta(s)| > t^{A_5}$ for $\sigma \leqslant -1$, $t > t_0$, so that $M_n > A_5 \log T$. Hence

$$A_5 < A_4\, 7^{n^2} (\log T)^{-a^n}$$

$$\log\log T < \left(\frac{1}{a}\right)^n \left(n^2 \log 7 - \log \frac{A_5}{A_4}\right)$$

$$\log\log\log T < n \log \frac{1}{a} + A_6 \log n$$

so that

$$\delta < \frac{12}{n-1} < \frac{A}{\log\log\log T}$$

and the result follows.

9.13. Second Proof. Consider the angular region in the s-plane with vertex at $s = -3 + \mathrm{i}T$, bounded by straight lines making angles $\pm\frac{1}{2}\alpha(0<\alpha<\pi)$ with the real axis.

Let

$$w=(s+3-\mathrm{i}T)^{\pi/\alpha}$$

Then the angular region is mapped on the half-plane $\mathbf{R}(w)\geqslant 0$. The point $s=2+\mathrm{i}T$ corresponds to

$$w=5^{\pi/\alpha}$$

Let

$$z=\frac{w-5^{\pi/\alpha}}{w+5^{\pi/\alpha}}$$

Then the angular region corresponds to the unit circle in the z-plane, and $s=2+\mathrm{i}T$ corresponds to its centre $z=0$. If $s=\sigma+\mathrm{i}T$ corresponds to $z=-r$, then

$$(\sigma+3)^{\pi/\alpha}=w=5^{\pi/\alpha}\,\frac{1-r}{1+r}$$

i. e.

$$r=\left\{1-\left(\frac{\sigma+3}{5}\right)^{\pi/\alpha}\right\}\Big/\left\{1+\left(\frac{\sigma+3}{5}\right)^{\pi/\alpha}\right\}$$

Suppose that $\zeta(s)$ has no zeros in the angular region, so that $\log\zeta(s)$ is regular in it.

Let $s=\frac{3}{2}+\mathrm{i}T$, $-1+\mathrm{i}T$, $-2+\mathrm{i}T$ correspond to $z=-r_1$, $-r_2$, $-r_3$ respectively. Let M_1, M_2, M_3 be the maxima of $|\log\zeta(s)|$ on the s-curves corresponding to $|z|=r_1$, r_2, r_3. Then Hadamard's three-circles theorem gives

$$\log M_2\leqslant\frac{\log r_3/r_2}{\log r_3/r_1}\log M_1+\frac{\log r_2/r_1}{\log r_3/r_1}\log M_3$$

It is easily verified that, on the curve corresponding to $|z|=r_1$, $\sigma\geqslant\frac{3}{2}$. For if $w=\xi+\mathrm{i}\eta$, then

$$\sigma=-3+(\xi^2+\eta^2)^{\alpha/2\pi}\cos\left(\frac{\alpha}{\pi}\arctan\frac{\eta}{\xi}\right)$$

which is a minimum at $\eta=0$, for given ξ, if $0<\alpha<\frac{1}{2}\pi$; and the minimum is $-3+\xi^{\alpha/\pi}$, which, as a function of ξ, is a minimum when ξ is a minimum, i. e. when $z=-r_1$. It therefore follows that $\log M_1 < A$.

Since $\mathbf{R}\{\log \zeta(s)\} < A \log T$ in the angle, it follows from the Borel-Carathéodory theorem that

$$M_3 < \frac{2}{1-r_3}(A\log T + A) < \frac{A \log T}{1-r_3}$$

Hence

$$\log M_2 \leqslant A + \frac{\log r_2/r_1}{\log r_3/r_1}\log\left(\frac{A\log T}{1-r_2}\right)$$

Now if r_1, r_2, and r_3 are sufficiently near to 1, i. e. if α is sufficiently small

$$\frac{\log r_2/r_1}{\log r_3/r_1} = \frac{\log\left(1+\dfrac{r_2-r_1}{r_1}\right)}{\log\left(1+\dfrac{r_3-r_1}{r_1}\right)} \leqslant \left(\frac{r_2-r_1}{r_3-r_1}\right)^{\frac{1}{2}}$$

and

$$\frac{r_2-r_1}{r_3-r_1} = \frac{\dfrac{1-r_1}{1+r_1}-\dfrac{1-r_2}{1+r_2}}{\dfrac{1-r_1}{1+r_1}-\dfrac{1-r_3}{1+r_3}} \times \frac{1+r_2}{1+r_3} < \frac{(\dfrac{9}{10})^{\pi/\alpha}-(\dfrac{2}{5})^{\pi/\alpha}}{(\dfrac{9}{10})^{\pi/\alpha}-(\dfrac{1}{5})^{\pi/\alpha}}$$

$$< 1 - A(\frac{4}{9})^{\pi/\alpha}$$

Hence

$$\frac{\log r_2/r_1}{\log r_3/r_1} < 1 - A(\frac{4}{9})^{\pi/\alpha}$$

Also

$$1/(1-r_3) < A5^{\pi/\alpha}$$

Hence

$$\log M_2 < A + \{1 - A(\frac{4}{9})^{\pi/\alpha}\}\left\{\operatorname{loglog} T + \frac{\pi}{\alpha}\log 5 + A\right\}$$

Let $\alpha = \pi/(c\operatorname{logloglog} T)$. Then

$$\log M_2 < A + \{1 - A(\operatorname{loglog} T)^{-c\log\frac{9}{4}}\}\{\operatorname{loglog} T + c\log 5 \operatorname{logloglog} T + A\}$$

$$< \log\log T - (\log\log T)^{\frac{1}{2}}$$

if $c \log \frac{9}{4} < \frac{1}{2}$ and T is large enough. Hence

$$M_2 < \log T\, e^{-(\log\log T)^{\frac{1}{2}}} < \epsilon \log T \quad (T > T_0(\epsilon))$$

In particular

$$\log | \zeta(-1+iT) | < \epsilon \log T$$
$$| \zeta(-1+iT) | < T^{\epsilon}$$

But

$$| \zeta(-1+iT) | = | \chi(-1+iT)\zeta(2+iT) | > KT^{\frac{3}{2}}$$

We thus obtain a contradiction, and the result follows.

9. 14. Another result① in the same order of ideas is

Theorem 9. 14. *For any fixed h, however small*

$$N(T+h) - N(T) > K \log T$$

for $K = K(h)$, $T > T_0$.

This result is not a consequence of Theorem 9. 4 if h is less than a certain value.

Consider the same angular region as before, with a new α such that $\tan \alpha \leqslant \frac{1}{4}$, and suppose now that $\zeta(s)$ has zeros $\rho_1, \rho_2, \cdots, \rho_n$ in the angular region. Let

$$F(s) = \frac{\zeta(s)}{(s-\rho_1)\cdots(s-\rho_n)}$$

Let C be the circle with centre $\frac{1}{2} + iT$ and radius 3. Then $|s-\rho_v| \geqslant 1$ on C. Hence

$$| F(s) | \leqslant | \zeta(s) | < T^A$$

on C, and so also inside C.

Let $f(s) = \log F(s)$. Then $f(s)$ is regular in the angle, and

$$\mathbf{R} f(s) < A \log T$$

Also

① Not previously published.

$$f(2+\mathrm{i}T)=\log\zeta(2+\mathrm{i}T)-\sum_{\nu=1}^{n}\log(2+\mathrm{i}T-\rho_\nu)$$
$$=O(1)+\sum_{\nu=1}^{n}O(1)=O(n)$$

Let M_1, M_2, and M_3 now denote the maxima of $|f(s)|$ on the three s-curves. Then

$$M_3<\frac{A}{1-r_3}(\log T+n)$$

Also $M_1<An$, as for $f(2+\mathrm{i}T)$. Hence

$$\begin{aligned}
&\log|f(-1+\mathrm{i}T)|\\
&\leqslant\log M_2\\
&<\frac{\log r_3/r_2}{\log r_3/r_1}(A+\log n)+\frac{\log r_2/r_1}{\log r_3/r_1}\log\left\{\frac{A(n+\log T)}{1-r_3}\right\}\\
&<A+\log n+\frac{\log r_2/r_1}{\log r_3/r_1}\left\{\log\frac{1}{1-r_3}+\log\left(\frac{\log T}{n}\right)\right\}\\
&<A+\log n+\{1-A(\frac{4}{9})^{\pi/\alpha}\}\left\{\frac{\pi}{\alpha}\log 5+\log\left(\frac{\log T}{n}\right)\right\}
\end{aligned}$$

as before. But

$$\begin{aligned}
|f(-1+\mathrm{i}T)|&=|\log\zeta(-1+\mathrm{i}T)-\sum_{\nu=1}^{n}\log(-1+\mathrm{i}T-\rho_\nu)|\\
&\geqslant\log|\zeta(-1+\mathrm{i}T)|-\sum_{\nu=1}^{n}O(1)\\
&>A_1\log T-A_2 n
\end{aligned}$$

say. If $n>\frac{1}{2}(A_1/A_2)\log T$ the theorem follows at once. Otherwise

$$|f(-1+\mathrm{i}T)|>\frac{1}{2}A_1\log T$$

and we obtain

$$\log\left(\frac{\log T}{n}\right)<A+\{1+A(\frac{4}{9})^{\pi/\alpha}\left\{\frac{\pi}{\alpha}\log 5+\log\left(\frac{\log T}{n}\right)\right\}$$

$$A(\frac{4}{9})^{\pi/\alpha}\log\left(\frac{\log T}{n}\right)<A+\{1+A(\frac{4}{9})^{\pi/\alpha}\}\frac{\pi}{\alpha}\log 5$$

and hence

$$\log\log\left(\frac{\log T}{n}\right) < \frac{\pi}{\alpha}\log\frac{9}{4} + \log\frac{1}{\alpha} + A < \frac{A}{\alpha}$$

$$n > \mathrm{e}^{-\mathrm{e}A/\alpha}\log T$$

This proves the theorem.

9.15. The function $N(\sigma, T)$. We define $N(\sigma, T)$ to be the number of zeros $\beta+\mathrm{i}\gamma$ of the zeta-function such that $\beta>\sigma$, $0<t\leqslant T$. For each T, $N(\sigma,T)$ is a non-increasing function of σ, and is 0 for $\sigma\geqslant 0$. On the Riemann hypothesis, $N(\sigma, T)=0$ for $\sigma>\frac{1}{2}$. Without any hypothesis, all that we can say so far is that

$$N(\sigma, T)\leqslant N(T)<AT\log T$$

for $\frac{1}{2}<\sigma<1$.

The object of the next few sections is to improve upon this inequality for values of σ between $\frac{1}{2}$ and 1.

We return to the formula (9.9.1). Let $\phi(s)=\zeta(s)$, $\alpha=\sigma_0$, $\beta=2$, and this time take the imaginary part. We have

$$\nu(\sigma, T)=N(\sigma, T)\quad(\sigma<1),\ \nu(\sigma, T)=0\quad(\sigma\geqslant 1)$$

We obtain, if T is not the ordinate of a zero

$$2\pi\int_{\sigma_0}^{1}N(\sigma, T)\mathrm{d}\sigma=\int_0^T\log|\zeta(\sigma_0+\mathrm{i}t)|\mathrm{d}t-\int_0^T\log|\zeta(2+\mathrm{i}t)|\mathrm{d}t+\int_{\sigma_0}^{2}\arg\zeta(\sigma+\mathrm{i}T)\mathrm{d}\sigma+K(\sigma_0)$$

where $K(\sigma_0)$ is independent of T. We deduce①

Theorem 9.15. *If* $\frac{1}{2}\leqslant\sigma_0\leqslant 1$, *and* $T\to\infty$

$$2\pi\int_{\sigma_0}^{1}N(\sigma, T)\mathrm{d}\sigma=\int_0^T\log|\zeta(\sigma_0+\mathrm{i}t)|\mathrm{d}t+O(\log T)$$

① Littlewood (4).

We have

$$\int_0^T \log |\zeta(2+\mathrm{i}t)| \mathrm{d}t = \mathbf{R}\sum_{n=2}^{\infty} \frac{\Lambda_1(n)}{n^2} \times \frac{n^{-\mathrm{i}T}-1}{-\mathrm{i}\log n} = O(1)$$

Also, by § 9.4, $\arg \zeta(\sigma+\mathrm{i}T)=O(\log T)$ uniformly for $\sigma \geqslant \frac{1}{2}$, if T is not the ordinate of a zero. Hence the integral involving arg $\zeta(\sigma+\mathrm{i}T)$ is $O(\log T)$. The result follows if T is not the ordinate of a zero, and this restriction can then the be removed from considerations of continuity.

Theorem 9.15 (A). [①] *For any fixed σ greater than* $\frac{1}{2}$

$$N(\sigma, T)=O(T)$$

For any non-negative continuous $f(t)$

$$\frac{1}{b-a}\int_a^b \log f(t)\mathrm{d}t \leqslant \log\left\{\frac{1}{b-1}\int_a^b f(t)\ \mathrm{d}t\right\}$$

Thus, for $\frac{1}{2}<\sigma<1$

$$\int_0^T \log |\zeta(\sigma+\mathrm{i}t)| \mathrm{d}t = \frac{1}{2}\int_0^T \log |\zeta(\sigma+\mathrm{i}t)|^2 \mathrm{d}t$$

$$\leqslant \frac{1}{2}T\log\left\{\frac{1}{T}\int_0^T |\zeta(\sigma+\mathrm{i}t)|^2 \mathrm{d}t\right\}=O(T)$$

by Theorem 7.2. Hence, by Theorem 9.15

$$\int_{\sigma_0}^1 N(\sigma, T)\mathrm{d}\sigma = O(T)$$

for $\sigma_0>\frac{1}{2}$. Hence, if $\sigma_1=\frac{1}{2}+\frac{1}{2}(\sigma_0-\frac{1}{2})$

$$N(\sigma_0, T)\leqslant \frac{1}{\sigma_0-\sigma_1}\int_{\sigma_1}^{\sigma_0} N(\sigma, T)\mathrm{d}\sigma \leqslant \frac{2}{\sigma_0-\frac{1}{2}}\int_{\sigma_1}^1 N(\sigma, T)\mathrm{d}\sigma = O(T)$$

① Bohr and Landau (4), Littlewood (4).

the required result.

From this theorem, and the fact that $N(T) \sim AT \log T$, it follows that *all but an infinitesimal proportion of the zeros of* $\zeta(s)$ *lie in the strip* $\frac{1}{2}-\delta<\sigma<\frac{1}{2}+\delta$, *however small* δ *may be.*

9.16. We shall next prove a number of theorems in which the $O(T)$ of Theorem 9.15 (A) is replaced by $O(T^{\theta})$, where $\theta<1$.① We do this by applying the above methods, not to $\zeta(s)$ itself, but to the function

$$\zeta(s) M_X(s)=\zeta(s) \sum_{n<X} \frac{\mu(n)}{n^s}$$

The zeros of $\zeta(s)$ are zeros of $\zeta(s) M_X(s)$. If $\sigma>1$, $M_X(s) \rightarrow 1/\zeta(s)$ as $X \rightarrow \infty$, so that $\zeta(s) M_X(s) \rightarrow 1$. On the Riemann hypothesis this is also true for $\frac{1}{2}<\sigma \leqslant 1$. Of course we cannot prove this without any hypothesis; but we can choose X so that the additional factor neutralizes to a certain extent the peculiarities of $\zeta(s)$, even for values of σ less than 1.

Let

$$f_X(s)=\zeta(s) M_X(s)-1$$

We shall first prove

Theorem 9.16. *If for some* $X=X(\sigma, T)$, $T^{1-l(\sigma)} \leqslant X<T^A$

$$\int_{\frac{1}{2} T}^T |f_X(s)|^2 \mathrm{d} t=O(T^{l(\sigma)} \log^m T)$$

as $T \rightarrow \infty$, *uniformly for* $\sigma \geqslant \alpha$, *where* $l(\sigma)$ *is a positive non-increasing function with a bounded derivative, and* m *is a constant* $\geqslant 0$, *then*

$$N(\sigma, T)=O(T^{l(\sigma)} \log^{m+1} T)$$

uniformly for $\sigma \geqslant \alpha+1/\log T$.

---

① Bohr and Landau (5), Carlson (1), Landau (12), Titchmarsh (5), Ingham (5).

We have

$$f_X(s)=\zeta(s)\sum_{n<X}\frac{\mu(n)}{n^s}-1=\sum\frac{a_n(X)}{n^s}$$

where $a_1(X)=0$

$$a_n(X)=\sum_{d\mid n}\mu(d)=0\quad(n<X)$$

and

$$|a_n(X)|=\Big|\sum_{\substack{d\mid n\\ d<X}}\mu(d)\Big|\leqslant d(n)$$

for all n and X.

Let

$$1-f_X^2=\zeta M_X(2-\zeta M_X)=\zeta(s)g(s)=h(s)$$

say, where $g(s)=g_X(s)$ and $h(s)=h_X(s)$ are regular except at $s=1$. Now for $\sigma\geqslant 2$, $X>X_0$

$$|f_X(s)|^2\leqslant\Big(\sum_{n\geqslant X}\frac{d(n)}{n^2}\Big)^2=O(X^{2\epsilon-2})<\frac{1}{2X}<\frac{1}{2}$$

so that $h(s)\neq 0$. Applying (9. 9. 1) to $h(s)$, and writing

$$\nu(\sigma,T_1,T_2)=\nu(\sigma,T_2)-\nu(\sigma,T_1)$$

we obtain

$$2\pi\int_{\sigma_0}^{2}\nu(\sigma,\frac{1}{2}T,T)\,\mathrm{d}\sigma=\int_{\frac{1}{2}T}^{T}\{\log|h(\sigma_0+\mathrm{i}t)|-\log|h(2+\mathrm{i}t)|\}\mathrm{d}t+$$

$$\int_{\sigma_0}^{2}\{\arg h(\sigma+\mathrm{i}T)-\arg h(\sigma+\frac{1}{2}\mathrm{i}T)\}\mathrm{d}\sigma$$

Now

$$\log|h(s)|\leqslant\log\{1+|f_X(s)|^2\}\leqslant|f_X(s)|^2$$

so that, if $\sigma_0\geqslant\alpha$

$$\int_{\frac{1}{2}T}^{T}\log|h(\sigma_0+\mathrm{i}t)|\,\mathrm{d}t\leqslant\int_{\frac{1}{2}T}^{T}|f_X(\sigma_0+\mathrm{i}t)|^2\,\mathrm{d}t=O(T^{l(\sigma_0)}\log^m T)$$

Next

$$-\log|h(2+\mathrm{i}t)|\leqslant-\log\{1-|f_X(2+\mathrm{i}t)|^2\}$$
$$\leqslant 2|f_X(2+\mathrm{i}t)|^2<X^{-1}$$

so that

$$-\int_{\frac{1}{2}T}^{T} \log \mid h(2+\mathrm{i}t) \mid \mathrm{d}t < \frac{T}{2X} = O(T^{l(\sigma_0)})$$

Also we can apply the lemma of §9.4 to $h(s)$, with $\alpha=0$, $\beta \geqslant \frac{1}{2}$, $m \geqslant \frac{1}{2}$, and $M_{\sigma,t}=O(X^A T^A)$. We obtain

$$\arg h(s) = O(\log X + \log t)$$

for $\sigma \geqslant \frac{1}{2}$. Hence

$$\int_{\sigma_0}^{\frac{1}{2}} \{\arg h(\sigma+\mathrm{i}T) - \arg h(\sigma+\frac{1}{2}\mathrm{i}T)\} \mathrm{d}\sigma$$

$$=O(\log X + \log T) = O(\log T)$$

Hence

$$\int_{\sigma_0}^{2} \nu(\sigma, \frac{1}{2}T, T) \, \mathrm{d}\sigma = O(T^{l(\sigma_0)} \log^m T$$

Also

$$\int_{\sigma_0}^{2} \nu(\sigma, \frac{1}{2}T, T) \, \mathrm{d}\sigma \geqslant \int_{\sigma_0}^{2} N(\sigma, \frac{1}{2}T, T) \, \mathrm{d}\sigma \geqslant (\sigma_1-\sigma_0) N(\sigma_1, \frac{1}{2}T, T)$$

if $\sigma_0 < \sigma_1 \leqslant 2$. Taking $\sigma_1=\sigma_0+1/\log T$, we have

$$T^{l(\sigma_0)} = T^{l(\sigma_0)+O(\sigma_1-\sigma_0)} = O(T^{l(\sigma_1)})$$

Hence

$$N(\sigma_1, \frac{1}{2}T, T) = O(T^{l(\sigma_1)} \log^{m+1} T)$$

Replacing T by $\frac{1}{2}T$, $\frac{1}{4}T$, $\cdots$ and adding, the result follows.

9.17. The simplest application is

Theorem 9.17. *For any fixed σ in* $\frac{1}{2} < \sigma < 1$

$$N(\sigma, T) = O(T^{4\sigma(1-\sigma)+\epsilon})$$

We use Theorem 4.11 with $x=T$, and obtain

$$f_X(s)=\sum_{m<T}\frac{1}{m^s}\sum_{n<X}\frac{\mu(n)}{n^s}-1+O(T^{-\sigma}\mid M_X(s)\mid)$$

$$=\sum\frac{b_n(X)}{n^s}+O(T^{-\sigma}X^{1-\sigma}) \tag{9.17.1}$$

where, if $X<T$, $b_n(X)=0$ for $n<X$ and for $n>XT$; and, as for a_n, $|b_n(X)|\leqslant d(n)=O(n^\epsilon)$. Hence

$$\int_{\frac{1}{2}T}^{T}\left|\sum\frac{b_n(X)}{n^s}\right|^2\mathrm{d}t=\frac{1}{2}T\sum\frac{|b_n(X)|^2}{n^{2\sigma}}+\sum\sum\frac{b_m b_n}{(mn)^\sigma}\int_{\frac{1}{2}T}^{T}\left(\frac{n}{m}\right)^{it}\mathrm{d}t$$

$$=O\left(T\sum_{n\geqslant X}\frac{1}{n^{2\sigma-\epsilon}}\right)+O\left(\sum\sum_{n<m<XT}\frac{1}{(mn)^{\sigma-\epsilon}\log m/n}\right)$$

$$=O(TX^{1-2\sigma+\epsilon})+O\{(XY)^{2-2\sigma+\epsilon}\}$$

by (7.2.1). These terms are of the same order (apart from ϵ's) if $X=T^{2\sigma-1}$, and then

$$\int_{\frac{1}{2}T}^{T}\left|\sum\frac{b_n(X)}{n^s}\right|^2\mathrm{d}t=O(T^{4\sigma(1-\sigma)+\epsilon})$$

The O-term in (9.17.1) gives

$$O(T^{1-2\sigma}X^{2-2\sigma}=O(T^{1-2\sigma}X)=O(1)$$

The result therefore follows form Theorem 9.16.

9.18. The main instrument used in obtaining still better results for $N(\sigma, T)$ is the convexity theorem for mean values of analytic functions proved in §7.8. We require, however, some slight extensions of the theorem. If the right-hand sides of (7.8.1) and (7.8.2) are replaced by finite sums

$$\sum C(T^a+1),\quad \sum C'(T^b+1)$$

then the right-hand side of (7.8.3) is clearly to be replaced by

$$K\sum\sum(CT^a)^{(\beta-\sigma)/(\beta-\alpha)}(C'T^b)^{(\sigma-\alpha)/(\beta-\alpha)}$$

In one of the applications a term $T^a\log^4 T$ occurs in the data instead of the above T^a. This produces the same change in the result. The only change in the proof is that, instead of the term

$$\int_0^\infty\left(\frac{u}{\delta}\right)^{a+2\alpha-1}\mathrm{e}^{-2u}\mathrm{d}u=\frac{K}{\delta^{a+2\alpha-1}}$$

we obtain a term

$$\int_0^{\infty}\left(\frac{u}{\delta}\right)^{a+2\alpha-1}\log^4\frac{u}{\delta}\mathrm{e}^{-2u}\mathrm{d}u$$

$$=\int_0^{\infty}\left(\frac{u}{\delta}\right)^{a+2\alpha-1}\left\{\log^4\frac{1}{\delta}+4\log^3\frac{1}{\delta}\log u+\cdots\right\}\mathrm{e}^{-2u}\mathrm{d}u$$

$$<\frac{K}{\delta^{a+2\alpha-1}}\log^4\frac{1}{\delta}$$

Theorem 9.18. *If* $\zeta(\frac{1}{2}+\mathrm{i}t)=O(t^c\log^{c'}t$, *where* $c'\leqslant\frac{3}{2}$, *then*

$$N(\sigma, T)=O(T^{2(1+2c)(1+\sigma)}\log^5 T)$$

uniformly for $\frac{1}{2}\leqslant\sigma\leqslant 1$.

If $0<\delta<1$

$$\int_0^T|f_X(1+\delta+\mathrm{i}t)|^2\,\mathrm{d}t|$$

$$=\sum_{m\geqslant X}\sum_{n\geqslant X}\frac{a_X(m)a_X(n)}{m^{1+\delta}n^{1+\delta}}\int_0^T\left(\frac{m}{n}\right)^{\mathrm{i}t}\mathrm{d}t$$

$$=T\sum_{n\geqslant X}\frac{a_X^2(n)}{n^{2+2\delta}}+2\sum_{X\leqslant m<n}\sum\frac{a_X(m)a_X(n)}{m^{1+\delta}n^{1+\delta}}\times\frac{\sin(T\log m/n)}{\log m/n}$$

$$\leqslant T\sum_{n\geqslant X}\frac{d^2(n)}{n^{2+2\delta}}+2\sum_{X\leqslant m<n}\sum\frac{d(m)d(n)}{m^{1+\delta}n^{1+\delta}}$$

Now①

$$\sum_{n\leqslant x}d^2(n)<Ax\log^3x,\quad \sum_{m<n\leqslant x}\sum\frac{d(m)d(n)}{(mn)^{\frac{1}{2}}\log n/m}<Ax\log^3x$$

Hence

$$\sum_{n\geqslant X}\frac{d^2(n)}{n^{1+\xi}}=\sum_{n\geqslant X}d^2(n)\int_n^{\infty}\frac{1+\xi}{x^2+\xi}\mathrm{d}x=\int_x^{\infty}\frac{1+\xi}{x^2+\xi}\sum_{X\leqslant n\leqslant x}d^2(n)\,\mathrm{d}x$$

① The first result follows easily from (7.16.3); for the second, see Ingham (1); the argument of § 7.21, and the first result, give an extra log x.

$$<\int_X^\infty \frac{(1+\xi)A\log^3 x}{x^{1+\xi}}\mathrm{d}x=\frac{A(1+1/\xi)}{x^\xi}\int_1^\infty \frac{\log^3(Xy^{1/\xi})}{y^2}\mathrm{d}y$$

(putting $x=Xy^{1/\xi}$)

$$<\frac{A}{\xi X^\xi}\left(\log X+\frac{1}{\xi}\right)^3$$

Hence

$$\sum_{n\geqslant X}\frac{d^2(n)}{n^{2+2\delta}}<\frac{A\log^3 X}{X^{1+2\delta}}<\frac{A}{X\delta^3}$$

since $X^{2\delta}=\mathrm{e}^{2\delta\log X}>\frac{1}{6}(2\delta\log X)^3$.

Also, since

$$1<\log\lambda+\lambda^{-1}<\log\lambda+\lambda^{-\frac{1}{2}}$$

for $\lambda>1$

$$\sum_{X\leqslant m<n}\sum\frac{d(m)d(n)}{(mn)^{1+\xi}\log n/m}$$

$$<\sum_{X\leqslant m<n}\sum\frac{d(m)d(n)}{(mn)^{1+\xi}}+\sum_{X\leqslant m<n}\sum\frac{d(m)d(n)}{m^\xi n^{1+\xi}(mn)^{\frac{1}{2}}\log n/m}$$

$$<\left(\sum_{n=1}^\infty\frac{d(n)}{n^{1+\xi}}\right)^2+\sum_{1\leqslant m<n}\sum\frac{d(m)d(n)}{(mn)^{\frac{1}{2}}\log n/m}\int_n^\infty\frac{1+\xi}{x^2+\xi}\mathrm{d}x$$

$$<\zeta^4(1+\xi)+\int_1^\infty\frac{1+\xi}{x^2+\xi}\sum_{m<n\leqslant x}\sum\frac{d(m)d(n)}{(mn)^{\frac{1}{2}}\log n/m}\mathrm{d}x$$

$$<\zeta^4(1+\xi)+\int_1^\infty\frac{(1+\xi)A\log^3 x}{x^{1+\xi}}\mathrm{d}x<\frac{A}{\xi^4}$$

Hence

$$\int_0^T|f_X(1+\delta+\mathrm{i}t)|^2\,\mathrm{d}t<A\left(\frac{T}{X}+1\right)\delta^{-4}\qquad(9.18.1)$$

For $\sigma=\frac{1}{2}$ we use the inequalities

$$|f_X|^2\leqslant 2(|\zeta|^2|M_X|^2+1)$$

$$\int_0^T\left|M_X\left(\frac{1}{2}+\mathrm{i}t\right)\right|^2\mathrm{d}t\leqslant T\sum_{n<X}\frac{\mu^2(n)}{n}+2\sum_{m<n\leqslant X}\sum\frac{|\mu(m)\mu(n)|}{(mn)^{\frac{1}{2}}\log n/m}$$

$$\leqslant T\sum_{n<X}\frac{1}{n}+2\sum\sum_{m<n<X}\frac{1}{(mn)^{\frac{1}{2}}\log n/m}$$
$$< A(T+X)\log X$$

by (7.2.1).

Hence

$$\int_0^T \left| f_X\left(\frac{1}{2}+\mathrm{i}t\right)\right|^2 \mathrm{d}t < AT^{2c}(T+X)\log^{2c'}(T+2)\log X$$

(9.18.2)

The convexity theorem therefore gives

$$\int_{\frac{1}{2}T}^{T} \left| f_X(\sigma+\mathrm{i}t)\right|^2 \mathrm{d}t$$

$$=O\left\{\left(\frac{T}{X}+1\right)\delta^{-4}\right\}^{(\sigma-\frac{1}{2})/(\frac{1}{2}+\delta)}\{T^{2c}(T+X)\log^{2c'}(T+2)\log X\}^{(1+\delta-\sigma)/(\frac{1}{2}+\delta)}$$

$$=O\left\{\frac{T+X}{\delta^4}\frac{T^{4c(1-\sigma)}}{X^{2\sigma-1}}(XT^{2c})^{\{(2\sigma-1)\delta\}/(\frac{1}{2}+\delta)}(\delta^4\log^3(T+2)\log X)^{(1+\delta-\sigma)/(\frac{1}{2}+\delta)}\right\}$$

Taking $\delta=1/\log(T+X)$ we obtain

$$O\{(T+X)T^{4c(1-\sigma)}X^{1-2\sigma}\log^4(T+X)\}$$

If $X=T$, the result follows from Theorem 9.16.

For example, by Theorem 5.5 we may take $c=\frac{1}{6}$, $c'=\frac{3}{2}$.

Hence

$$N(\sigma, T)=O(T^{\frac{8}{3}(1-\sigma)}\log^5 T) \tag{9.18.3}$$

This is an improvement on Theorem 9.17 if $\sigma>\frac{2}{3}$.

On the unproved Lindelöf hypothesis that $\zeta(\frac{1}{2}+\mathrm{i}t)=O(t^{\epsilon})$, Theorem 9.18 gives

$$N(\sigma, T)=O(T^{2(1-\sigma)+\epsilon})$$

9.19. An improvement on Theorem 9.17 for all values of σ in $\frac{1}{2}<\sigma<1$ is effected by combining (9.18.3) with

Theorem 9.19 (A). $N(\sigma, T)=O(T^{\frac{3}{2}-\sigma}\log^5 T)$.

We have

$$\int_0^T |f_X(\frac{1}{2}+\mathrm{i}t)|^2\,\mathrm{d}t$$

$$< A\int_0^T |\zeta(\frac{1}{2}+\mathrm{i}t)|^2\,|M_X(\frac{1}{2}+\mathrm{i}t)|^2\mathrm{d}t + AT$$

$$< A\left\{\int_0^T |\zeta(\frac{1}{2}+\mathrm{i}t)|^4\,\mathrm{d}t\int_0^T |M_X(\frac{1}{2}+\mathrm{i}t)|^4\,\mathrm{d}t\right\}^{\frac{1}{2}} + AT$$

Now

$$M_X^2(s)=\sum_{n<X^2}\frac{c_n}{n^s},\qquad |c_n|\leqslant d(n)$$

Hence

$$\int_0^T |M_X(\frac{1}{2}+\mathrm{i}t)|^4\,\mathrm{d}t \leqslant T\sum_{n<X^2}\frac{d^2(n)}{n}+2\sum_{m<n<X^2}\sum\frac{d(m)d(n)}{(mn)^{\frac{1}{2}}\log n/m}$$
$$< AT\log^4 X + AX^2\log^3 X$$

Hence

$$\int_0^T |f_X(\frac{1}{2}+\mathrm{i}t)|^2\,\mathrm{d}t < AT^{\frac{1}{2}}(T+X^2)^{\frac{1}{2}}\log^2(T+2)\log^2 X \tag{9.19.1}$$

From (9.18.1)(9.19.1), and the convexity theorem, we obtain

$$\int_{\frac{1}{2}T}^T |f_X(\sigma+\mathrm{i}t)|^2\,\mathrm{d}t$$

$$= O\left\{\left(\frac{T}{X}+1\right)\delta^{-4}\right\}^{(\delta-\frac{1}{2})/(\frac{1}{2}+\delta)}\{T^{\frac{1}{2}}(T+X^2)^{\frac{1}{2}}\log^2(T+2)\log^2 X\}^{(1+\delta-\sigma)/(\frac{1}{2}+\delta)}$$

If $X=T^{\frac{1}{2}}$, $\delta=1/\log(T+2)$, the result follows as before.

This is an improvement on Theorem 9.17 if $\frac{1}{2}<\sigma<\frac{3}{4}$.

Various results of this type have been obtained,[①] the most successful[②] being

Theorem 9.19 (B). $N(\sigma, T)=O(T^{3(1-\sigma)/(2-\sigma)}\log^5 T)$.

This depends on a two-variable convexity theorem; § if

$$J(\sigma, \lambda)=\left\{\int_0^T |f(\sigma+\mathrm{i}t)|^{1/\lambda}\mathrm{d}t\right\}^{\lambda}$$

then

$$J(\sigma, p\lambda+q\mu)=O\{J^p(\alpha,\lambda)J^q(\beta,\mu)\}\quad (\alpha<\sigma<\beta)$$

where

$$p=\frac{\beta-\sigma}{\beta-\alpha},\quad q=\frac{\sigma-\alpha}{\beta-\alpha}$$

We have

$$\begin{aligned}&\int_0^T |f_X(\tfrac{1}{2}+\mathrm{i}t)|^{\frac{4}{3}}\,\mathrm{d}t\\ &<A\int_0^T |\zeta(\tfrac{1}{2}+\mathrm{i}t)|^{\frac{4}{3}}\,|M_X(\tfrac{1}{2}+\mathrm{i}t)|^{\frac{4}{3}}\,\mathrm{d}t+AT\\ &<A\left\{\int_0^T |\zeta(\tfrac{1}{2}+\mathrm{i}t)|^4\,\mathrm{d}t\right\}^{\frac{1}{3}}\left\{\int_0^T |M_X(\tfrac{1}{2}+\mathrm{i}t)^2|\,\mathrm{d}t\right\}^{\frac{2}{3}}+AT\\ &<A\{T\log^4(T+2)\}^{\frac{1}{3}}\{(T+X)\log X\}^{\frac{2}{3}}+AT\\ &<A(T+X)\log^2(T+X)\end{aligned}\tag{9.19.2}$$

In the two-variable convexity theorem, take $\alpha=\frac{1}{2}$, $\beta=1+\delta$, $\lambda=\frac{3}{4}$, $\mu=\frac{1}{2}$, and use (9.18.1) and (9.19.2). We obtain

$$\begin{aligned}&\int_0^T |f_X(\sigma+\mathrm{i}t)|^{1/K}\,\mathrm{d}t\\ &<A\{(T+X)\log^2(T+X)\}^{\frac{3}{2}(1-\sigma+\delta)/(1-\frac{1}{2}\sigma+\frac{3}{2}\delta)}\left\{\left(\frac{T}{X}+1\right)\delta^{-4}\right\}^{(\delta-\frac{1}{2})(1-\frac{1}{2}\sigma+\frac{3}{2}\delta)}\end{aligned}$$

---

① Titchmarsh (5), Ingham (5)(6).

② Ingham (6).

where $K = p\lambda + q\mu$ lies between $\frac{1}{2}$ and $\frac{3}{4}$. Taking $X = T$, $\delta = -1/\log T$, we obtain

$$\int_0^T |f_X(\sigma + \mathrm{i}t)|^{1/K} \mathrm{d}t < AT^{3(1-\sigma)/(2-\sigma)} \log^4 T$$

The result now follows from a modified form of Theorem 9.16, since

$$\log |1 - f_X^2| \leqslant \log(1 + |f_X|^2) < A |f_X|^{1/K}$$

A. Selberg[①] has recently proved

Theorem 9.10 (C)

$$N(\sigma, T) = O(T^{1-\frac{1}{4}(\sigma-\frac{1}{2})} \log T)$$

uniformly for

$$\frac{1}{2} \leqslant \sigma \leqslant 1$$

This is an improvement on the previous theorem if σ is a function of T such that $\sigma - \frac{1}{2}$ is sufficiently small.

9.20. The corresponding problems with σ equal or nearly equal to $\frac{1}{2}$ are naturally more difficult. Here the most interesting question is that of the behaviour of

$$\int_{\frac{1}{2}}^1 N(\sigma, T)\, \mathrm{d}\sigma \tag{9.20.1}$$

as $T \to \infty$. If the zeros of $\zeta(s)$ are $\beta + \mathrm{i}\gamma$, this is equal to

$$\int_{\frac{1}{2}}^1 \Big(\sum_{\beta > \sigma, 0 < \gamma \leqslant T} 1\Big)\, \mathrm{d}\sigma = \sum_{\beta > \frac{1}{2}, 0 < \gamma \leqslant T} \int_{\frac{1}{2}}^{\beta} \mathrm{d}\sigma = \sum_{\beta > \frac{1}{2}, 0 < \gamma \leqslant T} \Big(\beta - \frac{1}{2}\Big)$$

Hence an equivalent problem is that of the sum

$$\sum_{0 < \gamma \leqslant T} \Big|\beta - \frac{1}{2}\Big| \tag{9.20.2}$$

① Selberg (5).

There are some immediate results.[①] If we apply the above argument, but use Theorem 7.2 (A) instead of Theorem 7.2, we obtain at once

$$\int_{\sigma_0}^{1} N(\sigma, T)\, d\sigma < AT \log\left\{\min\left(\log T, \log \frac{1}{\sigma_0 - \frac{1}{2}}\right)\right\} \tag{9.20.3}$$

for $\frac{1}{2} \leqslant \sigma_0 \leqslant 1$; and in particular

$$\int_{\frac{1}{2}}^{1} N(\sigma, T)\, d\sigma = O(T \log\log T) \tag{9.20.4}$$

These, however, are superseded by the following analysis, due to A. Selberg (2), the principal result of which is that

$$\int_{\frac{1}{2}}^{1} N(\sigma, T)\, d\sigma = O(T) \tag{9.20.5}$$

We consider the integral

$$\int_{T}^{T+U} \left| \zeta\left(\frac{1}{2} + it\right)\psi\left(\frac{1}{2} + it\right) \right|^2 dt$$

where $0 < U \leqslant T$ and ψ is a function to be specified later. We use the formulae of § 4.17. Since

$$e^{i\theta} = \left\{\chi\left(\frac{1}{2} + it\right)\right\}^{-\frac{1}{2}} = \left(\frac{t}{2\pi e}\right)^{\frac{1}{2}it} e^{-\frac{1}{8}\pi i}\left\{1 + O\left(\frac{1}{t}\right)\right\}$$

we have

$$Z(t) = z(t) + \bar{z}(t) + O(t^{-\frac{1}{4}}) \tag{9.20.6}$$

where

$$z(t) = \left(\frac{1}{2\pi e}\right)^{\frac{1}{2}it} e^{-\frac{1}{8}\pi i} \sum_{n \leqslant x} n^{-\frac{1}{2} - it}$$

and $x = (t/2\pi)^{\frac{1}{2}}$. Let $T \leqslant t \leqslant T + U$, $\tau = (T/2\pi)^{\frac{1}{2}}$, $\tau' = \{(T + U)/2\pi\}^{\frac{1}{2}}$.

---

① Littlewood (4).

Let

$$z_1(t)=\left(\frac{1}{2\pi e}\right)^{\frac{1}{2}it}e^{-\frac{1}{8}\pi i}\sum_{n\leqslant r}n^{-\frac{1}{2}+it}$$

Proceeding as in § 7.3, we have

$$\int_T^{T+U}|z(t)-z_1(t)|^2\,dt=O\Big(U\sum_{\tau<n\leqslant\tau'}\frac{1}{n}\Big)+O(T^{\frac{1}{2}}\log T)$$

$$=O\Big(U\frac{\tau'-\tau}{\tau}\Big)+O(T^{\frac{1}{2}}\log T)$$

$$=O(U^2/T)+O(T^{\frac{1}{2}}\log T)\quad(9.20.7)$$

9.21. Lemma 9.21. *Let m and n be positive integers*, $(m,n)=1$, $M=\max(m,n)$. *Then*

$$\int_T^{T+U}z_1(t)\dot{z}_1(t)\left(\frac{n}{m}\right)^{it}dt=\frac{U}{(mn)^{\frac{1}{2}}}\sum_{r\leqslant\tau/M}\frac{1}{r}+O\{T^{\frac{1}{2}}M^2\log(MT)\}$$

The integral is

$$\sum_{\mu\leqslant\tau}\sum_{\nu\leqslant\tau}\frac{1}{(\mu\nu)^{\frac{1}{2}}}\int_T^{T+U}\left(\frac{m\nu}{m\mu}\right)^{it}dt$$

The terms with $m\mu=n\upsilon$ contribute

$$U\sum_{m\mu=m\nu}\sum\frac{1}{(\mu\nu)^{\frac{1}{2}}}=U\sum_{m\leqslant\tau,\ \tau m\leqslant\tau}\sum\frac{1}{(rn\cdot rm)^{\frac{1}{2}}}=\frac{U}{(mn)^{\frac{1}{2}}}\sum_{\tau\leqslant\tau/M}\frac{1}{r}$$

The remaining terms are

$$O\Big\{\sum_{m\mu\neq n\nu}\sum\frac{1}{(\mu\nu)^{\frac{1}{2}}|\log(n\nu/m\mu)|}\Big\}$$

$$=O\Big\{\sum_{m\mu\neq n\nu}\sum\frac{M}{(m\mu n\nu)^{\frac{1}{2}}|\log(n\nu/m\mu)|}\Big\}$$

$$=O\Big\{M\sum_{\kappa\leqslant M\tau,\lambda\leqslant M\tau}\sum\frac{1}{(\kappa\lambda)^{\frac{1}{2}}|\log\lambda/\kappa|}\Big)$$

$$=O\{M^2\tau\log(M\tau)\}$$

9.22. Lemma 9.22. *Defining m, n, M as before, and supposing*

$$T^{\frac{4}{5}}<U\leqslant T$$

$$\int_T^{T+U} z_1^2(t)\left(\frac{n}{m}\right)^{it} dt = \frac{U}{(mn)^{\frac{1}{2}}} \sum_{\tau/m \leqslant r \leqslant \tau/n} \frac{1}{r} + O(MT^{\frac{1}{2}}) + O(U^2/T) + O(T^{\frac{9}{10}}) \tag{9.22.1}$$

if $n \leqslant m$. *If* $m < n$, *the first term on the right-hand side is to be omitted.*

The left-hand side is

$$e^{-\frac{1}{4}\pi i} \sum_{\mu \leqslant \tau} \sum_{\nu \leqslant \tau} \frac{1}{(\mu\nu)^{\frac{1}{2}}} \int_T^{T+U} \left(\frac{t}{2\pi e} \times \frac{n}{\mu\nu m}\right)^{it} dt$$

The integral is of the form considered in § 4.6, with

$$F(t) = t \log \frac{t}{ec}, \quad c = \frac{2\pi\mu\nu m}{n}$$

Hence by (4.6.5), with $\lambda_2 = (T+U)^{-1}$, $\lambda_3 = (T+U)^{-2}$, it is equal to

$$(2\pi c)^{\frac{1}{2}} e^{\frac{1}{4}\pi i - ic} + O(T^{\frac{2}{5}}) + O\left\{\min\left(\frac{1}{|\log c/T|}, T^{\frac{1}{2}}\right)\right\} + O\left\{\min\left(\frac{1}{\log | T+U)/c |}, T^{\frac{1}{2}}\right)\right\} \tag{9.22.2}$$

with the leading term present only when $T \leqslant c \leqslant T+U$. We therefore obtain a main term

$$2\pi\left(\frac{m}{n}\right)^{\frac{1}{2}} \sum_{\mu \leqslant \tau} \sum_{\nu \leqslant \tau} e^{-2\pi i\mu\nu m/n} \tag{9.22.3}$$

where μ and υ also satisfy

$$\tau^2 n/m \leqslant \mu\nu \leqslant \tau'^2 n/m$$

The double sum is clearly zero unless $n \leqslant m$, as we now suppose. The ν-summation runs over the range $\nu_1 \leqslant \nu \leqslant \nu_2$, where $\nu_1 = \tau^2 n/m\mu$ and $\nu_2 = \min(\tau'^2 n/m\mu, \tau)$, and μ runs over $\tau n/m \leqslant \mu \leqslant t$. The inner sum is therefore $\nu_2 - \nu_1 + O(n)$ if $n \mid u$, and $O(n)$ otherwise. The error term $O(n)$ contributes $O\{(mn)^{\frac{1}{2}}\tau\} = O(MT)^{\frac{1}{2}}$ in (9.22.1). On writing $\mu = nr$ we are left with

$$2\pi\left(\frac{m}{n}\right)^{\frac{1}{2}} \sum_{\tau/m \leqslant r \leqslant \tau/n} (\nu_2 - \nu_1)$$

Let $\nu_3 = \tau'^2/mr$. Then $\nu_2 = \nu_3$ unless $r < \tau'^2/m\tau$. Hence the error on replacing ν_2 by ν_3 is

$$O\left\{\left(\frac{m}{n}\right)^{\frac{1}{2}} \sum_{\tau/m \leqslant r < \tau'^2/m\tau} \left(\frac{\tau'^2}{mr} - \tau\right)\right\}$$

$$= O\left\{\left(\frac{m}{n}\right)^{\frac{1}{2}} \left(\frac{\tau'^2}{m\tau} - \frac{\tau}{m} + 1\right)\left(\frac{\tau'^2}{\tau} - \tau\right)\right\}$$

$$= O\left\{(mn)^{-\frac{1}{2}}\left(\frac{\tau'^2 - \tau^2}{\tau}\right)^2\right\} + O\left\{\left(\frac{m}{n}\right)^{\frac{1}{2}}\left(\frac{\tau'^2 - \tau^2}{\tau}\right)\right\}$$

$$= O(U^2 T^{-1}) + O(M^{\frac{1}{2}} U T^{-\frac{1}{2}})$$

Finally there remains

$$2\pi\left(\frac{m}{n}\right)^{\frac{1}{2}} \sum_{\tau/m \leqslant r \leqslant t/n} (\nu_3 - \nu_1) = 2\pi\left(\frac{m}{n}\right)^{\frac{1}{2}} \sum_{\tau/m \leqslant r \leqslant \tau/n} \left(\frac{\tau'^2}{mr} - \frac{\tau^2}{mr}\right)$$

$$= \frac{U}{(mn)^{\frac{1}{2}}} \sum_{\tau/m \leqslant r \leqslant \tau/n} \frac{1}{r}$$

Now consider the O-terms arising from (9.22.2). The term $O(T^{\frac{2}{5}})$ gives

$$O\left\{T^{\frac{3}{5}} \sum_{\mu \leqslant \tau} \sum_{\nu \leqslant \tau} \frac{1}{(\mu\nu)^{\frac{1}{2}}}\right\} = O(T^{\frac{2}{5}}\tau) = O(T^{\frac{9}{10}})$$

Next

$$\sum_{\mu \leqslant \tau} \sum_{\nu \leqslant \tau} \frac{1}{(\mu\nu)^{\frac{1}{2}}} \min\left(\frac{1}{|\log(2\pi\mu\nu m/nT)|}, T^{\frac{1}{2}}\right)$$

$$= O\left\{T^{\epsilon} \sum_{r \leqslant \tau^2} \frac{1}{r^{\frac{1}{2}}} \min\left(\frac{1}{|\log(rm + n\tau^2)|}, T^{\frac{1}{2}}\right)\right\}$$

Suppose, for example, that $n < m$. Then the terms with $r < \frac{1}{2} n\tau^2/m$ or $r > 2n\tau^2/m$ are

$$O\left(T^{\epsilon} \sum_{r \leqslant \tau^2} \frac{1}{r^{\frac{1}{2}}}\right) = O(T^{\epsilon}\tau) = O(T^{\frac{1}{2}+\epsilon})$$

In the other terms, let $r = [n\tau^2/m] - r'$. We obtain

$$O\left\{T^{\epsilon} \sum_{r'} \frac{1}{(n\tau^2/m)^{\frac{1}{2}}} \frac{1}{|r' - \theta|/(n\tau^2/m)}\right\} \quad (|\theta| < 1)$$

$$= O\left\{T^{\epsilon}\left(\frac{n\tau^2}{m}\right)^{\frac{1}{2}} \log T\right\} = O(T^{\frac{1}{2}+\epsilon})$$

omitting the terms $r' = -1, 0, 1$; and these are $O(T^{\frac{1}{2}+\epsilon})$.

A similar argument applies in the other cases.

9.23. Lemma 9.23. *Let* $(m, n)=1$ *with* $m, n \leqslant X \leqslant T^{\frac{1}{5}}$. *If* $T^{\frac{14}{15}} \leqslant U \leqslant T$, *then*

$$\int_T^{T+U} Z^2(t)\left(\frac{n}{m}\right)^{it} \mathrm{d}t = \frac{U}{(mn)^{\frac{1}{2}}}\left\{\log \frac{T}{2\pi mn} + 2\gamma\right\} + O(U^{\frac{3}{2}} T^{-\frac{1}{2}} \log T)$$

Let $Z(t) = z_1(t) + \overline{z_1(t)} + e(t)$. Then

$$\int_T^{T+U} \{z_1(t) + \overline{z_1(t)}\}^2 \left(\frac{n}{m}\right)^{it} \mathrm{d}t$$

$$= \int_T^{T+U} Z(t)^2 \left(\frac{n}{m}\right)^{it} \mathrm{d}t + O\left(\int_T^{T+U} | Z(t)\mathrm{e}(t)\ \mathrm{d}t |\right) + O\left(\int_T^{T+U} | \mathrm{e}(t) |^2\ \mathrm{d}t\right)$$

We have

$$\int_T^{T+U} | \mathrm{e}(t) |^2\ \mathrm{d}t = O(U^2 + T) + O(T^{\frac{1}{2}} \log T) = O(U^2/T)$$

by (9.20.7), and

$$\int_T^{T+U} | Z(t) |^2\ \mathrm{d}t = O(U \log T) + O(T^{\frac{1}{2}+\varepsilon}) = O(U \log T)$$

by Theorem 7.4. Hence

$$\int_T^{T+U} | Z(t)\mathrm{e}(t) |\ \mathrm{d}t = O\{(U^2/T)^{\frac{1}{2}} (U\log T)^{\frac{1}{2}}\}$$

by Cauchy's inequality. It follows that

$$\int_T^{T+U} Z(t)^2 \left(\frac{n}{m}\right)^{it} \mathrm{d}t$$

$$= \int_T^{T+U} \{z_1(t)^2 + \overline{z_1(t)^2} + 2z_1(t)\,\overline{z_1(t)}\} \left(\frac{n}{m}\right)^{it} \mathrm{d}t + O(U^{\frac{3}{2}} T^{-\frac{1}{2}} \log^{\frac{1}{2}} T)$$

By Lemmas 9.21 and 9.22 the main integral on the right is

$$\frac{U}{(mn)^{\frac{1}{2}}}\left(\sum_{r \leqslant \tau/n} \frac{1}{r} + \sum_{r \leqslant \tau/m} \frac{1}{r}\right) + O\{T^{\frac{1}{2}} X^2 \log(XT)\} +$$

$$O(U^2/T) + O(T^{\frac{9}{10}})$$

whether $n \leqslant m$ or not. The result then follows, since

$$\sum_{r \leqslant \tau/n} \frac{1}{r} + \sum_{r \leqslant \tau/m} \frac{1}{r} = \log \frac{\tau^2}{mn} + 2\gamma + O\left(\frac{X}{\tau}\right)$$

and since the error terms $O\{T^{\frac{1}{2}} X^2 \log(XT)\}$, $O(XT^{\frac{1}{2}})$, $O(U^2/T)$, $O(T^{\frac{9}{10}})$ and $O(UT^{-\frac{1}{2}})$ are all $O(U^{\frac{1}{2}} T^{-\frac{1}{2}} \log T)$.

9.24. Theorem 9.24

$$\int_{\frac{1}{2}}^{1} N(\sigma, T)\, d\sigma = O(T) \qquad (9.24.1)$$

Consider the integral

$$I = \int_{T}^{T+U} \left| \zeta\left(\frac{1}{2} + it\right) \psi\left(\frac{1}{2} + it\right) \right|^2 dt = \int_{T}^{T+U} Z^2(t) \left| \psi\left(\frac{1}{2} + it\right) \right|^2 dt$$

where

$$\psi(s) = \sum_{r < X} \delta_r r^{1-s}$$

and

$$\delta_r = \frac{\sum\limits_{\rho r < X} \mu(\rho r) \mu(\rho) \phi(\rho r)}{\sum\limits_{\rho < X} \mu^2(\rho)/\phi(\rho)} = \frac{\mu(r)}{\phi(r)} \frac{\sum\limits_{\rho r < X,\ (\rho, r) = 1} \mu^2(\rho)/\phi(\rho)}{\sum\limits_{\rho < X} \mu^2(\rho)/\phi(\rho)}$$

Clearly

$$|\delta_r| \leqslant \frac{1}{\phi(r)}$$

for all values of r. Now

$$I = \sum_{q < X} \sum_{r < X} \delta_q \delta_r q^{\frac{1}{2}} r^{\frac{1}{2}} \int_{T}^{T+U} Z^2(t) \left(\frac{n}{m}\right)^{it} dt$$

where $m = q/(q,r)$, $n = r/(q,r)$. Using Lemma 9.23, the main term contributes to this

$$\begin{aligned}
\sum_{q < X} \sum_{r < X} \delta_q \delta_r q^{\frac{1}{2}} r^{\frac{1}{2}} \frac{U}{(mn)^{\frac{1}{2}}} \log \frac{Te^{2\gamma}}{2\pi mn} &= U \sum_{q < X} \sum_{r < X} \delta_q \delta_r (q, r) \log \frac{Te^{2\gamma}(q, r)^2}{2\pi qr} \\
&= U \log \frac{Te^{2\gamma}}{2\pi} \sum_{q < X} \sum_{r < X} \delta_q \delta_r (q, r) - \\
&\quad 2U \sum_{q < X} \sum_{r < X} \delta_q \delta_r (q, r) \log q +
\end{aligned}$$

$$2U\sum_{q<X}\sum_{r<X}\delta_q\delta_r(q,\ r)\log\ (q,r)$$

For a fixed $q<X$

$$\sum_{r<X}(q,r)\delta_r=\left\{\sum_{\rho<X}\frac{\mu^2(\rho)}{\phi(\rho)}\right\}^{-1}\sum_{r<X,\rho r<X}\sum\frac{(q,r)\mu(\rho r)\mu(\rho)}{\phi(\rho r)}$$

Now

$$(q,r)=\sum_{\nu\mid(q,r)}\phi(\nu)=\sum_{\nu\mid q,\nu\mid r}\phi(\nu)$$

Hence the second factor on the right is

$$\sum_{r<X,\rho r<X}\sum\frac{\mu(\rho r)\mu(\rho)}{\phi(\rho r)}\sum_{\nu\mid q,\nu\mid r}\phi(\nu)=\sum_{\nu\mid q}\phi(\nu)\sum_{\substack{r<X,\rho r<X\\ \nu\mid r}}\sum\frac{\mu(\rho r)\mu(\rho)}{\phi(\rho r)}$$

Put $\rho r=l$. Then $\rho\nu\mid\rho r$, $\rho\nu\mid l$, i. e. $\rho\mid(l,\ \nu)$. Hence we get

$$\sum_{\nu\mid q}\phi(\nu)\sum_{\substack{l<X\\ \nu\mid l}}\frac{\mu(l)}{\phi(l)}\sum_{p\mid(l/\nu)}\mu(\rho)$$

The ρ-sum is 0 unless $l=\nu$, when it is 1. Hence we get

$$\sum_{\nu\mid q}\phi(\nu)\ \frac{\mu(\nu)}{\phi(\nu)}=\sum_{\nu\mid q}\mu(\nu)=\begin{cases}1 & (q=1)\\ 0 & (q>1)\end{cases}$$

Hence

$$\sum_{q<X}\sum_{r<X}\delta_q\delta_r(q,r)=\left\{\sum_{p<X}\frac{\mu^2(\rho)}{\phi(\rho)}\right\}^{-1}\delta_1=\left\{\sum_{\rho<X}\frac{\mu^2(\rho)}{\phi(\rho)}\right\}^{-1}$$

and

$$\sum_{q<X}\sum_{r<X}\delta_q\delta_r(q,r)\log\ q=\left\{\sum_{p<X}\frac{\mu^2(\rho)}{\phi(\rho)}\right\}^{-1}\delta_1\log\ 1=0$$

Let $\phi_a(n)$ be defined by

$$\sum_{n=1}^{\infty}\frac{\phi_a(n)}{n^s}=\frac{\zeta(s-a-1)}{\zeta(s)}$$

so that

$$\phi_a(n)=n^{1+a}\sum_{m\mid n}\frac{\mu(m)}{m^{1+a}}=n^{1+a}\prod_{p\mid n}\left(1-\frac{1}{p^{1+a}}\right)$$

Let $\psi(n)$ be defined by

$$\sum_{n=1}^{\infty}\frac{\psi(n)}{n^s}=-\frac{\zeta'(s-1)}{\zeta(s)}$$

Then

$$-\zeta'(s-1)=\zeta(s)\sum_{n=1}^{\infty}\frac{\psi(n)}{n^s}$$

and hence

$$n\log n=\sum_{d\mid n}\psi(d)$$

Hence

$$(q,\ r)\log(q\delta r)=\sum_{d\mid q,d\mid r}\psi(d)$$

and

$$\sum_{q<X}\sum_{r<X}\delta_q\delta_r(q,r)\log\ (q,\ r)=\sum_{d<X}\psi(d)\sum_{\substack{d\mid q,d\mid r\\ q<X,r<X}}\delta_q\delta_r$$

$$=\sum_{d<X}\psi(d)\Big(\sum_{d\mid q,q<X}\delta_q\Big)^2$$

Now

$$\psi(n)=\left[\frac{\partial}{\partial a}\phi_a(n)\right]_{a=0}=\phi(n)\left(\log n+\sum_{p\mid n}\frac{\log p}{p-1}\right)$$

$$\psi(n)\leqslant\phi(n)\Big(\log n+\sum_{p\mid n}\log p\Big)\leqslant 2\phi(n)\log n$$

Also

$$\sum_{\substack{d\mid q\\ q<X}}\delta_q=\left\{\sum_{p<X}\frac{\mu^2(\rho)}{\phi(\rho)}\right\}^{-1}\sum_{\substack{\rho q<X\\ d\mid q}}\sum\frac{\mu(\rho q)\mu(\rho)}{\phi(\rho q)}$$

$$=\left\{\sum_{p<X}\frac{\mu^2(\rho)}{\phi(\rho)}\right\}^{-1}\sum_{\substack{n<X\\ d\mid n}}\sum\frac{\mu(n)}{\phi(n)}\sum_{\rho\mid n/d}\mu(\rho)$$

$$=\left\{\sum_{p<X}\frac{\mu^2(\rho)}{\phi(\rho)}\right\}^{-1}\frac{\mu(d)}{\phi(d)}$$

Hence

$$\sum_{q<X}\sum_{r<X}\delta_q\delta_r(q,\ r)\log(q,\ r)\leqslant 2\ \log X\left\{\sum_{p<X}\frac{\mu^2(\rho)}{\phi(\rho)}\right\}^{-1}$$

Since

$$\sum_{n=1}^{\infty}\frac{\mu^2(n)}{\phi(n)n^s}=\prod_p\left(1+\frac{\mu^2(p)}{\phi(p)p^s}\right)=\prod_p\left(1+\frac{1}{(p-1)p^s}\right)$$

$$=\zeta(s+1)\prod_p\left(1-\frac{1}{p^{s+1}}\right)\left(1+\frac{1}{(p-1)p^s}\right)$$

we have

$$\sum_{p<X}\frac{\mu^2(\rho)}{\phi(\rho)}\sim A\log X$$

The contribution of all the above terms to I is therefore

$$O\left(U\frac{\log T}{\log X}\right)+O(U)=O(U)$$

on taking, say, $X=T^{\frac{1}{100}}$.

The O-term in Lemma 9. 23 gives

$$O(U^{\frac{3}{2}}T^{-\frac{1}{2}}\log T)\sum_{q<X}\sum_{r<X}\frac{q^{\frac{1}{2}}r^{\frac{1}{2}}}{\phi(q)\phi(r)}$$

$$=O(U^{\frac{3}{2}}T^{-\frac{1}{2}}\log T)O(X)$$

$$=O(U^{\frac{3}{2}}T^{-\frac{49}{100}}\log T)$$

Taking say $U=T^{\frac{14}{15}}$, this is $O(U)$. Hence $I=O(U)$.

By an argument similar to that of § 9. 16, it follows that

$$\int_{\frac{1}{2}}^{1}\{N(\sigma, T+U)-N(\sigma, T)\}\,d\sigma=O(U)$$

Replacing T by $T+U$ $T+2U,\cdots$, and adding, $O(T/U)$ terms, we obtain

$$\int_{\frac{1}{2}}^{1}\{N(\sigma, 2T)-N(\sigma, T)\}\,d\sigma=O(T)$$

Replacing T by $\frac{1}{2}T$, $\frac{1}{4}T,\cdots$, and adding, the theorem follows.

It also follows that, if $\frac{1}{2}<\sigma\leqslant 1$

$$N(\sigma, T)=\frac{2}{\sigma-\frac{1}{2}}\int_{\frac{1}{2}\sigma+\frac{1}{4}}^{\sigma}N(\sigma', T)\,d\sigma'$$

$$\leqslant\frac{2}{\sigma-\frac{1}{2}}\int_{\frac{1}{2}}^{1}N(\sigma, T)\,d\sigma=O\left(\frac{T}{\sigma-\frac{1}{2}}\right)\quad(9.24.2)$$

Lastly, *if $\phi(t)$ is positive and increases to infinity with t, all but an infinitesimal proportion of the zeros of $\zeta(s)$ in the upper* *half-plane lie in the region*

$$\left|\sigma-\frac{1}{2}\right|<\frac{\phi(t)}{\log t}$$

The curved boundary of the region

$$\sigma=\frac{1}{2}+\frac{\phi(t)}{\log t},\quad T^{\frac{1}{2}}<t<T$$

lies to the right of

$$\sigma=\sigma_1=\frac{1}{2}+\frac{\phi(T^{\frac{1}{2}})}{\log T}$$

and

$$N(\sigma_1, T)=O\left(\frac{T}{\sigma_1-\frac{1}{2}}\right)=O\left(\frac{T\log T}{\phi(T^{\frac{1}{2}})}\right)=o(T\log T)$$

Hence the number of zeros outside the region specified is $o(T\log T)$, and the result follows.

NOTES FOR CHAPTER 9

9.25. The mean value of $S(t)$ has been investigated by Selberg (**5**). One has

$$\int_0^T |S(t)|^{2k}\,dt\sim\frac{(2k)!}{k!\,(2\pi)^{2k}}T(\log\log T)^k \qquad (9.25.1)$$

for every positive integer k. Selberg's earlier conditional treatment (**4**) is disucssed in §§14.20～24, the key feature used in (**5**) to deal with zeros off the critical line being the estimate given in Theorem 9.19 (C). Selberg (**5**) also gave an unconditional proof of Theorem 14.19, which had previously been established on the Riemann hypothesis by Littlewood. These results have been investigated further by Fujii [**1**], [**2**] and Ghosh [**1**], [**2**], who give results which are uniform in k.

It follows in particular from Fujii [**1**] that

$$\int_0^T |S(t+h)-S(t)|^2 \mathrm{d}t = \pi^{-2} T \log(3+h\log T) + O[T\{\log(3+h\log T\}^{\frac{1}{2}}] \qquad (9.25.2)$$

and

$$\int_0^T |S(t+h)-S(t)|^{2k} \mathrm{d}t \ll T\{Ak^4 \log(3+h\log T)\}^k \qquad (9.25.3)$$

uniformly for $0 \leqslant h \leqslant \frac{1}{2}T$. One may readily deduce that

$$N_j(T) \ll N(T)\mathrm{e}^{-A\sqrt{j}}$$

where $N_j(T)$ denotes the number of zeros $\beta + i\gamma$ of multiplicity exactly j, in the range $0 < \gamma \leqslant T$. Moreover one finds that

$$\#\{n: 0<\gamma_n \leqslant T, \gamma_{n+1}-\gamma_n \geqslant \lambda/\log T\}$$
$$\ll N(T)\exp\{-A\lambda^{\frac{1}{2}}(\log\lambda)^{-\frac{1}{4}}\}$$

uniformly for $\lambda \geqslant 2$, whence, in particular

$$\sum_{0<\gamma_n\leqslant T} (\gamma_{n+1}-\gamma_n)^k \ll \frac{N(T)}{(\log T)^k} \qquad (9.25.4)$$

for any fixed $k \geqslant 0$. Fujii [**2**] also states that there exist constants $\lambda > 1$ and $\mu < 1$ such that

$$\frac{\gamma_{n+1}-\gamma_n}{2\pi/\log\gamma_n} \geqslant \lambda \qquad (9.25.5)$$

and

$$\frac{\gamma_{n+1}-\gamma_n}{2\pi/\log\gamma_n} \leqslant \mu \qquad (9.25.6)$$

each hold for a positive proportion of n (i. e. the number of n for which $0<\gamma_n \leqslant T$ is at least $AN(T)$ if $T \geqslant T_0$). Note that $2\pi/\log\gamma_n$ is the average spacing between zeros. The possibility of results such as (9.25.5) and (9.25.6) was first observed by Selberg [**1**].

9.26. Since the deduction of the results (9.25.5) and (9.25.6) is not obvious, we give a sketch. If M is a sufficiently large integer constant, then (9.25.2) and (9.25.3) yield

$$\int_T^{2T} | S(t+h) - S(t) |^2 \, dt \gg T$$

and

$$\int_T^{2T} | S(t+h) - S(t) |^4 \, dt \ll T$$

uniformly for

$$\frac{2\pi M}{\log T} \leqslant h \leqslant \frac{4\pi M}{\log T}$$

By Hölder's inequality we have

$$\int_T^{2T} | S(t+h) - S(t) |^2 \, dt \leqslant \left(\int_T^{2T} | S(t+h) - S(t) | \, dt \right)^{\frac{2}{3}} \times \left(\int_T^{2T} | S(t+h) - S(t) |^4 \, dt \right)^{\frac{1}{3}}$$

so that

$$\int_T^{2T} | S(t+h) - S(t) | \, dt \gg T$$

We now observe that

$$S(t+h) - S(t) = N(t+h) - N(t) - \frac{h \log T}{2\pi} + O\left(\frac{1}{\log T}\right)$$

for $T \leqslant t \leqslant 2T$, whence

$$\int_T^{2T} \left| N(t+h) - N(t) - \frac{h \log T}{2\pi} \right| dt \gg T$$

We proceed to write $h = 2\pi M\lambda / \log T$ and

$$\delta(t, \lambda) = N\left(t + \frac{2\pi\lambda}{\log T}\right) - N(t) - \lambda$$

so that

$$N(t+h) - N(t) - \frac{h \log T}{2\pi} = \sum_{m=0}^{M-1} \delta\left(t + \frac{2\pi m\lambda}{\log T}, \lambda\right)$$

Thus

$$T \ll \sum_{m=0}^{M-1} \int_{T+\pi m\lambda/\log T}^{2T+2\pi m\lambda/\log T} | \delta(t, \lambda) | \, dt$$

$$= M\int_T^{2T} |\delta(t,\lambda)| \, \mathrm{d}t + O(1)$$

and hence

$$\int_T^{2T} |\delta(t,\lambda)| \, \mathrm{d}t \gg T \tag{9.26.1}$$

uniformly for $1 \leqslant \lambda \leqslant 2$, since M is constant.

Now, if I is the subest of $[T, 2T]$ on which $N\left(t + \frac{2\pi\lambda}{\log T}\right) = N(t)$, then

$$|\delta(t,\lambda)| \leqslant \begin{cases} \delta(t,\lambda) + 2\lambda & (t \in I) \\ \delta(t,\lambda) + 2\lambda - 2 & (t \in [T, 2T] - I) \end{cases}$$

so that (9.26.1) yields

$$T \ll \int_T^{2T} \delta(t,\lambda) \, \mathrm{d}t + (2\lambda - 2)T + 2m(I)$$

where $m(I)$ is the measure of I. However

$$\int_T^{2T} \delta(t,\lambda) \mathrm{d}t = O\left(\frac{T}{\log T}\right)$$

whence $m(I) \gg T$, if $\lambda > 1$ is chosen sufficiently close to 1. Thus, if

$$S = \left\{ n : T \leqslant \gamma_n \leqslant 2T, \ \gamma_{n+1} - \gamma_n \geqslant \frac{2\pi\gamma}{\log T} \right\}$$

then

$$T \ll m(I) \ll \sum_{n \in S} (\gamma_{n+1} - \gamma_n) + O(1)$$

so that

$$\begin{aligned} T^2 &\ll \left\{ \sum_{n \in S} (\gamma_{n+1} - \gamma_n) \right\}^2 \\ &\leqslant (\# S)\left(\sum_{n \in S} (\gamma_{n+1} - \gamma_n)^2 \right) \\ &\ll \# S \frac{T}{\log T} \end{aligned}$$

by (9.25.4) with $k = 2$. It follows that

$$\# S \gg N(T) \tag{9.26.2}$$

proving that (9.25.5) holds for a positive proportion of n.

Now suppose that μ is a constant in the range $0<\mu<1$, and put

$$U=\{n: T\leqslant\gamma_n\leqslant 2T\}$$

and

$$V=\left\{n\in U:\gamma_{n+1}-\gamma_n\leqslant\frac{2\pi\mu}{\log T}\right\}$$

where $\# U=\frac{T}{2\pi}\log T+O(T)$. Then

$$\begin{aligned}T&=\sum_{n\in U}(\gamma_{n+1}-\gamma_n)+O(1)\\&\geqslant\sum_{n\in U-V}(\gamma_{n+1}-\gamma_n)+O(1)\\&\geqslant\frac{2\pi\mu}{\log T}(\# U-\# V-\# S)+\frac{2\pi\lambda}{\log T}S+O(1)\\&=\frac{2\pi\mu}{\log T}\left(\frac{T}{2\pi}\log T-\# V\right)+\frac{2\pi(\lambda-\mu)}{\log T}\# S+O\left(\frac{T}{\log T}\right)\end{aligned}$$

If the implied constant in (9.26.2) is η, it follows that $\# V\gg N(T)$, on taking $\mu=1-\nu$, with $0<\nu<\eta(\lambda-1)/(1-\eta)$. Thus (9.25.6) also holds for a positive proportion of n.

9.27. Ghosh [**1**] was able to sharpen the result of Selberg mentioned at the end of § 9.10, to show that $S(t)$ has at least

$$T(\log T)\exp\left(-\frac{A\log\log T}{(\log\log\log T)^{\frac{1}{2}-\delta}}\right)$$

sign changes in the range $0\leqslant t\leqslant T$, for any positive δ, and $A=A(\delta)$, $T\geqslant T(\delta)$. He also proved (Ghosh [**2**]) that the asymptotic formula (9.25.1) holds for any positive real k, with the constant on the right hand side replaced by $\Gamma(2k+1)/\Gamma(k+1)(2\pi)^{2k}$. Moreover he showed (Ghosh [2] that

$$\frac{|S(t)|}{\sqrt{(\log\log t)}}=f(t)$$

say, has a limiting distribution

$$P(\sigma)=2\pi^{\frac{1}{2}}\int_0^\sigma e^{-\pi^2 z^2}\,dz$$

in the sense that, for any $\sigma>0$, the measure of the set of $t\in[0, T]$

for with $f(t)\leqslant\sigma$, is asymptotically $TP(\sigma)$. (A minor error in Ghosh's statement of the result has been corrected here.)

9.28. A great deal of work has been done on the zero-density estimates' of §§9.15 ~ 19, using an idea which originates with Halász [1]. However it is not possible to combine this with the method of §9.16, based on Littlewood's formula (9.9.1). Instead one argues as follows (Montgomery [1; Chapter 12]). Let

$$M_X(s)\zeta(s)=\sum_1^{\infty}a_n n^{-s}$$

so that $a_n=0$ for $2\leqslant n\leqslant X$. If $\zeta(\rho)=0$, where $\rho=\beta+\mathrm{i}\gamma$ and $\beta>\frac{1}{2}$, then we have

$$\mathrm{e}^{-1/Y}+\sum_{n>X}a_n n^{-\rho}\mathrm{e}^{-n/Y}=\sum_{n=1}^{\infty}a_n n^{-\rho}\mathrm{e}^{-n/Y}$$
$$=\frac{1}{2\pi\mathrm{i}}\int_{2-\mathrm{i}\infty}^{2+\mathrm{i}\infty}M_X(s+\rho)\zeta(s+\rho)\Gamma(s)Y^s\,\mathrm{d}s$$

by the lemma of §7.9. On moving the line of integration to $\mathbf{R}(s)=\frac{1}{2}-\beta$ this yields

$$M_X(1)\Gamma(1-\rho)Y^{1-\rho}+\frac{1}{2\pi\mathrm{i}}\int_{-\infty}^{\infty}M_X(\frac{1}{2}+\mathrm{i}t)\cdot$$
$$\zeta(\frac{1}{2}+\mathrm{i}t)\Gamma(\frac{1}{2}-\beta+\mathrm{i}(t-\gamma))Y^{\frac{1}{2}-\beta+\mathrm{i}(t-\gamma)}\,\mathrm{d}t$$

since the pole of $\Gamma(s)$ at $s=0$ is cancelled by the zero of $\zeta(s+\rho)$. If we now assume that $\log^2 T\leqslant\gamma\leqslant T$, and that $\log T\ll\log X$, $\log Y\ll\log T$, then $\mathrm{e}^{-1/Y}\gg 1$ and

$$M_X(1)\Gamma(1-\rho)Y^{1-\rho}=o(1)$$

whence either

$$\left|\sum_{n>X}a_n n^{-\rho}\mathrm{e}^{-n/\gamma}\right|\gg 1$$

or

$$\int_{-\infty}^{\infty}\left|M_X(\frac{1}{2}+\mathrm{i}t)\zeta(\frac{1}{2}+\mathrm{i}t)\Gamma(\frac{1}{2}-\beta+\mathrm{i}(t-\gamma))\right|\mathrm{d}t\gg Y^{\beta-\frac{1}{2}}$$

In the latter case one has

$$|M_X(\frac{1}{2}+\mathrm{i}t_\rho)\zeta(\frac{1}{2}+\mathrm{i}t_\rho)|\gg(\beta-\frac{1}{2})Y^{\beta-\frac{1}{2}}$$

for some t_ρ in the range $|t_\rho-\gamma|\leqslant\log^2 T$. The problem therefore reduces to that of counting discrete points at which one of the Dirichlet series $\sum a_n n^{-s}\mathrm{e}^{-n/Y}$, $M_X(s)$, and $\zeta(s)$ is large. In practice it is more convenient to take finite Dirichlet polynomials approximating to these.

The methods given in §§9.17 ~ 19 correspond to the use of a mean-value bound. Thus Montgomery [**1**; Chapter 7] showed that

$$\sum_{r=1}^{R}\left|\sum_{n=1}^{N}a_n n^{-s}\right|^2\ll(T+N)(\log N)^2\sum_{n=1}^{N}|a_n|^2 n^{-2\sigma} \tag{9.28.1}$$

for any points s_r satisfying

$$\mathbf{R}(s)\geqslant\sigma,\quad|\mathbf{I}(s)|\leqslant T,\quad|\mathbf{I}(s_{r+1}-s_r)|\geqslant 1 \tag{9.28.2}$$

and any complex a_n. Theorem 9.17, 9.18, 9.19(A), and 9.19(B) may all be recovered form this (except possibly for worse powers of $\log T$). However one may also use Halász's lemma. One simple form of this (Montgomery [**1**: Theorem 8.2]) gives

$$\sum_{r=1}^{R}\left|\sum_{n=1}^{N}a_n n^{-s}\right|^2\ll(N+RT^{\frac{1}{2}})(\log T)\sum_{n=1}^{N}|a_n|^2 n^{-2\sigma} \tag{9.28.3}$$

for any points s_r satisfying (9.28.2). Under suitable circumstances this implies a sharper bound for R than does (9.28.1). Under the Lindelöf hypothesis one may replace the term $RT^{\frac{1}{2}}$ in (9.28.3) by $RT^{\varepsilon}N^{\frac{1}{2}}$, which is superior, since one invariably takes $N\leqslant T$ in applying the Halász lemma. (If $N\geqslant T$ it would be better to use (9.28.1).) Moreover Montgomery [**1**; Chapter 9] makes the conjecture (the Large Values Conjecture)

$$\sum_{r=1}^{R}\left|\sum_{n=1}^{N}a_n n^{-s_r}\right|^2\ll(N+RT^{\varepsilon})\sum_{n=1}^{N}|a_n|^2 n^{-2\sigma}$$

for points s_r satisfying (9.28.2). Using the Halász lemma with the Lindelöf hypothesis one obtains

$$n(\sigma, T) \ll T^{\varepsilon}, \quad \frac{3}{4}+\varepsilon \leqslant \delta \leqslant 1 \qquad (9.28.4)$$

(Halász and Turán [**1**], Montgomery [**1**; Theorem 12.3]). If the Large Values Conjecture is true then the Lindelöof hypothesis gives the wider range $\frac{1}{2}+\varepsilon \leqslant \sigma \leqslant 1$ for (9.28.4)

9.29. The picture for unconditional estimates is more complex. At present it seems that the Halász method is only useful for $\sigma \geqslant \frac{3}{4}$. Thus Ingham's result, Theorem 9.19(B), is still the best known for $\frac{1}{2} < \sigma \leqslant \frac{3}{4}$, Using (9.28.3), Montgomery [**1**; Theorem 12,1] showed that

$$N(\sigma, T) \ll T^{2(1-\sigma)/\sigma}(\log T)^{14} \quad (\frac{4}{5} \leqslant \sigma \leqslant 1)$$

which is superior to Theorem 9.19(B). This was improved by Huxley [1] to give

$$N(\sigma, T) \ll T^{3(1-\sigma)/(3\sigma-1)}(\log T)^{44} \quad (\frac{3}{4} \leqslant \sigma \leqslant 1) \ (9.29.1)$$

Huxley used the Halász lemma in the form

$$R \ll \left\{NV^{-2}\sum_{n=1}^{N} | a_n |^2 n^{-2\sigma} + TNV^{-6}\left(\sum_{n=1}^{N} | a_n |^2 n^{-2\sigma}\right)^3\right\}(\log T)^2$$

for points s_r satisfying (9.28.2) and the condition

$$\left|\sum_{n=1}^{N} a_n n^{-sr}\right| \geqslant V$$

In conjunction with Theorem 9.19 (B), Huxley's result yields

$$N(\sigma, T) \ll T^{12/5(1-\sigma)}(\log T)^{44} \quad (\frac{1}{2} \leqslant \sigma \leqslant 1)$$

(c.f. (9.18.3)). A considerable number of other estimates have been given, for which the interested reader is referred to Ivic [**3**; Chapter 11]. We mention only a few of the most significant. Ivic [**2**] showed that

$$N(\sigma, T) \ll \begin{cases} T^{(3-3\sigma)/(7\sigma-4)+\varepsilon} & (\frac{3}{4} \leqslant \sigma \leqslant \frac{10}{13}) \\ T^{(9-9\sigma)/(8\sigma-2)+\varepsilon} & (\frac{10}{13} \leqslant \sigma \leqslant 1) \end{cases}$$

which supersede Huxley's result (9.29.1) throughout the range $\frac{3}{4} < \sigma < 1$. Jutila [**1**] gave a more powerful, but more complicated, result, which has a similar effect. His bounds also imply the 'Density hypothesis' $N(\sigma, T) \ll T^{2-2\sigma+\varepsilon}$, for $\frac{11}{14} \leqslant \sigma \leqslant 1$. Heath-Brown [**6**] improved this by giving

$$N(\sigma, T) \ll T^{(9-9\sigma)/(7\sigma-1)+\varepsilon} \quad (\frac{11}{14} \leqslant \sigma \leqslant 1)$$

When σ is very close to 1 one can use the Vinogradov-Korobov exponential sum estimates, as described in Chapter 6. These lead to

$$N(\sigma, T) \ll T^{A(1-\sigma)^{\frac{3}{2}}} (\log T)^{A}$$

for suitable numerical constants A and A', (see Montgomery [**1**; Corollary 12.5], who gives $A = 1\ 334$, after correction of a numerical error).

Selberg's estimate given in Theorem 9.19 (C) has been improved by Jutila [**2**] to give

$$N(\sigma, T) \ll T^{1-(1-\delta)(\sigma-\frac{1}{2})} \log T$$

uniformly for $\frac{1}{2} \leqslant \sigma \leqslant 1$, for any fixed $\delta > 0$.

9.30. Of course Theorem 19.24 is an immediate consequence of Theorem 19.9 (C), but the proof is a little easier. The coefficients δ_r used in § 9.24 are essentially

$$\mu(r) r^{-1} \frac{\log X/r}{\log X}$$

and indeed a more careful analysis yields

$$\int_0^T |\zeta(\frac{1}{2}+\mathrm{i}t)|^2 \left| \sum_{r \leqslant X} \mu(r) \frac{\log X/r}{\log X} r^{-\frac{1}{2}-\mathrm{i}t} \right|^2 \mathrm{d}t \sim T\left(1+\frac{\log T}{\log X}\right)$$

Here one can take $X \leqslant T^{\frac{1}{2}-\varepsilon}$ using fairly standard techniques, or

$X \leqslant T^{\frac{9}{17}-\varepsilon}$ by employing estimates for Kloosterman sums (see Balasubramanian, Conrey and Heath-Brown [**1**]. The latter result yields (9.24.1) with the implied constant 0.084 5.

Chapter X THE ZEROS ON THE CRITICAL LINE

10.1. General discussion. The memoir in which Riemann first considered the zeta-function has become famous for the number of ideas it contains which have since proved fruitful, and it is by no means certain that these are even now exhausted. The analysis which precedes his observations on the zeros is particularly interesting. He obtains, as in § 2.6, the formula

$$\Gamma(\frac{1}{2}s)\pi^{-\frac{1}{2}s}\zeta(s)=\frac{1}{s(s-1)}+\int_1^\infty \psi(x)(x^{\frac{1}{2}s-1}+x^{-\frac{1}{2}-\frac{1}{2}s})\,dx$$

where

$$\psi(x)=\sum_{n=1}^{\infty}e^{-n^2\pi x}$$

Multiplying by $\frac{1}{2}s(s-1)$, and putting $s=\frac{1}{2}+it$, we obtain

$$\Xi(t)=\frac{1}{2}-(t^2+\frac{1}{4})\int_1^\infty \psi(x)x^{-\frac{3}{4}}\cos(\frac{1}{2}t\log x)\,dx \qquad (10.1.1)$$

Integrating by parts, and using the relation

$$4\psi'(1)+\psi(1)=-\frac{1}{2}$$

which follows at once from (2.6.3), we obtain

$$\Xi(t)=4\int_1^\infty \frac{d}{dx}\{x^{\frac{3}{2}}\psi'(x)\}x^{-\frac{1}{4}}\cos(\frac{1}{2}t\log x)\,dx \qquad (10.1.2)$$

Riemann then observes:

'Diese Function ist für alle endlichen Werthe von t endlich, und lässt sich nach Potenzen von tt in eine sehr schnell convergirende Reihe entwickeln. Da für einen Werth von s, dessen reeller Bestandtheil grösser als 1 ist, $\log \zeta(s) = -\sum \log(1-p^{-s})$ endlich bleibt, und von den Logarithmen der übrigen Factoren von $\Xi(t)$ dasselbe gilt, so kann die Function $\Xi(t)$ nur verschwinden, wenn der imaginäre Theil von t zwischen $\frac{1}{2}i$ und $-\frac{1}{2}i$ liegt. Die Anzahl der Wurzeln von $\Xi(t)=0$, deren reeler Theil zwischen 0 und T liegt, ist etwa

$$=\frac{T}{2\pi}\log\frac{T}{2\pi}-\frac{T}{2\pi}$$

denn dass Integral $\int d \log \Xi(t)$ positive um den Inbegriff der Werthe von t erstreckt, deren imaginäre Theil zwischen $\frac{1}{2}i$ und $-\frac{1}{2}i$, und deren reeller Theil zwischen 0 und T liegt, ist (bis auf einen Bruchtheil von der Ordnung der Grösse $1/T$) gleich $\{T\log(T/2\pi)-T\}i$; dieses Integral aber ist gleich der Anzahl der in diesem Gebiet liegenden Wurzeln von $\Xi(t)=0$, multiplicirt mit $2\pi i$. Man findet nun in der That etwa so viel reelle Wurzeln innerhalb dieser Grenzen, und es ist sehr wahrscheinlich, dass alle Wurzeln reelle sind.'

This statement, that all the zeros of $\Xi(t)$ are real, is the famous 'Riemann hypothesis', which remains unproved to this day. The memoir goes on:

'Hiervon wäre allerdings ein strenger Beweis zu wünschen; ich habe indess ide Aufsuchung desselben nach einigen flüchtigen vergeblichen Versuchen vorläufig bei Seite gelassen, da er für den nächsten Zweck meiner Untersuchung [i. e. the explicit formula for $\pi(x)$] entbehrlich schien.'

In the approximate formula for $N(T)$, Riemann's $1/T$ may be a mistake for $\log T$; for, since $N(T)$ has an infinity of discontinuities at least equal to 1, the remainder cannot tend to zero. With this correction, Riemann's first statement is Theorem 9.4, which was proved by von Mangoldt many years later.

Riemann's second statement, on the real zeros of $\Xi(t)$, is more obscure, and his exact meaning cannot now be known. It is, however, possible that anyone encountering the subject for the first time might argue as follows. We can write (10.1.2) in the form

$$\Xi(t)=2\int_0^{\infty}\Phi(u)\cos ut\ \mathrm{d}u \qquad (10.1.3)$$

where

$$\Phi(u)=2\sum_{n=1}^{\infty}(2n^4\pi^2\mathrm{e}^{\frac{9}{2}u}-3n^2\pi\mathrm{e}^{\frac{5}{2}u})\mathrm{e}^{-n^2\pi\mathrm{e}^{2u}} \qquad (10.1.4)$$

This series converges very rapidly, and one might suppose that an approximation to the truth could be obtained by replacing it by its first term; or perhaps better by

$$\Phi^*(u)=2\pi^2\cosh\frac{9}{2}u\mathrm{e}^{-2\pi\cosh 2u}$$

since the like $\Phi(u)$, is an even function of u, which is asymptotically equivalent to $\Phi(u)$. We should thus replace $\Xi(t)$ by

$$\Xi*(t)=4\pi^2\int_0^{\infty}\cosh\frac{9}{2}u\mathrm{e}^{-2\pi\cosh 2u}\cos ut\ \mathrm{d}u$$

The asymptotic behaviour of $\Xi*(t)$ can be found by the method of steepest descents. To avoid the calculation we shall quote known Bessel-function formulae. We have①

$$K_z(a)=\int_0^{\infty}\mathrm{e}^{-a\cosh u}\cosh zu\ \mathrm{d}u$$

and hence

$$\Xi*(t)=\pi^2\{K_{\frac{9}{4}+\frac{1}{2}\mathrm{i}t}(2\pi)+K_{\frac{9}{4}-\frac{1}{2}\mathrm{i}t}(2\pi)\}$$

For fixed z, as $\nu\to\infty$

$$I_\nu(z)\sim(\frac{1}{2}z)^{v}/\Gamma(\nu+1)$$

① Watson, *Theory of Bessel Functions*, 6.22 (5).

Hence

$$I_{-\frac{9}{4}-\frac{1}{2}\mathrm{i}t}(2\pi) \sim \frac{\pi^{-\frac{9}{4}-\frac{1}{2}\mathrm{i}t}}{\Gamma(-\frac{5}{4}-\frac{1}{2}\mathrm{i}t)} \sim \frac{1}{\pi\sqrt{2}}\mathrm{e}^{\frac{1}{4}\pi t}\left(\frac{t}{2\pi}\right)^{\frac{7}{4}}\left(\frac{t}{2\pi\mathrm{e}}\right)^{\frac{1}{2}\mathrm{i}t}\mathrm{e}^{-\frac{7}{8}\mathrm{i}\pi}$$

$$I_{\frac{9}{4}+\frac{1}{2}\mathrm{i}t}(2\pi) \sim \frac{\pi^{\frac{9}{4}+\frac{1}{2}\mathrm{i}t}}{\Gamma(\frac{13}{4}+\frac{1}{2}\mathrm{i}t)} = O(\mathrm{e}^{\frac{1}{4}\pi t}t^{-\frac{11}{4}})$$

$$K_{\frac{9}{4}+\frac{1}{2}\mathrm{i}t}(2\pi) = \frac{1}{2}\pi \operatorname{cosec} \pi(\frac{9}{4}+\frac{1}{2}\mathrm{i}t)\{I_{-\frac{9}{4}-\frac{1}{2}\mathrm{i}t}(2\pi) - I_{\frac{9}{4}+\frac{1}{2}\mathrm{i}t}(2\pi)\}$$

$$\sim \frac{1}{\sqrt{2}}\mathrm{e}^{-\frac{1}{4}\pi t}\left(\frac{t}{2\pi}\right)^{\frac{7}{4}}\left(\frac{t}{2\pi e}\right)^{\frac{1}{2}\mathrm{i}t}\mathrm{e}^{\frac{7}{8}\mathrm{i}\pi}$$

Hence

$$\Xi*(t) \sim \pi^{\frac{1}{4}}2^{-\frac{5}{4}}t^{\frac{7}{4}}\mathrm{e}^{-\frac{1}{4}\pi t}\cos\left(\frac{1}{2}t\log\frac{t}{2\pi\mathrm{e}}+\frac{7}{8}\pi\right)$$

The right-hand side has zeros at

$$\frac{1}{2}t\log\frac{t}{2\pi\mathrm{e}}+\frac{7}{8}\pi = (n+\frac{1}{2})\pi$$

and the number of these in the interval $(0, T)$ is

$$\frac{T}{2\pi}\log\frac{T}{2\pi}-\frac{T}{2\pi}+O(1)$$

The similarity to the formula for $N(T)$ is indeed striking.

However, if we try to work on this suggestion, difficulties at once appear. We can write

$$\Xi(t)-\Xi*(t) = \int_{-\infty}^{\infty}\{\Phi(u)-\Phi*(u)\}\mathrm{e}^{\mathrm{i}ut}\,\mathrm{d}u$$

To show that this is small compared with $\Xi(t)$ we should want to move the line of integration into the upper half-plane, at least as far as $\mathbf{I}(u)=\frac{1}{4}\pi$; and this is just where the series for $\Phi(u)$ ceases to converge. Actually

$$|\Xi(t)| > At^{\frac{7}{4}}\mathrm{e}^{-\frac{1}{4}\pi t}|\zeta(\frac{1}{2}+\mathrm{i}t)|$$

and $|\zeta(\frac{1}{2}+\mathrm{i}t)|$ is unbounded, so that the suggestion that $\Xi*(t)$

is an approximation to $\Xi(t)$ is false, at any rate if it is taken in the most obvious sense.

10.2. Although every attempt to prove the Riemann hypothesis, that all the complex zeros of $\zeta(s)$ lie on $\sigma=\frac{1}{2}$, has failed, it is known *that $\zeta(s)$ has an infinity of zeros on $\sigma=\frac{1}{2}$*. This was first proved by Hardy in 1914. We shall give here a number of different proofs of this theorem.

First method.[①] We have

$$\Xi(t)=-\frac{1}{2}\left(t^2+\frac{1}{4}\right)\pi^{-\frac{1}{4}-\frac{1}{2}it}\Gamma\left(\frac{1}{4}+\frac{1}{2}it\right)\zeta\left(\frac{1}{2}+it\right)$$

where $\Xi(t)$ is an even integral function of t, and is real for real t. A zero of $\zeta(s)$ on $\sigma=\frac{1}{2}$ therefore corresponds to a real zero of $\Xi(t)$, and it is a question of proving that $\Xi(t)$ has an infinity of real zeros.

Putting $x=-i\alpha$ in (2.16.2), we have

$$\frac{2}{\pi}\int_0^\infty\frac{\Xi(t)}{t^2+\frac{1}{4}}\cosh\alpha t\ dt=e^{-\frac{1}{2}i\alpha}-2e^{\frac{1}{2}i\alpha}\psi(e^{2i\alpha})$$

$$=2\cos\frac{1}{2}\alpha-2e^{\frac{1}{2}i\alpha}\left\{\frac{1}{2}+\psi(e^{2i\alpha})\right\}\qquad(10.2.1)$$

Since $\zeta\left(\frac{1}{2}+it\right)=O(T^A)$, $\Xi(t)=O(t^Ae^{-\frac{1}{4}\pi t})$, and the above integral may be differentiated with respect to α any number of times provided that $\alpha<\frac{1}{2}\pi$. Thus

$$\frac{2}{\pi}\int_0^\infty\frac{\Xi(t)}{t^2+\frac{1}{4}}t^{2n}\cosh\alpha t\ dt=\frac{(-1)^n\cos\frac{1}{2}\alpha}{2^{2n-1}}-2\left(\frac{d}{d\alpha}\right)^{2n}e^{\frac{1}{2}i\alpha}\left\{\frac{1}{2}+\psi(e^{2i\alpha})\right\}$$

---

① Hardy (1).

We next prove that the last term tends to 0 as $\alpha \to \frac{1}{4}\pi$, for every fixed n. The equation (2.6.3) gives at once the functional equation

$$x^{-\frac{1}{4}}-2x^{\frac{1}{4}}\psi(x)=x^{\frac{1}{4}}-2x^{-\frac{1}{4}}\psi\left(\frac{1}{x}\right)$$

or

$$\psi(x)=x^{-\frac{1}{2}}\psi\left(\frac{1}{x}\right)+\frac{1}{2}x^{-\frac{1}{2}}-\frac{1}{2}$$

Hence

$$\begin{aligned}\psi(\mathrm{i}+\delta) &= \sum_{n=1}^{\infty}\mathrm{e}^{-n^2\pi(\mathrm{i}+\delta)} \\ &= \sum_{1}^{\infty}(-1)^n\mathrm{e}^{-n^2\pi\delta} \\ &= 2\psi(4\delta)-\psi(\delta) \\ &= \frac{1}{\sqrt{\delta}}\psi\left(\frac{1}{4\delta}\right)-\frac{1}{\sqrt{\delta}}\psi\left(\frac{1}{\delta}\right)-\frac{1}{2}\end{aligned}$$

It is easily seen from this that $\frac{1}{2}+\psi(x)$ and all its derivatives tend to zero as $x \to \mathrm{i}$ along any route in an angle $|\arg(x-\mathrm{i})|<\frac{1}{2}\pi$.

We have thus proved that

$$\lim_{\alpha\to\frac{1}{4}\pi}\int_0^{\infty}\frac{\Xi(t)}{t^2+\frac{1}{4}}t^{2n}\cosh \alpha t\ \mathrm{d}t=\frac{(-1)^n\pi\cos\frac{1}{8}\pi}{2^{2n}} \qquad (10.2.2)$$

Suppose now that $\Xi(t)$ were ultimately of one sign, say, for example, positive for $t \geqslant T$. Then

$$\lim_{\alpha\to\frac{1}{4}\pi}\int_T^{\infty}\frac{\Xi(t)}{t^2+\frac{1}{4}}t^{2n}\cosh \alpha t\ \mathrm{d}t=L$$

say. Hence

$$\int_T^{T'}\frac{\Xi(t)}{t^2+\frac{1}{4}}t^{2n}\cosh \alpha t\ \mathrm{d}t \leqslant L$$

for all $\alpha < \frac{1}{4}\pi$ and $T' > T$. Hence, making $\alpha \to \frac{1}{4}\pi$

$$\int_T^{T'} \frac{\Xi(t)}{t^2+\frac{1}{4}} t^{2n} \cosh \frac{1}{4}\pi t \, \mathrm{d}t \leqslant L$$

Hence the integral

$$\int_0^{\infty} \frac{\Xi(t)}{t^2+\frac{1}{4}} t^{2n} \cosh \frac{1}{4}\pi t \, \mathrm{d}t$$

is convergent. The integral on the left of (10.2.2) is therefore uniformly convergent with respect to α for $0 \leqslant \alpha \leqslant \frac{1}{4}\pi$, and it follows that

$$\int_0^{\infty} \frac{\Xi(t)}{t^2+\frac{1}{4}} t^{2n} \cosh \frac{1}{4}\pi t \, \mathrm{d}t = \frac{(-1)^n \pi \cos \frac{1}{8}\pi}{2^{2n}}$$

for every n.

This however, is impossible; for, taking n odd, the right-hand side is negative, and hence

$$\int_T^{\infty} \frac{\Xi(t)}{t^2+\frac{1}{4}} t^{2n} \cosh \frac{1}{4}\pi t \, \mathrm{d}t < -\int_0^{T} \frac{\Xi(t)}{t^2+\frac{1}{4}} t^{2n} \cosh \frac{1}{4}\pi t \, \mathrm{d}t$$

$$< KT^{2n}$$

where K is independent of n. But by hypothesis there is a positive $m = m(T)$ such that $\Xi(t)/(t^2+\frac{1}{4}) \geqslant m$ for $2T \leqslant t \leqslant 2T+1$. Hene

$$\int_T^{\infty} \frac{\Xi(t)}{t^2+\frac{1}{4}} t^{2n} \cosh \frac{1}{4}\pi t \, \mathrm{d}t \geqslant \int_{2T}^{2T+1} m t^{2n} \geqslant \mathrm{d}m(2T)^{2n}$$

Hence

$$m 2^{2n} < K$$

which is false for sufficiently large n. This proves the theorem.

10.3 A variant of the above proof depends on the following theorem of Fejér:[①]

Let n be any positive integer. Then the number of changes in sign in the interval (0, *a*) *of a continuous function* $f(x)$ *is not less than the number of changes in sign of the sequence*

$$f(0),\quad \int_0^a f(t)\,\mathrm{d}t,\cdots,\int_0^a f(t)t^n\,\mathrm{d}t \tag{10.3.1}$$

We deduce this from the following theorem of Fekete:[②]

The number of changes in sign in the interval (0, *a*) *of a continuous function* $f(x)$ *is not less than the number of changes in sign of the sequence*

$$f(a),\quad f_1(a),\quad \cdots,\ f_n(a) \tag{10.3.2}$$

where

$$f_\nu(x)=\int_0^x f_{\nu-1}(t)\,\mathrm{d}t\quad (\nu=1,2,\cdots,n),\quad f_0(x)=f(x)$$

To prove Fekete's theorem, suppose first than $n=1$. Consider the ourve $y=f_1(x)$. Now $f_1(0)=0$, and if $f(a)$ and $f_1(a)$ have opposite signs, y is positive decreasing or negative increasing at $x=a$. Hence $f(x)$ has at least one zero.

Now assume the theorem for $n-1$. Suppose that there are k changes of sign in the sequence $f_1(x),\cdots,f_n(x)$. Then $f_1(x)$ has at least k changes of sign. We have then to prove that

(i) if $f(a)$ and $f_1(a)$ have the same sign, $f(x)$ has at least k changes of sign;

(ii) if $f(a)$ and $f_1(a)$ have opposite signs, $f(x)$ has at leat $k+1$ changes of sign.

Each of these cases is easily verified by considering the curve $y=f_1(x)$. This proves Fekete's theorem.

To deduce Fejér's theorem, we have

---

① Fejér (1).

② Fekete (1).

$$f_\nu(x)=\frac{1}{(\nu-1)!}\int_0^x(x-t)^{\nu-1}f(t)\,\mathrm{d}t$$

and hence

$$f_\nu(a)=\frac{1}{(\nu-1)!}\int_0^a(a-t)^{\nu-1}f(t)\,\mathrm{d}t=\frac{1}{(\nu-1)!}\int_0^a f(a-t)t^{\nu-1}\,\mathrm{d}t$$

We may therefore replace the sequence (10.3.2) by the sequence

$$f(a),\quad \int_0^a f(a-t)\,\mathrm{d}t,\quad \cdots,\quad \int_0^a f(a-t)t^{n-1}\,\mathrm{d}t \qquad (10.3.3)$$

Since the number of changes of sign of $f(t)$ is the same as the number of changes of sign of $f(a-b)$, we can replace $f(t)$ by $f(a-t)$. This proves Fejér's theorem.

To prove that there are an infinity of zeros of $\zeta(s)$ on the critical line, we prove as before that

$$\lim_{\alpha\to\frac{1}{4}\pi}\int_0^\infty\frac{\Xi(t)}{t^2+\frac{1}{4}}t^{2n}\cosh\alpha t\,\mathrm{d}t=\frac{(-1)^n\pi\cos\frac{1}{8}\pi}{2^{2n}}$$

Hence

$$\int_0^a\frac{\Xi(t)}{t^2+\frac{1}{4}}t^{2n}\cosh\alpha t\,\mathrm{d}t$$

has the same sign as $(-1)^n$ for $n=0,1,\cdots,N$, if $a=a(N)$ is large enough and $\alpha=\alpha(N)$ is near enough to $\frac{1}{4}\pi$. Hence $\Xi(t)$ has at least N changes of sign in $(0,\alpha)$, and the result follows.①

10.4. Another method② is based on Riemann's formula (10.1.2).

Putting $x=\mathrm{e}^{2u}$ in (10.1.2), we have

---

① Fekete (2).

② Pólya (3).

$$\Xi(t)=4\int_0^\infty \frac{\mathrm{d}}{\mathrm{d}u}\{\mathrm{e}^{3u}\psi'(\mathrm{e}^{2u})\}\mathrm{e}^{-\frac{1}{2}u}\cos ut\ \mathrm{d}u$$
$$=2\int_0^\infty \Phi(u)\cos ut\ \mathrm{d}u$$

say. Then, by Fourier's integral theorem

$$\Phi(u)=\frac{1}{\pi}\int_0^\infty \Xi(t)\cos ut\ \mathrm{d}t$$

and hence also

$$\Phi^{(2n)}(u)=\frac{(-1)^n}{\pi}\int_0^\infty \Xi(t)t^{2n}\cos ut\,\mathrm{d}t$$

Since $\psi(x)$ is regular for $\mathbf{R}(x)>0$, $\Phi(u)$ is regular for $-\frac{1}{4}\pi<\mathbf{I}(u)<\frac{1}{4}\pi$.

Let

$$\Phi(\mathrm{i}u)=c_0+c_1u^2+c_2u^4+\cdots\quad(|u|<\frac{1}{4}\pi)$$

Then

$$(2n)!\ c_n=(-1)^n\Phi^{(2n)}(0)=\frac{1}{\pi}\int_0^\infty \Xi(t)t^{2n}\ \mathrm{d}t$$

Suppose now that $\Xi(t)$ is of one sign, say $\Xi(t)>0$, for $t>T$. Then $c_n>0$ for $n>n_0$, since

$$\int_0^\infty \Xi(t)t^{2n}\ \mathrm{d}t>\int_{T+1}^{T+2}\Xi(t)t^{2n}\ \mathrm{d}t-\int_0^T|\Xi(t)|\,t^{2n}\ \mathrm{d}t$$
$$>(T+1)^{2n}\int_{T+1}^{T+2}\Xi(t)\mathrm{d}t-T^{2n}\int_0^T|\Xi(t)|\ \mathrm{d}t$$

It follows that $\Phi^{(n)}(\mathrm{i}u)$ increases steadily with u if $n>2n_0$. But in fact $\Phi(u)$ and all its derivatives tend to 0 as $u\to\frac{1}{4}\mathrm{i}\pi$ along the imaginary axis, by the properties of $\psi(x)$ obtained in §10.2. The theorem therefore follows again.

10.5. The above proofs of Hardy's theorem are all similar in that they depend on the consideration of 'moments' $\int f(t)t^n\,\mathrm{d}t$. The following method[①] depends on a contrast between the asymptotic behaviour of the integrals

$$\int_T^{2T} Z(t)\,\mathrm{d}t,\quad \int_T^{2T} |Z(t)|\,\mathrm{d}t$$

where $Z(t)$ is the function defined in §4.17. If $Z(t)$ were ultimately of one sign, these integrals would be ultimately equal, apart possibly from sign. But we shall see that in fact they behave quite differently.

Consider the integral

$$\int \{\chi(s)\}^{-\frac{1}{2}}\zeta(s)\,\mathrm{d}s$$

where the integrand is the function which reduces to $Z(t)$ on $\sigma=\frac{1}{2}$, taken round the rectangle with sides $\sigma=\frac{1}{2}$, $\sigma=\frac{5}{4}$, $t=T$, $t=2T$. This integral is zero, by Cauchy's theorem. Now

$$\int_{\frac{1}{2}+\mathrm{i}T}^{\frac{1}{2}+2\mathrm{i}T} \{\chi(s)\}^{-\frac{1}{2}}\zeta(s)\,\mathrm{d}s=\mathrm{i}\int_T^{2T} Z(t)\,\mathrm{d}t$$

Also by (4.12.3)

$$\{\chi(s)\}^{-\frac{1}{2}}=\left(\frac{t}{2\pi}\right)^{\frac{1}{2}\sigma-\frac{1}{4}+\frac{1}{2}\mathrm{i}t}\mathrm{e}^{-\frac{1}{2}\mathrm{i}t-\frac{1}{8}\mathrm{i}\pi}\left\{1+O\left(\frac{1}{t}\right)\right\}$$

Hence, by (5.1.2) and (5.1.4)

$$\{\chi(s)\}^{-\frac{1}{2}}\zeta(s)=O(t^{\frac{1}{2}\sigma-\frac{1}{4}}.t^{\frac{1}{2}-\frac{1}{2}\sigma+\epsilon})=O(t^{\frac{1}{4}+\epsilon})\quad(\frac{1}{2}\leqslant\sigma\leqslant 1)$$

$$=O(t^{\frac{1}{2}\sigma-\frac{1}{4}+\epsilon})=O(t^{\frac{3}{8}+\epsilon})\quad(1<\sigma\leqslant\frac{5}{4})$$

The integrals along the sides $t=T$, $t=2T$ are therefore $O(T^{\frac{3}{8}+\epsilon})$.

---

① See Landau, *Vorlesungen*, ii. 78-85.

The integral along the right-hand side is

$$\int_T^{2T}\left(\frac{t}{2\pi}\right)^{\frac{3}{8}+\frac{1}{2}it}e^{-\frac{1}{2}it-\frac{1}{8}i\pi}\left\{1+O\left(\frac{1}{t}\right)\right\}\zeta\left(\frac{5}{4}+it\right)i\,dt$$

The contribution of the O-term is

$$\int_T^{2T}O(t^{-\frac{5}{8}})dt=O(T^{\frac{3}{8}})$$

The other term is a constant multiple of

$$\sum_{n=1}^{\infty}n^{-\frac{5}{4}}\int_T^{2T}\left(\frac{t}{2\pi}\right)^{\frac{3}{8}+\frac{1}{2}it}e^{-\frac{1}{2}it-it\log n}\,dt$$

Now

$$\frac{d^2}{dt^2}\left(\frac{1}{2}t\log\frac{t}{2\pi}-\frac{1}{2}t-t\log n\right)=\frac{1}{2t}$$

Hence, by Lemma 4.5, the integral in the above sum is $O(T^{\frac{7}{8}})$, uniformly with respect to n, so that the whole sum is also $O(T^{\frac{7}{8}})$.

Combining all these results, we obtain

$$\int_T^{2T}Z(t)\,dt=O(T^{\frac{7}{8}})\qquad(10.5.1)$$

On the other hand

$$\int_T^{2T}|Z(t)|\,dt=\int_T^{2T}\left|\zeta\left(\frac{1}{2}+it\right)\right|\,dt\geqslant\left|\int_T^{2T}\zeta\left(\frac{1}{2}+it\right)dt\right|$$

But

$$i\int_T^{2T}\zeta\left(\frac{1}{2}+it\right)\,dt=\int_{\frac{1}{2}+iT}^{\frac{1}{2}+2iT}\zeta(s)\,ds$$

$$=\int_{\frac{1}{2}+iT}^{2+iT}+\int_{2+iT}^{2+2iT}+\int_{2+2iT}^{\frac{1}{2}+2iT}$$

$$=\left[s-\sum_{n=2}^{\infty}\frac{1}{n^s\log n}\right]_{2+iT}^{2+2iT}+\int_{\frac{1}{2}}^{2}O(T^{\frac{1}{2}})\,d\sigma$$

$$=iT+O(T^{\frac{1}{2}})$$

Hence

$$\int_T^{2T} |Z(t)|\,\mathrm{d}t > AT \tag{10.5.2}$$

Hardy's theorem now follows from (10.5.1) and (10.5.2).

Another variant of this method is obtained by starting again form (10.2.1). Putting $\alpha = \frac{1}{4}\pi - \delta$, we obtain

$$\begin{aligned}
&\int_0^{\infty} \frac{\Xi(t)}{t^2+\frac{1}{4}}\cosh\{(\frac{1}{4}\pi-\delta)t\}\,\mathrm{d}t \\
&= O(1) + O\{\sum_{n=1}^{\infty}\exp(-n^2\pi \mathrm{i}\mathrm{e}^{2-\mathrm{i}\delta})\} \\
&= O(1) + O\Big(\sum_{n=1}^{\infty}\mathrm{e}^{-n^2\pi\sin 2\delta}\Big) \\
&= O(1) + O\Big(\int_0^{\infty}\mathrm{e}^{-x^2\pi\sin 2\delta}\,\mathrm{d}x\Big) \\
&= O(\delta^{-\frac{1}{2}})
\end{aligned}$$

as $\delta \to 0$. If, for example, $\Xi(t) > 0$ for $t > t_0$, it follows that for $T > t_0$

$$\begin{aligned}
\int_T^{2T} |Z(t)|\,\mathrm{d}t &= \left|\int_T^{2T} Z(t)\,\mathrm{d}t\right| < A\int_T^{2T}\frac{\Xi(t)}{t^2+\frac{1}{4}}t^{\frac{1}{4}}\mathrm{e}^{\frac{1}{4}\pi t}\,\mathrm{d}t \\
&< AT^{\frac{1}{4}}\int_T^{2T}\frac{\Xi(t)}{t^2+\frac{1}{4}}\mathrm{e}^{\frac{1}{4}\pi t-\frac{1}{2}t/T}\,\mathrm{d}t \\
&< AT^{\frac{1}{4}}\int_{t_0}^{\infty}\frac{\Xi(t)}{t^2+\frac{1}{4}}\cosh\left\{\left(\frac{1}{4}\pi-\frac{1}{2T}\right)t\right\}\,\mathrm{d}t \\
&= O(T^{\frac{1}{4}}\cdot T^{\frac{1}{2}}) = O(T^{\frac{3}{4}})
\end{aligned}$$

This is inconsistent with (10.5.2), so that the theorem again follows.

10.6. Still another method[①] depends on the formula (4.17.4), viz.

$$Z(t)=2\sum_{n\leqslant x}\frac{\cos(\theta-t\log n)}{\sqrt{n}}+O(t^{-\frac{1}{4}})$$

where $x=\sqrt{(t/2\pi)}$. Hence $\vartheta=\vartheta(t)$ is defined by

$$\chi(\frac{1}{2}+\mathrm{i}t)=\mathrm{e}^{-2\mathrm{i}\vartheta(t)}$$

so that

$$\vartheta'(t)=-\frac{1}{2}\frac{\chi'(\frac{1}{2}+\mathrm{i}t)}{\chi(\frac{1}{2}+\mathrm{i}t)}$$

$$=-\frac{1}{2}\left\{\log\pi-\frac{1}{2}\frac{\Gamma'(\frac{1}{4}-\frac{1}{2}\mathrm{i}t)}{\Gamma(\frac{1}{4}-\frac{1}{2}\mathrm{i}t)}-\frac{1}{2}\frac{\Gamma'(\frac{1}{4}+\frac{1}{2}\mathrm{i}t)}{\Gamma(\frac{1}{4}+\frac{1}{2}\mathrm{i}t)}\right\}$$

$$=-\frac{1}{2}\log\pi+\frac{1}{4}\log(\frac{1}{16}+\frac{1}{4}t^2)-\frac{1}{1+4t^2}-$$

$$\mathbf{R}\int_0^\infty\frac{u\,\mathrm{d}u}{\{u^2+(\frac{1}{4}+\frac{1}{2}\mathrm{i}t)^2\}(\mathrm{e}^{2\pi u}-1)}$$

and we have

$$\vartheta'(t)=\frac{1}{2}\log t-\frac{1}{2}\log 2\pi+O(1/t)$$

$$\vartheta(t)\sim\frac{1}{2}t\log t,\quad \vartheta''(t)\sim\frac{1}{2t}$$

The function $\vartheta(t)$ is steadily increasing for $t\geqslant t_0$. if ν is any positive integer ($\geqslant\nu_0$), the equation $\vartheta(t)=\nu\pi$ therefore has just one solution, say t_ν, and $t_\nu\sim 2\pi\nu/\log\nu$. Now

$$Z(t_\nu)=2(-1)^\nu\sum_{n\leqslant x}\frac{\cos(t_\nu\log n)}{\sqrt{n}}+O(t_\nu^{-\frac{1}{4}})$$

The sum

① Titchmarsh (11).

$$g(t_\nu)=\sum_{n\leqslant x}\frac{\cos(t_\nu\log n}{\sqrt{n}}=1+\frac{\cos(t_\nu\log 2}{\sqrt{2}}+\cdots$$

consists of the constant term unity and oscillatory terms; and the formula suggests that $g(t_\nu)$ will usually be positive, and hence that $Z(t)$ will usually change sign in the interval $(t_\nu, t_{\nu+1})$.

We shall prove

Theorem 10.6. *As* $N\to\infty$

$$\sum_{\nu=\nu_0}^{N}Z(t_{2\nu})\sim 2N,\quad \sum_{\nu=\nu_0}^{N}Z(t_{2\nu+1})\sim 2N$$

It follows at once that $Z(t_{2\nu})$ is positive for an infinity of values of ν, and that $Z(t_{2\nu+1})$ is negative for an infinity of values of ν, and the existence of an infinity of real zeros of $Z(t)$, and so of $\Xi(t)$, again follows.

We have

$$\sum_{\nu=M+1}^{N}g(t_{2\nu})=\sum_{\nu=M+1}^{N}\sum_{n\leqslant\sqrt{(t_{2\nu}/2\pi)}}\frac{\cos(t_\nu\log n)}{\sqrt{n}}$$

$$=N-M+\sum_{2\leqslant n\leqslant\sqrt{(t_{2\nu}/2\pi)}}\frac{1}{\sqrt{n}}\sum_{\tau\leqslant t_{2\nu}\leqslant t_{2N}}\cos(t_{2\nu}\log n)$$

where $\tau=\max(t_{2M+2}, 2\pi n^2)$. The inner sum is of the form

$$\sum\cos\{2\pi\phi(\nu)\}$$

where

$$\phi(\nu)=\frac{t_{2\nu}\log n}{2\pi}$$

We may define t_ν for all $\nu\geqslant\nu_0$ (not necessarily integral) by $\vartheta(t_\nu)=\nu\pi$. Then

$$\phi'(\nu)=\frac{\log n}{2\pi}\frac{\mathrm{d}t_{2\nu}}{\mathrm{d}\nu},\quad \vartheta'(t_{2\nu})\frac{\mathrm{d}t_{2\nu}}{\mathrm{d}\nu}=2\pi$$

so that

$$\phi'(\nu)=\frac{\log n}{\vartheta(t_{2\nu})}$$

Hence $\phi'(\nu)$ is positive and steadily decreasing, and, if ν is large enough

$$\phi''(\nu) = -2\pi \log n \frac{\vartheta''(t_{2\nu})}{\{\vartheta'(t_\nu)\}^3} \sim \frac{8\pi \log n}{t_{2\nu} \log^3 t_{2\nu}} < -A \frac{\log n}{t_{2N} \log^3 t_{2N}}$$

Hence, by Theorem 5.9

$$\sum_{\tau \leqslant t_{2\nu} \leqslant t_{2N}} \cos(t_{2\nu} \log n) = O\left(t_{2N} \frac{\log^{\frac{1}{2}} n}{t_{2N}^{\frac{1}{2}} \log^{\frac{3}{2}} t_{2N}}\right) + O\left(\frac{t_{2N}^{\frac{1}{2}} \log^{\frac{3}{2}} t_{2N}}{\log^{\frac{1}{2}} n}\right)$$
$$= O(t_{2N}^{\frac{1}{2}} \log^{\frac{3}{2}} t_{2N}))$$

Hence

$$\sum_{2 \leqslant n \leqslant \sqrt{(t_{2N}/2\pi)}} \frac{1}{\sqrt{n}} \sum_{\tau \leqslant t_{2\nu} \leqslant t_{2N}} \cos(t_{2\nu} \log n) = O(t_{2N}^{\frac{3}{4}} \log^{\frac{3}{2}} t_{2N})$$
$$= O(N^{\frac{3}{4}} \log^{\frac{3}{4}} N)$$

Hence

$$\sum_{\nu = M+1}^{N} Z(t_{2\nu}) = 2N + O(N^{\frac{3}{4}} \log^{\frac{3}{4}} N)$$

and a similar argument applies to the other sum.

10.7. We denote by $N_0(T)$ the number of zeros of $\zeta(s)$ of the form $\frac{1}{2} + \mathrm{i}t$ $(0 < t \leqslant T)$. The theorem already proved shows that $N_0(T)$ tends to infinity with T. We can, however, prove much more than this.

Theorem 10.7.① $N_0(T) > AT$.

Any of the above proofs can be put in a more precise form so as to give results in this direction. The most successful method is similar in principle to that of § 10.5, but is more elaborate. We contrast the behaviour of the integrals

$$I = \int_t^{t+H} \Xi(u) \frac{\mathrm{e}^{\frac{1}{4}\pi u}}{u^2 + \frac{1}{4}} \mathrm{e}^{-u/T} \, \mathrm{d}u, \quad J = \int_t^{t+H} |\Xi(u)| \frac{\mathrm{e}^{\frac{1}{4}\pi u}}{u^2 + \frac{1}{4}} \mathrm{e}^{-u/T} \, \mathrm{d}u$$

where $T \leqslant t \leqslant 2T$ and $T \to \infty$.

We use the theory of Fourier transforms. Let $F(u)$, $f(y)$ be functions related by the Fourier formulae

① Hardy and Littlewood (3).

$$F(u)=\frac{1}{\sqrt{(2\pi)}}\int_{-\infty}^{\infty}f(y)\mathrm{e}^{\mathrm{i}yu}\,\mathrm{d}y,\quad f(y)=\frac{1}{\sqrt{(2\pi)}}\int_{-\infty}^{\infty}F(u)\mathrm{e}^{-\mathrm{i}yu}\,\mathrm{d}u$$

Iterating over $(t, t+H)$, we obtain

$$\int_{t}^{t+H}F(u)\,\mathrm{d}u=\frac{1}{\sqrt{(2\pi)}}\int_{-\infty}^{\infty}f(y)\,\frac{\mathrm{e}^{\mathrm{i}yH}-1}{\mathrm{i}y}\mathrm{e}^{\mathrm{i}yt}\,\mathrm{d}y$$

so that

$$\int_{t}^{t+H}F(u)\,\mathrm{d}u,\quad f(y)\,\frac{\mathrm{e}^{\mathrm{i}yH}-1}{\mathrm{i}y}$$

are Fourier transforms. Hence the Parseval formula gives

$$\int_{-\infty}^{\infty}\left|\int_{t}^{t+H}F(u)\,\mathrm{d}u\right|^{2}\mathrm{d}t=\int_{-\infty}^{\infty}|f(y)|^{2}\frac{4\sin^{2}\frac{1}{2}Hy}{y^{2}}\mathrm{d}y$$

If $F(u)$ is real, $|f(y)|$ is even, and we have

$$\begin{aligned}\int_{-\infty}^{\infty}\left|\int_{t}^{t+H}F(u)\,\mathrm{d}u\right|^{2}\mathrm{d}t&=2\int_{0}^{\infty}|f(y)|^{2}\frac{4\sin^{2}\frac{1}{2}Hy}{y^{2}}\mathrm{d}y\\&\leqslant 2H^{2}\int_{0}^{1/H}|f(y)|^{2}\mathrm{d}y+8\int_{1/H}^{\infty}\frac{|f(y)|^{2}}{y^{2}}\mathrm{d}y\end{aligned}\tag{10.7.1}$$

Now (2.16.2) may be written

$$\frac{1}{2\pi}\int_{-\infty}^{\infty}\frac{\Xi(t)}{t^{2}+\frac{1}{4}}\mathrm{e}^{\mathrm{i}\xi t}\,\mathrm{d}t=\frac{1}{2}\mathrm{e}^{\frac{1}{2}\xi}-\mathrm{e}^{-\frac{1}{2}\xi}\psi(\mathrm{e}^{-2\xi})$$

Putting $\xi=-\mathrm{i}(\frac{1}{4}\pi-\frac{1}{2}\delta)-y$, it is seen that we may take

$$F(t)=\frac{1}{\sqrt{(2\pi)}}\,\frac{\Xi(t)}{t^{2}+\frac{1}{4}}\mathrm{e}^{(\frac{1}{4}\pi-\frac{1}{2}\delta)t}$$

$$f(y)=\frac{1}{2}\mathrm{e}^{-\frac{1}{2}\mathrm{i}(\frac{1}{4}\pi-\frac{1}{2}\delta)-\frac{1}{2}y}-\mathrm{e}^{\frac{1}{2}\mathrm{i}(\frac{1}{4}\pi-\frac{1}{2}\delta)+\frac{1}{2}y}\psi(\mathrm{e}^{\mathrm{i}(\frac{1}{2}\pi-\delta)+2y})$$

Let $H\geqslant 1$. The contribution of the first term in $f(y)$ to (10.7.1) is clearly $O(H)$. Putting $y=\log x$, $G=\mathrm{e}^{1/H}$, we therefore obtain

$$\int_{-\infty}^{\infty}\left|\int_{t}^{t+H}F(u)\,\mathrm{d}u\right|^{2}\mathrm{d}t=O\left\{H^{2}\int_{1}^{G}|\psi(\mathrm{e}^{\mathrm{i}(\frac{1}{2}\pi-\delta)}x^{2})|^{2}\mathrm{d}x\right\}+$$

$$O\left\{\int_{G}^{\infty}|\psi(\mathrm{e}^{\mathrm{i}(\frac{1}{2}\pi-\delta)}x^{2})|^{2}\frac{\mathrm{d}x}{\log^{2}x}\right\}+O(H) \tag{10.7.2}$$

Now

$$\begin{aligned}&|\psi(\mathrm{e}^{\mathrm{i}(\frac{1}{2}\pi-\delta)}x^{2})|^{2}\\=&\left|\sum_{n=1}^{\infty}\mathrm{e}^{-n^{2}\pi x^{2}(\sin\delta+\mathrm{i}\cos\delta)}\right|^{2}\\=&\sum_{n=1}^{\infty}\mathrm{e}^{-2n^{2}\pi x^{2}\sin\delta}+\sum\sum_{m\neq n}\mathrm{e}^{-(m^{2}+n^{2})\pi x^{2}\sin\delta+\mathrm{i}(m^{2}-n^{2})\pi x^{2}\cos\delta}\end{aligned}$$

As in §10.5, the first sum is $O(x^{-1}\delta^{-\frac{1}{2}})$, and its contribution to (10.7.2) is therefore

$$\begin{aligned}&O\left(H^{2}\int_{1}^{G}x^{-1}\delta^{-\frac{1}{2}}\mathrm{d}x\right)+O\left(\int_{G}^{\infty}\frac{\delta^{-\frac{1}{2}}\mathrm{d}x}{x\log^{2}x}\right)\\=&O\{H^{2}(G-1)\delta^{-\frac{1}{2}}\}+O(\delta^{-\frac{1}{2}}/\log G)\\=&O(H\delta^{-\frac{1}{2}})\end{aligned}$$

The sum with $m\neq n$ contributes to the second term in (10.7.2) terms of the form

$$\begin{aligned}\int_{G}^{\infty}\mathrm{e}^{-(m^{2}+n^{2})\pi x^{2}\sin\delta+\mathrm{i}(m^{2}-n^{2})\pi x^{2}\cos\delta}\frac{\mathrm{d}x}{\log^{2}x}&=O\left\{\frac{\mathrm{e}^{-(m^{2}+n^{2})\pi G^{2}\sin\delta}}{|m^{2}-n^{2}|\,G\log^{2}G}\right\}\\&=O\left(\frac{H^{2}\mathrm{e}^{-(m^{2}+n^{2})\pi\sin\delta}}{|m^{2}-n^{2}|}\right)\end{aligned}$$

by Lemma 4.3. Hence the sum is

$$\begin{aligned}O\left(H^{2}\sum_{m=2}^{\infty}\sum_{n=1}^{m-1}\frac{\mathrm{e}^{-(m^{2}+n^{2})\pi\sin\delta}}{m^{2}-n^{2}}\right)&=O\left(H^{2}\sum_{m=2}^{\infty}\frac{\mathrm{e}^{-m^{2}\pi\sin\delta}}{m}\sum_{n=1}^{m-1}\frac{1}{m-n}\right)\\&=O\left(H^{2}\sum_{m=2}^{\infty}\frac{\log m}{m}\mathrm{e}^{-m^{2}\pi\sin\delta}\right)\\&=O\left\{H^{2}\left(\sum_{m\leqslant1/\delta}\frac{\log m}{m}+\sum_{m>1/\delta}\mathrm{e}^{-m^{2}\pi\sin\delta}\right)\right\}\end{aligned}$$

$$=O\left(H^2\log^2\frac{1}{\delta}\right)=O(H\delta^{-\frac{1}{2}})$$

for $\delta<\delta_0(H)$. The first integral in (10.7.2) may be dealt with in the same way. Hence

$$\int_{-\infty}^{\infty}\left|\int_t^{t+H}F(u)\,\mathrm{d}u\right|^2\mathrm{d}t=O(H\delta^{-\frac{1}{2}})$$

Taking $\delta=1/T$ and $T>T_0(H)$, it follows that

$$\int_T^{2T}|I|^2\mathrm{d}t=O(HT^{\frac{1}{2}})\qquad(10.8.1)$$

10.8. We next prove that

$$J>(AH+\Psi)T^{-\frac{1}{4}}\qquad(10.8.1)$$

where

$$\int_T^{2T}|\Psi|^2\mathrm{d}t=O(T)\quad(0<H<T)\qquad(10.8.2)$$

We have, if $s=\frac{1}{2}+\mathrm{i}t$, $T\leqslant t\leqslant 2T$

$$T^{\frac{1}{4}}\mid\Xi(t)\mid\frac{\mathrm{e}^{\frac{1}{4}\pi t}}{t^2+\frac{1}{4}}>A\mid\zeta(\frac{1}{2}+\mathrm{i}t)\mid$$

Hence

$$T^{\frac{1}{4}}J>A\int_t^{t+H}\mid\zeta(\frac{1}{2}+\mathrm{i}t)\mid\mathrm{d}u>A\left|\int_t^{t+H}\zeta(\frac{1}{2}+\mathrm{i}u)\,\mathrm{d}u\right|$$

$$=A\left|\int_t^{t+H}\left\{\sum_{n<AT}\frac{1}{n^{\frac{1}{2}+\mathrm{i}u}}+O(T^{-\frac{1}{2}})\right\}\mathrm{d}u\right|$$

$$=AH+O\left\{\left|\int_t^{t+H}\sum_{2\leqslant n<AT}\frac{1}{n^{\frac{1}{2}+\mathrm{i}u}}\,\mathrm{d}u\right|\right\}+O(HT^{-\frac{1}{2}})$$

$$=AH+O\left\{\left|\sum_{2\leqslant n<AT}\left(\frac{1}{n^{\frac{1}{2}+\mathrm{i}(t+H)}\log n}-\frac{1}{n^{\frac{1}{2}+\mathrm{i}t}\log n}\right)\right|\right\}+O(HT^{-\frac{1}{2}})$$

It is now sufficient to prove that

$$\int_T^{2T}\left(\sum_{2\leqslant n<AT}\frac{1}{n^{\frac{1}{2}+\mathrm{i}t}\log n}\right)^2\mathrm{d}t=O(T)$$

and the calculations are similar to those of § 7.3, but with an extra factor $\log m \log n$ in the denominator.

To prove Theorem 10.7, let S be the sub-set of the interval $(T, 2T)$ where $I = J$. Then

$$\int_S |I|\, dt = \int_S J\, dt$$

Now

$$\int_S |I|\, dt \leqslant \int_T^{2T} |I|\, dt \leqslant \left(T\int_T^{2T} |I|^2\, dt\right)^{\frac{1}{2}} < AH^{\frac{1}{2}}T^{\frac{3}{4}}$$

by (10.7.3); and by (10.8.1) and (10.8.2)

$$\int_S J\, dt > T^{-\frac{1}{4}}\int_S (AH + \Psi)\, dt$$

$$> AT^{-\frac{1}{4}}Hm(S) - T^{-\frac{1}{4}}\int_T^{2T} |\Psi|\, dt$$

$$> AT^{-\frac{1}{4}}Hm(S) - T^{-\frac{1}{4}}\left(T\int_T^{2T} |\Psi|^2 dt\right)^{\frac{1}{2}}$$

$$> AT^{-\frac{1}{4}}Hm(S) - AT^{\frac{3}{4}}$$

where $m(S)$ is the measure of S. Hence, for $H \geqslant 1$ and $T > T_0(H)$

$$m(S) < ATH^{-\frac{1}{2}}$$

Now divide the interval $(T, 2T)$ into $[T/2H]$ pairs of abutting intervals j_1, j_2, each, except the last j_2, of length H, and each j_2 lying to the right of the corresponding j_1. Then either j_1 or j_2 contains a zero of $\Xi(t)$ unless j_1 consists entirely of points of S. Suppose that the latter occurs for $\nu\, j_1$'s. Then

$$\nu H \leqslant m(S) < ATH^{-\frac{1}{2}}$$

Hence there are, in $(T, 2T)$, at least

$$[T/2H] - \nu > \frac{T}{H}\left(\frac{1}{3} - \frac{A}{\sqrt{H}}\right) > \frac{T}{4H}$$

zeros if H is large enough. This proves the theorem.

10.9. For many years the above theorem of Hardy and Littlewood, that $N_0(T) > AT$, was the best that was known in this direction. Recently it has been proved by A. Selberg (2) that $N_0T > AT \log T$. This is a remarkable improvement, since it shows that a finite proportion of the zeros of $\zeta(s)$ lie on the critical line. On the Riemann hypothesis, of course

$$N_0(T) = N(T) \sim \frac{1}{2\pi} T \log T$$

The numerical value of the constant A in Selberg's theorem is very small. ①

The essential idea of Selberg's proof is to modify the series for $\zeta(s)$ by multiplying it by the square of a partial sum of the series for $\{\zeta(s)\}^{-\frac{1}{2}}$. To this extent, it is similar to the proofs given in Chapter IX of theorems about the general distribution of the zeros.

We define α_ν by

$$\frac{1}{\sqrt{\zeta(s)}} = \sum_{\nu=1}^{\infty} \frac{\alpha_\nu}{\nu^s} \quad (\sigma > 1), \quad \alpha_1 = 1$$

It is seen from the Euler product that $\alpha_\mu \alpha_\nu = \alpha_{\mu\nu}$ if $(\mu, \nu) = 1$. Since the series for $(1-z)^{\frac{1}{2}}$ is majorized by that for $(1-z)^{-\frac{1}{2}}$, we see that, if

$$\sqrt{\zeta(s)} = \sum_{\nu=1}^{\infty} \frac{\alpha'_\nu}{\nu^s} \quad \alpha'_1 = 1$$

then $|\alpha_\nu| \leqslant \alpha'_\nu \leqslant 1$.

Let

$$\beta_\nu = \alpha_\nu \left(1 - \frac{\log \nu}{\log X}\right) \quad (1 \leqslant \nu < X)$$

Then

$$|\beta_\nu| \leqslant 1$$

All sums involving β_ν run over $[1, X]$ (or we may suppose $\beta_\nu = 0$ for $\nu \geqslant X$). Let

$$\phi(s) = \sum \frac{\beta_\nu}{\nu^s}$$

① It was calculated in an Oxford dissertation by S. H. Min.

10.10. Let①

$$\Phi(z)=\frac{1}{4\pi i}\int_{c-i\infty}^{c+i\infty}\Gamma\left(\frac{1}{2}s\right)\pi^{-\frac{1}{2}s}\zeta(s)\phi(s)\phi(1-s)z^{s}\,ds$$

where $c>1$. Moving the line of integration to $\sigma=\frac{1}{2}$, and evaluating the residue at $s=1$, we obtain

$$\Phi(z)=\frac{1}{2}z\phi(1)\phi(0)+\frac{1}{4\pi i}\int_{c-i\infty}^{c+i\infty}\Gamma\left(\frac{1}{2}s\right)\pi^{-\frac{1}{2}s}\zeta(s)\phi(s)\phi(1-s)z^{s}\,ds$$

$$=\frac{1}{2}z\phi(1)\phi(0)-\frac{z^{\frac{1}{2}}}{2\pi}\int_{-\infty}^{\infty}\frac{\Xi(t)}{t^{2}+\frac{1}{2}}\left|\phi\left(\frac{1}{2}+it\right)\right|^{2}z^{it}\,dt$$

On the other hand

$$\Phi(z)=\frac{1}{4\pi i}\sum_{n=1}^{\infty}\sum_{\mu}\sum_{\nu}\beta_{\mu}\beta_{\nu}\int_{c-i\infty}^{c+i\infty}\Gamma\left(\frac{1}{2}s\right)\pi^{-\frac{1}{2}s}\frac{z^{s}}{n^{s}\mu^{s}\nu^{1-s}}ds$$

$$=\sum_{n=1}^{\infty}\sum_{\mu}\sum_{\nu}\frac{\beta_{\mu}\beta_{\nu}}{\nu}\exp\left(-\frac{\pi n^{2}\mu^{2}}{z^{2}\nu^{2}}\right)$$

Putting $z=e^{-i(\frac{1}{4}\pi-\frac{1}{2}\delta)-y}$, it follows that the functions

$$F(t)=\frac{1}{\sqrt{(2\pi)}}\frac{\Xi(t)}{t^{2}+\frac{1}{4}}\left|\phi\left(\frac{1}{2}+it\right)\right|^{2}e^{(\frac{1}{4}\pi-\frac{1}{2}\delta)t}$$

$$f(y)=\frac{1}{2}z^{\frac{1}{2}}\phi(1)\phi(0)-z^{-\frac{1}{2}}\sum_{n=1}^{\infty}\sum_{\mu}\sum_{\nu}\frac{\beta_{\mu}\beta_{\nu}}{\nu}\exp\left(-\frac{\pi n^{2}\mu^{2}}{z^{2}\nu^{2}}\right)$$

are Fourier transforms. Hence, as in § 10.7

$$\int_{-\infty}^{\infty}\left\{\int_{t}^{t+h}F(u)\,du\right\}^{2}dt\leqslant 2h^{2}\int_{0}^{1/h}|f(y)|^{2}\,dy+8\int_{1/h}^{\infty}|f(y)|^{2}y^{-2}dy \tag{10.10.1}$$

where $h\leqslant 1$ is to be chosen later.

Putting $y=\log x$, $G=e^{1/h}$, the first integral on the right is equal to

① Titchmarsh (26).

$$\int_1^G \left| \frac{e^{-i(\frac{1}{2}\pi - \frac{1}{2}\delta)}}{2x} \phi(1)\phi(0) - \sum_{n=1}^{\infty} \sum_{\mu} \sum_{\nu} \frac{\beta_\mu \beta_\nu}{\nu} \exp\left(- \frac{\pi n^2 \mu^2}{\nu^2} e^{i(\frac{1}{2}\pi - \delta)} x^2 \right) \right|^2 dx$$

Calling the triple sum $g(x)$, this is not greater than

$$2\int_1^G \frac{|\phi(1)\phi(0)|^2}{4x^2} dx + 2\int_1^G |g(x)|^2 dx < \frac{1}{2} |\phi(1)\phi(0)|^2 + 2\int_1^G |g(x)|^2 dx$$

Similarly the second integral in (10. 10. 1) does not exceed

$$\frac{|\phi(1)\phi(0)|^2}{2G \log^2 G} + 2\int_G^{\infty} \frac{|g(x)|^2}{\log^2 x} dx$$

10. 11. We have to obtain upper bounds for these integrals as $\delta \to 0$, but it is more convenient to consider directly the integral

$$J(x, \theta) = \int_x^{\infty} |g(u)|^2 u^{-\theta} du \quad \left(0 < \theta \leqslant \frac{1}{2}, x \geqslant 1\right)$$

This is equal to

$$\sum_{m=1}^{\infty} \sum_{n=1}^{\infty} \sum_{\kappa\lambda\mu\nu} \frac{\beta_\kappa \beta_\lambda \beta_\mu \beta_\nu}{\lambda\nu} \int_x^{\infty} \exp\left\{ -\pi\left(\frac{m^2\kappa^2}{\lambda 2} + \frac{n^2\mu^2}{\nu^2}\right) u^2 \sin\delta + \right.$$

$$\left. i\pi\left(\frac{m^2\kappa^2}{\lambda^2} - \frac{n^2\mu^2}{\nu^2}\right) u^2 \cos\delta \right\} \frac{du}{u^\theta}$$

Let $\sum_1$ denote the sum of those terms in which $m\kappa/\lambda = n\mu/\nu$, and $\sum_2$ the remainder. Let $(\kappa\nu, \lambda\mu) = q$, so that

$$\kappa\nu = aq, \quad \lambda\mu = bq, \quad (a, b) = 1$$

Then, in $\sum_1$, $ma = nb$, so that $n = ra$, $m = rb$ $(r = 1, 2, \cdots)$. Hence

$$\sum_1 = \sum_{\kappa\lambda\mu\nu} \frac{\beta_\kappa \beta_\lambda \beta_\mu \beta_\nu}{\lambda\nu} \sum_{r=1}^{\infty} \int_x^{\infty} \exp\left(-2\pi \frac{r^2\kappa^2\mu^2}{q^2} u^2 \sin\delta \right) \frac{du}{u^\theta}$$

Now

$$\sum_{r=1}^{\infty} \int_x^{\infty} e^{-r^2 u^2 \eta} \frac{du}{u^\theta} = \eta^{\frac{1}{2}\theta - \frac{1}{2}} \sum_{r=1}^{\infty} \frac{1}{r^{1-\theta}} \int_{xr\sqrt{\eta}}^{\infty} e^{-y^2} \frac{dy}{y^\theta}$$

$$= \eta^{\frac{1}{2}\theta - \frac{1}{2}} \int_{x\sqrt{\eta}}^{\infty} \frac{e^{-y^2}}{y^\theta} \left(\sum_{r \leqslant y/(x\sqrt{\eta})} \frac{1}{r^{1-\theta}} \right) dy$$

The last r-sum is of the form

$$\frac{1}{\theta}\left(\frac{y}{x\sqrt{\eta}}\right)^{\theta}-\frac{1}{\theta}+K(\theta)+O\left\{\left(\frac{y}{x\sqrt{\eta}}\right)^{\theta-1}\right\}$$

where $K(\theta)$, and later $K_1(\theta)$, are bounded functions of θ. Hence we obtain

$$\frac{1}{\theta x^{\theta}\eta^{\frac{1}{2}}}\left\{\int_0^{\infty}e^{-y^2}\,dy+O(x\sqrt{\eta})\right\}-\frac{\eta^{\frac{1}{2}\theta-\frac{1}{2}}}{\theta}\left[\int_0^{\infty}e^{-y^2}y^{-\theta}\,dy+O\{x\sqrt{\eta})^{1-\theta}\}\right]+$$

$$\eta^{\frac{1}{2}\theta-\frac{1}{2}}K(\theta)\left[\int_0^{\infty}e^{-y^2}y^{-\theta}dy+O\{x\sqrt{\eta})^{1-\theta}\}\right]+O\{x^{1-\theta}\log(2+\eta^{-1})\}$$

$$=\frac{\sqrt{\pi}}{2\theta x^{\theta}\eta^{\frac{1}{2}}}+\frac{K_1(\theta)\eta^{\frac{1}{2}\theta-\frac{1}{2}}}{\theta}+O\left\{\frac{x^{1-\theta}}{\theta}\log(2+\eta^{-1})\right\}$$

Putting $\eta=2\pi\kappa^2\mu^2q^{-2}\sin\delta$, it follows that

$$\sum\nolimits_1=\frac{S(0)}{2(2\sin\delta)^{\frac{1}{2}}\theta x^{\theta}}+\frac{K_1(\theta)}{\theta}(2\pi\sin\delta)^{\frac{1}{2}\theta-\frac{1}{2}}S(\theta)+$$

$$O\left\{\frac{x^{1-\theta}\log(2+\eta^{-1})}{\theta}\sum_{\kappa\lambda\mu\nu}\frac{|\beta_\kappa\beta_\lambda\beta_\mu\beta_\nu|}{\lambda\nu}\right\}\tag{10.11.1}$$

where

$$S(\theta)=\sum_{\kappa\lambda\mu\nu}\left(\frac{q}{\kappa\mu}\right)^{1-\theta}\frac{\beta_\kappa\beta_\lambda\beta_\mu\beta_\nu}{\lambda\nu}$$

Defining $\phi_a(n)$ as in § 9.24, we have

$$q^{1-\theta}=\sum_{\rho|q}\phi_{-\theta}(\rho)=\sum_{\rho|\kappa\nu,\rho|\lambda\mu}\phi_{-\theta}(\rho)$$

Hence

$$S(\theta)=\sum_{\rho<X^2}\phi_{-\theta}\rho\left(\sum_{\rho|\kappa\nu}\frac{\beta_\kappa\beta_\nu}{\kappa^{1-\theta}\nu}\right)^2$$

Let d and d_1 denote positive integers whose prime factors divide ρ. Let $\kappa=d\kappa'$, $\nu=d_1\nu'$, where $(\kappa',\rho)=1$, $(\nu',\rho)=1$. Then

$$\sum_{\rho|\kappa\nu}\frac{\beta_\kappa\beta_\nu}{\kappa^{1-\theta}\nu}=\sum_{\rho|dd_1}\frac{1}{d^{1-\theta}d_1}\sum_{\kappa'}\frac{\beta_{d\kappa'}}{\kappa'^{1-\theta}}\sum_{\nu'}\frac{\beta_{d_1\nu'}}{\nu'}.$$

Now, for $(\kappa',\rho)=1$, $\beta_{d\kappa'}=\frac{\alpha_d\alpha_{\kappa'}}{\log X}\log\frac{X}{d\kappa'}$

Hence the above sum is equal to

$$\frac{1}{\log^2X}\sum_{\rho|dd_1}\frac{\alpha_d\alpha_{d_1}}{d^{1-\theta}d_1}\sum_{\kappa'\leqslant X/d}\frac{\alpha_{\kappa'}}{\kappa'^{1-\theta}}\log\frac{X}{d\kappa'}\sum_{\nu'\leqslant X/d_1}\frac{\alpha_{\nu'}}{\nu'}\log\frac{V}{d_1\nu'}$$

10. 12. Lemma 10. 12. *We have*

$$\sum_{\kappa'\leqslant X/d}\frac{\alpha_{\kappa'}}{\kappa'^{1-\theta}}\log\frac{X}{d\kappa'}=O\left\{\left(\frac{X}{d}\right)^{\theta}\log^{\frac{1}{2}}\frac{X}{d}\prod_{p|\rho}\left(1+\frac{1}{p}\right)^{\frac{1}{2}}\right\}\tag{10.12.1}$$

uniformly with respect to θ.

We may suppose that $X\geqslant 2d$, since otherwise the lemma is trivial. Now

$$\frac{1}{2\pi i}\int_{1-i\infty}^{1+i\infty}\frac{x^s}{s^2}dx=0\quad(0<x\leqslant 1),\ \log x\quad(x>1)$$

Also

$$\sum_{(\kappa',\rho)=1}\frac{\alpha_{\kappa'}}{\kappa'^{1+\theta+s}}=\prod_{(p,\rho)=1}\left(1-\frac{1}{p^{1-\theta+s}}\right)^{\frac{1}{2}}=\sum_{p|\rho}\left(1-\frac{1}{p^{1-\theta+s}}\right)^{-\frac{1}{2}}\frac{1}{\sqrt{\zeta(1-\theta+s)}}$$

Hence the left-hand side of (10. 12. 1) is equal to

$$\frac{1}{2\pi i}\int_{1-i\infty}^{1+i\infty}\frac{1}{s^2}\left(\frac{X}{d}\right)^2\prod_{p|\rho=1}\left(1-\frac{1}{p^{1-\theta+s}}\right)^{-\frac{1}{2}}\frac{ds}{\sqrt{\zeta(1-\theta+s)}}\tag{10.12.2}$$

There are singularities at $s=0$ and $s=\theta$. If $\theta\geqslant\{\log(X/d)\}^{-1}$, we can take the line of integration through $s=\theta$, the integral round a small indentation tending to zero. Now

$$\left|\frac{1}{\zeta(1+it)}\right|<A\mid t\mid$$

for all t (large or small). Also

$$\prod_{p|\rho}\left(1-\frac{1}{p^{1-\theta+s}}\right)^{-1}=O\left\{\left|\prod_{p|\rho}\left(1+\frac{1}{p^{1-\theta+s}}\right)\right|\right\}=O\left\{\prod_{p|\rho}\left(1+\frac{1}{p}\right)\right\}$$

Hence (10. 12. 2) is

$$O\left\{\left(\frac{X}{d}\right)^{\theta}\prod_{p|\rho}\left(1+\frac{1}{p}\right)^{\frac{1}{2}}\int_{-\infty}^{\infty}\frac{|t|^{\frac{1}{2}}dt}{\theta^2+t^2}\right\}=O\left\{\left(\frac{X}{d}\right)^{\theta}\prod_{p|\rho}\left(1+\frac{1}{p}\right)^{\frac{1}{2}}\frac{1}{\theta^{\frac{1}{2}}}\right\}$$

and the result stated follows.

If $\theta<\{\log(X/d)\}^{-1}$, we take the same contour as before modified by a detour round the right-hand side of the circle $|s|=2\{\log(X/d)\}^{-1}$. On this circle

$$|X/d)^s \leqslant e^2$$

the p-product goes as before, and

$$|\zeta(1-\theta+s)| > A\log(X/d)$$

Hence the integral round the circle is

$$O\left\{\log^{-\frac{1}{2}}\frac{X}{d}\prod_{p|\rho}\left(1+\frac{1}{p}\right)^{\frac{1}{2}}\int\left|\frac{ds}{s^2}\right|\right\}=O\left\{\log^{-\frac{1}{2}}\frac{X}{d}\prod_{p|\rho}\left(1+\frac{1}{p}\right)^{\frac{1}{2}}\right\}$$

The integral along the part of the line $\sigma=\theta$ above the circle is

$$O\left\{\left(\frac{X}{d}\right)^{\theta}\prod_{p|\rho}\left(1+\frac{1}{p}\right)^{\frac{1}{2}}\int_{A(\log X/d)^{-1}}^{\infty}\frac{dt}{t^{\frac{3}{2}}}\right\}=O\left\{\left(\frac{X}{d}\right)^{\theta}\log^{\frac{1}{2}}\frac{X}{d}\prod_{p|\rho}\left(1+\frac{1}{p}\right)^{\frac{1}{2}}\right\}$$

The lemma is thus proved in all cases.

10.13. Lemma 10.13.

$$\sum_{\rho|dd_1}\frac{|\alpha_d\alpha_{d_1}|}{dd_1}=O\left\{\frac{1}{\rho}\prod_{p|\rho}\left(1+\frac{1}{p}\right)\right\}$$

Defining α'_d as in § 10.9, we have

$$\sum_{\rho|dd_1}\frac{|\alpha_d\alpha_{d_1}|}{dd_1}\leqslant\sum_{\rho|dd_1}\frac{|\alpha'_d\alpha'_{d_1}|}{dd_1}=\sum_{\rho|D}\frac{1}{D}$$

where D is a number of the same class as d or d_1

$$=\frac{1}{\rho}\prod_{p|\rho}\left(1-\frac{1}{p}\right)^{-1}=O\left\{\frac{1}{\rho}\prod_{p|\rho}\left(1+\frac{1}{p}\right)\right\}$$

10.14. Lemma 10.14.

$$S(\theta)=O\left(\frac{1}{\log X}\right)$$

uniformly with respect to θ, In particular

$$S(0)=O\left(\frac{1}{\log X}\right)$$

By the formulae of § 10.11, and the above lemmas

$$\sum_{\rho|\kappa\nu}\frac{\beta_\kappa\beta_\nu}{\kappa^{1-\theta}\nu}=O\left\{\frac{1}{\log^2 X}\sum_{\rho|dd_1}\frac{|\alpha_d\alpha_{d_1}|}{d^{1-\theta}d_1}\left(\frac{X}{d}\right)^{\theta}\log^{\frac{1}{2}}\frac{X}{d}\log^{\frac{1}{2}}\frac{X}{d_1}\prod_{p|\rho}\left(1+\frac{1}{p}\right)\right\}$$

$$=O\left\{\frac{X^\theta}{\log X}\prod_{p|\rho}\left(1+\frac{1}{p}\right)\sum_{\rho|dd_1}\frac{|\alpha_d\alpha_{d_1}|}{dd_1}\right\}$$

$$=O\left\{\frac{X^\theta}{\rho\log X}\prod_{p|\rho}\left(1+\frac{1}{p}\right)^2\right\}$$

Hence

$$S(\theta)=O\left\{\frac{X^{2\theta}}{\log^2 X}\sum_{\rho\leqslant X^2}\frac{\phi_{-\theta}(\rho)}{\rho^2}\prod_{p\mid\rho}\left(1+\frac{1}{p}\right)^4\right\}$$
$$=O\left\{\frac{X^{2\theta}}{\log^2 X}\sum_{\rho\leqslant X^2}\frac{1}{\rho^{1+\theta}}\prod_{p\mid\rho}\left(1+\frac{1}{p}\right)^4\right\}$$
$$=O\left\{\frac{X^{2\theta}}{\log^2 X}\sum_{\rho\leqslant X^2}\frac{1}{\rho^{1+\theta}}\prod_{n\mid\rho}\frac{1}{n^{\frac{1}{2}}}\right\}$$

since

$$\prod_{p\mid\rho}\left(1+\frac{1}{p}\right)^4=O\left\{\prod_{p\mid\rho}\left(1+\frac{4}{p}\right)=O\prod_{p\mid\rho}\left(1+\frac{1}{p^{\frac{1}{2}}}\right)\right\}=O\left(\prod_{n\mid\rho}\frac{1}{n^{\frac{1}{2}}}\right)$$

Hence

$$S(\theta)=O\left\{\frac{X^{2\theta}}{\log^2 X}\sum_{n\leqslant X^2}\sum_{\rho_1\leqslant X^2/n}\frac{1}{(n\rho_1)^{1+\theta}n^{\frac{1}{2}}}\right\}$$
$$=O\left\{\frac{X^{2\theta}}{\log^2 X}\sum_{n=1}^{\infty}\frac{1}{n^{\frac{3}{2}+\theta}}\sum_{\rho_1\leqslant X^2/n}\frac{1}{\rho_1^{1+\theta}}\right\}$$
$$=O\left\{\frac{X^{2\theta}}{\log^2 X}\sum_{n=1}^{\infty}\frac{1}{n^{\frac{3}{2}}}\sum_{\rho_1\leqslant X^2}\frac{1}{\rho_1}\right\}$$
$$=O\left(\frac{X^{2\theta}}{\log^2 X}\right)$$

10.15. Estimation of $\sum_1$. From (10.11.1), Lemma 10.14, and the inequality $|\beta_\nu|\leqslant 1$, we obtain

$$\sum\nolimits_1=O\left(\frac{1}{\delta^{\frac{1}{2}}\theta x^\theta\log X}\right)+O\left\{\frac{(\delta^{\frac{1}{2}}xX^2)^\theta}{\delta^{\frac{1}{2}}\theta x^\theta\log X}\right\}+O\left\{\frac{x^{1-\theta}\log(X/\delta)}{\theta}X^2\log^2 X\right\}$$

We shall ultimately take $X=\delta^{-c}$ and $h=(a\log X)^{-1}$, where a and c are suitable positive constants. Then $G=X^a=\delta^{-ac}$. If $x\leqslant G$, the last two terms can be omitted in comparison with the first if $GX^2=O(\delta-\frac{1}{4})$, i.e. if $(a+2)c\leqslant\frac{1}{4}$. We then have

$$\sum\nolimits_1=O\left(\frac{1}{\delta^{\frac{1}{2}}\theta x^\theta\log X}\right)\tag{10.15.1}$$

10.16. Estimation of $\sum_2$. If P and Q are positive, and $x\geqslant 1$

$$\int_x^\infty e^{-Pu^2+iQu^2}\frac{du}{u^\theta}=\frac{1}{2}\int_{x^2}^\infty\frac{e^{-P\nu}}{\nu^{\frac{1}{2}+\theta+\frac{1}{2}}}e^{iQ\nu}d\nu=O\left(\frac{e^{-P}}{x^\theta Q}\right)$$

e. g. by applying the second mean-value theorem to the real and imaginary parts. Hence

$$\sum\nolimits_2 = O\left[\frac{1}{x^\theta}\sum_{\kappa\lambda\mu\nu}\frac{1}{\lambda}\sum_{mn}{}'\left|\frac{m^2\kappa^2}{\lambda^2}-\frac{n^2\mu^2}{\nu^2}\right|^{-1}\exp\left\{-\pi\left(\frac{m^2\kappa^2}{\lambda^2}+\frac{n^2\mu^2}{\nu^2}\right)\sin\delta\right\}\right]$$

The terms with $mk/\lambda > n\mu/\nu$ contribute to the m, n sum

$$O\left\{\sum_{m=1}^{\infty}\mathrm{e}^{-\pi m^2\kappa^2\lambda^{-2}\sin\delta}\sum_{n<m\kappa\nu/\lambda\mu}\left(\frac{m^2\kappa^2}{\lambda^2}-\frac{n^2\mu^2}{\nu^2}\right)^{-1}\right\}$$

Now

$$\frac{m^2\kappa^2}{\lambda^2}-\frac{n^2\mu^2}{\nu^2}\geqslant\frac{m\kappa}{\lambda}\left(\frac{m\kappa}{\lambda}-\frac{n\mu}{\nu}\right)=\frac{m\kappa(m\kappa\nu-n\lambda\mu)}{\lambda^2\nu}$$

and

$$\sum_n\frac{1}{m\kappa\nu-n\lambda\mu}\leqslant 1+\frac{1}{\lambda\mu}+\frac{1}{2\lambda\mu}+\cdots=1+O\left(\frac{\log mX}{\lambda\mu}\right)$$

Hence the m, n sum is

$$O\left\{\frac{\lambda^2\nu}{\kappa}\sum_{m=1}^{\infty}\left(\frac{1}{m}+\frac{\log(mX)}{m\lambda\mu}\right)\mathrm{e}^{-\pi m^2\kappa^2\lambda^{-2}\sin\delta}\right\}$$

$$=O\left\{\frac{\lambda^2\nu}{\kappa}\left(1+\frac{\log X}{\lambda\mu}\right)\log\frac{X^2}{\delta}+\frac{\lambda\nu}{\kappa\mu}\log^2\frac{X^2}{\delta}\right\}$$

$$=O\left(\frac{\lambda^2\nu}{\kappa}\log\frac{1}{\delta}\right)+O\left(\frac{\lambda\nu}{\kappa\mu}\log^2\frac{1}{\delta}\right)$$

since, as in § 10.15, we have $X=\delta^{-c}$, with $0<c\leqslant\frac{1}{8}$. The remaining terms may be treated similarly. Hence

$$\sum\nolimits_2=O\left\{\frac{1}{x^\theta}\sum_{\kappa\lambda\mu\nu}\left(\frac{\lambda}{\kappa}\log\frac{1}{\delta}+\frac{1}{\kappa\mu}\log^2\frac{1}{\delta}\right)\right\}=O\left(\frac{X^4}{x^\theta}\log^2\frac{1}{\delta}\right) \tag{10.16.1}$$

10.17. Lemma 10.17. *Under the assumptions of* § 10.15

$$\int_{-\infty}^{\infty}\left|\int_t^{t+h}F(u)\,\mathrm{d}u\right|^2\mathrm{d}t=O\left(\frac{h}{\delta^{\frac{1}{2}}\log X}\right) \tag{10.17.1}$$

By (10.15.1) and (10.16.1)

$$J(x,\theta)=O\left(\frac{1}{\delta^{\frac{1}{2}}\theta x^\theta\log X}\right) \tag{10.17.2}$$

uniformly with respect to θ. Hence

$$\int_1^G |g(x)|^2\,dx = -\int_1^G x^\theta \frac{\partial J}{\partial x}dx = [-x^\theta J]_1^G + \theta\int x^{\theta-1}J\,dx$$

$$= O\left(\frac{1}{\delta^{\frac{1}{2}}\theta\log X}\right) + O\left(\theta\int_1^G \frac{dx}{\delta^{\frac{1}{2}}\theta x\log X}\right)$$

$$= O\left(\frac{\log G}{\delta^{\frac{1}{2}}\log X}\right)$$

taking, for example, $\theta = \frac{1}{2}$. Also

$$\int_0^{\frac{1}{2}} \theta J(G,\theta)\,d\theta = \int_G^\infty |g(x)|^2\,dx\int_0^{\frac{1}{2}}\theta x^{-\theta}\,d\theta$$

$$= \int_G^\infty |g(x)|^2\left(\frac{1}{\log^2 x} - \frac{1}{2x^{\frac{1}{2}}\log x} - \frac{1}{x^{\frac{1}{2}}\log^2 x}\right)dx$$

$$\geqslant \int_G^\infty \frac{|g(x)|^2}{\log^2 x}dx - \frac{3}{2}\int_G^\infty \frac{|g(x)|^2}{x^{\frac{1}{2}}}dx$$

since $G = e^{1/h} \geqslant e$. Hence

$$\int_G^\infty \frac{|g(x)|^2}{\log^2 x}dx \leqslant \int_0^{\frac{1}{2}}\theta J(G,\theta)\,d\theta + \frac{3}{2}J\left(G,\frac{1}{2}\right)$$

$$= O\left(\int_0^{\frac{1}{2}} \frac{d\theta}{\delta^{\frac{1}{2}}G^\theta\log X}\right) + O\left(\frac{1}{\delta^{\frac{1}{2}}G^{\frac{1}{2}}\log X}\right)$$

$$= O\left(\frac{1}{\delta^{\frac{1}{2}}\log G\log X}\right)$$

Also $\phi(0) = O(X)$, $\phi(1) = O(\log X)$. The result therefore follows from the formulae of § 10.10.

10.18. So far the integrals considered have involved $F(t)$. We now turn to the integrals involving $|F(t)|$. The results about such integrals are expressed in the following lemmas.

Lemma 10.18

$$\int_{-\infty}^\infty |F(t)|^2\,dt = O\left(\frac{\log 1/\delta}{\delta^{\frac{1}{2}}\log X}\right)$$

By the Fourier transform formulae, the left-hand side is equal to

$$2\int_0^\infty |f(y)|^2\,dy=2\int_1^\infty\left|\frac{e^{-i(\frac{1}{4}\pi-\frac{1}{2}\delta)}}{2x}\phi(1)\phi(0)-g(x)\right|^2 dx$$

$$\leqslant 4\int_1^\infty |g(x)|^2 dx+O(X^2\log^2 X)$$

Taking $x=1$, $\theta=\{\log(1/\delta)\}^{-1}$ in (10.17.2), we have

$$\int_1^\infty |g(u)|^2 e^{-\log u/(\log 1/\delta)}\,du=O\left(\frac{\log 1/\delta}{\delta^{\frac{1}{2}}\log X}\right)$$

Hence

$$\int_1^{\delta^{-2}} |g(u)|^2 du=O\left(\frac{\log 1/\delta}{\delta^{\frac{1}{2}}\log X}\right)$$

We can estimate the integral over (δ^{-2},∞) in a comparatively trivial manner. As in § 10.11, this is less than

$$\sum_{m=1}^\infty\sum_{n=1}^\infty\sum_{\kappa\lambda\mu\nu}\frac{|\beta_\kappa\beta_\lambda\beta_\mu\beta_\nu|}{\lambda\nu}\int_{\delta^{-2}}^\infty \exp\left\{-\pi\left(\frac{m^2\kappa^2}{\lambda^2}+\frac{n^2\mu^2}{\nu^2}\right)u^2\sin\delta\right\}\,du$$

Using, for example, $\kappa^2\lambda^{-2}\sin\delta>AX^{-2}\delta>A\delta^2$ (since $X=\delta^{-c}$ with $c<\frac{1}{2}$), and $|\beta_v|\leqslant 1$, this is

$$O\left\{X^2\log^2 X\sum_{m=1}^\infty\sum_{n=1}^\infty\int_{\delta^{-2}}^\infty e^{-A(m^2+n^2)\delta^2u^2}\,du\right\}$$

$$=O\left(X^2\log^2 X\int_{\delta^{-2}}^\infty e^{-A\delta^2u^2}\,du\right)$$

$$=O(X^2\log^2 Xe^{-A/\delta^2})$$

which is of the required form.

10.19. Lemma 10.19.

$$\int_{-\infty}^\infty\left\{\int_t^{t+h}|F(u)|\,du\right\}^2 dt=O\left(\frac{h^2\log 1/\delta}{\delta^{\frac{1}{2}}\log X}\right)$$

For the left-hand side does not exceed

$$\int_{-\infty}^\infty\left\{h\int_t^{t+h}|F(u)|^2\,du\right\}dt=h\int_{-\infty}^\infty |F(u)|^2\,du\int_{u-h}^u dt=h^2\int_{-\infty}^\infty |F(u)|^2\,du$$

and the result follows from the previous lemma.

10.20. Lemma 10.20. *If* $\delta=1/T$

$$\int_0^T |F(t)|\,dt > AT^{\frac{3}{4}}$$

We have

$$\left(\int_{\frac{1}{2}+i}^{2+i}+\int_{2+i}^{2+iT}+\int_{2+iT}^{\frac{1}{2}+iT}+\int_{\frac{1}{2}+iT}^{\frac{1}{2}+i}\right)\zeta(s)\phi^2(s)\,ds=0$$

Since $\phi(s)=O(X^{\frac{1}{2}})$ for $\sigma\geqslant\frac{1}{2}$, the first term is $O(X)$, and the third is $O(XT^{\frac{1}{4}})$. Also

$$\zeta(s)\phi^2(s)=1+\sum_{n=2}^{\infty}\frac{a_n}{n^s}$$

where $|a_n|\leqslant d_3(n)$. Hence

$$\begin{aligned}\int_{2+i}^{2+iT}\zeta(s)\phi^2(s)\,ds&=i(T-1)+\sum_{n=2}^{\infty}a_n\int_{2+i}^{2+iT}\frac{ds}{n^s}\\&=i(T-1)+O\left(\sum_{n=2}^{\infty}\frac{d_3(n)}{n^2\log n}\right)\\&=iT+O(1)\end{aligned}$$

It follows that

$$\int_0^T\zeta\left(\frac{1}{2}+it\right)\phi^2\left(\frac{1}{2}+it\right)dt\sim T$$

Hence

$$\begin{aligned}\int_0^T|F(t)|\,dt&>A\int_0^T t^{-\frac{1}{4}}\left|\zeta\left(\frac{1}{2}+it\right)\phi^2\left(\frac{1}{2}+it\right)\right|dt\\&>AT^{-\frac{1}{4}}\int_{\frac{1}{2}T}^{T}\left|\zeta\left(\frac{1}{2}+it\right)\phi^2\left(\frac{1}{2}+it\right)\right|dt\\&>AT^{-\frac{1}{4}}\left|\int_{\frac{1}{2}T}^{T}\zeta\left(\frac{1}{2}+it\right)\phi^2\left(\frac{1}{2}+it\right)dt\right|\\&>AT^{\frac{3}{4}}\end{aligned}$$

10. 21. Lemma 10. 21

$$\int_0^T \mathrm{d}t \int_t^{t+h} |F(u)|\,\mathrm{d}u > AhT^{\frac{3}{4}}$$

The left-hand side is equal to

$$\int_0^{T+h} |F(u)|\,\mathrm{d}u \int_{\max(0,\ u-h)}^{\min(T,\ u)} \mathrm{d}t \geqslant \int_h^T |F(u)|\,\mathrm{d}u \int_{u-h}^{u} \mathrm{d}t = h\int_h^T |F(u)|\,\mathrm{d}u$$

and the result follows from the previous lemma.

10. 22. Theorem 10. 22

$$N_0(T) > AT\log T$$

Let E be the sub-set of $(0,\ T)$ where

$$\int_t^{t+h} |F(u)|\,\mathrm{d}u > \left|\int_t^{t+h} F(u)\,\mathrm{d}u\right|$$

For such values of t, $F(u)$ must change sign in $(t,\ t+h)$, and hence so must $\Xi(u)$, and hence $\zeta(\frac{1}{2}+\mathrm{i}u)$ must have a zero in this interval.

Since the two sides are equal except in E

$$\begin{aligned}\int_E \mathrm{d}t \int_t^{t+h} |F(u)|\,\mathrm{d}u &\geqslant \int_E \left\{\int_t^{t+h} |F(u)|\,\mathrm{d}u - \left|\int_t^{t+h} F(u)\,\mathrm{d}u\right|\right\}\mathrm{d}t \\ &= \int_0^T \left\{\int_t^{t+h} |F(u)|\,\mathrm{d}u - \left|\int_t^{t+h} F(u)\,\mathrm{d}u\right|\right\}\mathrm{d}t \\ &> AhT^{\frac{3}{4}} - \int_0^T \left|\int_t^{t+h} F(u)\,\mathrm{d}u\right|\mathrm{d}t\end{aligned}$$

The left-hand side is not greater than

$$\begin{aligned}\left\{\int_E \mathrm{d}t \int_E \left(\int_t^{t+h} |F(u)\,\mathrm{d}u|\right)^2 \mathrm{d}t\right\}^{\frac{1}{2}} &\leqslant \left\{m(E)\int_{-\infty}^{\infty} \left(\int_t^{t+h} |F(u)|\,\mathrm{d}u\right)^2 \mathrm{d}t\right\}^{\frac{1}{2}} \\ &< A\{m(E)\}^{\frac{1}{2}} hT^{\frac{1}{4}} \left(\frac{\log T}{\log X}\right)^{\frac{1}{2}}\end{aligned}$$

by Lemma 10. 19 with $\delta = 1/T$. The second term on the right is not greater than

$$\left\{\int_0^T dt\int_0^T\left|\int_t^{t+h}F(u)\ du\right|^2 dt\right\}^{\frac{1}{2}} < \frac{Ah^{\frac{1}{2}}T^{\frac{3}{4}}}{\log^{\frac{1}{2}} X}$$

by Lemma 10.17. Hence

$$\{m(E)\}^{\frac{1}{2}} > A_1 T^{\frac{1}{2}}\left(\frac{\log X}{\log T}\right)^{\frac{1}{2}} - A_2\frac{T^{\frac{1}{2}}}{h^{\frac{1}{2}}\log^{\frac{1}{2}} T}$$

where A_1 and A_2 denote the particular constants which occur. Since $X=T^c$ and $h=(a\log X)^{-1}=(ac\log T)^{-1}$

$$\{m(E)\}^{\frac{1}{2}} > A_1 c^{\frac{1}{2}} T^{\frac{1}{2}} - A_2 (ac)^{\frac{1}{2}} T^{\frac{1}{2}}$$

Taking a small enough, it follows that

$$m(E) > A_3 T$$

Hence, of the intervals $(0, h)$, $(h, 2h)$, $\cdots$ contained in $(0, T)$, at least $[A_3 T/h]$ must contain points of E. If $(nh, (n+1)h)$ contains a point t of E, there must be a zero of $\zeta(\frac{1}{2}+\mathrm{i}u)$ in $(t, t+h)$, and so in $(nh, (n+2)h)$. Allowing for the fact that each zero might be counted twice in this way, there must be at least

$$\frac{1}{2}[A_3 T/h] > AT\log T$$

zeros in $(0, T)$.

10.23. In this section we return to the function $\Xi*(t)$ mentioned in § 10.1. In spite of its deficiencies as an approximation to $\Xi(t)$, it is of some interest to note that all the zeros of $\Xi(t)$ are real.[①]

A still better approximation to $\Phi(u)$ is

$$\Phi**(u)=\pi(2\pi\cosh\frac{9}{2}u-3\cosh\frac{5}{2}u)\mathrm{e}^{-2\pi\cosh 2u}$$

This gives

$$\Xi**(t)=2\int_0^\infty \Phi**(u)\cos ut\ du$$

① Pólya (1) (2) (4).

and we shall also prove that all the zeros of $\Xi**(t)$ are real.

The function $K_z(a)$ is, for any value of a, an even integral function of z. We begin by proving that if a *is* real all its zeros are purely imaginary.

It is known that $w=K_z(a)$ satisfies the differential equation

$$\frac{\mathrm{d}}{\mathrm{d}a}\left(a\frac{\mathrm{d}w}{\mathrm{d}a}\right)=\left(a+\frac{z^2}{a}\right)w$$

This is equivalent to the two equations

$$\frac{\mathrm{d}w}{\mathrm{d}a}=\frac{W}{a},\quad \frac{\mathrm{d}W}{\mathrm{d}a}=\left(a+\frac{z^2}{a}\right)w$$

These give

$$\frac{\mathrm{d}}{\mathrm{d}a}(W\overline{w}=\frac{1}{a}\{|W|^2+(a^2+z^2)|w|^2\}$$

It is also easily verified that w and W tend to 0 as $a\to\infty$. It follows that, if w vanishes for a certain z and $a=a_0>0$, then

$$\int_{a_0}^{\infty}\{|W|^2+(a^2+z^2)|w|^2\}\frac{\mathrm{d}a}{a}=0$$

Taking imaginary parts

$$2\mathrm{i}xy\int_{a_0}^{\infty}\frac{|w|^2}{a}\mathrm{d}a=0$$

Here the interal is not 0, and $K_z(a)$ plainly does not vanish for z real, i. e. $y=0$. Hence $x=0$, the required result.

We also require the following lemma.

Let c be a positive constant, $F(z)$ an integral function of genus 0 or 1, which takes real values for real z, and has no complex zeros and at least one real zero. Then all the zeros of

$$F(z+\mathrm{i}c)+F(z-\mathrm{i}c)\tag{10.23.1}$$

are also real.

We have

$$F(z)=Cz^q\mathrm{e}^{\alpha z}\prod_{n=1}^{\infty}\left(1-\frac{z}{\alpha_n}\right)\mathrm{e}^{z/\alpha_n}$$

where $C,\alpha,\alpha_1,\cdots$ are real constants, $\alpha_n\neq 0$ for $n=1,2,\cdots$, $\sum\alpha_n^{-2}$

is convergent, q a non-negative integer. Let z be a zero of (10. 23. 1). Then

$$|F(z+\mathrm{i}c)|=|F(z-\mathrm{i}c)|$$

so that

$$1=\left|\frac{F(z-\mathrm{i}c)}{F(z+\mathrm{i}c)}\right|^2=\left\{\frac{x^2+(y-c)^2}{x^2+(y+c)^2}\right\}^1\prod_{n=1}^{\infty}\frac{(x-\alpha_n)^2+(y-c)^2}{(x-\alpha_n)^2+(y+c)^2}$$

If $y>0$, every factor on the right is <1; if $y>0$, every factor is >1. Hence in fact $y=0$.

The theorem that the zeros of $\Xi(t)$ are all real now follows on taking

$$F(z)=K_{\frac{1}{2}\mathrm{i}z}(2\pi),\quad c=\frac{9}{2}$$

10. 24. For the discussion of $\Xi**(t)$ we require the following lemma. *Let* $|f(t)|<K\mathrm{e}^{-|t|^{2+\delta}}$ *for some positive* δ, *so that*

$$F(z)=\frac{1}{\sqrt{(2\pi)}}\int_{-\infty}^{\infty}f(t)\mathrm{e}^{\mathrm{i}zt}\,\mathrm{d}t$$

is an integral function of z. Let all the zeros of $F(z)$ *be real. Let* $\phi(t)$ *be an integral function of t of genus* 0 *or* 1, *real for real t. Then the zeros of*

$$G(z)=\frac{1}{\sqrt{(2\pi)}}\int_{-\infty}^{\infty}f(t)\phi(\mathrm{i}t)\mathrm{e}^{\mathrm{i}zt}\,\mathrm{d}t$$

are also all real.

We have

$$\phi(t)=Ct^q\mathrm{e}^{at}\prod_{m=1}^{\infty}\left(1-\frac{t}{\alpha_m}\right)\mathrm{e}^{t/\alpha_m}$$

where the constants are all real, and $\sum\alpha_m^{-2}$ is convergent. Let

$$\phi_n(t)=Ct^q\mathrm{e}^{at}\prod_{m=1}^{\infty}\left(1-\frac{t}{\alpha_m}\right)\mathrm{e}^{t/\alpha_m}$$

Then $\phi(n)(t)\to\phi(t)$ uniformly in any finite interval, and (as in my *Theory of Functions*, § 8. 25)

$$|\phi_n(t)|<K\mathrm{e}^{|t|^{2+\epsilon}}$$

uniformly with respect to n. Hence

$$G(z)=\lim_{n\to\infty}\frac{1}{\sqrt{(2\pi)}}\int_{-\infty}^{\infty}f(t)\phi_n(it)e^{izt}\,dt=\lim_{n\to\infty}G_n(z)$$

say. It is therefore sufficient to prove that, for every n, the zeros of $G_n(z)$ are real.

Now it is easily verified that $F(z)$ is an integral function of order less than 2. Hence, if its zeros are real, so are those of

$$(D-\alpha)F(z)=e^{\alpha z}\frac{d}{dz}\{e^{-\alpha z}F(z)\}$$

for any real α. Applying this principle repeatedly, we see that all the zeros of

$$\begin{aligned}H(z)&=D^q(D-\alpha_1)\cdots(D-\alpha_n)F(z)\\&=\frac{1}{\sqrt{(2\pi)}}\int_{-\infty}^{\infty}f(t)(it)^q(it-\alpha_1)\cdots(it-\alpha_n)e^{izt}\,dt\end{aligned}$$

are real. Since

$$G_n(z)=\frac{(-1)^nC}{\alpha_1\cdots\alpha_n}H\left(z+\alpha+\frac{1}{\alpha_1}+\cdots+\frac{1}{\alpha_n}\right)$$

the result follows.

Taking
$$f(t)=4\sqrt{(2\pi)}\,e^{-2\pi\cosh 2t}$$
we obtain

$$F(z)=K_{\frac{1}{2}iz}(2\pi)$$

all of whose zeros are real. If

$$\phi(t)=\frac{1}{2}\pi^2\cos\frac{9}{2}t$$

then $G(z)=\Xi*(z)$, and it follows again that all the zeros of $\Xi*(z)$ are real. If

$$\phi(t)=\frac{1}{2}\pi^2\left(\cos\frac{9}{2}t-\frac{3}{2\pi}\cos\frac{5}{2}t\right)$$

then $G(z)=\Xi**(z)$. Hence all the zeros of $\Xi**(z)$ are real.

10.25. By way of contrast to the Riemann zeta-function we shall now construct a function which has a similar functional equation, and for which the analogues of most of the theorems of this chapter are true; but which has no Euler product, and for which the analogue of the Riemann hypothesis is false.

We shall use the simplest properties of Dirichlet's L-functions (mod 5). These are defined for $\sigma > 1$ by

$$L_0(s)=\sum_{n=1}^{\infty}\frac{\chi_0(n)}{n^s}=\frac{1}{1^s}+\frac{1}{2^s}+\frac{1}{3^s}+\frac{1}{4^s}+\frac{1}{6^s}+\cdots$$

$$L_1(s)=\sum_{n=1}^{\infty}\frac{\chi_1(n)}{n^s}=\frac{1}{1^s}+\frac{\mathrm{i}}{2^s}-\frac{\mathrm{i}}{3^s}-\frac{1}{4^s}+\frac{1}{6^s}+\cdots$$

$$L_2(s)=\sum_{n=1}^{\infty}\frac{\chi_2(n)}{n^s}=\frac{1}{1^s}-\frac{\mathrm{i}}{2^s}+\frac{\mathrm{i}}{3^s}-\frac{1}{4^s}+\frac{1}{6^s}+\cdots$$

$$L_3(s)=\sum_{n=1}^{\infty}\frac{\chi_3(n)}{n^s}=\frac{1}{1^s}-\frac{1}{2^s}-\frac{1}{3^s}+\frac{1}{4^s}+\frac{1}{6^s}+\cdots$$

Each $\chi(n)$ has the period 5. It is easily verified that in each case

$$\chi(m)\chi(n)=\chi(mn)$$

if m is prime to n; and hence that

$$L(s)=\prod_p\left\{1-\frac{\chi(p)}{p^s}\right\}^{-1}\quad(\sigma>1)$$

It is also easily seen that

$$L_0(s)=\left(1-\frac{1}{5^s}\right)\zeta(s)$$

so that $L_0(s)$ is regular except for a simple pole at $s=1$. The other three series are convergent for any real positive s, and hence for $\sigma > 0$. Hence $L_1(s)$, $L_2(s)$, and $L_3(s)$ are regular for $\sigma > 0$.

Now consider the function

$$\begin{aligned}f(s)&=\frac{1}{2}\sec\theta\{\mathrm{e}^{-\mathrm{i}\theta}L_1(s)+\mathrm{e}^{\mathrm{i}\theta}L_2(s)\}\\&=\frac{1}{1^s}+\frac{\tan\theta}{2^s}-\frac{\tan\theta}{3^s}-\frac{1}{4^s}+\frac{1}{6^s}+\cdots\\&=\frac{1}{5^s}\{\zeta(s,\frac{1}{5})+\tan\theta\,\zeta(s,\frac{2}{5})-\tan\theta\,\zeta(s,\frac{3}{5}-\zeta(s,\frac{4}{5})\}\end{aligned}$$

where $\zeta(s, a)$ is defined as in §2.17.

By (2.17) $f(s)$ is an integral function of s, and for $\sigma < 0$ it is equal to

$$\frac{2\Gamma(1-s)}{5^s(2\pi)^{1-s}}\left\{\sin\frac{1}{2}\pi s\times\sum_{m=1}^{\infty}\left(\cos\frac{2m\pi}{5}+\tan\theta\cos\frac{4m\pi}{5}-\right.\right.$$

$$\tan\theta\cos\frac{6m\pi}{5}-\cos\frac{8m\pi}{5}\Big)\frac{1}{m^{1-s}}+\cos\frac{1}{2}\pi s\sum_{m=1}^{\infty}\Big(\sin\frac{2m\pi}{5}+$$

$$\tan\theta\sin\frac{4m\pi}{5}-\tan\theta\sin\frac{6m\pi}{5}-\sin\frac{8m\pi}{5}\Big)\frac{1}{m^{1-s}}\Big\}$$

$$=\frac{4\Gamma(1-s)\cos\frac{1}{2}\pi s}{5^{s}(2\pi)^{1-s}}\sum_{m=1}^{\infty}\Big(\sin\frac{2m\pi}{5}+\tan\theta\sin\frac{4m\pi}{5}\Big)\frac{1}{m^{1-s}}$$

If

$$\sin\frac{4\pi}{5}+\tan\theta\sin\frac{8\pi}{5}=\tan\theta\Big(\sin\frac{2\pi}{5}+\tan\theta\sin\frac{4\pi}{5}\Big)\tag{10.25.1}$$

this is equal to

$$\frac{4\Gamma(1-s)\cos\frac{1}{2}\pi s}{5^{s}(2\pi)^{1-s}}\Big(\sin\frac{2\pi}{5}+\tan\theta\sin\frac{4\pi}{5}\Big)f(1-s)$$

The equation (10.25.1) reduces to

$$\sin 2\theta=2\cos\frac{2\pi}{5}=\frac{\sqrt{5}-1}{2}$$

and we take θ to be the root of this between 0 and $\frac{1}{4}\pi$. We obtain

$$\tan\theta=\frac{\sqrt{(10-2\sqrt{5})}-2}{\sqrt{5}-1}$$

$$\sin\frac{2\pi}{5}+\tan\theta\sin\frac{4\pi}{5}=\frac{\sqrt{5}}{2}$$

and $f(s)$ satisfies the functional equation

$$f(s)=\frac{2\Gamma(1-s)\cos\frac{1}{2}s\pi}{5^{s-\frac{1}{2}}(2\pi)^{1-s}}f(1-s)$$

There is now no difficulty in extending the theorem this chapter to $f(s)$. We can write the above equation as

$$\Big(\frac{5}{\pi}\Big)^{\frac{1}{2}s}\Gamma(\frac{1}{2}+\frac{1}{2}s)f(s)=\Big(\frac{5}{\pi}\Big)^{\frac{1}{2}-\frac{1}{2}s}\Gamma(1-\frac{1}{2}s)f(1-s)$$

and putting $s=\frac{1}{2}+it$ we obtain an even integral function of t

analogous to $\Xi(t)$.

We conclude that $f(s)$ has an infinity of zeros on the line $\sigma=\frac{1}{2}$, and that the number of such zeros between 0 and T is greater than AT.

On the other hand, we shall now prove that $f(s)$ *has an infinity of zeros in the half-plane* $\sigma>1$.

If p is a prime, we define $\alpha(p)$ by

$$\alpha(p)=\frac{1}{2}(1+\mathrm{i})\chi_1(p)+\frac{1}{2}(1-\mathrm{i})\chi_2(p)$$

so that

$$\alpha(p)=\pm 1 \text{ or } \pm \mathrm{i}$$

For composite n, we define $\alpha(n)$ by the equation

$$\alpha(n_1 n_2)=\alpha(n_1)\alpha(n_2)$$

Thus $|\alpha(n)|$ is always 0 or 1. Let

$$M(s,\chi)=\sum_{n=1}^{\infty}\frac{\alpha(n)\chi(n)}{n^s}=\prod_p\left(1-\frac{\alpha(p)\chi(p)}{p^s}\right)^{-1}$$

where χ denotes either χ_1 or χ_2. Let

$$N(s)=\frac{1}{2}\{M(s,\chi_1)+M(s,\chi_2)\}$$

Now

$$\alpha(p)\chi_1(p)=\frac{1}{2}(1+\mathrm{i})\chi_1^2+\frac{1}{2}(1-\mathrm{i})\chi_1\chi_2$$

$$\alpha(p)\chi_2(p)=\frac{1}{2}(1+\mathrm{i})\chi_1\chi_2+\frac{1}{2}(1-\mathrm{i})\chi_2^2$$

and these are conjugate since $\chi_1^3=\chi_2^2$ and χ_1^2 and $\chi_1\chi_2$ are real. Hence $M(s,\chi_1)$ and $M(s,\chi_2)$ are conjugate for real s, and $N(s)$ is real

Let s be real, greater than 1, and $\to 1$. Then

$$\log M(s,\chi_1)=\sum_p\frac{\alpha(p)\chi_1(p)}{p^s}+O(1)$$

$$=\frac{1}{2}(1+\mathrm{i})\sum_p\frac{\chi_1^2(p)}{p^s}+\frac{1}{2}(1-\mathrm{i})\sum_p\frac{\chi_1(p)\chi_2(p)}{p^s}+O(1)$$

Now $\chi_1^2=\chi_3$ and $\chi_1\chi_2=\chi_0$. Hence

$$\sum_p \frac{\chi_1^2(p)}{p^s} = \sum_p \frac{\chi_3(p)}{p^s} = \log L_3(s) + O(1) = O(1)$$

$$\sum_p \frac{\chi_1(p)\chi_2(p)}{p^s} = \sum_p \frac{\chi_0(p)}{p^s} = \log L_0(s) + O(1) = \log \frac{1}{s-1} + O(1)$$

Hence

$$\log M(s, \chi_1) = \frac{1}{2}(1-\mathrm{i})\log \frac{1}{s-1} + O(1)$$

$$N(s) = \mathbf{R}M(s,\chi_1) = \frac{1}{\sqrt{(s-1)}} \cos\left(\frac{1}{2}\log \frac{1}{s-1}\right) \mathrm{e}^{O(1)}$$

It is clear from this formula that $N(s)$ *has a zero at each of the points* $s = 1 + \mathrm{e}^{-(2m+1)\pi}$ $(m = 1, 2, \cdots)$.

Now for $\sigma \geqslant 1 + \delta$, and $\chi = \chi_1$ or χ_2

$$\begin{aligned}&\log L(s+\mathrm{i}r, \chi) - \log M(s, \chi)\\ &= \sum_{p \leqslant P}\left\{\log\left(1 - \frac{\alpha(p)\chi(p)}{p^s}\right) - \log\left(\frac{1 - p^{-\mathrm{i}r}\chi(p)}{p^s}\right)\right\} + O\left(\frac{1}{p^\delta}\right)\\ &= O\left\{\sum_{\substack{p \leqslant P\\ p \neq 5}} \frac{|\alpha(p) - p^{-\mathrm{i}r}|}{p^\sigma}\right\} + O\left(\frac{1}{P^\delta}\right)\end{aligned}$$

Let $\alpha(p) = \mathrm{e}^{2\pi\mathrm{i}\beta(p)}$. By Kronecker's theorem, given q, there is number τ and integers x_p such that

$$\left|\tau \frac{\log p}{2\pi} + \beta(p) - x_p\right| \leqslant \frac{1}{q} \quad (p \leqslant P)$$

Then

$$|\alpha(p) - p^{-\mathrm{i}\tau}| = |\mathrm{e}^{2\pi\mathrm{i}\{\beta(p) + (\tau \log p)/2\pi\}} - 1| \leqslant \mathrm{e}^{2\pi/q} - 1$$

Hence

$$\log L(s+\mathrm{i}r, \chi) - \log M(s, \chi) = O\left(\frac{\log P}{q}\right) + O\left(\frac{1}{P^\delta}\right)$$

and we can make this as small as we please by choosing first P and then q. Using this with χ_1 and χ_2, it follows that, given $\epsilon > 0$ and $\delta > 0$, there is a τ such that

$$|f(s+\mathrm{i}\tau) - N(s)| < \epsilon \quad (\sigma \geqslant 1 + \delta)$$

Let $s_1 > 1$ be ε zero of $N(s)$. For any $\eta > 0$ there exists an η_1 with $0 < \eta_1 < \eta$, $\eta_1 < s_1 - 1$, such that $N(s) \neq 0$ for $|s - s_1| = \eta_1$. Let

$$\epsilon = \min_{|s-s_1| = \eta_1} |N(s)|$$

and $\delta < s_1 - \eta_1 - 1$. Then, by Rouché's theorem, $N(s)$ and

$$N(s) - \{N(s) - f(s) + i\tau\}$$

have the same number of zeros inside $|s - s_1| = \eta_1$, and so at least one. Hence $f(s)$ has at least one zero inside the circle $|s - s_1 - i\tau| = \eta_1$.

A slight extension of the argument shows that the number of zeros of $f(s)$ in $\sigma > 1$, $0 < t \leqslant T$, exceeds AT as $T \to \infty$. For by the extension of Dirichlet's theorem (§8.2) the interval $(t_0, mq^P t_0)$ contains at least m values of t, differing by at least t_0, such that

$$\left| t \frac{\log p}{2\pi} - x'_p \right| \leqslant \frac{1}{q} \quad (p \leqslant P)$$

The above argument then shows the existence of a zero in the neighbourhood of each point $s_1 + i(\tau + t)$.

The method is due to Davenport and Heilbronn (1), (2); they proved that a class of functions, of which an example is

$$\sum_{m,n \neq 0,0} \sum \frac{1}{(m^2 + 5n^2)^s}$$

has an infinity of zeros for $\sigma > 1$. It has been shown by calculation① that this particular function has a zero in the critical strip, not on the critical line. The method throws no light on the general question of the occurrence of zeros of such functions in the critical strip, but not on the critical line.

NOTES FOR CHAPTER 10

10.26. In §10.1 Titchmarsh's comment on Riemann's statement about the approximate formula for $N(T)$ is erroneous. It is clear that Riemann meant that the relative error $\{N(T) - L(T)\}/N(T)$ is $O(T^{-1})$.

10.27. Further work has been done on the problem mentioned

① Potter and Titchmarsh (1).

at the end of § 10. 25. Davenprot and Heilbronn (**1**) (**2**) showed in general that if Q is any positive definite integral quadratic form of discriminant d, such that the class number $h(d)$ is greater than 1, then the Epstein Zeta-function

$$\zeta_Q(s)=\sum_{\substack{(x,y)=-\infty\\(x,y)\neq(0,0)}}^{\infty}Q(x,y)^{-s}\quad(\sigma>1)$$

has zeros to the right of $\sigma=1$. In fact they showed that the number of such zeros up to height T is at least of order T (and hence of exact order T). This result has been extended to the critical strip by Voronin [**3**], who proved that, for such functions $\zeta_Q(s)$, the number of zeros up to height T, for $\frac{1}{2}<\sigma_1\leqslant \mathbf{I}(s)\leqslant\sigma_2<1$, is also of order at least T(and hence of exact order T). This answers the question raised by Titchmarsh at the end of § 10. 25.

10. 28. Much the most significant result on $N_0(T)$ is due to Levinson [**2**], who showed that

$$N_0(T)\geqslant \alpha N(T) \tag{10.28.1}$$

for large enough T, with $\alpha=0.342$. The underlying idea is to relate the distribution of zeros of $\zeta(s)$ to that of the zeros of $\zeta'(s)$. To put matters in their proper perspective we first note that Berndt [**1**] has shows that

$$\#\{s=\sigma+it:0<t\leqslant T,\ \zeta'(s)=0\}=\frac{T}{2\pi}\left(\log\frac{T}{4\pi}-1\right)+O(\log T)$$

and that Speiser (1) has proved that the Riemann Hypothesis is equivalent to the non-vanishing of $\zeta'(s)$ for $0<\sigma<\frac{1}{2}$. This latter result is related to the unconditional estimate

$$\begin{aligned}&\#\{s=\sigma+it:-1<\sigma<\frac{1}{2},\ T_1<t\leqslant T_2,\ \zeta'(s)=0\}\\&\quad=\#\{s=\sigma+it:0<\sigma<\frac{1}{2},\ T_1<t\leqslant T_2,\ \zeta(s)=0\}+O(\log T_2)\end{aligned} \tag{10.28.2}$$

zeros being counted according to multiplicity. This is due to

Levinson and Montgomery [**1**], who also gave a number of other interesting results on the distribution of the zeros of $\zeta'(s)$.

We sketch the proof of (10.28.2). We shall make frequent reference to the logarithmic derivative of the functional equation (2.6.4), which we write in the form

$$\frac{\zeta'(s)}{\zeta(s)}+\frac{\zeta'(1-s)}{\zeta(1-s)}=\log\pi-\frac{1}{2}\left(\frac{\Gamma'(\frac{1}{2}s)}{\Gamma(\frac{1}{2}s)}+\frac{\Gamma'(\frac{1}{2}-\frac{1}{2}s)}{\Gamma(\frac{1}{2}-\frac{1}{2}s)}\right)$$
$$=-F(s) \qquad (10.28.3)$$

say. We note that $F(\frac{1}{2}+\mathrm{i}t)$ is always real, and that

$$F(s)=\log(t/2\pi)+O(1/t) \qquad (10.28.4)$$

uniformly for $t\geqslant 1$ and $|\sigma|\leqslant 2$. To prove (10.28.2) it suffices to consider the case in which the numbers T_j are chosen so that $\zeta(s)$ and $\zeta'(s)$ do not vanish for $t=T_j$, $-1\leqslant\sigma\leqslant\frac{1}{2}$. We examine the change in argument in $\zeta'(s)/\zeta(s)$ around the rectangle with vertices $\frac{1}{2}-\delta+\mathrm{i}T_1$, $\frac{1}{2}-\delta+\mathrm{i}T_2$, $-1+\mathrm{i}T_2$, and $-1+\mathrm{i}T_1$, where δ is small positive number. Along the horizontal sides we apply the ideas of § 9.4 to $\zeta(s)$ and $\zeta'(s)$ separately. We note that $\zeta(s)$ and $\zeta'(s)$ are each $O(T^A)$ for $-3\leqslant\sigma\leqslant 1$. Moreover we also have $|\zeta(-1+\mathrm{i}T)|\gg T_j^{\frac{3}{2}}$, by the functional equation, and hence also

$$|\zeta'(-1+\mathrm{i}T_j)|\gg T_j^{\frac{3}{2}}\left|\frac{\zeta'(-1+\mathrm{i}T_j)}{\zeta(-1+\mathrm{i}T_j)}\right|\gg T_j^{\frac{3}{2}}\log T_j$$

by (10.28.3) and (10.28.4). The method of § 9.4 therefore shows that $\arg\zeta(s)$ and $\arg\zeta'(s)$ both vary by $O(\log T_2)$ on the horizontal sides of the rectangle. On the vertical side $\sigma=-1$ we have

$$\frac{\zeta'(s)}{\zeta(s)}=\log\left(\frac{t}{2\pi}\right)+O(1)$$

by (10.28.3) and (10.28.4), so that the contribution to the total change in argument is $O(1)$. For the vertical side $\sigma=\frac{1}{2}-\delta$ we first observe from (10.28.3) and (10.28.4) that

$$\mathbf{R}\left\{-\frac{\zeta'(\frac{1}{2}+\mathrm{i}t)}{\zeta(\frac{1}{2}+\mathrm{i}t)}\right\}\geqslant 1 \tag{10.28.5}$$

if $t\geqslant T_1$ with T_1 sufficiently large. It follows that

$$\mathbf{R}\left\{-\frac{\zeta'(\frac{1}{2}-\delta+\mathrm{i}t)}{\zeta(\frac{1}{2}-\delta+\mathrm{i}t)}\right\}\geqslant \frac{1}{2} \tag{10.28.6}$$

for $T_1\leqslant t\leqslant T_2$, if $\delta=\delta(T_2)$ is small enough. To see this, it suffices to examine a neighbourhood of a zero $\rho=\frac{1}{2}+\mathrm{i}\gamma$ of $\zeta(s)$. Then

$$-\frac{\zeta'(s)}{\zeta(s)}=\frac{m}{s-\rho}+m'+O(|s-\rho|)$$

where $m\geqslant 1$ is the multiplicity of ρ. The choice $s=\frac{1}{2}+\mathrm{i}t$ with $t\to\gamma$ therefore yields $\mathbf{R}(m')\geqslant 1$, by (10.28.5). Hence, on taking $s=\frac{1}{2}-\delta+\mathrm{i}t$, we find that

$$R(-\frac{\zeta'(s)}{\zeta(s)})=\frac{m\delta}{|s-\rho|^2}+\mathbf{R}(m')+O(|s-\rho|)\geqslant\frac{1}{2}$$

for $|s-\rho|$ small enough. The inequality (10.28.6) now follows. We therefore see that $\arg \zeta'(s)/\zeta(s)$ varies by $O(1)$ on the vertical side $\mathbf{R}(s)=\frac{1}{2}-\delta$ of our rectangle, which completes the proof of (10.28.2).

If we write N for the quantity on the left of (10.28.2) it follows that

$$N_0(T_2)-N_0(T_1)=\{N(T_2)-N(T_1)\}-2N+O(\log T_2) \tag{10.28.7}$$

so that we now require an upper bound for N. This is achieved by applying the mollifier method's of § § 9.20—24 to $\zeta'(1-s)$. Let $\nu(\delta, T_1, T_2)$ denote the number of zeros of $\zeta'(1-s)$ in the rectangle $\sigma \leqslant \mathbf{R}(s) \leqslant 2$, $T_1 < \mathbf{I}(s) < T_2$. The method produces an upper bound for

$$\int_u^2 \nu(\sigma, T_1, T_2)\, \mathrm{d}\sigma \qquad (10.28.8)$$

which in turn yields an estimate $N \leqslant c\{N(T_2) - N(T_1)\}$ for large T_2. The constant c in this latter bound has to be calculated explicitly, and must be less than $\frac{1}{2}$ for (10.28.7) to be of use. This is in contrast to (9.20.5), in which the implied constant was not calculated explicitly, and would have been relatively large. It is difficult to have much feel in advance for how large the constant c produced by the method will be. The following very loose argument gives one some hope that c will turn out to be reasonably small, and so it transpires in practice.

In using (10.28.8) to obtain a bound for N we shall take

$$u = \frac{1}{2} - a/\log T_2$$

where a is a positive constant to be chosen later. The zeros $\rho' = \beta' + \mathrm{i}\gamma'$ of $\zeta'(1-s)$ have an asymmetrical distribution about the critical line. Indeed Levinson and Montgomery [**1**] showed that

$$\sum_{0<\gamma'\leqslant T} \left(\frac{1}{2} - \beta'\right) \sim \frac{T}{2\pi} \log\log T$$

whence β' is $\frac{1}{2} - (\log\log \gamma')/\log \gamma'$ on average. Thus one might reasonably hope that a fair proportion of such zeros have $\beta' < u$, thereby making the integral (10.28.8) rather small.

We now look in more detail at the method. In the first place, it is convenient to replace $\zeta'(1-s)$ by

$$\zeta(s) + \frac{\zeta'(s)}{F(s)} = G(s)$$

say. If we write $h(s) = \pi^{-\frac{1}{2}s}\,\Gamma\left(\frac{1}{2}s\right)$ then (10.28.3), together with the functional equation (2.6.4), yields

$$\zeta'(1-s)=\frac{F(s)\ h(s)\ G(s)}{h(1-s)}$$

so that $G(s)$ and $\zeta'(1-s)$ have the same zeros for t large enough. Now let

$$\psi(s)=\sum_{n<y} b_n n^{-s} \tag{10.28.9}$$

be a suitable mollifier' for $G(s)$, and apply Littlewood's formula (9.9.1) to the function $G(s)\psi(s)$ and the rectangle with vertices $u+iT$, $2+iT_2$, $2+iT_1$, $u+iT_2$. Then, as in §9.16, we find that

$$\begin{aligned} N &\leqslant \frac{\log T_2}{a}\int_u^2 (\nu(\sigma, T_1, T_2)\,d\sigma \\ &\leqslant \frac{\log T_2}{2\pi a}\int_{T_1}^{T_2} \log|G(u+it)\psi(u+it)|\,dt+O(\log T_2) \end{aligned}$$

Moreover, as in §9.16 we have

$$\int_{T_1}^{T_2} \log|G(u+it)\ \psi(u+it)|\,dt$$

$$\leqslant \frac{1}{2}(T_2-T_1)\log\left(\frac{1}{T_2-T_1}\int_{T_1}^{T_2} |G(u+it)\ \psi(u+it)|\,dt\right)$$

Hence, if we can show that

$$\int_{T_1}^{T_2} |G(u+it)\ \psi(u+it)|^2\,dt \sim c(a)\ (T_2-T_1) \tag{10.28.10}$$

for suitable T_1, T_2, we will have

$$N\leqslant\left(\frac{\log c(a)}{2a}+o(1)\right)\{N(T_2)-N(T_1)\} \tag{10.28.11}$$

whence

$$N_0(T_2)-N_0(T_1)\geqslant\left(1-\frac{\log c(a)}{2a}+o(1)\right)\{N(T_2)-N(T_1)\}$$

by (10.28.7).

The computation of the mean value (10.28.10) is the most awkward part of Levinson's argument. In [2] he takes $y=T^{\frac{1}{2}-\epsilon}$ and

$$b_n = \mu(n) n^{u-\frac{1}{2}} \frac{\log y/n}{\log y}$$

This leads eventually to (10.28.10) with

$$c(a) = e^{2a}\left(\frac{1}{2a^3} + \frac{1}{24a}\right) - \frac{1}{2a^3} - \frac{1}{a^2} - \frac{25}{24a} + \frac{7}{12} - \frac{a}{12}$$

The optimal choice of a is roughly $a = 1.3$, which produces (10.28.1) with $= 0.342$.

The method has been improved slightly by Levinson [**4**], [**5**], Lou [**1**] and Conrey [**1**] and the best constant thus far is $\alpha = 0.3658$ (Conrey [**1**]). The principal restriction on the method is that on the size of y in (10.28.9). The above authors all take $y = T_2^{\frac{1}{2}-\varepsilon}$, but there is some scope for improvement via the ideas used in the mean-value theorems (7.24.5)(7.24.6), and (7.24.7).

10.29. An examination of the argument just given reveals that the right-hand side of (10.28.11) gives an upper bound for $N + N^*$, where

$$N* = \# \{s = \frac{1}{2} + it : T_1 < t \leqslant T_2, \zeta'(s) = 0\}$$

(zeros being counted according to multiplicites). However it is clear from (10.28.3) and (10.28.4) that $\zeta'(\frac{1}{2} + it)$ can only vanish if $\zeta(\frac{1}{2} + it)$ does. Consequently, if we write $N^{(r)}$ for the number of zeros of $\zeta(s)$ of multiplicity r, on the line segment $s = \frac{1}{2} + it$, $T_1 < t \leqslant T_2$, we will have

$$N* = \sum_{r=2}^{\infty} (r-1) N^{(r)}$$

Thus (10.28.7) may be replaced by

$$N^{(1)} - \sum_{r=3}^{\infty} (r-2) N^{(r)} = \{N(T_2) - N(T_1)\} - 2(N + N*) + O(\log T_2)$$

If we now define $N^{(r)}(T)$ in analogy to $N^{(r)}$, but counting zeros

$\frac{1}{2}+\mathrm{i}t$ with $0<t\leqslant T$, we may deduce that

$$N^{(1)}(T)-\sum_{r=3}^{\infty}(r-2)N^{(r)}(T)=\alpha N(T) \qquad (10.29.1)$$

for large enough T, and $\alpha=0.342$. In particular at least a third of the nontrivial zeros of $\zeta(s)$ not only lie on the critical line, but are simple. This observation is due independently to Heath-Brown [**5**] and Selberg (unpublished). The improved constants α mentioned above do not all allows this refinement. However it has been shown by Anderson [**1**] that (10.29.1) holds with $\alpha=0.3532$.

10.30. Levinson's method can be applied equally to the derivatives $\xi^{(m)}(s)$ of the function $\xi(s)$ given by (2.1.12). One can show that the zeros of these functions lie in the critical strip, and that the number of them, $N_m(T)$ say, for $0<t\leqslant T$, is $N(T)+O_m(\log T)$. If the Riemann hypothesis holds then all these zeros must lie on the critical line. Thus it is of some interest to give unconditional estimates for

$$\liminf_{T\to\infty} N_m(T)^{-1}\,\#\,\{t:\ 0<t\leqslant T,\ \xi^{(m)}(\frac{1}{2}+\mathrm{i}t)=0\}=\alpha_m$$

say. Levinson [**3**], [**5**] showed that $\alpha_1\geqslant 0\cdot 71$, and Conrey [**1**] improved and extended the method to give $\alpha_1\geqslant 0.8137$, $\alpha_2\geqslant 0.9584$ and in general $\alpha_m=1+O(m^{-2})$.

Chapter XI THE GENERAL DISTRIBUTION OF THE VALUES OF $\zeta(s)$

11.1. In the previous chapters we have been concerned almost entirely with the modulus of $\zeta(s)$, and the various values, particularly zero, which it takes. We now consider the problem of $\zeta(s)$ itself, and the values of s for which it takes any given value a.[①]

One method of dealing with this problem is to connect it with the famous theorem of Picard on functions which do not take certain values. We use the following theorem:[②]

If $f(s)$ is regular and never 0 or 1 in $|s-s_0|\leqslant r$, and $|f(s_0)|\leqslant\alpha$, then $|f(s)|\leqslant A(\alpha,\theta)$ for $|s-s_0|\leqslant\theta r$, where $0<\theta<1$.

From this we deduce:

Theorem 11.1. $\zeta(s)$ *takes every value, with one possible exception, an infinity of times in any strip* $1-\delta<\sigma\leqslant 1+\delta$.

Suppose, on the contrary, that $\zeta(s)$ takes the distinct values a and b only a finite number of times in the strip, and so *never* above $t=t_0$, say. Let $T>t_0+1$, and consider the function $f(s)=\{\zeta(s)-a\}/(b-a)$ in the circles C, C', of radii $\frac{1}{2}\delta$ and $\frac{1}{4}\delta$ $(0<\delta<1)$, and common centre $s_0=1+\frac{1}{4}\delta+iT$. Then

$$|f(s_0)|\leqslant\alpha=\{\zeta(1+\frac{1}{4}\delta)+|a|\}/|b-a|$$

and $f(s)$ is never 0 or 1 in C. Hence

$$|f(s)|<A(\alpha)$$

in C', and so $|\zeta(\sigma+iT)|<A(a,b,\alpha)$ for $1\leqslant\sigma\leqslant 1+\frac{1}{2}\delta$, $T>t_0+1$. Hence $\zeta(s)$ is bounded for $\sigma>1$, which is false, by Theorem 8.4 (A). This proves the theorem.

We should, of course, expect the exceptional value to be 0.

---

① See Bohr (1) ~ (14), Bohr and Courant (1), Bohr and Jessen (1)(2)(5), Bohr and Landau (3), Borchsenius and Jessen (1), Jessen (1), van Kampen 91), van Kampen and Wintner (1), Kershner (1), Kershner and Wintner (1)(2), Wintner (1) ~ (4).

② See landau's *Ergebnisse der Funktionentheorie*, § 24, or Valiron's *In tegral Functions*, Ch. VI, § 3.

If we assume the Riemann hypothesis, we can use a similar method inside the critical strip; but more detailed results independent of the Riemann hypothesis can be obtained by the method of Diophantine approximation. We devote the rest of the chapter to developments of this method.

11.2. We restrict ourselves in the first place to the half-plane $\sigma > 1$; and we consider, not $\zeta(s)$ itself, but lot $\zeta(s)$, viz. the function defined for $\sigma > 1$ by the series

$$\log \zeta(s) = -\sum_{p}(p^{-s}+\frac{1}{2}p^{-2s}+\cdots)$$

We consider at the same time the function

$$\frac{\zeta'(s)}{\zeta(s)} = \sum_{p}\log p(p^{-s}+p^{-2s}+\cdots)$$

We observe that both functions are represented by Dirichlet series, absolutely convergent for $\sigma > 1$, and capable of being written in the form

$$F(s) = f_1(p_1^{-s}) + f_2(p_2^{-s}) + \cdots$$

where $f_n(z)$ is a power-series in z whose coefficients do not depend on s. In fact

$$f_n(z) = -\log(1-z), \quad f_n(z) = z\log p_n/(1-z)$$

in the above two cases. In what follows $F(s)$ denotes either of the two functions.

11.3. We consider first the values which $F(s)$ takes on the line $\sigma = \sigma_0$, where σ_0 is an arbitrary number greater than 1. On this line

$$F(s) = \sum_{n=1}^{\infty} f_n(p_n^{-\sigma_0}\mathrm{e}^{-\mathrm{i}t\log p_n})$$

and, at t varies, the arguments $-t\log p_n$ are, of course all related. But we shall see that there is an intimate connexion between the set U of values assumed by $F(s)$ on $\sigma = \sigma_0$ and the set V of values assumed by the function

$$\Phi(\sigma_0, \theta_1, \theta_2, \cdots) = \sum_{n=1}^{\infty} f_n(p_n^{-\sigma_0}\mathrm{e}^{2\pi\mathrm{i}\theta_n})$$

of an infinite number of independent real variables $\theta_1, \theta_2, \cdots$

We shall in fact show that the set U, which is obviously contained in V, is everywhere dense in V, i. e. that corresponding to every value v in V (i. e. to every given set of values $\theta_1, \theta_2, \cdots$) and every positive ϵ, there exists a t such that

$$|F(\sigma_0+\mathrm{i}t)-v|<\epsilon$$

Since the Dirichlet series from which we start is absolutely convergent for $\sigma=\sigma_0$, it is obvious that we can find $N=N(\sigma_0, \epsilon)$ such that

$$\left|\sum_{n=N+1}^{\infty} f_n(p_n^{-\sigma_0}\mathrm{e}^{2\pi\mathrm{i}\mu_n})\right|<\frac{1}{3}\epsilon \qquad (11.3.1)$$

for any values of the μ_n, and in particular for $\mu_n=\theta_n$, or for

$$\mu_n=(-t\log p_n)/2\pi$$

Now since the numbers $\log p_n$ are linearly independent, we can, by Kronecker's theorem, find a number t and integers $g_1, g_2, \cdots, g_N$ such that

$$|-t\log p_n-2\pi\theta_n-2\pi g_n|<\eta \quad (n=1,2,\cdots,N)$$

η being an assigned positive number. Since $f_n(p_n^{-\sigma_0}\mathrm{e}^{2\pi\mathrm{i}\theta})$ is, for each n, a continuous function of θ, we can suppose η so small that

$$\left|\sum_{n=1}^{N}\{f_n(p_n^{-\sigma_0}\mathrm{e}^{2\pi\mathrm{i}\theta_n})-f_n(p_n^{-\sigma_0}\mathrm{e}^{-\mathrm{i}t\log p_n}\}\right|<\frac{1}{3}\epsilon \quad (11.3.2)$$

The result now follows from (11.3.1) and (11.3.2).

11.4. We next consider the set W of values which $F(s)$ takes 'in the immediate neighbourhood' of the line $\sigma=\sigma_0$, i. e. the set of all values of w such that the equation $F(s)=w$ has, for every positive δ, a root in the strip $|\sigma-\sigma_0|<\delta$.

In the first place, it is evident that U is contained in W. Further, it is easy to see that U is everywhere dense in W. For, for sufficiently small δ (e. g. for $\delta<\frac{1}{2}(\sigma_0-1)$

$$|F'(s)|<K(\sigma_0)$$

for all values of s in the strip $|\sigma-\sigma_0|<\delta$, so that

$$|F(\sigma_0+\mathrm{i}t)-F(\sigma_1+\mathrm{i}t)|<K(\sigma_0)|\sigma_1-\sigma_0| \quad (|\sigma_1-\sigma_0|<\delta) \qquad (11.4.1)$$

Now each value w in W is assumed by $F(s)$ either on the line $\sigma=\sigma_0$, in which case it is a u, or at points σ_1+it arbitrarily near the line, in which case, in virtue of (11.4.1), we can find a u such that

$$|w-u|<K(\sigma_0)|\sigma_1-\sigma_0|<\epsilon$$

We now proceed to prove that W *is identical with* V. Since U is contained in and is everywhere dense in both V and W, it follows that each of V and W is everywhere dense in the other. It is therefore obvious that W is contained in V, if V is closed.

We shall see presently that much more than this is true, viz. that V consists of all points of an area, including the boundary. The following direct proof that V is closed is, however, very instructive.

Let v^* be a limit-point of V, and let $v_\nu(\nu=1,2,\cdots)$ be a sequence of v's tending to v^*. To each v_ν corresponds a point $P_\nu(\theta_{1,\nu},\theta_{2,\nu},\cdots)$ in the space of an infinite number of dimensions defined by $0\leqslant\theta_{n,\nu}<1$ $(n=1,2,\cdots)$, such that $\Phi(\sigma_0,\theta_{1,\nu},\ldots)=v_\nu$.

Now since (P_ν) is a bounded set of points (i. e. all the coordinates are bounded), it has a limit-point $P^*(\theta_1^*,\theta_2^*,\cdots)$, i. e. a point such that from (P_ν) we can choose a sequence (P_{ν_r}) such that each coordinate $\theta_{n,\nu,r}$ of $P_{\nu r}$, tends to the limit θ_n^* as $r\to\infty$.

It is now easy to prove that P^* corresponds to v^*, i. e. that

$$\Phi(\sigma_0,\theta_1^*,\cdots)=v^*$$

so that v^* is a point of V. For the series for v_{ν_r}, viz.

$$\sum_{n=1}^{\infty}f_n(p_n^{-\sigma_0}e^{2\pi i\theta_{n,\nu_r}})$$

is uniformly. convergent with respect to r, since (by Weierstrass's M-test) it is uniformly convergent with respect to all the θ's; further, the nth term tends to $f_n(p_n^{-\sigma_0}e^{2\pi i\theta_n^*})$ as $r-\infty$. Hence

$$v^*=\lim_{r\to\infty}v_{\nu_r}=\lim_{r\to\infty}\sum_{n=1}^{\infty}f_n(p_n^{-\sigma_0}e^{2\pi i\theta_{n,\nu_r}}=\Phi(\sigma_0,\theta_1^*,\cdots)$$

which proves our result.

To establish the identity of V and W it remains to prove that V

is contained in W. It is obviously sufficient (and also necessary) for this that W should be closed. But that W is close does not follow, as might perhaps be supposed, from the mere fact that W is the set of values taken by a bounded analytic function in the immediate neighbourhood of a line. Thus e^{-z^2} is bounded and arbitrarily near to 0 in every strip including the real axis, but never actually assumes the value 0. The fact that W is closed (which we shall not prove directly) depends on the special nature of the functions $F(s)$.

Let $v=\Phi(\sigma_0, \theta_1, \theta_2, \cdots)$ be an arbitrary value contained in V. We have to show that v is a member of W, i.e. that, in every strip

$$|\sigma-\sigma_0|<\delta$$

$F(s)$ assumes the value v

Let
$$G(s)=\sum_{n=1}^{\infty} f_n(p_n^{-s}e^{2\pi i\theta_n})$$

so that $G(\sigma_0)=v$. We choose a small circle C with centre σ_0 and radius less than δ such that $G(s)\neq v$ on the circumference. Let m be the minimum of $|G(s)-v|$ on C

Kronecker's theorem enables us to choose t_0 such that, for every s in C

$$|F(s+it_0)-G(s)|<m$$

The proof is almost exactly the same as that used to show that U is everywhere dense in V. The series for $F(s)$ and $G(s)$ are uniformly convergent in the strip, and, for each fixed N, $\sum_{1}^{N} f_n(p_n^{-\sigma}e^{2\pi i\mu_n})$ is a continuous function of σ, $\mu_1, \cdots, \mu_N$. It is therefore sufficient to show that we can choose t_0 so that the difference between the arguments of p_n^{-s} at $s=\sigma_0+it_0$ and $p_n^{-s}e^{2\pi i\theta_n}$ at $s=\sigma_0$, and consequently that between the respective arguments at every pair of corresponding points of the two circles is (mod 2π) arbitrarily small for $n=1, 2, \cdots, N$. The possibility of this choice follows at once from Kronecker's theorem.

We now have

$$F(\varepsilon + \mathrm{i}t_0) - v = \{G(s) - v\} + \{F(s + \mathrm{i}t_0) - G(s)\}$$

and on the circumference of C

$$|F(s + \mathrm{i}t_0) - G(s)| < m \leqslant |G(s) - v|$$

Hence, by Rouché's theorem, $F(s + \mathrm{i}t_0) - v$ has in C the same number of zeros as $G(s) - v$, and so at least one. This proves the theorem.

11.5. We now proceed to the study of the set V. Let V_n be the set of values taken by $f_n(p_n^{-s})$ for $\sigma = \sigma_0$, i.e. the set taken by $f_n(z)$ for $|z| = p_n^{-\sigma_0}$. Then V is the 'sum' of the sets of points V_1, V_2, ⋯, i.e. it is the set of all values $v_1 + v_2 + \cdots$, where v_1 is any point of V_1, v_2 any point of V_2, and so on. For the function $\log \zeta(s)$, V_n consists of the points of the curve described by $-\log(1 - z)$ as z describes the circle $|z| = p_n^{-\sigma_0}$; for $\zeta'(s)/\zeta(s)$ it consists of the points of the curve described by

$$-(z \log p_n)/(1 - z)$$

We begin by considering the function $\zeta'(s)/\zeta(s)$. In this case we can find the set V explicitly. Let

$$w_n = -\frac{z_n \log p_n}{1 - z_n}$$

As z_n describes the circle $|z_n| = p_n^{-\sigma_0}$, w_n describes the circle with centre

$$c_n = -\frac{p_n^{-2\sigma_0} \log p_n}{1 - p_n^{-2\sigma_0}}$$

and radius

$$\rho_n = \frac{p_n^{-\sigma_0} \log p_n}{1 - p_n^{-2\sigma_0}}$$

Let

$$w_n = c_n + w'_n = c_n + \rho_n \mathrm{e}^{\mathrm{i}\phi_n}$$

and let

$$c = \sum_{n=1}^{\infty} c_n = \frac{\zeta'(2\sigma_0)}{\zeta(2\sigma_0)}$$

Then V is the set of all the values of

$$c+\sum_{n=1}^{\infty}\rho_n e^{i\phi_n}$$

for independent ϕ_1, ϕ_2, $\cdots$. The set V' of the values of $\sum\rho_n e^{i\phi_n}$ is the 'sum' of an infinite number of circles with centre at the origin, whose radii ρ_1, ρ_2, $\cdots$ form, as it is easy to see, a decreasing sequence. Let V'_n denote the nth circle.

Then $V'_1+V'_2$ is the area swept out by the circle of radius ρ_2 as its centre describes the circle with centre the origin and radius ρ_1. Hence, since $\rho_2<\rho_1$, $V'_1+V'_2$ is the annulus with radii $\rho_1-\rho_2$ and $\rho_1+\rho_2$.

The argument clearly extends to any finite number of terms. Thus $V'_1+\cdots+V'_N$ consists of all points of the annulus

$$\rho_1-\sum_{n=2}^{N}\rho_n\leqslant|w|\leqslant\sum_{n=1}^{\infty}\rho_n$$

or, if the left-hand side is negative, of the circle

$$|w|\leqslant\sum_{n=1}^{N}\rho_n$$

It is now easy to see that:

(i) *if* $\rho_1>\rho_2+\rho_3+\cdots$, *the set* V' *consists of all points* w *of the annulus*

$$\rho_1-\sum_{n=2}^{N}\rho_n\leqslant|w|\leqslant\sum_{n=1}^{\infty}\rho_n$$

(ii) *if* $\rho_1\leqslant\rho_2+\rho_3+\cdots$, V' *consists of all points* w *for which*

$$|w|\leqslant\sum_{n=1}^{\infty}\rho_n$$

For example, in case (ii), let w_0 be an interior point of the circle. Then we can choose N so large that

$$\sum_{N+1}^{\infty}\rho_n<\sum_{n=1}^{N}\rho_n-|w_0|$$

Hence

$$w_1=w_0-\sum_{N+1}^{\infty}\rho_n e^{i\phi_n}$$

lies within the circle $V'_1 + \cdots + V'_N$ for any values of the ϕ_n, e. g. for $\phi_{N+1} = \cdots = 0$. Hence

$$w_1 = \sum_{n=1}^{N} \rho_n e^{i\phi_n}$$

for some values of ϕ_1, $\cdots$, ϕ_n, and so

$$w_0 = \sum_{n=1}^{N} \rho_n e^{i\phi_n}$$

as required. That V' also includes the boundary in each case is clear on taking all the ϕ_n equal.

The complete result is that there is an absolute constant $D = 2.57\cdots$, determined as the root of the equation

$$\frac{2^{-D}\log 2}{1-2^{-2D}} = \sum_{n=2}^{\infty} \frac{p_n^{-D}\log p_n}{1-p_n^{-2D}}$$

such that for $\sigma_0 > D$ we are in case (i), and for $1 < \sigma_0 \leqslant D$ we are in case (ii). The radius of the outer boundary of V' is

$$R = \frac{\zeta'(2\sigma_0)}{\zeta(2\sigma_0)} - \frac{\zeta(\sigma_0)}{\zeta(\sigma_0)}$$

in each case; the radius of the inner boundary in case (i) is

$$r = 2\rho_1 - R = 2^{1-\sigma_0}\log 2/(1-2^{-2\sigma_0}) - R$$

Summing up, we have the following results for $\zeta'(s)/\zeta(s)$.

Theorem 11.5 (A). *The values which $\zeta'(s)/\zeta(s)$ takes on the line $\sigma = \sigma_0 > 1$ form a set everywhere dense in a region $R(\sigma_0)$. If $\sigma_0 > D$, $R(\sigma_0)$ is the annulus (boundary included) with centre c and radii r and R; if $\sigma_0 \leqslant D$, $R(\sigma_0)$ is the circular area (boundary included) with centre c and radius R: c, r, and R are continuous functions of σ_0 defined by*

$$c = \zeta'(2\sigma_0)/\zeta(2\sigma_0),\ R = c - \zeta'(\sigma_0)/\zeta(\sigma_0),$$
$$r = 2^{1-\sigma_0}\log 2/(1-2^{-2\sigma_0}) - R$$

Further, as $\sigma_0 \to \infty$

$$\lim c = \lim r = \lim R = 0, \quad \lim c/R = \lim (R-r)/R = 0$$

as $\sigma_0 \to D$, $\lim r = 0$; *and as $\sigma_0 \to 1$,* $\lim R = \infty$, $\lim c = \zeta'(2)/\zeta(2)$.

Theorem 11.5 (B). *The set of values which $\zeta'(s)/\zeta(s)$ takes in* *the immediate neighbourhood of* $\sigma=\sigma_0$ *is identical with* $R(\sigma_0)$. *In particular, since c tends to a finite limit and R to infinity as* $\sigma_0\to 1$, $\zeta'(s)/\zeta(s)$ *takes all values infinitely often in the strip* $1<\sigma<1+\delta$, *for an arbitrary positive* δ.

The above results evidently enable us to study the set of points at which $\zeta'(s)/\zeta(s)$ takes the assigned value a. We confine ourselves to giving the result for $a=0$; this is the most interesting case, since the zeros of $\zeta'(s)/\zeta(s)$ are identical with those of $\zeta'(s)$.

Theorem 11.5 (C). *There is an absolute constant* E, *between* 2 *and* 3, *such that* $\zeta'(s)\neq 0$ *for* $\sigma>E$, *while* $\zeta'(s)$ *has an infinity of zeros in every strip between* $\sigma=1$ *and* $\sigma=E$.

In fact it is easily verified that the annulus $R(\sigma_0)$ includes the origin if $\sigma_0=2$, but not if $\sigma_0=3$.

11.6. We proceed now to the study of $\log\zeta(s)$. In this case the set V consists of the 'sum' of the curves V_n described by the points

$$w_n=-\log(1-z_n)$$

as z_n describes the circle $|z_n|=p_n^{-\sigma_0}$.

In the first place, V_n is a convex curve. For if

$$u+\mathrm{i}v=w=f(z)=f(x+\mathrm{i}y)$$

and z describes the circle $|z|=r$, then

$$\frac{\mathrm{d}u}{\mathrm{d}x}+\mathrm{i}\frac{\mathrm{d}v}{\mathrm{d}x}=f'(z)\left(1+\mathrm{i}\frac{\mathrm{d}y}{\mathrm{d}x}\right)=f'(z)\frac{x+\mathrm{i}y}{\mathrm{i}y}$$

Hence

$$\arctan\frac{\mathrm{d}v}{\mathrm{d}u}=\arg\{zf'(z)\}-\frac{1}{2}\pi$$

A sufficient condition that w should describe a convex curve as z describes $|z|=r$ is that the tangent to the path of w should rotate steadily through 2π as z describes the circle, i.e. that $\arg\{zf'(z)\}$ should increase steadily through 2π. This condition is satisfied in the case $f(z)=-\log(-z)$; for $zf'(z)=z/(1-z)$ describes a circle enclosing the origin as z describes $|z|=r<1$.

If $z=re^{\mathrm{i}\theta}$, and $w=-\log(1-z)$, then

$$u=-\frac{1}{2}\log(1-2r\cos\theta+r^2), \quad v=\arctan\frac{r\sin\theta}{1-r\cos\theta}$$

The second equation leads to

$$r\cos\theta=\sin^2 v\pm\cos v(r^2-\sin^2 v)^{\frac{1}{2}}$$

Hence, for real r and θ, $|v|<\arcsin r$. If $\cos\theta_1$ and $\cos\theta_2$ are the two values of $\cos\theta$ corresponding to a given v,

$$(1-2r\cos\theta_1+r^2)(1-2r\cos\theta_2+r^2)=(1-r^2)^2$$

Hence if u_1 and u_2 are the corresponding values of u

$$u_1+u_2=-\log(1-r^2)$$

The curve V_n is therefore convex and symmetrical about the lines

$$u=-\frac{1}{2}\log(1-r^2) \quad \text{and } v=0$$

Its diameters in the u and v directions are $\frac{1}{2}\log\{(1+r)/(1-r)\}$ and $\arcsin r$.

Let

$$c_n=-\frac{1}{2}\log(1-p_n^{-2\sigma_0})$$

and

$$w_n=c_n+w'_n$$

$$c=\sum_{n=1}^{\infty}c_n=\frac{1}{2}\log\zeta(2\sigma_0)$$

Then the points w'_n describe symmetrical convex figures with centre the origin. Let V' be the 'sum' of these figures.

It is now easy, by analogy with the previous case, to imagine the result. *The set V', which is plainly symmetrical about both axes, is either* (i) *the region bounded by two convex curves, one of which is entirely interior to the other*, or (ii) *the region bounded by a single convex curve. In each case the boundary is included as part of the region.*

This follows from a general theorem of Bohr on the 'summation' of a series of convex curves.

For our present purpose the following weaker but more

obvious results will be sufficient. The set V' is included in the circle with centre the origin and radius

$$R=\sum_{n=1}^{\infty}\frac{1}{2}\log\frac{1+p_n^{-\sigma_0}}{1-p_n^{-\sigma_0}}=\frac{1}{2}\log\frac{\zeta^2(\sigma_0)}{\zeta(2\sigma_0)}$$

If σ_0 is sufficiently large, V' lies entirely outside the circle of radius

$$\arcsin 2^{-\sigma_0}-\sum_{n=2}^{\infty}\frac{1}{2}\log\frac{1+p_n^{-\sigma_0}}{1-p_n^{-\sigma_0}}=\arcsin 2^{-\sigma_0}+\frac{1}{2}\log\frac{1+2^{-\sigma_0}}{1-2^{-\sigma_0}}-R$$

If

$$\sum_{n=2}^{\infty}\arcsin p_n^{-\sigma_0}>\frac{1}{2}\log\frac{1+2^{-\sigma_0}}{1-2^{-\sigma_0}}$$

and so if σ_0 is sufficiently near to 1, V' includes all points inside the circle of radius

$$\sum_{n=1}^{\infty}\arcsin p_n^{-\sigma_0}$$

In particular V' includes any given area, however large, if σ_0 is sufficiently near to 1.

We cannot, as in the case of circles, determine in all circumstances whether we are in case (i) or case (ii). It is not obvious, for example, whether there exists an absolute constant D' such that we are in case (i) or (ii) according as $\sigma_0>D'$ or $1<\sigma_0\leqslant D'$. The discussion of this point demands a closer investigation of the geometry of the special curves with which we are dealing, and the question would appear to be one of considerable intricacy.

The relations between U, V, and W now give us the following analogues for $\log\zeta(s)$ of the results $\zeta'(s)/\zeta(s)$.

Theorem 11.6 (A). *On each line $\sigma=\sigma_0>1$ the values of $\log\zeta(s)$ are everywhere dense in a region $R(\sigma_0)$ which is either* (i) *the ring-shaped area bounded by two convex curves, or* (ii) *the area bounded by one convex curve. For sufficiently large values of σ_0 we are in case* (i), *and for values of σ_0 sufficiently near to* 1 *we are in case* (ii).

Theorem 11.6 (B). *The set of values which* $\log \zeta(s)$ *takes in the immediate neighbourhood of* $\sigma = \sigma_0$ *is identical with* $R(\sigma_0)$. *In particular, since* $R(\sigma_0)$ *includes any given finite area when* σ_0 *is sufficiently near* 1, $\log \zeta(s)$ *takes every value an infinity of times in* $1 < \sigma < 1 + \delta$.

As a consequence of the last result, we have

Theorem 11.6 (C). *the function* $\zeta(s)$ *takes every value except* 0 *an infinity of times in the strip* $1 < \sigma < 1 + \delta$.

This is a more precise form of Theorem 11.1.

11.7. We have seen above that $\log \zeta(s)$ takes any assigned value a an infinity of times in $\sigma > 1$. It is natural to raise the question *how often* the value a is taken, i.e. the question of the behaviour for large T of the number $M_a(T)$ of roots of $\log \zeta(s) = a$ in $\sigma > 1$, $0 < t < T$. This question is evidently closely related to the question as to how often, as $t \to \infty$, the point $(a_1 t, a_2 t, \cdots, a_N t)$ of Kronecker's theorem, which, in virtue of the theorem, comes (mod 1) arbitrarily near every point in the N - dimensional unit cube, comes within a given distance of an assigned point $(b_1, b_2, \cdots, b_N)$. The answer to this last question is given by the following theorem, which asserts that, roughly speaking, the point $(a_1 t, \cdots, a_N t)$ comes near every point of the unit cube equally often, i.e. it does not give a preference to any particular region of the unit cube.

Let $a_1, \cdots, a_N$ be linearly independent, and let γ be a region of the N-dimensional unit cube with volume Γ (in the Jordan sense). Let $I_\gamma(T)$ be the sum of the intervals between $t = 0$ and $t = T$ for which the point P $(a_1 t, \cdots, a_N t)$ is (mod 1) inside γ. Then

$$\lim_{T \to \infty} I_\gamma(T)/T = \Gamma$$

The region γ is said to have the volume Γ in the Jordan sense, if, given ϵ, we can find two sets of cubes with sides parallel to the axes, of volumes Γ_1 and Γ_2, included in and including γ respectively, such that

$$\Gamma_1 - \epsilon \leqslant \Gamma \leqslant \Gamma_2 + \epsilon$$

If we call a point with coordinates of the form $(a_1 t, \cdots, a_N t)$, mod 1, an 'accessible' point, Kronecker's theorem states that the accessible points are everywhere dense in the unit cube C. If now γ_1, γ_2 are two equal cubes with sides parallel to the axes, and with centres at accessible points P_1 and P_2, corresponding to t_1 and t_2, it is easily seen that

$$\lim I_{\gamma_1}(T)/I_{\gamma_2}(T) = 1$$

For $(a_1 t, \cdots, a_N t)$ will lie inside γ_2 when and only when $\{a_1(t + t_2 - t_1), \cdots\}$ lies inside γ_1.

Consider now a set of p non-overlapping cubes c, inside C, of side ϵ, each of which has its centre at an accessible point, and q of which lie inside γ; and a set of P overlapping cubes c', also centred on accessible points, whose union includes C and such that γ is included in a union of Q of them. Since the accessible points are everywhere dense, it is possible to choose the cubes such that q/P and Q/p are arbitrarily near to Γ. Now, denoting by $\sum\limits_{\gamma} I_c(T)$ the sum of t-intervals in $(0, T)$ corresponding to the cubes c which lie in γ, and so on

$$\sum_{\gamma} I_c(T) / \sum_{C} I_{c'}(T) \leqslant \frac{I_{\gamma}(T)}{T} \leqslant \sum_{\gamma} I_{c'}(T) / \sum_{C} I_c(T)$$

Making $T \to \infty$ we obtain

$$\frac{q}{P} \leqslant \overline{\lim_{T \to \infty}} \frac{I_{\gamma}(T)}{T} \leqslant \frac{Q}{p}$$

and the result follows.

11.8. We can now prove:

Theorem 11.8 (A). *If $\sigma = \sigma_0 > 1$ is a line on which* $\log \zeta(s)$ *comes arbitrarily near to a given number a, then in every strip $\sigma_0 - \delta < \sigma < \sigma_0 + \delta$ the value a is taken more than $K(a, \sigma_0, \delta)$ T times, for large T, in $0 < t < T$.*

To prove this we have to reconsider the argument of the previous sections, used to establish the existence of a root of log

$\zeta(s)=a$ in the strip, and use Kronecker's theorem in its generalized form. We saw that a sufficient condition that $\log\zeta(s)=a$ may have a root inside a circle with centre $\sigma_0+\mathrm{i}t_0$ and radius 2δ is that, for a certain N and corresponding numbers $\theta_1,\cdots,\theta_N$, and a certain $\eta=\eta(\sigma_0,\delta,\theta_1,\cdots,\theta_N)$

$$|-t_0\log p_n-2\pi\theta_n-2\pi g_n|<\eta\quad(n=1,2,\cdots,N)$$

From the generalized Kronecker's theorem it follows that the sum of the intervals between 0 and T in which t_0 satisfies this condition is asymptotically equal to $(\eta/2\pi)^NT$, and it is therefore greater than $\frac{1}{2}(\eta/2\pi)^NT$ for large T. Hence we can select more than $\frac{1}{8}(\eta/2\pi)^NT/\delta$ numbers t'_0 in them, no two of which differ by less than 4δ. If now we describe circles with the points $\sigma_0+\mathrm{i}t'_0$ as centres and radius 2δ, these circles will not overlap, and each of them will contain a zero of $\log\zeta(s)-a$. This gives the desired result.

We can also prove:

Theorem 11.8 (B). *There are positive constants $K_1(\alpha)$ and $K_2(\alpha)$ such that the number $M_a(T)$ of zeros of $\log\zeta(s)-a$ in $\sigma>1$ satisfies the inequalities*

$$K_1(a)T<M_a(T)<K_2(a)T$$

The lower bound follows at once from the above theorem. The upper bound follows from the more general result that if b is any given constant, the number of zeros of $\zeta(s)-b$ in $\sigma>\frac{1}{2}+\delta(\delta>0)$, $0<t<T$, is $O(T)$ as $T\to\infty$.

The proof of this is substantially the same as that of Theorem 9.15 (A), the function $\zeta(s)-b$ playing the same part as $\zeta(s)$ did there. Finally the number of zeros of $\log\zeta(s)-a$ is not greater than the number of zeros of $\zeta(s)-\mathrm{e}^a$, and so is $O(T)$.

11.9. We now turn to the more difficult question of the behaviour of $\zeta(s)$ in the critical strip. The difficulty, of course, is that $\zeta(s)$ is no longer represented by an absolutely convergent Dirichlet series. But by a device like that used in the proof of Theorem 9.17, we are able to obtain in the critical strip results analogous to those already obtained in the region of absolute convergence.

As before we consider $\log \zeta(s)$. For $\sigma \leqslant 1$, $\log \zeta(s)$ is defined, on each line $t=$constant which does not pass through a singularity, by continuation along this line from $\sigma > 1$.

We require the following lemma.

Lemma. *If $f(z)$ is regular for $|z-z_0| \leqslant R$, and*

$$\iint\limits_{|z-z_0|\leqslant R} |f(z)|^2 \mathrm{d}x\mathrm{d}y = H$$

then

$$|f(z)| \leqslant \frac{(H/\pi)^{\frac{1}{2}}}{R-R'} (|z-z_0| \leqslant R' < R)$$

For if $|z'-z_0| \leqslant R'$

$$\{f(z')\}^2 = \frac{1}{2\pi \mathrm{i}} \int\limits_{|z-z'|=r} \frac{\{f(z)\}^2}{z-z'} \mathrm{d}z = \frac{1}{2\pi} \int_0^{2\pi} \{f(z'+r\mathrm{e}^{\mathrm{i}\theta})\}^2 \mathrm{d}\theta$$

Hence

$$|f(z')|^2 \int_0^{R-R'} r\,\mathrm{d}r \leqslant \frac{1}{2\pi} \int_0^{R-R'} \int_0^{2\pi} |f(z'+r\mathrm{e}^{\mathrm{i}\theta})|^2 r\,\mathrm{d}r\mathrm{d}\theta \leqslant \frac{H}{2\pi}$$

and the result follows.

Theorem 11.9. *Let σ_0 be a fixed number in the range $\frac{1}{2} < \sigma \leqslant 1$. Then the values which* $\log \zeta(s)$ *takes on $\sigma = \sigma_0$, $t > 0$, are everywhere dense in the whole plane.*

Let

$$\zeta_N(s) = \zeta(s) \prod_{n=1}^{N} (1-p_n^{-s})$$

This function is similar to the function $\zeta(s) M_X(s)$ of Chapter Ⅸ, but it happens to be more convenient here.

Let δ be a positive number less than $\frac{1}{2}(\sigma_0 - \frac{1}{2})$. Then it is easily seen as in § 9.19 that for $N \geqslant N_0(\sigma_0, \epsilon)$, $T \geqslant T_0 = T_0(N)$

$$\int_1^T |\zeta_N(\sigma + it) - 1|^2 \, dt < \epsilon T$$

uniformly for $\sigma_0 - \delta \leqslant \sigma \leqslant \sigma_1 + \delta (\sigma_1 > 1)$. Hence

$$\int_1^T \int_{\sigma_0-\delta}^{\sigma_1+\delta} |\zeta_N(\sigma + it) - 1|^2 \, d\sigma dt < (\sigma_1 - \sigma_0 + 2\delta)\epsilon T$$

Hence

$$\int_{\nu-\frac{1}{2}}^{\nu+\frac{1}{2}} \int_{\sigma_0-\delta}^{\sigma_1+\delta} |\zeta_N(\sigma + it) - 1|^2 \, d\sigma dt < (\sigma_1 - \sigma_0 + 2\delta)\sqrt{\epsilon}$$

for more than $(1 - \sqrt{\epsilon})T$ integer values of ν. Since this rectangle contains the circle with centre $s = \sigma + it$, where $\sigma_0 \leqslant \sigma \leqslant \sigma_1$, $\nu - \frac{1}{2} + \delta \leqslant t \leqslant \nu + \frac{1}{2} - \delta$ and radius δ, it is easily seem from the lemma that we can choose δ and ϵ so that *given* $0 < \eta < 1$, $0 < \eta' < 1$, we have

$$|\zeta_N(\sigma + it) - 1| < \eta \quad (\sigma_0 \leqslant \sigma \leqslant \sigma_1) \tag{11.9.1}$$

for a set of values of t of measure greater than $(1 - \eta')T$, and for

$$N \geqslant N_0(\sigma, \eta, \eta'), \quad T \geqslant T_0(N)$$

Let

$$R_N(s) = -\sum_{N+1}^{\infty} \log(1 - p_n^{-s}) \quad (\sigma > 1)$$

where log denotes the principal value of the logarithm. Then

$$\zeta_N(s) = \exp\{R_N(s)\}$$

We want to show that $R_N(s) = \log \zeta_N(s)$, i.e. that $|\mathbf{I}R_N(s)| < \frac{1}{2}\pi$, for $\sigma \geqslant \sigma_0$ and the value of t for which (11.9.1) holds. This is true for $\sigma = \sigma_1$ if σ_1 is sufficiently large, since $|R_N(s)| \to 0$ as $\sigma_1 \to \infty$. Also, by (11.9.1), $\mathbf{R}\zeta_N(s) > 0$ for $\sigma_0 \leqslant \sigma \leqslant \sigma_1$, so that $\mathbf{I}R_N(s)$ must remain between $-\frac{1}{2}\pi$ and $\frac{1}{2}\pi$ for all values of σ in this interval. This gives the desired result.

We have therefore

$$|R_N(s)| = |\log[1+\{\zeta_N(s)-1\}]| < 2|\zeta_N(s)-1| < 2\eta$$

for $\sigma_0 \leqslant \sigma \leqslant \sigma_1$, $N \geqslant N_0(\sigma_0, \eta, \eta')$, $T \geqslant T_0(N)$, in a set of values of t of measure greater than $(1-\eta')T$.

Now consider the function

$$F_N(\sigma_0+\mathrm{i}t) = -\sum_{n=1}^{N}\log(1-p_n^{-\sigma_0-\mathrm{i}t})$$

and in conjunction with it the function of N independent variables

$$\Phi_N(\theta_1,\cdots,\theta_N) = -\sum_{n=1}^{N}\log(1-p_n^{-\sigma_0}\mathrm{e}^{2\pi\mathrm{i}\theta_n})$$

Since $\sum p_n^{-\sigma_0}$ is divergent, it is easily seen from our previous discussion of the values taken by $\log\zeta(s)$ that the set of values of Φ_N includes any given finite region of the complex plane if N is large enough. In particular, if a is any given number, we can find a number N and values of the θ's such that

$$\Phi_N(\theta_1,\cdots,\theta_N) = a$$

We can then, by Kronecker's theorem, find a number t such that $|F_N(\sigma_0+\mathrm{i}t)-a|$ is arbitrarily small. But this in itself is not sufficient to prove the theorem, since this value of t does not necessarily make $|R_N(s)|$ small. An additional argument is therefore required.

Let

$$\Phi_{M,N} = -\sum_{n=M+1}^{N}\log(1-p_n^{-\sigma_0}\mathrm{e}^{2\pi\mathrm{i}\theta_n}) = \sum_{n=M+1}^{N}\sum_{m=1}^{\infty}\frac{p_n^{-m\sigma_0}\mathrm{e}^{2\pi\mathrm{i}m\theta_n}}{m}$$

Then, expressing the squared modulus of this as the product of conjugates, and integrating term by term, we obtain

$$\int_0^1\int_0^1\cdots\int_0^1 |\Phi_{M,N}|^2\mathrm{d}\theta_{M+1}\cdots\mathrm{d}\theta_N = \sum_{n=M+1}^{N}\sum_{m=1}^{\infty}\frac{p^{-2m\sigma_0}}{m^2}$$

$$< \sum_{n=M+1}^{N}p_n^{-2\sigma_0}\sum_{m=1}^{\infty}\frac{1}{m^2} < A\sum_{n=M+1}^{\infty}p_n^{-2\sigma_0}$$

which can be made arbitrarily small, by choice of M, for all N. It therefore follows from the theory of Riemann integration of a continuous function that, given ϵ, we can divide up the $(N-M)$-dimensional unit cube into sub-cubes q_ν, each of volume λ, in such a way that

$$\lambda \sum_{\nu} \max_{q_\nu} |\Phi_{M,N}|^2 < \frac{1}{2}\epsilon^2$$

Hence for $M \geqslant M_0(\epsilon)$ and any $N > M$, we can find cubes of total volume greater than $\frac{1}{2}$ in which $|\Phi_{M,N}| < \epsilon$.

We now choose our value of t as follows.

(i) Choose M so large, and give $\theta'_1, \cdots, \theta'_M$ such values, that

$$\Phi_M(\theta'_1, \cdots, \theta'_M) = a$$

It then follows from considerations of continuity that, give ϵ, we can find a M-dimensional cube with centre $\theta'_1, \cdots, \theta'_M$ and side $d > 0$ throughout which

$$|\Phi_M(\theta'_1, \cdots, \theta'_M) - a| < \frac{1}{3}\epsilon$$

(ii) We may also suppose that M has been chosen so large that, for any value of N, $|\Phi_{M,N}| < \frac{1}{3}\epsilon$ in certain $(N-M)$-dimensional cubes of total volume greater than $\frac{1}{2}$.

(iii) Having fixed M and d, we can choose N so large that, for $T > T_0(N)$, the inequality $|R_N(s)| < \frac{1}{3}\epsilon$ holds in a set of values of t of measure greater than $(1 - \frac{1}{2}d^M)T$.

(iv) Let $I(T)$ be the sum of the intervals between 0 and T for which the point

$$\{-(t \log p_1)/2\pi, \cdots, -(t \log p_N)/2\pi\}$$

is (mod 1) inside one of the N-dimensional cubes, of total volume greater than $\frac{1}{2}d^M$, determined by the above construction. Then by the extended Kronecker's theorem, $I(T) > \frac{1}{2}d^M T$ if T is large enough. There are therefore values of t for which the point lies in one of these cubes, and for which at the same time $|R_N(s)| < \frac{1}{3}\epsilon$.

For such a value of t

$$\begin{aligned}|\log\zeta(s)-a| &\leqslant |F_N(s)-a|+|R_N(s)|\\ &\leqslant |\Phi_M(\theta'_1,\cdots,\theta'_M)-a|+|\Phi_{M,N}|+|R_N(s)|\\ &< \frac{1}{3}\epsilon+\frac{1}{3}\epsilon+\frac{1}{3}\epsilon=\epsilon\end{aligned}$$

and the result follows.

11.10. Theorem 11.10. *Let* $\frac{1}{2}<\alpha<\beta<1$, *and let* a *be any complex number. Let* $M_{a,\alpha,\beta}(T)$ *be the number of zeros of* $\log\zeta(s)-a$ *(defined as before) in the rectangle* $\alpha<\sigma<\beta$, $0<t<T$. *Then there are positive constants* $K_1(a,\alpha,\beta)$, $K_2(a,\alpha,\beta)$ *such that*

$$K_1(a,\alpha,\beta)T<M_{a,\alpha,\beta}(T)<K_2(a,\alpha,\beta)T \quad (T>T_0)$$

We first observe that, for suitable values of the θ's, the series

$$-\sum_{n=1}^{\infty}\log(1-p_n^{-s}e^{2\pi i\theta_n})$$

is uniformly convergent in any finite region to the right of $\sigma=\frac{1}{2}$. This is true, for example, if $\theta_n=\frac{1}{2}n$ for sufficiently large values of n; for then

$$\sum_{n>n_0}p_n^{-s}e^{2\pi i\theta_n}=\sum_{n>n_0}(-1)^n p_n^{-s}$$

which is convergent for real $s>0$, and hence uniformly convergent in any finite region to the right of the imaginary axis; and for any θ's $\sum|p_n^{-s}e^{2\pi i\theta_n}|^2=\sum p_n^{-2\sigma}$ is uniformly convergent in any finite region to the right of $\sigma=\frac{1}{2}$.

If a is any given number, and the θ's have this property, we can choose n_1 so large that

$$\left|-\sum_{n=n_1+1}^{\infty}\log(1-p_n^{-s}e^{2\pi i\theta_n})\right|<\epsilon \quad (\sigma=\frac{1}{2}(\alpha+\beta))$$

and at the same time so that the set of values of

$$-\sum_{n=1}^{n_1}\log(1-p_n^{-\frac{1}{2}\alpha-\frac{1}{2}\beta}e^{2\pi i\theta_n})$$

includes the circle with centre the origin and radius $|a|+\epsilon$. Hence by choosing first $\theta_{n_1+1},\cdots$, and then $\theta_1,\cdots,\theta_{n_1}$, we can find values of the θ's, say θ'_1, $\theta'_2,\cdots$, such that the series

$$G(s)=-\sum_{n=1}^{\infty}\log(1-p_n^{-s}e^{2\pi i\theta'_n})$$

is uniformly convergent in any finite region to the right of $\sigma=\frac{1}{2}$, and

$$G(\frac{1}{2}\alpha+\frac{1}{2}\beta)=a$$

We can then choose a circle C of centre $\frac{1}{2}\alpha+\frac{1}{2}\beta$ and radius $\rho<\frac{1}{4}(\beta-\alpha)$ on which $G(s)\neq a$.

Let

$$m=\min_{s\text{ on }C}|G(s)-a|$$

Now let

$$\Phi_{M,N}(s)=-\sum_{n=M+1}^{N}\log(1-p_n^{-s}e^{2\pi i\theta_n})$$

Then, as in the previous proof

$$\int_0^1\cdots\int_0^1\iint_{|s-\frac{1}{2}\alpha-\frac{1}{2}\beta|\leqslant\frac{1}{2}(\beta-\alpha)}|\Phi_{M,N}(s)|^2 d\theta_{M+1}\cdots d\theta_N\, d\sigma dt<A\sum_{M+1}^{\infty}p_n^{-2\alpha}$$

Hence for $M\geqslant M_0(\epsilon)$ and any $N>M$ we can find cubes of total volume greater than $\frac{1}{2}$ in which

$$\iint_{|s-\frac{1}{2}\alpha-\frac{1}{2}\beta|\leqslant\frac{1}{2}(\beta-\alpha)}|\Phi_{M,N}(s)|^2 d\sigma dt<\epsilon$$

and so in which (by the lemma of § 11.9)

$$\Phi_{M,N}(s) < 2(\epsilon/\pi)^{\frac{1}{2}}(\beta-\alpha)^{-\frac{1}{2}} \quad (|s-\frac{1}{2}\alpha-\frac{1}{2}\beta| \leqslant \frac{1}{4}(\beta-\alpha))$$

We also want a little more information about $R_N(s)$, viz. that $R_N(s)$ is regular, and $|R_N(s)| < \eta$, throughout the rectangle

$$|\sigma-\frac{1}{2}\alpha-\frac{1}{2}\beta| \leqslant \frac{1}{4}(\beta-\alpha), \quad t_0-\frac{1}{2} \leqslant t \leqslant t_0+\frac{1}{2}$$

for a set of values of t_0 of measure greater than $(1-\eta')T$. As before it is sufficient to prove this for $\zeta_N(s)-1$, and by the lemma it is sufficient to prove that

$$\phi(t_0) = \int_\alpha^\beta d\sigma \int_{t_0-1}^{t_0+1} |\zeta_N(s)-1|^2 dt < \epsilon$$

for such t_0, by choice of N. Now

$$\int_1^T \phi(t_0)\, dt = \int_\alpha^\beta d\sigma \int_1^T dt_0 \int_{t_0-1}^{t_0+1} |\zeta_N(s)-1|^2\, dt$$

$$\leqslant \int_\alpha^\beta d\sigma \int_1^{T+1} |\zeta_N(s)-1|^2\, dt \int_{t-1}^{t+1} dt_0$$

$$= 2\int_\alpha^\beta d\sigma \int_1^{T+1} |\zeta_N(s)-1|^2\, dt < \epsilon T$$

by choice of N as before. Hence the measure of the set where $\phi(t_0) > \sqrt{\epsilon}$ is less than $\sqrt{\epsilon}T$, and the desired result follows.

It now follows as before that there is a set of values of t_0 in $(0, T)$, of measure greater than KT, such that for $|s-\frac{1}{2}\alpha-\frac{1}{2}\beta| \leqslant \frac{1}{4}(\beta-\alpha)$

$$\left|\sum_{n=1}^{M} \log(1-p_n^{-s}e^{2\pi i\theta_n}) - \sum_{n=1}^{M} \log(1-p_n^{-s-it_0})\right| < \frac{1}{4}m$$

$$|\Phi_{M,N}(s)| < \frac{1}{4}m$$

and also

$$|R_N(s+\mathrm{i}t_0)|<\frac{1}{4}m$$

At the same time we can suppose that M has been taken so large that

$$\left|G(s)+\sum_{n=1}^{M}\log(1-p_n^{-s}\mathrm{e}^{2\pi\mathrm{i}\theta'_n})\right|<\frac{1}{4}m\quad(\sigma\geqslant\alpha)$$

Then

$$|\log\zeta(s)-G(s)|<m$$

on the circle with centre $\frac{1}{2}\alpha+\frac{1}{2}\beta+\mathrm{i}t_0$ and radius ρ. Hence, as before, $\log\zeta(s)-a$ has at least one zero in such a circle. The number of such circles for $0<t_0<T$ which do not overlap is plainly greater than KT. The lower bound for $M_{a,\alpha,\beta}(T)$ therefore follows; the upper bound holds by the same argument as in the case $\sigma>1$.

It has been proved by Bohr and Jensen, by a more detailed study of the situation, that there is a $K(a,\alpha,\beta)$ such that

$$M_{a,\alpha,\beta}(T)\sim K(a,\alpha,\beta)T$$

An immediate corollary of Theorem 11.10 is that, if $N_{a,\alpha,\beta}(T)$ is the number of points in the rectangle $\frac{1}{2}<\alpha<\sigma<\beta<1$, $0<t<T$ where $\zeta(s)=a(a\neq 0)$, then

$$N_{a,\alpha,\beta}(T)>K(a,\alpha,\beta)T\quad(T>T_0)$$

For $\zeta(s)=a$ if $\log\zeta(s)=\log a$, any one value of the right-hand side being taken. This result, in conjunction with Theorem 9.17, shows that the value 0 of $\zeta(s)$, if it occurs at all in $\sigma>\frac{1}{2}$, is at any rate quite exceptional, zeros being infinitely rarer than a-values for any value of a other than zero.

NOTES FOR CHAPTER 11

11.11. Theorem 11.9 has been generalized by Voronin [**1**], [**2**], who obtained the following universal' property for $\zeta(s)$. Let

D_r be the closed disc of radius $r<\frac{1}{4}$, centred at $s=\frac{3}{4}$, and let $f(s)$ be any function continuous and non-vanishing on D_r, and holomorphic on the interior of D_r. Then for any $\varepsilon>0$ there is a real number t such that

$$\max_{s\in D_r}|\zeta(s+\mathrm{i}t)-f(s)|<\varepsilon \qquad (11.11.1)$$

It follows that the curve

$$\gamma(t)=(\zeta(\sigma+\mathrm{i}t),\zeta'(\sigma+\mathrm{i}t),\cdots,\zeta^{(n-1)}(\sigma+\mathrm{i}t))$$

is dense in $\mathbb{C}^n$ for any fixed σ in the range $\frac{1}{2}<\sigma<1$. (In fact Voronin [1] establishes this for $\sigma=1$ also). To see this we choose a point $z=(z_0,z_1,\cdots,z_{n-1})$ with $z_0\neq 0$, and take $f(s)$ to be a polynomial for which $f^{(m)}(\sigma)=z_m$ for $0\leqslant m\leqslant n$. We then fix an R such that $0<R<\frac{1}{4}-|\sigma-\frac{3}{4}|$, and such that $f(s)$ is nonvanishing on the closed disc $|s-\sigma|\leqslant R$. Thus, if $r=R+|\sigma-\frac{3}{4}|$, the disc D_r contains the circle $|s-\sigma|=R$, and hence (11.11.1) in conjunction with Cauchy's inequality

$$|g^{(m)}(z_0)|\leqslant\frac{m!}{R^m}\max_{|z-z_0|=R}|g(z)|$$

yields

$$|\zeta^{(m)}(\sigma+\mathrm{i}t)-z_m|\leqslant\frac{m!}{R^m}\varepsilon\quad(0\leqslant m<n)$$

Hence $\gamma(t)$ comes arbitrarily close to z. The required result then follows, since the available z are dense in $\mathbb{C}^n$.

Voronin's work has been extended by Bagchi [**1**] (see also Gonek [**1**]) so that D_r may be replaced by any compact subset D of the strip $\frac{1}{2}<\mathbf{R}(s)<1$, whose complement in $\mathbb{C}^n$ is connected. The condition on f is then that is should be continuous and non-vanishing on D, and holomorphic on the interior (if any) of D. From this it follows that if Φ is any continuous function, and $h_1<$

$h_2 < \cdots < h_m$ are real constants, then $\zeta(s)$ cannot satisfy the differential-difference equation

$$\Phi\{\zeta(s+h_1), \zeta'(s+h_1), \cdots, \zeta^{(n_1)}(s+h_1), \zeta(s+h_2)$$
$$\zeta'(s+h_2), \cdots, \zeta^{(n_2)}(s+h_2), \cdots\} = 0$$

unless Φ vanishes identically. This improves earlier results of Ostrowski [**1**] and Reich [**1**].

11.12. Levinson [**6**] has investigated further the distribution of the solutions $\rho_a = \beta_a + i\gamma_a$ of $\zeta(s) = a$. The principal results are that

$$\#\{\rho_a : 0 \leqslant \gamma_a \leqslant T\} = \frac{T}{2\pi}\log T + O(T)$$

and

$$\#\{\rho_a : 0 \leqslant \gamma_a \leqslant T, |\beta - \frac{1}{2}| \geqslant \delta\} = O_\delta(T) \quad (\delta > 0)$$

Thus (c.f. § 9.15) all but an infinitesimal proportion of the zeros of $\zeta(s) - a$ lie in the strip $\frac{1}{2} - \delta < \sigma < \frac{1}{2} + \delta$, however small δ may be.

In reviewing this work Montgomery (Math. Reviews **53** # 10737) quotes an unpublished result of Selberg, namely

$$\sum_{\substack{0 \leqslant \gamma_a \leqslant T \\ \beta_a \geqslant \frac{1}{2}}} (\beta_a - \frac{1}{2}) \sim \frac{1}{4\pi \frac{3}{2}} T(\log\log T)^{\frac{1}{2}} \qquad (11.12.1)$$

This leads to a stronger version of the above principle, in which the infinite strip is replaced by the region

$$|\sigma - \frac{1}{2}| < \frac{\phi(t)(\log\log t)^{\frac{1}{2}}}{\log t}$$

where $\phi(t)$ is any positive function which tends to infinity with t. It should be noted for comparison with (11.12.1) that the estimate

$$\sum_{0 \leqslant \gamma_a \leqslant T} (\beta_a - \frac{1}{2}) = O(\log T)$$

implicit in Levinson's work. It need hardly be emphasized that despite his result the numbers ρ_a are far from being symmetrically distributed about the critical line.

11.13. The problem of the distribution of values of $\zeta(\frac{1}{2}+it)$ is rather different from that of $\zeta(\sigma+it)$ with $\frac{1}{2}<\sigma<1$. In the first place it is not known whether the values of $\zeta(\frac{1}{2}+it)$ are everywhere dense, though one would conjecture so. Secondly there is a difference in the rates of growth with respect to t. Thus, for a fixed $\sigma>\frac{1}{2}$, Bohr and Jessen (**1**)(**2**) have shown that there is a continuous function $F(z;\sigma)$ such that

$$\frac{1}{2T}m\{t\in[-T,T]: \log\zeta(\sigma+it)\in R\}$$
$$\to\iint_R F(x+iy;\sigma)\mathrm{d}x\mathrm{d}y \quad (T\to\infty)$$

for any rectangle $R\subset\mathbb{C}$ whose sides are parallel to the real and imaginary axes. Here, as usual, m denotes Lebesgue measure, and $\log\zeta(s)$ is defined by continuous variation along lines parallel to the real axis, using (1.1.9) for $\sigma>1$. By contrast, the corresponding result for $\sigma=\frac{1}{2}$ states that

$$\frac{1}{2T}m\left\{t\in[-T,T]:\frac{\log\zeta(\frac{1}{2}+it)}{\sqrt{[\frac{1}{2}\{\log\log(3+|t|)\}]}}\in R\right\}$$
$$\to\frac{1}{2\pi}\iint_R \mathrm{e}^{-(x^2+y^2)/2}\mathrm{d}x\mathrm{d}y$$
$$(T\to\infty)$$

(The right hand side gives a 2-dimensional distribution with mean 0 and variance 1.) This is an unpublished theorem of Selberg, which may be obtained via the method of Ghosh [**2**].

By using a different technique, based on the mean-value bounds of §7.23, Jutila [**4**] has obtained information on large deviations' of $\log|\zeta(\frac{1}{2}+it)|$. Specifically, he showed that there is a constant $A > 0$ such that

$$m\{t \in [0, T] : \zeta(\frac{1}{2} + it) \geqslant V\} \ll T \exp\left(-A \frac{\log^2 V}{\log\log T}\right)$$

uniformly for $1 \leqslant V \leqslant \log T$.

Chapter Ⅻ DIVISOR PROBLEMS

12.1. The divisor problem of Dirichlet is that of determining the asymptotic behaviour as $x \to \infty$ of the sum

$$D(x) = \sum_{n \leqslant x} d(n)$$

where $d(n)$ denotes, as usual, the number of divisors of n. Dirichlet proved in an elementary way that

$$D(x) = x \log x + (2\gamma - 1)x + O(x^{\frac{1}{2}}) \qquad (12.1.1)$$

In fact

$$\begin{aligned} D(x) &= \sum_{mn \leqslant x} \sum 1 = \sum_{m \leqslant \sqrt{x}} \sum_{n \leqslant \sqrt{x}} 1 + 2 \sum_{m \leqslant \sqrt{x}} \sum_{\sqrt{x} < n \leqslant x/m} 1 \\ &= [\sqrt{x}]^2 + 2 \sum_{m \leqslant \sqrt{x}} \left(\left[\frac{x}{m}\right] - [\sqrt{x}]\right) \\ &= 2 \sum_{m \leqslant \sqrt{x}} \left[\frac{x}{m}\right] - [\sqrt{x}]^2 \\ &= 2 \sum_{m \leqslant \sqrt{x}} \left\{\frac{x}{m} + O(1)\right\} - \{\sqrt{x} + O(1)\}^2 \\ &= 2x\{\log \sqrt{x} + \gamma + O(x^{-\frac{1}{2}})\} + O(\sqrt{x}) - \{x + O(\sqrt{x})\} \end{aligned}$$

and (12.1.1) follows. Writing

$$D(x) = x \log x + (2\gamma - 1)x + \Delta(x)$$

We thus have

$$\Delta(x) = O(x^{\frac{1}{2}}) \qquad (12.1.2)$$

Later researches have improved this result, but the exact order of $\Delta(x)$ is still undetermined.

The problem is closely related to that of the Riemann zeta-function. By (3.12.1) with $a_n = \mathrm{d}(n)$, $s = 0$, $T \to \infty$, we have

$$D(x) = \frac{1}{2\pi\mathrm{i}} \int_{c-\mathrm{i}\infty}^{c+\mathrm{i}\infty} \zeta^2(w) \frac{x^w}{w} \mathrm{d}w \quad (c > 1)$$

provided that x is not an integer. On moving the line of integration to the left, we encounter a double pole at $w = 1$, the residue being $x \log x + (2\gamma - 1)x$, by (2.1.16). Thus

$$\Delta(x) = \frac{1}{2\pi\mathrm{i}} \int_{c'-\mathrm{i}\infty}^{c'+\mathrm{i}\infty} \zeta^2(w) \frac{x^w}{w} \mathrm{d}w \quad (0 < c' < 1)$$

The more general problem of

$$D_k(x) = \sum_{n \leqslant x} d_k(n)$$

where $d_k(n)$ is the number of ways of expressing n as a product of k factors, was also considered by Dirichlet. We have

$$D_k(x) = \frac{1}{2\pi\mathrm{i}} \int_{c-\mathrm{i}\infty}^{c+\mathrm{i}\infty} \zeta^k(w) \frac{x^w}{w} \mathrm{d}w \quad (c > 1)$$

Here there is a pole of order k at $w = 1$, and the residue is of the form $xP_k(\log x)$, where P_k is a polynomial of degree $k - 1$. We write

$$D_k(x) = xP_k(\log x) + \Delta_k(x) \qquad (12.1.3)$$

so that $\Delta_2(x) = \Delta(x)$.

The classical elementary theorem[①] of the subject is

$$\Delta_k(x) = O(x^{1-1/k} \log^{k-2} x) \quad (k = 2, 3, \cdots) \qquad (12.1.4)$$

We have already proved this in the case $k = 2$. Now suppose that it is true in the case $k - 1$. We have

$$\begin{aligned} D_k(x) &= \sum_{n_1 n_2 \cdots n_k \leqslant x} = \sum_{mn \leqslant x} d_{k-1}(n) \\ &= \sum_{m \leqslant x^{1/k}} \sum_{n \leqslant x/m} d_{k-1}(n) + \sum_{x^{1/k} < m \leqslant x} \sum_{n \leqslant x/m} d_{k-1}(n) \\ &= \sum_{m \leqslant x^{1/k}} \sum_{n \leqslant x/m} d_{k-1}(n) + \sum_{n \leqslant x^{1-1/k}} d_{k-1}(n) \sum_{x^{1/k} < m \leqslant x/n} 1 \end{aligned}$$

① See e. g. Landau (5).

$$= \sum_{m \leqslant x^{1/k}} D_{k-1}\left(\frac{x}{m}\right) + \sum_{n \leqslant x^{1-1/k}} \left\{\frac{x}{n} - x^{1/k} + O(1)\right\} d_{k-1}(n)$$

$$= \sum_{m \leqslant x^{1/k}} D_{k-1}\left(\frac{x}{m}\right) + x \sum_{n \leqslant x^{1-1/k}} \frac{d_{k-1} n}{n} -$$

$$x^{1/k} D_{k-1}(x^{1-1/k}) + O\{D_{k-1}(x^{1-1/k})\}$$

Let us denote by $p_k(z)$ a polynomial in z, of degree $k-1$ at most, not always the same one. Then

$$\sum_{m \leqslant \xi} \frac{\log^{k-2} m}{m} = p_k(\log \xi) + O\left(\frac{\log^{k-2} \xi}{\xi}\right)$$

Hence

$$\sum_{m \leqslant x^{1/k}} \frac{x}{m} P_{k-1}\left(\frac{x}{m}\right) = x p_k(\log x) + O(x^{1-1/k} \log^{k-2} x)$$

Also

$$\sum_{m \leqslant x^{1/k}} \Delta_{k-1}\left(\frac{x}{m}\right) = O\left\{x^{1-1/(k-1)} \log^{k-3} x \sum_{m \leqslant x^{1/k}} \frac{1}{m^{1-1/(k-1)}}\right\}$$

$$= O\{x^{1-1/(k-1)} \log^{k-3} x \cdot x^{1/\{k(k-1)\}}\}$$

$$= O(x^{1-1/k} \log^{k-3} x)$$

The next term is

$$x \sum_{n \leqslant x^{1-1/k}} \frac{D_{k-1}(n) - D_{k-1}(n-1)}{n} = x \sum_{n \leqslant x^{1-1/k}} \frac{D_{k-1}(n)}{n(n+1)} + \frac{x D_{k-1}(N)}{N+1}$$

where $N = [x^{1-1/k}]$. Now

$$x \sum_{n \leqslant x^{1-1/k}} \frac{P_{k-1}(\log n)}{n+1} + x \frac{N P_{k-1}(\log N)}{N+1} = x p_k(\log x) + O(x^{1/k} \log^{k-2} x)$$

and

$$x \sum_{n \leqslant x^{1-1/k}} \frac{\Delta_{k-1}(n)}{n(n+1)} + \frac{x \Delta_{k-1}(N)}{N+1}$$

$$= Cx - x \sum_{n > x^{1-1/k}} \frac{\Delta_{k-1}(n)}{n(n+1)} + \frac{x \Delta_{k-1}(N)}{N+1}$$

$$= Cx - x \sum_{n > x^{1-1/k}} O\left\{\frac{\log^{k-3} n}{n^{1+1/(k-1)}}\right\} + O(x N^{-1/(k-1)} \log^{k-3} N)$$

$$= Cx + O(x^{1-1/k} \log^{k-3} x)$$

Finally

$$x^{1/k} D_{k-1}(x^{1-1/k}) = x^{1/k} \{x^{1-1/k} P_{k-1}(\log x^{1-1/k}) +$$

$$O(x^{(1-1/k)\{1-1/(k-1)\}}\log^{k-3}x)\}$$

$$= xp_{k-1}(\log x)+O(x^{1-1/k}\log^{k-3}x)$$

This proves (12.1.4).

We may define the order α_k of $\Delta_k(x)$ as the least number such that

$$\Delta_k(x)=O(x^{\alpha_k+\epsilon})$$

for every positive ϵ. Thus it follows from (12.1.4) that

$$\alpha_k\leqslant\frac{k-1}{k}\quad (k=2,3,\cdots)\qquad (12.1.5)$$

The exact value of α_k has not been determined for any value of k.

12.2. The simplest theorem which goes beyond this elementary result is

Theorem 12.2.[①]

$$\alpha_k\leqslant\frac{k-1}{k+1}\quad (k=2,3,4,\cdots)$$

Take $a_n=d_k(n)$, $\psi(n)=n^\epsilon$, $\alpha=k$, $s=0$, and let x be half an odd integer, in Lemma 3.12. Replacing w by s, this gives

$$D_k(x)=\frac{1}{2\pi i}\int_{c-iT}^{c+iT}\zeta^k(s)\frac{x^s}{s}ds+O\left(\frac{x^c}{T(c-1)^k}\right)+O\left(\frac{x^{1+\epsilon}}{T}\right)\quad (c>1)$$

Now take the integral round the rectangle $-a-iT$, $c-iT$, $c+iT$, $-a+iT$, where $a>0$. We have, by (5.1.1) and the Phragmén-Lindelöf principle

$$\zeta(s)=O(t^{(a+\frac{1}{2})(c-\sigma)/(a+c)})$$

in the rectangle. Hence

$$\int_{-a+iT}^{c+iT}\zeta^k(s)\frac{x^s}{s}ds=O\left(\int_{-a}^{c}T^{k(a+\frac{1}{2})(c-\sigma)/(a+c)-1}x^\sigma\, d\sigma\right)$$

$$=O(T^{k(a+\frac{1}{2})-1}x^{-a})+O(T^{-1}x^c)$$

since the integrand is a maximum at one end or the other of the range of integration. A similar result holds for the integral over

$$(-a-iT,\ c-iT)$$

① Voronoi (1), Landau (5).

The residue at $s=1$ is $xP_k(\log x)$, and the residue at $s=0$ is

$$\zeta^k(0)=O(1)$$

Finally

$$\begin{aligned}\int_{-a-iT}^{-a+iT}\zeta^k(s)\frac{x^s}{s}ds &= \int_{-a-iT}^{-a+iT}\chi^k(s)\zeta^k(1-s)\frac{x^s}{s}ds\\ &=\sum_{n=1}^{\infty}d_k(n)\int_{-a-iT}^{-a+iT}\frac{\chi^k(s)x^s}{n^{1-s}}ds\\ &= ix^{-a}\sum_{n=1}^{\infty}\frac{d_k(n)}{n^{1+a}}\int_{-T}^{T}\frac{\chi^k(-a+it)}{-a+it}(nx)^{it}dt\end{aligned}$$

For $1\leqslant t\leqslant T$

$$\chi(-a+it)=Ce^{-it\log t+it\log 2\pi+it}t^{a+\frac{1}{2}}+O(t^{a-\frac{1}{2}})$$

and

$$\frac{1}{-a+it}=\frac{1}{it}+O\left(\frac{1}{t^2}\right)$$

The corresponding part of the integral is therefore

$$iC^k\int_1^T e^{ikt(-\log t+\log 2\pi+1)}(nx)^{it}t^{(a+\frac{1}{2})k-1}dt+O(T^{(a+\frac{1}{2})k-1})$$

provided that $(a+\frac{1}{2})k>1$. This integral is of the form considered in Lemma 4.5, with

$$F(t)=kt(-\log t+\log 2\pi+1)+t\log nx$$

Since

$$F''(t)=-\frac{k}{t}\leqslant-\frac{k}{T}$$

the integral is

$$O(T^{(a+\frac{1}{2})k-\frac{1}{2}})$$

uniformly with respect to n and x. A similar result holds for the integral over $(-T,-1)$, while the integral over $(-1,1)$ is bounded. Hence

$$\begin{aligned}\Delta_k(x)=O\left(\frac{x^c}{T(c-1)^k}\right)+O\left(\frac{x^{1+\epsilon}}{T}\right)+O\left(\frac{T^{(a+\frac{1}{2})k-1}}{x^a}\right)+\\ x^{-a}\sum_{n=1}^{\infty}\frac{d_k(n)}{n^{1+a}}O(T^{(a+\frac{1}{2})k-\frac{1}{2}})\end{aligned}$$

$$= O\left(\frac{x^c}{T(c-1)^k}\right) + O\left(\frac{x^{1+\epsilon}}{T}\right) + O\left(\frac{T^{(a+\frac{1}{2})k-\frac{1}{2}}}{x^a}\right)$$

Taking $c = 1+\epsilon$, $a = \epsilon$, the terms are of the same order, apart from ϵ's, if

$$T = x^{2/(k+1)}$$

Hence

$$\Delta_k(x) = O(x^{(k-1)/(k+1)+\epsilon})$$

The restriction that x should be half an odd integer is clearly unnecessary to the result.

12. 3. By using some of the deeper results on $\zeta(s)$ we can obtain a still better result for $k \geqslant 4$.

Theorem 12. 3①

$$\alpha_k \leqslant \frac{k-1}{k+2} \quad (k = 4,5,\cdots)$$

We start as in the previous theorem, but now take the rectangle as far as $\sigma = \frac{1}{2}$ only. Let us suppose that

$$\zeta(\frac{1}{2} + \mathrm{i}t) = O(t^\lambda)$$

Then

$$\zeta(s) = O(t^{\lambda(c-\sigma)/(c-\frac{1}{2})})$$

uniformly in the rectangle. The horizontal sides therefore give

$$O\left(\int_{\frac{1}{2}}^{c} T^{k\lambda(c-\sigma)/(c-\frac{1}{2})-1} x^\sigma \mathrm{d}\sigma\right) = O(T^{k\lambda-1} x^{\frac{1}{2}} + O(T^{-1} x^c)$$

Also

$$\int_{\frac{1}{2}-\mathrm{i}T}^{\frac{1}{2}+\mathrm{i}T} \zeta^k(s) \frac{x^s}{s} \mathrm{d}s = O(x^{\frac{1}{2}}) + O\left(x^{\frac{1}{2}} \int_1^T \left| \zeta(\frac{1}{2} + \mathrm{i}t) \right|^k \frac{\mathrm{d}t}{t}\right)$$

Now

① Hardy and Littlewood (4).

$$\int_1^T |\zeta(\frac{1}{2}+\mathrm{i}t)|^k \frac{\mathrm{d}t}{t} \leqslant \max_{1\leqslant t\leqslant T} |\zeta(\frac{1}{2}+\mathrm{i}t)|^{k-4} \int_1^T |\zeta(\frac{1}{2}+\mathrm{i}t)|^4 \frac{\mathrm{d}t}{t}$$

$$= O\left\{T^{(k-4)\lambda}\int_1^T |\zeta(\frac{1}{2}+\mathrm{i}t)|^4 \frac{\mathrm{d}t}{t}\right\}$$

Also

$$\phi(T) = \int_1^T |\zeta(\frac{1}{2}+\mathrm{i}t)|^4 \mathrm{d}t = O(T^{1+\epsilon})$$

by (7. 6. 1), so that

$$\int_1^T |\zeta(\frac{1}{2}+\mathrm{i}t)|^4 \frac{\mathrm{d}t}{t} = \int_1^T \phi'(t)\frac{\mathrm{d}t}{t} = \left[\frac{\phi(t)}{t}\right]_1^T + \int_1^T \frac{\phi(t)}{t^2}\mathrm{d}t$$

$$= O(T^{\varepsilon}) + O\left(\int_1^T \frac{1}{t^{1-\epsilon}}\mathrm{d}t\right) = O(T^{\varepsilon})$$

Hence

$$\int_{\frac{1}{2}-\mathrm{i}T}^{\frac{1}{2}+\mathrm{i}T} \zeta^k(s)\frac{x^s}{s}\mathrm{d}s = O(x^{\frac{1}{2}}) + O(x^{\frac{1}{2}}T^{(k-4)\lambda+\epsilon})$$

Altogether we obtain

$$\Delta_k(x) = O(T^{-1}x^c) + O(x^{\frac{1}{2}}T^{k\lambda-1}) + O(x^{\frac{1}{2}}T^{(k-4)\lambda+\varepsilon})$$

The middle term is of smaller order than the last if $\lambda \leqslant \frac{1}{4}$. Taking $c = 1+\varepsilon$, the other two terms are of the same order, apart from $\varepsilon^2 s$, if

$$T = x^{1/\{2(k-4)\lambda+2\}}$$

This gives

$$\Delta_k(x) = O(x^{[\{2(k-4)\lambda+1\}/\{2(k-4)\lambda+2\}]+\epsilon})$$

Taking $\lambda = \frac{1}{6}+\epsilon$ (Theorems 5. 5, 5. 12) the result follows. Further slight improvments for $k \geqslant 5$ are obtained by using the results stated in § 5. 18.

12. 4. The above method does not give any new result for $k=2$ or $k=3$. For these values slight improvements on Theorem 12. 2 have been made by special methods.

Theorem 12.4.[1]

$$\alpha_2 \leqslant \frac{27}{82}$$

The argument of § 12.2 shows that

$$\Delta(x) = \frac{1}{2\pi i}\sum_{n=1}^{\infty} d(n)\int_{-a-iT}^{-a+iT}\frac{\chi^2(s)}{n^{1-s}}\times\frac{x^s}{s}ds + O\left(\frac{T^{2a}}{x^a}\right) + O\left(\frac{x^c}{T}\right)$$

(12.4.1)

where $a > 0$, $c > 1$. Let $T^2/(4\pi^2 x) = N + \frac{1}{2}$, where N is an integer, and consider the terms with $n > N$. As before, the integral over $1 \leqslant t \leqslant T$ is of the form

$$\frac{1}{x^a n^{1+a}}\int_1^T e^{iF(t)}\{t^{2a} + O(t^{2a-1})\}\,dt \qquad (12.4.2)$$

where

$$F(t) = 2t(-\log t + \log 2\pi + 1) + t\log nx$$

$$F'(t) = \log\frac{4\pi^2 nx}{t^2}$$

Hence $F'(t) \geqslant \log\dfrac{n}{N+\frac{1}{2}}$, and (12.4.2) is

$$\frac{1}{x^a n^{1+a}}\left\{O\left(\frac{T^{2a}}{\log\{n/(N+\frac{1}{2})\}}\right) + O(T^{2a})\right\}$$

For $n \geqslant 2N$ this contributes to (12.4.1)

$$O\left\{\frac{T^{2a}}{x^a}\sum_{n=2N}^{\infty}\frac{d(n)}{n^{1+a}}\right\} = O(N^{\epsilon})$$

and for $N < n < 2N$ it contributes

$$O\left\{\frac{T^{2a}}{x^a}\sum_{n=N+1}^{2N}\frac{d(n)}{n^{1+a}\log\{n/(N+\frac{1}{2})\}}\right\} = O\left(N^{\epsilon}\sum_{m=1}^{N}\frac{1}{m}\right) = O(N^{\epsilon})$$

Similarly for the integral over $-T \leqslant t \leqslant -1$; and the integral over

[1] van der Corput (4).

$-1<t<1$ is clearly $O(x^{-a})$.

If $n\leqslant N$, we write

$$\int_{-a-iT}^{-a+iT}=\int_{-i\infty}^{i\infty}-\left(\int_{iT}^{i\infty}+\int_{-i\infty}^{-iT}+\int_{-iT}^{-a-iT}+\int_{-a+iT}^{iT}\right)$$

The first term is

$$\frac{1}{n}\int_{-i\infty}^{i\infty}2^{2s}\pi^{2s-2}\sin^2\frac{1}{2}s\pi\Gamma^2(1-s)\frac{(nx)^s}{s}\mathrm{d}s$$

$$=-\frac{1}{n\pi^2}\int_{1-i\infty}^{1+i\infty}\cos^2\frac{1}{2}w\pi\Gamma(w)\Gamma(w-1)\{2\pi\sqrt{(nx)^2}\}^{2-2w}\,\mathrm{d}w$$

$$=-4\mathrm{i}\sqrt{\left(\frac{x}{n}\right)}\left[K_1\{4\pi\sqrt{(nx)}\}+\frac{1}{2}\pi Y_1\{4\pi\sqrt{(nx)}\}\right]$$

in the usual notation of Bessel functions.[①]

The first integral in the bracket is

$$\int_T^{\infty}\mathrm{e}^{\mathrm{i}F(t)}\left(A+\frac{A'}{t}+O(t^{-2})\right)\mathrm{d}t=O\left\{\frac{1}{\log(N+\frac{1}{2})/n}\right\}$$

which gives

$$\sum_{n=1}^{N}\frac{d(n)}{n\log\{(N+\frac{1}{2})/n\}}=O(N^{\epsilon})$$

as before; and similarly for the second integral. The last two give

$$O\left\{\sum_{n=1}^{N}\frac{d(n)}{n}\int_{-a}^{0}\left(\frac{nx}{T^2}\right)^{\sigma}\mathrm{d}\sigma\right\}=O\left\{\sum_{n=1}^{N}\frac{d(n)}{n}\left(\frac{T^2}{nx}\right)^{a}\right\}=O\left\{\left(\frac{T^2}{x}\right)^{a}\right\}$$

Altogether we have now proved that

$$\Delta(x)=-\frac{2\sqrt{x}}{\pi}\sum_{n=1}^{N}\frac{d(n)}{\sqrt{n}}\left[K_1\{4\pi\sqrt{(nx)}\}+\frac{1}{2}\pi Y_1\{4\pi\sqrt{(nx)}\}\right]+O\left(\frac{T^{2a}}{x^a}\right)+O\left(\frac{x^c}{T}\right)\tag{12.4.3}$$

① See, e. g. , Titchmarsh, *Fourier Integrals*, (7. 9. 8), (7. 9. 11).

By the usual asymptotic formulae[①] for Bessel functions, this may be replaced by

$$\Delta(x)=\frac{x^{\frac{1}{4}}}{\pi\sqrt{2}}\sum_{n=1}^{N}\frac{d(n)}{n^{\frac{3}{4}}}\cos\{4\pi\sqrt{(nx)}-\frac{1}{4}\pi\}+ \\ O(x^{-\frac{1}{4}})+O\left(\frac{T^{2a}}{x^{a}}\right)+O\left(\frac{x^{c}}{T}\right) \tag{12.4.4}$$

Now

$$\sum_{n=1}^{N}d(n)\mathrm{e}^{4\pi\mathrm{i}\sqrt{(nx)}}=2\sum_{m\leqslant\sqrt{N}}\sum_{n\leqslant N/m}\mathrm{e}^{4\pi\mathrm{i}\sqrt{(mnx)}}-\sum_{m\leqslant\sqrt{N}}\sum_{n\leqslant\sqrt{N}}\mathrm{e}^{4\pi\mathrm{i}\sqrt{(mnx)}} \tag{12.4.5}$$

Consider the sum

$$\sum_{\frac{1}{2}N/m<n\leqslant N/m}\mathrm{e}^{4\pi\mathrm{i}\sqrt{(mnx)}}$$

We apply Theorem 5.13, with $k=5$, and

$$f(n)=2\sqrt{(mnx)},\quad f^{(5)}(n)=A(mx)^{\frac{1}{2}}n^{-\frac{9}{2}}$$

Hence the sum is

$$O\left\{\frac{N}{m}\left(\frac{(mx)^{\frac{1}{2}}}{(N/m)^{\frac{9}{2}}}\right)^{\frac{1}{30}}\right\}+O\left\{\left(\frac{N}{m}\right)^{\frac{7}{8}}\left(\frac{(N/m)^{\frac{9}{2}}}{(mx)^{\frac{1}{2}}}\right)^{\frac{1}{30}}\right\}$$
$$=O\{(N/m)^{\frac{17}{20}}(mx)^{\frac{1}{60}}\}+O\{(N/m)^{\frac{41}{40}}(mx)^{-\frac{1}{60}}\}$$

Replacing N by $\frac{1}{2}N$, $\frac{1}{4}N,\cdots$, and adding, the same result holds for the sum over $1\leqslant n\leqslant N/m$. Hence the first term on the right of (12.4.5) is

$$O\left(N^{\frac{17}{20}}x^{\frac{1}{60}}\sum_{m\leqslant\sqrt{N}}m^{-\frac{5}{6}}\right)+O\left(N^{\frac{41}{40}}x^{-\frac{1}{60}}\sum_{m\leqslant\sqrt{N}}m^{-\frac{25}{24}}\right)=O(N^{\frac{14}{15}}x^{\frac{1}{60}})+O(N^{\frac{41}{40}}x^{-\frac{1}{60}})$$

Similarly the second inner sum is

$$O\{(\sqrt{N})^{\frac{17}{20}}(mx)^{\frac{1}{60}}\}+O\{(\sqrt{N})^{\frac{41}{40}}(mx)^{-\frac{1}{60}}\}$$

and the whole sum is

$$O\left(N^{\frac{17}{40}}x^{\frac{1}{60}}\sum_{m\leqslant\sqrt{N}}m^{\frac{1}{60}}\right)+O\left(N^{\frac{41}{80}}x^{-\frac{1}{60}}\sum_{m\leqslant\sqrt{N}}m^{-\frac{1}{60}}\right)=O(N^{\frac{14}{15}}x^{\frac{1}{60}})+O(N^{\frac{241}{240}}x^{-\frac{1}{60}})$$

---

① Watson, *Theory of Bessel Functions*, §§ 7.21, 7.23.

Hence, multiplying by $e^{-\frac{1}{4}i\pi}$ and taking the real part

$$\sum_{n=1}^{N} d(n)\cos\{4\pi\sqrt{(nx)}-\frac{1}{4}\pi\}=O(N^{\frac{14}{15}}x^{\frac{1}{60}})+O(N^{\frac{41}{40}}x^{-\frac{1}{60}})$$

Using this and partial summation, (12.4.4) gives

$$\Delta(x)=O(N^{\frac{14}{15}-\frac{3}{4}}x^{\frac{1}{4}+\frac{1}{60}})+O(N^{\frac{41}{40}-\frac{3}{4}}x^{\frac{1}{4}-\frac{1}{60}})+O(N^{a})+O(N^{-\frac{1}{2}}x^{c-\frac{1}{2}})$$

$$=O(N^{\frac{11}{60}}x^{\frac{4}{15}})+O(N^{\frac{11}{40}}x^{\frac{7}{30}})+O(N^{a})+O(N^{-\frac{1}{2}}x^{c-\frac{1}{2}})$$

Taking $a=\epsilon$, $c=1+\epsilon$, the first and last terms are of the same order, apart from ϵ's, if

$$N=[x^{\frac{14}{41}}]$$

Hence

$$\Delta(x)=O(x^{\frac{27}{82}+\epsilon})$$

the result stated.

A similar argument may be applied to $\Delta_3(x)$. We obtain

$$\Delta_3(x)=\frac{x^{\frac{1}{3}}}{\pi\sqrt{3}}\sum_{n<T^3(8\pi^3 x)}\frac{d_3(n)}{n^{\frac{2}{3}}}\cos\{6\pi(nx)^{\frac{1}{3}}\}+O\left(\frac{x^{1+\epsilon}}{T}\right) \tag{12.4.6}$$

and deduce that

$$\alpha_3\leqslant\frac{37}{75}$$

The detailed argument is given by Atkinson (3).

If the series in (12.4.4) were absolutely convergent, or if the terms more or less cancelled each other, we should deduce that $\alpha_2\leqslant\frac{1}{4}$; and it may reasonably be conjectured that this is the real truth. We shall see later that $\alpha_2\geqslant\frac{1}{4}$, so that it would follow that $\alpha_2=\frac{1}{4}$. Similarly from (12.4.6) we should obtain $\alpha_3=\frac{1}{3}$; and so generally it may be conjectured that

$$\alpha_k=\frac{k-1}{2k}$$

12.5. *The average order of* $\Delta_k(x)$. We may define β_k, the average order of $\Delta_k(x)$, to be the least number such that

$$\frac{1}{x}\int_0^x \Delta_k^2(y)\,dy = O(x^{2\beta_k+\epsilon})$$

for every positive ϵ. Since

$$\frac{1}{x}\int_0^x \Delta_k^2(y)\,dy = \frac{1}{x}\int_0^x O(y^{2\alpha_k+\epsilon})dy = O(x^{2\alpha_k+\epsilon})$$

we have $\beta_k \leqslant \alpha_k$ for each k. In particular we obtain a set of upper bounds for the β_k from the above theorems.

As usual, the problem of average order is easier than that of order, and we can prove more about the β_k than about the α_k. We shall first prove the following theorem.[①]

Theorem 12.5. *Let γ_k be the lower bound of positive number σ for which*

$$\int_{-\infty}^{\infty} \frac{|\zeta(\sigma+it)|^{2k}}{|\sigma+it|^2}dt < \infty \tag{12.5.1}$$

Then $\beta_k = \gamma_k$; and

$$\frac{1}{2\pi}\int_{-\infty}^{\infty} \frac{|\zeta(\sigma+it)|^{2k}}{|\sigma+it|^2}dt = \int_0^{\infty}\Delta_k^2(x)x^{-2\sigma-1}\,dx \tag{12.5.2}$$

provided that $\sigma > \beta_k$.

We have

$$D_k(x) = \frac{1}{2\pi i}\lim_{T\to\infty}\int_{c-iT}^{c+iT}\frac{\zeta^k(s)}{s}x^s ds \quad (c>1)$$

Applying Cauchy's theorem to the rectangle $\gamma - iT$, $c - iT$, $c + iT$, $\gamma + iT$, where γ is less than, but sufficiently near to, 1, and allowing for the residue at $s = 1$, we obtain

$$\Delta_k(x) = \frac{1}{2\pi i}\lim_{T\to\infty}\int_{\gamma-iT}^{\gamma+iT}\frac{\zeta^k(s)}{s}ds \tag{12.5.3}$$

① Titchmarsh (22).

Actually (12.5.3) holds for $\gamma_k<\gamma<1$. For[①] $\zeta^k(s)/s\to 0$ uniformly as $t\to\pm\infty$ in the strip. Hence if we integrate the integrand of (12.5.3) round the rectangle $\gamma'-\mathrm{i}T$, $\gamma-\mathrm{i}T$, $\gamma+\mathrm{i}T$, $\gamma'+\mathrm{i}T$, where

$$\gamma_k<\gamma'<\gamma<1$$

and make $T\to\infty$, we obtain the same result with γ' instead of γ.

If we replace x by $1/x$, (12.5.3) expresses the relation between the Mellin transforms

$$f(x)=\Delta_k(1/x),\quad (\mathfrak{F})=\zeta^k(s)/s$$

the relevant integrals holding also in the mean-square sense. Hence Parseval's formula for Mellin transforms[②] gives

$$\frac{1}{2\pi}\int_{-\infty}^{\infty}\frac{|\zeta(\gamma+\mathrm{i}t)|^{2k}}{|\gamma+\mathrm{i}t|^2}\mathrm{d}t=\int_0^{\infty}\Delta_k^2\left(\frac{1}{x}\right)x^{2\gamma-1}\,\mathrm{d}x=\int_0^{\infty}\Delta_k^2(x)x^{-2\gamma-1}\,\mathrm{d}x \tag{12.5.4}$$

provided that $\gamma_k<\gamma<1$.

It follows that, if $\gamma_k<\gamma<1$

$$\int_{\frac{1}{2}X}^{X}\Delta_k^2(x)x^{-2\gamma-1}\mathrm{d}x<K=K(k,\gamma)$$

$$\int_{\frac{1}{2}X}^{X}\Delta_k^2(x)\,\mathrm{d}x<KX^{2\gamma+1}$$

and, replacing X by $\frac{1}{2}X$, $\frac{1}{4}X,\cdots$, and adding

$$\int_1^X\Delta_k^2(x)\,\mathrm{d}x<KX^{2\gamma+1}$$

Hence $\beta_k\leqslant\gamma$, and so $\beta_k\leqslant\gamma_k$.

The inverse Mellin formula is

$$\frac{\zeta^k(s)}{s}=\int_0^{\infty}\Delta_k\left(\frac{1}{x}\right)x^{s-1}\mathrm{d}x=\int_0^{\infty}\Delta_k(x)^{-s-1}\mathrm{d}x \tag{12.5.5}$$

---

① By an application of the lemma of § 11.9.

② See Titchmarsh, *Theory of Fourier Integrals*, Theorem 71.

The right-hand side exists primarily in the mean-square sense, for $\gamma_k < \sigma < 1$. But *actually the right-hand side is uniformly convergent in any region interior to the strip* $\beta_k < \sigma < 1$; for

$$\int_{\frac{1}{2}X}^{X} |\Delta_k(x)| x^{-\sigma-1}\,dx \leqslant \left\{\int_{\frac{1}{2}X}^{X} \Delta_k^2(x)\,dx \int_{\frac{1}{2}X}^{X} x^{-2\sigma-2}\,dx\right\}^{\frac{1}{2}}$$
$$= \{O(X^{2\beta_k+1+\epsilon})O(X^{-2\sigma-1})\}^{\frac{1}{2}}$$
$$= O(X^{\beta_k-\sigma+\epsilon})$$

and on putting $X = 2,4,8,\cdots$, and adding we obtain

$$\int_1^\infty |\Delta_k(x)| x^{-\sigma-1}\,dx < K$$

It follows that the right-hand side of (12.5.5) represents an analytic function, regular for $\beta_k<\sigma<1$. The formula therefore holds by analytic continuation throughout this strip. Also (by the argument just given) the right-hand side of (12.5.4) is finite for $\beta_k < \gamma < 1$. Hence so is the left-hand side, and the formula holds. Hence $\gamma_k \leqslant \beta_k$, and so, in fact, $\gamma_k = \beta_k$. This proves the theorem.

12.6. Theorem 12.6(A).[①]

$$\beta_k \geqslant \frac{k-1}{2k} \quad (k = 2,3,\cdots)$$

If $\frac{1}{2} < \sigma < 1$, by Theorem 7.2

$$C_\sigma T < \int_{\frac{1}{2}T}^{T} |\zeta(\sigma+it)|^2\,dt \leqslant \left\{\int_{\frac{1}{2}T}^{T} |\zeta(\sigma+it)|^{2k}\,dt\right\}^{1/k}\left(\int_{\frac{1}{2}T}^{T} dt\right)^{1-1/k}$$

Hence

$$\int_{\frac{1}{2}T}^{T} |\zeta(\sigma+it)|^{2k}\,dt \geqslant 2^{k-1}C_\sigma^k T$$

Hence, if $0 < \sigma < \frac{1}{2}$, $T > 1$

① Titchmarsh (22).

$$\int_{-\infty}^{\infty} \frac{|\zeta(\sigma+\mathrm{i}t)|^{2k}}{|\sigma+\mathrm{i}t|^2}\mathrm{d}t$$

$$> \int_{\frac{1}{2}T}^{T} \frac{|\zeta(\sigma+\mathrm{i}t)|^{2k}}{|\sigma+\mathrm{i}t|^2}\mathrm{d}t > \frac{C'}{T^2}\int_{\frac{1}{2}T}^{T} |\zeta(\sigma+\mathrm{i}t)|^{2k}\,\mathrm{d}t$$

$$> C''T^{k(1-2\sigma)-2}\int_{\frac{1}{2}T}^{T} |\zeta(1-\sigma-\mathrm{i}t)|^{2k}\,\mathrm{d}t \quad \text{(by the functional equation)}$$

$$\geqslant C''2^{k-1}C_{1-\sigma}^{k}T^{k(1-2\sigma)-1}$$

This can be made as large as we please by choice of T if $\sigma < \frac{1}{2}(k-1)/k$. Hence

$$\gamma_k \geqslant \frac{k-1}{2k}$$

and the theorem follows.

Theorem 12.6 (B).[1]

$$\alpha_k \geqslant \frac{k-1}{2k} \quad (k=2,3,\cdots)$$

For $\alpha_k \geqslant \beta_k$.

Much more precise theorems of the same type are known. Hardy proved first that both

$$\Delta(x) > Kx^{\frac{1}{4}}, \quad \Delta(x) < -Kx^{\frac{1}{4}}$$

hold for some arbitrarily large values of x, and then that $x^{\frac{1}{4}}$ may in each case be replaced by

$$(x\log x)^{\frac{1}{4}}\log\log x$$

12.7. We recall that (§7.9) the numbers σ_k are defined as the lower bounds for σ such that

$$\frac{1}{T}\int_{1}^{T} |\zeta(\sigma+\mathrm{i}t)|^{2k}\,\mathrm{d}t = O(1)$$

We shall next prove

① Hardy (2).

Theorem 12.7. *For each integer $k \geqslant 2$, a necessary and sufficient condition that*

$$\beta_k = \frac{k-1}{2k} \tag{12.7.1}$$

is that

$$\sigma_k \leqslant \frac{k+1}{2k} \tag{12.7.2}$$

Suppose first that (12.7.2) holds. Then by the functional equation

$$\int_1^T |\zeta(\sigma+it)|^{2k} dt = O\left\{T^{k(1-2\sigma)}\int_1^T |\zeta(1-\sigma-it)|^{2k} dt\right\}$$
$$= O(T^{k(1-2\sigma)+1})$$

for $\sigma < \frac{1}{2}(k-1)/k$. It follows from the convexity of mean values that.

$$\int_1^T |\zeta(\sigma+it)|^{2k} dt = O(T^{1+(\frac{1}{2}+1/2k+\epsilon/2k-\sigma)k})$$

for

$$\frac{k-1-\epsilon}{2k} < \sigma < \frac{k+1+\epsilon}{2k}$$

The index of T is less than 2 if

$$\sigma > \frac{k-1+\epsilon}{2k}$$

Then

$$\int_{\frac{1}{2}T}^T \frac{|\zeta(\sigma+it)|^{2k}}{|\sigma+it|^2} dt = O(T^{-\delta}) \quad (\delta > 0)$$

Hence (12.5.1) holds. Hence $\gamma_k \leqslant \frac{1}{2}(k-1)/k$. Hence $\beta_k \leqslant \frac{1}{2}(k-1)/k$, and so, by Theorem 12.6 (A), 12.7.1) holds.

On the other hand, if (12.7.1) holds, it follows from (12.5.2) that

$$\int_1^T |\zeta(\sigma+it)|^{2k} dt = O(T^2)$$

for $\sigma > \frac{1}{2}(k-1)/k$. Hence by the functional equation

$$\int_1^T |\zeta(\sigma+\mathrm{i}t)|^{2k}\mathrm{d}t = O(T^{k(1-2\sigma)+2})$$

for $\sigma<\frac{1}{2}(k+1)/k$. Hence, by the convexity theorem, the left-hand side is $O(T^{1+\epsilon})$ for $\sigma=\frac{1}{2}(k+1)/k$; hence, in the notation of §7.9, $\sigma'_k\leqslant\frac{1}{2}(k+1)/k$, and so (12.7.2) holds.

12.8. Theorem 12.8.[①]

$$\beta_2=\frac{1}{4},\quad \beta_3=\frac{1}{3},\quad \beta_4\leqslant\frac{3}{7}$$

By Theorem 7.7, $\sigma_k\leqslant 1-1/k$. Since

$$1-\frac{1}{k}\leqslant\frac{k+1}{2k}\quad (k\leqslant 3)$$

it follows that $\beta_2=\frac{1}{4}$, $\beta_3=\frac{1}{3}$.

The available material is not quite sufficient to determine β_4. Theorem 12.6 (A) gives $\beta_4\geqslant\frac{3}{8}$. To obtain an upper bound for it, we observe that, by Theorem 5.5. and (7.6.1)

$$\int_1^T |\zeta(\tfrac{1}{2}+\mathrm{i}t)|^8\,\mathrm{d}t = O\left(T^{\frac{2}{3}+\epsilon}\int_1^T |\zeta(\tfrac{1}{2}+\mathrm{i}t)|^4\mathrm{d}t\right)=O(T^{\frac{5}{3}+\epsilon})$$

and, since $\sigma_4\leqslant\frac{7}{10}$ by Theorem 7.10

$$\int_1^T |\zeta(\tfrac{3}{10}+\mathrm{i}t)|^8\,\mathrm{d}t = O\left(T^{\frac{8}{5}}\int_1^T |\zeta(\tfrac{7}{10}-\mathrm{i}t)|^8\,\mathrm{d}t\right)=O(T^{\frac{13}{5}+\epsilon})$$

Hence by the convexity theorem

$$\int_1^T |\zeta(\sigma+\mathrm{i}t)|^8\,\mathrm{d}t = O(T^{4-\frac{14}{3}\sigma+\epsilon})$$

---

① The value of β_2 is due to Hardy (3), and that of β_3 to Cramér (4); for β_4 see Titchmarsh (22).

for $\frac{3}{10}<\sigma<\frac{1}{2}$. It easily follows that $\gamma_4 \leqslant \frac{3}{7}$, i.e. $\beta_4 \leqslant \frac{3}{7}$.

NOTES FOR CHAPTER 12

12.9. For large k the best available estimates for α_k are of the shape $\alpha_k \leqslant 1-Ck^{-\frac{2}{3}}$, where C is a positive constant. The first such result is due to Richert [**2**]. (See also Karatsuba [**1**], Ivic [**3**; Theorem 13.3] and Fujii [**3**].) These results depend on bounds of the form (6.19.2).

For the range $4 \leqslant k \leqslant 8$ one has $\alpha_k \leqslant \frac{3}{4}-1/k$ (Heath-Brown [**8**]) while for intermediate values of k a number of estimates are possible (see Ivic [**3**; Theorem 13.2]). In particular one has $\alpha_9 \leqslant \frac{35}{54}$, $\alpha_{10} \leqslant \frac{41}{60}$, $\alpha_{11} \leqslant \frac{7}{10}$, and $\alpha_{12} \leqslant \frac{5}{7}$.

12.10. The following bounds for α_2 have been obtained.

$\frac{33}{100} = 0.330\,000\cdots$ van der Corput (**2**)

$\frac{27}{82} = 0.329\,268\cdots$ van der Corput (**4**)

$\frac{15}{46} = 0.326\,086\cdots$ Chih [**1**], Richert [**1**]

$\frac{12}{37} = 0.324\,324\cdots$ Kolesnik [**1**]

$\frac{346}{1067} = 0.324\,273\cdots$ Kolesnik [**2**]

$\frac{35}{108} = 0.324\,074\cdots$ Kolesnik [**4**]

$\frac{139}{429} = 0.324\,009\cdots$ Kolesnik [**5**]

In general the methods used to estimate α_2 and $\mu(\frac{1}{2})$ are very closely related. Suppose one has a bound

$$\sum_{M<m\leqslant M_1}\sum_{N<n\leqslant N_1} \exp[2\pi i\{x(mn)^{\frac{1}{2}}+cx^{-1}(mn)^{\frac{3}{2}}\}] \ll (MN)^{\frac{3}{4}}x^{2\vartheta-\frac{1}{2}} \tag{12.10.1}$$

for any constant c, uniformly for $M < M_1 \leqslant 2M$, $N < N_1 \leqslant 2N$, and $MN \leqslant x^{2-4\vartheta}$. It then follows that $\mu(\frac{1}{2}) \leqslant \frac{1}{2}\vartheta$, $\alpha_2 \leqslant \vartheta$, and $E(T) \ll T^{\vartheta+\varepsilon}$ (for $E(T)$ as in §7.20). In practice those versions of the van der Corput method used to tackle $\mu(\frac{1}{2})$ and α_2 also apply to (12.10.1), which explains the similarity between the table of estimates given above and that presented in §5.21 for $\mu(\frac{1}{2})$. This is just one manifestation of the close similarity exhibited by the functions $E(T)$ and $\Delta(x)$, which has its origin in the formulae (7.20.6) and (12.4.4). The classical lattice-point problem for the circle falls within the same area of ideas. Thus, if the bound (12.10.1) holds, along with its analogue in which the summation condition $m \equiv 1 \pmod 4$ is imposed, then one has

$$\#\{(m, n) \in \mathbb{Z}^2 : m^2 + n^2 \leqslant x\} = \pi x + O(x^{\vartheta+\varepsilon})$$

Jutila [**3**] has taken these ideas further by demonstrating a direct connection between the size of $\Delta(x)$ and that of $\zeta(\frac{1}{2}+it)$ and $E(T)$. In particular he has shown that if $\alpha_2 = \frac{1}{4}$ then $\mu(\frac{1}{2}) \leqslant \frac{3}{20}$ and $E(T) \ll T^{\frac{5}{16}+\epsilon}$.

Further work has also been done on the problem of estimating α_3. The best result at present is $\alpha_3 \leqslant \frac{43}{96}$, due to Kolesnik [**3**]. For α_4, however, no sharpening of the bound $\alpha_4 \leqslant \frac{1}{2}$ given by Theorem 12.3 has yet been found. This result, dating from 1922, seems very resistant to any attempt at improvement.

12.11. The Ω-results attributed to Hardy in §12.6 may be found in Hardy [**1**]. However Hardy's argument appears to yield only

$$\Delta(x) = \Omega_+((x \log x)^{\frac{1}{4}} \log\log x) \qquad (12.11.1)$$

and not the corresponding Ω-result. The reason for this is that Dirichlet's Theorem is applicable for Ω_+, while Kronecker's Theorem is needed for the Ω_- result. By using a quantitative form of Kronecker's Theorem, Corrádi and Kátai [**1**] showed that

$$\Delta(x) = \Omega_- \left\{x^{\frac{1}{4}} \exp\left(c \frac{(\log\log x)^{\frac{1}{4}}}{(\log\log\log x)^{\frac{3}{4}}}\right)\right\}$$

for certain positive constant c. This improved earlier work of Ingham [**1**] and Gangadharan [**1**]. Hardy's result (12.11.1) has also been sharpened by Hafner [**1**] who obtained

$$\Delta(x) = \Omega_+ \left[(x \log x)^{\frac{1}{4}} (\log\log x)^{\frac{1}{4}(3+2\log 2)} \exp\{-c(\log\log \log x)^{\frac{1}{2}}\}\right]$$

for a certain positive constant c. For $k \geqslant 3$ he also showed [**2**] that, for a suitable positive constant c, one has

$$\Delta_k(x) = \Omega_* \left[(x \log x)^{(k-1)/2k} (\log\log x)^a \exp\{-c(\log\log\log x)^{\frac{1}{2}}\}\right]$$

where

$$a = \frac{k-11}{2k}(k \log k + k + 1)$$

and Ω_* is Ω_+ for $k = 3$ and $\Omega_\pm$ for $k \geqslant 4$.

12.12. As mentioned in §7.22 we now have $\sigma_4 \leqslant \frac{5}{8}$, whence $\beta_4 = \frac{3}{8}$, (Heath-Brown [**8**]). For $k = 2$ and 3 one can give asymptotic formulae for

$$\int_0^x \Delta_k(y)^2 \, dy$$

Thus Tong [**1**] showed that

$$\int_0^x \Delta_k(y)^2 \, dy = \frac{x^{(2k-1)/k}}{(4k-2)\pi^2} \sum_{n=1}^{\infty} d_k(n)^2 n^{-(k+1)/k} + R_k(x)$$

with $R_2(x) \ll x(\log x)^5$ and

$$R_k(x) \ll x^{c_k+\varepsilon}, \quad c_k = 2 - \frac{3-4\sigma_k}{2k(1-\sigma_k)-1} \quad (k \geqslant 3)$$

Taking $\sigma_3 \leqslant \frac{7}{12}$ (see §7.22) yields $c_3 \leqslant \frac{14}{9}$. However the available information concerning σ_k is as yet insufficient to give $c_k < (2k-1)/k$ for any $k \geqslant 4$. It is perhaps of interest to note that Hardy's result (12.11.1) implies $R_2(x) = \Omega\{x^{\frac{3}{4}}(\log x)^{-\frac{1}{4}}\}$, since any estimate $R_2(x) \ll F(x)$ easily leads to a bound $\Delta_2(x) \ll \{F(x) \log x\}^{\frac{1}{3}}$, by an argument analogous to that given for the proof of Lemma α in §14.13.

Ivic [**3**; Theorems 13.9 and 13.10] has estimated the higher moments of $\Delta_2(x)$ and $\Delta_3(x)$. In particular his results imply that

$$\int_0^x \Delta_2(y)^8 \, dy \ll x^{3+\varepsilon}$$

For $\Delta_3(x)$ his argument may be modified slightly to yield

$$\int_0^x |\Delta_3(y)|^3 \, dy \ll x^{2+\varepsilon}$$

These results are readily seen to contain the estimates $\alpha_2 \leqslant \frac{1}{3}$, $\beta_2 \leqslant \frac{1}{4}$ and $\alpha_3 \leqslant \frac{1}{2}$, $\beta_3 \leqslant \frac{1}{3}$ respectively.

上述内容主要源于剑桥的小册子 *The Zate-function of Riemann*. 它的看点就在于它与黎曼猜想联系密切，在《数学奥林匹克与数学文化》第一辑中曾刊登了一篇科普名家卢昌海先生的文章，他是这样讲这个故事的：

一、哈代的电报

让我们从一则小故事开始我们的黎曼猜想之旅吧. 故事发生在大约 70 年前，当时英国有一位很著名的数学家叫作哈代(Godfrey Hardy,1877—1947)，他是两百年来英国数学界的一位"勇士". 为什么说他是勇士呢？因为在 17 世纪的时候，英国的数学家与欧洲大陆的数学家之间发生了一场激烈的论战. 论战的话题是谁先发现了微积分. 论战的当事人一边是英国的科学泰斗牛顿(Isaac Newton,1642—1727)，另一边是欧洲大陆(德国)的哲学及数学家莱布尼兹(Gottfried Wilhelm Leibniz,1646—1716). 这一场论战打下来，两边筋疲力尽自不待言，还大伤了和气，留下了旷日持久的后遗症. 英国的许多数学家开始排斥起来自欧洲大陆的数学进展. 一场争论演变到这样的一个地步，英国数学界的集体荣誉及尊严、牛顿的赫赫威名便都成了负资产，英国的数学在保守的舞步中走起了下坡路.

这下坡路一走便是两百年.

在这样的一个背景下，在复数理论还被一些英国数学家视为来自欧洲大陆的危险概念的时候，土生土长的英国数学家哈代却对来自欧洲大陆(德国 —— 又是德国)、有着复变函数色彩的数学猜想 —— 黎曼猜想 —— 产生了浓厚的兴趣，积极地研究它，并且取得了令欧洲大陆数学界为之震动的成就(这一成就将在后文中介绍)，算得上勇士所为.

当时哈代在丹麦有一位很好的数学家朋友叫作 Harald Bohr(1887—1951)，他是著名量子物理学家 Niels Bohr 的弟弟. Bohr 对黎曼猜想也有浓厚的兴趣，曾与德国数学家朗道(Edmund Landau，1877—1938)一起研究黎曼猜想(他们的研究成果也将在后文中介绍). 哈代很喜欢与 Bohr 共度暑假，一起讨论黎曼猜想，常常待到假期将尽才匆匆赶回英国. 结果有一次当他赶到码头时，发现只剩下一条小船可以乘坐了. 在汪洋大海中乘坐一条小船可不是闹着玩的事情，弄得好算是浪漫刺激，弄不好就得葬身鱼腹. 信奉上帝的乘客们此时都忙着祈求上帝的保佑. 哈代却是一个坚决不信上帝的人，不仅不信上帝，有一年还把向大众证明上帝不存在列入自己的年度六大心愿之中，且排名第三(排名第一的是证明黎曼猜想). 不过在这生死攸关的时候哈代也没闲着，他给 Bohr 发去了一封电报，电报上只有一句话：

"我已经证明了黎曼猜想！"

Hardy 为什么要发这么一个电报呢？回到英国后他向 Bohr 解释了原因，他说如果那次他乘坐的船真的沉没了，那人们就只好相信他真的证明了黎曼猜想，但他知道上帝是肯定不会把这么巨大的荣誉送给他 —— 一个坚决不信上帝的人，因此上帝一定不会让他的小船沉没的.

上帝果然没有舍得让哈代的小船沉没. 自那以后又过去了 70 来个年头，吝啬的上帝仍然没有物色到一个可以承受这么大荣誉的人.

二、黎曼 ζ 函数与黎曼猜想

那么这个让上帝如此吝啬的黎曼猜想究竟是一个什么样的猜想

呢？在回答这个问题之前，我们先来介绍一个函数：黎曼 ζ 函数. 这个函数虽然持着黎曼的大名，却不是黎曼提出的. 但是黎曼虽然不是这一函数的提出者，他的工作却大大加深了人们对这一函数的理解，为其在数学与物理上的广泛运用奠定了基础. 后人为了纪念黎曼的卓越贡献，就用他的名字命名了这一函数.

黎曼 ζ 函数 $\zeta(s)$ 是级数表达式(n 为自然数)

$$\zeta(s)=\sum_{n} n^{-s} \quad (\mathrm{Re}(s)>1)$$

在复平面上的解析延拓. 之所以需要解析延拓，是因为上面这一表达 —— 如我们已经注明的 —— 只适用于平面上 $\mathrm{Re}(s)>1$ 的区域(否则级数不收敛). 黎曼找到了上面这一表达式的解析延拓(当然黎曼没有使用“解析延拓”这一现代复变函数论的术语). 运用路径积分，解析延拓后的黎曼 ζ 函数可以表示为

$$\zeta(s)=\frac{\mathrm{i}\Gamma(1-s)}{2\pi}\int_{c}\frac{(-w)^{s-1}}{\mathrm{e}^{w}-1}\mathrm{d}w$$

式中的积分环绕正实轴进行(即从 ∞ 出发，沿实轴上方积分至原点附近，环绕原点积分至实轴下方，再沿实轴下方积分至 ∞ —— 离实轴的距离及环绕原点的半径均趋于 0)；式中的 Γ 函数 $\Gamma(s)$ 是阶乘函数在复平面上的推广，对于正整数 $s>1$：$\Gamma(s)=(s-1)!$. 可以证明，这一积分表达式除了在 $s=1$ 处有一个简单极点外在整个复平面上解析. 这就是黎曼 ζ 函数的完整定义.

运用上面的积分表达式可以证明，黎曼 ζ 函数满足以下代数关系式

$$\zeta(s)=2\Gamma(1-s)(2\pi)^{s-1}\sin(\pi s/2)\zeta(1-s)$$

从这个关系式中不难发现，黎曼 ζ 函数在 $s=-2n$(n 为自然数)取值为零，因为 $\sin(\pi s/2)$ 为零. 复平面上的这种使黎曼 ζ 函数取值为零的点被称为黎曼 ζ 函数的零点. 因此 $s=-2n$(n 为自然数)是黎曼 ζ 函数的零点. 这些分布有序的零点性质十分简单，被称为黎曼 ζ 函数的平凡零点(trivial zeros). 除了这些平凡零点外，黎曼 ζ 函数还有许多其他的零点，那些零点被称为非平凡零点. 对黎曼 ζ 函数非平凡零点的研究构成了现代数学中最艰深的课题之一. 我们所要讨论的黎曼猜想就是关于这些非平凡零点的猜想，在这里我们先把它的内容表述一下，

然后再叙述它的来龙去脉：

在黎曼猜想的研究中，数学家们把复平面上 $\mathrm{Re}(s)=1/2$ 的直线称为 Critical line，运用这一术语，黎曼猜想也可以表述为：黎曼 ζ 函数的所有非平凡零点都位于 Critical line 上.

这就是黎曼猜想的内容，它是黎曼在 1859 年提出的. 从其表述上看，黎曼猜想似乎是一个纯粹有关复变函数的命题，但我们很快将会看到，它其实却是一曲有关素数分布的神秘乐章.

近日数学家发现，黎曼 $\zeta(s)$ 函数的解和另外一个方程的解有关系，而后者很有可能是证明黎曼猜想的一条捷径. 如果这个结果能被严格证明，作为数学界最大猜想之一的黎曼假设将获得最终证明，证明者即能摘得克雷数学研究所的 100 万美元悬赏.

黎曼猜想自 1859 年提出之后的 100 多年里，数学家试图走出证明的关键一步：找到一种算子函数. 今天，这一梦寐以求的函数可能终于出现了.

多杰·布罗迪(Dorje Brody) 是伦敦布鲁内尔大学数学物理学家，也是相关论文的共同作者. 他表示：这是首次发现如此简洁的算子，其特征值(eigenvalue) 与黎曼 $\zeta(s)$ 函数的非平凡零点精确相关.

接下来，数学家要证明下一步：所有特征值都是实数. 如果确实能证明这一点，黎曼猜想将最终获得证明. 布罗迪和其他两位共同作者 —— 来自华盛顿大学圣路易斯分校数学物理学家卡尔·本德(Carl Bender) 和来自西安大略大学的马库斯·穆勒(Markus Müller)—— 在 *Physical Review Letters* 上发表了相关论文.

函数理论提供了证明黎曼猜想的有力工具. 它指出：所有非平凡零点构成一个离散实数的集合. 有趣的是，某物理学上有广泛应用的函数 —— 微分算子 —— 其特征值跟非平凡零点的集合很相似.

20 世纪 90 年代初，这种相似性让一些数学家思考：可能存在某种微分算子，其特征值就是黎曼 $\zeta(s)$ 函数的非平凡零点.

现今，这个猜想被称为希尔伯特 — 波利亚猜想，尽管大卫·希尔伯特(David Hilbert) 和乔治 — 波利亚(George Pólya) 都没有在这方面发表任何著作. 希尔伯特·波利亚猜想包括 2 步：(1) 找到 1 个算子，证明其特征值就是黎曼 $\zeta(s)$ 函数的非平凡零点；(2) 证明这些特征值都是实数.

目前,相关的研究工作主要集中在第1步.数学家已经确认了一种算子,其特征值精确对应于黎曼$\zeta(s)$函数的非平凡零点.第2步工作刚刚开始,数学家甚至还不能确定,证明第2步到底有多难.他们确定的是,还需要更多的工作.

有趣的是,这种起关键作用的算子跟量子物理有密切联系.1999年,数学物理学家米切尔·博里(Michael Berry)和约拿单·基廷(Jonathan Keating)研究希尔伯特—波利亚猜想时,他们提出了另外一个重要的猜想:如果这种算子确实存在,那么它应该对应于一种具有某些特性的理论量子系统,这个猜想被称为博里—基廷猜想,但是之前谁也没找到这个系统.

如今,布罗迪称,他们确定了博里—基廷哈密尔顿算子的量子化条件,并基本证明了博里—基廷猜想.

哈密尔顿算子通常用来描述一个物理系统的能量,但是傅里—基廷哈密尔顿算子的奇异之处在于,至少目前,科学家认为,它并不对应于任何物理系统,而是一个纯数学函数.

布罗迪表示,他们的证明工作基于启发性分析方法,这种方法源于已经有大约15年左右历史的伪厄米PT—对称量子理论.因此,他们将文章发表在*Physical Review Letters*,而不是数学期刊.

希尔伯特—波利亚猜想认为,关键的哈密尔顿算子应该也是厄米算子,而量子理论中,也通常要求哈密尔顿算子同时也是厄米算子,因此希尔伯特—波利亚猜想和量子理论有天然的联系.布罗迪等人提出了希尔伯特—波利亚猜想的伪厄米形式,并将其作为下一步的研究重点.

现在,最大的挑战是证明:该算子的特征值都是实数.

总体来说,科学家对克服这个挑战表示乐观.原因在于,他们有一样法宝可以利用,那就是PT对称性.PT对称性是量子物理的概念——如果该系统满足PT对称性,当你改变四维时空的符号时,变换后的结果和变换之前相同.

尽管真实的世界一般不满足PT对称性,物理学家构建的这种算子却具有这种特性.然而,科学家现在需要证明,这种算子虚部的PT对称性被打破.若能做到这一点,则该算子的特征值都是实数——最终证明黎曼猜想.

科学家普遍认为,黎曼猜想的证明对计算机科学,特别是密码学有重大意义.此外,数学家也希望知道论证的结果到底会对理解基础数学原理带来些什么影响.

布罗迪表示,尽管他们还不能预测研究结果对数论的具体影响,但有理由期待后继成果.

蒂奇马什的书还有一个优点是其中蕴含了丰富的历史文献,书未罗列了能有几十页之多,这对数论史研究人员是非常有价值的,我们也附于后供参考.

REFERENCES

ORIGINAL PAPERS

[This list includes that given in my Cambridge tract; it does not include papers referred to in Landau's Handbuch der Lehre von der Verteilung der Primzahlen, 1909.]

ABBREVIATIONS

A. M.	Acta Mathematica.
C. R.	Comptes rendus de l'Académie des sciences (Paris).
J. L. M. S.	Journal of the London Mathematical Society.
J. M.	Journal für die reine und angewandte Mathematik.
M. A.	Mathematische Annalen.
M. Z.	Mathematische Zeitschrift.
P. C. P. S.	Proceedings of the Cambridge Philosophical Society.
P. L. M. S.	Proceedings of the London Mathematical Society.
Q. J. Q.	Quarterly Journal of Mathematics (Oxford Series).

ANADA RAU K.

[**1**] 1924. The infinite product for $(s-1)\zeta(s)$[J]. M. Z., 20: 156-164.

ARWIN A.

[1] 1923. A Functional Equation from the Theory of the Riemann ζ(s)-function[J]. Annals of Math., 24 (2): 359-366.

ATKINSON F. V.

[1] 1939. The Mean Value of the Zeta-function on the Critical Line[J]. Q. J. O., 10(2): 122-128.

[2] 1941. The Mean Value of the Zeta-function on the Critical Line[J]. P. L. M. S., 47(2): 174-200.

[3] 1941. A divisor problem[J]. Q. J. O., 12: 193-200.

[4] 1948. A mean value property of the Riemann zeta-function[J]. J. L. M. S., 23: 128-135.

[5] 1948. The Abel Summation of Certain Dirichlet series[J]. Q. J. O., 19: 59-64.

[6] 1950. The Riemann Zeta-function[J]. Duke Math. J., 17: 63-68.

BABINI J.

[1] 1934. Über Einige Eigenschaften der Riemannschen ζ(s)-Funktion[J]. An. Soc. Ci. Argent., 118: 209-215.

BACKLUND R.

[1] 1911. Einige numerische Rechnungen, die Nullpunkte der Riemannschen ζ-Funktion Betreffend[J]. Öfversigt Finska Vetensk. Soc. 54(A) (No. 3).

[2] 1914. Sur les Zéros de la Fonction ζ(s) de Riemann[J]. C. R., 158: 1979-1981.

[3] 1918. Über die Nullstellen der Riemannschen Zetafunktion[J]. A. M., 41: 345-375.

[4] 1918. Über die Beziehung zwischen Anwachsen und Nullstellen der Zetafunktion[J]. Öfversigt Finska Vetensk. Soc., 61(9).

BEAUPAIN J.

[1] 1909. Sur la Fonction ζ(s, w) et la Fonction ζ(s) de Riemann[J]. Acad. Royale de Belgique 3(2).

BELLEMAN R.

[1] 1947. The Dirichlet Divisor Problem[J]. Duke Math. J., 14: 411-417.

[2] 1949. An Analog of an Identity due to Wilton[J], Duke Math. J., 16: 539-545.

[3] 1949. Wigert's Approximate Functional Equation and the Riemann Zeta-function[J]. Duke Math. J., 16: 547-552.

BOHR H.

[1] 1910. En Saetning om ζ-Functionen[J]. Nyt. Tidss. for Math., 21(B): 61-66.

[2] 1911. Über das Verhalten von $\zeta(s)$ in der Halbebene $\sigma > 1$[J]. Göttinger Nachrichters, 409-428.

[3] 1911. Sur l'existence de Valeurs Arbitrairement Petites de la Fonction $\zeta(s)=\zeta(\sigma+it)$ de Riemann pour $\sigma > 1$[J]. Oversigt Vidensk. Selsk. Kobenhavn: 201-208.

[4] 1912. Sur la Function $\zeta(s)$ Dans le Demi-plan $\sigma > 1$[J]. C. R., 154: 1078-1081.

[5] 1912. Über die Funktion $\zeta'(s)/\zeta(s)$[J]. J. M., 141: 217-234.

[6] 1912. En nyt Bevis for, at den Riemann'ske Zetafunktion $\zeta(s)=\zeta(\sigma+it)$ har uendelij mange Nulpunkten indenfor Parallel-strimlen $0 \leqslant \sigma \leqslant 1$[J]. Nyt. Tidss. for Math., 23(B): 81-85.

[7] 1912. Om de Vaerdier, den Riemann'ske Funktion $\zeta(\sigma+it)$ antager i Halvplanen $\sigma > 1$, 2[J]. Skand. Math. Kongr, 113-121.

[8] 1913. Note sur la Fonction Zéta de Riemann $\zeta(\sigma+it)$ sur la droite $\sigma=1$[J]. Oversigt Vidensk. Selsk. Kobenhavn, 3-11.

[9] 1913. Lösung des Absoluten Konvergenzproblems einer Allgemeinen Klasse Dirichletscher Reihen[J]. A. M., 36: 197-240.

[**10**] 1914. Sur la Fonction $\zeta(s)$ de Riemann[J]. C. R., 158: 1986-1988.

[**11**] 1915. Zur Theorie der Riemannschen Zetafunktion im Kritischen Streifen[J]. A. M., 40: 67-100.

[**12**] 1915. Die Riemannsche Zetafunktion[J]. Deutsche Math. Ver., 24: 1-17.

[**13**] 1922. Über eine Quasi-Periodische Eigenschaft Dirichletscher Reihen mit Anwendung auf die Dirichletschen L-Funktionen[J]. M. A., 85: 115-122.

[**14**] 1923. Über Diophantische Approximationen und Ihre Anwendungen auf Dirich. Letsche Reihen, Besonders auf die Riemannsche Zetafunktion[J]. 5. Skand. Math. Kongr, 131-154.

[**15**] 1922. Another Proof of Kronecker's Theorem[J]. P. L. M. S. 21(2): 315-316.

[**16**] 1934. Again the Kronecker Theorem[J]. J. L. M. S., 9: 5-6.

BOHR H., COURANT R.

[**1**] 1914. Neue Anwendungen der Theorie der Diophantischen Approximationen auf die Riemannsche Zetafunktion[J]. J. M., 144: 249-274.

BOHR H., JESSEN B.

[**1**] 1930. Über die Werteverteilung der Riemannschen Zetafunktion. A. M., 54: 1-35.

[**2**] 1932. One More Proof of Kronecker's theorem[J]. J. L. M. S., 7: 274-275.

[**3**] 1934. Mean-Value Theorems for the Riemann Zeta-function[J]. Q. J. O. 5, 43-47.

[**4**] 1936. On the Distribution of the values of the Riemann Zeta-function[J]. Amer. J. Math. 58: 35-44.

BOHR H., LANDAU E.

[**1**] 1910. Über das Verhalten von $\zeta(s)$ und $\zeta_{\Re}(s)$ in der Nähe

der Geraden $\sigma=1$[J]. Göttinger Nachrichten, 303-330.

[2] 1911. Über die Zetafunktion[J]. Rend. di Palermo, 32: 278-85.

[3] 1913. Beitraäge zur Theorie der Riemannschen Zetafunktion[J]. M. A. 74: 3-30.

[4] 1914. Ein Satz über Dirichletsche Reihen mit Anwendung auf die ζ-Funktion und die L-Funktionen[J]. Rend. di Palermo, 37: 269-272.

[5] 1914. Sur les zéros de la fonction $\zeta(s)$ de Riemann[J]. C. R. 158: 106-110.

[6] 1923. Über das Verhalten von $1/\zeta(s)$ auf der Geraden $\sigma=1$[J]. Göttinger Nachrichten, 71-80.

[7] 1924. Nachtrag zu unseren Abhandlungen aus den Jahrgängen 1910 und 1923[J]. Göttinger Nachrichten, 168-172.

BOHR H., LANDAU E., LITTLEWOOD J. E.

[1] 1913. Sur la fonction $\zeta(s)$ dans le voisinage de la droite $\sigma=\frac{1}{2}$[J]. Bull. Acad. Belgique, 15: 1144-1175.

BOHRCHSENIUS V., JESSEN B.

[1] 1948. Mean motions and values of the Riemann Zeta-function[J]. A. M. 80: 97-166.

BOUWKAMP C. J.

[1] 1936. Über die Riemannsche Zetafunktion für positive, gerade Werte des Argumentes[J]. Nieuw Arch. Wisk., 19: 50-58.

BRIKA M.

[1] 1933. Über eine Gestalt der Riemannschen Reihe $\zeta(s)$ für s =gerade ganze Zahl[J]. Bull. Soc. Math. Grèce, 14: 36-38.

BRIKA V.

[1] 1920. On the Function $[x]$[J]. P. C. P. S., 20: 299-303.

[2] 1939. Deux Transformations Élémentaires de la Fonction zéta de Riemann[J]. Revista Ci. Lima, 41: 517-525.

BURRAU C.

[1] 1912. Numeriseche Lösung der Gleichung $\frac{2^{-D}\log 2}{1-2^{-2D}} = \sum_{n=2}^{\infty}\frac{p_n^{-D}\log p_n}{1-p_n^{-2D}}$ wo p_n die Reihe der Primzahlen von 3 an durchläuft[J]. J. M., 142: 51-53.

CARLSON F.

[1] 1920. Über die Nullstellen der Dirichletschen Reihen und der Riemannschen ζ-Funktion[J]. Arkiv för Mat. Astr. och Fyik, 15(20).

[2] 1922. Contributions *à* la théorie des séries de Dirichlet[J]. Arkiv för Mat. Astr. och Fysik, 16(18).

CHOWLA S. D.

[1] 1928. On some Identities Involving Zeta-functions[J]. Journal Indian Math. Soc., 17: 153-163.

CORPUT J. G. VANDER

[1] 1921. Zahlentheoretische Albschätzungen[J]. M. A., 84: 53-79.

[2] 1922. Verschärfung der Abschätzung beim Teilerproblem[J]. M. A., 87: 39-65.

[3] 1923. Neue zahlentheoretische Abschätzungen erste Mitteilung[J]. M. A., 89: 215-254.

[4] 1928. Zum Teilerproblem[J]. M. A., 98: 697-716.

[5] 1928. Zahlentheoretische Aschätzungen, mit Anwendung auf Gitterpunkt-problem[J]. M. Z., 28: 301-310.

[6] 1929. Neue zahlentheoretische Abschaätzungen, zweite Mitteilung[J]. M. Z., 29: 397-426.

[7] 1936-1937. Über Weylsche Summen[J]. Mathematica B, 1-30.

CORPUT J. G. VANDER, KOKSMA J. F.

[1] 1930. Sur l'ordre de grandeur de la fonction $\zeta(s)$ de Riemann dans la bande critique[J]. Annales de Toulouse, 22(3): 1-39.

CRAIG C. F.

[1] 1923. On the Riemann ζ-Function[J]. Bull. Amer. Math. Soc., 29: 337-340.

CRAMÉR H.

[1] 1918. Über die Nullstellen der Zetafunktion[J]. M. Z., 2: 237-241.

[2] 1919. Studien über die Nullstellen der Riemannschen Zetafunktion[J]. M. Z., 4: 104-130.

[3] 1920. Bemerkung zu der vorstehenden Arbeit des Herrn E. Landau[J]. M. Z., 6: 155-157.

[4] 1922. Über das Teilerproblem von Piltz[J]. Arkiv för Mat. Astr. och. Fysik, 16: 21.

[5] 1922. Ein Mittelwertsatz in der Primzahltheorie[J]. M. Z. 12: 147-63.

CRAMÉR H. LANDAU E.

[1] 1922. Über die Zetafunktion auf der Mittellinie des kritischen Streifens[J]. Arkiv för Mat. Astr. och Fysik, 15: 28.

CRUM M. M.

[1] 1940. On some Dirichlet series[J]. J. L. M. S., 15: 10-15.

DAVENPORT H.

[1] 1935. Note on mean-value theorems for the Riemann zeta-function[J]. J. L. M. S., 10: 136-138.

DAVENPORT H., HEILBRONN H.

[1] 1936 On the zeros of certain Dirichlet series Ⅰ, Ⅱ[J]. J. L. M. S., 11: 181-185, 307-312.

BENJOY A.

[1] 1931. L'hypothèse de Riemann sur la distribution des zéros de $\zeta(s)$, reliée à la théorie des probabilités[J]. C. R., 192:

656-658.

DEURING M.

[1] 1933. Imaginäre quadratische Zahlkörper mit der Klassenzahl 1[J]. M. Z. , 37: 405-415.

[2] 1937. On Epstein's zeta-function[J]. Annals of Math. , 38(2): 584-593.

ESTERMANN T.

[1] 1928. On certain functions represented by Dirichlet series[J]. P. L. M. S. , 27(2): 435-448.

[2] 1928. On a problem of analytic continuation[J]. P. L. M. S. , 27: 471-482.

[3] 1933. A proof of Kronecker's theorem by induction[J]. J. J. M. S. , 8: 18-20.

FAVARD J.

[1] 1932. Sur la répartition des points où une fonction presque périodique prend une valeur donnée[J]. C. R. , 194: 1714-1716.

FEJÉR L.

[1] 1914. Nombre de changements de signe d'une fonction dans un intervalle et ses moments[J]. C. R. , 158: 1328-1331.

FEKETE M.

[1] 1914. Sur une limite inférieure des changements de signe d'une fonction dans un intervalle[J]. C. R. , 158: 1256-1258.

[2] 1926. The zeros of Riemann's zeta-function on the critical line[J]. J. L. M. S. 1: 15-19.

FLETT T. M.

[1] 1950. On the Function $\sum_{n=1}^{\infty} \frac{1}{n}\sin \frac{t}{n}$[J]. J. L. M. S. , 25: 5-19.

[2] 1951. On a Coefficient Problem of Littlewood and some Trigonometrical Sums[J]. Q. J. O., 2(2): 26-52.

FRANEL J.

[1] 1924. Les Suites de Farey et le Problème des Nombres Premiers[J]. Göttinger Nach-richten, 198-201.

GABRIEL R. M.

[1] 1927. Some results concerning the integrals of moduli of regular functions along certain curves[J]. J. L. M. S., 2: 112-17.

GRAM J. P.

[1] 1925. Tafeln für die Riemannsche Zetafunktion[J]. Skriften Kobenhavn, 9(8): 311-325.

GRONWALL T. H.

[1] 1913. ur la fonction $\zeta(s)$ de Riemann au voisinage de $\sigma = 1$[J]. Rend. di Palermo, 35: 95-102.

[2] 1913. Über das Verhalten der Riemannschen Zeta-funktion auf der Geraden $\sigma = 1$. [J]. Arch. der Math. u. Phys., 21(3): 231-238.

GROSSM AN J.

[1] 1913. Über die Nullstellen der Riemannschen Zeta-funktion and der Dirich-letschen L-Funktionen[J]. Disserlation, Göttinger.

GUINAND A. P.

[1] 1939. A Formula for $\zeta(s)$ in the Critical Strip[J]. J. L. M. S., 14: 97-100.

[2] 1947. Some Fourier Transforms in Prime-number theory[J]. Q. J. O., 18: 53-64.

[3] 1947. Some Formulae for the Riemann Zeta-function[J]. J. L. M. S., 22: 14-18.

[4] 1949. Fourier Reciprocities and the Riemann zeta-function[J]. P. L. M. S., 51: 401-414.

HADAMARD J.

[1] 1927. Une Application d'une Formule Intégrale Relative aux Séries de Dirichlet[J]. Bull Soc. Math. de France, 56: 43-44.

HAMBURGER H.

[1] 1922. Über die Riemannsche Funktionalgleichung der ζ-Function[J]. M. Z. ,10: 240-254.

[2] 1922. Über die Riemannsche Funktionalgleichung der ζ-Function[J]. M. Z. ,11: 224-245.

[3] 1922. Über die Riemannsche Funktionalgleichung der ζ-Function[J]. M. Z. ,13: 283-311.

[4] 1922. Über einige Beziehungen, die mit dei Funktionalgleichung der Riemannshen ζ-Function äquivalent sind[J]. M. A. , 85: 129-140.

HARDY G. H.

[1] 1914. Sur les zéros de la fonction $\zeta(s)$ de Riemann[J]. C. R. , 158: 1012-1014.

[2] 1915. On Dirichlet's Divisor Problem[J]. P. L. M. S. , 15(2): 1-25.

[3] 1915. On the Average order of the Arithmetical Functions $P(n)$ and $\Delta(n)$, P. L. M. S. , 15(2): 192-213.

[4] 1919. On some Definite Integrals Considered by Mellin[J]. Messenger of Math, 49: 85-91.

[5] 1920. Ramanujan's Trigonometrical Function $c_q(n)$[J]. P. C. P. S. , 20: 263-271.

[6] 1922. On the Integration of Fourier series[J]. Messenger of Math. , 51: 186-192.

[7] 1922. A new Proof of the Functional Equation for the Zeta-function[J]. Mat. Tidsskrift, B: 71-73.

[8] 1926. Note on a theorem of Mertens[J]. J. L. M. S. , 2: 70-72.

HARDY G. H. , INGHAM A. E. , PÓLYA G.

[1] 1936. Theorems Concerning Mean Values of Analytic Functions[J]. Proc. Royal Soc. , 113(A): 542-569.

HARDY G. H., LITTLEWOOD J. E.

[1] 1912. Some Problems of Diophantine Approximation[J]. Internat. Congress of Math., 1: 223-229.

[2] 1918. Contributions to the Theory of the Riemann zeta-function and the Theory of the Distribution of Primes[J]. A. M., 41: 119-196.

[3] 1921. The zeros of Riemann's Zeta-function on the critical line[J]. M. Z., 10: 283-317.

[4] 1922. The Approximate Functional Equation in The theory of the Zeta-function, with Applications to the Divisor Problems of Dirichlet and Piltz[J]. P. L. M. S. 2(21): 39-74.

[5] 1923. On Lindelöf's hypothesis concerning the Riemann zeta-function[J]. Proc. Royal Soc., 103(A): 403-412.

[6] 1929. The Approximate Functional Equations for $\zeta(s)$ and $\zeta^2(s)$[J]. P. L. M. S., 29(2): 81-97.

HARTMAN P.

[1] 1939. Mean Motions and Almost Periodic Functions[J]. Trans. Amer. Math, Soc., 46: 66-81.

HASELGROVE C. B.

[1] 1949. A Connexion between the Zeros and the Mean Values of $\zeta(s)$[J]. J. L. M. S., 24: 215-222.

HASSE H.

[1] 1933. Beweis des Analogons der Riemannschen Vermutung für die Artinschen und F. K. Schmidtschen Kongruenzzetafunktionen in gewissen elliptischen Fällen[J]. Göttinger Nachrichten, 42: 253-362.

HAVILAND E. K.

[1] 1945. On the Asymptotic Behavior of the Riemann ζ-function[J]. Amer. J. Math., 67: 411-416.

HECKE E.

[1] 1936. Über die Lösungen der Riemannschen

Funktionalgleichung[J]. M. Z., 16: 301-307.

[2] 1936. Über Die Bestimmung Dirichletscher Reihen durch ihre Funktional-gleichung[J]. M. A., 112: 664-699.

[3] 1944. Herleitung des Euler-Produktes der Zetafunktion und einiger L-Reihen aus ihrer Funktionalgleichung[J]. M. A., 119: 266-287.

HELLBRONN H.

[1] 1933. Über den Primzahlsatz von Herrn Hoheisel[J]. M. Z., 36: 394-423.

HILLE E.

[1] 1936. A problem in 'Factorisatio Numerorum'[J]. Acta Arith., 2: 134-144.

HOHEISEL G.

[1] 1927. Normalfolgen und Zetafunktion[J]. Jahresber. Schles. Gesell., 100: 1-7.

[2] 1927. Eine Illustration zur Riemannschen Vermutung[J]. M. A., 99: 150-161.

[3] 1929. Über das Verhalten des reziproken Wertes der Riemannschen Zeta-Funktion[J]. Sitzungsber. Preuss. Akad. Wiss. 219-223.

[4] 1930. Nullstellenanzahl und Mittelwerte der Zetafunktion[J]. Sitzungsber. Preuss. Akad. Wiss., 72-82.

[5] 1930. Primzahlprobleme in der Analysis[J]. Sitzungsber. Preuss. Akad. Wiss., 580-588.

HÖLDER O.

[1] 1933. Über gewisse Möbiusschen Funktion $\mu(n)$ verwandte zahlentheoretische Funktionen, der Dirichletschen Multiplikation und eine Verallgemeinerung der Umakehrungsformeln[J]. Ber. Verh. sächs. Akad. Leipzig, 85: 3-28.

HUA L. K.

[1] 1949. An Improvement of Vinogradov's Mean-value

Theorem and Several Applications[J]. Q. J. O. 20: 48-61.

HUTCHINSON J. I.

[1] 1925. On the Roots of the Riemann Zeta-function[J]. Trans. Amer. Math. Soc., 27: 49-60.

INGHAM A. E.

[1] 1926. Mean-value Theorems in the Theory of the Riemann Zeta-function[J]. P. L. M. S., 27(2): 273-300.

[2] 1927. Some Asymptotic Formulae in the Theory of Numbers[J]. J. L. M. S., 2: 202-208.

[3] 1930. Note on Riemann's ζ-function and Dirichlet's L-functions[J]. J. L. M. L., 5: 107-112.

[4] 1933. Mean-value Theorems and the Riemann Zeta-function[J]. Q. J. O., 4: 278-290.

[5] 1937. On the Difference between Consecutive Primes[J]. Q. J. O., 8: 255-266.

[6] 1940. On the estimation of $N(\sigma, T)$[J]. Q. J. O., 11: 291-292.

[7] 1942. On two Conjectures in the Theory of Numbers[J]. Amer. J. Math., 64: 313-319.

JARNÍK V., Landau E.

[1] 1935. Untersuchungen über einen van der Corputschen Satz[J]. M. Z., 39: 745-767.

JESSEN B.

[1] 1932. Eine Integrationstheorie für Funktionen unendlich vieler Veränderlichen, mit Anwendung auf das Werteverteilungsproblem für fastperiodische Funktionen, insbesondere für die Riemannsche Zetafunktion[J]. Mat. Tidsskrift, B: 59-65.

[2] 1946. Mouvement moyen et Distribution des Valeurs des fonctions presque-péridiques[J]. 10. Skand. Math. Kongr, 301-312.

JESSEN B., Wintner A.

[1] 1935. Distribution Functions and the Riemann

Zeta-function[J]. Trans. Amer. Math. Soc., 38: 48-88.

KAC M., STEINHAUS H.

[1] 1938. Sur les fonctions indépendantes (N)[J]. Studia Math., 7: 1-15.

KAMPEN E. R. VAN

[1] 1937. On the Addition of Convex Curves and the Densities of Certain Infinie Convolutions[J]. Amer. J. Math., 59: 679-695.

KAMPEN E. R. VAN, WINTNER A.

[1] 1937. Convolutions of Distributions on Convex Curves and the Riemann zeta-function[J]. Amer. J. Math., 59: 175-204.

KERSNER R.

[1] 1937. On the Values of the Riemann ζ-function on Fixed Lines $\sigma > 1$[J]. Amer. J. Math., 59: 167-174.

KERSHNER R., WINTNER A.

[1] 1936. On the Boundary of the Range of Values of $\zeta(s)$[J]. Amer. J. Math., 58: 421-425.

[2] 1937. On the Asymptotic Distribution of $\zeta'/\zeta(s)$ in the Critical Strip[J]. Amer. J. Math., 59: 673-678.

KIENAST A.

[1] 1936. Über die Dirichletschen Reihen für $\zeta^{\rho}(s)$, $L^{\rho}(s)$[J]. Comment. Math. Helv., 8: 359-370.

KLOOSTERMAN H. D.

[1] 1922. Een Integraal voor de ζ-functie van Riemann[J]. Christian Huygens Math. Tijdschrift, 2: 172-177.

KLUYVER J. C.

[1] 1924. On Certain Series of Mr. Hardy[J]. Quart. J. of Math., 50: 185-192.

KOBER H.

[1] 1935. Transformationen einer bestimmten Besselchen Reihe sowie von Potenzen der Riemannschen ζ-Funktion

und von verwandten Funktionen[J]. J. M., 173: 65-78.

[2] 1935. Eine der Riemannschen verwandte Funktionalgleichung[J]. M. Z., 39: 630-633.

[3] 1936. Funktionen, die den Potenzen der Riemannschen Zetafunktion verwandt sind, und Potenzreihen, die über den Einheitskreis nicht fortsetzbar sind[J]. J. M., 174: 206-225.

[4] 1936. Eine Mittelwertformel der Riemannschen Zetafunktion[J]. Compositio Math., 3: 174-189.

KOCH H. VON

[1] 1910. Contribution *à* la théorie des nombres premiers[J]. A. M., 33: 293-320.

KOSLIAKOV N.

[1] 1934. Some Integral Representations of the Square of Riemann's function $\Xi(t)$[J]. C. R. Acad. Sci. U. R. S. S., 2. 401-404.

[2] 1936. Integral for the Square of Riemann's Function[J]. C. R. Acad. Sci. U. R. S. S. N. S., 2: 87-90.

[3] 1939. Some Formulae for the Function $\zeta(s)$ and $\zeta_r(s)$[J]. C. R. Acad. Sci. U. R. S. S., 25(2): 567-569.

KRAMASCHKE L.

[1] 1937. Nullstellen der Zetafunktion[J]. Deutsche Math, 2: 107-110.

KUSMIN R.

[1] 1934. Sur les zéro de la fonction $\zeta(s)$ de Riemann[J]. C. R. Acad. Sci. U. R. S. S., 2: 398-400.

LANDAU E.

[1] 1911. Zur Theorie der Riemannschen Zetafunktion[J]. Vierteljahrsschr. Naturf. Ges. Zürich., 56: 125-148.

[2] 1911. Über die Nullstellen der Zetafunktion[J]. M. A., 71: 548-564.

[3] 1911. Ein Satz über die ζ-Funktion[J]. Nyt. Tidss., 22

(B)：1-7.

[4] 1912. Über einige Summen, die von den Nullstellen der Riemannschen Zeta-funktion abhangen[J]. A.M., 35: 271-294.

[5] 1912. Über die Anzahl der Gitterpunkte in gewissen Bereichen[J]. Göttinger Nachrichten, 687-771.

[6] 1912. Gelöste and ungelöste Probleme aus der Theorie der Primzahlverteilung und der Riemannschen Zetafunktion [J]. Jahresber, der Deutschen Math. Ver., 21: 208-228.

[7] 1913. Gelöste and ungelöste Probleme aus der Theorie der Primzahlverteilung und der Riemannschen Zetafunktion [J]. Proc. 5 Internat. Math. Congr., 1: 93-108.

[8] 1915. Über die Hardysche Entdeckung unendlich vieler Nullstellen der Zeta-funktion mit reellem Teil $\frac{1}{2}$[J]. M. A., 76: 212-243.

[9] 1916. Über die Wigertsche asymptotische Funktionalgleichung für die Lambertsche Reihe[J]. Arch. d. Math. u. Phys., 27(3): 144-146.

[10] 1920. Neuer Beweis eines Satzes von Hern Valiron[J]. Jahresber. der Deutschen Math. Ver., 29: 239.

[11] 1920. Über die Nullstellen der Zetafunktion[J]. M.Z., 6: 151-154.

[12] 1921. Über die Nullstellen der Dirichletschen Reihen und der Riemannschen ζ-Funktion[J]. Arkiv för Mat. Astr. och Fysik, 16(7).

[13] 1924. Über die Möbiussche Funktion[J]. Rend, di Palermo, 48: 277-280.

[14] 1924. Über die Wurzeln der Zetafunktion[J]. M.Z., 20: 98-104.

[15] 1924. Über die ζ-Funktion und die L-Funktionen[J]. M. Z., 20: 105-125.

[16] 1924. Bemerkung zu der vorstehenden Arbeit von Herm Franel[J]. Göttinger Nachrichten, 202-206.

[17] 1926. Über die Riemannsche Zetafunktion in der Nähe von $\sigma=1$[J]. Rend. di Palermo, 50: 423-427.

[18] 1927. Über die Zetafunktion und die Hadamardsche Theorie der ganzen Funktionen[J]. M. Z., 26: 170-175.

[19] Über das Konvergenzgebiet einer mit der Riemannschen Zetafunktion zusammenhängenden Reihe[J]. M. A., 97: 251-290.

[20] 1929. Bemerkung zu einer Arbeit von Hrn. Hoheisel über die Zetafunktion[J]. Sitzungsber. Preuss. Akad. Wiss, 271-275.

[21] 1932. Über die Fareyreihe und die Riemannsche Vermutung[J]. Göttinger Nachrichten, 347-352.

[22] 1933. Über den Wertevorrat von $\zeta(s)$ in der Halbebene $\sigma>1$[J]. Göttinger Nachrichten, 81-91.

LANDAU E., WALFISZ A.

[1] 1919. Über die Nichtfortsetzbarkeit einiger durch dirichletsche Reihen definierter Funktionen[J]. Rend. di Palermo, 44: 82-86.

LERCH M.

[1] 1914. Über die Bestimmung der Koeffizienten in der Potenzreihe für die Funktion $\zeta(s)$[J]. Casopis, 43: 511-522.

LETENMEYER F.

[1] 1923. Neuer Beweis des allgemeinen Kroneckerschen Approximationssatzes[J]. P. L. M. S., 21(2): 306-314.

LEVINSON N.

[1] 1940. On Hardy's Theorem on the Zeros of the Zeta-function[J]. J. Math. Phys. Mass. Inst. Tech., 19: 159-160.

LITTLEWOOD J. E.

[1] 1912. Quelques conséquences de l'hypothèse que la fonction $\zeta(s)$ de Riemann n'a Pas de zéros dans le demi-plan $\mathbf{R}(s) > \frac{1}{2}$[J]. C. R., 154: 263-266.

[2] 1922. Researches in the theory of the Riemann ζ-function[J]. P. L. M. S., 20(2): 22 − 28.

[3] 1924. Two Notes on the Riemann Zeta-function[J]. P. C. P. S., 22: 234-242.

[4] 1924. On the Zeros of the Riemann Zeta-function[J]. P. C. P. S., 22: 295-318.

[5] 1925. On the Riemann Zeta-function[J]. P. L. M. S., 24(2): 175-201.

[6] 1928. On the Function $1/\zeta(1+it)$[J]. P. L. M. S., 27(2): 349-357.

MAIER W.

[1] 1936. Gitterfunktioner der Zahlebene[J]. M. A., 113: 363-379.

MALURKAR S. L.

[1] 1935. On the Application of Herr Mellin's Integrals to Some Series[J]. Journal Indian Math. Soc., 16: 130-138.

MATTSON R.

[1] 1926. Eine neue Darstellung der Riemann'schen Zetafunktion[J]. Arkiv för Mat. Astr. och Fysik, 19(26).

MELLIN H.

[1] 1917. Über die Nullstellen der Zetafunktion[J]. Annales Acad. Scientiarium Fennicae (A), 10(11).

MEULENBELD B.

[1] 1936. Een approximatieve Functionaalbetrekking van de Zetafunctie van Riemann[J]. Dissertation, Groninger.

MIKOLÁS M.

[1] 1949. Sur l'hypothèse de Riemann[J]. C. R., 228:

633-636.

MIN S. H.

[1] 1949. On the order of $\zeta(\frac{1}{2}+it)$[J]. Trans. Amer. Math. Soc., 65: 448-472.

MIYATAKE O.

[1] 1939. On Riemann's ξ-function[J]. Tôhoku Math. Journal, 46: 160-172.

MORDELL L. J.

[1] 1928. Some Applications of Fourier Series in the Analytic Theory of Numbers[J]. P. C. P. S., 34: 585-596.

[2] 1929. Poisson's Summation Formula and the Riemann Zeta-function[J]. J. L. M. S., 4: 285-291.

[3] 1934. On the Riemann Hypothesis and Imaginary Quadratic Fields with a Given Class Number[J]. J. L. M. S., 9: 289-298.

MÜNTZ C. H.

[1] 1922. Beziehungen der Riemannschen ζ-Funktion zu willkürlichen reellen Funktionen[J]. Mat. Tidsskrift, B: 39-47.

MUTATKER V. L.

[1] 1932. On some Formulae in the Theory of the Zeta-function[J]. Journal Indian Math. Soc., 19: 220-224.

NEVANLINNA F. R.

[1] 1924. Über die Nullstellen der Riemannschen Zetafunktion[J]. M. Z., 20: 253-263.

[1] 1925. Über die Nullstellen der Riemannschen Zetafunktion[J]. M. Z., 23: 159-160.

OSTROWSKI A.

[1] 1933. Notiz über den Wertevorrat der Riemannschen ζ-Funktion am Rande des kritischen Streifens[J]. Jahresbericht Deutsch. Math. Verein., 43: 58-64.

PALEY R. E. A. C. , Wiener N.

[1] 1933. Notes on the Theory and Application of Fourier transforms V[J]. Trans. Amer. Math. Soc. , 35: 768-781.

PHILLIPS, ERIC

[1] 1933. The Zeta-function of Riemann; Further Developments of van der Corput's Method[J]. Q. J. O. , 4: 209-225.

[2] 1935. A Note on the Zeros of $\zeta(s)$[J]. Q. J. O. , 6: 137-145.

POL B. VAN DER

[1] 1947. An Electro-mechanical Investigation of the Riemann Zeta-functin in the Critical Strip[J]. Bull. Amer. Math. Soc. , 53: 976-981.

PÓLYA G.

[1] 1926. Bemerkung über die Integraldarstellung der Riemannschen ξ-Funktion[J]. A. M. , 48: 305-317.

[2] 1926. On the Zero of Certain Trigonometric Integrals[J]. J. L. M. S. , 1: 98-99.

[3] 1927. Über die algebraisch-funktiontheoretischen Untersuchungen von J. L. W. V. Jensen[J]. Kgl. Danske Videnskabernes Selskab. , 7(17).

[4] 1927. Über trigonometrische Integrale mit nur reellen Nullstellen[J]. J. M. 158: 6-18.

POPOV A. I.

[1] 1943. Several Series Containing Primes and Rroots of $\zeta(s)$[J]. C. R. Acad. Sci. U. R. S. S. N. S. , 41: 362-363.

POTTER H. S. A. , TTICHMARSH E . C.

[1] 1935. The Zeros of Epstein's Zeta-functions[J]. P. L. M. S. , 39(2): 372-384.

RADEMACHER H.

[1] 1930. Ein neuer Beweis für die Funktionalgleichung der ζ-Funktion[J]. M. Z. , 31: 39-44.

RAMANUJAN S.

[1] 1915. New Eexpressions for Riemann's Functions $\xi(s)$ and $\Xi(t)$[J]. Quart. J. of Math., 46: 253-361.

[2] 1915. Some formulae in the analytic theory of numbers[J]. Messenger of Math., 45: 81-84.

[3] 1918. On Certain Trigonometrical Sums and Their Aapplications in the Theory of Numbers[J]. Trans, Camb. Phil. Soc., 22: 259-276.

RAMASWAMI V.

[1] 1934. Notes on Riemann's ζ-function[J]. J. L. M. S., 9: 165-169.

RIESZ M.

[1] 1916. Sur l'hypothèse de Riemann[J]. A. M., 40: 185-190.

SCHNEE W.

[1] 1930. Die Funktionalgleichung der Zetafunktion und der Dirichletschen Reihen mit periodischen Koeffizienten[J]. M. Z., 31: 378-390.

SELBERG A.

[1] 1942. On the Zeros of Riemann's Zeta-function on the Critical Line[J]. Arch. for Math. og Naturv., B(45): 101-114.

[2] 1942. On the Zeros of Riemann's Zeta-function[J]. Skr. Norske Vid. Akad. Oslo, 10.

[3] 1943. On the Normal Density of Primes in Small Intervals, and the Difference between Consecutive Primes[J]. Arch. for Math. og Naturv., B. 47(6).

[4] 1944. On the Remainder in the Formula for $N(T)$, the Number of Zeros $\zeta(s)$ in the Strip $0 < t < T$[J]. Avhandlinger Norske Vid. Akad. Oslo, 1.

[5] 1946. Contributions to the Theory of the Riemann Zeta-function[J]. Arch. for Math. og Naturv., B. 48(5).

[6] 1946. The Zeta-function and the Riemann Hypothesis[J]. 10. Skand. Math. Kongr., 187-200.

[7] 1949. An Elementary Roof of the Prime-number Theorem[J]. Ann. of Math., 50(2): 305-313.

SELBERG S.

[1] 1940. Bemerkung zu einer Arbeit von Viggo Brun über die Riemannsche Zeta-funktion[J]. Norske Vid. Selsk, Forh., 13: 17-19.

SIEGEL C. L.

[1] 1922. Bemerkung zu einem. Satz von Hamburger über die Funktionalgleichung der Riemannschen Zetafunktion[J]. M. A., 86: 276-279.

[2] 1932. Über Riemanns Nachlass zur analytischen Zahlentheorie[J]. Quellen und Studien zur Geschichte der Math. Astr. und Physik, Abt. B: Studien, 2: 45-80.

[3] 1943. Contributions to the Theory of the Dirichlet L-series and the Epstein Zeta-functions[J]. Annals of Math., 44: 143-172.

SPEISER A.

[1] 1934. Geometrisches zur Riemannschen Zetafunktion[J]. M. A., 110: 514-521.

STEEN S. W. P.

[1] 1936. A Linear Transformation Connected with the Riemann Zeta-function[J]. P. L. M. S., 41(2): 151-175.

STERNECK R. VON

[1] 1912. Neue empirische Daten über die zahlentheoretische Funktion $\sigma(n)$[J]. Internat. Congress of Math., 1: 341-343.

SZÁSZ O.

[1] 1944. Introduction to the Theory of Divergent Series[J]. Math. Rev., 6: 45.

TAYLOR P. R.

[1] 1945. On the Riemann Zeta-function[J]. Q. J. O., 16: 1-21.

TCHUDAKOFF N. G.

[1] 1936. Sur les zéros de la fonction $\zeta(s)$[J]. C. R., 202: 191-193.

[2] 1936. On zeros of the Function $\zeta(s)$[J]. C. R. Acad. Sci. U. R. S. S., 201-204.

[3] 1936. On zeros of Dirichlet's L-functions[J]. Mat. Sbornik, 43(1): 591-602.

[4] 1937. On Weyl's Sums[J]. Mat. Sbornik, 44(2): 17-35.

[5] 1938. On the Ffunctions $\zeta(s)$ and $\pi(x)$[J]. C. R., Acad. Sci. U. R. S. S., 21: 421-422.

THIRUVENKATCHARYA V.

[1] 1931. On Some Properties of the Zeta-function[J]. Journal Indian Math. Soc., 19: 92-96.

TITCHMARSH E. C.

[1] 1928. The Mean-value of the Zeta-function on the Critical line[J]. P. L. M. S., 27(2): 137-150.

[2] 1928. On the Remainder in the Formula for $N(T)$, the Number of Zeros of $\zeta(s)$ in the Strip $0 < t < T$[J]. P. L. M. S., 27(2): 449-458.

[3] 1927. A Consequence of the Riemann Hypothesis[J]. J. L. M. S., 2: 247-254.

[4] 1928. On an Inequality Satisfied by the Zeta-function of Riemann[J]. P. L. M. S., 28(2): 70-80.

[5] 1929. On the Zeros of the Riemann Zeta-function[J]. P. L. M. S., 30(2): 319-321.

[6] 1929. Mean Value Theorems in the Theory of the Riemann Zeta-function[J]. Messenger of Math., 58: 125-129.

[7] 1931. The Zeros of Dirichlet's L-functions[J]. P. L. M. S., 32(2): 488-500.

[**8**] 1931. On van der Corput's method and the zeta-function of Riemann[J]. Q. J. O. , 2: 161-173.

[**9**] 1931. On van der Corput's method and the zeta-function of Riemann[J]. Q. J. O. , 2: 313-320.

[**10**] 1932. On van der Corput's method and the zeta-function of Riemann[J]. Q. J. O. , 3: 133-141.

[**11**] 1934. On van der Corput's method and the zeta-function of Riemann[J]. Q. J. O. , 5: 195-210.

[**12**] 1934. On van der Corput's method and the zeta-function of Riemann[J]. Q. J. O. , 5: 195-210.

[**13**] 1932. On the Riemann Zeta-function[J]. P. C. P. S. , 28: 273-274.

[**14**] 1933. On the Function $1/\zeta(1+it)$[J]. Q. J. O. ,4: 64-70.

[**15**] 1934. On Epstein's Zeta-function[J]. P. L. M. S. , 36(2): 485-500.

[**16**] 1935. The Lattice-points in a Circle[J]. P. L. M. S. , 38(2): 96-115.

[**17**] 1935. The Zeros of the Riemann Zeta-function[J]. Proc. Royal Soc. , 151(A): 234-255.

[**19**] 1937. The Mean Vvalue of $|\zeta(\frac{1}{2}+it)|^4$[J]. Q. J. O. , 8: 107-112.

[**20**] On $\zeta(s)$ and $\pi(x)$[J]. Q. J. O. , 9: 97-108.

[**21**] 1938. The Approximate Functional Equation for $\zeta^2(s)$[J]. Q. J. O. , 9: 109-114.

[**22**] 1938. On Divisor Problems[J]. Q. J. O. , 9: 210-220.

[**23**] 1938. A Convexity Theorem[J]. J. L. M. S. , 13: 196-197.

[**24**] 1942. On the Order of $\zeta(\frac{1}{2}+it)$[J]. Q. J. O. , 13: 11-17.

[**25**] 1923. Some Properties of the Riemann Zeta-function[J]. Q. J. O. , 14: 16-26.

[**26**] 1947. On the Zeros of the Riemann Zeta-function[J]. Q.

J. O. , 18: 4-16.

TORELLI G.

[1] 1913. Studio sulla funzione $\zeta(s)$ di Riemann[J]. Napoli Rend. , 19(3): 212-216.

TSUJI M.

[1] 1942. On the Zeros of the Riemann Zeta-function[J]. Proc. Imp. Acad. Tokyo, 18: 631-644.

TURÁN P.

[1] 1941. Über die Verteilung der Primzahlen I [J]. Acta Szeged, 10: 81-104.

[2] 1947. On Riemann's Hypothesis[J]. Bull. Acad. Sci. U. R. S. S. , 11: 197-262.

[3] 1948. On Some Approximative Dirichlet-polynomials in the Theory of the Zeta-function of Riemann[J]. Danske Vidensk. Selskab, 24(17).

TURING A. M.

[1] 1943. A Method för the Calculation of the Zeta-function[J]. P. L. M. S. , 48(2): 180-197.

UTZINGER A. A.

[1] 1934. Die reellen Züge der Riemannschen Zeta-funktion[J]. Dïssertation Zürich Zentralblatt für Math. , 10: 163.

VALIRON G.

[1] 1914. Sur les fonctions entières d'ordre nul et d'ordre fini[J]. Annales de Toulouse, 5(3): 117-257.

VALLÉE POUSSIN C. DE LA

[1] 1916. Sur les zéros de $\zeta(s)$ de Riemann[J]. C. R. , 163: 418-421.

VINOGRADOV I. M.

[1] 1935. On Weyl's sums[J]. Mat. Sbornik, 42: 521-530.

[2] 1936. A New Method of Resolving of Certain General Questions of the Theory of Numbers[J]. Mat. Sbornik,

43(1): 9-19.

[3] 1936. A New Method of Estimation of Trigonometrical Sums[J]. Mat. Sbornik, 43(1): 175-188.

[4] 1936. The Method of Trigonometrical Sums in the Theory of Numbers[J]. Trav. Inst. Math. Stekloff, 23.

VORONOÏ G.

[1] 1903. Sur un problème du calcul des fonctions asymptotiques[J]. J. M. 126: 241-282.

[2] 1904. Sur unefonction transcendante et ses applications à la sommation de quelques séries[J]. Annales de l'École Normale, 21(3): 207-268 and 459-534.

WALFISZ A.

[1] 1924. Zur Abschätzung von $\zeta(\frac{1}{2}+it)$[J]. Göttinger Nachrichten, 155-158.

[2] 1938. Über Gitterpunkte in mehrdimensionalen Elipsoiden Ⅷ[J]. Travaux de l'Institut Math. de Tbilissi, 5: 181-196.

WALTHER A.

[1] 1925. Über die Extrema der Riemannschen Zetafunktion bei reellem Argument[J]. Jahresbericht Deutsch. Math. Verein., 34: 171-177.

[2] 1926. Anschauliches zur Riemannschen Zetafunktion[J]. A. M., 48: 393-400.

WANG F. T.

[1] 1936. A Remark on the Mean-value Theorem of Riemann's Zeta-function[J]. Science Reports Tóhoku Imperial Univ., 25(1): 381-391.

[2] 1936. On the Mean-value Theorem of Riemann's Zeta-function[J]. Science Reports Tóhoku Imperial Univ., 25(1): 392-414.

[3] 1937. A Note on Zeros of Riemann Zeta-function[J]. Proc. Imp. Acad. Tokyo, 12: 305-306.

[4] 1945. A Formula on Riemann Zeta-function[J]. Ann. of Math., 46(2): 88-92.

[5] 1946. A note on the Riemann Zeta-function[J]. Bull. Amer. Math. Soc., 52: 319-321.

[6] 1947. A Mean-value Theorem of the Riemann Zeta-function[J]. Q. J. O., 18: 1-3.

WATSON G. N.

[1] 1913. Some Properties of the Extended Zeta-function[J]. P. L. M. S., 12(2): 288-296.

WENNBERG S.

[1] 1920. Zur Theorie der Dirichletschen Reihen[J]. Dissertation, Upsala.

WEYL H.

[1] 1916. Über die Gleichverteilung von Zahlen mod. Eins[J]. M. A., 77: 313-352.

[2] 1921. Zur Abschätzung von $\zeta(1+it)$[J]. M. Z., 10: 88-101.

WHITTAKER J. M.

[1] 1936. Aninequality for the Riemann Zeta-function[J]. P. L. M. S., 41(2): 544-552.

[2] 1936. A Mean-value Theorem for Analytic Functions[J]. P. L. M. S., 42(2): 186-195.

WIGERT S.

[1] 1916. Sur la série de Lambert et son application à la théorie des nombres[J]. A. M., 41: 197-218.

[2] 1919. Sur la théorie de la fonction $\zeta(s)$ de Riemann[J]. Arkiv for Mat. Astr. och Fysik, 12.

[3] 1921. On a Problem Concerning the Riemann ζ-function[J]. P. C. P. S., 21: 17-21.

WILSON B. M.

[1] 1922. Proofs of Some Formulae Enunciated by Ramanujan[J]. P. L. M. S., 21(2): 235-255.

WILTON J. R.

[1] 1915. Note on the Zeros of Riemann's ζ-function[J]. Messenger of Math., 45: 180-183.

[2] 1922. A Proof of Burnside's Formula for log $\Gamma(x+1)$ and Certain Allied Properties of Riemann's ζ-function[J]. Messenger of Math., 52: 90-93.

[3] 1927. A Note on the Coefficients in the Expansion of $\zeta(s, x)$ in Power of $s-1$[J]. Quart. J. of Math., 50: 329-332.

[4] 1930. An Approximate Functional Equation for the Product of two ζ-functions[J]. P. L. M. S., 31(2): 11-17.

[5] 1930. The Mean Value of the Zeta-function on the Critical Line[J]. J. L. M. S., 5: 28-32.

WINTNER A.

[1] 1935. A Note on the Distribution of the Zeros of the Zeta-function[J]. Amer. J. Math., 57: 101-102.

[2] 1935. A Note on the Riemann ξ-function[J]. J. L. M. S., 10: 82-83.

[3] 1936. The Almost Periodic Behavior of the Function $1/\zeta(1+it)$[J]. Duke Math. J., 2: 443-446.

[4] 1939. Riemann's Hypothesis and Almost Periodic Behavior[J]. Revista Ci. Lima, 41: 575-585.

[5] 1941. On the Asymptotic Behavior of the Riemann Zeta-function on the line $\sigma=1$[J]. Amer. J. Math., 63: 575-580.

[6] 1943. Riemann's Hypothesis and Harmonic Analysis[J]. Duke Math. J., 10: 99-105.

[7] 1943. The Behavior of Euler's Product on the Boundary of Convergence[J]. Duke Math. J., 10: 429-440.

[8] 1944. Random Factorizations and Riemann's Hypothesis[J]. Duke Math. J., 11: 267-275.

FURTHER REFERENCES

ANDERSON R. J.

[1] 1983. Simple zeros of the Riemann zeta-function[J]. J. Number Theory, 17: 176-182.

ATKINSON F. V.

[1] 1949. The mean value of the Riemann zeta-function[J]. Acta Math., 81: 353-376.

BAGCHI B.

[1] 1982. A joint universality theorem for Dicichlet L-functions[J]. Math. Zeit., 181: 319-335.

BALASUBRAMANIAN R.

[1] 1978. An improvement of a theorem of Titchmarsh on the mean square of $|\zeta(\frac{1}{2}+it)|$[J]. Proc. London Math. Soc., 36(3): 540-576.

BALASUBRAMANIAN R, CONREY J B., HEATH-BROWN D. R.

[1] 1985. Asymptotic mean square of the product of the Riemann zeta-function and a Dirichlet polynomial[J]. J. Reine Angew. Math., 357: 161-181.

BALASUBRAMANIAN R., RAMACHANDRA K.

[1] 1976. The place of an identity of Ramanujan in prime number theory[J]. Proc. Indian Acad. Sci., 83(A): 156-165.

[2] 1977. On the frequency of Titchmarsh's phenomenon for $\zeta(s)$. Ⅲ[J]. Proc. Indian Acad. Sci., 86(A): 341-351.

[3] 1982. On the zeros of the Riemann Zeta function and L-series-Ⅱ[J]. Hardy-Ramanujan J., 5: 1-30.

BERNDT B. C.

[1] 1970. The number of zeros for $\zeta^{(k)}(s)$[J]. J. London Math. Soc., 2(2): 577-580.

BURGESS D. A.

[1] 1963. On character sums and L-series. Ⅱ[J]. Proc. London Math. Soc., 13(3): 524-536.

CHEN J. R.

[1] 1965. On the order of $\zeta(\frac{1}{2}+it)$[J]. Chinese Math. Acta, 6: 463-478.

CHIH T. T.

[1] 1950. A divisor problem[J]. Acad. Sinica Sci. Record, 3: 177-182.

CONREY J. B.

[1] 1983. Zeros of dervatives of Riemann's xi-function on the critical line[J]. J. Number Theory, 16: 49-74.

CONREY J. B., GHOSH A.

[1] 1984. On mean values of the zeta-function[J]. Mathematika, 31: 159-161.

CONREY J. B., GHOSH A., GOLDSTON D., GONEK S. M., HEATH-BROWN D. R.

[1] 1985. On the distribution of gaps between zeros of the zeta-function[J]. Quart. J. Mat. Oxford, 36(2): 43-51.

CONREY J. B., GHOSH A., GONEK S. M.

[1] 1984. A note on gaps between zeros of the zeta function[J]. Bull. London Math. Soc., 16: 421-424.

CORRÁDI K., KÁTAI I.

[1] 1967. A comment on K. S. Gangadharan's paper entitled "Two classical lattice point problems"[J]. Magyar Tud. Akad. Mat. Fiz. Oszl. Közl., 17: 89-97.

DESHOUILLERS J. M., IWANIEC H.

[1] 1982. Kloosterman sums and Fourier coefficients of cusp forms[J]. Invent. Math., 70: 219-288.

[2] 1982. Power mean values of the Riemann zeta-function[J]. Mathematika, 29: 202-212.

[3] 1984. Power mean values of the Riemann zeta-function

Ⅱ[J]. Acta Arith., 48: 305-312.

DIAMOND H.

[1] 1982. Elementary methods in the study of the distribution of prime numbers[J]. Bull. Amer. Math. Soc., 7: 553-589.

ERDOS P.

[1] 1949. On a new method in elementary number theory which leads to an elementary proof of the prime number theorem[J]. Proc. Nat. Acad. Sci. USA, 35: 374-384.

ESTERMANN T.

[1] 1930. On the representation of a number as the sum of two products[J]. Proc. London Math. Soc., 31(2): 123-133.

[2] 1961. On Kloosterman's sum[J]. Mathematika 8: 83-86.

FUJII A.

[1] 1975. On the distribution of the zeros of the Riemann Zeta function in short intervals[J]. Bull. Amer. Math. Soc., 81: 139-142.

[2] 1975. On the difference between r consecutive ordinates of the Riemann Zeta function[J]. Proc, Japan Acad., 51: 741-743.

[3] 1976. On the problem of divisors[J]. Acta Arith., 31: 355-360.

GALLAGHER P. X., MUELLER J. H.

[1] 1978. Primes and zeros in short intervals[J]. J. Reine Angew. Math., 303: 205-220.

GANGADHARAN K. S.

[1] 1961. Two classical lattice point problems[J]. Proc. Camb. Phil. Soc., 57: 699-721.

GHOSH A.

[1] 1981. On Riemann's zeta function-sign changes of $S(T)$[M]. Recent progress in analytic number theory. Vol Ⅰ, London: Academic Press, 25-46.

[2] 1983. On the Riemann Zeta function-Mean value theorems and the distribution of | $S(T)$ | [J]. J. Number Theory, 17: 93-102.

GONEK S. M.

[1] 1979. Analytic properties of zeta and L-functions[D]. Ann Arbor, Univ. Michigan.

[2] 1984. Mean values of the Riemann zeta-function and its derivatives[J]. Invent. Math., 75: 123-141.

GOOD A.

[1] 1977. Ein Ω-Resultat für das quadratische Mittel der Riemannschen Zetafunktion auf der kritische Linie[J]. Invent. Math., 41: 233-251.

HANER J. L.

[1] 1981. New omega theorems for two classical lattice point problems[J]. Invent. Math., 63: 181-186.

[2] 1982. On the average order of a class of arithmetic functions[J]. J. Number Theory, 15: 36-76.

HALASZ G.

[1] 1968. Über die Mittelwerte multiplikativer zahlentheoretischer Funktionen[J]. Acta Math. Acad. Sci. Hungar. 19: 365-403.

HALASZ G., TURAN P.

[1] 1969. On the distribution of Roots of Riemann zeta and allied functions I [J]. J. Number Theory, 1:121-137.

HANEKE W.

[1] 1962. Verschärfung der Abschätzung von $\zeta(\frac{1}{2}+it)$[J]. Acta Arith. 8: 357-430.

HARDY G. H.

[1] 1916. On Dirichlet's divisor problem[J]. Proc. London Math. Soc., 15(2): 1-25.

HASELGROVE C. B.

[1] 1949. A connection between the zeros and the mean values of $\zeta(s)$[J]. J. London Math. Soc., 24: 215-222.

[2] 1958. A disprroof of a conjecture of Pólya[J]. Mathematika, 5: 141-145.

HEATH-BROWN D. R.

[1] 1978. The mean square of the Riemann Zeta-function[J]. Mathematika, 25: 177-184.

[2] 1978. The twelfth power moment of the Riemann Zeta-function[J]. Quart. J. Math. Oxford, 29: 443-462.

[3] 1978. Hybrid bounds for Dirichlet L-functions[J]. Invent. Math., 47: 149-170.

[4] 1979. The fourth power moment of the Riemann Zeta-function[J]. Proc. London Math. Soc., 38(3): 385-422.

[5] 1979. Simple zeros of the Riemann Zeta-function on the critical lone[J]. Bull. London Math. Soc., 11: 17-18.

[6] 1979. Zero density estimates for the Riemann Zeta-function and Dirichlet L-functions[J]. J. London Math. Soc., 20(2): 221-232.

[7] 1981. Fractional moments of the Riemann Zeta-function[J]. J. London Math. Soc., 24(2): 65-78.

[8] 1981. Mean values of the Zeta-function and divisor problems[M]. Recent progress in analytic number theory, Vol Ⅰ, 115-119, London: Academic Press.

[9] 1981. Hybrid bounds for L-functions: a q-analogue of van der Corput's method and a t-analogue of Burgess's method[M]. Recent progress in analytic number theory, Vol Ⅰ. London: Academic Press, 121-126.

[10] 1982. Gaps between primes, and the pair correlation of zeros of the Zeta-function[J]. Acta Arith, 41: 85-99.

[11] 1983. The Pjateckiĭ-šapiro prime number theorm[J]. J. Numer Theory, 16: 242-266.

HUXLEY M. N.

[1] 1972. On the difference between consecutive primes[J]. Invent. Math., 15: 155-164.

INGHAM A. E.

[1] 1940. On two classical lattice point problems[J]. Proc. Camb. Phil. Soc., 36: 131-138.

IVIC A.

[1] 1983. Large values of the error term in the divisor problem[J]. Invent. Math., 71: 513-520.

[2] 1984. A zero-density theorem for the Riemann zeta-function[J]. Trudy Mat. Inst. Steklov., 163: 85-89.

[3] 1985. The Riemann zeta-function[M]. New York: Wiley-Interscience.

IWANIEC H.

[1] 1979. Fourier coefficients of cups forms and the Riemann Zeta-function[D]. Bordeaux: Université Bordeaux.

JURKAT W., PEYERIMHOFF A.

[1] 1976. A constructive approach to Kronecker approximations and its applications to the Mertens conjecture[J]. J. Reine Angew. Math., 286: 322-340.

JUTILA M.

[1] 1977. Zero-density estimates for L-functions[J]. Acta Arith., 32: 52-62.

[2] 1982. Zero of the zeta-function near the critical line[M] // Studies in pure mathematics, to the memory of Paul Turán, Basel-Stuttgart: Birkhaüser, 385-394

[3] 1983. Riemann's zeta-function and the divisor porblem[J]. Arkiv för Mat., 21: 75-96.

[4] 1983. On the value distribution of the zeta-function on the critical line[J]. Bull. London Math. Soc., 15: 513-518.

KARATSUBA A. A.

[1] 1971. Estimates of trigonometric sums by Vinogradov's

method, and some applications[J]. Proc. Steklov. Inst. Math., 119: 241-255.

[2] 1975. Principles of analytic number theory[M]. Moscow. Izdat. 'Nauka'.

KOLESNIK G.

[1] 1969. The improvement of the error term in the divisor problem[J]. Mat. Zametki, 6: 545-555.

[2] 1973. On the estimation of certain trigonometric sums[J]. Acta Arith., 25: 7-30.

[3] 1981. On the estimation of multiple exponential sums [M] // Recent progress in analytic number theory, Vol Ⅰ. London: Academic Press, 231-246.

[4] 1982. On the order of $\zeta(\frac{1}{2}+it)$ and $\Delta(R)$[J]. Pacific J. Math., 82: 107-122.

[5] 1985. On the method of exponent pairs[J]. Acta Arith., 45: 115-143.

KOROBOV N. M.

[1] 1958. Estimates of trigonometric sums and their applications[J]. Uspehi Mat. Nauk, 13: 185-192.

KUBOTA T., LEOPOLDT H. W.

[1] 1964. Eine p-adische Theorie der Zetawerte. Ⅰ. Einführung der p-adischen Dirichletschen L-funktionen[J]. J. Reine Angew. Math., 215: 328-339.

LAVRIK A. F.

[1] 1966. The functional equation for Dirichlet L-functions and the problem of divisors in arithmetic progressions[J]. Izv. Akad. Nauk SSSR Ser. Mat., 30: 433-448.

LAVRIK A. F., SORIROV A. Š.

[1] 1973. On the remainder term in the elementary proof of the prime number theorem[J]. Dokl. Akad. Nauk SSSR, 211: 534-536.

LEVINSON N.

[1] 1972. Ω-theorems for the Riemann zeta-function[J]. Acta Arith. 20：319-332.

[2] 1974. More than one third of the zeros of Riemann's zeta-function are on $\sigma=\frac{1}{2}$[J]. Adv. Math.，13：383-436.

[3] 1974. Zeros of derivative of Riemann's ζ-function[J]. Bull. Amer. Math. Soc.，80：951-954.

[4] 1975. A simplification of the proof that $N_0(T)>\frac{1}{3}N(T)$ for Riemann's zeta-function[J]. Adv. Math.，18：239-242.

[5] 1975. Deduction of semi-optimal mollifier for obtaining lower bounds for $N_0(T)$ for Riemann's zeta-function[J]. Proc. Nat. Acad. Sci. USA，72：294-297.

[6] 1975. Almost all roots of $\zeta(s)=a$ are arbitrarily close to $\sigma=\frac{1}{2}$[J]. Proc. Nat. Acad. Sci. USA，72：1322-1324.

LEVINSON N.，MONTGOMERY H. L.

[1] 1974. Zeros of the derivative of the Riemann zeta-function[J]. Acta Math.，133：49-65.

LOU S. T.

[1] 1981. A lower bound for the number of zeros of Riemann's zeta-function on $\sigma=\frac{1}{2}$[M] // Recent progress in analytic number theory，Vol Ⅰ. London：Academic press，319-324.

MONTGOMERY H. L.

[1] 1971. Topics in multiplicative number theory[M] // Lecture Notes in Math.，Berlin：Springer，227.

[2] 1973. The pair correlation of zeros of the zeta-function，Aualytic number theory[J]. Proc. Symp. Pure math.，25：181-193.

[3] 1977. Extreme values of the Riemann zeta-function[J]. Comment. Math. Helv., 52[J]. 511-518.

MONTGOMERY H. L., ODLYZKO A. M.

[1] 1981. Gaps between zeros of the zeta-function. Topics in classical number thery[J]. Coll. Math. Soc. János Bolyai, 34: 1079-1106.

MONTGOMERY H. L., VAUGHAN R. C.

[1] 1974. Hilbert's inequality[J]. J. London Math. Soc., 8(2): 73-82.

MOTOHASHI Y.

[1] 1981. An elementary proof of Vinogradov's zero-free region for the Riemann zeta-function[M] // Recent progress in analytic number theory, Vol Ⅰ. London: Academic Press, 257-267.

[2] 1983. A note on the approximate functional equation for $\zeta^2(s)$[J]. Proc. Japan cad., 59(A): 392-396.

[3] 1983. A note on the approximate functional equation for $\zeta^2(s)$ Ⅱ[J]. Proc. Japan Acad., 59(A): 469-472.

MUELLER J. H.

[1] 1982. On the difference between the consecutive zeros of the Riemann zeta-function[J]. J. Number Theory, 14: 327-331.

[2] 1983. On the Riemann Zeta-function $\zeta(s)$-gaps between sign changes of $S(t)$[J]. Mathematika, 29: 264-269.

ODLYZKO A. M., TE RIELE H. J. J.

[1] 1985. Disproof of Mertens conjecture[J]. J. Reine Angew. Math. 357: 138-160.

OSTROWSKI A.

[1] 1920. Über Dirichiletsche Reihen und algebraische Differentialgleichungen[J]. Math. Zeit., 8: 115-143.

PINTZ J.

[1] 1984. On the remainder term of the prime number

formula and the zeros of Riemann's zeta-function[J] // J. Number theory, 186-197.

RAMACHANDRA K.

[1] 1978. On the zeros of the Riemann zeta-function and L-series[J]. Acta Arith., 34: 211-218.

[2] 1980. Some remarks on a theorem of Montgomery and Vaughan[J]. J. Number Theory, 11: 465-471.

[3] 1980. Some remarks on the mean value of the Riemann Zeta-function and other Dirichlet series-Ⅱ[J]. Hardy-Ramanujan J., 3: 1-24.

[4] 1980. Some remarks on the mean value of the Riemann Zeta-function and other Dirichlet series-Ⅲ[J]. Ann. Acad. Sci. Fenn. Ser. AI Math., 5: 145-158.

[5] 1984. Mean-value of the Riemann Zeta-function and other remarks-Ⅱ[J]. Trudy Mat. Inst. Steklov., 163: 200-204.

RANKIN R. A.

[1] 1955. Van der Corput's method and the theory of exponent pairs[J]. Quart. J. Math., 6(2): 147-153.

REICH A.

[1] 1982. Zetafunktion und Differenzen-Differentialgleichungen [J]. Arch. Math., 38: 226-235.

BICHERT H. E.

[1] 1953. Verschärfung der Abschätzung beim Dirichiletschen Teilerproblem[J]. Math. Zeit., 58: 204-218.

[2] 1960. Einführung in die Theorie der starken Rieszschen Summierbarkeit von Dirichletreihen[J]. Nachr. Akad. Wiss. Gottinger (Math. -Phys.) Kl., 2: 17-75.

[3] 1967. Zur Abschätung der Riemannschen Zetafunktion in der Nähe der Vertikalen $\sigma = 1$[J]. Math. Ann., 169: 97-101.

SELBERG A.

[1] 1946. The zeta-function and the Riemann Hypothesis[J].

Skandinavske Mathematikerkongres, 10: 187-200.

[2] 1949. An elementary proof of the prime number theorem[J]. Ann. Math., 50(2): 305-313.

[3] 1962. Discontinuous groups and harmonic analysis[J]. Proc. Internal. Congr. Mathematicians, 177-189.

SPIRA R.

[1] 1968. Zeros of sections of the zeta function. Ⅱ[J]. Math. Comp., 22: 163-173.

SRINIVASAN B. R.

[1] 1965. Lattice point problems of many-dimensional hyperboloids Ⅲ[J]. Math. Ann., 160: 280-311.

STEčKIN S. B.

[1] 1975. Mean values of the modulus of a trigonometric sum[J]. Trudy Mat. Inst. Steklov., 134: 283-309.

TATE J. T.

[1] 1965. Fourier analysis in number fields, and Hecke's zeta-functions[J]. Algebraic Number Theory. Brighton, Proc. Instructional Conf.: 305-347.

TITCHMARSH E. C.

[1] 1930. The Zeta-function of Riemann[M] // Cambr. Tracts in Math. No 26, Cambridge: Cambridge University Press.

TONG K. C.

[1] 1956. On divisor problems Ⅲ[J]. Acta Math. Sinica, 6: 515-541.

TURGANALIEV R. T.

[1] 1981. The asymptotic formula for fractional mean value moments of the zeta-function of Riemann[J]. Trudy Mat. Inst. Steklov. 158: 203-226.

VINOGRADOV, I. M.

[1] 1958. A new estimate for $\zeta(1+it)$[J]. Izv. Akad. Nauk SSSR, Ser. Mat., 22: 161-164.

［2］ 1985. Selected works[M]. Berlin：Springer.

VORONIN M.

［1］ 1972. On the distribution of nonzero values of the Riemann ζ-function[J]. Proc. Steklov Inst. Math.，128：153-175.

［2］ 1975. Theorem on the “universality” of the Riemann Zeta-function[J]. Math. USSR Izvestija，9：443-453.

［3］ 1976. On the zeros of zeta-functions of quadratic forms[J]. Trudy Mat. Inst. Steklov.，142：135-147.

WALFISZ A.

［1］ 1963. Weylsche Exponentialsummen in der Neueren Zahlentheorie[M]. Berlin：VEB Deutscher Verlag.

WEH A.

［1］ 1941. On the Riemann hypothesis in function-fields[J]. Proc. Nat. Acad. Sci. USA，27：345-347.

最后说点题外话，本书的出版是醉翁之意不在酒，并非是完全从数学的角度看，而是对国内教育领域日益严重的“内卷化”的一次“反动”.

内卷的意思是明明已经靠近边界有个天花板，但却又不断自我激发，繁复化、精致化. 概念的含糊其辞是无效讨论和跌入焦虑自我再生产困境的原因之一.

内卷是一个新名词. 作为新词，目前尚未查到有任何标准或权威的定义，只有一些大致上的理解. 内卷这个概念的内涵很丰富，与我们的生活息息相关. 为了普及和传播知识，参考了相关的信息，把粗浅理解奉献给朋友们.

内卷 involution，与之对应的是 evolution，即演化. 直观地说，内卷就是“向内演化，或绕圈圈”. 更宽泛一点说，所有无实质意义的消耗都可称为内卷. 生活中许许多多低水平重复的工作，貌似精益求精，大家都按部就班，埋头苦干，乐此不疲，但只在有限的内部范围施展，不向外扩张，工作方向是向内收敛的，而不是向外发散的，这就叫内卷.

内卷的成因很多，我们不必深究，也不必穷举，否则自身也可能掉入内卷之中.

明白了内卷的含义,我们便可以有意识地避免陷入内卷,减少内卷造成的浪费和伤害.无论我们是决策者还是执行者,做事之前都要判断一下,尽可能避免内卷.社会应该鼓励和推动开放自由的竞争环境,体制改革的目标应该放在鼓励发明创造,建立最小约束的自由机制上来.跑题了!

刘培杰

2021 年 1 月 21 日

于哈工大

刘培杰数学工作室
已出版(即将出版)图书目录——原版影印

书　　名	出版时间	定　价	编号
数学物理大百科全书.第1卷	2016－01	418.00	508
数学物理大百科全书.第2卷	2016－01	408.00	509
数学物理大百科全书.第3卷	2016－01	396.00	510
数学物理大百科全书.第4卷	2016－01	408.00	511
数学物理大百科全书.第5卷	2016－01	368.00	512
zeta函数,q-zeta函数,相伴级数与积分	2015－08	88.00	513
微分形式:理论与练习	2015－08	58.00	514
离散与微分包含的逼近和优化	2015－08	58.00	515
艾伦·图灵:他的工作与影响	2016－01	98.00	560
测度理论概率导论,第2版	2016－01	88.00	561
带有潜在故障恢复系统的半马尔柯夫模型控制	2016－01	98.00	562
数学分析原理	2016－01	88.00	563
随机偏微分方程的有效动力学	2016－01	88.00	564
图的谱半径	2016－01	58.00	565
量子机器学习中数据挖掘的量子计算方法	2016－01	98.00	566
量子物理的非常规方法	2016－01	118.00	567
运输过程的统一非局部理论:广义波尔兹曼物理动力学,第2版	2016－01	198.00	568
量子力学与经典力学之间的联系在原子、分子及电动力学系统建模中的应用	2016－01	58.00	569
算术域	2018－01	158.00	821
高等数学竞赛:1962—1991年的米洛克斯·史怀哲竞赛	2018－01	128.00	822
用数学奥林匹克精神解决数论问题	2018－01	108.00	823
代数几何(德文)	2018－04	68.00	824
丢番图逼近论	2018－01	78.00	825
代数几何学基础教程	2018－01	98.00	826
解析数论入门课程	2018－01	78.00	827
数论中的丢番图问题	2018－01	78.00	829
数论(梦幻之旅):第五届中日数论研讨会演讲集	2018－01	68.00	830
数论新应用	2018－01	68.00	831
数论	2018－01	78.00	832

刘培杰数学工作室
已出版(即将出版)图书目录——原版影印

书　　名	出版时间	定　价	编号
湍流十讲	2018—04	108.00	886
无穷维李代数:第 3 版	2018—04	98.00	887
等值、不变量和对称性:英文	2018—04	78.00	888
解析数论	2018—09	78.00	889
《数学原理》的演化:伯特兰·罗素撰写第二版时的手稿与笔记	2018—04	108.00	890
哈密尔顿数学论文集(第 4 卷):几何学、分析学、天文学、概率和有限差分等	2019—05	108.00	891
偏微分方程全局吸引子的特性:英文	2018—09	108.00	979
整函数与下调和函数:英文	2018—09	118.00	980
幂等分析:英文	2018—09	118.00	981
李群,离散子群与不变量理论:英文	2018—09	108.00	982
动力系统与统计力学:英文	2018—09	118.00	983
表示论与动力系统:英文	2018—09	118.00	984
分析学练习. 第 1 部分	2021—01	88.00	1247
分析学练习. 第 2 部分,非线性分析	2021—01	88.00	1248
初级统计学:循序渐进的方法:第 10 版	2019—05	68.00	1067
工程师与科学家微分方程用书:第 4 版	2019—07	58.00	1068
大学代数与三角学	2019—06	78.00	1069
培养数学能力的途径	2019—07	38.00	1070
工程师与科学家统计学:第 4 版	2019—06	58.00	1071
贸易与经济中的应用统计学:第 6 版	2019—06	58.00	1072
傅立叶级数和边值问题:第 8 版	2019—05	48.00	1073
通往天文学的途径:第 5 版	2019—05	58.00	1074
拉马努金笔记. 第 1 卷	2019—06	165.00	1078
拉马努金笔记. 第 2 卷	2019—06	165.00	1079
拉马努金笔记. 第 3 卷	2019—06	165.00	1080
拉马努金笔记. 第 4 卷	2019—06	165.00	1081
拉马努金笔记. 第 5 卷	2019—06	165.00	1082
拉马努金遗失笔记. 第 1 卷	2019—06	109.00	1083
拉马努金遗失笔记. 第 2 卷	2019—06	109.00	1084
拉马努金遗失笔记. 第 3 卷	2019—06	109.00	1085
拉马努金遗失笔记. 第 4 卷	2019—06	109.00	1086
数论:1976 年纽约洛克菲勒大学数论会议记录	2020—06	68.00	1145
数论:卡本代尔 1979:1979 年在南伊利诺伊卡本代尔大学举行的数论会议记录	2020—06	78.00	1146
数论:诺德韦克豪特 1983:1983 年在诺德韦克豪特举行的 Journees Arithmetiques 数论大会会议记录	2020—06	68.00	1147
数论:1985—1988 年在纽约城市大学研究生院和大学中心举办的研讨会	2020—06	68.00	1148

刘培杰数学工作室
已出版(即将出版)图书目录——原版影印

书名	出版时间	定价	编号
数论:1987 年在乌尔姆举行的 Journees Arithmetiques 数论大会会议记录	2020—06	68.00	1149
数论:马德拉斯 1987:1987 年在马德拉斯安娜大学举行的国际拉马努金百年纪念大会会议记录	2020—06	68.00	1150
解析数论:1988 年在东京举行的日法研讨会会议记录	2020—06	68.00	1151
解析数论:2002 年在意大利切特拉罗举行的 C. I. M. E. 暑期班演讲集	2020—06	68.00	1152
量子世界中的蝴蝶:最迷人的量子分形故事	2020—06	118.00	1157
走进量子力学	2020—06	118.00	1158
计算物理学概论	2020—06	48.00	1159
物质,空间和时间的理论:量子理论	2020—10	48.00	1160
物质,空间和时间的理论:经典理论	2020—10	48.00	1161
量子场理论:解释世界的神秘背景	2020—07	38.00	1162
计算物理学概论	2020—06	48.00	1163
行星状星云	2020—10	38.00	1164
基本宇宙学:从亚里士多德的宇宙到大爆炸	2020—08	58.00	1165
数学磁流体力学	2020—07	58.00	1166
计算科学:第 1 卷,计算的科学(日文)	2020—07	88.00	1167
计算科学:第 2 卷,计算与宇宙(日文)	2020—07	88.00	1168
计算科学:第 3 卷,计算与物质(日文)	2020—07	88.00	1169
计算科学:第 4 卷,计算与生命(日文)	2020—07	88.00	1170
计算科学:第 5 卷,计算与地球环境(日文)	2020—07	88.00	1171
计算科学:第 6 卷,计算与社会(日文)	2020—07	88.00	1172
计算科学.别卷,超级计算机(日文)	2020—07	88.00	1173
代数与数论:综合方法	2020—10	78.00	1185
复分析:现代函数理论第一课	2020—07	58.00	1186
斐波那契数列和卡特兰数:导论	2020—10	68.00	1187
组合推理:计数艺术介绍	2020—07	88.00	1188
二次互反律的傅里叶分析证明	2020—07	48.00	1189
旋瓦兹分布的希尔伯特变换与应用	2020—07	58.00	1190
泛函分析:巴拿赫空间理论入门	2020—07	48.00	1191
卡塔兰数入门	2019—05	68.00	1060
测度与积分	2019 04	68.00	1059
组合学手册.第一卷	2020—06	128.00	1153
*一代数、局部紧群和巴拿赫*一代数丛的表示.第一卷,群和代数的基本表示理论	2020—05	148.00	1154
电磁理论	2020—08	48.00	1193
连续介质力学中的非线性问题	2020—09	78.00	1195

刘培杰数学工作室
已出版(即将出版)图书目录——原版影印

书　　名	出版时间	定　价	编号
典型群,错排与素数	2020—11	58.00	1204
李代数的表示:通过 gln 进行介绍	2020—10	38.00	1205
实分析演讲集	2020—10	38.00	1206
现代分析及其应用的课程	2020—10	58.00	1207
运动中的抛射物数学	2020—10	38.00	1208
2—纽结与它们的群	2020—10	38.00	1209
概率,策略和选择:博弈与选举中的数学	2020—11	58.00	1210
分析学引论	2020—11	58.00	1211
量子群:通往流代数的路径	2020—11	38.00	1212
集合论入门	2020—10	48.00	1213
酉反射群	2020—11	58.00	1214
探索数学:吸引人的证明方式	2020—11	58.00	1215
微分拓扑短期课程	2020—10	48.00	1216
抽象凸分析	2020—11	68.00	1222
费马大定理笔记	即将出版		1223
高斯与雅可比和	2021—03	78.00	1224
π 与算术几何平均:关于解析数论和计算复杂性的研究	2021—01	58.00	1225
复分析入门	2021—03	48.00	1226
爱德华·卢卡斯与素性测定	2021—03	78.00	1227
通往凸分析及其应用的简单路径	2021—01	68.00	1229
微分几何的各个方面.第一卷	2021—01	58.00	1230
微分几何的各个方面.第二卷	2020—12	58.00	1231
微分几何的各个方面.第三卷	2020—12	58.00	1232
沃克流形几何学	2020—11	58.00	1233
仿射和韦尔几何应用	2020—12	58.00	1234
双曲几何学的旋转向量空间方法	2021—02	58.00	1235
积分:分析学的关键	2020—12	48.00	1236
为有天分的新生准备的分析学基础教材	2020—11	48.00	1237
代数、生物信息和机器人技术的算法问题.第四卷,独立恒等式系统(俄文)	2020—08	118.00	1119
代数、生物信息和机器人技术的算法问题.第五卷,相对覆盖性和独立可拆分恒等式系统(俄文)	2020—08	118.00	1200
代数、生物信息和机器人技术的算法问题.第六卷,恒等式和准恒等式的相等 问题、可推导性和可实现性(俄文)	2020—08	128.00	1201

刘培杰数学工作室
已出版(即将出版)图书目录——原版影印

书　　名	出版时间	定　价	编号
分数阶微积分的应用:非局部动态过程,分数阶导热系数(俄文)	2021—01	68.00	1241
泛函分析问题与练习:第2版(俄文)	2021—01	98.00	1242
集合论、数学逻辑和算法论问题:第5版(俄文)	2021—01	98.00	1243
微分几何和拓扑短期课程(俄文)	2021—01	98.00	1244
素数规律(俄文)	2021—01	88.00	1245
无穷边值问题解的递减:无界域中的拟线性椭圆和抛物方程(俄文)	2021—01	48.00	1246
微分几何讲义(俄文)	2020—12	98.00	1253
二次型和矩阵(俄文)	2021—01	98.00	1255
积分和级数.第2卷,特殊函数(俄文)	2021—01	168.00	1258
几何图上的微分方程(俄文)	2021—01	138.00	1259
数论教程:第2版(俄文)	2021—01	98.00	1260
非阿基米德分析及其应用(俄文)	2021—03	98.00	1261

联系地址:哈尔滨市南岗区复华四道街10号　哈尔滨工业大学出版社刘培杰数学工作室
网　　址:http://lpj.hit.edu.cn/
邮　　编:150006
联系电话:0451—86281378　　13904613167
E-mail:lpj1378@163.com